TURING

图灵数学·统计学丛书

普林斯顿
微积分读本
（修订版）

[美] Adrian Banner ◎著　　杨爽 赵晓婷 高璞 ◎译

The Calculus Lifesaver
All the Tools You Need to Excel at Calculus

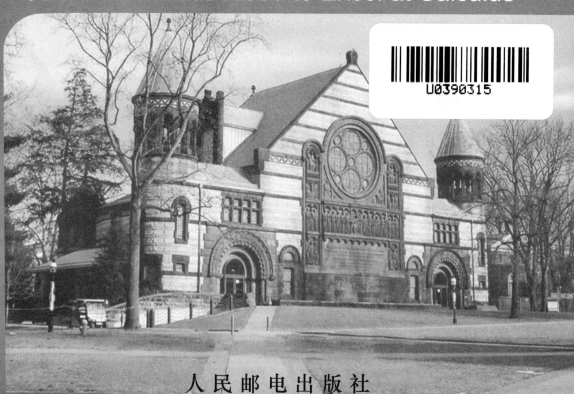

U0390315

人民邮电出版社

北京

图书在版编目（CIP）数据

普林斯顿微积分读本 / （美）阿德里安·班纳著；
杨爽，赵晓婷，高璞译. — 2版. — 北京：人民邮电出
版社，2016.10
（图灵数学·统计学丛书）
书名原文：The Calculus Lifesaver: All the
Tools You Need to Excel at Calculus
ISBN 978-7-115-43559-0

I. ①普… II. ①阿… ②杨… ③赵… ④高… III.
①微积分 IV. ①O172

中国版本图书馆CIP数据核字(2016)第216695号

内 容 提 要

本书阐述了求解微积分的技巧，详细讲解了微积分基础、极限、连续、微分、导数的应用、积分、无穷级数、泰勒级数与幂级数等内容，旨在教会读者如何思考问题从而找到解题所需的知识点，着重训练大家自己解答问题的能力。

本书适用于大学低年级学生、高中高年级学生、想学习微积分的数学爱好者以及广大数学教师，既可作为教材、习题集，也可作为学习指南，同时还有利于教师备课。

◆ 著　　　　[美] Adrian Banner
　　译　　　　杨　爽　赵晓婷　高　璞
　　责任编辑　傅志红
　　责任印制　彭志环

◆ 人民邮电出版社出版发行　　北京市丰台区成寿寺路 11 号
　　邮编　100164　电子邮件　315@ptpress.com.cn
　　网址　https://www.ptpress.com.cn
　　北京市艺辉印刷有限公司印刷

◆ 开本：700 × 1000　1/16
　　印张：41.75　　　　　2016 年 10 月第 2 版
　　字数：895 千字　　　2025 年 1 月北京第 62 次印刷
　　著作权合同登记号　图字：01-2009-3812 号

定价：99.00 元
读者服务热线：(010)84084456-6009　印装质量热线：(010)81055316
反盗版热线：(010)81055315
广告经营许可证：京东市监广登字 20170147 号

版 权 声 明

献给亚里

译 者 序

对于大多数学生来说, 微积分或许是他们曾经上过的倍感迷茫且最受挫折的一门课程了. 而本书, 不仅让学生能有效地学习微积分, 更重要的是提供了战胜微积分的必备工具.

本书源于风靡美国普林斯顿大学的阿德里安·班纳的微积分复习课程. 他激励了一些考试前想获得优秀但考试结果却平平的学生.

对于任何单变量微积分的课程, 本书既可以作为教科书, 也可以用作学习指南, 对于全英文授课的教师来说更是一个得力助手. 作者班纳是美国普林斯顿大学的著名数学教授并担任新技术研究中心主任. 班纳教授的授课风格是非正式、有吸引力并完全不强求的, 甚至在不失其详尽性的基础上又增添了许多娱乐性, 而且他不会跳过讨论一个问题的任何步骤.

作者独创的 "内心独白" 方式, 即写出问题求解过程中学生们应遵循的思考过程, 为我们提供了不可或缺的推理过程以及求解方案. 本书的重点在于培养问题求解的能力, 其中涉及的例题从简单到复杂并对微积分理论进行了深入探讨. 读者会在非正式的对话语境中体会到微积分的无穷魅力.

本书特点:

- 可作为任何单变量微积分教科书的学习指南;
- 非正式的、娱乐性的且非强求的对话语境风格;
- 丰富的在线视频;
- 大量精选例题 (从简单到复杂) 提供了一步一步的推理过程;
- 定理和方法有证明, 还有诸多实际应用;
- 详细探讨了诸如无穷级数这样的难点问题.

这样的一本经典著作将易用性与可读性以及内容的深度与数学的严谨完美地结合在一起. 对于每一个想要掌握微积分的学生来说, 本书都是极好的资源. 当然, 非数学专业的学生也将大大受益.

在翻译本书的过程中, 译者虽然尽最大努力尊重原文, 并尽可能避免直译产生的歧义, 但是由于才疏学浅, 难免存在翻译不当之处, 敬请广大读者批评指正, 以便再版时更正.

本书能得以顺利出版, 首先要感谢人民邮电出版社图灵公司的大力支持; 同时, 首都经济贸易大学华侨学院信管系的全体教师也给予了无私的帮助, 在此一并表示衷心感谢. 最后感谢我的家人在本书翻译过程中所给予的支持与鼓励, 尤其是爱女芮绮!

《普林斯顿微积分读本》
微笑着面对数学的世界
积累着超越无穷的力量
分化出化解疑难的翅膀
求解出优化问题的阳光
生成了数学天空的晴朗
秘籍 —— 放飞自己的理想

谨以此诗献给爱女芮绮以及喜爱数学的新生代!

杨　爽
首都经济贸易大学华侨学院信管系

前　言

　　本书旨在帮助你学习单变量微积分的主要概念, 同时也致力于教会你求解问题的技巧. 无论你是第一次接触微积分, 还是为了准备一次测验, 或是已经学过微积分还想再温习一遍, 我都希望本书能够对你有所帮助.

　　写作本书的灵感来自我在普林斯顿大学的学生们. 他们在过去的几年里发现, 与课堂授课、作业讲解以及他们的教科书一样, 本书的初稿是很有帮助的学习指南. 以下是他们在学习过程中提出的一些你可能也想问的问题.

　　这本书为什么这么厚?　我是假设你真的想要掌握这门课程, 而不只是想囫囵吞枣, 一知半解, 所以你已经准备好投入一些时间和精力, 去阅读并理解这些详尽的阐述.

　　阅读之前, 我需要知道些什么?　你需要了解一些基本的代数知识, 并且要知道如何求解简单的方程式. 本书的前两章涵盖了你所需要的大部分的微积分预备知识.

　　啊! 下周就要期末考试了, 我还什么都不知道呢! 从哪里开始啊?　接下来的几页就会介绍如何使用本书来备考.

　　例题的求解过程在哪里? 我所看到的只是大量的文字与少量的公式.　首先, 看一个求解过程并不能教会你应该怎样思考. 所以我通常试图给出一种 "内心独白", 即当你尝试求解问题的时候, 脑海中应该经历怎样的思考过程. 最后, 你想到了求解问题的所有知识点, 但仍然需要用正确的方式把它们全部写出来. 我的建议是, 先看懂并理解问题的求解方法, 然后再返回来尝试自己解答.

　　定理的证明哪儿去了?　本书中的大部分定理都以某种方式被验证了. 在附录 A 中可以找到更多正式的证明过程.

　　主题没有次序! 我该怎么办呢?　学习微积分没有什么标准次序. 我选择的顺序是有效的, 但你可能还得通过搜索目录来查找你需要的主题, 其余的可以先忽略. 我也可能遗漏了一些主题. 为什么不尝试给我发送电子邮件呢? 地址是 adrian@calc-lifesaver.com. 你一定想不到, 我可能会为你写一个附加章节 (也为下一版写, 如果有的话!).

　　你使用的一些方法和我学到的不一样. 到底谁的正确, 我的任课老师的还是你的?　希望我们都没错! 如果还有疑问, 就请教你的任课老师什么是对的吧.

　　页边空白处怎么没有微积分的历史和有趣的史实呢?　本书中有一点微积分历史内容, 但不在这里过多分散我们的注意力. 如果你想记下这些历史内容, 就请阅读一本关于微积分历史的书①吧, 那才更有趣, 而且比零零散散的几句话更值得关注.

我们学校可以用这本书作为教材吗? 这本书配有很好的习题集, 可以作为一本教材, 也可以用作一本学习指南. 你的任课老师也会发现这本书很有助于备课, 特别是在问题求解的技巧方面.

这些录像是什么? 在网站 ituring.com.cn/book/1623 上, 你可以找到我过去复习课的录像, 其中涉及了很多 (但不是全部) 本书的章节和例题.

如何使用这本书备考

如果你快要参加考试了, 那么发挥本书效用的机会就来了. 我很同情你的处境, 因为你没有时间阅读整本书的内容! 但是你不用担心, 后面的那张表会标出本书的主要章节, 来帮助你备考. 此外, 纵观整本书, 下列图标会出现在书中页边空白处, 让你快速识别什么是重要内容.

- 例题求解过程始于此行.

- 这里非常重要.

- 你应当自己尝试解答本题.

- 注意: 这部分内容大多是为感兴趣的读者准备的. 如果时间有限, 就请跳到下一节.

此外, 一些重要的公式或定理带有边框, 一定要好好学啊.

两个通用的学习小贴士

- 把你自己总结的所有重要的知识点和公式都写出来, 以便记忆. 虽说数学不是死记硬背, 但也有一些关键的公式和方法, 最好是你能自己写得出来. 好记性不如烂笔头嘛! 通常来说, 做总结足以巩固和加强你对所学知识的理解. 这也是我没有在每一章的结尾部分做要点总结的主要原因. 如果你自己去做, 那将会更有价值.
- 尝试自己做一些类似的考试题, 比如你们学校以前的期末试题, 并在恰当的条件下进行测验. 这将意味着遵守不间断, 不吃饭, 不看书, 不打手机, 不发电子邮件, 不发信息等诸如此类的考试规则. 完成之后, 再看看你是否可以得到一套标准答案来评阅试卷, 或请人帮你评阅.

---

① 对微积分历史感兴趣的读者, 可参阅《微积分的历程: 从牛顿到勒贝格》(人民邮电出版社, 2010).
—— 编者注

考试复习的重要章节 (按主题划分)

主题	子主题	节
微积分基础	直线	1.5
	其他常用图像	1.6
	三角学基础	2.1
	$[0,\pi/2]$ 以外的三角函数	2.2
	三角函数的图像	2.3
	三角恒等式	2.4
	指数函数与对数函数	9.1
极限	三明治定理	3.6
	多项式的极限	第 4 章全部
	导数伪装的极限	6.5
	三角函数的极限	7.1(跳过 7.1.5)
	指数函数与对数函数的极限	9.4
	洛必达法则	14.1
	极限问题的总结	14.2
连续性	定义	5.1
	介值定理	5.1.4
微分	定义	6.1
	求导法则 (例如, 乘积法则/商法则/链式求导法则)	6.2
	求切线方程	6.3
	分段函数的导数	6.6
	画导函数图像	6.7
	三角函数的导数	7.2, 7.2.1
	隐函数求导	8.1
	指数函数与对数函数求导	9.3
	取对数求导法	9.5
	双曲函数	9.7
	反函数	10.1
	反三角函数	10.2
	反双曲函数	10.3
	求导定积分	17.5

(续)

主题	子主题	节
导数的应用	相关变化率	8.2
	指数增长与指数衰变	9.6
	求全局最大值与全局最小值	11.1.3
	罗尔定理/中值定理	11.2, 11.3
	临界点的分类	11.5, 12.1.1
	求拐点	11.4, 12.1.2
	画图	12.2, 12.3
	最优化	13.1
	线性化/微分	13.2
	牛顿法	13.3
积分	定义	16.2(跳过 16.2.1)
	基本性质	16.3
	求面积	16.4
	估算积分	16.5, 附录 B
	平均值/中值定理	16.6
	基本例子	17.4, 17.6
	换元法	18.1
	分部积分法	18.2
	部分分式	18.3
	三角函数的积分	19.1, 19.2
	三角换元法	19.3(跳过 19.3.6)
	积分技巧的总结	19.4
运动	速度与加速度	6.4
	负常数加速度	6.4.1
	简谐运动	7.2.2
	求位移	16.1.1
反常积分	基本知识	20.1, 20.2
	求解技巧	第 21 章全部
无穷级数	基本知识	22.1.2, 22.2
	求解技巧	第 23 章全部
泰勒级数与幂级数	估算和误差估算	第 25 章全部
	幂级数/泰勒级数问题	第 26 章全部

(续)

主题	子主题	节
微分方程	可分一阶	30.2
	一阶线性	30.3
	常系数	30.4
	建模	30.5
其他话题	参数方程	27.1
	极坐标	27.2
	复数	$28.1 \sim 28.5$
	体积	29.1, 29.2
	弧长	29.3
	表面积	29.4

除非特殊说明, 标明 "节" 的一栏包括其下所有小节. 例如, 6.2 节包括从 6.2.1 到 6.2.7 的所有小节.

视频课

本书官方授权中文视频课程现已上线, 由 B 站知名知识区 UP 主、山东财经大学副教授宋浩领衔, 高校名师团队倾情讲授. 本课程提炼了书中的重点和精华, 提供了国内相应的定义和方法, 使学生更容易理解和接受, 并引导学生拓展思考. 课程风格深入浅出、循循善诱, 能帮助广大学生克服对微积分的恐惧, 在考试中获得高分.

每章开头配有试听视频二维码, 请扫描以解锁更多精彩内容.

听听宋浩老师的话

了解课程详情

致　谢

感谢所有在我写作本书过程中给予我支持和帮助的人. 我的学生们长久以来在给我教益、喜悦和快乐, 他们的意见使我受益匪浅. 特别感谢我的编辑 Vickie Kearn、制作编辑 Linny Schenck 和设计师 Lorraine Doneker, 感谢他们对我的所有帮助和支持, 还要感谢 Gerald Folland, 他的很多真知灼见对本书的改善有很大的贡献. 此外, 感谢 Ed Nelson、Maria Klawe、Christine Miranda、Lior Braunstein、Emily Sands、Jamaal Clue、Alison Ralph、Marcher Thompson、Ioannis Avramides、Kristen Molloy、Dave Uppal、Nwanneka Onvekwusi、Ellen Zuckerman、Charles MacCluer 和 Gary Slezak, 本书中的很多修正都得益于他们的意见和建议.

感谢下列普林斯顿大学数学系的教员和工作人员对我的大力支持: Eli Stein、Simon Kochen、Matthew Ferszt 和 Cott Kenny. 我也要感谢我在 INTECH 的同事们给予的支持, 特别是 Bob Fernholz、Camm Maguire、Marie D'Albero 和 Vassilios Papathanakos, 他们提出了一些优秀的审读建议. 我还要感谢我高二、高三的数学老师——William Pender, 他绝对是世界上最好的微积分老师. 这本书中很多方法都是从他的教学中获得了启发. 我希望他能原谅我曲线不画箭头, 所有的坐标轴上没有标注, 以及在每一个 $+C$ 后都没有写 "对于任意一个常数 C".

我的朋友和家人都给了我无私的支持, 尤其是我的父母 Freda 和 Michael、姐姐 Carly、祖母 Rena, 还有姻亲 Marianna 和 Michael. 最后, 我要特别感谢我的妻子 Amy 在我写书过程中对我的帮助和理解, 她总是陪伴在我身边. (还要感谢她为我画的 "爬山者图标".)

目　　录

第 1 章 函数、图像和直线

不借助函数却想去做微积分, 这无疑会是你所能做的最无意义的事情之一. 如果微积分也有其营养成分表, 那么函数肯定会排在最前面, 而且是占一定优势. 因此, 本书的前两章旨在让你温习函数的主要性质. 本章包含对下列主题的回顾:

- 函数, 其定义域、上域、值域和垂线检验;
- 反函数和水平线检验;
- 函数的复合;
- 奇函数与偶函数;
- 线性函数和多项式的图像, 以及对有理函数、指数函数和对数函数图像的简单回顾;
- 如何处理绝对值.

下一章会涉及三角函数. 好啦, 就让我们开始吧, 一起来回顾一下到底什么是函数.

1.1 函　　数

函数是将一个对象转化为另一个对象的规则. 起始对象称为**输入**, 来自称为**定义域**的集合. 返回对象称为**输出**, 来自称为**上域**的集合.

来看一些函数的例子吧.

- 假设你写出 $f(x) = x^2$, 这就定义了一个函数 f, 它会将任何数变为自己的平方. 由于你没有说明其定义域或上域, 我们不妨假设它们都属于 $\mathbb{R}$, 即所有实数的集合. 这样, 你就可以将任何实数平方, 并得到一个实数. 例如, f 将 2 变为 4、将 $-1/2$ 变为 $1/4$, 将 1 变为 1. 最后一个变换根本没有什么变化, 但这没问题, 因为转变后的对象不需要有别于原始对象. 当你写出 $f(2) = 4$ 的时候, 这实际上意味着 f 将 2 变为 4. 顺便要说的是, f 是一个变换规则, 而 $f(x)$ 是把这个变换规则应用于变量 x 后得到的结果. 因此, 说 "$f(x)$ 是一个函数" 是不正确的, 应该说 "f 是一个函数".

- 现在, 令 $g(x) = x^2$, 其定义域仅包含大于或等于零的数 (这样的数称为**非负的**). 它看上去好像和函数 f 是一样的, 但它们实际不同, 因为各自的定义域不同. 例如, $f(-1/2) = 1/4$, 但 $g(-1/2)$ 却是没有定义的. 函数 g 会拒绝非其定义域中的一切. 由于 g 和 f 有相同的规则, 但 g 的定义域小于 f 的定义域, 因而我们说 g 是由**限制** f 的定义域产生的.

- 仍然令 $f(x) = x^2$, f(马) 会是什么呢? 这显然是无定义的, 因为你不能平方一匹马呀. 另一方面, 让我们指定 "$h(x) = x$ 的腿的数目", 其中 h 的定义域是所有动物的集合. 这样一来, 我们就会得到 h(马) $= 4$, h(蚂蚁) $= 6$, h(鲑鱼) $= 0$. 因为动物腿的数目不会是负数或者分数, 所以 h 的上域可以是所有非负整数的集合. 顺便问一下, $h(2)$ 会是什么呢? 当然, 这也是没有定义的, 因为 2 不在 h 的定义域中. "2" 究竟会有几条腿呢? 这个问题实际上没有任何意义. 你或许也可以认为 h(椅子) $= 4$, 因为多数椅子都有四条腿, 但这也没有意义, 因为椅子不是动物, 所以 "椅子" 不在 h 的定义域中. 也就是说, h(椅子) 是没有定义的.

- 假设你有一条狗, 它叫 Junkster. 可怜的 Junkster 不幸患有消化不良症. 它吃点东西, 嚼一会儿, 试图消化食物, 可每次都失败, 都会吐出来. Junkster 将食物变成了 …… 我们可以令 "$j(x) = $ Junkster 吃 x 时呕吐物的颜色", 其中 j 的定义域是 Junkster 所吃的食物的集合, 其上域是所有颜色的集合. 为了使之有效, 我们必须认为如果 Junkster 吃了玉米面卷, 它的呕吐物始终是一种颜色 (假设是红色的吧). 如果有时候是红色的, 而有时候是绿色的, 那就不太好了. **一个函数必须给每一个有效的输入指定唯一的输出.**

现在我们要来看看函数**值域**的概念. 值域是所有可能的输出所组成的集合. 你可以认为函数转变其定义域中的一切, 每次转变一个对象; 转变后的对象所组成的集合称作值域. 可能会有重复, 但这也没什么.

那么, 为什么值域和上域不是一回事呢? 值域实际上是上域的一个子集. 上域是**可能**输出的集合, 而值域则是**实际**输出的集合. 下面给出上述函数的值域.

- 如果 $f(x) = x^2$, 其定义域和上域均为 $\mathbb{R}$, 那么其值域是非负数的集合. 毕竟, 平方一个数, 其结果不可能是负数. 那你又如何知道值域是**所有**的非负数呢? 其实, 如果平方每一个数, 结果一定包括所有的非负数. 例如, 平方 $\sqrt{2}$ (或 $-\sqrt{2}$), 结果都是 2.

- 如果 $g(x) = x^2$, 其定义域仅为非负数, 但其上域仍是所有实数 $\mathbb{R}$, 那么其值域还是非负数的集合. 当平方每一个非负数时, 结果仍然包括所有的非负数.

- 如果 $h(x)$ 是动物 x 的腿的数目, 那么其值域就是**任何**动物可能会有的腿的数目的集合. 我可以想到有 0、2、4、6 和 8 条腿的动物, 以及一些有更多条腿的小动物. 如果你还想到了个别的像失去一条或多条腿的动物, 那你也可以将 1、3、5 和 7 等其他可能的数加入其值域. 不管怎样, 这个函数的值域并不是很清晰. 要想了解真实的答案, 你或许得是一位生物学家.

- 最后, 如果 $j(x)$ 是 Junkster 吃 x 时呕吐物的颜色, 那么其值域就会包含所有可能的呕吐物的颜色. 我很怕去想它们会是什么样的, 但或许亮蓝色不在其中吧.

1.1.1 区间表示法

在本书剩余部分, 函数总有上域 $\mathbb{R}$, 并且其定义域总会尽可能和 $\mathbb{R}$ 差不多 (除非另有说明). 因此, 我们会经常涉及实轴的子集, 尤其是像 $\{x : 2 \leqslant x < 5\}$ 这样的连通区间. 像这样写出完整的集合有点儿烦, 但总比说 "介于 2 和 5 之间的所有数, 包括 2 但不包括 5" 要强. 使用区间表示法会让我们做得更好.

我们约定, $[a, b]$ 是指从 a 到 b 端点间的所有实数, 包括 a 和 b. 所以 $[a, b]$ 指的是所有使得 $a \leqslant x \leqslant b$ 成立的 x 的集合. 例如, $[2, 5]$ 是所有介于 2 和 5 之间 (包括 2 和 5) 的实数的集合. (它不仅仅包括 2、3、4 和 5, 不要忘记还有一大堆处于 2 和 5 之间的分数和无理数, 比如 $5/2$、$\sqrt{7}$ 和 π.) 像 $[a, b]$ 这种形式表示的区间我们称作**闭区间**.

如果你不想包括端点, 把方括号变为圆括号就行了. 所以 (a, b) 指的是介于 a 和 b 之间但不包括 a 和 b 的所有实数的集合. 这样, 如果 x 在区间 (a, b) 中, 我们就知道 $a < x < b$. 集合 $(2, 5)$ 表示介于 2 和 5 之间但不包括 2 和 5 的所有实数的集合. 像 (a, b) 这种形式表示的区间称作**开区间**.

你也可以混和匹配: $[a, b)$ 指的是介于 a 和 b 之间、包括 a 但不包括 b 的所有实数的集合; $(a, b]$ 包括 b, 但不包括 a. 这些区间在一个端点处是闭的, 而在另一个端点处是开的. 有时候, 像这样的区间称作**半开区间**. 上述的 $\{x : 2 \leqslant x < 5\}$ 就是一个例子, 也可以写成 $[2, 5)$.

还有一个有用的记号就是 (a, ∞), 它是指大于 a 但不包括 a 的所有数; $[a, \infty)$ 也一样, 只是它包括 a. 此外还有三个涉及 $-\infty$ 的可能性. 总而言之, 各种情况如下.

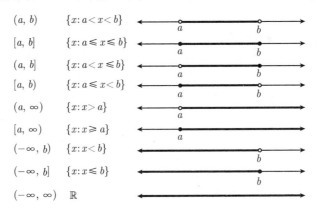

(a, b)	$\{x : a < x < b\}$
$[a, b]$	$\{x : a \leqslant x \leqslant b\}$
$(a, b]$	$\{x : a < x \leqslant b\}$
$[a, b)$	$\{x : a \leqslant x < b\}$
(a, ∞)	$\{x : x > a\}$
$[a, \infty)$	$\{x : x \geqslant a\}$
$(-\infty, b)$	$\{x : x < b\}$
$(-\infty, b]$	$\{x : x \leqslant b\}$
$(-\infty, \infty)$	$\mathbb{R}$

1.1.2 求定义域

有时候, 函数的定义中包括了定义域. (例如, 1.1 节中的函数 g 就是如此.) 然而在大多数情况下, 定义域是没有给出的. 通常的惯例是, 定义域包括实数集尽可能多的部分. 例如 $k(x) = \sqrt{x}$, 其定义域就不可能是 $\mathbb{R}$ 中的所有实数, 因为不可能得到一个负数的平方根. 其定义域一定是 $[0,\infty)$, 就是大于或等于 0 的所有实数的集合.

好了, 我们知道取负数的平方根会出问题. 那么还有什么会把问题搞糟呢? 以下是三种最常见的情况.

(1) 分数的分母不能是零.

(2) 不能取一个负数的平方根 (或四次根, 六次根, 等等).

(3) 不能取一个负数或零的对数. (还记得对数函数吗? 若忘了, 请看看第 9 章!)

或许你还记得 $\tan(90^\circ)$ 也是一个问题, 但这实际上是上述第一种情况的特例. 你看,

$$\tan(90^\circ) = \frac{\sin(90^\circ)}{\cos(90^\circ)} = \frac{1}{0},$$

$\tan(90^\circ)$ 之所以是无定义的, 实际上是因为其隐藏的分母为零. 这里还有一个例子: 如果定义

$$f(x) = \frac{\log_{10}(x+8)\sqrt{26-2x}}{(x-2)(x+19)},$$

那么 f 的定义域是什么呢? 当然, 为了使 $f(x)$ 有意义, 以下是我们必须要做的.

- 取 $(26-2x)$ 的平方根, 所以这个量必须是非负的. 也就是说, $26-2x \geqslant 0$. 这可以写成 $x \leqslant 13$.

- 取 $(x+8)$ 的对数, 所以这个量必须是正的. (注意对数和平方根的区别: 可以取 0 的平方根, 但不能取 0 的对数.) 不管怎么说, 我们需要 $x+8 > 0$, 所以 $x > -8$. 到现在为止, 我们知道 $-8 < x \leqslant 13$, 所以其定义域最多是 $(-8, 13]$.

- 分母不能为 0, 这就是说 $(x-2) \neq 0$ 且 $(x+19) \neq 0$. 换句话说, $x \neq 2$ 且 $x \neq -19$. 最后一个条件不是问题, 因为我们已经知道 x 处于 $(-8,13]$ 内, 所以 x 不可能是 -19. 不过, 我们确实应该把 2 去掉.

这样就找到了其定义域是除了 2 以外的集合 $(-8, 13]$. 这个集合可以写作 $(-8, 13] \setminus \{2\}$, 这里的反斜杠表示 "不包括".

1.1.3　利用图像求值域

让我们来定义一个新的函数 F, 指定其定义域为 $[-2, 1]$, 并且 $F(x) = x^2$ 在此定义域上. (记住, 我们看到的任何函数的上域总是所有实数的集合.) 同时又是对于所有的实数 x, $f(x) = x^2$. 那么 F 和 f 是同一个函数吗? 回答是否定的, 因为两个函数的定义域不相同 (尽管它们有相同的函数规则). 正如 1.1 节中的函数 g, 函数 F 是由限制 f 的定义域得到的.

现在, F 的值域又是什么呢? 如果你将 -2 到 1 之间 (包括 -2 和 1) 的每一个实数平方的话, 会发生什么呢? 你应该有能力直接求解, 但这是观察如何利用图像

来求一个函数的值域的很好机会. 基本思想是, 画出函数图像, 然后想象从图像的左边和右边很远的地方朝向 y 轴水平地射入两束亮光. 曲线会在 y 轴上有两个影子, 一个在 y 轴的左侧, 另一个在 y 轴的右侧. 值域就是影子的并集; 也就是说, 如果 y 轴上的任意一点落在左侧或右侧的影子里, 那么它处于函数的值域中. 我们以函数 F 为例来看一下这是怎么运作的吧.

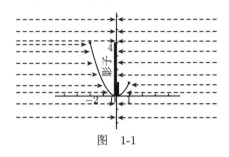

图　1-1

图 1-1 中左侧的影子覆盖了 y 轴从 0 到 4 (包括 0 和 4) 的所有点, 也就是 $[0, 4]$; 另一方面, 右侧的影子覆盖了从 0 到 1 (包括 0 和 1) 的所有点, 也就是 $[0, 1]$. 右侧的影子没有贡献更多, 全部的覆盖范围仍然是 $[0, 4]$. 这就是函数 F 的值域.

1.1.4　垂线检验

在上一节中, 我们利用一个函数的图像来求其值域. 函数的图像非常重要: 它真正地展示了函数 "看起来是什么样子的". 在第 12 章, 我们将会看到绘制函数图像的各种技巧, 但现在, 我很想提醒你注意的是垂线检验.

你可以在坐标平面上画任何你想画的图形, 但结果可能不是一个函数的图像. 那么函数的图像有什么特别之处呢? 或者说, 什么是函数 f 的图像呢? 它是所有坐标为 $(x, f(x))$ 的点的集合, 其中 x 在 f 的定义域中. 还有另外一种方式来看待它. 我们以某个实数 x 开始. 如果 x 在定义域中, 你就画点 $(x, f(x))$, 当然这个点在 x 轴上的点 x 的正上方, 高度为 $f(x)$. 如果 x 没有在定义域中, 你不能画任何点. 现在, 对于每一个实数 x, 我们重复这个过程, 从而构造出函数的图像.

这里的关键思想是, 你不可能有两个点有相同的 x 坐标. 换句话说, 在图像上没有两个点会落在相对于 x 轴的同一条垂线上. 要不然, 你又将如何知道在点 x 上方的两个或多个不同高度的点中, 哪一个是对应于 $f(x)$ 的值呢? 这样就有了**垂线检验**: 如果你有某个图像并想知道它是否是函数的图像, 你就看看是否任何的垂线和图像相交多于一次. 如果是这样的话, 那它就不是函数的图像; 反之, 如果没有一条垂线和图像相交多于一次, 那么你的确面对的是函数的图像. 例如, 以原点为中心, 半径为三个单位的圆的图像, 如图 1-2 所示.

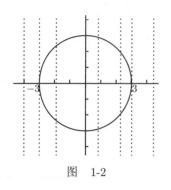

图   1-2

这么普通的对象应该是个函数, 对吗? 不对, 让我们进行如图所示的垂线检验. 当然, 在 −3 的左边或 3 的右边都没有问题 (垂线甚至都没有击中图像), 这很好. 就连在 −3 或 3 上, 垂线和图像也仅仅有一次相交, 这也很好. 问题出在 x 落在区间 $(−3, 3)$ 上时. 对于这其中的任意 x 值, 垂线通过 $(x, 0)$ 和圆相交两次, 这就坏事了. 你不知道 $f(x)$ 到底是对应上方的点还是下方的点.

最好的解决方法是把圆分成上下两个半圆, 并只选择上一半或者下一半. 整个圆的方程是 $x^2 + y^2 = 9$, 而上半圆的方程是 $y = \sqrt{9 - x^2}$, 下半圆的方程是 $y = -\sqrt{9 - x^2}$. 这最后两个就是函数了, 定义域都是 $[−3, 3]$. 你可以以不同的方式来分割. 实际上, 你不是必须要把它分成半圆 (可以分割并改变上半圆和下半圆, 只要不违反垂线检验就行了). 例如, 图 1-3 也是一个函数的图像, 其定义域也是 $[−3, 3]$.

垂线检验通过, 所以这确实是一个函数的图像.

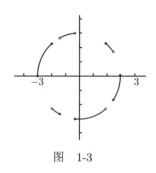

图   1-3

1.2 反 函 数

我们假设一个函数 f, 你给了它一个输入 x. 如果 x 在 f 的定义域中, 你就能得到一个输出, 我们称它为 $f(x)$. 现在, 我们把过程倒过来, 并问: 如果你选一个实数 y, 那么应该赋予 f 什么样的输入才能得到这个输出 y 呢?

用数学语言来陈述这个问题就是: 给定一个实数 y, 那么在 f 定义域中的哪个 x 满足 $f(x) = y$? 首先要注意的是, y 必须在 f 的值域中. 否则, 根据定义, 将不再有 x 的值使得 $f(x) = y$ 成立了. 如此在 f 定义域中将没有这样的 x 满足 $f(x) = y$, 因为值域是**所有**的可能输出.

另一方面, 如果 y 在值域当中, 也可能会有很多值都满足 $f(x) = y$. 例如 $f(x) = x^2$ (其定义域为 $\mathbb{R}$), 我们的问题是 x 取何值时会输出 64. 很显然, 有两个 x 值: 8 和 −8. 另外, 如果 $g(x) = x^3$, 对于相同的问题, 这时只有一个 x 值, 就是 4. 对于任意一个我们赋予 g 去做变换的实数, 结果都是如此, 因为任何数都只有一个 (实数) 立方根.

所以这里的情形如下: 给定一个函数 f, 在 f 的值域中选择 y. 在理想状况下, 仅有一个 x 值满足 $f(x) = y$. 如果上述理想状况对于值域中的每一个 y 来说都成立, 那么就可以定义一个新的函数, 它将逆转变换. 从输出 y 出发, 这个新的函数发现一个且仅有一个输入 x 满足 $f(x) = y$. 这个新的函数称为 f 的**反函数**, 并写作 f^{-1}. 以下是使用数学语言对上述情形的总结.

(1) 从一个函数 f 出发, 使得对于在 f 值域中的任意 y, 都只有唯一的 x 值满足 $f(x) = y$. 也就是说, 不同的输入对应不同的输出. 现在, 我们就来定义反函数 f^{-1}.

(2) f^{-1} 的定义域和 f 的值域相同.

(3) f^{-1} 的值域和 f 的定义域相同.

(4) $f^{-1}(y)$ 的值就是满足 $f(x) = y$ 的 x. 所以,

$$如果 f(x) = y, 那么 f^{-1}(y) = x.$$

变换 f^{-1} 就像是 f 的撤销按钮: 如果你从 x 出发, 并通过函数 f 将它变换为 y, 那么你可以通过在 y 上的反函数 f^{-1} 来撤销这个变换的效果, 取回 x.

这会引发一些问题: 你如何知道只有唯一的 x 值满足 $f(x) = y$ 呢? 如果是这样, 如何求得反函数呢, 其图像又是什么样子呢? 如果不是这样, 你又如何挽救这一局面呢? 在接下来的三个小节中我们会对这些问题做出回答.

1.2.1 水平线检验

对于第一个问题 —— 如何知道对于 f 值域中的任意 y, 只有一个 x 值满足 $f(x) = y$ —— 最好的方法也许是看一下函数图像. 我们想要在 f 值域中选择 y, 并且希望只有一个 x 值满足 $f(x) = y$. 这就意味着通过点 $(0, y)$ 的水平线应该和图像仅有一次相交, 且交点为点 (x, y). 那个 x 就是我们想要的. 如果水平线和曲线相交多于一次, 那将会有多个可能的对应 x 值, 情况会很糟. 如果是那样, 获得反函数唯一的方法就是对定义域加以限制, 我们很快会讨论这一点. 如果水平线根本就没有和曲线相交, 会怎样呢? 就是 y 根本没有在值域当中, 这样也不错.

这样一来, 就可以描述**水平线检验**: 如果每一条水平线和一个函数的图像相交至多一次, 那么这个函数就有一个反函数. 即使只有一条水平线和图像相交多于一次, 这个函数也是没有反函数的. 例如, 我们来看一下图 1-4 中 $f(x) = x^3$ 和 $g(x) = x^2$ 的图像.

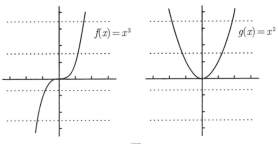

图　1-4

没有一条水平线和 $y = f(x)$ 相交多于一次，所以 f 有一个反函数. 另一方面，一些水平线和曲线 $y = g(x)$ 相交两次，所以 g 没有反函数. 这里的问题在于：如果通过 $y = x^2$ 来求解 x，其中 y 为正，那么就会出现两个解：$x = \sqrt{y}$ 和 $x = -\sqrt{y}$. 结果你不知道该取哪一个.

1.2.2　求反函数

现在来看第二个问题：如何求得函数 f 的反函数呢？其实只需写下 $y = f(x)$，然后试着解出 x. 在 $f(x) = x^3$ 的例子中，有 $y = x^3$，所以 $x = \sqrt[3]{y}$. 这就意味着，$f^{-1}(y) = \sqrt[3]{y}$. 如果你觉得变量 y 刺眼，可以将它改写为 x，写成 $f^{-1}(x) = \sqrt[3]{x}$.

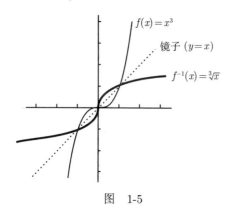

图　1-5

当然了，求解 x 并不总是那么简单. 事实上，求解经常是不可能的. 另一方面，如果你知道函数图像是什么样子的，反函数的图像就会很容易画出来. 基本思想是，在图像上画一条 $y = x$ 的直线，然后将这条直线假想为一个双面的镜子. 反函数就是原始函数的镜面反射. 如果 $f(x) = x^3$，那么 f^{-1} 的图像如图 1-5 所示.

原始函数 f 在 $y = x$ 这面"镜子"中被反射，从而得到反函数. 注意：f 和 f^{-1} 的定义域和值域都是整个实轴.

1.2.3　限制定义域

最后要处理第三个问题：　如果水平线检验失败因而没有反函数，　那应该怎么办呢？我们面临的问题是，对于相同的 y 有多个 x 值. 解决此问题的唯一方法是：除了这多个 x 值中的一个，我们放弃所有其他值. 也就是说，必须决定要保留哪一个 x 值，然后放弃剩余的值. 正如我们在 1.1 节中看到的，这称为**限制函数的定义域**. 实质上，我们删去部分曲线，使得保留下来的部分能够通过水平线检验. 例如 $g(x) = x^2$，可以删除左半边的图像，如图 1-6 所示.

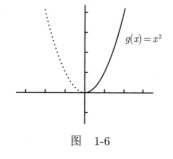

图　1-6

这条新的 (实线的) 曲线将定义域缩减为 $[0, \infty)$，并且满足水平线检验，所以它有反函数. 更确切地说，定义在定义域 $[0, \infty)$ 上的函数 h 有反函数，其中 $h(x) = x^2$. 让我们用镜面反射游戏来看一下它到底是什么样子的，如图 1-7 所示.

为了找到反函数的方程，我们必须在方程 $y = x^2$ 中解出 x. 很明显，问题

的解就是 $x = \sqrt{y}$ 或 $x = -\sqrt{y}$, 但是我们需要哪一个呢？我们知道反函数的值域和原始函数的定义域是相同的, 而后者被限制为 $[0, \infty)$, 所以我们需要一个非负的数来作为答案, 即 $x = \sqrt{y}$. 这就是说, $h^{-1}(y) = \sqrt{y}$. 当然, 也可以把原始图像的右半边删除, 将定义域限制为 $(-\infty, 0]$. 在那种情况下, 我们得到一个定义域为 $(-\infty, 0]$ 的函数 j. 它也满足 $j(x) = x^2$, 但只是在这个定义域上才成立. 这个函数也有反函数, 反函数是负的平方根, 即 $j^{-1}(y) = -\sqrt{y}$.

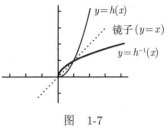

图　1-7

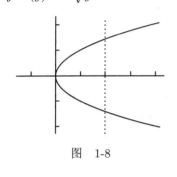

图　1-8

顺便说一下, 如果你让没有通过水平线检验的、定义域为 $(-\infty, \infty)$ 的原始函数 $g(x) = x^2$ 在镜子 $y = x$ 中反射, 那么你会得到如图 1-8 所示的图像.

注意到这个图像不会通过垂线检验, 所以它不是函数的图像. 这说明了垂线检验和水平线检验之间的联系, 即水平线被镜子 $y = x$ 反射后会变成垂线.

1.2.4 反函数的反函数

有关反函数还有一点：如果 f 有反函数, 那么对于在 f 定义域中的所有 x, $f^{-1}(f(x)) = x$ 成立; 同样, 对于在 f 值域当中的所有 y, 都有 $f(f^{-1}(y)) = y$. (记得, f 的值域和 f^{-1} 的定义域相同, 所以对于 f 值域中的 y, 我们确实可以取到 $f^{-1}(y)$, 不会导致任何曲解.)

例如 $f(x) = x^3$, f 的反函数由 $f^{-1}(x) = \sqrt[3]{x}$ 给出, 所以对于任意的 x, $f^{-1}(f(x)) = \sqrt[3]{x^3} = x$. 不要忘记, 反函数就像是撤销按钮. 我们使用 x 作为 f 的输入, 然后给出输出到 f^{-1}; 这撤销了变换并让我们取回了 x 这个原始的数. 类似地, $f(f^{-1}(y)) = (\sqrt[3]{y})^3$. 所以, f^{-1} 是 f 的反函数, 且 f 是 f^{-1} 的反函数. 换句话说, 反函数的反函数就是原始函数.

不过, 对于限制定义域的情况一定要当心. 令 $g(x) = x^2$, 我们已经看到你需要对其定义域加以限制, 方能取得反函数. 设想我们把定义域限制为 $[0, \infty)$, 但由于粗心大意而把函数继续看成是 g 而不是先前小节中那样的 h. 我们便会说 $g^{-1}(x) = \sqrt{x}$. 如果你真要计算 $g(g^{-1}(x))$, 你就会发现它是 $(\sqrt{x})^2$, 即等于 x, 只要 $x \geqslant 0$. (当然, 不是这样的话, 从一开始你就无法取得平方根.)

另一方面, 如果你解出 $g^{-1}(g(x))$, 你会得到 $\sqrt{x^2}$, 它不是总和 x 相同. 例如, 如果 $x = -2$, 那么 $x^2 = 4$, $\sqrt{x^2} = \sqrt{4} = 2$. 所以一般而言, $g^{-1}(g(x)) = x$ 不成立.

这里的问题在于, −2 没有在 g 的限制定义域当中. 而且, 从技术角度而言, 你甚至不可能计算 $g(-2)$, 因为 −2 不再属于 g 的定义域了. 我们确实应该使用 h, 而不是 g, 以便提醒自己要更加小心. 不过在实践中, 数学家们在限制定义域时经常不会改变字母! 所以把这种情形总结如下对大家是很有帮助的.

　　如果一个函数 f 的定义域可以被限制, 使得 f 有反函数 f^{-1}, 那么

- 对于 f 值域中的所有 y, 都有 $f\left(f^{-1}(y)\right) = y$; 但是
- $f^{-1}(f(x))$ 可能不等于 x; 事实上, $f^{-1}(f(x)) = x$ 仅当 x 在限制的定义域中才成立.

在 10.2.6 节, 对于反三角函数, 我们会再次提到这些要点.

1.3　函数的复合

　　假设有一个表达式为 $g(x) = x^2$ 的函数 g. 你可以将 x 替换成任何使函数有意义的对象, 如 $g(y) = y^2$ 或 $g(x + 5) = (x + 5)^2$. 后一个例子需要特别注意小括号, 若写成 $g(x + 5) = x + 5^2$ 就是错的, 因为 $x + 25$ 并不等于 $(x + 5)^2$. 所以在替换过程中如果拿不准, 可用小括号. 也就是说, 如果你需将 $f(x)$ 写成 $f($某表达式$)$, 可将每一个 x 替换成 (某表达式), 这时一定要加小括号. 唯一不需要加小括号的情况是, 当函数是指数函数时, 如 $h(x) = 3^x$, 你可以写成 $h(x^2 + 6) = 3^{x^2+6}$. 不需要加小括号是因为你已经将 $x^2 + 6$ 写成上标了.

　　现在考虑定义为 $f(x) = \cos(x^2)$ 的函数 f. 若给定一个数 x, 如何计算 $f(x)$ 呢? 你会首先计算 x 的平方, 然后计算平方值的余弦. 鉴于我们可将 $f(x)$ 的计算分解成前后相继的两个独立的计算, 我们也就可以将这些计算各描述成一个函数. 因此, 令 $g(x) = x^2$, $h(x) = \cos(x)$. 为了模拟函数 f 是如何作用于输入值 x 的, 你可先将 x 输入到函数 g 进行求平方运算, 接着不必返回 g 的结果而直接让 g 将其结果作为函数 h 的输入, 然后 h 计算出一个最终的结果值, 该结果值当然是由函数 g 计算出的 x 平方值的余弦值. 这个过程恰恰模拟了 f, 故我们可以写出 $f(x) = h(g(x))$, 也可表示为 $f = h \circ g$, 这里的圈表示 "与 …… 的复合", 即 f 是 g 与 h 的**复合**. 换言之, f 是 g 与 h 的复合函数. 这里需要小心的是, 我们把 h 写在 g 的前面 (像平常一样从左向右读), 但计算时我们要先从 g 开始. 我承认这确实容易让人搞混, 但我也没办法 —— 你只能试着去接受.

　　练习求两个或多个函数的复合是很有用的. 例如, 若 $g(x) = 2^x$, $h(x) = 5x^4$, $j(x) = 2x - 1$, 则函数 $f = g \circ h \circ j$ 的表达式是什么? 我们只需从 j 开始, 将其代换到 h, 接着再将结果代换到 g, 可得

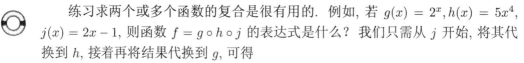

$$f(x) = g(h(j(x))) = g(h(2x - 1)) = g\left(5(2x - 1)^4\right) = 2^{5(2x-1)^4}.$$

同样, 你需要练习该过程的逆过程. 例如, 假定你开始于函数

$$f(x) = \frac{1}{\tan(5\log_2(x+3))}.$$

如何将 f 分解为几个简单函数呢? 从函数式中找到 x, 首先需要加 3, 所以设 $g(x) = x + 3$; 然后要对所得值取以 2 为底的对数, 所以令 $h(x) = \log_2(x)$; 接着需乘 5, 则设 $j(x) = 5x$; 再接着要求正切值, 因此令 $k(x) = \tan(x)$; 最后要取倒数, 于是令 $m(x) = 1/x$. 由上, 验证下式:

$$f(x) = m(k(j(h(g(x))))).$$

利用复合符号, 可以写成

$$f = m \circ k \circ j \circ h \circ g.$$

这并不是函数 f 的唯一分解形式. 例如, 我们可以将函数 h 和 j 复合成另一个函数 n, 其中 $n(x) = 5\log_2(x)$. 然后你应该验证一下 $n = j \circ h$ 和

$$f = m \circ k \circ n \circ g.$$

或许最初 (包含 j 和 h) 的分解较好一点, 因为它将 f 分解成更多的基本形式, 但第二种 (包含 n) 也没错, 毕竟 $n(x) = 5\log_2(x)$ 仍是关于 x 的较为简单的函数.

注意, 函数的复合并不是把它们相乘. 例如 $f(x) = x^2 \sin(x)$, f 不是两个函数的复合, 因为对任意给定的 x, 计算 $f(x)$ 的值需要求解 x^2 和 $\sin(x)$(先求哪个值都没关系, 这与复合函数不同), 然后将这两个值乘起来. 若令 $g(x) = x^2$, $h(x) = \sin(x)$, 则我们可以写成 $f(x) = g(x)h(x)$ 或 $f = gh$. 可将它与这两个函数的复合函数 $j = g \circ h$, 即

$$j(x) = g(h(x)) = g(\sin(x)) = (\sin(x))^2$$

或 $j(x) = \sin^2(x)$ 比较一下. 函数 j 完全不同于乘积 $x^2 \sin(x)$, 它同样不同于函数 $k = h \circ g$. 函数 k 也是 g 和 h 的复合函数, 不过是按另一个顺序的复合:

$$k(x) = h(g(x)) = h(x^2) = \sin(x^2).$$

k 是另一个完全不同的函数. 这个例子说明, 函数的乘积和复合是不同的, 且函数的复合与函数顺序有关, 而函数的乘积与函数顺序无关.

复合函数另一个简单但重要的例子是, 将函数 f 和 $g(x) = x - a(a$ 是常数) 进行复合. 对复合得到的新函数 $h(x) = f(x - a)$, 需要关注的是新函数 $y = h(x)$

和函数 $y = f(x)$ 的图像是一样的, 只不过 $y = h(x)$ 的函数图像向右平移了 a 个单位. 如果 a 是负的, 那么就是向左平移. (一种理解方式是, 向右平移 -3 个单位与向左平移 3 个单位是一样的.) 那么如何画 $y = (x-1)^2$ 的图像呢? 就像画 $y = x^2$ 的图像一样, 只是用 $x - 1$ 来代替 x. 所以可将函数 $y = x^2$ 的图像向右平移 1 个单位, 如图 1-9 所示.

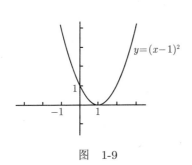

图 1-9

类似地, $y = (x+2)^2$ 的图像是将 $y = x^2$ 的图像向左平移 2 个单位, 可把 $(x+2)$ 理解为 $(x - (-2))$.

1.4   奇函数和偶函数

一些函数具有对称性, 这便于对它们进行讨论. 考虑定义为 $f(x) = x^2$ 的函数 f, 任选一个正数 (我选 3) 作用于函数 f(得到 9). 现在取该数的负值, 由我选择的数可得 -3, 将其作用于函数 f(又得到 9). 不论你选择的是几, 应该跟我一样, 两次得到了相同的值. 你可将这种现象表示为, 对所有的 x, 有 $f(-x) = f(x)$. 也就是说, 将 x 作为 f 的输入和将 $-x$ 作为输入, 会得到一样的结果. 注意到 $g(x) = x^4$ 和 $h(x) = x^6$ 同样具有这种性质. 事实上, 当 n 是偶数时 (n 可以是负数), $j(x) = x^n$ 具有相同的性质. 受以上讨论的启发, 我们说, 如果对 f 定义域里的所有 x 有 $f(-x) = f(x)$, 则 f 是偶函数. 这个等式对某些 x 值成立是不够的, 它必须对定义域里的**所有** x 都成立.

现在, 我们对函数 $f(x) = x^3$ 做相同的讨论. 选择你喜欢的任一正数 (我仍选 3) 作用于 f (得到 27). 用你选的数的负值再试一遍, 我的数的负值是 -3, 得到 -27, 你同样应该得到先前结果的负值. 可以用数学方式将其表示为 $f(-x) = -f(x)$. 同样地, 当 n 是奇数时 (n 可以是负数), $j(x) = x^n$ 具有相同的性质. 因此我们说, 当对 f 定义域内所有 x 都有 $f(-x) = -f(x)$ 时, f 是奇函数.

一般而言, 一个函数可能是奇的, 可能是偶的, 也可能非奇非偶. 要记住这一点, 大多数函数是非奇非偶的. 另一方面, 只有一个函数是既奇又偶的, 它就是非常单调的对所有 x 都成立的 $f(x) = 0$(我们称之为零函数). 它为什么是唯一的既奇又偶的函数呢? 我们证明一下. 若函数 f 是偶函数, 则对所有 x 有 $f(-x) = f(x)$; 但如果同时它又是奇的, 则对所有 x 有 $f(-x) = -f(x)$, 用第一个等式减去第二个等式, 得到 $0 = 2f(x)$, 即 $f(x) = 0$, 这对所有 x 成立, 因此函数 f 一定是零函数. 另一个有用的结论是, 如果一个函数是奇的, 并且 0 在其定义域内, 则 $f(0) = 0$. 为什么呢? 由于对定义域里的所有 x, f 都有 $f(-x) = -f(x)$, 我们用 0 试一下. 我们得 $f(-0) = -f(0)$, 但 -0 等于 0, 因此 $f(0) = -f(0)$, 化简得 $2f(0) = 0$, 即 $f(0) = 0$.

不论如何, 对于一个函数 f, 怎么来判定它是奇函数、偶函数或都不是呢? 若是奇函数或偶函数又怎样呢? 我们先来看下第二个问题, 然后再讨论第一个问题. 当知道一个函数的奇偶性之后, 一个比较好的事情就是画函数图像比较容易了. 事实上, 如果你能将这个函数的右半边图像画出来, 那么画左半边图像就是小菜一碟. 我们先讨论当 f 是偶函数时的情形. 因 $f(x) = f(-x)$, $y = f(x)$ 的图像在 x 和 $-x$ 坐标上方具有相同的高度, 且对所有的 x 都成立, 如图 1-10 所示.

我们得到这样的结论: **偶函数的图像关于 y 轴具有镜面对称性**. 所以当你画

出偶函数的右半边图像后, 就可以通过将其图像关于 y 轴反射得到它的左半边图像. 不妨用 $y = x^2$ 的图像检验一下它的镜面对称性.

另一方面, 假设 f 是奇函数. 因 $f(-x) = -f(x)$, $y = f(x)$ 图像在 x 坐标**上方**和 $-x$ 坐标**下方**具有相同的高度. (当然, 若 $f(x)$ 是负的, 你可以调换一下 "上方" 和 "下方" 两个词.) 不论如何, 其图像如图 1-11 所示.

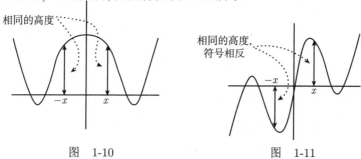

图 1-10　　　　　　　　　　　图 1-11

现在的对称性是关于原点的点对称, 即**奇函数的图像关于原点有 180° 的点对称性**. 这就意味着, 如果你只有奇函数的右半边图像, 你可按下面的方法得到其左半边的图像. 想象该曲线是浮在纸面上, 你能够把它拿起来但不能改变它的形状. 不过, 你没有把它拿起来, 而是用大头针在原点处把曲线钉住 (回想一下, 奇函数若在 0 处有定义, 它必定通过原点), 然后将整个曲线旋转半圈, 这样就得到左半边图像的样子了. (如果曲线是不连续的, 即不是连在一起的一条, 这个方法就不那么好用了.) 可验证一下, 上面的图像和函数 $y = x^3$ 的图像都具有这样的对称性.

现在假设 f 定义为 $f(x) = \log_5(2x^6 - 6x^2 + 3)$, 你怎么确定 f 是奇函数、偶函数, 还是都不是呢? 方法就是, 将每个 x 替换为 $(-x)$ 并计算 $f(-x)$, 一定要记着给 $-x$ 加上小括号, 然后化简结果. 如果你得出了原始表达式 $f(x)$, f 就是偶的; 如果得到原始表达式的负值 $-f(x)$, f 就是奇的; 如果得到的结果一团糟, 既不是 $f(x)$ 也不是 $-f(x)$, 则 f 就非奇非偶 (或之前的化简不充分). 由上例, 可得

$$f(-x) = \log_5(2(-x)^6 - 6(-x)^2 + 3) = \log_5(2x^6 - 6x^2 + 3),$$

本式实际上等于 $f(x)$ 本身, 因此函数 f 是偶的. 那函数

$$g(x) = \frac{2x^3 + x}{3x^2 + 5} \quad 和 \quad h(x) = \frac{2x^3 + x - 1}{3x^2 + 5}$$

的奇偶性又如何呢? 对函数 g, 我们有

$$g(-x) = \frac{2(-x)^3 + (-x)}{3(-x)^2 + 5} = \frac{-2x^3 - x}{3x^2 + 5}.$$

现在可把负号提到前面来, 得到

$$g(-x) = -\frac{2x^3 + x}{3x^2 + 5},$$

注意到结果等于 $-g(x)$, 即除了负号以外, 剩下部分就是原始函数, 因此 g 是奇函数. 那函数 h 呢? 我们有

$$h(-x) = \frac{2(-x)^3 + (-x) - 1}{3(-x)^2 + 5} = \frac{-2x^3 - x - 1}{3x^2 + 5}.$$

我们再次把负号提到前面来, 得到

$$h(-x) = -\frac{2x^3 + x + 1}{3x^2 + 5}.$$

嗯, 看起来这不是原始函数的负值, 因为分子上有个 $+1$. 它也不是原始函数本身, 所以函数 h 是非奇非偶的.

我们再看一个例子. 若想证明两个奇函数之积是偶函数, 该怎么做呢? 先给事物命名比较利于讨论, 我们就定义有两个奇函数 f 和 g. 我们需要看一下它们的乘积, 因此定义它们的积为 h, 即定义了 $h(x) = f(x)g(x)$, 而我们的任务是要证明 h 是偶的. 像往常一样, 我们需要证明 $h(-x) = h(x)$. 因 f 和 g 都是奇的, 注意到 $f(-x) = -f(x)$, $g(-x) = -g(x)$ 会有所帮助. 我们从 $h(-x)$ 开始. 由于 h 是 f 和 g 的乘积, 有 $h(-x) = f(-x)g(-x)$. 再利用 f 和 g 的奇函数性质将等式右边表示为 $(-f(x))(-g(x))$, 负号提到前面消掉, 由此得到 $f(x)g(x)$, 而它当然等于 $h(x)$. 我们可以 (也应该) 把上述过程用数学式表示为

$$h(-x) = f(-x)g(-x) = (-f(x))(-g(x)) = f(x)g(x) = h(x).$$

总之, 由 $h(-x) = h(x)$ 可得函数 h 是偶函数. 现在你应该可以证明两偶函数之积仍为偶函数, 奇函数和偶函数之积是奇函数. 马上试一下吧!

1.5   线性函数的图像

形如 $f(x) = mx + b$ 的函数叫作**线性函数**. 如此命名原因很简单, 因为它们的

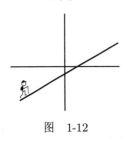

图   1-12

图像是直线. 直线的斜率是 m. 设想一下, 此时此刻你就在这页纸中, 这条直线就像是座山, 你从左向右开始登山, 如图 1-12 所示.

如果像左图一样, 斜率 m 为正数, 那么你正在上山. m 越大, 这段上坡就越陡. 相反, 如果 m 为负数, 那么你正在下山. m 的数值越小 (即绝对值越大), 这段下坡也就越陡. 如果斜率为 0, 这段山路就是水平的, 你既不在上山, 也不在下山, 仅仅是在沿一条水平直线前行.

你仅仅需要确认两个点, 就可以画出线性函数的图像, 因为两点确定一条直线. 你所要做的就是把尺子放在这两点上, 笔轻轻一连就行了. 其中一点很容易找, 就是 y 轴的截距. 设 $x = 0$, 很显然 $y = m \times 0 + b = b$. 也就是说, y 轴的截距为 b, 所以直线通过 $(0, b)$ 这点. 我们可以通过找 x 轴的截距来找另一点, 设 y 为 0, 求 x

的值. 不过, 这种方法在两种特殊情况下不适用.

情况一: $b = 0$, 这时函数变为 $y = mx$. 直线通过原点, x 轴和 y 轴的截距都为零. 为了求得另一点, 可以把 $x = 1$ 代入, 可得 $y = m$. 所以直线 $y = mx$ 通过原点和 $(1, m)$ 这两点. 例如, 直线 $y = -2x$ 通过原点和 $(1, -2)$, 如图 1-13 所示.

情况二: 当 $m = 0$, 这时函数变为 $y = b$, 是一条通过 $(0, b)$ 的水平直线.

更有趣的例子, 可考虑函数 $y = \dfrac{1}{2}x - 1$. 很显然, y 轴截距为 -1, 斜率为1/2. 为画这条直线, 我们还需要求出 x 轴的截距. 通过设 $y = 0$ 可以得出 $0 = \dfrac{1}{2}x - 1$, 化简后得出 $x = 2$. 图像如图 1-14 所示.

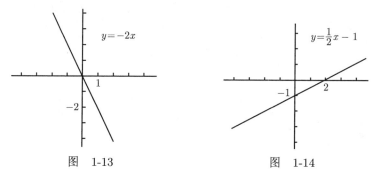

图 1-13   图 1-14

现在假设你知道平面上有一条直线, 但不知道它的方程. 如果你知道这条直线通过某一固定的点以及它的斜率, 那就能很容易地找到它的方程. 你真的, 真的, 真的, 很有必要去掌握这种方法, 因为它经常出现. 这个公式叫直线方程的**点斜式**, 其文字表达如下:

> 如果已知直线通过点 (x_0, y_0), 斜率为 m, 则它的方程为 $y - y_0 = m(x - x_0)$.

如果已知一条直线通过 $(-2, 5)$, 斜率为 -3, 如何求它的方程? 方程为 $y - 5 = -3(x - (-2))$, 化简后结果为 $y = -3x - 1$.

有时你不知道直线的斜率, 但知道它通过哪两点. 那怎样求它的方程呢? 技巧是, 找出它的斜率, 再用刚才的方法去求出方程. 首先, 你需要知道:

> 如果一条直线通过点 (x_1, y_1) 和 (x_2, y_2), 则它的斜率等于 $\dfrac{y_2 - y_1}{x_2 - x_1}$.

例如, 通过 $(-3, 4)$ 和 $(2, -6)$ 的直线方程是什么? 首先, 求它的斜率:

$$\text{斜率} = \frac{-6 - 4}{2 - (-3)} = \frac{-10}{5} = -2.$$

我们现在知道该直线通过 $(-3, 4)$, 斜率为 -2, 所以它的方程为 $y - 4 = -2(x - (-3))$, 化简后为 $y = -2x - 2$. 同样, 我们也可以使用另一点 $(2, -6)$ 和斜率 -2, 得出方程

为 $y - (-6) = -2(x - 2)$, 化简后为 $y = -2x - 2$. 你会发现, 无论使用哪一个点, 最后得到的结果都是相同的.

1.6   常见函数及其图像

下面是你应该知道的最重要的一些函数.

(1) **多项式**   有许多函数是基于 x 的非负次幂建立起来的. 你可以以 1、x、x^2、x^3 等为基本项, 然后用实数同这些基本项做乘法, 最后把有限个这样的项加到一起. 例如, 多项式 $f(x) = 5x^4 - 4x^3 + 10$ 是由 x^4 的 5 倍加 x^3 的 -4 倍加 10 而形成的. 你可能也想加中间的基本项 x^2 和 x, 但由于它们没有出现, 所以我们可以说零倍的 x^2 和零倍的 x. 基本项 x^n 的倍数叫作 **x^n 的系数**. 例如, 刚才的多项式 x^4、x^3、x^2、x 和常数项的系数分别为 5、-4、0、0 和 10. (顺便提一下, 为什么会有 x 和 1 的形式? 这两项看上去与其他项不同, 但它们实际上是一样的, 因为 $x = x^1, 1 = x^0$.) 最大的幂指数 n (该项系数不能为零) 叫作多项式的 **次数**. 例如上述多项式的次数为 4, 因为不存在比 4 大的 x 的幂指数. 次数为 n 的多项式的数学通式为

$$p(x) = a_n x^n + a_{n-1} x^{n-1} + \cdots + a_2 x^2 + a_1 x + a_0,$$

其中 a_n 为 x^n 的系数, a_{n-1} 为 x^{n-1} 的系数, 以此类推, 直到最后一项 1 的系数为 a_0.

由于 x^n 是所有多项式的基本项, 因而你应该知道它们的图像是什么样的. 偶次幂的图像之间是非常类似的; 同样, 奇次幂的图像之间也很类似. 图 1-15 是从 x^0 到 x^7 的图像.

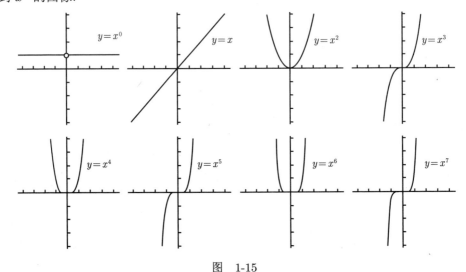

图   1-15

一般的多项式的图像是很难画的. 除非是很简单的多项式, 否则连 x 轴的截距

都经常很难找到. 不过, 多项式的图像左右两端的走势倒是容易判断. 这是由最高次数的项的系数决定的, 该系数叫作**首项系数**. a_n 就为上述多项式通式的首项系数. 例如, 我们刚才提到的多项式 $5x^4 - 4x^3 + 10$, 5 为它的首项系数. 实际上, 我们只需考虑首项系数正负以及多项式次数的奇偶就能判断图像两端的走势了. 所以图像两端的走势共有如下四种情况, 如图 1-16 所示.

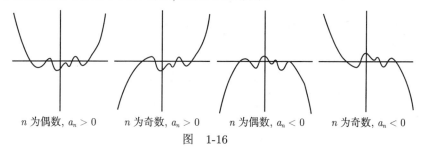

n 为偶数, $a_n > 0$　　n 为奇数, $a_n > 0$　　n 为偶数, $a_n < 0$　　n 为奇数, $a_n < 0$

图　1-16

上述图像的中间部分是由多项式的其他项决定的. 上图仅仅是为了显示图像左右两端的走势. 在这个意义上, 多项式 $5x^4 - 4x^3 + 10$ 的图像同最左边的图像类似, 因为 $n = 4$ 为偶数, $a_n = 5$ 为正数.

我们再稍微讨论一下次数为 2 的多项式, 又叫**二次函数**. 不写成 $p(x) = a_2 x^2 + a_1 x + a_0$, 而把系数分别写成 a、b、c 会更简单些, 即我们有 $p(x) = ax^2 + bx + c$. 根据判别式的符号可以判断二次函数到底有两个、一个还是没有实数解. 通常我们用希腊字母 Δ 来表示判别式 $\Delta = b^2 - 4ac$. 它共有三种可能性. 如果 $\Delta > 0$, 有两个不同的解; 如果 $\Delta = 0$, 只有一个解, 也可以说有两个相同的解; 如果 $\Delta < 0$, 在实数范围内无解. 对于前两种情况, 解为

$$\frac{-b \pm \sqrt{b^2 - 4ac}}{2a}.$$

注意到该表达式根号下为判别式. 二次函数的一个重要技术是**配方**. 下面举例说明. 考虑二次函数 $2x^2 - 3x + 10$. 第一步把二次项的系数提出来, 多项式变为了 $2\left(x^2 - \dfrac{3}{2}x + 5\right)$. 这时就得到一个二次项系数为 1 的多项式. 接下来的关键一步是把 x 的系数, 这里是 $-\dfrac{3}{2}$, 除以 2, 再平方. 我们得到 $\dfrac{9}{16}$. 我们多希望常数项是 $\dfrac{9}{16}$, 而不是 5, 所以我们开动脑筋:

$$x^2 - \frac{3}{2}x + 5 = x^2 - \frac{3}{2}x + \frac{9}{16} + 5 - \frac{9}{16}.$$

为什么要加一次 $\dfrac{9}{16}$, 又减一次 $\dfrac{9}{16}$ 呢? 因为这样的话, 前三项为平方形式 $\left(x - \dfrac{3}{4}\right)^2$. 这时我们得到

$$x^2 - \frac{3}{2}x + 5 = \left(x^2 - \frac{3}{2}x + \frac{9}{16}\right) + 5 - \frac{9}{16} = \left(x - \frac{3}{4}\right)^2 + 5 - \frac{9}{16}.$$

接下来, 只剩最后一小步, $5 - \dfrac{9}{16} = \dfrac{71}{16}$. 最后恢复系数 2, 我们有

$$2x^2 - 3x + 10 = 2\left(x^2 - \frac{3}{2}x + 5\right) = 2\left(\left(x - \frac{3}{4}\right)^2 + \frac{71}{16}\right) = 2\left(x - \frac{3}{4}\right)^2 + \frac{71}{8}.$$

事实证明, 这个形式在许多情形中更为便利. 你一定要学会如何配方, 因为我们要在第 18 章和第 19 章大量运用这个技巧.

(2) **有理函数**　形如 $\dfrac{p(x)}{q(x)}$, 其中 p 和 q 为多项式的函数, 叫作有理函数. 有理函数变化多样, 它的图像根据 p 和 q 两个多项式的变化而变化. 最简单的有理函数是多项式本身, 即 $q(x)$ 为 1 的有理函数. 另一个简单的例子是 $1/x^n$, 其中 n 为正整数. 图 1-17 是一些有理函数的图像.

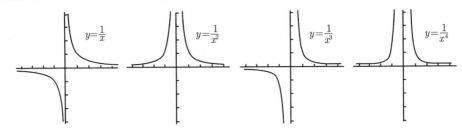

图　1-17

奇次幂的图像之间类似, 偶次幂的图像之间也很类似. 知道这些图像长什么样子是有帮助的.

(3) **指数函数和对数函数**　你需要知道指数函数的图像长什么样. 例如, 图 1-18 是 $y = 2^x$ 的图像.

$y = b^x (b > 1)$ 的图像都与这图类似. 有几点值得注意. 首先, 该函数的定义域为全体实数; 其次, y 轴的截距为 1 并且值域为大于零的实数; 最后, 左端的水平渐近线为 x 轴. 再强调一下, 该图像非常接近于 x 轴, 但永远不会接触到 x 轴, 无论在你的图形计算器上多么接近. (在第 3 章中, 我们会再次碰到渐近线.) $y = 2^{-x}$ 的图像是 $y = 2^x$ 关于 y 轴的对称, 如图 1-19 所示.

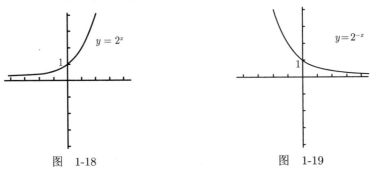

图　1-18　　　　　　　　　图　1-19

如果底小于 1, 情况会是怎样? 例如, 考虑 $y = \left(\dfrac{1}{2}\right)^x$ 的图像. 注意到 $\left(\dfrac{1}{2}\right)^x = 1/2^x = 2^{-x}$, 所以图 1-19 中 $y = 2^{-x}$ 的图像也是 $y = \left(\dfrac{1}{2}\right)^x$ 的图像, 因为对于任意 $x, 2^{-x}$ 与 $\left(\dfrac{1}{2}\right)^x$ 均相等. 同理可得任何 $y = b^x (0 < b < 1)$ 的图像.

由于 $y = 2^x$ 的图像满足水平线检验, 所以该函数有反函数. 这个反函数就是以 2 为底的对数函数 $y = \log_2(x)$. 以直线 $y = x$ 为镜子, $y = \log_2(x)$ 的图像如图 1-20 所示.

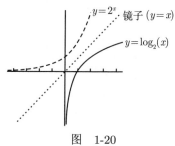

该函数的定义域为 $(0, +\infty)$, 这也印证了我之前所说的负数和 0 不能求对数的说法. 值域为全体实数, y 轴为垂直渐近线. $\log_b(x)(b > 1)$ 的图像都很相似. 对数函数在微积分的学习中很重要, 你一定要学会怎样画它们的图像. 我们将在第 9 章学习对数函数的性质.

图　1-20

(4) **三角函数**　三角函数很重要, 所以下一章整章将对其作详细介绍.

(5) **带有绝对值的函数**　让我们看一下形如 $f(x) = |x|$ 的**绝对值函数**. 该函数的定义为:

$$|x| = \begin{cases} x & \text{如果 } x \geqslant 0, \\ -x & \text{如果 } x < 0. \end{cases}$$

另一个看待这个绝对值函数的方法是, 它表示数轴上 0 和 x 的距离. 更一般而言, 你应该知道如下重要事实:

$$|x - y| \text{ 是数轴上 } x \text{ 和 } y \text{ 两点间的距离.}$$

例如, 假设你需要在数轴上找出区域 $|x - 1| \leqslant 3$. 我们可以将该不等式阐释为 x 和 1 之间的距离小于或等于 3. 也就是说, 我们要找到所有与 1 之间的距离不大于 3 的点. 所以我们画一个数轴并标记 1 的位置, 如图 1-21 所示.

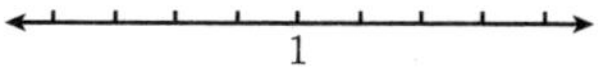

$$\overset{1}{\longleftrightarrow}$$

图　1-21

距离不大于 3 的点最左到 -2 最右到 4, 所以区域如图 1-22 所示.

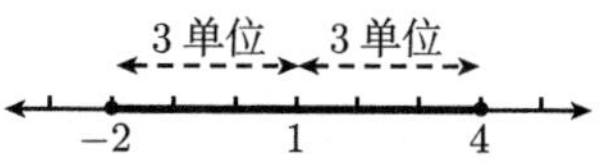

$$\underset{-2 \quad\quad 1 \quad\quad 4}{\overset{\text{3 单位} \quad \text{3 单位}}{\longleftrightarrow}}$$

图　1-22

所以区域 $|x - 1| \leqslant 3$ 也可表示为 $[-2, 4]$.

同样成立的是, $|x| = \sqrt{x^2}$. 可以检验一下. 当 $x \geqslant 0$, 显然 $\sqrt{x^2} = x$; 如果 $x < 0$, $\sqrt{x^2} = x$ 这个表达式就错了, 因为左边为正, 右边为负. 正确的表达式为 $\sqrt{x^2} = -x$, 这次右边为正了, 负负得正. 如果你再重新看一次 $|x|$ 的定义, 就会发现我们已经证明了 $|x| = \sqrt{x^2}$. 但尽管这样, 对于 $|x|$ 这个函数, 最好还是用分段函数去定义.

最后, 我们来看一些图像. 如果你知道一个函数的图像, 那么可以这样得到这个函数的绝对值的图像, 即以 x 轴为镜子, 把 x 轴下方的图像映射上来, x 轴上方的图像保持不变. 例如, 对于 $|x|$ 的图像, 可以通过翻转 $y = x$ 在 x 轴下方的部分得到, $y = |x|$ 的图像如图 1-23 所示.

怎样画 $y = |\log_2(x)|$ 的图像呢? 使用图像对称的原理, 这个绝对值函数的图像如图 1-24 所示.

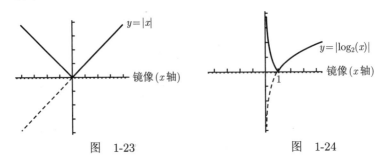

图   1-23   图   1-24

除了三角函数要在下一章讲外, 这是我在函数部分要讲解的所有内容. 但愿你之前已经见过本章中的许多内容, 因为其中的大部分知识将在微积分中被反复使用, 所以你需要尽快掌握这些知识.

第 2 章 三角学回顾

学习微积分必须要了解三角学. 说实话, 我们一开始不会碰到很多有关三角学的内容, 但当它们出现的时候, 会让我们感觉不容易. 因此, 我们不妨针对三角学最重要的一些方面进行一次全面的回顾:

- 用弧度度量的角与三角函数的基本知识;
- 实轴上的三角函数 (不只是介于 0° 和 90° 的角);
- 三角函数的图像;
- 三角恒等式.

准备开始回忆吧 ⋯⋯

2.1 基 本 知 识

首先要回忆的是弧度的概念. 旋转一周, 我们说成 2π 弧度而不是 360°. 这似乎有点古怪, 但这里也有一个理由, 那就是半径为 1 个单位的圆的周长是 2π 个单位. 事实上, 这个圆的一个扇形的弧长就是这个扇形的圆心角的弧度, 如图 2-1 所示.

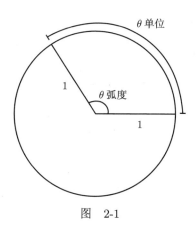

图 2-1

上图表示了一般情况, 但要紧的还是一些常用角的度和弧度表达. 首先, 你应该确实掌握, 90° 和 $\pi/2$ 弧度是一样的. 类似地, 180° 和 π 弧度是一样的, 270° 和 $3\pi/2$ 弧度是一样的. 一旦掌握了这几个角, 就试着将图 2-2 中所有的角在度与弧度之间来回转换吧.

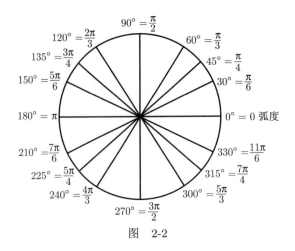

图　2-2

更一般地, 如果需要的话, 也可以使用公式

$$\text{用弧度度量的角} = \frac{\pi}{180} \times \text{用度度量的角}.$$

 例如, 要想知道 $5\pi/12$ 弧度是多少度, 可求解

$$\frac{5\pi}{12} = \frac{\pi}{180} \times \text{用度计量的角},$$

你会发现 $5\pi/12$ 弧度就是 $(180/\pi) \times (5\pi/12) = 75°$. 事实上, 可以将弧度和度的转换看成是一种单位的转换, 如英里和公里的转换一样. 转换因数就是 π 弧度等于 $180°$.

到目前为止, 我们仅仅研究了角, 现在来看看三角函数吧. 显然, 你必须知道如何由三角形来定义三角函数. 假设我们有一个直角三角形, 除直角外的一角被记为 θ, 如图 2-3 所示. 那么, 基本公式为

$$\sin(\theta) = \frac{\text{对边}}{\text{斜边}}, \quad \cos(\theta) = \frac{\text{邻边}}{\text{斜边}}, \quad \tan(\theta) = \frac{\text{对边}}{\text{邻边}}.$$

当然, 如果变换了角 θ, 那么也必须变换其对边和邻边, 如图 2-4 所示. 毫不奇怪, 对边就是对着角 θ 的边, 而邻边则是挨着角 θ 的边. 不过, 斜边始终保持不变: 它是最长的那条边, 并始终对着直角.

图　2-3　　　　　　　　　　　图　2-4

我们也会用到余割、正割和余切这些倒数函数, 它们的定义分别为

$$\csc(x) = \frac{1}{\sin(x)}, \quad \sec(x) = \frac{1}{\cos(x)}, \quad \cot(x) = \frac{1}{\tan(x)}.$$

如果你有计划要参加一次微积分的考试 (或者即便你没有), 我的一点建议是: 请熟记常用角 $0, \pi/6, \pi/4, \pi/3, \pi/2$ 的三角函数值. 例如, 你能不假思索化简 $\sin(\pi/3)$ 吗? $\tan(\pi/4)$ 呢? 如果你不能, 那么最好的情况下, 你通过画三角形来寻找答案, 从而白白浪费时间; 而最坏的情况下, 由于总是没有化简你的回答, 你白白丢掉分数. 解决的方法就是要熟记下表.

	0	$\dfrac{\pi}{6}$	$\dfrac{\pi}{4}$	$\dfrac{\pi}{3}$	$\dfrac{\pi}{2}$
sin	0	$\dfrac{1}{2}$	$\dfrac{\sqrt{2}}{2}$	$\dfrac{\sqrt{3}}{2}$	1
cos	1	$\dfrac{\sqrt{3}}{2}$	$\dfrac{\sqrt{2}}{2}$	$\dfrac{1}{2}$	0
tan	0	$\dfrac{\sqrt{3}}{3}$	1	$\sqrt{3}$	$\star$

表中的星号表示 $\tan(\pi/2)$ 无定义. 事实上, 正切函数在 $\pi/2$ 处有一条垂直渐近线 (从图像上看会很清楚, 我们将在 2.3 节对此进行研究). 无论如何, 你必须能够熟练地说出该表中的任意一项, 而且来回都要掌握! 这意味着你必须能够回答两类问题. 这两类问题的例子是:

(1) $\sin(\pi/3)$ 是什么? (使用该表, 答案是 $\sqrt{3}/2$.)

(2) 介于 0 到 $\pi/2$, 其正弦值为 $\sqrt{3}/2$ 的角是什么? (显然, 答案是 $\pi/3$.)

当然, 你必须能够回答该表中的每一项所对应的这两类问题. 就算我求大家了, 请背熟这张表! 数学不是死记硬背, 但有些内容是值得记忆的, 而这张表一定位列其中. 因此, 无论是制作记忆卡片, 让你的朋友来测验你, 还是每天抽一分钟记忆, 不管用什么办法, 请背熟这张表.

2.2 扩展三角函数定义域

上表 (你背熟了吗?) 仅仅包括介于 0 到 $\pi/2$ 的一些角. 但事实上, 我们可以取任意角的正弦或者余弦, 哪怕这个角是负的. 对于正切函数, 我们则不得不小心些. 例如, 上面我们看到的 $\tan(\pi/2)$ 是无定义的. 尽管如此, 我们还是能够对几乎每一个角取正切.

让我们首先来看看介于 0 到 2π (记住, 2π 就是 $360°$) 的角吧. 假设你想要计算 $\sin(\theta)$ (或 $\cos(\theta)$ 或 $\tan(\theta)$), 其中 θ 是介于 0 到 $\pi/2$ 的角. 为了看得更清

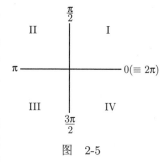

图 2-5

楚, 我们先来画一个带有一点古怪标记的坐标平面, 如图 2-5 所示.

注意到坐标轴将平面分成了四个象限, 标记为 I 到 IV, 且标记的走向为逆时针

方向. 这些象限分别被称为第一象限、第二象限、第三象限和第四象限. 下一步是要画一条始于原点的射线 (就是半直线). 那么究竟是哪一条射线呢? 这取决于角 θ. 来想象一下, 你自己站在原点上, 面向 x 轴的正半轴. 现在沿着逆时针方向转动角 θ, 然后你沿着一条直线向前走. 你的足迹就是你要找的那条射线了.

现在, 图 2-5 (以及图 2-2) 中的其他标记就说得通了. 事实上, 如果你转动了角 $\pi/2$, 你将正面向上并且你的足迹将是 y 轴的正半轴. 如果你转动了角 π, 你将得到 x 轴的负半轴. 如果你转动了角 $3\pi/2$, 你将得到 y 轴的负半轴. 最后, 如果你转动了角 2π, 那么就又会回到了你起始的那个位置, 即面向 x 轴的正半轴. 这就好像你根本没转动过! 这就是为什么图中会有 $0 \equiv 2\pi$. 对于角度而言, 0 和 2π 是等价的.

好了, 让我们取某个角 θ 并以恰当的方式画出它. 或许它就在第三象限的某个地方, 如图 2-6 所示.

注意到我们将这条射线标记为 θ, 而不是这个角本身. 不管怎样, 现在在这条射线上选取某个点并从该点画一条垂线至 x 轴. 我们对三个量感兴趣: 该点的 x 坐标和 y 坐标 (当然它们被称为 x 和 y), 以及该点到原点的距离, 我们称为 r. 注意, x 和 y 可能会同时为负 (事实上, 在图 2-7 中它们均为负). 然而, r 总是正的, 因为它是距离. 事实上, 根据毕达哥拉斯定理 (即勾股定理), 不管 x 和 y 是正还是负, 我们总会有 $r = \sqrt{x^2 + y^2}$. (平方会消除任何负号.)

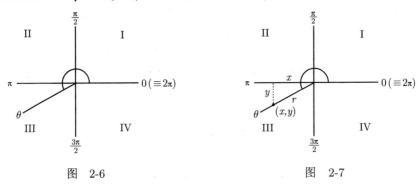

图 2-6   图 2-7

有了这三个量, 我们就可以定义如下的三个三角函数了:

$$\sin(\theta) = \frac{y}{r}, \quad \cos(\theta) = \frac{x}{r}, \quad \tan(\theta) = \frac{y}{x}.$$

将量 x、y 和 r 分别解释为邻边、对边和斜边, 这些函数恰好就是 2.1 节中的固定公式了. 不过等一下, 如果你在那条射线上选取了另外一个点, 那会是什么样子呢? 这不要紧, 因为你得到的新的三角形和原来的那个三角形是相似的, 而上述比值不会受到任何影响. 事实上, 为方便起见, 我们常常假设 $r = 1$, 这样得到的点 (x, y) 会落在所谓的**单位圆** (就是以原点为中心, 半径为 1 的圆) 上.

现在来看一个例子. 假设, 我们想求 $\sin(7\pi/6)$. 首先, $7\pi/6$ 会在第几象限呢?

我们需要决定 $7\pi/6$ 会出现在列表 $0, \pi/2, \pi, 3\pi/2, 2\pi$ 的哪个地方. 事实上, $7/6$ 大于 1 但小于 $3/2$, 故 $7\pi/6$ 在 π 和 $3\pi/2$ 之间. 事实上, 图 2-8 看起来很像前面的例子.

因此, 角 $7\pi/6$ 在第三象限. 然后, 我们选取了该射线上的一点, 该点至原点的距离 $r = 1$, 并从该点至 x 轴做了一条垂线. 由前述公式可知, $\sin(\theta) = y/r = y$ (因为 $r = 1$), 因此, 我们还是要求出 y. 好吧, 那个小角, 就是在 $7\pi/6$ 处的射线和 x 轴的负半轴 (其为 π) 之间的角一定是这两个角的差, 即 $\pi/6$. 这个小角被称为**参考角**. 一般来说, θ 的参考角是在表示角 θ 的射线和 x 轴之间的最小的角, 它必定介于 0 到 $\pi/2$. 在我们的例子中, 到 x 轴的最短路径是向上, 所以参考角如图 2-9 所示. 因此, 在那个小三角形中, 我们知道 $r = 1$, 以及角为 $\pi/6$. 似乎答案就是 $y = \sin(\pi/6) = 1/2$, 但这是错的! 由于在 x 轴的下方, y 一定为负值. 也就是说, $y = -1/2$. 因为 $\sin(\theta) = y$, 我们也就证明了 $\sin(7\pi/6) = -1/2$. 对于余弦来说, 也可以重复这个过程, 求出 $x = -\cos(\pi/6) = -\sqrt{3}/2$. 毕竟, 由于点 (x, y) 在 y 轴的左侧, 因此 x 必须为负. 这样就证明了 $\cos(7\pi/6) = -\sqrt{3}/2$, 并且识别出点 (x, y) 即为点 $(-\sqrt{3}/2,\ -1/2)$.

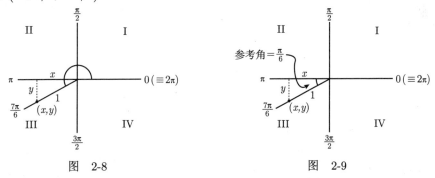

图　2-8　　　　　　　　　　　图　2-9

2.2.1 ASTC 方法

上例中的关键是将 $\sin(7\pi/6)$ 和 $\sin(\pi/6)$ 联系起来, 其中 $\pi/6$ 是 $7\pi/6$ 的参考角. 事实上, 并不难看出任意角的正弦就是其参考角正弦的正值或负值! 这就使问题缩小到两种可能性上, 而且没有必要再纠缠于 x, y 或 r 如此这般麻烦. 因此, 在我们的例子中, 只需要求出 $7\pi/6$ 的参考角, 即 $\pi/6$; 这就会立即可知 $\sin(7\pi/6)$ 等于 $\sin(\pi/6)$ 或 $-\sin(\pi/6)$, 而我们只需从中选出正确的结果. 我们发现, 结果是负的那个, 因为 y 是负的.

事实上, 在第三或第四象限中的任意角的正弦必定为负, 因为那里的 y 为负. 类似地, 在第二或第三象限中的任意角的余弦必定为负, 因为那里的 x 为负. 正切是比值 y/x, 它在第二和第四象限为负 (由于 x 和 y 中的一个为负, 但不全为负), 而在第一和第三象限为正.

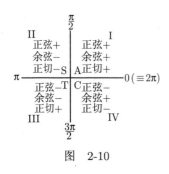

图　2-10

我们来总结一下这些发现. 首先, 所有三个函数在第一象限 (I) 中均为正. 在第二象限 (II) 中, 只有正弦为正, 其他两个函数均为负. 在第三象限 (III) 中, 只有正切为正, 其他两个函数均为负. 最后, 在第四象限 (IV) 中, 只有余弦为正, 其他两个函数均为负. 具体如图 2-10 所示.

事实上, 你只需要记住图表中的字母 ASTC 就行了. 它们会告诉你在那个象限中哪个函数为正.

"A" 代表 "全部", 意味着所有的函数在第一象限均为正. 显然, 其余的字母分别代表正弦、正切和余弦. 在我们的例子中, $7\pi/6$ 在第三象限, 所以只有正切函数在那里为正. 特别地, 正弦函数为负, 又由于我们已经把 $\sin(7\pi/6)$ 的可能取值缩小到 $1/2$ 或 $-1/2$ 了, 因此结果一定是负的那个, 即 $\sin(7\pi/6) = -1/2$.

ASTC 图唯一的问题在于, 它没有告诉我们该如何处理角 0, $\pi/2$, π 或 $3\pi/2$, 因为它们都位于坐标轴上. 这种情况下, 最好是先忘记所有 ASTC 的内容, 然后以恰当的方式画一个 $y = \sin(x)$ (或 $\cos(x)$, 或 $\tan(x)$) 的图像, 并且从图像中读取数值. 我们将在 2.3 节对此进行研究.

以下是用 ASTC 方法来求介于 0 到 2π 的角的三角函数值的总结.

(1) 画出象限图, 确定在该图中你感兴趣的角在哪里, 然后在图中标出该角.

(2) 如果你想要的角在 x 轴或 y 轴上 (即没有在任何象限中), 那么就画出三角函数的图像, 从图像中读取数值 (2.3 节有一些例子).

(3) 否则, 找出在代表我们想要的那个角的射线和 x 轴之间最小的角, 这个角被称为参考角.

(4) 如果可以, 使用那张重要的表来求出参考角的三角函数值. 那就是你需要的答案, 除了你可能还需要在得到的值前面添加一个负号.

(5) 使用 ASTC 图来决定你是否需要添一个负号.

来看一些例子. 如何求 $\cos(7\pi/4)$ 和 $\tan(9\pi/13)$ 呢? 我们一个一个地看. 对于 $\cos(7\pi/4)$, 我们注意到 $7/4$ 介于 $3/2$ 和 2 之间, 故该角必在第四象限, 如图 2-11 所示.

为了求出参考角, 注意到我们必须向上走到 2π (注意! 不是到 0), 因此, 参考角就是 2π 和 $7\pi/4$ 的差, 即 $(2\pi - 7\pi/4)$, 或简化为 $\pi/4$. 所以 $\cos(7\pi/4)$ 是正的或负的 $\cos(\pi/4)$. 根据表, $\cos(\pi/4)$ 是 $1/\sqrt{2}$. 但到底是正的还是负的呢? 由 ASTC 图可知, 在第四象限中余弦为正, 故结果为正的那个: $\cos(7\pi/4) = 1/\sqrt{2}$.

现在来看一下 $\tan(9\pi/13)$. 我们发现 $9/13$ 介于 $1/2$ 和 1 之间, 故角 $9\pi/13$ 在第二象限, 如图 2-12 所示.

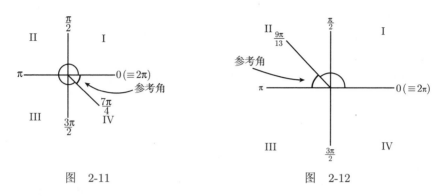

图 2-11   图 2-12

这一次, 我们需要走到 π 以到达 x 轴, 故参考角就是 π 和 $9\pi/13$ 的差, 即 $(\pi-9\pi/13)$, 或简化为 $4\pi/13$. 这样, 我们知道 $\tan(9\pi/13)$ 是正的或负的 $\tan(4\pi/13)$. 哎呀, 可是数 $4\pi/13$ 没有在我们的表里面, 因此不能化简 $\tan(4\pi/13)$. 可我们还是需要确定它是正的还是负的. 那好, ASTC 图显示, 在第二象限中只有正弦为正, 故正切一定为负, 于是 $\tan(9\pi/13) = -\tan(4\pi/13)$. 这就是不使用近似可以得到的最简形式. 在求解微积分问题的时候, 我不建议取近似结果, 除非题目中有明确要求. 一个常见的误解是, 当你计算如同 $-\tan(4\pi/13)$ 这样的问题时, 由计算器计算出来的数就是正确答案. 其实, 那只是一个近似! 所以你不应该写

$$-\tan(4\pi/13) = -1.448\,750\,113,$$

因为它不正确. 就应该写 $-\tan(4\pi/13)$, 除非有特别的要求, 让做近似. 在那种情况下, 使用约等号和更少的小数位数, 并恰当化整近似 (除非要求保留更多小数位数):

$$-\tan(4\pi/13) \approx -1.449.$$

顺便说一下, 你应该少用计算器. 事实上, 一些大学甚至不允许在考试中使用计算器! 因此, 你应该尽量避免使用计算器.

2.2.2 $[0,\ 2\pi]$ 以外的三角函数

还有一个问题, 就是如何取大于 2π 或小于 0 的角的三角函数. 事实上, 这并不太难, 简单地加上或减去 2π 的倍数, 直到你得到的角在 0 和 2π 之间. 你看, 它并不是在 2π 就完了. 它是一直在旋转. 例如, 如果我让你站在一点面向正东, 然后逆时针方向旋转 $450°$, 一种自然的做法是, 你旋转一整周, 然后再旋转 $90°$. 现在你应该是面向正北. 当然, 另一种不那么头晕目眩的做法是, 你只逆时针方向旋转 $90°$, 而你面向的是同样的方向. 因此, $450°$ 和 $90°$ 是等价的角. 当然, 这对于弧度来说也一样. 这种情况下, $5\pi/2$ 弧度和 $\pi/2$ 弧度是等价的角. 但为什么要止步于旋转一周呢? $9\pi/2$ 弧度又如何? 这和旋转 2π 两次 (这样我们得到 4π), 然后再旋转 $\pi/2$ 是

一样的. 因此, 在得到最终的 $\pi/2$ 之前, 我们做了两周徒劳的旋转. 旋转周数无关紧要, 我们再次得到 $9\pi/2$ 和 $\pi/2$ 等价. 这个过程可以被无限地扩展下去, 以得到等价于 $\pi/2$ 的角的一个家族:

$$\frac{\pi}{2}, \frac{5\pi}{2}, \frac{9\pi}{2}, \frac{13\pi}{2}, \frac{17\pi}{2}, \cdots.$$

当然, 这其中的每一个角都比前一个角多一个整周旋转, 即 2π. 但这仍然还没算完. 如果你做了所有这些逆时针旋转, 并感到头晕目眩, 或许你也会要求做一个或两个顺时针旋转来缓和一下. 这就相当于一个负角. 特别地, 如果你面向东, 我让你逆时针旋转 $-270°$, 对我这个怪异要求唯一合理的解释就是顺时针旋转 $270°$ (或 $3\pi/2$). 显然, 你最终仍然会面向正北, 因此, $-270°$ 和 $90°$ 一定是等价的. 确实, 我们将 $360°$ 加到 $-270°$ 上就会得到 $90°$. 使用弧度, 我们则看到, $-3\pi/2$ 和 $\pi/2$ 是等价的角. 另外, 我们可以要求更多负的 (顺时针方向) 整周旋转. 最后, 以下就是等价于 $\pi/2$ 的角的完全的集合:

$$\cdots, -\frac{15\pi}{2}, -\frac{11\pi}{2}, -\frac{7\pi}{2}, -\frac{3\pi}{2}, \frac{\pi}{2}, \frac{5\pi}{2}, \frac{9\pi}{2}, \frac{13\pi}{2}, \frac{17\pi}{2}, \cdots.$$

这个序列没有开端也没有结束. 当我说它是 "完全的" 时, 我用前后两头的省略号代表了无穷多个角. 为了避免这些省略号, 我们可以使用集合符号 $\{\pi/2 + 2\pi n\}$, 其中 n 可以取所有整数.

　　来看一下是否可以应用它吧. 如何求 $\sec(15\pi/4)$ 呢? 首先, 注意到如果我们能够求出 $\cos(15\pi/4)$, 所要做的就是取其倒数以得到 $\sec(15\pi/4)$. 因此, 让我们先求 $\cos(15\pi/4)$. 由于 $15/4$ 大于 2, 让我们先试着消去 2. 这样, $15/4 - 2 = 7/4$, 现在它介于 0 和 2 之间, 这看上去很有希望了. 代入 π, 我们看到 $\cos(15\pi/4)$ 和 $\cos(7\pi/4)$ 是一样的, 并且我们已经求出其结果为 $1/\sqrt{2}$. 因此, $\cos(15\pi/4) = 1/\sqrt{2}$. 取其倒数, 我们发现 $\sec(15\pi/4)$ 就是 $\sqrt{2}$.

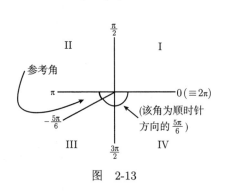

图　2-13

　　最后, $\sin(-5\pi/6)$ 又如何呢? 有很多方法来求解此问题, 但上面提到的方法是试着将 2π 的倍数加到 $-5\pi/6$ 上, 直到结果是介于 0 到 2π 的. 事实上, 2π 加上 $-5\pi/6$ 得 $7\pi/6$, 因此, $\sin(-5\pi/6) = \sin(7\pi/6)$, 后者我们已经知道等于 $-1/2$. 另外, 我们也可以直接画图 2-13.

　　现在, 你必须找出图中的参考角. 不难看出, 它是 $\pi/6$, 然后一如前述.

2.3 三角函数的图像

记住正弦、余弦和正切函数的图像会非常有用. 这些函数都是**周期的**, 这意味着, 它们从左到右反复地重复自己. 例如, 我们考虑 $y = \sin(x)$. 从 0 到 2π 的图像看上去如图 2-14 所示.

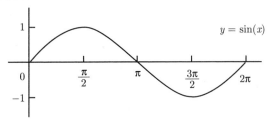

图 2-14

你应该做到能够不假思索就画出这个图像, 包括 $0, \pi/2, \pi, 3\pi/2$ 和 2π 的位置. 由于 $\sin(x)$ 以 2π 为单位重复 (我们说 $\sin(x)$ 是 x 的周期函数, 其周期为 2π), 通过重复该模式, 我们可以对图像进行扩展, 得到图 2-15.

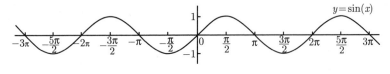

图 2-15

从图像中读值, 可以看到 $\sin(3\pi/2) = -1, \sin(-\pi) = 0$. 正如之前注意到的, 你应该这样去处理 $\pi/2$ 的倍数的问题, 而不用再找参考角那么麻烦了. 另一个值得注意的是, 该图像关于原点有 $180°$ 点对称性, 这意味着, $\sin(x)$ 是 x 的奇函数. (我们在 1.4 节中分析过奇偶函数.)

$y = \cos(x)$ 的图像和 $y = \sin(x)$ 的图像类似. 当 x 在从 0 到 2π 上变化时, 它看起来就像图 2-16.

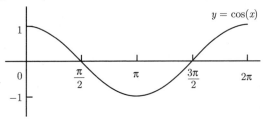

图 2-16

现在, 利用 $\cos(x)$ 是周期函数及其周期为 2π 这一事实, 可对该图像进行扩展, 得到图 2-17.

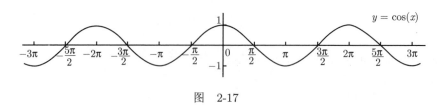

图　2-17

例如, 如果你想要求 $\cos(\pi)$, 只需从图像上读取, 你会看到结果是 -1. 此外, 注意到该图像关于 y 轴有镜面对称性. 这说明, $\cos(x)$ 是 x 的偶函数.

现在, $y = \tan(x)$ 略有不同. 最好是先画出 x 介于 $-\pi/2$ 到 $\pi/2$ 的图像, 如图 2-18 所示.

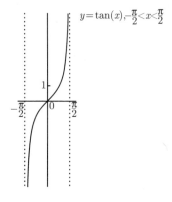

图　2-18

与正弦函数和余弦函数不同的是, 正切函数有垂直渐近线. 此外, 它的周期是 π, 而不是 2π. 因此, 上述图像可以被重复以便得到 $y = \tan(x)$ 的全部图像, 如图 2-19 所示.

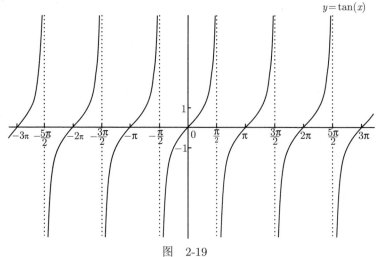

图　2-19

　　很明显, 当 x 是 $\pi/2$ 的奇数倍数时, $y = \tan(x)$ 有垂直渐近线 (因而此处是无定义的). 此外, 图像的对称性表明, $\tan(x)$ 是 x 的奇函数.

　　$y = \sec(x)$、$y = \csc(x)$ 及 $y = \cot(x)$ 的函数图像也值得我们去学习, 它们分别如图 2-20、图 2-21 及图 2-22 所示.

　　从它们的图像中, 可以得到所有六个基本三角函数的对称性的性质, 这些也都值得学习.

$\sin(x)$、$\tan(x)$、$\cot(x)$, 及 $\csc(x)$ 都是 x 的奇函数. $\cos(x)$ 和 $\sec(x)$ 都是 x 的偶函数.

因此, 对于所有的实数 x, 我们有 $\sin(-x) = -\sin(x)$, $\tan(-x) = -\tan(x)$, $\cos(-x) = \cos(x)$.

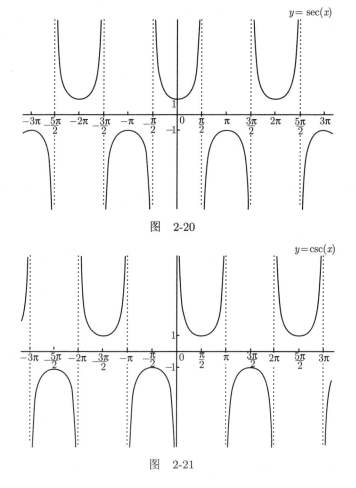

图　2-20

图　2-21

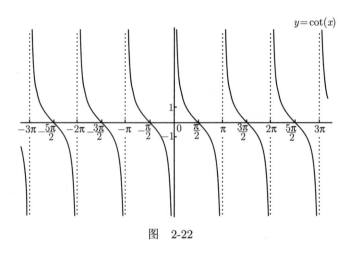

图 2-22

2.4 三角恒等式

三角函数间的关系用来十分方便. 首先, 注意到正切和余切可以由正弦和余弦来表示:

$$\tan(x) = \frac{\sin(x)}{\cos(x)}, \quad \cot(x) = \frac{\cos(x)}{\sin(x)}.$$

(有时, 根据这些恒等式, 用正弦和余弦来代替每一个正切和余切会有帮助, 但这只是你被卡住时不得已而为之的下下策.)

所有三角恒等式中最重要的就是毕达哥拉斯定理了 (用三角函数表示),

$$\boxed{\cos^2(x) + \sin^2(x) = 1.}$$

这对于任意的 x 都成立. (为什么这是毕达哥拉斯定理呢? 如果直角三角形的斜边是 1, 其中一个角为 x, 自己验证三角形的其他两条边长就是 $\cos(x)$ 和 $\sin(x)$.)

现在, 让这个等式两边同除以 $\cos^2(x)$. 你应该能够得到以下结果:

$$\boxed{1 + \tan^2(x) = \sec^2(x).}$$

该公式在微积分里也会经常出现. 另外, 你也可以将毕达哥拉斯定理等式两边同除以 $\sin^2(x)$, 得到以下等式:

$$\boxed{\cot^2(x) + 1 = \csc^2(x).}$$

这个公式好像没有其他公式出现得那么频繁.

三角函数之间还有其他一些关系. 你注意到了吗? 一些函数的名字是以音节 "co" 开头的. 这是 "互余" (complementary) 的简称. 说两个角互余, 意味着它们的和是 π/2 (或 90°). 可不是说它们相互恭维. 好吧, 不玩双关了, 事实是有以下一般关系:

$$\text{三角函数}\,(x) = \text{co-三角函数}\left(\frac{\pi}{2} - x\right).$$

特别地, 有:

$$\sin(x) = \cos\left(\frac{\pi}{2} - x\right), \quad \tan(x) = \cot\left(\frac{\pi}{2} - x\right), \quad \sec(x) = \csc\left(\frac{\pi}{2} - x\right).$$

甚至当三角函数名中已经带有一个 "co" 时, 以上公式仍然适用; 你只需要认识到, 余角的余角就是原始的角! 例如, co-co-sin 事实上就是 sin, co-co-tan 事实上就是 tan. 基本上, 这意味着我们还可以说:

$$\cos(x) = \sin\left(\frac{\pi}{2} - x\right), \quad \cot(x) = \tan\left(\frac{\pi}{2} - x\right), \quad \csc(x) = \sec\left(\frac{\pi}{2} - x\right).$$

最后, 还有一组恒等式值得我们学习. 这些恒等式涉及角的和与倍角公式. 特别地, 我们应该记住下列公式:

$$\boxed{\begin{aligned} \sin(A + B) &= \sin(A)\cos(B) + \cos(A)\sin(B) \\ \cos(A + B) &= \cos(A)\cos(B) - \sin(A)\sin(B). \end{aligned}}$$

还应该记住, 你可以切换所有的正号和负号, 得到一些相关的公式:

$$\sin(A - B) = \sin(A)\cos(B) - \cos(A)\sin(B)$$
$$\cos(A - B) = \cos(A)\cos(B) + \sin(A)\sin(B).$$

对于上述方框公式中的 $\sin(A + B)$ 和 $\cos(A + B)$, 令 $A = B = x$, 我们就会得到另一个有用的结果. 很明显, 正弦公式是 $\sin(2x) = 2\sin(x)\cos(x)$. 但让我们更仔细看一下余弦公式. 它会变成 $\cos(2x) = \cos^2(x) - \sin^2(x)$; 这本身没错, 但更有用的是使用毕达哥拉斯定理 $\sin^2(x) + \cos^2(x) = 1$ 将 $\cos(2x)$ 表示成为 $2\cos^2(x) - 1$ 或 $1 - 2\sin^2(x)$ (自己验证一下它们是成立的!). 综上, 倍角公式为:

$$\boxed{\begin{aligned} \sin(2x) &= 2\sin(x)\cos(x) \\ \cos(2x) &= 2\cos^2(x) - 1 = 1 - 2\sin^2(x). \end{aligned}}$$

那么如何用 $\sin(x)$ 和 $\cos(x)$ 来表示 $\sin(4x)$ 呢? 我们可以将 $4x$ 看作两倍的 $2x$, 并使用正弦恒等式, 写作 $\sin(4x) = 2\sin(2x)\cos(2x)$. 然后应用两个恒等式, 得到

$$\sin(4x) = 2(2\sin(x)\cos(x))(2\cos^2(x) - 1) = 8\sin(x)\cos^3(x) - 4\sin(x)\cos(x).$$

类似地,

$$\cos(4x) = 2\cos^2(2x) - 1 = 2(2\cos^2(x) - 1)^2 - 1 = 8\cos^4(x) - 8\cos^2(x) + 1.$$

你不用记这后两个公式; 相反, 你要确保理解了如何使用倍角公式来推导它们.

如果你能够掌握本章涉及的所有三角学内容, 就能够很好地学习本书的剩余部分了. 因此, 抓紧时间消化这些知识吧. 做一些例题, 并确保你记住了那张很重要的表格和所有方框公式.

第 3 章 极 限 导 论

如果没有极限的概念, 那么微积分将不复存在. 这意味着, 我们将用大量的时间来研究它们. 事实证明, 虽然恰当地定义一个极限是件相当棘手的事情, 但你仍然有可能对极限有个直观理解, 而无须深入其中的具体细节. 这对于解决微分和积分问题已经足够了. 因此, 本章仅仅包含对极限的直观描述; 正式描述请参见附录 A. 总的来说, 以下就是我们会在本章讲解的内容:

- 对于极限是什么的直观概念;
- 左、右与双侧极限, 及在 ∞ 和 $-\infty$ 处的极限;
- 何时极限不存在;
- 三明治定理 (也称作 "夹逼定理").

3.1 极限: 基本思想

让我们开始吧. 我们从某个函数 f 和 x 轴上的一点出发, 该点称为 a. 需要理解的是: 当 x 非常非常接近于 a, 但不等于 a 时, $f(x)$ 是什么样子的? 这是一个非常奇怪的问题, 人类晚近才发展出微积分很可能就是因为这个原因吧.

这里有一个例子, 说明了为什么要提出这样的问题. 令 f 的定义域为 $\mathbb{R} \setminus \{2\}$ (除 2 以外的所有实数), 并设 $f(x) = x - 1$. 这可以写作:

$$f(x) = x - 1 \quad \text{当 } x \neq 2.$$

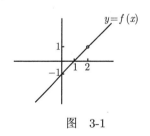

图 3-1

这看起来好像是一个古怪的函数. 毕竟, 到底为什么要将 2 从定义域中去除掉呢? 其实, 在下一章就会看到, f 很自然地就是个有理函数 (参见 4.1 节的第二个例子) 不过现在, 让我们姑且接受 f 的定义, 并画出其图像, 如图 3-1 所示.

那么 $f(2)$ 是什么呢? 或许你会说 $f(2) = 1$, 但这是大错特错了, 因为 2 根本不在 f 的定义域中. 你所能给出的最好回答就是 $f(2)$ 是无定义的. 另一方面, 当 x 非常非常接近于 2 的时候, 我们可以找到一些 $f(x)$ 的值, 并看看将会有什么发生. 例如, $f(2.01) = 1.01$, $f(1.999) = 0.999$. 稍作思考, 你会发现当 x 非常非常接近于 2 的时候, $f(x)$ 的值会非常非常接近于 1.

还有, 只要令 x 充分地接近于 2, 那么你想多接近于 1 就能多接近于 1, 却又不是真的达到 1. 例如, 如果你想要 $f(x)$ 在 1 ± 0.0001 内, 可以取在 1.9999 和

2.0001 之间的任意的 x 值 (当然, 除了 $x = 2$, 这是禁止的). 如果你想要 $f(x)$ 在 $1 \pm 0.000\,007$ 内, 那么选取 x 的时候, 你不得不更细心一点. 这一次, 你需要取在 1.999 993 和 2.000 007 之间的任意值了 (当然, 还是除了 2).

　　这些思想会在附录 A 的 A.1 节里有更详细的描述. 不过现在, 让我们回到正题, 直接写出

$$\lim_{x \to 2} f(x) = 1.$$

如果你大声将它读出来, 它听起来应该像是 "当 x 趋于 2, $f(x)$ 的极限等于 1". 再次说明, 这意味着, 当 x 接近于 2(但不等于 2) 时, $f(x)$ 的值接近于 1. 那到底有多近呢? 你想要多近就能多近. 以上陈述的另外一个写法是

$$f(x) \to 1 \text{ 当 } x \to 2.$$

这个写法更难用来计算, 但其意义很清晰: 当 x 沿着数轴从左侧或者从右侧趋近于 2 时, $f(x)$ 的值会非常非常接近于 1(并保持接近的状态!).

　　现在, 取上述函数 f 并对它做一点改动. 假设有一个新的函数 g, 其图像如图 3-2 所示.

　　函数 g 的定义域是所有实数, 并且 $g(x)$ 可以被定义为如下的分段函数:

$$g(x) = \begin{cases} x - 1 & \text{如果 } x \neq 2, \\ 3 & \text{如果 } x = 2 \end{cases}$$

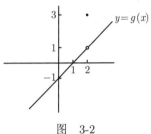

图　3-2

$\lim\limits_{x \to 2} g(x)$ 是什么呢? 这里的关键是, $g(2)$ 的值和该极限是不相关的! 只有那些在 x 接近于 2 时的 $g(x)$ 的值, 而不是在 2 处的值, 才是问题的关键. 如果忽略 $x = 2$, 函数 g 和之前的函数 f 就是完全相同的. 因此, 尽管 $g(2) = 3$, 我们还是有 $\lim\limits_{x \to 2} g(x) = 1$.

　　这里的要点是, 当你写出

$$\lim_{x \to 2} f(x) = 1,$$

的时候, 等式左边实际上不是 x 的函数! 要记住, 以上等式是说, 当 x 接近于 2 时, $f(x)$ 接近于 1. 事实上, 我们可以将 x 替换成其他任意字母, 上式仍然成立. 例如, 当 q 接近于 2 时, $f(q)$ 接近于 1, 因此我们有

$$\lim_{q \to 2} f(q) = 1.$$

也可以写成

$$\lim_{b \to 2} f(b) = 1, \quad \lim_{z \to 2} f(z) = 1, \quad \lim_{\alpha \to 2} f(\alpha) = 1,$$

如此等等, 直到用光了所有的字母和符号! 这里的要点是, 在极限

$$\lim_{x \to 2} f(x) = 1,$$

中, 变量 x 只是一个**虚拟变量**. 它是一个暂时的标记, 用来表示某个 (在上述情况下) 非常接近于 2 的量. 它可以被替换成其他任意字母, 只要替换是彻底的; 同样,

当你求出极限的值时, 结果不可能包含这个虚拟变量. 所以对虚拟变量你要灵活处理.

3.2　左极限与右极限

我们已经看到, 极限描述了函数在一个定点附近的行为. 现在想想看, 你会如何描述图 3-3 中 $h(x)$ 在 $x=3$ 附近的行为.

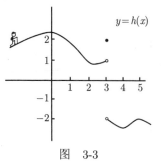

图　3-3

当然, 就趋于极限的行为而言, $h(3)=2$ 实际上是无关紧要的. 现在, 当你从左侧接近于 $x=3$ 时会发生什么呢? 想象一下, 你是图中的远足者, 顺着山势上下. $h(x)$ 的值会告诉你, 当你的水平位置是 x 时, 你所在高度是多少. 因此, 如果你从图的左边向右走, 那么当你的水平位置接近于 3 时, 你所在高度就会接近于 1. 当然, 当到达 $x=3$ 时你会陡然坠落 (更不用说那个古怪的小突起), 但暂时我们不关心. 这时任何在 $x=3$ 右侧的值, 包含 $x=3$ 本身对应的值, 都是无关紧要的. 因此, 就可以看到 $h(x)$ 在 $x=3$ 的**左极限**等于 1.

另一方面, 如果你从图的右边向左走, 那么当你的水平位置接近于 $x=3$ 时, 你所在高度就会接近于 -2. 这就是说, $h(x)$ 在 $x=3$ 的**右极限**等于 -2. 这时任何在 $x=3$ 左侧 (包含 $x=3$ 本身) 的值都是无关紧要的.

可将上述发现总结如下:
$$\lim_{x \to 3^-} h(x) = 1 \quad \text{及} \quad \lim_{x \to 3^+} h(x) = -2.$$
在上面第一个极限中 3 后的小减号表示该极限是一个左极限, 第二个极限中 3 后的小加号表示该极限是一个右极限. 要在 3 的后面写上减号或加号, 而不是在前面, 这是非常重要的! 例如, 如果你写成
$$\lim_{x \to -3} h(x),$$
那么指的是 $h(x)$ 在 $x=-3$ 时的通常的双侧极限, 而不是 $h(x)$ 在 $x=3$ 时的左极限. 这确实是两个完全不同的概念. 顺便说一下, 在左极限的极限符号底下写 $x \to 3^-$ 的理由是, 此极限只涉及小于 3 的 x 的值. 也就是说, 你需要在 3 上减一点点来看看有什么情况发生. 类似地, 对于右极限, 当你写 $x \to 3^+$ 的时候, 这意味着你只需要考虑如果在 3 上加一点点会有什么情况发生.

正如我们将在下一节看到的, 极限不是总存在的. 但这里的要点是: 通常的双侧极限在 $x=a$ 处存在, 仅当左极限和右极限在 $x=a$ 处都存在且相等! 在这种情况下, 这三个极限 (双侧极限、左极限和右极限) 都是一样的. 用数学的语言描述, 我们说,

$$\lim_{x \to a^-} f(x) = L \text{ 且 } \lim_{x \to a^+} f(x) = L$$

等价于

$$\lim_{x \to a} f(x) = L.$$

如果左极限和右极限不相等, 例如上述例子中的函数 h, 那么双侧极限不存在. 我们写作

$$\lim_{x \to 3} h(x) \text{ 不存在}$$

或使用缩写 "DNE" 表示 "不存在".

3.3 何时不存在极限

我们刚刚看到, 当相应的左极限和右极限不相等时双侧极限不存在. 这里有一个更戏剧性的例子. 考虑 $f(x) = 1/x$ 的图像, 如图 3-4 所示. $\lim_{x \to 0} f(x)$ 是什么呢? 双侧极限在那里不大可能存在. 因此, 我们先来试着求一下右极限, $\lim_{x \to 0^+} f(x)$. 看一下图像, 当 x 是正的且接近于 0 时, $f(x)$ 看起来好像非常大. 特别是, 当 x 从右侧滑向 0 时, 它看起来并不接近于任何数; 它就是变得越来越大了. 但会有多大呢? 它会比你能想象到的任何数都大! 我们说该极限是无穷大, 并写作

$$\lim_{x \to 0^+} \frac{1}{x} = \infty.$$

类似地, 这里的左极限是 $-\infty$, 因为当 x 向 0 上升时, $f(x)$ 会变得越来越负. 这就是说,

$$\lim_{x \to 0^-} \frac{1}{x} = -\infty.$$

由于左极限和右极限不相等, 故双侧极限显然不存在. 另一方面, 考虑函数 g, 其定义为 $g(x) = 1/x^2$, 其图像如图 3-5 所示.

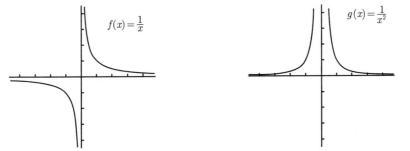

图 3-4   图 3-5

此函数在 $x = 0$ 处的左极限和右极限都是 ∞, 因此你也可以说 $\lim_{x \to 0} 1/x^2 = \infty$. 顺便说一下, 现在我们有了一个关于 "垂直渐近线" 的正式定义:

> "f 在 $x = a$ 处有一条垂直渐近线" 说的是, $\lim\limits_{x \to a^+} f(x)$ 和 $\lim\limits_{x \to a^-} f(x)$, 其中至少有一个极限是 ∞ 或 $-\infty$.

现在, 可能会出现左极限或右极限不存在的情况吗? 答案是肯定的! 例如, 让我们来看一个怪异的函数 g, 其定义为 $g(x) = \sin(1/x)$. 此函数的图像看起来会是什么样的呢? 首先, 让我们来看一下 x 的正值. 由于 $\sin(x)$ 在 $x = \pi, 2\pi, 3\pi, \cdots$ 上的值全为 0, 因而 $\sin(1/x)$ 在 $1/x = \pi, 2\pi, 3\pi, \cdots$ 上的值全为 0. 我们取其倒数, 会发现 $\sin(1/x)$ 在 $x = \dfrac{1}{\pi}, \dfrac{1}{2\pi}, \dfrac{1}{3\pi}, \cdots$ 上的值全为 0. 这些数就是 $\sin(1/x)$ 的 x 轴截距. 在数轴上, 它们看起来如图 3-6 所示.

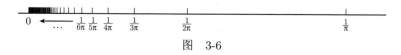

图　3-6

正如你看到的, 当接近于 0 的时候, 它们都挤在了一起. 由于在每一个 x 轴截距之间, $\sin(x)$ 向上走到 1 或向下走到 -1, 因此, $\sin(1/x)$ 也一样. 把目前已知的画出来, 可得到图 3-7.

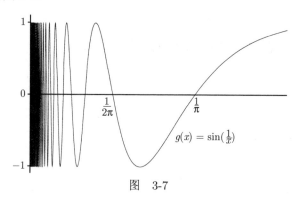

图　3-7

那么 $\lim\limits_{x \to 0^+} \sin(1/x)$ 是什么呢? 以上图像在 $x = 0$ 附近很杂乱. 它无限地在 1 和 -1 之间振荡, 当你从右侧向 $x = 0$ 处移动时, 振荡会越来越快. 这里没有垂直渐近线, 也没有极限①. 当 x 从右侧趋于 $x = 0$ 时, 该函数不趋于任何数. 因此可以说, $\lim\limits_{x \to 0^+} \sin(1/x)$ 不存在 (DNE). 我们会在下一节将 $y = \sin(1/x)$ 的图像补充完整.

3.4　在 ∞ 和 $-\infty$ 处的极限

还有一类需要研究的极限. 我们已经研究了在接近一点 $x = a$ 时的函数行为. 然而在有些情况下, 重要的是要理解当 x 变得非常大时, 一个函数的行为如何. 换

---

① 正式的证明请参见附录 A 的 A.3.4 节.

句话说, 我们感兴趣的是, 研究当变量 x 趋于 ∞ 时函数的行为. 我们想写出

$$\lim_{x \to \infty} f(x) = L,$$

并以此表示, 当 x 很大的时候, $f(x)$ 变得非常接近于值 L, 并保持这种接近的状态. (更多详情请参见附录 A 的 A.3.3 节.) 重要的是要意识到, 写出 "$\lim_{x \to \infty} f(x) = L$" 表示 f 的图像在 $y = L$ 处有一条右侧水平渐近线. 类似地, 当 x 趋于 $-\infty$ 时, 我们写出

$$\lim_{x \to -\infty} f(x) = L,$$

它表示当 x 变得越来越负 (或者更确切地说, $-x$ 变得越来越大) 时, $f(x)$ 会变得非常接近于值 L, 并保持接近的状态. 当然, 这对应于函数 $y = f(x)$ 的图像有一条左侧水平渐近线. 如果愿意, 你也可以把这些转化为定义:

> "f 在 $y = L$ 处有一条右侧水平渐近线" 意味着 $\lim_{x \to \infty} f(x) = L$.
> "f 在 $y = M$ 处有一条左侧水平渐近线" 意味着 $\lim_{x \to -\infty} f(x) = M$.

当然, 像 $y = x^2$ 这样的函数没有任何水平渐近线, 因为当 x 变得越来越大时, y 值只会无限上升. 用符号表示, 我们可以写作 $\lim_{x \to \infty} x^2 = \infty$. 另外, 极限也有可能不存在. 例如, $\lim_{x \to \infty} \sin(x)$. $\sin(x)$ 会变得越来越接近何值 (并保持这种接近状态) 呢? 它只是在 -1 和 1 之间来回振荡, 因此绝不会真正地接近任何地方. 此函数没有水平渐近线, 也不会趋于 ∞ 或 $-\infty$; 你所能作的最好回答是, $\lim_{x \to \infty} \sin(x)$ 不存在 (DNE). 证明请参见附录 A 的 A.3.4 节.

让我们回到上一节看到的函数 f, 其定义为 $f(x) = \sin(1/x)$. 当 x 变得非常大时会怎么样呢? 首先, 当 x 很大时, $1/x$ 会非常接近于 0. 由于 $\sin(0) = 0$, 那么 $\sin(1/x)$ 就会非常接近于 0. x 越大, $\sin(1/x)$ 就会越来越接近于 0. 我的论证有点粗略, 但希望能说服你相信[①]

$$\lim_{x \to \infty} \sin(1/x) = 0.$$

因此, $\sin(1/x)$ 在 $y = 0$ 处有一条水平渐近线. 这就能够扩展我们之前画的 $y = \sin(1/x)$ 的图像, 至少是向右边做扩展. 我们仍旧担心当 $x < 0$ 时会发生什么. 事情不是太糟糕, 因为 f 是一个奇函数. 理由是

$$f(-x) = \sin\left(\frac{1}{-x}\right) = \sin\left(-\frac{1}{x}\right) = -\sin\left(\frac{1}{x}\right) = -f(x).$$

注意到我们使用了 $\sin(x)$ 是 x 的奇函数的事实来由 $\sin(-1/x)$ 得到 $-\sin(1/x)$. 这样一来, 由于奇函数有一个很好的性质, 就是其图像关于原点对称 (参见 1.4 节), 可以完整地画出 $y = \sin(1/x)$ 的图像, 如图 3-8 所示.

---

① 如果你不信, 请参见附录 A 的 A.4.1 节!

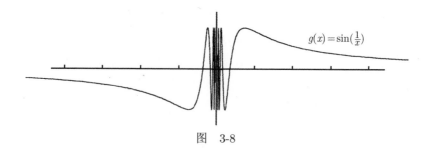

图 3-8

同样, 很难画出当 x 在 0 附近时的情况. x 越接近 0, 此函数就会振荡得越激烈. 当然, 该函数在 $x = 0$ 处无意义. 在上图中, 我选择避免在中间画得密密麻麻, 而是把那里的激烈振荡留给你想象.

大的数和小的数

希望我们都认同 $1\,000\,000\,000\,000$ 是一个大的数. 那么 $-1\,000\,000\,000\,000$ 呢? 或许这会引起争议, 但我要让你把它看作是一个大的负数, 而不是一个小的数. 举个小的数的例子, $0.000\,000\,001$, 同时 $-0.000\,000\,001$ 也是一个小的数 (更确切地说, 是一个小的负数). 有趣的是, 我们不打算把 0 看作是个小的数: 它就是零. 因此, 下面就是我们对于大的数和小的数的非正式定义:

- 如果一个数的绝对值是非常大的数, 则这个数是**大的**;
- 如果一个数非常接近于 0 (但不是真的等于 0), 则这个数是**小的**.

尽管上述定义在我们的实际应用中很有帮助, 但这实在是一个没有说服力的定义. "非常大" 和 "非常接近于 0" 分别意味着什么? 好吧, 我们考虑极限

$$\lim_{x \to \infty} f(x) = L.$$

正如之前看到的, 它表示当 x 是一个足够大的数时, $f(x)$ 的值就会几乎等于 L. 可问题是, 多大才是 "足够大" 呢? 这取决于你想让 $f(x)$ 距离 L 有多近! 不过, 从实际应用的角度出发, 如果 $y = f(x)$ 的图像看上去开始变得靠近在 $y = L$ 的水平渐近线, 那么这个数 x 足够大. 当然, 一切都依赖于函数 f 的定义, 例如图 3-9 中的两种情况.

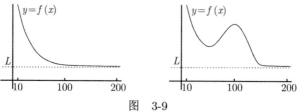

图 3-9

在这两种情况下, $f(10)$ 都不在 L 的附近. 在左图中, 当 x 至少是 100 时, $f(x)$ 看上去非常接近于 L, 因此, 任何比 100 大的数都是大数. 在右图中, $f(100)$ 远离 L,

因此, 现在的 100 就不是足够大了. 在这种情形下, 你可能需要走到 200. 那么你能够只选取一个像 1 000 000 000 000 这样的数, 然后说它已经很大了吗? 不可以, 因为一个函数有可能一直起伏不定, 直到比如 5 000 000 000 000 才变得趋于它的水平渐近线. 这里的要点是, "大的" 一词必须考虑到相关的某个函数或极限才有意义. 幸好, 没有最大, 只有更大, 往上还大有余地 —— 甚至一个像 1 000 000 000 000 这样的数, 相对于 10^{100} (古戈尔) 来说还是相当小, 而 10^{100} 与 $10^{1\,000\,000}$ 比起来又是那么微不足道 …… 顺便说一下, 我们会经常使用术语 "在 ∞ 附近" 来代替 "大的正的数". (在字面意义上说, 一个数不可能真的在 ∞ 附近, 因为 ∞ 无穷远. 不过在 $x \to \infty$ 时的极限的语境中, "在 ∞ 附近" 的说法还是说得通的.)

当然, 所有这些也都适用于 $x \to -\infty$ 时的极限, 你只需在上述所有大的正的数之前添加一个负号. 在这种情况下, 我们有时会说 "在 -∞ 附近" 来强调我们所指的是大的负的数.

另一方面, 我们会经常看到极限

$$\lim_{x \to 0} f(x) = L, \quad \lim_{x \to 0^+} f(x) = L \quad \text{或} \quad \lim_{x \to 0^-} f(x) = L.$$

在上述三种情况下, 我们知道, 当 x 足够接近于 0 时, $f(x)$ 的值几乎是 L. (对于右极限, x 还必须为正; 而对于左极限, x 还必须为负.) 那么 x 必须离 0 多近呢? 这取决于函数 f. 因此, 当说一个数是 "小的"(或者 "接近于 0") 时, 必须结合某个函数或极限的语境来考虑, 就像在 "大的" 情形中一样.

尽管这一番讨论让之前的非正式定义确实变得更严谨了一些, 但它仍不算完美. 如果你想了解更多, 真的应该查看一下附录 A 的 A.1 节和 A.3.3 节.

3.5 关于渐近线的两个常见误解

现在是时候来纠正一些关于水平渐近线的常见误解了. 首先, 一个函数不一定要在左右两边有相同的水平渐近线. 在 3.3 节 $f(x) = 1/x$ 的图像中, 左右两侧都有 $y = 0$ 这条水平渐近线. 也就是说,

$$\lim_{x \to \infty} \frac{1}{x} = 0 \quad \text{和} \quad \lim_{x \to -\infty} \frac{1}{x} = 0.$$

然而, 考虑图 3-10 中 $y = \tan^{-1}(x)$ (或反三角函数 $y = \arctan(x)$, 你可以使用这两种写法中的任意一种) 的图像.

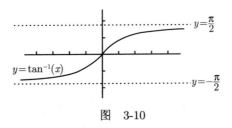

图　3-10

此函数在 $y = \pi/2$ 处有一条右侧水平渐近线, 在 $y = -\pi/2$ 处有一条左侧水平渐近线, 它们是不同的. 也可以用极限来表示:

$$\lim_{x \to \infty} \tan^{-1}(x) = \frac{\pi}{2}$$　和　$$\lim_{x \to -\infty} \tan^{-1}(x) = -\frac{\pi}{2}$$

因此, 一个函数的确可以有不同的右侧和左侧水平渐近线, 但最多只能有两条水平渐近线 (一条在右侧, 另一条在左侧). 它也有可能一条都没有, 或者只有一条. 例如, $y = 2^x$ 有一条左侧水平渐近线, 但没有右侧水平渐近线 (参见 1.6 节的图像). 这和垂直渐近线相反: 一个函数可以有很多条垂直渐近线 (例如, $y = \tan(x)$ 有无穷多条垂直渐近线).

另外一个常见误解是, 一个函数不可能和它的渐近线相交. 或许你曾学到, 渐近线是一条函数越来越接近但永远不会相交的直线. 这并不正确, 至少当你讨论的是水平渐近线时. 例如, 考虑定义为 $f(x) = \sin(x)/x$ 的函数 f, 这里我们只关心当 x 是很大的正数时的函数行为. $\sin(x)$ 的值在 -1 和 1 之间振荡, 因此, $\sin(x)/x$ 的值在曲线 $y = -1/x$ 和 $y = 1/x$ 之间振荡. 此外, $\sin(x)/x$ 和 $\sin(x)$ 有相同的零点, 即 $\pi, 2\pi, 3\pi, \cdots$. 综合所有的信息, 其图像如图 3-11 所示.

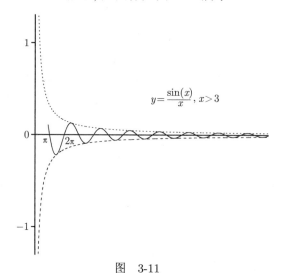

图　3-11

图像中用虚线表示的曲线 $y = 1/x$ 和 $y = -1/x$ 形成了正弦波的包络. 毫无疑问, 正如你从图像中看到的,

$$\lim_{x \to \infty} \frac{\sin(x)}{x} = 0$$

必定成立. 这意味着, x 轴是 f 的水平渐近线, 尽管 $y = f(x)$ 的图像与 x 轴一次又一次地相交. 为了证明上述极限, 我们需要应用所谓的三明治定理. 这个证明就在

下一节的结尾部分.

3.6 三明治定理

三明治定理 (又称作**夹逼定理**) 说的是, 如果一个函数 f 被夹在函数 g 和 h 之间, 当 $x \to a$ 时, 这两个函数 g 和 h 都收敛于同一个极限 L, 那么当 $x \to a$ 时, f 也收敛于极限 L.

以下是对该定理的一个更精确的描述. 假设对于所有的在 a 附近的 x, 我们都有 $g(x) \leqslant f(x) \leqslant h(x)$, 即 $f(x)$ 被夹在 $g(x)$ 和 $h(x)$ 之间. 此外, 我们假设 $\lim_{x \to a} g(x) = L$ 且 $\lim_{x \to a} h(x) = L$. 那么我们可以得出结论: $\lim_{x \to a} f(x) = L$; 即当 $x \to a$ 时, 所有三个函数都有相同的极限. 一如往常, 一图胜千言 (见图 3-12).

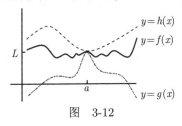

图 3-12

在图像中用实线表示的函数 f 被夹在其他两个函数 g 和 h 之间; 当 $x \to a$ 时, $f(x)$ 的极限被迫趋于 L. (三明治定理的证明参见附录 A 的 A.2.4 节.)

对于单侧极限, 我们也有一个类似版本的三明治定理, 只是这时不等式 $g(x) \leqslant f(x) \leqslant h(x)$ 仅在 a 的我们关心的一侧成立. 例如,

$$\lim_{x \to 0^+} x \sin\left(\frac{1}{x}\right)$$

是什么呢? $y = x \sin(1/x)$ 的图像和 $y = \sin(1/x)$ 的图像很相似, 只是现在, 前面有一个 x 致使函数陷于包络 $y = x$ 和 $y = -x$ 之间. 图 3-13 是 x 在 0 和 0.3 之间时的函数图像.

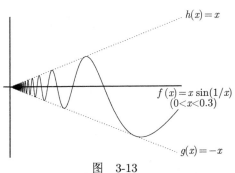

图 3-13

从图中可以看到, 当 x 趋于 0 时, 函数仍旧有激烈的振荡, 但现在它们被包络线抑制

着. 特别是, 这里求我们想要的极限正是三明治定理的一个完美应用. 函数 g 是下方的包络线 $y = -x$, 而函数 h 是上方的包络线 $y = x$. 我们需要证明对于 $x > 0$, 有 $g(x) \leqslant f(x) \leqslant h(x)$. 由于只需要 $f(x)$ 在 $x = 0$ 处的右极限, 所以我们不关心 $x < 0$ 时的情况. (事实上, 如果扩展到 x 轴负半轴, 你可以看到, 对于 $x < 0$, $g(x)$ 实际大于 $h(x)$, 所以三明治要翻个身!) 那么当 $x > 0$ 时, 要怎样证明 $g(x) \leqslant f(x) \leqslant h(x)$ 呢? 我们将会用到任意数 (在我们的例子中是 $1/x$) 的正弦都处于 -1 和 1 之间这一事实:

$$-1 \leqslant \sin\left(\frac{1}{x}\right) \leqslant 1.$$

现在用 x 乘以这个不等式, 由于 $x > 0$, 得到

$$-x \leqslant x \sin\left(\frac{1}{x}\right) \leqslant x.$$

而这正是我们需要的 $g(x) \leqslant f(x) \leqslant h(x)$. 最后, 注意到

$$\lim_{x \to 0^+} g(x) = \lim_{x \to 0^+} (-x) = 0 \quad 及 \quad \lim_{x \to 0^+} h(x) = \lim_{x \to 0^+} x = 0.$$

因此, 由于当 $x \to 0^+$ 时, 夹逼的函数 $g(x)$ 和 $h(x)$ 的值收敛于同一个数 0, 所以 $f(x)$ 也一样. 也就是说, 证明了

$$\lim_{x \to 0^+} x \sin\left(\frac{1}{x}\right) = 0.$$

要记住, 如果前面没有因子 x, 上式显然不成立; 正如我们在3.3节看到的, 当 $x \to 0^+$ 时, $\sin(1/x)$ 的极限不存在.

　　我们还没有解决上一节结尾部分的那个极限证明问题! 回想一下, 要证明的是

$$\lim_{x \to \infty} \frac{\sin(x)}{x} = 0.$$

为了证明此式, 需要用到三明治定理一个稍有不同的形式, 涉及在 ∞ 处的极限. 在这种情况下, 如果对于所有的很大的 x, 都有 $g(x) \leqslant f(x) \leqslant h(x)$ 成立; 又如果已知 $\lim_{x \to \infty} g(x) = L$ 且 $\lim_{x \to \infty} h(x) = L$. 就可以说, $\lim_{x \to \infty} f(x) = L$. 这与有限处极限的三明治定理几乎是一样的. 为了确立上述极限, 还要用到, 对于所有的 x, 都有 $-1 \leqslant \sin(x) \leqslant 1$, 但这次, 对于所有的 $x > 0$, 要用该不等式除以 x 得到

$$-\frac{1}{x} \leqslant \frac{\sin(x)}{x} \leqslant \frac{1}{x}.$$

现在, 令 $x \to \infty$, 由于 $-1/x$ 和 $1/x$ 的极限都是 0, $\sin(x)/x$ 的极限也必为 0. 也就是说, 由于

$$\lim_{x \to \infty} -\frac{1}{x} = 0 \quad 和 \quad \lim_{x \to \infty} \frac{1}{x} = 0,$$

也必有

$$\lim_{x \to \infty} \frac{\sin(x)}{x} = 0.$$

综上, 三明治定理说的是：

> 如果对于所有在 a 附近的 x 都有 $g(x) \leqslant f(x) \leqslant h(x)$, 且 $\lim\limits_{x \to a} g(x) = \lim\limits_{x \to a} h(x) = L$, 则 $\lim\limits_{x \to a} f(x) = L$.

这也适用于左极限或右极限; 在那种情况下, 不等式只需要在 a 的相应一侧对于 x 成立即可. 当 a 是 ∞ 或 $-\infty$ 时它也适用; 在那种情况下, 要求对于所有的非常大的 (分别是正的或负的)x, 不等式成立.

3.7　极限的基本类型小结

我们已经看过了极限的多种基本类型. 下面展示一些各种基本类型的代表性图像, 以此来结束本章.

(1) 在 $x = a$ 时的右极限, 见图 3-14. 这时在 $x = a$ 的左侧以及 $x = a$ 处 $f(x)$ 的行为是无关紧要的. (也就是说, 当讨论右极限时, 对于 $x \leqslant a$, $f(x)$ 取何值都不要紧. 事实上, 对于 $x \leqslant a$, $f(x)$ 甚至不需要被定义.)

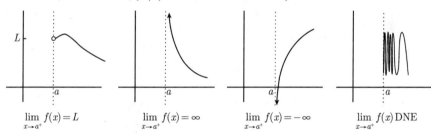

$$\lim_{x \to a^+} f(x) = L \qquad \lim_{x \to a^+} f(x) = \infty \qquad \lim_{x \to a^+} f(x) = -\infty \qquad \lim_{x \to a^+} f(x) \, \text{DNE}$$

图　3-14

(2) 在 $x = a$ 时的左极限, 见图 3-15. 这时在 $x = a$ 的右侧以及 $x = a$ 处 $f(x)$ 的行为是无关紧要的.

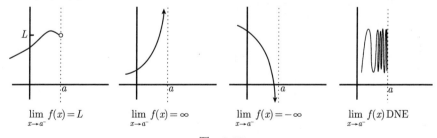

$$\lim_{x \to a^-} f(x) = L \qquad \lim_{x \to a^-} f(x) = \infty \qquad \lim_{x \to a^-} f(x) = -\infty \qquad \lim_{x \to a^-} f(x) \, \text{DNE}$$

图　3-15

(3) 在 $x = a$ 时的双侧极限, 见图 3-16. 在左图中, 左极限和右极限存在但不相等, 因此, 双侧极限不存在. 在右图中, 左极限和右极限存在并相等, 因此, 双侧极限存在并等于左右极限值. $f(a)$ 的值是无关紧要的.

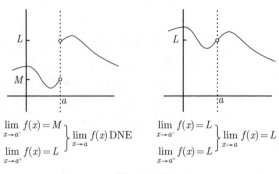

图 3-16

(4) 在 $x \to \infty$ 时的极限, 见图 3-17.

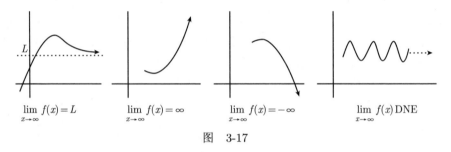

图 3-17

(5) 在 $x \to -\infty$ 时的极限, 见图 3-18.

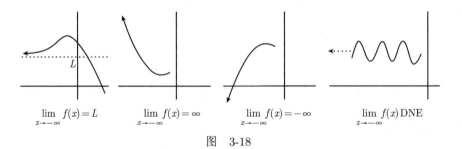

图 3-18

第 4 章　求解多项式的极限问题

在上一章中, 我们主要是从概念的角度学习了极限. 现在是时候来看一看求解极限的一些技巧了. 目前, 我们将注意力集中在涉及多项式的极限问题上; 以后, 我们还会看到如何处理涉及三角函数、指数函数和对数函数的极限问题. 正如我们将在下一章看到的, 微分会涉及比率的极限, 因此, 我们的注意力将主要集中在这种类型的极限上.

当你取两个多项式的比的极限时, 真正要紧的是注意到极限是在哪里取的. 特别是, 处理 $x \to \infty$ 和处理 $x \to a$(对于某个有限的数 a) 的技巧是完全不同的. 因此, 我们将对涉及下列函数类型的极限分开研究:

- $x \to a$ 时的有理函数;
- $x \to a$ 时的涉及平方根的函数;
- $x \to \infty$ 时的有理函数;
- $x \to \infty$ 时的类多项式 (或 "多项式型") 函数的比;
- $x \to -\infty$ 时的有理函数/多项式型函数;
- 涉及绝对值的函数.

4.1　$x{\to}a$ 时的有理函数的极限

让我们以极限

$$\lim_{x \to a} \frac{p(x)}{q(x)}$$

开始吧, 其中 p 和 q 都是多项式, 并且 a 是一个有限的数. (记住, 两个多项式之比 $p(x)/q(x)$ 被称作有理函数.) 你首先总是应该尝试用 a 的值替换 x. 如果分母不为 0, 那么你一切顺利, 极限值就是你做替换后所得到的值. 例如, 极限

$$\lim_{x \to -1} \frac{x^2 - 3x + 2}{x - 2}$$

是什么呢? 可以简单地将 $x = -1$ 代入表达式 $(x^2 - 3x + 2)/(x - 2)$ 中, 得到

$$\frac{(-1)^2 - 3(-1) + 2}{-1 - 2} = \frac{6}{-3} = -2.$$

其分母不为 0, 因此, -2 就是极限值. (我知道我在上一章说过, 函数在极限点上的值, 在上述情况下, 就是在 $x = -1$ 处的值, 是无关紧要的; 但在下一章中, 我们将学到连续性的概念, 它将证明这种 "代入" 法是没有问题的.)

另一方面, 如果你想要求

$$\lim_{x \to 2} \frac{x^2 - 3x + 2}{x - 2},$$

那么代入 $x = 2$ 并不会起到很好的效果: 你会得到 $(4 - 6 + 2)/(2 - 2)$, 简化为 $0/0$. 这被称作**不定式**. 如果你使用代入法并得到零比零的形式, 那么什么都可能会发生: 极限或许是有限的, 极限或许是 ∞ 或 $-\infty$, 或者极限或许不存在. 我们可以借助因式分解这一重要技巧来求解上例. 特别是, $x^2 - 3x + 2$ 可以被分解为 $(x - 2)(x - 1)$. 因此, 通过删除公因子我们可以写出

$$\lim_{x \to 2} \frac{x^2 - 3x + 2}{x - 2} = \lim_{x \to 2} \frac{(x - 2)(x - 1)}{x - 2} = \lim_{x \to 2} (x - 1).$$

现在, 就可以将 $x = 2$ 代入到表达式 $(x - 1)$ 中了; 你会得到 $2 - 1$, 其结果是 1. 那就是要求的极限值.

　　这引出了经常会被误解的一点. 有两个函数 f 和 g, 定义分别是

$$f(x) = \frac{x^2 - 3x + 2}{x - 2} \quad 和 \quad g(x) = x - 1.$$

那它们是同一个函数吗? 为什么不能说

$$f(x) = \frac{x^2 - 3x + 2}{x - 2} = \frac{(x - 2)(x - 1)}{x - 2} = x - 1 = g(x)?$$

好吧, 你几乎可以这么说! 唯一的问题出在当 $x = 2$ 时, 因为那时分母 $(x - 2)$ 就等于 0, 而这就说不通了. 因此, f 和 g 不是同一个函数: 数 2 不在 f 的定义域中, 但它却在 g 的定义域中. (事实上, 之前已经碰到过这个函数 f, 可参见第 3 章开头的讨论及图像.) 另一方面, 如果你把极限符号放在以上等式链中每一项的最前面, 那么一切就都没问题, 因为这时, $f(x)$ 和 $g(x)$ 在 $x = 2$ 处的值是无关紧要的, 只有那些在 $x = 2$ 附近的 $f(x)$ 和 $g(x)$ 的值才有关紧要. 因此, 上述极限问题的解的确是有效的.

　　来看看另一个有关不定式的例子. 同样, 这里的技巧是试着将所有多项式做因式分解. 为此, 除了要知道如何分解二次多项式之外, 了解立方差的公式也非常重要:

$$\boxed{a^3 - b^3 = (a - b)(a^2 + ab + b^2).}$$

以下是一个更难的例子, 你需要使用上述公式. 求

$$\lim_{x \to 3} \frac{x^3 - 27}{x^4 - 5x^3 + 6x^2}.$$

如果你将 $x = 3$ 代入, 你会得到 $0/0$(试着做一下就会知道了). 因此让我们试着来分解分子和分母. 分子是 x^3 和 3^3 的差, 因此, 可以使用上述的加框公式. 分母有一个明显的因子是 x^2, 因此它可以被写成 $x^2(x^2 - 5x + 6)$. 二次的 $x^2 - 5x + 6$ 也

可以被分解; 综上, 你可以验证一下, 有

$$\lim_{x \to 3} \frac{x^3 - 27}{x^4 - 5x^3 + 6x^2} = \lim_{x \to 3} \frac{(x-3)(x^2 + 3x + 9)}{x^2(x-3)(x-2)}.$$

代入 $x = 3$ 不起作用, 因为因子 $(x-3)$ 在分母上. 另一方面, 由于是要取极限, 只需要关注 x 在 3 附近的情况; 因此, 能够消去分子和分母中的公因子 $(x-3)$ (它们永远不会等于 0). 因此, 在因式分解并消去公因子之后使用代入法, 完整的求解为

$$\lim_{x \to 3} \frac{x^3 - 27}{x^4 - 5x^3 + 6x^2} = \lim_{x \to 3} \frac{(x-3)(x^2 + 3x + 9)}{x^2(x-3)(x-2)} = \lim_{x \to 3} \frac{x^2 + 3x + 9}{x^2(x-2)}$$

$$= \frac{3^2 + 3 \cdot 3 + 9}{3^2(3-2)} = 3.$$

要是分母为 0 但分子不为 0 又会怎么样呢? 在那种情况下, 将总会牵扯到一条垂直渐近线, 即有理函数的图像在你感兴趣的 x 值上会有一条垂直渐近线. 但这里的问题是, 会有四种情形出现. 在图 4-1 所示的每一幅图里, f 是一个我们关心的有理函数, 图下面则是 $x = a$ 处的各种极限.

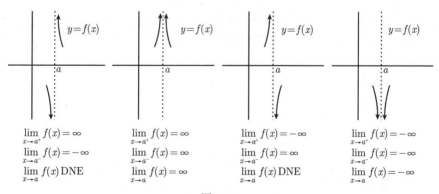

$$\lim_{x \to a^+} f(x) = \infty \qquad \lim_{x \to a^+} f(x) = \infty \qquad \lim_{x \to a^+} f(x) = -\infty \qquad \lim_{x \to a^+} f(x) = -\infty$$
$$\lim_{x \to a^-} f(x) = -\infty \qquad \lim_{x \to a^-} f(x) = \infty \qquad \lim_{x \to a^-} f(x) = \infty \qquad \lim_{x \to a^-} f(x) = -\infty$$
$$\lim_{x \to a} f(x) \, \text{DNE} \qquad \lim_{x \to a} f(x) = \infty \qquad \lim_{x \to a} f(x) \, \text{DNE} \qquad \lim_{x \to a} f(x) = -\infty$$

图 4-1

那么你又如何分辨出你在处理的是这四种情形中的哪一种呢? 其实, 你只需要查看一下 $f(x)$ 在 $x = a$ 两边的符号就可以了. 例如, 如果它在两边都是正的, 那么你一定是在处理上述的第二种情形. 下面就是一个实际的例子: 如何求

$$\lim_{x \to 1} \frac{2x^2 - x - 6}{x(x-1)^3}?$$

首先, 代入 $x = 1$ 得出 $-5/0$. (自己尝试做一下!) 因此, 我们必定是在处理上述四种情形中的一种. 会是哪一种呢? 我们指定 $f(x) = (2x^2 - x - 6) / \left(x(x-1)^3 \right)$, 并观察当移动 x 到 1 的附近时会有什么情况发生. 首先注意到的是, 当 $x = 1$ 时, 分子 $(2x^2 - x - 6)$ 等于 -5, 因此, 当在 1 的附近稍微移动一下 x, 则分子保持负值. 那么分母里的因子 x 会怎样呢? 当 $x = 1$ 时, 这个因子当然是 1, 它是正的. 并且, 当你在 1 的附近稍微移动一下 x, 它也保持为正的. 关键因子是 $(x-1)^3$, 当 $x > 1$

时它为正, 而当 $x < 1$ 时为负. 因此, 可以总结如下 (使用 (+) 和 (−) 分别表示正的和负的量, 并且当然要利用 $(-) \cdot (-) = (+)$ 等事实):

$$\text{当 } x > 1, \frac{(-)}{(+) \cdot (+)} = (-); \quad \text{当 } x < 1, \frac{(-)}{(+) \cdot (-)} = (+).$$

也就是说, 当 x 比 1 大一点的时候, $f(x)$ 是负的; 而当 x 比 1 小一点的时候, $f(x)$ 是正的. 比对上述的四幅图, 只有第三幅图对应我们的问题. 特别是, 我们可以看到双侧极限

$$\lim_{x \to 1} \frac{2x^2 - x - 6}{x(x-1)^3}$$

不存在, 而单侧极限存在 (尽管它们是无穷大); 具体来说,

$$\lim_{x \to 1^+} \frac{2x^2 - x - 6}{x(x-1)^3} = -\infty \quad \text{和} \quad \lim_{x \to 1^-} \frac{2x^2 - x - 6}{x(x-1)^3} = \infty.$$

现在, 假设对极限做了微小的改变, 使它成为

$$\lim_{x \to 1} \frac{2x^2 - x - 6}{x(x-1)^2}.$$

一切又会怎样呢? 当 x 接近于 1 时, 分子仍然是负的, 且因子 x 依然是正的, 但 $(x-1)^2$ 呢? 由于它是一个平方, 当 x 接近 1 但不等于 1 时, 它必定是正的. 因此, 现在有下列情形:

$$\text{当 } x > 1, \frac{(-)}{(+) \cdot (+)} = (-); \quad \text{当 } x < 1, \frac{(-)}{(+) \cdot (+)} = (-).$$

现在在 $x = 1$ 的两边有负值, 因此必定有

$$\lim_{x \to 1} \frac{2x^2 - x - 6}{x(x-1)^2} = -\infty.$$

当然, 左极限和右极限也都是 $-\infty$.

4.2 $x \to a$ 时的平方根的极限

考虑极限

$$\lim_{x \to 5} \frac{\sqrt{x^2 - 9} - 4}{x - 5}.$$

如果代入 $x = 5$, 你会得到 0/0 型的不定式 (试着做一下看看!). 进行因式分解也好像不太管用 —— 你可以将 $x^2 - 9$ 写作 $(x-3)(x+3)$, 但这也不会起多大作用, 因为还有一个 -4 在分子上. 你需要做的是, 把分子分母同时乘以 $\sqrt{x^2 - 9} + 4$, 也就是 $\sqrt{x^2 - 9} - 4$ 的**共轭表达式**. (或许你已经在之前的数学学习过程中碰到过共轭表达式了, 尤其是在分母有理化的时候. 其基本思想是, $a - b$ 的共轭表达式是 $a + b$, 反之亦然.) 因此, 得到

$$\lim_{x \to 5} \frac{\sqrt{x^2 - 9} - 4}{x - 5} = \lim_{x \to 5} \frac{\sqrt{x^2 - 9} - 4}{x - 5} \times \frac{\sqrt{x^2 - 9} + 4}{\sqrt{x^2 - 9} + 4}.$$

这看起来更复杂了, 但某种好事情即将发生: 使用公式 $(a-b)(a+b) = a^2 - b^2$, 分子可简化为 $\left(\sqrt{x^2-9}\right)^2 - 4^2$, 即 $x^2 - 25$. 因此, 以上极限就是

$$\lim_{x \to 5} \frac{x^2 - 25}{(x-5)(\sqrt{x^2-9}+4)}.$$

将 $x^2 - 25$ 分解为 $(x-5)(x+5)$ 并消去分子分母中的公因子, 此极限变为

$$\lim_{x \to 5} \frac{(x-5)(x+5)}{(x-5)(\sqrt{x^2-9}+4)} = \lim_{x \to 5} \frac{x+5}{\sqrt{x^2-9}+4}.$$

现在, 如果代入 $x = 5$ 就没有问题了, 你会得到 10/8, 即 5/4. 这个例子的要义在于, 如果你碰到一个平方根加上或减去另外一个量, 可以试着把分子分母同时乘以其共轭表达式, 也许会有令人高兴的惊喜发生呢!

4.3 $x \to \infty$ 时的有理函数的极限

现在, 让我们回到有理函数, 但这次要看看当 $x \to \infty$ 而不是某个有限的值时会有什么情况发生. 用符号表示, 现在想要求极限

$$\lim_{x \to \infty} \frac{p(x)}{q(x)},$$

其中 p 和 q 是多项式. 现在, 这里有一个非常重要的多项式性质: 当 x 很大时, 首项决定一切. 这就是说, 如果你有一个多项式 p, 那么当 x 变得越来越大时, $p(x)$ 的表现就好像只有它的首项存在一样. 例如, 假设 $p(x) = 3x^3 - 1000x^2 + 5x - 7$. 让我们设 $p_L(x) = 3x^3$, 它就是 p 的首项. 这里我要说的是: 当 x 变得非常非常大时, $p(x)$ 和 $p_L(x)$ 会相对地非常接近. 更确切地说, 我们有

$$\lim_{x \to \infty} \frac{p(x)}{p_L(x)} = 1.$$

在明白为什么上式成立之前, 先来看一下它想要表达的意义. 想象一下如果没有极限符号, 这个等式将是

$$\frac{p(x)}{p_L(x)} = 1,$$

这意味着 $p(x) = p_L(x)$. 很明显这不是真的 (至少对于绝大多数的 x 值来说), 但随着 x 越来越大, 该等式就会越来越趋近于是真的. 那么为什么不写成

$$\lim_{x \to \infty} p(x) = \lim_{x \to \infty} p_L(x)?$$

这确实是真的, 但由于两边都是 ∞, 它毫无意义. 因此, 我们只能接受, 用其比接近于 1 来表达 $p(x)$ 和 $p_L(x)$ 非常接近. 随着 x 越来越大, 其比趋于 1, 而不必等于 1.

这说得通吗? 为什么是首项呢? 为什么不是其他项中的一项呢? 如果你着急, 可以跳到下一段去看看数学证明; 然而, 首先, 我想让你有个直观感受, 用实际的大的 x 值做检验, 来看看在例子 $p(x) = 3x^3 - 1000x^2 + 5x - 7$ 中会发生什么. 从 $x = 100$ 开始. 在那种情况下, $3x^3$ 是三百万, 而 $1000x^2$ 是一千万. 量 $5x$ 仅为 500, 而 7 更

是无足轻重. 因此, 所有的值加在一起, 可以看到 $p(100)$ 大概是负七百万. 另一方面, $p_L(100)$ 是三百万, 这看起来不是太好: $p(100)$ 和 $p_L(100)$ 完全不同. 可是不要丧失信心, 毕竟 100 不是很大. 假设我们将 x 设为 $1\,000\,000$, 即一百万. 那么 $3x^3$ 会变得非常大: 它是 $3\,000\,000\,000\,000\,000\,000$, 即三百万万亿! 相比之下, $1000x^2$ 会变得相对微小, 它仅是一千万亿 (即 $1\,000\,000\,000\,000\,000$), 而 $5x$ 只是五百万, 更是微不足道. 项 -7 就只是让人可发一笑了. 因此, 为了计算 $p(1\,000\,000)$, 需要用三百万万亿减去一千万亿再加上一些微小的变化 (在五百万以下的小变化). 不得不承认, 结果还是接近于三百万万亿! 毕竟, 这里处理的是多少个万亿呢? 我们有三百万个万亿, 而只是去掉了其中的一千个, 所以剩下还有差不多三百万个万亿. 也就是说, $p(1\,000\,000)$ 大概是三百万万亿, 这不就是 $p_L(1\,000\,000)$ 的值吗? 这里的要点是, 当 x 变大时, 最高次数项比其他项增长得更快. 事实上, 如果你用一个更大的数来代替 $1\,000\,000$, x^3 与诸如 x^2 和 x 这样的低次数项之间的差异会变得更为明显.

书归正传, 让我们试着给出一个真正的证明, 证明

$$\lim_{x \to \infty} \frac{p(x)}{p_L(x)} = 1.$$

这里必须要做一些实际的数学了. 先写出

$$\lim_{x \to \infty} \frac{p(x)}{p_L(x)} = \lim_{x \to \infty} \frac{3x^3 - 1000x^2 + 5x - 7}{3x^3},$$

它可简化为

$$\lim_{x \to \infty} \left(\frac{3x^3}{3x^3} - \frac{1000x^2}{3x^3} + \frac{5x}{3x^3} - \frac{7}{3x^3} \right) = \lim_{x \to \infty} \left(1 - \frac{1000}{3x} + \frac{5}{3x^2} - \frac{7}{3x^3} \right).$$

你该如何处理它呢? 首先注意到, 可以将最后一个表达式分成四个单独的极限. 因此, 如果你知道, 当 x 变得非常大时, $1, -1000/3x, 5/3x^2$ 和 $-7/3x^3$ 这四个量会发生什么情况的话, 那么就可以把这四个极限加在一起来得到你想要求的极限. 技术上讲, 这可以描述为 “和的极限等于极限的和”; 这在所有的极限都是有限的①时候成立. 因此, 我们要分别考虑这四个量. 第一个是 1, 不管 x 是什么, 它总是 1. 第二个量是 $-1000/3x$. 当 x 变大时, 它会怎么样呢? 也就是说,

$$\lim_{x \to \infty} -\frac{1000}{3x}$$

是什么呢? 这里的诀窍是, 意识到你可以将因子 $-1000/3$ 提出来. 特别是, 该极限可以表示为

$$\lim_{x \to \infty} -\frac{1000}{3} \frac{1}{x}.$$

---

① 如果极限不是有限的, 它就不成立! 试考虑 $\lim\limits_{x \to \infty} (x + (1-x))$. 对于任意的 x, 都有 $(x + (1-x)) = 1$, 因此, 此极限是 1. 另一方面, 这两个单独的 (x) 和 $(1-x)$ 的极限是 $\lim\limits_{x \to \infty}(x)$ 和 $\lim\limits_{x \to \infty}(1-x)$. 第一个极限是 ∞, 第二个极限是 $-\infty$, 但 $\infty + (-\infty) = 1$ 不成立. 事实上, 表达式 $\infty + (-\infty)$ 是无意义的.

由于 $-1000/3$ 是常数, 不管 x 是什么, 它都不会改变. 因此, 把它拖到极限符号之外 (更多详情参见附录 A 的 A.2.2 节). 于是有

$$\lim_{x \to \infty} -\frac{1000}{3}\frac{1}{x} = -\frac{1000}{3} \lim_{x \to \infty} \frac{1}{x}.$$

我们已经知道, 一个非常大的数的倒数是一个非常小的数 (记住, 这意味着一个非常接近于零的数). 因此, $\lim_{x \to \infty} 1/x = 0$, 而 $-1000/3$ 乘上此极限还是 0. 于是结论是

$$\lim_{x \to \infty} -\frac{1000}{3x} = 0.$$

事实上, 你应该直接写出上述结论, 而不用加入过多细节. 更一般地, 你可以使用下述定理: 对于任意的 $n > 0$, 只要 C 是常数, 就有

$$\boxed{\lim_{x \to \infty} \frac{C}{x^n} = 0.}$$

由这个事实可知, 当 x 变得非常大时, 其他两项 $5/3x^2$ 和 $-7/3x^3$ 也趋于 0. 因此, 完整的论证是

$$\lim_{x \to \infty} \frac{3x^3 - 1000x^2 + 5x - 7}{3x^3} = \lim_{x \to \infty} \left(1 - \frac{1000}{3x} + \frac{5}{3x^2} - \frac{7}{3x^3}\right)$$
$$= 1 + 0 + 0 + 0 = 1.$$

这样就证明了, 在特例 $p(x) = 3x^3 - 1000x^2 + 5x - 7$ 中,

$$\lim_{x \to \infty} \frac{p(x)}{p(x)\text{的首项}} = 1.$$

幸运的是, 同样的方法适用于任意的多项式, 并且我们会在本章的剩余部分反复使用它.

方法和例子

此方法的一般思想是: 当看到某个关于 p 的多项式 $p(x)$ 是多于一项时, 把它代以

$$\frac{p(x)}{p(x)\text{的首项}} \times (p(x)\text{的首项}).$$

对于每一个多项式都这样做! 注意到, 所需做的就是用该多项式除以并乘以其首项, 因此并没有改变 $p(x)$ 的量. 这里的要点是, 当 $x \to \infty$ 时, 以上表达式中的分式的极限是 1, 并且首项比原来的表达式简单得多. 让我们来看看这在实际中如何应用吧. 例如,

$$\lim_{x \to \infty} \frac{x - 8x^4}{7x^4 + 5x^3 + 2000x^2 - 6}$$

是什么呢? 有两个多项式: 一个在上, 一个在下. 对于分子, 首项是 $-8x^4$. (不要被分子中项的顺序所迷惑, 首项并不总是写在最前面!) 因此, 要把分子代以

$$\frac{x - 8x^4}{-8x^4} \times (-8x^4).$$

类似地, 分母的首项是 $7x^4$, 因此, 把分母代以

$$\frac{7x^4 + 5x^3 + 2000x^2 - 6}{7x^4} \times (7x^4).$$

做完这两次替换, 会有

$$\lim_{x \to \infty} \frac{x - 8x^4}{7x^4 + 5x^3 + 2000x^2 - 6} = \lim_{x \to \infty} \frac{\dfrac{x - 8x^4}{-8x^4} \times (-8x^4)}{\dfrac{7x^4 + 5x^3 + 2000x^2 - 6}{7x^4} \times (7x^4)}.$$

对于这个式子, 你应该关注的是比

$$\frac{-8x^4}{7x^4},$$

因为这是精华所在. 其他分式的极限都是 1, 但我们已经有效地从两个多项式中 "压榨" 出了所有重要的 "果汁", 得到简单的两个首项的比. 幸运的是, 那个比可简化为 $-8/7$, 这应该就是我们的答案了. 确凿起见, 必须证明其他分式的极限为 1, 但这不成问题. 你看, 在每一个小的分式里, 可以做除法, 并且上述极限可以写作

$$\lim_{x \to \infty} \frac{-\dfrac{1}{8x^3} + 1}{1 + \dfrac{5}{7x} + \dfrac{2000}{7x^2} - \dfrac{6}{7x^4}} \times \frac{-8x^4}{7x^4}.$$

现在来取极限. 根据上一节的方框公式, 当 $x \to \infty$ 时, 任何形如 C/x^n 的表达式都趋于 0(只要 C 是常数, 且 $n > 0$). 因此, 大多数的项就消失了! 我们也可以消去右边的因子 x^4, 将上式简化为

$$\frac{0 + 1}{1 + 0 + 0 - 0} \times \frac{-8}{7} = \frac{1}{1} \times \frac{-8}{7} = \frac{-8}{7}.$$

这样就算完成本题了.

这里还有另外一个例子: 求

$$\lim_{x \to \infty} \frac{(x^4 + 3x - 99)(2 - x^5)}{(18x^7 + 9x^6 - 3x^2 - 1)(x + 1)}.$$

这里有四个多项式, 首项分别是 x^4, $-x^5$, $18x^7$ 及 x. 因此, 将对其中的每一个多项式来使用我们的方法! 在继续阅读之前, 试着自己做一下看看. 即使你不做, 也要确保你理解了以下论证过程中的每一步:

$$\lim_{x \to \infty} \frac{(x^4 + 3x - 99)(2 - x^5)}{(18x^7 + 9x^6 - 3x^2 - 1)(x + 1)}$$

$$= \lim_{x \to \infty} \frac{\left(\dfrac{x^4 + 3x - 99}{x^4} \times (x^4)\right)\left(\dfrac{2 - x^5}{-x^5} \times (-x^5)\right)}{\left(\dfrac{18x^7 + 9x^6 - 3x^2 - 1}{18x^7} \times (18x^7)\right)\left(\dfrac{x + 1}{x} \times (x)\right)}$$

$$= \lim_{x \to \infty} \frac{\left(1 + \dfrac{3}{x^3} - \dfrac{99}{x^4}\right)\left(-\dfrac{2}{x^5} + 1\right)}{\left(1 + \dfrac{9}{18x} - \dfrac{3}{18x^5} - \dfrac{1}{18x^7}\right)\left(1 + \dfrac{1}{x}\right)} \times \frac{(x^4)(-x^5)}{(18x^7)(x)}$$

$$= \frac{(1 + 0 - 0)(0 + 1)}{(1 + 0 - 0 - 0)(1 + 0)} \times \lim_{x \to \infty} \frac{-x}{18} = \lim_{x \to \infty} \frac{-x}{18} = -\infty.$$

这里的要点是, 我们萃取出各首项, 写成比

$$\frac{(x^4)(-x^5)}{(18x^7)(x)},$$

而它可化简为 $-x/18$. 其他的都不会产生影响! 最后, 当 $x \to \infty$ 时, $-x/18$ 趋于 $-\infty$, 因此, 它就是我们想要求的极限的 "值".

在前两个例子中, 我们看到极限有可能是有限的且非零 (得到答案 $-8/7$), 也有可能是无限的 (得到答案 $-\infty$). 现在来看一下在这些例子中的多项式的次数吧. 在第一个例子中, 分子和分母的次数都是 4. 在第二个例子中, 分子是次数为 4 和 5 的多项式的乘积, 如果把它们乘出来, 会得到一个次数为 9 的多项式. 类似地, 分母是次数为 7 和 1 的多项式的乘积, 因此, 它的总次数是 8. 在这种情况下, 分子的次数大于分母的次数. 另一方面, 试考虑极限

$$\lim_{x \to \infty} \frac{2x + 3}{x^2 - 7}.$$

用我们的方法来求解:

$$\lim_{x \to \infty} \frac{2x + 3}{x^2 - 7} = \lim_{x \to \infty} \frac{\dfrac{2x + 3}{2x} \times (2x)}{\dfrac{x^2 - 7}{x^2} \times (x^2)} = \lim_{x \to \infty} \left(\frac{1 + \dfrac{3}{2x}}{1 - \dfrac{7}{x^2}}\right) \times \frac{2x}{x^2}$$

$$= \frac{1 + 0}{1 - 0} \times \lim_{x \to \infty} \frac{2}{x} = 0.$$

这里, 分母的次数为 2, 大于分子的次数 (为 1). 结果是, 分母占主导, 因此极限为 0. 一般地, 考虑极限

$$\lim_{x \to \infty} \frac{p(x)}{q(x)},$$

其中 p 和 q 为多项式, 我们可以说:

(1) 如果 p 的次数等于 q 的次数, 则极限是有限的且非零;

(2) 如果 p 的次数大于 q 的次数, 则极限是 ∞ 或 $-\infty$;

(3) 如果 p 的次数小于 q 的次数, 则极限是 0.

(当 $x \to -\infty$, 相应极限为

$$\lim_{x \to -\infty} \frac{p(x)}{q(x)}$$

时, 所有这些也成立, 4.5 节将考虑这种情况.) 使用我们的方法可以很容易地证明这些事实. 不过尽管这些事实很有用, 但你并不需要用它们来解题; 你应该使用前面教的乘除方法, 然后使用这些事实来检验你的答案是否说得通.

4.4 $x \to \infty$ 时的多项式型函数的极限

考虑函数 f, g 和 h, 此三个函数分别被定义为

$$f(x) = x^3 + 4x^2 - 5x^{2/3} + 1, \quad g(x) = \sqrt{x^9 - 7x^2 + 2},$$
$$h(x) = x^4 - \sqrt{x^3 + \sqrt[5]{x^2 - 2x + 3}}.$$

这些都不是多项式, 因为它们含有分数次数或 n 次根, 但它们看起来有点像多项式. 事实上, 上一节的方法也适用于这类对象. 因此, 我称它们为 "多项式型函数".

处理多项式型函数的原理与处理多项式的类似, 只是这次首项是什么可能不会那么清晰. 平方根 (或立方根、四次根等) 的出现会造成很大干扰. 例如, 让我们考虑

$$\lim_{x \to \infty} \frac{\sqrt{16x^4 + 8} + 3x}{2x^2 + 6x + 1}.$$

分母是一个带有首项 $2x^2$ 的多项式, 因此, 我们可以代之以

$$\frac{2x^2 + 6x + 1}{2x^2} \times (2x^2).$$

那么分子怎么办呢? 在平方根符号下的部分是多项式 $16x^4 + 8$, 且它的首项为 $16x^4$. 如果你对其取平方根, 你会得到 $4x^2$. 因此, 你应该想象分子就像是 $4x^2 + 3x$. 它的首项为 $4x^2$, 所以我们就用它了. 具体地, 我们把分子代以

$$\frac{\sqrt{16x^4 + 8} + 3x}{4x^2} \times (4x^2).$$

你又该如何化简第一个分式呢? 答案是, 你可以把 $4x^2$ 拖进平方根符号, 它就变为 $16x^4$:

$$\frac{\sqrt{16x^4 + 8} + 3x}{4x^2} = \frac{\sqrt{16x^4 + 8}}{4x^2} + \frac{3x}{4x^2} = \sqrt{\frac{16x^4 + 8}{16x^4}} + \frac{3x}{4x^2}.$$

通过进一步拆分和消去, 可以将其化简为

$$\sqrt{1 + \frac{8}{16x^4}} + \frac{3}{4x}.$$

当 $x \to \infty$ 时, 分母中包含 x 的部分就消失了. 因此, 该表达式趋于

$$\sqrt{1 + 0} + 0 = 1.$$

最后, 将所有的放在一起, 写出原始问题的解:

$$\lim_{x \to \infty} \frac{\sqrt{16x^4+8}+3x}{2x^2+6x+1} = \lim_{x \to \infty} \frac{\dfrac{\sqrt{16x^4+8}+3x}{4x^2} \times (4x^2)}{\dfrac{2x^2+6x+1}{2x^2} \times (2x^2)}$$

$$= \lim_{x \to \infty} \frac{\sqrt{\dfrac{16x^4+8}{16x^4}}+\dfrac{3x}{4x^2}}{\dfrac{2x^2+6x+1}{2x^2}} \times \frac{4x^2}{2x^2} = \lim_{x \to \infty} \frac{\sqrt{1+\dfrac{8}{16x^4}}+\dfrac{3}{4x}}{1+\dfrac{6}{2x}+\dfrac{1}{2x^2}} \times \frac{4}{2}$$

$$= \frac{\sqrt{1+0}+0}{1+0+0} \times 2 = 2.$$

这很棒, 不是吗? 看上去很乱, 但确实很棒. 现在, 来看看当将情形稍加修改后会发生什么. 试考虑

$$\lim_{x \to \infty} \frac{\sqrt{16x^4+8}+3x^3}{2x^2+6x+1}.$$

唯一的变化是, 上例分子中的项 $3x$ 变成了 $3x^3$. 这会有什么影响呢? 好吧, 我们曾说过, 对于很大的 x, $\sqrt{16x^4+8}$ 这一项就像是 $4x^2$. 但这一次, 更高次数的项 $3x^3$ 超过了它. 因此, 现在必须把分子代以

$$\frac{\sqrt{16x^4+8}+3x^3}{3x^3} \times (3x^3);$$

当然, 当把 $3x^3$ 拖进平方根符号时, 它会变为 $9x^6$. 将所有的放在一起, 得到问题的解如下:

$$\lim_{x \to \infty} \frac{\sqrt{16x^4+8}+3x^3}{2x^2+6x+1} = \lim_{x \to \infty} \frac{\dfrac{\sqrt{16x^4+8}+3x^3}{3x^3} \times (3x^3)}{\dfrac{2x^2+6x+1}{2x^2} \times (2x^2)}$$

$$= \lim_{x \to \infty} \frac{\sqrt{\dfrac{16x^4+8}{9x^6}}+\dfrac{3x^3}{3x^3}}{\dfrac{2x^2+6x+1}{2x^2}} \times \frac{3x^3}{2x^2} = \lim_{x \to \infty} \frac{\sqrt{\dfrac{16}{9x^2}+\dfrac{8}{9x^6}}+1}{1+\dfrac{6}{2x}+\dfrac{1}{2x^2}} \times \frac{3x}{2}$$

$$= \frac{\sqrt{0+0}+1}{1+0+0} \times \lim_{x \to \infty} \frac{3x}{2} = \infty.$$

你一定要切实理解了后两个求解过程的每一步. 在第一个例子中, 首项来自平方根符号下的 $16x^4$; 即使当你取平方根的时候, 结果项 $4x^2$ 仍然支配了分子中的剩余部分 $(3x)$. 在第二个例子中, 占主导的则是分子中的剩余部分 $(3x^3)$. 但等一下, 你说 —— 要是它们相等会怎样呢? 例如,

$$\lim_{x \to \infty} \frac{\sqrt{4x^6-5x^5}-2x^3}{\sqrt[3]{27x^6+8x}}$$

是什么呢? 事实上, 分母并不太令人讨厌, 但还是先来看看分子吧. 在平方根符号

下, 我们有 $4x^6 - 5x^5$, 当 x 很大时, 它表现得就像是首项 $4x^6$. 因此, 我们应该会想 $\sqrt{4x^6 - 5x^5}$ 也会表现得就像是 $\sqrt{4x^6}$, 即 $2x^3$(因为 x 为正). 但问题是, 消去分子中的 $2x^3$, 似乎就没剩下什么了! 真糟糕, 应该怎么办呢?

我们使用 4.2 节中描述的技巧来求解: 分子分母同时乘以分子的共轭表达式. 所以在看到首项之前, 需要做一些准备工作:

$$\lim_{x\to\infty} \frac{\sqrt{4x^6 - 5x^5} - 2x^3}{\sqrt[3]{27x^6 + 8x}} = \lim_{x\to\infty} \frac{\sqrt{4x^6 - 5x^5} - 2x^3}{\sqrt[3]{27x^6 + 8x}} \times \frac{\sqrt{4x^6 - 5x^5} + 2x^3}{\sqrt{4x^6 - 5x^5} + 2x^3}.$$

通过公式 $(a - b)(a + b) = a^2 - b^2$, 可以将上式化简为

$$\lim_{x\to\infty} \frac{(4x^6 - 5x^5) - (2x^3)^2}{\sqrt[3]{27x^6 + 8x}(\sqrt{4x^6 - 5x^5} + 2x^3)}.$$

事实上, 可以进一步整理分子, 把式子化简为

$$\lim_{x\to\infty} \frac{-5x^5}{\sqrt[3]{27x^6 + 8x}(\sqrt{4x^6 - 5x^5} + 2x^3)}.$$

这就没那么糟糕了! 对于分子, 不需要再做什么, 现在来关注分母. 对于 $\sqrt[3]{27x^6 + 8x}$, 事实上, 可以乘以并除以首项 $27x^6$ 的立方根, 得到

$$\frac{\sqrt[3]{27x^6 + 8x}}{\sqrt[3]{27x^6}} \times \sqrt[3]{27x^6},$$

即

$$\frac{\sqrt[3]{27x^6 + 8x}}{\sqrt[3]{27x^6}} \times (3x^2).$$

当然, 可在立方根符号内合并这些项, 消去公因式, 得到

$$\sqrt[3]{\frac{27x^6 + 8x}{27x^6}} \times (3x^2) = \sqrt[3]{1 + \frac{8}{27x^5}} \times (3x^2).$$

注意到当 $x \to \infty$ 时, 包含立方根的那部分正好趋于 1.

至于另外一项, $\sqrt{4x^6 - 5x^5} + 2x^3$, 这里需要小心一些. 在平方根符号内有 $4x^6 - 5x^5$, 故其首项是 $4x^6$. 它的平方根是 $2x^3$. 现在必须把另一个 $2x^3$ 加上去, 得到分子总的 "首项", $2x^3 + 2x^3$, 即 $4x^3$. 来看一下这是怎么进行的吧. 将分子代以

$$\frac{\sqrt{4x^6 - 5x^5} + 2x^3}{4x^3} \times (4x^3),$$

然后对分式进行拆分, 并把 $4x^3$ 拖进平方根符号, 它会变为 $16x^6$; 得到

$$\left(\sqrt{\frac{4x^6 - 5x^5}{16x^6}} + \frac{2x^3}{4x^3}\right) \times (4x^3) = \left(\sqrt{\frac{1}{4} - \frac{5}{16x}} + \frac{1}{2}\right) \times (4x^3).$$

现在, 当 $x \to \infty$ 时, 乘积的第一项就会趋于

$$\sqrt{\frac{1}{4} - 0} + \frac{1}{2} = \frac{1}{2} + \frac{1}{2} = 1,$$

这正是我们想要的! (注意到 $\frac{1}{4}$ 的平方根是 $\frac{1}{2}$.)

现在, 试着将所有的放在一起来求解这个问题. 由分子分母同时乘以分子的共轭表达式开始, 式子简化为

$$\lim_{x \to \infty} \frac{-5x^5}{\sqrt[3]{27x^6 + 8x}(\sqrt{4x^6 - 5x^5 + 2x^3})}.$$

现在, 要在分母上使用乘除方法, 并得出

$$\lim_{x \to \infty} \frac{-5x^5}{\left(\dfrac{\sqrt[3]{27x^6 + 8x}}{\sqrt[3]{27x^6}} \times (3x^2)\right)\left(\dfrac{\sqrt{4x^6 - 5x^5 + 2x^3}}{4x^3} \times (4x^3)\right)}.$$

把 $-5x^5$, $3x^2$ 和 $4x^3$ 提出来, 得到

$$\lim_{x \to \infty} \frac{1}{\left(\dfrac{\sqrt[3]{27x^6 + 8x}}{\sqrt[3]{27x^6}}\right)\left(\dfrac{\sqrt{4x^6 - 5x^5 + 2x^3}}{4x^3}\right)} \times \frac{-5x^5}{(3x^2)(4x^3)}.$$

现在, 你所要做的只是从分子分母中消去 x^5, 并使用上面提到的论证, 来证明最后的答案是 $-5/12$. 剩下需要你做的已经不多了, 但你应该试着把以上所有的片断组合成一个完整的解.

4.5 $x \to -\infty$ 时的有理函数的极限

现在花点时间来看看形如

$$\lim_{x \to -\infty} \frac{p(x)}{q(x)}$$

的极限, 其中 p 和 q 是多项式或多项式型函数. 所有我们在一直使用的原理在这里也适用. 当 x 是一个非常大的负数时, 在任意和中, 最高次数项仍然会占主导. 此外, 当 $x \to -\infty$ 时, 只要 C 是常数, 且 n 是一个正整数, C/x^n 仍然趋于 0. (你能说出为什么吗?) 所有这些都意味着, 问题的解与之前的几乎差不多. 例如, 考虑 4.3.1 节中已经看过的那两个例子的改写

$$\lim_{x \to -\infty} \frac{x - 8x^4}{7x^4 + 5x^3 + 2000x^2 - 6} \quad \text{和} \quad \lim_{x \to -\infty} \frac{(x^4 + 3x - 99)(2 - x^5)}{(18x^7 + 9x^6 - 3x^2 - 1)(x + 1)}.$$

我所做的只是将 ∞ 改为 $-\infty$, 表明我们现在感兴趣的是, 当 x 是一个非常大的负数时, 这两个有理函数会变成什么样子. 第一个问题的解和当 $x \to \infty$ 时的解是一样的, 你只需让每个多项式分别乘以并除以其首项:

$$\lim_{x \to -\infty} \frac{x - 8x^4}{7x^4 + 5x^3 + 2000x^2 - 6} = \lim_{x \to -\infty} \frac{\dfrac{x - 8x^4}{-8x^4} \times (-8x^4)}{\dfrac{7x^4 + 5x^3 + 2000x^2 - 6}{7x^4} \times (7x^4)}$$

$$= \lim_{x \to -\infty} \frac{-\dfrac{1}{8x^3} + 1}{1 + \dfrac{5}{7x} + \dfrac{2000}{7x^2} - \dfrac{6}{7x^4}} \times \frac{-8}{7} = -\frac{8}{7}.$$

这里的要点是, 对于某个正的 n, 当 $x \to -\infty$ 时, 任何形如 C/x^n 的项都会趋于 0, 与当 $x \to \infty$ 时的情形是一样的. 另一方面, 第二个例子则不太一样; 最后一步不同于该问题之前的版本:

$$\lim_{x \to -\infty} \frac{(x^4 + 3x - 99)(2 - x^5)}{(18x^7 + 9x^6 - 3x^2 - 1)(x + 1)}$$

$$= \lim_{x \to -\infty} \frac{\left(\dfrac{x^4 + 3x - 99}{x^4} \times (x^4)\right) \left(\dfrac{2 - x^5}{-x^5} \times (-x^5)\right)}{\left(\dfrac{18x^7 + 9x^6 - 3x^2 - 1}{18x^7} \times (18x^7)\right) \left(\dfrac{x + 1}{x} \times (x)\right)}$$

$$= \lim_{x \to -\infty} \frac{\left(1 + \dfrac{3}{x^3} - \dfrac{99}{x^4}\right) \left(-\dfrac{2}{x^5} + 1\right)}{\left(1 + \dfrac{9}{18x} - \dfrac{3}{18x^5} - \dfrac{1}{18x^7}\right) \left(1 + \dfrac{1}{x}\right)} \times \frac{(x^4)(-x^5)}{(18x^7)(x)}$$

$$= \frac{(1 + 0 - 0)(-0 + 1)}{(1 + 0 - 0 - 0)(1 + 0)} \times \lim_{x \to -\infty} \frac{-x}{18} = \lim_{x \to -\infty} \frac{-x}{18} = \infty.$$

只有当在最后取极限的时候才会看到, 当 $x \to \infty$ 时和 $x \to -\infty$ 时是不同的. 现在, $-x/18$ 趋于 ∞ 而不是 $-\infty$.

还有一点需要小心. 我们之前在将因子拖进平方根符号里的时候并没有特别小心. 为了说明这一点, 试着化简 $\sqrt{x^2}$. 你会得到 x 吗? 如果不幸 x 是负的, 那你就错了. 例如, 如果平方 -2, 然后再取平方根的话, 会得到 2. 因此, 事实上, 当 x 为负时, $\sqrt{x^2} = -x$. 当你面对 $x \to -\infty$ 时的多项式型函数的极限时, 类似情况也会出现. 例如,

$$\lim_{x \to -\infty} \frac{\sqrt{4x^6 + 8}}{2x^3 + 6x + 1}.$$

分母表现得就像是它的首项 $2x^3$, 但分子呢? 在平方根符号里的项 $4x^6 + 8$, 它表现得就像是 $4x^6$, 因此, $\sqrt{4x^6 + 8}$ 表现得就像是 $\sqrt{4x^6}$. 这看上去好像可以化简为 $2x^3$, 但那是不正确的! 由于 $x \to -\infty$, 我们感兴趣的是, 当 x 为负时会有什么情况发生. 这就是说, $2x^3$ 是负的, 但 $\sqrt{4x^6}$ 是正的, 所以必须将 $\sqrt{4x^6}$ 化简为 $-2x^3$. 因此, 求解过程如下:

$$\lim_{x \to -\infty} \frac{\sqrt{4x^6+8}}{2x^3+6x+1} = \lim_{x \to -\infty} \frac{\dfrac{\sqrt{4x^6+8}}{\sqrt{4x^6}} \times \sqrt{4x^6}}{\dfrac{2x^3+6x+1}{2x^3} \times (2x^3)}$$

$$= \lim_{x \to -\infty} \frac{\sqrt{\dfrac{4x^6+8}{4x^6}}}{\dfrac{2x^3+6x+1}{2x^3}} \times \frac{\sqrt{4x^6}}{2x^3} = \lim_{x \to -\infty} \frac{\sqrt{1+\dfrac{8}{4x^6}}}{1+\dfrac{6}{2x^2}+\dfrac{1}{2x^3}} \times \frac{-2x^3}{2x^3}$$

$$= \frac{\sqrt{1+0}}{1+0+0} \times (-1) = -1.$$

类似地, 在处理四次方根、六次方根等时, 你也需要同样小心. 例如,

$$\text{如果 } x \text{ 为负, } \sqrt[4]{x^4} = -x.$$

如果用任意的偶数替换每一个 4, 结果仍然是正确的. 另一方面, 如果用一个奇数替换 4 的话, 那结果就不正确了. 例如,

$$\text{对于所有的 } x \text{ (正的、负的或零), } \sqrt[3]{x^3} = x.$$

还有一点, 即使 $x < 0$,

$$\sqrt{x^4} = x^2$$

仍然成立! 为什么呢? 因为根据定义, x^2 不可能是负的, $\sqrt{x^4}$ 也不可能是负的, 因此那里不可能有一个负号! 最后, 我们总结如下:

如果 $x < 0$, 并且想写 $\sqrt[n]{x^{\text{某次幂}}} = x^m$, 那么需要在 x^m 之前加一个负号的唯一情形是, n 是偶的而 m 是奇的.

4.6 包含绝对值的函数的极限

有时候, 你不得不面对一些包含绝对值的函数. 试考虑极限

$$\lim_{x \to 0^-} \frac{|x|}{x}.$$

为了解答此问题, 设 $f(x) = |x|/x$, 并对它检视一番. 首先, 注意到 0 不可能在函数 f 的定义域中, 因为如果 0 在其定义域中, 则分母将会是 0. 另一方面, 其他的都没问题. 我们再来看一下, 当 x 为正时 $f(x)$ 会怎样. 这时 $|x|$ 这个量就是 x, 因此, 如果 x 是任意的正数, 那么 $f(x) = 1$. 另一方面, 如果 x 为负, 那么 $|x| = -x$, $f(x) = -x/x = -1$. 这就是说, $f(x) = |x|/x$ 只是 "如果 $x > 0$, $f(x) = 1$; 如果 $x < 0$, $f(x) = -1$" 的另一种花哨说法而已. $y = f(x)$ 的图像如图 4-2 所示.

因此, 对于要求的左极限, 需要从左侧接近 $x = 0$, 很明显有

$$\lim_{x \to 0^-} \frac{|x|}{x} = -1.$$

同时我们也会注意到

$$\lim_{x \to 0^+} \frac{|x|}{x} = 1.$$

由于左极限和右极限不相等, 因此, 双侧极限不存在:

$$\lim_{x \to 0} \frac{|x|}{x} \text{DNE}.$$

大多数涉及绝对值的例子可以用相似的方式来解答, 即根据绝对值内部的符号, 考虑两个或更多个不同的 x 的区间. 下式是对上例的一个微小改变:

$$\lim_{x \to (-2)^-} \frac{|x+2|}{x+2}.$$

看一看这个绝对值, 就会发现, 它取决于 $x+2 \geqslant 0$ 还是 $x+2 < 0$. 这些条件可以被重新写成 $x \geqslant -2$ 或 $x < -2$. 在第一种情况下, $|x+2| = x+2$; 而在第二种情况下, $|x+2| = -(x+2)$. 最后的结果是, 当 $x > -2$ 时, $|x+2| / (x+2)$ 等于 1; 而当 $x < -2$ 时, 它则是 -1. 事实上, $y = |x+2| / (x+2)$ 的图像就是 $y = |x| / x$ 的图像向左平移两个单位得到的, 如图 4-3 所示.

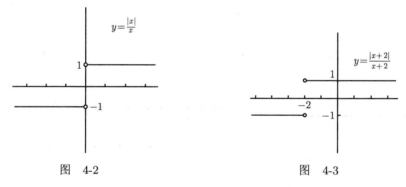

图 4-2   图 4-3

这就是说, 要求的左极限等于 -1 (同时, 右极限是 1, 故双侧极限不存在).

第 5 章　连续性和可导性

一般而言, 函数的图像只有一点比较特殊: 它必须满足垂线检验. 这并没有要求特别多. 图像可以散落四处: 这里有一部分, 那里有一条垂直渐近线, 或者随心所欲地在各处散落任意个不连续的点. 所以现在我们想要看看, 如果对函数图像要求略微多一点会发生什么: 我们将要讨论两种类型的**光滑性**. 首先是连续性, 直觉告诉我们, 连续函数的图像必须能一笔画成. 其次是可导性, 直觉上, 在可导函数的图像中不会出现尖角. 在这两种情形中, 我们都将深入地讨论其定义, 并了解满足这些特殊要求的函数具有的一些性质. 详细地说, 以下是我们将在本章中所要研究的内容:

- 在一点处及在一个区间上连续;
- 连续函数的一些例子;
- 连续函数的介值定理;
- 连续函数的最大值与最小值;
- 位移、平均速度和瞬时速度;
- 切线和导数;
- 二阶导和高阶导;
- 连续性和可导性的关系.

5.1　连　续　性

我们先从一个函数是连续的, 这到底意味着什么开始. 正如我上面所说, 直觉上, 可以一笔画出连续函数的图像. 这对于像 $y = x^2$ 这样的函数来说没有问题, 因为整个图像在一块; 但对于像 $y = 1/x$ 这样的函数, 这就有一点儿不公平了. 要不是在 $x = 0$ 处有一条垂直渐近线, 把图像分成了两部分, 它的图像本来可以是在一块的. 事实上, 如果 $f(x) = 1/x$, 那么可以说, 除了在 $x = 0$ 外, f 处处连续. 因此, 必须理解在一点处连续是什么意思. 然后, 考虑在更大的区域上, 比如区间上的连续性.

5.1.1　在一点处连续

我们以一个函数 f 和在 x 轴上其定义域中的点 a 开始. 当我们画 $y = f(x)$ 的图像时, 想要在通过图像上的点 $(a, f(a))$ 时不提起笔. 如果在其他地方必须提起笔的话, 那也不要紧, 只要在 $(a, f(a))$ 的附近不提起笔就行了. 这意味着, 我们想要

一连串点 $(x, f(x))$ 变得越来越接近 (事实上是任意地接近) 于点 $(a, f(a))$. 换句话说, 当 $x \to a$ 时, 需要 $f(x) \to f(a)$. 没错, 女士们, 先生们, 我们这里面对的是极限问题. 现在可以给出一个恰当的定义:

> 如果 $\lim\limits_{x \to a} f(x) = f(a)$, 函数 f 在点 $x = a$ 处连续.

当然, 为了让前面的等式有意义, 等号两边必须都是有定义的. 如果极限不存在, 那么 f 在点 $x = a$ 处不连续, 而如果 $f(a)$ 不存在, 那么你彻底完蛋了: 那里甚至都没有一个点 $(a, f(a))$ 可以让你通过! 因此, 可以对定义进行更精确一些的描述, 并明确地要求以下三条成立:

(1) 双侧极限 $\lim\limits_{x \to a} f(x)$ 存在 (并且是有限的);

(2) 函数在点 $x = a$ 处有定义, 即 $f(a)$ 存在 (并且是有限的);

(3) 以上两个量相等, 即

$$\lim_{x \to a} f(x) = f(a).$$

让我们来看看, 如果任意一条性质不满足, 那会怎么样. 考虑图 5-1.

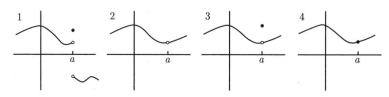

图　5-1

在标号为 1 的图中, 在 $x = a$ 处的左极限和右极限不相等, 则双侧极限不存在, 所以函数在点 $x = a$ 处不连续. 在标号为 2 的图中, 左极限和右极限都存在且是有限的, 并且左右极限相等, 故双侧极限存在; 然而, 函数在点 $x = a$ 处无定义, 因此, 函数在点 $x = a$ 处不连续. 在标号为 3 的图中, 双侧极限也存在, 函数在点 $x = a$ 处有定义, 但极限值和函数值不相等, 再一次地, 函数在点 $x = a$ 处一次不连续. 另一方面, 在标号为 4 的图中, 由于双侧极限在点 $x = a$ 处存在, $f(a)$ 存在, 并且极限值和函数值相等, 因此, 函数的确在点 $x = a$ 处连续. 顺便说一下, 前三个图中的函数在点 $x = a$ 处有一个**不连续点**.

5.1.2　在一个区间上连续

我们已经知道函数在一个单点上连续的定义了. 现在来把该定义扩展一下, 如果函数在区间 (a, b) 上的每一点都连续, 那么它在该区间上连续. 注意到 f 实际上没有必要在端点 $x = a$ 或 $x = b$ 上连续. 例如, 如果 $f(x) = 1/x$, 那么 f 在区间 $(0, \infty)$ 上连续, 即使 $f(0)$ 无定义. 该函数在区间 $(-\infty, 0)$ 上也连续, 但在区间 $(-2, 3)$ 上不连续, 因为 0 位于此区间内, 而 f 在那里不连续.

对于形如 $[a,b]$ 的区间又如何呢? 对此我们不得不稍微灵活些. 例如, 图 5-2 是函数在其定义域 $[a,b]$ 上的图像; 我们想说它在 $[a,b]$ 上连续. 但问题是, 双侧极限在端点 $x=a$ 和 $x=b$ 处不存在: 在点 $x=a$, 只有一个右极限; 而在点 $x=b$, 只有一个左极限. 不过没有关系, 只需利用端点处适当的单侧极限来略微修改一下定义. 因此, 我们说函数 f 在 $[a,b]$ 上连续, 如果

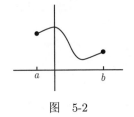

图 5-2

(1) 函数 f 在 (a,b) 中的每一点都连续;

(2) 函数 f 在点 $x=a$ 处**右连续**; 即, $\lim\limits_{x \to a^+} f(x)$ 存在 (且有限), $f(a)$ 存在, 并且这两个量相等; 以及

(3) 函数 f 在点 $x=b$ 处**左连续**; 即, $\lim\limits_{x \to b^-} f(x)$ 存在 (且有限), $f(b)$ 存在, 并且这两个量相等.

最后, 如果函数在其定义域中的所有的点都连续, 我们就说它是**连续的**. 如果函数的定义域包括一个带有左端点和/或右端点的区间, 那么在那里需要函数的单侧连续性.

5.1.3 连续函数的一些例子

很多的常见函数都是连续的. 例如, 每一个多项式都是连续的. 这看起来好像不太好证明, 因为有很多不同的多项式, 但事实上并不是那么难证明. 首先, 让我们证明定义为 $f(x)=1$ 的常数函数 f, 对于所有的 x, 在任意一点 a 处都连续. 也就是说, 需要证明

$$\lim_{x \to a} f(x) = f(a).$$

由于对于任意的 x 都有 $f(x)=1$, 并且 $f(a)=1$, 这意味着需要证明

$$\lim_{x \to a} 1 = 1.$$

显然上式成立, 因为所有的一切都不依赖于 x 和 a. 现在, 设 $g(x)=x$. g 是连续的吗? 这时需要证明

$$\lim_{x \to a} g(x) = g(a).$$

由于 $g(x)=x$ 且 $g(a)=a$, 这就将问题简化为证明

$$\lim_{x \to a} x = a.$$

显然上式也成立: 当 $x \to a$ 时, 当然会有 $x \to a$! 现在只需观察可知, 一个连续函数的常数倍是连续的; 此外, 如果对两个连续函数做加法、减法、乘法或复合, 会得到另一个连续函数 (更多详情请参见附录 A 的 A.4.1 节). 当用一个连续函数除以另一个连续函数的时候, 这几乎也一样成立: 除了分母为零的点外, 商函数处处连续. 例如, 除了在 $x=0$ 处, $1/x$ 在其他各处都是连续的, 因为我们已经看到分子分

母同为 x 的连续函数.

不管怎样, 让我们回到多项式. 因为 $g(x) = x$ 是 x 的连续函数, 可以让 g 和它自己相乘, 看到 x^2 也是 x 的连续函数. 你想要多少个 x 和它自己相乘都可以, 这样可以证明 x 的任意次幂 (作为 x 的函数) 的连续性. 然后, 可以乘以常数系数, 并将不同次幂相加在一起, 得到任意一个多项式 —— 并且每一个仍然是连续的!

结果证明, 所有的指数函数和对数函数都是连续的, 同样所有的三角函数也是如此 (除了在它们的渐近线上). 我们暂且接受这一点, 后面的 5.2.11 节将会解释其中的原因. 同时, 我想让你来看一个更奇异的函数. 考虑函数 f, 其定义为 $f(x) = x\sin(1/x)$. 在 3.6 节有过它的图像 (至少是当 $x > 0$ 时的图像). 其实把图像扩展到 $x < 0$ 是很容易的, 因为 f 是一个偶函数. 为什么呢? 记得 $\sin(x)$ 是 x 的奇函数, 于是有

$$f(-x) = (-x)\sin\left(\frac{1}{-x}\right) = (-x)\left(-\sin\left(\frac{1}{x}\right)\right) = x\sin\left(\frac{1}{x}\right) = f(x).$$

因此, f 的确是偶函数, 从而以 y 轴为镜子反射之前的图像, 就可以得到 f 的图像 (图 5-3 只显示了在定义域 $-0.3 < x < 0.3$ 上的图像).

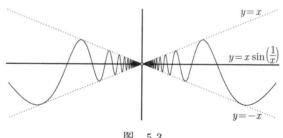

图 5-3

现在来考虑一下这个函数的连续性. 作为 x 的函数, 我们已经知道, 除了在 $x = 0$ 处, $1/x$ 在其他各处都是连续的. 现在, 我们将它与正弦函数作复合, 得到的函数依然是连续的, 并且可以看到, 除了在 $x = 0$ 处, $\sin(1/x)$ 在其他各处也都是连续的. 现在, 你只需要用 x (这显然是 x 的连续函数!) 和 $\sin(1/x)$ 相乘就可以看到除了在 $x = 0$ 处外, f 在其他各处都是连续的.

那么在 $x = 0$ 处发生了什么呢? 显然, f 在 $x = 0$ 不连续, 因为它在那里甚至都没有定义 (图像上这里有一个洞). 让我们来定义一个函数 g 如下, 将这个洞堵上:

$$g(x) = \begin{cases} x\sin\left(\dfrac{1}{x}\right) & \text{如果 } x \neq 0, \\ 0 & \text{如果 } x = 0. \end{cases}$$

因此, 除了在 $x = 0$ (此时 g 等于 0, 而 f 无定义) 外, $g(x) = f(x)$. 因此, g 必然是处处连续的, 而 f 除 $x = 0$ 外处处连续. 现在需要来看看在 $x = 0$ 处发生了什么.

由于 $g(0)$ 有定义, 这就有了希望. 此外, 可以使用 3.6 节的三明治定理来证明

$$\lim_{x \to 0^+} g(x) = \lim_{x \to 0^+} x \sin\left(\frac{1}{x}\right) = 0.$$

通过对称性 (或再次使用三明治定理), 可以看到左极限也等于 0. 事实上, 双侧极限也为 0:

$$\lim_{x \to 0} g(x) = \lim_{x \to 0} x \sin\left(\frac{1}{x}\right) = 0.$$

因此, 就证明了

$$\lim_{x \to 0} g(x) = g(0),$$

因为等号两边都存在且等于 0. 这意味着, g 在 $x = 0$ 处实际上是连续的, 尽管它是一个分段函数的形式.

我们差不多已经准备好, 可以来看看两个涉及连续性的很好的事实. 不过首先, 我想回到第 4 章开始时曾讲到的一点. 当时所举的第一个例子是

$$\lim_{x \to -1} \frac{x^2 - 3x + 2}{x - 2},$$

将 $x = -1$ 代入上式求解得到结果为 -2. 为什么可以这样做? 这似乎与之前所说, 上述极限的值与在 $x = -1$ 处发生的情况无关, 仅仅与在 $x = -1$ 附近的情况有关这一点相矛盾. 这里就轮到连续性派上用场了: 它将 "附近的" 与 "在" 联系了起来. 特别是, 如果令 $f(x) = (x^2 - 3x + 2)/(x - 2)$, 那么由于分子和分母都是多项式, 除了在分母为 0 的点外, f 是处处连续的. 也就是说, 除了在 $x = 2$ 处, f 是处处连续的. 因此, f 在 $x = -1$ 上是连续的, 这就意味着,

$$\lim_{x \to -1} f(x) = f(-1).$$

用其定义替换 f, 有

$$\lim_{x \to -1} \frac{x^2 - 3x + 2}{x - 2} = \frac{(-1)^2 - 3(-1) + 2}{(-1) - 2} = -2.$$

这就是完整的解. 在实践中, 很少有数学家会不厌其烦地把这些细节都写出来, 但这样做会有助于你理解你在做什么!

5.1.4 介值定理

知道一个函数是连续的会有很多好处. 我们将看看其中两个好处. 第一个被称为**介值定理**. 其基本思想是: 假设一个函数 f 在一个闭区间 $[a, b]$ 上连续. 此外, 假设 $f(a) < 0$ 且 $f(b) > 0$. 因此, 在 $y = f(x)$ 的图像上, 点 $(a, f(a))$ 位于 x 轴的下方, 而点 $(b, f(b))$ 位于 x 轴的上方, 如图 5-4 所示.

现在, 如果必须用一条曲线 (当然它要满足垂线检验) 来连接这两个点, 并且不

允许抬起笔来, 直觉上显然有, 你的笔将与 x 轴上 a 和 b 之间的某处至少相交一次. 交点也许在 a 的附近或 b 的附近, 或者在 a 和 b 中间的某处, 但必须相交至少一次. 这就是说, x 轴截距在 a 和 b 之间的某处. 在这里, 函数 f 在区间 $[a,b]$ 上的每一点都是连续的, 这一点至关重要; 我们来看看哪怕 f 仅仅在一点处不连续会怎样, 如图 5-5 所示.

图　5-4　　　　　　　　　　　　图　5-5

不连续点让函数在 x 轴上发生跳跃而不通过 x 轴. 因此, 需要在整个区域 $[a,b]$ 上的连续性. 这也适用于从 x 轴上方开始并在 x 轴下方结束的情况, 即如果 $f(a) > 0$ 且 $f(b) < 0$, 并且 f 在 $[a,b]$ 上的每一点都连续, 那么在 $[a,b]$ 上的某处, 必定会有一个 x 轴截距. 由于 x 轴截距意味着 $f(c) = 0$, 可以表述介值定理如下:

> **介值定理**: 如果 f 在 $[a,b]$ 上连续, 并且 $f(a) < 0$ 且 $f(b) > 0$, 那么在区间 (a,b) 上至少有一点 c, 使得 $f(c) = 0$. 代之以 $f(a) > 0$ 且 $f(b) < 0$, 同样成立.

该定理的证明请参见附录 A 中的 A.4.2 节. 现在来看一些如何应用此定理的例子. 首先, 假设要证明多项式 $p(x) = -x^5 + x^4 + 3x + 1$ 在 $x = 1$ 和 $x = 2$ 之间有一个 x 轴截距. 你只需注意到, 由于它是一个多项式, 所以 p 是处处连续的 (包含 $[1,2]$); 此外, 计算 $p(1) = 4 > 0$ 且 $p(2) = -9 < 0$. 由于 $p(1)$ 和 $p(2)$ 的符号相反, 且 p 在 $[1,2]$ 上连续, 我们知道在区间 $(1,2)$ 上至少存在一点 c 使得 $p(c) = 0$. 数 c 就是多项式 p 的一个 x 轴截距.

接着是一个稍微难一点的例子. 如何证明方程 $x = \cos(x)$ 有一个解呢? 不需要求出解来, 只需要证明存在一个解. 可以先在同一坐标轴上画出 $y = x$ 和 $y = \cos(x)$ 的图像. 如果这样做了, 就会发现图像的交点的 x 轴坐标在 $\pi/4$ 附近. 不过这样的图像式论证, 虽然不无说服力, 但对于一个数学证明来说, 还远远不够. 那么如何能够做得更好呢?

第一步是使用一个小窍门: **将所有表达式放到等号左边**. 因此, 我们试着来求解 $x - \cos(x) = 0$, 而不是求解 $x = \cos(x)$. 现在, 设 $f(x) = x - \cos(x)$. 如果可以证明存在数 c 使得 $f(c) = 0$ 的话, 任务就算完成了. 来检验一下这是否说得通: 如果 $f(c) = 0$, 那么 $c - \cos(c) = 0$, 因此 $c = \cos(c)$, 于是就找到了方程 $x = \cos(x)$

的一个解, 它就是 $x = c$.

现在, 该使用介值定理了. 我们需要找到两个数 a 和 b, 使得 $f(a)$ 和 $f(b)$ 其中一个是负的而另一个是正的. 由于从图像中可知答案会在 $\pi/4$ 附近, 我们将保守地选取 $a = 0$ 和 $b = \pi/2$. 来检验一下 $f(0)$ 和 $f(\pi/2)$ 的值吧. 首先, $f(0) = 0 - \cos(0) = 0 - 1 = -1$, 它是负的; 其次, $f(\pi/2) = \pi/2 - \cos(\pi/2) = \pi/2 - 0 = \pi/2$, 它是正的. 由于 f 是连续的 (它是两个连续函数的差), 根据介值定理可以得出, 在区间 $(0, \pi/2)$ 上存在某个数 c 使得 $f(c) = 0$, 于是证明了 $x = \cos(x)$ 有一个解. 我们不知道解在哪里, 也不知道会有多少解, 只是知道在区间 $(0, \pi/2)$ 上至少有一个解. (注意, 解实际上不是 $\pi/4$! 事实上, 不可能找到一个有关解的很好的表达.)

这里有一个稍有不同的变体. 到目前为止, 都是规定 $f(a) < 0$ 且 $f(b) > 0$ (或反过来), 然后得出结论, 在 (a, b) 上存在一点 c 使得 $f(c) = 0$. 然而现在, 可以用任意数 M 来替换 0, 且结果依然成立. 因此, 假设 f 在 $[a, b]$ 上连续; 如果 $f(a) < M$ 且 $f(b) > M$ (或反过来), 那么在 (a, b) 上存在一点 c 使得 $f(c) = M$. 例如, 如果 $f(x) = 3^x + x^2$, 那么方程 $f(x) = 5$ 有解吗? 显然 f 是连续的; 我们也可以猜出解在 0 和 2 之间, 这样会有 $f(0) = 1$ 和 $f(2) = 13$. 由于数 1 和 13 夹着目标数 5(一个小一点而另一个大一点), 介值定理告诉我们, 对于 $(0, 2)$ 上的某个 c 有 $f(c) = 5$.

这就是说, $f(x) = 5$ 确实有解. 现在试着以一个新的函数 g 来重新做一遍, 其定义为 $g(x) = 3^x + x^2 - 5$. 可以看出, 如果 $f(x) = 5$ 有一个解是 c, 那么 c 也是 $g(x) = 0$ 的解. 由于 $g(0) < 0$ 且 $g(2) > 0$, 你可以使用先前的方法而不是上面的变体! 事实上, 变体并没有给我们提供任何新的东西, 它只是有时候会让生活变得更简单些.

5.1.5 一个更难的介值定理例子

最后一个例子: 证明任意的奇数次多项式至少有一个根. 这就是说, 令 p 是一个奇数次多项式, 我断言, 至少有一个数 c 使得 $p(c) = 0$. (这对于偶数次多项式不成立. 例如, 二次的 $x^2 + 1$ 没有根, 其图像和 x 轴不相交.) 可是如何来证明我的断言呢?

事实上, 这里的关键可以追溯到 4.3 节. 在那里, 如果 $p(x)$ 是任意多项式, 且其首项为 $a_n x^n$, 那么

$$\lim_{x \to \infty} \frac{p(x)}{a_n x^n} = 1 \quad \text{且} \quad \lim_{x \to -\infty} \frac{p(x)}{a_n x^n} = 1.$$

因此, 当 x 变得非常大时, $p(x)$ 和 $a_n x^n$ 会相对地非常接近 (它们的比值接近于 1). 这意味着, 它们至少有相同的符号! 不可能是一个负一个正, 否则它们的比值为负,

而不是接近于 1. 当 x 是一个非常大的负数时, 情况也是如此.

因此, 假设 A 是一个很大的负数, 使得 $p(A)$ 和 $a_n A^n$ 有相同的符号. 此外, 选取一个非常大的正数 B, 使得 $p(B)$ 和 $a_n B^n$ 有相同的符号. 现在, 比较一下 $a_n A^n$ 和 $a_n B^n$ 的符号. 由于 n 是一个奇数, 它们的符号一定相反! 一个为正而另一个为负. 例如, 如果 $a_n > 0$, 那么 $a_n B^n$ 为正且 $a_n A^n$ 为负. (这只有当 n 是奇数时才成立: 如果 n 是偶数, 那么这两个量均为正.) 因此, 有

$$p(A) \overset{\text{符号相同}}{\longleftrightarrow} a_n A^n \overset{\text{符号相反}}{\longleftrightarrow} a_n B^n \overset{\text{符号相同}}{\longleftrightarrow} p(B).$$

所以 $p(A)$ 和 $p(B)$ 的符号相反. 由于 p 是一个多项式, 它是连续的, 于是根据介值定理, 在 A 和 B 之间有一个数 c, 使得 $p(c) = 0$. 这就是说, p 有一个根, 尽管不知道它在哪儿. 这也没办法, 毕竟不知道 p 是什么样子的多项式, 只知道它是奇数次的.

5.1.6   连续函数的最大值和最小值

接着来看知道一个函数是连续的所带来的第二个好处. 假设有一个函数 f, 它在闭区间 $[a,b]$ 上连续. (这里区间的两个端点都是闭的非常重要.) 这意味着, 可以拿笔放在点 $(a, f(a))$ 上, 由此出发, 笔不离纸地画一条曲线, 并结束于点 $(b, f(b))$. 这里的问题是, 能画多高? 换句话说, 这条曲线能够达到的高度有限度吗? 回答是肯定的, 一定有一个最高点, 尽管曲线可以多次达到最高点.

用符号表达即为, 定义在区间 $[a,b]$ 上的函数 f 在 $x = c$ 处有一个**最大值**, 如果 $f(c)$ 是 f 在整个区间 $[a,b]$ 上的最大值. 即对于区间上所有的 x, $f(c) \geqslant f(x)$. 这里我试图传递的基本思想是, $[a,b]$ 上的连续函数在区间 $[a,b]$ 上有最大值. 对于类似的问题, "能画多低", 我们也有同样的说法, 即 f 在 $x = c$ 处有一个**最小值**, 如果 $f(c)$ 是 f 在整个区间 $[a,b]$ 上的最小值. 即对于 $[a,b]$ 上所有的 x, $f(c) \leqslant f(x)$. 再一次地, 区间 $[a,b]$ 上的任何连续函数在该区间上都有最小值. 这些事实构成一个定理, 有时被称作**最大值与最小值定理**, 它可以陈述如下:

> **最大值与最小值定理**: 如果 f 在 $[a,b]$ 上连续, 那么 f 在 $[a,b]$ 上至少有一个最大值和一个最小值.

图 5-6 是一些关于 $[a,b]$ 上的连续函数及其最大值与最小值的例子.

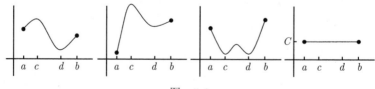

图   5-6

在第一幅图中, 函数在 $x = c$ 处取得最大值并在 $x = d$ 处取得最小值. 在第二

幅图中, 函数在 $x = c$ 处取得最大值而在左端点 $x = a$ 处取得最小值. 在第三幅图中, 最大值在 $x = b$ 处, 而最小值在 $x = c$ 和 $x = d$ 上. 这是可以接受的 (允许有多个最小值, 只要至少有一个). 最后, 第四幅图展示了一个常数函数, 它是连续的; 事实上, 由于该函数绝不会高于或低于常数 C, 所以区间 $[a, b]$ 中的每一个点既是最大值也是最小值.

那么为什么需要函数 f 是连续的? 并且, 为什么不能是一个像 (a, b) 那样的开区间? 图 5-7 显示了一些潜在的问题.

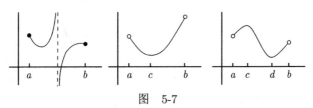

图 5-7

在第一幅图中, 函数 f 在区间 $[a, b]$ 的中间有一条渐近线, 它当然会产生一个不连续点. 该函数没有最大值, 它只会在渐近线的左侧无限上升. 类似地, 它也没有最小值, 因为它会在渐近线的右侧无限下降.

第二幅图涉及一个更微妙的情况. 这里函数只在开区间 (a, b) 上连续. 显然该函数在 $x = c$ 处有一个最小值, 但它的最大值是什么呢? 你或许会想它出现在 $x = b$ 处, 但再想想看. 该函数在 $x = b$ 处没有定义! 因此, 它不可能在那里有一个最大值. 如果该函数有一个最大值, 那么它一定在 b 附近的某处. 事实上, 你想要的是一个小于 b 并接近于 b 的数. 很不幸, 没有这样的数! 无论你想到一个多么接近于 b 的数, 你总是可以取该数与 b 的平均数得到另一个更接近于 b 的数. 因此, 该函数没有最大值. 这说明, 为了确保可以使用最大值与最小值定理, 连续性区间必须是闭的.

当然, 即使区间不是闭的, 该定理的结论也可能会成立. 例如, 在上面的第三幅图中, 函数只在开区间 (a, b) 上连续, 但它仍然在 $x = c$ 处有一个最大值并在 $x = d$ 处有一个最小值. 但这只是一个幸运情况. 如果你知道函数在区间 $[a, b]$ 上连续, 你只能仰赖定理来确保最大值与最小值的存在性.

5.2 可 导 性

我们已经花了一些时间来学习连续性. 现在该来看看函数能够具有的另一种光滑性 —— 可导性. 这实质上意味着函数有导数. 因此, 我们会花相当一部分时间来研究导数. 发展微积分的最初灵感之一来自试图去理解运动物体的速度、距离和时间的关系. 因此, 让我们从那里开始, 之后再回到函数.

5.2.1 平均速率

想象一下, 在高速路上给一辆汽车拍照. 曝光时间非常短, 因此图像并不模糊 —— 你甚至不能分辨那辆车是不是在动. 现在, 我问你: 拍照时汽车的运动速度有多快? 你说, 没问题, 只需使用经典公式

$$速率 = \frac{距离}{时间}.$$

但问题是, 照片无法告诉你距离 (那辆车没有动) 或时间 (照片实质上是捕捉了一瞬间). 因此, 你无法回答我的问题.

嗯, 但如果我告诉你, 拍照之后的一分钟, 汽车行驶了一英里呢? 这时你就可以使用以上公式来计算了, 汽车一分钟开了一英里, 速率是 60 英里/小时. 但仍旧, 你如何知道汽车在那一分钟里的速率是一样的呢? 在那一分钟里, 它可能会有多次的加速和减速. 你不知道在那一分钟的开始时刻它究竟开得有多快. 事实上, 上述公式并不精确: 等号左边应该称为**平均速率**, 因为那是我们所能知道的全部.

好吧, 看你可怜, 我再告诉你, 在第一个 10 秒钟, 汽车行驶了 0.25 英里. 现在, 你可以使用该公式来计算, 在第一个 10 秒钟内的平均速率是 1.5 英里/分钟或 90 英里/小时. 这有点帮助, 但在这 10 秒钟里汽车仍旧可能改变过速率, 因此我们仍然不知道在这段时间的开始时刻它开得有多快. 不过速率也不可能跟 90 英里/小时差太多, 毕竟在这么短的时间里, 汽车只可能加速或减速这么多.

如果知道在拍照后的一秒钟里汽车走了多远, 那将会更好, 但这仍旧还不够. 甚至 0.0001 秒都可能足以让汽车改变速率, 尽管变化不会太大. 如果你感到我们是在取极限的话, 那你想得没错. 不过, 我们首先需要看一看速度的概念.

5.2.2 位移和速度

想象一下, 汽车在一条长直的高速路上行驶. 公路上的里程标志牌有点奇怪: 某个点上是 0 标志, 在其左侧, 标志始于 −1 并且变得越来越负; 在其右侧, 一切一如平常. 事实上, 整个情形看上去就像图 5-8.

图　5-8

假设汽车始于 2 英里处并直接驶向 5 英里处, 那么它行驶的距离是 3 英里. 但如果它是始于 2 英里处但向左行驶到了 −1 英里处, 它行驶的距离也是 3 英里. 我们想要区分这两种情形, 因此我们将使用**位移**来代替距离. 位移公式就是:

位移　= 终点位置 − 初始位置.

如果汽车从位置 2 驶到位置 5, 那么位移是 $5 - 2 = 3$ 英里. 但如果是从位置 2 驶到了位置 −1, 那么位移是 $(-1) - 2 = -3$ 英里. 因此, 和距离不一样, 位移可以是

负的. 事实上, 如果位移是负的, 那么汽车将终止于它初始位置的左侧.

距离和位移的另外一个重要区别就是, 位移仅仅涉及终点和初始位置, 汽车在行驶过程中的情况是无关紧要的. 如果它从 2 走到 11, 然后又返回到 5, 距离是 $9 + 6 = 15$ 英里, 但总位移仍然只是 3 英里. 而如果它从 2 走到 -4 然后又返回到 2, 位移实际上是 0 英里, 尽管距离是 12 英里. 然而, 如果汽车只向一个方向行驶, 没有后退的话, 那么距离就是位移的绝对值.

正如我们在上一节看到的, 平均速率是行驶距离除以行驶时间. 如果你用位移来代替距离, 你会得到**平均速度**. 也就是,

$$平均速度 = \frac{位移}{时间}.$$

同样, 速度可以是负的, 而速率必定是非负的. 如果在一定的时间段内, 汽车有一个负的平均速度, 那么它终止于初始位置的左侧. 而如果在一定的时间段内平均速度是 0, 那么汽车终止于它的初始位置. 注意到, 在这种情况下, 汽车或许有一个很高的平均速率, 尽管其平均速度为 0! 一般而言, 就像位移, 如果汽车沿着一个方向行驶, 那么平均速率就是平均速度的绝对值.

5.2.3 瞬时速度

现在, 我们用速度来重新考察一下前面提到的重要问题: 在给定的瞬间, 如何测量汽车的速度? 如前所述, 基本思想就是, 在始于拍照时刻并变得越来越小的时间段上, 求汽车的平均速度. 下面就是如何用符号来表达这个思路.

令 t 是我们关心的时刻. 例如, 如果全程始于下午两点, 你可能决定要以秒表记, 并用 0 表示开始时间. 那种情况下, 如果拍照时间是下午两点零三分, 那么你将取 $t = 180$. 不管怎样, 假设 u 是 t 之后很近的时刻. 我们写 $v_{t \leftrightarrow u}$ 表示汽车在始于时间 t 终止于时间 u 的时间段上的平均速度. 现在, 让 u 越来越靠近 t. 多近呢? 能有多近就多近! 而这正是轮到极限登场的地方. 事实上,

$$在时刻 \ t \ 的瞬时速度 = \lim_{u \to t^+} v_{t \leftrightarrow u}.$$

不过, 为什么要忽略在时刻 t 之前的细节呢? 通过允许 u 在 t 之前, 我们可以让以上定义变得更一般一些. 然后, 我们可以用双侧极限替换右极限:

$$在时刻 \ t \ 的瞬时速度 = \lim_{u \to t} v_{t \leftrightarrow u}.$$

现在需要更多的公式. 假设知道在高速路上汽车在任意时刻的准确位置. 特别是, 假设在时刻 t, 汽车的位置是 $f(t)$. 这就是说, 令

$$f(t) = 汽车在时刻 \ t \ 的位置.$$

现在就可以准确地计算平均速度 $v_{t \leftrightarrow u}$ 了:

$$v_{t \leftrightarrow u} = \frac{在时刻 \ u \ 的位置 - 在时刻 \ t \ 的位置}{u - t} = \frac{f(u) - f(t)}{u - t}.$$

注意到分母 $u-t$ 是所涉及时间段的长度 (如果 u 在 t 之后的话[①]). 不管怎么说, 现在来取 $u \to t$ 时的极限:

$$在时刻\ t\ 的瞬时速度 = \lim_{u \to t} \frac{f(u) - f(t)}{u - t}.$$

当然, 在以上极限中, 不能只是用 $u=t$ 作替换, 因为那样的话, 会得到 0/0 的不定式. 你现在还是要使用极限形式.

再来看一个稍有变化的变体. 我们定义 $h=u-t$. 由于 u 非常靠近 t, 两时刻的差值 h 一定非常小. 确实, 当 $u \to t$ 时, 可以看到 $h \to 0$. 如果在上述极限中作如此替换的话, 由于 $u=t+h$, 也会有

$$在时刻\ t\ 的瞬时速度 = \lim_{h \to 0} \frac{f(t+h) - f(t)}{h}.$$

该公式和前一个公式没有实质性差别, 只是写法不同而已.

让我们来看一个小的例子. 假设处于静止状态的汽车从 7 英里标志处向右开始加速, 并设此时刻 $t=0$ 小时. 结果表明, 汽车在时刻 t 的位置好像是 $15t^2+7$(这里的数 15 取决于加速度). 暂且不去担心为什么会如此, 让我们设 $f(t)=15t^2+7$, 并看看是否可以求出汽车在任意时刻 t 的速度.

使用上述公式有

$$在时刻\ t\ 的瞬时速度 = \lim_{h \to 0} \frac{f(t+h) - f(t)}{h}$$
$$= \lim_{h \to 0} \frac{(15(t+h)^2 + 7) - (15t^2 + 7)}{h}.$$

现在展开 $(t+h)^2 = t^2+2th+h^2$, 并进一步化简, 看到上述表达式变为

$$\lim_{h \to 0} \frac{15t^2 + 30th + 15h^2 + 7 - 15t^2 - 7}{h} = \lim_{h \to 0} \frac{30th + 15h^2}{h} = \lim_{h \to 0}(30t + 15h).$$

在最后一步, 从分母中消去了 h, 这非常好, 因为是它造成了所有的麻烦. 现在, 就可以将 $h=0$ 代入并看到

$$在时刻\ t\ 的瞬时速度 = \lim_{h \to 0}(30t + 15h) = 30t.$$

因此, 在时刻 0, 汽车的速度是 $30 \times 0 = 0$ 英里/小时 —— 汽车处于静止状态. 半小时之后, 在时刻 $t=1/2$, 它的速度是 $30 \times 1/2 = 15$ 英里/小时. 一小时之后, 速度是 30 英里/小时. 事实上, 在时刻 t 的速度是 $30t$, 这个事实告诉我们, 汽车行驶得越来越快, 每小时速度增加 30 英里/小时. 也就是说, 汽车以 30 英里每二次方小时加速.

5.2.4　速度的图像阐释

是时候来看看图像了. 再次假设 $f(t)$ 代表汽车在时刻 t 的位置. 如果想要在

[①] 如果 u 在 t 之前, 那么分母应该是 $t-u$, 分子应该是 $f(t)-f(u)$, 因此无论怎样都没问题!

特定时刻 t 的瞬时速度, 需要选取一个靠近 t 的时刻 u. 让我们来画一下 $y = f(t)$ 的图像, 并标注位置 $(t, f(t))$ 和 $(u, f(u))$ 以及过这两点的直线, 如图 5-9 所示.

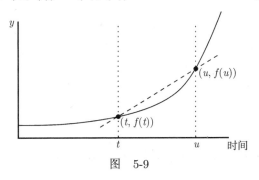

图　5-9

该直线的斜率由公式

$$斜率 = \frac{f(u) - f(t)}{u - t}$$

给出, 这正好就是上一节中平均速度 $v_{t \leftrightarrow u}$ 的公式. 因此就有了在 t 到 u 时间段上平均速度的图像阐释: 在位置与时间的图像上, 它就是连接点 $(t, f(t))$ 和 $(u, f(u))$ 的直线的斜率.

让我们来试着给瞬时速度找一个类似的阐释. 我们需要取 u 趋于 t 时的极限, 因此要重复几次上述图像, 每一次 u 会越来越接近固定值 t, 如图 5-10 所示.

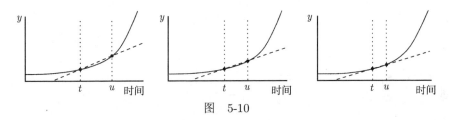

图　5-10

这些直线看上去好像越来越接近点 $(t, f(t))$ 处的切线. 由于瞬时速度是这些直线在 $u \to t$ 时的极限, 于是, 瞬时速度就等于通过点 $(t, f(t))$ 的切线的斜率. 看起来需要对切线有更好的了解……

5.2.5 切线

假设在某个函数 f 的定义域上选取一点 x, 那么点 $(x, f(x))$ 位于 $y = f(x)$ 的图像上. 我们想要试着画一条通过该点并与该曲线相切的直线, 即要找到一条切线. 直观上, 这意味着要找的直线刚好掠过该曲线的点 $(x, f(x))$. 切线不是只能与曲线仅相交一次! 例如, 图 5-11 中通过点 $(x, f(x))$ 的切线与曲线还有第二次相交, 这不成问题.

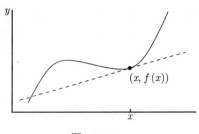

图　5-11

也可能在一个图像上给定的一点没有切线. 例如, 考虑 $y = |x|$ 的图像, 如图 5-12 所示. 该图像通过点 $(0,0)$, 但过那一点没有切线. 毕竟, 怎么可能会有切线? 不管怎么画, 都不能在那里同时顾及两边的图像, 因为它在原点处有一个尖点. 在后面的 5.2.10 节将返回到该例子.

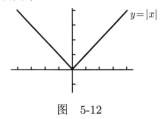

图　5-12

即使通过 $(x, f(x))$ 的切线存在, 你又该如何找到它呢? 回想一下, 为了描述一条直线, 仅仅需要提供两个信息: 直线上的一点和该直线的斜率. 然后, 就可以使用点斜式来求直线方程. 其实, 我们已经有了一个要素了: 直线通过点 $(x, f(x))$. 现在, 只需要求出斜率. 为了求解, 我们将玩一个游戏, 类似于在上一节中求瞬时速度玩的那个.

我们由选取一个靠近于 x(在它的左边或右边) 的数 z 开始, 并在曲线上画出点 $(z, f(z))$. 现在, 画一条通过点 $(x, f(x))$ 和 $(z, f(z))$ 的直线, 如图 5-13 所示.

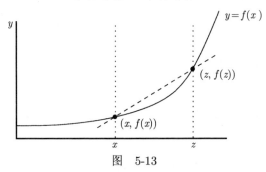

图　5-13

由于斜率是对边比邻边, 则虚线的斜率是

$$\frac{f(z) - f(x)}{z - x}.$$

现在, 当点 z 越来越接近 x, 但没有真正到达 x 的情况下, 以上直线的斜率应该变得越来越接近要找的切线的斜率. 因此, 显然有

$$\text{通过 } (x, f(x)) \text{ 的切线的斜率} = \lim_{z \to x} \frac{f(z) - f(x)}{z - x}.$$

设 $h = z - x$, 可以看到, 当 $z \to x$ 时, 有 $h \to 0$, 从而也有

$$\text{通过 } (x, f(x)) \text{ 的切线的斜率} = \lim_{h \to 0} \frac{f(x + h) - f(x)}{h}.$$

当然, 这只有当极限确实存在的时候才说得通!

5.2.6 导函数

在图 5-14 中, 我在曲线上画了通过三个不同的点的切线.

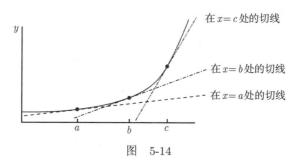

图 5-14

这些直线有不同的斜率. 也就是说, 切线的斜率取决于你选取的点 x 的值. 换句话说, 通过 $(x, f(x))$ 的切线的斜率是 x 的一个函数. 这个函数被称为 f 的**导数**, 并写作 f'. 我们说, 对 f 关于变量 x **求导**得到函数 f'. 根据上一节结尾部分的公式, 如果极限存在的话, 有

$$\boxed{f'(x) = \lim_{h \to 0} \frac{f(x + h) - f(x)}{h}.}$$

在这种情况下, f 在 x 点**可导**. 如果对于某个特定的 x, 极限不存在, 那么 x 的值就没有在导函数 f' 的定义域里, 即 f 在 x 点**不可导**. 有很多原因会导致极限不存在. 比如说, 那里有一个尖角, 就像前述 $y = |x|$ 的例子中那样. 从更基本的层次上说, 如果 x 没有在 f 的定义域中, 那么甚至不可能画出点 $(x, f(x))$, 更不用说在那里画一条切线了.

回忆一下 5.2.3 节中瞬时速度的定义吧:

$$\text{在时刻 } t \text{ 的瞬时速度} = \lim_{h \to 0} \frac{f(t + h) - f(t)}{h},$$

其中 $f(t)$ 是汽车在时刻 t 的位置. 等号右边的表达式和上述 $f'(x)$ 的定义一样, 只

是用 t 代替了 x! 这就是说, 如果 $v(t)$ 是在时刻 t 的瞬时速度, 那么 $v(t) = f'(t)$. 速度正是位置关于时间的导数.

来看一个关于求导的例子. 如果 $f(x) = x^2$, 那么 $f'(x)$ 是什么呢? 计算过程和 5.2.3 节结尾部分很相似:

$$f'(x) = \lim_{h \to 0} \frac{f(x+h) - f(x)}{h} = \lim_{h \to 0} \frac{(x+h)^2 - x^2}{h}$$
$$= \lim_{h \to 0} \frac{x^2 + 2xh + h^2 - x^2}{h} = \lim_{h \to 0} \frac{2xh + h^2}{h}$$
$$= \lim_{h \to 0} (2x + h) = 2x.$$

因此, $f(x) = x^2$ 的导数由 $f'(x) = 2x$ 给出. 这意味着, 抛物线 $y = x^2$ 在点 (x, x^2) 的切线的斜率就是 $2x$. 让我们画出该曲线和一些切线来检验一下, 如图 5-15 所示.

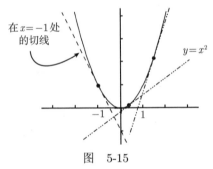

图　5-15

在 $x = -1$ 处的切线的斜率看起来的确是 -2, 这与公式 $f'(x) = 2x$ 是一致的. (两倍的 -1 是 -2!) 其他切线也一样, 它们的斜率都是相应的 x 坐标的两倍.

5.2.7　作为极限比的导数

在导函数 $f'(x)$ 的公式中, 必须求出量 $f(x+h)$ 的值. 这个量是什么呢? 其实, 如果 $y = f(x)$, 将 x 变为 $x+h$, 那么 $f(x+h)$ 只是一个新的 y 值. 量 h 代表对 x 作了多少改变, 因此用量 Δx 作替换. 这里的符号 Δ 表示 "在 $\cdots\cdots$ 中的变化", 因此 Δx 就是在 x 中的变化. (不要把 Δx 看作是 Δ 和 x 的乘积, 否则是错的!) 因此, 用 Δx 替换 h, 来重新写一下 $f'(x)$ 的公式:

$$f'(x) = \lim_{\Delta x \to 0} \frac{f(x + \Delta x) - f(x)}{\Delta x}.$$

好了, 情况是这样的. 由 (x, y) 开始, 其中 $y = f(x)$. 现在, 选取一个新的 x 值, 称之为 $x_{新}$. y 的值也会相应地变成 $y_{新}$, 这当然就是 $f(x_{新})$. 现在, 任意量的改变量正好是新值减去旧值, 因此有两个方程:

$$\Delta x = x_{新} - x \quad 和 \quad \Delta y = y_{新} - y.$$

第一个方程说的是 $x_{新} = x + \Delta x$, 因此第二个方程现在可以变形为

$$\Delta y = y_{新} - y = f(x_{新}) - f(x) = f(x + \Delta x) - f(x).$$

这就是上面 $f'(x)$ 定义中分数的分子! 这意味着

$$f'(x) = \lim_{\Delta x \to 0} \frac{\Delta y}{\Delta x}.$$

该公式的一个阐释是, x 中的一个小的变化产生了大约 $f'(x)$ 倍的 y 中的变化. 的确, 如果 $y = f(x) = x^2$, 那么在上一节已经看到 $f'(x) = 2x$. 让我们将精力集中在例如当 $x = 6$ 时的情况. 首先注意到, 由 $f'(x)$ 的公式可知 $f'(6) = 2 \times 6 = 12$. 因此, 如果取等式 $6^2 = 36$ 并将 6 作一点点改变, 36 将会变化 12 倍于此的量. 例如, 如果把 0.01 加到 6 上, 就应该将 0.12 加到 36 上. 因此, 我会猜 $(6.01)^2$ 应该差不多是 36.12. 事实上, 确切答案是 36.1201, 因此我的猜测确实接近.

那么, 为什么我没有得到确切答案呢? 原因是, $f'(x)$ 并不真正地等于 Δy 和 Δx 的比值, 它等于当 Δx 趋于 0 时该比值的极限. 这意味着, 如果没有离 6 太远的话, 可能会做得更好. 让我们来试着猜一下 $(6.0004)^2$ 的值吧. 将原始的 x 值 6 加上了 0.0004, 因此, y 值应该有 12 倍于此的改变, 也就是 0.0048. 因此, 我们猜测 $(6.0004)^2$ 大约是 36.0048. 这还不错 —— 真正的答案是 36.004 800 16, 两个数已经非常接近了! 对 6 的改变越小, 我们的方法计算出的结果就会越好.

当然, 魔力数字 12 仅仅当从 $x = 6$ 开始的时候才会起作用. 如果从 $x = 13$ 开始的话, 魔力数字就是 $f'(13)$ 了, 它就等于 $2 \times 13 = 26$. 因此, 我们知道 $13^2 = 169$, 那 $(13.0002)^2$ 是什么呢? 为了从 13 得到 13.0002, 必须加上 0.0002. 由于魔力数字是 26, 必须将 26 倍的 0.0002 加到 169 上来得到我们的猜测. 这就是说, 将 0.0052 加到 169 上并得出猜测结果是 169.0052. 再一次地, 这相当不错: $(13.0002)^2$ 实际上 169.005 200 04.

不管怎样, 我们在第 13 章讲解线性化时将返回到这些基本思想上来. 现在再来看看公式

$$f'(x) = \lim_{\Delta x \to 0} \frac{\Delta y}{\Delta x}.$$

等号右边的表达式是, 当 x 中的变化非常小时, y 中的变化与 x 中的变化的比值的极限. 假设 x 小得以至于其中的变化几乎注意不到. 现在我们不写 Δx, 它表示 "x 中的变化", 而是写 $\mathrm{d}x$, 它表示 "x 中的十分微小的变化". 对 y 也有类似的表示方法. 不幸的是, $\mathrm{d}x$ 和 $\mathrm{d}y$ 本身没有什么意义[①]; 尽管如此, 这给了我们灵感, 可以用一种不同的且更方便的方法来写导数:

如果 $y = f(x)$, 那么可以用 $\dfrac{\mathrm{d}y}{\mathrm{d}x}$ 来代替 $f'(x)$.

例如, 如果 $y = x^2$, 那么 $\dfrac{\mathrm{d}y}{\mathrm{d}x} = 2x$. 事实上, 如果用 x^2 代替 y, 会得到对于一件事情

---

① "无穷小" 也有其理论, 但它超出了本书的范围!

的很多不同的表达方式:

$$f'(x) = \frac{\mathrm{d}y}{\mathrm{d}x} = \frac{\mathrm{d}(x^2)}{\mathrm{d}x} = \frac{\mathrm{d}}{\mathrm{d}x}(x^2) = 2x.$$

作为另一个例子, 在 5.2.3 节, 我们看到过, 如果汽车在时刻 t 的位置是 $f(t) = 15t^2 + 7$, 那么它的速度是 $30t$. 回想一下, 速度就是 $f'(t)$, 这意味着 $f'(t) = 30t$. 但如果我们决定把位置称为 p, 从而 $p = 15t^2 + 7$, 便可以写 $\frac{\mathrm{d}p}{\mathrm{d}t} = 30t$. 这里的要点是, 不是所有的量都用 x 和 y 来表达, 你必须能够应对其他的字母.

　　总而言之, 量 $\frac{\mathrm{d}y}{\mathrm{d}x}$ 是 y 关于 x 的导数. 如果 $y = f(x)$, 那么 $\frac{\mathrm{d}y}{\mathrm{d}x}$ 和 $f'(x)$ 是一回事. 最后, 请记住, 量 $\frac{\mathrm{d}y}{\mathrm{d}x}$ 实际上根本不是一个分数, 它是当 $\Delta x \to 0$ 时分数 $\frac{\Delta y}{\Delta x}$ 的极限.

5.2.8　线性函数的导数

　　让我们暂停一下喘口气, 回到一个简单的例子: 假设 f 是线性的. 这意味着, 对于某个 m 和 b, $f(x) = mx + b$. 你认为 $f'(x)$ 会是什么? 回想一下, 它度量的是, 曲线 $y = f(x)$ 在点 $(x, f(x))$ 处的切线的斜率. 在这个例子中, $y = mx + b$ 的图像就是斜率为 m、y 轴截距为 b 的一条直线. 显而易见, 该条直线上任意一点的切线就是这条直线本身! 这意味着, 不管 x 取何值, $f'(x)$ 的值就应该是 m, 因为曲线 $y = mx + b$ 有固定的斜率 m. 用公式检验一下:

$$f'(x) = \lim_{h \to 0} \frac{f(x+h) - f(x)}{h} = \lim_{h \to 0} \frac{(m(x+h) + b) - (mx + b)}{h}$$
$$= \lim_{h \to 0} \frac{mh}{h} = \lim_{h \to 0} m = m.$$

因此, 不管 x 取何值, $f'(x) = m$. 这就是说, 线性函数的导数是常数. 如你所想, 只有线性函数有固定的斜率 (这是所谓的中值定理的结果, 具体参见 11.3.1 节). 顺便说一下, 如果 f 是常数函数, 即 $f(x) = b$, 那么其斜率总是 0. 特别是, 对于所有的 x, $f'(x) = 0$. 因此, 这证明了常数函数的导数恒为 0.

5.2.9　二阶导数和更高阶导数

　　由于可以由一个函数 f 出发, 取其导数得到一个新的函数 f', 实际上可以采用这个新的函数, 再次求导. 最终得到导数的导数, 这被称为**二阶导**, 写作 f''.

　　例如, 如果 $f(x) = x^2$, 那么其导数为 $f'(x) = 2x$. 现在, 我们想要对此结果求导. 设 $g(x) = 2x$, 并试着求出 $g'(x)$. 由于 g 是一个线性函数, 其斜率为 2, 从上一节我们知道 $g'(x) = 2$. 因此, f 导数的导数是常数函数 2, 这样就证明了, 对于所有的 x, $f''(x) = 2$.

　　如果 $y = f(x)$, 那么我们已经看到, 可以用 $\frac{\mathrm{d}y}{\mathrm{d}x}$ 代替 $f'(x)$. 对于二阶导有一种

相似的记号:

如果 $y = f(x)$, 那么可以用 $\dfrac{d^2 y}{dx^2}$ 代替 $f''(x)$.

在上述例子中, 如果 $y = f(x) = x^2$, 我们已经看到

$$f''(x) = \frac{d^2 y}{dx^2} = \frac{d^2 (x^2)}{dx^2} = \frac{d^2}{dx^2}(x^2) = 2.$$

这些都是对 $f(x) = x^2$ (关于 x) 的二阶导是常数函数 2 的有效的表达方式.

为什么要止步于求二阶导呢? 函数 f 的三阶导是 f 的导数的导数的导数. 这可是一长串 "导数"!, 你应该把 f 的三阶导看成是 f 二阶导的导数, 并且可以用以下任意一种方式写出:

$$f'''(x), \quad f^{(3)}(x), \quad \frac{d^3 y}{dx^3} \quad \text{或} \quad \frac{d^3}{dx^3}(y).$$

记号 $f^{(3)}(x)$ 对于高阶导数尤其方便, 因为写那么多的撇号简直太傻了. 因此, 四阶导, 即三阶导的导数, 就可以写作 $f^{(4)}(x)$ 而不是 $f''''(x)$. 尽管如此, 对于低阶导数, 有时候用这种方式表示也会很方便, 比如将二阶导写成 $f^{(2)}(x)$ 而不是 $f''(x)$. 甚至也可能将一阶导写成 $f^{(1)}(x)$ 而不是 $f'(x)$, 因为只取了一次导数, 此外, 还可以用 $f^{(0)}(x)$ 代替 $f(x)$ 本身 (没有取导数!). 用这种方式, 任何导数都可以写成 $f^{(n)}(x)$ 的形式, 其中 n 为正整数.

5.2.10 何时导数不存在

在 5.2.5 节, 我提到过 $f(x) = |x|$ 的图像在原点处有一个尖点. 而这应该意味着, 在 $x = 0$ 处导数不存在. 现在来看看为什么会是这样. 使用导数公式, 有

$$f'(x) = \lim_{h \to 0} \frac{f(x+h) - f(x)}{h} = \lim_{h \to 0} \frac{|x+h| - |x|}{h}.$$

我们感兴趣的是 $x = 0$ 时会发生什么, 因此在以上等式链中用 0 替换 x, 得到

$$f'(0) = \lim_{h \to 0} \frac{f(0+h) - f(0)}{h} = \lim_{h \to 0} \frac{|0+h| - |0|}{h} = \lim_{h \to 0} \frac{|h|}{h}.$$

我们之前看到过这个极限! 事实上, 在 4.6 节, 该极限不存在. 这意味着, $f'(0)$ 的值无定义, 即 0 没有在 f' 的定义域中. 然而我们也看到过, 如果将它由一个双侧极限改为单侧极限, 那么以上极限存在. 特别是, 右极限是 1, 左极限是 -1. 这激发了**右导数**和**左导数**的思想, 其定义分别为

$$\lim_{h \to 0^+} \frac{f(x+h) - f(x)}{h} \quad \text{和} \quad \lim_{h \to 0^-} \frac{f(x+h) - f(x)}{h}.$$

它们看起来和普通导数的定义很相似, 只是双侧极限 (即当 $h \to 0$) 分别由右极限和左极限所代替. 跟在极限的情况一样, 如果左导数和右导数存在且相等, 那么实际的导数存在且有相同的值. 同时, 如果导数存在, 那么左右导数都存在且都等于

导数值.

不管怎样, 这里的要点是, 如果 $f(x) = |x|$, 那么在 $x = 0$ 处其右导数为 1, 左导数为 -1. 你相信吗? 让我们再来看看图 5-16. 当从原点出发沿着该曲线向右移动时, 它的斜率确实是 1 (事实上, 斜率始终为 1, 即如果 $x > 0$, $f'(x) = 1$). 类似地, 从原点出发沿着该曲线向左移动时, 它的斜率是 -1 (事实上, 如果 $x < 0$, $f'(x) = -1$). 由于左侧斜率不等于右侧斜率, 所以在 $x = 0$ 处导数不存在.

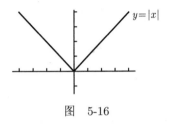

图　5-16

现在, 我们有了在其定义域内不是处处可导的连续函数. 很明显, 除了一个小点外, 它仍然是可导的. 事实上, 你可以有这样一个连续函数, 它是如此起伏多刺以至于它实际上在每一个单点 x 上都有一个尖角, 因此它在任意点上都不可导! 这种怪异的函数超出了本书的研究范围, 但我要顺便提及, 这种类型的函数可以用来为股价建模 —— 如果你曾经看到过股价的图像, 就会知道我说的起伏多刺是什么意思了. 不管怎样, 这里我的要点是, 存在不可导的连续函数. 那么会有不连续的可导函数吗? 回答是否定的, 我们马上就会看到原因.

5.2.11　可导性和连续性

现在是时候将本章的两个重要概念联系在一起了. 我将要表明, 每一个可导函数也是连续的. 换言之, 如果你知道一个函数是可导的, 那么你将买一赠一, 获知该函数的连续性. 更确切地说, 我将要表明:

> 如果一个函数 f 在 x 上可导, 那么它在 x 上连续.

例如, 将在第 7 章证明, $\sin(x)$ 作为 x 的函数是可导的. 这将自动暗示它在 x 处也是连续的. 同样的结论也适用于其他的三角函数、指数函数和对数函数 (除了在它们的垂直渐近线处).

那么该如何证明我们这个重大断言呢? 先来看看我们想证明的是什么. 要证明 f 在 x 上连续, 需要证明

$$\lim_{u \to x} f(u) = f(x),$$

并且根据 5.1.1 节, 只有当等号两边同时存在时, 上式才成立! 在继续证明之前, 我想用 $h = u - x$ 作替换, 正如我们之前做过的. 在这种情况下, $u = x + h$, 并且当 $u \to x$ 时, 我们看到 $h \to 0$. 因此, 上式变为

$$\lim_{h \to 0} f(x + h) = f(x).$$

我们需要证明等号两边都存在且相等 —— 那样的话, 就完成任务了.

目标已经明确, 现在就让我们从实际知道的开始吧. 我们知道 f 在 x 上可导;

这意味着, $f'(x)$ 存在, 因此根据 f' 的定义, 极限

$$\lim_{h \to 0} \frac{f(x+h) - f(x)}{h}$$

存在. 首先注意到, 上式中包含了 $f(x)$, 那么它一定存在, 否则上式就无从谈起. 因此, 我们已经有所进展: $f(x)$ 存在. 但我们仍然需要想些聪明的办法. 这里的技巧是, 由另一个极限开始:

$$\lim_{h \to 0} \left(\frac{f(x+h) - f(x)}{h} \times h \right).$$

一方面, 通过将它分成两个因子, 可以求出该极限为

$$\lim_{h \to 0} \left(\frac{f(x+h) - f(x)}{h} \times h \right) = \lim_{h \to 0} \frac{f(x+h) - f(x)}{h} \times \lim_{h \to 0} h = f'(x) \times 0 = 0.$$

由于所有涉及的极限都存在, 所以这样做没问题. (这里需要用到事实, $f'(x)$ 存在, 不然就有问题了.) 另一方面, 可以取原始极限并消去因子 h 得到

$$\lim_{h \to 0} \left(\frac{f(x+h) - f(x)}{h} \times h \right) = \lim_{h \to 0} (f(x+h) - f(x)).$$

比较一下这两个式子, 就会得到

$$\lim_{h \to 0} (f(x+h) - f(x)) = 0.$$

当然, $f(x)$ 的值根本不依赖于极限, 因此可以将它提出来, 得到

$$\left(\lim_{h \to 0} f(x+h) \right) - f(x) = 0.$$

现在, 只需将 $f(x)$ 加到等号两边, 得到

$$\lim_{h \to 0} f(x+h) = f(x),$$

而这正是我们想要的! 特别是, 等号左边的极限存在并且等式成立. 因此, 我们证明了一个很好的结论: **可导函数必连续**. 不过要记住, 连续函数并不总是可导的!

第 6 章 求解微分问题

现在, 我们要看看如何应用上一章中的一些定理来求解微分问题. 我们可以利用公式求导, 但这很笨拙. 因此, 我们会看到一些能让生活变轻松的法则. 总之, 以下是我们在本章要讲解的内容:

- 使用定义求导;
- 使用乘积法则、商法则和链式求导法则;
- 求切线方程;
- 速度和加速度;
- 求导数伪装的极限;
- 如何对分段函数求导;
- 使用一个函数图像来画出其导函数的图像.

6.1 使用定义求导

假设要对 $f(x) = 1/x$ 关于 x 求导. 从上一章中可知, 导数的定义是

$$f'(x) = \lim_{h \to 0} \frac{f(x+h) - f(x)}{h},$$

因此, 现在有

$$f'(x) = \lim_{h \to 0} \frac{\dfrac{1}{x+h} - \dfrac{1}{x}}{h}.$$

在分式中, 如果只是用 0 替换 h, 结果就会得到一个 $\dfrac{0}{0}$ 的不定式. 因此, 需要多计算一点. 在这里, 基本思想是通过通分来化简分子. 你会得到

$$f'(x) = \lim_{h \to 0} \frac{\dfrac{x-(x+h)}{x(x+h)}}{h} = \lim_{h \to 0} \frac{-h}{hx(x+h)}.$$

现在从分子分母中消去 h, 然后通过设 $h = 0$ 求极限值:

$$f'(x) = \lim_{h \to 0} \frac{-1}{x(x+h)} = \frac{-1}{x(x)} = -\frac{1}{x^2}.$$

也就是说,

$$\frac{\mathrm{d}}{\mathrm{d}x}\left(\frac{1}{x}\right) = -\frac{1}{x^2}.$$

另一方面, 为了求 $f(x) = \sqrt{x}$ 的导数, 必须利用在 4.2 节中使用过的技巧. 具体如下:

$$f'(x) = \lim_{h \to 0} \frac{f(x+h) - f(x)}{h} = \lim_{h \to 0} \frac{\sqrt{x+h} - \sqrt{x}}{h},$$

我们再次遇到 $\frac{0}{0}$ 的情况. 将分子和分母同时乘以分子的共轭表达式, 得到

$$f'(x) = \lim_{h \to 0} \frac{\sqrt{x+h} - \sqrt{x}}{h} \times \frac{\sqrt{x+h} + \sqrt{x}}{\sqrt{x+h} + \sqrt{x}} = \lim_{h \to 0} \frac{(x+h) - x}{h(\sqrt{x+h} + \sqrt{x})};$$

现在, 可以在分子上消去 x 这一项, 从分子和分母中消去 h, 然后求极限, 得到

$$f'(x) = \lim_{h \to 0} \frac{h}{h(\sqrt{x+h} + \sqrt{x})} = \lim_{h \to 0} \frac{1}{\sqrt{x+h} + \sqrt{x}} = \frac{1}{\sqrt{x} + \sqrt{x}} = \frac{1}{2\sqrt{x}}.$$

总而言之, 这就证明了

$$\frac{\mathrm{d}}{\mathrm{d}x}(\sqrt{x}) = \frac{1}{2\sqrt{x}}.$$

现在, **使用导数的定义**, 你会如何求 $f(x) = \sqrt{x} + x^2$ 的导数呢? 即使你能够直接写出答案, 但我要求的是使用导数的定义, 所以你必须撇开一切诱惑并使用公式

$$f'(x) = \lim_{h \to 0} \frac{f(x+h) - f(x)}{h} = \lim_{h \to 0} \frac{(\sqrt{x+h} + (x+h)^2) - (\sqrt{x} + x^2)}{h}.$$

这看起来很杂乱, 但如果将它分成含有平方根的项和含有平方的项, 会看到

$$f'(x) = \lim_{h \to 0} \frac{\sqrt{x+h} - \sqrt{x}}{h} + \lim_{h \to 0} \frac{(x+h)^2 - x^2}{h}.$$

我们知道该如何来求这两个极限; 刚刚第一个极限是 $1/2\sqrt{x}$, 而在 5.2.6 节求得第二个极限是 $2x$. 你应该试着不看前面的求解过程自己做一遍, 并确保得到正确答案

$$f'(x) = \frac{1}{2\sqrt{x}} + 2x.$$

现在是时候对 x^n 关于 x 求导了, 其中 n 是某个正整数. 设 $f(x) = x^n$, 那么有

$$f'(x) = \lim_{h \to 0} \frac{f(x+h) - f(x)}{h} = \lim_{h \to 0} \frac{(x+h)^n - x^n}{h}.$$

我们必须想办法处理 $(x+h)^n$. 有很多方法能处理该问题. 尝试最直接的方法, 那就是写出

$$(x+h)^n = (x+h)(x+h)\cdots(x+h).$$

在以上乘积中有 n 个因子. 如果将它们都乘开会很混乱, 但事实上, 不需要全部展开, 只需要开头部分. 如果从每一个因子中提取项 x, 将会有 n 个 x, 因而会在乘积中得到 x^n 这一项. 那是得到所有 x 因子的唯一方法, 因此有

$$(x+h)^n = (x+h)(x+h)\cdots(x+h) = x^n + \text{含有 } h \text{ 的项}$$

然而, 还需要再多做一点. 要是从第一个因子中提取 h, 然后从其他因子中提取 x, 又会怎样呢? 那样就会有一个 h 和 $(n-1)$ 个 x, 因此当将它们都乘起来的时候, 会得到 hx^{n-1}. 还有其他的方法来选择一个 h 和其余的 x (可以从第二个因子里提取 h, 然后从其他因子中提取 x; 或者, 从第三个因子里提取 h, 然后从其他因子中提取 x, 如此等等). 事实上, 有 n 种方法来选取一个 h 和其余的 x, 因此实际上有 n 个 hx^{n-1}. 加在一起, 会得到 nhx^{n-1}. 在展开式中, 其余每一项至少有两个 h, 因此, 其余每一项就含有一个带 h^2 的因子. 总之, 可以写成

$$(x+h)^n = (x+h)(x+h)\cdots(x+h) = x^n + nhx^{n-1} + \text{含有因子 } h^2 \text{ 的项}$$

稍作整理: 将用 $h^2 \times (\text{垃圾})$ 代表 "含有因子 h^2 的项", 其中 "垃圾" 就是含有 x 和 h 的多项式. 也就是说,

$$(x+h)^n = (x+h)(x+h)\cdots(x+h) = x^n + nhx^{n-1} + h^2 \times (\text{垃圾}).$$

现在, 可以将以上形式带入导数的公式里:

$$f'(x) = \lim_{h \to 0} \frac{(x+h)^n - x^n}{h} = \lim_{h \to 0} \frac{x^n + nhx^{n-1} + h^2 \times (\text{垃圾}) - x^n}{h}.$$

x^n 这一项被消去了, 然后可以分子分母消去 h:

$$f'(x) = \lim_{h \to 0} \frac{nhx^{n-1} + h^2 \times (\text{垃圾})}{h} = \lim_{h \to 0} (nx^{n-1} + h \times (\text{垃圾})).$$

当 $h \to 0$ 时, 第二项趋于 0, 而第一项仍然是 nx^{n-1}. 因此, 我们得出结论, 当 n 是一个正整数时,

$$\frac{\mathrm{d}}{\mathrm{d}x}(x^n) = nx^{n-1}.$$

事实上, 我们将会在 9.5.1 节中证明, 当 a 是任意实数时,

$$\boxed{\frac{\mathrm{d}}{\mathrm{d}x}(x^a) = ax^{a-1}.}$$

用文字表述就是: 提取次数, 将它放在最前面作系数, 然后再将次数减少 1.

再来好好看看以上公式. 首先, 当 $a = 0$ 时, x^a 是常数函数 1. 其导数是 $0x^{-1}$, 结果就是 0. 这和 5.2.8 节中的计算一致. 总而言之,

$$\text{如果 } C \text{ 是常数, 那么 } \frac{\mathrm{d}}{\mathrm{d}x}(C) = 0.$$

现在, 如果 $a = 1$, 那么 x^a 就是 x. 根据公式, 其导数为 $1x^0$, 也就是常数函数 1. 同样, 这和 5.2.8 节中的结果一致. 因此, 可以确认

$$\frac{\mathrm{d}}{\mathrm{d}x}(x) = 1.$$

当 $a = 2$ 时, 可以看到 x^2 关于 x 的导数是 $2x^1$, 也就是 $2x$. 这和之前的结论一致. 类似地, 当 $a = -1$ 时, 可以使用公式并看到 x^{-1} 的导数是 $-1 \times x^{-2}$. 事实上, 这就是说 $1/x$ 的导数是 $-1/x^2$, 这一点我们在本节开始的时候已经知道了! 这个例子会经常出现, 你应该特别掌握.

现在, 来尝试一些指数为分数的情况. 当 $a = \dfrac{1}{2}$ 时, $x^{1/2}$ 关于 x 的导数是 $\dfrac{1}{2} x^{-1/2}$. 根据指数法则 (关于这些的回顾请参见 9.1.1 节), 可以重写并看到 $\sqrt{x}$ 的导数是 $1/2\sqrt{x}$, 这正是之前所求得的结果. 再次地, 它也会经常出现, 所以要特别掌握, 以避免将指数 $\dfrac{1}{2}$ 和 $-\dfrac{1}{2}$ 搞错了. 最后看一下 $a = \dfrac{1}{3}$ 的情况. 公式告诉我们

$$\frac{\mathrm{d}}{\mathrm{d}x}(x^{1/3}) = \frac{1}{3} x^{1/3-1} = \frac{1}{3} x^{-2/3}.$$

使用指数法则 (再次地, 你可以在 9.1.1 节中找到它), 将其重写成

$$\frac{\mathrm{d}}{\mathrm{d}x}(\sqrt[3]{x}) = \frac{1}{3\sqrt[3]{x^2}}.$$

这个稍微复杂一些, 所以你不必费心去记, 只需能够使用上述 x^a 关于 x 的求导公式来推导出它就可以了.

6.2 用更好的办法求导

所有这些折腾极限的求导不免有些烦琐乏味. 幸运的是, 一旦你做完了它们, 就可以根据一些简单的法则由已经求得的导数来构造其他的导数了. 让我们定义一个函数

$$f(x) = \frac{3x^7 + x^4\sqrt{2x^5 + 15x^{4/3} - 23x + 9}}{6x^2 - 4}.$$

对类似这样一个函数求导的关键是, 理解它是如何由简单函数合成的. 在 6.2.6 节, 我们将会看到如何使用简单的运算 (函数的常数倍、函数的加法、减法、乘法、除法以及复合函数) 用形如 x^a 的原子来构造 f, 而对于 x^a 我们已经知道如何求导了. 首先, 需要看看求导将如何受到这些运算的影响; 然后, 再回来求以上那个难以处理的函数 f 的 $f'(x)$. (以下法则的正式证明参见附录 A 中的 A.6 节, 而在 6.2.7

节中会有对其中一些法则的直观证明.)

6.2.1　函数的常数倍

处理一个函数的常数倍很容易: 只需在求导后, 用常数乘以该函数的导数就可以了. 例如, 我们知道 x^2 的导数是 $2x$, 因此 $7x^2$ 的导数就是 7 倍的 $2x$, 即 $14x$. $-x^2$ 的导数是 $-2x$, 因为你可以认为前面的负号是用 -1 做乘法的结果. 事实上, 有一个简单的方法来求 x^a 的常数倍的导数: 将指数拖下来, 用它和常数相乘, 然后将指数降低一次. 因此, 对于 $7x^2$ 的导数, 将 2 拖下来, 用它和 7 相乘得到系数 14, 然后将 x 指数降低一次得到 $14x^1$, 也就是 $14x$. 类似地, 为了求 $13x^4$ 的导数, 用 4 乘以 13, 得到系数为 52, 然后将 x 指数降低一次得到 $52x^3$.

6.2.2　函数和与函数差

对函数和与函数差求导则更容易: 对每一部分求导, 然后再相加或相减就可以了. 例如,

$$3x^5 - 2x^2 + \frac{7}{\sqrt{x}} + 2$$

关于 x 的导数是什么呢? 首先, 将 $1/\sqrt{x}$ 写成 $x^{-1/2}$, 这意味着, 必须要对 $3x^5 - 2x^2 + 7x^{-1/2} + 2$ 求导. 使用刚刚看到的常数倍的求导方法, $3x^5$ 的导数是 $15x^4$. 类似地, $-2x^2$ 的导数是 $-4x$, $7x^{-1/2}$ 的导数是 $-\frac{7}{2}x^{-3/2}$. 最后, 2 的导数是 0, 因为 2 是一个常数. 也就是说, 只要是求导, 在结尾的 $+2$ 就是无关紧要的. 因此, 将这些值组合在一起, 得到

$$\frac{\mathrm{d}}{\mathrm{d}x}\left(3x^5 - 2x^2 + \frac{7}{\sqrt{x}} + 2\right) = \frac{\mathrm{d}}{\mathrm{d}x}(3x^5 - 2x^2 + 7x^{-1/2} + 2) = 15x^4 - 4x - \frac{7}{2}x^{-3/2}.$$

顺便说一下, 如果意识到可以将 $x^{3/2}$ 写成 $x\sqrt{x}$, 也可以将以上导数写作

$$15x^4 - 4x - \frac{7}{2}\frac{1}{x\sqrt{x}}.$$

类似地, $x^{5/2}$ 就是 $x^2\sqrt{x}$, $x^{7/2}$ 就是 $x^3\sqrt{x}$, 等等.

6.2.3　通过乘积法则求积函数的导数

处理函数乘积的时候要更麻烦些 —— 不能只是将两个导数乘在一起. 例如, 不做展开 (那样太费时间了), 我们想要求

$$h(x) = (x^5 + 2x - 1)(3x^8 - 2x^7 - x^4 - 3x)$$

的导数. 设 $f(x) = x^5 + 2x - 1$ 及 $g(x) = 3x^8 - 2x^7 - x^4 - 3x$. 函数 h 是 f 和 g 的乘积. 我们可以很容易地写出 f 和 g 的导数, 它们是 $f'(x) = 5x^4 + 2$ 及 $g'(x) = 24x^7 - 14x^6 - 4x^3 - 3$. 如前所述, 简单认为乘积 h 的导数是这两个导数的乘积是不正确的. 也就是说, $h'(x) \neq (5x^4 + 2)(24x^7 - 14x^6 - 4x^3 - 3)$. 当然, 说

$h'(x)$ 不是什么是没有用的, 需要说它是什么!

事实上, 需要混合搭配. 也就是说, 取 f 的导数并用它和 g 相乘 (不是 g 的导数). 然后, 也需要取 g 的导数并用它和 f 相乘. 最后, 将它们加在一起. 具体如下:

> **乘积法则 (版本 1)**   如果 $h(x) = f(x)g(x)$, 那么 $h'(x) = f'(x)g(x) + f(x)g'(x)$.

因此, 对于例子中的 $h(x) = (x^5 + 2x - 1)(3x^8 - 2x^7 - x^4 - 3x)$, 我们将 h 写成 f 和 g 的乘积并分别求它们的导数. 将结果汇总一下, 取每一列分别对应 f 和 g:

$$f(x) = x^5 + 2x - 1 \qquad g(x) = 3x^8 - 2x^7 - x^4 - 3x$$
$$f'(x) = 5x^4 + 2 \qquad g'(x) = 24x^7 - 14x^6 - 4x^3 - 3.$$

现在, 可以使用乘积法则并做一些交叉相乘. 你看, 需要用左下方的 $f'(x)$ 和右上方的 $g(x)$ 相乘, 然后用左上方的 $f(x)$ 和右下方的 $g'(x)$ 相乘, 并将它们相加在一起. 这样得到

$$\begin{aligned} h'(x) &= f'(x)g(x) + f(x)g'(x) \\ &= (5x^4 + 2)(3x^8 - 2x^7 - x^4 - 3x) \\ &\quad + (x^5 + 2x - 1)(24x^7 - 14x^6 - 4x^3 - 3). \end{aligned}$$

可以将这个结果乘开, 但这会比将原始函数 h 乘开然后求导还要糟. 就让它这样吧.

还有另外一种方式来写乘积法则. 确实有时候, 必须处理 $y =$ 用 x 表示的项, 而不是 $f(x)$ 的形式. 例如, 假设 $y = (x^3 + 2x)(3x + \sqrt{x} + 1)$, dy/dx 是什么呢? 在这种情况下, 令 $u = (x^3 + 2x)$ 及 $v = (3x + \sqrt{x} + 1)$ 会更容易一些. 然后, 可以使用以上形式的乘积法则并作一些替换: 首先, u 替换 $f(x)$, 这样就使 du/dx 替换 $f'(x)$; 对于 v 和 $g(x)$ 也做同样的操作. 于是得到

> **乘积法则 (版本 2)**   如果 $y = uv$, 则
> $$\frac{dy}{dx} = v\frac{du}{dx} + u\frac{dv}{dx}.$$

因此, 在例子中有

$$u = x^3 + 2x \qquad v = 3x + \sqrt{x} + 1$$
$$\frac{du}{dx} = 3x^2 + 2 \qquad \frac{dv}{dx} = 3 + \frac{1}{2\sqrt{x}}.$$

这意味着

$$\frac{dy}{dx} = v\frac{du}{dx} + u\frac{dv}{dx} = (3x + \sqrt{x} + 1)(3x^2 + 2) + (x^3 + 2x)\left(3 + \frac{1}{2\sqrt{x}}\right).$$

现在, 要是你有一个三项的乘积又会怎样呢? 例如, 假设

$$y = (x^2 + 1)(x^2 + 3x)(x^5 + 2x^4 + 7),$$

而你想要求 dy/dx. 可以将它乘开再求导, 或者使用适用于三项的乘积法则:

> **乘积法则 (三个变量)** 如果 $y = uvw$, 那么
> $$\frac{\mathrm{d}y}{\mathrm{d}x} = \frac{\mathrm{d}u}{\mathrm{d}x}vw + u\frac{\mathrm{d}v}{\mathrm{d}x}w + uv\frac{\mathrm{d}w}{\mathrm{d}x}.$$

在解答例子之前, 先来看一个记住以上公式的小窍门: 把 uvw 加三次, 但对于每一项, 要将 d/dx 放在不同的变量之前. (同样的诀窍适用于四个或更多个变量 —— 每一个变量都要进行一次微分运算!) 不管怎样, 在例子中, 要令 $u = x^2+1$, $v = x^2+3x$, $w = x^5 + 2x^4 + 7$, 这样, y 就是乘积 uvw. 我们有 $\mathrm{d}u/\mathrm{d}x = 2x$, $\mathrm{d}v/\mathrm{d}x = 2x + 3$, $\mathrm{d}w/\mathrm{d}x = 5x^4 + 8x^3$. 根据以上公式, 有

$$\frac{\mathrm{d}y}{\mathrm{d}x} = \frac{\mathrm{d}u}{\mathrm{d}x}vw + u\frac{\mathrm{d}v}{\mathrm{d}x}w + uv\frac{\mathrm{d}w}{\mathrm{d}x}$$
$$= (2x)(x^2 + 3x)(x^5 + 2x^4 + 7) + (x^2 + 1)(2x + 3)(x^5 + 2x^4 + 7)$$
$$+ (x^2 + 1)(x^2 + 3x)(5x^4 + 8x^3).$$

由于没有将以上 y 的原始表达式展开并化简, 显然我也不会化简这个导数! 不过, 我确实要提醒的是, 你不总是能将所有的一切都展开. 有时候只能使用乘积法则. 例如, 当你在下一章学了如何对三角函数求导之后, 只能使用乘积法则来求像 $x\sin(x)$ 这样的导数. 但真的不能将这个表达式展开 —— 它已经是展开的形式了. 因此, 如果想要对它关于 x 求导, 那就避免不了要使用乘积法则.

6.2.4 通过商法则求商函数的导数

处理商的方式与处理乘积的方式类似, 只是法则稍有不同. 假设想对
$$h(x) = \frac{2x^3 - 3x + 1}{x^5 - 8x^3 + 2}$$

关于 x 求导. 可以令 $f(x) = 2x^3 - 3x + 1$ 及 $g(x) = x^5 - 8x^3 + 2$, 然后将 h 写成 f 和 g 的商, 或 $h(x) = f(x)/g(x)$. 以下就是商法则:

> **商法则 (版本 1)** 如果 $h(x) = \dfrac{f(x)}{g(x)}$, 那么
> $$h'(x) = \frac{f'(x)g(x) - f(x)g'(x)}{(g(x))^2}.$$

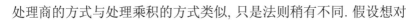

注意到除了正号变成了负号外, 等号右边分式的分子与乘积法则中的分子是一样的. 在例子中, 需要对 f 和 g 求导并将结果汇总如下:
$$f(x) = 2x^3 - 3x + 1 \quad g(x) = x^5 - 8x^3 + 2$$
$$f'(x) = 6x^2 - 3 \quad\quad g'(x) = 5x^4 - 24x^2.$$
根据商法则, 由于 $h(x) = f(x)/g(x)$, 有

$$h'(x) = \frac{f'(x)g(x) - f(x)g'(x)}{(g(x))^2}$$

$$= \frac{(6x^2 - 3)(x^5 - 8x^3 + 2) - (2x^3 - 3x + 1)(5x^4 - 24x^2)}{(x^5 - 8x^3 + 2)^2}.$$

跟乘积法则一样, 这里还有另外一种版本. 如果你面对

$$y = \frac{3x^2 + 1}{2x^8 - 7},$$

并想求出 $\mathrm{d}y/\mathrm{d}x$, 那么就从设 $u = 3x^2 + 1$ 及 $v = 2x^8 - 7$ 开始, 这样 $y = u/v$. 现在我们使用:

> **商法则 (版本 2)** 如果 $y = \dfrac{u}{v}$, 那么
>
> $$\frac{\mathrm{d}y}{\mathrm{d}x} = \frac{v\dfrac{\mathrm{d}u}{\mathrm{d}x} - u\dfrac{\mathrm{d}v}{\mathrm{d}x}}{v^2}.$$

汇总表如下:

$$u = 3x^2 + 1 \qquad v = 2x^8 - 7$$

$$\frac{\mathrm{d}u}{\mathrm{d}x} = 6x \qquad \frac{\mathrm{d}v}{\mathrm{d}x} = 16x^7.$$

根据商法则,

$$\frac{\mathrm{d}y}{\mathrm{d}x} = \frac{v\dfrac{\mathrm{d}u}{\mathrm{d}x} - u\dfrac{\mathrm{d}v}{\mathrm{d}x}}{v^2} = \frac{(2x^8 - 7)(6x) - (3x^2 + 1)(16x^7)}{(2x^8 - 7)^2}.$$

如你所见, 商的情况并不比乘积的难多少 (就是更杂乱了些).

6.2.5 通过链式求导法则求复合函数的导数

假设 $h(x) = (x^2 + 1)^{99}$, 你想要求 $h'(x)$. 将它展开来求乘积是很可笑的 (这样的话, 就必须用 $x^2 + 1$ 和它本身相乘 99 次, 那将是很耗时的). 使用乘积法则也会很荒唐, 因为需要使用很多很多次.

相反, 将 h 看作是两个函数 f 和 g 的复合, 其中 $g(x) = x^2 + 1$, $f(x) = x^{99}$. 确实, 如果取一个 x, 将它放入 g 中, 会得到 $x^2 + 1$. 现在, 如果把它放入 f, 会得到 $(x^2 + 1)^{99}$, 即 $h(x)$. 这样, 就把 $h(x)$ 写成了 $f(g(x))$. (更多有关复合函数的内容请参见 1.3 节.) 现在, 可以应用**链式求导法则**了:

> **链式求导法则 (版本 1)** 如果 $h(x) = f(g(x))$, 那么 $h'(x) = f'(g(x))g'(x)$.

该公式看起来有点棘手. 让我们分解一下. 第二个因子很简单, 它正好是 g 的导数. 那么第一个因子呢? 好吧, 必须对 f 求导, 然后求其在 $g(x)$ 而不是 x 处的结果.

在例子中, 有 $f(x) = x^{99}$, 这样 $f'(x) = 99x^{98}$. 也有 $g(x) = x^2 + 1$, 故 $g'(x) = $

$2x$. 第二个因子就是 $2x$. 那么第一个因子呢? 好, 取 $f'(x)$, 但现在不是将 x, 而是将 x^2+1 (因为这就是 $g(x)$) 放入其中. 也就是说, $f'(g(x)) = f'(x^2+1) = 99(x^2+1)^{98}$. 现在, 将这两个因子乘起来就会得到

$$h'(x) = f'(g(x))g'(x) = 99(x^2+1)^{98}(2x) = 198x(x^2+1)^{98}.$$

确实, 这看上去有点复杂. 还有另一种方法来求解这个问题.

我们由 $y = (x^2+1)^{99}$ 开始, 想要求 $\mathrm{d}y/\mathrm{d}x$. (x^2+1) 这一项让问题变得复杂, 因此就称它为 u. 这意味着 $y = u^{99}$, 其中 $u = x^2+1$. 现在, 可以借助链式求导法则的另一个版本了:

> **链式求导法则 (版本 2)**　如果 y 是 u 的函数, 并且 u 是 x 的函数, 那么
> $$\frac{\mathrm{d}y}{\mathrm{d}x} = \frac{\mathrm{d}y}{\mathrm{d}u}\frac{\mathrm{d}u}{\mathrm{d}x}.$$

因此, 在我们的例子中, 有

$$y = u^{99} \qquad u = x^2+1$$
$$\frac{\mathrm{d}y}{\mathrm{d}u} = 99u^{98} \quad \frac{\mathrm{d}u}{\mathrm{d}x} = 2x.$$

使用以上框中的链式求导法则, 可以看到

$$\frac{\mathrm{d}y}{\mathrm{d}x} = \frac{\mathrm{d}y}{\mathrm{d}u}\frac{\mathrm{d}u}{\mathrm{d}x} = 99u^{98} \times 2x = 198xu^{98}.$$

现在, 只需用 x^2+1 替换 u, 便可得到 $\mathrm{d}y/\mathrm{d}x = 198x(x^2+1)^{98}$, 一如我们之前求出的.

下面是另一个简单的例子. 如果 $y = \sqrt{x^3-7x}$, 那么 $\mathrm{d}y/\mathrm{d}x$ 是什么呢? 设 $u = x^3-7x$, 这样 $y = \sqrt{u}$. 汇总表如下:

$$y = \sqrt{u} \qquad u = x^3-7x$$
$$\frac{\mathrm{d}y}{\mathrm{d}u} = \frac{1}{2\sqrt{u}} \quad \frac{\mathrm{d}u}{\mathrm{d}x} = 3x^2-7.$$

因此, 根据链式求导法则有

$$\frac{\mathrm{d}y}{\mathrm{d}x} = \frac{\mathrm{d}y}{\mathrm{d}u}\frac{\mathrm{d}u}{\mathrm{d}x} = \frac{1}{2\sqrt{u}} \times (3x^2-7) = \frac{3x^2-7}{2\sqrt{u}}.$$

现在, 只需在分母中替换掉 u. 由于 $u = x^3-7x$, 可以看到

$$\frac{\mathrm{d}y}{\mathrm{d}x} = \frac{3x^2-7}{2\sqrt{x^3-7x}}.$$

一旦你掌握了, 事情就没有看上去那么难.

链式求导法则的两点简短说明. 首先, 为什么称它为链式求导法则呢? 以 x 开始, 就会得到 u; 然后, 取 u 会得到 y. 这样通过额外的变量 u, 从 x 到 y 便形成了一种链. 其次, 你可能会认为链式求导法则是显而易见的. 毕竟, 在前面的方框公

式中, 不是能够消去因子 du 吗? 回答是否定的. 回想一下, 诸如 dy/du 和 du/dx 这样的表达式其实不是分数, 它们是分数的极限 (更多详情参见 5.2.7 节). 不过幸好, 它们经常表现得就好像是分数 (显然这里它们就是如此).

链式求导法则实际上可以同时多次运用. 例如, 令

$$y = ((x^3 - 10x)^9 + 22)^8,$$

那么 dy/dx 是什么呢? 我们令 $u = x^3 - 10x$ 及 $v = u^9 + 22$, 这样 $y = v^8$. 然后, 使用一个更长形式的链式求导法则:

$$\frac{dy}{dx} = \frac{dy}{dv}\frac{dv}{du}\frac{du}{dx}.$$

稍作思考, 你就不会弄错: y 是 v 的函数, v 是 u 的函数, u 是 x 的函数, 因此公式只可能是现在这个样子! 不管怎样, 我们有

$$y = v^8 \qquad v = u^9 + 22 \qquad u = x^3 - 10x$$

$$\frac{dy}{dv} = 8v^7 \quad \frac{dv}{du} = 9u^8 \qquad \frac{du}{dx} = 3x^2 - 10.$$

将所有的一切代入, 得到

$$\frac{dy}{dx} = \frac{dy}{dv}\frac{dv}{du}\frac{du}{dx} = (8v^7)(9u^8)(3x^2 - 10).$$

快大功告成了, 但还需要除掉 u 项和 v 项. 首先, 用 $u^9 + 22$ 替换 v:

$$\frac{dy}{dx} = (8v^7)(9u^8)(3x^2 - 10) = (8(u^9 + 22)^7)(9u^8)(3x^2 - 10).$$

然后用 $x^3 - 10x$ 替换 u, 并合并因子 8 和 9, 得到真正的答案:

$$\frac{dy}{dx} = (8(u^9 + 22)^7)(9u^8)(3x^2 - 10) = 72((x^3 - 10x)^9 + 22)^7(x^3 - 10x)^8(3x^2 - 10).$$

以上主要使用了链式求导法则的第二种形式, 但有时应用链式求导法则的第一种形式也会事半功倍. 例如, 对于某个函数 g 和 h, 如果知道 $h(x) = \sqrt{g(x)}$, 且 $g(5) = 4$ 以及 $g'(5) = 7$, 那么仍然可以求出 $h'(5)$. 我们设 $f(x) = \sqrt{x}$, 这样 $h(x) = f(g(x))$, 然后使用上述公式 $h'(x) = f'(g(x))g'(x)$. 由于 $f(x) = \sqrt{x}$, 有 $f'(x) = 1/2\sqrt{x}$; 因此,

$$h'(x) = f'(g(x))g'(x) = \frac{1}{2\sqrt{g(x)}}g'(x).$$

现在, 将 $x = 5$ 代入, 得到

$$h'(5) = \frac{1}{2\sqrt{g(5)}}g'(5).$$

由于 $g(5) = 4$ 及 $g'(5) = 7$, 有

$$h'(5) = \frac{1}{2\sqrt{4}}(7) = \frac{7}{4}.$$

再来看一个例子: 假设 $j(x) = g(\sqrt{x})$, 其中 g 的情况如上. $j'(25)$ 会是什么呢? 现

在, 有 $j(x) = g(f(x))$, 其中 $f(x) = \sqrt{x}$. 这一次的结果是

$$j'(x) = g'(f(x))f'(x) = g'(\sqrt{x})\frac{1}{2\sqrt{x}}.$$

因此, 如果 $x = 25$, 由于 $g'(5) = 7$, 有

$$j'(25) = g'(\sqrt{25})\frac{1}{2\sqrt{25}} = g'(5)\frac{1}{10} = \frac{7}{10}.$$

比较一下这两个例子可知: 复合的顺序非常重要!

6.2.6 那个难以处理的例子

回到开头提到的函数 f:

$$f(x) = \frac{3x^7 + x^4\sqrt{2x^5 + 15x^{4/3} - 23x + 9}}{6x^2 - 4}.$$

为了求出 $f'(x)$, 必须使用前几节中的法则将 f 分解为较简单的函数. 使用函数记号 (前述所有法则的第一种形式) 是一个不错的主意. 现在就试着做一下吧!

不过这里, 我将使用所有法则的第二种形式. 设 $y = f(x)$, 并试着求出 $\mathrm{d}y/\mathrm{d}x$. 首先, 注意到 y 是两部分的商: $u = 3x^7 + x^4\sqrt{2x^5 + 15x^{4/3} - 23x + 9}$ 及 $v = 6x^2 - 4$. 我们将使用商法则来处理这个分式, 因此需要 $\mathrm{d}u/\mathrm{d}x$ 和 $\mathrm{d}v/\mathrm{d}x$. 第二个非常好计算, 它就是 $12x$. 第一个有点难度. 让我们把目前已知的汇总一下:

$$u = 3x^7 + x^4\sqrt{2x^5 + 15x^{4/3} - 23x + 9} \qquad v = 6x^2 - 4$$

$$\frac{\mathrm{d}u}{\mathrm{d}x} = ??? \qquad\qquad\qquad\qquad \frac{\mathrm{d}v}{\mathrm{d}x} = 12x.$$

如果知道 $\mathrm{d}u/\mathrm{d}x$, 就可以使用商法则来完成运算. 因此, 要求出 $\mathrm{d}u/\mathrm{d}x$.

首先, 注意到 u 是 $q = 3x^7$ 和一个难解的量 r 的和, 其中 r 的定义为 $r = x^4\sqrt{2x^5 + 15x^{4/3} - 23x + 9}$. 我们需要这两部分的导数. q 的导数很简单, 它就是 $21x^6$. 现在, r 是 $w = x^4$ 和 $z = \sqrt{2x^5 + 15x^{4/3} - 23x + 9}$ 的乘积, 因此, 必须使用乘积法则来求 $\mathrm{d}r/\mathrm{d}x$. 目前有

$$w = x^4 \qquad z = \sqrt{2x^5 + 15x^{4/3} - 23x + 9}$$

$$\frac{\mathrm{d}w}{\mathrm{d}x} = 4x^3 \quad \frac{\mathrm{d}z}{\mathrm{d}x} = ???$$

真要命, 我们又不知道 $\mathrm{d}z/\mathrm{d}x$ 是什么, 所以需要求出它. 这里, 取一个大的表达式 (不妨称之为 t) 的平方根. 特别是, 如果 $t = 2x^5 + 15x^{4/3} - 23x + 9$, 那么 $z = \sqrt{t}$. 现在, 可以真正地求导了! 让我们给出最后一张汇总表:

$$t = 2x^5 + 15x^{4/3} - 23x + 9 \qquad z = \sqrt{t}$$

$$\frac{\mathrm{d}t}{\mathrm{d}x} = 10x^4 + 20x^{1/3} - 23 \qquad \frac{\mathrm{d}z}{\mathrm{d}t} = \frac{1}{2\sqrt{t}}.$$

根据链式求导法则 (将变量改成我们需要的字母),

$$\frac{\mathrm{d}z}{\mathrm{d}x} = \frac{\mathrm{d}z}{\mathrm{d}t}\frac{\mathrm{d}t}{\mathrm{d}x} = \frac{1}{2\sqrt{t}}(10x^4 + 20x^{1/3} - 23).$$

用 t 的定义 $2x^5 + 15x^{4/3} - 23x + 9$ 替换 t, 可以看到

$$\frac{\mathrm{d}z}{\mathrm{d}x} = \frac{10x^4 + 20x^{1/3} - 23}{2\sqrt{2x^5 + 15x^{4/3} - 23x + 9}}.$$

太棒了! 终于得到了 $\mathrm{d}z/\mathrm{d}x$. 现在可以将上表中的问号补充完整了:

$$w = x^4 \qquad z = \sqrt{2x^5 + 15x^{4/3} - 23x + 9}$$

$$\frac{\mathrm{d}w}{\mathrm{d}x} = 4x^3 \quad \frac{\mathrm{d}z}{\mathrm{d}x} = \frac{10x^4 + 20x^{1/3} - 23}{2\sqrt{2x^5 + 15x^{4/3} - 23x + 9}}.$$

现在, 再往前看: 试图求出 $\mathrm{d}r/\mathrm{d}x$, 其中 $r = wz$. 让我们使用乘积法则:

$$\frac{\mathrm{d}r}{\mathrm{d}x} = z\frac{\mathrm{d}w}{\mathrm{d}x} + w\frac{\mathrm{d}z}{\mathrm{d}x}.$$

再一次地, 注意到对于变量你必须灵活处理, 它们不会总是 u 和 v! 不管怎样, 作相应替换得到

$$\frac{\mathrm{d}r}{\mathrm{d}x} = \left(\sqrt{2x^5 + 15x^{4/3} - 23x + 9}\right)(4x^3) + (x^4)\frac{10x^4 + 20x^{1/3} - 23}{2\sqrt{2x^5 + 15x^{4/3} - 23x + 9}}.$$

通分并化简上式, 得到 (自己检验一下!)

$$\frac{\mathrm{d}r}{\mathrm{d}x} = \frac{26x^8 + 140x^{13/3} - 207x^4 + 72x^3}{2\sqrt{2x^5 + 15x^{4/3} - 23x + 9}}.$$

现在返回到 u. 我们已经看到 $u = q + r$, 其中有 $q = 3x^7$, $r = x^4\sqrt{2x^5 + 15x^{4/3} - 23x + 9}$. 我们知道 $\mathrm{d}q/\mathrm{d}x = 21x^6$, 并且已经解出了杂乱的 $\mathrm{d}r/\mathrm{d}x$ 的公式, 因此只要把它们加在一起, 就会得到

$$\frac{\mathrm{d}u}{\mathrm{d}x} = 21x^6 + \frac{26x^8 + 140x^{13/3} - 207x^4 + 72x^3}{2\sqrt{2x^5 + 15x^{4/3} - 23x + 9}}.$$

最后, 返回到商和 $\dfrac{\mathrm{d}v}{\mathrm{d}x}$ 的计算, 补充进 $\mathrm{d}u/\mathrm{d}x$ 得到

$$u = 3x^7 + x^4\sqrt{2x^5 + 15x^{4/3} - 23x + 9} \qquad\qquad v = 6x^2 - 4$$

$$\frac{\mathrm{d}u}{\mathrm{d}x} = 21x^6 + \frac{26x^8 + 140x^{13/3} - 207x^4 + 72x^3}{2\sqrt{2x^5 + 15x^{4/3} - 23x + 9}} \quad \frac{\mathrm{d}v}{\mathrm{d}x} = 12x.$$

由于 $y = u/v$, 只需使用标准的商法则

$$\frac{\mathrm{d}y}{\mathrm{d}x} = \frac{v\dfrac{\mathrm{d}u}{\mathrm{d}x} - u\dfrac{\mathrm{d}v}{\mathrm{d}x}}{v^2}.$$

拆分和消去之后, 得到

$$\frac{\mathrm{d}y}{\mathrm{d}x} = \frac{21x^6 + \dfrac{26x^8 + 140x^{13/3} - 207x^4 + 72x^3}{2\sqrt{2x^5 + 15x^{4/3} - 23x + 9}}}{6x^2 - 4}$$

$$- \frac{\left(3x^7 + x^4\sqrt{2x^5 + 15x^{4/3} - 23x + 9}\right)(12x)}{(6x^2 - 4)^2}.$$

终于完成解答了! 这个解答确实不美观, 但它无疑是有效的.

6.2.7 乘积法则和链式求导法则的理由

在附录 A 的 A.6.3 节和 A.6.5 节中, 可以找到乘积法则和链式求导法则的正式证明, 但先对为什么这些法则会起作用有个直观概念, 也是一个不错的主意. 因此, 让我们来快速地看一下吧.

就乘积法则来说, 将使用 6.2.3 节中该法则的第二种形式. 我们以两个量 u 和 v 开始, 它们都依赖于某个变量 x. 我们想知道, 如果 x 有一个小的变化量 Δx, 乘积 uv 将如何变化. 显然, u 会变成 $u + \Delta u$, v 会变成 $v + \Delta v$, 因此乘积变成了 $(u + \Delta u)(v + \Delta v)$. 可以通过想象一个边长分别为 u 和 v 个单位长度的矩形来理解. 该矩形的形状发生了一点变化, 其新的边长分别是 $u + \Delta u$ 和 $v + \Delta v$ 个单位长度, 如图 6-1 所示.

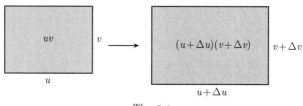

图 6-1

乘积 uv 和 $(u + \Delta u)(v + \Delta v)$ 正好分别是两个矩形的面积, 单位是平方单位. 那么面积有多大改变呢? 将这两个矩形重叠起来看一下, 如图 6-2 所示.

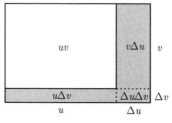

图 6-2

面积的差恰好是灰色 L 形区域的面积. 该区域由两个狭长的矩形 (面积分别为 $v\Delta u$ 和 $u\Delta v$ 平方单位) 以及一个小矩形 (面积为 $\Delta u\Delta v$ 平方单位) 组成. 由于面积的改变是 $\Delta(uv)$ 平方单位, 这就证明了

$$\Delta(uv) = v\Delta u + u\Delta v + (\Delta u)(\Delta v).$$

当量 Δu 和 Δv 非常小时, 那个小区域的面积事实上会非常非常小, 基本上可以忽略不计. 因此,

$$\Delta(uv) \approx v\Delta u + u\Delta v.$$

如果将上式除以 Δx, 然后取极限, 近似符号就会变成直等号, 会得到乘积法则

$$\frac{\mathrm{d}}{\mathrm{d}x}(uv) = v\frac{\mathrm{d}u}{\mathrm{d}x} + u\frac{\mathrm{d}v}{\mathrm{d}x}.$$

事实上, 这非常接近于真正的证明!

开始讲解链式求导法则之前, 先来证明一下三个函数的乘积法则. 正如我们之前看到的, 它由下式给出:

$$\frac{\mathrm{d}}{\mathrm{d}x}(uvw) = \frac{\mathrm{d}u}{\mathrm{d}x}vw + u\frac{\mathrm{d}v}{\mathrm{d}x}w + uv\frac{\mathrm{d}w}{\mathrm{d}x}.$$

这里的小窍门是令 $z = vw$, 这样 uvw 就是 uz. 首先, 对于 $z = vw$ 可以使用乘积法则:

$$\frac{\mathrm{d}z}{\mathrm{d}x} = w\frac{\mathrm{d}v}{\mathrm{d}x} + v\frac{\mathrm{d}w}{\mathrm{d}x}.$$

然后, 对 uz 使用乘积法则, 得到

$$\frac{\mathrm{d}}{\mathrm{d}x}(uvw) = \frac{\mathrm{d}}{\mathrm{d}x}(uz) = z\frac{\mathrm{d}u}{\mathrm{d}x} + u\frac{\mathrm{d}z}{\mathrm{d}x}.$$

剩下要做的就是用 vw 替换 z 以及用上式替换 $\mathrm{d}z/\mathrm{d}x$, 得到

$$\frac{\mathrm{d}}{\mathrm{d}x}(uvw) = z\frac{\mathrm{d}u}{\mathrm{d}x} + u\frac{\mathrm{d}z}{\mathrm{d}x} = vw\frac{\mathrm{d}u}{\mathrm{d}x} + u\left(w\frac{\mathrm{d}v}{\mathrm{d}x} + v\frac{\mathrm{d}w}{\mathrm{d}x}\right).$$

将上式展开, 就可以得到想要的公式了.

最后, 来考虑一下链式求导法则. 假设 $y = f(u)$ 及 $u = g(x)$. 这意味着, u 是 x 的函数, y 是 u 的函数. 如果将 x 稍作改变, 结果是 u 也会有相应的变化. 因为如此, y 也会改变. 那 y 将有多大的改变呢?

好吧, 让我们从关注函数 u 开始, 观察对于 x 的一个小的变化它是如何反应的. 忆及 $u = g(x)$, 因此正如 5.2.7 节所讨论的, u 的变化可以近似看成 $g'(x)$ 乘以 x 的变化. 你可以将 $g'(x)$ 看作是一种拉伸因子. (例如, 如果你站在游乐园中那些可以让你变高变瘦两倍的哈哈镜前面, 然后踮起脚尖, 你的镜像将变高两倍于你实际身高的高度.) 这可描述为

$$\Delta u \approx g'(x)\Delta x.$$

现在可以对用 u 表达的 y 来重复以上练习. 由于 $y = f(u)$, u 的一个变化会引起 y 中的近似 $f'(u)$ 倍于此的一个变化:

$$\Delta y \approx f'(u)\Delta u.$$

将这两个式子写在一起, 得到

$$\Delta y \approx f'(u)g'(x)\Delta x.$$

因此, x 的变化首先被因子 $g'(x)$ 拉伸了, 然后又被因子 $f'(u)$ 拉伸了. 总体的效果就是被两个拉伸因子 $f'(u)$ 和 $g'(x)$ 的乘积拉伸了. (毕竟, 如果你将一片口香糖拉伸两倍, 然后将**被拉伸过的口香糖**再拉伸三倍, 这与将原始的那片口香糖拉伸六倍是一样的.) 最后一个式子暗示了

$$\frac{dy}{dx} = \lim_{\Delta x \to 0} \frac{\Delta y}{\Delta x} = f'(u)g'(x).$$

从这里, 你不用太费劲就可以得到链式求导法则的两种形式中的任意一种. 为了得到第一种形式, 忆及 $u = g(x)$ 及 $y = f(u)$, 得到 $y = f(g(x))$; 然后, 令 $y = h(x)$ 并将上式重写为

$$h'(x) = f'(u)g'(x) = f'(g(x))g'(x).$$

为了得到第二种形式, 我们将 $f'(u)$ 解释为 dy/du, 将 $g'(x)$ 解释为 du/dx, 于是以上关于 dy/dx 的式子就转化为

$$\frac{dy}{dx} = \frac{dy}{du}\frac{du}{dx}.$$

虽然上述解释不是正式的证明, 但它已经相当接近了.

6.3 求切线方程

那么, 求导又有什么用处呢? 一个好处就是, 可以使用导数来求所给曲线的切线方程. 假设有一条曲线 $y = f(x)$ 和曲线上一个特定的点 $(x, f(x))$, 那么过该点的切线的斜率是 $f'(x)$, 并且此切线通过点 $(x, f(x))$. 现在, 就可以使用点斜式来求切线方程了. 具体细节如下:

(1) **求斜率**, 通过求导函数并代入给定的 x 值;

(2) **求直线上的一点**, 通过将给定的 x 值代入原始函数本身得到 y 坐标, 将坐标写在一起并称之为点 (x_0, y_0); 最后,

(3) **使用点斜式** $y - y_0 = m(x - x_0)$ 来求方程.

这里有个例子. 令 $y = (x^3 - 7)^{50}$. 该函数图像在 $x = 2$ 处的切线方程是什么呢? 首先需要导函数. 需要使用链式求导法则. 令 $u = x^3 - 7$, 因此 $y = u^{50}$. 然后有 $dy/du = 50u^{49}$ 及 $du/dx = 3x^2$. 根据链式求导法则,

$$\frac{dy}{dx} = \frac{dy}{du}\frac{du}{dx} = 50u^{49} \times 3x^2 = 150x^2(x^3 - 7)^{49}.$$

(记住, 需要用 $x^3 - 7$ 替换 u 以便让一切都用 x 表示.) 现在需要代入 $x = 2$. 对于 x 的这个值, 有

$$\frac{dy}{dx} = 150(2)^2(2^3 - 7)^{49} = 150 \times 4 \times 1^{49} = 600.$$

很好, 我们找到了要找的切线的斜率. 接下去, 需要求它通过的那一点, 也就是把

$x = 2$ 代入原始函数并看看 y 是什么. 事实上, $y = (2^3 - 7)^{50} = 1^{50} = 1$. 因此, 切线通过点 $(2, 1)$. 使用点斜式, 可以看到切线方程是 $(y - 1) = 600 (x - 2)$, 或者重写为 $y = 600x - 1199$. 这就是求切线所有步骤!

6.4 速度和加速度

求导的另一个应用是计算运动物体的速度和加速度. 在 5.2.2 节中, 我们想象了一个物体沿着实轴运动. 我们发现, 如果在时刻 t 它的位置是 x, 那么它在时刻 t 的速度[①]就是

$$速度 = v = \frac{\mathrm{d}x}{\mathrm{d}t}.$$

现在, 正如速度是位置的瞬时变化比率, 物体的**加速度**是速度的瞬时变化比率. 也就是说, 加速度是速度关于时间 t 的导数. 由于速度是位置的导数, 我们发现, 加速度实际上是位置的二阶导. 因此, 有

$$加速度 = a = \frac{\mathrm{d}v}{\mathrm{d}t} = \frac{\mathrm{d}^2 x}{\mathrm{d}t^2}.$$

例如, 假设一个物体在时刻 t 的位置由 $x = 3t^3 - 6t^2 + 4t - 2$ 给出, 其中 x 的单位是英尺, t 的单位是秒. 在时刻 $t = 3$ 时该物体的速度和加速度分别是什么呢? 通过对位置关于时间求导得到速度: $v = \mathrm{d}x/\mathrm{d}t = 9t^2 - 12t + 4$. 现在再对这个新的表达式关于时间求导得到加速度: $a = \mathrm{d}v/\mathrm{d}t = 18t - 12$. 代入 $t = 3$, 得到 $v = 9 (3)^2 - 12 (3) + 4 = 49$ 英尺/秒, 及 $a = 18 (3) - 12 = 42$ 英尺/秒^2.

为什么加速度的单位是英尺每二次方秒呢? 其实, 当问一个物体的加速度是什么的时候, 实际上是在问该物体的速率变化有多快. 如果在一个为期 2 秒的时间段里, 速率由 15 英尺/秒变成 25 英尺/秒, 那么它的 (平均) 变化是 5 英尺/秒. 因此, 加速度的单位应该是英尺每二次方秒. 一般来说, 处理加速度的时候, 总是需要把时间单位平方.

负常数加速度

假设将一个球径直上抛, 它会上升然后落回 (除非它撞到了某物或被某人抓住了). 这是因为地球的引力将其拉向地面. 牛顿 (微积分的先驱之一) 认识到该力的效果就是: 该球带有常数加速度向下运动. (假设没有空气阻力.)

由于该球先上升然后下降, 最好调整一下数轴的方向, 使它指向上下. 我们设 0 点为地面, 并且向上为正. 由于加速度是向下的, 它一定是一个负的量, 同时由于它是常数, 可以称之为 $-g$. 在地球上, g 大约是 9.8 米每二次方秒, 但在月球上这

[①] 从现在开始, 我们不再加 "瞬时" 两字, "速度" 将总是指瞬时速度, 除非明确说是 "平均速度".

个量会小得多. 不管怎样, 如果要理解这个球是如何运动的, 需要知道在时刻 t 它的位置和速度.

让我们从速度开始. 我们知道 $a = dv/dt$. 在上一节的例子中, 我们知道 v 是什么, 于是对其求导得到了 a. 不幸的是, 这一次恰恰反了过来, 我们知道 a(它就是常数 $-g$) 且需要求出 v. 一旦我们知道了 v, 同样的情况也会发生在 x 上. 在这两种情况下, 都需要反转微分的过程. 不幸的是, 我们对此还没有准备好 (那是积分部分所要讲的内容). 因此, 现在我只想告诉你答案, 然后通过微分来验证它:

> 在时刻 $t = 0$ 从初始高度 h 被抛出的带有初始速度 u 的一个物体, 满足以下方程:
> $$a = -g, \quad v = -gt + u \quad 及 \quad x = -\frac{1}{2}gt^2 + ut + h.$$

检验这些方程的相容性并不难. 关于 t 求导, 会看到 $dv/dt = -g$, 它就等于 a; 以及 $dx/dt = -gt + u$, 它就是 v. 因此, $a = dv/dt$ 且 $v = dx/dt$. 同时, 当 $t = 0$ 时, $v = u$ 及 $x = h$. 这意味着, 初始速度是 u, 初始高度是 h. 一切都得到了验证.

现在, 来看一个如何使用上述公式的例子吧. 假设你从距离地面高度为 2 米的地方以 3 米/秒的速率向上抛一个球. 取 g 为 10 米每二次方秒, 我们想要知道五点:

(1) 需要多久该球撞到地面?

(2) 当该球撞击地面时, 其运动有多快?

(3) 该球能上升到多高?

(4) 如果以相同的速率向下抛球, 需要多久该球撞到地面?

(5) 在那种情况下, 当它撞击地面时, 其运动有多快?

在原始情形下, 我们知道 $g = 10$, 初始高度为 $h = 2$, 初始速度为 $u = 3$. 这意味着以上公式变成

$$a = -10, \quad v = -10t + 3, \quad x = -\frac{1}{2}(10)t^2 + 3t + 2 = -5t^2 + 3t + 2.$$

对于第一点, 要求出需要多久该球撞击地面. 这显然只有其高度为 0 时才会发生. 因此, 设 $x = 0$, 求 t; 得到 $0 = -5t^2 + 3t + 2$. 如果将它因式分解为 $-(5t + 2)(t - 1)$, 就可以发现方程的解是 $t = 1$ 或 $t = -2/5$. 很明显第二个答案是不切合实际的, 在你还没有抛出之前该球不可能撞击地面! 因此, 答案一定是 $t = 1$. 也就是说, 抛出 1 秒后该球撞击地面.

对于第二点, 需要求出该球撞击地面时的速率. 没问题, 我们知道 $v = -10t + 3$, 并且现在知道当 $t = 1$ 时该球撞击地面. 将其代入, 得到 $v = -10 + 3 = -7$. 因此, 该球撞击地面时的速度是 -7 米/秒. 为什么是负的? 因为该球撞击地面时它是向下运动的, 向下的为负. 该球的速率就是速度的绝对值, 或 7 米/秒.

为了求解第三点, 你需要意识到, 当速度为 0 时该球达到它路径的最高点. 在向上的过程中, 速度是正的; 在向下的过程中, 速度是负的; 而当该球从向上变为向下运动时, 其速度一定是 0. 那么何时 v 等于 0 呢? 我们只需要求解 $-10t + 3 = 0$. 答案是 $t = 3/10$. 也就是说, 在抛出该球之后的 0.3 秒它达到其路径的最高点. 那么有多高呢? 只需要将 $t = 3/10$ 代入公式 $x = -5t^2 + 3t + 2$ 就可以得到

$$x = -5 \left(\frac{3}{10} \right)^2 + 3 \left(\frac{3}{10} \right) + 2 = \frac{49}{20}.$$

也就是说, 这时该球下距地面 49/20 米.

对于最后两点, 你是将球向下抛出. 我们仍然有 $g = 10$ 及初始高度 $h = 2$, 但初始速度 u 是什么呢? 不要错认为 u 仍然为 3! 由于球向下抛出, 初始速度是负的. 向下 3 米/秒的速率对应于初始速度 $u = -3$. 忽略这个负号是个常见的错误, 因此一定要警惕. 不管怎样, 方程现在变成

$$a = -10, \quad v = -10t - 3 \quad 及 \quad x = -\frac{1}{2}(10)t^2 - 3t + 2 = -5t^2 - 3t + 2.$$

注意到, 这些方程和将球向上抛出情景下的方程很相似. 为了求解该问题的第四点, 需要求出该球撞击地面的时刻. 正如在第一点中所做的, 设 $x = 0$, 然后有 $0 = -5t^2 - 3t + 2 = -(5t - 2)(t + 1)$. 因此, $t = 2/5$ 或 $t = -1$. 这一次舍弃 $t = -1$, 因为它是在抛球之前. 因此, 一定有 $t = 2/5$. 也就是说, 在抛出后的 0.4 秒该球撞击地面. 它小于向上抛球时该球撞击地面所用的时间 (那是 1 秒), 这是自然的, 因为该球不需要先上升然后再下降. 对于最后一点, 要知道该球撞击地面时运动有多快; 因此, 将 $t = 2/5$ 代入速度的公式, 得到 $v = -10(2/5) - 3 = -4 - 3 = -7$. 再一次地, 该球以 7 米每秒的速率撞击地面. 有趣的是, 不管是将球向上抛还是向下抛 (只要它是以相同的速率从同一高度抛出), 它都以相同的速率撞击地面, 只是所用的时间有所不同.

6.5 导数伪装的极限

运动暂时讲得够多了. 现在考虑如何来求解极限

$$\lim_{h \to 0} \frac{\sqrt[5]{32 + h} - 2}{h}.$$

这看起来一点希望都没有. 甚至同乘以共轭表达式 $\sqrt[5]{32 + h} + 2$ 的技巧也不起作用, 因为它是五次方根, 不是平方根. (你自己试着看一下!) 因此, 暂且将它放在一边并考虑一个相关的极限

$$\lim_{h \to 0} \frac{\sqrt[5]{x + h} - \sqrt[5]{x}}{h}.$$

注意到这里的虚拟变量是 h 而不是 x. 这个极限看起来也很难解决, 但或许它让你感觉有点似曾相识. 它和以下公式中的极限非常相似:

$$\lim_{h\to 0}\frac{f(x+h)-f(x)}{h}=f'(x).$$

因此, 所要做的就是设 $f(x)=\sqrt[5]{x}$, 并且注意到 $f'(x)=\dfrac{1}{5}x^{-4/5}$. (为了求导, 我们将 $\sqrt[5]{x}$ 写作 $x^{1/5}$.) 导数方程变为

$$\lim_{h\to 0}\frac{\sqrt[5]{x+h}-\sqrt[5]{x}}{h}=\frac{1}{5}x^{-4/5}.$$

因此, 等号左边的极限其实是一个伪装的导数! 我们需要创造一个函数 f 并对它求导来求此极限.

现在, 可以返回到初始极限

$$\lim_{h\to 0}\frac{\sqrt[5]{32+h}-2}{h}.$$

这其实是我们刚刚求解的极限

$$\lim_{h\to 0}\frac{\sqrt[5]{x+h}-\sqrt[5]{x}}{h}=\frac{1}{5}x^{-4/5}$$

的一个特例. 如果在此极限中设 $x=32$, 就会得到

$$\lim_{h\to 0}\frac{\sqrt[5]{32+h}-\sqrt[5]{32}}{h}=\frac{1}{5}\times 32^{-4/5}.$$

由于 $\sqrt[5]{32}=2$ 及 $32^{-4/5}=1/16$, 这就证明了

$$\lim_{h\to 0}\frac{\sqrt[5]{32+h}-2}{h}=\frac{1}{5}\times 32^{-4/5}=\frac{1}{5}\times\frac{1}{16}=\frac{1}{80}.$$

不要误以为这很简单. 这是一个双重的伪装: 不仅是在处理一个导数, 实际上还是在计算一个特定点 (在这里是 32) 上的导数. 你最好先解得一般情况, 然后再代入 x 具体的值. 这里是另一个例子:

$$\lim_{h\to 0}\frac{\sqrt{(4+h)^3-7(4+h)}-6}{h}.$$

可以通过用共轭表达式和分子分母相乘来求解, 但它也是一个伪装的导数. 由于处理的是 $4+h$, 因而试着用 x 替换 4. 分子中的第一项变为 $\sqrt{(x+h)^3-7(x+h)}$. 这暗示着或许可以试着设 $f(x)=\sqrt{x^3-7x}$. 在 6.2.5 节中, 我们已经看到 $f'(x)=(3x^2-7)/2\sqrt{x^3-7x}$, 因此方程

$$\lim_{h\to 0}\frac{f(x+h)-f(x)}{h}=f'(x)$$

变为

$$\lim_{h\to 0}\frac{\sqrt{(x+h)^3-7(x+h)}-\sqrt{x^3-7x}}{h}=\frac{3x^2-7}{2\sqrt{x^3-7x}}.$$

最后, 如果将 $x=4$ 代入并化简 (注意到 $\sqrt{x^3-7x}=\sqrt{64-28}=\sqrt{36}=6$), 会得到

$$\lim_{h\to 0}\frac{\sqrt{(4+h)^3-7(4+h)}-6}{h}=\frac{3(4)^2-7}{2(6)}=\frac{41}{12}.$$

如果求解一个极限有困难, 那它或许是一个伪装的导数. 迹象就是, 虚拟变量本身在分母上, 并且分子是两个量的差. 即使不是这样的, 仍然有可能是在处理一个伪装的导数. 例如,

$$\lim_{h\to 0}\frac{h}{(x+h)^6-x^6}$$

在分子上有一个虚拟变量. 这不要紧, 只需把它颠倒过来并先求出极限

$$\lim_{h\to 0}\frac{(x+h)^6-x^6}{h}.$$

为了求解, 设 $f(x)=x^6$, 则 $f'(x)=6x^5$. 因而有

$$\lim_{h\to 0}\frac{(x+h)^6-x^6}{h}=\lim_{h\to 0}\frac{f(x+h)-f(x)}{h}=f'(x)=6x^5.$$

现在把它再颠倒一次, 得到

$$\lim_{h\to 0}\frac{h}{(x+h)^6-x^6}=\frac{1}{6x^5}.$$

我们将来 (确切地说, 是第 9 章和第 17 章) 会看到其他一些导数伪装的极限的例子. 所以要睁大眼睛: 许多极限都是伪装的导数, 而你的工作就是揭开它们的伪装.[①]

6.6　分段函数的导数

考虑以下分段函数 f:

$$f(x)=\begin{cases}1 & \text{如果 } x\leqslant 0,\\ x^2+1 & \text{如果 } x>0.\end{cases}$$

---

① 事实上, 如果使用洛必达法则 (参见第 14 章), 你经常甚至不需要去识别一个极限是否是一个伪装的导数.

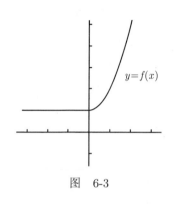

图　6-3

这个函数可导吗？让我们画出其图像来看看 (图 6-3). 这看起来相当平滑 —— 没有尖角. 事实上, 很明显, 除了可能在 $x=0$ 点上不可导, 函数 f 处处可导. 在 $x=0$ 的左侧, 函数 f 继承了常数函数 1 的可导性; 在 $x=0$ 的右侧, 函数 f 继承了 x^2+1 的可导性. 问题是, 在 $x=0$ 的两段接口处上发生了什么?

首先要检验函数在那里确实是连续的. 正如我们在 5.2.11 节看到的, 没有连续性就不可能有可导性. 为了确认 f 在 $x=0$ 上连续, 我们需要证明 $\lim_{x\to 0} f(x) = f(0)$. 首先从 f 的定义, 可以看到 $f(0)=1$. 至于极限, 让我们将它分成左极限和右极限. 对于左极限, 当 x 在 0 的左侧时, 由于 $f(x)=1$, 有

$$\lim_{x\to 0^-} f(x) = \lim_{x\to 0^-} (1) = 1.$$

至于右极限, 当 x 在 0 的右侧时, 由于 $f(x)=x^2+1$,

$$\lim_{x\to 0^+} f(x) = \lim_{x\to 0^+} (x^2+1) = 0^2+1 = 1.$$

因此, 左极限等于右极限, 这意味着双侧极限存在并且等于 1. 这和 $f(0)$ 相等, 因此证明了 f 在 $x=0$ 上连续. (注意到, 对于左极限和右极限, 实际上只需将 $x=0$ 代入到适当的 f 的段中来求极限.)

我们仍然需要证明 f 在 $x=0$ 上可导. 为了求证, 必须证明在 $x=0$ 上的左导数和右导数相等 (回顾 5.2.10 节来回忆一下左导数和右导数的概念). 在 0 的左侧, 有 $f(x)=1$, 因此这时 $f'(x)=0$. 事实表明, 可以往右至 $x=0$, 得出

$$\lim_{x\to 0^-} f'(x) = \lim_{x\to 0^-} 0 = 0.$$

这表明 f 在 $x=0$ 上的左导数是 0. (更多详情参见附录 A 中的 A.6.10 节.) 在 0 的右侧, 有 $f(x)=x^2+1$, 因此 $f'(x)=2x$. 再一次地, 可以往左至 $x=0$:

$$\lim_{x\to 0^+} f'(x) = \lim_{x\to 0^+} 2x = 2 \times 0 = 0.$$

因此, f 在 $x=0$ 上的右导数是 $2 \times 0 = 0$. 由于在 $x=0$ 上的左导数和右导数相等, 函数在 $x=0$ 上可导.

因此, 检验一个分段函数在分段连接点上是否可导, 需要检验分段在连接点上极限相等 (以证明连续性) **以及**分段的导数在连接点上相等. 否则, 在连接点上不可导.[①] 如果有两个以上的分段, 就必须在所有的连接点上检验连续性和可导性.

再来看一个有关求分段函数的导数的例子. 假设

---

① 事实上, 可导还要求导数在连接点上的左右极限都存在且有限. 有关的例子请参见 7.2.3 节.

$$g(x) = \begin{cases} |x^2 - 4| & \text{如果 } x \leqslant 1, \\ -2x + 5 & \text{如果 } x > 1. \end{cases}$$

g 在哪里可导呢? 你或许会认为唯一的问题是在连接点 $x = 1$ 上, 但事实上绝对值让事情变得更复杂了. 回想一下, 绝对值函数实际上是一个伪装的分段函数! 特别地, 当 $x \geqslant 0$ 时, $|x| = x$, 但当 $x < 0$ 时, $|x| = -x$. 因此, 有

$$|x^2 - 4| = \begin{cases} x^2 - 4 & \text{如果 } x^2 - 4 \geqslant 0, \\ -(x^2 - 4) & \text{如果 } x^2 - 4 < 0. \end{cases}$$

事实上, 不等式 $x^2 - 4 < 0$ 可以被重写为 $x^2 < 4$, 这意味着 $-2 < x < 2$. (除了更显然的 $x < 2$, 注意别落了 $-2 < x$!) 因此, 我们稍微化简得到

$$|x^2 - 4| = \begin{cases} x^2 - 4 & \text{如果 } x \geqslant 2 \text{ 或 } x \leqslant -2, \\ -x^2 + 4 & \text{如果 } -2 < x < 2. \end{cases}$$

由于在上述 $g(x)$ 的定义中, 项 $|x^2 - 4|$ 只有当 $x \leqslant 1$ 才出现, 因此可以将一切拼起来并去掉绝对值, 重新将 $g(x)$ 写成

$$g(x) = \begin{cases} x^2 - 4 & \text{如果 } x \leqslant -2, \\ -x^2 + 4 & \text{如果 } -2 < x \leqslant 1, \\ -2x + 5 & \text{如果 } x > 1. \end{cases}$$

因此, 事实上有两个连接点: $x = -2$ 和 $x = 1$. 由于组成 g 的三个分段都是处处可导, 我们知道, 除了可能在连接点上不可导外, g 本身处处可导. 让我们检验一下连接点上的性质, 我们由 $x = -2$ 开始. 首先是连续性. 从左侧, 有

$$\lim_{x \to (-2)^-} g(x) = \lim_{x \to (-2)^-} x^2 - 4 = (-2)^2 - 4 = 0;$$

而从右侧, 有

$$\lim_{x \to (-2)^+} g(x) = \lim_{x \to (-2)^+} -x^2 + 4 = -(-2)^2 + 4 = 0.$$

由于两个极限相等, 因此 g 在 $x = -2$ 上连续. 现在检验导数. 对于左导数, 有

$$\lim_{x \to (-2)^-} g'(x) = \lim_{x \to (-2)^-} 2x = 2(-2) = -4;$$

而对于右导数, 有

$$\lim_{x \to (-2)^+} g'(x) = \lim_{x \to (-2)^+} -2x = (-2)(-2) = 4.$$

由于它们不相等, 故函数 g 在 $x = -2$ 上不可导.

在另外一个连接点 $x = 1$ 上又如何呢? 重复之前的步骤. 左连续:

$$\lim_{x \to 1^-} g(x) = \lim_{x \to 1^-} -x^2 + 4 = -(1)^2 + 4 = 3;$$

右连续：

$$\lim_{x \to 1^+} g(x) = \lim_{x \to 1^+} -2x + 5 = -2(1) + 5 = 3.$$

它们相等, 因此 g 在 $x = 1$ 上连续. 现在, 左可导性：

$$\lim_{x \to 1^-} g'(x) = \lim_{x \to 1^-} -2x = -2(1) = -2;$$

右可导性：

$$\lim_{x \to 1^+} g'(x) = \lim_{x \to 1^+} -2 = -2.$$

由于它们相等, 因此函数 g 在 $x = 1$ 上可导.

我们已经回答了原始问题, 但不管怎样, 还是要画出图像来看看到底发生了什么. 为了画出 $y = |x^2 - 4|$ 的图像, 要先画 $y = x^2 - 4$ 的图像. 这是一个抛物线, 其 x 轴截距在 2 和 -2 (那里就是 $y = 0$ 的地方) 并且其 y 轴截距在 -4. 为了得到绝对值, 将 x 轴下方的一切关于 x 轴做反射. 翻转的那部分是曲线 $y = -x^2 + 4$ 的一部分. 最后, 直线 $y = -2x + 5$ 有 y 轴截距 5 及 x 轴截距 5/2, 因此并不难画出图像. 在图 6-4 的两幅图中, 左图显示了组成 $g(x)$ 的所有的函数, 右图则取我们所需, 也就是 $y = g(x)$ 的图像.

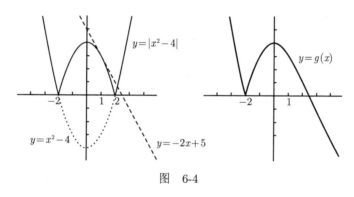

图　6-4

它实际上也是看起来处处连续且处处可导, 除了在尖角 $(-2, 0)$ 外. 特别地, 在连接点 $x = 1$ 上一切正常, 正如我们计算的那样.

6.7　直接画出导函数的图像

假设有一个函数的图像, 你不知道它的方程, 但又想要画出其导函数的图像. 这时公式和法则帮不上你, 你需要的是对微分有一个很好的理解.

下面是基本思想. 将函数的图像想象成一座山, 并想象有一个小登山者在从左到右地爬上爬下. 在攀登的每一点上, 登山者会大声地喊出他认为攀登有多困难.

如果地形平坦, 登山者会大声喊出数 0 以表示难度. 如果地形呈现向上的斜坡, 登山者会大声喊出一个正的数; 攀登越陡峭, 数越大. 如果地形呈现向下的斜坡, 那么攀登实际上很轻松, 因此难度是负的. 也就是说, 登山者会大声喊出一个负的数. 向下的斜坡越陡越轻松, 因此数会越来越负. (如果下坡确实非常陡, 那它或许会让下行变得更不安全, 但它显然也让下降变得更为快速!)

这里的要点是: 山的高度本身不重要, 重要的是陡峭程度. 特别地, 你可以将整个图像向上平移, 登山者还是会大声喊出相同的难度程度来. 这意味着, 如果你从一个函数的图像画一个导函数的图像, 该函数的 y 轴截距是不重要的!

来看一个例子: 画出下述让人恐惧的函数的导函数的图像, 如图 6-5 所示.

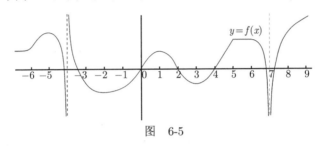

图　6-5

不要惊慌. 只需在各个不同的点上画一个小登山者并想象登山者在每一点上大声喊出难度程度. 然后, 你所要做的就是在另一套坐标上画出这些难度程度. 特别要留心的是那些路径平坦的点; 这可以出现在一个长的平坦的区域中 (如上图中的 $x = 5$ 和 $x = 6$ 之间), 或者在一个峰的顶部 (如在 $x = -5$ 或 $x = 1$), 又或者在一个谷的底部 (如在 $x = -2$ 或 $x = 3$). 那里你肯定是要画出登山者的. 图 6-6 是在一些位置放上登山者的 f 的图像.

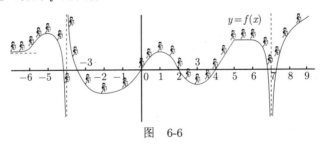

图　6-6

现在, 为导函数的图像来画一套坐标. y 轴标记为 "难度程度", 从上至下由难至易. 然后, 基于小登山者大声喊出的难度程度, 你应该能够用铅笔描出一些点来. 回想一下, 登山者并不关心山有多高, 他**只关心山有多陡**! 基于此, 会得到图 6-7 上的一些点.

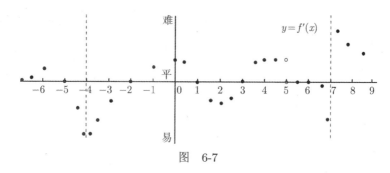

图   6-7

以下是对于如何得出这些点的详细解释.

- 在 $y = f(x)$ 的图像的最左侧, 登山者开始只是缓缓地上坡. 因此, 将画出一些高度稍高于 0 的一些点.

- 往前走, 走到 $x = -6$, 登山者开始上坡, 因此难度上升, 这些点也变高了 (更难了).

- 然后, 开始变得略微容易点, 直到 $x = -5$ 时, 登山者达到峰的顶部, 那里是平坦的. 特别地, 当 $x = -5$ 时, 导函数有一个 x 轴截距.

- 在 $x = -5$ 之后, 原始函数的曲线开始变成下坡, 首先较为平缓, 然后越来越陡. 这意味着, 攀登将变得越来轻松, 直到它变得非常非常轻松. 因此, 导函数在 $x = -4$ 处有一条垂直渐近线.

- 在该渐近线的另外一侧, 攀登也很容易, 因为登山者将下坡, 开始非常陡, 并在 $x = -2$ 处到达谷底. 因此, 在导函数曲线上, 垂直渐近线实际上始于 $-\infty$ (非常非常容易) 并在 $x = -2$ 处爬升至 0. (在 $x = -5$ 和 $x = -4$ 之间有 x 轴截距以及在 $x = -4$ 和 $x = -3$ 之间也有, 但这都无关紧要. 原始函数的 x 轴截距不重要.)

- 在 $x = -2$ 到达谷底之后, 登山者必须上坡一会儿, 因此攀登变困难了. 尽管在 $x = 0$ 之后变得略微容易点, 但他依然要往上爬, 直到 $x = 1$ 的山顶. 这意味着, 导函数的曲线上升, 直到 $x = 0$, 然后下降, 直到 $x = 1$, 得到一个 x 轴截距.

- 在走向 $x = 3$ 处谷底的路上, 情况发生了逆转: 下坡越来越陡, 直到 $x = 2$, 然后坡度减缓些, 但仍然是下坡. 因此, 导函数的曲线下降, 在 $x = 2$ 处达到一个最小值, 然后上升, 直到 $x = 3$, 得到一个 x 轴截距.

- 从 $x = 3$ 处的谷底起, 攀登一直都很困难, 直到 $x = 4$. 然而, 在 $x = 4$ 和 $x = 5$ 之间, 攀登的难度是均匀的, 因为斜率是常数. 因此, 导函数的曲线从 $x = 3$ 上升, 直到 $x = 4$, 然后在 $x = 4$ 和 $x = 5$ 之间, 保持在同一高度 (难度程度).

- 在 $x = 5$, 斜率突然地改变了. 在没有任何预警的情况下, 它突然变平坦了,然后保持这种平坦直到 $x = 6$. 因此, 导函数的曲线必须下降至 0 并且保持为 0 直到 $x = 6$. 导函数在 $x = 5$ 处有一个不连续点.

- 在 $x = 6$ 之后, 登山者发现, 随着曲线逼近 $x = 7$ 处的垂直渐近线, 攀登越来越容易了. 导函数的曲线在那里也有一条垂直渐近线.
- 在这条垂直渐近线的右侧, 攀登极度困难, 但当 x 走向 9 时, 攀登变得略微容易点. 因此, 导函数的曲线在 $x = 7$ 的右侧始于非常高的地方, 然后当攀登越来越容易时, 它变得越来越低.

现在, 只需要把这些点连起来! 图 6-8 分别是 $y = f(x)$ 和 $y = f'(x)$ 的图像.

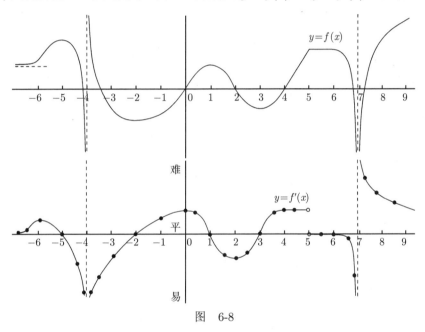

图 6-8

我们把所用的思想做一下总结.

- 当原始图像平坦时, 导函数的图像有一个 x 轴截距. 在上例中, 它们出现在 $x = -5$, $x = -2$, $x = 1$, $x = 3$ 及区间 $[5,6]$ 的每一点上.
- 当原始图像的一部分是一条直线时, 导函数的图像是常数 (上例中, 它出现在区间 $[4,5]$ 上).
- 如果原始图像有一条水平渐近线, 其导函数图像经常也有一条水平渐近线, 但如果是那样的话, 它将在 $y = 0$ 的高度, 而不是渐近线的原始高度上 (正如上例中图像的左端).
- 原始图像中的垂直渐近线通常导致导函数在相同位置上也有垂直渐近线[①],

[①] 如果一个函数有一条垂直渐近线, 那么它的导函数在相同的位置上也有一条垂直渐近线, 一般而言, 这实际上是不正确的. 一个例子是: $y = 1/x + \sin(1/x)$ 在 $x = 0$ 处. 你能看出为什么吗?

尽管方向可能会改变. 例如上例中, 在 $x = 7$ 处, 在渐近线的两侧, 原始函数的曲线都走向 $-\infty$, 但导函数却有相反的符号. 在 $x = -4$ 处的垂直渐近线也受到类似的影响.

如果有怀疑的话, 就请使用那些值得信赖的登山者进行验证吧!

第 7 章　三角函数的极限和导数

到目前为止, 我们讨论的大多数极限和导数问题只涉及多项式或多项式型函数. 现在让我们拓宽视野, 来看看三角函数的极限和导数吧. 特别地, 我们将关注以下几个方面:

- 三角函数在小数、大数以及其他变量值时的行为;
- 三角函数的导数;
- 简谐运动.

7.1　三角函数的极限

考虑两个极限

$$\lim_{x \to 0} \frac{\sin(5x)}{x} \quad 和 \quad \lim_{x \to \infty} \frac{\sin(5x)}{x}.$$

它们看上去几乎是一样的. 唯一的区别是, 第一个极限是在 $x \to 0$ 时取的, 而第二个则是在 $x \to \infty$ 时取的. 但正是这点区别, 造就了大不同! 正如我们即将看到的, 这两个极限的答案和求解技巧几乎没有共同点. 因此, 需要切实留意你是在非常小的数 (如上述第一个极限) 上还是在非常大的数 (如上述第二个极限) 上取正弦或余弦或正切的极限. 我们将分别考察这两种情况, 然后再看看当这两种情况都不适用时会发生什么.

在开始之前, 需要提醒的是, 你无法只通过看 $x \to 0$ 或 $x \to \infty$ 来了解自己处理的是哪种情况. 你需要知道自己是在哪里计算三角函数的值. 例如, 考虑两个极限

$$\lim_{x \to 0} x \sin\left(\frac{5}{x}\right) \quad 和 \quad \lim_{x \to \infty} x \sin\left(\frac{5}{x}\right).$$

在第一个极限中, 你要取的是 $5/x$ 的正弦, 当 x 接近于 0 时, 它实际上是一个巨大的数 (正的或负的, 取决于 x 的符号). 因此, 第一个极限根本就不是小数的情况, 它属于大数的情况! 类似地, 在第二个极限中, 当 x 非常大时, 量 $5/x$ 会非常小, 因此这才是真正的小数的情况. 在接下来的几节中, 我们会解答上述的所有四个极限.

7.1.1　小数的情况

我们知道 $\sin(0) = 0$. 那好, 当 x 接近于 0 时, $\sin(x)$ 看起来会怎样呢? 当然, 如果那样的话, $\sin(x)$ 也会接近于 0, 但它距离 0 有多近呢? 事实表明, $\sin(x)$ 与 x

本身近似相等!

例如, 如果用计算器, 将它设置为弧度模式, 并求 $\sin(0.1)$, 你得到的结果大约是 0.0998, 它非常接近于 0.1. 尝试一个更接近于 0 的数, 你就会发现, 选取的数的正弦值与选取的原始数值非常接近.

不妨看一下此情况的图像. 图 7-1 是 $y = \sin(x)$ 和 $y = x$ 在同一坐标系下的图像, 只取 x 在 -1 和 1 之间 (近似的) 的值.

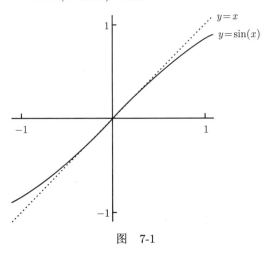

图   7-1

这两个图像非常相似, 尤其是当 x 接近于 0 的时候. (当然, 如果再多画一点 $y = \sin(x)$ 的图像, 我们就会看到熟悉的波形; 只有将它放大成这样的时候, 我们才会看到 $\sin(x)$ 多么接近于 x.) 因此, 我们可以说, 当 x 非常小的时候, $\sin(x)$ 接近于 x. 要是 $\sin(x)$ 实际上等于 x 的话, 那么

$$\frac{\sin(x)}{x} = 1$$

成立. 事实上, 上述等式永远都不会成立, 不过在 $x \to 0$ 时的极限中确实有:

$$\boxed{\lim_{x \to 0} \frac{\sin(x)}{x} = 1.}$$

这个公式非常重要. 基本上, 这是解决涉及三角函数的微积分问题的关键所在. 我们将在 7.2 节使用它来求三角函数的导数, 并会在 7.1.5 节对它进行证明.

$\cos(x)$ 又怎样? 好吧, $\cos(0) = 1$, 因此情况大为不同. 暂且说一个小数的余弦非常接近于 1. 我们写作

$$\boxed{\lim_{x \to 0} \cos(x) = 1.}$$

特别要注意的是, 不像之前那个涉及 $\sin(x)$ 的公式, 这里的分母中没有 x 的因子. 要将 x 的因子放在分母中会怎样呢? 我们很快就会看到, 不过我想先看看 $\tan(x)$.

这里的关键是, 将 $\tan(x)$ 写成 $\sin(x)/\cos(x)$. 分子是 $\sin(x)$, 当 x 非常小时, 它非常接近于 x. 另一方面, 这时分母接近于 1. 显而易见, 它们的比应该就好像 $x/1$, 即 x. 事实上也确实如此. 将 $\cos(x)$ 从分母中分离出来, 得到

$$\lim_{x \to 0} \frac{\tan(x)}{x} = \lim_{x \to 0} \frac{\frac{\sin(x)}{\cos(x)}}{x} = \lim_{x \to 0} \left(\frac{\sin(x)}{x} \right) \left(\frac{1}{\cos(x)} \right) = (1)\left(\frac{1}{1} \right) = 1.$$

这样就证明了

$$\boxed{\lim_{x \to 0} \frac{\tan(x)}{x} = 1.}$$

这意味着, 当 x 非常小时, $\sin(x)$ 和 $\tan(x)$ 的行为很相似, 但 $\cos(x)$ 却有所不同. 现在让我们来看看, 当 $x \to 0$ 时 $\cos(x)/x$ 会发生什么. 也就是说, 我们试图理解

$$\lim_{x \to 0} \frac{\cos(x)}{x}.$$

如果你只是将 $x = 0$ 代入上式的话, 那么就会得到 $1/0$. 这意味着, $y = \cos(x)/x$ 的图像在 $x = 0$ 处有一条垂直渐近线. 这看上去很像 x 很小时的 $1/x$; 特别地, 你应该意识到

$$\lim_{x \to 0^+} \frac{\cos(x)}{x} = \infty, \quad \lim_{x \to 0^-} \frac{\cos(x)}{x} = -\infty, \quad \text{所以} \quad \lim_{x \to 0} \frac{\cos(x)}{x} \text{DNE}.$$

(回想一下, "DNE" 表示 "不存在".) 这确实与正弦或正切的情况有所不同.

7.1.2 问题的求解 —— 小数的情况

以下是一个简单的例子: 求

$$\lim_{x \to 0} \frac{\sin(x^2)}{x^2}.$$

首先注意到当 x 接近于 0 时, x^2 也接近于 0, 因此实际上是在取一个小数的正弦. 现在, 我们知道极限

$$\lim_{x \to 0} \frac{\sin(x)}{x} = 1$$

成立. 如果你用 x^2 (它是 x 的连续函数) 替换 x, 那么会得到下面的有效极限:

$$\lim_{x^2 \to 0} \frac{\sin(x^2)}{x^2} = 1.$$

这几乎是我们想要的极限了. 事实上, 只需注意到一点, 当 $x \to 0$ 时, $x^2 \to 0$, 因此最后可以求得该极限为

$$\lim_{x \to 0} \frac{\sin(x^2)}{x^2} = 1.$$

当然, x^2 没什么特别的; 当 $x = 0$ 时, x 的任意其他连续函数都是 0. 特别地, 我们可以自然而然地知道极限

$$\lim_{x \to 0} \frac{\sin(5x)}{5x} = 1; \quad \lim_{x \to 0} \frac{\sin(3x^7)}{3x^7} = 1; \quad \text{甚至} \quad \lim_{x \to 0} \frac{\sin(\sin(x))}{\sin(x)} = 1$$

成立. 用 "tan" 替换 "sin", 以上等式依然成立, 但千万别用 "cos"! 不管怎样, 我们可以总结如下:

$$\boxed{\lim_{x \to 0} \frac{\sin(\text{小数})}{\text{同样的小数}} = 1} \quad \text{和} \quad \boxed{\lim_{x \to 0} \frac{\tan(\text{小数})}{\text{同样的小数}} = 1.}$$

这里至关重要的是, 分母要与分子中正弦或正切的变量**相匹配**, 并且当 x 很小的时候, 这个量要很小. 当然, 对于余弦, 我们所能说的只有

$$\boxed{\lim_{x \to 0} \cos(\text{小数}) = 1.}$$

这里就不存在是否匹配的问题了!

现在, 让我们回头看一下本章开始时的例子:

$$\lim_{x \to 0} \frac{\sin(5x)}{x}.$$

这里的问题是, 我们取的是 $5x$ 的正弦, 但在分母上只有 x. 这两个量不匹配. 不过不要紧, 用 $\sin(5x)$ 除以 $5x$, 这样就匹配了, 然后再乘以该量, 使得结果不变. 也就是说, 将 $\sin(5x)$ 重新写作

$$\frac{\sin(5x)}{5x} \times (5x).$$

这与我们在 4.3 节中求解有理函数的极限时所用的技巧几乎是一样的! 让我们来看看, 在这种情况下, 它是如何发挥作用的吧:

$$\lim_{x \to 0} \frac{\sin(5x)}{x} = \lim_{x \to 0} \frac{\frac{\sin(5x)}{5x} \times (5x)}{x}.$$

现在, 保留 $\sin(5x)/5x$ 不变, 但从其他两个因子中消去 x, 得到

$$\lim_{x \to 0} \frac{\sin(5x)}{x} = \lim_{x \to 0} \frac{\sin(5x)}{5x} \times 5,$$

由于匹配了项 $5x$ (一个在分母上, 一个在正弦的变量中), 由前可知, 该分式的极限为 1, 因此总的极限是 5. 放到一起, 问题的解如下:

$$\lim_{x \to 0} \frac{\sin(5x)}{x} = \lim_{x \to 0} \frac{\frac{\sin(5x)}{5x} \times (5x)}{x} = \lim_{x \to 0} \frac{\sin(5x)}{5x} \times 5 = 1 \times 5 = 5.$$

现在来看一个更难的例子. 极限

$$\lim_{x \to 0} \frac{\sin^3(2x) \cos(5x^{19})}{x \tan(5x^2)}$$

是什么? 我们分别来看一下该表达式中的四个因子. 首先考虑 $\sin^3(2x)$. 这其实就是 $(\sin(2x))^3$ 的另外一种写法. 为了处理 $\sin(2x)$, 需要用 $2x$ 做除法和乘法; 而为了处理其立方, 需要用 $(2x)^3$ 做除法和乘法. 也就是说, 用

$$\frac{(\sin(2x))^3}{(2x)^3} \times (2x)^3$$

替换 $(\sin(2x))^3$. 那么 $\cos(5x^{19})$ 又如何呢? 其实, 当 x 很小的时候, $5x^{19}$ 也很小, 因此, 就是在取一个小数的余弦. 极限的结果应该是 1, 因此不用对第二个因子进行操作.

　　在分母上, 我们有一个因子 x, 不能对它做任何操作. (我们也不想, 它实际上已经很容易处理了!) 还有一个因子 $\tan(5x^2)$. 我们对 $5x^2$ 做除法和乘法, 以便用

$$\frac{\tan(5x^2)}{5x^2} \times (5x^2)$$

替换 $\tan(5x^2)$. 将所有这些放在一起, 得到

$$\lim_{x\to 0}\frac{\sin^3(2x)\cos(5x^{19})}{x\tan(5x^2)} = \lim_{x\to 0}\frac{\left[\dfrac{(\sin(2x))^3}{(2x)^3} \times (2x)^3\right]\cos(5x^{19})}{x\left[\dfrac{\tan(5x^2)}{5x^2} \times (5x^2)\right]}.$$

现在, 将所有与三角函数的变量不匹配的 x 的幂次都提出来: 分子中的项 $(2x)^3$ 和分母中的项 x 和 $5x^2$. 然后, 重新将 $(\sin(2x))^3/(2x)^3$ 写作 $(\sin(2x)/2x)^3$ 并化简, 可以看到极限变为

$$\lim_{x\to 0}\frac{\dfrac{(\sin(2x))^3}{(2x)^3}\cdot\cos(5x^{19})}{\dfrac{\tan(5x^2)}{5x^2}} \times \frac{(2x)^3}{x(5x^2)} = \lim_{x\to 0}\frac{\left(\dfrac{\sin(2x)}{(2x)}\right)^3\cos(5x^{19})}{\dfrac{\tan(5x^2)}{5x^2}} \times \frac{8x^3}{5x^3}.$$

最后, 可以在分子分母中消去 x^3, 并取极限. 由于正弦和正切有相匹配的分子和分母, 还有 $\cos(\text{小数}) \to 1$, 因此极限就是

$$\frac{(1)^3(1)}{1} \times \frac{8}{5} = \frac{8}{5}.$$

　　下面是本章开头部分的另外一个例子: 极限

$$\lim_{x\to\infty} x\sin\left(\frac{5}{x}\right)$$

是什么? 我们可以看出, 这个例子的确属于本节内容, 因为当 x 很大时, 量 $5/x$ 会非常小. 因此, 我们使用相同的方法. 在这种情况下, 用 $\sin(5/x)$ 除以并乘以 $5/x$:

$$\lim_{x\to\infty} x\sin\left(\frac{5}{x}\right) = \lim_{x\to\infty} x\cdot\frac{\sin\left(\dfrac{5}{x}\right)}{\dfrac{5}{x}} \times \frac{5}{x}.$$

现在, 可以消去因子 x 并化简得到

$$\lim_{x\to\infty} 5 \times \frac{\sin(5/x)}{5/x}.$$

如果把 "小数" 用 $5/x$ 替换, 可以立即看到, 当 $x \to \infty$ 时, 这个大分式的极限是 1,
因此最终的结果就是 5.

我们也可能会面对涉及正割、余割或余切的三角函数的极限. 例如, 极限

$$\lim_{x \to 0} \sin(3x) \cot(5x) \sec(7x)$$

是什么? 为了求解该极限, 最稳妥的猜测是, 换用余弦、正弦或正切来表示它:

$$\lim_{x \to 0} (\sin(3x)) \left(\frac{1}{\tan(5x)} \right) \left(\frac{1}{\cos(7x)} \right).$$

现在, 可以对正弦和正切项使用标准的乘除法技巧, 同时忽略余弦项. 于是我们看
到该极限等于

$$\lim_{x \to 0} \left(\frac{\sin(3x)}{3x} \times (3x) \right) \left(\frac{1}{\dfrac{\tan(5x)}{5x} \times (5x)} \right) \left(\frac{1}{\cos(7x)} \right).$$

现在, $(3x)$ 和 $(5x)$ 这两项可以消去公因子 x, 得到 3/5, 而所有其他分式的极限趋
于 1, 因此整个极限就是 3/5.

有一点你必须非常小心: 说当 x 非常小时, $\sin(x)$ 表现得就像 x, 这只有在乘
积或商的语境中才成立. 例如, 极限

$$\lim_{x \to 0} \frac{x - \sin(x)}{x^3}$$

就不能用本章介绍的方法进行求解. 说 $\sin(x)$ 表现得像 x, 故 $x - \sin(x)$ 表现得像
0, 这是错误的. (事实上, 除了常数函数 0 本身, 没有函数表现得像 0!) 为了求解以
上极限, 需要洛必达法则 (参见第 14 章) 或麦克劳林级数 (参见第 24 章). 另一方
面, 下面这个类似难度的极限却是我们现在可以求解的:

$$\lim_{x \to 0} \frac{1 - \cos^2(x)}{x^2}.$$

同样, 你不能说, 当 x 非常小时, $\cos(x)$ 表现得就像 1, 故 $1 - \cos^2(x)$ 表现得像
$1 - 1^2 = 0$. 因此, 我们使用 $\cos^2(x) + \sin^2(x) = 1$ 来将分子重写为 $\sin^2(x)$:

$$\lim_{x \to 0} \frac{1 - \cos^2(x)}{x^2} = \lim_{x \to 0} \frac{\sin^2(x)}{x^2}.$$

由于 $\sin^2(x)$ 是 $(\sin(x))^2$ 的另一种写法, 可以将极限重写为

$$\lim_{x \to 0} \frac{(\sin(x))^2}{x^2} = \lim_{x \to 0} \left(\frac{\sin(x)}{x} \right)^2.$$

该极限就是 $1^2 = 1$. 因此,

$$\lim_{x \to 0} \frac{1 - \cos^2(x)}{x^2} = 1.$$

换句话说, 当 x 非常小时, $1 - \cos^2(x)$ 表现得就像 x^2, 而根本不像 0. 不管怎样, 让

我们使用同样的思想来求解其他一些极限:

$$\lim_{x \to 0} \frac{1 - \cos(x)}{x^2} \quad \text{和} \quad \lim_{x \to 0} \frac{1 - \cos(x)}{x}.$$

我们将使用同样聪明的技巧来求解这两个极限. 基本思想就是, 用 $1 + \cos(x)$ 和分子分母分别相乘, 使分子变成 $1 - \cos^2(x)$, 进而使它写成 $\sin^2(x)$. 在第一个例子中, 我们有

$$\lim_{x \to 0} \frac{1 - \cos(x)}{x^2} = \lim_{x \to 0} \frac{1 - \cos(x)}{x^2} \times \frac{1 + \cos(x)}{1 + \cos(x)}.$$

$$= \lim_{x \to 0} \frac{1 - \cos^2(x)}{x^2} \times \frac{1}{1 + \cos(x)} = \lim_{x \to 0} \frac{\sin^2(x)}{x^2} \times \frac{1}{1 + \cos(x)}$$

$$= \lim_{x \to 0} \left(\frac{\sin(x)}{x} \right)^2 \times \frac{1}{1 + \cos(x)} = 1^2 \times \frac{1}{1 + 1} = \frac{1}{2}.$$

这里使用的事实就是 $\cos(0) = 1$. 第二个例子很相似:

$$\lim_{x \to 0} \frac{1 - \cos(x)}{x} = \lim_{x \to 0} \frac{1 - \cos(x)}{x} \times \frac{1 + \cos(x)}{1 + \cos(x)}.$$

$$= \lim_{x \to 0} \frac{1 - \cos^2(x)}{x} \times \frac{1}{1 + \cos(x)} = \lim_{x \to 0} \frac{\sin^2(x)}{x} \times \frac{1}{1 + \cos(x)}.$$

到这里, 可以用 x^2 和项 $\sin^2(x)$ 做除法和乘法, 但还有一个较为简便的求极限的方法: 将 $\sin^2(x)$ 写成 $\sin(x) \times \sin(x)$, 并将其中一个 $\sin(x)$ 因子和分母中的因子 x 放到一起. 由于 $\sin(0) = 0$, 极限变为

$$\lim_{x \to 0} \left(\sin(x) \times \frac{\sin(x)}{x} \times \frac{1}{1 + \cos(x)} \right) = 0 \times 1 \times \frac{1}{1 + 1} = 0.$$

最后这个极限将在 7.2 节中很有用, 因此让我们总结一下并记住它:

$$\boxed{\lim_{x \to 0} \frac{1 - \cos(x)}{x} = 0.}$$

关于小数的情况我们已经讨论得足够多了, 现在来看看如何处理三角函数在大数上的极限吧.

7.1.3 大数的情况

考虑极限

$$\lim_{x \to \infty} \frac{\sin(x)}{x}.$$

正如我们刚刚看到的, 如果 $x \to 0$ 而不是 ∞, 那么极限为 1. 这是因为当 x 非常小时, $\sin(x)$ 表现得就像 x. 但当 x 变得越来越大的时候, $\sin(x)$ 的行为又如何呢? 它会在 -1 和 1 之间来回振荡. 因此, 当 x 变大时它没有表现得像谁. 于是我们常常只好求助于 $\sin(x)$ (以及 $\cos(x)$) 最简单的性质之一:

对于任意的 x, $\boxed{-1 \leqslant \sin(x) \leqslant 1}$ 和 $\boxed{-1 \leqslant \cos(x) \leqslant 1}$.

这时应用三明治定理 (参见 3.6 节) 就相当方便了. 事实上, 我们在 3.6 节已经看到

$$\lim_{x \to \infty} \frac{\sin(x)}{x} = 0.$$

不妨马上回去重温一下证明.

回过头来, 还记得当 x 变小时, $\cos(x)$ 是有所不同的吗? 不像 $\sin(x)$ 和 $\tan(x)$, 它不像 x. 另一方面, 当 x 变大时, $\tan(x)$ 也有所不同. 对于 $\tan(x)$ 来说, 没有类似于上面方框中关于 $\sin(x)$ 和 $\cos(x)$ 的不等式. 这是因为当 x 变大时, $\tan(x)$ 有垂直渐近线并且永远不会停下来 (参见 2.3 节 $\tan(x)$ 的图像).

这儿有一个使用三明治定理的更难的例子: 求

$$\lim_{x \to \infty} \frac{x\sin(11x^7) - \dfrac{1}{2}}{2x^4}.$$

直觉告诉我们, $\sin(11x^7)$ 这一项无足轻重, 因此分子其实与 x 相当. 而分母中的 x^4 应该较分子的 x 占压倒性优势, 因此当 $x \to \infty$ 时, 整个表达式应该是趋于 0 的. 为了证明这一点, 首先来看看分子. 我们知道任何数的正弦都在 -1 和 1 之间, 因此,

$$-1 \leqslant \sin(11x^7) \leqslant 1$$

成立. 不过分子不只是 $\sin(11x^7)$, 需要用 x 和它相乘然后再减去 $1/2$. 事实上, 对于任意的 $x > 0$, 可以对以上不等式的所有三 "方" 都作相同的操作, 得到

$$-x - \frac{1}{2} \leqslant x\sin(11x^7) - \frac{1}{2} \leqslant x - \frac{1}{2}.$$

(如果 $x < 0$, 也就是说, 当 $x \to -\infty$ 时, 那么用负的 x 做乘法意味着, 你必须将所有的小于或等于号反转变成大于或等于号. 不然的话, 会得到同一个解.) 不管怎样, 这解决了分子的问题. 但我们还需要除以分母. 由于 $2x^4 > 0$, 可以将以上不等式除以 $2x^4$, 得到

$$\frac{-x - \dfrac{1}{2}}{2x^4} \leqslant \frac{x\sin(11x^7) - \dfrac{1}{2}}{2x^4} \leqslant \frac{x - \dfrac{1}{2}}{2x^4}.$$

万事俱备, 只欠东风. 现在我把它留给你, 请使用 4.3 节中的方法证明, 当 $x \to \infty$ 时, 外层两项的极限均为 0, 即

$$\lim_{x \to \infty} \frac{-x - \dfrac{1}{2}}{2x^4} = 0 \quad \text{和} \quad \lim_{x \to \infty} \frac{x - \dfrac{1}{2}}{2x^4} = 0.$$

(别犯懒! 这些都是相当简单的极限, 你现在应该试着验证它们.) 现在, 我们应用三明治定理. 由于原始函数被夹在两个 $x \to \infty$ 时都趋于 0 的函数之间, 因而它也趋于 0. 也就是说,

$$\lim_{x \to \infty} \frac{x\sin(11x^7) - \dfrac{1}{2}}{2x^4} = 0.$$

由不等式 $-1 \leqslant \sin(x) \leqslant 1$ (以及 $\cos(x)$ 的类似不等式) 可得到的另一个结论是, 你可以将 $\sin$ (任何东西) 或 $\cos$ (任何东西) 看作比 x 的任意正次幂次数要低, 只要你仅是在加上或减去它们. 更确切地说, 如果要求解形如

$$\lim_{x \to \infty} \frac{p(x)}{q(x)}$$

的问题, 其中 p 和 q 是多项式或多项式型函数, 但又带有一些附加的正弦和余弦, 那么即使没有这些正弦或余弦. 分子和分母的次数也不会改变. 唯一的例外是, 当 p 或 q 的次数为 0; 那样的话, 三角函数的部分将举足轻重.

以下是一个例子, 来看看附加的正弦和余弦为什么不会造成什么影响: 极限

$$\lim_{x \to \infty} \frac{3x^2 + 2x + 5 + \sin(3000x^9)}{2x^2 - 1 - \cos(22x)}$$

是什么? 在分子中, $3x^2$ 仍占据主导, 因为 $\sin(3000x^9)$ 这一项只是在 -1 和 1 之间, 相较而言是无关紧要的. 与之形成对比的是, 在上一个例子中, 我们用 $\sin(11x^7)$ 和 x 的最高次数项相乘; 那里的正弦因子因而非常重要. 而在当前的例子中, 正弦项是被加上的.

分母又怎样呢? 其实, 余弦项比主导项 $2x^2$ 小很多. 因此, 我们用 $3x^2$ 和分子相乘并相除, 用 $2x^2$ 和分母相乘并相除, 得到

$$\lim_{x \to \infty} \frac{3x^2 + 2x + 5 + \sin(3000x^9)}{2x^2 - 1 - \cos(22x)} = \lim_{x \to \infty} \frac{\dfrac{3x^2 + 2x + 5 + \sin(3000x^9)}{3x^2} \times (3x^2)}{\dfrac{2x^2 - 1 - \cos(22x)}{2x^2} \times (2x^2)}$$

$$= \lim_{x \to \infty} \frac{1 + \dfrac{2}{3x} + \dfrac{5}{3x^2} + \dfrac{\sin(3000x^9)}{3x^2}}{1 - \dfrac{1}{2x^2} - \dfrac{\cos(22x)}{2x^2}} \times \frac{3x^2}{2x^2}.$$

现在来看看会发生什么? 显然我们知道, $2/3x$、$5/3x^2$ 及 $1/2x^2$ 的极限都趋于 0, 但 $\sin(3000x^9)/3x^2$ 和 $\cos(22x)/2x^2$ 这两项会怎样呢? 如果你想给出一个完整的解, 需要使用三明治定理 (对每一项使用一次) 来证明它们都趋于 0. 我建议你现在作为练习试一下. 在实践中, 大多数数学家会直接写出结果是 0, 因为我们可以确立一个一般原理: 对于任意的正指数 α,

$$\lim_{x \to \infty} \frac{\sin(\text{任何东西})}{x^\alpha} = 0.$$

如果用余弦替换正弦, 也会得到类似的结果. 因此, 以上极限就是

$$\frac{1 + 0 + 0 + 0}{1 - 0 - 0} \times \frac{3}{2} = \frac{3}{2}.$$

最后, 我们回到本章开始部分提及的例子

$$\lim_{x \to 0} x \sin\left(\frac{5}{x}\right).$$

正如我们看到的, 尽管极限是在 $x \to 0$ 时取的, 但这个极限确实属于大数的情况, 因为当 x 接近于 0 时, $5/x$ 是一个非常大的数 (正的或负的). 因此, 我们所能做的就是, 结合任何数的正弦在 -1 和 1 之间这一事实, 使用三明治定理. 特别是, 对于任意的 x, 我们有

$$-1 \leqslant \sin\left(\frac{5}{x}\right) \leqslant 1.$$

现在, 有人可能会想用 x 和以上不等式相乘, 得到

$$-x \leqslant x \sin\left(\frac{5}{x}\right) \leqslant x.$$

但不幸的是, 这只有当 $x > 0$ 时成立. 例如, 如果 $x = -2$, 那么不等式的最左边会变成 2, 最右边会变成 -2, 这简直是疯了. 因此, 先来考虑一下右极限:

$$\lim_{x \to 0^+} x \sin\left(\frac{5}{x}\right).$$

现在, 可以使用以上不等式并注意到, 当 $x \to 0^+$ 时, $-x$ 和 x 都趋于 0, 因此三明治定理适用, 上述极限是 0. 至于左极限 (当 $x \to 0^-$ 时), 我们以相同的 $\sin\left(\frac{5}{x}\right)$ 的不等式出发, 并将之乘以 x. 但这一次, 由于 x 是负的, 必须反转不等号. 特别是, 当 $x < 0$ 时, 有

$$-x \geqslant x \sin\left(\frac{5}{x}\right) \geqslant x.$$

不过这也没有太多区别. 当 $x \to 0^-$ 时, 外层的两个量仍然趋于 0, 因此中间的量也趋于 0. 由于左极限和右极限都是 0, 故双侧极限也是 0; 我们证明了

$$\lim_{x \to 0} x \sin\left(\frac{5}{x}\right) = 0.$$

(这个例子与 3.6 节的例子非常相似.)

7.1.4　"其他的"情况

考虑极限

$$\lim_{x \to \pi/2} \frac{\cos(x)}{x - \dfrac{\pi}{2}}.$$

这次的三角函数是余弦, 且要在 $\pi/2$ 的附近求值. 这既不是小数的情况也不是大数的情况, 因此很明显, 之前的情况都不适用. 如果你只是将 $x = \pi/2$ 代入上式的话, 会得到 $0/0$ 的不定式, 这可真要命. 不过要是你了解三角函数的性质的话, 有时你也会绝境逢生. 下面就是原因.

　　面对 $x \to a$ 的极限, 而 $a \neq 0$ 时, 有一个很好的一般原则, 那就是**用 $t = x - a$ 作替换, 将问题转化为 $t \to 0$**. 因此, 在以上极限中, 设 $t = x - \pi/2$. 当 $x \to \pi/2$ 时,

你可以看到 $t \to 0$. 由于 $x = t + \pi/2$, 则有

$$\lim_{x \to \pi/2} \frac{\cos(x)}{x - \dfrac{\pi}{2}} = \lim_{t \to 0} \frac{\cos\left(t + \dfrac{\pi}{2}\right)}{t}.$$

注意到我们仍然需要知道余弦在 $\pi/2$ 附近的行为 (通过设 t 接近于 0, 可以看到你要取的是什么的余弦). 替换并没有改变这一事实. 这里需要你想起 2.4 节中的三角恒等式

$$\cos\left(\frac{\pi}{2} - x\right) = \sin(x).$$

在我们的极限中, 有 $\cos\left(\dfrac{\pi}{2} + t\right)$, 因此需要将上述三角恒等式用 $-t$ 替换 x, 得到

$$\cos\left(\frac{\pi}{2} + t\right) = \sin(-t).$$

我们还需要记得, 正弦函数是一个奇函数. 因此, 事实上,

$$\cos\left(\frac{\pi}{2} + t\right) = \sin(-t) = -\sin(t).$$

现在, 可以将它代入极限并完成问题的求解. 也就是说,

$$\lim_{x \to \pi/2} \frac{\cos(x)}{x - \dfrac{\pi}{2}} = \lim_{t \to 0} \frac{\cos\left(t + \dfrac{\pi}{2}\right)}{t} = \lim_{t \to 0} \frac{-\sin(t)}{t} = -1.$$

并没有那么轻松惬意, 但了解三角恒等式显然会对求解类似的情况有所帮助.

7.1.5 一个重要极限的证明

本章反复使用了以下极限, 现在是时候证明它了:

$$\lim_{x \to 0} \frac{\sin(x)}{x} = 1.$$

证明显然需要借助直角三角形的几何学, 因为那也正是正弦函数诞生的地方. 让我们先从右极限 $(x \to 0^+)$ 开始. 一旦做到了这一步, 我们会发现双侧极限其实相当简单. 因此, 先假设 x 接近于 0 但为正. 让我们来画一个以 O 为中心、夹角为 x、半径为 1 的扇形 OAB, 如图 7-2 所示. 我们将对这幅图进行一些操作, 但首先有一个问题: 这个扇形的面积是什么呢?

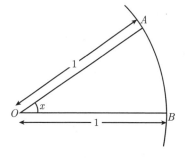

图 7-2

不妨想象这个扇形是一整块比萨中的一片. 这块比萨的半径为 1 个单位, 因此它的面积是 $\pi r^2 = \pi$ 平方单位. 现在, 这一片占整块比萨的多少呢? 整块比萨有 2π 弧度的角, 而这一片的夹角是 x, 因此这一片占整块比萨的 $x/2\pi$. 故其面积为 $(x/2\pi) \times \pi$, 即 $x/2$ 平方单位. 也就是说,

$$\text{扇形 } OAB \text{ 的面积} = \frac{x}{2} \text{ 平方单位.}$$

(这里有一个一般公式：夹角为 x 弧度、半径为 r 个单位的扇形的面积就是 $xr^2/2$ 平方单位.)

现在，在这幅图上进行一些操作. 首先，连接 AB 画一条直线. 然后，从 A 出发画一条垂线到直线 OB，称 C 为基点. 还要将直线 OA 向外延长一些，最后画出圆在点 B 的切线. 这条切线和延长的直线 OA 相交于点 D. 在完成了上述操作之后，我们得到图 7-3. 我在图中标记了 AC 和 DB 的长度. 要看出我是如何算出它们的，需要注意到 $\sin(x) = \dfrac{|AC|}{|OA|}$（记住，$|AC|$ 表示 "线段 AC 的长度"）. 由于 $|OA| = 1$，我们有 $|AC| = \sin(x)$. 同样，有 $\tan(x) = \dfrac{|DB|}{|OB|}$，由于 $|OB| = 1$，因此 $|DB| = \tan(x)$.

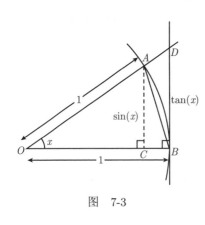

图　7-3

我想将精力集中在三个对象上. 一是原始的扇形，我们已经求出它的面积是 $x/2$ 平方单位. 我们再来看看 $\triangle OAB$ 和 $\triangle OBD$. $\triangle OAB$ 的底是 OB，其长度为 1 个单位，高是 AC，其长度是 $\sin(x)$ 个单位. 因此，$\triangle OAB$ 的面积是底乘高的一半，即 $\sin(x)/2$ 平方单位. 至于 $\triangle OBD$，它的底是 OB，其长度是 1 个单位，它的高是 DB，其长度是 $\tan(x)$ 个单位. 因此，$\triangle OBD$ 的面积是 $\tan(x)/2$ 平方单位. 这里关键的一个观察：

$\triangle OAB$ 包含在扇形 OAB 中，扇形 OAB 又包含在 $\triangle OBD$ 中.

这意味着，$\triangle OAB$ 的面积小于扇形 OAB 的面积，扇形 OAB 的面积又小于 $\triangle OBD$ 的面积：

$$\triangle OAB \text{ 的面积} < \text{扇形 } OAB \text{ 的面积} < \triangle OBD \text{ 的面积.}$$

我们知道所有这三个量可以用变量 x 表示；将它们代入，有

$$\frac{\sin(x)}{2} < \frac{x}{2} < \frac{\tan(x)}{2}.$$

用 2 和以上不等式相乘，我们会得到一个非常好的值得记忆的不等式：

$$\boxed{\sin(x) < x < \tan(x), \ 0 < x < \frac{\pi}{2}.}$$

现在可以求极限了. 首先来取这个不等式的倒数. 要记住，这个操作将使我们把小于号变为大于号. 我们写出 $\tan(x) = \sin(x)/\cos(x)$，不等式的倒数就是

$$\frac{1}{\sin(x)} > \frac{1}{x} > \frac{\cos(x)}{\sin(x)}.$$

最后, 用正的量 $\sin(x)$ 和上式相乘, 得到

$$1 > \frac{\sin(x)}{x} > \cos(x).$$

如果你感到这个顺序不舒服, 它总是可以被重写为

$$\cos(x) < \frac{\sin(x)}{x} < 1.$$

(要记住, 这对于任意的介于 0 和 $\pi/2$ 的 x 都成立.) 现在, 使用三明治定理: 由于 $\cos(0) = 1$ 且 $y = \cos(x)$ 是连续的, 我们知道 $\lim\limits_{x\to 0^+} \cos(x) = 1$; 同样, $\lim\limits_{x\to 0^+} (1) = 1$; 而量 $\sin(x)/x$ 被夹在 $\cos(x)$ 和 1 之间, 当 $x \to 0^+$ 时, 后两者都趋于 1. 因此根据三明治定理,

$$\lim_{x\to 0^+} \frac{\sin(x)}{x} = 1.$$

这样就求出了右极限.

我们仍然需要处理左极限并证明

$$\lim_{x\to 0^-} \frac{\sin(x)}{x} = 1.$$

如果可以做到的话, 那么就证明了左极限与右极限均为 1, 因此双侧极限也是 1, 这样就完成了证明.

为了证明左极限是 1, 我们设 $t = -x$. 那么当 x 是一个很小的负数时, t 是一个很小的正数. 用数学符号表达可以说, 当 $x \to 0^-$ 时, 有 $t \to 0^+$. 因此, 以上极限可以写作

$$\lim_{t\to 0^+} \frac{\sin(-t)}{-t}.$$

由于 $\sin(-t) = -\sin(t)$ (因为正弦函数是奇函数), 可以将以上极限简化为

$$\lim_{t\to 0^+} \frac{-\sin(t)}{-t} = \lim_{t\to 0^+} \frac{\sin(t)}{t}.$$

我们已经看到该极限是 1, (好吧, 前面是 x 而不是 t, 但这又有什么关系呢?) 这样就完成了证明.

在继续讨论三角函数求导之前, 我想先考虑一下 $f(x) = \sin(x)/x$ 的图像. 左极限的论证过程其实也证明了 f 是一个偶函数. (你能看出来吗?) 这意味着, y 轴就像是 $y = f(x)$ 的图像的一面镜子. 如果回顾一下 3.5 节的内容, 你可以看到已经画出了当 $x > 3$ 时的 $y = f(x)$ 的图像. 没有画 $x \leqslant 3$ 的图像是因为我们不知道那里会发生什么. 现在我们知道了: 当 $x \to 0$ 时, 量 $f(x) = \sin(x)/x \to 1$. 事实上, 我们证明了 $\sin(x)/x$ 位于 $\cos(x)$ 和 1 之间. 这样可以将图像扩展到 $x > 0$. 最后, 我们使用 f 的偶函数性来画出 $y = \sin(x)/x$ 的完整的图像 (注意到 x 轴和 y 轴的比例不同), 如图 7-4 所示.

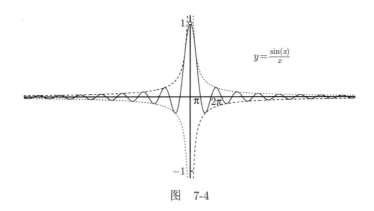

$$y = \frac{\sin(x)}{x}$$

图　7-4

包络函数 $y = 1/x$ 和 $y = -1/x$ 的图像用虚线表示. 此外, x 轴截距是所有的除 0 之外的 π 的倍数. 最后, 正如你看到的, 该函数在 $x = 0$ 上不连续, 因为它在那里无定义. 然而, 如果我们定义函数 g, 使其定义为, 如果 $x \neq 0, g(x) = \sin(x)/x$ 及 $g(0) = 1$, 那么实际上就填充了图中在 $(0, 1)$ 处的空心圆, 并且函数 g 是连续的.

7.2   三角函数的导数

现在是时候对某些三角函数求导了. 让我们先对 $\sin(x)$ 关于 x 求导. 为了做到这点, 将要使用 7.1.2 节中的两个极限:

$$\lim_{h \to 0} \frac{\sin(h)}{h} = 1 \quad 和 \quad \lim_{h \to 0} \frac{1 - \cos(h)}{h} = 0.$$

(好吧, 我将 x 变为了 h, 但这没关系 —— h 是一个虚拟变量, 它可以被任意字母所替换.) 不管怎样, 令 $f(x) = \sin(x)$, 让我们对其求导:

$$f'(x) = \lim_{h \to 0} \frac{f(x + h) - f(x)}{h} = \lim_{h \to 0} \frac{\sin(x + h) - \sin(x)}{h}.$$

现在该怎么办呢? 其实, 你应该回想一下公式

$$\sin(A + B) = \sin(A)\cos(B) + \cos(A)\sin(B);$$

如果想不起来, 最好再看一下第 2 章. 不管怎样, 我们想要用 x 替换 A, 用 h 替换 B, 因此有

$$\sin(x + h) = \sin(x)\cos(h) + \cos(x)\sin(h).$$

将上式代入以上极限, 会得到

$$f'(x) = \lim_{h \to 0} \frac{\sin(x)\cos(h) + \cos(x)\sin(h) - \sin(x)}{h}.$$

最后剩下的工作就是将这些项进行重组和提取公因子, 得到

$$f'(x) = \lim_{h \to 0} \frac{\sin(x)(\cos(h) - 1) + \cos(x)\sin(h)}{h}$$
$$= \lim_{h \to 0} \left(\sin(x)\left(\frac{\cos(h) - 1}{h} \right) + \cos(x)\left(\frac{\sin(h)}{h} \right) \right).$$

注意到我们将含有 x 的部分与含有 h 的部分尽可能地分离开. 现在, 实际上要求当 $h \to 0$(不是 $x \to 0$!) 时的极限. 使用本节开始部分的两个极限, 会得到

$$f'(x) = \sin(x) \times 0 + \cos(x) \times 1 = \cos(x).$$

也就是说, $f(x) = \sin(x)$ 的导数是 $f'(x) = \cos(x)$, 或者换句话说,

$$\boxed{\frac{\mathrm{d}}{\mathrm{d}x}\sin(x) = \cos(x).}$$

现在, 你应该试着用 $f(x) = \cos(x)$ 重复一下以上论证. 你只需要用到第 2 章的恒等式

$$\cos(A + B) = \cos(A)\cos(B) - \sin(A)\sin(B).$$

这是个很好的练习, 因此现在就尝试一下吧. 如果你求解正确, 应该会看到

$$\boxed{\frac{\mathrm{d}}{\mathrm{d}x}\cos(x) = -\sin(x).}$$

不管怎样, 现在去求其他三角函数的导数就是小菜一碟了. 你不需要使用任何极限, 可以只使用商法则和链式求导法则. 让我们从 $y = \tan(x)$ 的导数开始. 可以将 $\tan(x)$ 写成 $\sin(x)/\cos(x)$, 因此如果设 $u = \sin(x)$ 及 $v = \cos(x)$, 那么 $y = u/v$. 我们已经求出 $\mathrm{d}u/\mathrm{d}x = \cos(x)$ 及 $\mathrm{d}v/\mathrm{d}x = -\sin(x)$, 所以使用商法则, 可以得到

$$\frac{\mathrm{d}y}{\mathrm{d}x} = \frac{v\dfrac{\mathrm{d}u}{\mathrm{d}x} - u\dfrac{\mathrm{d}v}{\mathrm{d}x}}{v^2} = \frac{\cos(x)(\cos(x)) - \sin(x)(-\sin(x))}{\cos^2(x)}.$$

最后一个分式的分子就是 $\cos^2(x) + \sin^2(x)$, 它总是等于 1. 因此, 导数就是

$$\frac{\mathrm{d}y}{\mathrm{d}x} = \frac{1}{\cos^2(x)} = \sec^2(x).$$

这样就证明了

$$\boxed{\frac{\mathrm{d}}{\mathrm{d}x}\tan(x) = \sec^2(x).}$$

现在, 来计算 $y = \sec(x)$ 的导数. 这里可以写成 $y = 1/\cos(x)$, 所以或许你会认为使用商法则是最好的. 确实, 你可以使用商法则, 但链式求导法则其实更好一些. 如果 $u = \cos(x)$, 那么 $y = 1/u$. 我们可以对这两个函数求导：$\mathrm{d}y/\mathrm{d}u = -1/u^2$ 及 $\mathrm{d}u/\mathrm{d}x = -\sin(x)$. 根据链式求导法则,

$$\frac{\mathrm{d}y}{\mathrm{d}x} = \frac{\mathrm{d}y}{\mathrm{d}u}\frac{\mathrm{d}u}{\mathrm{d}x} = \left(-\frac{1}{u^2}\right)(-\sin(x)) = \frac{\sin(x)}{\cos^2(x)}.$$

在上面, 最后必须用 $\cos(x)$ 替换 u. 事实上, 可以再整理一下, 得到

$$\frac{\sin(x)}{\cos^2(x)} = \frac{1}{\cos(x)}\frac{\sin(x)}{\cos(x)} = \sec(x)\tan(x),$$

这样就证明了

$$\boxed{\frac{\mathrm{d}}{\mathrm{d}x}\sec(x) = \sec(x)\tan(x).}$$

至于 $y = \csc(x)$, 它应该被写成 $1/\sin(x)$. 再一次地, 我们最好使用链式求导法则, 令 $u = \sin(x)$ 及 $y = 1/u$. 但我知道你禁不住想要使用商法则, 因为它是一个商的形式, 尽管这其实是下策. 你就是不相信我. 那好吧, 我们来看一下. 要对 $y = 1/\sin(x)$ 使用商法则, 实际上要令 $u = 1$ 及 $v = \sin(x)$. 那么 $\mathrm{d}u/\mathrm{d}x = 0$ 及 $\mathrm{d}v/\mathrm{d}x = \cos(x)$. 根据商法则,

$$\frac{\mathrm{d}y}{\mathrm{d}x} = \frac{v\dfrac{\mathrm{d}u}{\mathrm{d}x} - u\dfrac{\mathrm{d}v}{\mathrm{d}x}}{v^2} = \frac{\sin(x)(0) - 1(\cos(x))}{\sin^2(x)} = -\frac{\cos(x)}{\sin^2(x)}.$$

好吧, 这也没有那么糟糕, 但使用链式求导法则仍然会更好些. 不管怎样, 正如刚刚对 $y = \sec(x)$ 所做的, 我们可以整理得到

$$\boxed{\frac{\mathrm{d}}{\mathrm{d}x}\csc(x) = -\csc(x)\cot(x).}$$

最后, 考虑 $y = \cot(x)$, 而它当然可以被写成 $y = \cos(x)/\sin(x)$ 或 $y = 1/\tan(x)$. 你可以在 $y = \cos(x)/\sin(x)$ 上使用商法则, 又或者既然已经知道 $\tan(x)$ 的导数, 你也可以在 $y = 1/\tan(x)$ 上使用链式求导法则 (或商法则). 你甚至还可以将 $\cot(x)$ 写成 $\cos(x)\csc(x)$ 的形式, 并使用乘积法则. 不管你用哪种方式, 应该会得到

$$\boxed{\frac{\mathrm{d}}{\mathrm{d}x}\cot(x) = -\csc^2(x).}$$

你应该用心记住所有的这六个方框公式. 要注意到在三个互余函数 (余弦、余割、余切) 之前都有一个负号, 并且导数是正常导数的 co– 形式. 例如, $\sec(x)$ 的导数是 $\sec(x)\tan(x)$, 因此在所有东西前面都加上一个 "co", 并再加一个负号, 我们得到 $\csc(x)$ 的导数是 $-\csc(x)\cot(x)$. 这对于余弦和余切也成立, 要知道 (对于余弦), co-co-sine 正好是原始的正弦函数.

顺便说一下, $f(x) = \sin(x)$ 的二阶导是什么呢? 我们知道 $f'(x) = \cos(x)$, 这样, $f''(x)$ 就是 $\cos(x)$ 的导数, 而这正是我们之前看到的 $-\sin(x)$. 也就是说,

$$\frac{\mathrm{d}^2}{\mathrm{d}x^2}(\sin(x)) = -\sin(x).$$

该函数的二阶导正好是负的原始函数. 这对于 $g(x) = \cos(x)$ 也成立. 这种事情就不会发生在 (非零的) 多项式上, 因为一个多项式的导数是一个次数比原始多项式的次数低一次的新的多项式.

7.2.1 求三角函数导数的例子

由于现在你需要对更多的函数求导, 牢牢记住如何使用乘积法则、商法则以及链式求导法则依旧十分重要. 例如, 如何求下列导数:

$$\frac{\mathrm{d}}{\mathrm{d}x}(x^2 \sin(x)), \quad \frac{\mathrm{d}}{\mathrm{d}x}\left(\frac{\sec(x)}{x^5}\right) \quad \text{和} \quad \frac{\mathrm{d}}{\mathrm{d}x}(\cot(x^3))?$$

让我们一个一个地求解吧. 如果 $y = x^2 \sin(x)$, 那么可以写出 $y = uv$, 其中 $u = x^2$ 及 $v = \sin(x)$. 现在, 我们需要整理出那张表:

$$u = x^2 \qquad v = \sin(x)$$
$$\frac{\mathrm{d}u}{\mathrm{d}x} = 2x \qquad \frac{\mathrm{d}v}{\mathrm{d}x} = \cos(x).$$

使用乘积法则 (参见 6.2.3 节), 得到

$$\frac{\mathrm{d}y}{\mathrm{d}x} = v\frac{\mathrm{d}u}{\mathrm{d}x} + u\frac{\mathrm{d}v}{\mathrm{d}x} = \sin(x) \cdot (2x) + x^2 \cos(x).$$

这通常会被写成 $2x\sin(x) + x^2\cos(x)$. 不管怎样, 让我们接着来做第二个例子. 如果 $y = \sec(x)/x^5$, 这一次设 $u = \sec(x)$ 及 $v = x^5$, 这样 $y = u/v$. 我们的表如下:

$$u = \sec(x) \qquad\qquad v = x^5$$
$$\frac{\mathrm{d}u}{\mathrm{d}x} = \sec(x)\tan(x) \qquad \frac{\mathrm{d}v}{\mathrm{d}x} = 5x^4.$$

使用商法则, 得到

$$\frac{\mathrm{d}y}{\mathrm{d}x} = \frac{v\dfrac{\mathrm{d}u}{\mathrm{d}x} - u\dfrac{\mathrm{d}v}{\mathrm{d}x}}{v^2} = \frac{x^5\sec(x)\tan(x) - \sec(x)\cdot 5x^4}{(x^5)^2} = \frac{\sec(x)(x\tan(x) - 5)}{x^6}.$$

注意到最后消去了因子 x^4. 现在来看看第三个例子. 设 $y = \cot(x^3)$. 这里我们正在处理两个函数的复合, 因此最好使用链式求导法则. 首先在 x 上进行的操作是立方, 因此令 $u = x^3$, 那么 $y = \cot(u)$. 汇总如下:

$$y = \cot(u) \qquad\qquad u = x^3$$
$$\frac{\mathrm{d}y}{\mathrm{d}u} = -\csc^2(u) \qquad \frac{\mathrm{d}u}{\mathrm{d}x} = 3x^2.$$

根据链式求导法则, 我们有

$$\frac{\mathrm{d}y}{\mathrm{d}x} = \frac{\mathrm{d}y}{\mathrm{d}u}\frac{\mathrm{d}u}{\mathrm{d}x} = -\csc^2(u) \cdot 3x^2.$$

我们不能把项 u 留在那里, 需要用 x^3 替换它. 因此, 要求的导数就是 $-3x^2\csc^2\left(x^3\right)$.

　　在继续前进之前, 我想告诉你一个小诀窍. 假设你有 $y = \sin(8x)$, 并且想要求 dy/dx. 你应该使用链式求导法则, 设 $u = 8x$, 这样 $y = \sin(u)$. 很容易得出 $dy/dx = 8\cos(8x)$ (试着做一下!). 当然, 数 8 没什么特别的, 它可以是任何数. 因此, 有一个一般法则: 对于任意的常数 a,

$$\frac{\mathrm{d}}{\mathrm{d}x}(\sin(ax)) = a\cos(ax).$$

基本上, **如果用 ax 替换 x, 那么当求导的时候, 在最前面会有一个额外的因子 a.** 这对于其他三角函数也适用. 例如, $\tan(x)$ 关于 x 的导数是 $\sec^2(x)$, 因此 $\tan(2x)$ 的导数是 $2\sec^2(2x)$. 同样地, $\csc(x)$ 的导数是 $-\csc(x)\cot(x)$, 因此 $\csc(19x)$ 的导数是 $-19\csc(19x)\cot(19x)$. 这可以让你在这些简单的情况下免去使用链式求导法则.

7.2.2　简谐运动

　　三角函数自然而然会出现的一个地方是描述弹簧振子的运动. 事实表明, 如果 x 是弹簧振子在时刻 t 的位置, 我们取向上的方向作为正方向, 那么描述 x 的方程大致类似于 $x = 3\sin(4t)$. 数 3 和 4 可能会改变, "正弦" 也可能变成 "余弦", 但基本思想就是那样. 该方程是合理的. 毕竟, 余弦函数总是来回振荡, 而振子也是如此. 这种类型的运动被称为**简谐运动**.

　　因此, 如果 $x = 3\sin(4t)$ 是振子从初始点出发的位移, 那么在时刻 t 振子的速度和加速度是多大呢? 需要做的就是求导. 我们知道 $v = dx/dt$, 因此只需要对 $3\sin(4t)$ 关于 t 求导. 可以使用链式求导法则, 但使用上一节结尾的那个结论会更简单. 确实, 为了对 $\sin(4t)$ 关于 t 求导, 我们观察到 $\sin(t)$ 的导数是 $\cos(t)$, 因此 $\sin(4t)$ 的导数就是 $4\cos(4t)$. (不要忘记在最前面有一个 4!) 总而言之, 我们有

$$v = \frac{\mathrm{d}}{\mathrm{d}t}(3\sin(4t)) = 3 \times 4\cos(4t) = 12\cos(4t).$$

现在可以对加速度, 它由 dv/dt 给出, 重复这个过程. 使用相同的技巧, 得到

$$a = \frac{\mathrm{d}v}{\mathrm{d}t} = \frac{\mathrm{d}}{\mathrm{d}t}(12\cos(4t)) = -12 \times 4\sin(4t) = -48\sin(4t).$$

注意到加速度 (当然它就是位移的二阶导) 基本上和位移本身是一样的, 除了最前面有一个负号以及系数有所不同 (48 取代了 3). 这个负号表示加速度和位移的方向是相反的. 事实上, 由于 $48 = 3 \times 16$, 这就证明了

$$a = -16x.$$

现在, 为了阐释这个方程, 让我们更深入地研究一下振子的运动.

位置 x 由 $x = 3\sin(4t)$ 给出, 当振子在平衡位置时有 $x = 0$. 现在, 如果用 3 和不等式 $-1 \leqslant \sin(4t) \leqslant 1$ 相乘 (这对所有的 t 都成立), 我们得到 $-3 \leqslant 3\sin(4t) \leqslant 3$. 也就是说, $-3 \leqslant x \leqslant 3$. 因此, 可以看到 x 在 -3 和 3 之间振荡. 当 x 为正时, 振子在平衡位置的上方, 那么 a 是负的, 这很好: 加速度是向下的, 一如它理当如此. 当 x 变得越来越大时, 弹簧压缩得更厉害, 致使振子经受一个更大的力和向下的加速度. 最终, 振子开始向下运动, 不一会儿, x 变为负的. 然后, 振子在它平衡位置的下方, 因此弹簧被伸展并要将振子拉回来. 确实, 当 x 为负时, a 为正, 因此力是向上的. 图 7-5 显示了整个过程.

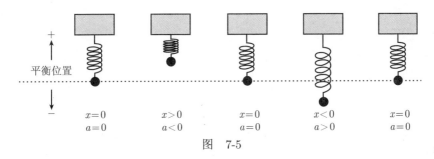

图 7-5

当振子在它运动的最上方时, 其速度为 0. 由于有 $v = 12\cos(4t)$, 当 $4t$ 是 $\pi/2$ 的奇数倍, 即 $t = (2n+1)\pi/8$ (n 为某个整数) 时, 这个情况会出现. 现在, 说够了简谐运动, 我们再多看一个三角函数求导的例子, 然后就进入下一章的隐函数求导.

7.2.3 一个有趣的函数

试考虑函数 f, 其定义为

$$f(x) = x^2 \sin\left(\frac{1}{x}\right).$$

它的导数是什么呢? 我们不用担心 $x = 0$, 因为 f 在那里无定义, x 的其他值则都没有问题. 设 $y = f(x)$, 那么 y 是 $u = x^2$ 和 $v = \sin(1/x)$ 的乘积. 对 u 关于 x 求导很简单 (结果就是 $2x$), 但 v 有点难. 最好的猜测是设 $w = 1/x$, 这样 $v = \sin(w)$. 然后, 可以给出那张标准表:

$$v = \sin(w) \qquad w = \frac{1}{x}$$
$$\frac{dv}{dw} = \cos(w) \qquad \frac{dw}{dx} = -\frac{1}{x^2}.$$

现在, 可以使用链式求导法则:

$$\frac{dv}{dx} = \frac{dv}{dw}\frac{dw}{dx} = \cos(w)\left(-\frac{1}{x^2}\right) = -\frac{\cos(1/x)}{x^2}.$$

由于有了 du/dx 和 dv/dx, 我们最后得以在 $y = uv$ 上使用乘积法则:

$$\frac{dy}{dx} = v\frac{du}{dx} + u\frac{dv}{dx} = \sin\left(\frac{1}{x}\right)(2x) + x^2\left(-\frac{\cos(1/x)}{x^2}\right) = 2x\sin\left(\frac{1}{x}\right) - \cos\left(\frac{1}{x}\right).$$

这样就完成了求解.

  事实表明, 函数 f 相当有趣. 我们来看看为什么. (如果你没有这种感觉, 我猜你大可先跳到下一章, 以后再回来看.) 不管怎样, 为了进一步研究, 需要以下三个极限:

$$\lim_{x \to 0} x^2 \sin\left(\frac{1}{x}\right) = 0, \quad \lim_{x \to 0} x \sin\left(\frac{1}{x}\right) = 0 \quad 和 \quad \lim_{x \to 0^+} \cos\left(\frac{1}{x}\right) \text{ 不存在.}$$

你可以使用三明治定理以及任何东西 (甚至是 $1/x$) 的正弦或余弦都在 -1 和 1 之间的这一事实来求解这三个极限中的前两个. 第三个极限稍微复杂些, 但我们在 3.3 节中已经讨论过 $\sin(1/x)$, 而将正弦改为余弦并没有什么区别. 问题 (你可能还记得) 是, 当 $x \to 0^+$ 时, $\cos(1/x)$ 在 -1 和 1 之间的振荡变得越来越激烈, 因此极限不存在.

不管怎样, 第一个极限是说 $\lim_{x \to 0} f(x) = 0$, 尽管 $f(0)$ 是无定义的. 这意味着, 通过填充点 $f(0) = 0$, 可以将 f 扩展为连续函数. 因此, 我们抛弃旧的 f 并由以下公式定义一个新的 f:

$$f(x) \begin{cases} x^2 \sin\left(\dfrac{1}{x}\right) & \text{如果 } x \neq 0, \\ 0 & \text{如果 } x = 0. \end{cases}$$

我们刚刚证明了这个改善后的 f 是处处连续的. 我们已经求出当 $x \neq 0$ 时它的导数是

$$f'(x) = 2x\sin\left(\frac{1}{x}\right) - \cos\left(\frac{1}{x}\right).$$

那么在 $x = 0$ 处 f 的导数又是什么呢? 在这里没有一个法则能够帮得上忙, 我们必须使用导数的定义公式:

$$f'(0) = \lim_{h \to 0} \frac{f(0+h) - f(0)}{h} = \lim_{h \to 0} \frac{h^2 \sin(1/h) - 0}{h} = \lim_{h \to 0} h \sin\left(\frac{1}{h}\right).$$

最后这个极限就是之前三个极限中的中间那个 (用 h 替换 x), 这个极限存在且值为 0. 这意味着 f 实际上在 $x = 0$ 处可导. 事实上, $f'(0) = 0$. 从 $y = f(x)$ 的图像上你能看出这点吗? 图 7-6 就是 $-0.1 < x < 0.1$ 时图像的样子, 伴有包络函数 $y = x^2$ 和 $y = -x^2$.

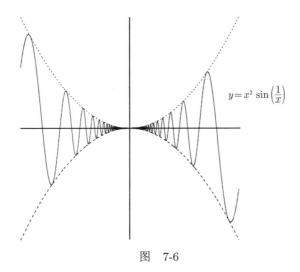

图 7-6

在 $x = 0$ 上, 它在我看来很不稳定, 似乎根本无法确认在那里导数会存在 —— 但刚刚证明了它存在! 这就引出以下问题:

$$\lim_{x \to 0^+} f'(x)$$

是什么呢? 由于我们知道 $f'(0) = 0$, 你或许会认为以上极限就是 0. 利用前述 $f'(x)$ 在 $x \neq 0$ 时的公式, 让我们来检验一下吧:

$$\lim_{x \to 0^+} f'(x) = \lim_{x \to 0^+} \left(2x \sin \left(\frac{1}{x} \right) - \cos \left(\frac{1}{x} \right) \right).$$

这里有两项需要处理. 第一项 $(2x \sin(1/x))$ 的极限趋于 0, 因为它就是之前三个极限中的中间那个的两倍. 另一方面, 第二项 $(\cos(1/x))$ 当 $x \to 0$ 时极限不存在, 这正是前述第三个极限所表达的意思. 因此结论是, $\lim_{x \to 0^+} f'(x)$ 不存在. 根据对称性 (检验一下 f 是一个奇函数), $\lim_{x \to 0^-} f'(x)$ 也不存在.

现在来总结一下我们的发现. 我们的函数 f 处处连续且处处可导, 甚至在 $x = 0$ 处也不例外. 事实上, 在 $x = 0$ 处, 导数 $f'(0)$ 等于 0, 但在 0 的附近, 导数 $f'(x)$ 振荡得很激烈: $\lim_{x \to 0} f'(x)$ 不存在, 尽管 $f'(0)$ 存在. 特别是, 我们证明了导函数 f' 本身不是连续函数. 因此, 存在本身可导但其导数不连续的函数. 这真是十分的有趣!

第 8 章　隐函数求导和相关变化率

　　过去几章, 我们都在试图对眼前的一切进行求导. 现在暂且打断一下, 是时候来看一下隐函数的求导, 后者是对常规求导的一个很好的一般化. 之后, 我们会看到如何使用这种技巧来求解涉及变化的量的应用问题. 如果知道一个量的变化有多快, 我们就能求出另一个不同的但与之相关的量的变化会有多快. 总之, 本章的主要内容正如标题所示:

- 隐函数求导;
- 相关变化率.

8.1　隐函数求导

　　考虑两个导数:

$$\frac{\mathrm{d}}{\mathrm{d}x}(x^2) \quad \text{和} \quad \frac{\mathrm{d}}{\mathrm{d}x}(y^2).$$

正如我们已经看到的, 第一个就是 $2x$. 那么第二个是 $2y$ 吗? 如果是关于 y 求导, 那么结果就是它, 但这不是关于 y 求导, 在分母上的 $\mathrm{d}x$ 告诉我们这是在关于 x 求导. 我们该如何处理呢?

　　最好的方法是告诉自己, 上面第一个导数问的是: 当对 x 稍作改变时, 量 x^2 会有多大变化. 正如我们在 5.2.7 节中看到的, 如果对 x 稍作改变, 那么 x^2 就会有近似 $2x$ 倍那么多的变化.

　　另一方面, 如果对 x 稍作改变, y^2 会怎么样? 这正是为了求出上面第二个导数 $\mathrm{d}(y^2)/\mathrm{d}x$ 所需要知道的. 不妨这样思考: 如果改变 x, 那么 y 会有点变化; y 的这个变化又会引起 y^2 的变化. (当然, 这一切只有当 y 依赖于 x 时才正确. 如果不是这样的话, 那么改变 x 时, y 根本不会有任何变化.)

　　如果你认为这听起来我好像是在暗示链式求导法则, 那你想得一点没错. 以下就是它如何具体动作. 令 $u = y^2$, 则 $\mathrm{d}u/\mathrm{d}y = 2y$. 根据链式求导法则,

$$\frac{\mathrm{d}}{\mathrm{d}x}(y^2) = \frac{\mathrm{d}u}{\mathrm{d}x} = \frac{\mathrm{d}u}{\mathrm{d}y} \cdot \frac{\mathrm{d}y}{\mathrm{d}x} = 2y\frac{\mathrm{d}y}{\mathrm{d}x}.$$

因此, 如果对 x 稍作改变, 那么 y^2 会有 $2y(\mathrm{d}y/\mathrm{d}x)$ 倍的变化. 现在你或许会抱怨结果中还是包含 $\mathrm{d}y/\mathrm{d}x$, 但又能怎么办呢? 如果你想要知道当对 x 稍作改变时, 量 y^2 会如何变化, 那你势必首先需要知道 y 是如何变化的! (此外, 如果 y 不依赖于 x, 那么对于所有的 x, $\mathrm{d}y/\mathrm{d}x$ 都等于 0, 故对于所有的 x, $\mathrm{d}(y^2)/\mathrm{d}x$ 也是 0. 也就是

说, y^2 也不依赖于 x.)

8.1.1　技巧和例子

现在该来实际应用一下了. 考虑方程

$$x^2 + y^2 = 4.$$

这里量 y 不是 x 的函数. 事实上, 当 $-2 < x < 2$, 有两个 y 值满足这个方程. 另一方面, 上述关系的图像就是半径为 2、圆心位于原点的单位圆. 该圆处处有切线, 并且不用写出 $y = \pm\sqrt{4-x^2}$ 并求导, 我们就应该能够求出它们的斜率. 事实上, 所要做的只是在等号两边添加一个 $\mathrm{d}/\mathrm{d}x$:

$$\frac{\mathrm{d}}{\mathrm{d}x}(x^2 + y^2) = \frac{\mathrm{d}}{\mathrm{d}x}(4).$$

正如我们所知, 等号左边可以直接拆分成两部分. 事实上, 通常可以直接写出

$$\frac{\mathrm{d}}{\mathrm{d}x}(x^2) + \frac{\mathrm{d}}{\mathrm{d}x}(y^2) = \frac{\mathrm{d}}{\mathrm{d}x}(4).$$

为了化简上式, 注意到我们已经在上一节求出了左边的两个量, 而右边的为零, 因为 4 是常数. 当心不要写成 4, 这是个非常常见的错误! 不管怎么说, 我们得到

$$2x + 2y\frac{\mathrm{d}y}{\mathrm{d}x} = 0.$$

将上式除以 2 并整理得到

$$\frac{\mathrm{d}y}{\mathrm{d}x} = -\frac{x}{y}.$$

这个公式说的是, 圆上点 (x, y) 处的切线的斜率是 $-x/y$. 如果该点不在圆上, 那么此公式没有告诉我们什么东西 (至少就我们所关心的而言). 现在, 我们使用公式来求圆上点 $(1, \sqrt{3})$ 处的切线方程. 该点的确位于圆上, 原因是 $x^2+y^2 = 1^2 + \left(\sqrt{3}\right)^2 = 4$. 根据上述公式, 斜率由 $\mathrm{d}y/\mathrm{d}x = -1/\sqrt{3}$ 给出. 因此, 切线的斜率是 $-1/\sqrt{3}$ 并且通过 $(1, \sqrt{3})$. 使用点斜式公式, 可以看到直线的方程是

$$y - \sqrt{3} = -\frac{1}{\sqrt{3}}(x - 1).$$

如果你喜欢, 这可以稍加简化为 $y = (4 - x)/\sqrt{3}$.

下面是另一个例子: 如果

$$5\sin(x) + 3\sec(y) = y - x^2 + 3,$$

在原点处的切线方程是什么呢? 和先前的例子不同, 这一次不可能通过解方程求得 y(或 x). 因此, 必须使用隐函数求导. 让我们首先检验原点确实位于曲线上. 将 $x = 0$ 和 $y = 0$ 代入上式得出左边为 $5\sin(0) + 3\sec(0)$, 这正好是 3 (回想一下, $\sec(0) = 1/\cos(0) = 1$). 右边也是 3, 因此原点在曲线上. 现在, 对以上方程求导, 并将它拆分开:

$$\frac{\mathrm{d}}{\mathrm{d}x}(5\sin(x)) + \frac{\mathrm{d}}{\mathrm{d}x}(3\sec(y)) = \frac{\mathrm{d}y}{\mathrm{d}x} - \frac{\mathrm{d}}{\mathrm{d}x}(x^2) + \frac{\mathrm{d}}{\mathrm{d}x}(3).$$

这些量中唯一难于简化的是左边的第二项. 不过它也没有那么难：令 $u = 3\sec(y)$，那么 $\mathrm{d}u/\mathrm{d}y = 3\sec(y)\tan(y)$，于是根据链式求导法则, 有

$$\frac{\mathrm{d}}{\mathrm{d}x}(3\sec(y)) = \frac{\mathrm{d}u}{\mathrm{d}x} = \frac{\mathrm{d}u}{\mathrm{d}y}\cdot\frac{\mathrm{d}y}{\mathrm{d}x} = 3\sec(y)\tan(y)\frac{\mathrm{d}y}{\mathrm{d}x}.$$

回到先前的方程并对两边求导, 于是得到

$$5\cos(x) + 3\sec(y)\tan(y)\frac{\mathrm{d}y}{\mathrm{d}x} = \frac{\mathrm{d}y}{\mathrm{d}x} - 2x.$$

注意到当对常数 3 求导时, 你会得到 0. 无论如何, 这里可以求解 $\mathrm{d}y/\mathrm{d}x$：只需将所有包含 $\mathrm{d}y/\mathrm{d}x$ 的部分移到等号的一边, 而其他的各项移到等号的另一边, 即

$$\frac{\mathrm{d}y}{\mathrm{d}x} - 3\sec(y)\tan(y)\frac{\mathrm{d}y}{\mathrm{d}x} = 2x + 5\cos(x).$$

现在提取公因式, 得到

$$\frac{\mathrm{d}y}{\mathrm{d}x}(1 - 3\sec(y)\tan(y)) = 2x + 5\cos(x).$$

然后做除法, 得到

$$\frac{\mathrm{d}y}{\mathrm{d}x} = \frac{2x + 5\cos(x)}{1 - 3\sec(y)\tan(y)}.$$

最后, 将 $x = 0$ 和 $y = 0$ 代入上式, 得到

$$\frac{\mathrm{d}y}{\mathrm{d}x} = \frac{2(0) + 5\cos(0)}{1 - 3\sec(0)\tan(0)} = \frac{2(0) + 5(1)}{1 - 3(1)(0)} = 5.$$

由于切线的斜率是 5, 并且通过原点, 其方程就是 $y = 5x$, 这样就完成了求解. 但你看出了怎么做我们或许可以省点儿力气吗？回到上述方程

$$5\cos(x) + 3\sec(y)\tan(y)\frac{\mathrm{d}y}{\mathrm{d}x} = \frac{\mathrm{d}y}{\mathrm{d}x} - 2x.$$

刚才我们对此摆弄了一番, 试图求出 $\mathrm{d}y/\mathrm{d}x$ 的一般表达式, 但实际上我们只关心在原点处会发生什么. 因此, 通过将 $x = 0$ 和 $y = 0$ 代入以上方程, 就可以节省点儿时间. 我们会得到

$$5\cos(0) + 3\sec(0)\tan(0)\frac{\mathrm{d}y}{\mathrm{d}x} = \frac{\mathrm{d}y}{\mathrm{d}x} - 2(0).$$

这很容易简化为 $\mathrm{d}y/\mathrm{d}x = 5$. 因此, 一条有用的经验法则是, **如果你需要的只是一个特定点上的导数, 不妨在重新整理之前就做替换** —— 这经常能节省时间.

到目前为止, 我们只使用了链式求导法则. 有时候, 你或许需要使用乘积法则或商法则. 例如, 如果

$$y\cot(x) = 3\csc(y) + x^7,$$

那么将需要用到乘积法则和链式求导法则来求 $\mathrm{d}y/\mathrm{d}x$. 确实, 如果求导, 将得到

$$\frac{\mathrm{d}}{\mathrm{d}x}(y\cot(x)) = \frac{\mathrm{d}}{\mathrm{d}x}(3\csc(y)) + \frac{\mathrm{d}}{\mathrm{d}x}(x^7).$$

左边是 y 和 $\cot(x)$ 的乘积. 我们应该给它一个名字, 比如 s, 这样 $s = y\cot(x)$. 如果也令 $v = \cot(x)$, 那么 $s = yv$, 进而可以使用乘积法则来对 s 关于 x 求导:

$$\frac{\mathrm{d}s}{\mathrm{d}x} = v\frac{\mathrm{d}y}{\mathrm{d}x} + y\frac{\mathrm{d}v}{\mathrm{d}x} = \cot(x)\frac{\mathrm{d}y}{\mathrm{d}x} + y(-\csc^2(x)).$$

(回想一下, $\cot(x)$ 关于 x 的导数是 $-\csc^2(x)$.) 现在再来看上述原始方程的右边. 对于第一项 $3\csc(y)$, 我们要使用链式求导法则. 我们称该项为 u, 故 $u = 3\csc(y)$. 可以看到 $\mathrm{d}u/\mathrm{d}y = -3\csc(y)\cot(y)$, 因此根据链式求导法则, 有

$$\frac{\mathrm{d}u}{\mathrm{d}x} = \frac{\mathrm{d}u}{\mathrm{d}y}\frac{\mathrm{d}y}{\mathrm{d}x} = -3\csc(y)\cot(y)\frac{\mathrm{d}y}{\mathrm{d}x}.$$

最后, 项 x^7 关于 x 的导数就是 $7x^6$. 综上, 当对原始方程

$$y\cot(x) = 3\csc(y) + x^7$$

的两边同时关于 x 求导时, 会得到

$$\cot(x)\frac{\mathrm{d}y}{\mathrm{d}x} - y\csc^2(x) = -3\csc(y)\cot(y)\frac{\mathrm{d}y}{\mathrm{d}x} + 7x^6.$$

将所有包含 $\mathrm{d}y/\mathrm{d}x$ 的部分移到等号左边, 而其他的移到等号右边:

$$\cot(x)\frac{\mathrm{d}y}{\mathrm{d}x} + 3\csc(y)\cot(y)\frac{\mathrm{d}y}{\mathrm{d}x} = y\csc^2(x) + 7x^6.$$

现在对等号左边的表达式提取公因式并做除法来求出 $\mathrm{d}y/\mathrm{d}x$:

$$\frac{\mathrm{d}y}{\mathrm{d}x} = \frac{y\csc^2(x) + 7x^6}{\cot(x) + 3\csc(y)\cot(y)},$$

这样, 就完成了求解.

最后, 考虑方程

$$x - y\cos\left(\frac{y}{x^4}\right) = \pi + 1.$$

该曲线上点 $(1,\ \pi)$ 处的切线方程是什么呢? 我留给你来做, 代入 $x = 1$ 和 $y = \pi$, 以确信等号两边相等, 从而该点确实在曲线上. 现在, 必须求导. 得到

$$\frac{\mathrm{d}}{\mathrm{d}x}(x) - \frac{\mathrm{d}}{\mathrm{d}x}\left(y\cos\left(\frac{y}{x^4}\right)\right) = \frac{\mathrm{d}}{\mathrm{d}x}(\pi + 1).$$

第一项很容易: 它就是 1. 此外, 由于 $\pi + 1$ 是常数, 故等号右边为 0. 剩下的就是中间的一团乱麻. 假设

$$s = y\cos\left(\frac{y}{x^4}\right).$$

那么 s 是 y 和 v 的乘积, 其中 $v = \cos(y/x^4)$. 根据乘积法则, 有

$$\frac{\mathrm{d}s}{\mathrm{d}x} = v\frac{\mathrm{d}y}{\mathrm{d}x} + y\frac{\mathrm{d}v}{\mathrm{d}x}.$$

真是避无可避: 必须要对 v 求导. 我们设 $t = y/x^4$. 那么 $v = \cos(t)$, 故 $\mathrm{d}v/\mathrm{d}t = -\sin(t)$, 并且链式求导法则告诉我们

$$\frac{\mathrm{d}v}{\mathrm{d}x} = \frac{\mathrm{d}v}{\mathrm{d}t}\cdot\frac{\mathrm{d}t}{\mathrm{d}x} = -\sin(t)\frac{\mathrm{d}t}{\mathrm{d}x} = -\sin\left(\frac{y}{x^4}\right)\frac{\mathrm{d}t}{\mathrm{d}x}.$$

不过我们还没有渡过难关, 还需要求出 $\mathrm{d}t/\mathrm{d}x$. 由于 $t = y/x^4$, 我们设 $U = y$ 及 $V = x^4$. (我已经使用了小写的 v, 因此在这里我将使用大写字母.) 商法则告诉我们

$$\frac{\mathrm{d}t}{\mathrm{d}x} = \frac{V\dfrac{\mathrm{d}U}{\mathrm{d}x} - U\dfrac{\mathrm{d}V}{\mathrm{d}x}}{V^2} = \frac{x^4\dfrac{\mathrm{d}y}{\mathrm{d}x} - y\dfrac{\mathrm{d}}{\mathrm{d}x}(x^4)}{(x^4)^2} = \frac{x^4\dfrac{\mathrm{d}y}{\mathrm{d}x} - 4x^3y}{x^8} = \frac{x\dfrac{\mathrm{d}y}{\mathrm{d}x} - 4y}{x^5}.$$

现在只需重新梳理一番. 从后往前推, 可以完成 $\mathrm{d}v/\mathrm{d}x$ 的计算:

$$\frac{\mathrm{d}v}{\mathrm{d}x} = -\sin\left(\frac{y}{x^4}\right)\frac{\mathrm{d}t}{\mathrm{d}x} = -\sin\left(\frac{y}{x^4}\right)\times\frac{x\dfrac{\mathrm{d}y}{\mathrm{d}x} - 4y}{x^5}.$$

这进而能求解 $\mathrm{d}s/\mathrm{d}x$:

$$\frac{\mathrm{d}s}{\mathrm{d}x} = v\frac{\mathrm{d}y}{\mathrm{d}x} + y\frac{\mathrm{d}v}{\mathrm{d}x} = \cos\left(\frac{y}{x^4}\right)\frac{\mathrm{d}y}{\mathrm{d}x} - y\sin\left(\frac{y}{x^4}\right)\times\frac{x\dfrac{\mathrm{d}y}{\mathrm{d}x} - 4y}{x^5}.$$

最后, 回到原始的求导后的方程

$$\frac{\mathrm{d}}{\mathrm{d}x}(x) - \frac{\mathrm{d}}{\mathrm{d}x}\left(y\cos\left(\frac{y}{x^4}\right)\right) = \frac{\mathrm{d}}{\mathrm{d}x}(\pi + 1)$$

它于是可以简化为

$$1 - \cos\left(\frac{y}{x^4}\right)\frac{\mathrm{d}y}{\mathrm{d}x} + y\sin\left(\frac{y}{x^4}\right)\times\frac{x\dfrac{\mathrm{d}y}{\mathrm{d}x} - 4y}{x^5} = 0.$$

没有必要求出 $\mathrm{d}y/\mathrm{d}x$! 我们只想知道当 $x = 1$ 和 $y = \pi$ 时会发生什么. 因此将它们代入. 注意到 $\cos(\pi) = -1$ 及 $\sin(\pi) = 0$, 你应该能看出整个式子可简化为

$$1 - (-1)\frac{\mathrm{d}y}{\mathrm{d}x} + \pi\times 0\times\text{不相关的垃圾} = 0,$$

或 $\mathrm{d}y/\mathrm{d}x = -1$. 因此, 切线方程的斜率是 -1, 并且通过点 $(1, \pi)$, 故其方程为 $y - \pi = -(x - 1)$; 或者如果你喜欢, 可以将它重写成 $y = -x + \pi + 1$.

　　我们还需要看一下如何对隐函数求二阶导的问题. 不过在此之前, 让我们小结一下前面所用的方法:

- 在原始方程中, 对一切求导并使用链式求导法则、乘积法则以及商法则进行化简;
- 如果想要求 $\mathrm{d}y/\mathrm{d}x$, 可重新整理并作除法来求解 $\mathrm{d}y/\mathrm{d}x$; 不过

- 如果想要求的是斜率或求曲线一个特定点上的切线方程, 可先代入 x 和 y 的已知值, 接着重新整理并求 $\mathrm{d}y/\mathrm{d}x$, 然后如果需要的话, 使用点斜式来求切线方程.

8.1.2 隐函数求二阶导

求导两次可以得到二阶导. 例如, 如果

$$2y + \sin(y) = \frac{x^2}{\pi} + 1,$$

那么该曲线上点 $(\pi, \pi/2)$ 处的 $\mathrm{d}^2y/\mathrm{d}x^2$ 的值是什么呢? 再一次地, 你应该先通过代入 x 和 y 的值, 看看方程是否成立来检验该点是否位于曲线上. 现在, 如果你想要求导两次, 必须先从求导一次开始! 使用链式求导法则来处理 $\sin(y)$ 这一项, 你应该会得到

$$2\frac{\mathrm{d}y}{\mathrm{d}x} + \cos(y)\frac{\mathrm{d}y}{\mathrm{d}x} = \frac{2x}{\pi},$$

现在, 需要再求导一次. 务必先不要做代入! 为了求导, 需要查看当 x 和 y 变化时会有什么情况发生. 如果固定了它们的值 (如 π 和 $\pi/2$), 就不可能看到变化情况了. 相反, 对上述方程关于 x 求导:

$$\frac{\mathrm{d}}{\mathrm{d}x}\left(2\frac{\mathrm{d}y}{\mathrm{d}x}\right) + \frac{\mathrm{d}}{\mathrm{d}x}\left(\cos(y)\frac{\mathrm{d}y}{\mathrm{d}x}\right) = \frac{\mathrm{d}}{\mathrm{d}x}\left(\frac{2x}{\pi}\right).$$

等号右边正好是 $2/\pi$, 左边第一项正好是 $2\left(\mathrm{d}^2y/\mathrm{d}x^2\right)$. 棘手的是左边第二项. 我们需要使用乘积法则: 设 $s = \cos(y)\,(\mathrm{d}y/\mathrm{d}x)$, 以及 $u = \cos(y)$ 和 $v = \mathrm{d}y/\mathrm{d}x$, 这样 $s = uv$. 根据乘积法则,

$$\frac{\mathrm{d}s}{\mathrm{d}x} = v\frac{\mathrm{d}u}{\mathrm{d}x} + u\frac{\mathrm{d}v}{\mathrm{d}x} = \frac{\mathrm{d}y}{\mathrm{d}x}\cdot\frac{\mathrm{d}u}{\mathrm{d}x} + \cos(y)\frac{\mathrm{d}}{\mathrm{d}x}\left(\frac{\mathrm{d}y}{\mathrm{d}x}\right) = \frac{\mathrm{d}y}{\mathrm{d}x}\cdot\frac{\mathrm{d}u}{\mathrm{d}x} + \cos(y)\frac{\mathrm{d}^2y}{\mathrm{d}x^2}.$$

我们仍需要求出 $\mathrm{d}u/\mathrm{d}x$, 其中 $u = \cos(y)$. 这其实就是链式求导法则的再次运用:

$$\frac{\mathrm{d}u}{\mathrm{d}x} = \frac{\mathrm{d}u}{\mathrm{d}y}\cdot\frac{\mathrm{d}y}{\mathrm{d}x} = -\sin(y)\frac{\mathrm{d}y}{\mathrm{d}x}.$$

综上, 可以看到

$$\frac{\mathrm{d}s}{\mathrm{d}x} = \frac{\mathrm{d}y}{\mathrm{d}x}\cdot\frac{\mathrm{d}u}{\mathrm{d}x} + \cos(y)\frac{\mathrm{d}^2y}{\mathrm{d}x^2} = \frac{\mathrm{d}y}{\mathrm{d}x}\cdot\left(-\sin(y)\frac{\mathrm{d}y}{\mathrm{d}x}\right) + \cos(y)\frac{\mathrm{d}^2y}{\mathrm{d}x^2}$$

$$= -\sin(y)\left(\frac{\mathrm{d}y}{\mathrm{d}x}\right)^2 + \cos(y)\frac{\mathrm{d}^2y}{\mathrm{d}x^2}.$$

注意: 量

$$\left(\frac{\mathrm{d}y}{\mathrm{d}x}\right)^2 \quad \text{和} \quad \frac{\mathrm{d}^2y}{\mathrm{d}x^2}$$

是完全不同的! 左边的量是一阶导的平方, 而右边的量是二阶导. 不管怎样, 让我们把一切凑在一起. 先从

$$\frac{\mathrm{d}}{\mathrm{d}x}\left(2\frac{\mathrm{d}y}{\mathrm{d}x}\right) + \frac{\mathrm{d}}{\mathrm{d}x}\left(\cos(y)\frac{\mathrm{d}y}{\mathrm{d}x}\right) = \frac{\mathrm{d}}{\mathrm{d}x}\left(\frac{2x}{\pi}\right)$$

开始, 现在可以将它写成

$$2\frac{\mathrm{d}^2y}{\mathrm{d}x^2} - \sin(y)\left(\frac{\mathrm{d}y}{\mathrm{d}x}\right)^2 + \cos(y)\frac{\mathrm{d}^2y}{\mathrm{d}x^2} = \frac{2}{\pi}.$$

呼, 可费老劲了. 不过这还没算完: 仍需要求出当 $x = \pi$ 和 $y = \pi/2$ 时的 $\mathrm{d}^2y/\mathrm{d}x^2$. 因此, 将它们代入上述方程, 会得到

$$2\frac{\mathrm{d}^2y}{\mathrm{d}x^2} - \sin\left(\frac{\pi}{2}\right)\left(\frac{\mathrm{d}y}{\mathrm{d}x}\right)^2 + \cos\left(\frac{\pi}{2}\right)\frac{\mathrm{d}^2y}{\mathrm{d}x^2} = \frac{2}{\pi}.$$

该式简化为

$$2\frac{\mathrm{d}^2y}{\mathrm{d}x^2} - \left(\frac{\mathrm{d}y}{\mathrm{d}x}\right)^2 = \frac{2}{\pi}.$$

问题是, 我们仍需要知道 $\mathrm{d}y/\mathrm{d}x$! 但这不成问题: 在方程

$$2\frac{\mathrm{d}y}{\mathrm{d}x} + \cos(y)\frac{\mathrm{d}y}{\mathrm{d}x} = \frac{2x}{\pi}$$

中代入 $x = \pi$ 和 $y = \pi/2$, (我之前一直没有让你这么做!) 会得到

$$2\frac{\mathrm{d}y}{\mathrm{d}x} + 0\frac{\mathrm{d}y}{\mathrm{d}x} = \frac{2\pi}{\pi} = 2,$$

因此, $\mathrm{d}y/\mathrm{d}x = 1$. 将其代入二阶导方程, 得到

$$2\frac{\mathrm{d}^2y}{\mathrm{d}x^2} - (1)^2 = \frac{2}{\pi}.$$

这意味着, 当 $x = \pi$ 且 $y = \pi/2$ 时,

$$\frac{\mathrm{d}^2y}{\mathrm{d}x^2} = \frac{1}{\pi} + \frac{1}{2}.$$

由此, 我们终于完成了求解!

8.2 相关变化率

设想有两个相关的量 (随你喜欢让它们测量什么), 如果你知道其中之一, 就可以求出另外一个. 例如, 如果你一直盯着一架飞过你头顶的飞机, 那么你的视线与地面的夹角取决于飞机的位置. 在这种情况下, 这两个量就是飞机的位置和我刚刚描述的那个夹角.

当然, 当这两个量中的一个发生变化时, 另一个也会发生相应的变化. 假设我们知道其中一个量变化有多快, 那么另一个量的变化有多快呢? 这就是我们所说相

关变化率的意思. 你看, **变化率**是一个量随时间改变的速率. 现在我们有两个相关的量, 想要知道它们的变化率是如何相互关联的.

以上变化率的定义有点粗略. 如果你想要知道某物随时间的变化有多快, 只需简单地对其关于时间求导. 因此, 以下是其真正的定义: **量 Q 的变化率是 Q 关于时间的导数**. 也就是说,

> 如果 Q 是某个量, 那么 Q 的变化率是 $\dfrac{\mathrm{d}Q}{\mathrm{d}t}$.

当你看到 "变化率" 这几个字时, 应该自动想到 "d/dt".

那么如何从一个涉及两个相关量的方程求出涉及这两个量的相关变化率的方程呢? 当然是求导了! 如果你对等号两边关于 t 做隐函数求导的话, 就会发现相关变化率跃然而出, 给出一个新的方程. 如果你面对三个或更多的相关量 (例如, 一个矩形的长度、宽度和面积), 这样做同样有效. 对其关于 t 做隐函数求导, 就会将各个变化率关联在一起.

先让我们看看求解相关变化率问题的一般方法. 然后, 我们会用它来求解一大堆的例子.

(1) 读题. 识别出所有的量并注意到哪一个量是你需要对其求相关变化率的. 如果需要的话, 可以画图!

(2) 写出一个关联所有量的方程 (有时候你需要不止一个方程). 为了做到这一步, 你可能需要用到几何学, 可能是涉及相似三角形的. 如果你有不止一个方程, 试着把它们联立求解, 以消去不必要的变量.

(3) 对剩余的方程关于时间 t 做隐函数求导. 也就是说, 每一个方程两边各添加一个 $\dfrac{\mathrm{d}}{\mathrm{d}t}$. 你会得到一个或多个关联起各个变化率的方程.

(4) 最后, 将你所知道的值代入所有的方程中做替换. 联立求解方程得到你想要的变化率.

这类问题与你以前所见的应用题的唯一区别在于第 3 步. 在这里, 它让一切完全不同. 在看例子之前, 还要提醒一点: **最后才做值的替换, 要在求导之后!** 这就是说, 不要调换第 3 步和第 4 步. 如果你先做替换, 就会让量无从变化, 从而变化率将全部为 0. 冻结一切, 你就只能得到这个了 ……

8.2.1 一个简单的例子

下面是一个说明上述方法的相对简单的例子. 设想用打气筒给一个完美球体的气球充气. 空气以常数速率 12π 立方英寸每秒进入气球. 当气球的半径达到 2 英寸时, 气球的半径的变化率是多少? 此外, 当气球的体积达到 36π 立方英寸时, 气球的半径的变化率又是多少?

好, 先让我们写出全部的量 (第 1 步). 它们分别是气球的体积和半径. 我们称体积为 V(单位是立方英寸), 半径为 r(单位是英寸). 我们需要求出半径 r 的相关变化率. 现在, 需要一个关联 V 和 r 的方程 (第 2 步). 这里会用到一些几何知识. 由于气球是一个球体, 我们知道

$$V = \frac{4}{3}\pi r^3.$$

该式关联了所有的量. 现在, 需要关联各个变化率了 (第 3 步). 对方程两边关于 t 做隐函数求导:

$$\frac{\mathrm{d}}{\mathrm{d}t}(V) = \frac{\mathrm{d}}{\mathrm{d}t}\left(\frac{4}{3}\pi r^3\right).$$

左边正好是 $\mathrm{d}V/\mathrm{d}t$; 为了处理右边, 令 $s = r^3$, 这样 $\mathrm{d}s/\mathrm{d}r = 3r^2$. 根据链式求导法则,

$$\frac{\mathrm{d}s}{\mathrm{d}t} = \frac{\mathrm{d}s}{\mathrm{d}r}\frac{\mathrm{d}r}{\mathrm{d}t} = 3r^2\frac{\mathrm{d}r}{\mathrm{d}t}.$$

现在, 可以将它代入上述方程, 得到

$$\frac{\mathrm{d}V}{\mathrm{d}t} = \frac{4}{3}\pi\left(3r^2\frac{\mathrm{d}r}{\mathrm{d}t}\right) = 4\pi r^2\frac{\mathrm{d}r}{\mathrm{d}t}.$$

这样, 就有了一个关联 V 和 r 的变化率的方程. 最后准备做替换 (第 4 步). 在问题的两个部分中, 体积的变化率都是 12π 立方英寸/秒. 用符号表示, 我们有 $\mathrm{d}V/\mathrm{d}t = 12\pi$. 将它代入上述方程, 得到

$$12\pi = 4\pi r^2\frac{\mathrm{d}r}{\mathrm{d}t}.$$

整理可得

$$\frac{\mathrm{d}r}{\mathrm{d}t} = \frac{3}{r^2}.$$

太棒了! 这意味着, 如果我们知道半径 r, 那么就可以求出半径的变化率, 也就是 $\mathrm{d}r/\mathrm{d}t$. 注意到半径的变化率本身是一个变化的量, 它依赖于半径. 你很可能也经历过, 当你吹气球时, 一开始它的大小 (或半径) 会增长得很快, 然后其增长速度会降低, 尽管你一直是将相同量的空气吹进气球的. 上述 $\mathrm{d}r/\mathrm{d}t$ 的公式验证了这一点, 它在 r 上是递减的.

有了这个公式, 我们可以快速地对问题的两个部分作解答. 对于第一部分, 我们知道半径是 2 英寸, 故在以上公式中令 $r = 2$, 得到

$$\frac{\mathrm{d}r}{\mathrm{d}t} = \frac{3}{2^2} = \frac{3}{4}.$$

因此答案为 $\frac{3}{4}$. 但 $\frac{3}{4}$ 什么呢? 所以有必要写一句话总结一下, 也别忘了测量的单位. 在这种情况下, 我们会说, 当半径达到 2 英寸时, 半径的变化率是 $\frac{3}{4}$ 英寸/秒.

对于问题的第二部分, 我们知道体积是 36π 立方英寸. 这意味着 $V = 36\pi$. 问题是, 为了求出 dr/dt, 我们需要知道 r 是什么. 现在, 我们需要回到关联 V 和 r 的方程, 也是 $V = \dfrac{4}{3}\pi r^3$. 如果将 $V = 36\pi$ 代入并求解 r, 应该可以看出 $r = 3$ 英寸. 最后, 将它代入到 dr/dt 的方程中, 得出

$$\frac{dr}{dt} = \frac{3}{r^2} = \frac{3}{3^2} = \frac{1}{3}.$$

因此, 当体积达到 36π 立方英寸时, 半径的变化率是 $\dfrac{1}{3}$ 英寸/秒.

8.2.2 一个稍难的例子

让我们来看看另一个还相对简单的例子, 这一次涉及三个量. 假设有两辆汽车 A 和 B. 汽车 A 在一条路上径直向北行驶远离你家, 而汽车 B 在另一条路上径直向西行驶接近你家. 汽车 A 以 55 英里/小时的速度行驶, 而汽车 B 以 45 英里/小时的速度行驶. 当 A 到达你家北面 21 英里, 而 B 到达你家东面 28 英里时, 两辆汽车间的距离的变化率是多少?

为了回答这个问题, 我们最好来画图 (第 1 步). 画出你家 H 以及汽车 A 和 B. 令 H 和 A 间的距离为 a, H 和 B 间的距离为 b, 而令两辆汽车间的距离为 c, 如图 8-1 所示.

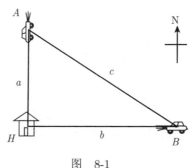

图 8-1

注意到不好用 21 替代 a, 或用 28 替代 b. 你想看的是当 a 和 b 变化时会发生什么, 而不是当它们固定在某个特定的数时会发生什么, 因此它们需要有作为变量的可变性. 还要注意到 c 是我们想要对其求变化率的量, 因为它就是两辆汽车间的距离.

接下去是第 2 步. 关联 a、b 和 c 的方程不是别的, 正是勾股定理:

$$a^2 + b^2 = c^2.$$

进入第 3 步, 对其关于 t 做隐函数求导, 得到

$$2a\frac{da}{dt} + 2b\frac{db}{dt} = 2c\frac{dc}{dt}.$$

我们知道, 汽车 A 正以 55 英里/小时的速度远离你家. 这意味着, 距离 a 是以 55 英里/小时的速度而增加的, 因此 $da/dt = 55$. 至于 B, 它正以 45 英里/小时的速度接近你家. 这意味着, 距离 b 是以 45 英里/小时的速度而减少的, 因此 $db/dt = -45$. 这里你需要一个负号! 否则, 你会搞砸整个求解过程. 将这些值代入上述方程, 我们得到

$$2a(55) + 2b(-45) = 2c\frac{\mathrm{d}c}{\mathrm{d}t},$$

它可以被简化为

$$c\frac{\mathrm{d}c}{\mathrm{d}t} = 55a - 45b.$$

最后, 可以看到我们感兴趣的时刻即当 $a = 21$ 和 $b = 28$ 时所发生的情况. 在那一时刻, 我们知道 $c^2 = 21^2 + 28^2$, 即 $c = \pm 35$. 由于 c 是正的, (它是两辆汽车间的距离!) 因而有 $c = 35$. 将那些数代入上述方程, 得到

$$(35)\frac{\mathrm{d}c}{\mathrm{d}t} = 55(21) - 45(28).$$

通过从等式两边消去因子 5 和 7, 可以很容易地进行计算. 最后的结果是 $dc/dt = -3$. 这意味着, 在我们所考虑的那一时刻, 两辆汽车间的距离是以 3 英里/小时的变化率**减少**的.

这就是我们需要的答案了. 注意到在我们所考虑的那一时刻, 两辆汽车实际上越来越接近, 尽管 A 以比 B 更快的速度远离你家. 如果我们等待一小会儿, 汽车 A 会离你家更远, 而汽车 B 会更加接近你家; 由 dc/dt 的方程可知, 这个量终究会变成正的 (尽管问题没有涉及这一点).

8.2.3   一个更难的例子

下面是一个更难的涉及相似三角形的例子: 设想有一个奇怪的巨大的圆锥形水罐 (锥尖在下方). 圆锥的高是圆锥半径的两倍. 如果水是以 8π 立方英尺/秒的速率注入水罐, 求当水罐中水的体积为 18π 立方英尺时, 水位的变化率是多少?

这个问题也有第二部分: 设想水罐底部有一个小洞, 致使水罐中每一立方英尺的水以一立方英尺每秒的速率流出. 我想知道同样的事情: 当水罐中的水的体积为 18π 立方英尺时, 水位的变化率是多少 (但现在水罐有洞)?

让我们从第一部分开始. 情形如图 8-2 所示.

我们在图中标记了一些量. 水罐的高为 H, 其半径为 R. 水位的高度为 h, 水位顶部水平面的半径为 r. 所有这些量的测量单位都是英尺. 我们还令 v 是水罐中水的体积, 测量单位是立方英尺. (你可以令 V 是整个水罐的体积, 但我们从来不需要这个量, 因为水罐决不会被灌满 —— 它就是那么大!) 不管怎样, 这完成了第 1 步.

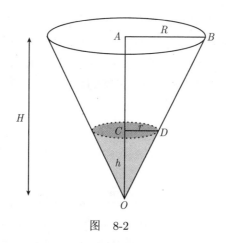

图 8-2

对于第 2 步, 必须开始关联那些量中的某些量了. 我们已知水罐的高是半径的两倍, 因此有 $H = 2R$. 尽管如此, 我们对关联 h 和 r 更感兴趣. 在图中有一些相似三角形: 事实上, $\triangle ABO$ 和 $\triangle CDO$ 相似, 故 $H/R = h/r$. 由于 $H = 2R$, 因而 $2R/R = h/r$, 就是说 $h = 2r$. 因此, 水罐中的水就像是整个水罐的微缩复制. 不管怎样, 我们仍需要求出用 h 和 r 表示的水罐中水的体积. 高为 h 单位、半径为 r 单位的圆锥的体积由公式 $v = \dfrac{1}{3}\pi r^2 h$ 立方单位给出. 在这里, 消去 h 和 r 中的一个会很好, 又由于我们对水位 h 比半径 r 更感兴趣, (通过读题会知道为什么!) 所以消去 r 会更有意义. 代入 $r = h/2$, 有

$$v = \frac{1}{3}\pi r^2 h = \frac{1}{3}\pi\left(\frac{h}{2}\right)^2 h = \frac{\pi h^3}{12}, \quad \text{即} \quad v = \frac{\pi h^3}{12}.$$

现在, 对于第 3 步, 对上式关于 t 求导. 根据链式求导法则,

$$\frac{\mathrm{d}v}{\mathrm{d}t} = \frac{\pi}{12} \times 3h^2 \frac{\mathrm{d}h}{\mathrm{d}t} = \frac{\pi h^2}{4}\frac{\mathrm{d}h}{\mathrm{d}t}, \quad \text{即} \quad \frac{\mathrm{d}v}{\mathrm{d}t} = \frac{\pi h^2}{4}\frac{\mathrm{d}h}{\mathrm{d}t}.$$

很好! 现在来看第 4 步, 将我们所知的一切代入以上两个方程中. 我们知道 $\mathrm{d}v/\mathrm{d}t = 8\pi$, 并且对当 $v = 18\pi$ 时会发生什么感兴趣. 分别作替换, 得到

$$18\pi = \frac{\pi h^3}{12} \quad \text{和} \quad 8\pi = \frac{\pi h^2}{4}\frac{\mathrm{d}h}{\mathrm{d}t}.$$

第一个方程告诉我们 $h^3 = 18 \times 12 = 216$, 故 $h = 6$. 也就是说, 当水的体积达到 18π 立方英尺时, 水位是 6 英尺. 将其代入第二个方程, 得到

$$8\pi = \frac{\pi}{4} \times 6^2 \frac{\mathrm{d}h}{\mathrm{d}t},$$

这意味着 $\mathrm{d}h/\mathrm{d}t = 8/9$. 也就是说, 在我们关心的时刻 (当水的体积达到 18π 立方英尺时), 水位以 8/9 英尺/秒的速率上升.

第二部分几乎是一样的. 事实上, 唯一的区别出现在第 4 步. 我们仍然想用

$v = 18\pi$ 作替换, 这将意味着再次有 $h = 6$. 另一方面, 代入 $\mathrm{d}v/\mathrm{d}t = 8\pi$ 是错误的, 因为这根本没有考虑到那个洞. 我们知道每秒有 8π 立方英尺的水注入罐中, 但对于罐中每一立方英尺的水来说, 每秒有一立方英尺的水流出来. 由于在罐中有 v 立方英尺的水, (由定义可知!) 从洞中流出的水的速率是 v 立方英尺每秒. 因此, 流入水的速率是 8π, 而流出水的速率是 v (它们的单位都是立方英尺每秒), 这意味着

$$\frac{\mathrm{d}v}{\mathrm{d}t} = 8\pi - v.$$

现在, 当 $v = 18\pi$ 时, 我们有 $\mathrm{d}v/\mathrm{d}t = 8\pi - 18\pi = -10\pi$. 因此, 需要将 $\mathrm{d}v/\mathrm{d}t = -10\pi$ 和 $h = 6$ 代入先前的方程

$$\frac{\mathrm{d}v}{\mathrm{d}t} = \frac{\pi h^2}{4} \frac{\mathrm{d}h}{\mathrm{d}t},$$

结果是 $\mathrm{d}h/\mathrm{d}t = -10/9$. 这意味着, 在我们所考虑的那一时刻, 罐中的水位以 $10/9$ 英尺每秒的速率下降. 尽管我们正在向水罐注水, 但洞会让更多的水流出并导致水位下降.

8.2.4 一个非常难的例子

这里还有一个问题. 你已经看过不少相关变化率的问题, 现在或许应该尝试一下在读答案之前自己求解.

设想有一架飞机保持在 2000 英尺的高度远离你朝正东方向飞行. 飞机以 500 英尺每秒的常数速率飞行. 同时, 不久之前有一个跳伞员从直升飞机 (它已经飞走了) 上跳下来. 跳伞员在你东边 1000 英尺处上空垂直地以 10 英尺每秒的常数速率向下飘落. 情形如图 8-3 所示.

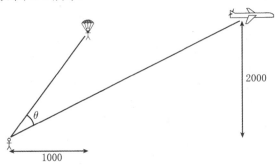

图 8-3

在图中, 跳伞员相对于你的方位角与飞机相对于你的方位角之差被标记为 θ. 问题是, 当飞机和跳伞员在同一高度, 但飞机在你东边 8000 英尺时, 角 θ 的变化率是多少?

我们有两个需要关心的对象, 即飞机和跳伞员. 我们知道, 飞机的飞行高度总是 2000 英尺 (相对于你的脑袋), 但我们不知道飞机在你东边多远 —— 距离总是

在变化的. 令飞机在你东边 p 英尺. 至于跳伞员, 这一次我们确切地知道跳伞员在你东边到底多远 ——1000 英尺. 但问题是, 跳伞员的高度是多少呢? 令其高度为 h 英尺. 通过画几条辅助线, 可以将图改写成图 8-4.

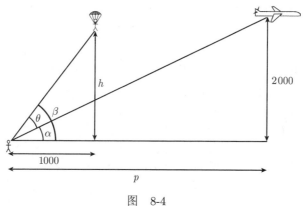

图 8-4

注意到量 1000 和 2000 绝不会变化, 但量 p 和 h 会变化. 特别是, 飞机向右飞行, 因此 p 会越来越大; 跳伞员向下移动, 因此 h 会越来越小. 尽管问题让我们关注 $p = 8000$ 和 $h = 2000$ (和飞机有相同的高度) 的那一时刻, 但我们必须允许 p 和 h 发生变化, 以便可以算出变化率. 毕竟, 如果 p 和 h 保持不变, 那么飞机和跳伞员就悬停在空中的同一个地方, 当然角 θ 也不会改变. 这是很不现实的 —— 因此需要让 p 和 h 变化, 从而角 θ 也会变化, 而我们可以算出它变化得有多快. 这就完成了第 1 步.

说到角 θ, 从图中很明显, 它就是跳伞员和地面的夹角 β 与飞机和地面的夹角 α 之差. (我们假设你没有高度, 或者换个说法, 你是躺在地面上的.) 因此, 我们知道 $\theta = \beta - \alpha$. 事实上, 应该写成 $\theta = |\beta - \alpha|$, 以防跳伞员低于飞机. 不过在我们感兴趣的时刻附近, 高度是一样的, 而飞机比跳伞员还要偏东, 因此 β 一定大于 α, 我们不需要绝对值.

现在, 要做一些三角函数运算. 我们有两个直角三角形. 从它们中的一个 (有飞机的那个), 得到 $\tan(\alpha) = 2000/p$. 从另一个, 得到 $\tan(\beta) = h/1000$. 我们将这些方程写在一起:

$$\tan(\alpha) = \frac{2000}{p} \quad \text{和} \quad \tan(\beta) = \frac{h}{1000}.$$

第 2 步终于结束了, 现在可以进入第 3 步, 对这两个关系关于时间做隐函数求导. 由第一个开始, 令 $u = \tan(\alpha)$, $v = 2000/p$, 这样方程就变为 $u = v$. 这意味着, $\mathrm{d}u/\mathrm{d}t = \mathrm{d}v/\mathrm{d}t$. 我们使用链式求导法则来求这些量. 首先是 $\mathrm{d}u/\mathrm{d}t$:

$$\frac{\mathrm{d}u}{\mathrm{d}t} = \frac{\mathrm{d}u}{\mathrm{d}\alpha}\frac{\mathrm{d}\alpha}{\mathrm{d}t} = \sec^2(\alpha)\frac{\mathrm{d}\alpha}{\mathrm{d}t}.$$

接着是 $\mathrm{d}v/\mathrm{d}t$:

$$\frac{\mathrm{d}v}{\mathrm{d}t} = \frac{\mathrm{d}v}{\mathrm{d}p}\frac{\mathrm{d}p}{\mathrm{d}t} = -\frac{2000}{p^2}\frac{\mathrm{d}p}{\mathrm{d}t}.$$

由于 $\mathrm{d}u/\mathrm{d}t = \mathrm{d}v/\mathrm{d}t$, 有

$$\sec^2(\alpha)\frac{\mathrm{d}\alpha}{\mathrm{d}t} = -\frac{2000}{p^2}\frac{\mathrm{d}p}{\mathrm{d}t}.$$

这只是两个三角方程的第一个. 对于第二个涉及 $\tan(\beta)$ 的方程, 我们需要重复刚才的做法. 方程左边与处理 $\tan(\alpha)$ 时是一样的, 但右边要更简单些. 你应该弄明白我们如何得到

$$\sec^2(\beta)\frac{\mathrm{d}\beta}{\mathrm{d}t} = \frac{1}{1000}\frac{\mathrm{d}h}{\mathrm{d}t}.$$

回想一下, 我们还知道 $\theta = \beta - \alpha$, 因此也可以对其关于时间 t 求导, 并得到 $\mathrm{d}\theta/\mathrm{d}t = \mathrm{d}\beta/\mathrm{d}t - \mathrm{d}\alpha/\mathrm{d}t$. 方程太多了, 让我们将所有的六个写在一起:

$$\tan(\alpha) = \frac{2000}{p} \qquad \sec^2(\alpha)\frac{\mathrm{d}\alpha}{\mathrm{d}t} = -\frac{2000}{p^2}\frac{\mathrm{d}p}{\mathrm{d}t}$$

$$\tan(\beta) = \frac{h}{1000} \qquad \sec^2(\beta)\frac{\mathrm{d}\beta}{\mathrm{d}t} = \frac{1}{1000}\frac{\mathrm{d}h}{\mathrm{d}t}$$

$$\theta = \beta - \alpha \qquad \frac{\mathrm{d}\theta}{\mathrm{d}t} = \frac{\mathrm{d}\beta}{\mathrm{d}t} - \frac{\mathrm{d}\alpha}{\mathrm{d}t}.$$

现在, 最好做一些替换, 从这一团混乱中找出真相. 我们知道什么呢? 飞机的速率是 500 英尺每秒, 这意味着, $\mathrm{d}p/\mathrm{d}t = 500$. 跳伞员的速率是 10 英尺每秒, 但其高度是递减的, 故 $\mathrm{d}h/\mathrm{d}t = -10$. 如果你忘记了这个负号, 就会得到错误的答案! 因此要特别小心. 例如, 如果飞机是朝向你飞行的, 那么 p 将是递减的, 故 $\mathrm{d}p/\mathrm{d}t$ 将是负的. 不管怎样, 我们感兴趣的时刻是飞机在 8000 英尺以外, 故 $p = 8000$, 以及跳伞员的高度为 2000 英尺, 故 $h = 2000$. 前四个方程变得简单多了:

$$\tan(\alpha) = \frac{2000}{8000} = \frac{1}{4} \qquad \sec^2(\alpha)\frac{\mathrm{d}\alpha}{\mathrm{d}t} = -\frac{2000}{8000^2} \times 500 = -\frac{1}{64}$$

$$\tan(\beta) = \frac{2000}{1000} = 2 \qquad \sec^2(\beta)\frac{\mathrm{d}\beta}{\mathrm{d}t} = \frac{1}{1000} \times (-10) = -\frac{1}{100}.$$

只要再知道 $\sec^2(\alpha)$ 是何值, 就可以由右上角的方程求出 $\mathrm{d}\alpha/\mathrm{d}t$. 但等一下, 我们已经知道 $\tan(\alpha) = 1/4$, 显然可以求出 $\sec^2(\alpha)$. 根据三角恒等式 (参见 2.4 节), 我们得到

$$\sec^2(\alpha) = 1 + \tan^2(\alpha) = 1 + \left(\frac{1}{4}\right)^2 = \frac{17}{16}.$$

因此, 右上角的方程变为

$$\frac{17}{16}\frac{\mathrm{d}\alpha}{\mathrm{d}t} = -\frac{1}{64},$$

结果为

$$\frac{\mathrm{d}\alpha}{\mathrm{d}t} = -\frac{1}{68}.$$

这太棒了! 现在需要再对 β 做相同的操作, 然后就会完成求解. 这里, 我们知道 $\tan(\beta) = 2$, 故

$$\sec^2(\beta) = 1 + \tan^2(\beta) = 1 + 2^2 = 5.$$

将其代入上述右下角的方程中, 得到

$$5\frac{\mathrm{d}\beta}{\mathrm{d}t} = -\frac{1}{100},$$

这意味着

$$\frac{\mathrm{d}\beta}{\mathrm{d}t} = -\frac{1}{500}.$$

因此我们知道了 $\mathrm{d}\alpha/\mathrm{d}t$ 和 $\mathrm{d}\beta/\mathrm{d}t$ 的值, 进而从前述原始六个方程中的最后一个可知,

$$\frac{\mathrm{d}\theta}{\mathrm{d}t} = \frac{\mathrm{d}\beta}{\mathrm{d}t} - \frac{\mathrm{d}\alpha}{\mathrm{d}t} = \left(-\frac{1}{500}\right) - \left(-\frac{1}{68}\right) = \frac{-17 + 125}{8500} = \frac{27}{2125}.$$

因此在我们所考虑的那一时刻, 角 θ 是以 27/2125 弧度每秒的速率递增的. 我们终于完成了求解.

视频讲解

第 9 章　指数函数和对数函数

这巨长的一章都是关于指数函数和对数函数的. 在回顾完这些函数的性质之后, 我们需要对它们做一些微积分的运算. 事实表明, 有一个特殊的底数, 数 e, 它的相关性质相当好. 特别是, 对 e^x 和 $\log_e(x)$ 做微积分的运算要比处理像 2^x 和 $\log_3(x)$ 这样的量稍微简单些. 因此, 我们需要花一些时间来看看 e. 还有其他一些情况我们也想看看; 总之, 本章计划讨论下列话题:

- 回顾指数函数和对数函数的基本知识, 以及两者是如何相互关联的;
- e 的定义和性质;
- 如何对指数函数和对数函数求导;
- 如何求解涉及指数函数和对数函数的极限问题;
- 对数函数的微分;
- 指数增长和指数衰变;
- 双曲函数.

9.1　基　础　知　识

在开始对指数函数和对数函数做微积分的运算之前, 你真的需要理解它们的性质. 简单来说, 除了对数函数的真正定义之外, 你还需要知道三点: 指数法则、对数和指数的关系, 以及对数法则.

9.1.1　指数函数的回顾

这里的大致思想是, 我们取一个正数, 称之为**底数**, 并将它提升为其**指数**次方的一个幂:

$$\text{底数}^{\text{指数}}.$$

例如, 数 $2^{-5/2}$ 是一个底数为 2、指数为 $-5/2$ 的幂. 重要的是, 你要知道所谓的指数法则, 它们实际上告诉了你指数函数是如何运算的. 毫无疑问, 你已经见过它们了, 但在这里重新列出, 以便再次提醒你. 对于任意的底数 $b > 0$ 和实数 x 与 y:

(1) $\boxed{b^0 = 1.}$ 任意非零数的零次幂是 1.

(2) $\boxed{b^1 = b.}$ 一个数的一次幂正好是该数本身.

(3) $\boxed{b^x b^y = b^{x+y}.}$ 当将两个底数相同的幂相乘时, 将指数**相加**.

(4) $\boxed{\dfrac{b^x}{b^y} = b^{x-y}.}$ 当将两个底数相同的幂相除时, 将分子的指数**减去**分母的指数.

(5) $\boxed{(b^x)^y = b^{xy}.}$ 当取幂的幂时, 将指数**相乘**.

你也应该知道指数函数的图像是什么样子的. 我们已经在 1.6 节粗略见过, 但不管怎样, 我们将很快再次讨论到其图像.

9.1.2 对数函数的回顾

对数 —— 一个让许多学生闻名丧胆的词. 看仔细了, 现在我们就来看看如何直面这些怪兽. 设想, 你想要从方程

$$2^x = 7$$

中求解 x. 将 x 从指数的位置移下来的方法是在方程两边取对数. 由于左边的底数是 2, 对数的底就是 2. 事实上, 根据定义, 上述方程的解就是

$$x = \log_2(7).$$

换句话说, 必须将 2 提升为其几次幂才能得到 7 呢? 答案是 $\log_2(7)$. 这个特定的数不能被简化, 但 $\log_2(8)$ 呢? 问问自己, 必须将 2 提升为其几次幂才能得到 8? 由于 $2^3 = 8$, 我们需要的幂次就是 3. 因此, $\log_2(8) = 3$.

回到方程 $2^x = 7$. 我们已经知道这意味着 $x = \log_2(7)$. 而如果现在将 x 的值代入原始方程中, 将得到下面这个看起来很奇怪的公式:

$$2^{\log_2(7)} = 7.$$

更一般地, $\log_b(y)$ **是为了得到** y **你必须将底数** b **提升的幂次**. 这意味着, 对于给定的 b 和 y, $x = \log_b(y)$ 是方程 $b^x = y$ 的解. 将 x 的值代入, 得到公式

$$\boxed{b^{\log_b(y)} = y.}$$

它对于任意的 $y > 0$ 和 $b > 0$ (除了 $b = 1$) 都成立. 但为什么我要坚持让 b 和 y 都是正的呢? 首先, 如果 b 是负的, 那么很多怪诞的事情就会发生. 量 b^x 可能就没有定义了. 例如, 如果 $b = -1$ 且 $x = 1/2$, 那么 b^x 就是 $(-1)^{1/2}$, 它是 $\sqrt{-1}$. (真糟糕!) 因此, 为了避免所有这些, 我们要求 $b > 0$. 这样, b 取任意次幂就没有问题了. 另一方面, b^x 总是正的! 因此, 如果 $y = b^x$, 那么一定有 $y > 0$. 这意味着, 取一个负数或 0 的对数是毫无意义的. 毕竟, 如果 $\log_b(y)$ 是为了得到 y 你必须将底数 b 提升的幂次, 那你就不可能将 b 提升为其几次幂而得到一个负数或 0, 于是 y 不可能是负数或 0. **你只能取一个正数的对数**.

你或许也已经注意到, 我提到 $b = 1$ 不好. 如果你将 $b = 1$ 代入上述公式 $b^{\log_b(y)} = y$, 会得到 $1^{\log_1(y)} = y$. 但问题是, 我将 1 提升为其任意次幂的结果仍然是 1, 但 y 可能不是 1, 因此这个方程说不通. 也就是说, 根本就不存在底数为 1 的对数. 那么底数为 1/2 呢? 这没问题, 但我们很少需要一个底数为 1/2 的对数, 因为事实表明, 对于任意的 y, $\log_{1/2}(y) = -\log_2(y)$. (通过设 $y = (1/2)^x$ 并注意到 y

也等于 2^{-x}, 你便可以证明该式.) 同理, 对于任意的介于 0 和 1 的底数 b, 对于所有的 y, $\log_b(y) = -\log_{1/b}(y)$, 且 $1/b$ 大于 1. 因此, 从现在开始, 我们将总是假设底数 b 大于 1.

9.1.3　对数函数、指数函数及反函数

通过使用反函数, 我们可以对之前看到的一切进行更精密的描述. 固定一个底数 $b > 1$ 并且设 $f(x) = b^x$. 函数 f 的定义域是 $\mathbb{R}$ 且值域为 $(0, \infty)$. 由于它通过了水平线检验, 因此它有反函数, 我们称之为 g. g 的定义域是 f 的值域, 即 $(0, \infty)$, 而 g 的值域就是 f 的定义域, 即 $\mathbb{R}$. 我们说, g 是**底数为 b 的对数**. 事实上, 根据定义, $g(x) = \log_b(x)$. 忆及反函数的图像就是原始函数关于镜面直线 $y = x$ 的映像, 我们可以在同一坐标系下画出 $f(x) = b^x$ 及其反函数 $g(x) = \log_b(x)$ 的图像, 如图 9-1 所示.

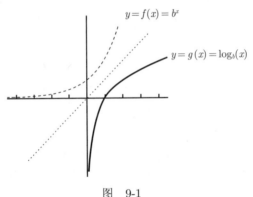

图　9-1

由于 f 和 g 互为反函数, 我们知道 $f(g(x)) = x$, $g(f(x)) = x$. (正如我们将要看到的, 第一个事实仅在 $x > 0$ 时成立.) 让我们对这两个事实一一进行阐释.

(1) 从 $f(g(x)) = x$ 开始. 由于 g 是对数函数, 因此 x 最好是正的 (回想一下, 你只能取一个正数的对数.) 现在, 我们来仔细看看量 $f(g(x))$. 你以一个正数 x 开始, 将它代入 g 中, g 是底数为 b 的对数. 然后, 再对结果进行指数运算, 即将 b 提升为其 $g(x)$ 次幂. 结果会得到原始的数! 事实上, 由于 $f(x) = b^x$ 且 $g(x) = \log_b(x)$, 公式 $f(g(x)) = x$ 其实说的是

$$b^{\log_b(x)} = x,$$

也就是上一节中的其中一个公式 (用 x 替换了 y). 只要底数相同, **对数的指数就是原始的数!**

(2) 另一个事实是 $g(f(x)) = x$ 对于所有的 x 都成立. 现在取一个数 x, 将 b 提升为其 x 次幂, 然后取底数为 b 的对数. 再一次地, 得到原始的数 x. 这就好像是, 取一个正数, 先平方然后再取平方根, 结果会得到原始的数. 由于 $f(x) = b^x$ 且

$g(x) = \log_b(x)$, 方程 $g(f(x)) = x$ 变为

$$\boxed{\log_b(b^x) = x}$$ (对于任意的实数 x 及 $b > 1$).

例如对于上一节中看到的方程 $2^x = 7$, 可以对方程两边取 $\log_2$, 得到

$$\log_2(2^x) = \log_2(7).$$

等号左边正好就是 x, 因为**指数的对数就是原始的数** (前提是底数相同!). 我们再来 快速地看一个例子: 求

$$3^{x^2-1} = 19.$$

简单对方程两边取 $\log_3$, 得到

$$\log_3(3^{x^2-1}) = \log_3(19).$$

左边恰好就是 $x^2 - 1$, 因此我们有 $x^2 - 1 = \log_3(19)$. 这意味着 $x = \pm\sqrt{\log_3(19) + 1}$.

9.1.4 对数法则

前述 9.1.1 节中的所有指数法则都有相应的对数版本, 它们 (毫不奇怪地) 被称为对数法则. 实际上还有额外的一条对数法则 —— 换底法则 (参见下面的法则 6), 它没有相应的指数法.[①] 因此, 下面是对于任意的底数 $b > 1$ 和正的实数 x 与 y 有效的法则:

(1) $\boxed{\log_b(1) = 0.}$

(2) $\boxed{\log_b(b) = 1.}$

(3) $\boxed{\log_b(xy) = \log_b(x) + \log_b(y).}$ **乘积的对数是对数的和.**

(4) $\boxed{\log_b(x/y) = \log_b(x) - \log_b(y).}$ **商的对数是对数的差.**

(5) $\boxed{\log_b(x^y) = y\log_b(x).}$ **对数将指数移至对数之前.** 在该方程中, y 可以是任意的实数 (正的、负的或零).

(6) **换底法则**: 对于任意的底数 $b > 1$ 和 $c > 1$ 及任意的数 $x > 0$,

$$\boxed{\log_b(x) = \frac{\log_c(x)}{\log_c(b)}.}$$

这意味着, 所有的不同底数的对数函数其实是互为常数倍的. 确实, 上述方程说明

$$\log_b(x) = K\log_c(x),$$

其中 K 是常数 (它恰好等于 $1/\log_c(b)$). 当我说 "常数" 时, 我的意思是, 它不依赖于 x. 我们进而可以推出结论, $y = \log_b(x)$ 和 $y = \log_c(x)$ 的图像非常相似 —— 你

---

① 实际上, 对于指数也有一个换底法则: 对于 $b > 0$, $c > 1$ 及 $x > 0$, 有 $b^x = c^{x\log_c(b)}$. 由于这里面涉及对数, 所以一般情况下, 它不被列入指数法则列表中.

只需将第二个函数的图像垂直拉伸 K 倍就能得到第一个函数的图像.

　　现在, 我们来看看为什么这些法则成立. 如果你想, 可以跳到下一节, 但请相信我, 如果继续阅读, 你会对对数函数有更好的理解. 不管怎样, 法则 1 相当简单: 由于对于任意的底数 $b > 1$, $b^0 = 1$, 所以有 $\log_b(1) = 0$. 同理可得法则 2: 由于对于任意的底数 $b > 1$, $b^1 = b$, 所以可以写出 $\log_b(b) = 1$.

　　法则 3 有点难度. 我们必须证明 $\log_b(xy) = \log_b(x) + \log_b(y)$, 其中 x 和 y 是正的且 $b > 1$. 让我们从之前已经多次注意到的一个重要事实开始 (用 A 替换之前的变量): 对于任意的 $A > 0$,

$$b^{\log_b(A)} = A.$$

如果用 x、y 及 xy 分别替换 A, 则分别得到

$$b^{\log_b(x)} = x, \quad b^{\log_b(y)} = y, \quad b^{\log_b(xy)} = xy.$$

现在, 将第一个和第二个方程相乘, 然后和第三个方程相比较, 得到

$$b^{\log_b(x)}b^{\log_b(y)} = xy = b^{\log_b(xy)}.$$

那又怎么样呢? 好吧, 在左边使用指数法则 3; 由于我们必须把指数相加, 故方程变为

$$b^{\log_b(x)+\log_b(y)} = b^{\log_b(xy)}.$$

现在, 在方程两边取以 b 为底的对数来去掉底数 b; 这样, 我们就得到了对数法则 $\log_b(x) + \log_b(y) = \log_b(xy)$. 这真是不错!

　　至于法则 4, 我将它留给你来证明, 证明过程几乎和我们刚刚证明的法则 3 是一样的. 因此, 让我们来看看法则 5. 我们想要证明 $\log_b(x^y) = y\log_b(x)$, 其中 $x > 0, b > 1$ 且 y 是任意实数. 为了求证, 还是由前面的那个重要事实开始, 但这次用 x^y 替换 A, 得到

$$b^{\log_b(x^y)} = x^y.$$

这给了我们以一个奇怪的方式来表达 x^y. 我们也可以用 x 替换 A, 得到

$$b^{\log_b(x)} = x,$$

然后将两边提升为其 y 次幂:

$$(b^{\log_b(x)})^y = x^y.$$

等号左边正是 $b^{y\log_b(x)}$ (参见 9.1.1 节的指数法则 5). 因此, 对于 x^y, 我们有两种不同的表达, 它们必须相等:

$$b^{\log_b(x^y)} = b^{y\log_b(x)}.$$

再次对方程两边取底数为 b 的对数, 上式便简化为对数法则

$$\log_b(x^y) = y\log_b(x).$$

最后, 我们只需要证明换底法则了. 实际上要证明的是

$$\log_b(x)\log_c(b) = \log_c(x).$$

你看, 如果它是成立的, 那么在等号两边同除以 $\log_c(b)$, 便会得到法则 6. 不管怎样, 我们取上述方程, 并将左右两边分别作为 c 的次幂, 相应地得到

$$c^{\log_b(x)\log_c(b)} \quad \text{和} \quad c^{\log_c(x)}.$$

右边很简单: 根据我们的重要事实, 它就是 x. 但左边呢? 我们再次巧妙地使用指数法则 5, 得到

$$c^{\log_b(x)\log_c(b)} = c^{\log_c(b)\times\log_b(x)} = (c^{\log_c(b)})^{\log_b(x)}.$$

由我们的重要事实 (运用两次) 可知, $c^{\log_c(b)} = b$, $b^{\log_b(x)} = x$, 于是推导出结论

$$c^{\log_b(x)\log_c(b)} = (c^{\log_c(b)})^{\log_b(x)} = b^{\log_b(x)} = x.$$

因此, 上述这两个量

$$c^{\log_b(x)\log_c(b)} \quad \text{和} \quad c^{\log_c(x)}$$

都可简化为 x! 它们必须相等, 因此如果去掉底数 c (两边取以 c 为底的对数), 我们就能得到想要的方程

$$\log_b(x)\log_c(b) = \log_c(x).$$

如果你选择了努力去理解所有这些证明, 那你做得真是不错.

9.2 e 的定义

到目前为止, 我们还没有做过涉及指数函数或对数函数的任何微积分运算. 现在就开始做些吧. 我们会先从极限开始, 然后进入导数. 在这一过程中, 需要引入一个新的常数 e. 和 π 一样, 它也是一个特别的数 —— 当你对数学探索得足够深时, 它就会不知从哪儿冒出来. 一种探索 e 从何而来的方法会涉及一点金融问题.

9.2.1 一个有关复利的问题

很久以前, 一个名叫伯努利的家伙回答了一个有关复利的问题. 下面就是该问题. 设想你在一家银行有一个银行账户, 该银行付给你一个慷慨的利息年利率 12%, 一年计一次复利. 你将一笔初始存款存入账户. 每一年你的财富增加 12%. 这意味着, n 年后, 你的财富会增加到原来的 $(1 + 0.12)^n$ 倍. 特别地, 一年后, 你的财富就是 $(1 + 0.12)$ 乘以原始存款. 如果你最开始存入了 100 美元, 年底你会得到 112 美元.

现在设想你发现另一家银行, 它也提供 12% 的年利率, 但它是一年计两次复利. 当然, 每半年, 你不会得到 12%; 你必须用它除以 2. 简单说, 这意味着, 每六个月你会得到 6% 的利息. 因此, 如果你将钱存入这个银行账户, 那么一年后, 它会以 6% 的利息计算复利两次; 结果就是你的财富会增加到原来的 $(1 + 0.06)^2$ 倍, 其结果 1.1236. 因此, 如果你最开始存入了 100 美元, 年底你会得到 112.36 美元.

　　第二个账户的收益比第一个略好一些. 稍作思考, 你不难发现这很说得通 —— 复利是有益的, 因此在相同的年利率下, 复利计算得越频繁, 结果就会越好. 我们来试着计算一下年利率为 12%、每年计三次复利. 我们取 12%, 并将它除以 3 会得到 4%, 然后计算复利三次, 我们的财富将会增加到原来的 $(1 + 0.04)^3$ 倍, 其结果是 1.124 864. 这还是高了些. 要是每年计四次呢? 那将是 $(1 + 0.03)^4$ 倍, 结果近似为 1.1255, 这就更高了. 现在的问题是, 它会止于何处? 如果你以相同的年利率计算复利越来越频繁, 一年后你会得到大把大把的现金, 还是这一切有某种上限?

9.2.2　问题的答案

　　为了回答这个问题, 让我们来求助于一些符号. 首先, 假设以年利率 12% 每年计 n 次复利. 这意味着, 每次计算复利时, 复利的利率是 $0.12/n$. 在一年中计算 n 次后, 我们的原始财富增长的倍数为

$$\left(1 + \frac{0.12}{n}\right)^n.$$

我们想要知道, 如果复利计算得越来越频繁时会怎样; 实际上, 这意味着我们允许 n 变得越来越大. 也就是说, 我们想知道, 当 $n \to \infty$ 时上式的极限

$$\lim_{n \to \infty} \left(1 + \frac{0.12}{n}\right)^n$$

到底是什么? 我们也很想知道, 当利率不是12% 时会发生什么. 因此, 用 r 代替 0.12, 并关心更一般的极限

$$L = \lim_{n \to \infty} \left(1 + \frac{r}{n}\right)^n.$$

如果结果表明该极限 (我称之为 L) 是无限的, 那么通过越来越频繁地计算复利, 你在一年中可以得到越来越多的钱. 另一方面, 如果结果表明它是有限的, 我们就必须得出结论, 在一个年利率 r 的情况下, 不管复利计算得多么频繁, 我们的财富的增长幅度都是有上限的. 这类似于一种 "速率极限", 或更精确地说, 一种 "财富增长极限". 给定一个固定的年利率 r 以及一年的时间, 不管复利计算得多么频繁, 你都不可能让财富的增长超过上述极限的值 (假设它是有限的).

　　出现在极限中的量 $(1 + r/n)^n$ 是复利计算公式的一个特例. 一般地, 假设你以现金 A 美元开始, 并且将它存入一个银行账户, 年利率为 r, 一年计 n 次复利, 那么在 t 年中, 将以每次 r/n 的利率计算 nt 次复利. 因此, t 年后, 你的财富由以下公式给出：

$$\boxed{\text{年利率为 } r, \text{ 一年计 } n \text{ 次复利}, t \text{ 年后的财富} = A\left(1 + \frac{r}{n}\right)^{nt}.}$$

我们不妨从 1 美元 (故 $A = 1$) 开始, 来看看一年 (故 $t = 1$) 后会发生什么, 然后看

看如果我们在一年中复利计算得越来越频繁时极限会怎样.

现在来计算极限

$$L = \lim_{n \to \infty} \left(1 + \frac{r}{n}\right)^n.$$

首先, 设 $h = r/n$, 这样 $n = r/h$. 那么当 $n \to \infty$ 时, 我们看到 $h \to 0^+$ (因为 r 是常数), 故

$$L = \lim_{h \to 0^+} (1 + h)^{r/h}.$$

现在可以使用指数法则将之写成

$$L = \lim_{h \to 0^+} ((1 + h)^{1/h})^r.$$

然后来变个魔术, 设

$$e = \lim_{h \to 0^+} (1 + h)^{1/h}.$$

这里的危险在哪里呢? 好吧, 这个极限有可能不存在. 还好事实表明, 它存在. 如果你想要知道原因的话, 请参见附录 A 的 A.5 节. 不管怎样, 我们有了一个特殊的数 e, 关于其更多细节我们马上就会看到. 不过还是先回到我们的极限. 现在有

$$L = \lim_{h \to 0^+} ((1 + h)^{1/h})^r = e^r.$$

这就是我们要找的答案! 将以上所有的步骤综合在一起, 可以看到整个运算是怎样推进的. 由于 $h = r/n$, 有

$$L = \lim_{n \to \infty} \left(1 + \frac{r}{n}\right)^n = \lim_{h \to 0^+} (1 + h)^{r/h} = \lim_{h \to 0^+} ((1 + h)^{1/h})^r = e^r.$$

这意味着, 在年利率 r、复利计算得越来越频繁的情况下, 你的财富会增长到一个非常接近于 e^r 的量, 但绝不会超过它. 量 e^r 就是我们要找的 "财富增长极限". 得到这个增长倍数的唯一途径就是连续地计复利 —— 也就是说, 每时每刻都在计复利!

因此, 假设你由 A 美元的现金开始, 并将它存入一个银行账户, 它以年利率 r 连续计复利. 这样一年后, 你会有 Ae^r 美元. 两年后, 你会有 $Ae^r \times e^r = Ae^{2r}$ 美元. 我们很容易一直重复这个过程, 并看到 t 年后, 你会有 Ae^{rt} 美元. 由于指数法则, 这实际上对于分数年也成立. 因此, 由 A 美元开始,

$$\boxed{\text{以年利率 } r \text{ 连续计复利}, t \text{ 年后的财富} = Ae^{rt}.}$$

比较该公式和 $A\left(1 + \dfrac{r}{n}\right)^{nt}$. 量 $A(1 + r/n)^{nt}$ 和 Ae^{rt} 看起来很不同, 但对于很大的 n, 它们几乎是一样的.

9.2.3　更多关于 e 和对数函数的内容

让我们来更深入地看一下数 e 吧. 记得

$$\lim_{n\to\infty}\left(1+\frac{r}{n}\right)^n=\mathrm{e}^r,$$

我们可以用 1 替换 r, 得到

$$\lim_{n\to\infty}\left(1+\frac{1}{n}\right)^n=\mathrm{e}.$$

当然, $r=1$ 对应于一个 100% 的年利率. 让我们列一个 $(1+1/n)^n$ 的值的表, 对于不同的 n 值, 结果保留三位小数:

n	1	2	3	4	5	10	100	1000	10 000	100 000
$\left(1+\dfrac{1}{n}\right)^n$	2	2.25	2.353	2.441	2.488	2.594	2.705	2.717	2.718	2.718

即使只是一年计一次复利, 这个极高的利率也可以使你的钱一年后翻倍 (也就是第二列下面一行中的 "2"). 尽管如此, 看上去我们仍然不可能做得比 2.718 更好, 即使每一年计复利很多很多次. 我们的数 e, 也就是上表中第二行的数在 $n\to\infty$ 时的极限, 事实证明是一个无理数, 其小数展开式前几位如下:

$$\mathrm{e}=2.718\,281\,828\,459\,045\,23\cdots$$

似乎在开头部分存在一个模式, "1828" 有重复出现, 但这只是个巧合. 在实践中, 知道 e 比 2.7 大一点就已经足够了.

现在, 如果 $x=\mathrm{e}^r$, 那么 $r=\log_\mathrm{e}(x)$. 事实表明, 取以 e 为底的对数是如此常见, 以至于我们甚至可以将它用另一种方式写出: $\ln(x)$, 而不是 $\log_\mathrm{e}(x)$. 表达式 "$\ln(x)$" 不读作 "lin x" 或其他诸如此类, 而是可以读作 "log x", 或 "ell en x", 又或特别严谨地 ——"x 的自然对数". 事实上, 大多数数学家写不带底数的 $\log(x)$ 来表示和 $\log_\mathrm{e}(x)$ 及 $\ln(x)$ 相同的意思. 底数为 e 的对数称为**自然对数**. 在下一节, 当对 $\log_b(x)$ 关于 x 求导时, 我们会看到为什么说它 "自然" 的一个原因.

我们有了一个新的底数 e, 以及以 e 为底时的一个新的对数写法, 再来看看迄今已经看到的对数法则和公式吧. 看你是否能让自己确信, 对于 $x>0$ 和 $y>0$, 下列公式都成立:

$$\boxed{\mathrm{e}^{\ln(x)}=x}\qquad\boxed{\ln(\mathrm{e}^x)=x}\qquad\boxed{\ln(1)=0}\qquad\boxed{\ln(\mathrm{e})=1}$$

$$\boxed{\ln(xy)=\ln(x)+\ln(y)}\qquad\boxed{\ln\left(\frac{x}{y}\right)=\ln(x)-\ln(y)}\qquad\boxed{\ln(x^y)=y\ln(x)}$$

(事实上, 在第二个公式中, x 甚至可以是负数或 0; 在最后一个公式中, y 可以是负数或 0.) 不管怎样, 知道在这种形式下的对数法则是很值得的, 因为从现在起, 我们会几乎总与自然对数打交道.

在我们讨论对数函数和指数函数求导之前, 再多看一点. 假设你取重要极限

$$\lim_{n \to \infty} \left(1 + \frac{r}{n}\right)^n = \mathrm{e}^r,$$

这一次, 替换 $h = 1/n$. 正如我们在上一节注意到的, 当 $n \to \infty$ 时, 我们有 $h \to 0^+$. 因此, 用 $1/h$ 替换 n, 得到

$$\lim_{h \to 0^+} (1 + rh)^{1/h} = \mathrm{e}^r.$$

这是一个右极限. 事实上, 你可以用 $h \to 0$ 替换 $h \to 0^+$, 对于双侧极限仍然成立. 我们所需的就是证明, 左极限是 e^r, 然后左极限等于右极限, 故双侧极限也等于 e^r. 为此, 考虑

$$\lim_{h \to 0^-} (1 + rh)^{1/h} = ?$$

用 $-t$ 替换 h, 那么当 $h \to 0^-$ 时, $t \to 0^+$. (当 h 是一个很小的负数时, $t = -h$ 就是一个很小的正数.) 故

$$\lim_{h \to 0^-} (1 + rh)^{1/h} = \lim_{t \to 0^+} (1 - rt)^{-1/t}.$$

由于对于任意的 $A \neq 0$, $A^{-1} = 1/A$, 我们可以重新将极限写成

$$\lim_{t \to 0^+} \frac{1}{(1 + (-r)t)^{1/t}}.$$

分母就是利率为 $-r$ 而不是 r 的经典极限. 这意味着, 当 $t \to 0^+$ 时, 在该极限中, 分母趋于 e^{-r}. 因此, 综合起来有

$$\lim_{h \to 0^-} (1 + rh)^{1/h} = \lim_{t \to 0^+} (1 - rt)^{-1/t} = \lim_{t \to 0^+} \frac{1}{(1 + (-r)t)^{1/t}} = \frac{1}{\mathrm{e}^{-r}} = \mathrm{e}^r.$$

由于 $\mathrm{e}^{-r} = 1/\mathrm{e}^r$, 故最后一步成立. 这样, 我们完成了想要的证明. 让我们在所有的公式中将 r 改为 x(为什么不呢?) 并总结已经发现的如下事实:

$$\boxed{\lim_{n \to \infty} \left(1 + \frac{x}{n}\right)^n = \mathrm{e}^x} \quad \text{和} \quad \boxed{\lim_{h \to 0} (1 + xh)^{1/h} = \mathrm{e}^x.}$$

当 $x = 1$ 时, 我们得到 e 的两个公式:

$$\boxed{\lim_{n \to \infty} \left(1 + \frac{1}{n}\right)^n = \mathrm{e}} \quad \text{和} \quad \boxed{\lim_{h \to 0} (1 + h)^{1/h} = \mathrm{e}.}$$

这些公式非常重要! 在下面的 9.4.1 节中, 我们将看到一些如何使用它们的例子. 马上, 我们也会使用其中之一来对对数函数求导.

9.3 对数函数和指数函数求导

现在情形变复杂了. 令 $g(x) = \log_b(x)$. g 的导数是什么呢? 使用导数的定义, 我们得到

$$g'(x) = \lim_{h \to 0} \frac{g(x+h) - g(x)}{h} = \lim_{h \to 0} \frac{\log_b(x+h) - \log_b(x)}{h}.$$

但如何来化简这个杂乱的公式呢? 当然是使用对数法则! 首先, 使用 9.1.4 节中的法则 4, 将对数的差转化为对数的商:

$$g'(x) = \lim_{h \to 0} \frac{1}{h} \log_b \left(\frac{x+h}{x} \right).$$

我们可以将分式化简为 $(1 + h/x)$, 并使用对数法则 5, 将因子 $1/h$ 提至指数的位置. 故

$$g'(x) = \lim_{h \to 0} \log_b \left(1 + \frac{h}{x} \right)^{1/h}.$$

现在让我们暂时忘记 $\log_b$. 当 h 趋于 0 时,

$$\left(1 + \frac{h}{x} \right)^{1/h}$$

会怎样呢? 也就是说,

$$\lim_{h \to 0} \left(1 + \frac{h}{x} \right)^{1/h}$$

是什么呢? 在上一节中, 我们看到了

$$\lim_{h \to 0} (1 + hr)^{1/h} = \mathrm{e}^r;$$

因此, 如果用 $1/x$ 替换 r, 就会有

$$\lim_{h \to 0} \left(1 + \frac{h}{x} \right)^{1/h} = \mathrm{e}^{1/x}.$$

所以如果回到 $g'(x)$ 的表达式, 我们会看到

$$g'(x) = \lim_{h \to 0} \log_b \left(1 + \frac{h}{x} \right)^{1/h} = \log_b(\mathrm{e}^{1/x}).$$

事实上, 我们甚至可以再次使用对数法则 5 将表达式进一步化简 —— 将指数 $1/x$ 提至对数符号之前, 这样就证明了

$$\frac{\mathrm{d}}{\mathrm{d}x} \log_b(x) = \frac{1}{x} \log_b(\mathrm{e}).$$

现在, 设 $b = \mathrm{e}$, 这样就能求以 e 为底的对数的导数了, 得到

$$\frac{\mathrm{d}}{\mathrm{d}x} \log_{\mathrm{e}}(x) = \frac{1}{x} \log_{\mathrm{e}}(\mathrm{e}).$$

但等一下 —— 根据对数法则 2, $\log_e(e)$ 等于 1. 因此, 这意味着

$$\frac{d}{dx}\log_e(x) = \frac{1}{x}.$$

这相当好. 实际上这非常非常好. 着实可以说是迷人. 谁会想到 $\log_e(x)$ 的导数就是 $1/x$ 呢? 这正是为什么以 e 为底的对数被称为自然对数的原因之一. 我们将 $\log_e(x)$ 写作 $\ln(x)$(在上一节我们给出了这个定义), 得到重要公式

$$\boxed{\frac{d}{dx}\ln(x) = \frac{1}{x}.}$$

此外, 上面的 $\log_b(x)$ 的导数的表达式 $\dfrac{1}{x}\log_b(e)$ 可以通过换底法则 (就是 9.1.4 节中的法则 6) 用自然对数写出. 你看, 通过将底换为 e, 得到

$$\log_b(e) = \frac{\log_e(e)}{\log_e(b)} = \frac{1}{\ln(b)}.$$

因此, 有

$$\boxed{\frac{d}{dx}\log_b(x) = \frac{1}{x\ln(b)}.}$$

这是表达一个不是以 e 为底的对数的导数的最好方式了. 现在再来看看这个: 如果 $y = b^x$, 那么我们知道 $x = \log_b(y)$. 现在对其关于 y 求导. 使用上述公式并用 y 替换 x, 得到

$$\frac{dx}{dy} = \frac{1}{y\ln(b)}.$$

根据链式求导法则, 可以上下颠倒得到

$$\frac{dy}{dx} = y\ln(b).$$

由于 $y = b^x$, 我们就证明了下面这个很好的公式:

$$\boxed{\frac{d}{dx}(b^x) = b^x\ln(b).}$$

特别是, 如果 $b = e$, 那么 $\ln(b) = \ln(e) = 1$. (这是另一种形式的对数法则 2. 回想一下, $\ln(e) = \log_e(e) = 1$.) 因此, 如果 $b = e$, 公式变为

$$\boxed{\frac{d}{dx}(e^x) = e^x.}$$

这是一个相当奇怪的公式. 如果 $h(x) = e^x$, 那么也有 $h'(x) = e^x$ (函数 h 是它自身的导数!). 当然, e^x 的 (关于 x 的) 二阶导还是 e^x, 三阶导、四阶导等也是如此.

指数函数和对数函数求导的例子

现在来看一下如何应用上述公式吧. 首先, 如果 $y = e^{-3x}$, 那么 dy/dx 是什么?

如果设 $u = -3x$, 那么 $y = e^u$. 我们有

$$\frac{\mathrm{d}y}{\mathrm{d}u} = \frac{\mathrm{d}}{\mathrm{d}u}(e^u) = e^u \quad \text{和} \quad \frac{\mathrm{d}u}{\mathrm{d}x} = \frac{\mathrm{d}}{\mathrm{d}x}(-3x) = -3.$$

根据链式求导法则,

$$\frac{\mathrm{d}y}{\mathrm{d}x} = \frac{\mathrm{d}y}{\mathrm{d}u}\frac{\mathrm{d}u}{\mathrm{d}x} = e^u(-3) = -3e^{-3x};$$

注意到最后一步用 $-3x$ 替换了 u. 事实上, 这是另一个很好的法则的一个特例: 如果 a 是常数, 那么

$$\frac{\mathrm{d}}{\mathrm{d}x}e^{ax} = ae^{ax}.$$

通过设 $u = ax$, 我们可以用同样的方法证明此公式. 实际上, 它和我们在 7.2.1 节结尾部分看到的原理是一样的: **如果用 ax 替换 x, 那么当你求导的时候, 在最前面会有一个额外的因子 a**. 因此, 对于例如 $\ln(8x)$ 关于 x 求导就应该不成问题. 事实上,

$$\frac{\mathrm{d}}{\mathrm{d}x}(\ln(8x)) = 8 \times \frac{1}{8x},$$

因为 $\ln(8x)$ 关于 x 的导数是 $1/x$. 现在, 消去因子 8, 看到

$$\frac{\mathrm{d}}{\mathrm{d}x}(\ln(8x)) = 8 \times \frac{1}{8x} = \frac{1}{x}.$$

这真是奇怪 ——$\ln(8x)$ 的导数和 $\ln(x)$ 的导数是一样的! 但稍作思考, 你就不会觉得它有那么奇怪了: 由于 $\ln(8x) = \ln(8) + \ln(x)$, 量 $\ln(8x)$ 和 $\ln(x)$ 实际上只相差一个常数, 故关于 x 它们有相同的导数.

下面是一个难一点的例子:

如果 $y = e^{x^2} \log_3(5^x - \sin(x))$, $\dfrac{\mathrm{d}y}{\mathrm{d}x}$ 是什么?

让我们来使用乘积法则和链式求导法则. 设 $u = e^{x^2}$, $v = \log_3(5^x - \sin(x))$, 故 $y = uv$. 对于乘积法则, 需要对 u 和 v (关于 x) 求导, 因此让我们一个一个地进行. 我们从 $u = e^{x^2}$ 开始, 设 $t = x^2$, 因此 $u = e^t$; 然后, 使用链式求导法则, 有

$$\frac{\mathrm{d}u}{\mathrm{d}x} = \frac{\mathrm{d}u}{\mathrm{d}t}\frac{\mathrm{d}t}{\mathrm{d}x} = e^t(2x) = 2xe^{x^2}.$$

至于 v, 令 $s = 5^x - \sin(x)$, 于是 $v = \log_3(s)$. 根据链式求导法则,

$$\frac{\mathrm{d}v}{\mathrm{d}x} = \frac{\mathrm{d}v}{\mathrm{d}s}\frac{\mathrm{d}s}{\mathrm{d}x} = \frac{1}{s\ln(3)}(5^x\ln(5) - \cos(x)) = \frac{5^x\ln(5) - \cos(x)}{\ln(3)(5^x - \sin(x))}.$$

这里使用了上一节中 $\log_b(x)$ (现在 $b = 3$) 和 b^x (现在 $b = 5$) 的导数公式. 不管怎样, 由于 $y = uv$, 有

$$\frac{\mathrm{d}y}{\mathrm{d}x} = v\frac{\mathrm{d}u}{\mathrm{d}x} + u\frac{\mathrm{d}v}{\mathrm{d}x} = \log_3(5^x - \sin(x))2x\mathrm{e}^{x^2} + \mathrm{e}^{x^2}\frac{5^x \ln(5) - \cos(x)}{\ln(3)(5^x - \sin(x))}.$$

像往常一样, 这有些杂乱, 但这个例子确实很好地说明了一点: 只要你知道指数函数和对数函数求导的基本公式 (也就是上一节中的方框公式), 那么相关求解就完全不成问题了.

9.4 求解指数函数或对数函数的极限

现在是时候来看看如何求解一些极限问题了. 正如在我们之前所见的所有求极限问题中那样, 非常重要的一点是, 注意到你是在哪里计算函数的极限的: 是在 0 附近 (也就是说, 小的数), 还是在 ∞ 或 $-\infty$ 附近 (也就是说, 大的数), 又或者在某个既不大也不小的数附近? 我们将就这些情况中的一些分别对指数函数和对数函数进行略微深入的讨论. 让我们先从涉及 e 的定义的极限开始.

9.4.1 涉及 e 的定义的极限

考虑极限

$$\lim_{h \to 0}(1 + 3h^2)^{1/3h^2}.$$

它看上去和 9.2.3 节中涉及 e 的极限

$$\lim_{h \to 0}(1 + h)^{1/h} = \mathrm{e}$$

非常相似. 如果我们采用这个极限, 并一律用 $3h^2$ 代替 h, 那么会得到

$$\lim_{3h^2 \to 0}(1 + 3h^2)^{1/3h^2} = \mathrm{e}.$$

这几乎就是我们想要的. 我们所需做的只是注意到, 当 $h \to 0$ 时, $3h^2 \to 0$, 故

$$\lim_{h \to 0}(1 + 3h^2)^{1/3h^2} = \mathrm{e}.$$

同理, 我们可以证明 (例如)

$$\lim_{h \to 0}(1 + \sin(h))^{1/\sin(h)} = \mathrm{e}.$$

确实, 如果用任意的当 $h \to 0$ 时自身趋于 0 的量替换 h, 就像 $3h^2$ 或 $\sin(h)$, 则极限仍是 e. 那么

$$\lim_{h \to 0}(1 + \cos(h))^{1/\cos(h)}$$

又怎样呢? 由于当 $h \to 0$ 时, $\cos(h) \to 1$, 因此你不能照搬之前的论证. 事实上, 如果将 $h = 0$ 代入到表达式 $(1 + \cos(h))^{1/\cos(h)}$ 中, 那么会得到 $(1+1)^1 = 2$, 故上述极限实际上等于 2.

现在考虑

$$\lim_{h \to 0}(1 + h^2)^{1/3h^2}.$$

h^2 和 $3h^2$ 这两项不匹配. 它们很相似, 但系数不同. 为此, 需要将指数 $1/3h^2$ 写作 $(1/h^2) \times (1/3)$, 并使用指数法则:

$$\lim_{h \to 0}(1 + h^2)^{1/3h^2} = \lim_{h \to 0}(1 + h^2)^{(1/h^2) \times (1/3)} = \lim_{h \to 0}\left((1 + h^2)^{1/h^2}\right)^{1/3}.$$

由于两个 h^2 相匹配, 故大括号中的部分趋于 e, 而整个的极限是 $e^{1/3}$.

下面是一个略难一些的例子: 极限

$$\lim_{h \to 0}(1 - 5h^3)^{2/h^3}$$

是什么? 这里恼人的是, 量 $-5h^3$ 和 h^3 不十分匹配, 并且那里还有一个 2. 我们需要改动指数 $2/h^3$ 以便它和 $-5h^3$ 相匹配. 最好的方法是, 先注意到完美的形式应该是

$$\lim_{h \to 0}(1 - 5h^3)^{1/(-5h^3)},$$

因为该极限就是 e. 这时两个 $-5h^3$ 相匹配, 因此它只是用 $-5h^3$ 代替了 h 的经典极限

$$\lim_{h \to 0}(1 + h)^{1/h} = e,$$

但不幸的是, 我们还需要再多做一些工作. 我们需要将 $1/(-5h^3)$ 变为 $2/h^3$. 为了实现这一变化, 必须用 -5 与之相乘来消去分母中的 -5, 然后再用 2 与之相乘来修正分子. 总的效果就是应该用 -10 与之相乘. 这样得到

$$\lim_{h \to 0}(1 - 5h^3)^{2/h^3} = \lim_{h \to 0}(1 - 5h^3)^{(1/(-5h^3)) \times (-10)}$$
$$= \lim_{h \to 0}\left((1 - 5h^3)^{1/(-5h^3)}\right)^{-10} = e^{-10}.$$

9.4.2　指数函数在 0 附近的行为

我们想要理解, 当 x 非常接近于 0 时, e^x 的行为会如何. 事实上, 由于 $e^0 = 1$, 我们知道

$$\lim_{x \to 0}e^x = e^0 = 1.$$

当然, 可以用任意的当 $x \to 0$ 时自身趋于 0 的量来替换 x, 来得到相同的极限. 例如,

$$\lim_{x \to 0}e^{x^2} = e^{0^2} = 1.$$

因此, 求

$$\lim_{x \to 0}\frac{e^{x^2}\sin(x)}{x}$$

的方法是, 将上式进行如下拆分:

$$\lim_{x \to 0} \frac{\mathrm{e}^{x^2} \sin(x)}{x} = \lim_{x \to 0} (\mathrm{e}^{x^2}) \left(\frac{\sin(x)}{x} \right).$$

当 $x \to 0$ 时, 两个因子都趋于 1, 故整个极限为 $1 \times 1 = 1$. 下面则是一个更难求解的例子:

$$\lim_{x \to \infty} \frac{2x^2 + 3x - 1}{\mathrm{e}^{1/x}(x^2 - 7)}.$$

当 x 变得非常大时, $1/x$ 会变得非常接近于 0, 故 $\mathrm{e}^{1/x}$ 非常接近于 1 并可被忽略. 所以你最好将以上极限重写为

$$\lim_{x \to \infty} \frac{1}{\mathrm{e}^{1/x}} \times \frac{2x^2 + 3x - 1}{x^2 - 7}.$$

第一个分式趋于 1, 而使用 4.3 节的技巧, 可以证明第二个因子趋于 2, 故极限是 2.

这种方法在指数项出现在一个乘积或商当中时最好用, 但对于诸如

$$\lim_{h \to 0} \frac{\mathrm{e}^h - 1}{h}$$

这样的形式就彻底无能为力了. 你可能想用 1 替换 e^h, 看上去没错, 但你会得到一个无用的 0/0 的情况. 这里的问题是, 有一个 e^h 和 1 的差, 当 h 在 0 附近时, 它会变得非常小. 那我们应该怎么办呢? 正如我们在 6.5 节中看到的, 当虚拟变量本身在分母上时, 极限可能是一个伪装的导数. 试着设 $f(x) = \mathrm{e}^x$, 这样 $f'(x) = \mathrm{e}^x$ (正如我们在 9.3 节中看到的). 在这种情况下, 标准公式

$$\lim_{h \to 0} \frac{f(x + h) - f(x)}{h} = f'(x)$$

变为

$$\lim_{h \to 0} \frac{\mathrm{e}^{x+h} - \mathrm{e}^x}{h} = \mathrm{e}^x.$$

现在, 所需做的只是用 0 替换 x. 由于 $\mathrm{e}^0 = 1$, 我们得到以下有用的事实:

$$\boxed{\lim_{h \to 0} \frac{\mathrm{e}^h - 1}{h} = 1.}$$

再一次地, 可以用任意的很小的量来替换 h. 例如,

$$\lim_{s \to 0} \frac{\mathrm{e}^{3s^5} - 1}{s^5} = \lim_{s \to 0} \frac{\mathrm{e}^{3s^5} - 1}{3s^5} \times 3 = 1 \times 3 = 3.$$

标准的匹配技巧再次奏效. 这实际上和我们在多项式型的极限问题 (第 4 章)、小数情况的三角函数极限问题 (第 7 章) 以及 9.4.1 节的极限问题中所用的技巧是一样的.

9.4.3　对数函数在 1 附近的行为

现在让我们来看看对数函数在 1 附近的行为会如何. 事实表明, 其行为和指数函数在 0 附近的行为十分相似. 我们知道 $\ln(1) = 0$, 但

$$\lim_{h \to 0} \frac{\ln(1 + h)}{h}$$

是什么呢? 不管你是否相信, 这其实是导数伪装的极限 (参见 6.5 节) 的另一个例子. 设 $f(x) = \ln(x)$, 这样, 正如我们在 9.3 节看到的, $f'(x) = 1/x$. 现在等式

$$\lim_{h \to 0} \frac{f(x + h) - f(x)}{h} = f'(x)$$

变为, 对于任意的 x,

$$\lim_{h \to 0} \frac{\ln(x + h) - \ln(x)}{h} = \frac{1}{x}.$$

剩下要做的只是将 $x = 1$ 代入并得到

$$\lim_{h \to 0} \frac{\ln(1 + h) - \ln(1)}{h} = \frac{1}{1}.$$

由于 $\ln(1) = 0$, 上式简化为

$$\boxed{\lim_{h \to 0} \frac{\ln(1 + h)}{h} = 1.}$$

再一次地, 可以用任意的当 $h \to 0$ 时自身趋于 0 的量来替换 h, 而极限仍将是 1. 例如, 为了求

$$\lim_{h \to 0} \frac{\ln(1 - 7h^2)}{5h^2},$$

你必须改动分母, 使它看起来像 $-7h^2$:

$$\lim_{h \to 0} \frac{\ln(1 - 7h^2)}{5h^2} = \lim_{h \to 0} \frac{\ln(1 - 7h^2)}{-7h^2} \times \frac{-7h^2}{5h^2}.$$

这不过是我们那个常用的技巧, 分子分母同时乘以一个有用的量 (在该例中是 $-7h^2$). 不管怎样, 由于两个 $-7h^2$ 相匹配, 故第一个分式的极限是 1, 而第二个分式正好化简为 $-7/5$. 因此极限就是 $-7/5$.

9.4.4　指数函数在 ∞ 或 $-\infty$ 附近的行为

现在我们想要理解, 当 $x \to \infty$ 或 $x \to -\infty$ 时, e^x 的行为会如何. 让我们再来看看 e^x 的图像吧, 如图 9-2 所示.

注意: 以上曲线看起来好像要在图像的左侧触碰到 x 轴, 但它**没有**; 回想一下, 对于所有的 x, $e^x > 0$, 因此没有 x 轴截距. (这是一个说明不能太过依赖图形计算器的很好例子!) 不管怎么样, 看起来我们应该至少有

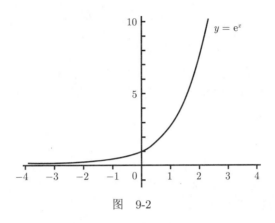

图 9-2

$$\lim_{x \to \infty} e^x = \infty \quad \text{和} \quad \lim_{x \to -\infty} e^x = 0.$$

如果用某个其他的底数替换 e 会怎样呢? 例如, 考虑

$$\lim_{x \to \infty} 2^x \quad \text{和} \quad \lim_{x \to \infty} \left(\frac{1}{3}\right)^x.$$

为了处理第一个极限, 需要使用等式 $A = e^{\ln(A)}$, 其中 $A = 2^x$, 写出

$$2^x = e^{\ln(2^x)} = e^{x \ln(2)}.$$

现在, 当 $x \to \infty$ 时, 我们也有 $x \ln(2) \to \infty$, 故第一个极限是 ∞. 至于第二个极限, 可以使用相同的技巧, 写出

$$\left(\frac{1}{3}\right)^x = \frac{1}{3^x} = \frac{1}{e^{x \ln(3)}}.$$

当 $x \to \infty$ 时, 我们看到 $e^{x \ln(3)} \to \infty$, 故其倒数趋于 0. 这样, 就证明了

$$\lim_{x \to \infty} 2^x = \infty \quad \text{和} \quad \lim_{x \to \infty} \left(\frac{1}{3}\right)^x = 0.$$

可见下面这个重要极限要分几种情况:

$$\lim_{x \to \infty} r^x = \begin{cases} \infty & \text{如果 } r > 1, \\ 1 & \text{如果 } r = 1, \\ 0 & \text{如果 } 0 \leqslant r < 1. \end{cases}$$

当 $r = 1$ 时, 中间的情况显然成立, 因为对于所有的 $x \geqslant 0$, $1^x = 1$. 我们可以用处理前面 2^x 和 $(1/3)^x$ 的极限时相同的方法来证明其他两种情况, 即将 r^x 写作 $e^{x \ln(r)}$.

这还不是故事的全部. 极限

$$\lim_{x \to \infty} e^x = \infty$$

说明当 x 变大时, e^x 变得越来越大 (你想要多大就多大). 但这发生得有多快呢? 毕竟还有

$$\lim_{x\to\infty} x^2 = \infty.$$

x^2 或 e^x, 哪一个增长得更快呢? 答案是, 当 x 很大时, e^x 比 x^2 增长得更快. 毕竟, 当 $x = 100$ 时, 量 x^2 只是 100×100, 而

$$e^{100} = e \times e \times \cdots \times e.$$

后者有一百个因子 e, 而前者只有两个因子 100, 故 e^{100} 远远大于 100^2. 当 x 变得更大时, 情况变得对 e^x 更为有利. 由于 e^x 远远大于 x^2, 当你用 x^2 除以 e^x 时, 应该得到一个很小的数. 事实上,

$$\lim_{x\to\infty} \frac{x^2}{e^x} = 0.$$

我们要到第 14 章看过洛必达法则后再来证明上式. 现在我只想指出, 如果你用 x 的任意次幂替换 x^2, 上述极限依然成立. 就连 x^{999} 都不能和 e^x 抗衡. 当 x 是十亿时, x^{999} 是十亿 999 次重复相乘的结果, 但 e^x 是 e 十亿次重复相乘的结果! 尽管 e 比十亿小很多, 但当 x 很大时, e^x 会让 x^{999} 相形见绌. 因此, 一般来说, 我们有以下原则:

指数函数增长迅速: 不管 n 有多大,

$$\boxed{\lim_{x\to\infty} \frac{x^n}{e^x} = 0.}$$

事实上, 对上式进行一些微调, 可以得到一个更一般的陈述:

$$\lim_{x\to\infty} \frac{\text{多项式型}}{\text{指数为大的、正的多项式型的指数函数}} = 0.$$

例如,

$$\lim_{x\to\infty} \frac{x^8 + 100x^7 - 4}{e^x} = 0.$$

为了证明这一点, 我们可以简单地将分式分成三部分, 每一部分都趋于 0, 因为指数函数增长迅速. 不那么明显的是,

$$\lim_{x\to\infty} \frac{x^{10\,000} + 300x^9 + 32}{e^{2x^3-19x^2-100}} = 0.$$

这里的关键是, 当 x 很大时, $2x^3 - 19x^2 - 100$ 表现得就像 $2x^3$, 因此指数确实是大的、正的多项式型.[①] 事实上, 我们可以用任意的大于 1 的底数来替换 e. 例如,

$$\lim_{x\to\infty} \frac{x^{10\,000} + 300x^9 + 32}{2^{2x^3-19x^2-100}} = 0$$

---

① 如果你真想让这板上钉钉的话, 就必须写出诸如这样巧妙的关系, 对于足够大的 x, $2x^3-19x^2-100 > x^3$. 毕竟, 如果 $2x^3 - 19x^2 - 100$ 表现得像 $2x^3$, 那么很明显, 它会大于 x^3. 因此, 分母大于 e^{x^3}. 现在用 u 替换 x^3, 这样分母就是 e^u, 而分子是某个很容易处理的表达式. 最后, 使用三明治定理.

另一个变形涉及这样一个事实, e^{-x} 是 $1/\mathrm{e}^x$ 的另一种写法. 下面是一个有关的例子:

$$\lim_{x \to \infty} (x^5 + 3)^{101} \mathrm{e}^{-x}.$$

我们可以将它写成

$$\lim_{x \to \infty} (x^5 + 3)^{101} \mathrm{e}^{-x} = \lim_{x \to \infty} \frac{(x^5 + 3)^{101}}{\mathrm{e}^x} = 0;$$

这里的极限是 0, 因为指数函数增长迅速. 现在, 考虑一个与之非常相似的极限

$$\lim_{x \to -\infty} (x^5 + 3)^{101} \mathrm{e}^{x}.$$

这当然涉及了 e^x 在 $-\infty$ 附近的行为, 但通过设 $t = -x$, 我们可以将情形转换为 $+\infty$. 可以看到, 当 $x \to -\infty$ 时, 有 $t \to +\infty$. 因此,

$$\lim_{x \to -\infty} (x^5 + 3)^{101} \mathrm{e}^{x} = \lim_{t \to \infty} ((-t)^5 + 3)^{101} \mathrm{e}^{-t}$$
$$= \lim_{t \to \infty} \frac{(-t^5 + 3)^{101}}{\mathrm{e}^t} = 0.$$

再一次地, 极限是 0, 因为分子是一个多项式 (其首项为负, 但这并不要紧). 因此, 通过做替换 $t = -x$, 你可以处理当 $x \to -\infty$ 时的 e^x 的极限; 这也意味着, 现在你必须处理当 $t \to \infty$ 时 e^{-t} 的极限, 不过这只需将 e^{-t} 写成 $1/\mathrm{e}^t$.

9.4.5 对数函数在 ∞ 附近的行为

旅程继续. 现在让我们来看看当 x 是一个大的正数时 $\ln(x)$ 的行为会如何. (回想一下, 你不能取任何负数的对数, 因此没有必要研究对数函数在 $-\infty$ 附近的行为!) 同样, 我们来看看 $y = \ln(x)$ 的图像, 如图 9-3 所示.

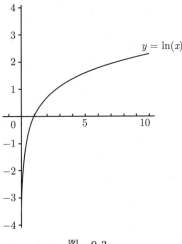

图 9-3

再一次地, 要注意到该曲线绝不会触碰到 y 轴, 尽管看起来它好像是. 它只是非常非常接近 y 轴. 不管怎样, 我们看起来好像有

$$\lim_{x \to \infty} \ln(x) = \infty.$$

这一点实际上很容易直接表明. 你认为 $\ln(x)$ 会达到 1000 吗? 当然会: $\ln(e^{1000}) = 1000$. 同样的技巧适用于任意的数 N. 取 $x = e^N$, 你就会发现 $\ln(x) = \ln(e^N) = N$. 因此, $\ln(x)$ 会变多大是没有极限的, 当 $x \to \infty$ 时, 它趋于 ∞······ 但有多快呢?

我们很容易看出其增长速度相当慢. 正如我们刚刚注意到的, $\ln(e^{1000}) = 1000$. 数 e^{1000} 是极大的正数 (比宇宙中的原子数目还要大), 而其对数仅为 1000. 简直是把它打回原形!

更确切地说, 事实表明, $\ln(x)$ 趋于无穷大的速度比 x 的**任意正次幂**都要慢很多, 甚至如 $x^{0.0001}$. 因此, 如果你取 $\ln(x)$ 和 x 的任意正次幂的比, 那么该比值应该会很小 (至少当 x 非常大时会很小). 用符号表示, 我们有

对数函数增长缓慢: 不管 a 有多小, $\boxed{\text{如果 } a > 0, \lim_{x \to \infty} \dfrac{\ln(x)}{x^a} = 0.}$

正如在指数函数中那样, 我们不难将该式扩展成一个更一般的形式:

$$\lim_{x \to \infty} \frac{\text{任何正的多项式型的对数函数}}{\text{具有正的幂次的多项式型}} = 0.$$

这适用于任何底数 $b > 1$ 的对数函数, 而不只是自然对数. (这是因为有换底法则.) 例如,

$$\lim_{x \to \infty} \frac{\log_7(x^3 + 3x - 1)}{x^{0.1} - 99} = 0,$$

尽管 $x^{0.1}$ 非常小.

事实上, 不应该奇怪对数函数增长缓慢, 毕竟我们已经知道指数函数增长迅速, 而对数函数和指数函数互为反函数. 更确切地说, 如果你取 $\ln(x)/x^a$ 并用 e^t 替换 x, 那么会得到

$$\lim_{x \to \infty} \frac{\ln(x)}{x^a} = \lim_{t \to \infty} \frac{\ln(e^t)}{(e^t)^a} = \lim_{t \to \infty} \frac{t}{e^{at}} = 0.$$

最后一个极限是 0, 因为分母中指数函数 e^{at} 的增长比分子中多项式 t 的增长要快很多. 这样我们就证明了, 指数函数增长迅速这一事实会自动导出对数函数增长缓慢这一结论.

9.4.6　对数函数在 0 附近的行为

有人可能想说, $\ln(0) = -\infty$, 但这是不正确的, 因为 $\ln(0)$ 无定义. 另一方面, 前述 $y = \ln(x)$ 的图像暗示了

$$\lim_{x\to 0^+} \ln(x) = -\infty.$$

在这里, 你需要使用右极限, 因为 $\ln(x)$ 在 $x < 0$ 上没有定义. 不过再一次地, 我们还需要再多说一些. 当 $x \to 0^+$ 时, $\ln(x)$ 当然趋于 $-\infty$, 但有多快呢? 例如, 考虑极限

$$\lim_{x\to 0^+} x\ln(x).$$

如果你只是将 0 代入上式, 这根本不起作用, 因为 $\ln(0)$ 不存在. 当 x 是一个比 0 稍大一点的数时, 量 x 很小而 $\ln(x)$ 是一个很大的负数. 当你用一个很大的数和一个很小的数相乘时会怎样呢? 任何情况都可能发生, 取决于那些数有多么小和多么大.

下面是一个求解上述问题的方法. 我们用 $1/t$ 替换 x, 于是当 $x \to 0^+$ 时, 可以看到 $t \to \infty$. 因此, 有

$$\lim_{x\to 0^+} x\ln(x) = \lim_{t\to\infty} \frac{1}{t}\ln\left(\frac{1}{t}\right).$$

当然, $\ln(1/t)$ 正是 $\ln(1) - \ln(t)$, 又由于 $\ln(1) = 0$, 它便等于 $-\ln(t)$. 因此, 得到

$$\lim_{x\to 0^+} x\ln(x) = \lim_{t\to\infty} \frac{1}{t}\ln\left(\frac{1}{t}\right) = \lim_{t\to\infty} \frac{-\ln(t)}{t} = 0.$$

由于对数函数增长缓慢, 故极限是 0.

用 $1/t$ 替换 x 这一技巧可以将对数函数在 0 附近的行为转换为在 ∞ 附近的行为, 因为 $\ln(1/t) = -\ln(t)$. 你可以用它来证明下列原理, 上述例子就是该原理的一个特例:

对数函数在 0 附近 "增长" 缓慢: 不管 a 有多小, 如果 $a > 0$, $\lim_{x\to 0^+} x^a \ln(x) = 0.$

(我把 "增长" 加上引号, 是因为当 $x \to 0^+$ 时, $\ln(x)$ 实际上是向下增长到 $-\infty$.) 再一次地, 你可以用多项式型来替换 x^a, 只要当 $x \to 0^+$ 时, 它变得非常小, 并且可以用任意的其他底数 $b > 1$ (也就是说, 不限于底数 e) 的 "$\log_b$" 替换 "$\ln$".

9.5 取对数求导法

处理像 $f(x)^{g(x)}$ 这样底数和指数均为 x 的函数的导数问题时, 取对数求导法是一个有用的技巧. 毕竟, 像

$$\frac{\mathrm{d}}{\mathrm{d}x}(x^{\sin(x)})$$

这样的问题用我们之前的方法如何能够解得出来? 根本无从下手. 不过幸好我们还有这些很好的对数法则, 它们能将指数拉下马来. 如果令 $y = x^{\sin(x)}$, 根据 9.1.4 节的对数法则 5, 则

$$\ln(y) = \ln(x^{\sin(x)}) = \sin(x)\ln(x).$$

现在, 对等号两边关于 x 做隐函数求导:

$$\frac{\mathrm{d}}{\mathrm{d}x}(\ln(y)) = \frac{\mathrm{d}}{\mathrm{d}x}(\sin(x)\ln(x)).$$

先来看看右边的部分. 它是一个 x 的函数且需要用乘积法则来求解; 你可以验证一下求导结果应该是 $\cos(x)\ln(x) + \sin(x)/x$. 再来看看左边的部分. 为了对 $\ln(y)$ 关于 x (而不是 y) 求导, 我们应该使用链式求导法则. 设 $u = \ln(y)$, 这样 $\mathrm{d}u/\mathrm{d}y = 1/y$. 我们需要求出 $\mathrm{d}u/\mathrm{d}x$; 根据链式求导法则,

$$\frac{\mathrm{d}u}{\mathrm{d}x} = \frac{\mathrm{d}u}{\mathrm{d}y}\frac{\mathrm{d}y}{\mathrm{d}x} = \frac{1}{y}\frac{\mathrm{d}y}{\mathrm{d}x}.$$

因此, 对方程 $\ln(y) = \sin(x)\ln(x)$ 进行隐函数求导后得到

$$\frac{1}{y}\frac{\mathrm{d}y}{\mathrm{d}x} = \cos(x)\ln(x) + \frac{\sin(x)}{x}.$$

现在只需要用 y 和等号两边相乘, 然后用 $x^{\sin(x)}$ 替换 y:

$$\frac{\mathrm{d}y}{\mathrm{d}x} = \left(\cos(x)\ln(x) + \frac{\sin(x)}{x}\right)y = \left(\cos(x)\ln(x) + \frac{\sin(x)}{x}\right)x^{\sin(x)}.$$

这就是我们要找的答案了. (顺便提一下, 还可以用另外一种方法来解此题. 不是使用变量 y, 直接使用公式 $A = e^{\ln(A)}$ 来写出

$$x^{\sin(x)} = e^{\ln(x^{\sin(x)})} = e^{\sin(x)\ln(x)}.$$

接下去我留给你来使用乘积法则和链式求导法则对右边关于 x 求导. 完成后, 你应该用 $x^{\sin(x)}$ 来替换 $e^{\sin(x)\ln(x)}$ 并检验你是否得到与前面一样的答案.)

让我们来回顾一下这种技巧吧. 假设要关于 x 求导函数

$$y = f(x)^{g(x)},$$

其中底数 f 和指数 g 都含有变量 x. 以下是你需要做的:

(1) 设 y 是想要求导的 x 的函数. 对等号两边取 (自然) 对数. 右边的指数 g 得以移下来, 这样得到

$$\ln(y) = g(x)\ln(f(x)).$$

(2) 对等号两边关于 x 做隐函数求导. 右边常常会用到乘积法则和 (至少) 链式求导法则. 左边的结果则总是 $(1/y)(\mathrm{d}y/\mathrm{d}x)$. 因此, 你会得到

$$\frac{1}{y}\frac{\mathrm{d}y}{\mathrm{d}x} = 关于 \ x \ 的一堆东西$$

(3) 用 y 和等式两边相乘会得到单独的 $\mathrm{d}y/\mathrm{d}x$ 这一项, 然后用原始的表达式 $f(x)^{g(x)}$ 替换 y, 你就完成了求解.

下面是另外一个例子:

$$\frac{\mathrm{d}}{\mathrm{d}x}\left((1+x^2)^{1/x^3}\right)$$

是什么呢? 第一步, 设 $y = \left(1 + x^2\right)^{1/x^3}$, 然后对等式两边取对数, 这样会使指数移下来, 得到

$$\ln(y) = \ln\left((1 + x^2)^{1/x^3}\right) = \frac{1}{x^3}\ln(1 + x^2) = \frac{\ln(1 + x^2)}{x^3}.$$

第二步是对等式两边关于 x 作隐函数求导. 如往常一样, 左边变为 $(1/y)\,(\mathrm{d}y/\mathrm{d}x)$, 但我们必须对右边使用商法则. 首先, 使用链式求导法则对 $z = \ln\left(1 + x^2\right)$ 求导: 如果 $u = 1 + x^2$, 那么 $z = \ln(u)$, 故

$$\frac{\mathrm{d}z}{\mathrm{d}x} = \frac{\mathrm{d}z}{\mathrm{d}u}\frac{\mathrm{d}u}{\mathrm{d}x} = \frac{1}{u}(2x) = \frac{2x}{1 + x^2}.$$

现在可以使用商法则. 你应该检验一下, 当对上述方程 $\ln(y) = \ln\left(1 + x^2\right)/x^3$ 作隐函数求导时, 是否得到了 (经简化之后)

$$\frac{1}{y}\frac{\mathrm{d}y}{\mathrm{d}x} = \frac{x^3\dfrac{2x}{1 + x^2} - 3x^2\ln(1 + x^2)}{(x^3)^2} = \frac{2x^2 - 3(1 + x^2)\ln(1 + x^2)}{x^4(1 + x^2)}.$$

最后, 用 y 和等式两边相乘, 并用 $\left(1 + x^2\right)^{1/x^3}$ 替换 y, 得到

$$\begin{aligned}
\frac{\mathrm{d}y}{\mathrm{d}x} &= \frac{(2x^2 - 3(1 + x^2)\ln(1 + x^2))y}{x^4(1 + x^2)} \\
&= \frac{(2x^2 - 3(1 + x^2)\ln(1 + x^2))(1 + x^2)^{1/x^3}}{x^4(1 + x^2)} \\
&= \frac{(2x^2 - 3(1 + x^2)\ln(1 + x^2))}{x^4(1 + x^2)^{1 - 1/x^3}}.
\end{aligned}$$

这样就完成了求解.

即便底数和指数都不是 x 的函数, 取对数求导法仍会非常有用. 如果你的函数非常复杂并涉及很多幂函数 (像 x^2) 和指数函数 (像 e^x) 的乘积和商, 那么取对数求导法就可能会帮得上忙. 例如,

如果 $y = \dfrac{(x^2 - 3)^{100}3^{\sec(x)}}{2x^5(\log_7(x) + \cot(x))^9}$, 那么 $\dfrac{\mathrm{d}y}{\mathrm{d}x}$ 是什么?

你一定在想, 我准是在开玩笑. 我们怎么可能对这样糟糕的表达式求导呢? 但使用取对数求导法就可以. 对等式两边取自然对数, 你会发现右边变得容易处理多了 (只要你还记得对数法则):

$$\begin{aligned}
\ln(y) &= \ln\left(\frac{(x^2 - 3)^{100}3^{\sec(x)}}{2x^5(\log_7(x) + \cot(x))^9}\right) \\
&= \ln((x^2 - 3)^{100}) + \ln(3^{\sec(x)}) - \ln(2) - \ln(x^5) - \ln((\log_7(x) + \cot(x))^9) \\
&= 100\ln(x^2 - 3) + \sec(x)\ln(3) - \ln(2) - 5\ln(x) - 9\ln(\log_7(x) + \cot(x)).
\end{aligned}$$

在继续阅读之前, 确保你理解了这些对数的操作. 不管怎样, 现在我们可以对该表达式关于 x 作隐函数求导了:

$$\frac{\mathrm{d}}{\mathrm{d}x}(\ln(y)) = \frac{\mathrm{d}}{\mathrm{d}x}(100\ln(x^2 - 3) + \sec(x)\ln(3)$$
$$- \ln(2) - 5\ln(x) - 9\ln(\log_7(x) + \cot(x))).$$

如往常一样, 左边是 $(1/y)\,(\mathrm{d}y/\mathrm{d}x)$, 右边则让我们来逐项地看.

- 第一项是 $100\ln\left(x^2 - 3\right)$. 这正是一个简单的链式求导法则的练习, 容易看出其导数就是 $100 \times 2x/(x^2 - 3)$, 也就是 $200x/\left(x^2 - 3\right)$.
- 第二项是 $\sec(x)\ln(3)$. 在准备使用乘积法则之前, 要注意到 $\ln(3)$ 是一个常数, 因此你实际上可以只求 $\sec(x)$ 的导数, 然后再和 $\ln(3)$ 相乘得到 $\ln(3)$ $\sec(x)\tan(x)$.
- 第三项是 $-\ln(2)$. 它是一个常数, 故其导数就是 0.
- 第四项是 $-5\ln(x)$. 其导数为 $-5/x$.
- 第五项是 $-9\ln(\log_7(x) + \cot(x))$. 我称之为 z, 我们需要使用链式求导法则. 尽管你应该能够自己求出, 但我还是将细节列出来. 令 $u = \log_7(x) + \cot(x)$, 故 $z = -9\ln(u)$. 那么我们有

$$\frac{\mathrm{d}z}{\mathrm{d}x} = \frac{\mathrm{d}z}{\mathrm{d}u}\frac{\mathrm{d}u}{\mathrm{d}x} = -\frac{9}{u}\left(\frac{1}{x\ln(7)} - \csc^2(x)\right)$$
$$= \frac{9}{\log_7(x) + \cot(x)}\left(\csc^2(x) - \frac{1}{x\ln(7)}\right).$$

综合起来会得到

$$\frac{1}{y}\frac{\mathrm{d}y}{\mathrm{d}x} = \frac{200x}{x^2 - 3} + \ln(3)\sec(x)\tan(x) - \frac{5}{x}$$
$$+ \frac{9}{\log_7(x) + \cot(x)}\left(\csc^2(x) - \frac{1}{x\ln(7)}\right).$$

现在, 用 y 与之相乘会得到

$$\frac{\mathrm{d}y}{\mathrm{d}x} = \left(\frac{200x}{x^2 - 3} + \ln(3)\sec(x)\tan(x) - \frac{5}{x}\right.$$
$$\left.+ \frac{9}{\log_7(x) + \cot(x)}\left(\csc^2(x) - \frac{1}{x\ln(7)}\right)\right) \times y.$$

最后, 用原始的 (可怕的) 表达式替换 y 会得到

$$\frac{\mathrm{d}y}{\mathrm{d}x} = \left(\frac{200x}{x^2 - 3} + \ln(3)\sec(x)\tan(x) - \frac{5}{x}\right.$$
$$\left.+ \frac{9}{\log_7(x) + \cot(x)}\left(\csc^2(x) - \frac{1}{x\ln(7)}\right)\right) \times \frac{(x^2 - 3)^{100}3^{\sec(x)}}{2x^5(\log_7(x) + \cot(x))^9}.$$

这看上去有点难以处理, 但想象一下要是不用取对数求导法的话 ……

x^a 的导数

现在我们终于可以来证明之前一直不作证明就接受的一件事情了：对于任意的数 a (而不只是我们之前见到的整数), 有

$$\frac{\mathrm{d}}{\mathrm{d}x}(x^a) = ax^{a-1}.$$

不妨假设 $x > 0$. 现在使用取对数求导法：设 $y = x^a$, 这样 $\ln(y) = a\ln(x)$. 如果你对两边作隐函数求导, 会得到

$$\frac{1}{y}\frac{\mathrm{d}y}{\mathrm{d}x} = \frac{a}{x}.$$

现在用 y 与两边相乘并用 x^a 替换 y:

$$\frac{\mathrm{d}y}{\mathrm{d}x} = \frac{ay}{x} = \frac{ax^a}{x} = ax^{a-1}.$$

这就是我们想要的, 至少当 $x > 0$ 时. 当 $x \leqslant 0$ 时, 我们有一点小问题. 例如, 你不能取 $(-1)^{1/2}$, 因为这是一个负数的平方根. $(-1)^{\sqrt{2}}$ 究竟又会是什么呢? 事实上, 如果不使用复数 (毕竟, 直到第 28 章我们才会学到), 只有当 a 是一个带有一个奇分母 (在消去公因子之后) 的有理数时, 对于 $x < 0$, x^a 才说得通. 例如, 对于 $x < 0$, $x^{5/3}$ 说得通, 因为你总是可以求一个立方根 —— 由于 3 是奇数, 所以这没有问题. 在 $x < 0$ 而 x^a 说得通的情况下, 结果表明, 它或者是 x 的偶函数或者是 x 的奇函数, 而你可以使用这个事实证明其导数仍是 ax^{a-1}.

这里有一些使用以上公式的简单例子. 如果定义域是 $(0, \infty)$, 那么 $x^{\sqrt{2}}$ 关于 x 的导数是什么呢? x^π 呢? 使用公式可知, 对于 $x > 0$,

$$\frac{\mathrm{d}}{\mathrm{d}x}(x^{\sqrt{2}}) = \sqrt{2}x^{\sqrt{2}-1} \quad \text{和} \quad \frac{\mathrm{d}}{\mathrm{d}x}(x^\pi) = \pi x^{\pi-1}.$$

这和我们之前所做的没什么实质性区别, 只是我们现在可以处理非整数的指数了.

9.6　指数增长和指数衰变

我们已经看到, 连续计复利的银行账户的增长是指数式的. 不过, 指数增长不只限于人类社会, 它也见于自然界. 例如, 在一定条件下, 动物种群总数, 如兔子 (和人类) 会呈指数增长. 此外, 还有指数衰变, 其中一个量以指数方式变得越来越小 (我们很快就能看到这是什么意思). 放射性衰变就是如此, 这使得科学家能够确定古代器物、化石或岩石的年龄.

以下是基本思想. 假设 $y = e^{kx}$. 那么, 正如我们在 9.3.1 节的开头部分看到的, $\mathrm{d}y/\mathrm{d}x = ke^{kx}$. 我们可以将等式右边写作 ky, 因为 $y = e^{kx}$. 也就是说,

$$\frac{\mathrm{d}y}{\mathrm{d}x} = ky.$$

这是**微分方程**的一个例子. 也就是说, 它是一个涉及导数的方程. 我们将在第 30 章看到更多的微分方程, 但现在, 暂且让我们把精力集中在这一个上面. 还有其他什么函数也满足上述方程呢? 我们知道 $y = \mathrm{e}^{kx}$ 满足, 但一定还有其他函数也满足. 例如, 如果 $y = 2\mathrm{e}^{kx}$, 那么 $\mathrm{d}y/\mathrm{d}x = 2k\mathrm{e}^{kx}$, 其结果再次为 ky. 更一般地来说, 如果 $y = A\mathrm{e}^{kx}$, 那么 $\mathrm{d}y/\mathrm{d}x = Ak\mathrm{e}^{kx}$, 也就是 ky. 事实表明, 这是可以得到 $\mathrm{d}y/\mathrm{d}x = ky$ 的**唯一**途径:

> 如果 $\dfrac{\mathrm{d}y}{\mathrm{d}x} = ky$, 那么 $y = A\mathrm{e}^{kx}$, 其中 A 为某个常数.

我们将在 30.2 节说明为什么会这样. 同时, 让我们再来更深入地看看微分方程 $\mathrm{d}y/\mathrm{d}x = ky$. 首先要做的是将变量 x 变为 t, 这样可以看到

$$\frac{\mathrm{d}y}{\mathrm{d}t} = ky.$$

这意味着, y 的变化率等于 ky. 这太有趣了! 一个量变化的速率取决于这个量的大小. 如果这个量越大, 那么它就会增长得越快 (假设 $k > 0$). 在动物种群总数增长的情况中, 这是说得通的: 兔子越多, 它们就可以繁殖得越多. 如果你有两倍的兔子, 那么在任意给定的时间周期中, 它们也会繁殖出两倍的兔子. 数 k 被称为**增长常数**, 它控制着兔子繁殖得多快. 它们性致越高, k 越大!

9.6.1　指数增长

假设有一个种群以指数增长. 用符号表示, 设 P (或 $P(t)$, 如果你喜欢) 是在时刻 t 时的总数, 并设 k 是增长常数. P 的微分方程为

$$\frac{\mathrm{d}P}{\mathrm{d}t} = kP.$$

这和前面方框中的微分方程是一样的, 除了一些符号有所不同. 这里我们有 P 而不是 y; 有 t 而不是 x. 不过不要紧, 我们向来善于随机应变; 我们只需在解 $y = A\mathrm{e}^{kx}$ 中做同样的替换即可. 这样对于某个常数 A, $P = A\mathrm{e}^{kt}$. 现在, 当 $t = 0$ 时, 我们有 $P = A\mathrm{e}^{k(0)} = A\mathrm{e}^0 = A$, 因为 $\mathrm{e}^0 = 1$. 这意味着, A 是初始的总数, 即在时刻 0 时的总数. 习惯上, 我们会用新的符号表示这个变量, 用 P_0 来代替 A, 以表明它代表的是在时刻 0 时的总数. 综合在一起, 我们有

> 指数增长方程: $P(t) = P_0\mathrm{e}^{kt}.$

其中 P_0 是初始的总数, k 是增长常数.

此公式很容易应用到实际中, 只要你知道指数法则和对数法则 (参见 9.1.1 节和 9.1.4 节). 例如, 如果你知道三年前兔子的总数是 1000 只, 而现在增长至 64 000

只, 那么从现在算起, 一年之后兔子总数会是多少呢? 此外, 总数从 1000 增长至 400 000 需要多长时间呢?

好吧, 我们有 $P_0 = 1000$, 因为这是初始的总数. 故上述方框中的方程变为 $P(t) = 1000e^{kt}$. 但问题是, 我们不知道 k 是什么. 我们知道的是, 当 $t = 3$ 时, $P = 64\,000$, 因此将其代入:

$$64\,000 = 1000e^{3k}.$$

这意味着, $e^{3k} = 64$. 对两边取对数可得 $3k = \ln(64)$, 故 $k = \frac{1}{3}\ln(64)$. 事实上, 如果你写出 $\ln(64) = \ln(2^6) = 6\ln(2)$, 那么就可以将其化简为 $k = 2\ln(2)$. 这意味着, 对于任意的时刻 t,

$$P(t) = 1000e^{2\ln(2)t}.$$

现在, 可以求解该问题了. 对于第一部分, 我们想要知道从现在开始的一年中会发生什么情况. 这实际上是从初始时刻开始的第四年, 故设 $t = 4$, 得到

$$P(4) = 1000e^{2\ln(2)\times 4} = 1000e^{8\ln(2)}.$$

这里有一个小窍门: 将 $8\ln(2)$ 写作 $\ln(2^8) = \ln(256)$, 故

$$P(4) = 1000e^{\ln(256)} = 1000 \times 256 = 256\,000.$$

这里使用了重要公式: 对于任意的数 $A > 0$, $e^{\ln(A)} = A$. 因此结论是, 从现在算起一年后, 兔子总数将变为 256 000. 现在, 我们来处理问题的第二部分. 我们想要知道需要多长时间总数会增至 400 000, 故设 $P = 400\,000$, 得到

$$400\,000 = 1000e^{2\ln(2)t}.$$

这变为 $e^{2\ln(2)t} = 400$. 为了求解这一方程, 我们对等式两边取对数, 得到 $2\ln(2)t = \ln(400)$, 这意味着

$$t = \frac{\ln(400)}{2\ln(2)}.$$

这就是总数从 1000 增至 400 000 所需的年数, 但这并不是很直观. 你可以使用计算器算出一个近似值. 但如果你手边没有的话, 就需要知道 $\ln(5)$ 近似为 1.6, 而 $\ln(2)$ 近似为 0.7. 我们先写出 $400 = 20^2$, 这样 $\ln(400) = \ln(20^2) = 2\ln(20)$. 不过, 我们还可以做得更好, $\ln(20) = \ln(4 \times 5) = \ln(4) + \ln(5) = 2\ln(2) + \ln(5)$. 综上所述, 得到

$$t = \frac{\ln(400)}{2\ln(2)} = \frac{2(2\ln(2) + \ln(5))}{2\ln(2)} = 2 + \frac{\ln(5)}{\ln(2)}.$$

使用近似值, 得到

$$t \approx 2 + \frac{1.6}{0.7} = 2 + \frac{16}{7} = 4\frac{2}{7}.$$

因此, 尽管需要四年兔子总数才能达到 256 000, 但只需要再有大约七分之二年 (也就是三个半月左右) 就能达到 400 000. 这就是指数增长的威力 ⋯⋯

9.6.2 指数衰变

现在让我们掉过头来看看指数衰变. 作为铺垫, 我要告诉你, 有些元素的原子具有放射性. 它们像微小的定时炸弹: 一段时间后, 原子核分裂, 它们变成别的元素, 同时释放出能量. 唯一的问题是, 你无法知道原子核何时会分裂 (下面我们将不再说 "分裂", 而称之为 "衰变"). 你知道的只是经过给定的一段时间, 存在一定的概率会发生衰变.

例如, 你有一种特定元素的原子, 它在任意的七年周期内衰变的概率是 50%. 因此, 如果在一个盒子里你有这一个原子, 关上盒子, 并在七年后打开, 那么它已经衰变的概率就是五五开. 当然, 看到一个单独的原子相当难! 因此, 我们假设, 更现实一点, 你有一万亿个原子 (顺便一提, 这仍然只是微乎其微的一小点原料). 你将它们放入盒子, 七年后回来. 你期待发现什么? 好吧, 大概有一半的原子应该已经衰变了, 而另一半仍是完好的. 因此, 你应该有大概一万亿的一半的原始原子. 再过七年, 你再来看时又会怎样呢? 剩余的一半原子会仍然完好, 即留给你的是一万亿的四分之一的原始原子. 每隔七年, 你失去所剩样本的一半的原子.

因此, 让我们试着写出一个方程来对该问题建模. 如果 $P(t)$ 是原子在时刻 t 时的数量 (总数?), 那么我可以断言,

$$\frac{\mathrm{d}P}{\mathrm{d}t} = -kP,$$

其中 k 是某个常数. 这说的是, P 的变化率是 P 的负倍数. 也就是说, P 是以一个和 P 成比例的速率衰变的. 你拥有的原子数量越多, 它们衰变得就越快. 这和上述例子是一致的: 在第一个七年中, 我们失去了一万亿原子中的一半, 而在下一个七年中, 我们只失去了一万亿的四分之一的原子, 再过七年, 我们只会失去一万亿的八分之一的原子. 我们拥有的越多, 失去的也就越多. 不管怎样, 上述微分问题的解是

$$P(t) = P_0 \mathrm{e}^{-kt},$$

其中 P_0 是原子的原始数量 (在 $t = 0$ 时). 这和上一节中指数增长的方程是一样的, 除了我们将增长常数 k 代之以一个负的常数 $-k$, 称为**衰变常数**.

在上例中, 我们知道对于这种原子的任何样本, 需要七年时间数量才会减半. 这个时间长度被称为原子 (或原料) 的**半衰期**. 在上述方程中, 这意味着, 如果你开始时有 P_0 个原子, 那么七年后, 你会剩下 $\frac{1}{2}P_0$ 个原子. 因此, 设 $t = 7$ 且上式中 $P(7) = \frac{1}{2}P_0$, 我们有

$$\frac{1}{2}P_0 = P_0 e^{-k(7)}.$$

现在, 从等号两边消去因子 P_0 并对两边取对数, 我们得到

$$\ln\left(\frac{1}{2}\right) = -7k.$$

由于 $\ln(1/2) = \ln(1) - \ln(2) = -\ln(2)$, 上述方程变为

$$k = \frac{\ln(2)}{7}.$$

这意味着, 在这种情况下,

$$P(t) = P_0 e^{-t(\ln(2)/7)}.$$

现在, 我们将以上情况一般化. 假设有另一种放射性原料, 它的半衰期是 $t_{1/2}$ 年. 这意味着, 任何大小的原料样本的一半会在 $t_{1/2}$ 年后衰变. 但这并不意味着整个样本会在两倍的那么多年后全部衰变掉! 不管怎样, 依据和上一段中相同的推理, 我们可以证明 $k = \ln(2)/t_{1/2}$. 总之,

> 对于半衰期为 $t_{1/2}$ 的放射性衰变, $P(t) = P_0 e^{-kt}$, 其中 $k = \dfrac{\ln(2)}{t_{1/2}}$.

例如, 如果原料的半衰期仍是七年, 开始时有 50 磅原料, 十年后还剩多少呢? 需要多久, 原料会减少为 1 磅呢? 我们知道 $t_{1/2} = 7$, 故 $k = \ln(2)/7$, 正如我们之前所见. 由于 $P_0 = 50$ (单位为磅), 衰变方程 $P(t) = P_0 e^{-kt}$ 变为

$$P(t) = 50 e^{-t(\ln(2)/7)}.$$

故当 $t = 10$ 时, 有

$$P(10) = 50 e^{-10\ln(2)/7}.$$

也就是说, 原料缩减为 $50 e^{-10\ln(2)/7}$ 磅. 如果代入近似值 $\ln(2) \approx 0.7$, 那么可以看到还剩大约 $50 e^{-1}$ 磅, 这可以进而近似为大概 18.4 磅.

至于问题的第二部分, 现在要求出需要多久原料会缩减为 1 磅, 故在上面 $P(t)$ 的方程中设 $P(t) = 1$, 得到

$$1 = 50 e^{-t(\ln(2)/7)}.$$

两边同除以 50 并取对数, 得

$$\ln\left(\frac{1}{50}\right) = -\frac{t\ln(2)}{7}.$$

由于 $\ln(1/50) = -\ln(50)$, 有 $-7\ln(50) = -t\ln(2)$. 也就是说,

$$t = \frac{7\ln(50)}{\ln(2)}.$$

可以使用之前的近似值 $\ln(5) \approx 1.6$ 和 $\ln(2) \approx 0.7$ 对此进行估算. 我们写出 $\ln(50) =$

$\ln{(2 \times 5 \times 5)} = \ln{(2)} + 2\ln{(5)}$, 从而得到

$$t = \frac{7\ln(50)}{\ln(2)} = \frac{7(\ln(2) + 2\ln(5))}{\ln(2)} = 7 + \frac{14\ln(5)}{\ln(2)}$$

$$\approx 7 + \frac{14(1.6)}{0.7},$$

其结果是 39 年. 因此, 样本大概需要 39 年从 50 磅衰变到 1 磅. 顺便说一下, 39 年比 $5\frac{1}{2}$ 个半衰期略微多一点 (因为一个半衰期是七年). 因此, 如果有 50 磅另一种不同的原料, 其半衰期为十年, 那么该原料将需要比 55 年略微多一点的时间衰变到 1 磅. (实际的结果是 $10\ln{(50)}/\ln{(2)}$ 年, 这约为 $56\frac{1}{2}$ 年.)

9.7 双 曲 函 数

现在让我们改变一下行径, 来探讨一下所谓的**双曲函数**. 它们实际上是伪装的指数函数, 但它们在很多方面又和三角函数非常相似. 我们不会用到太多的双曲函数, 但它们偶尔会出现, 因此最好还是熟悉一下它们.

我们先来定义双曲余弦函数和双曲正弦函数:

$$\boxed{\cosh(x) = \frac{e^x + e^{-x}}{2}} \quad 和 \quad \boxed{\sinh(x) = \frac{e^x - e^{-x}}{2}}$$

完全不需要三角形! 毕竟, 这根本不是三角学.[①] 这些函数的行为有些像普通的函数, 但又不完全是. 例如, 如果平方 $\cosh{(x)}$ 和 $\sinh{(x)}$, 你会发现

$$\cosh^2(x) = \left(\frac{e^x + e^{-x}}{2}\right)^2 = \frac{e^{2x} + e^{-2x} + 2}{4},$$

和

$$\sinh^2(x) = \left(\frac{e^x - e^{-x}}{2}\right)^2 = \frac{e^{2x} + e^{-2x} - 2}{4}.$$

(我们使用了 $e^x e^{-x} = 1$ 这个事实.) 然后取这两个量的差:

$$\cosh^2(x) - \sinh^2(x) = \frac{e^{2x} + e^{-2x} + 2}{4} - \frac{e^{2x} + e^{-2x} - 2}{4} = \frac{4}{4} = 1.$$

这样就证明了, 对于任意的 x,

$$\boxed{\cosh^2(x) - \sinh^2(x) = 1.}$$

这和原来的三角恒等式不太一样 —— 减号让一切变得不同. (确实, $x^2 - y^2 = 1$ 是一个双曲方程.)

[①] 事实上, 有一个几何学分支, 称为**双曲几何学**, 其中三角形有些古怪的性质, 它们引出了双曲函数.

其微积分性质又如何呢? 让我们来对 $y = \sinh(x)$ 求导. 我们需要用到 e^{-x} 的导数是 $-\mathrm{e}^{-x}$ 的事实:

$$\frac{\mathrm{d}}{\mathrm{d}x}\sinh(x) = \frac{\mathrm{d}}{\mathrm{d}x}\left(\frac{\mathrm{e}^x - \mathrm{e}^{-x}}{2}\right) = \frac{\mathrm{e}^x + \mathrm{e}^{-x}}{2} = \cosh(x).$$

因此, 双曲正弦函数的导数就是双曲余弦函数. 这就好像原来常规正弦函数和余弦函数的情况. 另一方面,

$$\frac{\mathrm{d}}{\mathrm{d}x}\cosh(x) = \frac{\mathrm{d}}{\mathrm{d}x}\left(\frac{\mathrm{e}^x + \mathrm{e}^{-x}}{2}\right) = \frac{\mathrm{e}^x - \mathrm{e}^{-x}}{2} = \sinh(x).$$

要是这里是普通的三角函数的话, 那么其导数将是负的双曲正弦函数, 但实际上我们在这里没有负号. 不管怎样, 我们证明了

$$\boxed{\frac{\mathrm{d}}{\mathrm{d}x}\sinh(x) = \cosh(x)} \quad 和 \quad \boxed{\frac{\mathrm{d}}{\mathrm{d}x}\cosh(x) = \sinh(x).}$$

现在, 来看看这些函数的图像吧. 首先, 你应该试着让自己相信, $\cosh(x)$ 是 x 的偶函数, 而 $y = \sinh(x)$ 是 x 的奇函数. (只需将 $-x$ 代入看看会发生什么就一目了然了.) 此外, $\cosh(0) = 1$ 且 $\sinh(0) = 0$ (也请检验). 最后, 我们注意到

$$\lim_{x \to \infty} \cosh(x) = \lim_{x \to \infty} \frac{\mathrm{e}^x + \mathrm{e}^{-x}}{2}.$$

其中 e^x 趋于 ∞, 而 e^{-x} 趋于 0. 整体的效果就是极限是 ∞. 同理适用于 $\sinh(x)$, 因此它们的图像看起来如图 9-4 所示.

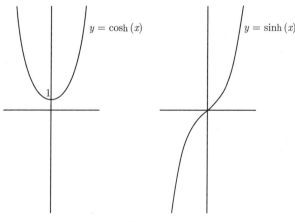

图 9-4

当然, 你可以用 $\sinh(x)/\cosh(x)$ 来定义 $\tanh(x)$, 还有作为各种倒数的 $\mathrm{sech}(x)$、$\mathrm{csch}(x)$ 及 $\coth(x)$. 我们可以通过适当地替换指数函数来区分双曲正割函数、双曲余割函数和双曲余切函数. 例如,

$$\text{sech}(x) = \frac{1}{\cosh(x)} = \frac{1}{\dfrac{e^x + e^{-x}}{2}} = \frac{2}{e^x + e^{-x}},$$

你可以使用链式求导法则或乘积法则对它求导. 我们还有联系这些函数的恒等式, 其中最重要的一个就是

$$1 - \tanh^2(x) = \text{sech}^2(x).$$

这可以直接从恒等式 $\cosh^2(x) - \sinh^2(x) = 1$ 中推出：两边同除以 $\cosh^2(x)$. 现在, 我要列出其他双曲函数的导数并展示它们的图像了 —— 我留给你去检验所有的导数是正确的以及至少一个图像是说得通的. 首先是导数：

$$\boxed{\frac{\mathrm{d}}{\mathrm{d}x}\tanh(x) = \text{sech}^2(x)} \qquad \boxed{\frac{\mathrm{d}}{\mathrm{d}x}\text{sech}(x) = -\text{sech}(x)\tanh(x)}$$

$$\boxed{\frac{\mathrm{d}}{\mathrm{d}x}\text{csch}(x) = -\text{csch}(x)\coth(x)} \qquad \boxed{\frac{\mathrm{d}}{\mathrm{d}x}\coth(x) = -\text{csch}^2(x).}$$

然后是图 9-5.

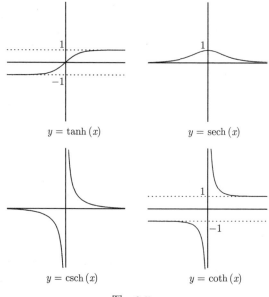

图 9-5

由函数的定义可以看到, 除了双曲余弦函数和双曲正割函数是偶函数外, 所有的双曲三角函数都是奇函数. 这和原来常规的三角函数的情况相同! 此外, $y = \tanh(x)$ 和 $y = \coth(x)$ 都在 $y = 1$ 和 $y = -1$ 处有水平渐近线, 而 $y = \text{sech}(x)$ 和 $y = \text{csch}(x)$ 在 $y = 0$ 处都有一条水平渐近线.

第 10 章　反函数和反三角函数

在上一章中, 我们研究了指数函数和对数函数, 并围绕以下事实讨论了很多, 那就是 e^x 和 $\ln(x)$ 互为反函数. 在本章, 我们将先看一下反函数更一般的性质, 然后再详细讨论反三角函数 (及反双曲函数). 以下就是我们的计划:

- 使用导数证明一个函数有反函数;
- 求反函数的导数;
- 逐个来看反三角函数;
- 反双曲函数.

10.1　导数和反函数

在 1.2 节中, 我们回顾了反函数的基本知识. 我强烈建议你在继续阅读之前再快速地浏览一下那节, 让自己重温一下大致思想. 现在我们已经了解了一些微积分知识, 对此就有更多可说的了. 特别是, 我们将要讨论导数和反函数之间的两个联系.

10.1.1　使用导数证明反函数存在

假设有一个可导函数 f, 它的导数总是正的. 你认为该函数的图像会是什么样的呢? 好吧, 切线的斜率必定处处为正, 故该函数不可能上下起伏: 当我们从左向右看时, 它必须是向上的. 换句话说, 该函数一定是**递增的**.

我们会在下一章中 (参见 11.3.1 节及 11.2 节) 证明这个事实, 但现在至少看上去它应该是成立的. 不管怎样, 如果函数 f 总是递增的, 那么它一定满足水平线检验. 没有水平线会与 $y = f(x)$ 相交两次. 由于 f 满足水平线检验, 所以我们知道 f 有反函数. 这就给我们提供了一个证明一个函数有反函数的很好策略: 证明它的导数在其定义域上总为正.

例如, 假设在其定义域 $\mathbb{R}$ (整个实轴) 上,

$$f(x) = \frac{1}{3}x^3 - x^2 + 5x - 11.$$

f 有反函数吗? 试图在方程 $y = \frac{1}{3}x^3 - x^2 + 5x - 11$ 中调换 x 和 y, 然后求解 y, 无疑会弄得一团糟. (你试着做做看!) 证明 f 有反函数的一个更好方法就是求其导数. 我们得到

$$f'(x) = x^2 - 2x + 5.$$

但那又怎样呢? 好吧, f' 是一个二次函数. 它的判别式为 -16, 这是负的, 因此方程 $f'(x) = 0$ 无解. (关于判别式, 参见 1.6 节.) 这意味着, $f'(x)$ 一定总为正或总为负: 它的图像不可能与 x 轴相交. 那好, 它究竟是正的还是负的呢? 由于 $f'(0) = 5$, 它一定为正.① 也就是说, 对于所有的 x, $f'(x) > 0$. 这意味着, f 是递增的. 特别是, f 满足水平线检验, 因此它有反函数.

我们已经看到, 如果对于所有的在其定义域中的 x, $f'(x) > 0$, 那么 f 有反函数. 这里还有一些变体. 例如, 如果对于所有的 x, $f'(x) < 0$, 那么 $y = f(x)$ 的图像是递减的. 尽管如此, 水平线检验仍然适用: 图像是一直向下的, 所以它不可能掉头向上并与同样的水平线相交两次. 另一个变体是, 其导数在某个位置可能是 0, 但在其他地方都是正的. 这没有问题, 只要其导数不在 0 上逗留太久. 以下就是我们对情况的总结.

导数和反函数: 如果 f 在其定义域 (a, b) 上可导且满足以下条件中的任意一条:

(1) 对于所有的在 (a, b) 中的 x, $f'(x) > 0$;

(2) 对于所有的在 (a, b) 中的 x, $f'(x) < 0$;

(3) 对于所有的在 (a, b) 中的 x, $f'(x) \geqslant 0$ 且对于有限个数的 x, $f'(x) = 0$;

(4) 对于所有的在 (a, b) 中的 x, $f'(x) \leqslant 0$ 且对于有限个数的 x, $f'(x) = 0$,

则 f 有反函数. 如果其定义域是 $[a, b]$、$[a, b)$ 或 $(a, b]$ 的形式, 且 f 在整个定义域上连续, 那么如果 f 满足上述四个条件中的任意一条, 它仍然有反函数.

下面是另一个例子. 假设在定义域 $(0, \pi)$ 上 $g(x) = \cos(x)$. g 有反函数吗? 首先, $g'(x) = -\sin(x)$. 我们知道, 在区间 $(0, \pi)$ 上, $\sin(x) > 0$—— 如果你不相信的话, 只需看一下它的图像. 由于 $g'(x) = -\sin(x)$, 我们看到, 对于所有的在 $(0, \pi)$ 中的 x, $g'(x) < 0$. 这意味着, g 有反函数. 事实上, 我们知道在整个的 $[0, \pi]$ 上 g 有反函数, 因为 g 在那里是连续的. 这里的基本思路是, $g(0) = 1$, 故 g 始于高度 1; 又由于当 $0 < x < \pi$ 时, $g'(x) < 0$, 我们知道 g 会立即变得低于 1. 又由于 $g(\pi) = -1$, $g(x)$ 的值会下降至 -1, 并且在这个过程中不会两次到达同一个值. 因此在整个 $[0, \pi]$ 上 g 有反函数. 我们将在 10.2.2 节再次讨论这个函数.

最后一个例子, 在整个 $\mathbb{R}$ 上令 $h(x) = x^3$. 我们知道 $h'(x) = 3x^2$, 它不可能是负的. 因此, 对于所有的 x, $h'(x) \geqslant 0$. 幸运的是, 仅当 $x = 0$ 时 $h'(x) = 0$, 故只有一点使得 $h'(x) = 0$. 这就没问题了, 因此 h 仍然有反函数; 事实上, $h^{-1}(x) = \sqrt[3]{x}$.

10.1.2 导数和反函数: 可能出现的问题

我们注意到, 函数的导数可以偶尔是 0, 而该函数仍然有反函数. 但为什么不能允许稍微多一点 $f'(x) = 0$ 呢? 例如, 假设 f 定义如下:

---

① 另一个证明方法是配方: $x^2 - 2x + 5 = (x-1)^2 + 4 > 0$, 因为所有平方 (如 $(x-1)^2$) 都是非负的.

$$f(x) = \begin{cases} -x^2 + 1 & \text{如果 } x < 0, \\ 1 & \text{如果 } 0 \leqslant x < 1, \\ x^2 - 2x + 2 & \text{如果 } x \geqslant 1. \end{cases}$$

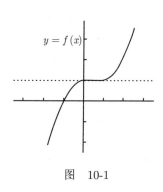

图 10-1

当 $x < 0$ 时, 我们有 $f'(x) = -2x$, 它是正的 (因为 x 是负的!). 当 $0 < x < 1$ 时, 我们有 $f'(x) = 0$; 当 $x > 1$ 时, 我们可以看到 $f'(x) = 2x - 2 = 2(x-1)$, 这一定是正的. 此外, 函数值和导数值在连接点 $x = 0$ 和 $x = 1$ 处是一致的, 这样就证明了 f 可导且对于所有的 x, $f'(x) \geqslant 0$. (为什么这是可以的, 参见 6.6 节.) 但不幸的是, 它没有通过水平线检验, 故不存在反函数! 我们来检验一下其图像, 如图 10-1 所示. 水平线 $y=1$ 和该图像有无数次相交 (在 $x=0$ 和 $x=1$ 之间且包括这两点的每一点上都相交). 函数 f 在 $[0,1]$ 上是常数, 这与对于那些 x, $f'(x) = 0$ 的事实是一致的.

这里还有另一个潜在的问题. 10.1.1 节中的那四个条件都要求定义域是一个形如 (a,b) 的区间. 如果定义域不在一起会怎样呢? 不幸的是, 要是那样的话, 结论就全都不成立了. 例如, 如果 $f(x) = \tan(x)$, 那么 $f'(x) = \sec^2(x)$, 这不可能是负的; 然而, 从图像中可以看到 $y = \tan(x)$ 不满足水平线检验. ($y = \tan(x)$ 的图像参见 10.2.3 节.) 因此一般来说, 当函数有不连续点或垂直渐近线时, 上节所述方法就不适用了.

10.1.3 求反函数的导数

如果知道函数 f 有反函数, 我们通常称之为 f^{-1}, 那么该反函数的导数是什么呢? 下面就介绍如何求解. 从方程 $y = f^{-1}(x)$ 开始. 你可以将它重新写作 $f(y) = x$. 现在对方程两边关于 x 作隐函数求导得到

$$\frac{\mathrm{d}}{\mathrm{d}x}(f(y)) = \frac{\mathrm{d}}{\mathrm{d}x}(x).$$

等号右边很容易求解, 它就是 1. 为了求解左边, 我们使用隐函数求导 (参见第 8 章). 如果设 $u = f(y)$, 那么根据链式求导法则 (注意到 $\mathrm{d}u/\mathrm{d}y = f'(y)$), 我们有

$$\frac{\mathrm{d}}{\mathrm{d}x}(f(y)) = \frac{\mathrm{d}}{\mathrm{d}x}(u) = \frac{\mathrm{d}u}{\mathrm{d}y}\frac{\mathrm{d}y}{\mathrm{d}x} = f'(y)\frac{\mathrm{d}y}{\mathrm{d}x}.$$

现在, 等式两边同除以 $f'(y)$, 得到以下定理:

$$\boxed{\text{如果 } y = f^{-1}(x), \text{ 则 } \frac{\mathrm{d}y}{\mathrm{d}x} = \frac{1}{f'(y)}.}$$

如果想要用 x 来表达所有项, 那么必须用 $f^{-1}(x)$ 替换 y, 得到

$$\frac{\mathrm{d}}{\mathrm{d}x}(f^{-1}(x)) = \frac{1}{f'(f^{-1}(x))}.$$

这意味着, 反函数的导数基本上就是原函数的导数的倒数, 只是对于后面这个导数你必须用 $f^{-1}(x)$ 而不是 x 进行计算.

例如, 设 $f(x) = \frac{1}{3}x^3 - x^2 + 5x - 11$. 在 10.1.1 节中我们已经看到, f 在其定义域 $\mathbb{R}$ 上有反函数. 如果设 $y = f^{-1}(x)$, 那么 $\mathrm{d}y/\mathrm{d}x$ 的一般形式是什么呢? 当 $x = -11$ 时它的值又是什么呢? 为了求解第一部分, 你所要做的只是看到 $f'(x) = x^2 - 2x + 5$, 故

$$\frac{\mathrm{d}y}{\mathrm{d}x} = \frac{1}{f'(y)} = \frac{1}{y^2 - 2y + 5}.$$

注意到, 在这里, 重要的是要用 y 替换 x. 不管怎样, 现在我们可以来求解第二部分了. 我们知道 $x = -11$, 但 y 是什么呢? 由于 $y = f^{-1}(x)$, 我们知道有 $f(y) = x$. 根据 f 的定义, 有

$$\frac{1}{3}y^3 - y^2 + 5y - 11 = -11.$$

现在很明显 $y = 0$ 是该方程的一个解, 并且它**一定**是唯一解, 因为反函数存在. 因此, 当 $x = -11$ 时, 有 $y = 0$, 且

$$\frac{\mathrm{d}y}{\mathrm{d}x} = \frac{1}{y^2 - 2y + 5} = \frac{1}{(0)^2 - 2(0) + 5} = \frac{1}{5}.$$

更正式地, 可以写成 $(f^{-1})'(-11) = 1/5$.

现在, 假设 $h(x) = x^3$, 如 10.1.1 节所述. 我们已经在那里看到 h 有反函数, 甚至能把它写出来: $h^{-1}(x) = x^{1/3}$. 当然, 可以直接对 x^a 关于 x 求导, 但还是让我们来试一下上述方法吧. 我们知道 $h'(x) = 3x^2$; 如果 $y = h^{-1}(x)$, 那么

$$\frac{\mathrm{d}y}{\mathrm{d}x} = \frac{1}{h'(y)} = \frac{1}{3y^2}.$$

现在, 可以通过解方程 $x = y^3$ 来求 y, 得到 $y = x^{1/3}$, 并将其代入上述方程得到

$$\frac{\mathrm{d}y}{\mathrm{d}x} = \frac{1}{3(x^{1/3})^2} = \frac{1}{3x^{2/3}}.$$

这样做是相当愚蠢的, 因为我们可以直接对 $y = x^{1/3}$ 求导, 不用那么麻烦就得到相同的答案. 然而, 知道这种方法能奏效还是蛮不错的.

在继续看另一个例子之前, 我们需要注意到一点, 当 $x = 0$ 时, 反函数的导数不存在, 因为分母 $3x^{2/3}$ 变为零. 因此, 尽管原函数处处可导, 其反函数不一定处处可导: 当 $x = 0$ 时, 其导数不存在. 这对一般而言也是成立的, 而不只是对上述函

数 h. 如果你有一个函数, 它有反函数, 并且原函数在点 (x, y) 处的斜率为 0, 则其反函数在点 (y, x) 处的斜率将会是无限的, 如图 10-2 所示.

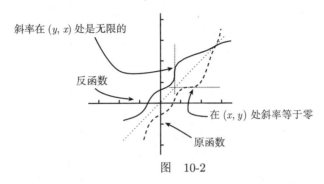

斜率在 (y, x) 处是无限的

反函数

在 (x, y) 处斜率等于零

原函数

图　10-2

有时候虽然你对一个函数了解不多, 但仍然可以得出有关其反函数的导数的一些信息. 例如, 假设你知道对于一些可逆函数 f, 有 $g(x) = \sin(f^{-1}(x))$, 而你仅知道 f 有 $f(\pi) = 2$ 及 $f'(\pi) = 5$. 但这些信息实际上足够让你求出 $g(2)$ 和 $g'(2)$ 的值了. 具体说, 由于 $f(\pi) = 2$ 及 f 可逆, 我们有 $f^{-1}(2) = \pi$, 故 $g(2) = \sin(f^{-1}(2)) = \sin(\pi) = 0$. 此外, 根据链式求导法则及之前关于 $(f^{-1})'(x)$ 的方框公式, 有

$$g'(x) = \cos(f^{-1}(x)) \times (f^{-1})'(x) = \cos(f^{-1}(x)) \times \frac{1}{f'(f^{-1}(x))}.$$

将 $x = 2$ 代入且由 $f^{-1}(2) = \pi$ 及 $f'(\pi) = 5$, 得到

$$g'(2) = \cos(f^{-1}(2)) \times \frac{1}{f'(f^{-1}(2))} = \cos(\pi) \times \frac{1}{f'(\pi)} = -1 \times \frac{1}{5} = -\frac{1}{5}.$$

所以请确保你了解了之前两种形式的反函数的导数公式!

10.1.4 一个综合性例子

最后让我们以一个例子结束本节, 它将综合用到我们目前为止在本章看到的大多数理论. 假设

$$f(x) = x^2(x-5)^3, \text{ 并且其定义域为 } [2, \infty).$$

以下是我们想要做的:

(1) 证明 f 可逆;

(2) 求出反函数 f^{-1} 的定义域和值域;

(3) 检验 $f(4) = -16$;

(4) 计算 $(f^{-1})'(-16)$.

对于问 (1), 使用乘积法则和链式求导法则可以得到

$$f'(x) = 2x(x-5)^3 + 3x^2(x-5)^2.$$

注意到 x 和 $(x-5)^2$ 是右边两项的公因子, 因此可以将它重新写作

$$f'(x) = x(x-5)^2(2(x-5) + 3x) = x(x-5)^2(5x-10) = 5x(x-5)^2(x-2).$$

当 $x > 2$ 时 (回想一下, f 的定义域是 $[2,\infty)$), 所有这三个因子 $5x$、$(x-5)^2$ 及 $(x-2)$ 都是非负的, 因此它们的乘积也是非负的. 这样我们证明了在 $(2,\infty)$ 上 $f'(x) \geqslant 0$. 此外, 在此定义域内, 唯一一处使得 $f'(x) = 0$ 的点是 $x = 5$. 由于 f 在 $[2,\infty)$ 上连续, 10.1.1 节中的方法便证明了 f 有反函数.

让我们接着来看问 (2). 反函数 f^{-1} 的值域就是 f 的定义域, 它当然就是 $[2,\infty)$. f^{-1} 的定义域则更难求一些. 确实, f^{-1} 的定义域就是 f 的值域, 因此我们需要做些工作求出这个值域. 但这不是什么大不了的. 我们知道 f 总是递增的, 这意味着 $f(2)$ 是最低点. 也就是说, 该函数始于高度 $f(2)$, 也就是 $2^2 \times (-3)^3 = -108$, 且递增向上. 那它能上升到多高呢? 当 x 变得越来越大, f 也变得越来越大 —— 它的上升是没有极限的. 这意味着, f 取到自 -108 以上的所有数, 故 f^{-1} 的定义域和 f 的值域相同, 也就是 $[-108,\infty)$.

我们还需要求解问题的后两部分. 对于问 (3), 很容易计算得出 $f(4) = -16$, 这意味着 $f^{-1}(-16) = 4$. 再来看问 (4), 如果 $y = f^{-1}(x)$, 那么我们知道

$$\frac{\mathrm{d}y}{\mathrm{d}x} = \frac{1}{f'(y)} = \frac{1}{5y(y-5)^2(y-2)}.$$

当 $x = -16$ 时, 从问 (3) 可知 $y = 4$. 将它代入, 得到

$$\frac{\mathrm{d}y}{\mathrm{d}x} = \frac{1}{5(4)(4-5)^2(4-2)} = \frac{1}{40}.$$

这样就求解了该问题的所有部分, 但画出 $y = x^2(x-5)^3$ 的图像会有助于我们了解刚刚究竟在这里做到了什么. 我们将在 12.3.3 节回到这个例子, 深入讨论如何画出其图像, 现在我们已经能够对其图像有个大致概念了. 让我们首先在定义域 $\mathbb{R}$ 上进行操作, 最后将其限制到 $[2,\infty)$. 以下是我们所知的.

- 为了求 y 轴截距, 将 $x = 0$ 代入; 我们得到 $y = 0^2 \times (0-5)^3 = 0$. 故 y 轴截距为 0.
- 为了求 x 轴截距, 设 $x^2(x-5)^3 = 0$; 我们求出 $x = 0$ 或 $x = 5$. 这些是 x 轴截距.
- 当 x 接近于 0 时, 量 $(x-5)^3$ 非常接近 $(-5)^3 = -125$, 故 $x^2(x-5)^3$ 应该十分接近于 $-125x^2$. 该图像应该体现这一点.
- 当 x 接近于 5 时, 我们看到 x^2 非常接近 25, 故该曲线应该表现得如同 $25 \times (x-5)^3$. 而 $y = 25 \times (x-5)^3$ 的图像就如 $y = x^3$ 的图像, 只是向右平移了 5 个单位并垂直拉伸了 25 倍. 因此, 我们应该让图像反映这些信息.

汇总起来, 我们会得到类似图 10-3 的图像 (我已经将该图像的 $x < 2$ 的部分画成了虚线; 同时还要注意到两个坐标轴的比例不同).

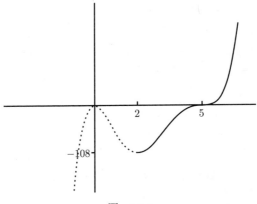

图 10-3

该图像与函数 f 在受限定义域 $[2, \infty)$ 上可逆以及 f 在此受限定义域 $[2, \infty)$ 上的值域是 $[-108, \infty)$ 等事实是一致的.

10.2 反三角函数

现在是时候来研究反三角函数了. 我们将看到如何定义反三角函数、它们的图像看上去如何以及如何对它求导. 让我们一个个来, 首先从反正弦函数开始.

10.2.1 反正弦函数

我们先从回顾 $y = \sin(x)$ 的图像开始.

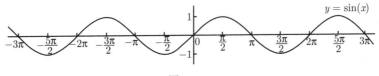

图 10-4

正弦函数有反函数吗? 从图 10-4 中可以看到, 它不满足水平线检验. 事实上, 每一条高度在 -1 和 1 之间的水平线都与图像相交**无穷**多次, 这可比我们可以容忍的零次或一次要多很多. 不过, 我们可以使用 1.2.3 节描述的方法, 尽可能少地限制定义域并使剩余部分得以通过水平线检验. 有很多选择, 但一个明智的选择是将定义域限制为区间 $[-\pi/2, \pi/2]$. 其效果如图 10-5 所示.

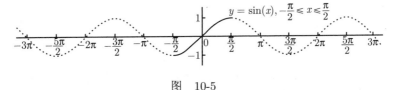

图 10-5

该曲线的实线部分就是限制定义域后所剩下的. 很明显, 我们不能往右超出 $\pi/2$, 否则随着曲线掉头往下我们又会开始重复曲线上 $\pi/2$ 左侧的值. 在 $-\pi/2$ 处也有类似的情况. 因此, 我们被困在了这个区间里.

这样如果 $f(x) = \sin(x)$, 并且其定义域为 $[-\pi/2, \pi/2]$, 则它满足水平线检验, 故它有反函数 f^{-1}. 我们将 $f^{-1}(x)$ 写成 $\sin^{-1}(x)$ 或 $\arcsin(x)$. (注意：第一个记号初看上去会有点让人困惑, 但 $\sin^{-1}(x)$ 和 $(\sin(x))^{-1}$ 不是一回事, 尽管我们有 $\sin^2(x) = (\sin(x))^2$ 及 $\sin^3(x) = (\sin(x))^3$.)

那么反正弦函数的定义域是什么呢? 由于 $f(x) = \sin(x)$ 的值域是 $[-1, 1]$, 其反函数的定义域就是 $[-1, 1]$. 又由于函数 f 的定义域是 $[-\pi/2, \pi/2]$ (因为我们把定义域限制成了这样), 其反函数的值域就是 $[-\pi/2, \pi/2]$.

$y = \sin^{-1}(x)$ 的图像又如何呢? 我们只需要取受限的 $y = \sin(x)$ 的图像并将它关于镜子 $y = x$ 作反射, 如图 10-6 所示. 这里有一个简洁的方法来记住该如何画这个图像. 首先, 将 $y = \sin(x)$ 的全部图像关于直线 $y = x$ 作反射, 然后抛弃图像中的其他部分, 只剩下正确部分. 图 10-7 显示了以上 $y = \sin^{-1}(x)$ 的图像是如何从翻转后的 $y = \sin(x)$ 图像中部分截取的. 注意到, 由于 $\sin(x)$ 是 x 的奇函数, 故 $\sin^{-1}(x)$ 也是如此. 这与以上图像是一致的.

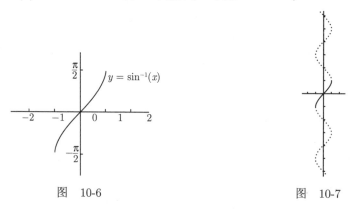

图 10-6   图 10-7

现在, 来对反正弦函数求导. 设 $y = \sin^{-1}(x)$, 我们想要求 $\mathrm{d}y/\mathrm{d}x$. 一种方法是写出 $x = \sin(y)$, 然后对两边关于 x 进行隐函数求导:

$$\frac{\mathrm{d}}{\mathrm{d}x}(x) = \frac{\mathrm{d}}{\mathrm{d}x}(\sin(y)).$$

左边就是 1, 而右边需要使用链式求导法则. 你应该检验一下是否得到了 $\cos(y)$ $(\mathrm{d}y/\mathrm{d}x)$. 因此, 有

$$1 = \cos(y)\frac{\mathrm{d}y}{\mathrm{d}x},$$

而它可化简为

$$\frac{\mathrm{d}y}{\mathrm{d}x} = \frac{1}{\cos(y)}.$$

事实上, 可以使用 10.1.3 节中的公式马上直接写出上式. 现在, 我们想要用 x 而不是 y 表示的导数. 这不成问题 —— 我们知道 $\sin(y) = x$, 因此求 $\cos(y)$ 应该不会太难. 事实上, $\cos^2(y) + \sin^2(y) = 1$, 因此 $\cos(y) = \pm\sqrt{1 - x^2}$, 进而

$$\frac{\mathrm{d}y}{\mathrm{d}x} = \pm\frac{1}{\sqrt{1 - x^2}}.$$

但要选哪一个呢? 是正的还是负的? 如果你仔细观察 $y = \sin^{-1}(x)$ 的图像, 就会发现其斜率总为正. 这意味着, 我们必须取正的平方根:

$$\frac{\mathrm{d}}{\mathrm{d}x}\sin^{-1}(x) = \frac{1}{\sqrt{1 - x^2}}, \quad \text{其中} -1 < x < 1.$$

注意到 $\sin^{-1}(x)$ 在端点 $x = 1$ 和 $x = -1$ 处不可导 (甚至是在单侧导数的意义下), 因为分母 $\sqrt{1 - x^2}$ 在这两种情况下均为 0.

除了其导数公式和图像, 以下是关于反正弦函数其他重要事实的总结:

$\sin^{-1}$ 是奇函数; 其定义域为 $[-1, 1]$, 值域为 $[-\pi/2, \pi/2]$.

有了这个新的导数公式, 你应该很容易将它与乘积法则、 商法则及链式求导法则结合使用. 例如,

$$\frac{\mathrm{d}}{\mathrm{d}x}(\sin^{-1}(7x)) \quad \text{和} \quad \frac{\mathrm{d}}{\mathrm{d}x}(x\sin^{-1}(x^3)) \text{ 是多少?}$$

对于第一个问题, 可以使用链式求导法则, 设 $t = 7x$; 或者使用 7.2.1 节结尾部分的原理: 当用 ax 替换 x 时, 你必须用 a 和导数相乘. 因此, 有

$$\frac{\mathrm{d}}{\mathrm{d}x}(\sin^{-1}(7x)) = 7 \times \frac{1}{\sqrt{1 - (7x)^2}} = \frac{7}{\sqrt{1 - 49x^2}}.$$

对于第二个问题, 首先我们设 $y = x\sin^{-1}(x^3)$; 此外, 将 $u = x$ 及 $v = \sin^{-1}(x^3)$ 代入, 结果是 $y = uv$. 我们需要使用乘积法则, 得到

$$\frac{\mathrm{d}y}{\mathrm{d}x} = v\frac{\mathrm{d}u}{\mathrm{d}x} + u\frac{\mathrm{d}v}{\mathrm{d}x} = \sin^{-1}(x^3) \times 1 + x\frac{\mathrm{d}v}{\mathrm{d}x}.$$

为了完成求解, 我们必须求出 $\mathrm{d}v/\mathrm{d}x$. 由于 $v = \sin^{-1}(x^3)$, 如果设 $t = x^3$, 那么 $v = \sin^{-1}(t)$. 根据链式求导法则,

$$\frac{\mathrm{d}v}{\mathrm{d}x} = \frac{\mathrm{d}v}{\mathrm{d}t}\frac{\mathrm{d}t}{\mathrm{d}x} = \frac{1}{\sqrt{1 - t^2}}(3x^2) = \frac{3x^2}{\sqrt{1 - (x^3)^2}} = \frac{3x^2}{\sqrt{1 - x^6}}.$$

将它代入上一个方程得到

$$\frac{\mathrm{d}y}{\mathrm{d}x} = \sin^{-1}(x^3) \times 1 + x\frac{\mathrm{d}v}{\mathrm{d}x} = \sin^{-1}(x^3) + \frac{3x^3}{\sqrt{1 - x^6}}.$$

这样我们就完成了求解.

10.2.2 反余弦函数

为了理解反余弦函数, 我们需要重复上一节的过程. 先从 $y = \cos(x)$ 的图像开始, 如图 10-8 所示.

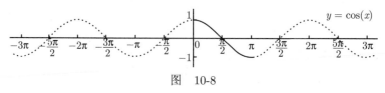

图 10-8

再一次地, 我们看到它不存在反函数. 但这次, 将定义域限制为 $[-\pi/2, \pi/2]$ 也不行, 因为在那里还是不满足水平线检验并且我们还舍弃了一部分本来有用的区间. 在上图中, 你可以看出介于 $[0, \pi]$ 的部分已经被标为实线, 这部分满足水平线检验, 因此正是我们要使用的. 这样我们得到了一个反函数, 并将它写为 $\cos^{-1}$ 或 arccos. 像反正弦函数一样, 反余弦函数的定义域是 $[-1, 1]$, 因为那是余弦函数的值域. 另一方面, 反余弦函数的值域是 $[0, \pi]$, 因为那是我们使用的余弦函数的受限定义域. $y = \cos^{-1}(x)$ 的图像 (图 10-9) 是通过 $y = \cos(x)$ 关于镜子 $y = x$ 反射形成的. 注意到该图像表明 $\cos^{-1}$ 既不是偶函数也不是奇函数, 尽管 $\cos(x)$ 是 x 的偶函数! 不管怎样, 如果你记不太起该如何去画以上图像, 那么可以先画出翻转后的 $\cos(x)$ 的图像, 然后选取 $[0, \pi]$ 上的那部分, 如图 10-10 所示.

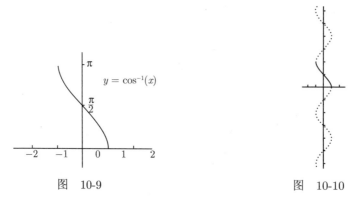

图 10-9 图 10-10

现在是时候来对 $y = \cos^{-1}(x)$ 关于 x 求导了. 我们要做与上一节完全相同的操作. 首先写出 $x = \cos(y)$ 并对它关于 x 进行隐函数求导:

$$\frac{\mathrm{d}}{\mathrm{d}x}(x) = \frac{\mathrm{d}}{\mathrm{d}x}(\cos(y)).$$

左边是 1, 右边是 $-\sin(y)\,(\mathrm{d}y/\mathrm{d}x)$. 重新整理可得

$$\frac{\mathrm{d}y}{\mathrm{d}x} = -\frac{1}{\sin(y)}.$$

由于 $\cos^2(y) + \sin^2(y) = 1$, 且 $x = \cos(y)$, 我们有 $\sin(y) = \pm\sqrt{1-x^2}$. 这意味着,

$$\frac{\mathrm{d}y}{\mathrm{d}x} = -\frac{1}{\pm\sqrt{1-x^2}} = \pm\frac{1}{\sqrt{1-x^2}}.$$

不同于反正弦函数, 反余弦函数的图像是向下的, 这意味着, 其斜率总为负, 因此得到

$$\boxed{\ \frac{\mathrm{d}}{\mathrm{d}x}\cos^{-1}(x) = -\frac{1}{\sqrt{1-x^2}}, \quad \text{其中 } -1 < x < 1.\ }$$

下面则是我们前面发现的关于反余弦函数的其他一些事实:

$$\boxed{\ \cos^{-1} \text{ 既不是偶函数也不是奇函数; 其定义域为 } [-1,1], \text{ 值域为 } [0,\pi].\ }$$

在转入讨论反正切函数之前, 让我们试着将反正弦函数和反余弦函数的导数并排放在一起:

$$\frac{\mathrm{d}}{\mathrm{d}x}\sin^{-1}(x) = \frac{1}{\sqrt{1-x^2}} \quad \text{和} \quad \frac{\mathrm{d}}{\mathrm{d}x}\cos^{-1}(x) = -\frac{1}{\sqrt{1-x^2}}.$$

这两个导数互为相反数! 让我们试着来看一下为什么这说得通. 如果你将 $y = \sin^{-1}(x)$ 和 $y = \cos^{-1}(x)$ 画在同一坐标系中, 会得到图 10-11.

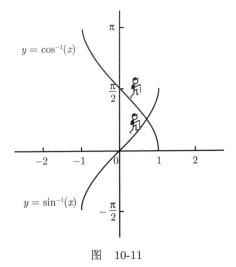

图 10-11

在同一条垂线上, 图中的两个登山者面对的情况恰恰相反, 因此这两个导数互为相反数是说得通的. 确实, 我们现在知道

$$\frac{\mathrm{d}}{\mathrm{d}x}(\sin^{-1}(x) + \cos^{-1}(x)) = \frac{1}{\sqrt{1-x^2}} - \frac{1}{\sqrt{1-x^2}} = 0.$$

因此 $y = \sin^{-1}(x) + \cos^{-1}(x)$ 的斜率为常数 0, 这意味着它始终是平的. 事实上, 如果将上图中这两个函数值的高度相加, 你会看到对于任意的值 x 都会得到 $\pi/2$. 这样我们刚刚使用微积分证明了以下恒等式: 对于在区间 $[-1,1]$ 上任意的 x,

$$\sin^{-1}(x) + \cos^{-1}(x) = \frac{\pi}{2}.$$

稍作思考, 你就会意识到这是说得通的! 看一下图 10-12.

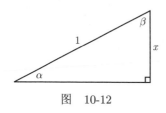

图   10-12

由于 $\sin(\alpha) = x$, 我们有 $\alpha = \sin^{-1}(x)$. 类似地, $\cos(\beta) = x$ 意味着 $\beta = \cos^{-1}(x)$. 又由于 $\alpha + \beta = \pi/2$, 这就意味着

$$\sin^{-1}(x) + \cos^{-1}(x) = \frac{\pi}{2}.$$

看到微积分与几何学殊途同归, 这很棒, 不是吗?

10.2.3 反正切函数

下面我们继续. 让我们先回忆一下 $y = \tan(x)$ 的图像, 如图 10-13 所示.

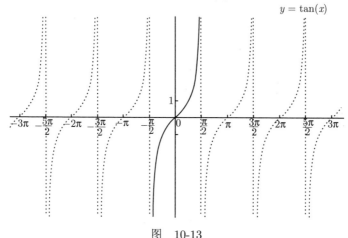

图   10-13

我们将定义域限制在 $(-\pi/2, \pi/2)$, 以便可以得到反函数 $\tan^{-1}$, 也可写作 $\arctan$. 反函数的定义域是正切函数的值域, 即所有的 $\mathbb{R}$. 它的值域是 $(-\pi/2, \pi/2)$, 自然也就是我们现在所取的 $\tan(x)$ 的受限定义域. $y = \tan^{-1}(x)$ 的图像如图 10-14 所示.

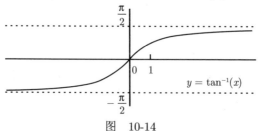

图   10-14

从图像上可见, $\tan^{-1}(x)$ 是 x 的奇函数 —— 事实上, 它继承了 $\tan(x)$ 的奇函数性质. 再一次地, 通过翻转 $y = \tan(x)$ 的图像并将大部分删除, 你就可以记起它的图像, 如图10-15所示.

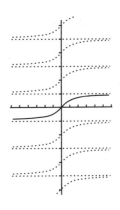

现在, 让我们来对 $y = \tan^{-1}(x)$ 关于 x 求导. 写出 $x = \tan(y)$ 并对它关于 x 进行隐函数求导. 自己验证一下,

$$\frac{dy}{dx} = \frac{1}{\sec^2(y)}.$$

由于 $\sec^2(y) = 1+\tan^2(y)$, 且 $\tan(y) = x$, 我们有 $\sec^2(y) = 1 + x^2$. 这意味着

图 10-15

$$\text{对于所有的实数 } x, \frac{d}{dx}\tan^{-1}(x) = \frac{1}{1+x^2}.$$

从之前的分析中我们还得知:

$$\tan^{-1} \text{ 是奇函数; 其定义域是 } \mathbb{R} \text{ 且值域是 } (-\pi/2, \pi/2).$$

不同于反正弦函数和反余弦函数, 反正切函数有水平渐近线. (前两个函数根本没机会有, 因为它们的定义域都是 $[-1,1]$.) 从其图像可以看到, 当 $x \to \infty$ 时 $\tan^{-1}(x)$ 趋于 $\pi/2$, 而当 $x \to -\infty$ 时 $\tan^{-1}(x)$ 趋于 $-\pi/2$. 事实上, 正切函数在 $x = \pi/2$ 和 $x = -\pi/2$ 处的垂直渐近线变成了反正切函数的水平渐近线. 这意味着, 我们有以下有用的极限:

$$\lim_{x\to\infty}\tan^{-1}(x) = \frac{\pi}{2} \quad \text{和} \quad \lim_{x\to-\infty}\tan^{-1}(x) = -\frac{\pi}{2}.$$

顺便说一下, 我们在 3.5 节其实已经看到过这些极限. 不管怎样, 当其他形式的虚拟变量也趋于 $\pm\infty$ 时, 这两个极限依然成立. 例如, 为了求

$$\lim_{x\to-\infty}\frac{x^2-6x+4}{(2x^2+7x-8)\tan^{-1}(3x)},$$

我们先将分式拆开, 得到

$$\lim_{x\to-\infty}\frac{x^2-6x+4}{2x^2+7x-8} \times \frac{1}{\tan^{-1}(3x)}.$$

第一个分式的极限是 $1/2$, (自己验证一下!) 第二个分式呢? 好吧, 当 x 在负方向上变得非常大时, $3x$ 也一样, 故 $\tan^{-1}(3x)$ 趋于 $-\pi/2$. 因此, 整个极限是

$$\frac{1}{2} \times \frac{1}{-\dfrac{\pi}{2}} = -\frac{1}{\pi}.$$

然而, 假若我们用 $3x^2$ 替换 $3x$:

$$\lim_{x \to -\infty} \frac{x^2 - 6x + 4}{(2x^2 + 7x - 8)\tan^{-1}(3x^2)}.$$

现在当 $x \to -\infty$ 时, $\tan^{-1}(3x^2)$ 趋于 $\pi/2$, 因为 $3x^2$ 趋于 ∞, 而不是 $-\infty$. 因此在这种情况下, 整个极限是 $1/\pi$.

10.2.4 反正割函数

旅程继续. 图 10-16 是 $y = \sec(x)$ 的图像.

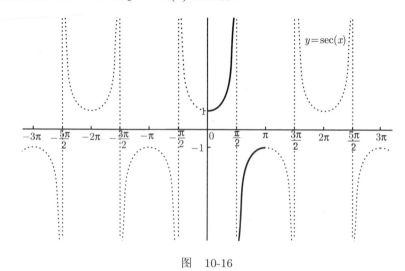

图　10-16

现在的情况与我们求反余弦函数时的情况 (不出意外地) 非常相似. 我们必须将定义域限制在 $[0,\pi]$ 上, 并除去点 $\pi/2$, 因为它甚至不在 $\sec(x)$ 的原始定义域中. 正割函数的值域是 $(-\infty, -1]$ 和 $[1, \infty)$ 这两个区间的并集, 因此这也是其反函数 $\sec^{-1}$(或 arcsec) 的定义域. 至于 $\sec^{-1}$ 的值域, 它和原函数的受限定义域是一样的: $[0,\pi]$ 除去点 $\pi/2$. 它的图像如图 10-17 所示.

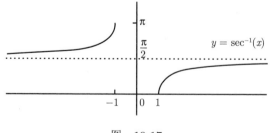

图　10-17

注意到在 $y = \pi/2$ 处, 有一条双侧水平渐近线, 故

$$\boxed{\lim_{x \to \infty} \sec^{-1}(x) = \frac{\pi}{2}} \quad \text{和} \quad \boxed{\lim_{x \to -\infty} \sec^{-1}(x) = \frac{\pi}{2}}.$$

现在让我们来求导吧. 如果 $y = \sec^{-1}(x)$, 那么 $x = \sec(y)$, 故

$$\frac{\mathrm{d}}{\mathrm{d}x}(x) = \frac{\mathrm{d}}{\mathrm{d}x}(\sec(y)).$$

要确保你知道为什么会有

$$\frac{\mathrm{d}y}{\mathrm{d}x} = \frac{1}{\sec(y)\tan(y)}.$$

由于 $x = \sec(y)$, 又由于 $\sec^2(y) = 1 + \tan^2(y)$, 我们可以重新整理并取平方根, 得到 $\tan(y) = \pm\sqrt{x^2 - 1}$. 这意味着

$$\frac{\mathrm{d}y}{\mathrm{d}x} = \frac{1}{\pm x\sqrt{x^2 - 1}}.$$

那它是正的还是负的呢? 回头看一下 $y = \sec^{-1}(x)$ 的图像, 你可以看到其斜率总为正. 因此, 我们实际上需要做得更聪明些 —— 不是简单取正号或负号, 而是我们用 $|x|$ 代替 x, 这样我们总能得到正的结果. 也就是说,

$$\boxed{\text{对于 } x > 1 \quad \text{或} \quad x < -1, \frac{\mathrm{d}}{\mathrm{d}x}\sec^{-1}(x) = \frac{1}{|x|\sqrt{x^2 - 1}}.}$$

有关反正割函数的其他事实可以总结如下:

> $\sec^{-1}$ 既不是奇函数也不是偶函数; 其定义域是 $(-\infty, -1] \cup [1, \infty)$ 且值域是 $[0, \pi] \setminus \left\{\frac{\pi}{2}\right\}$.

(这里我用标准缩写 $\cup$ 来表示两个区间的并集, 用 $\setminus$ 表示 "不包括".)

10.2.5 反余割函数和反余切函数

现在让我们快速看一下最后两个反三角函数. 你可以重复之前的分析来求得 $y = \csc^{-1}(x)$ 和 $y = \cot^{-1}(x)$ 的定义域、值域以及图像:

> $\csc^{-1}$ 是奇函数; 其定义域为 $(-\infty, -1] \cup [1, \infty)$ 且值域是 $\left[-\frac{\pi}{2}, \frac{\pi}{2}\right] \setminus \{0\}$.

> $\cot^{-1}$ 既不是奇函数也不是偶函数; 其定义域为 $\mathbb{R}$ 且值域是 $(0, \pi)$.

图 10-18 是它们的图像.

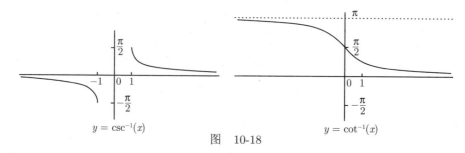

图 10-18

这两个函数都有水平渐近线: $y = \csc^{-1}(x)$ 在 $y = 0$ 处有一条双侧水平渐近线, $y = \cot^{-1}(x)$ 在 $y = \pi$ 处有一条左侧水平渐近线, 而在 $y = 0$ 处有一条右侧水平渐近线. 我们可以将这些极限总结如下:

$$\lim_{x \to \infty} \csc^{-1}(x) = 0 \quad 和 \quad \lim_{x \to -\infty} \csc^{-1}(x) = 0.$$

$$\lim_{x \to \infty} \cot^{-1}(x) = 0 \quad 和 \quad \lim_{x \to -\infty} \cot^{-1}(x) = \pi.$$

当然, 如果你知道上述图像, 就可以很容易地写出这些极限, 而不需要死记硬背. 注意到 $y = \csc^{-1}(x)$ 的图像和 $y = \sec^{-1}(x)$ 的图像非常相似; 事实上, 你可以通过将一个图像关于 $y = \pi/4$ 作对称得到另一个图像. 这正好与 $y = \sin^{-1}(x)$ 和 $y = \cos^{-1}(x)$ 的相互关系是一致的. 因此毫不奇怪, $\csc^{-1}(x)$ 的导数就是负的 $\sec^{-1}(x)$ 的导数:

$$对于 \ x > 1 \ 或 \ x < -1, \frac{\mathrm{d}}{\mathrm{d}x}\csc^{-1}(x) = -\frac{1}{|x|\sqrt{x^2 - 1}}.$$

同样的事情也见于 $\cot^{-1}(x)$ 和 $\tan^{-1}(x)$, 因此

$$对于所有的实数 \ x, \frac{\mathrm{d}}{\mathrm{d}x}\cot^{-1}(x) = -\frac{1}{1 + x^2}.$$

10.2.6 计算反三角函数

这样我们就完成了对于反三角函数一个相当全面的讨论. 由于我们又多了几个求导法则, 练习一下对涉及反三角函数的函数求导似乎是个不错的主意. 不过同时, 我们也不该忽略反三角函数一些不涉及任何微积分但基本的计算. 首先说, 你应该确保自己不费力就可以算出诸如 $\sin^{-1}(1/2)$、$\cos^{-1}(1)$ 以及 $\tan^{-1}(1)$ 等的值. 例如, 为了求 $\sin^{-1}(1/2)$, 你要立马能想到自己是要在 $[-\pi/2, \pi/2]$ 上找一个角, 其正弦值是 $1/2$. 而这当然就是 $\pi/6$. 类似地, 你也应该抬笔就可以写出 $\cos^{-1}(1) = 0$ 和 $\tan^{-1}(1) = \pi/4$. 所有这些常用值都列在了 2.1 节结尾部分的那张表里.

下面是一个更有趣的问题: 该如何化简

$$\sin^{-1}\left(\sin\left(\frac{13\pi}{10}\right)\right)?$$

本能的反应是消去反正弦函数和正弦函数, 只剩下 $13\pi/10$. 但这显然不对, 因为正如我们在 10.2.1 节看到的, 反正弦函数的值域是 $[-\pi/2, \pi/2]$. 因此, 我们需要做的就是找到在那个区间里的一个角, 其正弦值与 $13\pi/10$ 的正弦值一样. 好吧, 注意到 $13\pi/10$ 在第三象限 (因为它大于 π 但小于 $3\pi/2$), 因此它的正弦值是负的. 此外, 其参照角是 $3\pi/10$. 在 $[-\pi/2, \pi/2]$ 中带有相同参照角的角是 $3\pi/10$ 和 $-3\pi/10$. 前者的正弦值为正, 后者的正弦值为负. 而我们需要一个负的正弦值, 因此我们证明了

$$\sin^{-1}\left(\sin\left(\frac{13\pi}{10}\right)\right) = -\frac{3\pi}{10}.$$

那么又该如何化简

$$\cos^{-1}\left(\cos\left(\frac{13\pi}{10}\right)\right)?$$

之前的答案 $-3\pi/10$ 在这里又显然不对, 因为反余弦函数的值域是 $[0, \pi]$. 哎, 为什么就这么麻烦呢? 很遗憾, 我也无能为力, 事情就是这样 …… 因此, 让我们再来做一遍: $13\pi/10$ 在第三象限, 因此其余弦值为负; 其参照角是 $3\pi/10$, 而在 $[0, \pi]$ 中带有相同参照角的角是 $3\pi/10$ 和 $7\pi/10$; 这两个角的余弦值分别是正的和负的, 而我们想要一个负的余弦, 因此我们必须有

$$\cos^{-1}\left(\cos\left(\frac{13\pi}{10}\right)\right) = \frac{7\pi}{10}.$$

现在, 我留给你来证明

$$\tan^{-1}\left(\tan\left(\frac{13\pi}{10}\right)\right) = \frac{3\pi}{10}.$$

只需回想一下, 正切函数在第三象限为正! 不管怎样, 这些都是很难的例子, 因此如果你认为求

$$\sin\left(\sin^{-1}\left(-\frac{1}{5}\right)\right)$$

也很难的话, 我不会责怪你. 幸运的是, 它不难, 答案就是 $-\frac{1}{5}$. 一般地, $\sin(\sin^{-1}(x)) = x$, 只要 x 在反正弦函数的定义域 $[-1, 1]$ 中. (否则的话, $\sin\left(\sin^{-1}(x)\right)$ 甚至都说不通!) 但当你试图写出 $\sin^{-1}(\sin(x)) = x$ 时, 问题就出现了, 因为这根本不对, 前面 $13\pi/10$ 的例子就说明了这一点. 当然, 同样的情况对其他反三角函数也成立. (参见 1.2.4 节结尾部分的讨论.)

再来看两个例子: 考虑该如何求

$$\sin\left(\cos^{-1}\left(\frac{\sqrt{15}}{4}\right)\right) \quad \text{和} \quad \sin\left(\cos^{-1}\left(-\frac{\sqrt{15}}{4}\right)\right).$$

求解这两种情况的技巧是, 使用三角恒等式 $\cos^2(x) + \sin^2(x) = 1$. 对于第一个问题, 令

$$x = \cos^{-1}\left(\frac{\sqrt{15}}{4}\right),$$

并注意到我们想要求 $\sin(x)$. 我们实际上知道 $\cos(x)$:

$$\cos(x) = \cos\left(\cos^{-1}\left(\frac{\sqrt{15}}{4}\right)\right) = \frac{\sqrt{15}}{4}.$$

回想一下, 取一个反余弦的余弦构不成问题: 反过来才有可能出现问题. 不管怎样, 我们知道 $\cos(x)$, 因此通过重新整理恒等式 $\cos^2(x) + \sin^2(x) = 1$, 我们必须有

$$\sin(x) = \pm\sqrt{1 - \cos^2(x)} = \pm\sqrt{1 - \left(\frac{\sqrt{15}}{4}\right)^2} = \pm\sqrt{\frac{1}{16}} = \pm\frac{1}{4}.$$

因此, 我们想要的答案是 1/4 或 −1/4. 但到底是哪一个呢? 由于 $\sqrt{15}/4$ 是正的, 它的反余弦必定位于 $[0, \pi/2]$. 也就是说, x 在第一象限, 故其正弦为正. 最终, 我们证明了

$$\sin\left(\cos^{-1}\left(\frac{\sqrt{15}}{4}\right)\right) = \frac{1}{4}.$$

至于

$$\sin\left(\cos^{-1}\left(-\frac{\sqrt{15}}{4}\right)\right),$$

你可以重复上述过程来证明

$$\sin(x) = \pm\sqrt{1 - \cos^2(x)} = \pm\sqrt{1 - \left(-\frac{\sqrt{15}}{4}\right)^2} = \pm\sqrt{\frac{1}{16}} = \pm\frac{1}{4}.$$

你可能会猜这次的答案该是 −1/4, 但这是乱猜. 你看, $-\sqrt{15}/4$ 是负的, 故其反余弦必定位于区间 $[\pi/2, \pi]$. 也就是说, x 在第二象限. 但正弦函数在第二象限还是正的! 因此, $\sin(x)$ 必定为正, 这样我们也就证明了

$$\sin\left(\cos^{-1}\left(-\frac{\sqrt{15}}{4}\right)\right) = \frac{1}{4}.$$

事实上, 我们可以注意到, $\sin\left(\cos^{-1}(A)\right)$ 必定总是非负的, 尽管如果 A 是负的 (注意到 A 必须位于 $[-1, 1]$, 因为那是反余弦函数的定义域). 这是因为 $\cos^{-1}(A)$ 位于区间 $[0, \pi]$, 正弦函数在这个区间上是非负的.

　　事实上, 在后面 19.3 节讨论三角换元法时, 我们会再来看另一种求解形如 $\sin\left(\cos^{-1}(A)\right)$ 的方法. 不过现在, 暂且告别这些反三角函数, 并快速看一下反双曲函数.

10.3 反双曲函数

双曲函数 (参见 9.7 节) 的情况有点不同. 回想一下这些函数的图像是什么样的. 特别地, 你可以看到 $y = \cosh(x)$ 的图像有点像 $y = x^2$ 的图像, 只是向上移动了 1 且形状略有不同. 如果想求这个函数的反函数, 必须舍弃该图像的左半部分, 就像为了取正的平方根而舍弃负的那个一样. 另一方面, $y = \sinh(x)$ 已经满足水平线检验, 因此没有必要再做什么. 这样, 我们得到带有以下性质的两个反函数:

$\cosh^{-1}$ 既不是奇函数也不是偶函数; 其定义域是 $[1, \infty)$ 且值域是 $[0, \infty)$.

$\sinh^{-1}$ 是奇函数; 其定义域和值域都是 $\mathbb{R}$.

像往常一样, 它们的图像可以通过将原始图像关于直线 $y = x$ 反射获得, 如图 10-19 所示.

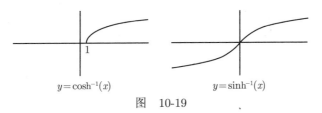

$$y = \cosh^{-1}(x) \qquad y = \sinh^{-1}(x)$$

图 10-19

我们可以使用与求反三角函数的导数相同的方法来求它们的导数. 特别地, 如果 $y = \cosh^{-1}(x)$, 那么 $x = \cosh(y)$; 对它关于 x 作隐函数求导, 我们得到

$$1 = \sinh(y)\frac{\mathrm{d}y}{\mathrm{d}x}.$$

(回想一下, $\cosh(x)$ 关于 x 的导数是 $\sinh(x)$, 而不是 $-\sinh(x)$.) 又由于 $\cosh^2(x) - \sinh^2(x) = 1$, 因此我们可以对它重新整理并取平方根, 得到 $\sinh(y) = \pm\sqrt{\cosh^2(y) - 1} = \pm\sqrt{x^2 - 1}$. 由于 $\cosh^{-1}(x)$ 在 x 上明显是递增的, 故我们有

$$对于 x > 1, \frac{\mathrm{d}}{\mathrm{d}x}\cosh^{-1}(x) = \frac{1}{\sqrt{x^2 - 1}}.$$

以相同的方法, 你应该可以得到

$$对于所有的实数 x, \frac{\mathrm{d}}{\mathrm{d}x}\sinh^{-1}(x) = \frac{1}{\sqrt{x^2 + 1}}.$$

现在, 暂且把微积分放在一边, 让我们回想一下 $\cosh(x)$ 和 $\sinh(x)$ 的定义:

$$\cosh(x) = \frac{\mathrm{e}^x + \mathrm{e}^{-x}}{2} \quad 和 \quad \sinh(x) = \frac{\mathrm{e}^x - \mathrm{e}^{-x}}{2}.$$

由于我们可以用指数函数来表示 $\cosh(x)$ 和 $\sinh(x)$, 因而应该也可以用对数函数来表示反函数, 毕竟指数函数和对数函数互为反函数. 让我们来看一下这是如何做

到的. 例如, 如果 $y = \cosh^{-1}(x)$, 那么 $x = \cosh(y) = (e^y + e^{-y})/2$. 现在, 你可以用一个小技巧来求解 y. 令 $u = e^y$, 那么 $e^{-y} = 1/u$. 方程变为

$$x = \frac{u + 1/u}{2}.$$

两边同乘以 $2u$ 并整理得到一个 u 的二次方程: $u^2 - 2xu + 1 = 0$. 根据二次公式,

$$e^y = u = x \pm \sqrt{x^2 - 1},$$

然后对两边取对数,

$$y = \ln(x \pm \sqrt{x^2 - 1}).$$

那么到底取正号还是负号呢? 略作思考后可以看到, 如果 $x > 1$, 那么 $x - \sqrt{x^2 - 1} < 1$. 这意味着, 它的对数是负的. (回想一下, 一个介于 0 和 1 的数的对数是负的!) 这不是我们想要的. 因此, 它是正的平方根. 这样我们证明了, 当 $x \geqslant 1$ 时,

$$\cosh^{-1}(x) = \ln(x + \sqrt{x^2 - 1}).$$

类似地, 你可以证明, 对于所有的 x,

$$\sinh^{-1}(x) = \ln(x + \sqrt{x^2 + 1}).$$

作为练习, 你应该尝试对这后两个方程的右边求导并检验你的答案是否与我们之前求出的 $\cosh^{-1}(x)$ 和 $\sinh^{-1}(x)$ 的导数一致.

其他的反双曲函数

到目前为止, 我们只研究了双曲正弦函数和双曲余弦函数的反函数. 如果你对其他四个双曲函数重复这个分析过程, 应该可以得出以下结论.

> $\tanh^{-1}$ 是奇函数; 其定义域是 $(-1, 1)$, 值域是 $\mathbb{R}$.

> sech^{-1} 既不是奇函数也不是偶函数; 其定义域是 $(0, 1]$, 值域是 $[0, \infty)$.

> csch^{-1} 是奇函数; 其定义域和值域都是 $\mathbb{R} \backslash \{0\}$.

> $\coth^{-1}$ 是奇函数; 其定义域是 $(-\infty, -1) \cup (1, \infty)$, 值域是 $\mathbb{R} \backslash \{0\}$.

注意到为了得到反函数, 我们已经将 sech 的定义域限制为 $[0, \infty)$, 正如我们对 cosh 所做的那样.

图 10-20 是它们的图像, 试与 9.7 节中原函数的图像作比较.

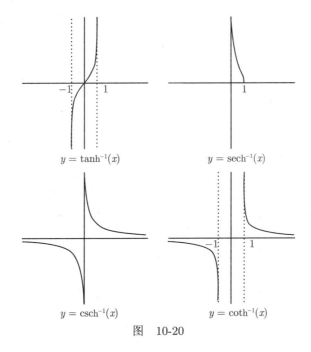

$$y = \tanh^{-1}(x) \qquad\qquad y = \operatorname{sech}^{-1}(x)$$

$$y = \operatorname{csch}^{-1}(x) \qquad\qquad y = \coth^{-1}(x)$$

图 10-20

最后, 通过整理出 x 的式子并对它使用关于 x 进行隐函数求导的标准技巧, 你就可以求其导数. 下面就是各自的导数:

$$\frac{\mathrm{d}}{\mathrm{d}x} \tanh^{-1}(x) = \frac{1}{1-x^2} \quad (-1 < x < 1)$$

$$\frac{\mathrm{d}}{\mathrm{d}x} \coth^{-1}(x) = \frac{1}{1-x^2} \quad (x > 1 \text{ 或 } x < -1)$$

$$\frac{\mathrm{d}}{\mathrm{d}x} \operatorname{sech}^{-1}(x) = -\frac{1}{x\sqrt{1-x^2}} \quad (0 < x < 1)$$

$$\frac{\mathrm{d}}{\mathrm{d}x} \operatorname{csch}^{-1}(x) = -\frac{1}{|x|\sqrt{1+x^2}} \quad (x \neq 0).$$

要记住, 所有这些导数公式只有当 x 在相关函数本身的定义域内时才成立. 这就解释了为什么 $\tanh^{-1}(x)$ 和 $\coth^{-1}(x)$ 的导数是相同的, 尽管它们的图像看起来非常不同. 具体说, $\tanh^{-1}(x)$ 只有在 $(-1,1)$ 上有定义, 而 $\coth^{-1}(x)$ 只有在区间 $[-1,1]$ 之外有定义. 它们没有重叠部分, 因此这两个函数有相同的导数不会造成问题. 就这样吧, 反函数已经讨论得够多了!

第 11 章　导数和图像

我们已经看过了怎样求导不同类型的函数: 多项式和多项式型函数、三角函数和反三角函数、指数函数和对数函数, 以及双曲函数和反双曲函数. 现在我们可以利用这些知识来绘制一般函数的图像. 我们将看到导数会如何帮助我们理解函数的最大值和最小值, 而二阶导数又会如何帮助我们理解函数所谓的凹性. 总的来说, 我们要介绍以下知识点:

(1) 函数的局部和全局极值问题, 以及怎样用导数去找极值;

(2) 罗尔定理和中值定理, 以及它们对绘制函数图像的意义;

(3) 二阶导数的图像阐释;

(4) 对导数为零点的分类.

在下一章中, 我们将看到一种借助上述手段绘制函数图像的综合性方法.

11.1　函数的极值

如果我们说 $x = a$ 是函数 f 的一个**极值点**, 这就意味着函数 f 在 a 点处有最大值或最小值. 在 5.1.6 节中, 我们已经讨论到一点最大值和最小值; 在学习下面的内容之前, 我强烈建议你翻回第 5 章复习一下. 不管怎样, 我们需要讨论得更深入一些, 并区分两种类型的极值: 全局极值和局部极值.

11.1.1　全局极值和局部极值

最大值的基本思想是, 它是函数图像的最高点. 考虑图 11-1 中函数在定义域 $[0, 7]$ 内的最大值.

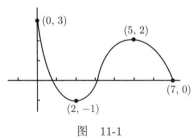

图　11-1

显然该函数达到的最高点为 3, 出现在 $x = 0$ 处, 因此你可以说该函数在 $x = 0$ 处有最大值. 另一方面, 想象这个图像为一座山的截面, 而你正在攀登它. 假设你从点 $(2, -1)$ 开始, 往右向上攀登. 最终你到达了山峰 $(5, 2)$, 然后你开始往下走. 这个山峰无疑会让人感觉, 它是某种最大值 —— 它是山的顶部, 高度为 2, 尽管在它左侧还有一个山峰比它更高. 如果在 $x = 0$ 处的山峰被云雾笼罩, 你在点 (5, 2) 时看不到它, 这样你会确实感觉自己是在最高点了. 事实上, 如果我们限制定义域为 [2, 7], 这时 $x = 5$ 处确实有最大值.

我们需要一种方法来区分这种情况. 如果当 $x = a$ 时, $f(a)$ 是函数 f **整个**定义域内的最大值, 我们就说它是**全局最大值** (或**绝对最大值**). 用记号表示, 我们说对于在该函数定义域中的任何数值 x 都有 $f(a) \geqslant f(x)$. 这是我们之前使用过的定义, 但这次我们定义得更准确, 特称它为 "全局最大值", 而不是泛泛称 "最大值".

正如之前注意到的, 一个函数可能有多个全局最大值. 例如 $\cos(x)$ 的最大值为 1, 但有无数个 x 的值与之对应. (从 $y = \cos(x)$ 的图像中可以看到, 这些值都是 2π 的整数倍.)

那么另一类最大值又是什么情况呢? 在包含 a 的某一小段区间内, 如果在 $x = a$ 处, $f(a)$ 有最大值, 我们就称这点为**局部最大值**, 或**相对最大值**. 你可以把这想象成, 舍弃定义域的大部分, 而只关注靠近 a 的 x 的值, 然后称函数在这些 x 值中达到最大值.

让我们看看在上面的例子中这是如何运作的. 我们发现在 $x = 5$ 处有局部最大值, 因为如果只关注 $x = 5$ 临近部分的函数, 点 (5, 2) 就是最高点. 例如, 如果我们把图像向左延伸到 $x = 3$, 点 (5, 2) 依然是最高点. 但 $x = 5$ 不是全局最大值, 因为点 (0, 3) 更高. 这意味着 $x = 0$ 是全局最大值. 当然, 它也是局部最大值, 事实上很明显, **每一个全局最大值都是局部最大值**.

用同样的方式, 我们也可以定义全局和局部最小值. 在上图中, 我们可以看出 $x = 2$ 是全局最小值 (值为 −1), 因为它的高度最低. 另一方面, $x = 7$ 是局部最小值 (值为 0). 的确, 如果你看图像右侧从 $x = 5$ 到 $x = 7$ 这一段, 会发现右端点 $x = 7$ 就是该段的最低点.

11.1.2 极值定理

在第 5 章中, 我们看到过最大值与最小值定理. 它说的是, **连续**函数在一个**闭**区间 $[a, b]$ 内一定有一个全局最大值和一个全局最小值. 如果函数不是连续的, 或者尽管连续但其定义域不是一个闭区间, 这时该函数可能没有全局最大值或最小值. 例如, 定义在闭区间 $[-1, 1]$ 上、但 x 不能为 0 的函数 $f(x) = 1/x$, 其定义域内就没有全局最大值和最小值. (画出图像找原因!)

最大值与最小值定理的问题在于, 它没有告诉我们全局最大值和最小值出现的位置. 这时导数就有了用武之地. 如果函数在 $x = c$ 处的导数为零或导数不存在, 我们就称 $x = c$ 为**临界点**. 然后我们有以下这个很好的结论[①]:

[①] 最大值与最小值定理也经常会被称为极值定理, 有时会与这里的极值定理放到一起.

极值定理　假设函数 f 定义在开区间 (a,b) 内, 并且点 c 在 (a,b) 区间内. 如果点 c 为函数的局部最大值或最小值, 那么点 c 一定为该函数的临界点. 也就是说, $f'(c) = 0$ 或 $f'(c)$ 不存在.

所以在一个开区间内的局部最大值和最小值只可能出现在临界点. 但反过来说, 临界点一定是局部最大值或最小值就不一定成立. 例如, 如果函数 $f(x) = x^3$, 它的导数为 $f'(x) = 3x^2$, 可以看出 $f'(0) = 0$. 这意味着 $x = 0$ 是该函数的临界点. 另一方面, 从图像 $y = x^3$ 中可以看出, 该点既不是局部最大值也不是局部最小值.

上述定理适用于开区间. 但如果定义域为闭区间 $[a, b]$, 情况又会怎样呢? 端点 a 和 b 可能是局部最大值或最小值, 而它们不在上述定理的讨论范围内. 综上所述, 在一个闭区间内, 局部最大值或最小值只可能出现在临界点, 或该区间的端点. 例如, 让我们更仔细地看看图 11-2.

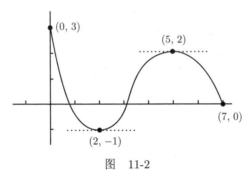

图　11-2

从图像中可以看出, 局部最大值出现在 $x = 0$ 和 $x = 5$ 处, 局部最小值出现在 $x = 2$ 和 $x = 7$ 处. 在 $x = 2$ 和 $x = 5$ 处的斜率为零, 所以这两点为临界点; 而 $x = 0$ 和 $x = 7$ 这两点为端点.

你可能会想为什么极值定理说得通. 假设在 $x = a$ 处有局部最小值, 当你从左边接近 $x = a$ 时, 你必定是在下坡, 所以斜率 (如果存在的话) 是负的. 当你从右边离开 $x = a$ 时, 你是在上坡, 所以斜率是正的. 斜率从负到正, 你自然会想到之间有斜率为零的一点. 另一方面, 如果 $f(x) = |x|$, 它的斜率从 -1 直接跳到 1, 而没有经过斜率为零的阶段. 这是因为 $f'(0)$ 不存在 (参见 5.2.10 节). 不过, 这没有关系——$x=0$ 仍是临界点, 因为在那里导数不存在. 它也是局部最小值. (你知道原因吗?) 顺便说一下, 上述推理不算严格证明, 真正的证明请参见附录 A 的 A.6.6 节.

11.1.3　求全局最大值和最小值

极值定理让求全局最大值和最小值变得轻而易举, 因为它缩小了它们可能的存身之处. 基本思路是这样的: 每一个全局极值也是局部极值, 而局部极值只可能出现在临界点, 所以找出所有的临界点并求出它们对应的函数值, 这样其中最大的就是全局最大值, 最小的就是全局最小值. 下面是怎样求在闭区间 $[a, b]$ 内的全局最大值和最小值的详细步骤.

(1) 找出 $f'(x)$, 并列出在 (a, b) 中 $f'(x)$ 不存在或 $f'(x) = 0$ 的点. 也就是说, 列出在开区间 (a, b) 内所有的临界点.

(2) 把端点 $x = a$ 和 $x = b$ 放入上述列表.

(3) 对于上述列表中的每一个点, 将它们代入 $y = f(x)$ 以求出它们所对应的函数值.

(4) 找出最大的函数值以及它所对应的 x 的值, 这就是全局最大值.

(5) 用同样的方法找到最小的函数值和全局最小值.

我们会在后面的 11.5 节再考虑局部极值, 而现在先来看一下上述方法的一个应用例子. 假设 $f(x) = 12x^5 + 15x^4 - 40x^3 + 1$, 其定义域为 $[-1, 2]$, 在此定义域内的全局最大值和最小值是什么?

让我们执行上述程序. 第一步, 需要找出 $f'(x)$. 这不成问题: 你可以检验一下 $f'(x) = 60x^4 + 60x^3 - 120x^2$. 很明显, 在开区间 $(-1, 2)$ 内该函数的导数都存在, 所以我们仅仅需要去找满足导数为零的所有 x 的值. 如果对导函数进行因式分解, 得到 $f'(x) = 60x^2(x-1)(x+2)$, 我们就可以很容易找到使导函数为零的所有 x 的值: 要使 $f'(x) = 0$, 必须有 $x = 0$、$x = 1$ 或 $x = -2$. 由于 -2 不在定义域内, 所以我们只保留 $x = 0$ 和 $x = 1$ 两点. 第二步告诉我们应该把 $x = -1$ 和 $x = 2$ 两点也加入列表.

有了一份全局最大值和最小值的可能候选者列表, 我们现在来到了第三步: 求出它们所对应的函数值. 这很简单, 只需将它们逐一代入就可以了, 我们得到 $f(-1) = 44$, $f(0) = 1$, $f(1) = -12$ 及 $f(2) = 305$. 至于最后两步, 我们需要做的仅仅是从上述数值中选出最大的和最小的. 最大的是 305, 出现在 $x = 2$ 处, 所以 $x = 2$ 是该函数的全局最大值; 最小的是 -12, 出现在 $x = 1$ 处, 所以 $x = 1$ 是该函数的全局最小值. 这样, 我们就找到了全局最大值和最小值.

在开始松懈之前, 让我们再更仔细地看一下刚才的函数 f. 首先, 注意到如果扩大它的定义域, 情况可能会由于两个原因而发生改变: 一来端点会改变, 二来 $x = -2$ 处的临界点可能会进来搅局. 其次, 我们应该更仔细地看一下 $x = 0$ 处的临界点那里发生了什么. 它是局部最大值, 还是局部最小值, 又或者两者都不是? 对此一个方法是观察其图像. 如图 11-3 所示. 点 $(-1, 44)$ 比点 $(0, 1)$ 要高, 后者又比点 $(1, -12)$ 高. 所以在 $x = 0$ 处不可能有局部最大值, 也不可能有局部最小值. 但等等, 你可能会说 —— 图像也可能会像图 11-4 啊.

在图 11-4 中, $x = 0$ 是局部最大值. 但问题在于, 这样的话, 我们在 -1 和 0 之间引入了另一个局部最小值. 毕竟, 如果我们要求曲线连接 $(-1, 44)$ 和 $(0, 1)$, 同时又要求它在 $(0, 1)$ 处是个凸起, 那它势必曾降到比 1 还低的高度. 这意味着这里会有一个低谷. 也就是说, 在 $x = -1$ 和 $x = 0$ 之间的某处有一个局部最小值! 但是, 这不可能, 因为在 $x = -1$ 和 $x = 0$ 之间没有临界点. 所以该函数的图像必定更接近于图 11-3, 进而结论是, x=0 既不是局部最大值也不是局部最小值.

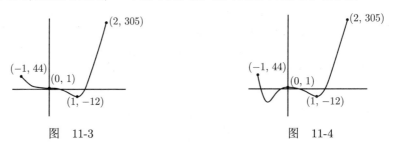

图　11-3　　　　　　　　　　　　　　图　11-4

如果定义域不是有限的, 情况会变得略微复杂一些. 例如, 考虑下面两个函数 f 和 g, 它们的定义域都为 $[0, +\infty)$, 图像如图 11-5 所示.

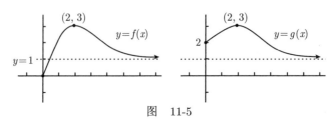

图　11-5

在两种情况下, 很显然 $x = 2$ 是临界点, 端点是 0 和 ∞. 但等一下, ∞ 并不是真正的端点, 因为它并不存在! 但无论如何, 让我们还是把它加入列表中, 因此列表包含 $0, 2$ 和 ∞; 注意到对于 f 和 g 两个函数而言, 列表是一样的.

我们先来看函数 f. 可以看出 $f(0) = 0$, $f(2) = 3$, 而 $f(\infty)$ 只有当你考虑 $\lim\limits_{x \to \infty} f(x)$ 时才说得通. 该极限值为 1, 因为 $y = 1$ 为函数 f 的水平渐近线. 最大的函数值出现在 $x = 2$, 所以 $x = 2$ 是该函数的全局最大值. 最小的函数值出现在 $x = 0$, 所以 $x = 0$ 是该函数的全局最小值. 右 "端点" ∞ 甚至都没有出场.

那么函数 g 呢? 好吧, 这次 $g(0) = 2$, $g(2) = 3$, 而右端点由观察 $\lim\limits_{x \to \infty} g(x) = 1$ 可知. 最大的函数值依然出现在 $x = 2$, 所以 $x = 2$ 为函数的全局最大值. 但最小的函数值呢? 这个值当 $x \to \infty$ 时才能取到. 这是否意味着 ∞ 是全局最小值呢? 当然不是, 因为 ∞ 都不是一个数; 该函数 g 没有全局最小值.[①]

11.2　罗尔定理

想象你正开车沿着高速公路行驶. 我看到你在一家加油站停了下来. 然后你继

---

① 另一方面, g 确实有一个全局下确界. 这一概念稍微超出了本书范围. 如果你想了解更多, 请参阅关于实分析的书.

续前行, 始终没有改变方向, 虽然你随时可以掉转方向. 过了一段时间, 我又在这家加油站看见了你, 但我不曾跟着你, 看你在这段时间里都做了什么. 我断定: 在我不曾跟着看你的某个时刻, 你的车速为零.

为什么我会有信心这样说? 其实, 有可能你从来就没有离开过加油站, 这样的话, 你的速度一直为零. 而如果你确实离开过加油站, 并往前开, 那你最终必定在某处掉了头, 否则你不可能又回到加油站. 那么当你停止前进开始掉头时会发生什么呢? 你必定停下来过, 哪怕只是一瞬间! 你不可能掉转方向而不让车停下来. 这同我们在 6.4.1 节中研究过的上抛球运动的情况相似. 在球到达最高点的这一瞬间, 它的速度为零.

另一方面, 你还有可能曾离开加油站, 并倒着开. 在这种情况下, 你也必定曾在某个时刻将挡位由后退改为前进, 而结果是相同的: 你在某处停下来过. 无论你向哪个方向走, 你都可能停下来过很多次; 但我知道你至少停下来过一次. 这就是罗尔定理所讲的内容.[①] 定理陈述如下.

> **罗尔定理**　假设函数 f 在闭区间 $[a,b]$ 内连续, 在开区间 (a,b) 内可导. 如果 $f(a) = f(b)$, 那么在开区间 (a,b) 内至少存在一点 c, 使得 $f'(c) = 0$.

结合我们的例子, 设 $f(t)$ 是汽车在时刻 t 的位移. 这意味着 $f'(t)$ 是你在时刻 t 的速度. 时刻 a 和 b 是我在加油站看到你的时刻; $f(a) = f(b)$ 说明在时刻 a 和 b 你所在的位置相同 —— 都是在加油站. 最后, c 是你停下来的时刻, 因为 $f'(c) = 0$. 罗尔定理告诉我你至少停下来过一次. 我不知道你是什么时候停下来的, 因为我没跟着你, 但我知道你肯定停下来过. (我假定你的车的运动是可导的, 这个假设在大多数情况下都很合理. 另一方面, 如果你从汽车碰撞测试假人的角度考虑, 或许车的运动在撞墙的那一瞬间不是可导的 ⋯⋯)

现在, 让我们看一下罗尔定理适用的一些场合, 如图 11-6 所示.

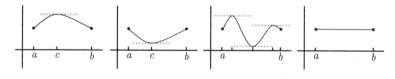

图　11-6

在前两个图中, 仅仅有一个可能的数值 c 使得 $f'(c) = 0$. 在第三个图中, 有三个潜在的数值 c, 但这没有关系 —— 罗尔定理说的是至少有一个. 第四个图为常数函数图像, 导数始终为零. 这说明 c 可以是 a 和 b 之间的**任何值**. 接下来, 看一下罗尔定理不适用的一些场合, 如图 11-7 所示.

---

① 关于罗尔定理的证明请参见附录 A 的 A.6.7 节.

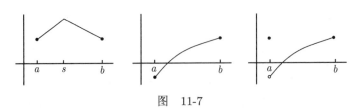

图　11-7

在上面三个图中, 导数都不会为零. 但这也没有关系, 因为罗尔定理在这三种情况下都不适用. 在第一个图中, 函数在开区间 (a,b) 内是不可导的, 因为在 s 点有一个尖点. 是的, 即使函数在一个点上不可导, 这也足以搞砸一切. 中间那个图, 函数是可导的, 但 $f(a) \neq f(b)$, 所以罗尔定理不适用. 在右边的图中, $f(a) = f(b)$ 且函数在开区间 (a,b) 内是可导的, 但该函数在闭区间 $[a,b]$ 内不是连续的: $x = a$ 这点让一切功亏一篑. 再一次地, 无法使用罗尔定理.

下面举一个罗尔定理应用的例子. 假设有一个函数 f 满足 $f'(x) > 0$ (对于所有的 x). 在 10.1.1 节中, 我们断言该函数一定满足水平线检验. 让我们用罗尔定理配合反证法证明这一点. 首先假设 f **不满足**水平线检验, 那么一定会有一条水平线, 比如说 $y = L$, 它与图像相交两次或更多. 假设这些交点中的两点的横坐标为 a 和 b, 则有 $f(a) = f(b) = L$. 由于 $f(a) = f(b)$, 所以可以用罗尔定理 (我们已经知道 f 是处处可导的, 所以它也一定是处处连续的). 这个定理指出, 在 a 和 b 之间一定存在一点 c 使得 $f'(c) = 0$. 但这是不可能的, 因为 $f'(x)$ 一直是正的! 所以该函数满足水平线检验.

现在来看一个更难一点的例子. 假设函数 f 的二阶导数处处存在且对于所有实数 $x, f''(x) > 0$. 这次的问题是, 证明函数与 x 轴至多有两个交点. 在开始解决问题之前, 让我们先稍微考虑一下这意味着什么? 你能想出一个函数, 对于所有实数 $x, f''(x) > 0$ 且与 x 轴没有交点吗? 那么一个交点呢? 两个交点呢? 如果你都能想得出来, 那再试试三个交点的情形. 不过不要在这上面浪费太多的时间, 因为这是不可能的. 的确, 我们的问题就是证明交点的个数不能超过两个.

事实上, 这里的关键在于: 如果有超过两个交点, 那就是说至少有三个交点. 让我们假设有两个以上的交点, 然后任意选取其中三个, 并这样分配记号 a, b 和 c 使得 $a < b < c$. 由于它们都为 x 轴截距, 所以有 $f(a) = f(b) = f(c) = 0$. 在闭区间 $[a,b]$ 内我们应用罗尔定理. 由于该函数在闭区间内处处连续, 开区间内处处可导, 所以一定有一点 p 在开区间 (a,b) 内使得 $f'(p) = 0$. 为什么我要用 p 呢? 因为这里 c 已经被占了!

接下来看闭区间 $[b,c]$. 再一次地, 由于 $f(b) = f(c)$, 根据罗尔定理, 在开区间 (b,c) 内一定存在一点 q 使得 $f'(q) = 0$. 别忘了, 我们已经有 $f'(p) = 0$. 啊哈, 现在可以在闭区间 $[p,q]$ 中使用罗尔定理, 但这次要用的不是函数 f, 而是其导函数 f'. 我们知道 $f'(p) = f'(q) = 0$, 所以根据罗尔定理, 在 (p,q) 区间内有一点 r 使得

$(f')'(r) = 0$. 等一下, $(f')'$ 就是二次导数 f''. 所以我们知道在开区间 (p,q) 内有一点 r 使得 $f''(r) = 0$. 这是个大问题, 因为我们已经假设对于所有实数 x, $f''(x) > 0$. 那么唯一的可能就是, 我们之前假设该函数与 x 轴有两个以上的交点是错误的. 因此交点个数不能超过两个, 问题解决.

顺便说一下, 刚才你想出来满足要求的函数 (对于所有实数 x, $f''(x) > 0$ 且与 x 轴分别有零、一或两个交点) 了吗? 如果没有, 试看一下 $f(x) = x^2 + C$, 其中 C 分别为正数、零或负数.

11.3 中 值 定 理

想象你开始了另一段旅行, 我发现你在两个小时之内行驶了 100 英里. 因此, 你的平均速度为 50 英里/小时. 这并不是说你在整个行驶过程中速度始终维持在恰好 50 英里/小时. 现在, 我的问题是：你的速度曾经达到过 50 英里/小时吗? 哪怕只是一瞬间.

答案是肯定的. 即使你在开始的第一个小时速度为 45 英里/小时, 第二小时为 55 英里/小时, 你仍然不得不从低速加速到高速. 而在这个过程中, 你有一瞬间的速度会是 50 英里/小时. 这是不可避免的! 不管你整个的行驶过程是怎样的, 如果你的平均速度为 50 英里/小时, 那么你会有至少一次瞬时速度为 50 英里/小时.[①] 当然, 你可能达到 50 英里/小时不止一次 —— 可能很多次, 甚至你能始终以 50 英里/小时的速度匀速行进. 这就引出了中值定理.

> **中值定理** 假设函数 f 在闭区间 $[a,b]$ 内连续, 在开区间 (a,b) 内可导, 那么在开区间 (a,b) 内至少有一点 c 使得
> $$f'(c) = \frac{f(b) - f(a)}{b - a}.$$

这看起来有点儿古怪, 但实际上很说得通. 假设 $f(t)$ 是你在时刻 t 的位移, 你开始和结束的时刻分别为 a 和 b, 那么你的平均速度为多少? 你的位移为 $f(b) - f(a)$, 用的时间为 $b - a$, 所以上述等式的右边为你的平均速度. 另一方面, $f'(c)$ 是你在时刻 c 的瞬时速度. 中值定理指出, 在你的整个行程中至少会有一个时刻 c 使得你的瞬时速度等于平均速度.

让我们看这种情况的示意图. 假设函数图像如图 11-8 所示.

连接 $(a, f(a))$ 和 $(b, f(b))$ 两点的虚线斜率为 $\frac{f(b) - f(a)}{b - a}$. 根据中值定理, 某条切线的斜率与虚线斜率相同; 也就是说, 某条切线与虚线是平行的. 在上图中, 实际上有两条切线与虚线是平行的 —— 分别是在 c_0 和 c_1 处的切线. 任意其一都满足

[①] 再一次地, 所有这些都是基于一个很合理的假设 —— 你的汽车的运动是可导的!

定理中的 c.

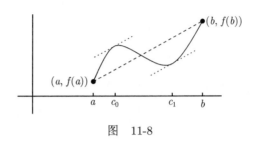

图　11-8

中值定理看上去很像罗尔定理. 实际上, 适用这两个定理的条件几乎是相同的. 在两个定理中, 函数 f 都要求在闭区间 $[a,b]$ 内连续, 在开区间 (a,b) 内可导. 但罗尔定理还要求 $f(a) = f(b)$, 中值定理则没要求这个. 实际上, 如果你对满足 $f(a) = f(b)$ 的函数 f 应用中值定理, 由于 $f(a) - f(b) = 0$, 于是你知道在开区间 (a,b) 内有一点 c 使得 $f'(c) = 0$. 所以中值定理可以推导出罗尔定理.

下面来看一些如何应用这个定理的例子. 首先, 如何证明方程

$$2xe^{x^2} - e + 1 = 0$$

有解? 一个方法是使用介值定理 (参见 5.1.4 节), 你可以现在试试. 不过在这里, 我建议对区间 $[0,1]$ 上的函数 $f(x) = e^{x^2}$ 使用中值定理. 这是可行的, 因为该函数在其定义域内是处处连续并可导的. 根据中值定理, 在闭区间 $[0, 1]$ 内至少存在一点 c 满足

$$f'(c) = \frac{f(1) - f(0)}{1 - 0}.$$

显然需要求出 $f'(x)$. 使用链式求导法则, 应该可以证明 $f'(x) = 2xe^{x^2}$. 所以上述方程变为

$$2ce^{c^2} = \frac{e^{1^2} - e^{0^2}}{1 - 0} = e - 1.$$

这样就得到 $2ce^{c^2} - e + 1 = 0$, 从而证明了原始方程有解. 事实上, 这也证明了在 0 与 1 之间存在一个解.

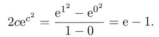

下面是个难点的例子. 假设有这样一个函数, 对于所有的实数 x 处处可导并且 $f'(x) > 4$. 问题是, 如何证明这个函数 $y = f(x)$ 的图像与线性函数 $y = 3x - 2$ 最多只有一个交点. 先试一下, 看你是否可以在继续阅读之前解决它.

好吧, 究竟该怎样解决这个问题呢? 事实上, 这同上一节中的罗尔定理的例子很相似. 首先, 注意到如果点 (x,y) 是同时满足函数 $y = f(x)$ 和线性函数 $y = 3x-2$ 的点, 那么一定会有 $f(x) = 3x - 2$. 这个方程对于绝大多数 x 并不成立! 它只对交点的 x 成立. 依然用反证法, 假设交点不止一个. 任意选取其中两个, 并这样分配记号 a 和 b, 使得 $a < b$. 由于它们是交点, 我们知道有 $f(a) = 3a - 2$ 和 $f(b) = 3b - 2$.

又由于该函数对于所有实数都处处可导且连续, 根据中值定理, 在开区间 (a, b) 内一定有一点 c 使得

$$f'(c) = \frac{f(b) - f(a)}{b - a};$$

代入 $f(a) = 3a - 2$ 和 $f(b) = 3b - 2$, 可得

$$f'(c) = \frac{(3b - 2) - (3a - 2)}{b - a} = \frac{3(b - a)}{b - a} = 3.$$

但这是不可能的, 因为对于所有 x, $f'(x) > 4$. 因此, 最多只能有一个交点.

这样就完成了这个证明, 但你可能会想知道对于这个问题的另一种解读. 想象一辆车 A 正以 3 英里/小时的速度前进, 它的开始位移为 -2, 那么它在任意时刻 t 的位移表达式为 $3t - 2$. 假设你在任意时刻 t 的位移是 $f(t)$, 那么 $f'(t) > 4$ 意味着你在任意时刻的速度永远大于 4 英里/小时 (与 A 车同方向). 所以问题变为, 证明你不能与 A 车相遇的次数超过一次. 假设你们相遇超过一次, 那么由于 A 车的速度恒为 3 英里/小时, 你至少在某一时刻的速度为 3 英里/小时. 但这是不可能的, 因为你的速度一直都大于 4. 如果这样想的话, 这个问题的证明就很说得通了!

中值定理的几个推论

长久以来, 一些关于导数的结论我们一直不加证明就直接使用. 比如说, 如果一个函数的导数始终为零, 那么这个函数一定为常数函数. 诸如这样的事实看上去显而易见, 但其实是需要证明的. 下面就让我们用中值定理去证明三个关于导数的有用事实.

(1) 假设函数 f 在开区间 (a, b) 内的任意一点的导数都为零. 这意味着该函数的图像是水平的. 事实上, 很显然该函数在这个区间内是常数函数. 但怎样证明呢? 首先, 在该区间内固定一点 S, 然后在该区间内任取一点 $x(x$ 不同于 $S)$. 根据中值定理, 在 x 和 S 之间一定存在一点 c 满足

$$f'(c) = \frac{f(x) - f(S)}{x - S}.$$

由于我们已经假设函数的导数始终为零, 这说明 $f'(c)$ 也一定为零. 所以上述方程变为

$$f'(c) = \frac{f(x) - f(S)}{x - S} = 0,$$

这意味着 $f(x) = f(S)$. 如果设 $C = f(S)$, 那么对于所有在该区间内的 x 有 $f(x) = C$, 所以该函数为常数函数. 于是我们有这样的结论:

> 如果对于在定义域 (a, b) 内的所有 x, 都有 $f'(x) = 0$, 那么函数 f 在开区间 (a, b) 内为常数函数.

事实上, 在 10.2.2 节中已经使用过这个结论. 在那里, 如果 $f(x) = \sin^{-1}(x) + \cos^{-1}(x)$, 那么对于开区间 $(-1,1)$ 内的所有 x, $f'(x) = 0$. 于是我们得出结论, 函数 f 在该区间内为常数函数. 又由于 $f(0) = \pi/2$, 实际上得到: 对于所有在开区间 $(-1,1)$ 内的 x 都有 $\sin^{-1}(x) + \cos^{-1}(x) = \pi/2$.

(2) 假设两个可导函数有相同的导数. 那么它们是同一个函数吗? 不一定, 它们可能相差一个常数. 例如, 函数 $f(x) = x^2$ 和 $g(x) = x^2 + 1$ 有相同的导数 $2x$, 但很明显, 这两个函数是不同的函数. 那么还有其他方法使这两个函数处处有相同的导数吗? 答案是否定的, 相差一个常数是唯一的方法.

> 如果对于任意实数 x 都有 $f'(x) = g'(x)$, 那么有 $f(x) = g(x) + C$ (C 为常数).

事实上, 使用前面的事实 (1) 可以很容易证明这一点. 假设对于所有 x, $f'(x) = g'(x)$. 现在令 $h(x) = f(x) - g(x)$. 对等式两边同时求导, 有 $h'(x) = f'(x) - g'(x) = 0$, 所以 h 为常数函数. 也就是说, $h(x) = C$ (C 为某个常数). 这意味着 $f(x) - g(x) = C$ 或 $f(x) = g(x) + C$. 函数 f 和 g 确实只相差一个常数. 这个事实对于我们后面章节的积分学习将是非常有用的.

(3) 如果函数 f 的导函数始终为正, 那么该函数为**增函数**. 也就是说, 如果 $a < b$, 则有 $f(a) < f(b)$. 换句话说, 在图像上任取两点, 那么左边的点一定低于右边的. 当你从左向右看时, 此曲线一点点变高. 但为什么会这样呢? 假设对于所有 x, 有 $f'(x) > 0$ 并且假设 $a < b$. 根据中值定理, 在开区间 (a,b) 内至少存在一个常数 c 使得

$$f'(c) = \frac{f(b) - f(a)}{b - a}.$$

这意味着 $f(b) - f(a) = f'(c)(b - a)$. 由于 $f'(c) > 0$ 且 $b - a > 0$, 所以等式的右边为正. 这样我们有 $f(b) - f(a) > 0$, 因此 $f(b) > f(a)$, 所以该函数的确为增函数. 另一方面, 如果对于所有 x, $f'(x) < 0$, 那么这样的函数是**减函数**; 也就是说, 如果 $a < b$, 则有 $f(a) > f(b)$. 证明的方法是基本一样的.

11.4　二阶导数和图像

到目前为止, 还没有太多讨论过二阶导数. 我们只用它来定义过加速度, 仅此而已. 但实际上, 二阶导数能告诉你很多关于函数图像的信息. 例如, 假设知道对于开区间 (a,b) 内的所有 x, $f''(x) > 0$. 而如果把二阶导数看作导数的导数, 那么可以把二阶导数写为 $(f')'(x) > 0$. 这意味着导函数 $f'(x)$ 始终是增函数.

那又怎么样呢? 好吧, 如果知道导函数为增函数, 这意味着函数图像会变得越来越 "陡峭", 如图 11-9 所示. 在紧靠 $x = a$ 的右边, 登山者轻松惬意: 斜率为负.

但情况逐渐变得越来越艰难. 山势变得越来越平坦, 直到完全水平的 $x = c$ 处, 然后随着斜率逐渐增加, 山势变得越来越陡峭, 直到 $x = b$ 处. 这里的要点在于, 从 $x = a$ 到 $x = b$ 斜率始终在增加. 而这也正是式子 $f''(x) > 0$ 所暗示的.

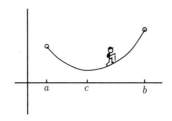

图　11-9

我们需要用某种方式描述这样的行为. 如果函数的斜率在某段区间 (a, b) 内为增函数, 或换言之, 它的二阶导数在该区间内始终为正 (假设二次导数存在), 那么我们说该函数在该区间是凹向上的. 图 11-10 是一些凹向上函数的图像.

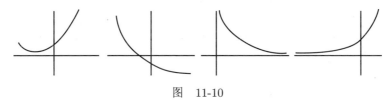

图　11-10

它们看上去都像碗的一部分. 注意到仅仅通过 $f''(x) > 0$ 我们无法判断一阶导数 $f'(x)$ 的正负. 确实, 上述图像的中间两个的一阶导数为负, 最右边的一阶导数为正, 最左边的一阶导数由负到正.

如果二阶导数 $f''(x)$ 为负, 那么情况就反了过来. 它们看上去就像倒扣的碗. 如果在某段区间内函数 f 的二阶导数始终为负, 那么就称 f 在该区间是凹向下的.[①] 图 11-11 是一些凹向下函数的图像.

图　11-11

在这些图像中, 函数的导函数都为减函数. 这意味着你会发现在这座山上行进越来越容易: 如果你是在上山, 山势会越来越平坦; 而如果你是在下山, 山势则会越来越陡峭 (你都是从左往右).

---

① 如果你记不清哪一个是凹向上, 哪一个是凹向下, 那么下面这两个尾韵也许能帮助你: "Like a cup, con cave up; Like a frown, concave down." (茶杯样, 凹向上; 皱眉相, 凹向下.)

当然, 凹性并不需要每一个地方都一样: 它可以改变. 如图 11-12 所示, 在 $x = c$ 点的左边, 图像是凹向下的; 而在 $x = c$ 点的右边, 图像是凹向上的. 这时, 我们称 c 点为函数的**拐点**, 因为函数在 c 点改变了它的凹性.

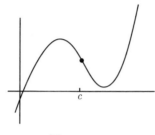

图　11-12

关于拐点的更多说明

在图 11-12 中, 我们看到在 c 点的左边二阶导数小于零, 在 c 点的右边二阶导数大于零. 那么在 c 点的二阶导数又是怎样的呢? 它肯定为零, 因为所有的一切都是连续平滑的. 一般而言, 如果 c 点为拐点, 那么 $x = c$ 点两侧的二次导数的符号必定是相反的, 前提是当 x 接近于 c 点时 $f''(x)$ 确实存在. 在那种情况下, 必有以下结论:

> 如果 $x = c$ 点是函数 f 的拐点, 则有 $f''(c) = 0$.

但另一方面, 如果 $f''(c) = 0$, 则 c 点可能是也可能不是拐点! 也就是说,

> 如果 $f''(c) = 0$, 则 c 点不一定都是函数 f 的拐点.

例如, 假设函数 $f(x) = x^4$, 那么 $f'(x) = 4x^3$, $f''(x) = 12x^2$. 在 $x = 0$ 点, 它的二阶导数为零, 因为 $f''(0) = 12(0)^2 = 0$. 那么 $x = 0$ 是拐点吗? 答案是否定的. 图 11-13 为该函数图像.

从图像中可以看出, 函数在其定义域内都是凹向上的, 所以在 $x = 0$ 这点该函数并没有改变它的凹性. 也就是说, 尽管 $f''(0) = 0$, $x = 0$ 这点并不是它的拐点.

另一方面, 如果你想找拐点, 确实应该找二阶导数为零的点. 这样做至少可以缩小寻找范围, 然后我们可以再逐一检验. 例如, 假设 $f(x) = \sin(x)$, 那么 $f'(x) = \cos(x)$, $f''(x) = -\sin(x)$. 当 x 的值为 π 的整数倍时, 该函数的二阶导数为零. 此时, $f''(0) = -\sin(0) = 0$, 那么 $x = 0$ 是拐点吗? 让我们看一下其图像, 如图 11-14 所示. 是的, $x = 0$ 是拐点: $\sin(x)$ 在 0 的左边是凹向上, 而在 0 的右边是凹向下. 注意到在 $x = 0$ 处的切线穿过曲线 $y = \sin(x)$. 这对拐点而言是典型的: 在拐点一边曲线必定在切线之上, 而在另一边在切线之下.

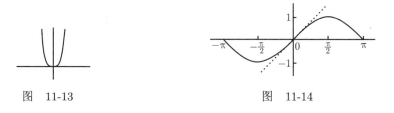

图 11-13   图 11-14

11.5 对导数为零点的分类

现在是时候把前面的部分理论应用到实际问题中去了. 假设有一个函数 f 以及数 c 使得 $f'(c) = 0$. 除了可以确定地说 c 点是函数 f 的临界点, 你还可以说出什么? 事实证明, 这里仅有三种常见可能性: $x = c$ 可能为局部最大值; 也可能为局部最小值; 还可能为水平拐点, 也就是说, 这点不仅是拐点, 通过该点的切线也是水平的.[①] (也有可能对于所有接近于 c 的 x, $f(x)$ 是常数函数, 但这样的话, c 就既是局部最大值又是局部最小值.) 不论如何, 图 11-15 是这几种常见可能性的示意图.

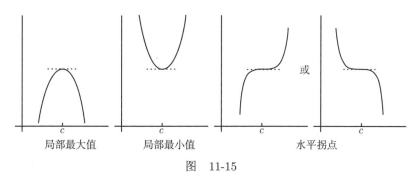

局部最大值   局部最小值   水平拐点

图 11-15

在每一种情况下, 切线都是水平的: 这是你只知道 $f'(c) = 0$ 时所能得出的唯一结论. 那么怎样才能判断究竟属于上图中的哪种情况呢? 有两个方法, 一个只需用到一阶导数, 另一个则需用到二阶导数. 当使用一阶导数时, 需要观察在 $x = c$ 附近的一阶导数的符号 (是正还是负). 另一方面, 当使用二阶导数时, 需要考虑在 $x = c$ 点的二阶导数的符号. 让我们逐一来看这两个方法.

11.5.1 使用一阶导数

让我们再看一下上边的示意图, 但这次在 $x = c$ 点两侧画一些切线, 如图 11-16 所示.

在第一个中, $x = c$ 点为局部最大值. 在 c 点的左侧, 图像的斜率为正: 也就是说, 在那一部分定义域函数为增函数 (参见 11.3.1 节). 另一方面, 在 c 点的右侧, 图

[①] 另一种可能性是在临界点附近的凹性甚至不是良定义的. 例如 $f(x) = x^4 \sin(1/x)$ 这个函数, 当 x 趋于临界点 0 时, 二阶导数的符号反复振荡, 所以凹性也在不停变化!

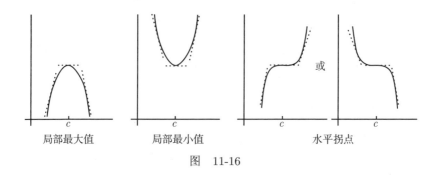

图　11-16

像的斜率为负; 也就是说, 在那一部分定义域函数为减函数. 很显然, 如果随着你从左往右, 斜率由正变负, 那么斜率为零的那一点必定是局部最大值.

　　对于第二个, 情况恰恰相反. 如果从左往右, 斜率由负变正, 那么斜率为零的那一点必定是局部最小值. 在第三个中, 除 c 点外, 斜率始终为正; 在第四个中, 除 c 点外, 斜率始终为负. 后两者中的 c 点均为拐点: 点两侧的导数的斜率并没有改变符号.

　　下面是对上述观察的总结. 假设 $f'(c) = 0$, 这时有:

- 如果从左往右通过 c 点, $f'(x)$ 的符号由正变负, 那么 c 点为局部最大值;
- 如果从左往右通过 c 点, $f'(x)$ 的符号由负变正, 那么 c 点为局部最小值;
- 如果从左往右通过 c 点, $f'(x)$ 的符号不发生变化, 那么 c 点为水平拐点.

　　例如, 如果函数 $f(x) = x^3$, 那么我们有 $f'(x) = 3x^2$. 由于当 $x = 0$ 时导数为零, 所以 $x = 0$ 一定是局部最大值、局部最小值或水平拐点中的一种. 但到底是哪一种呢? 由于当 $x \neq 0$ 时, 导函数始终为正, 则从左往右通过 $x = 0$ 时, 导数的符号不发生变化, 所以该点一定为拐点. 你可以画函数图像检验一下! (在 11.5.2 节你会看到该函数图像.)

　　下面是另一个例子. 如果设 $f(x) = x\ln(x)$, 那么函数 f 的局部最大值、局部最小值和水平拐点又在哪里呢? 首先, 可以使用乘积法则求得 $f'(x) = \ln(x) + 1$. (自己检验一下!) 接下去需要求解方程 $f'(x) = 0$, 即 $f'(x) = \ln(x) + 1 = 0$.

　　通过重新整理, 我们得到 $\ln(x) = -1$, 两边同时取幂, 得到 $x = \mathrm{e}^{-1} = 1/\mathrm{e}$. 这是唯一的候选者, 但它是哪种类型的临界点呢?

　　好吧, 让我们看一下 $f'(x) = \ln(x) + 1$ 在 x 接近 $1/\mathrm{e}$ 时的符号. 最简单的方式是画出导函数 $y = f'(x)$ 的图像草图. 我们所需做的只是把 $\ln(x)$ 的图像向上平移一个单位, 如图 11-17 所示. 从图像中可以看出, 随着从左往右通过 $x = 1/\mathrm{e}$ 导函数由负变正, 所以 $x = 1/\mathrm{e}$ 必定为局部最小值. 那么在该点的函数值又是多少呢? 把 $x = 1/\mathrm{e}$ 代入原函数, 得到 $f(1/\mathrm{e}) = (1/\mathrm{e})\ln(1/\mathrm{e}) = -1/\mathrm{e}$, 因为其中 $\ln(1/\mathrm{e}) = \ln(\mathrm{e}^{-1}) = -\ln(\mathrm{e}) = -1$. 因此, 该函数在点 $(1/\mathrm{e}, -1/\mathrm{e})$ 有局部最小值. 它在那个局部的图像应该如图 11-18 所示. 但正如你所看到的, 我们还不知道其他部

分的图像如何. 我们将在 12.3.2 节将它补完.

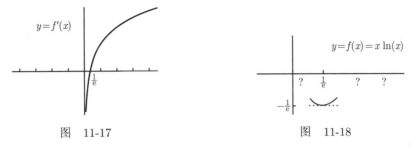

图 11-17   图 11-18

11.5.2 使用二阶导数

再来看一下当 $f'(c) = 0$ 时几种常见可能性, 如图 11-19 所示.

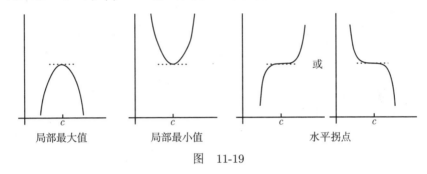

图 11-19

假设 $f''(c) > 0$. 从 11.4 节可知, 这样的函数 $y = f(x)$ 的图像在 $x = c$ 附近是凹向上的. 上面只有第二个满足条件, 这时 $x = c$ 是局部最小值. 类似地, 如果 $f''(c) < 0$, 那么图像就是凹向下的, 也就是上面第一个的情形, 此时 $x = c$ 为局部最大值.

这个方法相当管用, 但它也有一个缺陷: 如果 $f''(c) = 0$, 那么可能遇到上述四种情况的任意一种! 例如, 假设 $f(x) = x^3$, $g(x) = x^4$. 我们有 $f'(x) = 3x^2$, 所以 $f'(0) = 0$. 接下来让我们用它的二阶导数去对这个临界点进行分类. 由于 $f''(x) = 6x$, 则有 $f''(0) = 0$.

另一方面, 函数 g 呢? 在 11.4.1 节中已经求得 $g'(x) = 4x^3$, 所以 $g'(0) = 0$. 这里的 $x = 0$ 又是什么类型的临界点呢? 让我们用二阶导数来检验一下: $g''(x) = 12x^2$, 所以 $g''(0) = 0$.

在这两种情况下, 在临界点 $x = 0$ 的二阶导数都为零. 而从图 11-20 可以看出, 函数 f 在 $x = 0$ 有一个拐点, 函数 g 在 $x = 0$ 则有一个局部最小值.

在这样的情况下, 使用二阶导数并没有什么用处. 当二阶导数为零时, 你无异于两眼一抹黑, 完全无法分辨自己面对的究竟是局部最大值、局部最小值还是水平拐点. 下面是一些总结. 假设 $f'(c) = 0$, 则有:

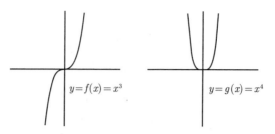

图   11-20

- 如果 $f''(c) < 0$, 那么 $x = c$ 为局部最大值;
- 如果 $f''(c) > 0$, 那么 $x = c$ 为局部最小值;
- 如果 $f''(c) = 0$, 那么你无法判断发生了什么! 需要使用上一节讲过的一阶导数方法.

是的, 一阶导数方法更好, 虽然它略微复杂一点. 它在任何情况下都可以使用, 而不像二阶导数方法那样有局限性. 下面是一个两种方法都适用的例子. 假设函数 $f(x) = x\ln(x)$. 这是上一节中使用过的例子! 我们已经通过一阶导数方法发现 $1/e$ 是该函数的局部最小值. 现在就用二阶导数方法再试一下.

首先, 忆及 $f'(x) = \ln(x) + 1$, 所以 $f'(1/e) = 0$. 很容易看出, $f''(x) = 1/x$. 所以当 $x = 1/e$ 时, 有 $f''(1/e) = e$, 而这是个大于零的数. 所以该函数在 $x = 1/e$ 的凹性为凹向上, 就像一个碗的形状; 而根据前面的总结, $x = 1/e$ 的确为局部最小值.

第 12 章　绘制函数图像

现在是时候来看一下绘制函数 $y = f(x)$ 的图像的一般方法了. 当我们绘制函数图像时, 并没有打算追求完美, 而只是希望能把函数的主要特征表现出来. 确实, 我们将用到已经掌握的微积分知识: 用极限去找渐近线, 用一阶导数去找极大值和极小值, 用二阶导数去找函数的凹性. 以下是我们将要讨论的话题:

- 建立符号表格这种有用技巧;
- 绘制函数图像的一般方法;
- 如何应用该方法的五个例子.

12.1　建立符号表格

假设要绘制函数 $y = f(x)$ 的图像. 对于任意的 x 值, 它所对应的 $f(x)$ 可能为正, 可能为负, 可能为零, 也可能在该点没有定义. 幸运的是, 如果该函数除了少量点外都是连续的, 并且你能找到它所有的零点以及不连续点, 那么通过使用符号表格就可以很容易地看出 $f(x)$ 在哪里为正, 哪里为负了.

下面就是具体做法: 首先, 以递增的顺序列出所有零点和不连续点. 例如, 如果

$$f(x) = \frac{(x-3)(x-1)^2}{x^3(x+2)},$$

那么零点分别为 3 和 1, 不连续点分别在 0 和 -2. 按递增的顺序排列就是 -2, 0, 1, 3. 现在, 建立一个三行多列的表格, 前两行分别标为 x 和 $f(x)$, 第三行暂时留白. 接下来, 把刚才列出的零点以及不连续点填入表格的第一行, 并且每个数的左右都要留出空格, 如图 12-1 所示.

x		-2		0		1		3	
$f(x)$									

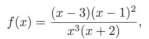

图　12-1

现在你可以填充第二行的部分空格 —— 函数值为 0 的点直接填 0, 不连续点填以星号, 见图 12-2.

x		-2		0		1		3	
$f(x)$		$\star$		$\star$		0		0	

图   12-2

接下来, 在第一行的每两个数之间及其前后选取你喜欢的数. 在我们的例子中, 可能会为 -2 的左边选 -3, 在 -2 和 0 之间选 -1, 如此等等. 最后表格看上去会如图 12-3.

x	-3	-2	-1	0	$\frac{1}{2}$	1	2	3	4
$f(x)$		$\star$		$\star$			0		0

图   12-3

我们也可以选 -4 而不是 -3, 选 $1/3$ 而不是 $1/2$ —— 这是无关紧要的. 我们可以选取两个数之间的**任意数**. 接下去要做的是, 判断所选的数所对应的函数值的正负. 例如当 $x = -3$ 时,

$$f(-3) = \frac{(-3-3)(-3-1)^2}{(-3)^3(-3+2)} = -\frac{32}{9}.$$

所以我们可以在 -3 的下面填一个减号. 实际上没有必要完全求出函数值, 因为我们不怎么关心 $f(-3)$ 的具体值, 只关心它的正负. 我们只需通过判断每一个因式的正负去判断整个算式的正负. 具体说, 当 $x = -3$ 时, $(x-3)$ 为负, $(x-1)^2$ 为正, (必然为正, 因为这是个平方表达式!) x^3 为负, $(x+2)$ 也为负. 这样, 总的效果是

$$\frac{(-)(+)}{(-)(-)} = -,$$

所以 $f(-3)$ 为负. 现在试着对其他数作同样的分析, 应该得到图 12-4.

x	-3	-2	-1	0	$\frac{1}{2}$	1	2	3	4
$f(x)$	$-$	$\star$	$+$	$\star$	$-$	0	$-$	0	$+$

图   12-4

这里的关键不是 $f(-3)$ 为负, 而是 $f(x)$ 对于所有的 $x < -2$ 都为负. 数 -3 仅仅是 $(-\infty, -2)$ 中所有数的一个代表性样本. $f(-3)$ 的正负体现了该函数在 $(-\infty, -2)$ 区间内的正负. 类似地, 由于 $f(-1)$ 是正的, $f(x)$ 在 $(-2, 0)$ 的整个区间内是正的. 这样的表格已然告诉了我们关于函数 $y = f(x)$ 的很多信息, 对此将在 12.3.1 节再展开讨论.

下面是另一个例子. 假设函数

$$f(x) = x^2(x-5)^3.$$

我们在 10.1.4 节中已经见过这个函数了. 现在用符号表格再来更仔细看一

x	-1	0	2	5	6
$f(x)$	$-$	0	$-$	0	$+$

图 12-5

下这个函数. 该函数的零点只有 $x=0$ 和 $x=5$, 但没有不连续点. 所以特殊点为 0 和 5. 接下来需要填表. 在 0 的左边我选 -1, 在 0 和 5 之间我选 2, 在 5 的右边我选 6. 所以我们的表格大致如图 12-5.

下面是我如何得到在 -1, 2 和 6 处的符号.

- 当 $x=-1$ 时, x 和 $(x-5)$ 都为负. 因此, $f(-1)$ 为 $(-)^2(-)^3 = (+)(-) = (-)$.
- 当 $x=2$ 时, x 为正, $(x-5)$ 为负. 因此, $f(2)$ 为 $(+)^2(-)^3$, 仍然为负.
- 当 $x=6$ 时, x 和 $(x-5)$ 都为正. 因此, $f(6)$ 为 $(+)^2(+)^3 = (+)$.

我们会在 12.3.3 节绘制该函数图像时再次回到这个表格. 不过现在, 先看看如何建立一阶导数和二阶导数的符号表格.

12.1.1 建立一阶导数的符号表格

正如 11.3.1 节所述, 一阶导数的符号可以告诉我们关于函数的很多信息. 导数为正, 函数为增函数; 导数为负, 函数为减函数; 导数为 0, 函数有局部最大值、局部最小值或水平拐点. 一个一阶导数的符号表格能把所有这些信息简明扼要地总结出来.

方法同刚才 $f(x)$ 的符号表格所用方法是一样的, 只是现在你是基于 $f'(x)$. 另外一个不同之处是, 当 $f'(x)$ 为 0 时, 我们在第三行画一条小水平横线; 当 $f'(x)$ 大于 0 时, 我们画一条斜向上的斜线; 当 $f'(x)$ 小于 0 时, 我们画一条斜向下的斜线.

让我们看看它如何应用于刚才的例子 $f(x) = x^2(x-5)^3$. 在 10.1.4 节中已经算得 $f'(x) = 5x(x-5)^2(x-2)$. (如果你不想翻回去看, 可以自己重新计算一下!) 这意味着当 $x=0$, $x=2$ 或 $x=5$ 时 $f'(x) = 0$. 让我们选取它们之间的一些点: 在 0 的左边选 -1; 在 0 和 2 之间选 1; 在 2 和 5 之间选 3; 最后, 在 5 的右边选 6. 我们的符号表格目前看上去如图 12-6.

x	-1	0	1	2	3	5	6
$f'(x)$		0		0		0	

图 12-6

接下来, 需要判断在所选取的这些新点上 $f'(x)$ 的符号. 例如, 当 $x=-1$ 时, $5x$ 为负, $(x-5)$ 为负, $(x-2)$ 也为负, 所以 $f'(-1)$ 的符号为 $(-)(-)^2(-) = (+)$. 我留给你重复这个练习, 判断其他几个点上的符号, 确保得到图 12-7.

x	-1	0	1	2	3	5	6
$f'(x)$	$+$	0	$-$	0	$+$	0	$+$
	/	—	\	_	/	—	/

图　12-7

　　注意我在第三行是怎样画线的: 当 $f'(x)$ 为正时, 画斜向上的线; 当 $f'(x)$ 为负时, 画斜向下的线; 当 $f'(x)$ 为 0 时, 画水平的线. 这样我们马上就知道, 当 $x<0$ 和 $x>2$ 时 f 为增函数; 当 $0<x<2$ 时, f 为减函数. 上述表格也告诉我们, $x=0$ 为局部最大值, $x=2$ 为局部最小值, $x=5$ 为水平拐点. 我们会在 12.3.3 节绘制该函数图像时再次用到这个表格.

　　一点提醒: 表格第三行中的短线旨在作为你作图时的导引. 函数图像很有可能根本不像把这些短线连起来后的样子! 所以应该只用那一行中的信息来理解函数在哪里是增函数、在哪里是减函数, 或者在哪里暂时是水平的.

12.1.2　建立二阶导数的符号表格

　　我们也已经看到二阶导数的重要性 (回顾一下 11.4 节). 当二阶导数为正时, 函数图像是凹向上的; 为负时, 图像是凹向下的; 为 0 时, 你可能得到也可能得不到一个拐点. 一张二阶导数的符号表格会告诉我们这些信息.

　　方法同函数值或一阶导数的符号表格所用方法是一样的, 只是现在第三行要用来表示函数图像是凹向上还是凹向下. 当 $f''(x)$ 为正时, 画一个开口向上的小抛物线; 为负时, 画一个开口向下的; 为 0 时, 画一个点.

　　回到刚才的例子 $f(x) = x^2(x-5)^3$, 我们已经知道 $f'(x) = 5x(x-5)^2(x-2)$. 为了对这再求导, 需将 x 和 $(x-2)$ 合并在一起, 得到 $f'(x) = 5(x-5)^2(x^2-2x)$. 接下来, 可以应用乘积法则, 得到

$$f''(x) = 5((x^2-2x) \times (2(x-5)) + (x-5)^2(2x-2)).$$

提出公因式 $(x-5)$ 并重新整理, 得到 $f''(x) = 10(x-5)(2x^2-8x+5)$. 实际上, 可以使用二次方程求根公式去求 $2x^2-8x+5=0$ 的解, 求得解为 $2 \pm \frac{1}{2}\sqrt{6}$. 所以可以把 $f''(x)$ 彻底地因式分解为

$$f''(x) = 20\left(x-\left(2-\frac{1}{2}\sqrt{6}\right)\right)\left(x-\left(2+\frac{1}{2}\sqrt{6}\right)\right)(x-5).$$

这意味着当 $x = 2-\frac{1}{2}\sqrt{6}$, $x = 2+\frac{1}{2}\sqrt{6}$ 和 $x=5$ 时, $f''(x)$ 的值为 0. 这样我们初步得到 $f''(x)$ 的表格如图 12-8.

x	$2-\frac{1}{2}\sqrt{6}$	$2+\frac{1}{2}\sqrt{6}$	5
$f''(x)$	0	0	0

图　12-8

现在, 要填充空白处. 如果能知道 $2 \pm \frac{1}{2}\sqrt{6}$ 的大概值会很有帮助, 所以让我们试着不用计算器去估算一下. 你看, $\sqrt{6}$ 是在 2 和 3 之间 (因为 6 是在 4 和 9 之间), 所以 $\frac{1}{2}\sqrt{6}$ 是在 1 和 3/2 之间. 这意味着 $2 - \frac{1}{2}\sqrt{6}$ 是在 $2 - \frac{3}{2} = \frac{1}{2}$ 和 $2 - 1 = 1$ 之间, 而 $2 + \frac{1}{2}\sqrt{6}$ 是在 $2+1=3$ 和 $2 + \frac{3}{2} = 3\frac{1}{2}$ 之间. 所以我们在 $2 - \frac{1}{2}\sqrt{6}$ 的左边选 0; 在 $2 - \frac{1}{2}\sqrt{6}$ 和 $2 + \frac{1}{2}\sqrt{6}$ 之间选 2; 在 $2 + \frac{1}{2}\sqrt{6}$ 和 5 之间选 4; 最后, 在 5 的右边选 6. 这样就会得到图 12-9.

x	0	$2 - \frac{1}{2}\sqrt{6}$	2	$2 + \frac{1}{2}\sqrt{6}$	4	5	6
$f''(x)$	−	0	+	0	−	0	+
	⌢	·	⌣	·	⌢	·	⌣

图　12-9

确保你理解了上表中我所填写的所有符号是正确的. 例如当 $x = 0$ 时, $f''(x)$ 的三个因式都是负的, 所以乘积也是负的. 还要注意到我如何在第三行画小抛物线. 你可以很清楚地看到, 当 $2 - \frac{1}{2}\sqrt{6} < x < 2 + \frac{1}{2}\sqrt{6}$ 或 $x > 5$ 时, 图像是凹向上的; 而当 $x < 2 - \frac{1}{2}\sqrt{6}$ 或 $2 + \frac{1}{2}\sqrt{6} < x < 5$ 时, 图像是凹向下的. 同时, 点 $2 - \frac{1}{2}\sqrt{6}$, $2 + \frac{1}{2}\sqrt{6}$ 和 5 都是拐点, 因为在这些点的左右两侧的凹性正好相反. 我们会在 12.3.3 节再回到这个表格.

再看另一个例子. 假设 $g(x) = x^9 - 9x^8$. 很容易算得 $g'(x) = 9x^8 - 72x^7$, $g''(x) = 72x^7 - 72 \times 7x^6 = 72x^6(x - 7)$. 所以当 $x = 0$ 或 $x = 7$ 时 $g''(x) = 0$. 让我们选 $x = -1$, $x = 3$ 和 $x = 8$ 作为填充的点. 我留给你来证明 $g''(-1) < 0$, $g''(3) < 0$ 和 $g''(8) > 0$. 最终 $g''(x)$ 的符号表格应该大致如图 12-10.

x	−1	0	3	7	8
$g''(x)$	−	0	−	0	+
	⌢	·	⌢	·	⌣

图　12-10

可以发现, $x = 0$ 并不是拐点, 因为在 $x = 0$ 两侧函数都是凹向下的. 另一方面, $x = 7$ 却是拐点, 因为在 7 的左边函数是凹向下的, 而在 7 的右边是凹向上的.

正如我们在上一节提醒的, 第三行中的图示旨在作为你作图时的导引. 它们表明原始函数在哪里是凹向上的, 在哪里是凹向下的. 对于函数图像实际上是什么样子的, 它们只能给个大概. 这正是为什么我们需要去看一种绘制函数图像的全面方法. 前面提到的三种类型的符号表格会在这种方法中用到, 但事情远不止于此. 所以系好安全带, 我们现在出发⋯⋯

12.2　绘制函数图像的全面方法

下边是一个绘制函数图像的十一步方法. 在你开始绘制图像前, 请先画好坐标轴, 这样就能把收集到的一些关键信息标记在图像上.

(1) **对称性**　通过用 $-x$ 替换 x, 然后看是否能得到原始函数, 来检验函数是奇函数、偶函数或者两者都不是. 如果函数奇函数或偶函数, 你只需画出 $x \geqslant 0$ 的部分, 另外一部分可以通过对称性得到. 这能为你节省很多时间.

(2) **y 轴截距**　通过设 $x = 0$ 来求 y 轴截距 (如果存在的话), 并把它标记在图像上.

(3) **x 轴截距**　通过设 $y = 0$ 并解得 x 来求 x 轴截距 x. 但这有时会很困难, 甚至不可能. 例如, 如果要因式分解一个次数为三或更高的多项式, 可能需要反复观察找出一个根, 然后利用多项式除法降次, 再继续因式分解. 在图像上标记 x 轴截距.

(4) **定义域**　求出函数 f 的定义域. 如果定义域在 f 的定义中已给出, 那不需要再做什么; 否则的话, 定义域应该包括实数线上尽可能多的部分. 记住, 要剔除那些使得分母为 0、偶次根号下的量为负数, 或者对数符号里的量为负数或 0 的数. 如果牵扯到反三角函数, 情况就更复杂了, 所以我建议你记住所有反三角函数的定义域. (例如, 无法取不在区间 $[-1, 1]$ 中的数的反正弦函数.)

(5) **垂直渐近线**　它们通常出现在分母为 0 的位置. (如果有分母的话!) 注意: 如果此时的分子也为零, 那得到的是一个可去不连续点[①]而不是一条垂直渐近线. 此外, 也可能由于对数因式而得到垂直渐近线. 在图像上用垂直的虚线来标记所有的垂直渐近线.

(6) **函数的正负**　像 12.1 节描述的那样建立一个符号表格. 从上边的第 (3) 步可知函数的零点, 从第 (4) 步和第 (5) 步可知函数的不连续点. 这个表格会告诉你, 在哪里函数图像位于 x 轴之上, 在哪里位于 x 轴之下.

(7) **水平渐近线**　通过计算 $\lim\limits_{x \to \infty} f(x)$ 和 $\lim\limits_{x \to -\infty} f(x)$ 来找出函数的水平渐近线. 即使这个极限为 $\pm\infty$, 它也会告诉你当 x 非常大 (或负的非常大) 时函数的走势, 从而得到某种 "倾斜" 渐近线. 不管怎样, 如果有水平渐近线, 用水平的虚线在图像中标记出来. 在这里, 你可以在水平和垂直渐近线周围选取一些合适的点去计算这些点的函数值, 并制成符号表格, 以此来判断函数图像位于渐近线的哪一侧.

(8) **导数的正负**　现在轮到微积分上场了. 求出一阶导数, 找到所有的临界点. 回想一下, 临界点是导数为 0 的点或导数不存在的点. 像 12.1.1 节讲解的那样, 绘制一个关于一阶导数的符号表格. 从表格的第三行了解该函数何时为增函数, 或者

---

① 例如, 如果 $f(x) = (x^2 - 3x + 2)/(x - 2)$. 通过因式分解, 分子变为 $(x - 1)(x - 2)$, 很容易看出 $f(x) = x - 1$ (除去 $x = 2$, 在那里函数 f 没有定义). 其图像可见 3.1 节.

何时为减函数, 何时为水平.

(9) **最大值和最小值** 从上面的符号表格中, 你能找到所有的局部最大值或最小值. 回想一下, 这些值仅出现在临界点处. 对于每一个最大值和最小值, 你都需要把 x 的值代入 $y = f(x)$, 求出对应的函数值. 要确保你把这些点标记在了函数图像上.

(10) **二阶导数的正负** 求出二阶导数, 并找到所有二阶导数为零或不存在的点. 像 12.1.2 节描述的那样, 绘制一个关于二阶导数的符号表格. 该表格的第三行说明了函数图像在哪里是凹向上的, 又在哪里是凹向下的.

(11) **拐点** 使用二阶导数的符号表格去寻找拐点. 回想一下, 在拐点处的二阶导数一定为 0, 并在该点的两侧二阶导数的符号是相反的. 对于每一个拐点 x, 你都需要将其代入 $y = f(x)$ 来求出对应的函数值, 并把这些点标记在图像上.

现在, 使用所有你收集到的信息去完成函数图像的绘制. 如果哪里出现了不一致, 那你可能什么地方出错了! 你收集到的所有这些信息应该是能够严丝合缝地拼凑在一起的漂亮的函数图像.

顺便提一下, 对于第 (9) 步的局部最大值和最小值, 记住你也可以使用二阶导数的正负去找 (参见 11.5.2 节). 不过, 这个方法有时并不适用 —— 这也正是我推荐使用一阶导数的符号表格的原因.

12.3 例 题

我们先看一个不使用一阶导数和二阶导数的例子, 再看四个使用上述全面方法的例子.

12.3.1 一个不使用导数的例子

在 12.1 节的开始, 我们提到过函数

$$f(x) = \frac{(x-3)(x-1)^2}{x^3(x+2)}.$$

现在让我们仅用上述程序的前七步去绘制函数图像.

(1) **对称性** 把 $-x$ 而不是 x 代入原始函数, 努力变换一番, 但这是徒劳的, 所以该函数是非奇非偶的.

(2) **y 轴截距** 设 $x = 0$, 则该函数分母为零. 所以该函数在 $x = 0$ 处趋于无穷大, 没有 y 轴截距.

(3) **x 轴截距** 设 $y = 0$, 则我们必有 $x - 3 = 0$ 或 $x - 1 = 0$, 所以 x 轴截距为 1 和 3.

(4) **定义域** 很显然, 该函数的定义域为除 0 和 -2 外的所有 x.

(5) **垂直渐近线** 当 $x = 0$ 或 $x = -2$ 时, 分母都趋于 0, 而此时分子不为 0, 所以这两处有垂直渐近线.

(6) **函数的正负** 这一点已经深入讨论过了, 我们知道该函数在 $(-2, 0)$ 和 $(3, \infty)$ 为正, 其余全为负 (除了在 x 轴截距和垂直渐近线处). 作为参考, 图 12-11 是在 12.1 节中出现的表格.

x	-3	-2	-1	0	$\dfrac{1}{2}$	1	2	3	4
$f(x)$	$-$	$\star$	$+$	$\star$	$-$	0	$-$	0	$+$

图 12-11

(7) **水平渐近线** 为此, 需要去求

$$\lim_{x \to \infty} \frac{(x-3)(x-1)^2}{x^3(x+2)} \quad \text{和} \quad \lim_{x \to -\infty} \frac{(x-3)(x-1)^2}{x^3(x+2)}.$$

我留给你来证明这两个极限均为 0 (使用 4.3 节中的方法), 所以该函数在 $y = 0$ 有一条双侧水平渐近线.

现在可以画函数图像了. 让我们先把已知的点标记在图 12-12 上.

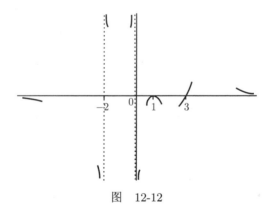

图 12-12

两条水平渐近线都是 $y = 0$. 在图像的左手边, 曲线在 x 轴的下方, 因为当 $x < -2$ 时函数值是负的. 在图像的右手边, 曲线在 x 轴的上方, 因为当 $x > 3$ 时函数值是正的 (可通过符号表格看出来). 至于垂直渐近线, 在 $x = -2$ 的垂直渐近线的右侧, 函数为正, 在其左侧则为负 (再次用到了符号表格). 用同样的方式来分析 $x = 0$ 的垂直渐近线. 现在考虑 x 轴截距. 在 $x = 1$ 点函数与 x 轴相切, 因为在该点的两侧函数值都是负的. 另一方面, 在另一点 $x = 3$, 函数通过 x 轴, 因为在该点两侧的函数值的正负是相反的. 下面让我们把这些小段用平滑的曲线连接起来, 从而得到图 12-13.

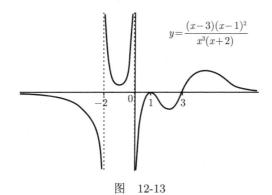

$$y = \frac{(x-3)(x-1)^2}{x^3(x+2)}$$

图 12-13

这是对函数图像大致样子的一个相当不错的近似. 可问题是, 除了知道在 $x=1$ 有局部最大值, 我们并不知道其他的局部最大值和最小值. 显然, 在 $x=-2$ 和 $x=0$ 之间有至少一个局部最小值, 在 $x=1$ 和 $x=3$ 之间有至少一个局部最小值, 在 $x=3$ 右边有至少一个局部最大值. 不过, 极值还可能有更多 —— 图像可能有比目前展现的更多的起伏. 不使用导数我们是无法判断的.

那么为什么不使用导数呢? 因为对于这个函数, 导数实在太难求解了! 如果你不怕麻烦去求导, 就会发现

$$f'(x) = \frac{-x^4 + 10x^3 - 11x^2 - 16x + 18}{x^4(x+2)^2}.$$

我们实际上已经知道 $x=1$ 是它的局部最大值, 所以 $f'(1)$ 应该为 0. 你可以检验一下, 发现当 $x=1$ 时, 分子确实为 0. 这意味着 $(x-1)$ 为分子的一个因式, 通过长除法, 可以发现分子为 $(x-1)(-x^3 + 9x^2 - 2x - 18)$. 这仍然留下了一个三次方程需要去处理, 但至少我们知道这个三次方程最多有三个解. 这意味着除了 $x=1$ 外, 最多还有另外三个临界点. 具体说, 这个图像并没有更多的起伏, 有的只是从上图中可以看出的四个临界点.

至于使用二阶导数去找出凹性和拐点, 我只能说, 情况会比一阶导数的还要糟糕. 所幸另一方面, 并不是每一个函数都有这么难以处理的导数 —— 让我们看以下的四个例子, 在它们身上可以应用完整的方法.

12.3.2 完整的方法: 例一

在 11.5.1 节的结尾部分, 我们看到函数 $f(x) = x\ln(x)$ 在 $x = 1/e$ 这点有局部最小值. 我们甚至画出了它的局部图像. 现在就应用完整的方法把函数 $y = f(x)$ 的图像补充完整.

(1) **对称性** 当 $x \leqslant 0$ 时, 该函数甚至没有定义, 所以它显然不可能是奇函数或偶函数.

(2) y **轴截距** 设 $x = 0$, 则该函数在 $x = 0$ 没有定义, 所以它不可能有 y 轴

截距.

(3) x 轴截距 设 $y = 0$, 则我们必有 $x = 0$ 或 $\ln(x) = 0$. 不可能有 $x = 0$, 因为在 $x = 0$ 处没有定义; 如果 $\ln(x) = 0$, 那么 $x = 1$. 所以唯一的 x 轴截距为 $x = 1$.

(4) 定义域 由于有因子 $\ln(x)$, 所以该函数的定义域必定为 $(0, +\infty)$.

(5) 垂直渐近线 因子 $\ln(x)$ 是否可能会在 $x = 0$ 引入一条垂直渐近线? 让我们检验一下. 由于该函数只有在 $x > 0$ 才有定义, 所以只需要考虑它的右极限, 即 $\lim\limits_{x \to 0^+} x\ln(x)$. 实际上, 从 9.4.6 节我们已知, 这个极限为 0, 因为随着 $x \to 0^+$ 对数函数缓慢地趋于 $-\infty$. 所以该函数没有垂直渐近线, 仅仅在原点有个 (右侧) 可去不连续点.

x	$\leqslant 0$	$\dfrac{1}{2}$	1	2
$f(x)$	$\star$	$-$	0	$+$

图 12-14

(6) 函数的正负 我们已经知道该函数对于 $x \leqslant 0$ 没有定义, 与 x 轴的截距仅仅有一点 $x = 1$. 所以还需要在其之间的空格填入诸如 $x = 1/2$ 和 $x = 2$. 当 $x = 1/2$ 时, $\ln(1/2) = -\ln(2)$, 为负, 所以 f 的符号为 $(-)$. 当 $x = 2$ 时, 很容易可以看出 f 的符号为 $(+)$. 这样符号表格看上去如图 12-14.

(7) 水平渐近线 仅需要考虑 $\lim\limits_{x \to \infty} x\ln(x)$, 因为 $x \to -\infty$ 的极限甚至说都说不通. 而上述极限显然为 ∞, 因为随着 $x \to \infty$, x 和 $\ln(x)$ 都趋于 ∞. 所以也没有水平渐近线.

(8) 导数的正负 通过使用乘积法则, 可以得出 $f'(x) = \ln(x) + 1$ (正如在 11.5.1 节计算过的). 所以当 $\ln(x) = -1$, 即 $x = e^{-1} = 1/e$ 时, $f'(x) = 0$. 我们只需选在 $x = 0$ 和 $x = 1/e$ 之间的一点, 以及大于 $x = 1/e$ 的另一点. 不妨分别选 $x = 1/10$ 和 $x = 1$. 注意到 $f'(1/10) = \ln(1/10) + 1 = -\ln(10) +$

x	$\leqslant 0$	$\dfrac{1}{10}$	$\dfrac{1}{e}$	1
$f'(x)$	$\star$	$-$	0	$+$
		$\searrow$	$\_$	$\nearrow$

图 12-15

1, 它显然为负; 而 $f'(1) = \ln(1) + 1$, 它为正. 这样, $f'(x)$ 的符号表格看上去如图 12-15.

(9) 最大值和最小值 通过上边的表格可以知道, 仅仅在 $x = 1/e$ 点有局部最小值. 现在只需计算出 y 值: $y = e^{-1}\ln(e^{-1}) = -e^{-1} = -1/e$. 所以局部最小值的坐标为 $(1/e, -1/e)$, 正如我们在 11.5.1 节已经见到的那样.

(10) 二阶导数的正负 由于 $f'(x) = \ln(x) + 1$, 有 $f''(x) = 1/x$. 又由于函数 f 的定义域为 $x > 0$, 所以对于相关的 x, 都有 $f''(x) > 0$. 这意味着 f 始终是凹向上的.

(11) 拐点 由于 $f''(x) = 1/x$, 永远不可能为 0, 所以没有拐点.

现在把所有收集到的信息标记在图像上. 我们在原点有一个可去不连续点, 在点 $(1/e, -1/e)$ 有一个局部最小值, 在 x 轴上的截距为 1, 并且没有水平或垂直渐近线.

当 x <1 时, 图像在 x 轴的下方; 当 x >1 时, 图像在 x 轴的上方. 此外, 函数当 $0 < x < 1/e$ 时为减函数, 当 $x > 1/e$ 时为增函数, 并且始终是凹向上的. 因此, 它的图像必定看上去如图 12-16.

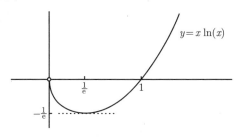

图   12-16

这不能说完美, 但比起 11.5.1 节的初步尝试是要好太多了, 毕竟我们现在知道了多得多的信息.

12.3.3 完整的方法: 例二

再看一个以前的例子: $f(x) = x^2(x-5)^3$. 在 10.1.4 节中, 已经绘制出了 $y = f(x)$ 图像的大致样子; 而在 12.1 节中, 也已经制作了 $f(x)$、$f'(x)$ 和 $f''(x)$ 的符号表格. 这意味着我们可以加大油门, 快速通过.

(1) **对称性** 如果用 $(-x)$ 替换 x, 你会得到 $f(-x) = (-x)^2(-x-5)^3 = -x^2(x+5)^3$. 这既不是 $f(x)$ 也不是 $-f(x)$, 所以该函数非奇非偶. 好吧, 你总不可能事事顺心如意.

(2) **y 轴截距** 当 x =0 时, $y = f(0) = 0$. 所以 y 轴截距为 $y = 0$.

(3) **x 轴截距** 如果 y =0, 则肯定有 $x^2 = 0$ 或 $(x-5)^3 = 0$, 所以 x 轴截距为 $x = 0$ 或 $x = 5$.

(4) **定义域** 很显然, $f(x)$ 可以取任意的 x, 所以该函数的定义域为全体实数 $\mathbb{R}$.

(5) **垂直渐近线** 由于定义域为全体实数, 所以没有垂直渐近线.

(6) **函数的正负** 正如我们在 12.1 节所见, $f(x)$ 的符号表格如图 12-17.

x	-1	0	2	5	6
$f(x)$	$-$	0	$-$	0	$+$

图   12-17

所以仅当 $x > 5$ 时, 图像在 x 轴上方.

(7) **水平渐近线** 很容易看出:
$$\lim_{x \to \infty} x^2 (x-5)^3 = \infty \text{ 和 } \lim_{x \to -\infty} x^2 (x-5)^3 = -\infty.$$

毕竟, 当 $x \to \infty$ 时, x^2 和 $(x-5)^3$ 都趋于 ∞, 因此它们的乘积也趋于 ∞; 而当 $x \to -\infty$ 时, x^2 趋于 ∞ 而 $(x-5)^3$ 趋于 $-\infty$, 所以乘积趋于 $-\infty$. 我们还可能注意到, 当 x 非常大 (正的或负的) 时, 量 $(x-5)$ 表现得像其最高次项 x, 所以在图像的左右两端 (但不是在原点附近), $x^2(x-5)^3$ 表现得像 x^5.

(8) **导数的正负** 正如我们在 12.1.1 节所见, $f'(x)$ 的符号表格如图 12-18.

x	-1	0	1	2	3	5	6
$f'(x)$	$+$	0	$-$	0	$+$	0	$+$
	/	—	\	—	/	—	/

图　12-18

这告诉了我们函数在哪里为增函数、在哪里为减函数, 或在哪里为水平的.

(9) **最大值和最小值** 从上表中可以看出：$x=0$ 为局部最大值, $x=2$ 是局部最小值, 而 $x=5$ 是水平拐点. 现在需要计算这些点对应的函数值. 通过把这些 x 值代入 $f(x) = x^2(x-5)^3$ 可得：$f(0) = 0$, $f(2) = (2)^2(-3)^3 = -108$, 以及 $f(5) = 0$. 所以在原点处有局部最大值, 在点 $(2, -108)$ 有局部最小值, 而点 $(5, 0)$ 是水平拐点.

(10) **二阶导数的正负** 在 12.1.2 节中, 我们已经见到图 12-19.

x	0	$2 - \frac{1}{2}\sqrt{6}$	2	$2 + \frac{1}{2}\sqrt{6}$	4	5	6
$f''(x)$	$-$	0	$+$	0	$-$	0	$+$
	⌢	·	⌣	·	⌢	·	⌣

图　12-19

通过该表格, 可以看出函数在哪里是凹向上, 在哪里是凹向下. 注意到 $f''(0) < 0$ 以及 $f''(2) > 0$, 前者再次确认了临界点 $x=0$ 是局部最大值, 而后者则再次确认了临界点 $x=2$ 是局部最小值.

(11) **拐点** 从上表中还可以判断出 $x = 2 - \frac{1}{2}\sqrt{6}, x = 2 + \frac{1}{2}\sqrt{6}$ 和 $x = 5$ 为该函数的拐点. 事实上, 最后一个点是我们早就知道的, 因为在步骤 (9) 已经看到点 $(5, 0)$ 为水平拐点. 其他两个点则要麻烦许多, 需要分别把 $x = 2 - \frac{1}{2}\sqrt{6}, x = 2 + \frac{1}{2}\sqrt{6}$ 代入原始函数 $f(x) = x^2(x-5)^3$. 不幸的是, 得到的结果一团糟. 这里我们取个巧, 设 $\alpha = f\left(2 - \frac{1}{2}\sqrt{6}\right)$ 和 $\beta = f\left(2 + \frac{1}{2}\sqrt{6}\right)$. 这意味着

$$\alpha = \left(2 - \frac{1}{2}\sqrt{6}\right)^2 \left(-3 - \frac{1}{2}\sqrt{6}\right)^3, \beta = \left(2 + \frac{1}{2}\sqrt{6}\right)^2 \left(-3 + \frac{1}{2}\sqrt{6}\right)^3.$$

实际上, 如果费劲把它乘开, 你可以化简这个表达式, 但这毫无乐趣可言. 我们也可以难得使用计算器去计算得到 α 大约等于 -45.3, β 大约等于 -58.2. 但这些仅仅

是近似值! 计算器不可能给出像 α 或 β 这样的无理数的准确数值. 不管怎样, 我们知道该函数的拐点为 $\left(2 - \dfrac{1}{2}\sqrt{6}, \alpha\right)$, $\left(2 + \dfrac{1}{2}\sqrt{6}, \beta\right)$ 和 $(5, 0)$.

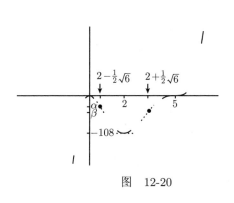

图 12-20

现在, 让我们把一切拼凑起来. 画出坐标系, 标注原点处的 y 轴截距、0 和 5 处的 x 轴截距, 原点处的局部最大值、$(2, -108)$ 处的局部最小值, 以及 $(5, 0)$ 处的水平拐点、$\left(2 - \dfrac{1}{2}\sqrt{6}, \alpha\right)$ 和 $\left(2 + \dfrac{1}{2}\sqrt{6}, \beta\right)$ 处的非水平拐点. 我们还知道当 $x \to \infty$ 时, $y \to \infty$ 以及 $x \to -\infty$ 时, $y \to -\infty$, 所以可以用小段曲线表示这一点. 综合起来, 得到图 12-20.

注意到我们从 $f'(x)$ 的符号表格已知, 曲线在拐点 $\left(2 - \dfrac{1}{2}\sqrt{6}\right)$ 处的斜率为负, 在拐点 $\left(2 + \dfrac{1}{2}\sqrt{6}\right)$ 处的斜率为正. 现在只需把各段连接起来, 得到图 12-21.

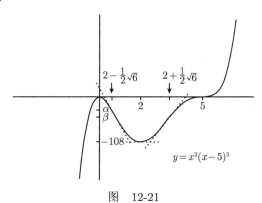

图 12-21

再一次地, 这比我们在 10.1.4 节中的绘图尝试要做得更好, 因为它还表示出了拐点.

12.3.4 完整的方法: 例三

现在, 让我们绘制 $y = f(x)$ 的函数图像, 其中

$$f(x) = xe^{-3x^2/2}.$$

(1) **对称性** 用 $(-x)$ 代替 x, 我们得到 $-xe^{-3(-x)^2/2} = -xe^{-3x^2/2} = -f(x)$, 所以该函数为奇函数. 这是一个意外之喜: 仅仅需要绘制 $x \geqslant 0$ 的部分, 剩下的一半

则很容易得到.

(2) **y 轴截距**　当 $x=0$ 时, $y = 0\mathrm{e}^{-3(0)^2/2} = 0$. 所以 y 轴截距为 $y=0$.

(3) **x 轴截距**　当 $y=0$ 时, $0 = x\mathrm{e}^{-3x^2/2}$, 所以要么 $x=0$ 要么 $\mathrm{e}^{-3x^2/2}=0$. 后一个方程是无解的, 因为指数函数永远为正. 因此 x 轴截距仅有 $x=0$. 到目前为止, 我们知道的只是, 该函数为奇函数且它与坐标轴只相交于原点.

(4) **定义域**　很明显, x 可以取任意值而不会引出问题 —— 这里没有偶次根或对数, 而即使把函数写成

$$y = \frac{x}{\mathrm{e}^{3x^2/2}},$$

分母也不会为 0, 因为指数函数始终为正. 所以定义域为全体实数 $\mathbb{R}$.

(5) **垂直渐近线**　没有垂直渐近线, 因为定义域为全体实数 $\mathbb{R}$.

(6) **函数的正负**　我们知道使 $f(x)=0$ 的点仅有一点, 就是 $x=0$ 时. 这样就有图 12-22 所示的这个极其简单的符号表格.

x	-1	0	1
$f(x)$	$-$	0	$+$

图　12-22

从表格中可以看出, 当 $x>0$ 时函数为正, 当 $x<0$ 时函数为负.

(7) **水平渐近线**　为此, 需要求

$$\lim_{x\to\infty} \frac{x}{\mathrm{e}^{3x^2/2}} \text{和} \lim_{x\to-\infty} \frac{x}{\mathrm{e}^{3x^2/2}}$$

注意到在两种情况下 $3x^2/2$ 都是一个很大的正数, 所以分母是一个很大的指数. 由于指数函数增长迅速 (参见 9.4.4 节), 两个极限都为 0. 所以有一条双侧水平渐近线 $y=0$.

(8) **导数的正负**　现在需要求导. 通过使用乘积法则和链式求导法则, 你可以检验一下

$$f'(x) = x(-3x)\mathrm{e}^{-3x^2/2} + \mathrm{e}^{-3x^2/2} = (1-3x^2)\mathrm{e}^{-3x^2/2}.$$

它处处都有定义, 但它什么时候为 0 呢? 由于指数函数始终为正, 所以仅当 $1-3x^2=0$, 即当 $x=1/\sqrt{3}$ 或 $x=-1/\sqrt{3}$ 时, 导数才为 0. 让我们选 -1, 0 和 1 填充之间的空白, 这样导数的符号表格看上去像图 12-23.

x	-1	$\dfrac{-1}{\sqrt{3}}$	0	$\dfrac{1}{\sqrt{3}}$	1
$f'(x)$	$-$	0	$+$	0	$-$
	$\searbackslash$	$-$	$\diagup$	$-$	$\searbackslash$

图　12-23

从表格中可以看出, 函数在 $-1/\sqrt{3}$ 和 $\sqrt{3}$ 之间时为增函数, 在其他区间则为减函数. 还注意到 f 是奇函数这一点 (从步骤 (1) 可知) 在上表第三行中显而易见.

(9) **最大值和最小值** 从上面的符号表格很容易看出, $x = 1/\sqrt{3}$ 对应的点是局部最大值, $x = -1/\sqrt{3}$ 对应的点为局部最小值. 剩下要做的只是把 x 值分别代入原始函数以求得 y 值. 当 $x = 1/\sqrt{3}$ 时, 有

$$y = \frac{1}{\sqrt{3}} e^{-3(1/\sqrt{3})^2/2} = \frac{e^{-1/2}}{\sqrt{3}}.$$

这样在点 $(1/\sqrt{3}, e^{-1/2}/\sqrt{3})$ 有局部最大值. 又由于函数为奇函数, 我们甚至不需要把 $x = -1/\sqrt{3}$ 代入就可以看出, 必有 $(-1/\sqrt{3}, -e^{-1/2}/\sqrt{3})$ 为局部最小值.

(10) **二阶导数的正负** 为此需要再次求导, 再次使用乘积法则和链式求导法则. 得到

$$f''(x) = (1 - 3x^2)(-3x)e^{-3x^2/2} + (-6x)e^{-3x^2/2} = 9x(x^2 - 1)e^{-3x^2/2}.$$

再一次地, 由于指数函数始终为正, 所以仅当 $x = 0$ 或 $x^2 - 1 = 0$, 即当 $x = 0$, $x = 1$ 或 $x = -1$ 时, $f''(x)$ 才为零. 其符号表格看上去如图 12-24.

x	-2	-1	$-\dfrac{1}{2}$	0	$\dfrac{1}{2}$	1	2
$f''(x)$	$-$	0	$+$	0	$-$	0	$+$
	$\frown$	$\cdot$	$\smile$	$\cdot$	$\frown$	$\cdot$	$\smile$

图 12-24

当 $x = 1/2$ 时, 因子 $9x$ 为正, 但 $(x^2 - 1)$ 为负, 同时指数函数始终为正, 所以整个结果为负. 当 $x = 2$ 时, 同样容易看出二阶导数为正. $x = -1/2$ 和 $x = -2$ 时的情况也容易判断, 并且遵从对称性. (由于原始函数为奇函数, 它的导函数为偶函数, 它的二阶导函数为奇函数. 你可能需要在这上面稍微思考一下!) 从第三行可以看出, 当 $x < -1$ 或 $0 < x < 1$ 时, 函数的图像是凹向下的; 当 $x > 1$ 或 $-1 < x < 0$ 时, 图像是凹向上的. 顺便说一下, 注意到在临界点 $x = 1/\sqrt{3}$, 二阶导数为负 —— 这再次确认了在该点有局部最大值. 类似地, 当 $x = -1/\sqrt{3}$, 二阶导数为正, 所以确实在该点有局部最小值.

(11) **拐点** 从上表中可以看出, 在 $x = 0$, $x = 1$ 或 $x = -1$ 这些点, 函数的凹性都会发生变化. 所以这些点都是函数的拐点, 而我们需要做的仅是求出这些点对应的 y 值. 通过把这些点代入原始函数 $y = xe^{-3x^2/2}$, 容易得到这些拐点的坐标分别为 $(1, e^{-3/2})$, $(-1, -e^{-3/2})$ 和 $(0, 0)$.

如果你真的一直很乖的话, 应该已经在坐标系上标出了所有已知的信息, 得到图 12-25.

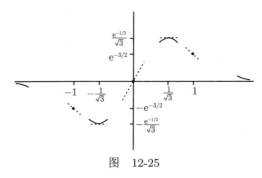

图 12-25

在上图中可以看到 x 轴和 y 轴截距 (都在原点)、水平渐近线 (x 轴)、在 $(1/\sqrt{3},\, \mathrm{e}^{-1/2}/\sqrt{3})$ 的最大值、在 $(-1/\sqrt{3},\, -\mathrm{e}^{-1/2}/\sqrt{3})$ 的最小值, 以及在 $(0,\,0)$ 和 $(1, \mathrm{e}^{-3/2}),\, (-1, -\mathrm{e}^{-3/2})$ 的拐点 (在图中暂时用虚线表示). 由于在步骤 (6) 知道了 $f(x)$ 的正负, 甚至已经分析了该函数在水平渐近线附近的走势, 所以在图中将这一点体现了出来. 不管怎样, 剩下需要做的只是如图 12-26 把各段连接起来. 这样就确实把图像的所有重要特征都体现了出来.

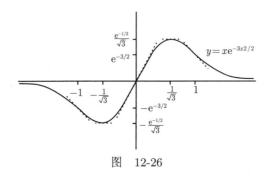

图 12-26

12.3.5 完整的方法: 例四

再举一个例子: 画 $y = f(x)$ 的图像, 其中 f 是令人望而生畏的

$$f(x) = \frac{x^3 - 6x^2 + 13x - 8}{x}.$$

(1) **对称性** 用 $(-x)$ 代替 x, 我们得到 $\left(-x^3 - 6x^2 - 13x - 8\right)/(-x)$, 它既不是 $f(x)$ 也不是 $-f(x)$, 所以该函数没有对称性. 真遗憾.

(2) **y 轴截距** 把 $x = 0$ 代入, 我们得到 $-8/0$, 这是没有定义的. 所以没有 y 轴截距.

(3) **x 轴截距** 情况变得麻烦了. 需要设 $y = 0$, 这意味着 $x^3 - 6x^2 + 13x - 8 = 0$. 这是一个三次方程, 所以因式分解可能会让人头疼. 最好的办法是试根. 试试 $x = 1$. 得到 $1 - 6 + 13 - 8 = 0$, 猜对了! (基本上说, 简单的根应该是常数项 -8 的因子, 所以如果 $\pm 1, \pm 2, \pm 4$ 和 ± 8 都不适用, 那你就完蛋了.) 所幸, 我们的初次尝试就成

功了, 我们知道 $(x-1)$ 为它的一个因子. 接下来, 做多项式除法:

$$x-1\overline{)x^3-6x^2+13x-8}$$

我留给你来完成这个除法, 并得到另一个因子为 x^2-5x+8. 你能再对这个二次函数因子因式分解吗? 它的判别式为 $(-5)^2-4(8)=-7$, 为负, 所以你不能进行因式分解. 也就是说, 有 $x^3-6x^2+13x-8=(x-1)(x^2-5x+8)$. 由于第二个因子始终为正, 所以在 x 轴仅有的截距为 $x=1$.

(4) **定义域** 仅有的问题是 $x=0$, 所以定义域为 $\mathbb{R}\backslash\{0\}$.

(5) **垂直渐近线** $x=0$ 处有垂直渐近线, 因为此时分母为 0, 而分子不为 0. 不可能再有其他的垂直渐近线, 因为函数在其他地方处处有定义.

(6) **函数的正负** 把函数写为

$$f(x)=\frac{(x-1)(x^2-5x+8)}{x}.$$

在 x 轴的唯一截距为 $x=1$, 唯一的不连续点在 $x=0$ 处, 所以符号表格看上去像图 12-27. (确认你理解了在 $x=-1$, $x=1/2$ 和 $x=2$ 时函数的正负.)

x	-1	0	$\dfrac{1}{2}$	1	2
$f(x)$	$+$	$\star$	$-$	0	$+$

图 12-27

(7) **水平渐近线** 考虑极限

$$\lim_{x\to\infty}\frac{x^3-6x^2+13x-8}{x} \quad 和 \quad \lim_{x\to-\infty}\frac{x^3-6x^2+13x-8}{x}.$$

它们可以改写为

$$\lim_{x\to\infty}\left(x^2-6x+13-\frac{8}{x}\right) \quad 和 \quad \lim_{x\to-\infty}\left(x^2-6x+13-\frac{8}{x}\right).$$

很明显, 这两个极限的结果都是无穷大, 所以没有水平渐近线. 另一方面, 当 x 非常大 (正的或负的) 时, $f(x)$ 表现得像其主导项, 即 x^2. 所以当 x 非常大时, 曲线应该看上去很像抛物线 $y=x^2$, 如图 12-28 所示. 不管怎样, 尽管我们还没有求导, 仍旧知道了这个函数的很多信息.

注意到我们刚才用了 $f(x)$ 的符号表格去判断图像在垂直渐近线附近的情况. 具体说, 当 x 比 0 稍小时, 函数值为正, 所以曲线在垂直渐近线的左边趋于 ∞. 类似地, 当 x 比 0 略大时, 函数值为负, 这意味着曲线在垂直渐近线的右边趋于 $-\infty$.

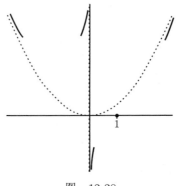

图　12-28

(8) **导数的正负**　我们已经用到了 $f(x)$ 的三种形式:
$$f(x) = \frac{x^3 - 6x^2 + 13x - 8}{x} = \frac{(x-1)(x^2 - 5x + 8)}{x} = x^2 - 6x + 13 - \frac{8}{x}.$$
为了求 $f'(x)$, 可以选 $f(x)$ 的任意一种形式. 我选第三种形式, 因为它的求导无须使用乘积法则或商法则. 于是有
$$f'(x) = 2x - 6 + \frac{8}{x^2},$$
它可改写为
$$f'(x) = \frac{2x^3 - 6x^2 + 8}{x^2}.$$
那么何时导数为零? 何时导数不存在呢? 很显然, 当 $x = 0$ 时, 导数不存在. 另一方面, 如果 $f'(x) = 0$, 我们肯定有 $2x^3 - 6x^2 + 8 = 0$. 再一次地, 我们需要猜出三次方程的一个根. 这一次, $x = 1$ 不适用, 所以再试一下 $x = -1$. 啊哈, 刚刚好! 在做完长除法后, 就可以将三次方程因式分解为 $2(x+1)(x-2)^2$. 也就是说,
$$f'(x) = \frac{2(x+1)(x-2)^2}{x^2}.$$
所以导数在 $x = 0$ 处没有定义, 当 $x = -1$ 或 $x = 2$ 时为 0. 现在, 可以画出 $f'(x)$ 的符号表格如图 12-29.

x	-2	-1	$-\dfrac{1}{2}$	0	1	2	3
$f'(x)$	$-$	0	$+$	$\star$	$+$	0	$+$
	$\searrow$	$—$	$\nearrow$	$\vdots$	$\nearrow$	$—$	$\nearrow$

图　12-29

确认你检验了该表格的各个细节. 从表中可以看出: 当 $x > -1$ 时, 函数为增函数 (除了 $x = 0$ 和 $x = 2$ 这两个临界点); 当 $x < -1$ 时, 函数为减函数.

(9) **最大值和最小值**　从上表可以看出, $x = -1$ 为局部最小值, $x = 2$ 为水平拐点. 现在要求对应的 y 值; 不难看出 $f(-1) = 28$ 和 $f(2) = 1$. 所以点 $(-1, 28)$ 为局部最小值, 点 $(2, 1)$ 为水平拐点.

(10) **二阶导数的正负**　我们已知 $x = 2$ 为一个拐点, 还有其他拐点吗? 找找看. 从形式

$$f'(x) = 2x - 6 + \frac{8}{x^2}$$

得出

$$f''(x) = 2 - \frac{16}{x^3} = \frac{2(x^3 - 8)}{x^3}.$$

二阶导数在 $x = 0$ 处没有定义, 当 $x^3 - 8 = 0$, 即 $x = 2$ 时为 0. 所以没有其他拐点了! 让我们绘制其符号表格如图 12-30.

x	-1	0	1	2	3
$f''(x)$	$+$	$\star$	$-$	0	$+$
	$\smile$	$\vdots$	$\frown$	$\cdot$	$\smile$

图　12-30

可以看到, 当 $x > 2$ 和 $x < 0$ 时, 图像是凹向上的; 当 $0 < x < 2$ 时, 图像是凹向下的. 顺便提一下, 在临界点 $x = -1$, $f''(x) > 0$, 所以该点的确为局部最小值. 另一方面, 在临界点 $x = 2$, $f''(2) = 0$, 所以单凭它无法确认这是个拐点. 最好的确认方法是表明导数在 $x = 2$ 的两侧符号相反. 而这一信息在其符号表格中清晰可见.

(11) **拐点**　我们知道 $x = 2$ 是唯一的拐点, 并且知道其坐标为 $(2, 1)$.

现在让我们基于最后几步中得到的新信息完成该函数图像的绘制. 我们需要在图像上标记出 $(-1, 28)$ 处的最小值以及 $(2, 1)$ 处的水平拐点. 但 28 是个很大的数, 所以需要压扁 y 轴 (相较于前面的草图), 以便图像的比例合适. 最后得到图 12-31.

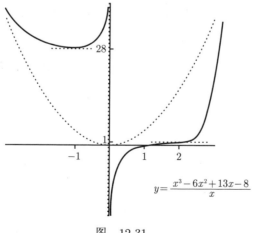

图　12-31

虚线是假想的 $y = x^2$, 虽然它的比例有点不对. 同样, 在图像的右端, 实线本该

是接近于 $y = x^2$ 的, 但我没有追求落实这一点. 不幸的是, 如果你表现了这类细节, 那不免会让拐点处的细节看不清. 确实, 图形计算器给出的结果可能像图 12-32.

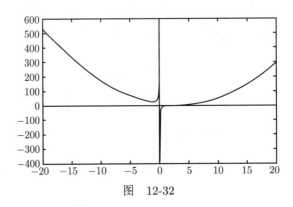

图　12-32

可以看出来曲线很像 $y = x^2$, 并且在 $x = 0$ 附近有些奇怪的表现, 但你实在看不出那里的细节. 这很好地说明了 "描点作图" 与 "作示意图" 之间的区别. 毕竟, 图形计算器只是描出足够多的点使得曲线看上去光滑, 但它没有突出图像那些有趣的特征. 如果放大图像, 你可能会对局部的细节有更好了解, 但这样你又无法顾及 x 很大时的行为了. 所以尽管前面粗略的示意图不准确, 但它对我们理解实际上发生了什么要有帮助得多, 特别是涉及极值点和拐点时: 它切实展现了这些特征点都在哪里.

第 13 章　最优化和线性化

现在我们要看一下微积分的两个实际应用：最优化和线性化. 不管你相信与否, 这两个技术每天都在被工程师、经济学家及医生等用到. 简单来说, 最优化涉及找出各种可能情况中最好的一种, 不论这是在保障桥梁不会倒塌的前提下建造桥梁的最省钱方法, 还是日常如找出抵达某个目的地的最快行驶路径. 另一方面, 线性化是一种对难以计算的量找出其估算值的有用技术. 它也可被用来找出函数的零点的估算值, 这时它也被称为牛顿法. 总而言之, 我们将要讨论以下话题:

- 如何解决最优化问题, 并看三个例子;
- 使用线性化和微分估算特定的量;
- 我们的估算有多好;
- 估算函数的零点的牛顿法.

13.1　最　优　化

使某样东西 "最优化" 意味着要使之尽可能地好. 由于我们是在讨论数学, 因而这里将关注量而非质. 假设我们关心某个特定的量, 它可能是数、长度、角度、面积、成本、收入, 等等. 如果它是好的事情, 就像收入, 那么我们希望使之越大越好; 而如果它是不好的事情, 就像成本, 我们则希望使之越小越好. 简而言之, 我们想要让这个量最大化或最小化. 所以在我们的语境中, "最优化" 仅仅意味着 "相应地最大化或最小化".

13.1.1　一个简单的最优化例子

在最近几章中, 我们已经花了相当多时间学习如何求函数的最大值和最小值. 而涉及最优化时, 通常我们关心的是全局最大值和最小值. 在 11.1.3 节, 已经提到了一个解决这个问题的很好方法. 我强烈建议你现在返回头看一下, 刷新一下记忆.

不论在哪种情况下, 都需要把这个量表示成另一个我们能控制的量的函数. 例如, 假设有两个实数的和为 10, 并且每个数都不大于 8. 那么这两个数的乘积最大可能是多少? 最小又可能是多小?

在搬出我们的方法之前, 先试探一下情况. 如果其中一个数为 8(这是它最大能取的值), 另一个数则为 2, 这时的乘积为 16. 而在另一个极端, 如果两个数都为 5, 那么乘积为 25, 显然比 16 要大. 我们能使乘积比 25 还大或比 16 还小吗? 要是这两个数分别为 $4\frac{1}{2}$ 和 $5\frac{1}{2}$ 又会怎样呢? 试试算一下.

现在, 让我们开始认真对待并设置一些变量. 假设这两个数分别为 x 和 y, 它们的乘积为 P. 于是可知有 $P=xy$. 我们想要最优化的量是 P, 但它是两个变量 x 和 y 的乘积. 这并不是我们想要的, 我们真正想要的是, 把 P 表示为一个变量的函数, 至于是其中哪个变量倒无所谓. 幸运的是, 我们还有另一个已知信息: $x+y=10$. 这意味着可以通过 $y=10-x$ 把 y 消掉. 这样的话, 就有 $P=x(10-x)$, 即把 P 表示成了单独 x 的函数.

不过, 这里有一点需要注意: P 的定义域是什么? 当然, 可以在 $P=x(10-x)$ 中任意代入一个 x 值, 并得到一个有意义的答案, 但对于 x, 我们其实还知道更多 (只不过尚没有用数学语言把它描述出来): x 不可能比 8 大. 事实上, 它也不可能比 2 小, 否则 y 就会比 8 大. 所以 x 必定位于区间 $[2, 8]$ 中. 我们应该把这视为 P 的定义域.

这样就把该文字问题重新表述为: 求函数 $P=x(10-x)$ 在区间 $[2, 8]$ 上的最大值. 真不错! 我们只写出 $P=10x-x^2$, 求导得到 $dP/dx=10-2x$. 当 $x=5$ 时, 导数为 0, 这是唯一的临界点. 也有可能在两个端点 $x=2$ 和 $x=8$ 取到最大值或最小值. 所以潜在极值点列表包括 2, 5 和 8. 当 $x=2$ 或 $x=8$ 时, 有 $P=16$; 当 $x=5$ 时, 有 $P=25$. 因此结论是, 乘积的最大值确实为 25, 出现在两个数都为 5 的时候; 乘积的最小值确实为 16, 出现在一个数为 8 而另一个数为 2 的时候. 注意到我在陈述总结时, 并没有提到 P, x 或 y, 因为这些变量是我引入的. 如果问题中并没有给出什么变量, 那么你不仅需要识别出它们, 给它们命名, 还需要在不提及它们的前提下写出最终结论!

不妨通过图 13-1 所示的 $P'(x)$ 的符号表格[①]再检验一下刚才的结论.

x	4	5	6
$P'(x)$	+	0	-
	↗	—	↘

图   13-1

确实, 它是最大值. 我们也可以通过查看二阶导数的正负来验证这一点, 就像在 11.5.2 节描述的那样. 由于 $P'(x)=10-2x$, $P''(x)=-2$, 所以自然也有 $P''(5)=-2$. 由于这是负的, 再次得到 $x=5$ 为局部最大值 (它也是全局最大值). 不过, 这两种方法都不适用于端点 —— 它们仅适用于临界点.

13.1.2   最优化问题: 一般方法

下边是解决最优化问题的一般方法.

(1) 识别出所有你可能用到的变量. 其中之一应该是你想要最大化或最小化的量 —— 要确保你知道是哪个! 让我们暂且把它设为 Q, 当然它也可能是其他字母, 比如 P, m 或 α.

---

① 参见 12.1.1 节.

(2) 试探一下当前情况的极端可能, 看变量能最大或最小到多少. (比如在上一节的例题中, x 只能在 2 和 8 之间.)

(3) 写出关联起不同变量的各个方程. 其中之一应该是关于 Q 的方程.

(4) 努力通过这些方程消去其他变量, 使得 Q 可以表示为只关于一个变量的函数.

(5) 对 Q 关于那个变量求导, 然后找出临界点. 要记住, 临界点出现在导数为 0 或不存在的位置.

(6) 求出 Q 在临界点及端点所对应的值, 从中选出最大值和最小值. 使用一阶或二阶导数的符号表格对临界点进行分类, 加以检验.

(7) 写出所得到的结论, 注意其中要用文字而非符号表示变量.

实际上, 有时候第 (4) 步可能会相当难, 不过有可能通过隐函数求导而避开这个麻烦. 我们将在 13.1.5 节看到这是如何做到的.

13.1.3 一个最优化的例子

让我们看看如何应用这个方法. 假设有个农场的边界是一道又长又直的篱笆, 而这个农场主现在想要多圈一块地来喂马. 但这个农场主有些古怪, 想圈出一个直角三角形, 并以之前的篱笆为一边 (但不是斜边), 如图 13-2 上图所示.

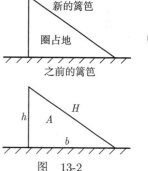

假设只有 300 英尺长的篱笆可供使用, 并且农场主想使新圈出的地的面积尽可能地大. 那么这块地的周长和面积分别为多少?

首先要识别出一些变量. 设三角形的底边为 b, 高为 h,
斜边为 H (单位都是英尺), 并且面积为 A (单位为平方英尺), 如图 13-2 下图所示. 注意到篱笆的长度为 $h+H$, 而我们想要最大化 A.

图 13-2

这样就完成了第 (1) 步. 接下来进入第 (2) 步, 考虑用 300 英尺的篱笆可以做出的极端形状, 如图 13-3 所示. 在第一种情况中, h 接近于 0, 而 b 和 H 都接近于 300, 但此时的面积很小! 在第二种情况中, b 接近于 0, 而 h 和 H 都接近于 150, 此时的面积依然非常小! 所以走中间路线, 我们应该可以做得更好. 至少已经可以确认, b 和 H 在 0 和 300 之间, 而 h 在 0 和 150 之间.

图　13-3

进入到第 (3) 步, 可以看出 $A = bh/2$ 以及 $h + H = 300$. 但还需要再多一个方程, 因为需要将 b, h 和 H 这三个变量精简为一个变量. 事实上, 可以使用勾股定理, 得到 $b^2 + h^2 = H^2$.

现在应该试着消去一些变量. 对上式开平方, 并写出 $H = \sqrt{b^2 + h^2}$ (因为 $H > 0$); 将之带入 $h + H = 300$, 得到 $h + \sqrt{b^2 + h^2} = 300$. 接下来试着把 b 消去. 从方程两边同时减去 h 再平方, 得到

$$b^2 + h^2 = (300 - h)^2 = 90\,000 - 600h + h^2.$$

这意味着 $b = \sqrt{90\,000 - 600h} = 10\sqrt{900 - 6h}$ (再一次地, 因为 b 为正, 不可能取负的平方根). 最后, 方程 $A = bh/2$ 可以被重写为

$$A = \frac{1}{2} \times 10\sqrt{900 - 6h} \times h = 5h\sqrt{900 - 6h},$$

其中 h 位于区间 $[0, 150]$. 这样完成了第 (4) 步. 至于第 (5) 步, 可以使用乘积法则和链式求导法则, 得出

$$\frac{\mathrm{d}A}{\mathrm{d}h} = 5\left(\sqrt{900 - 6h} + h\frac{-6}{2\sqrt{900 - 6h}}\right) = \frac{45(100 - h)}{\sqrt{900 - 6h}}.$$

当 $100 - h = 0$, 即 $h = 100$ 时, 导数为 0. 进入到第 (6) 步, 将 $h = 100$ 代入上述关于 A 的方程, 得到

$$A = 5(100)\sqrt{900 - 6(100)} = 500\sqrt{300} = 5000\sqrt{3}.$$

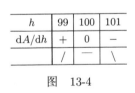

h	99	100	101
$\mathrm{d}A/\mathrm{d}h$	+	0	−
	/	—	\

图　13-4

另一方面, 对于端点 $h = 0$, 我们看到 $A = 0$; 类似地, 当 $h = 150$ 时, 量 $900 - 6h$ 也趋于 0, 所以 A 又为 0. 这样得出结论: 当 $h = 100$ 时, A 有最大值. 我们可以用图 13-4 的导数的符号表格来检验一下. 情况还不是很坏, 因为导数的分子是 $45(100 - h)$, 而分母始终为正. 所以确如我们预测的, $h = 100$ 为局部最大值.

现在让我们把问题完全解决. 问题是求三角形的周长, 而现在只知道一边: $h = 100$. 还要求出 b 和 H. 只需返回头去看那些方程: $h + H = 300$, 所以马上有 $H = 200$; 还有 $b^2 + h^2 = H^2$, 所以把 $h = 100$ 和 $H = 200$ 代入, 可知 $b = 100\sqrt{3}$. 最后, 我们已经算出面积 A 的最大值为 $5000\sqrt{3}$. 所以总结陈词可以像这样: 最大面积的新圈地是一个底边为 $100\sqrt{3}$ 英尺、高为 100 英尺、斜边为 200 英尺的直角三角形, 此时面积为 $5000\sqrt{3}$ 平方英尺.

13.1.4　另一个最优化的例子

下面是一个有趣的问题. 假设你要生产一批封口的、中空的圆柱体金属罐. 你可以任意选择这些罐子的尺寸, 但每个罐子的体积必须是 16π 立方英寸. 你希望使用尽可能少的金属, 因为金属的成本为 2 美分每平方英寸. 那么应该怎样选择罐子

的尺寸才能使成本最低? 此时每个罐子的成本是多少?

进一步地, 如果考虑到罐子的盖和底都需要焊接到罐身上, 而焊接成本是 14 美分每英寸, 那么情况又会如何变化?

让我们先从问题的第一部分开始. 图 13-5 是罐子的图示. 要描述圆柱体, 只需

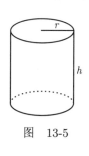

要说出它的半径和高度, 所以设它们分别为 r 和 h(单位为英寸). 还需要体积 V(单位为立方英寸), 因为问题也提到它了. 此外, 成本取决于使用了多少金属, 而这意味着圆柱体的表面积. 不妨设表面积为 A(单位为平方英寸), 成本为 C(单位为美分). 量 C 是要最小化的, 虽然在这里很显然, 最小化 A 等同于最小化 C. (但这对问题的第二部分就不成立了!)

图 13-5

现在进入到第 (2) 步. 当半径 r 非常非常小时, 会发生什么? 这时为了满足体积必须为 16π 立方英寸的要求, 高度 h 必定要非常非常大. 我们会得到图 13-6 左边那样又高又细的圆柱体. 另一方面, 如果 r 非常大, 那么 h 必将非常小, 我们会得到图右边那样又宽又扁的圆柱体.

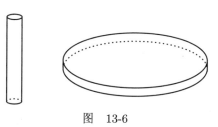

图 13-6

即使它们已经看上去相当极端, 但事情可以变得更为怪异. 事实上, r 可以是任意正实数! 所以其实不存在端点, r 和 h 都位于开区间 $(0, \infty)$. 对此需要小心. 在上边的两种情况中, 每个看上去都要用到很多金属, 所以低成本的解决方案很可能更接近于前面那个比例协调的圆柱体, 而非上面两种极端情况.

接下来进入到第 (3) 步: 需要找到一些方程. 我们知道 $V = 16\pi$; 又由于圆柱体的体积 $V = \pi r^2 h$, 这样就有了第一个有用的方程:

$$16\pi = \pi r^2 h.$$

可以将它重写为 $16 = r^2 h$ 或

$$h = \frac{16}{r^2}.$$

另一方面, 封口的圆柱体的表面积为

$$A = 2\pi r h + 2\pi r^2,$$

其中第一项为罐身面积, 第二项为盖和底的面积. (如果没有盖, 第二项则为 πr^2, 没有倍数 2.) 最后, 成本是 2 美分乘以总面积, 所以有

$$C = 2A = 4\pi rh + 4\pi r^2.$$

对于第 (4) 步, 注意到上述方程的右边两项都涉及 r, 所以选择消去 h 会更简单. 我们已经看到 $h = \dfrac{16}{r^2}$, 所以只需代入上述方程, 就有

$$C = 4\pi r \left(\frac{16}{r^2}\right) + 4\pi r^2 = 4\pi \left(\frac{16}{r} + r^2\right).$$

很好! 我们做到了用 r 来表示 C. 现在的问题变为, 当 r 在区间 $(0, \infty)$ 上时, 如何最小化 C. 我们有

$$\frac{\mathrm{d}C}{\mathrm{d}r} = 4\pi \left(-\frac{16}{r^2} + 2r\right),$$

它对 $(0, \infty)$ 内的所有 r 均成立, 并当 $-\dfrac{16}{r^2} + 2r = 0$ 或 $2r^3 = 16$ 时为零. 这意味着 $r^3 = 8$, 所以 $r = 2$ 是唯一的临界点. 那么端点呢? 我们无法把 $r = 0$ 代入 C 的表达式, 但可以求此时的极限:

$$\lim_{r \to 0^+} C = \lim_{r \to 0^+} 4\pi \left(\frac{16}{r} + r^2\right) = \infty.$$

该极限为无穷大, 因为当 $r \to 0^+$ 时, $\dfrac{16}{r}$ 趋于无穷大. 这意味着当半径趋于 0 时, 成本将越来越高. 这可不是我们想要的! 所以要离这个端点远远的. 那么区间 $(0, \infty)$ 的另一个端点呢? 再一次地, 我们无法令 $r = \infty$, 所以也要求极限:

$$\lim_{r \to \infty} C = \lim_{r \to \infty} 4\pi \left(\frac{16}{r} + r^2\right) = \infty.$$

这次是 r^2 项趋于无穷大. 没关系, 我们也将对这个端点敬而远之. 所以结论是, 在 $r = 2$ 点有局部最小值和全局最小值. 可以通过一阶或二阶导数的符号表格来检验一下. 让我们采用二阶导数的方法:

$$\frac{\mathrm{d}^2 C}{\mathrm{d}r^2} = 4\pi \left(\frac{32}{r^3} + 2\right).$$

当 r 在区间 $(0, \infty)$ 上时, 二阶导数始终为正; 具体说, 当 $r = 2$ 时, 它为正, 所以在这里必有局部最小值.

剩下需要做的, 只是找出当 $r = 2$ 时其他变量的值并写出结论. 确实, 当 $r = 2$ 时, 可以看到 $h = 16/r^2 = 4$ 和 $C = 4\pi rh + 4\pi r^2 = 48\pi$. 这意味着成本最低的形状是半径为 2 英寸、高度为 4 英寸的圆柱体, 这时每个罐子的成本为 48π 美分, 也就是大约 1.50 美元. (这对一个普通罐子来说是相当昂贵的!) 注意到在这种情况下, 罐子的直径和高度相同.

接下来解答问题的第二部分. 这里其他条件不变, 只是现在要多加 14 美分每

英寸的焊接成本, 所以成本 C 的表达式会发生变化. 那么焊接每个罐子要花多少钱呢? 我们需要焊接盖和底, 所以面对的是一个圆的周长的两倍. 这意味着每个罐子需要焊接 $2\pi r$ 英寸的两倍, 也就是 $4\pi r$ 英寸. 这导致每个罐子成本增加 $14 \times 4\pi r$ 美分, 所以 C 的新表达式为

$$C = 4\pi \left(\frac{16}{r} + r^2 \right) + 14 \times 4\pi r = 4\pi \left(\frac{16}{r} + r^2 + 14r \right).$$

(提出那个讨厌的 4π 是个好主意.) 不管怎样, 现在两边求导可得

$$\frac{\mathrm{d}C}{\mathrm{d}r} = 4\pi \left(-\frac{16}{r^2} + 2r + 14 \right),$$

而当

$$-\frac{16}{r^2} + 2r + 14 = 0$$

时它为 0. 为了求解上述方程, 两边同时乘以 r^2 再除以 2, 得到

$$r^3 + 7r^2 - 8 = 0.$$

(确保你检验过这个结果是对!) 太好了! 现在我们有个三次方程要解. 幸运的是, 简单如 $r = 1$ 就正好能用. 所以可通过做长除法看出另一个因子为 $(r^2 + 8r + 8)$. (检验一下!) 于是有

$$(r - 1) \left(r^2 + 8r + 8 \right) = 0,$$

这意味这 $r = 1$ 或 $r^2 + 8r + 8 = 0$. 后者的解为 $\dfrac{-8 \pm \sqrt{32}}{2}$, 又由于 $\sqrt{32}$ 的值约为 6, 这两个解都为负. 所以唯一 r 为正的临界点是 $r = 1$. 再一次地, 由于端点处的成本为无穷大 (原因同前, 而算上焊接显然不会使其更便宜), 所以这个点为最小值. 作为检验, 我们有

$$\frac{\mathrm{d}^2 C}{\mathrm{d}r^2} = 4\pi \left(\frac{32}{r^3} + 2 \right),$$

它与之前的实际上是一样的. 所以它为正, 原始函数图像凹向上, 而在 $r = 1$ 确实有最小值.

现在我们只需做代入. 可以看到 $h = 16/r^2 = 16$, 以及 $C = 4\pi(16/1 + 1^2 + 14 \times 1) = 124\pi$ 美分, 也就是大约 4 美元. 看来需要想办法降低成本了! 不管怎样, 现在理想的罐子形状是半径为 1 英寸、高度为 16 英寸的圆柱体, 此时每个罐子的成本为 124π 美分. 注意到现在的最优半径比我们在问题第一部分计算出来的要小, 这是说得通的, 毕竟更小的半径降低了昂贵的焊接成本.

13.1.5   在最优化问题中使用隐函数求导

在我们转入最后一个例子之前, 先重新看一下上节问题的第一部分. 当时我们知道

$$C = 4\pi rh + 4\pi r^2 \quad \text{和} \quad r^2 h = 16,$$

并通过消去 h 而最小化 C. 但还有一种最小化 C 的方法, 那就是在两边同时关于 r 作隐函数求导, 毕竟 r 是我们想保留的变量. (关于隐函数求导, 可回顾一下 8.1 节.) 这样得到

$$\frac{\mathrm{d}C}{\mathrm{d}r} = 4\pi\left(h + r\frac{\mathrm{d}h}{\mathrm{d}r} + 2r\right) \quad \text{和} \quad 2rh + r^2\frac{\mathrm{d}h}{\mathrm{d}r} = 0.$$

检验一下以确信计算是正确的. 不管怎样, 如果从第二个方程求解 $\mathrm{d}h/\mathrm{d}r$, 由于 $r \neq 0$, 就有

$$\frac{\mathrm{d}h}{\mathrm{d}r} = -\frac{2rh}{r^2} = -\frac{2h}{r}.$$

把它代入第一个方程, 得到

$$\frac{\mathrm{d}C}{\mathrm{d}r} = 4\pi\left(h + r \times \left(-\frac{2h}{r}\right) + 2r\right) = 4\pi(h - 2h + 2r) = 4\pi(2r - h).$$

所以当 $2r = h$ 时, $\mathrm{d}C/\mathrm{d}r = 0$, 而这正是我们之前得到的结果! 为了证明这个临界点是最小值, 对上式关于 r 再次求导, 得到

$$\frac{\mathrm{d}^2C}{\mathrm{d}r^2} = 4\pi\left(2 - \frac{\mathrm{d}h}{\mathrm{d}r}\right) = 4\pi\left(2 + \frac{2h}{r}\right).$$

(这里用到了刚才得到的 $\mathrm{d}h/\mathrm{d}r = -2h/r$.) 注意到上式的右边始终为正, 所以 C 关于 r 的图像是凹向上的, 而确实是有一个最小值. 当然, 知道当 $2r = h$ 时有最小值, 这并没有告诉我们各个变量实际上是多少. 为此, 只需把 $2r = h$ 代入 $r^2 h = 16$ 得到 $2r^3 = 16$, 我们就再次有 $r = 2$ 和 $h = 4$.

接下来, 看你是否能够自己通过隐函数求导去解决问题的第二部分, 要确保你得到了与我们之前相同的结果.

13.1.6   一个较难的最优化例子

假设距离海岸灯塔正东 8 英里处的海中有一处石油钻井平台. 该平台的备用发电机位于灯塔正北 2 英里处. 你需要在发电机与平台之间铺设海底电缆. 在海岸以东 1 英里范围以内的海水较浅, 但随后海水急剧变深. 工作人员在浅海区铺设 1 英里电缆只需 1 天时间, 但在深海区铺设 1 英里电缆需要 5 天时间. 证明以图 13-7 所示方式 (所有单位都为英里) 铺设电缆是最快的, 并求出在这种情况下铺设电缆所需的时间.

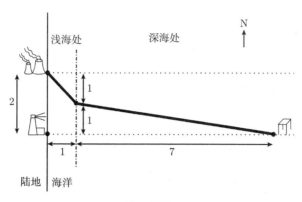

图　13-7

嗯, 这个问题看上去很难. 首先, 我们注意到上图至少是贴近现实的. 疯子才会把电缆铺设得绕来绕去, 因为这只会增加它的长度. 另一方面, 我们需要小心确定电缆应该从哪里从浅海区进入深海区. 一旦转换点确定了, 从发电机沿直线铺设电缆到这一点, 再从这一点沿直线铺设电缆到平台就显得聪明多了. 再一次地, 把转换点确定在发电机以北或平台以南也是疯狂之举 —— 这只会白白增加所花时间. 图 13-8 给出了一些合理的可能方案.

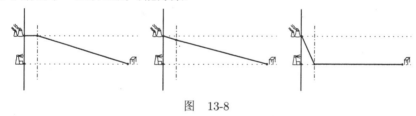

图　13-8

在第一个图中, 有太多的电缆位于深海区, 所以这很可能不是个好主意. 第二个图展示了所用电缆最少的情形, 但这并不意味着所花时间最少: 仍有相当多电缆位于深海区. 第三个图展示了深海区电缆最少的情形, 但这样做的代价是使大量电缆位于浅海区. 这几次试探再次确认了, 最快的解决方案很可能是介于第二个图和第三个图所示的情形.

现在是时候引入一些变量了. 令 y, z, s 和 t 的含义如图 13-9 所示.

也就是说, s 是电缆在浅海区的长度, t 则是其在深海区的长度;[①] 此外, y 是转换点下距灯塔与平台的水平连线之间的距离, z 则是转换点上距发电机的水平延长线之间的距离, 所以 $y + z = 2$. 我们想要证明, 最快的电缆铺设方式是当 y 和 z 都为 1 时. 我们已经看到 y 和 z 应该位于区间 $[0, 2]$, 但实际上我们甚至不需要假设这一点.

---

① 我猜电缆在深海区的长度本该称为 d, 但 dd/dx 不是看起来很怪吗? 所以在微积分中不要把 d 作为变量来用!

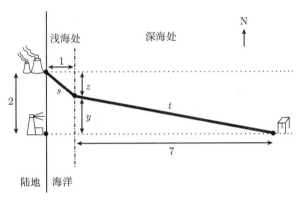

图　13-9

我们还想要求出这时铺设电缆所需的总时间. 由于在浅海区是 1 天每英里, 一共有 s 英里, 所以共需 $1 \times s = s$ 天去完成浅海区的作业. 类似地, 在深海区是 5 天每英里, 所以共需 $5t$ 天. 令 T 代表总天数, 有

$$T = s + 5t.$$

这就是我们想要最小化的量. 接下来, 需要找到关于 s 和 t 的方程. 为此, 使用勾股定理两次, 得到

$$s^2 = z^2 + 1,$$
$$t^2 = y^2 + 49.$$

对两个方程分别开根号, 并把结果代入 T 的表达式, 便有

$$T = \sqrt{z^2 + 1} + 5\sqrt{y^2 + 49}.$$

又由于 $y + z = 2$, 可用 $2 - y$ 来替代 z, 并得到

$$T = \sqrt{(2 - y)^2 + 1} + 5\sqrt{y^2 + 49}.$$

我留给你来对上式求导, 并确认

$$\frac{\mathrm{d}T}{\mathrm{d}y} = -\frac{2 - y}{\sqrt{(2 - y)^2 + 1}} + \frac{5y}{\sqrt{y^2 + 49}}.$$

我们想要证明, 当 $y = 1$ 时, 所花时间最短. 让我们把这个值代入上式, 看能得到什么:

$$\frac{\mathrm{d}T}{\mathrm{d}y} = -\frac{1}{\sqrt{1^2 + 1}} + \frac{5}{\sqrt{1 + 49}} = -\frac{1}{\sqrt{2}} + \frac{5}{\sqrt{50}} = -\frac{1}{\sqrt{2}} + \frac{5}{5\sqrt{2}} = 0.$$

啊哈, $y = 1$ 是一个临界点! 所以至少存在可能, 它是全局最小值. 不过, 我们仍然需要证明这一点. 方法之一是求二阶导数. 经过相当一番折腾后, 你可以表明

$$\frac{\mathrm{d}^2 T}{\mathrm{d}y^2} = \frac{1}{((2-y)^2+1)^{3/2}} + \frac{245}{(y^2+49)^{3/2}}.$$

二阶导数始终为正, 所以图像是凹向上的, 而 $y=1$ 确实为局部最小值. 事实上, 它必定为唯一的局部最小值! 确实, 如果还存在其他临界点, 那么它们也必都为局部最小值, 因为二阶导数始终为正. 但不可能有一大堆局部最小值, 却不让它们之间出现局部最大值, 所以其实并没有更多的临界点. 这意味着 $y=1$ 也是全局最小值, 而这正是我们想要的.

我们就快完成求解了: 接下来只需把 $y=1$ 代入 T 的方程, 得到

$$T = \sqrt{(2-1)^2+1} + 5\sqrt{1^2+49} = \sqrt{2} + 5\sqrt{50} = \sqrt{2} + 25\sqrt{2} = 26\sqrt{2}.$$

所以总共需要 $26\sqrt{2}$ 天, 也就是大约 36.75 天.

在我们转入下一个话题之前, 再快速看一下另一种证明 $y=1$ 是最小值的方法. 这里的技巧是, 将表达式

$$\frac{\mathrm{d}T}{\mathrm{d}y} = -\frac{2-y}{\sqrt{(2-y)^2+1}} + \frac{5y}{\sqrt{y^2+49}}$$

巧妙加以重写. 对右边第一项, 分子分母同时除以 $(2-y)$, 而对第二项, 同时除以 y. 再做一个合理的假设, y 和 $2-y$ 都为正, 则有

$$\frac{\mathrm{d}T}{\mathrm{d}y} = -\frac{1}{\sqrt{1+\dfrac{1}{(2-y)^2}}} + \frac{5}{\sqrt{1+\dfrac{49}{y^2}}}.$$

随着 y 越来越大, 会发生什么? 好吧, $(2-y)$ 会越来越小, $(2-y)^2$ 也是如此, 所以 $1/(2-y)^2$ 会越来越大. 这意味着第一项的分母会越来越大, 所以它的倒数会越来越小, 但倒数的相反数还是会越来越大. 这样细细想来, 可以得出结论: 随着 y 越来越大, 第一项也会越来越大. 以同样的方法, 随着 y 越来越大, $49/y^2$ 会越来越小, 所以第二项的分母会越来越小, 但整个分式还是会越来越大.

这样我们较为轻松地证明了, $\mathrm{d}T/\mathrm{d}y$ 是增函数, 至少在 $(0, 2)$ 区间上是增函数. 由于 $\mathrm{d}T/\mathrm{d}y$ 是增函数, 所以它的导数 $\mathrm{d}^2 T/\mathrm{d}y^2$ 为正! 这样, 无须实际计算出二阶导数就证明了它为正, 进而再一次地得到结论, $y=1$ 为最小值.

13.2 线 性 化

现在我们开始使用导数去估算特定的量. 例如, 假设想不借助计算器就得到 $\sqrt{11}$ 的一个较好估算. 我们知道 $\sqrt{11}$ 比 $\sqrt{9}=3$ 略大, 所以显然可以说 $\sqrt{11}$ 大约比 3 多一点. 这没问题, 但其实可以不费太多劲就做出一个好得多的估算. 下面是具体做法.

先设 $f(x) = \sqrt{x}$, $x \geqslant 0$. 我们想要估算 $f(11) = \sqrt{11}$ 的值, 因为不知道其确切值. 另一方面, 我们知道 $\sqrt{9}$ 确切是多少 —— 它就是 $\sqrt{9} = 3$. 由于已知 $f(x)$ 当 $x = 9$ 时的值, 不妨让我们绘出 $y = f(x)$ 的函数图像, 并画出一条通过点 $(9, 3)$ 的切线, 就像图 13-10.

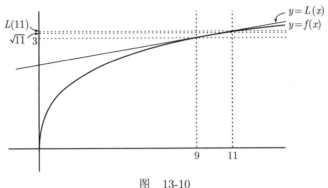

图 13-10

这条切线, 我标记为 $y = L(x)$, 在 $x = 9$ 附近非常接近于曲线 $y = f(x)$. 当 $x = 0$ 附近, 它就没有那么接近了. 但这无关紧要, 因为我们想要估算的是 $f(11)$, 而 11 是非常接近 9 的. 在上图中, 切线和曲线在 $x = 11$ 处非常接近. 这意味着 $L(11)$ 是对 $f(11) = \sqrt{11}$ 的很好近似. 的确, 看看上图中这两个值在 y 轴上有多么接近吧!

不过, 如果不能实际计算出 $L(11)$, 那么刚才的一切就都是空话. 那么让我们来算吧. 线性函数 $L(x)$ 通过点 $(9, 3)$, 并且由于它与曲线 $y = f(x)$ 在 $x = 9$ 相切, 所以 $L(x)$ 的斜率为 $f'(9)$. 又由于 $f'(x) = 1/(2\sqrt{x})$, 所以 $f'(9) = 1/(2\sqrt{9}) = 1/6$. 因此, $L(x)$ 斜率为 $1/6$, 并通过点 $(9, 3)$. 于是其方程为

$$y - 3 = \frac{1}{6}(x - 9),$$

化简可得 $y = x/6 + 3/2$. 也就是说,

$$L(x) = \frac{x}{6} + \frac{3}{2}.$$

现在, 只需将 $x = 11$ 代入上式, 算得 $L(11)$ 的值:

$$L(11) = \frac{11}{6} + \frac{3}{2} = \frac{10}{3} = 3\frac{1}{3}.$$

因此, 我们得到结论:

$$\sqrt{11} \approx 3\frac{1}{3}.$$

这可比之前的 3 多一点要好得多! 事实上, 可以使用计算器算得 $\sqrt{11}$ 约为 3.317 (精确到第三位小数), 所以我们的近似值 $3\frac{1}{3}$ 还是相当不错的.

13.2.1 线性化问题：一般方法

让我们将上述例子中所用方法一般化. 如果你想要估算某个量, 首先试着把它写成某个适当的函数 $f(x)$ 的值. 在上述例子中, 我们想要估算 $\sqrt{11}$, 所以设函数 $f(x) = \sqrt{x}$, 并意识到我们感兴趣的是 $f(11)$ 的值.

接下来, 我们选某个与 x 很接近的数 a, 并使得 $f(a)$ 容易计算. 在这个例子中, 我们无法处理 $f(11)$, 但容易计算 $f(9)$, 因为 9 开根号很容易. 我们也可以选择 $a = 25$, 毕竟 25 开根号也很容易, 但这就不如选 9 好, 因为 25 离 11 相当远了.

再次, 已知函数 f 和特殊值 a, 我们找出通过曲线 $y = f(x)$ 上点 $(a, f(a))$ 的切线. 这条切线的斜率为 $f'(a)$, 所以其方程为

$$y - f(a) = f'(a)(x - a).$$

如果设切线为 $y = L(x)$, 则在上述方程两边同时加上 $f(a)$, 得到

$$L(x) = f(a) + f'(a)(x - a).$$

这个线性函数 L 被称为 f 在 $x = a$ 处的**线性化**. 回想一下, 我们将把 $L(x)$ 作为 $f(x)$ 的近似. 所以有

$$f(x) \approx L(x) = f(a) + f'(a)(x - a),$$

并知道当 x 很接近于 a 时, 这个近似是非常好的! 事实上, 当 x 实际上等于 a 时, 这个近似是完美的! 此时上述方程的两边都为 $f(a)$. 不过, 这并没什么用, 毕竟对 $f(a)$ 我们已经知根知底了. 这样, 现在有了对 $f(x)$ 在 x **接近于** a 时的近似.

让我们用上一节的例子来检验一下公式是否有效. 我们有 $f(x) = \sqrt{x}$ 和 $a = 9$. 显然 $f(a) = f(9) = 3$; 又由于 $f'(x) = 1/(2\sqrt{x})$, 我们有 $f'(9) = 1/(2\sqrt{9}) = 1/6$. 根据上述公式, f 的线性化为

$$L(x) = f(a) + f'(a)(x - a) = 3 + \frac{1}{6}(x - 9).$$

这与之前得到的 $L(x) = \dfrac{x}{6} + \dfrac{3}{2}$ 一致, 我们当时正是用它求得 $\sqrt{11} \approx 3\dfrac{1}{3}$. 现在, 你知道怎样估算 $\sqrt{8}$ 吗? 注意到 8 也接近于 9, 所以可以使用同一个线性化:

$$\sqrt{8} = f(8) \approx L(8) = 3 + \frac{1}{6}(8 - 9) = \frac{17}{6}.$$

因此, 公式 $L(x) = 3 + \dfrac{1}{6}(x - 9)$ 给出了所有 x 接近于 9 的 $\sqrt{x}$ 的很好近似, 而不单单是 11.

另一方面, 假设你还想要估算 $\sqrt{62}$. 这时使用 $L(62)$ 作为近似就不是很理想了. 让我们看看要是这样做的话会发生什么:

$$L(62) = 3 + \frac{62 - 9}{6} = 11\frac{5}{6}.$$

等一下, $\sqrt{62}$ 本该比 $\sqrt{64} = 8$ 稍小. 但 $L(62)$ 的值, 也就是 $11\dfrac{5}{6}$, 却比 8 大多了. 这里的问题在于, 线性化是在 $x = 9$ 这点做的, 而 62 离 9 太远了, 所以这个近似就不太好了. 为了估算 $\sqrt{62}$, 更合适的做法是使用在 $x = 64$ 处的线性化. 因此, 设 $a = 64$, 我们有 $f(a) = 8$ 和 $f'(a) = 1/\left(2\sqrt{64}\right) = 1/16$. 这意味着新的线性化为

$$L(x) = f(a) + f'(a)(x - a) = 8 + \frac{1}{16}(x - 64).$$

当 $x = 62$ 时, 有

$$\sqrt{62} = f(62) \approx L(62) = 8 + \frac{1}{16}(62 - 64) = 7\frac{7}{8}.$$

这个近似就比 $11\dfrac{5}{6}$ 说得通多了.

13.2.2 微分

再来看一下刚才的一般方法. 我们看到

$$f(x) \approx f(a) + f'(a)(x - a).$$

不妨定义 $\Delta x = x - a$, 这样 $x = a + \Delta x$. 上述公式则变为

$$\boxed{f(a + \Delta x) \approx f(a) + f'(a)\Delta x.}$$

这时的情形可用图 13-11 表示.

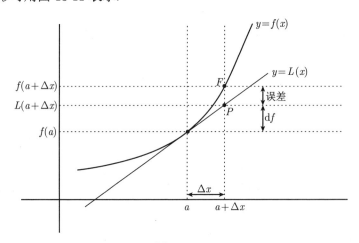

图　13-11

　　图中显示了曲线 $y = f(x)$ 以及线性化 $y = L(x)$, 后者是前者在 $x = a$ 处的切线. 我们想要估算 $f(a + \Delta x)$ 的值, 也就是图中点 F 的高度. 但作为近似, 我们实际上使用的是 $L(a + \Delta x)$, 也就是图中点 P 的高度. 这两个量之间的差被称为 "误差", 我们会在 13.2.4 节再仔细讨论这个问题.

在上图中, 还有个量被标记了出来, 那就是 $\mathrm{d}f$, 也就是点 P 和 $f(a)$ 的高度之差. 我们需要把它加到 $f(a)$ 上才能得到估算. 由于 $L(a+\Delta x) = f(a) + f'(a)\Delta x$, 有

$$\mathrm{d}f = f'(a)\Delta x.$$

量 $\mathrm{d}f$ 被称为 f 在 $x = a$ 处的**微分**. 它是对当 x 从 a 变化为 $a + \Delta x$ 时 f 的变化量的近似.

我们其实在前面已经遇到过类似情况. 在 5.2.7 节, 如果 $y = f(x)$, 则有

$$f'(x) = \lim_{\Delta x \to 0} \frac{\Delta y}{\Delta x}.$$

这意味着 x 的微小变化会引起 y 的变化, 而后者的变化量约为前者的 $f'(x)$ 倍. 这也正是 $\mathrm{d}f = f'(a)\Delta x$ 所说的, 只是这时的变化是从 $x = a$ 起.

例如, 假设想要估算 $(6.01)^2$. 设 $f(x) = x^2$ 且 $a = 6$, 则轻松可得 $f'(x) = 2x$, 所以 $f'(6) = 12$. 我们想要知道当 x 从 6 起增加 0.01 时 $f(x)$ 会发生什么变化, 所以应该设 $\Delta x = 0.01$. 于是有

$$\mathrm{d}f = f'(a)\Delta x = f'(6)(0.01) = 12 \times (0.01) = 0.12.$$

因此, 如果把 0.12 加到 $f(a)$ 的值上, 应该能得到一个不错的近似. 由于 $f(a) = f(6) = 6^2 = 36$, 这意味着 $(6.01)^2 \approx 36.12$. 现在让我们再次回过头去看一下 5.2.7 节, 在那里解答了相同的例题, 使用了基本相同的方法 —— 只是现在有了更好用的公式, 仅此而已.

下面是另一个展示怎样使用微分的例子. 假设用一把尺子测得一个圆球的直径为 6 英寸, 但这个测量结果有正负 0.5% 的误差. 如果使用这个测量结果去计算该球的体积, 所得结论的准确度有多高? 让我们使用微分来求解, 至少是近似地. 如果球的半径为 r、直径为 D、体积为 V, 则 $r = D/2$, 有

$$V = \frac{4}{3}\pi r^3 = \frac{4}{3}\pi \left(\frac{D}{2}\right)^3 = \frac{\pi D^3}{6}.$$

当 $D = 6$ 时, 有 $V = \pi(6)^3/6 = 36\pi$. 所以算得该球的体积为 36π 立方英寸, 但其真值可能会比这略大或略小. 为了找出究竟多多少或少多少, 让我们使用前边的加框公式 $\mathrm{d}f = f'(a)\Delta x$. 这里需要用 V 代替 f, 用 6 代替 a, 以及用 D 代替 x, 以得到相应公式:

$$\mathrm{d}V = V'(6)\Delta D.$$

对前面 V 的表达式两边关于 D 求导, 得到

$$V'(D) = \frac{\pi(3D^2)}{6} = \frac{\pi D^2}{2}.$$

这意味着 $V'(6) = 18\pi$, 所以

$$\mathrm{d}V = 18\pi\Delta D.$$

这个方程意味着, 如果将直径 D 从 6 变为 $6+\Delta D$, 那么体积 V 会改变大约 $18\pi\Delta D$. 在我们的例子中, 直径的真值可能比 6 多或少 0.5%, 也就是 $0.005 \times 6 = 0.03$ 英寸. 所以 ΔD 最高可能到 0.03, 或最低可能到 -0.03. 在这种最糟糕的情况下, 我们有

$$\mathrm{d}V = 18\pi \times (\pm 0.03) = \pm 0.54\pi.$$

这是对测量引起的误差的一个很好估算, 所以可以说该球的体积为 36π 立方英寸, 误差约 0.54π 立方英寸. 由于原始问题将直径的测量误差用百分比来表示, 所以很可能也应该这样来表示体积的误差. 近似误差 $\mathrm{d}V = \pm 0.54\pi$ 占体积 $V = 36\pi$ 的百分比为

$$\frac{\mathrm{d}V}{V} \times 100\% = \frac{\pm 0.54\pi}{36\pi} \times 100\% = \pm 1.5\%.$$

换句话说, 体积测量的相对误差大约是原始直径测量的相对误差的三倍. 当使用一个一维的度量去计算一个三维的量时, 原始的测量误差就会复合积累到这个程度.

13.2.3 线性化的总结和例子

以下是估算或近似计算一个难搞定的数的基本策略.

(1) 写出主要公式:

$$\boxed{f(x) \approx L(x) = f(a) + f'(a)(x - a).}$$

(2) 选择一个函数 f 以及一个数 x, 使得这个难搞定的数等于 $f(x)$. 另外, 选取一个接近于 x 的 a, 并使得 $f(a)$ 可以容易算得.

(3) 对 f 求导, 找出 $f'(x)$.

(4) 在上述方框公式中, 用实际的函数分别替代 f 和 f', 用你选定的实际数值替代 a.

(5) 最后, 把第二步中的 x 值代入公式加以计算. 另外注意到微分 $\mathrm{d}f$ 等于量 $f'(a)(x - a)$.

下面让我们来看几个例子. 首先, 你会怎样估算 $\sin(11\pi/30)$? 先写出标准公式:

$$f(x) \approx L(x) = f(a) + f'(a)(x - a).$$

我们需要求的是某数的正弦值, 所以设 $f(x) = \sin x$. 并且我们对当 $x = 11\pi/30$ 时的函数值感兴趣. 接下来需要选择一个接近于 $11\pi/30$ 的数 a, 并使得 $f(a)$ 容易计算. 当然, $f(a)$ 就是 $\sin(a)$. 那么什么数既接近于 $11\pi/30$, 其正弦值又容易计算

呢? $10\pi/30$ 怎么样? 毕竟它就是 $\pi/3$, 而我们显然很清楚 $\sin(\pi/3)$ 的值. 所以不妨设 $a = \pi/3$.

这样就完成了前两步, 下面进入第 (3) 步. 求导得到 $f'(x) = \cos x$, 所以线性化公式变为

$$f(x) \approx L(x) = \sin\left(\frac{\pi}{3}\right) + \cos\left(\frac{\pi}{3}\right)\left(x - \frac{\pi}{3}\right).$$

由于 $f(x) = \sin x$, 上式可化简为

$$\sin(x) \approx L(x) = \frac{\sqrt{3}}{2} + \frac{1}{2}\left(x - \frac{\pi}{3}\right).$$

最后, 代入 $x = 11\pi/30$, 得到

$$\sin\left(\frac{11\pi}{30}\right) \approx L\left(\frac{11\pi}{30}\right) = \frac{\sqrt{3}}{2} + \frac{1}{2}\left(\frac{11\pi}{30} - \frac{\pi}{3}\right) = \frac{\sqrt{3}}{2} + \frac{\pi}{60}.$$

这可能看起来仍然很糟, 但至少这个估算没有涉及三角函数 —— 有的只是 π 和 $\sqrt{3}$, 而这两个数并不是很难处理.

现在, 考虑以下例子: 用线性化找到 $\ln(0.99)$ 的一个近似值. 这次设 $f(x) = \ln(x)$, 并且感兴趣的是当 $x = 0.99$ 时 $f(x)$ 的值. 接近于 0.99 并就取对数而言容易算得的数是 1, 所以设 $a = 1$. 由于 $f(x) = \ln(x)$ 且 $f'(x) = 1/x$, 公式 $f(x) \approx L(x) = f(a) + f'(a)(x - a)$ 变为

$$\ln(x) \approx L(x) = \ln(1) + \frac{1}{1}(x - 1).$$

又由于 $\ln(1) = 0$, 有

$$\ln(x) \approx x - 1.$$

代入 $x = 0.99$, 得到

$$\ln(0.99) \approx L(0.99) = 0.99 - 1 = -0.01.$$

这样, 我们就完成了.

更一般地, 你会怎样估算当 h 为任意很小的数时 $\ln(1 + h)$ 的值? 事实上, 可以使用刚刚找到的线性化 $f(x) \approx L(x) = x - 1$, 去估算 $\ln(1 + h)$. 只需用 $1+h$ 替代 x, 便可见 $\ln(1 + h) \approx L(1 + h) = (1 + h) - 1$. 也就是说, 当 h 很小时,

$$\ln(1 + h) \approx h.$$

这其实并不该让人感到意外. 在 9.4.3 节中, 我们已经看到过

$$\lim_{h \to 0} \frac{\ln(1 + h)}{h} = 1.$$

所以早已知道, 当 h 是个很小的数时, $\ln(1 + h)$ 近似等于 h.

最后, 当 h 很小时, $\ln(e + h)$ 的近似值又是多少呢? 现在, 我们需要一个不同的线性化, 因为量 $(e + h)$ 接近于 e 而非 1. 所以设 $a = e$, 并且再一次地用到

$f(x) = \ln(x)$ 和 $f'(x) = 1/x$. 于是有

$$f(x) \approx L(x) = f(a) + f'(a)(x - a) = \ln(e) + \frac{1}{e}(x - e).$$

由于 $\ln(e)=1$, 有

$$\ln(x) \approx L(x) = 1 + \frac{x}{e} - 1 = \frac{x}{e}.$$

当 $x = e + h$ 时, 便有

$$\ln(e + h) \approx L(e + h) = \frac{e + h}{e} = 1 + \frac{h}{e}.$$

也就是说, 当 h 很小时, $\ln(e+h) \approx 1+h/e$. 这与上一例题中的结论是很不同的; 在上一例题中, 当 h 很小时, $\ln(1+h) \approx h$. 所以一切都取决于 a 的值.

13.2.4　近似中的误差

我们一直在用 $L(x)$ 作为 $f(x)$ 的近似, 但它们并不是一回事. 那么我们用 $L(x)$ 代替 $f(x)$ 的做法错得有多离谱呢? 解答这个问题的方法是, 考虑这两个量之间的差. 它们的差越小, 近似就越精确. 所以, 设

$$r(x) = f(x) - L(x),$$

其中 $r(x)$ 是使用在 $x = a$ 处的线性化来估算 $f(x)$ 时的误差.[①] 结果表明, 如果函数 f 的二阶导数存在, 至少在 x 和 a 之间存在, 那么对于 $r(x)$ 就有一个很好的公式:[②]

$$r(x) = \frac{1}{2}f''(c)(x - a)^2, \quad \text{其中 } c \text{ 为在 } x \text{ 和 } a \text{ 之间的某个数.}$$

但问题是, 我们不知道 c 的值, 只知道它在 x 和 a 之间. 上述公式与 11.3 节讨论过的中值定理有关系. 该定理告诉了我们数 c 的性质, 却没有透露关于它的更多信息, 所以我们不该奇怪它也在这里出现了.

我们可从上述公式看出两件事. 首先, 注意到 $(x - a)^2$ 项始终为正. 这意味着 $r(x)$ 的符号与 $f''(c)$ 的符号相同. 因此, 如果知道函数图像是凹向上的, 至少在 x 和 a 之间是如此, 那么就知道 $r(x)$ 为正. 又由于 $r(x) = f(x) - L(x)$, 所以就有 $f(x) > L(x)$. 这意味着近似值比实际值偏小, 我们低估了. 前面图 13-11 所示的情形便是如此. 另一方面, 如果函数图像是凹向下的, 那么 $f''(c)$ 必定为负, 从而可知 $f(x) < L(x)$. 这意味着近似是高估了.

例如, 在 13.2 节开头部分估算 $\sqrt{11}$ 的例子中, 我们使用了 $f(x) = \sqrt{x}$. 通过算得 $f'(x) = 1/(2\sqrt{x})$ 和 $f''(x) = -1/(4x\sqrt{x})$, 可以看出函数图像始终是凹向下的. 或者也可以通过画函数图像看出来. 不管是哪种情况都可以看出, 得到的近似

[①] $r(x)$ 中的字母 r 代表 "余数" (remainder), 因为它是当你除去线性化后余下的部分.
[②] 证明请参见附录 A 中的 A.6.9 节.

值 $3\frac{1}{3}$ 必定比实际值略大.

总结而言,

- 如果 f'' 在 a 和 x 之间为**正**, 则通过线性化得出的估算是**低估**.
- 如果 f'' 在 a 和 x 之间为**负**, 则通过线性化得出的估算是**高估**.

现在让我们再来看一下刚才的误差方程. 如果对上述方程的两边取绝对值, 可得

$$|误差| = \frac{1}{2}|f''(c)||x-a|^2.$$

假设我们知道当 t 在 x 和 a 之间变化时, $|f''(t)|$ 的最大值是某数 M. 那么尽管我们不知道 c 的具体值, 仍能知道 $|f''(c)| \leqslant M$, 于是有

$$|误差| \leqslant \frac{1}{2}M|x-a|^2,$$

其中 M 是当 t 在 x 和 a 之间变化时, $|f''(t)|$ 的最大值. 实际上, 在上述等式中要紧的因子不是 M, 而是 $|x-a|^2$. 你看, 当 x 接近于 a 时, 量 $|x-a|$ 已经很小, 而平方之后它就更小了. (例如, 当对 0.01 求平方时, 你将得到一个更小的数 0.0001.) 这意味着误差很小, 所以近似很好!

让我们看一下如何将此应用到刚才估算 $\sqrt{11}$ 的例子. 设 $f(x) = \sqrt{x}, f'(x) = 1/(2\sqrt{x}), f''(x) = -1/(4x\sqrt{x})$. 还取 $a = 9$, $x = 11$. 现在的问题是, 当 t 在 9 和 11 之间变化时, $|f''(t)|$ 的值最大会是多少? 很显然,

$$|f''(t)| = \frac{1}{4t\sqrt{t}}.$$

等式右边是个关于 t 的减函数, 所以当 t 最小, 也就是 $t = 9$ 时, 函数值越大. 所以 $M = |f''(9)|$, 也就是 $1/108$. 于是可以得出结论:

$$|误差| \leqslant \frac{1}{2}M|x-a|^2 = \frac{1}{2}\frac{1}{108}|11-9|^2 = \frac{1}{54}.$$

因此, 以前我们说 $\sqrt{11} \approx 3\frac{1}{3}$, 现在则可以信心十足地说, 近似相当接近. 事实上, 在实际值的 $\pm 1/54$ 之内. 更准确地说, 有

$$3\frac{1}{3} - \frac{1}{54} \leqslant \sqrt{11} \leqslant 3\frac{1}{3} + \frac{1}{54}.$$

事实上, 由于我们已经知道 $3\frac{1}{3}$ 比 $\sqrt{11}$ 的实际值略大, 所以可以进一步说:

$$3\frac{1}{3} - \frac{1}{54} \leqslant \sqrt{11} \leqslant 3\frac{1}{3}.$$

现在, 再试一下 13.2.3 节所见的估算 $\ln(0.99)$ 的例子. 在那里, 得到 $\ln(0.99) \approx -0.01$. 那么这个近似到底有多好呢? 设 $f(x) = \ln(x)$, 有 $f'(x) = 1/x$, $f''(x) = -1/x^2$. 由于二阶导数为负, 再一次地, 我们的估算偏大. 现在, 当 t 在 $a = 1$ 和 $x = 0.99$

之间变化时, $|f''(t)| = 1/t^2$ 的值最大会是多少? 再一次地, 等式右边为 t 的减函数, 所以最大值当 $t = 0.99$ 时取到. 于是有 $M = 1/(0.99)^2$, 并且估算误差为

$$|误差| \leqslant \frac{1}{2} M |x - a|^2 = \frac{1}{2} \frac{1}{0.99^2} |0.99 - 1|^2 = \frac{1}{20\,000(0.99)^2}.$$

这化简后约为 0.000 051, 非常非常小的数. 这意味着 -0.01 是对 $\ln(0.99)$ 一个非常好的近似. 更准确地说, 我们证明了不等式

$$-0.01 - \frac{1}{20\,000(0.99)^2} \leqslant \ln(0.99) \leqslant -0.01 + \frac{1}{20\,000(0.99)^2}.$$

事实上, 由于我们知道 -0.01 偏大, 所以再一次地, 可以简化上述不等式的右边, 写成

$$-0.01 - \frac{1}{20\,000(0.99)^2} \leqslant \ln(0.99) \leqslant -0.01.$$

这样就把 $\ln(0.99)$ 的值缩小到了一个相当小的范围.

在后面第 24 章讨论泰勒级数时, 我们会再次回到估算和误差的话题. 到时我们将不仅用到一阶导数, 还会用到二阶以及更高阶导数去求得更精确的近似.

13.3   牛 顿 法

下面是线性化的另一个有用应用. 假设现在要解一个形为 $f(x) = 0$ 的方程, 但你死活都解不出来. 所以你退而求其次, 试着猜测该方程有一个解, 并把它记为 a. 这时的情形可能如图 13-12 所示.

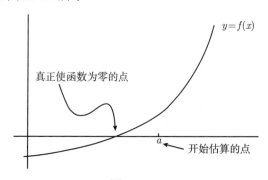

图   13-12

从图中可以看出, $f(a)$ 实际上并不等于零, 所以 a 其实并不是该方程的解, 它仅仅是解的一个近似或估算. 可以把它视为近似的第一次尝试, 所以在上图中把它标记为了 "初始的近似". 牛顿法的基本思想是, 通过使用 f 在 $x = a$ 处的线性化来改善估算. (当然, 这意味着 f 需要在 $x = a$ 处是可导的.) 不管怎样, 让我们看一下图 13-13 的情形.

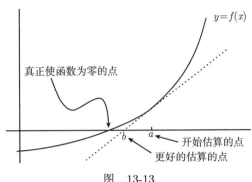

图 13-13

这个线性化的 x 轴截距记为 b, 并且显而易见, 相对于真正的零点, 它是个比 a 更好的近似. 这样从一个初始的猜测, 我们得到了一个更好的结果. 但 b 的值具体是多少呢? 好吧, 它就是线性化

$$L(x) = f(a) + f'(a)(x - a)$$

的 x 轴截距. 为了求 x 轴截距, 设 $L(x) = 0$, 则我们有 $f(a) + f'(a)(x - a) = 0$. 解得 x, 有

$$x = a - \frac{f(a)}{f'(a)}.$$

由于刚才把 x 轴截距记为 b, 于是有如下公式:

> **牛顿法** 假设 a 是对方程 $f(x) = 0$ 的解的一个近似. 如果令
> $$b = a - \frac{f(a)}{f'(a)},$$
> 则在很多情况下, b 是个比 a 更好的近似.

这并不是在所有情况下都成立, 所以我特意加上 "在很多情况下" 以防万一. 我们会在下一页再具体讨论这些特殊情况. 现在让我们先看一些例子. 假设

$$f(x) = x^5 + 2x - 1,$$

我们想求方程 $f(x) = 0$ 的解. 但首先该方程有解吗? 由于 f 是连续的, $f(0) = -1$(为负), $f(1) = 2$(为正), 根据介值定理 (参见 5.1.4 节), 该方程至少有一个解. 另一方面, $f'(x) = 5x^4 + 2$, 它始终为正, 所以 f 始终为增函数. 这意味着该方程至多有一个解 (参见 10.1.1 节). 这样就证明了该方程有唯一的解. 现在让我们从 0 开始逼近方程的解. 我们知道 $f(0) = -1$, 这并不是很接近于 0. 但没关系, 就使用牛顿法从 $a = 0$ 开始:

$$b = a - \frac{f(a)}{f'(a)} = 0 - \frac{f(0)}{f'(0)} = 0 - \frac{0^5 + 2(0) - 1}{5(0)^4 + 2} = \frac{1}{2}.$$

所以 $b = 1/2$ 是个比 0 更好的近似. 确实, 可以算得 $f(1/2) = 1/32$, 它相当接近于 0. 那么为什么不重复使用这个方法, 从而得到一个还要好的近似呢? 当然可以! 这次取 $a = 1/2$, 并再次算得:

$$b = a - \frac{f(a)}{f'(a)} = \frac{1}{2} - \frac{f(1/2)}{f'(1/2)} = \frac{1}{2} - \frac{1/32}{37/16} = \frac{18}{37}.$$

(这里用到了 $f'(1/2) = 5 \times (1/2)^4 + 2 = 37/16$.) 不管怎样, 这意味着 18/37 是个还要好的近似. 计算 $f(18/37)$, 会算得结果约为 0.0002, 这已经是非常非常小的数了. 数 18/37 确实是对 f 的真正零点的一个相当好的近似.

像这样重复使用 a 和 b 可能会引起混乱. 一种规避的方法是, 用 x_0 标记初始的猜测, 用 x_1 标记第一次改善, 用 x_2 标记基于 x_1 的第二次改善, 如此等等. 这样公式变为

$$x_1 = x_0 - \frac{f(x_0)}{f'(x_0)}, \ x_2 = x_1 - \frac{f(x_1)}{f'(x_1)}, \ x_3 = x_2 - \frac{f(x_2)}{f'(x_2)}, \quad 等等.$$

下面是另一个例子: 求方程 $x = \cos x$ 的近似解. 首先设 $f(x) = x - \cos x$. 如果能估算出 f 的零点, 那么这个数也就是 $x = \cos x$ 的近似解. (5.1.4 节中已经使用过这个技巧了.) 让我们作个猜测 $x_0 = \pi/2$, 则 $f(\pi/2) = \pi/2 - \cos(\pi/2) = \pi/2$. 这是个相当不靠谱的猜测. 不过没关系, 由于 $f'(x) = 1 + \sin(x)$, 有 $f'(\pi/2) = 1 + \sin(\pi/2) = 2$. 这意味着

$$x_1 = x_0 - \frac{f(x_0)}{f'(x_0)} = \frac{\pi}{2} - \frac{\pi/2}{2} = \frac{\pi}{4}.$$

所以 $x_1 = \pi/4$ 是个更好的近似; 的确, $f(\pi/4) = \pi/4 - 1/\sqrt{2}$, 大约为 0.08. 现在重复使用这个过程. 由于 $f'(\pi/4) = 1 + \sin(\pi/4) = 1 + 1/\sqrt{2}$,

$$x_2 = x_1 - \frac{f(x_1)}{f'(x_1)} = \frac{\pi}{4} - \frac{f(\pi/4)}{f'(\pi/4)} = \frac{\pi}{4} - \frac{\pi/4 - 1/\sqrt{2}}{1 + 1/\sqrt{2}}.$$

上式可化简为

$$x_2 = \frac{1 + \pi/4}{1 + \sqrt{2}} = (1 + \pi/4)(\sqrt{2} - 1),$$

它实际上比 $\pi/4$ 稍小. 此外, 可算得 $f(x_2)$ 约为 0.0008. 这意味着 $x_2 - \cos(x_2)$ 约为 0.0008, 所以数 x_2 是对方程 $x = \cos(x)$ 的解的一个相当好的近似. 当然, 可以重复使用这个方法, 以得到一个还要好的近似值 x_3, 但这时的计算就变得很糟糕了. 不过, 计算机和计算器倒是善于此道, 并且实际上它们常常使用牛顿法以给出很好的近似. (别忘了, 计算器给出的也**仅仅**是近似值! 即便小数点后有 10 位或 12 位, 它仍然不是确切的值, 尽管在大多数情况下这已经够用了.)

正如我们之前注意到的 (但没有给出解释), 有时牛顿法也会不起作用. 下面是失效的四种不同情况.

(1) **$f'(a)$ 的值接近于 0.** 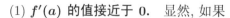 显然, 如果

$$b = a - \frac{f(a)}{f'(a)},$$

则 $f'(a)$ 不能为 0, 否则 b 是没有定义的. 在这种情况下, 在 $x=a$ 处的切线不可能
与 x 轴相交, 因为它是水平的! 即使 $f'(a)$ 很接近但不等于 0, 牛顿法仍会给出一个
很糟糕的结果. 例如, 图 13-14 所示的情形.

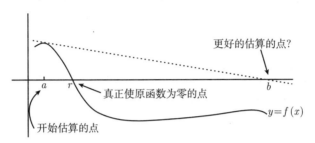

图　13-14

即便从一个相当好的近似 a 开始, 牛顿法给出的结果 b 还是远离真正的零点
r. 所以根本没有得到一个更好的近似. 为了避免出现这种情况, 要确保你的初始猜
测不在函数 f 的临界点附近.

(2) **如果 $f(x) = 0$ 有不止一个解, 可能得到的不是你想要的那个解.** 例如在
图 13-15 中, 如果你想估算左边的根 r, 并且猜测从 a 开始, 那么最终你估算的其实
是另一个根 s.

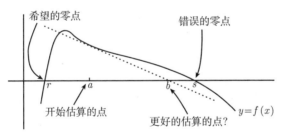

图　13-15

所以你应该稍微花些工夫, 选取一个接近于你想要的那个零点的初始猜测 a, 除
非你确定只有一个解.

(3) **近似可能变得越来越糟.** 例如, 如果 $f(x) = x^{1/3}$, 方程 $f(x) = 0$ 唯一的解
是 $x=0$. 如果你尝试对此使用牛顿法 (出于某种只有你自己知道的原因), 那么怪
事就会出现. 你看, 除非从 $a=0$ 开始, 否则会得到

$$b = a - \frac{f(a)}{f'(a)} = a - \frac{a^{1/3}}{a^{-2/3}/3} = -2a.$$

所以下一个近似值总是你初始值的 -2 倍. 例如, 如果从 $a=1$ 开始, 那么下一个

近似值将是 -2. 如果重复这个过程, 将得到 4, -8, 16, 等等. 结果是离正确值 0 越来越远. 如果遇到这类情况, 牛顿法就无能为力了.

(4) **你可能陷入一个循环而无法自拔.** 有可能出现, 你通过估算 a 得到 b, 估算 b 却又得到 a. 重复这个过程是没有意义的, 因为你只是在兜圈子! 这种情况可能如图 13-16 所示.

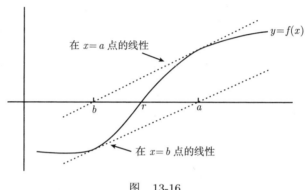

图 13-16

在 $x = a$ 处的线性化有 x 轴截距 b, 而在 $x = b$ 处的线性化有 x 轴截距 a, 所以牛顿法在这里就不灵了. 一个具体 (但有点复杂) 的例子是

$$f(x) = \left(x^2 - \frac{4 + 3\pi}{4 - \pi} \right) \tan^{-1}(x).$$

如果从 $a = 1$ 开始, 我留给你来算出 $b = -1$. 由于 f 为奇函数, 显然再从 -1 开始的计算会再次得到 1. 真不幸我们陷入了一个循环! 不妨再选其他的初始猜测试试看. (顺便说一下, 对此类循环的研究引出了一类好看的分形, 你可能在某人的计算机屏保上看到过 ......)

第 14 章　洛必达法则及极限问题总结

在讲解导数的时候, 我们利用极限给导数下了基本定义. 现在, 我们要倒过来, 利用导数的知识求极限的值, 这种方法叫**洛必达法则**. 在介绍这个法则的各种类型及使用方法后, 我们会对目前已使用的计算极限的所有方法进行总结. 我们将学到如下知识点:

- 洛必达法则及使用该法则的四种极限情况;
- 对计算极限的方法进行总结.

14.1　洛必达法则

我们学过的大部分极限都是以下情况之一:

$$\lim_{x \to a} \frac{f(x)}{g(x)}, \ \lim_{x \to a}(f(x) - g(x)), \ \lim_{x \to a} f(x)g(x) \ \text{和} \ \lim_{x \to a} f(x)^{g(x)}.$$

有时你可以利用函数的连续性直接用 a 来替代 x 进行计算, 但这种方法可能解决不了问题. 例如, 考虑下列极限:

$$\lim_{x \to 3} \frac{x^2 - 9}{x - 3}, \ \lim_{x \to 0}\left(\frac{1}{\sin(x)} - \frac{1}{x}\right), \ \lim_{x \to 0^+} x \ln(x) \ \text{和} \ \lim_{x \to 0}(1 + 3\tan(x))^{1/x}.$$

在第一种情况中, 用 3 来替代 x 得到 0/0 型的不定式. 第二种极限是当 $x \to 0$ 时的两个无穷大的差. 实际上, 当 $x \to 0^+$ 时, 两个算式都趋于正无穷; 当 $x \to 0^-$ 时, 两个算式都趋于负无穷. 所以我们可以把这种形式总结为 $\pm(\infty - \infty)$. 第三种极限 (关于 $x \ln(x)$) 是 $0 \times (-\infty)$ 类型, 请记住当 $x \to 0^+$ 时, $\ln(x) \to -\infty$. 最后, 第四种极限是 1^∞, 看起来也很难求. 但幸运的是, 我们可以使用洛必达法则求解这四种极限.

第一种类型是两个函数的比 $f(x)/g(x)$, 最适合用这一法则, 我们称它为 "类型 **A**". 接下来的两种类型为 $f(x) - g(x)$ 和 $f(x)g(x)$, 都可以直接化归为类型 **A**, 所以我们分别叫它们为类型 **B1** 和 **B2**. 最后, 我们把关于指数型函数 $f(x)^{g(x)}$ 的类型叫作类型 **C**, 该类型可以化归为类型 **B2**, 从而再化归为类型 **A**. 让我们先分别看看这些类型, 然后在 14.1.6 节中进行总结.

14.1.1　类型 A: 0/0

考虑下述形式的极限:

$$\lim_{x \to a} \frac{f(x)}{g(x)},$$

f 和 g 都是很好的可导函数. 如果 $g(a) \neq 0$, 那情况就太棒了, 我们可以直接用 a 替代 x 来求极限 $f(a)/g(a)$ 的值. 如果 $g(a) = 0$, 但是 $f(a) \neq 0$, 这时在 $x = a$ 点有垂直渐近线, 上述极限为 ∞, $-\infty$ 或不存在. (参照图 4-1 中四种情况的图像, 有助于你理解.)

还有另外一种可能是 $f(a) = 0$, $g(a) = 0$. 也就是说, 该分式 $f(a)/g(a)$ 是 0/0 型的不定式. 我们见过的大多数极限都是这种类型. 事实上, 每一个导数都是这种形式! 毕竟,

$$f'(x) = \lim_{h \to 0} \frac{f(x+h) - f(x)}{h},$$

如果把 $h = 0$ 代入分式, 就会得到 0/0 型. 所以, 我们主要研究 $f(a) = 0$ 和 $g(a) = 0$ 的情况.

基本思想是这样的: 因为 f 和 g 是可导函数, 所以可以在 $x = a$ 点处对它们线性化. 像上一章一样, 当 x 趋于 a 点的时候, 我们有:

$$f(x) \approx f(a) + f'(a)(x - a) \quad \text{和} \quad g(x) \approx g(a) + g'(a)(x - a).$$

现在, 假设 $f(a)$ 和 $g(a)$ 都为 0, 这说明

$$f(x) \approx f'(a)(x - a) \quad \text{和} \quad g(x) \approx g'(a)(x - a).$$

如果你用 $f(x)$ 除以 $g(x)$, 假设 $x \neq a$, 则有

$$\frac{f(x)}{g(x)} \approx \frac{f'(a)(x - a)}{g'(a)(x - a)} = \frac{f'(a)}{g'(a)}.$$

x 越接近于 a, 这个估算就越接近真实值. 这样,[①] 就有了洛必达法则的一种表达式:

> 如果 $f(a) = g(a) = 0$, 那么 $\displaystyle\lim_{x \to a} \frac{f(x)}{g(x)} = \lim_{x \to a} \frac{f'(x)}{g'(x)}$,

假设等式右端的极限存在. (实际上还有另一个条件, 当 x 趋于但不等于 a 时, $g'(x)$ 不为 0. 遇到这种情况时, 你真的很不幸!) $f(a)$ 和 $g(a)$ 都为 0, 这个前提真的很重要, 否则将不能使用这个法则.

让我们用本章开始的例子来演示怎样用这个法则解决问题:

$$\lim_{x \to 3} \frac{x^2 - 9}{x - 3}.$$

注意, 如果把 $x = 3$ 代入原函数, 你会发现分子分母都为 0, 这说明我们可以使用洛必达法则. 你所需要做的, 是对分式的分子分母分别求导. 注意: 请不要使用除法法则! 求解的过程为

$$\lim_{x \to 3} \frac{x^2 - 9}{x - 3} \overset{\text{l'H}}{=} \lim_{x \to 3} \frac{2x}{1} = 6.$$

注意到上边的等式中会有个 "l'H" 符号, 其作用是说明我们是用洛必达法则来解决问题的 (洛必达法则的英文是 l'Hôpital's Rule). 顺便说一下, 这道题其实也可以不

---

① 实际上, 我们还没有证明洛必达法则. 真正的证明请参阅附录 A 的 A.6.11 节.

使用洛必达法则, 因为分子 $x^2 - 9$ 可以被因式分解为 $(x+3)(x-3)$, 所以计算过程可以是

$$\lim_{x \to 3} \frac{x^2 - 9}{x - 3} = \lim_{x \to 3} \frac{(x-3)(x+3)}{x - 3} = \lim_{x \to 3}(x + 3) = 3 + 3 = 6.$$

我们得到了同样的答案! 这说明计算是正确的.

这儿有一个更难的例子, 使用因式分解不能解决问题了:

$$\lim_{x \to 0} \frac{x - \sin(x)}{x^3}.$$

如果把 $x = 0$ 代入, 则分子分母都为 0. 尽管当 x 趋于 0 时, $\sin(x)$ 和 x 很接近, 但此时这一点对我们没有帮助, 因为我们正在考虑这两项的差, 所以我们使用洛必达法则. 首先分别对 $x - \sin(x)$ 和 x^3 求导:

$$\lim_{x \to 0} \frac{x - \sin(x)}{x^3} \overset{\text{l'H}}{=} \lim_{x \to 0} \frac{1 - \cos(x)}{3x^2}.$$

在 7.1.2 节中, 我们实际上曾经演示过怎样求解等式右边的极限 (但原极限在分母中没有 3). 我们的原始方法是分子分母同时乘以 $1 + \cos(x)$. 但是, 现在有一个更简单的方法: 请注意, 当用 0 替代 x 时, 可发现该极限为 0/0 型 (因为 $\cos(0) = 1$), 所以我们可以再次使用洛必达法则! 从而得到

$$\lim_{x \to 0} \frac{x - \sin(x)}{x^3} \overset{\text{l'H}}{=} \lim_{x \to 0} \frac{1 - \cos(x)}{3x^2} \overset{\text{l'H}}{=} \lim_{x \to 0} \frac{\sin(x)}{6x}.$$

实际上, 可以多次使用洛必达法则计算最终的极限, 但对于这道题, 更好的写法是

$$\lim_{x \to 0} \frac{\sin(x)}{6x} = \frac{1}{6} \lim_{x \to 0} \frac{\sin(x)}{x} = \frac{1}{6} \times 1 = \frac{1}{6}.$$

(在上述计算中, 我们直接使用了 7.1.5 节中的三角函数公式.) 总而言之, 我们得到了该极限的结果:

$$\lim_{x \to 0} \frac{x - \sin(x)}{x^3} = \frac{1}{6}.$$

介绍下一种形式之前, 让我们再重新观察一下这种形式. 回顾 6.5 节, 可以看到我们是用极限来定义导数的. 例如, 计算极限

$$\lim_{h \to 0} \frac{\sqrt[5]{32 + h} - 2}{h},$$

要使用一点技巧. 设 $f(x) = \sqrt[5]{x}$, 写出 $f'(x)$ 的表达式, 将其写成极限的形式, 最后把 $x = 32$ 代入导函数的表达式. (检查一下细节.) 但是, 使用洛必达法则, 所有这些技巧就变得不必要了. 例如, 因为上述极限是 0/0 型, 所以可以同时对分子分母关于 h 求导来计算极限. 首先把 $\sqrt[5]{32 + h}$ 改写为 $(32 + h)^{1/5}$ 的形式, 这时有

$$\lim_{h \to 0} \frac{\sqrt[5]{32 + h} - 2}{h} = \lim_{h \to 0} \frac{(32 + h)^{1/5} - 2}{h} \overset{\text{l'H}}{=} \lim_{h \to 0} \frac{\frac{1}{5}(32 + h)^{-4/5}}{1} = \frac{1}{5} \times (32)^{-4/5},$$

计算结果为 1/80, 这同我们之前计算的结果是相符的. 现在就请回到 6.5 节, 使用洛必达法则重新计算一下其中的例题.

14.1.2 类型 A: $\pm\infty / \pm\infty$

洛必达法则对于 $\lim\limits_{x \to a} f(x) = \infty$ 和 $\lim\limits_{x \to a} g(x) = \infty$ 的情况也很适用. 也就是说, 当把 $x = a$ 代入原函数时, 分子分母都趋于无穷大, 所以我们所求解的是 ∞/∞ 型. 例如, 求极限

$$\lim_{x \to \infty} \frac{3x^2 + 7x}{2x^2 - 5},$$

你能注意到, 当 $x \to \infty$ 时, 分子分母同时趋于 ∞, 所以可以使用洛必达法则:

$$\lim_{x \to \infty} \frac{3x^2 + 7x}{2x^2 - 5} \overset{\text{l'H}}{=} \lim_{x \to \infty} \frac{6x + 7}{4x} = \lim_{x \to \infty} \left(\frac{6}{4} + \frac{7}{4x} \right).$$

当 $x \to \infty$ 时, $7/4x$ 趋于 0, 所以极限结果为 6/4, 也就是 3/2. 当然, 你也可以使用 4.3 节的方法计算极限. 你会发现, 无论用什么方法都会得到同样的结果 —— 3/2.

这儿还有另一个例子, 求

$$\lim_{x \to 0^+} \frac{\csc(x)}{1 - \ln(x)}.$$

注意: 当 $x \to 0^+$ 时, 分子分母都趋于无穷大. 为什么呢? 因为当 $x \to 0$ 时, $\sin(x)$ 趋于 0, 所以 $\csc(x)$ 趋于无穷大; 同样, 当 $x \to 0^+$ 时, $\ln(x) \to -\infty$, 所以 $1 - \ln(x) \to \infty$. 现在我们可以使用洛必达法则:

$$\lim_{x \to 0^+} \frac{\csc(x)}{1 - \ln(x)} \overset{\text{l'H}}{=} \lim_{x \to 0^+} \frac{-\csc(x)\cot(x)}{-1/x} = \lim_{x \to 0^+} x\csc(x)\cot(x).$$

为了计算极限, 我们可以把它改写为

$$\lim_{x \to 0^+} \frac{x}{\sin(x)} \frac{1}{\tan(x)}.$$

这样有

$$\lim_{x \to 0^+} \frac{x}{\sin(x)} = \frac{1}{\lim\limits_{x \to 0^+} \dfrac{\sin(x)}{x}} = \frac{1}{1} = 1,$$

但对于另一个因式有

$$\lim_{x \to 0^+} \frac{1}{\tan(x)} = \infty,$$

因为当 $x \to 0^+$ 时, $\tan(x) \to 0^+$, 所以我们证明了

$$\lim_{x \to 0^+} \frac{\csc(x)}{1 - \ln(x)} = \infty.$$

当 $x \to \infty$ 时, 如我们前面看过的那样, 该法则也适用. 这里有另一个例子:

$$\lim_{x \to \infty} \frac{x}{e^x} \overset{\text{l'H}}{=} \lim_{x \to \infty} \frac{1}{e^x} = 0.$$

该极限为 0, 因为当 $x \to \infty$ 时, $\mathrm{e}^x \to \infty$. 使用洛必达法则的前提条件是: 当 $x \to \infty$ 时, x 和 e^x 都趋于无穷大. 注意: 分母 e^x 在求导的过程中是不变的, 但分子 x 的导数却为 1. 当你看到下述例子的时候, 可能会更清楚明了.

$$\lim_{x \to \infty} \frac{x^3}{\mathrm{e}^x}.$$

我们使用了三次洛必达法则, 发现每一次都是不定式 ∞/∞ 型:

$$\lim_{x \to \infty} \frac{x^3}{\mathrm{e}^x} \overset{\text{l'H}}{=} \lim_{x \to \infty} \frac{3x^2}{\mathrm{e}^x} \overset{\text{l'H}}{=} \lim_{x \to \infty} \frac{6x}{\mathrm{e}^x} \overset{\text{l'H}}{=} \lim_{x \to \infty} \frac{6}{\mathrm{e}^x} = 0.$$

当然, 同样的方法可以应用到 x 的任何次幂; 但你不得不多次使用该法则, 每次都要求导至导数为 1 为止, 然而对于 e^x 无论求导多少次都不变. 其实在 9.4.4 节中, 我们已经仔细讨论并证明过指数函数增长得很快.

现在, 我有个非常善意的提示: 请记住, 只有不定式才能用洛必达法则! 对于分式仅有的不定式是 0/0 或 $\pm\infty/\pm\infty$ 这两种形式. 例如, 如果你想对极限

$$\lim_{x \to 0} \frac{x^2}{\cos(x)}$$

使用洛必达法则, 将会陷入一团混乱. 让我们看看使用洛必达法则后的情况:

$$\lim_{x \to 0} \frac{x^2}{\cos(x)} \overset{\text{l'H?}}{=} \lim_{x \to 0} \frac{2x}{-\sin(x)} = -2 \lim_{x \to 0} \frac{x}{\sin(x)} = -2.$$

很显然, 这是错误的, 因为当 x 趋于 0 时, x^2 和 $\cos(x)$ 都为正. 事实上, 正确的解答过程是

$$\lim_{x \to 0} \frac{x^2}{\cos(x)} = \frac{0^2}{\cos(0)} = \frac{0}{1} = 0.$$

洛必达法则不能用来解答这道题, 原因是它是 0/1 型, 不是不定式. 所以, 一定要注意!

14.1.3　类型 B1: $(\infty - \infty)$

本章开始有这样一个极限表达式:

$$\lim_{x \to 0} \left(\frac{1}{\sin(x)} - \frac{1}{x} \right).$$

当 $x \to 0^+$ 时, $1/\sin(x)$ 和 $1/x$ 都趋于 ∞; 当 $x \to 0^-$ 时, 这两项又同时趋于 $-\infty$. 无论哪种情况, 这都是两个非常大的数 (正无穷大或负无穷大) 的差, 所以该不定式可以被表示为 $\pm(\infty - \infty)$.

幸运的是, 可以很容易地把这种形式转化为类型 A. 我们所需要做的仅仅是通分:

$$\lim_{x \to 0} \left(\frac{1}{\sin(x)} - \frac{1}{x} \right) = \lim_{x \to 0} \frac{x - \sin(x)}{x \sin(x)}.$$

现在, 把 $x = 0$ 代入, 可以看出这是 0/0 型不定式, 所以可以应用洛必达法则:

$$\lim_{x \to 0} \left(\frac{1}{\sin(x)} - \frac{1}{x} \right) = \lim_{x \to 0} \frac{x - \sin(x)}{x \sin(x)} \overset{\text{l'H}}{=} \lim_{x \to 0} \frac{1 - \cos(x)}{\sin(x) + x \cos(x)}.$$

注意, 我们使用乘法法则对分母进行求导. 无论怎样, 再次出现了 0/0 型, 因为当把 $x = 0$ 代入时, 可以发现分子分母同时变为 0. 所以再次使用洛必达法则 (并且再次使用乘法法则):

$$\lim_{x \to 0} \frac{1 - \cos(x)}{\sin(x) + x \cos(x)} \overset{\text{l'H}}{=} \lim_{x \to 0} \frac{\sin(x)}{\cos(x) + \cos(x) - x \sin(x)}.$$

做到这儿, 就不要再使用洛必达法则了! 因为在本阶段, 当把 $x = 0$ 代入时, 可发现分子为 0 但分母为 2, 所以极限结果为 0. 把刚才的计算综合到一起, 可得

$$\lim_{x \to 0} \left(\frac{1}{\sin(x)} - \frac{1}{x} \right) = 0.$$

　　有时通分也不能解决问题. 比如你可能会遇到一道没有分母的题目, 所以不得不自己创造一个分母. 例如, 求极限

$$\lim_{x \to \infty} (\sqrt{x + \ln(x)} - \sqrt{x}),$$

首先注意, 当 $x \to \infty$ 时, $\sqrt{x + \ln(x)}$ 和 $\sqrt{x}$ 都趋于 ∞, 所以这道题属于 $\infty - \infty$ 不定式. 但该题目没有分母, 所以我们同时乘以除以一个共轭表达式:

$$\lim_{x \to \infty} (\sqrt{x + \ln(x)} - \sqrt{x}) = \lim_{x \to \infty} (\sqrt{x + \ln(x)} - \sqrt{x}) \times \frac{\sqrt{x + \ln(x)} + \sqrt{x}}{\sqrt{x + \ln(x)} + \sqrt{x}}.$$

通过使用平方差公式 $(a - b)(a + b) = a^2 - b^2$, 有

$$\lim_{x \to \infty} \frac{x + \ln(x) - x}{\sqrt{x + \ln(x)} + \sqrt{x}} = \lim_{x \to \infty} \frac{\ln(x)}{\sqrt{x + \ln(x)} + \sqrt{x}}.$$

现在, 题目转化为类型**A**的 ∞/∞ 不定式, 所以通过对分子分母同时求导 (分母要使用链式求导法则) 可得

$$\lim_{x \to \infty} \frac{\ln(x)}{\sqrt{x + \ln(x)} + \sqrt{x}} \overset{\text{l'H}}{=} \lim_{x \to \infty} \frac{1/x}{\dfrac{1 + 1/x}{2\sqrt{x + \ln(x)}} + \dfrac{1}{2\sqrt{x}}}.$$

如果分子分母同时乘以 x, 可得

$$\lim_{x \to \infty} \frac{1}{\dfrac{x + 1}{2\sqrt{x + \ln(x)}} + \dfrac{\sqrt{x}}{2}}.$$

我们差不多要得到答案了, 但仍需看看 $x \to \infty$ 时分母中第一个分式的值:

$$\lim_{x \to \infty} \frac{x + 1}{2\sqrt{x + \ln(x)}}.$$

注意, 这也是 ∞/∞ 不定式, 所以需要再次使用洛必达法则:

$$\lim_{x\to\infty} \frac{x+1}{2\sqrt{x+\ln(x)}} \overset{\text{l'H}}{=} \lim_{x\to\infty} \frac{1}{\dfrac{2(1+1/x)}{2\sqrt{x+\ln(x)}}} = \lim_{x\to\infty} \frac{\sqrt{x+\ln(x)}}{1+1/x}.$$

当 $x\to\infty$ 时, 分母 $1+1/x$ 趋于 1, 但是分子 $\sqrt{x+\ln(x)}$ 趋于 ∞. 也就是说

$$\lim_{x\to\infty} \frac{x+1}{2\sqrt{x+\ln(x)}} = \infty.$$

回到原始的问题, 我们已经发现

$$\lim_{x\to\infty}\left(\sqrt{x+\ln(x)}-\sqrt{x}\right) = \lim_{x\to\infty} \frac{1}{\dfrac{x+1}{2\sqrt{x+\ln(x)}}+\dfrac{\sqrt{x}}{2}}.$$

当 $x\to\infty$ 时, 分母中的两个分式都趋于 ∞, 所以极限为 0.

不幸的是, 对于类型 **B1** 的极限, 洛必达法则并不是一直能解决问题. 事实上, 仅在你能把原始表达式转化为两式之比时它才有效.

14.1.4 类型B2: $(0 \times \pm\infty)$

下面这个出现在本章开头的极限, 其实我们在 9.4.6 节已经见过了:

$$\lim_{x\to 0^+} x\ln(x).$$

因为当 $x \leqslant 0$ 时, $\ln(x)$ 没有意义, 所以只需求当 $x\to 0^+$ 的极限. 可以看出, 当 $x\to 0^+$ 时, $x\to 0$ 然而 $\ln(x)\to -\infty$, 所以该极限为 $0\times(-\infty)$ 型不定式. 让我们通过处理分母把该极限转化为类型 A. 基本思想是把 x 转化为 $1/x$ 从而把 x 移到分母:

$$\lim_{x\to 0^+} x\ln(x) = \lim_{x\to 0^+} \frac{\ln(x)}{1/x}.$$

现在为 $-\infty/\infty$ 型, 所以可以使用洛必达法则:

$$\lim_{x\to 0^+} x\ln(x) = \lim_{x\to 0^+} \frac{\ln(x)}{1/x} \overset{\text{l'H}}{=} \lim_{x\to 0^+} \frac{1/x}{-1/x^2}.$$

最右边的极限可以化简为 $-x$, 最后的极限为

$$\lim_{x\to 0^+}(-x) = 0.$$

我们已经解决了问题, 但且回过头来再看看这道题: 为什么我把 x 移到分母而不是移动 $\ln(x)$ 呢? 如果移动 $\ln(x)$, 则为

$$\lim_{x\to 0^+} x\ln(x) = \lim_{x\to 0^+} \frac{x}{1/\ln(x)}.$$

现在, 你需要对 $1/\ln(x)$ 求导, 这个导数相对难求一点. 但如果你尝试一下, 可得

$$\lim_{x\to 0^+} x\ln(x) = \lim_{x\to 0^+} \frac{x}{1/\ln(x)} \overset{\text{l'H}}{=} \lim_{x\to 0^+} \frac{1}{(1/x)(-1/(\ln(x))^2)} = \lim_{x\to 0^+} -x(\ln(x))^2.$$

这比我们最原始的极限还复杂! 所以当把某一项移到分母时一定要注意. 从上述例子可以看出, 移动对数项是个很糟糕的思路, 所以要避免这样做.

这里还有一个例子:

$$\lim_{x\to\pi/2}\left(x-\frac{\pi}{2}\right)\tan(x).$$

当你把 $x=\pi/2$ 代入原函数时, 会发现第一项 $(x-\pi/2)$ 为 0, 而 $\tan(x)$ 这项要么为 ∞(当 $x\to(\pi/2)^-$), 要么为 $-\infty$(当 $x\to(\pi/2)^+$). 通过函数图像可以更加肯定我们的结论. 无论哪种情况, 都可以把 $\tan x$ 移到分母, 从而转化为 $1/\tan x$ 或 $\cot x$. 也就是:

$$\lim_{x\to\pi/2}\left(x-\frac{\pi}{2}\right)\tan(x)=\lim_{x\to\pi/2}\frac{x-\pi/2}{\cot(x)}.$$

这比把 $(x-\pi/2)$ 移到分母的计算量要小得多, 实际上, 把 $(x-\pi/2)$ 移到分母答案都算不出. 无论如何, 上述的极限形式都是 0/0 型, 所以可以使用洛必达法则:

$$\lim_{x\to\pi/2}\left(x-\frac{\pi}{2}\right)\tan(x)=\lim_{x\to\pi/2}\frac{x-\pi/2}{\cot(x)}\overset{\text{l'H}}{=}\lim_{x\to\pi/2}\frac{1}{(-\csc^2(x))}.$$

因为 $\sin(\pi/2)=1$, 所以可以得出 $\csc(\pi/2)=1$. 上述极限的结果为 -1.

14.1.5   类型C: $\left(1^{\pm\infty},0^0\text{或}\infty^0\right)$

最后, 我们研究最复杂的一种情况, 比如:

$$\lim_{x\to0^+}x^{\sin(x)},$$

这种形式的底和指数部分都带有变量 (在该例中为 x). 如果设 $x=0$, 那么我们得到 0^0, 这是不定式的另一种形式. 为求得该极限, 要使用类似于对数函数求导法则的一种方法 (参考 9.5 节). 基本思想是首先对 $x^{\sin(x)}$ 取对数, 接下来再求当 $x\to0^+$ 时的极限:

$$\lim_{x\to0^+}\ln(x^{\sin(x)}).$$

根据对数法则 (参见 9.1.4 节), 指数 $\sin(x)$ 可以移到对数的前面:

$$\lim_{x\to0^+}\ln(x^{\sin(x)})=\lim_{x\to0^+}\sin(x)\ln(x).$$

当 $x\to0^+$, 可得 $\sin(x)\to0$, $\ln(x)\to-\infty$, 所以该题属于类型 **B2**. 如果把 $\sin(x)$ 移到分母则为 $1/\sin(x)$, 也就是 $\csc(x)$, 这时该题又转化为类型 **A**, 这样就可以使用洛必达法则求解:

$$\lim_{x\to0^+}\sin(x)\ln(x)=\lim_{x\to0^+}\frac{\ln(x)}{\csc(x)}\overset{\text{l'H}}{=}\lim_{x\to0^+}\frac{1/x}{-\csc(x)\cot(x)}.$$

化简为

$$\lim_{x\to0^+}-\frac{\sin(x)}{x}\times\tan(x)=-1\times0=0.$$

做完了吗? 还没有. 我们现在知道:

$$\lim_{x \to 0^+} \ln(x^{\sin(x)}) = 0;$$

现在对两端同时求指数, 可得

$$\lim_{x \to 0^+} x^{\sin(x)} = e^0 = 1.$$

(这种求指数的方法很有效, 因为 e^x 是关于 x 的连续函数.)

我们对刚才的计算总结一下. 先不求原始函数的极限, 而是先对该函数取对数, 再用处理类型 **B2** 的方法计算极限. 最后, 再对刚才计算的结果求指数.

事实上, 有时我们需要用类型 **A** 而不是类型 **B2** 解决该问题. 例如, 求解

$$\lim_{x \to 0} (1 + 3\tan(x))^{1/x}.$$

这是本章开始部分的例题, 首先请注意我们正在求 $1^{\pm\infty}$ 类型的极限. 对其取对数有

$$\lim_{x \to 0} \ln\left((1 + 3\tan(x))^{1/x}\right) = \lim_{x \to 0} \frac{1}{x} \ln(1 + 3\tan(x)) = \lim_{x \to 0} \frac{\ln(1 + 3\tan(x))}{x}.$$

现在转化为 0/0 型了, 所以可以用类型 **A** 的方法解决问题了. 根据链式求导法则, 有

$$\lim_{x \to 0} \frac{\ln(1 + 3\tan(x))}{x} \overset{\text{l'H}}{=} \lim_{x \to 0} \frac{\dfrac{3\sec^2(x)}{1 + 3\tan(x)}}{1} = \frac{3(1)^2}{1 + 3(0)} = 3.$$

这样有

$$\lim_{x \to 0} \ln\left((1 + 3\tan(x))^{1/x}\right) = 3.$$

再对该等式两边同时求指数, 可得

$$\lim_{x \to 0} (1 + 3\tan(x))^{1/x} = e^3.$$

这里还有另一个不定式 ∞^0 的例子:

$$\lim_{x \to \infty} x^{-1/x},$$

因为当 $x \to \infty$ 时, $-1/x \to 0$. 我们可以用同样的方法解决问题, 先对其取对数, 接下来再用洛必达法则求解 (用类型 **A** 的方法).

$$\lim_{x \to \infty} \ln(x^{-1/x}) = \lim_{x \to \infty} \frac{\ln(x)}{-x} \overset{\text{l'H}}{=} \lim_{x \to \infty} \frac{1/x}{-1} = 0.$$

再两边求指数, 可得

$$\lim_{x \to \infty} x^{-1/x} = e^0 = 1.$$

我们需要知道的是关于指数类型的不定式不仅仅是 $1^{\pm\infty}$, 0^0 和 ∞^0. 你可以看出, 任何指数型函数都可以使用取对数的方法把问题转化为乘积或商的形式, 这时再求新的极限 L. 实际的极限结果将会是 e^L. 唯一的例外情况是 $L = \infty$, 这时将 e^∞ 替换为 ∞; 当 $L = -\infty$ 时, 就将 $e^{-\infty}$ 看作 0. 这符合 9.4.4 节中的极限:

$$\lim_{x \to \infty} e^x = \infty \quad \text{和} \quad \lim_{x \to -\infty} e^x = 0$$

14.1.6　洛必达法则类型的总结

下面是我们已经讲解的所有技巧.

- **类型 A**　如果极限是分式的形式, 例如

$$\lim_{x \to a} \frac{f(x)}{g(x)},$$

要检查该形式是否为不定式. 该分式一定为 0/0 或 $\pm\infty/\pm\infty$, 使用洛必达法则

$$\lim_{x \to a} \frac{f(x)}{g(x)} \overset{\text{l'H}}{=} \lim_{x \to u} \frac{f'(x)}{g'(x)}.$$

在求导的过程中, 请不要使用商的求导法则! 现在, 为求解这个新的极限, 可能需要再次使用洛必达法则.

- **类型 B1**　如果是求差的极限, 例如

$$\lim_{x \to a} (f(x) - g(x)),$$

该形式为 $\pm(\infty - \infty)$. 求解该极限的方法是通分或同时乘以除以一个共轭表达式从而转化为类型 **A**.

- **类型 B2**　如果极限是乘积的形式, 例如

$$\lim_{x \to a} f(x)g(x),$$

该形式为 $0 \times \pm\infty$, 选择两个因式中较简单的那个取倒数把它移到分母 (尽量不要选用对数做分母, 把它留在分子). 这样就转化为

$$\lim_{x \to a} f(x)g(x) = \lim_{x \to a} \frac{g(x)}{1/f(x)}.$$

这是典型的类型 **A**.

- **类型 C**　如果极限为指数的形式, 并且该指数的底和指数部分都含变量, 例如

$$\lim_{x \to a} f(x)^{g(x)},$$

首先, 我们取其对数:

$$\lim_{x \to a} \ln(f(x)^{g(x)}) = \lim_{x \to a} g(x) \ln(f(x)).$$

这样转化为类型 **B2** 或 **A** (或者转化后的结果不是不定式, 这时不得不想其他的技巧). 一旦你已经求解出来了, 这时, 就有

$$\lim_{x \to a} \ln(f(x)^{g(x)}) = L,$$

然后再两边同时取指数, 可得

$$\lim_{x \to a} f(x)^{g(x)} = e^L.$$

现在, 你需要做的就是多做习题来练习如何使用洛必达法则.

14.2 关于极限的总结

现在需要巩固一下我们所学的关于极限的知识. 下面简要总结了我们学过的关于计算极限的所有方法. 这些方法可应用于 $\lim\limits_{x \to a} F(x)$ 形式的极限, F 是一个至少在 a 点附近连续的函数, 但在 a 点可能不连续. 当然, a 也可能是 ∞ 或 $-\infty$. 这样, 我们有如下的总结.

- **首先尝试使用替换法**. 这样你可能就会求得极限结果.

- 如果替换导致出现 b/∞ 或 $b/(-\infty)$ 的形式, b 是个限定的数, 那么该极限的结果为 0.

- 如果替换之后的形式为 $b/0$, 但 b 不为 0, 这时说明该函数有垂直渐近线, 即左极限和右极限为 ∞ 或 $-\infty$, 那么双侧极限或者不存在 (如果左右极限不相等) 或者为 ∞ 或 $-\infty$. 使用在 $x = a$ 点附近的符号表格去查找左极限和右极限 (请参见 4.1 节).

- 如果不是上述任何一种情况, 那么该极限就为 0/0 形式. 首先看它是否为导数定义的形式. 如果你可以把它改写为某种特定函数关于特定的数 x 的导数形式 $\lim\limits_{h \to 0} \dfrac{f(x+h) - f(x)}{h}$, 这时该极限为 $f'(x)$. 我们在 14.1.1 节中见过该形式, 其实这种类型的极限也可以用洛必达法则来解决. (参见 6.5 节.)

- 如果极限有**根号**, 那么可以考虑分母有理化或分子有理化的方法. (参见 4.2 节.)

- 如果有**绝对值**, 那么要考虑把绝对值符号去掉, 即把该函数转化为分段函数的形式.

$$|A| = \begin{cases} A & \text{如果 } A \geqslant 0, \\ -A & \text{如果 } A < 0. \end{cases}$$

记得把上式中所有的五个 A 都替换为你正在处理的问题中需要去掉绝对值的具体表达式! (参见 4.6 节.)

- 另外可以利用不同函数的特性帮助你解决问题. 请记住在极限中, "无穷小" 意味着 "趋于 0"; "无穷大" 意味着正无限大的数或负无限大的数. (参见 3.4.1 节.) 请注意: 如果你所要求的是当 $x \to \infty$ 时的极限, 这并不能说明该极限就为无穷大. 例如, $\sin(1/x)$ 就是当 $x \to \infty$ 时函数值却越来越小的例子, 因为 $1/x \to 0$. 当 $x \to 0$ 时同样值得注意, 因为函数结果可能会是非常大的. 以下是关于多项式、三角函数、指数函数和对数函数的总结.

(1) **多项式和多项式型函数**
  - **一般方法** 尝试因式分解, 然后把公因式约掉. (参见 4.3 节.)
  - **大讨论** 最大次数的项决定该极限的值, 所以同时除以并乘以该项. (参见 4.3 节.)

(2) **三角函数和反三角函数**

- **一般方法**　记住所有三角函数和反三角函数的图像, 以及它们在一些特殊点处的函数值. 这些知识点在第 2 章和第 10 章中有详细的讨论.

- **小讨论**　当 A 是个很小的数时, $\sin(A)$ 和 A 的数值非常接近, 所以可以乘以 A 并除以 A. 对 $\tan(A)$ 可以用同样的方法, 但 $\cos(A)$ 不可以, 因为当 A 趋于 0 时, $\cos(A)$ 趋于 1. 当仅涉及乘积或商的时候该方法很实用. 但当有三角函数的加减形式出现时, 该方法可能就不管用了. (参见 7.1.2 节.)

- **大讨论**　对于正弦或余弦函数, 我们可以利用它们的特性 $|\sin(任意数)| \leqslant 1$ 和 $|\cos(任意数)| \leqslant 1$. 这个特性可以同三明治定理一起使用. (参见 7.1.3 节.) 这里也有一些其他有用的特性
$$\lim_{x \to \infty} \tan^{-1}(x) = \frac{\pi}{2} \quad 和 \quad \lim_{x \to -\infty} \tan^{-1}(x) = -\frac{\pi}{2}.$$
(非正式地, 你可以这样来记 $\tan^{-1}(\infty) = \pi/2$ 和 $\tan^{-1}(-\infty) = -\pi/2$, 但要确保你真正理解了上述这两个公式的含义.)

(3) **指数函数**

- **一般方法**　要记住 $y = \mathrm{e}^x$ 的图像, 也要知道下列两个极限:
$$\lim_{h \to 0}(1 + hx)^{1/h} = \mathrm{e}^x \quad 和 \quad \lim_{n \to \infty}\left(1 + \frac{x}{n}\right)^n = \mathrm{e}^x.$$
(参见 9.4.1 节.)

- **小讨论**　因为 $\mathrm{e}^0 = 1$, 所以当极限的表达式中有该因式时, 完全可以用 1 替代它. 但当极限中有和或差的形式时, 问题就不是这么简单了. 这时, 你不得不考虑使用洛必达法则或用导数的定义去求解. (参见 9.4.2 节.)

- **大讨论**　记住以下这两个重要的极限:
$$\lim_{x \to \infty} \mathrm{e}^x = \infty \quad 和 \quad \lim_{x \to -\infty} \mathrm{e}^x = 0.$$
(仅仅为替换的目的, 可以把这两个极限考虑为 $\mathrm{e}^\infty = \infty$ 和 $\mathrm{e}^{-\infty} = 0$, 尽管这两个等式并不符合正式的写法.)当然也要记住, 当 $x \to \infty$ 时, 指数函数增长得很快. 也就是说 $\lim\limits_{x \to \infty} \dfrac{多项式}{\mathrm{e}^x} = 0$. 底 e 可以是任何大于 1 的数, 指数 x 可以是任何最高项系数为正数的多项式. (参见 9.4.4 节.)

(4) **对数函数**

- **一般方法**　需要知道 $y = \ln(x)$ 的图像以及对数的运算法则, 这些知识在 9.1.4 节中已经介绍过.

- **小讨论** 一个很重要的极限是
$$\lim_{x \to 0^+} \ln(x) = -\infty$$
(或者也可以这样记, $\ln(0) = -\infty$). 另外, 当 $x \to 0^+$ 时, 对数函数慢慢地趋于 $-\infty$, 即对于任何大于 0 的数 a, 无论 a 有多小 (参见 9.4.6 节) 都有
$$\lim_{x \to 0^+} x^a \ln(x) = 0$$

- **大讨论** 我们有
$$\lim_{x \to \infty} \ln(x) = \infty,$$
也可以非正式地简写为 $\ln(\infty) = \infty$. 不管怎样说, **对数增长得很慢**, 比任何多项式都慢, 即对于任何次数为正的多项式 (参见 9.4.5 节) 都有
$$\lim_{x \to \infty} \frac{\ln(x)}{\text{多项式}} = 0.$$

- **函数在 1 附近的情况** 我们有 $\ln(1) = 0$. 此时, 洛必达法则可能是很有用的, 对于这种极限或者也可以使用极限的定义来解决. (参见 9.4.3 节.)

- 如果上述方法都不能解决问题, 那么考虑使用洛必达法则 (参见 14.1.6 节的总结). 在使用洛必达法则以后, 总是会得到一个新的极限, 我们可以考虑使用上述的任何方法或再次使用洛必达法则.

上述所有的事实及方法仅仅是求极限的工具, 它们不可能解决所有的极限问题. 事实上, 在第 17 章中, 我们将看到一种完全不同的求解极限的方法. 如果你对现在的知识掌握得很扎实, 将会有助于你以后的学习. 知道用哪种方法去解决问题是一种艺术, 当然, 熟能生巧. 所以要多做练习!

第 15 章 积 分

就微积分问题, 微分仅仅是其中的一半内容, 另一半是积分. 积分是个很强大的数学工具, 它可以帮助我们求不规则图形的面积, 不规则形状物体的体积, 以及变速运动物体的路程. 本章中, 我们会花一些时间去研究定义定积分所需要的理论. 在下一章, 将给出其定义并研究其应用. 所以让我们从预备知识入手:

- 求和符号以及伸缩求和法;
- 寻求位移和面积之间的关系;
- 用分割法去求面积.

15.1 求 和 符 号

考虑求和

$$\frac{1}{1} + \frac{1}{4} + \frac{1}{9} + \frac{1}{16} + \frac{1}{25} + \frac{1}{36}.$$

这并不是随意数的求和, 这是有一定规律的求和. 和式的每一项都是平方数的倒数. 这里有个更便捷的方法表达这个求和:

$$\sum_{j=1}^{6} \frac{1}{j^2}.$$

请大声地读出: "从 $j=1$ 到 $j=6$ 时 $1/j^2$ 的和." 现在我要介绍这个求和符号是怎样工作的. 思路是把 $j=1$, $j=2$, $j=3$, $j=4$, $j=5$ 以及 $j=6$ 代入 $1/j^2$, 一次代入一个, 最后把这六项都加到一起. 我们从 $j=1$ 开始, 以 $j=6$ 结束, $j=1$ 和 $j=6$ 分别在这个希腊字母 $\sum$ 的下方和上方. ($\sum$ 是希腊字母 sigma 的大写, 我们叫这个符号为 "sigma 求和".) 所以我们有

$$\sum_{j=1}^{6} \frac{1}{j^2} = \frac{1}{1^2} + \frac{1}{2^2} + \frac{1}{3^2} + \frac{1}{4^2} + \frac{1}{5^2} + \frac{1}{6^2}.$$

注意: 我们实际上并没有计算出这个和的值! 所做的仅仅是缩写和式.

现在, 考虑下边这个使用求和符号的级数 (这是 "求和" 的另一个说法):

$$\sum_{j=1}^{1000} \frac{1}{j^2}.$$

这个求和与上个求和之间的唯一区别是, 这次累加到 1000 而不是 6 了. 所以

$$\sum_{j=1}^{1000} \frac{1}{j^2} = \frac{1}{1^2} + \frac{1}{2^2} + \frac{1}{3^2} + \cdots + \frac{1}{999^2} + \frac{1}{1000^2}.$$

在这种情况下, 求和符号是非常实用的, 它避免了使用 "$\cdots$". 这里还有另一个例子:

$$\sum_{j=5}^{30} \frac{1}{j^2} = \frac{1}{5^2} + \frac{1}{6^2} + \frac{1}{7^2} + \cdots + \frac{1}{29^2} + \frac{1}{30^2}.$$

这个求和是以 $j=5$ 开始, 而不是 $j=1$, 所以第一项是 $1/5^2$.

当你要考虑改变求和的起点和终点时, 求和符号是非常方便的. 例如, 考虑下边这个级数:

$$\sum_{j=1}^{n} \frac{1}{j^2}.$$

从 $j=1$ 开始, 以 $j=n$ 结束, 所以我们有

$$\sum_{j=1}^{n} \frac{1}{j^2} = \frac{1}{1^2} + \frac{1}{2^2} + \frac{1}{3^2} + \cdots + \frac{1}{(n-2)^2} + \frac{1}{(n-1)^2} + \frac{1}{n^2}.$$

注意: 上边的等式倒数第二项对应 $j=n-1$, 倒数第三项对应 $j=n-2$; 我把后三项和前三项都写在了等式的右边, 而其他的项用 "$\cdots$" 符号在中间代替. 求和式

$$\sum_{j=1}^{n} \frac{1}{j^2}$$

看起来好像有两个变量 j 和 n, 但实际上只有一个变量 n. 把它展开, 可以容易地看出这一点

$$\frac{1}{1^2} + \frac{1}{2^2} + \frac{1}{3^2} + \cdots + \frac{1}{(n-2)^2} + \frac{1}{(n-1)^2} + \frac{1}{n^2}.$$

在这个展开式中没有 j! j 只是虚拟变量, 是个临时的替代者, 我们把它叫作**求和指标**, 它遍历从整数 1 到整数 n 之间的所有整数. 所以我们可以换用另一个字母, 而对表达式毫无影响. 例如, 下述求和是完全一样的:

$$\sum_{j=1}^{6} \frac{1}{j^2} = \sum_{k=1}^{6} \frac{1}{k^2} = \sum_{a=1}^{6} \frac{1}{a^2} = \sum_{\alpha=1}^{6} \frac{1}{\alpha^2}.$$

顺便说一下, 这已经不是我们第一次使用像 j 一样的虚拟变量了: 极限也使用这样的变量, 所以这里没有什么新鲜的. (参见 3.1 节的结尾部分.)

让我们看更多的例子.

$$\sum_{m=1}^{200} 5$$

这个求和的结果是多少呢? 如果你说结果是 5, 那么你就掉入陷阱了. 我们仔细研究研究. 当 $m=1$ 时, 该项为 5; 当 $m=2$ 时, 它所对应的项还是 5. 对于 $m=3$,

$m = 4$ 直到 $m = 200$ 都是同样的结果. 所以, 实际上:

$$\sum_{m=1}^{200} 5 = 5 + 5 + 5 + \cdots + 5 + 5 + 5,$$

这个求和中有 200 项, 最后的结果应该是 200×5 或 1000. 类似地, 考虑下边这个求和:

$$\sum_{q=100}^{1000} 1 = 1 + 1 + 1 + \cdots + 1 + 1 + 1.$$

这个求和中一共有多少个 1? 你可能被诱导地说有 $1000 - 100$ 个或 900 个, 但实际上你少说了 1 个. 答案是 901 个. 总的来说, 在 A 和 B 之间, 包括 A 和 B, 共有 $B - A + 1$ 个数.

现在给你提个问题, 怎样用求和符号写下边的表达式:

$$\sin(1) + \sin(3) + \sin(5) + \cdots + \sin(2997) + \sin(2999) + \sin(3001).$$

你可能会写成

$$\sum_{j=1}^{3001} \sin(j),$$

但这并不正确, 按照这个写法展开后应该是

$$\sin(1) + \sin(2) + \sin(3) + \cdots + \sin(2999) + \sin(3000) + \sin(3001).$$

原展开式中没有偶数部分. 我们怎样才能去掉偶数部分呢? 首先想像 j 是从 1, 2, 3 开始遍历自然数, 这时 $(2j-1)$ 恰好遍历所有奇数. 所以我们把它写为

$$\sum_{j=1}^{3001} \sin(2j - 1).$$

这次好多了, 但仍然有个问题. j 的终点是 3001, 此时 $(2j-1)$ 为 $2 \times (3001) - 1 = 6001$. 也就是说

$$\sum_{j=1}^{3001} \sin(2j - 1) = \sin(1) + \sin(3) + \sin(5) + \cdots + \sin(5997) + \sin(5999) + \sin(6001).$$

这里有太多项了! 怎样知道在哪里停下呢? $\sin(2j - 1)$ 的最后一项, 应为 $\sin(3001)$ 而不是 $\sin(6001)$, 所以依据 $2j - 1 = 3001$, 可得 $j = 1501$. 最后我们有

$$\sin(1) + \sin(3) + \sin(5) + \cdots + \sin(2997) + \sin(2999) + \sin(3001) = \sum_{j=1}^{1501} \sin(2j - 1).$$

上述解答是正确的. 每次做完一定要把 j 代入校验, 本题中, 我们代入 $j = 1$, $j = 2$, $j = 3$ 及后三项 $j = 1499$, $j = 1500$ 和 $j = 1501$. 可以发现, 等式左右两侧是一样的. 此外, 我们再研究一下当 j 为偶数时的情况,

$$\sum_{j=1}^{1501} \sin(2j)$$

展开后为

$$\sin(2) + \sin(4) + \sin(6) + \cdots + \sin(2998) + \sin(3000) + \sin(3002).$$

所以, 当要得到偶数时, 我们使用 $2j$ 而不是 $(2j-1)$. 当然如果你要得到 3 的倍数, 应该使用 $3j$. 可能性是永无止境的!

15.1.1 一个有用的求和

考虑求和

$$\sum_{j=1}^{100} j.$$

首先, 展开这个求和. 当 $j=1$ 时, 得到 1; 当 $j=2$ 时, 得到 2; 以此类推, 直到 $j=100$; 这时, 仅仅需要把这 100 个数加起来. 所以有

$$\sum_{j=1}^{100} j = 1 + 2 + 3 + \cdots + 98 + 99 + 100.$$

是的, 这就是前 100 个自然数的和. 现在, 我们考虑下边这个求和

$$\sum_{j=0}^{99} (j+1).$$

当 $j=0$ 时, 得到 1; 当 $j=1$ 时, 得到 2; 同样, 以此类推, 直到 $j=99$, 得到 100. 所以, 实际上

$$\sum_{j=0}^{99} (j+1) = 1 + 2 + 3 + \cdots + 98 + 99 + 100.$$

这个求和同刚刚那个是一样的! 我们所做的只是把求和指标 j 减小了 1. 现在考虑这个求和

$$\sum_{j=1}^{100} (101 - j).$$

当 $j=1$ 时, 得到 100; 当 $j=2$ 时, 得到 99; 以此类推, 到 $j=100$, 最后一项为 1. 也就是 $101 - j$ 这个数从 100 递减到 1, 所以

$$\sum_{j=1}^{100} (101 - j) = 100 + 99 + 98 + \cdots + 3 + 2 + 1.$$

这依然与刚才的两个求和一样, 只是这次是倒过来写罢了. 其实对于同一个求和用求和符号来表达会有很多种方法.

实际上, 这个求和的最后一个表达形式很普通, 我们可以用它来求出实际的数值. 假设 S 为 $1 + 2 + 3 + \cdots + 99 + 100$, 这时可以看到

$$S = \sum_{j=1}^{100} j \quad 和 \quad S = \sum_{j=1}^{100} (101 - j).$$

如果把这两个求和加到一起, 就有

$$2S = \sum_{j=1}^{100} j + \sum_{j=1}^{100} (101 - j).$$

在第一个求和中, 我们从 1 递增到 100; 而在第二个求和中, 我们从 100 递减到 1. 也就是说, 能够以任何顺序求得这个和而得到同样的结果. 所以, 可把这两个数合并到一起写为

$$2S = \sum_{j=1}^{100} (j + (101 - j)).$$

因为 $j + (101 - j) = 101$, 这样, 结果会为

$$2S = \sum_{j=1}^{100} 101.$$

我们一共有 100 个 101, 所以有 $2S = 101 \times 100 = 10\,100$, 也就是 $S = 10\,100/2 = 5050$. 这样就证明了从 1 加到 100 的和为 5050. 无论你信不信, 伟大的数学家高斯在 10 岁的时候就是用同样的方法解决该问题的!

15.1.2　伸缩求和法

检查求和

$$\sum_{j=1}^{5} (j^2 - (j-1)^2).$$

它完全扩展后为

$$(1^2 - 0^2) + (2^2 - 1^2) + (3^2 - 2^2) + (4^2 - 3^2) + (5^2 - 4^2).$$

在这个求和中可以消掉很多相同的项. 实际上, 如果你仔细观察, 就会发现除了 $5^2 - 0^2$ 之外的每一项都会被消掉, 所以求和的结果就是 $5^2 = 25$. 即使你有更多的项, 也是如此. 例如

$$\sum_{j=1}^{200} (j^2 - (j-1)^2)$$

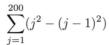

扩展后为

$$(1^2 - 0^2) + (2^2 - 1^2) + (3^2 - 2^2) + \cdots + (198^2 - 197^2) + (199^2 - 198^2) + (200^2 - 199^2).$$

再一次, 除了 $200^2 - 0^2$ 之外的每一项都被消掉了, 所以这个和为 $40\,000$. 等一下, 好像 3^2 和 -197^2 并没有被消掉! 其实它们隐藏在 $\cdots$ 里面了, 所以这个消元法的确奏效了.

这种类型的级数叫**伸缩级数**. 你可以把它合并成更简单的形式, 就像套缩那些老式的小望远镜一样. 总的来说, 我们有

$$\sum_{j=a}^{b} (f(j) - f(j-1)) = f(b) - f(a-1).$$

例如,

$$\sum_{j=10}^{100} \left(e^{\cos(j)} - e^{\cos(j-1)} \right) = e^{\cos(100)} - e^{\cos(10-1)}$$

可以简单地写为 $e^{\cos(100)} - e^{\cos(9)}$. 我们只需取 $e^{\cos(j)}$ 这项, 用最后的数 (100) 去替代 j, 用所得到的结果减去 $e^{\cos(j-1)}$ 这项, 其中的 j 用数 (10) 去代替. 你应该把这个求和展开, 然后看看消元法是否帮助你得到了正确的答案.

还有另一个例子. 求

$$\sum_{j=1}^{n} (j^2 - (j-1)^2),$$

注意, 这是个伸缩求和; 所以只需要取最后一项 $(j^2 - (j-1)^2)$ 并用 n 去替代第一个 j, 以及用 1 去替代第二个 j, 可得

$$\sum_{j=1}^{n} (j^2 - (j-1)^2) = n^2 - (1-1)^2 = n^2.$$

另一方面, $(j^2 - (j-1)^2)$ 这项化简后为 $(j^2 - (j^2 - 2j + 1))$, 即 $2j - 1$. 所以, 我们实际上证明了

$$\sum_{j=1}^{n} (2j - 1) = n^2.$$

仔细考虑这个求和, 会发现左边仅仅是前 n 个奇数的和. 例如当 $n = 5$ 时, 左边是 1+3+5+7+9, 这个和是 25. 这就是 5^2! 如果换个数取 $n = 6$, 这时左边为 1+3+5+7+9+11, 这个和为 36, 正好是 6^2. 这再次证明了我们的结论是正确的. 这样已经证明了前 n 个奇数的和为 n^2.

我们甚至可以举更多的例子. 可以把这个求和分解为

$$\sum_{j=1}^{n} (2j) - \sum_{j=1}^{n} 1 = n^2.$$

如果你怀疑这个表达式, 请用前五项去校验一下. 不用常规的写法 1+3+5+7+9, 这次我们写为 $(2-1) + (4-1) + (6-1) + (8-1) + (10-1)$, 然后再重新安排一下得 $(2+4+6+8+10) - (1+1+1+1+1)$. 实际上, 可以从第一个括号中提出一个 2, 这样可得 $2 \times (1+2+3+4+5)$. 根据上述的等式, 说明可以把常数 2 从第一个和中提出并得到

$$2\sum_{j=1}^{n} j - \sum_{j=1}^{n} 1 = n^2.$$

把第二个和移到等式的右边, 这时, 等式的两边同时除以 2, 可得

$$\sum_{j=1}^{n} j = \frac{1}{2}\left(n^2 + \sum_{j=1}^{n} 1\right).$$

最右边的求和是 n 个 1, 所以它实际上是 n. 等式右边为 $(n^2 + n)/2$, 也可以被写为 $n(n+1)/2$. 这样我们证明了这个有用的公式

$$\sum_{j=1}^{n} j = \frac{n(n+1)}{2}.$$

当 $n = 100$ 时, 该公式为

$$\sum_{j=1}^{100} j = \frac{100(100+1)}{2} = 5050,$$

这同上一节的结论是一样的.

在刚才的例子中, 我们已经介绍了平方项, 现在来看看立方的情况:

$$\sum_{j=1}^{n} (j^3 - (j-1)^3) = n^3 - (1-1)^3 = n^3.$$

再一次, 由于这是个伸缩求和, 所以会很容易求出这个求和的值. 不管怎样, 你可以做一些代数运算, 会发现 $j^3 - (j-1)^3$ 化简后为 $3j^2 - 3j + 1$. 所以上述的求和为

$$\sum_{j=1}^{n} (3j^2 - 3j + 1) = n^3.$$

让我们把这个和分成三部分并把常数部分提出来:

$$3\sum_{j=1}^{n} j^2 - 3\sum_{j=1}^{n} j + \sum_{j=1}^{n} 1 = n^3.$$

现在, 把最后的两个和移到等式的右侧再除以 3, 可得

$$\sum_{j=1}^{n} j^2 = \frac{1}{3}\left(n^3 + 3\sum_{j=1}^{n} j - \sum_{j=1}^{n} 1\right).$$

上一个例子已经证明了等式右端的第一个和的结果为 $n(n+1)/2$; 第二个和为 n 个 1, 即为 n. 所以我们有

$$\sum_{j=1}^{n} j^2 = \frac{1}{3}\left(n^3 + \frac{3n(n+1)}{2} - n\right).$$

通过一些简单的代数运算可以得出等式右边的多项式可以化简为 $(2n^3 + 3n^2 + n)/6$, 因式分解后为 $n(n+1)(2n+1)/6$. 所以我们已经证明了

$$\sum_{j=1}^{n} j^2 = \frac{n(n+1)(2n+1)}{6}.$$

现在, 我们就知道了怎样求前 n 个数的平方和. 例如

$$1^2 + 2^2 + 3^2 + \cdots + 99^2 + 100^2 = \frac{(100) \times (101) \times (201)}{6} = 338\,350.$$

即使是伟大的数学家高斯也要等到 11 岁才能解决这个问题!

15.2 位移和面积

介绍了求和符号之后, 我们来花一些时间研究下面这个问题:

> 如果你知道一辆汽车在某一时段内每一时刻的行驶速度, 那么它在这个
> 时间段内的总位移是多少呢?

用符号来说明就是, 我们知道在 $[a, b]$ 时间段内每一时刻 t 的速度 $v(t)$, 想要求出它的总位移 $x(t)$. 我们已经知道反过来怎样计算: 如果知道 $x(t)$, 那么 $v(t)$ 就是 $x'(t)$. 也就是说, 速度是位移对时间的导数. 为了解答这个问题, 首先让我们看一些简单的例子.

15.2.1 三个简单的例子

考虑三辆车沿着一条笔直的高速公路向前行驶. 因为车一直都是向前行驶, 所以可以用速率和路程来分别代替速度和位移 (对于这个情况, 这两个说法没有区别). 每一辆车都是在下午 3 点钟离开加油站, 下午 5 点钟结束旅行.

第一辆车匀速行驶, 在整个时间段内的平均速率为 50 英里/小时. 所以在 $[3, 5]$ 这个时间段内的速率为 $v(t) = 50$. 很容易就能计算出这辆车所走的路程, 我们仅仅需要使用这个公式: 路程 = 平均速率 × 时间. 幸运的是, 对于这道题, 因为是匀速运动, 所以平均速率 v_{av} 和即时速率 v 是一样的, 都为 50. 所以有

$$路程 = v \times t = 50 \times 2 = 100.$$

也就是说, 这辆车一共走了 100 英里. 现在让我们绘制速率 v 对时间 t 的图像, 如图 15-1 所示.

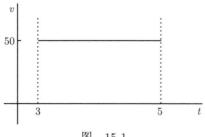

图 15-1

我们可以发现, 在 $v=50$ 这条速度线以及时间轴 $t=3$ 和 $t=5$ 两条垂直线之间的图形是长方形. 长方形的高就是这辆车的速率 50 (英里/小时), 底就是它一共行驶的时间 2 (小时). 50×2 这个数值就是这个长方形的面积 (英里, 让我们暂时先不考虑这个单位). 所以在这个情况下这辆车所走的路程就是速度对时间的图像的面积.

接下来介绍第二辆车, 它在第一个小时的速度为 40 英里/小时; 从 4 点钟开始它以 60 英里/小时的速度行驶. 注意: 我们忽略加速的那几秒钟, 那么它的图像如图 15-2 所示.

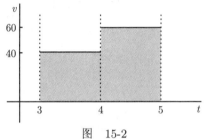

图　15-2

我已经把速率对时间的函数图像在 $t=3$ 和 $t=5$ 之间的部分用阴影表示了出来, 希望这就是路程. 让我们校验一下. 在第一个小时内, 它的速率为 40 英里/小时, 所以它所走的路程为 $40 \times 1 = 40$ 英里. 这恰恰是该图像左长方形的面积, 高为 40(英里), 底为 1(小时). 对于第二小时, 可以用同样的方法进行分析. 它所走的路程为 $60 \times 1 = 60$ 英里 —— 这同右长方形的面积是一样的. 总面积没变, 还是 100.

重要的事实是, 我们根据该车的运动速度把它的运动时间分成几个时间段, 然后再求每个时间段的路程, 最后把这些时间段的路程加到一起. 类似于 $d = v_{平均} \times t$ 的公式并不适用于整段旅行, 除非你知道它的平均速度. 等一下, 可能你会说它的平均速度明显为 50 英里/小时, 所以解决这道题没有问题! 很好, 确实如此! 让我们看看第三个例子, 你是否还会有同感.

第三辆车在开始 15 分钟的速率为 20 英里/小时, 接下来一直到 4 点钟的速率为 40 英里/小时. 在 4 点钟的时候, 它提速到 60 英里/小时, 该速率保持了半个小时. 在最后的半个小时中, 它的速率降为 50 英里/小时. 我们再次忽略短暂的变速过程. 这样速率对时间的图像如图 15-3 所示.

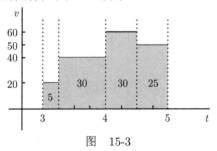

图　15-3

从这个图像中可以看出, 平均速率并不容易求出. 但我们仍可以通过把这 2 个小时的时间段分成 4 个小时间段去计算出它所走的路程. 通过图像可以看出, 共有 4 个长方形:

- 从 3 到 3.25(这是下午 3:15 的十进制表示法), 该车的速率为 20 英里/小时, 所以它所走过的路程是 20×0.25=5 英里. 这就是该图像的第一个长方形的面积, 因为它的高为 20(英里/小时), 底为 0.25(小时).
- 从 3.25 到 4, 它的速率为 40 英里/小时, 所以所走的路程 40×0.75, 即 30 英里. 这也恰恰是第二个长方形的面积.
- 从 4 到 4.5(也就是下午 4:30), 这辆车的速率为 60 英里/小时, 所以路程为 60×0.5=30 英里, 这正是第三个长方形的面积.
- 最后从 4.5 到 5, 它的速率为 50 英里/小时, 所以在那段时间所走的路程为 50×0.5=25 英里, 这也是第四个长方形的面积.

像上图显示的那样, 在这四个时间段内, 这辆车分别行使了 5, 30, 30 和 25 英里, 所以它一共行驶了 5+30+30+25=90 英里. 最后, 我们也求出了第三辆车所走的路程! 这说明它的平均速率实际上是 90/2=45 英里/小时, 不是这四个时间段中的任意一个速率. (这并不违背中值定理, 因为上述函数是不可导的.)

15.2.2 一段更常规的旅行

我们再看一个描述这三辆车行驶过程的一般框架. 假设时间段为 $[a, b]$, 并且也假设这个时间段可以分成许多个更小的时间段, 从而保证汽车在每个小的时间段内是匀速行驶的. 我们不想固定时间段的数目, 所以假设共有 n 段. 我们也需要一些方法去描述每个时间段的开始和结束.

- 第一个时间段从时刻 a 开始, 以后来的某一时刻 t_1 结束. 因为 a 是比 t_1 更早的时刻, 所以可以说 $a < t_1$. 实际上, 如果设 $t_0 = a$, 那么对我们以后的解题会更有帮助, 所以有 $t_0 = a < t_1$.
- 第二个时间段从 t_1 时刻开始, 以后来的某时刻 t_2 结束, 这样, 我们有 $t_1 < t_2$.
- 第三个时间段从 t_2 到 t_3, 且 $t_2 < t_3$.
- 按照这个思路做下去, 所以到第 j 个时间段时, 我们是从 t_{j-1} 开始以 t_j 结束.
- 倒数第二个时间段从 t_{n-2} 到 t_{n-1}, 其中 $t_{n-2} < t_{n-1}$.
- 最后一个时间段从 t_{n-1} 到 t_n, t_n 同 b 时刻是一样的. 所以, 我们有 $t_{n-1} < t_n = b$.

综上所述, 我们可以说

$$a = t_0 < t_1 < t_2 < t_3 < \cdots < t_{n-2} < t_{n-1} < t_n = b.$$

我们已经把时间段 $[a, b]$ 分成了许多小时间段, 我们叫这样的小时间段为**分区**. 在

数轴上可表示为

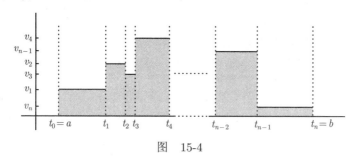

在图像中间的这些小点表示我们并没有限定分区的个数.

除了考虑时间因素之外, 我们还需要考虑速度因素. 让我们假设在第一个小时间段 (t_0, t_1) 内, 汽车的行驶速度为 v_1. 这也就是说在 t_0 到 t_1 时间段内速度 v 对时间 t 的函数图像将是一条高度为 v_1 的线段. 对于第二时间段, 速度为 v_2, 所以对于该时间段的函数图像就得到一条高度为 v_2 的线段. 以此类推, 直到最后一个时间段 (t_{n-1}, t_n), 速度是 v_n. 所以图像大致如图 15-4 所示.

图 15-4

现在我们已经做好了计算总位移的准备. 在第一个小的时间段 (t_0, t_1) 内, 该车的速度为 v_1. 时间的长度为 $(t_1 - t_0)$, 所以在该时间段内所走过的位移为 $v_1 \times (t_1 - t_0)$. 让我们用同样的方法来计算第二时间段 (t_1, t_2) 的位移. 速度为 v_2, 该段时间的长度为 $(t_2 - t_1)$, 所以该时间段内的位移为 $v_2 \times (t_2 - t_1)$. 用同样的方法计算下去直到最后一个时间段 (t_{n-1}, t_n). 最后, 把所有的位移加到一起, 可得

$$总位移 = v_1(t_1 - t_0) + v_2(t_2 - t_1) + \cdots$$
$$+ v_{n-1}(t_{n-1} - t_{n-2}) + v_n(t_n - t_{n-1}).$$

此时用 $\sum$ 来表达这个求和表达式将会非常恰当, 像我们在 15.1 节中使用过的那样. 校验看看, 使自己相信我们可以将上述公式写成如下形式:

$$总位移 = \sum_{j=1}^{n} v_j(t_j - t_{j-1}).$$

当然, 这也是上述函数图像中阴影部分的面积.

来看看我们给出的这个框架是怎样适用于刚才的三个例子的. 对于每一个例子, 我们都有 $a = 3$ 和 $b = 5$.

- 对于第一辆车, 时间段为 $[3, 5]$, 所以设 $n = 1$, $t_0 = 3$ 和 $t_1 = 5$. 我们也知道它的速度为 $v_1 = 50$; 所以

$$位移 = \sum_{j=1}^{n} v_j(t_j - t_{j-1}) = v_1(t_1 - t_0) = 50 \times (5 - 3) = 100.$$

- 第二辆车需要两个时间段; 设 $n = 2, t_0 = 3, t_1 = 4$ 和 $t_2 = 5$, 所以我们的分区为 $3 < 4 < 5$. 在第一个时间段内, 速度 $v_1 = 40$, 在第二个时间段内速度 $v_2 = 60$. 所以

$$位移 = \sum_{j=1}^{n} v_j(t_j - t_{j-1}) = v_1(t_1 - t_0) + v_2(t_2 - t_1)$$
$$= 40 \times (4 - 3) + 60 \times (5 - 4) = 100.$$

- 最后, 请你来分析第三辆车的运动的各个细节. 我们可以说 $n = 4$, 该分区为 $3 < 3.25 < 4 < 4.5 < 5$, 速度分别为 $v_1 = 20, v_2 = 40, v_3 = 60$ 和 $v_4 = 50$, 所以

$$位移 = \sum_{j=1}^{n} v_j(t_j - t_{j-1})$$
$$= v_1(t_1 - t_0) + v_2(t_2 - t_1) + v_3(t_3 - t_2) + v_4(t_4 - t_3)$$
$$= 20 \times (3.25 - 3) + 40 \times (4 - 3.25) + 60 \times (4.5 - 4) + 50 \times (5 - 4.5)$$
$$= 5 + 30 + 30 + 25 = 90.$$

该计算同上一节的计算完全一样, 仅仅是其中的符号有些改变.

15.2.3 有向面积

如果我们的车向相反的方向行驶, 结果又会是怎样呢? 例如, 假设该车从下午 3 点到下午 4 点向正前方向行驶, 速度为 40 英里/小时, 然后以 30 英里/小时的速度向相反的方向行驶直到下午 6 点钟. 那么它的速度对时间的函数图像如图 15-5 所示.

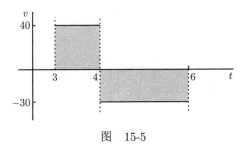

图　15-5

现在, 区分路程和位移真的很重要了. 在下午 3 点到 4 点之间, 路程和位移都为 40 英里. 从 4 点到 6 点, 该车共行驶了 $30 \times 2 = 60$ 英里, 所以从 3 点到 6 点的总路程为 40+60=100 英里. 另一方面, 因为该行驶过程的第二部分为反向行驶, 所以它的位移却为 $40 + (-60) = -20$ 英里. 这说明这辆车最终离出发点相反的方向 20 英里.

现在请看上边的函数图像. 左边长方形的面积为 40(英里), 这个不是问题; 但右边长方形的面积很有趣, 它的底长 2(小时), 如果你认为它的高为 30(英里/小时),

这时, 会足够确信它的面积为 60(英里). 把这两个面积加到一起为 40+60=100 英里, 也就是路程.

让我们再重新考虑第二个长方形. 假设我们说它的 "高" 为 −30(英里/小时), 因为该长方形在横坐标轴的下方. 当然, 一个长方形的高实际上是不可能为负的, 但无论如何区分坐标轴上和下是很必要的. 所以如果它的高度为 −30, 面积为 $2\times(-30) = -60$ 英里. 让我们把这个负号去掉, 正确地把它标记为有向面积. 我们的结论是: 在坐标轴下方的面积为负. 如果这样做, 总面积是 40(第一个长方形) 加上 −60(第二个长方形), 得到的面积为 −20. 我们刚才计算的位移不就是 −20 嘛!

在上一节的公式中, 我们对时间段 [3, 6] 有一个分区 $3 < 4 < 6$. 第一个分区的速度为 $v_1 = 40$, 第二分区的速度为 $v_2 = -30$. 所以有

$$位移 = \sum_{j=1}^{n} v_j(t_j - t_{j-1}) = v_1(t_1 - t_0) + v_2(t_2 - t_1)$$
$$= 40 \times (4-3) + (-30) \times (6-4) = -20.$$

在第二时间段内, 如果说速率 (而不是速度) $v_2 = 30$, 那么总和为 $40 \times (4-3) + 30 \times (6-4) = 100$, 这就是我们刚才计算出的路程. 当然, 速率为 30 英里/小时是速度为 −30 英里/小时的绝对值. 所以如果不用没有方向的面积去计算路程, 我们可以用速度的绝对值 $|v|$ 对时间 t 的图像来表示, 如图 15-6 所示.

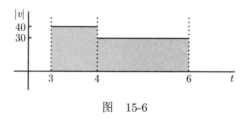

图 15-6

现在, 面积的方向已经不是很重要了, 因为坐标轴以下没有面积了! 所以我们可以说所有的面积都是有向的. 如果我们考虑有向面积, 应该先取绝对值. 详情参见 16.4.1 节.

15.2.4 连续的速度

我们已经看到如果一辆车 (或一个物体) 沿直线行驶, 它的速度在时间 [a, b] 内的有限时间段 (分区) 内是一个常数, 这时位移为速度对时间的图像与 t 轴及 $t = a$ 和 $t = b$ 所围成的有向面积. 对于路程也是同样的, 唯一的区别是, 这时的图像是速度的绝对值 $|v|$ 对时间 t 的图像.

如果在有限时间分段内的速度不是常数, 那情况又是如何呢? 除非你从来不关闭控制系统, 否则可能会不时地为超车而加速或当看到警察时减速 …… 你的速度从 40 英里/小时到 60 英里/小时需要一定的加速, 因为你不可能一下子加速. 所

以, 让我们考虑速度为时间 t 的**连续函数**, 如图 15-7 所示.

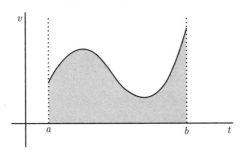

图　15-7

该车加速, 然后减速, 最后又更快地加速. 位移应该是阴影部分的面积 —— 实际上阴影部分都是在坐标轴上方, 所以该位移也是路程. 我们究竟怎样计算这块面积呢?

下面是我们的想法. 在从 a 到 b 的时间段内, 速度变化了很多, 但在一个非常小的时间段内, 速度并没有发生很大的变化. 让我们考虑一个小的时间段, 叫它为 $[p, q]$, 我们研究在这个小时间段内的情况. 即使在这个小时间段内, 速度也是有微小变化的, 但我们假设速度没变. 我们在时间段 $[p, q]$ 内选择某一时刻 c 的速度作为样本速度, 看看这时的速度为多少. 我们也假设所选择的样本速度为该时间段内 $[p, q]$ 的实际速度. 如果把速度 v 写为 $v(t)$ 来强调速度 v 为时间 t 的函数, 这时在时刻 c 的速度就为 $v(c)$. 所以, 我们有图 15-8.

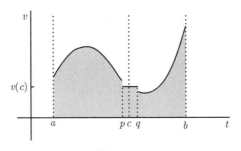

图　15-8

对于 $[p, q]$ 这个时间段内的图像, 我们已经把它以高度 $v(c)$ 画平. 这样做的好处是, 可以求出在 $[p, q]$ 这个时间段内的位移. 这块小长方形的高为 $v(c)$, 底为 $q - p$, 所以它的面积为 $v(c) \times (q - p)$. 这实际上不是那段时间内的准确位移, 但相当接近.

讨论为什么要止步于这个小区间 $[p, q]$ 呢? 让我们在整个 $[a, b]$ 区间内重复这个划分的过程. 以下面这个分区开始

$$a = t_0 < t_1 < t_2 < \cdots < t_{n-2} < t_{n-1} < t_n = b,$$

在每个时间段内, 我们都取个样本速度. 第一个时间段是从 t_0 到 t_1, 所以我们选在那个时间段的某一时刻 c_1, 假设在这个时间段内的速度为 $v(c_1)$. c_1 这个数可能等于该时刻的开始值 t_0 或结束值 t_1, 或在该时间段内的任意值, 无论什么值, 只要它在 $[t_0, t_1]$ 这个时间段内. 现在, 对第二个时间段重复这个过程. 在 $[t_1, t_2]$ 内, 我们选择 c_2, $v(c_2)$ 作为这个时间段内的样本速度. 对以后的每个时间段用同样的方法, 直到在 $[t_{n-1}, t_n]$ 这个时间段内我们选 c_n. 图 15-9 是当 $n = 6$ 时的例子.

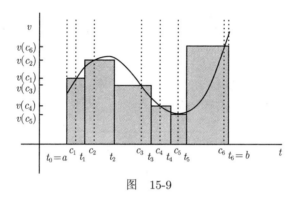

图　15-9

到目前为止, 我们所做的是使用像这些楼梯一样的函数 (其中的每一级台阶都与这个函数有交点) 去逼近这条平滑的速度曲线. 我们可以使用上一节的一些方法计算阴影部分的面积, 但这个计算仅仅是对实际面积的一个估算. 我们得到

$$速度曲线下的面积 \approx \sum_{j=1}^{n} v(c_j)(t_j - t_{j-1}).$$

不幸的是, 我们的估算不是很准确. 图像右侧的大长方形对于 $[t_5, t_6]$ 区间内的曲线下面积的估算不是很准确, 因为在曲线上部有太多的长方形面积. 所以让我们重新划分更多的区, 把每个分区的区间缩小, 如图 15-10 所示.

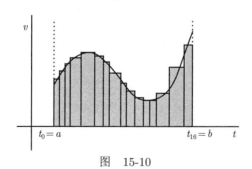

图　15-10

在这个图像中, 我们有 16 个分区而不是 6 个了, 看起来, 阴影部分的面积比之前的分区更接近于真实面积了. 尽管我们在分区中可以使用很多小区间, 但如果其

中的某个分区很大, 对估算结果仍然会有很大的影响, 如图 15-11 所示.

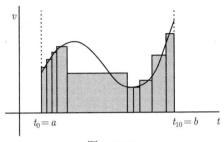

图 15-11

即使大多数的长方形的宽都很小, 但只要其中有一个长方形的宽很大, 就会严重影响计算结果. 所以, 需要其中的每一个分区间隔都很小. 我们把其中最大的间隔叫**最大区间**, 解决这个问题的方法是让**最大区间**足够小, 最终它的极限为 0. 用这种方式, 我们可以说所有的分区间隔都会很小, 再也不会出现刚才图像的那种情况了.

正式的说法是, 这个最大区间可以被定义为

最大区间 $=(t_1 - t_0), (t_2 - t_1), \cdots, (t_{n-1} - t_{n-2}), (t_n - t_{n-1})$ 的最大值.

例如, 如果在 [3, 5] 区间内的划分是 $3 < 3.25 < 4 < 4.5 < 5$ (这是在 15.2.1 节中对第三辆车已经使用过的划分), 这时, 这些小分区的长度分别为 $0.25(3.25 - 3)$, 0.75 (来自于 $4 - 3.25$), $0.5(4.5 - 4)$ 和 $0.5(5 - 4.5)$. 在 $0.25, 0.75, 0.5$ 和 0.5 中的最大值是 0.75, 所以这个最大区间是 0.75.

现在, 我们用极限的方法来替代估算

$$\sum_{j=1}^{n} v(c_j)(t_j - t_{j-1}),$$

从而得到实际的数值. 假设我们不断重复上述过程, 每一次都确保这次的最大区间比上一次的要小, 所以这个最大值最终趋于 0. 这样, 这个估算越来越精确了. 这就是我们尽量想得到的公式:

$$在速度曲线下的实际面积 = \lim_{\text{mesh} \to 0} \sum_{j=1}^{n} v(c_j)(t_j - t_{j-1}).$$

因为最大区间趋于 0, 这样划分的数目就会越来越大, 所以上述极限自动包含了 $n \to \infty$ 这样一个思想.

15.2.5 两个特别的估算

上述的公式还有许多待改进之处. 如果我们选择不同的划分, 使用不同的样本时间 c_j, 还会得到同样的答案吗? 这实际上是一个定理, 如果 v 是关于时间 t 的连

续函数, 这时上述极限是独立于划分和样本时间的. 定理的证明不属于本书的范围, 但是在大多数的数学分析教材中都能找到. 另一方面, 我们可以通过两个特例来感受这个定理的基本思想：上和与下和.

从一个划分开始, 我们在每一个小分区中选一些样本点. 假设我们总是选一个点对应其所在区间的可能的最大速度. 例如, 在区间 $[t_0, t_1]$ 中选点 c_1 使得 $v(c_1)$ 是速度 v 在这个时间段的最大值. 对于每个时间段, 我们都做同样的取值. 这说明取值在曲线之上. 图 15-12 是这种情况的图像.

图 15-12 中的长方形面积, 我们叫作**上和**, 很明显, 这比实际面积要大. 另一方面, 如果我们对于每一个分区都选择最小的速度, 将得到图 15-13.

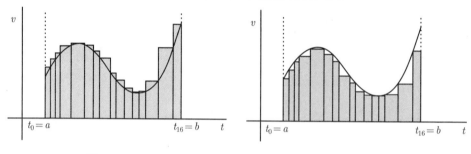

图   15-12   图   15-13

划分是同样的, 但样本时间不同. 由于我们所选取的方式不同, 这次所有的长方形都在曲线的下方; 这样的所有长方形的面积和叫作**下和**, 它比实际的面积要小.

通过对这两种情况的分析, 我们有

下和 ⩽ 曲线下的实际面积 ⩽ 上和

实际上, 对于同样的划分, 无论我们选什么样的样本时间 c_j, 它所对应的长方形面积都在上和与下和的面积之间. 如果对于每一个分区我们都考虑使它的最大区间足够小, 这时上和与下和的极限值就会是一样的 (但我并不打算证明这个理论). 之前学过的三明治定理将会证明这个公式是有意义的. 无论选取怎样的 c_j 值, 你的求和都是在上和与下和之间. 当最大区间趋于 0 时, 三明治定理可以证明这两个求和都趋于实际的正确面积.

现在, 我们有了所有需要定义定积分的工具. 现在就开始讨论它 ⋯⋯

第 16 章 定 积 分

现在该介绍定积分了. 首先我们用面积来给定积分下一个非正式的定义, 接下来使用上一章的划分思想来使这个定义更严谨. 在学习了一个应用严格定义的 (实际很烦琐的) 例子后, 我们将会对定积分的定义有进一步的理解. 更准确地说, 我们将会学到以下知识点:

- 有向面积和定积分;
- 定积分的定义;
- 使用这个定义的例子;
- 定积分的基本性质;
- 使用积分求解面积 —— 两条曲线之间的面积, 以及在一条曲线和 y 轴之间的面积;
- 估算定积分;
- 函数的平均值和定积分的中值定理;
- 一个不可积函数的例子.

16.1 基 本 思 想

我们从一个函数以及 $[a, b]$ 区间开始研究. 画出 $y = f(x)$ 这个函数图像, 考虑该曲线, x 轴和两条垂直线 $x = a$ 和 $x = b$ 所围成的面积 (如图 16-1 所示).

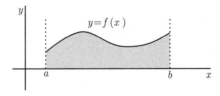

图 16-1

能有一种简洁的方式来表示阴影部分的面积就太好了. 因为上述图像中没有长度单位, 所以我们将用 "单位" 度量长度, 用 "平方单位" 度量面积. (如果上述图像有单位, 比如英寸, 那么它的面积单位会是平方英寸.) 无论如何, 我们都可以说阴影部分的面积 (平方单位) 是

$$\int_a^b f(x)\mathrm{d}x.$$

这就是**定积分**. 你可以把它读为 "函数 $f(x)$ 对于 x 从 a 到 b 的积分". 表达式 $f(x)$

叫作**被积函数**, 它告诉你这条曲线是什么样子. a 和 b 说明两条垂线在哪, 也叫**积分极限**(请注意不要同极限混在一起!) 或**积分端点**. 最后, dx 说明 x 是水平轴的变量. 实际上, x 是虚拟变量 —— 你可以用任意其他字母来表示它. 所以下列表达式是等价的:

$$\int_a^b f(x)\mathrm{d}x = \int_a^b f(t)\mathrm{d}t = \int_a^b f(q)\mathrm{d}q = \int_a^b f(\beta)\mathrm{d}\beta.$$

实际上, 这些表达式的计算结果是相同的, 都是上述图像阴影部分的面积 (平方单位); 不同的仅仅是, 我们把横坐标从 x 轴更名为 t 轴、q 轴或 β 轴. 但这并不影响对面积的计算!

如果函数有一部分在 x 轴的下方, 情况又会怎样? 图像可能看起来如图 16-2 所示.

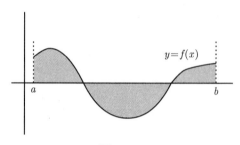

图   16-2

像我们在 15.2.3 节中看到的, 只有把 x 轴下方的面积作为负面积来看时, 才有意义. 如果在 $x = a$ 和 $x = b$ 之间的曲线的所有部分都在坐标轴下方, 那么该积分一定为负的. 实际上, 该积分给出了有向面积的大小. 更准确地表述如下.

> $\int_a^b f(x)\mathrm{d}x$ 是由曲线 $y = f(x)$, 两条垂线 $x = a$ 和 $x = b$, 以及 x 轴所围成的有向面积(平方单位).

注意积分只是个数, 但面积是有单位的.

从上一章中我们知道, 在时间 a 和 b 之间的一个物体的位移是两条垂线 $t = a$ 和 $t = b$, t 轴以及曲线 $y = v(t)$ 所围成的有向面积. 路程同位移的计算方法基本相似, 但有一点不同 (很关键), 那就是 $y = |v(t)|$. 用我们的符号可以表示如下.

$$\text{位移} = \int_a^b v(t)\mathrm{d}t \qquad \text{和} \qquad \text{路程} = \int_a^b |v(t)|\mathrm{d}t.$$

对这个问题的理解是: 从 $t = a$ 开始, 以 $t = b$ 结束. 注意该问题的虚拟变量是 t, 被积函数分别是速度 $v(t)$ 和速率 $|v(t)|$.

一些简单的例子

现在来看一些关于定积分的简单例子. 首先, 考虑

$$\int_0^1 x\mathrm{d}x \quad \text{和} \quad \int_0^2 x\mathrm{d}x.$$

两道例题的被积函数都是 x, 所以我们从绘制 $y = x$ 的函数图像开始. 前个例子的面积从 $x = 0$ 到 $x = 1$, 而后个例子的面积从 $x = 0$ 到 $x = 2$. 我们看到如图 16-3 的两个面积.

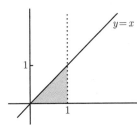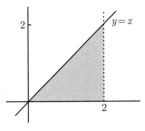

图   16-3

这些面积很容易计算: 两个都是三角形. 第一个三角形的底和高都是 1, 所以面积是 $\frac{1}{2} \times (1) \times (1) = \frac{1}{2}$ 平方单位; 第二个三角形的底和高都是 2, 所以面积为 $\frac{1}{2} \times (2) \times (2) = 2$ 平方单位. 表示为

$$\int_0^1 x\mathrm{d}x = \frac{1}{2} \quad \text{和} \quad \int_0^2 x\mathrm{d}x = 2.$$

现在我们使用这些公式解决实际问题. 假设一辆车开始启动, 加速度为常数 1 码/二次方秒; 它的速度 (码/秒) 为 $v(t) = t$. 一秒钟之后该车走了多远? 两秒钟之后呢? 答案已由上边的积分给出了. 仅仅用 t 替代 x, 你就会得到答案. 首先, 注意对于这个问题位移和距离是同样的, 因为这辆车一直沿正方向行驶. 所以在第一秒, 我们有

$$位移 = \int_0^1 v(t)\mathrm{d}t = \int_0^1 t\mathrm{d}t = \frac{1}{2}.$$

前两秒有

$$位移 = \int_0^2 v(t)\mathrm{d}t = \int_0^2 t\mathrm{d}t = 2.$$

当然, 这些位移是以码为单位的.

现在来看另一个定积分

$$\int_{-2}^5 1\mathrm{d}x.$$

为求这个定积分的值, 我们需要绘制函数 $y = 1$ 的图像, 位于垂线 $x = -2$ 和 $x = 5$ 之间. 想要计算的面积如图 16-4 所示.

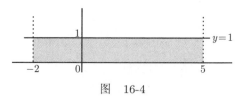

图   16-4

它所围成的面积为长方形, 高为 1, 底为 7, 面积为 7 平方单位. 这就是说

$$\int_{-2}^{5} 1\mathrm{d}x = 7.$$

事实上, 这个一般的积分表达式

$$\int_{a}^{b} 1\mathrm{d}x$$

表示的面积如图 16-5 所示.

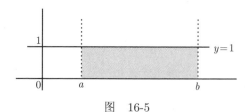

图   16-5

该长方形的高为 1, 底边长为 $b - a$ (即使 a 和 b 是负的), 所以我们有了一般的表达方式:

$$\int_{a}^{b} 1\mathrm{d}x = b - a,$$

也可以简单地写为

$$\int_{a}^{b} \mathrm{d}x = b - a.$$

因为我们可以认为 $1\mathrm{d}x$ 就是 $\mathrm{d}x$.

式子

$$\int_{-\pi}^{\pi} \sin(x)\mathrm{d}x$$

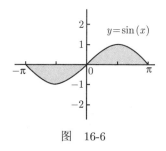

图   16-6

表示什么呢? 让我们绘制函数图像, 看看将要计算的面积是什么样的, 如图 16-6 所示.

幸运的是, 我们要计算的是有向面积, 而不是实际的面积. 根据对称性, x 轴上方 (在 0 和 π 之间) 的面积同 x 轴下方 (在 $-\pi$ 和 0 之间) 的面积是一样的. 所以正负面积互相抵消, 最后求得的总面积为 0 平方单位. 也就是,

$$\int_{-\pi}^{\pi} \sin(x)\mathrm{d}x = 0.$$

如果你想求得**实际**的面积, 而不是有向面积, 需要仔细考虑把积分分为两部分来计算. 在 16.4.1 节中, 我们将讲到如何计算, 在 17.6.3 节中, 你会看到同样的例题.

在看下一道例题之前, 我希望对刚才的例题做个总结. 上述积分为 0 的理由是: 被积函数 $\sin(x)$ 为奇函数, 被积区间 $[-\pi, \pi]$ 是关于原点对称的. 我们可以用其他的任意奇函数替代 $\sin(x)$, 把积分区间改为从 $-a$ 到 a(a 为任意数), 积分结果仍然为 0. 也就是说,

如果 f 为奇函数, $\displaystyle\int_{-a}^{a} f(x)\mathrm{d}x = 0$ (a 为任意实数).

根据对称性可知: 在 x 轴上方的任意一块面积都可以找到其在 x 轴下方的对应面积, 就像刚才图中表示的那样. 如果要计算的积分符合上述条件, 那么就没有必要做计算了, 这会节省我们很多时间. 在 18.1.1 节中, 我们将会给出这个结论的正式证明.

16.2 定积分的定义

关于用面积给出的定积分的定义, 我们已经给出了很多的例子, 但这并不能帮助我们解决如何计算一些特殊的积分. 确实, 上一节的每一个例子, 我们都找到了答案, 这仅仅是因为我们知道怎样计算三角形或长方形的面积. 更幸运的是最后一个例子 $\sin(x)$, 因为两个面积被抵消了. 但在通常情况下, 我们没有这么幸运.

事实上, 在以前的导数学习中, 我们遇到过这种情况. 我们已经定义了导数 $f'(x)$ 的几何意义是函数 $y = f(x)$ 在点 $(x, f(x))$ 的切线的斜率, 但并不知道如何求得斜率. 取而代之, 我们定义导数为

$$f'(x) = \lim_{h \to 0} \frac{f(x+h) - f(x)}{h},$$

假设该极限是存在的. 像我们从前观察过的一样, 该极限是 0/0 型不定式, 但在很多情形下我们可以计算出该极限. 无论如何, 一旦给出上述定义, 那么 $f'(x)$ 就可以表示切线的斜率.

遗憾的是, 定积分的定义没这么简单, 它比导数的定义要复杂得多. 好在我们已经在前一章做了很多工作, 可以把它定义如下.

$$\int_{a}^{b} f(x)\mathrm{d}x = \lim_{\text{mesh} \to 0} \sum_{j=1}^{n} f(c_j)(x_j - x_{j-1}),$$

其中 $a = x_0 < x_1 < \cdots < x_{n-1} < x_n = b$ 并且对于每一个 $j = 1, \cdots, n$ 都有 c_j 在 $[x_{j-1}, x_j]$ 内.

这个定义尽管很长, 仍然没有告诉我们全部内容! 你仍然需要注意如下几点.

- 表达式 $a = x_0 < x_1 < \cdots < x_{n-1} < x_n = b$ 告诉我们, 点 $x_0, x_1, x_2, \cdots,$ x_{n-1}, x_n 形成了区间 $[a, b]$ 的划分, 其中最左边的 $x_0 = a$, 最右边的 $x_n = b$. 这个划分创造了 n 个小的子区间 $[x_0, x_1], [x_1, x_2], \cdots, [x_{n-1}, x_n]$.

- 划分中的最大区间是指所有这些小区间中最长的区间, 所以我们有:
  mesh $= (x_1 - x_0), (x_2 - x_1), \cdots, (x_{n-1} - x_{n-2}), (x_n - x_{n-1})$ 中的最长区间.

- 对于每一个小区间, c_j 可以被选择在它所对应区间的任何位置. 这就是我们为什么说 c_j 在 $[x_{j-1}, x_j]$ 区间内.

- 上述极限是不断计算最大区间越来越少的不同的划分而求得的; 也就是说, 当它的最大区间趋于 0 时, 我们会有 n 趋于无穷大. 每一个划分都涉及 c_j 的选择.

- 如果 f 是连续的函数, 那我们怎样划分以及怎样选择 c_j 就显得无关紧要了, 只要它的最大区间趋于 0. 事实上, 只要函数 f 是有界的, 即使它有有限个不连续的点, 这也是成立的. 这样的函数是**可积的**, 因为它可被积分. 也有一些函数, 即使它有无穷多个不连续的点, 也是可积的, 但这已经超出了本书的讨论范围. 另一方面, 如果函数 f 是无界的, 也可能是可积的, 比如它有垂直渐近线, 这种积分叫作反常积分, 参见第 20 章和第 21 章对这个问题的讲解.

- 在积分表达式中出现的求和 $\sum_{j=1}^{n} f(c_j)(x_j - x_{j-1})$, 我们称之为**黎曼和**. 它给出了定积分的估算值. 如果它的最大区间非常小, 那么这时估算将是非常精确的.

看到了吧, 我说过这很复杂! 现在, 我们看看怎样用这个定义计算定积分.

一个使用定义的例子

我们来看如何用上述公式计算定积分

$$\int_0^2 x^2 \mathrm{d}x.$$

我们看图 16-7.

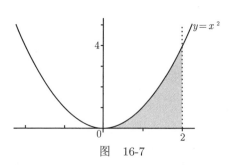

图　16-7

这不是三角形, 也不是长方形, 它的面积都在 x 轴上方, 所以也没有可抵消的部分. 我们设 $f(x) = x^2$, 使用定积分的定义计算面积.

我们需要用最大区间越来越小的划分来解决这个问题. 到目前为止, 最简单的方式是用大小相等的小区间解决问题. 所以需要把 $[0,2]$ 区间分成 n 个小区间, 每个小区间的长度是相等的. 因为总长度为 2, 共有 n 个区间, 所以每个区间的长度为 $2/n$. 第一区间是从 0 到 $2/n$; 第二区间是从 $2/n$ 到 $4/n$, 以此类推. 把图 16-7 中的阴影部分放大, 我们得到图 16-8.

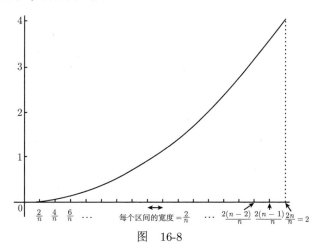

图　16-8

在该例子中, 通常的分区

$$a = x_0 < x_1 < x_2 < \cdots < x_{n-1} < x_n = b$$

特殊化为

$$0 = \frac{0}{n} < \frac{2}{n} < \frac{4}{n} < \cdots < \frac{2(n-1)}{n} < \frac{2n}{n} = 2.$$

该划分的最大区间的长度为 $2/n$, 其实每个区间的长度都为 $2/n$. 很显然, 对于任意一点 x_j, 它所对应的横坐标为 $2j/n$. 现在我们需要选择 c_j. 例如 c_0 可能在区间 $[0, 2/n]$ 的任意位置, c_1 可能在 $[2/n, 4/n]$ 的任意位置, 以此类推. 为了计算简单, 我们可以选择每一个小区间的右端点, 所以 $c_j = x_j = 2j/n$. 因此, $c_j = \dfrac{2j}{n}$ 是在小区间 $[x_{j-1}, x_j] = \left[\dfrac{2(j-1)}{n}, \dfrac{2j}{n} \right]$ 上的选择.

这样, 我们有如图 16-9 所示的一系列长方形.

我们正在计算的是上和 —— 因为所有的长方形都有一部分在曲线的上面. (参见 15.2.5 节中关于上和的讨论.)

现在, 我们准备使用公式了. 考虑黎曼和

$$\sum_{j=1}^{n} f(c_j)(x_j - x_{j-1}).$$

我们知道 $f(x) = x^2, c_j = 2j/n, x_j = 2j/n, x_{j-1} = 2(j-1)/n$, 所以上述求和变为

$$\sum_{j=1}^{n} \left(\frac{2j}{n}\right)^2 \left(\frac{2j}{n} - \frac{2(j-1)}{n}\right).$$

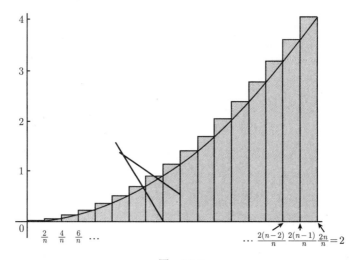

图　16-9

等式右侧括号中的差化简后为 $2/n$. 我们对这个结果并不感到惊奇, 因为这就是每个长方形的宽. 另外, 这些长方形的宽虽相同, 但高却不同, 第 j 个长方形的高为 $(2j/n)^2$, j 的取值范围从 1 到 n. 这样, 上述的和可化简为

$$\sum_{j=1}^{n} \frac{4j^2}{n^2} \times \frac{2}{n} = \sum_{j=1}^{n} \frac{8j^2}{n^3}.$$

很好, 我们发现分母 n^3 与虚拟变量 j 无关, 所以可以把它当作公因子提出来, 这样该求和表达式为

$$\frac{8}{n^3} \sum_{j=1}^{n} j^2.$$

在 15.1.2 节中, 我们已经知道上述和的值为 $n(n+1)(2n+1)/6$. 也就是说,

$$\frac{8}{n^3} \sum_{j=1}^{n} j^2 = \frac{8}{n^3} \times \frac{n(n+1)(2n+1)}{6} = \frac{4(n+1)(2n+1)}{3n^2}.$$

最终, 通过计算可知, 刚才图像中阴影部分的面积为

$$\sum_{j=1}^{n} f(c_j)(x_j - x_{j-1}) = \frac{4(n+1)(2n+1)}{3n^2}.$$

这仅仅是对阴影部分面积的一个估算. 因为该划分的每个区间的宽度都为 $2/n$, 所以可以通过让 $n \to \infty$ 而迫使 $2/n$ 趋于 0. 这样长方形变得越来越小, 个数越来越多, 我们的计算也就越来越精确了. 所以我们有

$$\int_0^2 x^2 \mathrm{d}x = \lim_{\text{最大区间} \to 0} \sum_{j=1}^n f(c_j)(x_j - x_{j-1}) = \lim_{n \to \infty} \frac{4(n+1)(2n+1)}{3n^2}.$$

这样余下要做的是求解这个极限. 我们可以使用 4.3 节的方法来求解这个极限, 该极限的结果为 8/3, 所以最后的结论为

$$\int_0^2 x^2 \mathrm{d}x = \frac{8}{3}.$$

这样算出的面积为 8/3 平方单位. 现在, 请你使用刚才介绍的方法证明

$$\int_0^1 x^2 \mathrm{d}x = \frac{1}{3}.$$

像刚才计算的那样, 这个方法很烦琐. 不仅因为这个计算很长, 也因为我们需要知道怎样求下面这个和

$$\sum_{j=1}^n j^2.$$

如果被积函数是 x^3 而不是 x^2, 那么我们就需要计算和式

$$\sum_{j=1}^n j^3.$$

但如果被积函数为 $\sin(x)$ 或其他类似函数, 情况会变得很糟糕. 所以我们需要一个不用长方形和求和的方法. 但这要等到下一章讲了微积分的第二基本定理才能找到答案. 接下来, 我们看看定积分都有什么性质.

16.3 定积分的性质

我们再将定积分的定义扩展些. 你对

$$\int_2^0 x^2 \mathrm{d}x$$

这个定积分怎样看?

这个积分同我们上一节计算过的积分的唯一不同是, 它是从 2 到 0 而不是从 0 到 2. 所以怎样划分 $[2, 0]$ 呢? 这并不是一个正常的区间, 因为 2 比 0 大. 最好的解决方式是采用同刚才的划分相反的方式, 如下所示:

$$2 = x_0 > x_1 > x_2 > \cdots > x_{n-1} > x_n = 0.$$

现在, 在上述定义中出现的值 $(x_j - x_{j-1})$ 总是为负的. 实际上, 这个长方形的底长为负的! 这样该积分的结果为

$$\int_2^0 x^2 \mathrm{d}x = -\frac{8}{3}.$$

所以, 如果翻转积分, 即调换积分上下限, 需要在这个积分前面加个负号. 总的来说, 对于可积函数 f 以及常数 a 和 b, 我们有

$$\boxed{\int_b^a f(x)\mathrm{d}x = -\int_a^b f(x)\mathrm{d}x.}$$

这个公式的另一个解释是: 对于一个正在做直线运动的物体, 考虑该物体向回走的情况, 这时的位移就是负的了. 例如, 你拍摄汽车前进的影片, 然后把影片回放, 那么汽车就是倒着开的, 这时的位移是负的.

现在如果积分上下限是相等的, 那结果又是怎样的? 例如, 考虑

$$\int_3^3 x^2 \mathrm{d}x.$$

这并不是一个面积. 毕竟, 在 $x = 3$ 和 $x = 3$ 之间没有面积. 所以答案是 0. 实际上, 对于任意实数 a, 都有

$$\boxed{\int_a^a f(x)\mathrm{d}x = 0}$$

我们可以再一次用物理学的直线运动来解释: 在时间 a 和 a 之间, 实际上根本就没有时间, 物体也不可能移动, 所以根本就没有位移.

接下来, 我们考虑这个图像, 如图 16-10 所示.

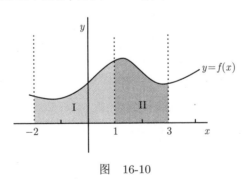

图 16-10

从 $x = -2$ 到 $x = 3$ 的整个面积, 很显然是 I 和 II 两部分的面积和. 通过定义, 我们分别有

$$\text{面积 I} = \int_{-2}^1 f(x)\mathrm{d}x \quad \text{和} \quad \text{面积 II} = \int_1^3 f(x)\mathrm{d}x,$$

这样可以得到结论

$$\int_{-2}^{3} f(x)\mathrm{d}x = \int_{-2}^{1} f(x)\mathrm{d}x + \int_{1}^{3} f(x)\mathrm{d}x.$$

我们所要做的就是把这个面积分成两部分, 然后分别用积分来表示. 当然, 我们也可以用在区间 $[-2,3]$ 上的任意数来拆开这个积分, 只要我们用同一个数来替代两个积分表达式中的 1. 事实上, 即使我们选的数不在 $[-2, 3]$ 区间, 这个划分方法也是适用的. 例如, 下述这个公式是正确的:

$$\int_{-2}^{3} f(x)\mathrm{d}x = \int_{-2}^{4} f(x)\mathrm{d}x + \int_{4}^{3} f(x)\mathrm{d}x.$$

图 16-11 是对应这个公式的图像.

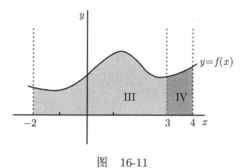

图　16-11

这时, 我们有

$$面积III = \int_{-2}^{3} f(x)\mathrm{d}x \quad 和 \quad 面积IV = \int_{3}^{4} f(x)\mathrm{d}x.$$

把这两个积分加到一起就有

$$\int_{-2}^{4} f(x)\mathrm{d}x = \int_{-2}^{3} f(x)\mathrm{d}x + \int_{3}^{4} f(x)\mathrm{d}x.$$

现在把这个等式最右侧的积分表达式的积分上下限互换:

$$\int_{-2}^{4} f(x)\mathrm{d}x = \int_{-2}^{3} f(x)\mathrm{d}x - \int_{4}^{3} f(x)\mathrm{d}x.$$

整理这个等式, 就得到了我们想要的等式

$$\int_{-2}^{3} f(x)\mathrm{d}x = \int_{-2}^{4} f(x)\mathrm{d}x + \int_{4}^{3} f(x)\mathrm{d}x.$$

总的来说, 对于任何可积函数 f 以及常数 a、b、c, 我们都有

$$\int_{a}^{b} f(x)\mathrm{d}x = \int_{a}^{c} f(x)\mathrm{d}x + \int_{c}^{b} f(x)\mathrm{d}x.$$

　　我们可以把一个积分表达式分成两部分, 即使分隔点 c 是在原始区间 $[a, b]$ 之外, 当然要求分隔之后的两部分依然是可积的.

　　例如, 求

$$\int_1^2 x^2 \mathrm{d}x,$$

我们可以使用上节已经得到的结论

$$\int_0^2 x^2 \mathrm{d}x = \frac{8}{3} \quad \text{和} \quad \int_0^1 x^2 \mathrm{d}x = \frac{1}{3}.$$

你需要做的是把第一个积分在 $x = 1$ 处分成两部分, 像这样:

$$\int_0^2 x^2 \mathrm{d}x = \int_0^1 x^2 \mathrm{d}x + \int_1^2 x^2 \mathrm{d}x.$$

使用上述结论, 我们有

$$\frac{8}{3} = \frac{1}{3} + \int_1^2 x^2 \mathrm{d}x,$$

这样, 结果为

$$\int_1^2 x^2 \mathrm{d}x = \frac{8}{3} - \frac{1}{3} = \frac{7}{3}.$$

现在留给你去证明这个:

$$\int_1^2 x \mathrm{d}x = \frac{3}{2}.$$

你可以使用 16.1 节得到的结论:

$$\int_0^2 x \mathrm{d}x = 2 \quad \text{和} \quad \int_0^1 x \mathrm{d}x = \frac{1}{2}.$$

　　这里还有两个更简单却很实用的积分性质. 首先是**常数可以被移到积分表达式的外边**. 也就是说, 对于任何可积函数 f, 常数 a、b、C, 都有

$$\boxed{\int_a^b C f(x) \mathrm{d}x = C \int_a^b f(x) \mathrm{d}x.}$$

如果 C 是个关于 x 的函数, 那么该表达式就不成立了! C 一定要是一个常数. 实际上, 证明这个很容易. 只要写为

$$\int_a^b C f(x) \mathrm{d}x = \lim_{\text{最大区间} \to 0} \sum_{j=1}^n C f(c_j)(x_j - x_{j-1})$$

把常数 C 移到求和符号的外边, 这时极限为

$$\int_a^b C f(x) \mathrm{d}x = C \lim_{\text{最大区间} \to 0} \sum_{j=1}^n f(c_j)(x_j - x_{j-1}) = C \int_a^b f(x) \mathrm{d}x.$$

例如, 求

$$\int_0^2 7x^2 \mathrm{d}x.$$

只要把 7 移出积分符号即可:

$$\int_0^2 7x^2 \mathrm{d}x = 7 \int_0^2 x^2 \mathrm{d}x = 7 \times \left(\frac{8}{3}\right) = \frac{56}{3}.$$

第二个性质是**和或差的积分等于积分的和或差**. 也就是说, 如果 f 和 g 都为可积函数, a 和 b 为常数, 这时

$$\int_a^b (f(x) + g(x))\mathrm{d}x = \int_a^b f(x)\mathrm{d}x + \int_a^b g(x)\mathrm{d}x.$$

如果把加号变为减号也是成立的. 无论是加还是减, 用拆分法证明都是很容易的. 例如对于加法要做的是把和写成极限的形式, 像这样:

$$\int_a^b (f(x) + g(x))\mathrm{d}x = \lim_{\text{最大区间} \to 0} \sum_{j=1}^n (f(c_j) + g(c_j))(x_j - x_{j-1})$$

$$= \lim_{\text{最大区间} \to 0} \sum_{j=1}^n f(c_j)(x_j - x_{j-1}) + \lim_{\text{最大区间} \to 0} \sum_{j=1}^n g(c_j)(x_j - x_{j-1})$$

$$= \int_a^b f(x)\mathrm{d}x + \int_a^b g(x)\mathrm{d}x.$$

可以用同样的方法证明减法时依然成立.

例如, 求

$$\int_0^2 (3x^2 - 5x)\mathrm{d}x,$$

把这个积分分成两部分, 同时把常数提出来, 这时有

$$\int_0^2 (3x^2 - 5x)\mathrm{d}x = 3 \int_0^2 x^2 \mathrm{d}x - 5 \int_0^2 x\mathrm{d}x = 3 \times \left(\frac{8}{3}\right) - 5 \times (2) = -2.$$

这里我们使用了刚才的结论

$$\int_0^2 x^2 \mathrm{d}x = \frac{8}{3} \quad \text{和} \quad \int_0^2 x\mathrm{d}x = 2.$$

16.4 求 面 积

如果 $y = f(x)$, 我们可以不用 $f(x)$ 作为被积函数, 而把它写成 $\int_a^b y\mathrm{d}x$. 这个表达式有个很好的几何解释: 通过划分方法, 我们观察其中的一个小长方形, 也可以说是一个小竖条, 它的高为 y 单位, 宽很小为 $\mathrm{d}x$ 单位 (如图 16-12 所示).

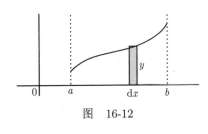

图 16-12

该小竖条的面积为高乘以宽, 即 $y\mathrm{d}x$ 平方单位. 现在我们划分更多的竖条, 划分 $[a, b]$ 区间. 如果把所有竖条的面积加到一起, 我们将得到该面积的一个近似值. 这个积分符号不仅是求和的意思, 同时它也要求所有竖条 (即长方形) 的宽度趋于 0(极限的方法).

这个思想很关键, 会帮助我们理解怎样用积分计算面积. 现在让我们花一些时间去看看三种特殊的面积: 通常的面积, 两条曲线之间的面积, 曲线和 y 轴所围成的面积.

16.4.1 求通常的面积

我们已经知道, 定积分所处理的是有向面积. 很显然, 如果曲线一直是在 x 轴上方, 面积有无方向就不必要了. 但如果曲线的一部分在坐标轴下方呢? 例如, 假设 $f(x) = -x^2 - 2x + 3$, 我们所要求的是在 $x = 0$ 和 $x = 2$ 之间的面积. 因为 $f(0) = 3$ 和 $f(2) = -5$, 所以该函数图像如图 16-13 所示.

如果考虑面积的方向, 那么标记为 II 的阴影部分面积就为负的, 这时有

$$\text{有向面积} = \int_0^2 (-x^2 - 2x + 3)\mathrm{d}x$$

$$= -\int_0^2 x^2 \mathrm{d}x - 2\int_0^2 x\mathrm{d}x + 3\int_0^2 1\mathrm{d}x.$$

这里利用从前一节学的知识把这个积分分开来写. 因为已知这三个积分的值, 所以有

有向阴影面积

$$= -\frac{8}{3} - 2 \times (2) + 3 \times (2) = -\frac{2}{3} \text{ 平方单位}$$

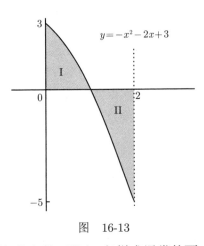

图 16-13

很显然这不是通常的面积, 因为我们所求得的面积是负的! 那么, 怎样求通常的面积呢? 方法是把积分表达式分成几部分, 把在 x 轴下方的面积挑出来, 然后取它们的绝对值. 在上述例子中, 我们需要知道这条曲线与 x 轴的交点. 所以通过解方程 $-x^2 - 2x + 3 = 0$, 会得到 $x = 1$ 或 $x = -3$. 显然, $x = 1$ 是我们想要的, 因为它在 0 和 2 之间, 而 -3 不是.

现在, 我们把积分表达式写为两部分:

$$\int_0^1 (-x^2 - 2x + 3)\mathrm{d}x \quad \text{和} \quad \int_1^2 (-x^2 - 2x + 3)\mathrm{d}x.$$

这分别表示了刚才图像中的两个有向面积 I 和 II. 为计算这两个积分, 我们需要用到本章前面的一些公式:

$$\int_0^1 x^2 \mathrm{d}x = \frac{1}{3}; \quad \int_0^1 x\mathrm{d}x = \frac{1}{2}; \quad \int_0^1 1\mathrm{d}x = 1;$$

$$\int_1^2 x^2 \mathrm{d}x = \frac{7}{3}; \quad \int_1^2 x\mathrm{d}x = \frac{3}{2}; \quad \int_1^2 1\mathrm{d}x = 1.$$

下面的结果留给你去计算.

$$\int_0^1 (-x^2 - 2x + 3)\mathrm{d}x = \frac{5}{3} \quad \text{和} \quad \int_1^2 (-x^2 - 2x + 3)\mathrm{d}x = -\frac{7}{3}.$$

像我们预测的那样, 第一个积分是正的, 因为面积 I 是在 x 轴上方; 第二个积分是负的, 因为面积 II 是在 x 轴下方. 这两个积分的和是 $-2/3$(平方单位), 这是有向面积. 现在有一个关键点: 忽略前面的减号可以求出面积 II 的实际值! 这个方法很管用, 因为这块面积完全在坐标轴的下方. 所以面积 II 的实际面积是 7/3 平方单位, 而面积 I 的面积是 5/3 平方单位, 总面积为 5/3+7/3=4 平方单位. 最有效的方式是, 我们可以取 5/3 和 $-7/3$ 的绝对值, 然后直接相加.

附带着, 我们实际已经证明了

$$\int_0^2 |-x^2 - 2x + 3|\mathrm{d}x = 4.$$

所以, 让我们研究一下为什么带有绝对值的积分求出的就是通常的面积, 就像 $y = |-x^2 - 2x + 3|$ 的图像显示的那样 (如图 16-14 所示).

标记为 IIa 的面积与刚才标记为 II 的坐标轴下方的面积关于 x 轴对称, 所以它们面积相同. 该阴影部分的总面积同刚才图像阴影部分的面积一样大.

现在, 我们总结如何求 $y = f(x)$、x 轴和 $x = a$ 及 $x = b$ 所围成的面积. 这个方法同样也适用于下列两个积分, 因为它们都等价于它们所对应的面积.

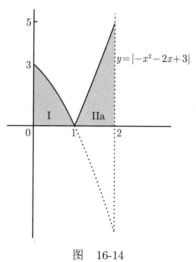

图 16-14

$$\int_a^b |f(x)|\mathrm{d}x \quad \text{或} \quad \int_a^b |y|\mathrm{d}x.$$

方法如下所示.

• 找出在 $[a, b]$ 区间内满足函数值为 0 的所有 x 的值.

- 接下来写出以 $f(x)$(而不是 $|f(x)|$) 为被积函数的积分表达式. 第一个积分以 a 开始, 然后以使函数为 0 的最小 x 值结束. 第二个积分以使函数为 0 的最小 x 值开始, 以下一个使函数为 0 的 x 值结束. 以此类推, 直到取遍所有使函数为 0 的 x 值. 最后的积分是以使函数为 0 的最大 x 值开始, 以 b 值结束.

- 分别计算每一个积分.

- 把刚才计算出的每一个积分分别取绝对值, 再把这些数加到一起, 这样就得到了所求的面积.

　　在 17.6.3 节中, 我们会看到另一个例子. 现在, 我们可以用刚才的方法求物体运动的路程了, 注意是路程不是位移. 实际上, 我们在 16.1 节中得到了下面的式子:

$$路程 = \int_a^b |v(t)| \mathrm{d}t,$$

就像刚才方法中陈述的那样, 我们应用了绝对值.

16.4.2　求解两条曲线之间的面积

　　假设有两条曲线, 一条在另一条之上, 你想要求它们与 $x = a$ 和 $x = b$ 所围成的面积. 如果曲线是 $y = f(x)$ 和 $y = g(x)$, 前者在后者之上, 图像如图 16-15 所示.

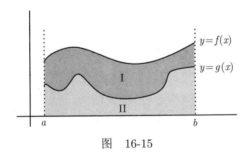

图　16-15

　　我们要求的面积是标记为 I 的那块面积. 另一方面, 标记为 II 的面积是函数 $y = g(x)$ 与 x 轴所围成的面积, 所以它的面积为

$$\int_a^b g(x)\mathrm{d}x.$$

那么

$$\int_a^b f(x)\mathrm{d}x$$

又是什么呢?

　　它是上面那个函数与 x 轴所围成的面积, 所以它实际上是两部分的面积和. 所

以我们有

$$\int_a^b f(x)\mathrm{d}x = \int_a^b g(x)\mathrm{d}x + 有向面积\mathrm{I}$$

我们可以重写前面的积分表达式, 把这两个积分放到一起, 有

$$有向面积\mathrm{I} = \int_a^b (f(x) - g(x))\mathrm{d}x.$$

所以这两条曲线之间的面积是上边曲线的积分减下边曲线的积分. 例如. 求图 16-16 所示阴影的面积.

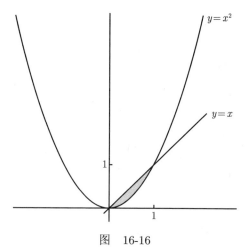

图　16-16

上面的阴影是在 $y = x$ 和 $y = x^2$ 之间所围成的面积. 交点为 $x = 0$ 和 $x = 1$, 所以有

$$阴影面积 = \int_0^1 (x - x^2)\mathrm{d}x = \int_0^1 x\mathrm{d}x - \int_0^1 x^2\mathrm{d}x = \frac{1}{2} - \frac{1}{3} = \frac{1}{6}平方单位.$$

如果区间是从 0 到 2, 结果又是怎样的呢? 图像如图 16-17 所示. 如果把面积表达为

$$\int_0^2 (x - x^2)\mathrm{d}x,$$

那就是大错特错了.

如果计算这个积分, 你会发现它的结果为 $-2/3$, 但这不可能是一个面积的值. 那么问题出现在哪儿呢? 实际上, 仅仅当 x 在区间 0 和 1 之间时, $y = x$ 才在 $y = x^2$ 的上边. 在 $x = 1$ 的右边时, 曲线 $y = x^2$ 是在上边的. 很显然 $x - x^2$ 是不对的, 应该用 $|x - x^2|$ 来替代. 用这种方式, 我们会很确定所求的是实际面积, 无论哪个曲线在上边. 所以我们可以用前面的方法去计算

$$\int_0^2 |x - x^2|\mathrm{d}x.$$

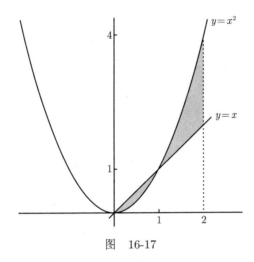

图   16-17

这个不是问题. 首先注意当 $x = 0$ 或 $x = 1$ 时 $x - x^2 = 0$, 所以我们考虑下面这两个积分:

$$\int_0^1 (x - x^2)\mathrm{d}x \quad \text{和} \quad \int_1^2 (x - x^2)\mathrm{d}x.$$

前面积分的结果是 1/6, 但第二个积分的结果是 3/2−7/3= −5/6. 第二个积分是负的, 这个结果是有意义的. 因为当 x 在区间 [1,2] 时, $y = x$ 不在 $y = x^2$ 的上边. 不要管这些, 我们需要做的是把这两个数的绝对值加到一起去:

$$\int_0^2 |x - x^2|\mathrm{d}x = \left| \frac{1}{6} \right| + \left| -\frac{5}{6} \right| = \frac{1}{6} + \frac{5}{6} = 1.$$

所以, 要求的面积是 1 平方单位.

总的来说, 由 $y = f(x)$、$y = g(x)$、$x = a$ 及 $x = b$ 所围成的面积由如下公式给出:

> 在函数 f 和 g 之间的面积 (平方单位)= $\displaystyle\int_a^b |f(x) - g(x)|\mathrm{d}x.$

如果在区间 $[a, b]$ 内 $f(x)$ 一直是大于或等于 $g(x)$, 那么这个绝对值符号就没有必要了. 否则, 我们可以用 16.4.1 节中的方法去解决这个绝对值问题. 在 17.6.3 节中, 我们将要看到应用这个方法的另一个例子.

16.4.3 求曲线与 y 轴所围成的面积

让我们求这个面积: 该面积由 $y = \sqrt{x}$、y 轴以及直线 $y = 2$ 围成. 图 16-18 是该面积的图示.

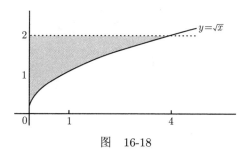

图 16-18

如果我们把面积写成

$$\int_0^2 \sqrt{x}\mathrm{d}x \quad 甚至是 \quad \int_0^4 \sqrt{x}\mathrm{d}x$$

将是一个严重的错误.

这两个积分表示的是与 x 轴, 而不是与 y 轴围成的面积. 事实上, 它们分别等价于图 16-19 所示图像的面积.

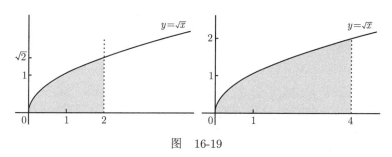

图 16-19

第二个图像更好些, 因为当 $x=4$ 时所对应的 y 值为 2. 但是, 这两个积分表达式都不能正确表达这个面积. 要正确地计算面积, 最好的方法是对 y 求积分, 而不是对 x 求积分. 我们可以把该面积按水平的方向切成条状, 而不是竖条了. 图 16-20 是该图像的例子.

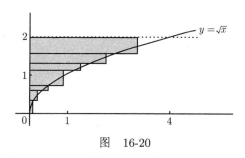

图 16-20

我们以其中一个横条为例, 它的长为 x, 宽为 $\mathrm{d}y$, 如图 16-21 所示.

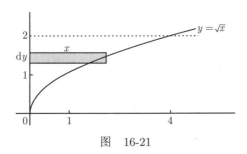

图　16-21

这个小横条的面积为 $x\mathrm{d}y$ 平方单位, 通过积分的方法可以求出整块面积. 在我们的例子中, y 是从 0 到 2(不是到 4), 所要求的面积是 (平方单位)

$$\int_0^2 x\mathrm{d}y.$$

$y = \sqrt{x}$, 可知 $x = y^2$, 所以上述积分表达式可写为

$$\int_0^2 y^2\mathrm{d}y.$$

这同我们以前的积分表达式

$$\int_0^2 x^2\mathrm{d}x$$

没有什么不同, 只是虚拟变量由 x 变成了 y. 这个改变对我们的积分结果并没有影响, 该积分依然为 8/3, 所以这块面积为 8/3 平方单位. 要想弄清楚这一点, 让我们重新看看刚才的面积. 可以发现需要做的是把该图像依 $y = x$ 这条直线对称翻转, 这样得到函数 $y = x^2$ 从 $x = 0$ 到 $x = 2$ 的面积. 我们所需要做的仅仅是把 x 和 y 对换. 当然, 如果 $y = f(x)$, 反函数是存在的, 那么我们有 $x = f^{-1}(y)$, 所以我们可以把上述观点总结如下.

> 如果 f 存在反函数, $\displaystyle\int_A^B f^{-1}(y)\mathrm{d}y$ 就是由函数 $y = f(x)$、直线 $y = A$ 和 $y = B$ 以及 y 轴所围成的面积 (平方单位).

如果你喜欢, 可把上述积分写为

$$\int_A^B x\mathrm{d}y,$$

这是因为当 $y = f(x)$ 时 $x = f^{-1}(y)$. 而且, 请注意积分的上下限, 我用的是大写字母 A 和 B—— 这样做的目的是强调我们是对 y 求积分, 而不是对 x 求积分. 所以刚才的例子中, 积分上下限是从 0 到 2 而不是从 0 到 4. 因为 $f(x) = \sqrt{x}$, 我们可以说 $f^{-1}(x) = x^2$. 所以上述公式也可以改写为

$$\int_{A}^{B} f^{-1}(y)\mathrm{d}y = \int_{0}^{2} y^2 \mathrm{d}y,$$

结果为 8/3, 就像我们刚才算的那样.

16.5 估 算 积 分

这有个非常简单但很实用的原则: **当一个函数一直都大于另一个函数时, 它的积分也一直大于另一个函数的积分**. 让我们看看图 16-22 所示的图像.

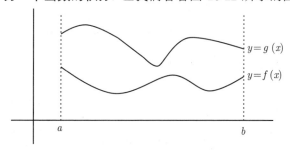

图 16-22

在区间 $[a, b]$ 内, 函数 g 一直都在函数 f 的上方. (我们在 16.4.2 节中见过这两个函数, 情况正好相反!) 在任何情况下, 函数 $y = f(x)$ 与 x 轴所围成的面积都要比函数 $y = g(x)$ 与 x 轴所围成的面积小. 用符号可表示如下.

> 如果对于在区间 $[a, b]$ 内的所有 x 都有 $f(x) \leqslant g(x)$, 那么就有
> $$\int_{a}^{b} f(x)\mathrm{d}x \leqslant \int_{a}^{b} g(x)\mathrm{d}x.$$

即使这两个曲线都在 x 轴的下方, 这个结论也是成立的, 因为我们使用的是有向面积. 例如, 如果函数 f 是在 x 轴的下方, 函数 g 是在 x 轴上方, 这时积分 $\int_{a}^{b} f(x)\mathrm{d}x$ 为负, 而 $\int_{a}^{b} g(x)\mathrm{d}x$ 为正, 所以上述不等式依然是成立的.

如果使用黎曼和, 那么证明上述结论是非常容易的. 不用考虑细节, 我们仅仅需要考虑划分, 并注意到对于任意一个 j 都有 $f(c_j) \leqslant g(c_j)$, 所以函数 f 的黎曼和小于函数 g 的黎曼和. 我把证明过程留给你了.

我们可以用速度和位移更好地解释上述公式. 假设在同一地点有两辆车同时出发. 第一辆车在时刻 t 的速度为 $f(t)$, 第二辆车在时刻 t 的速度为 $g(t)$. 因为速度的积分是位移, 所以上述结论中的公式可以解释为, 如果第一辆车的速度一直比第二辆车的速度小, 那么可以说第一辆车的位移要比第二辆车的位移小. 你若这样考虑, 就很容易理解了. 如果我们以右方向为正方向, 那么第一辆车永远在第二辆车的左边, 它永远不可能到达第二辆车的右边.

一个简单的估算

使用上述不等式, 我们不用计算定积分的值也能估算一个定积分有多大或多小. 例如, 我们要估计 $\int_a^b f(x)\mathrm{d}x$ 的值, 也就是图 16-23 所示的面积.

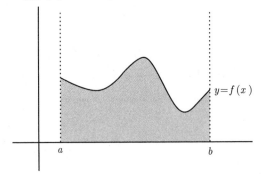

图 16-23

设 M 为函数 $f(x)$ 在 $[a, b]$ 区间的最大值, 设 m 为其在该区间的最小值. 我们分别把 $y = M$ 和 $y = m$ 两条直线画出来, 图像如图 16-24 所示.

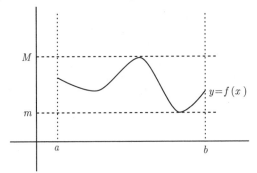

图 16-24

注意, 我们要计算的面积是在直线 $y = M$ 和 $y = m$ 之间. 这点通过绘制更多的函数图像很容易看出来, 如图 16-25 所示.

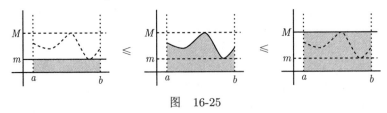

图 16-25

我们可以很容易地求出图 16-25 中左图和右图中长方形的面积. 对于左边的长方形, 底为 $(b - a)$, 高为 m, 所以它的面积为 $m(b - a)$ 平方单位. 对于右边的长方形, 底仍然为 $(b-a)$, 但它的高为 M, 所以面积为 $M(b-a)$ 平方单位. 由上述图像得到以下结论.

> 如果对于在 $[a, b]$ 区间内的所有 x 有 $m \leqslant f(x) \leqslant M$, 那么
> $$m(b-a) \leqslant \int_a^b f(x)\mathrm{d}x \leqslant M(b-a).$$

当然, 这里我们两次应用了上一节的原则. 下面来看一个使用这个结论的例子. 假设我们要想知道积分

$$\int_0^{1/2} \mathrm{e}^{-x^2}\mathrm{d}x$$

的值是多少. $y = \mathrm{e}^{-x^2}$ 的函数图像是非常有名的钟形曲线, 它处处可见, 特别是在概率论和统计学中. 我们计算图 16-26 中阴影部分的面积.

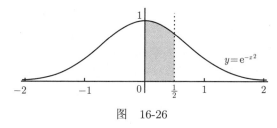

图 16-26

即使用上接下来三章中所有计算积分的方法, 我们都不能计算出该积分的准确值. 事实上, 如果不用积分符号或求和, 我们再也找不到更好的方法去表达这个积分值了. 但至少我们可以用刚才的原理估算一下它的值.

我们需要找到在 $\left[0, \dfrac{1}{2}\right]$ 区间内函数 $y = \mathrm{e}^{-x^2}$ 的最大值和最小值. 通过链式求导法则, 我们有 $\mathrm{d}y/\mathrm{d}x = -2x\mathrm{e}^{-x^2}$, 当 x 为 0 时导数为 0, 其余情况为负值. 这样可以说 $y = \mathrm{e}^{-x^2}$ 在 $\left[0, \dfrac{1}{2}\right]$ 区间为减函数, 所以最大值出现在 $x = 0$ 处, 最小值出现在 $x = 1/2$ 处. 把这些值代入, 可以得到最大值为 $\mathrm{e}^{-0^2} = 1$, 最小值为 $\mathrm{e}^{-(1/2)^2} = \mathrm{e}^{-1/4}$. 也就是说, 在区间 $\left[0, \dfrac{1}{2}\right]$ 中有

$$\mathrm{e}^{-1/4} \leqslant \mathrm{e}^{-x^2} \leqslant 1.$$

根据上面的原理, 把 $a = 0, b = \dfrac{1}{2}$ 代入可得

$$\mathrm{e}^{-1/4} \times \left(\frac{1}{2} - 0\right) \leqslant \int_0^{1/2} \mathrm{e}^{-x^2}\mathrm{d}x \leqslant 1 \times \left(\frac{1}{2} - 0\right).$$

所以, 可以说要求的积分值在 $\dfrac{1}{2}\mathrm{e}^{-1/4}$ 和 $\dfrac{1}{2}$ 之间. 通过图 16-27, 我们可以更清楚地

看到, 一个值估算过高, 一个值估算过低.

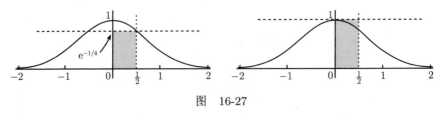

图 16-27

这两个长方形的面积分别为 $\frac{1}{2}e^{-1/4}$ 和 $\frac{1}{2}$ 平方单位.

上面的估算很不精确. 我们可以使用更多的长方形做更精确的估算, 或者使用梯形、抛物线一样的小竖条等奇特形状. 更多信息参见附录 B.

16.6 积分的平均值和中值定理

最后我们讨论平均速度的问题. 是的, 在单位时间内, 我们可以说速率的值等于路程, 也可以说速度的值等于位移. 但这段陈述成立的前提是速度为常数; 否则, 就像在 5.2.2 节讲述的那样, 需要引入**平均速度**.

我们已经了解, 使用微分可以在已知某时间段位移的前提下求即时速度. 使用积分, 可以在已知某时间段即时速度的前提下求位移. 当然, 在已知某时间段即时速度的前提下, 也可以求出平均速度. 你所需要做的是求出位移, 然后用这个值除以总时间. 如果时间是从 a 到 b, 在时刻 t 的速度是 $v(t)$, 那么我们有

$$位移 = \int_a^b v(t)\mathrm{d}t.$$

因为总的时间为 $b-a$, 所以有

$$平均速度 = \frac{位移}{总时间} = \frac{1}{b-a}\int_a^b v(t)\mathrm{d}t.$$

总的来说, 我们可以在区间 $[a,b]$ 内, 将可积函数 f 的平均值定义为:

$$函数\ f\ 在区间\ [a,b]\ 内的平均值 = \frac{1}{b-a}\int_a^b f(x)\mathrm{d}x.$$

例如, 求函数 $f(x)=x^2$ 在 $[0,2]$ 区间上的平均值是多少? 很简单,

$$平均值 = \frac{1}{2-0}\int_0^2 x^2\mathrm{d}x = \frac{1}{2}\times\frac{8}{3} = \frac{4}{3}.$$

所有要做的是, 用积分结果除以积分上下限的差.

来看看这个定义的几何解释. 我们把函数 f 在区间 $[a,b]$ 的平均值记为 f_{av}, 图 16-28 是关于 $y=f(x)$ 和 $y=f_{\mathrm{av}}$ 图像的例子.

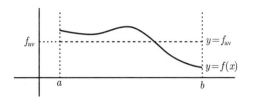

图 16-28

注意, 如果 f_{av} 仅仅为一常数, 则 $y = f_{av}$ 的图像是一条水平线. 现在, 使用上述公式, 我们有

$$f_{av} = \frac{1}{b-a} \int_a^b f(x)\mathrm{d}x.$$

两边同时乘以 $(b-a)$, 可得

$$\int_a^b f(x)\mathrm{d}x = f_{av} \times (b-a).$$

这实际上是在说, 图 16-29 中两个图像阴影部分的面积是相等的,

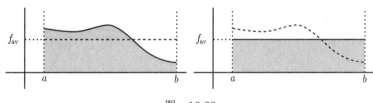

图 16-29

由图 16-29 可见, 右侧图像中长方形的高为 f_{av} 单位, 底为 $(b-a)$ 单位, 所以它的面积为 $f_{av} \times (b-a)$ 平方单位. 你可以这样考虑它: 假设你拨动鱼缸里的水, 水面在某一时刻就像函数 $y = f(x)$, 等水平静下来, 其表面就像 $y = f_{av}$ 这条水平线.

积分的中值定理

在上述图像中, 水平线 $y = f_{av}$ 与函数 $y = f(x)$ 有交点, 我们将其横坐标记为 c, 如图 16-30 所示.

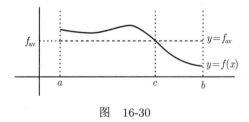

图 16-30

所以我们有 $f(c) = f_{av}$. 可以得出这样的结论: 如果函数 f 是连续的, 那么总会有这样一个数 c.

> **积分的中值定理**：如果函数 f 在闭区间 $[a,b]$ 上连续, 那么在开区间 (a,b) 内
> 总有一点 c, 满足 $f(c) = \dfrac{1}{b-a}\displaystyle\int_a^b f(x)\mathrm{d}x.$

简言之, 连续函数在一段区间内至少一次达到它的平均值. 例如, 在上一节中我们看到, 函数 $f(x) = x^2$ 在区间 $[0, 2]$ 的平均值为 $4/3$. 根据上述定理, 我们可以说一定有一个数 c 在区间 $[0, 2]$ 满足 $f(c) = 4/3$. 因为 $f(c) = c^2$, 可以知道 $c = \sqrt{4/3}$ 是在区间 $[0, 2]$ 上的一个解 (另一个解 $c = -\sqrt{4/3}$ 不在该区间内).

如果从速度的角度考虑上述定理, 我们可以说在区间 $[a, b]$ 内有一点 c 满足 $v(c) = v_{\mathrm{av}}$. 也就是说, 在任何一段旅途中都有一个时刻 c, 使得这个时刻的速度 $v(c)$ 等于该段路程的平均速度 v_{av}. 无论你怎样努力求证, 在任何一段旅途中, 至少会有这样一个时刻, 其即时速度等于该段路程的平均速度. 至少会有一个这样的时刻, 不可能一个都没有. 假设你在第一小时的速度为 45 英里/小时, 在第二小时的速度为 55 英里/小时, 该段路程的平均速度为 50 英里/小时, 那么在该段时间内一定会有某一个时刻的速度为 50 英里/小时, 这个时刻可能出现在从 45 英里/小时到 55 英里/小时的加速过程中.

为什么上述定理也叫作中值定理呢? 毕竟, 我们已经有了一个中值定理. 如果重新看一下 11.3 节讨论过的定理, 你会发现我们两次得到的是同样的结论：在任何一段旅途中, 都有某一时刻的即时速度等于平均速度. 这两个定理中唯一的不同是：在前一个版本中, 我们是用位移 – 时间图像中的斜率来解释的; 而现在, 我们使用速度 – 时间图像中的面积来解释.

现在来看看这个定理为什么是成立的. 如 16.5 节所述, 我们设 M 为函数在 $[a,b]$ 区间的最大值, m 为函数在 $[a,b]$ 区间的最小值. f_{av} 可能比 M 大吗? 如果它比 M 大, 那么情况将会如图 16-31 所示.

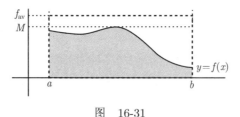

图   16-31

虚线部分所围成的长方形面积不可能等于阴影部分的面积, 因为长方形包含了阴影区域! 所以这种情况不可能出现. 同样, f_{av} 也不可能比最小值 m 小. 它一定会在 m 和 M 之间. 介值定理告诉我们, 函数 f 可取 m 和 M 之间的任意值 (你知道为什么吗), 所以 f 在某一时刻一定等于平均值 f_{av}. 也就是说, 一定有某个数 c

满足 $f(c) = f_{av}$, 所以该定理是正确的. 在 17.8 节中, 我们将使用该定理证明微积分学的第一基本定理.

16.7 不可积的函数

16.2 节曾提及, 如果函数 f 为有界函数并在区间 $[a, b]$ 上有有限个不连续点, 那么函数 f 是可积的; 也就是说, 定积分 $\int_a^b f(x)\mathrm{d}x$ 存在. 顺便提一下, 不连续是不可导的一种情况; 也就是说, 如果函数在 $x = a$ 点不连续, 那么它在该点也不可导 (参见 5.2.11 节). 积分同可导的情况有所不同, 即使是不连续的函数, 只要它有有限个不连续点也是可积的. 现在, 让我们看一个有太多个不连续点的函数的积分情况.

首先, 我们回忆一下有理数的定义. 有理数可以被写成 p/q 形式, 其中 p 和 q 为整数 (它们没有公约数), 而无理数就不可能写成这种形式. 现在, 对于区间 $[0, 1]$ 内的数 x, 我们设

$$f(x) = \begin{cases} 1 & \text{如果 } x \text{ 是有理数.} \\ 2 & \text{如果 } x \text{ 是无理数.} \end{cases}$$

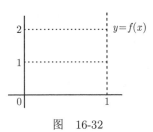

图 16-32

这是一个很奇怪的函数. 在 0 和 1 之间有太多的有理数和无理数. 事实上, 每两个有理数之间都有一个无理数; 每两个无理数之间也有一个有理数! 所以当我们试着绘制函数 $y = f(x)$ 的图像时, 可能会想到如图 16-32 的图像.

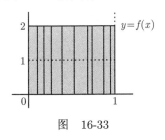

图 16-33

函数 $f(x)$ 的值在高度 1 和 2 之间以超乎你想象的速度来回跳跃. 在 1 和 2 这两条线段间有很多不连续处, 我们说有很多不连续点. 这个函数实际上在任何一点都不连续. 那么积分 $\int_0^1 f(x)\mathrm{d}x$ 究竟为多少呢? 让我们取黎曼上和以及黎曼下和. 在此把区间 $[0, 1]$ 分成许多小区间. 无论这些子区间的宽有多小, 小竖条中都会有一些无理数点. 所以求上和会如图 16-33 所示.

为了求上和, 每一个长方形的高一定要是 2, 即使这个长方形很窄. 注意, 无论其中有多少个长方形, 所有长方形的面积和为 2 平方单位, 因为我们是对一个 1 乘以 2 的长方形进行划分的. 这样就有

$$\lim_{\text{最大区间} \to 0} (\text{取黎曼上和}) = \lim_{\text{最大区间} \to 0} 2 = 2.$$

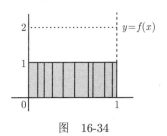

图　16-34

相似地, 对同样的划分求下和, 每个长方形的高为 1 单位. 毕竟, 无论长方形的宽多小, 它的底 (在 x 轴上) 都包含一个有理数. 对于所有的有理数, 该函数的高为 1. 所以求下和如图 16-34 所示.

现在该面积为 1 平方单位, 因为这些小分区填充的大长方形为 1 乘以 1. 所以我们已经证明

$$\lim_{\text{最大区间}\to 0}(\text{取黎曼下和}) = \lim_{\text{最大区间}\to 0} 1 = 1.$$

当最大区间趋于 0 时, 这个极限取黎曼上和和取黎曼下和是不同的. 对于连续函数, 这种情况不会出现. 但对于一些不连续的函数, 这种情况时有发生! 唯一的结论是, 函数在区间 [0, 1] 上不可积. 我们说函数 f 是不可积的. 实际上有一种方法可以求这种函数的积分, 叫作**勒贝格积分**(与黎曼积分相对), 它超出了本书的讨论范围. 所以, 我们不用考虑这种不正常的积分, 而是要寻求求解正常、连续函数的定积分的好方法.

第 17 章 微积分基本定理

我们现在来讨论微积分中的关键部分 —— 微积分基本定理, 它不仅提供了一种不用黎曼和就可以求解定积分的方法, 同时也展示了微分和积分的关系. 不多说了, 这一章我们将要学习:

- 用另一个函数的积分形式来表示的函数;
- 第一基本定理, 以及反导数的基本思想;
- 第二基本定理;
- 不定积分和它们的性质.

在介绍完所有这些理论之后, 我们将针对下面的知识点举出若干例子:

- 以第一基本定理为基础的问题;
- 计算不定积分;
- 计算定积分以及使用第二基本定理计算面积.

17.1 用其他函数的积分来表示的函数

在上一章中, 我们使用黎曼和证明了

$$\int_0^1 x^2 \mathrm{d}x = \frac{1}{3} \quad \text{和} \quad \int_0^2 x^2 \mathrm{d}x = \frac{8}{3}.$$

(实际上, 我们仅仅证明了第二个, 第一个留给你了!) 遗憾的是, 黎曼和方法太烦琐了, 最好能找到一个相对简单的方式. 为什么我们在那儿停下来了呢? 让我们试着计算

$$\int_0^{\text{任意数}} x^2 \mathrm{d}x.$$

在此, 我们让极限上限为变量. 最常用的变量是 x, 但是你不能把这个积分写成

$$\int_0^x x^2 \mathrm{d}x,$$

除非你想造成混乱局面. 毕竟, x 是虚拟变量, 实际上不是一个变量. 我们重新开始, 这次使用 t 为虚拟变量. 首先, 我们有

$$\int_0^1 t^2 \mathrm{d}t = \frac{1}{3} \quad \text{和} \quad \int_0^2 t^2 \mathrm{d}t = \frac{8}{3}.$$

请记住, 虚拟变量用什么字母都无所谓 —— 我们已经重新命名 x 轴为 t 轴. 实际

面积并没有改变. 现在我们考虑积分

$$\int_0^x t^2 \mathrm{d}t.$$

如果把 $x=1$ 代入这个积分表达式, 会得到 $\int_0^1 t^2 \mathrm{d}t$, 积分结果为 $1/3$; 如果把 $x=2$ 代入, 会得到 $\int_0^2 t^2 \mathrm{d}t$, 积分结果为 $8/3$. 为什么得出这个表达式就不往下计算了呢? 你可以把任意值放到 x 的位置, 得到不同的积分. 上述积分表达式实际上是一个以积分上限 x 为变量的函数. 我们用 F 来标记这个函数, 这样有

$$F(x) = \int_0^x t^2 \mathrm{d}t.$$

可以发现, $F(1) = 1/3, F(2) = 8/3$. 那么 $F(0)$ 是多少呢? 来看下面式子:

$$F(0) = \int_0^0 t^2 \mathrm{d}t.$$

在 16.3 节中我们已经知道, 对于积分上下限都一样的积分表达式, 该积分的结果为 0. 也就是说, 我们知道 $F(0) = 0$. 不走运的是, 求解其他的 F 值并不是很容易, 例如 $F(9)$、$F(-7)$ 或 $(1/2)$. 在下一节中, 我们将要研究这个问题. 与此同时, 怎样用文字来描述 $F(x)$ 呢? 准确地说, 它应该是曲线 $y = t^2$、t 轴与 $t = x$ 所围成的有向面积.

我们可以用两种方式推广这个问题. 首先, 积分下限不一定是 0. 你可以定义另一个函数:

$$G(x) = \int_2^x t^2 \mathrm{d}t.$$

这个积分表达式也可以用面积 (平方单位) 来解释, 它是由曲线 $y = t^2$、t 轴以及两条垂线 $t=2$ 和 $t = x$ 所围成的面积. 那么 $G(2)$ 为多少呢? 来看下式:

$$G(2) = \int_2^2 t^2 \mathrm{d}t = 0,$$

因为积分上下限是一样的. 那么 $G(0)$ 是多少呢? 我们有

$$G(0) = \int_2^0 t^2 \mathrm{d}t.$$

16.3 节曾讲述怎样计算这个积分, 你可以交换积分的上下限, 然后再在积分表达式的前边加上一个负号. 所以有

$$G(0) = \int_2^0 t^2 \mathrm{d}t = -\int_0^2 t^2 \mathrm{d}t = -\frac{8}{3}.$$

事实上, 在函数 F 和 G 之间有一种奇妙的关系. 首先, 这两个函数是:

$$F(x) = \int_0^x t^2 \mathrm{d}t \quad \text{和} \quad G(x) = \int_2^x t^2 \mathrm{d}t.$$

我们从 $t = 2$ 这点分解第一个积分表达式, 可参见 16.3 节. 可得

$$\int_0^x t^2 \mathrm{d}t = \int_0^2 t^2 \mathrm{d}t + \int_2^x t^2 \mathrm{d}t.$$

左边是 $F(x)$. 右边的第一项是 8/3, 第二项是 $G(x)$. 这样, 就证明了

$$F(x) = \frac{8}{3} + G(x).$$

也就是说, F 和 G 的差是 8/3. 我们可以做得更多. 假设 a 是任意固定的数, 设

$$H(x) = \int_a^x t^2 \mathrm{d}t.$$

如果从 $t = a$ 而不是 $t = 2$ 分解函数 F, 会得到

$$F(x) = \int_0^x t^2 \mathrm{d}t = \int_0^a t^2 \mathrm{d}t + \int_a^x t^2 \mathrm{d}t.$$

右侧的第二项恰恰就是 $H(x)$, 所以我们已经证明了

$$F(x) = \int_0^a t^2 \mathrm{d}t + H(x).$$

这是什么呢? 实际上, $\int_0^a t^2 \mathrm{d}t$ 是个常数 —— 它不因 x 的变化而变化! 尽管我们没有确定 a 的值, 但说过 a 是一个常数, 所以这个积分结果一定是个常数. 这样就证明了

$$F(x) = H(x) + C,$$

其中 C 是一个常数, 由 a 而不是 x 决定. 这个方法的基本思想是把积分下限从一个常数换至另一个常数, 这对整个表达式没有太大的影响.

我们的第二个解释是被积函数不一定是 t^2, 它可以是关于 t 的任意连续函数. 假设被积函数是 $f(t)$, 如果 a 是任意常数, 我们定义

$$F(x) = \int_a^x f(t) \mathrm{d}t.$$

例如, 如果 $a = 0, f(t) = t^2$, 则可以从上述定义得到原始函数 F. 总的来说, 对任何数 x, 函数 $F(x)$ 的值都是一个有向面积 (平方单位), 该区域是由曲线 $y = f(t)$、t 轴以及 $t = a$ 和 $t = x$ 两条垂线所围成的. 图 17-1 是关于不同 x 的 3 种情况图示.

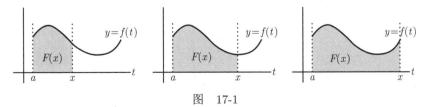

图　17-1

上述图像让人想到了窗帘, 左边固定, 右边移动. 不真实的一面是, 窗帘杆高低不平, 除非 f 是个常函数! 在任何情况下, 请注意函数 F 主要是由被积函数 $f(t)$ 和常数 a 决定的. 通过刚才的分割法可知, 改变 a 的值仅仅使函数值增加或减少一个常数, 并没有太大的影响. 后面几节将会体现出所有这些思想的重要性.

17.2 微积分的第一基本定理

我们的目的是不用黎曼和来求积分

$$\int_a^b f(x)\mathrm{d}x.$$

我们要做 3 件并不显而易见的事情.

(1) 首先, 把虚拟变量改为 t, 把上述积分表达式写为 $\int_a^b f(t)\mathrm{d}t$. 像上一节那样, 没什么不同 —— 用什么来表示虚拟变量无关紧要.

(2) 现在, 用变量 x 来替代 b 从而得到一个新的函数 F, 定义 $F(x) = \int_a^x f(t)\mathrm{d}t$. 这就是我们在上一节见过的函数. 最终要求函数 $F(b)$ 的值, 即第 (1) 步中的积分. 但是, 我们首先来看看该怎样理解函数 F.

(3) 现在有了这个新函数 F, 它像是我们刚刚得到的一个新玩具. 在之前章节中, 我们已经花了很多时间求解函数的导数, 这次将对 x 求这个函数的导数. 考虑

$$F'(x) = \frac{\mathrm{d}}{\mathrm{d}x}\int_a^x f(t)\mathrm{d}t.$$

理解 $F'(x)$ 的实质将会帮助我们求解 $F(x)$. 一旦找到这个答案, 就能计算出 $F(b)$, 这就是我们要求解的积分.

表达式

$$\frac{\mathrm{d}}{\mathrm{d}x}\int_a^x f(t)\mathrm{d}t.$$

看起来可能很奇怪, 让我们看看怎样才能拆开它. 选你最喜欢的变量 x 并求解 $F(x)$. 这时微微变换一下 x—— 把它变为 $x + h$, 其中 h 是个很小的数. 所以, 现在的函数值是 $F(x + h)$. 这种情况的图像如图 17-2 所示.

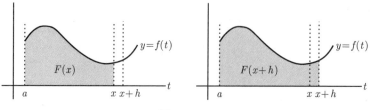

图 17-2

可以看到, x 和 $x+h$ 非常接近, 它们所对应的函数值 $F(x)$ 和 $F(x+h)$ 也非常接近 —— 它们分别表示上图中阴影部分的面积. 现在对 F 求导, 我们有

$$\lim_{h \to 0} \frac{F(x+h) - F(x)}{h}.$$

$F(x+h) - F(x)$ 的差就是图 17-2 中两阴影部分面积的差, 也就是那个小竖条的阴影面积 (顶部是弯曲的), 该面积在 $t = x$ 和 $t = x+h$ 之间, 如图 17-3 所示.

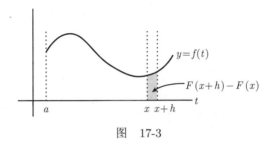

图 17-3

我们可以通过从 $t = x$ 处分解这个积分来计算函数 $F(x+h)$ 的值, 像这样:

$$F(x+h) = \int_a^{x+h} f(t)\mathrm{d}t = \int_a^x f(t)\mathrm{d}t + \int_x^{x+h} f(t)\mathrm{d}t = F(x) + \int_x^{x+h} f(t)\mathrm{d}t.$$

通过整理可得

$$F(x+h) - F(x) = \int_x^{x+h} f(t)\mathrm{d}t,$$

这就是小竖条的阴影部分面积 (平方单位). 实际上, 这并不是一个竖条, 因为它的顶是弯曲的. 但当 h 很小的时候, 它几乎就是个竖条了. 该竖条左边的高度为 $f(x)$ 单位, 所以可以用计算长方形面积的方法来估算该竖条的面积, 它的底从 x 到 $x+h$, 高从 0 到 $f(x)$, 如图 17-4 所示.

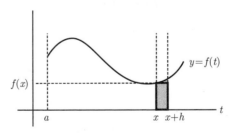

图 17-4

这样该长方形的底为 h 单位, 高为 $f(x)$ 单位, 所以面积是 $hf(x)$ 平方单位. 如果 h 很小, 那么这就是对这个积分的一个非常好的估算. 也就是

$$F(x+h) - F(x) = \int_x^{x+h} f(t)\mathrm{d}t \approx hf(x).$$

两边同时除以 h，得到

$$\frac{F(x+h) - F(x)}{h} \approx f(x).$$

当 h 非常接近于 0 时, 这个估算就会很准确. 也就是说, 当 h 趋于 0 时, 这个估算是精确的:

$$\lim_{h \to 0} \frac{F(x+h) - F(x)}{h} = f(x).$$

我们会在 17.8 节中看到, 上述公式是正确的. 我们可以总结为

$$F'(x) = f(x).$$

总结如下.

> **微积分的第一基本定理**: 如果函数 f 在闭区间 $[a,b]$ 上是连续的, 定义 F 为
>
> $$F(x) = \int_a^x f(t)\mathrm{d}t, \ x \in [a,b]$$
>
> 则 F 在开区间 (a,b) 内是可导函数, 而且 $F'(x) = f(x)$.

简而言之, 可以总结为

$$\boxed{\frac{\mathrm{d}}{\mathrm{d}x} \int_a^x f(t)\mathrm{d}t = f(x).}$$

我们把这个奇怪的表达式化简为 $f(x)$!

关于这个表达式要关注的一点是, a 出现在积分下限而不是积分上限. 这一点确实很有用, 信不信由你. 假设 A 是区间 (a,b) 中的某个数, 并且

$$F(x) = \int_a^x f(t)\mathrm{d}t \quad \text{和} \quad H(x) = \int_A^x f(t)\mathrm{d}t.$$

如我们在 17.1 节见过的那样, F 和 H 的差是个常数 C:

$$F(x) = H(x) + C$$

如果对两边分别求导, 这个常数就消失了, 会得到 $F'(x) = H'(x)$ (x 在区间 (a,b) 内). 所以, 常数 a 的选择不会影响这个求导的结果. 拿窗帘来做比喻, 我们需要考虑的是拉窗帘的速度有多快, 以及右侧拉点的位置放多高. 而左侧的固定点并不影响整体的拉动效果.

反导数的引入

现在稍事休息. 我们以一些变量为 t 的函数以及常数 a 开始, 然后建立了一个以 x 为变量的新函数 F. 对 F 求导, 可以得到原来的函数 f, 但现在我们要以 x 为变量而不是 t 来计算它. 很奇怪吧!

是的, 很奇怪, 但很有用. 它实际上解决了我们的一个大问题. 让我们看看它是怎样解决的. 假设 $f(t) = t^2, a = 0$, 所以有

$$F(x) = \int_0^x t^2 \mathrm{d}t.$$

微积分的第一基本定理告诉我们 $F'(x) = f(x)$. 因为 $f(t) = t^2$, 所以有 $f(x) = x^2$; 也就是说, $F'(x) = x^2$. 换一种说法, 函数 F 的导数为 x^2. 我们说 F 是 x^2 的反导数 (关于 x). 你能想到其他的函数, 它的导数为 x^2 吗? 这里有一些:

$$G(x) = \frac{x^3}{3}, \quad H(x) = \frac{x^3}{3} + 7, \quad J(x) = \frac{x^3}{3} - 2\pi.$$

在每一种情况下, 我们都可以发现导数为 x^2. 事实上, 任何形式为 $\dfrac{x^3}{3} + C$ (其中 C 为任意常数) 的关于 x 的函数都是 x^2 的反导数. 还有其他的吗? 答案是否定的! 我们在 11.3.1 节已经得到了这个结论. 如果两个函数有相同的导数, 那么它们的差是个常数. 这就是说, 所有反导数之间的差都是一个常数. 因为其中的一个反导数是 $x^3/3$, 所以任何其他反导数一定是 $x^3/3 + C$, C 是任意常数. 等一下, 刚才那个奇怪的函数也是 x^2 的反导数. 也就是说对于某个常数 C 有

$$F(x) = \int_0^x t^2 \mathrm{d}t = \frac{x^3}{3} + C.$$

现在我们所要做的是找到 C. 我们知道

$$F(0) = \int_0^0 t^2 \mathrm{d}t = 0.$$

所以有

$$0 = \frac{0^3}{3} + C.$$

这就是说 $C = 0$. 现在我们找到了一直在寻找的公式:

$$\int_0^x t^2 \mathrm{d}t = \frac{x^3}{3}.$$

最后, 要从 0 到任意数对 t^2 求积分. 具体情况是, 如果用 1 和 2 分别替代 x, 就会得到熟悉的公式:

$$\int_0^1 t^2 \mathrm{d}t = \frac{1^3}{3} = \frac{1}{3} \quad \text{和} \quad \int_0^2 t^2 \mathrm{d}t = \frac{2^3}{3} = \frac{8}{3}.$$

这其实可以更简单, 我们将在下一节介绍. 首先, 我将要介绍另一个重要的知识点. 我们现在用一种方式去建立任何一个连续函数的反导数. 例如, e^{-x^2} 的反导数为多少呢? 我们把变量 x 换为 t, 选一个你喜欢的数作为积分下限 (我们暂时选 0), 求积分得到 e^{-x^2} 的反导数为

$$F(x) = \int_0^x \mathrm{e}^{-t^2} \mathrm{d}t.$$

常数 0 可以被任意其他数替代, 替代后的式子依然成立. 当然, 对于每一个不同的积分下限, 你会得到一个不同的反导数.

17.3   微积分的第二基本定理

上一节 $f(t) = t^2$ 的例子告诉了我们怎样求解 $\int_a^b f(t)\mathrm{d}t$. 首先, 我们知道被定义为

$$F(x) = \int_a^x f(t)\mathrm{d}t$$

的函数 F 是函数 f (关于 x) 的反导数. 我们真地很想求解 $F'(b)$, 因为

$$F(b) = \int_a^b f(t)\mathrm{d}t.$$

我们知道

$$F(a) = \int_a^a f(t)\mathrm{d}t = 0,$$

因为积分上下限是一样的.

现在, 假设对于函数 f 有其他的反导数, 我们称之为 G. 这时 F 和 G 之间的唯一不同是相差一个常数, 所以有 $G(x) = F(x) + C$. 如果用 a 替代 x, 就有 $G(a) = F(a) + C$; 因为由上述计算知 $F(a)=0$, 所以有 $G(a) = C$. 这就是说

$$F(x) = G(x) - C = G(x) - G(a).$$

如果用 b 替代 x, 我们有

$$F(b) = G(b) - G(a).$$

换一种方式表达, 即

$$\int_a^b f(t)\mathrm{d}t = G(b) - G(a).$$

这对于任何反导数 G 都是成立的. 注意, 表达式里已经没有 x 了. 现在要做的是把虚拟变量变回 x, 再把函数字母由 G 变回 F, 这样就有了如下的结论.

微积分的第二基本定理: 如果函数 f 在闭区间 $[a, b]$ 上是连续的, F 是 f 的任意一个反导数 (关于 x), 那么有

$$\int_a^b f(x)\mathrm{d}x = F(b) - F(a).$$

在实践中, 我们通常把等式右边写成 $F(x)\Big|_a^b$ 的形式. 也就是说, 设

$$F(x)\Big|_a^b = F(b) - F(a).$$

以计算

$$\int_1^2 x^2 \mathrm{d}x$$

为例, 第一步我们寻找 x^2 的一个反导数. 我们已经知道 $x^3/3$ 是一个反导数, 所以

$$\int_1^2 x^2 \mathrm{d}x = \left.\frac{x^3}{3}\right|_1^2 .$$

现在把 $x=2$ 和 $x=1$ 代入 $x^3/3$, 计算它们的差

$$\int_1^2 x^2 \mathrm{d}x = \left.\frac{x^3}{3}\right|_1^2 = \left(\frac{2^3}{3}\right) - \left(\frac{1^3}{3}\right),$$

为 7/3. 还有另一个例子. 假设要计算

$$\int_{\pi/6}^{\pi/2} \cos(x)\mathrm{d}x.$$

我们需要知道 $\cos(x)$ 的反导数. 幸运的是, 我们知道一个反导数, 它是 $\sin(x)$. 毕竟, $\cos(x)$ 是 $\sin(x)$ 关于 x 的导数. 所以有

$$\int_{\pi/6}^{\pi/2} \cos(x)\mathrm{d}x = \left.\sin(x)\right|_{\pi/6}^{\pi/2} = \sin\left(\frac{\pi}{2}\right) - \sin\left(\frac{\pi}{6}\right) = 1 - \frac{1}{2} = \frac{1}{2}.$$

在之后的 17.6 节中, 我们会看到更多的例子.

17.4 不定积分

到目前为止, 我们使用两种不同的方法计算定积分: 黎曼和的极限 (太烦琐了) 和反导数 (不算太糟糕). 很显然, 我们不得不很熟练地寻找一个函数的反导数 —— 事实上, 在以后的章节中, 这种技巧非常必要. 所以, 可能需要一种简单的表示反导数的方式. 我们从微积分的第一基本定理中得到了灵感, 可以用

$$\int f(x)\mathrm{d}x$$

表示 "函数 f 的反导数的集合". 请记住任何可积函数都有无限多个反导数, 它们唯一的不同是常数部分. 这就是我说的 "集合" 的意思. 例如,

$$\int x^2 \mathrm{d}x = \frac{x^3}{3} + C$$

对于任何常数 C 成立. 这个等式说明 x^2(关于 x) 的反导数是 $x^3/3 + C$, 其中 C 是任意的常数. 如果忽略 C, 那么这个结果就是错误的, 因为这样只会得到一个反导数, 而实际上我们需要所有的反导数.

如果你知道一个函数的导数, 那么就会很快求出这个导数的反导数. 具体情况是:

$$\text{如果} \quad \frac{\mathrm{d}}{\mathrm{d}x}F(x) = f(x), \quad \text{那么} \quad \int f(x)\mathrm{d}x = F(x) + C.$$

上述例子适合这种情况:

$$\frac{\mathrm{d}}{\mathrm{d}x}\left(\frac{x^3}{3}\right) = x^2, \quad \text{因此} \quad \int x^2\mathrm{d}x = \frac{x^3}{3} + C.$$

同样地, 有

$$\frac{\mathrm{d}}{\mathrm{d}x}(\sin(x)) = \cos(x), \quad \text{因此} \quad \int \cos(x)\mathrm{d}x = \sin(x) + C.$$

到目前为止, 另一个例子为 (以后我们会有更多例子):

$$\frac{\mathrm{d}}{\mathrm{d}x}(\tan^{-1}(x)) = \frac{1}{1+x^2}, \quad \text{因此} \quad \int \frac{1}{1+x^2}\mathrm{d}x = \tan^{-1}(x) + C.$$

再一次提醒, 常数 C 为任意常数. 本质上是任何可导函数只有一个导数, 而任何的可积函数都有无穷多个反导数.

上述的所有积分都是不定积分. 通过它们有无积分上下限, 可以区分定积分和不定积分. 不定积分没有积分上下限, 而定积分有. 这看起来可能是个很小的差别, 但实际上这两个积分有很大不同.

- 定积分, 如 $\int_a^b f(x)\mathrm{d}x$, 是一个数. 它表示由曲线 $y = f(x)$、x 轴以及垂线 $x = a$ 和 $x = b$ 所围成的面积.
- 不定积分, 如 $\int f(x)\mathrm{d}x$, 是一个函数的集合. 这个集合由函数 f 的所有反导数 (关于 x) 组成. 这些函数仅有的不同是它们的常数部分.

例如

$$\int_1^2 x^2\mathrm{d}x = \frac{7}{3}, \quad \text{而} \quad \int x^2\mathrm{d}x = \frac{x^3}{3} + C.$$

如果不是微积分的第二基本定理, 那么对于这两个表达式使用同样的符号 $\int$ 将是错误的. 幸运的是, 不定积分 (或者反导数) 正是你计算定积分所需要知道的东西, 所以我们在两个表达式中用了同样的符号.

这里有不定积分的两个性质, 它们来源于导数的相关性质: 如果 f 和 g 是可积的, c 是一个常数, 这时

$$\int (f(x) + g(x))\mathrm{d}x = \int f(x)\mathrm{d}x + \int g(x)\mathrm{d}x$$

$$\int cf(x)\mathrm{d}x = c\int f(x)\mathrm{d}x.$$

也就是说, 和的积分是积分的和, 并且作为乘数的常数可以移到积分符号之外. 例如:

$$\int (5x^2 + 9\cos(x))\mathrm{d}x = 5\int x^2\mathrm{d}x + 9\int \cos(x)\mathrm{d}x = \frac{5x^3}{3} + 9\sin(x) + C.$$

注意我们仅仅需要一个常数 —— 尽管 $5x^3/3$ 和 $\sin(x)$ 都有它们自己的常数, 但你可以把这两个常数合并到一起. 顺便说一下, 适合于和的性质也适合于差:

$$\int (5x^2 - 9\cos(x))\mathrm{d}x = 5\int x^2\mathrm{d}x - 9\int \cos(x)\mathrm{d}x = \frac{5x^3}{3} - 9\sin(x) + C.$$

再一次提醒, 只需要一个常数.

在看其他例子之前, 我想对微积分的这两个基本定理再做些解释. 微积分的第一基本定理表明

$$\frac{\mathrm{d}}{\mathrm{d}x}\int_a^x f(t)\mathrm{d}t = f(x).$$

从某种意义上讲, 积分的导数就是原始的函数. 你需要注意 "积分" 的意义, 请记住变量是积分上限而不是虚拟变量. 另外, 微积分的第二基本定理说明

$$\int_a^b f(x)\mathrm{d}x = F(x)\Big|_a^b,$$

其中 F 是 f 的反导数. 这就是说 $f(x) = \frac{\mathrm{d}}{\mathrm{d}x}F(x)$. 所以上述表达式可以重写为

$$\int_a^b \frac{\mathrm{d}}{\mathrm{d}x}F(x)\mathrm{d}x = F(x)\Big|_a^b,$$

将其解释为一个函数的导数的积分就是这个函数本身. 再一次提醒, 它不是实际的原始函数, 它应该是原始函数在 a 和 b 两点数值的差. 这是很显然的, 积分和导数是相反的运算.

现在让我们看看怎样运用微积分的基本定理去解决问题.

17.5 怎样解决问题: 微积分的第一基本定理

思考一下怎样计算导数

$$\frac{\mathrm{d}}{\mathrm{d}x}\int_3^x \sin(t^2)\mathrm{d}t.$$

你可以试着计算 $\int \sin(t^2)\mathrm{d}t$ 这个不定积分, 再把 x 和 3 代入求差, 这会得出

$$\int_3^x \sin(t^2)\mathrm{d}t.$$

最后再求这个结果的导数. 为什么不考虑积分和导数可以互相抵消的性质呢? 毕竟, 如果想要计算 $(\sqrt{54756})^2$, 没有必要浪费时间先计算 $\sqrt{54756}$ 的结果再去平方,

可以直接写下答案 54 756. 同样, 使用微积分的第一基本定理可以得到

$$\frac{\mathrm{d}}{\mathrm{d}x} \int_3^x \sin(t^2)\mathrm{d}t = \sin(x^2).$$

所有需要做的是把被积函数 $\sin(t^2)$ 中的 t 改为 x. 数值 3 对我们的计算结果没有影响 (参见 17.1 节的讨论). 顺便说一下, 在计算结果后面放上 "$+C$" 是个严重的错误：你正在求导, 而不是反导!

当然, 你需要灵活掌握这个知识点 —— 用任何字母来表示变量. 例如,

$$\frac{\mathrm{d}}{\mathrm{d}z} \int_{-\mathrm{e}}^z 2^{\cos(w^2\ln(w+5))}\mathrm{d}w$$

是什么意思? 我们可以用 z 替代被积函数中的 w, 这样有

$$\frac{\mathrm{d}}{\mathrm{d}z} \int_{-\mathrm{e}}^z 2^{\cos(w^2\ln(w+5))}\mathrm{d}w = 2^{\cos(z^2\ln(z+5))}.$$

注意 $-\mathrm{e}$ 是一个常数, 但再一次提醒的是, 它可以用任何其他常数替代, 而答案会是一样的. (顺便说一下, 该积分只有当 $z > -5$ 时才有意义.)

这同上一节的讲解是一样的, 该函数的变量 (也就是对谁求导) 就是积分上限. 所有需要做的是用实际的变量去替代虚拟变量. 还有其他四种情况, 我们分别看看.

17.5.1　变形 1：变量是积分下限

考虑积分

$$\frac{\mathrm{d}}{\mathrm{d}x} \int_x^7 t^3 \cos(t\ln(t))\mathrm{d}t.$$

问题是变量是积分下限而不是积分上限. 没问题, 只要把 x 和 7 互换, 再在新的积分前面加个负号 (参见 16.3 节计算这个积分). 可以得到

$$\frac{\mathrm{d}}{\mathrm{d}x} \int_x^7 t^3 \cos(t\ln(t))\mathrm{d}t = \frac{\mathrm{d}}{\mathrm{d}x}\left(-\int_7^x t^3 \cos(t\ln(t))\mathrm{d}t\right).$$

现在把负号移出积分符号, 然后使用微积分的第一基本定理解决这个问题. 如果 $x > 0$, 该结果为

$$-x^3 \cos(x\ln(x)),$$

实际上, 我们所要做的就是提取被积函数, 用变量 x 替代虚拟变量 t, 再在前面加上负号. 在前面加上负号, 再互换积分上下限使用微积分的第一基本定理, 这很重要, 就像在前面例子中见过的那样.

17.5.2　变形 2：积分上限是一个函数

这有另一个例子：

$$\frac{\mathrm{d}}{\mathrm{d}x} \int_0^{x^2} \tan^{-1}(t^7 + 3t)\mathrm{d}t.$$

因为积分上限是 x^2 而不是 x, 所以不能直接使用微积分的第一基本定理, 需要使用链式求导法则. 我们可以设置这个积分为 y, 然后再求导:

$$y = \int_0^{x^2} \tan^{-1}(t^7 + 3t)\mathrm{d}t.$$

我们想要计算 $\mathrm{d}y/\mathrm{d}x$. 因为 y 是一个关于 x^2 的函数, 而不直接关于 x, 我们可以设置 $u = x^2$. 这就是说

$$y = \int_0^{u} \tan^{-1}(t^7 + 3t)\mathrm{d}t.$$

链式法则告诉我们,

$$\frac{\mathrm{d}y}{\mathrm{d}x} = \frac{\mathrm{d}y}{\mathrm{d}u}\frac{\mathrm{d}u}{\mathrm{d}x};$$

而第一基本定理告诉我们,

$$\frac{\mathrm{d}y}{\mathrm{d}u} = \frac{\mathrm{d}}{\mathrm{d}u} \int_0^{u} \tan^{-1}(t^7 + 3t)\mathrm{d}t = \tan^{-1}(u^7 + 3u).$$

又因为 $u = x^2$, 所以有 $\mathrm{d}u/\mathrm{d}x = 2x$. 这样,

$$\frac{\mathrm{d}y}{\mathrm{d}x} = \frac{\mathrm{d}y}{\mathrm{d}u}\frac{\mathrm{d}u}{\mathrm{d}x} = (\tan^{-1}(u^7 + 3u))(2x).$$

现在需要做的是用 x^2 替代 u, 可得

$$\frac{\mathrm{d}y}{\mathrm{d}x} = 2x\tan^{-1}((x^2)^7 + 3(x^2)) = 2x\tan^{-1}(x^{14} + 3x^2).$$

即,

$$\frac{\mathrm{d}}{\mathrm{d}x} \int_0^{x^2} \tan^{-1}(t^7 + 3t)\mathrm{d}t = 2x\tan^{-1}(x^{14} + 3x^2).$$

当你把它分解时, 这并不太糟.

让我们看看这种问题的另一个例子:

$$\frac{\mathrm{d}}{\mathrm{d}q} \int_4^{\sin(q)} \tan(\cos(a))\mathrm{d}a$$

是怎么回事儿呢? 设积分

$$y = \int_4^{\sin(q)} \tan(\cos(a))\mathrm{d}a,$$

并时刻提醒自己正在计算 $\mathrm{d}y/\mathrm{d}q$. 现在设 $u = \sin(q)$, 所以

$$y = \int_4^{u} \tan(\cos(a))\mathrm{d}a.$$

通过链式求导法则, 有

$$\frac{\mathrm{d}y}{\mathrm{d}q} = \frac{\mathrm{d}y}{\mathrm{d}u}\frac{\mathrm{d}u}{\mathrm{d}q}.$$

根据微积分的第一基本定理:

$$\frac{\mathrm{d}y}{\mathrm{d}u} = \frac{\mathrm{d}}{\mathrm{d}u}\int_4^u \tan(\cos(a))\mathrm{d}a = \tan(\cos(u)).$$

因为 $u = \sin(q)$, 所以有 $\mathrm{d}u/\mathrm{d}q = \cos(q)$, 上述积分应用链式法则后为

$$\frac{\mathrm{d}y}{\mathrm{d}q} = \frac{\mathrm{d}y}{\mathrm{d}u}\frac{\mathrm{d}u}{\mathrm{d}q} = \tan(\cos(u))\cos(q).$$

最后用 $\sin(q)$ 替代 u, 这样有

$$\frac{\mathrm{d}}{\mathrm{d}q}\int_4^{\sin(q)} \tan(\cos(a))\mathrm{d}a = \tan(\cos(\sin(q)))\cos(q).$$

你可能在同一问题中遇到过上述两种情况. 例如, 计算

$$\frac{\mathrm{d}}{\mathrm{d}q}\int_{\sin(q)}^4 \tan(\cos(a))\mathrm{d}a$$

时, 可以首先交换积分上下限, 在前面加上一个减号, 这样有

$$\frac{\mathrm{d}}{\mathrm{d}q}\int_{\sin(q)}^4 \tan(\cos(a))\mathrm{d}a = -\frac{\mathrm{d}}{\mathrm{d}q}\int_4^{\sin(q)} \tan(\cos(a))\mathrm{d}a.$$

现在积分上限像我们上道例题那样. 最后的极限结果会是一样的, 只是多了一个负号:

$$\frac{\mathrm{d}}{\mathrm{d}q}\int_{\sin(q)}^4 \tan(\cos(a))\mathrm{d}a = -\frac{\mathrm{d}}{\mathrm{d}q}\int_4^{\sin(q)} \tan(\cos(a))\mathrm{d}a$$
$$= -\tan(\cos(\sin(q)))\cos(q).$$

17.5.3 变形 3: 积分上下限都为函数

这是另一个更为复杂的例子:

$$\frac{\mathrm{d}}{\mathrm{d}x}\int_{x^5}^{x^6} \ln(t^2 - \sin(t) + 7)\mathrm{d}t,$$

其积分上下限都是关于 x 的函数. 解决这个问题的方法是用一个常数把这个积分分成两个部分. 在哪里分开这个积分并不重要, 只要所使用的常数在该被积函数的定义域内. 所以, 选一个你最喜欢的数 —— 我们选 0, 这样把该积分分为:

$$\frac{\mathrm{d}}{\mathrm{d}x}\int_{x^5}^{x^6}\ln(t^2-\sin(t)+7)\mathrm{d}t$$

$$=\frac{\mathrm{d}}{\mathrm{d}x}\left(\int_{x^5}^{0}\ln(t^2-\sin(t)+7)\mathrm{d}t+\int_{0}^{x^6}\ln(t^2-\sin(t)+7)\mathrm{d}t\right).$$

这样, 便把这个问题分解成了两个简单的导数. 前面这个积分就是前面两种情况的混合. 通过交换积分上下限, 并在前面加上负号, 我们有

$$\frac{\mathrm{d}}{\mathrm{d}x}\int_{x^5}^{0}\ln(t^2-\sin(t)+7)\mathrm{d}t=-\frac{\mathrm{d}}{\mathrm{d}x}\int_{0}^{x^5}\ln(t^2-\sin(t)+7)\mathrm{d}t.$$

现在通过设 $u=x^5$ 使用链式求导法则, 然后用上一节的方法. 计算后会得出这个导数为

$$-5x^4\ln((x^5)^2-\sin(x^5)+7)=-5x^4\ln(x^{10}-\sin(x^5)+7).$$

这个导数的另一部分是

$$\frac{\mathrm{d}}{\mathrm{d}x}\int_{0}^{x^6}\ln(t^2-\sin(t)+7)\mathrm{d}t,$$

这次我们不用交换积分上下限了 —— 仅仅设 $v=x^6$ 然后再次应用链式求导法则. 你会发现上述的导数等于

$$6x^5\ln((x^6)^2-\sin(x^6)+7)=6x^5\ln(x^{12}-\sin(x^6)+7).$$

再将两者放在一起, 有

$$\frac{\mathrm{d}}{\mathrm{d}x}\int_{x^5}^{x^6}\ln(t^2-\sin(t)+7)\mathrm{d}t$$

$$=-5x^4\ln(x^{10}-\sin(x^5)+7)+6x^5\ln(x^{12}-\sin(x^6)+7).$$

17.5.4 变形 4: 导数伪装成极限

这是一个看起来很不同的例子:

$$\lim_{h\to 0}\frac{1}{h}\int_{x}^{x+h}\log_3(\cos^6(t)+2)\mathrm{d}t.$$

这不是一个导数, 它是一个极限. 实际上, 它是伪装的导数 (参见 6.5 节关于这种极限的讨论). 技巧是对于某个常数 a 设

$$F(x)=\int_{a}^{x}\log_3(\cos^6(t)+2)\mathrm{d}t.$$

也可以用一个指定的常数, 或者干脆就使用 a. 这都无关紧要, 因为在任何情况下, 我们都有

$$F(x + h) - F(x) = \int_x^{x+h} \log_3(\cos^6(t) + 2)\mathrm{d}t.$$

如果你不信, 可以自己校验一下; 也可参见 17.2 节. 在任何情况下, 关于函数 F, 我们都有

$$\lim_{h \to 0} \frac{1}{h} \int_x^{x+h} \log_3(\cos^6(t) + 2)\mathrm{d}t = \lim_{h \to 0} \frac{F(x + h) - F(x)}{h} = F'(x).$$

所以, 实际上对于任何常数 a, 我们有

$$\lim_{h \to 0} \frac{1}{h} \int_x^{x+h} \log_3(\cos^6(t) + 2)\mathrm{d}t = \frac{\mathrm{d}}{\mathrm{d}x} \int_a^x \log_3(\cos^6(t) + 2)\mathrm{d}t.$$

看, 我告诉过你, 这个极限是个伪装的导数! 为了解决这个问题, 我们可以使用微积分的第一基本定理, 通过计算可知该极限为 $\log_3(\cos^6(x) + 2)$.

17.6　怎样解决问题: 微积分的第二基本定理

使用微积分的第二基本定理计算定积分 (这是计算定积分的方法, 相信我) 首先要找到不定积分, 然后分别把积分上下限代入, 最后再求差. 所以让我们花一些时间讨论怎样找到不定积分 (也就是反导数), 然后再看一些计算定积分的例子. 这只是积分学的开始, 在后两章中, 我们将会看到更多计算不定积分的方法.

17.6.1　计算不定积分

像我们在 17.4 节中看到的, 只要知道一个函数的导函数, 那么就一定会知道这个导函数的反导数. 我们已经给出了一些例子, 这里还有另一个: 因为

$$\frac{\mathrm{d}}{\mathrm{d}x}(x^4) = 4x^3,$$

所以立刻可知

$$\int 4x^3 \mathrm{d}x = x^4 + C.$$

因为常数可以被移到积分符号的外边, 所以改写为

$$4 \int x^3 \mathrm{d}x = x^4 + C.$$

现在两边分别除以 4:

$$\int x^3 \mathrm{d}x = \frac{x^4}{4} + \frac{C}{4}.$$

这很好, 但 $C/4$ 看上去有些傻. 任意常数除以 4 得到的还是任意常数. 所以可以用任意常数去替代 $C/4$, 我们还使用 C, 这样有

$$\int x^3 \mathrm{d}x = \frac{x^4}{4} + C.$$

让我们对 x 的幂重复这个计算. 注意

$$\frac{\mathrm{d}}{\mathrm{d}x}(x^{a+1}) = (a+1)x^a;$$

这就是说

$$\int (a+1)x^a \mathrm{d}x = x^{a+1} + C.$$

如果 $a \neq -1$, 这时 $a+1 \neq 0$; 所以可以等式两边同时除以 $(a+1)$, 把它写为

$$\boxed{\int x^a \mathrm{d}x = \frac{x^{a+1}}{a+1} + C.}$$

(再一次提醒, 我们用 C 替代了 $C/(a+1)$; 这是可以的, 因为 C 仅仅是任意常数.)
那么当 $a = -1$ 时, 情况又是怎样呢? 上述的方法并不适用于

$$\int \frac{1}{x} \mathrm{d}x.$$

另外, 从 9.3 节可知

$$\frac{\mathrm{d}}{\mathrm{d}x}(\ln(x)) = \frac{1}{x}, \quad \text{因此} \quad \int \frac{1}{x} \mathrm{d}x = \ln(x) + C.$$

这很好, 但实际上我们可以做得更好. 你看, 除了在 $x = 0$ 点外, $1/x$ 在任意一点都有意义, 而 $\ln(x)$ 仅仅当 $x > 0$ 时才有意义. 我们可以这样改写来弥补这个不足:

$$\int \frac{1}{x} \mathrm{d}x = \ln|x| + C.$$

让我们检查一下刚才的计算是否正确. 我们需要证明

$$\frac{\mathrm{d}}{\mathrm{d}x}\ln|x| = \frac{1}{x}$$

对于所有的 $x \neq 0$ 都成立. 当 $x > 0$ 时, 左边就是 $\ln(x)$, 符合要求; 当 $x < 0$ 时, $|x|$ 实际上等于 $-x$, 所以这时左边为

$$\frac{\mathrm{d}}{\mathrm{d}x}\ln(-x).$$

它看起来很奇怪, 但请记住当 $x < 0$ 时, $-x$ 为正. 在这种情况下, 通过链式求导法则, 上述的导数为

$$\frac{\mathrm{d}}{\mathrm{d}x}\ln(-x) = -\frac{1}{-x} = \frac{1}{x}.$$

所以我们已经证明了:

$$\boxed{\int \frac{1}{x} \mathrm{d}x = \ln|x| + C.}$$

参见 17.7 节关于使用这个公式的技巧. 与此同时, 我们要用基本的求导公式总结相应的积分公式.

导数和积分公式

$$\frac{\mathrm{d}}{\mathrm{d}x}x^a = ax^{a-1} \qquad\qquad \int x^a \mathrm{d}x = \frac{x^{a+1}}{a+1} + C \quad (\text{如果 } a \neq -1)$$

$$\frac{\mathrm{d}}{\mathrm{d}x}\ln(x) = \frac{1}{x} \qquad\qquad \int \frac{1}{x}\mathrm{d}x = \ln|x| + C$$

$$\frac{\mathrm{d}}{\mathrm{d}x}\mathrm{e}^x = \mathrm{e}^x \qquad\qquad \int \mathrm{e}^x \mathrm{d}x = \mathrm{e}^x + C$$

$$\frac{\mathrm{d}}{\mathrm{d}x}b^x = b^x\ln(b) \qquad\qquad \int b^x \mathrm{d}x = \frac{b^x}{\ln(b)} + C$$

$$\frac{\mathrm{d}}{\mathrm{d}x}\sin(x) = \cos(x) \qquad\qquad \int \cos(x)\mathrm{d}x = \sin(x) + C$$

$$\frac{\mathrm{d}}{\mathrm{d}x}\cos(x) = -\sin(x) \qquad\qquad \int \sin(x)\mathrm{d}x = -\cos(x) + C$$

$$\frac{\mathrm{d}}{\mathrm{d}x}\tan(x) = \sec^2(x) \qquad\qquad \int \sec^2(x)\mathrm{d}x = \tan(x) + C$$

$$\frac{\mathrm{d}}{\mathrm{d}x}\sec(x) = \sec(x)\tan(x) \qquad\qquad \int \sec(x)\tan(x)\mathrm{d}x = \sec(x) + C$$

$$\frac{\mathrm{d}}{\mathrm{d}x}\cot(x) = -\csc^2(x) \qquad\qquad \int \csc^2(x)\mathrm{d}x = -\cot(x) + C$$

$$\frac{\mathrm{d}}{\mathrm{d}x}\csc(x) = -\csc(x)\cot(x) \qquad\qquad \int \csc(x)\cot(x)\mathrm{d}x = -\csc(x) + C$$

$$\frac{\mathrm{d}}{\mathrm{d}x}\sin^{-1}(x) = \frac{1}{\sqrt{1-x^2}} \qquad\qquad \int \frac{1}{\sqrt{1-x^2}}\mathrm{d}x = \sin^{-1}(x) + C$$

$$\frac{\mathrm{d}}{\mathrm{d}x}\tan^{-1}(x) = \frac{1}{1+x^2} \qquad\qquad \int \frac{1}{1+x^2}\mathrm{d}x = \tan^{-1}(x) + C$$

$$\frac{\mathrm{d}}{\mathrm{d}x}\sec^{-1}(x) = \frac{1}{|x|\sqrt{x^2-1}} \qquad\qquad \int \frac{1}{|x|\sqrt{x^2-1}}\mathrm{d}x = \sec^{-1}(x) + C$$

$$\frac{\mathrm{d}}{\mathrm{d}x}\sinh(x) = \cosh(x) \qquad\qquad \int \cosh(x)\mathrm{d}x = \sinh(x) + C$$

$$\frac{\mathrm{d}}{\mathrm{d}x}\cosh(x) = \sinh(x) \qquad\qquad \int \sinh(x)\mathrm{d}x = \cosh(x) + C$$

如我们所知, 在上述微分公式中, 如果用 ax 替代 x, 那么把每一个相应的公式乘以 a 就可以了. 例如:

$$\frac{\mathrm{d}}{\mathrm{d}x}\tan(7x) = 7\sec^2(7x).$$

但如果是积分呢? 现在这个规则是这样的: 如果你用 ax 替代 x, 这时需要把相应的公式除以 a. 例如:

$$\int \sec^2(7x)\mathrm{d}x = \frac{1}{7}\tan(7x) + C.$$

从这个例子被 7 除可以直接看出这个说法是正确的. 这有另一个例子:

$$\int \mathrm{e}^{-x/3}\mathrm{d}x.$$

你可以把 x 看作被 $-1/3$ 倍的 x 替代; 所以除以 $-1/3$ 可得

$$\int \mathrm{e}^{-x/3}\mathrm{d}x = \frac{1}{-1/3}\mathrm{e}^{-x/3} + C = -3\mathrm{e}^{-x/3} + C.$$

再多练习一个怎么样? 考虑

$$\int \frac{1}{1 + 2x^2}\mathrm{d}x.$$

这个积分可以改写为

$$\int \frac{1}{1 + (\sqrt{2}x)^2}\mathrm{d}x,$$

现在可以把 x 看作被 $\sqrt{2}x$ 替代. 所以除以 $\sqrt{2}$ 可得

$$\int \frac{1}{1 + (\sqrt{2}x)^2}\mathrm{d}x = \frac{1}{\sqrt{2}}\tan^{-1}(\sqrt{2}x) + C.$$

在后两章中, 我们将会看到更多更复杂的计算反导数的技巧, 但也要先记住这个简单的, 因为常数作倍数是积分中常见的现象.

17.6.2 计算定积分

微积分的第二基本定理告诉我们, 为计算

$$\int_a^b f(x)\mathrm{d}x,$$

仅仅需要先找到它的反导数, 然后把 $x = a$ 和 $x = b$ 分别代入, 最后求它们的差. 在 17.3 节中, 我们已经看到了一些例子, 现在再看 5 个例子. 首先, 考虑

$$\int_{-1}^2 x^4\mathrm{d}x.$$

通过使用公式

$$\int x^a\mathrm{d}x = \frac{x^{a+1}}{a + 1} + C,$$

我们知道 x^4 的反导数是 $x^5/5$. 没有必要考虑这个常数, 你可以选择任何反导数, 我们简单地选取 $C = 0$ 这个反导数. 所以有

$$\int_{-1}^2 x^4\mathrm{d}x = \frac{x^5}{5}\Big|_{-1}^2 = \left(\frac{2^5}{5}\right) - \left(\frac{(-1)^5}{5}\right) = \left(\frac{32}{5}\right) - \left(\frac{-1}{5}\right) = \frac{33}{5}.$$

使用括号很重要, 因为这样可以避免丢掉负号! 现在你可能会考虑, 如果我们使用不同的反导数情况会是怎样. 这个想法很好, 但常数最后是会被抵消的. 例如, 如果你选 $x^5/5 - 1001$ 作为它的反导数, 这样会得到

$$\int_{-1}^{2} x^4 \mathrm{d}x = \left(\frac{x^5}{5} - 1001\right)\Bigg|_{-1}^{2} = \left(\frac{2^5}{5} - 1001\right) - \left(\frac{(-1)^5}{5} - 1001\right)$$

$$= \left(\frac{2^5}{5}\right) - 1001 - \left(\frac{(-1)^5}{5}\right) + 1001.$$

注意 -1001 和 $+1001$ 这两项相互抵消了, 我们得到的正是之前的结果. 这个方法给我们的启迪是, 当计算定积分时可以忽略常数 C.

第二个例子是:

$$\int_{-e^2}^{-1} \frac{4}{x} \mathrm{d}x.$$

常数 4 可以移到积分符号的外边, 所以我们需要使用公式

$$\int \frac{1}{x} \mathrm{d}x = \ln|x| + C.$$

从前述总结的公式表中可以看出, $4\ln|x|$ 是 $4/x$ 的反导数. 所以有

$$\int_{-e^2}^{-1} \frac{4}{x} \mathrm{d}x = 4\ln|x|\Bigg|_{-e^2}^{-1} = (4\ln|-1|) - (4\ln|-e^2|) = 4\ln(1) - 4\ln(e^2) = -8.$$

在这儿, 我们使用了 $\ln(1) = 0, \ln(e^2) = 2\ln(e) = 2$.

第三个例子是

$$\int_{0}^{\pi/3} \left(\sec^2(x) - 5\sin\left(\frac{x}{2}\right)\right) \mathrm{d}x.$$

你应该马上就能看出来, 应该把这个积分分成两部分: $\sec^2(x)$ 和 $\sin(x/2)$, 不考虑第二个积分外面的常数. 根据公式表可得, $\sec^2(x)$ 的反导数为 $\tan(x)$; 对于 $\sin(x/2)$, 它的反导数是 $-\cos(x/2)$ 除以 $1/2$, 因为 x 可以被它的常数倍 $x/2$ 所替代. 这样结果为 $-2\cos(x/2)$(因为除以 $1/2$ 和乘以 2 是等价的). 综合在一起, 我们有

$$\int_{0}^{\pi/3} \left(\sec^2(x) - 5\sin\left(\frac{x}{2}\right)\right) \mathrm{d}x = \left(\tan(x) - 5 \times \left(-2\cos\left(\frac{x}{2}\right)\right)\right)\Bigg|_{0}^{\pi/3}.$$

通过化简和替代有

$$\left(\tan(\pi/3) + 10\cos\left(\frac{\pi/3}{2}\right)\right) - \left(\tan(0) + 10\cos\left(\frac{0}{2}\right)\right);$$

你可以发现最终结果为 $6\sqrt{3} - 10$.

这是第四个例子:

$$\int_{4}^{9} \frac{1}{x\sqrt{x}} \mathrm{d}x.$$

解这道题的技巧是把被积函数写为 $x^{-3/2}$ 的形式. 确信你理解这种写法! 现在我们可以使用公式表里的 $\int x^a \mathrm{d}x$ 解决这个问题.

$$\int_4^9 \frac{1}{x\sqrt{x}}\mathrm{d}x = \int_4^9 x^{-3/2}\mathrm{d}x = \left.\frac{1}{-1/2}x^{-1/2}\right|_4^9 = (-2\times(9)^{-1/2}) - (-2\times(4)^{-1/2})$$
$$= -\frac{2}{3} + \frac{2}{2} = \frac{1}{3}.$$

这节的最后一个例子为

$$\int_0^{1/6} \frac{\mathrm{d}x}{\sqrt{1-9x^2}}.$$

不要因为把 $\mathrm{d}x$ 写在分子的位置就看不懂了, 其实就是换了一个写法, 它与下式等价:

$$\int_0^{1/6} \frac{1}{\sqrt{1-9x^2}}\mathrm{d}x.$$

我们用 $(3x)^2$ 替代 $9x^2$, 这样有

$$\int_0^{1/6} \frac{\mathrm{d}x}{\sqrt{1-9x^2}} = \int_0^{1/6} \frac{1}{\sqrt{1-(3x)^2}}\mathrm{d}x = \left.\frac{1}{3}\sin^{-1}(3x)\right|_0^{1/6}.$$

从上面的公式表可知

$$\int \frac{1}{\sqrt{1-x^2}}\mathrm{d}x = \sin^{-1}(x) + C.$$

但我们需要除以 3, 因为 x 被 $3x$ 替代. 现在计算这个定积分的值:

$$\left(\frac{1}{3}\sin^{-1}\left(3\times\frac{1}{6}\right)\right) - \left(\frac{1}{3}\sin^{-1}(3\times 0)\right) = \left(\frac{1}{3}\times\frac{\pi}{6}\right) - (0) = \frac{\pi}{18}.$$

这里我们利用了 $\sin^{-1}\left(\frac{1}{2}\right) = \pi/6$.

17.6.3 面积和绝对值

在 16.1 节中, 我们见过

$$\int_{-\pi}^{\pi} \sin(x)\mathrm{d}x = 0,$$

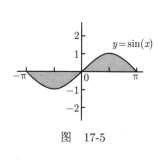

图 17-5

因为坐标轴上下的面积可以互相抵消. 图 17-5 是这个积分的图像.

我们可以用反导数的方法来计算这个定积分:

$$\int_{-\pi}^{\pi} \sin(x)\mathrm{d}x = \left.-\cos(x)\right|_{-\pi}^{\pi} = (-\cos(\pi)) - (-\cos(-\pi))$$
$$= -(-1) + (-1) = 0.$$

如果不考虑面积的正负, 也就是只计算实际面积, 那么刚才的例题又是怎样呢? 在 16.4.1 节中, 我们看到了解决这个问题的例子: 这个以平方为单位的面积等于

$$\int_{-\pi}^{\pi} |\sin(x)|\mathrm{d}x.$$

我们的方法是把这个原始积分在它与 x 轴的交点处分成两部分, 这时再取每一部分的绝对值:

$$\int_{-\pi}^{\pi} |\sin(x)| dx = \left| \int_{-\pi}^{0} \sin(x) dx \right| + \left| \int_{0}^{\pi} \sin(x) dx \right|.$$

我们可以使用它的反导数 $-\cos x$ 计算这两个积分的结果, 它们分别为 -2 和 2, 我把这个计算工作留给你. 如果简单地把这两个数加到一起, 就得到了有向面积为 0 平方单位; 但如果首先取绝对值, 那么就可得到这个面积的实际值, 它是 $|-2| + |2| = 4$ 平方单位.

现在来看看求两条曲线间的面积的例子. 我们在 16.4.2 节中已经说明该怎样计算, 但现在可以使用微积分的第二基本定理这个强大的工具来帮助我们解决问题. 我们可以求图 17-6 所示的不规则图形的面积.

我们计算由 $y = x$、$y = 1/x$ 和直线 $x = 2$ 所围成的面积. 需要找到 $y = x$ 和 $y = 1/x$ 的交点：设 $x = 1/x$ 可以得 $x^2 = 1$; 也就是说, $x = 1$ 或 $x = -1$. 在这个图像中, 交点的横坐标为正, 所以我们选择 $x = 1$. 因为 $y = x$ 在 $y = 1/x$ 的上边, 我们用上边的函数减下边的函数并求积分可得

$$阴影部分面积 = \int_{1}^{2} \left(x - \frac{1}{x} \right) dx.$$

可以容易地使用 $\int x^a dx = x^{a+1}/(a+1) + C$ 求 x 的反导数, 当 $a = 1$ 时, 该反导数为 $x^2/2$; 并且我们也知道, $1/x$ 的反导数为 $\ln|x|$. 所以上述积分等于

$$\left(\frac{x^2}{2} - \ln|x| \right) \Big|_{1}^{2} = \left(\frac{2^2}{2} - \ln|2| \right) - \left(\frac{1^2}{2} - \ln|1| \right) = 2 - \ln(2) - \frac{1}{2} + \ln(1).$$

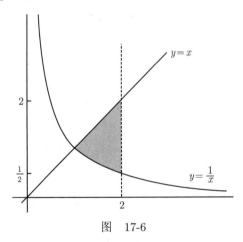

图 17-6

化简后为 $3/2 - \ln(2)$, 即我们要计算的这块面积为 $3/2 - \ln(2)$ 平方单位. 现在让我们看看图 17-7, 如果计算这个面积该怎样做?

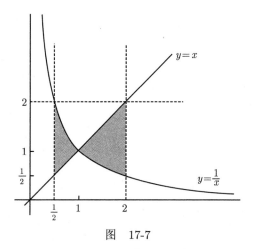

图   17-7

让我们试着把这个面积写为

$$新的阴影部分面积 \overset{?}{=} \int_{1/2}^{2} \left(x - \frac{1}{x}\right)\mathrm{d}x,$$

但实际上这是不对的. 你看, 在区间 1/2 和 1 之间曲线 $y = x$ 不在函数 $y = 1/x$ 的上边. 在 16.4.2 节中我们讨论过这个问题, 实际上需要取被积函数的绝对值:

$$新的阴影部分面积 = \int_{1/2}^{2} \left|x - \frac{1}{x}\right|\mathrm{d}x.$$

因为唯一的交点是在 $x = 1$ 处, 所以我们从该点分割这个积分, 然后分别取绝对值再求积分

$$\int_{1/2}^{2} \left|x - \frac{1}{x}\right|\mathrm{d}x = \left|\int_{1/2}^{1} \left(x - \frac{1}{x}\right)\mathrm{d}x\right| + \left|\int_{1}^{2} \left(x - \frac{1}{x}\right)\mathrm{d}x\right|.$$

我们已经求过第二个积分, 它的结果为 $3/2 - \ln(2)$, 因为 $\ln(2) < \ln(e) = 1$, 所以这个值是正的. 对于第一个积分, 我们有

$$\int_{1/2}^{1} \left(x - \frac{1}{x}\right)\mathrm{d}x = \left(\frac{x^2}{2} - \ln|x|\right)\Bigg|_{1/2}^{1}$$

$$= \left(\frac{1^2}{2} - \ln|1|\right) - \left(\frac{(1/2)^2}{2} - \ln\left|\frac{1}{2}\right|\right)$$

$$= \frac{1}{2} - \ln(1) - \frac{1}{8} + \ln\left(\frac{1}{2}\right) = \frac{3}{8} - \ln(2).$$

在这里可以使用 9.1.4 节中的对数法则, 把 $\ln(1/2)$ 改写为 $\ln(1/2) = \ln(1) - \ln(2)$ 或 $\ln(1/2) = \ln(2^{-1})$, 这样就可以说 $\ln(1/2) = -\ln(2)$. 请注意 $3/8 - \ln(2)$ 的值为负. 当在 $[1/2, 1]$ 这个区间时, x 是比 $1/x$ 小的, 所以 $x - 1/x$ 的积分为负. 我们取 $3/8 - \ln(2)$ 的绝对值, 即 $\ln(2) - 3/8$. 所以有

$$\left| \int_{1/2}^{1} \left(x - \frac{1}{x} \right) \mathrm{d}x \right| + \left| \int_{1}^{2} \left(x - \frac{1}{x} \right) \mathrm{d}x \right| = \left| \frac{3}{8} - \ln(2) \right| + \left| \frac{3}{2} - \ln(2) \right|$$

$$= \left(\ln(2) - \frac{3}{8} \right) + \left(\frac{3}{2} - \ln(2) \right) = \frac{9}{8}.$$

我们要计算的阴影部分面积是 9/8 平方单位. 实际上计算这个面积可以不用微积分的方法. 请看图, 我们可以发现 $y = x$ 和 $y = 1/x$ 关于直线 $y = x$ 对称, 所以如果把这个楔形物移动到直线 $y = x$ 的上边, 这时它组成了一个三角形, 如图 17-8 所示.

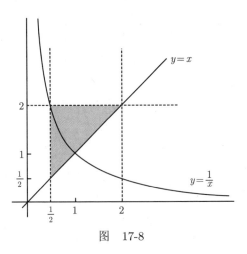

图 17-8

这个三角形的底和高都是 3/2 单位, 所以它的面积为 9/8 平方单位, 同我们刚才计算的结果是一致的!

17.7 技 术 要 点

在 17.6.1 节, 我们知道

$$\int \frac{1}{x} \mathrm{d}x = \ln|x| + C.$$

尽管每个人都这样写这个公式, 但从技术上说这并不正确. 你知道, 我们想要求所有的 $1/x$ 的反导数. 虽然对于每个不同的常数 C, $\ln|x| + C$ 都是它的一个反导数, 但实际上还有更多. 要知道原因, 让我们看看函数 $y = \ln|x|$ 的图像, 如图 17-9 所示.

这个图像有两部分, 我们可以任意上下移动其中的一部分, 却不影响它的导数的结果. 例如, 如果把左边的图像向上移动一个单位, 把右边的图像向下移动 1/2 个单位, 图像将会如图 17-10 所示.

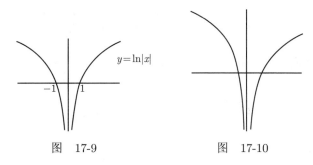

图 17-9 图 17-10

该函数不是 $\ln|x| + C$ 这种形式, 但是它的导数仍然是 $1/x$. 所以我们真的需要两个常数项, 这两项是不同的, 每一项对应这两个函数中的一个:

$$\int \frac{1}{x}\mathrm{d}x = \begin{cases} \ln|x| + C_1 & \text{如果 } x < 0, \\ \ln|x| + C_2 & \text{如果 } x > 0. \end{cases}$$

我们通常只写一个而不写两个常数的原因是, 在一次计算中只用到了一个常数. 考虑以下三个积分:

$$\int_1^{\mathrm{e}} \frac{1}{x}\mathrm{d}x, \quad \int_{-\mathrm{e}}^{-1} \frac{1}{x}\mathrm{d}x, \quad \int_{-1}^{\mathrm{e}} \frac{1}{x}\mathrm{d}x.$$

在第一个积分中, 我们只用到了 $y = 1/x$ 图像的右侧分支. 同样, 我们对第二个积分只用了图像的左侧分支. 通过计算可得, 这两个积分的结果分别为 1 和 −1. 至于第三个积分, 我们需要使用这个图像的两个分支了, 但出问题了: 在区间 $[-1, \mathrm{e}]$ 有一条垂直渐近线 $x = 0$, 我们不知道怎样去做. 事实上, 在第 20 章的反常积分中, 我们将学习如何处理这种类型的积分. 而本例中, 由于这条垂直渐近线使得第三个积分看起来没有意义. 所以对于

$$\int_a^b \frac{1}{x}\mathrm{d}x,$$

这种类型的定积分有意义的情况是当 a 和 b 同时为正或同时为负. 在任何一种情况下, 我们只需要使用其中的一个分支, 没有必要考虑两个常数的问题了.

17.8 微积分第一基本定理的证明

在 17.2 节中, 我们给出了微积分第一基本定理的大致证明. 现在, 我们要使这个定理更加严谨. 回顾这个式子:

$$F(x) = \int_a^x f(t)\mathrm{d}t,$$

我们要计算 $F'(x)$. 我们已经看到

$$F(x + h) - F(x) = \int_x^{x+h} f(t)\mathrm{d}t.$$

假设 $h > 0$. 根据积分学的中值定理有 (参见 16.6.1 节), 在区间 $[x, x+h]$ 上有个常数 c 使得

$$\int_x^{x+h} f(t)\mathrm{d}t = ((x + h) - x)f(c)$$

成立. 这样, 我们有

$$F(x + h) - F(x) = \int_x^{x+h} f(t)\mathrm{d}t = hf(c)$$

对于某个在区间 $[x, x+h]$ 内的常数 c 成立. 实际上对于 $h < 0$, 这个等式也是成立的, 这时的区间就变为 $[x + h, x]$, 因为在这种情况下 $x + h < x$. 而等式的两端同时除以 h 有

$$\frac{F(x + h) - F(x)}{h} = f(c).$$

关键点是: 当 x 是一个固定数时 (暂时), 数 c 的变化是由 h 决定的, 而且它在 x 和 $x + h$ 之间. 可能我们需要重写这个方程为:

$$\frac{F(x + h) - F(x)}{h} = f(c_h),$$

这样写就强调了 c 是由 h 决定的. 当 $h \to 0$ 时情况又怎样呢? 这个值 c_h 被夹在了 x 和 $x + h$ 之间, 所以当 $h \to 0$ 时, 根据三明治定理 (参见 3.6 节) 我们有 $c_h \to x$. 另一方面, 因为函数 f 是连续的, 当 $h \to 0$ 时, 一定有 $f(c_h) \to f(x)$. 也就是说,

$$\lim_{h \to 0} \frac{F(x + h) - F(x)}{h} = \lim_{h \to 0} f(c_h) = f(x).$$

这足以说明 $F'(x) = f(x)$, 这就完成了这个定理的证明. 至于微积分的第二基本定理, 实际上已经在 17.3 节中证明过了, 所以我们可以进入下一章的学习了!

第 18 章　积分的方法 I

让我们开始发展一套求反导数的技巧. 在这一章中, 我们将要学习以下方法:

- 换元法 (也可以叫变量替换);
- 分部积分法;
- 使用部分分式对有理函数求积分.

在下一章中, 我们将会看到关于三角函数的更多技巧.

18.1　换　元　法

使用链式求导法则, 我们可以很容易地求出 e^{x^2} 关于 x 的导数, 请看

$$\frac{\mathrm{d}}{\mathrm{d}x}(e^{x^2}) = 2xe^{x^2}.$$

因子 $2x$ 是出现在指数位置的 x^2 的导数. 现在, 像我们在 17.4 节中见过的, 可以得到

$$\int 2xe^{x^2}\mathrm{d}x = e^{x^2} + C$$

对于任意常数 C 成立. 所以我们求得了 $2xe^{x^2}$ 关于 x 的积分. 那么 e^{x^2} 的积分为多少呢? 你可能认为求解积分

$$\int e^{x^2}\mathrm{d}x$$

是很容易的. 这个积分好像并不难求, 但这是不可能的! 虽然不是完全不可能, 但事实上 e^{x^2} 的反导数表达式是很复杂的. (要计算这个积分你需要求助无穷级数、定积分或一些其他方法.) 你会不会认为, $e^{x^2}/2x$ 为这个函数的反导数呢? 不是. 你可以使用除法规则对这个函数求导 (关于 x), 求导后的结果和 e^{x^2} 有天壤之别.

能让我们解出 $\int 2xe^{x^2}\mathrm{d}x$, 是由于 $2x$ 这个因子的存在, 该因子恰恰就是链式求导法则之后的 x^2 的导数. 现在考虑从下面的不定积分开始:

$$\int x^2 \cos(x^3)\mathrm{d}x.$$

要求这个带着 x^3 的余弦函数的反导数, 我们有一线希望: 里面的 x^3 的导数是 $3x^2$. 这几乎和被积函数里的一个因子 x^2 相匹配 —— 这里仅仅是常数 3 使得问题看起来有些难了. 但是常数可以移到积分符号的外边去, 所以这并不是一个问题.

让我们从设 $t = x^3$ 开始, 所以 $\cos(x^3)$ 变为 $\cos(t)$. 我们的目的是: 要用 t 替

代表达式中的每一个 x. 你可能会说上述积分是变量 x 统治的领地, 但我们要把它变成 t 的领地. 我们已经把 $\cos(x^3)$ 替换掉, 但还需要考虑替换 x^2 和 $\mathrm{d}x$.

事实上, $\mathrm{d}x$ 是很重要的. 你不能随便地把它改为 $\mathrm{d}t$! 因为 $t = x^3$, 所以有 $\mathrm{d}t/\mathrm{d}x = 3x^2$. 我们可以把 $\mathrm{d}x$ 移到等式的右侧, 这样有 $\mathrm{d}t = 3x^2\mathrm{d}x$. 先不要考虑这意味着什么, 我们将会在 18.1.3 节中讨论. 好, 现在把等式两端同时除以 3 得 $\frac{1}{3}\mathrm{d}t = x^2\mathrm{d}x$. 这样, 对于原积分函数, 我们可以去掉 x^2 和 $\mathrm{d}x$, 而用 $\frac{1}{3}\mathrm{d}t$ 去替代, 像这样:

$$\int x^2 \cos(x^3)\mathrm{d}x = \int \cos(x^3)(x^2\mathrm{d}x) = \int \cos(t)\left(\frac{1}{3}\mathrm{d}t\right).$$

中间的过程不是很必要, 但把 x^2 和 $\mathrm{d}x$ 放到一起可以帮助我们更清楚地看到它们被 $\mathrm{d}t/3$ 所代替. 无论如何, 现在我们都可以把 $1/3$ 移到积分符号的外边, 然后再求积分; 所以有

$$\int x^2 \cos(x^3)\mathrm{d}x = \int \cos(t)\frac{1}{3}\mathrm{d}t = \frac{1}{3}\int \cos(t)\mathrm{d}t = \frac{1}{3}\sin(t) + C.$$

如果仅仅把答案写为 $\frac{1}{3}\sin(t) + C$, 这样未免有些懒. 我们从变量 x 开始, 然后变为变量 t, 现在让我们再变回 x. 这样做并不难: 仅仅用 x^3 替代 t 即可. 所以最后的答案为

$$\int x^2 \cos(x^3)\mathrm{d}x = \frac{1}{3}\sin(x^3) + C.$$

我们可以通过求 $\frac{1}{3}\sin(x^3)$ 对 x 的导数来校验这个结果是否正确.

让我们再来看些例子. 首先, 考虑

$$\int \mathrm{e}^{2x}\sec^2(\mathrm{e}^{2x})\mathrm{d}x.$$

因为 $\sec^2$ 里面的变量是讨厌的 e^{2x}, 所以我们用 t 去替代它. 假设 $t = \mathrm{e}^{2x}$. 求导可得 $\mathrm{d}t/\mathrm{d}x = 2\mathrm{e}^{2x}$. 现在把 $\mathrm{d}x$ 移到右边可得 $\mathrm{d}t = 2\mathrm{e}^{2x}\mathrm{d}x$. 这几乎是积分符号里面的样子, 我们仅仅需要去掉因子 2. 所以两端同时除以 2 可得 $\frac{1}{2}\mathrm{d}t = \mathrm{e}^{2x}\mathrm{d}x$. 把刚才的积分变为以 t 为变量, 我们有

$$\int \mathrm{e}^{2x}\sec^2(\mathrm{e}^{2x})\mathrm{d}x = \int \sec^2(\mathrm{e}^{2x})(\mathrm{e}^{2x}\mathrm{d}x) = \int \sec^2(t)\left(\frac{1}{2}\mathrm{d}t\right).$$

现在把因子 $1/2$ 移出积分符号, 然后积分可得 $\tan(t) + C$. 最后再回到以 x 为变量的状态, 只要用 e^{2x} 替代 t. 这样我们证明了

$$\int \mathrm{e}^{2x}\sec^2(\mathrm{e}^{2x})\mathrm{d}x = \frac{1}{2}\tan(\mathrm{e}^{2x}) + C.$$

再一次提醒, 你可以通过对右边求导来校验这个结果是否正确.
来看另一个例子:

$$\int \frac{3x^2+7}{x^3+7x-9}\mathrm{d}x.$$

这个例子看起来很难. 幸运的是, 如果我们对分母 x^3+7x-9 求导可得 $3x^2+7$. 因此可以通过设 $t=x^3+7x-9$ 来求解. 因为 $\mathrm{d}t/\mathrm{d}x=3x^2+7$, 所以可以写为 $\mathrm{d}t=(3x^2+7)\mathrm{d}x$. 用 t 做变量, 积分的结果为

$$\int \frac{3x^2+7}{x^3+7x-9}\mathrm{d}x = \int \frac{1}{x^3+7x-9}((3x^2+7)\mathrm{d}x) = \int \frac{1}{t}\mathrm{d}t = \ln|t|+C.$$

现在用 x^3+7x-9 来替代 t, 可以回到以 x 为变量的状态. 这样结果为

$$\int \frac{3x^2+7}{x^3+7x-9}\mathrm{d}x = \ln|x^3+7x-9|+C.$$

实际上, 这是一种特殊情况：如果 f 是可导函数, 那么

$$\boxed{\int \frac{f'(x)}{f(x)}\mathrm{d}x = \ln|f(x)|+C.}$$

所以如果分子为分母的导数, 这时的积分结果恰恰是分母的对数(分母要取绝对值并加 C). 我们可以通过设 $t=f(x)$ 来证明. 这时 $\mathrm{d}t/\mathrm{d}x=f'(x)$, 所以有 $\mathrm{d}t=f'(x)\mathrm{d}x$. 如果用链式法则把由 x 为变量变为由 t 为变量的状态, 这时就回到

$$\int \frac{f'(x)}{f(x)}\mathrm{d}x = \int \frac{1}{f(x)}(f'(x)\mathrm{d}x) = \int \frac{1}{t}\mathrm{d}t = \ln|t|+C = \ln|f(x)|+C.$$

这事实上是说, 在上述例子

$$\int \frac{3x^2+7}{x^3+7x-9}\mathrm{d}x$$

中, 可以把答案写为 $\ln|x^3+7x-9|+C$, 因为分子恰恰为分母的导数. 有时分子是分母导数的倍数, 像这样：

$$\int \frac{x}{x^2+8}\mathrm{d}x.$$

分母的导数是 $2x$, 但在分子的位置仅有 x. 没问题, 乘以一个 2 再除以一个 2, 像这样：

$$\int \frac{x}{x^2+8}\mathrm{d}x = \frac{1}{2}\int \frac{2x}{x^2+8}\mathrm{d}x.$$

现在你可以把答案写为 $\frac{1}{2}\ln|x^2+8|+C$ 了, 因为分子 $(2x)$ 恰恰是分母 (x^2+8) 的导数. 最后考虑

$$\int \frac{1}{x\ln(x)}\mathrm{d}x.$$

做这道题的最好方法是把这个积分重写为

$$\int \frac{1/x}{\ln(x)}\mathrm{d}x,$$

请注意分母 $\ln(x)$ 的导数就是分子 $1/x$. 根据刚才方框里的公式, 这个积分的结果为 $\ln|\ln(x)|+C$, 这样有

$$\int \frac{1}{x\ln(x)}\mathrm{d}x = \ln|\ln(x)|+C.$$

18.1.1 换元法和定积分

在定积分中也可以使用换元法. 解决这样的问题有两种方法. 例如, 计算

$$\int_0^{\sqrt[3]{\pi/2}} x^2\cos(x^3)\mathrm{d}x,$$

可以先计算不定积分 $\int x^2\cos(x^3)\mathrm{d}x$, 然后把积分上下限写上. 在上一节中, 我们已经计算过这个不定积分了. 为了简便, 我们用 $t = x^3$ 做换元, 注意 $\mathrm{d}t = 3x^2\mathrm{d}x$, 所以 $\frac{1}{3}\mathrm{d}t = x^2\mathrm{d}x$, 这时为

$$\int x^2\cos(x^3)\mathrm{d}x = \int \cos(t)\frac{\mathrm{d}t}{3} = \frac{1}{3}\int \cos(t)\mathrm{d}t = \frac{1}{3}\sin(t)+C = \frac{1}{3}\sin(x^3)+C.$$

事实上最后一步换回到 x 很重要. 无论如何, 关键是我们已经找到了它的导数为 $x^2\cos(x^3)$, 并且可以使用 17.3 节中微积分的第二基本定理去解决问题:

$$\int_0^{\sqrt[3]{\pi/2}} x^2\cos(x^3)\mathrm{d}x = \frac{1}{3}\sin(x^3)\Big|_0^{\sqrt[3]{\pi/2}} = \left(\frac{1}{3}\sin((\sqrt[3]{\pi/2})^3)\right) - \left(\frac{1}{3}\sin(0^3)\right),$$

通过计算可得结果为 1/3. 所以使用换元法计算定积分的一个方法是: 先求不定积分, 然后分别代入积分上下限去求定积分.

这里还有一个方法! 在整个计算过程中你都一直计算定积分, 但一定要记住, 把积分的上下限也用变量 t 来表示. 我们在例子中, 用 $t = x^3$ 去换元, 然后使用 $\frac{1}{3}\mathrm{d}t = x^2\mathrm{d}x$ 换到以变量为 t 的积分. 现在当 $x = 0$ 时, 我们有 $t = 0^3 = 0$, 所以积分下限为 0. 但对于积分上限, 当 $x = \sqrt[3]{\pi/2}$ 时, 我们有 $t = \left(\sqrt[3]{\pi/2}\right)^3 = \pi/2$. 这就是说, 我们必须把积分上限换为 $\pi/2$. 综上所述, 这道题换元后的结果为:

$$\int_0^{\sqrt[3]{\pi/2}} x^2\cos(x^3)\mathrm{d}x = \frac{1}{3}\int_0^{\pi/2} \cos(t)\mathrm{d}t.$$

我们很快就会完成这道题目, 但请注意如果把积分上限写成这样就大错特错了:

$$\frac{1}{3}\int_0^{\sqrt[3]{\pi/2}} \cos(t)\mathrm{d}t,$$

因为我们现在正在对 t 而不是 x 求积分, 因此积分上下限也是以 t 为变量. 事实上, 我们可以以被积函数的变量为积分上下限的变量, 从而使该积分更容易求解, 像这

样:

$$\int_{x=0}^{x=\sqrt[3]{\pi/2}} x^2 \cos(x^3)\mathrm{d}x = \frac{1}{3}\int_{t=0}^{t=\pi/2} \cos(t)\mathrm{d}t.$$

这真的强调了我们正在做的事: 当 $x = 0$ 时, t 也为 0; 当 $x = \sqrt[3]{\pi/2}$ 时, $t = \pi/2$. 所以我们总结一下, 实际上有三次换元:

(1) $\mathrm{d}x$—— 要用 $\mathrm{d}t$ 来表示它, 可以借用被积函数里的其他带有 x 的项来做相应的变化;

(2) 把被积函数里所有带有 x 的项都用 t 来表示;

(3) 积分上下限也用 t 来表示.

让我们来完成这道题目. 最好的方法是把计算过程写在左边, 像这样:

$t = x^3$

$\mathrm{d}t = 3x^2\mathrm{d}x$, 所以 $x^2\mathrm{d}x = \dfrac{1}{3}\mathrm{d}t$

当 $x = 0, t = 0$

当 $x = \sqrt[3]{\pi/2}, t = \pi/2$

$$\int_0^{\sqrt[3]{\pi/2}} x^2\cos(x^3)\mathrm{d}x = \int_0^{\pi/2} \frac{1}{3}\cos(t)\mathrm{d}t$$
$$= \frac{1}{3}\sin(t)\Big|_0^{\pi/2}$$
$$= \left(\frac{1}{3}\sin(\pi/2)\right) - \left(\frac{1}{3}\sin(0)\right) = \frac{1}{3}.$$

注意, 在开始计算右边之前要先把左边的准备工作做完, 因为我们要使用左边所有的信息完成以 t 为变量的转换.

这里还有一个看起来更复杂的例子:

$$\int_{1/\sqrt{2}}^{\sqrt{3}/2} \frac{1}{\sin^{-1}(x)\sqrt{1-x^2}}\mathrm{d}x.$$

先问问你自己: 在这个被积函数中, 有哪一项是另一项的导数吗? 我们很幸运, $\sin^{-1}(x)$ 的导数为 $1/\sqrt{1-x^2}$. 所以试着做替换 $t = \sin^{-1}(x)$. 的确, $\mathrm{d}t/\mathrm{d}x = 1/\sqrt{1-x^2}$, 所以有

$$\mathrm{d}t = \frac{1}{\sqrt{1-x^2}}\mathrm{d}x.$$

我们还需要把积分上下限用 t 来替代, 把 $x = 1/\sqrt{2}$ 和 $x = \sqrt{3}/2$ 分别代入 $t = \sin^{-1}(x)$, 分别得到 $t = \pi/4$ 和 $t = \pi/3$, 只要你还记得反三角函数的基本知识! (参见第 10 章复习这方面的知识.) 我们把这些东西综合在一起, 可得:

$t = \sin^{-1}(x)$

$\mathrm{d}t = \dfrac{1}{\sqrt{1-x^2}}\mathrm{d}x$

当 $x = \dfrac{1}{\sqrt{2}}, t = \sin^{-1}\left(\dfrac{1}{\sqrt{2}}\right) = \dfrac{\pi}{4}$

当 $x = \dfrac{\sqrt{3}}{2}, t = \sin^{-1}\left(\dfrac{\sqrt{3}}{2}\right) = \dfrac{\pi}{3}$

$$\int_{1/\sqrt{2}}^{\sqrt{3}/2} \frac{1}{\sin^{-1}(x)\sqrt{1-x^2}}\mathrm{d}x$$
$$= \int_{\pi/4}^{\pi/3} \frac{1}{t}\mathrm{d}t = \ln|t|\Big|_{\pi/4}^{\pi/3}$$
$$= \ln\left|\frac{\pi}{3}\right| - \ln\left|\frac{\pi}{4}\right| = \ln\left(\frac{4}{3}\right).$$

为得到这个最后的化简结果, 我们需要知道基本的对数运算法则 (参见 9.1.4 节). 最好你能记住这些.

顺便说一下, 如果你目光锐利, 会注意到上述换元实际上是上一节最后例子的特例. 这给了我们一个新方法去求解积分

$$\int_{1/\sqrt{2}}^{\sqrt{3}/2} \frac{1}{\sin^{-1}(x)\sqrt{1-x^2}} \mathrm{d}x.$$

让我们从不定积分开始, 把它重写为

$$\int \frac{1}{\sin^{-1}(x)\sqrt{1-x^2}} \mathrm{d}x = \int \frac{1/\sqrt{1-x^2}}{\sin^{-1}(x)} \mathrm{d}x.$$

注意分子正好是分母的导数, 所以我们要取分母的绝对值的对数, 得到最后的答案为

$$\int \frac{1}{\sin^{-1}(x)\sqrt{1-x^2}} \mathrm{d}x = \ln|\sin^{-1}(x)| + C.$$

现在为了计算这个定积分, 可以把原始的积分上下限 $1/\sqrt{2}$ 和 $\sqrt{3}/2$, 一次一个地代入 $\ln|\sin^{-1}(x)|$ 表达式, 然后再求差. 我把计算的细节留给你去做.

这儿有一个关于换元法的不同的问题. 在 16.1.1 节中, 我们说过

如果 f 是一个奇函数, 这时对于任何 a 都有 $\int_{-a}^{a} f(x)\mathrm{d}x = 0$.

你怎样证明这是正确的呢? 我们从在 $x = 0$ 点把这个积分分成两部分开始:

$$\int_{-a}^{a} f(x)\mathrm{d}x = \int_{-a}^{0} f(x)\mathrm{d}x + \int_{0}^{a} f(x)\mathrm{d}x.$$

对于等式右边的第一个积分, 用 $x = -t$ 去替代. 这时 $\mathrm{d}x = -\mathrm{d}t$. 并且我们看到当 $x = -a$ 时, $t = a$; 当 $x = 0$ 时, $t = 0$. 所以有

$$\int_{-a}^{0} f(x)\mathrm{d}x = -\int_{a}^{0} f(-t)\mathrm{d}t = \int_{0}^{a} f(-t)\mathrm{d}t.$$

在最后一步, 我们用负号切换积分上下限. 因为函数 f 为奇函数, 所以 $f(-t) = -f(t)$, 这表明了

$$\int_{0}^{a} f(-t)\mathrm{d}t = -\int_{0}^{a} f(t)\mathrm{d}t.$$

现在, 如果我们把虚拟变量变回 x, 那就证明了随后的这个结果:

$$\int_{-a}^{0} f(x)\mathrm{d}x = -\int_{0}^{a} f(x)\mathrm{d}x.$$

这个等式只有在函数 f 为奇函数时才成立! 总之, 我们可以回到最初的方程并使用刚才的这个结果:

$$\int_{-a}^{a} f(x)\mathrm{d}x = \int_{-a}^{0} f(x)\mathrm{d}x + \int_{0}^{a} f(x)\mathrm{d}x = -\int_{0}^{a} f(x)\mathrm{d}x + \int_{0}^{a} f(x)\mathrm{d}x = 0.$$

我们的任务完成了!

18.1.2 如何换元

你怎样选择被替代的函数呢? 这是个很好的问题. 基本思想是寻找其导数也在被积函数中的那些部分. 在积分

$$\int \frac{1}{\sin^{-1}(x)\sqrt{1-x^2}}\mathrm{d}x$$

中, 我们选择 $t = \sin^{-1}(x)$ 换元, 因为它的导数 $1/\sqrt{1-x^2}$ 也恰恰在被积函数中. 在下列积分中这个方法也适用:

$$\int \frac{\sin^{-1}(x)}{\sqrt{1-x^2}}\mathrm{d}x, \quad \int \frac{\mathrm{e}^{\sin^{-1}(x)}}{\sqrt{1-x^2}}\mathrm{d}x \quad \text{和} \quad \int \frac{1}{\sqrt{\sin^{-1}(x)(1-x^2)}}\mathrm{d}x.$$

在以 t 为变量的情况下, 这些积分分别变为:

$$\int t\mathrm{d}t, \quad \int \mathrm{e}^t\mathrm{d}t \quad \text{和} \quad \int \frac{1}{\sqrt{t}}\mathrm{d}t,$$

前两个积分很容易观察出来, 但第三个就不那么容易了, 需要把平方根拆开并观察使用换元法怎样计算

$$\int \frac{1}{\sqrt{\sin^{-1}(x)(1-x^2)}}\mathrm{d}x = \int \frac{1}{\sqrt{\sin^{-1}(x)}}\frac{1}{\sqrt{1-x^2}}\mathrm{d}x.$$

现在确定你能准确计算出上述以 t 为变量的积分, 然后可以再把它们替换回以 x 为变量的积分. (对于第三个积分, 如果把 $1/\sqrt{t}$ 写为 $t^{-1/2}$ 会方便我们计算.) 无论怎样计算, 你都会分别得到

$$\frac{(\sin^{-1}(x))^2}{2} + C, \quad \mathrm{e}^{\sin^{-1}(x)} + C \quad \text{和} \quad 2\sqrt{\sin^{-1}(x)} + C,$$

把得到的每一个结果求导以校验我们的计算是否正确.

有时怎样换元并不很明显. 例如, 怎样计算积分

$$\int \frac{\mathrm{e}^x}{\mathrm{e}^{2x}+1}\mathrm{d}x?$$

可能想象出来的替代为 $t = \mathrm{e}^x, t = \mathrm{e}^{2x}, t = \mathrm{e}^{2x}+1$. 后两个换元并不能解决问题, 因为在这两种情况中 $\mathrm{d}t = 2\mathrm{e}^{2x}\mathrm{d}x$, 但被积函数的分子中没有 e^{2x} 这项. 所以我们设 $t = \mathrm{e}^x$, 这时有 $\mathrm{d}t = \mathrm{e}^x\mathrm{d}x$, 该项正好出现在分子. 至于分母, 我们可以把 e^{2x} 改写为 $(\mathrm{e}^x)^2$, 这就是 t^2. 所以

$$\int \frac{\mathrm{e}^x}{\mathrm{e}^{2x}+1}\mathrm{d}x = \int \frac{1}{t^2+1}\mathrm{d}t,$$

这个积分的结果为 $\tan^{-1}(t) + C$. 再把它换回以 x 为变量的积分, 有

$$\int \frac{\mathrm{e}^x}{\mathrm{e}^{2x}+1}\mathrm{d}x = \tan^{-1}(\mathrm{e}^x) + C$$

对于任何常数 C 都成立. 我们可以对等式的右端求导来校验这个结果是否正确.

我们再看一个例子:

$$\int x\sqrt[5]{3x+2}\mathrm{d}x.$$

关于计算 $\sqrt[n]{ax+b}$ 这种类型的积分, 我们有一个非常好的方法. 可以简单地设 $t = \sqrt[n]{ax+b}$, 在求 $\mathrm{d}t$ 之前先两边同时 n 次方. 所以:

> 在换掉 $\sqrt[n]{ax+b}$ 之前, 设 $t = \sqrt[n]{ax+b}$ 并对等式 $t^n = ax+b$ 两端求导.

所以, 我们设 $t = \sqrt[5]{3x+2}$. 为找到 $\mathrm{d}t$, 把等式两端 5 次方, 得 $t^5 = 3x+2$. 现在把这个新的等式两端同时对合适的变量 (由链式法则决定) 求导, 得 $5t^4\mathrm{d}t = 3\mathrm{d}x$. $5t^4$ 是 t^5 关于 t 的导数, 3 是 $3x+2$ 关于 x 的导数. 所以, 我们找到了可以用 t 表示 3 $\mathrm{d}x$ 的表达式, 等式两端同时除以 3 就得到了 $\mathrm{d}x$ 的表达式. 在本例中有

$$\mathrm{d}x = \frac{5}{3}t^4\mathrm{d}t.$$

(通过写出关于 x 的表达式 $x = \frac{1}{3}\left(t^5 - 2\right)$, 再两边同时对 t 求导也可得上式.) 现在让我们重新看看这个积分. 该积分表达式有三项: x、$\sqrt[5]{3x+2}$ 和 $\mathrm{d}x$. 第二项就是 t, 我们已经找到了用 t 表示第三项的表达式. 那么第一项 x 该怎么处理呢? 我们知道 $t^5 = 3x+2$, 所以可以重新整理这个等式得 $x = \frac{1}{3}\left(t^5 - 2\right)$. 这样, 这个积分表达式为

$$\int x\sqrt[5]{3x+2}\mathrm{d}x = \int \frac{1}{3}(t^5 - 2)(t) \times \frac{5}{3}t^4\mathrm{d}t.$$

现在我们先做乘法然后再积分可得

$$\frac{5}{9}\int (t^{10} - 2t^5)\mathrm{d}t = \frac{5}{99}t^{11} - \frac{5}{27}t^6 + C.$$

再回到以 x 为变量的积分: 用 $t = (3x+2)^{1/5}$ 再替换得

$$\frac{5}{99}(3x+2)^{11/5} - \frac{5}{27}(3x+2)^{6/5} + C.$$

你应该试着自己解决这个问题, 把你的解题思路写在计算过程的左边, 就如前面例子中演示过的那样. 并且你也应该把所得的积分结果求导, 校验是否会得到 $x\sqrt[5]{3x+2}$. 顺便说一下, 你是否注意到这道题用的换元法同我们以前的换元有何不同? 确实有一点点不同. 在其他例子中, 我们用的方程是 $\mathrm{d}t=$(关于 x 的函数)$\mathrm{d}x$, 然而在这个例子中我们写为 $\mathrm{d}x = \frac{5}{3}t^4\mathrm{d}t$. 这种写法对于计算很有帮助, 因为我们可以直接替代 $\mathrm{d}x$. 在所有的其他例子中, 我们不得不找到一个已经存在的 x 的表达式的常数倍才有机会化简. 在 19.3 节中, 我们将要看到能直接替代 $\mathrm{d}x$ 的其他例子.

总的来说, 对于怎样换元没有硬性规定. 你需要跟着直觉走, 这个直觉只有在你做了大量的习题之后才会越来越正确. 可以尝试任何你想到的换元. 如果换元后的积分比原始的积分更糟糕, 或者你找不到任何方法把每一个变量都化成 t 变量, 那也不要着急: 你仅仅需要做的是再回到原始积分, 然后尝试其他的换元.

现在, 在介绍分部积分法之前我需要再阐述两点. 第一点是换元方法的识别, 我将在下一节介绍这点. 第二点是对换元法的总结, 即

- 对于**不定积分**, 用 t 和 dt 分别表示带有 x 的表达式和 dx, 然后再求这个新的用 t 表达的积分, 最后再换回到 x;
- 对于**定积分**, 用 t 和 dt 分别表示带有 x 的表达式和 dx, **并且**也要把积分上下限换为与 t 相关, 这时计算这个新的积分 (没有必要再回到以 x 为变量的状态). 当然也可以用另一个方法, 就是先把它看成不定积分去计算结果, 然后再把积分上下限分别代入求最后的结果.

18.1.3 换元法的理论解释

假设你想在某些积分中做这样的换元 $t = x^2$, 这样就得到 $dt/dx = 2x$, 改写为 $dt = 2xdx$. 在某种意义下, 这是一种没有意义的陈述 —— 毕竟 dt 和 dx 没什么实际意义. 我们知道 dt/dx 是导数的一种表示, 但在第 13 章中 dt 和 dx 仅仅被定义为微分. 所以 $dt = 2xdx$ 究竟意味着什么? 一个好的解释是, 当 t 发生微小变化时, 它的变化量是它所对应的 x 的微小变化量的 $2x$ 倍. 实际上在 5.2.7 节中有过这种类型的表达式. 你可以采用这种方式去观察它, 看怎样用黎曼和解释它, 但这里有一个更好的方式: 仅仅使用链式法则.

设想你已经做了一个换元 $t = g(x)$, 我们用以 t 为变量的 $\int f(t)dt$ 结束求解, 设结果为 $F(t) + C(C$ 为常数). 所以这个积分以 t 为变量可写为

$$\int f(t)dt = F(t) + C.$$

因为 $t = g(x)$, 所以可得 $dt = g'(x)dx$, 这样上述方程可以转化为以 x 为变量的式子:

$$\int f(g(x))g'(x)dx = F(g(x)) + C.$$

我所做的就是分别用 $g(x)$ 替代 t, 用 $g'(x)dx$ 替代 dt. 如果你想证明这个替代是有效的, 我们需要证明上述等式是正确的. 设 $h(x) = F(g(x))$, 根据链式法则 (参见 6.2.5 节第一部分), $h'(x) = F'(g(x))g'(x)$ 是正确的. 我们可以以不定积分的形式来表达:

$$\int F'(g(x))g'(x)dx = h(x) + C.$$

因为 $h(x) = F(g(x))$, 我们有

$$\int F'(g(x))g'(x)\mathrm{d}x = F(g(x)) + C.$$

现在, 因为 $\int f(t)\mathrm{d}t = F(t) + C$, 所以 $F'(t) = f(t)$; 因为 $t = g(x)$, 我们有 $F'(g(x)) = f(g(x))$. 这样上述等式变为

$$\int f(g(x))g'(x)\mathrm{d}x = F(g(x)) + C.$$

这正是我们要证明的!

顺便说一下, 这个漂亮的等式可以帮助我们证明一种换元法, 这种方法恰恰就是我们在上一节最后例子之后讨论过的. (当我们学习 19.3 节的三角换元法时, 将会一次又一次地见到这个方法). 第二种换元法是, 不设 $t = g(x)$ 而是对于一些函数 g 设 $x = g(t)$, 这样用 $g'(t)\mathrm{d}t$ 替代 $\mathrm{d}x$. 在这种情况下, 最初的积分 $\int f(x)\mathrm{d}x$ 现在变为

$$\int f(g(t))g'(t)\mathrm{d}t.$$

现在可以计算出这个积分了, 然后再回到以 x 为变量的积分上. 根据我们刚才证明的漂亮的等式, 其中用 t 替代了 x, 我们看到上述积分等于 $F(g(t)) + C$, 其中 F 是 f 的反导数. 这时的结果恰恰就是 $F(x) + C$, 这正是我们想要的. 所以这个方法很有用, 我们证明了此换元法的合理性.

18.2   分部积分法

我们已经看到换元法是怎样逆用链式求导法则的. 还有一种方法可以逆用乘积法则, 我们称之为分部积分法. 让我们回忆一下 6.2.3 节的乘积法则: 如果 u 和 v 是关于 x 的函数, 则有

$$\frac{\mathrm{d}}{\mathrm{d}x}(uv) = v\frac{\mathrm{d}u}{\mathrm{d}x} + u\frac{\mathrm{d}v}{\mathrm{d}x}.$$

让我们重新写一下这个等式, 然后两边同时再对 x 求积分, 得到

$$\int u\frac{\mathrm{d}v}{\mathrm{d}x}\mathrm{d}x = \int \frac{\mathrm{d}}{\mathrm{d}x}(uv)\mathrm{d}x - \int v\frac{\mathrm{d}u}{\mathrm{d}x}\mathrm{d}x.$$

等式右侧的第一项是函数 uv 导数的反导数, 所以它等于 $uv+C$. 其实 $+C$ 是不必要的, 因为等式右侧的第二项已然是个不定积分: 它自动包含一个 $+C$. 所以我们已经证明了

$$\int u\frac{\mathrm{d}v}{\mathrm{d}x}\mathrm{d}x = uv - \int v\frac{\mathrm{d}u}{\mathrm{d}x}\mathrm{d}x.$$

这就是分部积分公式, 这种形式非常实用, 但我们还有这种形式的简单写法, 更方

便. 如果我们用 $\mathrm{d}v$ 替代 $\dfrac{\mathrm{d}v}{\mathrm{d}x}\mathrm{d}x$, 用 $\mathrm{d}u$ 替代 $\dfrac{\mathrm{d}u}{\mathrm{d}x}\mathrm{d}x$, 会得到公式

$$\int u\mathrm{d}v = uv - \int v\mathrm{d}u.$$

再一次提醒, 这仅仅是公式的简写形式, 但这种写法确实很实用. 让我们看看它怎样帮助我们解决问题. 假设我们想求解

$$\int x\mathrm{e}^x\mathrm{d}x.$$

换元法看起来不管用了 (试试看是否能解决问题), 所以我们尝试使用分部积分法. 首先要得到 $\int u\mathrm{d}v$ 形式的积分, 这样才能应用分部积分法. 有很多种方法可以化成这种形式, 但有一种很管用的方法: 设 $u = x$ 并且 $\mathrm{d}v = \mathrm{e}^x\mathrm{d}x$. 这时我们有 $\int x\mathrm{e}^x\mathrm{d}x = \int u\mathrm{d}v$.

现在我们使用分部积分法, 需要找到 $\mathrm{d}u$ 和 v. $\mathrm{d}u$ 很容易找到: 我们知道 $u = x$, 所以 $\mathrm{d}u=\mathrm{d}x$. 那么 v 怎样找呢? 我们有 $\mathrm{d}v = \mathrm{e}^x\mathrm{d}x$, 所以 v 究竟是多少呢? 仅仅对这个等式两侧同时求积分: $\int \mathrm{d}v = \int \mathrm{e}^x\mathrm{d}x$. 这就是说 $v = \mathrm{e}^x + C$. 实际上我们并不需要这样的 v, 仅仅需要能给出 $\mathrm{d}v = \mathrm{e}^x\mathrm{d}x$ 这种形式的 v. 所以我们可以忽略 $+C$ 仅仅设 $v = \mathrm{e}^x$.

我们现在要开始应用分部积分公式了, 其中 $u = x$, $\mathrm{d}u = \mathrm{d}x$, $v = \mathrm{e}^x$, 并且 $\mathrm{d}v = \mathrm{e}^x\mathrm{d}x$. 使用这个公式的最简单方式是留有一定间隔地写下这个公式, 然后进行如下替代:

$$\int u \ \mathrm{d}v = u\,v - \int v \ \mathrm{d}u$$
$$\int x \ \overbrace{\mathrm{e}^x\mathrm{d}x} = x\,\mathrm{e}^x - \int \mathrm{e}^x \ \mathrm{d}x.$$

现在仍然有一个积分被剩下了, 唯一被剩下的 $\int \mathrm{e}^x\mathrm{d}x$ 的结果为 $\mathrm{e}^x + C$. 把这个加进去, 就得到 $\int x\mathrm{e}^x\mathrm{d}x = x\mathrm{e}^x - \mathrm{e}^x + C$. (从技术角度来说应该是 $-C$, 而不是 $+C$; 但减一个常数也就是加这个常数的相反数, 区分这个是没有必要的.)

为了能计算出 $\mathrm{d}u$ 和 v, 我建议你这样来写:

$$u = x \qquad v =$$
$$\mathrm{d}u = \qquad \mathrm{d}v = \mathrm{e}^x\mathrm{d}x,$$

这时通过对 u 求导和对 $\mathrm{d}v$ 求积分来填写空白处:

$$u = x \qquad v = \mathrm{e}^x$$
$$\mathrm{d}u = \mathrm{d}x \qquad \mathrm{d}v = \mathrm{e}^x\mathrm{d}x.$$

你能很容易地用分部表达式替代这个积分, 因为我们已经做好了所有的准备工作.

你究竟为什么决定选择 $u = x$ 和 $\mathrm{d}v = \mathrm{e}^x\mathrm{d}x$ 呢? 为什么我们不设 $u = \mathrm{e}^x$ 和

$\mathrm{d}v = x\mathrm{d}x$ 呢? 我们可以这样做的. 在这种情况下, 会有

$$u = \mathrm{e}^x \qquad\qquad v = \frac{1}{2}x^2$$
$$\mathrm{d}u = \mathrm{e}^x\mathrm{d}x \qquad\qquad \mathrm{d}v = x\mathrm{d}x;$$

注意我们通过对 $\mathrm{d}v = x\mathrm{d}x$ 求积分得到 $v = \frac{1}{2}x^2$ (记住我们不需要 $+C$). 这时, 通过分部积分法有

$$\int\ u\ \ \mathrm{d}v\ \ =\ u\ \ v\ \ -\ \int\ \ v\ \ \mathrm{d}u$$
$$\int xe^x\mathrm{d}x = \int \mathrm{e}^x\ \overbrace{x\mathrm{d}x} = \mathrm{e}^x \cdot \frac{1}{2}x^2 - \int \frac{1}{2}x^2\ \overbrace{\mathrm{e}^x\mathrm{d}x}.$$

整个解题过程没有任何错误, 但它很不实用. 你看, 最后这个积分是比原始积分更复杂的积分! 所以我们最好使用第一种方法. 通常来说, 如果你在表达式里面见到 e^x, 好好待它, 它是你的朋友, 因为它的积分是它自己. 这里的规则是: 如果 e^x 存在, 通常让 $\mathrm{d}v = \mathrm{e}^x\mathrm{d}x$, 因为这样可以很简单地得到 v 即为 e^x.

一些变形

这里面有很多复杂的情况. 有时你需要多次计算分部积分. 例如, 你怎样计算

$$\int x^2 \sin(x)\mathrm{d}x?$$

很好, 它是一个乘积的形式, 所以换元法不适用, 我们试着用分部积分法. 这里没有 e^x, 但是有 $\sin(x)$, 这也非常好. 让我们设 $u = x^2$, 并且 $\mathrm{d}v = \sin(x)\mathrm{d}x$. 我们得到

$$u = x^2 \qquad\qquad v = -\cos(x)$$
$$\mathrm{d}u = 2x\mathrm{d}x \qquad\qquad \mathrm{d}v = \sin(x)\mathrm{d}x;$$

这里我们通过对 $\mathrm{d}v = \sin(x)\mathrm{d}x$ 求积分可得 $v = \int\sin(x)\mathrm{d}x = -\cos(x)$ (记住没有必要写 $+C$). 所以我们有

$$\int\ u\ \ \ \mathrm{d}v\ \ =\ u\ \ \ v\ \ \ -\ \int\ \ \ v\ \ \ \mathrm{d}u$$
$$\int x^2\ \overbrace{\sin(x)\mathrm{d}x} = x^2\ \overbrace{(-\cos(x))} - \int \overbrace{(-\cos(x))}\ \overbrace{2x\mathrm{d}x}$$
$$= -x^2\cos(x) + \int \cos(x) \cdot 2x\mathrm{d}x.$$

现在我们把 2 从最后的积分中提出来, 我们将要完成这个积分, 只要知道 $\int x\cos x\mathrm{d}x$ 的积分结果. 这比我们的原始积分表达式要简单, 原始表达式里是 x^2 而现在仅仅为 x 了, 毕竟余弦函数和正弦函数是非常相似的. 所以再一次用分部积分法. 我们假设 $U = x$ 并且 $\mathrm{d}V = \cos(x)\mathrm{d}x$; 这次我使用大写字母是因为前面已使用了小写字母. 现在我们有

$$U = x \qquad V = \sin(x)$$
$$\mathrm{d}U = \mathrm{d}x \qquad \mathrm{d}V = \cos(x)\mathrm{d}x,$$

这样, 通过替代有

$$\int U \quad \mathrm{d}V \quad = U \quad V \quad - \int V \quad \mathrm{d}U$$
$$\int x \;\overbrace{\cos(x)\mathrm{d}x} = x \,\sin(x) - \int \sin(x) \; \mathrm{d}x.$$

我们已经知道 $\int \sin(x)\mathrm{d}x = -\cos(x) + C$, 所以有

$$\int x\cos(x)\mathrm{d}x = x\sin(x) + \cos(x) + C.$$

我们几乎快完成了, 仅仅需要做的是把这些代入最开始的表达式里:

$$\int x^2 \sin(x)\mathrm{d}x = -x^2\cos(x) + 2x\sin(x) + 2\cos(x) + C.$$

(再一次强调, 我不写 $+2C$ 因为它只是一个常数.)

　　有时在两次分部积分之后情况并未好转. 在这种情况下, 如果你运气好, 那么将会得到原始积分的倍数. 如果你很不走运, 那只有把刚才的计算扔到一边, 重新再来了. (如果你很不走运, 那么原始积分就可能会被正好约掉, 这样就一点忙也帮不上了!) 这种情况到底是什么样的, 这里有一个例子:

$$\int \cos(x)\mathrm{e}^{2x}\mathrm{d}x.$$

这个被积函数既包含余弦函数又包含指数函数, 但我更倾向于用指数函数, 所以, 我们设 $u = \cos(x), \mathrm{d}v = \mathrm{e}^{2x}\mathrm{d}x$. 得到

$$u = \cos(x) \qquad\qquad v = \frac{1}{2}\mathrm{e}^{2x}$$
$$\mathrm{d}u = -\sin(x)\mathrm{d}x \qquad \mathrm{d}v = \mathrm{e}^{2x}\mathrm{d}x.$$

(当你对 e^{2x} 求积分以求 v 时, 别忘记要除以 2.) 这样, 我们有

$$\int u \quad \mathrm{d}v \quad = \quad u \quad v \quad - \int v \quad \mathrm{d}u$$
$$\int \cos(x)\;\overbrace{\mathrm{e}^{2x}\mathrm{d}x} = \cos(x)\;\overbrace{\frac{1}{2}\mathrm{e}^{2x}} - \int \overbrace{\frac{1}{2}\mathrm{e}^{2x}}\;\overbrace{(-\sin(x))\mathrm{d}x}$$
$$= \frac{1}{2}\cos(x)\mathrm{e}^{2x} + \frac{1}{2}\int \sin(x)\mathrm{e}^{2x}\mathrm{d}x.$$

现在等式右侧的新积分同我们最开始计算的积分表达式的难度是等同的, 所以我们选择的这种计算方法是否合适还不是很清楚. 无论如何, 我们先坚持这种方法, 再次用分部积分法. 这次我们设 $U = \sin(x), \mathrm{d}V = \mathrm{e}^{2x}\mathrm{d}x$. 我们看看得到什么:

$$U = \sin(x) \qquad\qquad V = \frac{1}{2}\mathrm{e}^{2x}$$
$$\mathrm{d}U = \cos(x)\mathrm{d}x \qquad \mathrm{d}V = \mathrm{e}^{2x}\mathrm{d}x.$$

通过分部积分法, 我们有

$$\int \overbrace{U}^{} \quad \overbrace{\mathrm{d}V}^{} = \overbrace{U}^{} \quad \overbrace{V}^{} - \int \overbrace{V}^{} \quad \overbrace{\mathrm{d}U}^{}$$

$$\int \sin(x) \overbrace{\mathrm{e}^{2x}\mathrm{d}x} = \sin(x) \overbrace{\frac{1}{2}\mathrm{e}^{2x}} - \int \overbrace{\frac{1}{2}\mathrm{e}^{2x}} \overbrace{\cos(x)\mathrm{d}x}$$

$$= \frac{1}{2}\sin(x)\mathrm{e}^{2x} - \frac{1}{2}\int \cos(x)\mathrm{e}^{2x}\mathrm{d}x.$$

把这两次计算合并到一起, 有

$$\int \cos(x)\mathrm{e}^{2x}\mathrm{d}x = \frac{1}{2}\cos(x)\mathrm{e}^{2x} + \frac{1}{2}\left(\frac{1}{2}\sin(x)\mathrm{e}^{2x} - \frac{1}{2}\int \cos(x)\mathrm{e}^{2x}\mathrm{d}x\right)$$

$$= \frac{1}{2}\cos(x)\mathrm{e}^{2x} + \frac{1}{4}\sin(x)\mathrm{e}^{2x} - \frac{1}{4}\int \cos(x)\mathrm{e}^{2x}\mathrm{d}x.$$

这能帮助我们计算吗? 是的. 我们注意到等式两端出现了同样的积分, 再把这两个积分都移到等式的左边. 事实上, 我们可以在等式两侧同时加上原始积分的 1/4, 这样可以把等式右边的积分消掉, 再加上一个常数 C 得到

$$\frac{5}{4}\int \cos(x)\mathrm{e}^{2x}\mathrm{d}x = \frac{1}{2}\cos(x)\mathrm{e}^{2x} + \frac{1}{4}\sin(x)\mathrm{e}^{2x} + C.$$

现在我们在等式两侧同时乘以 4/5 得到

$$\int \cos(x)\mathrm{e}^{2x}\mathrm{d}x = \frac{2}{5}\cos(x)\mathrm{e}^{2x} + \frac{1}{5}\sin(x)\mathrm{e}^{2x} + C.$$

(再一次提醒, 我们不写 $+\frac{4}{5}C$, 仅仅写 $+C$ 来表示常数.)

这里有另一种类型的积分也需要用到分部积分法, 但是它的计算更复杂. 在这种情况下, 这种类型的积分没有乘积的形式. 这种类型的积分有:

$$\int \ln(x)\mathrm{d}x, \quad \int (\ln(x))^2\mathrm{d}x, \quad \int \sin^{-1}(x)\mathrm{d}x, \quad \int \tan^{-1}(x)\mathrm{d}x.$$

这就是说, 如果积分是反三角函数或 $\ln(x)$ 的幂的形式, 可以用分部积分法. 在这种情况下, 应该设 u 为这个函数本身, 并让 $\mathrm{d}v = \mathrm{d}x$. 例如, 计算

$$\int_0^1 \tan^{-1}(x)\mathrm{d}x,$$

我们设 $u = \tan^{-1}(x), \mathrm{d}v = \mathrm{d}x$, 这时有

$$u = \tan^{-1}(x) \qquad v = x$$

$$\mathrm{d}u = \frac{1}{1+x^2}\mathrm{d}x \qquad \mathrm{d}v = \mathrm{d}x,$$

并且有 (我们暂时忽略积分上下限)

$$\int u\mathrm{d}v = uv - \int v\mathrm{d}u$$

$$\int \tan^{-1}(x)\mathrm{d}x = \tan^{-1}(x)x - \int x\frac{1}{1+x^2}\mathrm{d}x$$

$$= x\tan^{-1}(x) - \int \frac{x}{1+x^2}\mathrm{d}x.$$

使用 18.1 节最后的方法, 右侧的积分等于 $\frac{1}{2}\ln(1+x^2)+C$(确信你同意这点!), 所以我们有

$$\int_0^1 \tan^{-1}(x)\mathrm{d}x = \left(x\tan^{-1}(x) - \frac{1}{2}\ln(1+x^2)\right)\bigg|_0^1 = \frac{\pi}{4} - \frac{1}{2}\ln(2).$$

你怎么得到这个最后答案的呢? 我们知道对数和反三角函数! 确保你相信上述答案是正确的. 同时注意, 我们先计算不定积分以便计算定积分 (我们要先把积分变量转移到以 u 和 v 为变量上来). 这通常是一个很好的方法. 也就是说, 当用分部积分法求解一个定积分的表达式时, 先寻找它的不定积分, 最后再把积分上下限代入.

18.3 部 分 分 式

让我们研究怎样对一个有理函数求积分. 我们将要计算积分

$$\int \frac{p(x)}{q(x)}\mathrm{d}x,$$

其中 p 和 q 为多项式. 这种类型在积分中所占的比例很大, 例如

$$\int \frac{x^2+9}{x^4-1}\mathrm{d}x, \quad \int \frac{x}{x^3+1}\mathrm{d}x \quad \text{或} \quad \int \frac{1}{x^3-2x^2+3x-7}\mathrm{d}x.$$

这些题目看起来有些复杂. 也有一些简单的例子:

$$\int \frac{1}{x-3}\mathrm{d}x, \quad \int \frac{1}{(x+5)^2}\mathrm{d}x, \quad \int \frac{1}{x^2+9}\mathrm{d}x \quad \text{和} \quad \int \frac{3x}{x^2+9}\mathrm{d}x.$$

后面这四个积分也是有理函数的积分, 但相对简单一些. 我们可以尽量使用换元法求解这些积分. (这四道题的换元分别是 $t=x-3, t=x+5, t=x/3$ 和 $t=x^2+9$.) 前面两个积分的分母是线性方程的幂, 而后两个是二次函数且不能因式分解.

基本方法: 首先会看怎样处理有理函数, 我们通过一些代数运算把它分解成几个更简单的有理函数的和的形式; 然后将看到如何对这些简单的有理函数求积分. 我们提到的这些更简单的有理函数就像刚才最后那四个一样: 它们看起来要么像一个常数除以一个线性函数, 要么像一个线性函数除以一个二次函数. 我们将首先研究这些代数运算, 然后再用微积分的方法. 最后我将总结这种方法, 并给出一个完整的例子.

18.3.1 部分分式的代数运算

我们的目的是把一个有理函数分成许多更简单的部分. 第一步是确保这个函数的分子的次数小于分母的次数. 如果不是这样, 我们需要先做一个多项式的除法. 所以在下面这些例子中:

$$\int \frac{x+2}{x^2-1}\mathrm{d}x \quad \text{和} \quad \int \frac{5x^2+x-3}{x^2-1}\mathrm{d}x,$$

第一例很容易, 因为很显然分子的次数小于分母的次数. 但第二个例子就不那么容易了, 因为分子的次数同分母的次数是一样的 (都是 2). 如果分子是三次或更高次, 那我们会有同样的麻烦. 这样的话, 我们要做一个多项式的除法. 为此, 将其写为

$$\text{分母} \overline{)\ \text{分子}}.$$

 来看我们的例子

$$\int \frac{5x^2+x-3}{x^2-1}\mathrm{d}x,$$

这道题的除法算式如下：

$$
\begin{array}{r}
5 \\
x^2-1 \overline{)\ 5x^2+x-3} \\
\underline{5x^2 -5} \\
x+2
\end{array}
$$

这个除法告诉我们, 商为 5, 余数为 $x+2$. 所以有

$$\frac{5x^2+x-3}{x^2-1} = 5 + \frac{x+2}{x^2-1}.$$

如果等式两边同时对 x 求积分, 我们有

$$\int \frac{5x^2+x-3}{x^2-1}\mathrm{d}x = \int \left(5 + \frac{x+2}{x^2-1}\right)\mathrm{d}x.$$

现在, 我们能把这个积分分成了两部分, 并且对第一部分求积分, 我们看到原始的积分变为

$$\int 5\mathrm{d}x + \int \frac{x+2}{x^2-1}\mathrm{d}x = 5x + \int \frac{x+2}{x^2-1}\mathrm{d}x.$$

这个新积分的分子次数为 1, 分母次数为 2, 这正是我们想要的结果. 现在我们可以继续计算了.

接下来, 我们将要分解分母中的因式. 如果分母是一个二次函数, 请检验它的判别式：像在 1.6 节中那样, 如果判别式为负, 你不能对它进行因式分解. 否则, 可以手动进行因式分解或使用二次公式. 如果分母很复杂, 你就不得不猜想一个根, 然后再用多项式的除法.

 在因式分解分母之后, 下一步要写下的东西叫作 "分部". 这是通过把分母的一个或更多的因式加到一起构成的, 它依据如下的规则.

(1) 如果有线性式 $(x+a)$, 那么这个分部有如下形式：

$$\frac{A}{x+a}.$$

(2) 如果有线性式的平方 $(x+a)^2$, 那么这个分部有如下形式：

$$\frac{A}{(x+a)^2} + \frac{B}{x+a}.$$

(3) 如果有二次多项式 $(x^2 + ax + b)$, 那么这个分部有如下形式:

$$\frac{Ax + B}{x^2 + ax + b}.$$

这些都是很常见的例子. 也有一些不常见的例子.

(4) 如果有线性式的三次方 $(x + a)^3$, 那么这个分部有如下形式:

$$\frac{A}{(x + a)^3} + \frac{B}{(x + a)^2} + \frac{C}{x + a}.$$

(5) 如果有线性式的四次方 $(x + a)^4$, 那么这个分部有如下形式:

$$\frac{A}{(x + a)^4} + \frac{B}{(x + a)^3} + \frac{C}{(x + a)^2} + \frac{D}{x + a}.$$

注意: **分部仅仅由分母决定**, 同分子没有关系! 并且当我们使用常数 A、B、C、D 时, 记住不能在不同的表达式里重复使用这些字母. 所以, 你需要使用字母表中后续的字母. 在刚才的例子

$$\int \frac{x + 2}{x^2 - 1} \mathrm{d}x$$

中, 分母是 $(x + 1)(x - 1)$; 所以我们有两个线性因子, 分部为:

$$\frac{A}{x - 1} + \frac{B}{x + 1}.$$

我们不能两次使用 A, 所以在第二项使用 B. 顺便说一下, 如果你使用字母 C_1、C_2、C_3 或其他字母, 而不是使用 A、B、C 等字母, 那么是在玩火自焚. 如果这样做, 那你会经常犯一些不经意的错误, 除非你能注意到这些字母下脚标的不同.

这里还有另一个例子.

$$\frac{任意陈旧形式}{(x - 1)(x + 4)^3(x^2 + 4x + 7)(3x^2 - x + 1)}$$

这种形式会怎样呢? 答案是

$$\frac{A}{x - 1} + \frac{B}{(x + 4)^3} + \frac{C}{(x + 4)^2} + \frac{D}{x + 4} + \frac{Ex + F}{x^2 + 4x + 7} + \frac{Gx + H}{3x^2 - x + 1}.$$

你可能会以不同的顺序写下这些项, 或交换从 A 到 H 这些字母的顺序; 这都可以.

一旦写下这种形式, 你也应该写下被积函数等于这种形式, 然后再使用等式两端同时乘以分母的方法. 例如, 我们发现积分

$$\int \frac{x + 2}{x^2 - 1} \mathrm{d}x$$

的被积函数可以写为

$$\frac{A}{x - 1} + \frac{B}{x + 1};$$

所以我们有

$$\frac{x + 2}{x^2 - 1} = \frac{A}{x - 1} + \frac{B}{x + 1}.$$

实际上, 最好把等式左侧的分式写为

$$\frac{x+2}{(x-1)(x+1)} = \frac{A}{x-1} + \frac{B}{x+1}.$$

现在等式两侧同时乘以分母可得

$$x + 2 = A(x+1) + B(x-1).$$

注意, 等式右侧的第一项消掉了 $(x-1)$ 因子, 第二项消掉了 $(x+1)$ 因子. 无论如何, 现在我们有两个方法可以继续. 第一个方法是替代 x. 如果设 $x=1$, 这时 $B(x-1)$ 这项就消失了, 这时我们有

$$1 + 2 = A(1 + 1).$$

也就是说 $A = \dfrac{3}{2}$. 现在如果你把 $x = -1$ 代入原始方程, 那么 $A(x+1)$ 这项将会消失:

$$-1 + 2 = B(-1 - 1).$$

所以 $B = -\dfrac{1}{2}$. 另一个求解 A 和 B 的方法, 是将原始方程 $x+2 = A(x+1)+B(x-1)$, 重写为

$$x + 2 = (A + B)x + (A - B).$$

现在通过 x 的系数相等可得 $1 = A + B$, 通过常数项相等可得 $2 = A - B$. 同时解这两个方程, 可得 $A = \dfrac{3}{2}, B = -\dfrac{1}{2}$, 同刚才的答案是一样的.

你可能已经注意到, 计算 A 和 B 的两种方法都需要两个条件: 对于替代法, 把 $x=1$ 和 $x=-1$ 分别代入; 对于系数相等的方法, 让 x 的系数相等, 也让常数项相等. 我们可以选择其中的任意一种方法. 例如, 如果代入 $x=1$ 会得到 $A = \dfrac{3}{2}$; 如果取 x 的系数相等, 会发现 $1 = A + B$, 所以 $B = -\dfrac{1}{2}$. 在通常情况下, 有多少个常数需要求出, 就需要应用多少次刚才的某种方法, 或者你也可以混着使用两种方法.

我们剩下的工作是重写积分表达式 (用分部的形式), 但这次需要把常数代进去. 所以我们的例子为

$$\frac{x+2}{x^2-1} = \frac{A}{x-1} + \frac{B}{x+1} = \frac{3/2}{x-1} + \frac{-1/2}{x+1}.$$

现在对等式两端同时积分, 并把常数项移到等式的外边, 可得

$$\int \frac{x+2}{x^2-1}\mathrm{d}x = \frac{3}{2}\int \frac{1}{x-1}\mathrm{d}x - \frac{1}{2}\int \frac{1}{x+1}\mathrm{d}x.$$

我们已经成功地把原始复杂的积分化成了两个很简单的积分. 我们会很快求解这两个积分的.

到目前为止, 我们看到除非分子的次数小于分母的次数, 否则都要做一个多项式的除法, 然后对分母进行因式分解, 写下它的每一个分部, 再使用上述两种方法中的一个计算这些未知的常数. 最后我们写下这些积分的各个部分. 我们将在 18.3.3

节中看到另一个解决这类问题的例子. 与此同时, 让我们做一些积分.

18.3.2 对每一部分积分

我们需要知道在把原始积分分成小部分后怎样求解每一部分的积分. 简单的积分形式是

$$\int \frac{1}{ax+b} \mathrm{d}x.$$

为此, 我们可以设 $t = ax + b$. 例如在上一节的最后, 我们看到

$$\int \frac{x+2}{x^2-1} \mathrm{d}x = \frac{3}{2} \int \frac{1}{x-1} \mathrm{d}x - \frac{1}{2} \int \frac{1}{x+1} \mathrm{d}x.$$

对于第一个积分表达式, 可以通过设 $t = x - 1$ 求解, 而第二个可设 $t = x + 1$. 在这两种情况下 $\mathrm{d}t = \mathrm{d}x$, 所以很容易得到

$$\int \frac{x+2}{x^2-1} \mathrm{d}x = \frac{3}{2} \ln|x-1| - \frac{1}{2} \ln|x+1| + C.$$

还有另一个例子, 求解

$$\int \frac{1}{4x+5} \mathrm{d}x.$$

我们设 $t = 4x + 5$ 所以有 $\mathrm{d}t = 4\mathrm{d}x$; 这时积分转移到了以 t 为变量的状态, 变为 $\frac{1}{4} \int 1/t \mathrm{d}t$, 它的结果为 $\frac{1}{4} \ln|t| + C$. 最后再用 x 替代 t, 上述积分结果为 $\frac{1}{4} \ln|4x + 5| + C$.

若分母是线性因式的幂, 这种方法也是适用的. 例如, 计算

$$\int \frac{1}{(4x+5)^2} \mathrm{d}x,$$

可以再一次用 $t = 4x + 5$ 换元. 这样, 这个积分变为 $\frac{1}{4} \int 1/t^2 \mathrm{d}t$, 它的积分结果为 $-\frac{1}{4}(1/t) + C$; 再换回到以 x 为变量的状态, 这样就证明了

$$\int \frac{1}{(4x+5)^2} \mathrm{d}x = -\frac{1}{4} \times \frac{1}{4x+5} + C = -\frac{1}{4(4x+5)} + C.$$

当分母是一个二次函数时, 情况会变得很复杂, 像这样:

$$\int \frac{Ax+B}{ax^2+bx+c} \mathrm{d}x.$$

请注意! 如果分母可以因式分解, 那么就转化为了第一种情况. 下面是前面的一个例子:

$$\int \frac{x+2}{x^2-1} \mathrm{d}x.$$

我们把分母因式分解为 $(x-1)(x+1)$, 这样可得两个被积函数的分母为线性式的积分. 如果是这种情况, 我们就没有必要对分母为二次多项式的被积函数求积分了. 即使上一个例子的分母为 $(4x+5)^2$, 我们也没有必要对二次多项式求积分, 因为它是线性式的平方.

还有什么情况没有考虑到呢? 可能的情况是分母的二次多项式不能因式分解. 也就是说, 它的判别式 b^2-4ac 为负. 这类积分的一个例子是

$$\int \frac{x+8}{x^2+6x+13}\mathrm{d}x.$$

它的分母是二次多项式且它的判别式为 $6^2-4\times(13)$, 结果为负. 因为这个分母不能因式分解, 所以对于这道题不能使用刚才的代数运算方法. 我们没有必要去使用任何分部, 所要计算的就是求这个积分. 其做法是: 把分母写成平方的形式, 然后再换元. (参见 1.6 节关于配方的讲解.) 在这个例子中, 让我们完成配方:

$$x^2+6x+13 = x^2+6x+9+13-9 = (x+3)^2+4.$$

所以有

$$\int \frac{x+8}{x^2+6x+13}\mathrm{d}x = \int \frac{x+8}{(x+3)^2+4}\mathrm{d}x.$$

现在换元 $t=x+3$, 所以有 $x=t-3$ 并且 $\mathrm{d}x=\mathrm{d}t$:

$$\int \frac{x+8}{x^2+6x+13}\mathrm{d}x = \int \frac{x+8}{(x+3)^2+4}\mathrm{d}x = \int \frac{(t-3)+8}{t^2+4}\mathrm{d}t = \int \frac{t+5}{t^2+4}\mathrm{d}t.$$

第二步是把这个积分分成两个积分, 并把常数 5 移到积分符号的外边, 所以上述积分变为

$$\int \frac{t}{t^2+4}\mathrm{d}t + 5\int \frac{1}{t^2+4}\mathrm{d}t.$$

第一个积分就像 18.1 节末尾的那个例子. 分母分子同时乘以 2, 可以发现分母的导数恰恰为分子, 所以我们得到了一个以分母为对数的结果:

$$\int \frac{t}{t^2+4}\mathrm{d}t = \frac{1}{2}\int \frac{2t}{t^2+4}\mathrm{d}t = \frac{1}{2}\ln|t^2+4|+C.$$

实际上, 因为 t^2+4 一直为正, 所以可以把绝对值符号去掉. 现在开始计算第二个积分, 它是

$$5\int \frac{1}{t^2+4}\mathrm{d}t,$$

仅仅需要记住这个有用的公式:

$$\int \frac{1}{t^2+a^2}\mathrm{d}t = \frac{1}{a}\tan^{-1}\left(\frac{t}{a}\right)+C.$$

(你应该通过对等式的右侧求导证明这个结果, 或对等式左边进行换元 $t=au$.) 无论如何, 当 $a=2$ 时, 这个公式为

$$5 \int \frac{1}{t^2+4} \mathrm{d}t = 5 \times \frac{1}{2} \tan^{-1}\left(\frac{t}{2}\right) + C.$$

所以, 我们的积分结果为

$$\frac{1}{2}\ln(t^2+4) + \frac{5}{2}\tan^{-1}\left(\frac{t}{2}\right) + C.$$

现在用 $x+3$ 替代 t, 得到最后的结果为

$$\frac{1}{2}\ln((x+3)^2+4) + \frac{5}{2}\tan^{-1}\left(\frac{x+3}{2}\right) + C.$$

表达式 $(x+3)^2+4$ 可以化简为 $x^2+6x+13$, 这正是我们最初的分母. 实际上没有必要展开它, 仅仅回到我们配方的地方, 你就会发现需要的方程了. 所以, 我们最终证明了

$$\int \frac{x+8}{x^2+6x+13} \mathrm{d}x = \frac{1}{2}\ln(x^2+6x+13) + \frac{5}{2}\tan^{-1}\left(\frac{x+3}{2}\right) + C.$$

如果分母的最高项的系数不是 1, 我建议你在配方之前把这个系数提出去. 所以, 计算

$$\int \frac{x+8}{2x^2+12x+26} \mathrm{d}x,$$

把 2 提出来, 把这个积分表达式写为

$$\frac{1}{2} \int \frac{x+8}{x^2+6x+13} \mathrm{d}x.$$

这同我们以前的积分是一样的, 只是在积分符号外边放置了 1/2, 所以它的结果为

$$\frac{1}{4}\ln(x^2+6x+13) + \frac{5}{4}\tan^{-1}\left(\frac{x+3}{2}\right) + C.$$

现在, 我们总结部分分式法, 然后看一个更完整的例子.

18.3.3　方法和一个完整的例子

这是一个关于有理函数积分的完整方法.

第一步 —— **先看分子分母最高项的次数, 如有必要请做除法**. 查看分子的次数是否小于分母次数. 如果是, 那你运气好, 直接进入第二步; 如果不是, 就要做一个多项式的除法了, 然后再进入第二步.

第二步 —— **对分母进行因式分解**. 使用二次公式或猜想一个根, 然后再做除法, 以便因式分解被积函数的分母.

第三步 —— **分部**. 像之前描述的那样, 分别写出带有未知常数的 "分部". 写下一个像这样的等式:

$$被积函数 = 分部$$

第四步 —— **计算常数的值**. 把方程的两边同时乘以分母, 通过任一方法计算

常数的值: (a) 换掉 x 的值; (b) 系数相等法; 或者结合使用 (a) 和 (b) 两种方法. 现在你能用几个有理函数的和来表示这个被积函数, 这些有理函数可能是分子为常数分母为线性函数的幂, 或者分子为线性函数分母为二次函数.

　　第五步 —— **求解分母为线性项次幂的积分**. 求解分母是线性函数次幂的积分; 答案将会是对数形式或该线性项的负次幂.

　　第六步 —— **对分母是二次函数的被积函数求积分**. 对于分母是二次函数且不能因式分解的被积函数求积分, 先配方, 然后换元, 再把它尽可能分解为两个积分. 前者会涉及对数, 而第二个会涉及正切函数的反函数. 如果仅仅有一个积分, 它可能是对数形式又可能是正切函数的反函数形式. 这个公式通常是非常实用的:

$$\int \frac{1}{t^2 + a^2}\mathrm{d}t = \frac{1}{a}\tan^{-1}\left(\frac{t}{a}\right) + C.$$

　　记住你不需要每次都经历完整的六步. 有时可能直接跳到最后一步, 比如上一节的例子:

$$\int \frac{x+8}{x^2+6x+13}\mathrm{d}x$$

在此还有一个很复杂的例子, 它用到了所有的六个步骤:

$$\int \frac{x^5 - 7x^4 + 19x^3 - 10x^2 - 19x + 18}{x^4 - 5x^3 + 9x^2}\mathrm{d}x.$$

下面详细介绍怎样应用上述方法解决这个问题.

　　第一步 —— **先看分子分母最高项的次数, 如有必要请做除法**. 在上面的积分表达式中, 分子最高次数为 5, 分母最高次数为 4. 很讨厌, 我们要做多项式的除法了:

$$
\begin{array}{r}
x - 2 \\
x^4 - 5x^3 + 9x^2 {\overline{\smash{\big)}\,x^5 - 7x^4 + 19x^3 - 10x^2 - 19x + 18}} \\
\underline{x^5 - 5x^4 + 9x^3 } \\
-2x^4 + 10x^3 - 10x^2 \\
\underline{-2x^4 + 10x^3 - 18x^2 } \\
8x^2 - 19x + 18
\end{array}
$$

检查细节! 无论如何, 我们已经看到

$$\frac{x^5 - 7x^4 + 19x^3 - 10x^2 - 19x + 18}{x^4 - 5x^3 + 9x^2} = x - 2 + \frac{8x^2 - 19x + 18}{x^4 - 5x^3 + 9x^2}.$$

现在对两边同时求积分可得

$$\int \frac{x^5 - 7x^4 + 19x^3 - 10x^2 - 19x + 18}{x^4 - 5x^3 + 9x^2}\mathrm{d}x = \int \left(x - 2 + \frac{8x^2 - 19x + 18}{x^4 - 5x^3 + 9x^2}\right)\mathrm{d}x.$$

等式右侧前两项的积分很容易求, 其积分结果为 $\frac{1}{2}x^2 - 2x$ (我们将在最后的结果

中 $+C$). 所以现在我们要求解积分

$$\int \frac{8x^2 - 19x + 18}{x^4 - 5x^3 + 9x^2} dx.$$

分子的次数仅仅为 2, 这个数低于分母的次数 4. 我们准备好进入下一步了.

第二步 —— **对分母进行因式分解**. 在分母中我们有一个四次项, 很显然可以把 x^2 提出来. 所以我们把分母因式分解为

$$x^4 - 5x^3 + 9x^2 = x^2(x^2 - 5x + 9).$$

这个二次项 $x^2 - 5x + 9$ 的判别式为 $(-5)^2 - 4 \times (9) = -11$; 因为它是负的, 所以这个二项式不能因式分解. 我们完成了第二步.

第三步 —— **分部**. 我们已经有两个因子 x^2 和 $x^2 - 5x + 9$. 不要把第一个因子 x^2 看作二次函数, 而应看作一个线性函数的平方. 为了证明这个观点, 它可以写为 $(x - 0)^2$. 所以因子 x^2 产生分部:

$$\frac{A}{x^2} + \frac{B}{x}$$

另外, 因子 $x^2 - 5x + 9$ 产生分部

$$\frac{Cx + D}{x^2 - 5x + 9}.$$

将两者放在一起, 我们有

$$\frac{8x^2 - 19x + 18}{x^2(x^2 - 5x + 9)} = \frac{A}{x^2} + \frac{B}{x} + \frac{Cx + D}{x^2 - 5x + 9}.$$

第四步 —— **计算常数的值**. 现在不得不求常数 A、B、C、D 的值了. 首先把上述等式的两边同时乘以分母 $x^2(x^2 - 5x + 9)$ 得到

$$8x^2 - 19x + 18 = A(x^2 - 5x + 9) + Bx(x^2 - 5x + 9) + (Cx + D)x^2.$$

注意, 出现在等式右边每一项的分母部分恰恰没有出现在该项所对应的分部里. 例如, 当用 $x^2(x^2 - 5x + 9)$ 乘以 B/x 时, 约掉了一个 x 得到 $Bx(x^2 - 5x + 9)$.

让我们用一个值替代上述等式的 x. 能消掉这个等式里的大多数项的唯一的 x 值是 $x = 0$. 如果把 $x = 0$ 代入上述等式, 则

$$18 = A(9),$$

所以我们马上就知道 $A = 2$. 我们仍然需要求解另外三个常数的值, 所以最好找到这些 x 幂项所对应的系数. 让我们从扩展上述方程开始, 再把 x 的不同次幂合并可得:

$$8x^2 - 19x + 18 = Ax^2 - 5Ax + 9A + Bx^3 - 5Bx^2 + 9Bx + Cx^3 + Dx^2$$
$$= (B + C)x^3 + (A - 5B + D)x^2 + (-5A + 9B)x + 9A.$$

现在可以把 x^3、x^2、x 的系数分别写出了:

$$x^3的系数 : 0 = B + C$$
$$x^2的系数 : 8 = A - 5B + D$$
$$x^1的系数 : -19 = -5A + 9B.$$

注意 x^3 的系数在等式的左侧为 0, 因为等式左边的 $8x^2 - 19x + 18$ 并没有 x^3 项. (顺便说一下, 如果你用系数相等法, 可得到 $18=9A$, 这同我们把 $x=0$ 代入得到的结果是一样的. 你能说出为什么是这样吗?)

无论怎样, 我们得到一些方程去求解; 从最后一个开始, 然后把 $A=2$ 从后向前代入, 很容易就可得到 $B = -1, D = 1, C = 1$. 把这些值代入第三步的最后一个表达式中有

$$\frac{8x^2 - 19x + 18}{x^2(x^2 - 5x + 9)} = \frac{2}{x^2} + \frac{-1}{x} + \frac{x+1}{x^2 - 5x + 9}.$$

这就是说

$$\int \frac{8x^2 - 19x + 18}{x^2(x^2 - 5x + 9)} \mathrm{d}x = 2 \int \frac{1}{x^2} \mathrm{d}x - \int \frac{1}{x} \mathrm{d}x + \int \frac{x+1}{x^2 - 5x + 9} \mathrm{d}x.$$

这样我们把一个很复杂的积分化简成了三个简单的积分. 让我们分别对它们求积分.

第五步 —— **求解分母为线性次幂的积分**. 前两个积分是很容易求的:

$$2 \int \frac{1}{x^2} \mathrm{d}x - \int \frac{1}{x} \mathrm{d}x = -\frac{2}{x} - \ln|x| + C.$$

所以这道题的第五步真的不麻烦. 但很不走运, 第六步却很烦琐 ⋯⋯

第六步 —— **对分母是二次函数的被积函数求积分**. 我们需要计算第三个积分, 它是

$$\int \frac{x+1}{x^2 - 5x + 9} \mathrm{d}x.$$

通过配方可得

$$x^2 - 5x + 9 = \left(x^2 - 5x + \frac{25}{4}\right) + 9 - \frac{25}{4} = \left(x - \frac{5}{2}\right)^2 + \frac{11}{4}. \tag{$**$}$$

现在让我们重写积分表达式

$$\int \frac{x+1}{x^2 - 5x + 9} \mathrm{d}x = \int \frac{x+1}{(x - \frac{5}{2})^2 + \frac{11}{4}} \mathrm{d}x.$$

我们能用 $t = x - \dfrac{5}{2}$ 做换元. 这时 $x = t + \dfrac{5}{2}$ 且 $\mathrm{d}t = \mathrm{d}x$, 所以这个积分变为

$$\int \frac{t + \frac{5}{2} + 1}{t^2 + \frac{11}{4}} \mathrm{d}t = \int \frac{t + \frac{7}{2}}{t^2 + \frac{11}{4}} \mathrm{d}t,$$

这里以 t 为变量. 现在把它分成两个积分:

$$\int \frac{t}{t^2 + \frac{11}{4}} \mathrm{d}t \quad \text{和} \quad \frac{7}{2} \int \frac{1}{t^2 + \frac{11}{4}} \mathrm{d}t.$$

先计算这两个积分中的第一个, 分子分母同时乘以 2 可得

$$\int \frac{t}{t^2 + \frac{11}{4}} \mathrm{d}t = \frac{1}{2} \int \frac{2t}{t^2 + \frac{11}{4}} \mathrm{d}t = \frac{1}{2} \ln \left| t^2 + \frac{11}{4} \right| + C.$$

再一次提醒, 这个绝对值符号是不必要的, 因为 $t^2 + \dfrac{11}{4}$ 一定为正. 为把它换回以 x 为变量的状态, 我们需要用 $x - \dfrac{5}{2}$ 替代 t:

$$\frac{1}{2} \ln \left(t^2 + \frac{11}{4} \right) + C = \frac{1}{2} \ln \left(\left(x - \frac{5}{2} \right)^2 + \frac{11}{4} \right) + C.$$

不要把这个乘法算式展开 —— 仅仅看看上一页我们标记为 (**) 的方程, 当时我们正在配方, 可知这个结果可以化简为 $\dfrac{1}{2} \ln(x^2 - 5x + 9) + C$. 这样, 我们完成了这个积分的第一部分.

我们仍然需要考虑第二部分, 即

$$\frac{7}{2} \int \frac{1}{t^2 + \frac{11}{4}} \mathrm{d}t.$$

我们使用公式

$$\int \frac{1}{t^2 + a^2} \mathrm{d}t = \frac{1}{a} \tan^{-1} \left(\frac{t}{a} \right) + C,$$

其中 $a = \sqrt{11/4}$, 事实上它等于 $\sqrt{11}/2$:

$$\frac{7}{2} \int \frac{1}{t^2 + \frac{11}{4}} \mathrm{d}t = \frac{7}{2} \times \frac{2}{\sqrt{11}} \tan^{-1} \left(\frac{t}{\sqrt{11}/2} \right) + C = \frac{7}{\sqrt{11}} \tan^{-1} \left(\frac{2t}{\sqrt{11}} \right) + C.$$

现在把 $t = x - \dfrac{5}{2}$ 再次代入可得

$$\frac{7}{\sqrt{11}} \tan^{-1} \left(\frac{2x - 5}{\sqrt{11}} \right) + C.$$

最后两个积分给出了第六步的最终答案:

$$\int \frac{x + 1}{x^2 - 5x + 9} \mathrm{d}x = \frac{1}{2} \ln(x^2 - 5x + 9) + \frac{7}{\sqrt{11}} \tan^{-1} \left(\frac{2x - 5}{\sqrt{11}} \right) + C.$$

猜想我们将要做什么? 我们正准备把得到的所有结果放到一起! 前 4 步中我们得到

$$\int \frac{x^5 - 7x^4 + 19x^3 - 10x^2 - 19x + 18}{x^4 - 5x^3 + 9x^2} \mathrm{d}x$$

$$= \int \left(x - 2 + \frac{2}{x^2} - \frac{1}{x} + \frac{x + 1}{x^2 - 5x + 9} \right) \mathrm{d}x.$$

这是完整的部分分式分解形式. 现在再用第五步和第六步计算这个积分, 上述的积分结果为

$$\frac{x^2}{2} - 2x - \frac{2}{x} - \ln|x| + \frac{1}{2}\ln(x^2 - 5x + 9) + \frac{7}{\sqrt{11}}\tan^{-1}\left(\frac{2x-5}{\sqrt{11}}\right) + C.$$

　　我们终于解决了这个复杂的例子. 它确实是很复杂的, 但是如果你能解答这么难的问题, 那么对于简单的问题你就游刃有余了. 作为一个练习, 看你明天不看这几页是否能独立做出这道题目.

第 19 章　积分的方法 II

在这一章中, 我们将继续介绍积分方法 —— 求解涉及三角函数的积分方法. 有时, 我们需要使用三角恒等式解决一些问题; 有时题目中没有三角函数, 而在计算过程中需要使用三角换元法. 介绍完三角函数的积分方法之后, 我们将要总结一下本章和上一章讲述的积分方法. 所以, 在这一章中我们将要学习如下知识点:

- 关于三角恒等式的积分;
- 关于三角函数的幂以及约化公式的积分;
- 关于三角换元法的积分;
- 关于所学习过的所有积分方法的总结.

19.1　应用三角恒等式的积分

有三大类型的三角恒等式, 它们在积分计算中非常有用. 第一大类型是关于 $\cos(2x)$ 的倍角公式. 在 2.4 节中, 我们知道 $\cos(2x) = 2\cos^2(x) - 1$, 也知道 $\cos(2x) = 1 - 2\sin^2(x)$. (请记住, 其中的一个可以由另一个应用公式 $\sin^2(x) + \cos^2(x) = 1$ 推导出来.) 该公式在积分计算中最好的应用地方是当被积函数中出现 $\sin^2(x)$ 和 $\cos^2(x)$ 时. 所以, 我们有

$$\boxed{\cos^2(x) = \frac{1}{2}(1 + \cos(2x))} \quad \text{和} \quad \boxed{\sin^2(x) = \frac{1}{2}(1 - \cos(2x))}$$

这两个公式很值得记住! 具体而言, 如果需要求 $1 + \cos$ (任何值) 或 $1 - \cos$(任何值) 的平方根, 那这两个公式就派上用场了. 例如,

$$\int_0^{\pi/2} \sqrt{1 - \cos(2x)} \, \mathrm{d}x$$

这道题看起来很麻烦, 但实际上

$$\int_0^{\pi/2} \sqrt{1 - \cos(2x)} \, \mathrm{d}x = \int_0^{\pi/2} \sqrt{2\sin^2(x)} \, \mathrm{d}x$$

可以用刚才的第二个方框里的公式导出. (我们在使用这个公式前需要乘以 2.) 然而, 如果直接用 $\sqrt{2}\sin(x)$ 替代 $\sqrt{2\sin^2(x)}$ 是很鲁莽的, 我们需要做个检测. A 的平方根不一定是 A 本身, 而是 $|A|$. 所以上述积分变为

$$\sqrt{2} \int_0^{\pi/2} |\sin(x)| \, \mathrm{d}x.$$

幸运的是, 当 x 在 0 到 $\pi/2$ 之间时, $\sin(x)$ 的值一直大于或等于零, 所以我们最终可把绝对值符号去掉! 我们已经导出

$$\sqrt{2}\int_0^{\pi/2}\sin(x)\mathrm{d}x,$$

剩余的计算留给你去做, 它的结果为 $\sqrt{2}$.

有时你需要更灵活. 考虑

$$\int_\pi^{2\pi}\sqrt{1+\cos(x)}\mathrm{d}x.$$

看起来我们需要使用刚才第一个方框里的公式, 但原始公式是 $1+\cos(2x)$, 而我们的被积函数是 $1+\cos(x)$. 没问题. 如果你用 $x/2$ 去替代 x, 然后再乘以 2, 就得到

$$2\cos^2\left(\frac{x}{2}\right)=1+\cos(x).$$

这正是我们想要的! 检验这个:

$$\int_\pi^{2\pi}\sqrt{1+\cos(x)}\mathrm{d}x=\int_\pi^{2\pi}\sqrt{2\cos^2\left(\frac{x}{2}\right)}\mathrm{d}x=\sqrt{2}\int_\pi^{2\pi}\left|\cos\left(\frac{x}{2}\right)\right|\mathrm{d}x.$$

现在我们得非常小心! 当 x 在 π 到 2π 之间时, $x/2$ 是在 $\pi/2$ 到 π 之间, 但 $\cos(x)$ 在区间 $[\pi/2,\pi]$ 上是小于等于零的 (可以画图像校验). 所以上述积分实际上等于

$$\sqrt{2}\int_\pi^{2\pi}\left(-\cos\left(\frac{x}{2}\right)\right)\mathrm{d}x;$$

剩余的计算工作留给你去做, 它的结果为 $2\sqrt{2}$. 顺便说一下, 如果你错误地用 $\cos(x/2)$ 而不是 $-\cos(x/2)$ 替代 $|\cos(x/2)|$, 那么得到的答案将会是 $-2\sqrt{2}$. 这是不正确的, 因为原始的被积函数 $\sqrt{1+\cos(x)}$ 一直为正的, 所以这个积分的结果也应该为正.

让我们接下来讨论第二大类型的三角恒等式, 它们是毕达哥拉斯恒等式:

$$\boxed{\sin^2(x)+\cos^2(x)=1}\qquad\boxed{\tan^2(x)+1=\sec^2(x)}\qquad\boxed{1+\cot^2(x)=\csc^2(x)}$$

如 2.4 节所述, 这些等式对于所有的 x 都适用. 有时它们是很有帮助的. 例如,

$$\int_0^\pi\sqrt{1-\cos^2(x)}\mathrm{d}x$$

应该被写为

$$\int_0^\pi\sqrt{\sin^2(x)}\mathrm{d}x=\int_0^\pi|\sin(x)|\mathrm{d}x.$$

因为当 x 在 0 到 π 之间时 $\sin(x)\geqslant0$, 我们可以去掉绝对值符号, 写为

$$\int_0^\pi\sin(x)\mathrm{d}x,$$

结果为 2. (你自己计算一下!) 把这个例子 $\int_0^\pi\sqrt{1-\cos^2(x)}\mathrm{d}x$ 和我们刚才做过的例

子 $\int_0^\pi \sqrt{1-\cos(x)}\mathrm{d}x$ 进行比较. 它们看起来可能很相似, 但所使用的三角恒等式是不同的.

  有时你不得不应用一些技巧才能使用上述公式. 如果你在一个积分的分母中看到 1+trig(x) 或 1−trig(x), 其中 trig 是三角函数的意思 (可能是正弦、余弦、正割或余割), 那么可以考虑用这个积分表达式乘以与其分母共轭的表达式. 例如, 计算

$$\int \frac{1}{\sec(x)-1}\mathrm{d}x,$$

分子分母同时乘以分母的共轭表达式, 在此是 sec(x)+1. 也就是

$$\int \frac{1}{\sec(x)-1}\mathrm{d}x = \int \frac{1}{\sec(x)-1} \times \frac{\sec(x)+1}{\sec(x)+1}\mathrm{d}x.$$

现在可以在积分的分母表达式中使用平方差公式 $(a-b)(a+b)=a^2-b^2$, 把这个积分写为

$$\int \frac{\sec(x)+1}{\sec^2(x)-1}\mathrm{d}x.$$

根据刚才方框里的公式, 分母恰恰就是 $\tan^2(x)$. 使用这个结果重写这个积分, 然后再把它分成两个积分, 我们发现原始积分变为

$$\int \frac{\sec(x)+1}{\tan^2(x)}\mathrm{d}x = \int \frac{\sec(x)}{\tan^2(x)}\mathrm{d}x + \int \frac{1}{\tan^2(x)}\mathrm{d}x.$$

第一个积分看起来不容易计算, 但可以用正弦和余弦的形式来表示它. 具体情况是

$$\int \frac{\sec(x)}{\tan^2(x)}\mathrm{d}x = \int \frac{1/\cos(x)}{\sin^2(x)/\cos^2(x)}\mathrm{d}x = \int \frac{\cos(x)}{\sin^2(x)}\mathrm{d}x.$$

下一步是换元 $t=\sin(x)$, 因为在分子中 dt=cos(x)dx. 试试看你能得到什么. 更简单的方式是把 $\cos(x)/\sin^2(x)$ 改写成 $\csc(x)\cot(x)$, 所以

$$\int \frac{\cos(x)}{\sin^2(x)}\mathrm{d}x = \int \csc(x)\cot(x)\mathrm{d}x = -\csc(x)+C,$$

因为 csc(x) 的导数为 $-\csc(x)\cot(x)$. 现在我们需要计算第二个积分:

$$\int \frac{1}{\tan^2(x)}\mathrm{d}x.$$

没问题, 把这个积分表达式改写为 $\int \cot^2(x)\mathrm{d}x$, 这时使用刚才方框里的另一个三角恒等式, 把这个表达式改为

$$\int (\csc^2(x)-1)\mathrm{d}x = -\cot(x)-x+C.$$

(你还能记住 $\csc^2(x)$ 的积分结果吗? 它与 $\sec^2(x)$ 的积分很相似, $\sec^2(x)$ 的积分的结果为 $\tan(x)+C$. 仅仅在转换过程中加一个 "co-" ("余" 字) 和一个负号, 就得到了 $\csc^2(x)$ 形式的积分结果!) 我们把这两个积分结果放到一起得到

$$\int \frac{1}{\sec(x) - 1} dx = -\csc(x) - \cot(x) - x + C.$$

以上计算确实需要一些技巧.

让我们看看第三大类型的三角恒等式, 它叫作积化和差公式:

$$\cos(A)\cos(B) = \frac{1}{2}(\cos(A-B) + \cos(A+B))$$

$$\sin(A)\sin(B) = \frac{1}{2}(\cos(A-B) - \cos(A+B))$$

$$\sin(A)\cos(B) = \frac{1}{2}(\sin(A-B) + \sin(A+B))$$

这些公式确实不容易记住. 实际上它们都从表达式 $\cos(A \pm B)$ 和 $\sin(A \pm B)$ 而来 (可在 2.4 节找到相关知识), 如果你已经掌握了这些公式, 就可以很容易地把它们转换过来. 这些公式对于

$$\int \cos(3x)\sin(19x) dx$$

这类积分是必要的. 实际上, 我们可以使用上面的第三个公式解决这个问题, $A = 19x$ 和 $B = 3x$. (千万不要让 cos 和 sin 的顺序愚弄了你! 该积分同 $\int \sin(19x)\cos(3x)dx$ 是一样的.) 使用这个公式可得

$$\begin{aligned}
\int \cos(3x)\sin(19x) dx &= \frac{1}{2}\int (\sin(19x-3x) + \sin(19x+3x)) dx \\
&= \frac{1}{2}\int (\sin(16x) + \sin(22x)) dx \\
&= \frac{1}{2}\left(-\frac{\cos(16x)}{16} - \frac{\cos(22x)}{22}\right) + C \\
&= -\frac{\cos(16x)}{32} - \frac{\cos(22x)}{44} + C.
\end{aligned}$$

19.2   关于三角函数的幂的积分

现在我们将要研究怎样求解被积函数是三角函数的幂的形式的积分, 例如求解 $\int \cos^7(x)\sin^{10}(x)dx$ 或 $\int \sec^6(x)dx$. 遗憾的是, 被积函数中的三角函数的类型不同, 求解积分所要求的积分技巧也不同. 所以我们来分别讨论它们.

19.2.1   sin 或 cos 的幂

刚才的例子 $\int \cos^7(x)\sin^{10}(x)dx$ 就属于这种类型. 这里有一个黄金法则: 如果 $\sin(x)$ 或 $\cos(x)$ 其中一个的幂是奇数, 那就一定要抓住它 —— 它是你的朋友! (如果两个都为奇数, 把幂低的那个选做你的朋友.) 如果你已经抓住了奇次幂, 这时需

要做的是拿出一项同 $\mathrm{d}x$ 放在一起, 再用下列公式中的一个处理剩下的项 (现在是偶次幂了)

$$\boxed{\cos^2(x) = 1 - \sin^2(x)} \quad \text{或} \quad \boxed{\sin^2(x) = 1 - \cos^2(x)}$$

注意这两个公式就是 $\sin^2(x) + \cos^2(x) = 1$ 的另一种写法. 我们来看怎样使用这个方法. 在 $\int \cos^7(x)\sin^{10}(x)\mathrm{d}x$ 中, 注意 7 是奇数, 于是我们得到了 $\cos^7(x)$, 这时需要移出一个 $\cos(x)$ 并把它和 $\mathrm{d}x$ 放到一起. 我们得到

$$\int \cos^7(x)\sin^{10}(x)\mathrm{d}x = \int \cos^6(x)\sin^{10}(x)\cos(x)\mathrm{d}x.$$

这又能怎样呢? 很好, 我们需要处理剩下的 $\cos^6(x)$. 现在 6 是偶数, 所以可以写为 $\cos^6(x) = \left(\cos^2(x)\right)^3 = \left(1 - \sin^2(x)\right)^3$, 这样该积分为

$$\int (1 - \sin^2(x))^3 \sin^{10}(x)\cos(x)\mathrm{d}x.$$

现在如果设 $t = \sin(x)$, 则 $\mathrm{d}t = \cos(x)\mathrm{d}x$, 所以很容易用 t 为变量来表示这个积分:

$$\int (1 - t^2)^3 t^{10}\mathrm{d}t = \int (1 - 3t^2 + 3t^4 - t^6)t^{10}\mathrm{d}t = \int (t^{10} - 3t^{12} + 3t^{14} - t^{16})\mathrm{d}t,$$

结果为

$$\frac{t^{11}}{11} - \frac{3t^{13}}{13} + \frac{t^{15}}{5} - \frac{t^{17}}{17} + C.$$

再把它换回以 x 为变量的积分, 就得到了答案:

$$\int \cos^7(x)\sin^{10}(x)\mathrm{d}x = \frac{\sin^{11}(x)}{11} - \frac{3\sin^{13}(x)}{13} + \frac{\sin^{15}(x)}{5} - \frac{\sin^{17}(x)}{17} + C.$$

你看到了吧, 借用一个 $\cos(x)$ 来帮助我们改变被积函数把 $\cos(x)$ 和 $\mathrm{d}x$ 结合在一起做换元 $t = \sin(x)$, 从而使被积函数仅仅关于 $\sin(x)$:

如果它们的幂都不是奇数该怎么办呢? 很好, 如果它们的幂都为偶数, 例如 $\int \cos^2(x)\sin^4(x)\mathrm{d}x$, 那应该使用倍角公式. 我们在上一节中见过这些公式, 这里将再一次用到它们了:

$$\boxed{\cos^2(x) = \frac{1}{2}(1 + \cos(2x))} \quad \text{和} \quad \boxed{\sin^2(x) = \frac{1}{2}(1 - \cos(2x)).}$$

直接用这两个公式做替代, 可以看到关于 $\cos$ 的幂的更简单的被积函数. 这时你可以使用刚才的计算方法, 看积分的每一部分是奇次还是偶次. 在这个的例子中, 我们需要把 $\sin^4(x)$ 用 $\left(\sin^2(x)\right)^2$ 来表示, 所以有

$$\int \cos^2(x)\sin^4(x)\mathrm{d}x = \int \frac{1}{2}(1 + \cos(2x))\left(\frac{1}{2}(1 - \cos(2x))\right)^2 \mathrm{d}x.$$

现在把它展开得到

$$\frac{1}{8}\int(1-\cos(2x)-\cos^2(2x)+\cos^3(2x))\mathrm{d}x.$$

我们需要把这个积分分解为四个单独的积分. 我们暂时先不要考虑积分符号前面的 1/8 或负号. 前面两个积分很容易计算, 因为 $\int 1\mathrm{d}x=x+C$, $\int\cos(2x)\mathrm{d}x=\frac{1}{2}\sin(2x)+C$. 我们怎样才能计算 $\int\cos^2(2x)\mathrm{d}x$ 呢? 这是一个偶次方, 我们需要再次使用倍角公式, 但需要用 $2x$ 替代 x:

$$\int\cos^2(2x)\mathrm{d}x=\int\frac{1}{2}(1+\cos(4x))\mathrm{d}x=\frac{1}{2}\left(x+\frac{1}{4}\sin(4x)\right)+C.$$

那么 $\int\cos^3(2x)\mathrm{d}x$ 又该怎样计算呢? 很好, 现在它是奇次的 (也就是 3), 所以我们已经知道怎么做了! 把这个积分写为 $\int\cos^2(2x)\cos(2x)\mathrm{d}x$, 然后用 $(1-\sin^2(2x))$ 替代 $\cos^2(2x)$. 用 $t=\sin(2x)$ 换元, 这样就有 $\mathrm{d}t=2\cos(2x)\mathrm{d}x$, 所以 $\int\cos^3(2x)\mathrm{d}x$ 这个积分为

$$\int(1-\sin^2(2x))\cos(2x)\mathrm{d}x=\frac{1}{2}\int(1-t^2)\mathrm{d}t=\frac{1}{2}\left(t-\frac{t^3}{3}\right)+C$$
$$=\frac{\sin(2x)}{2}-\frac{\sin^3(2x)}{6}+C.$$

(休息一下.) 现在把这些综合到一起再化简, 你会发现我们得到了

$$\int\cos^2(x)\sin^4(x)\mathrm{d}x$$
$$=\frac{1}{8}\left(x-\frac{\sin(2x)}{2}-\frac{x}{2}-\frac{\sin(4x)}{8}+\frac{\sin(2x)}{2}-\frac{\sin^3(2x)}{6}\right)+C$$
$$=\frac{x}{16}-\frac{\sin(4x)}{64}-\frac{\sin^3(2x)}{48}+C.$$

要确保你自己也能做出来.

19.2.2 tan 的幂

考虑 $\int\tan^n(x)\mathrm{d}x$, 其中 n 是整数. 我们先研究前几种情况. 当 $n=1$ 时, 我们需要知道怎样计算 $\int\tan x\mathrm{d}x$. 这是一个标准的积分, 可以通过设 $t=\cos(x)$ 来解答, 注意 $\mathrm{d}t=-\sin(x)\mathrm{d}x$:

$$\int\tan(x)\mathrm{d}x=\int\frac{\sin(x)}{\cos(x)}\mathrm{d}x=-\int\frac{\mathrm{d}t}{t}=-\ln|t|+C=-\ln|\cos(x)|+C.$$

这个答案也可以被写为 $\ln|\sec(x)|+C$. (为什么呢?)

当 $n=2$ 时情况又是怎样呢? 对于这种情况, 我们有必要使用毕达哥拉斯恒等式:

$$\boxed{\tan^2(x)=\sec^2(x)-1}$$

我们在上一节见过这个公式. 所以有

$$\int \tan^2(x)\mathrm{d}x = \int (\sec^2(x) - 1)\mathrm{d}x = \tan(x) - x + C.$$

对于更高次幂 ($n \geqslant 3$), 就不得不把 $\tan^2(x)$ 先提出来再改写为 $(\sec^2(x) - 1)$. 这样就有了两个积分. 前面的积分可以通过设 $t = \tan(x)$ 来计算并使用 $\mathrm{d}t = \sec^2(x)\mathrm{d}x$. 第二个积分是 $\tan(x)$ 的更低次幂, 所要做的是重复这个方法. 例如, 怎样计算 $\int \tan^6(x)\mathrm{d}x$? 让我们看看:

$$\int \tan^6(x)\mathrm{d}x = \int \tan^4(x)\tan^2(x)\mathrm{d}x = \int \tan^4(x)(\sec^2(x) - 1)\mathrm{d}x$$
$$= \int \tan^4(x)\sec^2(x)\mathrm{d}x - \int \tan^4(x)\mathrm{d}x.$$

现在我们需要计算这两个积分. 为计算第一个积分, 我们设 $t = \tan(x)$; 像我们说过的那样 $\mathrm{d}t = \sec^2(x)\mathrm{d}x$. 这样给出了

$$\int \tan^4(x)\sec^2(x)\mathrm{d}x = \int t^4\mathrm{d}t = \frac{t^5}{5} + C = \frac{\tan^5(x)}{5} + C.$$

现在, 第二个积分为 $\int \tan^4(x)\mathrm{d}x$, 所以还得重复这个过程. 提出一个 $\tan^2(x)$ 因子, 然后把它改为 $(\sec^2(x) - 1)$:

$$\int \tan^4(x)\mathrm{d}x = \int \tan^2(x)\tan^2(x)\mathrm{d}x = \int \tan^2(x)(\sec^2(x) - 1)\mathrm{d}x$$
$$= \int \tan^2(x)\sec^2(x)\mathrm{d}x - \int \tan^2(x)\mathrm{d}x.$$

再一次地, 我们有了两个积分. 为计算第一个, 设 $t = \tan(x)$, 所以有 $\mathrm{d}t = \sec^2(x)\mathrm{d}x$. (熟悉吗?) 所以

$$\int \tan^2(x)\sec^2(x)\mathrm{d}x = \int t^2\mathrm{d}t = \frac{t^3}{3} + C = \frac{\tan^3(x)}{3} + C.$$

与此同时, 我们看到

$$\int \tan^2(x)\mathrm{d}x = \int (\sec^2(x) - 1)\mathrm{d}x = \tan(x) - x + C.$$

把这些计算结果合并到一起 (记住不要忘记负号), 得到

$$\int \tan^6(x)\mathrm{d}x = \frac{\tan^5(x)}{5} - \frac{\tan^3(x)}{3} + \tan(x) - x + C.$$

确实有些复杂. 但是, 还有更复杂呢.

19.2.3　sec 的幂

这种类型的积分确实很难算, 只有当 $n = 2$ (即 $\int \sec^2(x)\mathrm{d}x$) 时容易计算. 我们从一次幂 $\int \sec(x)\mathrm{d}x$ 开始. 计算这个积分有许多种方法. 最容易的方法要用到一个很巧妙的技巧. 这个技巧很节省时间, 值得一记. 不走运的是, 这种技巧完全超过了正

常人的思维, 难以在第一时间想到. 这个方法是分子分母同时乘以 $(\sec(x)+\tan(x))$.
看看这个计算过程, 它真的很奇妙:

$$\int \sec(x)\mathrm{d}x = \int \sec(x) \times \frac{\sec(x)+\tan(x)}{\sec(x)+\tan(x)}\mathrm{d}x = \int \frac{\sec^2(x)+\sec(x)\tan(x)}{\sec(x)+\tan(x)}\mathrm{d}x$$
$$= \ln|\sec(x)+\tan(x)| + C,$$

因为分母 $(\sec(x)+\tan(x))$ 的导数恰恰等同于分子.

　　$\sec(x)$ 的二次幂该怎样计算呢? 这个不需要太费力气:

$$\int \sec^2(x)\mathrm{d}x = \tan(x) + C.$$

很容易计算. 不幸的是, 更高次幂就很难计算了. 不过, 基本思想是把 $\sec^2(x)$ 提出来 (这同我们前面处理 $\tan(x)$ 的幂很相似), 用分部积分法, 应用 $\mathrm{d}v = \sec^2(x)\mathrm{d}x$ 并把 u 设为余下的 $\sec(x)$ 次幂. 也就是说, $v = \tan(x)$ (记住在这里不需要常数项). 当用分部积分法时, 自然会得到一个新积分; 被积函数应该是一个 $\sec(x)$ 的更低次幂乘以 $\tan^2(x)$. 我们需要再一次使用 $\tan^2(x) = \sec^2(x) - 1$ 并得到两个积分, 而其中一个就是原始积分的倍数! 你需要把这个放回等式的左边. 另一个是关于 $\sec(x)$ 的更低次幂, 你需要重复整个过程直到剩下 $\int \sec(x)\mathrm{d}x$ 或 $\int \sec^2(x)\mathrm{d}x$, 这两个积分的结果我们已经知道了.

　　这是一个技术解释, 我们来看一个很难对付的例子: 计算 $\int \sec^6(x)\mathrm{d}x$. 我们先把 $\sec^2(x)$ 提出来, 即

$$\int \sec^6(x)\mathrm{d}x = \int \sec^4(x)\sec^2(x)\mathrm{d}x.$$

现在, 使用分部积分法, 设 $u = \sec^4(x), \mathrm{d}v = \sec^2(x)\mathrm{d}x$. 通过对 u 求导和对 $\mathrm{d}v$ 求积分, 我们得到

$$\mathrm{d}u = 4\sec^3(x)\sec(x)\tan(x)\mathrm{d}x = 4\sec^4(x)\tan(x)\mathrm{d}x \text{ 和 } v = \tan(x).$$

现在通过分部积分法得到

$$\int u\mathrm{d}v = uv - \int v\mathrm{d}u$$

$$\int \sec^4(x)\overbrace{\sec^2(x)\mathrm{d}x}^{\mathrm{d}v} = \sec^4(x)\tan(x) - \int \tan(x)\overbrace{4\sec^4(x)\tan(x)\mathrm{d}x}^{\mathrm{d}u}.$$

来看看等式右侧的积分, 它可以写为

$$4\int \sec^4(x)\tan^2(x)\mathrm{d}x = 4\int \sec^4(x)(\sec^2(x)-1)\mathrm{d}x$$
$$= 4\left(\int \sec^6(x)\mathrm{d}x - \int \sec^4(x)\mathrm{d}x\right).$$

把这些放到一起, 我们有

$$\int \sec^6(x)\mathrm{d}x = \sec^4(x)\tan(x) - 4\int \sec^6(x)\mathrm{d}x + 4\int \sec^4(x)\mathrm{d}x.$$

下一步令人振奋: 把等式右侧的第一个积分移到等式左侧:

$$5\int \sec^6(x)\mathrm{d}x = \sec^4(x)\tan(x) + 4\int \sec^4(x)\mathrm{d}x.$$

等式两侧同时除以 5 可得

$$\int \sec^6(x)\mathrm{d}x = \frac{1}{5}\sec^4(x)\tan(x) + \frac{4}{5}\int \sec^4(x)\mathrm{d}x.$$

做完了吗? 还没有, 我们仍然需要计算 $\int \sec^4(x)\mathrm{d}x$. 我们不得不重复刚才的全过程. 这正是你需要重复上述步骤的地方. 如果你没有计算错误, 会得到

$$\int \sec^4(x)\mathrm{d}x = \frac{1}{3}\sec^2(x)\tan(x) + \frac{2}{3}\int \sec^2(x)\mathrm{d}x.$$

现在我们需要计算 $\int \sec^2(x)\mathrm{d}x$, 这达到了我们力所能及的程度 —— 它的结果是 $\tan(x) + C$, 我们以前见过的. 再把这些都合并到一起, 得到

$$\int \sec^6(x)\mathrm{d}x = \frac{1}{5}\sec^4(x)\tan(x) + \frac{4}{5}\left(\frac{1}{3}\sec^2(x)\tan(x) + \frac{2}{3}\tan(x)\right) + C$$
$$= \frac{1}{5}\sec^4(x)\tan(x) + \frac{4}{15}\sec^2(x)\tan(x) + \frac{8}{15}\tan(x) + C.$$

很好, 尽管我们费了很大的劲, 但已经算出了结果. 看, 解决带有 $\tan(x)$ 和 $\sec(x)$ 的幂的习题的基本思想是: 先降 2 次幂, 然后重复计算; 继续计算, 直到降为一次幂或二次幂, 这样我们就可以直接计算了. 顺便想一想, 怎样计算

$$\int \frac{\mathrm{d}x}{\cos^6(x)}?$$

当然, 我们可以把它写为 $\int \sec^6(x)\mathrm{d}x$(我们刚刚已经计算出结果了!). 那么又怎样计算

$$\int \frac{\sin^2(x)}{\cos^3(x)}\mathrm{d}x?$$

分子可以改写为 $1 - \cos^2(x)$, 然后分成两个积分:

$$\int \frac{\sin^2(x)}{\cos^3(x)}\mathrm{d}x = \int \frac{1 - \cos^2(x)}{\cos^3(x)}\mathrm{d}x = \int \sec^3(x)\mathrm{d}x - \int \sec(x)\mathrm{d}x.$$

现在使用上述方法, 我们就可以求出关于 $\sec(x)$ 的次幂的积分了.

19.2.4 cot 的幂

我们可以用解决 $\tan(x)$ 的幂的方法来解决这类问题. 可以使用毕达哥拉斯恒等式把 $\cot^2(x)$ 改写:

$$\boxed{\cot^2(x) = \csc^2(x) - 1}$$

当设 $t = \cot(x)$ 时, 有 $\mathrm{d}t = -\csc^2(x)\mathrm{d}x$. 请注意, 不要忘记负号! 现在多做一些题目来练习, 例如计算 $\int \cot^6(x)\mathrm{d}x$. 将这个结果和 19.2.2 节中 $\int \tan^6(x)\mathrm{d}x$ 的结果进行比较. 你会发现它们是非常相似的.

19.2.5 csc 的幂

计算这个就和计算 $\sec(x)$ 的幂一样. 可以把 $\csc^2(x)$ 提出来, 然后用分部积分法, 应用 $\mathrm{d}v = \csc^2(x)\mathrm{d}x$. 请注意: $v = -\cot(x)$, 而 $\mathrm{d}u$ 也有一个负号, 这是你需要注意的地方. 再一次提醒要多做些练习. 例如计算 $\int \csc^6(x)\mathrm{d}x$, 将这个结果和 $\int \sec^6(x)\mathrm{d}x$ 的结果相比较, 你会看到更多相似的地方.

19.2.6 约化公式

前四节的方法都是把三角函数的幂降低 2 次, 然后重复计算. 例如 在 19.2.2 节中, 通过提出 $\tan^2(x)$ 然后用 $\sec^2(x) - 1$ 替代它来求解 $\tan(x)$ 的幂的积分. 让我们试着总结一下这个方法. 首先来计算 $\int \tan^n(x)\mathrm{d}x$, 我们给它起个名字: I_n(对于整数 n). 也就是说,

$$I_n = \int \tan^n(x)\mathrm{d}x.$$

我们已经知道

$$I_0 = \int \tan^0(x)\mathrm{d}x = \int 1\mathrm{d}x = x + C,$$

$$I_1 = \int \tan(x)\mathrm{d}x = -\ln|\cos(x)| + C.$$

当 $n \geqslant 2$ 时, 我们可以从 $\tan^n(x)$ 中提取 $\tan^2(x)$, 这样就剩下了 $\tan^{n-2}(x)$; 这时可以使用三角函数恒等式把这个积分分开:

$$I_n = \int \tan^n(x)\mathrm{d}x = \int \tan^{n-2}(x)\tan^2(x)\mathrm{d}x = \int \tan^{n-2}(x)(\sec^2(x) - 1)\mathrm{d}x$$

$$= \int \tan^{n-2}(x)\sec^2(x)\mathrm{d}x - \int \tan^{n-2}(x)\mathrm{d}x.$$

等式右侧的第二个积分 $\int \tan^{n-2}(x)\mathrm{d}x$ 就是 I_{n-2}; 对于第一个, 如果设 $t = \tan(x)$, 会得到 $\mathrm{d}t = \sec^2(x)\mathrm{d}x$, 这个积分就变为 $\int t^{n-2}\mathrm{d}t$, 它的结果为 $t^{n-1}/(n-1) + C$. 用 $\tan(x)$ 回代 t, 这样我们证明了

$$I_n = \frac{1}{n-1}\tan^{n-1}(x) - I_{n-2}.$$

我们没有必要写常数, 因为 I_n 和 I_{n-2} 都是不定积分. 上述方程叫作约化公式, 因为它把整数 n 降到一个更小的数 $n-2$.

让我们看看怎样使用这个公式计算 $\int \tan^6(x)\mathrm{d}x$, 即 I_6. 把 $n = 6$ 代入约化公式, 有

$$I_6 = \frac{1}{5}\tan^5(x) - I_4.$$

很好, 我们需要知道 I_4. 让我们再次使用约化公式, 这次 $n = 4$:

$$I_4 = \frac{1}{3}\tan^3(x) - I_2.$$

再用一次约化公式, $n = 2$:

$$I_2 = \frac{1}{1}\tan^1(x) - I_0 = \tan(x) - x + C,$$

在这个结果里, 我们使用了 I_0. 现在我们知道了 I_2, 可以回去求解 I_4 了:

$$I_4 = \frac{1}{3}\tan^3(x) - I_2 = \frac{1}{3}\tan^3(x) - \tan(x) + x + C.$$

最后可以求解要计算的积分 I_6 了:

$$\int \tan^6(x)\mathrm{d}x = I_6 = \frac{1}{5}\tan^5(x) - I_4 = \frac{1}{5}\tan^5(x) - \frac{1}{3}\tan^3(x) + \tan(x) - x + C.$$

这同 19.2.2 节中的答案一样. 现在把这个方法应用到求解正割、余割和余切的幂的积分当中, 只需要把它们重写为约化公式.

这个方法对于定积分也适用. 例如计算定积分 $\int_0^{\pi/2} \cos^8(x)\mathrm{d}x$ 的值. 如 19.2.1 节所述, 你应该使用倍角公式, 但应用于这道题可能会很麻烦. (不信你可以试试!) 相反, 我们设

$$I_n = \int_0^{\pi/2} \cos^n(x)\mathrm{d}x,$$

要记住我们最后要求 I_8. 现在的技巧是我们需要提出一个因子 $\cos(x)$, 像这样

$$I_n = \int_0^{\pi/2} \cos^n(x)\mathrm{d}x = \int_0^{\pi/2} \cos^{n-1}(x)\cos(x)\mathrm{d}x.$$

现在使用分部积分法, 设 $u = \cos^{n-1}(x)$, $\mathrm{d}v = \cos(x)\mathrm{d}x$. 这就是说, $v = \sin(x)$. (更多关于分部积分法的内容请参考 18.2 节.) 请你证明

$$I_n = \cos^{n-1}(x)\sin(x)\Big|_0^{\pi/2} + \int_0^{\pi/2} (n-1)\cos^{n-2}(x)\sin^2(x)\mathrm{d}x.$$

如果 $n \geqslant 2$, 这时在等式右侧第一项的结果是 0, 因为 $\cos(\pi/2) = 0$, $\sin(0) = 0$. 另一方面, 在积分中, 我们可以用 $1 - \cos^2(x)$ 替代 $\sin^2(x)$, 得到

$$I_n = \int_0^{\pi/2} (n-1)\cos^{n-2}(x)(1 - \cos^2(x))\mathrm{d}x$$

$$= (n-1)\int_0^{\pi/2} \cos^{n-2}(x)\mathrm{d}x - (n-1)\int_0^{\pi/2} \cos^n(x)\mathrm{d}x.$$

我们得到了什么? 很好, 请注意后两个积分分别是 I_{n-2} 和 I_n. 所以

$$I_n = (n-1)I_{n-2} - (n-1)I_n.$$

通过把等式两端同时加 $(n-1)I_n$ 再除以 n, 我们得到了这个约化公式:

$$I_n = \frac{n-1}{n} I_{n-2}.$$

这应该使我们的计算更容易! 我们要求 I_8 的解, 所以会一次又一次地使用上述公式, 从 $n=8$ 开始, 然后是 $n=6$, $n=4$, 最后是 $n=2$, 这时我们得到

$$I_8 = \frac{7}{8} I_6 = \frac{7}{8} \cdot \frac{5}{6} I_4 = \frac{7}{8} \cdot \frac{5}{6} \cdot \frac{3}{4} I_2 = \frac{7}{8} \cdot \frac{5}{6} \cdot \frac{3}{4} \cdot \frac{1}{2} I_0.$$

现在需要计算 I_0. 因为 $\cos^0$ 的结果是 1, 所以 $I_0 = \int_0^{\pi/2} 1 \mathrm{d}x = \pi/2$. 化简上述分式, 我们得到

$$\int_0^{\pi/2} \cos^8(x)\mathrm{d}x = \frac{7 \cdot 5 \cdot 3 \cdot 1}{8 \cdot 6 \cdot 4 \cdot 2} \times \frac{\pi}{2} = \frac{35\pi}{256}.$$

作为我们辛苦计算的奖励, 我们可以容易地计算出 $\int_0^{\pi/2} \cos^n(x)\mathrm{d}x$ 的值 (对于任何正整数 n). (为了计算奇次幂的值, 有必要知道 $I_1 = \int_0^{\pi/2} \cos(x)\mathrm{d}x = 1$.)

顺便说一下, 约化公式不必使用三角恒等式. 例如, 计算

$$I_n = \int x^n \mathrm{e}^x \mathrm{d}x,$$

你需要用到分部积分法, 通过设 $u = x^n, \mathrm{d}v = \mathrm{e}^x \mathrm{d}x$ (所以有 $v = \mathrm{e}^x$) 去计算

$$I_n = x^n \mathrm{e}^x - \int n x^{n-1} \mathrm{e}^x \mathrm{d}x.$$

这样有了约化公式 $I_n = x^n \mathrm{e}^x - n I_{n-1}$. 顺便说一下, 这次我们是用 I_{n-1} 来表示 I_n, 而不像前几个三角函数的例子, 用 I_{n-2} 来表示 I_n. 所以在这个链式的最后你仅仅需要知道 I_0, 不难发现 $I_0 = \int \mathrm{e}^x \mathrm{d}x = \mathrm{e}^x + C$.

19.3 关于三角换元法的积分

现在, 让我们看看怎样计算关于二次函数平方根的奇次幂的积分. 一些典型的例子有

$$\int \frac{\mathrm{d}x}{x^3 \sqrt{x^2-4}} \quad \text{或} \quad \int \frac{x^2}{(9-x^2)^{3/2}} \mathrm{d}x \quad \text{或} \quad \int (x^2+15)^{-5/2} \mathrm{d}x.$$

基本思想是: 有三种情况, 分别为 $a^2 - x^2$、$x^2 + a^2$、$x^2 - a^2$, 这里 a 为常数. 例如上面的第一个积分是当 $a=2$ 时 $x^2 - a^2$ 的情况, 第二个积分是当 $a=3$ 时 $a^2 - x^2$ 的情况, 第三个积分是当 $a = \sqrt{15}$ 时 $x^2 + a^2$ 的情况. 这三种情况要求不同的换元法. 大多数的情况下, 在换元之后, 都会得到一个关于三角函数的幂的被积函数, 这正是我们在前几节见过的. 下面我们一次研究一种情况, 最后再做个总结.

19.3.1 类型 1: $\sqrt{a^2 - x^2}$

如果你遇到关于 $\sqrt{a^2 - x^2}$ 的奇次幂的积分, 正确的换元是使用 $x = a\sin(\theta)$. 如果你喜欢也可以使用 $x = a\cos(\theta)$, 但这并没有任何优势, 所以我们依然使用正弦函数, 因为这个替代很有效果:

$$a^2 - x^2 = a^2 - a^2\sin^2(\theta) = a^2(1 - \sin^2(\theta)) = a^2\cos^2(\theta),$$

现在可以容易地求平方根. 请记住, 如果你把变量从 x 改到 θ, 那么就该由从以 x 为变量转到以 θ 为变量的积分. 也就是说, 积分符号里的每一个 x 都要用 θ 来表示. 具体地, 我们需要用带有 θ 的变量以及 $\mathrm{d}\theta$ 表示 $\mathrm{d}x$. 没问题, 仅仅需要对方程 $x = a\sin(\theta)$ 求微分就可以得到 $\mathrm{d}x = a\cos(\theta)\mathrm{d}\theta$. (这种类型的替代在 18.1.2 节和 18.1.3 节中讨论过, 但当时是以 x 为变量而不是以这个替代变量求解.) 无论如何, 现在积分是以 θ 为变量了, 但在最后还需要再换回到以 x 为变量的积分. 为此, 我们要画一个锐角是 θ 的直角三角形, 这会很有帮助 (如图 19-1 所示).

我们知道 $\sin(\theta) = x/a$, 所以可以设出这两个边的边长 (如图 19-2 所示).

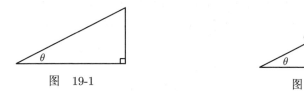

图　19-1　　　　　　　　　　　图　19-2

最后使用毕达哥拉斯定理可得第三边边长为 $\sqrt{a^2 - x^2}$, 这个三角形就能确定了 (如图 19-3 所示).

现在, 我们使用这个三角形可以很容易地计算出 $\cos(\theta)$、$\tan(\theta)$ 或其他任何关于 θ 的三角函数的值, 也能方便地转换回到以 x 为变量的积分.

来看看怎样实际应用的. 我们使用刚才的例子:

$$\int \frac{x^2}{(9 - x^2)^{3/2}}\mathrm{d}x.$$

我们设 $x = 3\sin(\theta)$, 以此完成替代, 所以 $\mathrm{d}x = 3\cos(\theta)\mathrm{d}\theta$. 同时我们也看到 $9 - x^2 = 9 - 9\sin^2(\theta) = 9\cos^2(\theta)$. 所以这个积分为

$$\int \frac{(3\sin(\theta))^2}{(9\cos^2(\theta))^{3/2}} \cdot 3\cos(\theta)\mathrm{d}\theta = \frac{3^2 \times 3}{9^{3/2}}\int \frac{\sin^2(\theta)}{\cos^3(\theta)}\cos(\theta)\mathrm{d}\theta = \int \tan^2(\theta)\mathrm{d}\theta,$$

因为 $9^{3/2} = 27$. 使用 19.2.2 节中的方法可得

$$\int \tan^2(\theta)\mathrm{d}\theta = \int (\sec^2(\theta) - 1)\mathrm{d}\theta = \tan(\theta) - \theta + C.$$

现在我们需要做的是换回到以 x 为变量的状态. 因为 $\sin(\theta) = x/3$, 这个相关的三角形如图 19-4 所示.

图　19-3　　　　　　　　　　　图　19-4

从这个三角形中可得 $\tan(\theta) = x/\sqrt{9-x^2}$. 同时, 因为 $\sin(\theta) = x/3$, 我们有 $\theta = \sin^{-1}(x/3)$. 把这些换回到答案中, 我们得到

$$\int \frac{x^2}{(9-x^2)^{3/2}}\mathrm{d}x = \frac{x}{\sqrt{9-x^2}} - \sin^{-1}\left(\frac{x}{3}\right) + C.$$

如果不使用三角形, 你可能会把 $\tan(\theta)$ 写为烦琐的形式:

$$\tan\left(\sin^{-1}\left(\frac{x}{3}\right)\right),$$

但我希望你能更认可我们得到的答案.

讨论类型 2 之前, 你发现我们在这里有些大意了吗? 需要计算出 $(9\cos^2(\theta))^{3/2}$, 但仅仅说它等于 $27\cos^3(\theta)$. 当然, $9^{3/2} = 27$, 但这就能说明 $(\cos^2(\theta))^{3/2} = \cos^3(\theta)$ 吗? 实际上仅仅当 $\cos(\theta) \geqslant 0$ 时才成立. 问题是对一个数值求它的 3/2 次幂, 实际上是要求这个数值的平方根. 对于任何正数 A, 我们有 $A^{3/2} = (A^{1/2})^3 = (\sqrt{A})^3$. 所以应该写为

$$(\cos^2(\theta))^{3/2} = (\sqrt{\cos^2(\theta)})^3 = |\cos^3(\theta)|.$$

幸运的是, 这个绝对值对于类型 1 和类型 2 没有必要 (但对于类型 3 就不是这样了), 所以我们所做的一切是正确的. 这个观点将会在 19.3.6 节中详细讨论.

19.3.2 类型 2: $\sqrt{x^2 + a^2}$

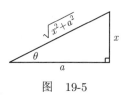

图 19-5

如果一个积分是关于 $\sqrt{x^2 + a^2}$ 的奇次幂, 那么正确的换元是 $x = a\tan(\theta)$. 这种方法很有效果, 因为

$$x^2 + a^2 = a^2\tan^2(\theta) + a^2 = a^2(\tan^2(\theta) + 1) = a^2\sec^2(\theta).$$

并且我们需要知道 $\mathrm{d}x = a\sec^2(\theta)\mathrm{d}\theta$. 因为 $\tan\theta = x/a$, 所以这个三角形如图 19-5 所示.

现在我们来看这个例子:

$$\int (x^2 + 15)^{-5/2}\mathrm{d}x.$$

这里使用换元法, 设 $x = \sqrt{15}\tan(\theta)$. 我们有 $\mathrm{d}x = \sqrt{15}\sec^2(\theta)\mathrm{d}\theta$, 并且注意 $x^2 + 15 = 15\tan^2(\theta) + 15 = 15\sec^2(\theta)$. 这个积分变为

$$\int (15\sec^2(\theta))^{-5/2}\sqrt{15}\sec^2(\theta)\mathrm{d}\theta = \frac{15^{1/2}}{15^{5/2}}\int (\sec(\theta))^{-5}\sec^2(\theta)\mathrm{d}\theta$$

$$= (15)^{-2}\int \cos^3(\theta)\mathrm{d}\theta.$$

(我们再一次做了一件有风险的事情: 用 $15^{-5/2}\sec^{-5}(\theta)$ 替代 $(15\sec^2(\theta))^{-5/2}$, 完全忽略了绝对值符号. (如果你提前阅读了 19.3.6 节, 就会知道其中的原因了.) 我们仍然需要计算 $15^{-2}\int \cos^3(\theta)\mathrm{d}\theta$. 让我们使用 19.2.1 节中的方法. 请注意被积函数是 $\cos(\theta)$ 的奇次幂, 所以我们可以提出一个 $\cos(\theta)$ 项, 用 $\sin(\theta)$ 做换元:

$$(15)^{-2} \int \cos^3(\theta)\mathrm{d}\theta = (15)^{-2} \int (1 - \sin^2(\theta)) \cos(\theta)\mathrm{d}\theta$$

$$= (15)^{-2} \left(\sin(\theta) - \frac{\sin^3(\theta)}{3} \right) + C.$$

(我在这里忽略了换元的细节, 因为我确信你能自己做出这道题.) 现在, 回到以 x 为变量的状态. 因为 $\tan(\theta) = x/\sqrt{15}$, 由此得到如图 19-6 所示的三角形.

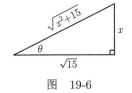

图 19-6

从这个三角形中, 你能简单地发现 $\sin(\theta) = x/\sqrt{x^2+15}$, 也就是说

$$\int (x^2 + 15)^{-5/2}\mathrm{d}x = (15)^{-2} \left(\sin(\theta) - \frac{\sin^3(\theta)}{3} \right) + C$$

$$= \frac{1}{225} \left(\frac{x}{\sqrt{x^2+15}} - \frac{x^3}{3(x^2+15)^{3/2}} \right) + C.$$

(你知道为什么 $\sin^3(\theta) = x^3/(x^2+15)^{3/2}$ 吗? 仅仅把里面的 $\sin(\theta)$ 用 $x/(x^2+15)^{\frac{1}{2}}$ 替代即可.)

19.3.3 类型 3: $\sqrt{x^2 - a^2}$

最后, 关于 $\sqrt{x^2 - a^2}$ 的奇次幂的情况又怎样呢? 正确的换元是 $x = a\sec(\theta)$, 因为

$$x^2 - a^2 = a^2 \sec^2(\theta) - a^2 = a^2(\sec^2(\theta) - 1) = a^2 \tan^2(\theta),$$

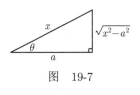

图 19-7

你能容易地得到平方根. 为了做这个换元, 我们需要知道 $\mathrm{d}x = a\sec(\theta)\tan(\theta)\mathrm{d}\theta$. 因为 $\sec(\theta) = x/a$, 这个三角形如图 19-7 所示.

例如, 计算

$$\int \frac{\mathrm{d}x}{x^3\sqrt{x^2 - 4}},$$

设 $x = 2\sec(\theta)$, 所以有 $\mathrm{d}x = 2\sec(\theta)\tan(\theta)\mathrm{d}\theta, x^2 - 4 = 4\tan^2(\theta)$, 这个积分变为

$$\int \frac{2\sec(\theta)\tan(\theta)}{(2\sec(\theta))^3\sqrt{4\tan^2(\theta)}}\mathrm{d}\theta = \int \frac{2\sec(\theta)\tan(\theta)}{8\sec^3(\theta) \times 2\tan(\theta)}\mathrm{d}\theta$$

$$= \frac{1}{8} \int \frac{1}{\sec^2(\theta)}\mathrm{d}\theta = \frac{1}{8} \int \cos^2(\theta)\mathrm{d}\theta.$$

如果这次用 $2\tan(\theta)$ 替代 $\sqrt{4\tan^2(\theta)}$, 那就大错特错了. 像我们将要在 19.3.6 节中看到的那样, 它只有在 $x > 0$ 的时候才是正确的. 所以让我们做个假设. 我们需要计算 $\frac{1}{8} \int \cos^2(\theta)\mathrm{d}\theta$. 因为 $\cos$ 是偶次幂, 所以要使用 19.2.1 节的倍角公式:

$$\frac{1}{8}\int\cos^2(\theta)\mathrm{d}\theta=\frac{1}{8}\int\frac{1}{2}(1+\cos(2\theta))\mathrm{d}\theta=\frac{\theta}{16}+\frac{\sin(2\theta)}{32}+C.$$

很好, 我们只需要再回到以 x 为变量的状态. 这里需要点小技巧, 让我们使用三角形 (如图 19-8 所示) 来帮助计算.

问题是我们需要知道 $\sin(2\theta)$ 的值. 为了计算这个数值, 要使用三角公式:

$$\sin(2\theta)=2\sin(\theta)\cos(\theta).$$

图　19-8

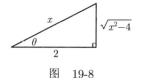

由此可知 $\sin(\theta)=\sqrt{x^2-4}/x, \cos(\theta)=2/x$, 再把它们带回到原结果中, 可得

$$\begin{aligned}\int\frac{\mathrm{d}x}{x^3\sqrt{x^2-4}}&=\frac{1}{16}\sec^{-1}\left(\frac{x}{2}\right)+\frac{1}{32}\cdot 2\cdot\frac{\sqrt{x^2-4}}{x}\cdot\frac{2}{x}+C\\&=\frac{1}{16}\sec^{-1}\left(\frac{x}{2}\right)+\frac{\sqrt{x^2-4}}{8x^2}+C.\end{aligned}$$

请记住, 它仅当 $x>0$ 时才成立. 我们将在 19.3.6 节中重视这个例子, 并考虑 $x\leqslant 0$ 的情况.

19.3.4　配方和三角换元法

在我们总结这种方法之前还有一点需要说明. 有时, 你可能需要求解关于 $\sqrt{\pm x^2+ax+b}$ 的奇次幂的积分. 也就是说, 你有了一次项 ax, 这样情况就复杂了. 求解这个积分的方法很简单：我们可以配方, 然后做替代得到刚才介绍的三种情况. 例如, 计算

$$\int(x^2-4x+19)^{-5/2}\mathrm{d}x,$$

首先配方 (参见 1.6 节的配方方法):

$$x^2-4x+19=(x^2-4x+4)-4+19=(x-2)^2+15.$$

所以, 要计算的积分实际上是

$$\int((x-2)^2+15)^{-5/2}\mathrm{d}x.$$

设 $t=x-2$, 所以 $\mathrm{d}t$=$\mathrm{d}x$, 那么这是一个以 t 为变量的积分了:

$$\int(t^2+15)^{-5/2}\mathrm{d}t,$$

这就得到了一个在 19.3.2 节中已经计算过的积分! 该题目的答案是 (此时以 t 为变量):

$$\frac{1}{225}\left(\frac{t}{\sqrt{t^2+15}}-\frac{t^3}{3(t^2+15)^{3/2}}\right)+C,$$

用 $x-2$ 替代 t, 得到

$$\int(x^2-4x+19)^{-5/2}\mathrm{d}x=\frac{1}{225}\left(\frac{x-2}{\sqrt{x^2-4x+19}}-\frac{(x-2)^3}{3(x^2-4x+19)^{3/2}}\right)+C.$$

这种方法的准则是, 带有一次项的二次函数可以通过配方再换元的方法求得结果.

19.3.5 关于三角换元法的总结

让我们用一个表格来总结刚才使用过的针对三种类型积分的换元法:

类型 1: $\sqrt{a^2 - x^2}$	类型 2: $\sqrt{x^2 + a^2}$	类型 3: $\sqrt{x^2 - a^2}$
设 $x = a\sin(\theta)$	设 $x = a\tan(\theta)$	设 $x = a\sec(\theta)$
$\mathrm{d}x = a\cos(\theta)\mathrm{d}\theta$	$\mathrm{d}x = a\sec^2(\theta)\mathrm{d}\theta$	$\mathrm{d}x = a\sec(\theta)\tan(\theta)\mathrm{d}\theta$
$a^2 - x^2 = a^2\cos^2(\theta)$	$x^2 + a^2 = a^2\sec^2(\theta)$	$x^2 - a^2 = a^2\tan^2(\theta)$

下一节将要介绍遇到 $a^2\cos^2(\theta)$ 和 $a^2\tan^2(\theta)$ 情况时, 什么时候 (及为什么) 可以去掉绝对值符号. 你第一次遇到这种情况时, 可能会忽略它, 但之后又不得不重新考虑.

19.3.6 平方根的方法和三角换元法

我们以前提过, 这一节可能会有些烦琐. 你还跟得上吗? 很好, 现在我们回到类型 1. 我们直接把 $\sqrt{a^2\cos^2(\theta)}$ 化简为 $a\cos(\theta)$, 完全忽略了 $\cos(\theta)$ 的绝对值. 实际上, 我们写 $x = a\sin(\theta)$ 时, 是在说 $\theta = \sin^{-1}(x/a)$.

但 θ 在哪里呢? 很好, 从 10.2.1 节中, 我们知道 $\sin^{-1}$ 的范围是 $[-\pi/2, \pi/2]$; 也就是说, θ 在第一或第四象限, 所以 $\cos(\theta)$ 一直都是非负的. 在此, 我们不需要任何绝对值符号!

类型 2 也是同样的. 在这种情况下, 我们把 $\sqrt{a^2\sec^2(\theta)}$ 化简为 $a\sec(\theta)$. 可以不使用绝对值吗? 我们设 $x = a\tan(\theta)$, 所以 $\theta = \tan^{-1}(x/a)$. 因为 $\tan^{-1}$ 的值域是 $(-\pi/2,\ \pi/2)$, 所以这次的 θ 也在第一或第四象限. 就是说, $\sec(\theta)$ 一直都是正的, 所以此次我们也不需要绝对值符号.

但对于类型 3, 我们就不这么走运了. 这次我们需要化简 $\sqrt{a^2\tan^2(\theta)}$, 但它的结果不一定为 $a\tan(\theta)$. 你看, 因为 $x = a\sec(\theta)$, 我们有 $\theta = \sec^{-1}(x/a)$. 如果你看

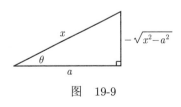

图 19-9

看 10.2.4 节, 会发现 $\sec^{-1}$ 的值域是 $[0, \pi]$, 但不包括 $\pi/2$ 这一点. 所以 θ 在一二象限, $\tan(\theta)$ 既可能为正也可能为负. 但至少它同 x 有着同样的符号, 可以通过 $y = \sec^{-1}(x)$ 的图像来判断.

所以当 $x > 0$ 时, 我们认为 $\sqrt{a^2\tan^2(\theta)} = a\tan(\theta)$. 另一方面, 当 $x < 0$ 时, 我们需要写为 $-a\tan(\theta)$. 在这种情况下, 三角形如图 19-9 所示.

一个三角形有两条边是负的 (分别是 x 和 $-\sqrt{x^2-a^2}$), 这确实有些怪异, 但这却便于我们记忆, 因为这个三角函数的所有符号都是正确的. 在 19.3.3 节的例子

$$\int \frac{\mathrm{d}x}{x^3\sqrt{x^2-4}}$$

中, 我们知道当 $x>0$ 时, 这个积分的结果为

$$\frac{1}{16}\sec^{-1}\left(\frac{x}{2}\right)+\frac{\sqrt{x^2-4}}{8x^2}+C.$$

(当 $x>0$ 时, x 实际上要大于 2, 否则分子中的 $\sqrt{x^2-4}$ 项就失去意义了.) 现在让我们重新计算当 $x<0$ 时的情况. 我们仍然设 $x=2\sec(\theta)$, 但是现在要用 $-2\tan(\theta)$ 替代 $\sqrt{4\tan^2(\theta)}$. 与之前唯一的不同就是负号:

$$
\begin{aligned}
\int \frac{\mathrm{d}x}{x^3\sqrt{x^2-4}} &= \int \frac{2\sec(\theta)\tan(\theta)}{(2\sec(\theta))^3\sqrt{4\tan^2(\theta)}}\mathrm{d}\theta \\
&= \int \frac{2\sec(\theta)\tan(\theta)}{8\sec^3(\theta)\times(-2\tan(\theta))}\mathrm{d}\theta \\
&= -\frac{1}{8}\int \cos^2(\theta)\mathrm{d}\theta = -\frac{\theta}{16}-\frac{2\sin(\theta)\cos(\theta)}{32}+C.
\end{aligned}
$$

我们回到以 x 为变量的状态, 需要使用一个修正的三角形 (如图 19-10 所示).

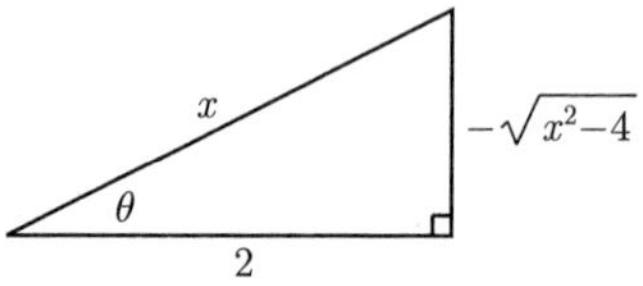

因此, 实际上 $\sin(\theta)=-\sqrt{x^2-4}/x$, $\cos(\theta)=2/x$. 注意 $\sin(\theta)$ 实际上是大于零的, 因为 $x<0$. 现在再带回到原积分可得到

图　19-10

$$
\begin{aligned}
\int \frac{\mathrm{d}x}{x^3\sqrt{x^2-4}} &= -\frac{1}{16}\sec^{-1}\left(\frac{x}{2}\right)-\frac{1}{32}\cdot 2\cdot\frac{-\sqrt{x^2-4}}{x}\cdot\frac{2}{x}+C \\
&= -\frac{1}{16}\sec^{-1}\left(\frac{x}{2}\right)+\frac{\sqrt{x^2-4}}{8x^2}+C.
\end{aligned}
$$

这就是当 $x<0$ 时的答案, 同我们刚才的答案几乎是一样的, 只是 sec 的反函数需要一个负号. 当然, 常数 C 同 $x>0$ 时的 C 是不同的. 为什么呢? 因为我们正在寻找一个函数使它的导数为 $1/x^3\sqrt{x^2-4}$, 它的定义域为 $(-\infty,-2)\cup(2,\infty)$. 所以, 它的反导数实际上分为两部分, 每一部分可由另一部分上下平移而得. 总而言之, 完整的答案是:

$$\int \frac{\mathrm{d}x}{x^3\sqrt{x^2-4}}=\begin{cases}\dfrac{1}{16}\sec^{-1}\left(\dfrac{x}{2}\right)+\dfrac{\sqrt{x^2-4}}{8x^2}+C_1 & \text{当 } x>2 \text{ 时},\\[3mm] -\dfrac{1}{16}\sec^{-1}\left(\dfrac{x}{2}\right)+\dfrac{\sqrt{x^2-4}}{8x^2}+C_2 & \text{当 } x<-2 \text{ 时}.\end{cases}$$

其中 C_1 和 C_2 是不同的. 其实我们遇到过这样的积分, 例如 $\int 1/x\mathrm{d}x$, 它的积分结果里就有两个常数. 参见 17.7 节. 在实际应用中, 遇到类型 3 的问题时, 我们常常

只考虑 $x > 0$ 时的情况. 这样可以避免上述烦琐的情况, 并且取平方根不用担心符号. 但当 $x < 0$ 时, 你需要注意更多细节.

19.4 积分技巧总结

我们已经介绍了很多计算积分的方法. 问题是, 对于一道计算积分的题应该使用哪种方法呢? 有时这不容易, 你可能在发现正确方法之前要试很多种不同的方法, 甚至需要把多种方法混合在一起. 下面是一些帮助你解决问题的技巧.

- 当你看到题目时, 会发现一种显而易见的换元, 那就试试它. 例如, 被积函数中的一部分是另一部分的导数, 那么就使用 t 做换元.

- 如果 $\sqrt[n]{ax+b}$ 这种形式出现在被积函数中, 就像在 18.1.2 节那样, 设 $t = \sqrt[n]{ax+b}$.

- 对于有理函数的积分 (也就是说, 两个多项式的商), 看分子是否为分母导数的倍数. 如果是, 可以通过设 "$t =$ 分母" 来计算. 另外, 也可以使用部分分式法 (参见 18.3 节).

- 若观察后没有发现明显的换元可用, 可使用这一章介绍的方法:
  - 关于 $\sqrt{1-\cos(x)}$ 或 $\sqrt{1+\cos(x)}$ 的函数, 使用倍角公式;
  - 关于 $1-\sin^2(x)$、$1-\cos^2(x)$、$1+\tan^2(x)$、$\sec^2(x)-1$、$\csc^2(x)-1$ 或 $1+\cot^2(x)$ 的函数, 使用毕达哥拉斯恒等式: $\sin^2(x)+\cos^2(x)=1$、$\tan^2(x)+1=\sec^2(x)$ 或 $1+\cot^2(x)=\csc^2(x)$;
  - 关于 $1\pm\sin(x)$ (或与其相似的情况) 在分母时的函数, 分子分母同时乘以它的共轭表达式, 然后试着使用毕达哥拉斯定理;
  - 关于 $\cos(mx)\cos(nx)$、$\sin(mx)\sin(nx)$ 或 $\sin(mx)\cos(nx)$ 的函数的积分, 使用积化和差公式;
  - 关于三角函数的次幂的积分, 应该学会从 19.2.1 节到 19.2.5 节的所有方法.

- 如果被积函数是关于 $\sqrt{x^2-a^2}$ 这种形式的奇次幂的情况 (例如 $(x^2-a^2)^{3/2}$, $(x^2-a^2)^{5/2}$ 等), 或 $\sqrt{x^2+a^2}$ 或 $\sqrt{a^2-x^2}$ 等类似情况的奇次幂形式, 那么使用三角换元法 (但要先校验是否有明显的换元). 如果二次函数包含一次项, 那么先配方. 更多细节参见 19.3 节.

- 如果被积函数是乘积的形式, 同时也没有明显的换元可用, 那么可以考虑分部积分法. (参见 18.2 节.)

- 如果没有可用的换元法, 被积函数又是 $\ln(x)$ 的幂或反三角函数的形式, 那么可以考虑使用分部积分法. 在这种情况下, 设 u 是 $\ln(x)$ 的幂或为适当的反三角函数. 例如, 计算

$$\int \frac{\ln(1+x^2)}{x^2}\mathrm{d}x.$$

首先校验没有换元法可用; 因为没有任何灵感, 所以我们用分部积分法. 等一下, 它不是乘积的形式! 再等一下, 商也可以写成乘积的形式! 让我们把它重写为

$$\int \ln(1+x^2) \times \frac{1}{x^2}\mathrm{d}x,$$

这时再用分部积分法, 设 $u = \ln(1+x^2), \mathrm{d}v = (1/x^2)\mathrm{d}x$. 现在试试, 你会得到答案

$$-\frac{\ln(1+x^2)}{x} + 2\tan^{-1}(x) + C.$$

即使你掌握了所有的方法, 如果你不做大量的练习, 那么遇到实际问题时, 还是会陷入混乱. 在做了大量的练习后, 你就能应付各种各样复杂的积分, 能够在计算中找到自信. 这样, 你就是一个优秀的积分计算者了.

第 20 章　　反常积分：基本概念

这个主题比较难, 我分两章来讨论. 本章介绍反常积分, 下一章给出更详细的讨论, 介绍怎样解决关于反常积分的一些问题. 如果你是第一次阅读本章; 那么应该读明白这里的每一个知识点. 但如果你正在备考, 我建议你忽略本章, 但请注意方框内的公式和标记为重要的部分, 集中精力看下一章. 下面是我们在这一章将要学习的内容:

- 反常积分、收敛和发散的定义;
- 关于没有边界区域的反常积分;
- 关于比较判别法、极限比较判别法、p 判别法和绝对收敛判别法的理论基础.

在下一章中, 我们还会再次介绍这四种判别法, 并给出一些应用示例.

20.1　收敛和发散

到底什么是反常积分? 在第 16 章, 我们见过积分

$$\int_a^b f(x)\mathrm{d}x.$$

该被积函数 f 如果在 $[a,b]$ 区间内是有界的, 并是连续的 (如有有限个间断点也可), 那么这个积分就是有意义的. 如果这个积分有无限多个不连续点, 该积分也可能是有意义的 (参见 16.7 节中的例子). 但如果函数 f 不是有界的, 情况又怎样呢? 这就是说, 当 x 在区间 $[a,b]$ 内时, 函数 f 的值越来越大 (正方向或负方向, 或两个方向). 当函数 f 在这个区间有一条垂直渐近线时会出现这种情况：函数在渐近线附近变得很大, 且没有界限. 这就使上述积分成了反常积分.

即使函数 f 是有界的, 也会出现一种不同类型的无界. 这个闭区间 $[a,b]$ 实际上是无界的, 如 $[0,\infty)$、$[-7,\infty)$、$(-\infty,3]$, 甚至 $(-\infty,\infty)$. 这也使这个积分成为反常积分.

所以, 如果出现下面的情况, 积分 $\int_a^b f(x)\mathrm{d}x$ 就是反常积分:

(1) 函数 f 在闭区间 $[a,b]$ 内是无界的;

(2) $b=\infty$;

(3) $a=-\infty$.

从现在开始, 我们集中精力研究第一种情况, 在随后的 20.2 节再研究后两种情况. 像我以前说过的那样, 如果一个函数在某个位置有垂直渐近线, 那么该函数在

这个位置是无界的, 尽管可能会有一些奇怪的走势. (例如函数 $f(x) = \frac{1}{x}\sin\left(\frac{1}{x}\right)$, 当 x 趋于 0 时, 它的图像是大幅振荡的.) 如果函数 $f(x)$ 在 x 接近于某点 c 时是无界的, 那么我们说该函数在 $x = c$ 点有一个破裂点. 大多数情况下, 它就是指有垂直渐近线.

所以, 我们来看看函数在 $x = a$ 点有垂直渐近线时的简单情况, 如图 20-1 所示.

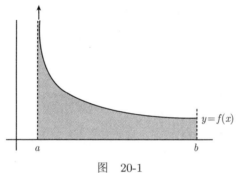

图　20-1

如果我说积分 $\int_a^b f(x)\mathrm{d}x$ 是上图中阴影部分的面积 (平方单位), 那么我是在说谎. 问题是, 由于是垂直渐近线该区域会一直延伸到这页的最上部且还会一直延伸下去, 该区域越来越狭长.

由于该区域不停地向上延伸, 那么其面积就是无限的. 这个结论是正确的吧? 不一定. 如果该区域足够狭长, 那会出现一个数学奇迹, 面积就是有限的了. 为了研究什么情况下一块无限区域的面积会是有限的, 我们需要使用极限. 其基本思想是: 设 ε 是一个很小的正数, 函数 f 在区间 $[a+\varepsilon, b]$ 上是可积的, 因为函数 f 在此是有界的. 你会得到一些有限的数. 现在, 用一个更小的数 ε 去重复这种情况, 你会得到一个新的有限的数, 如图 20-2 所示.

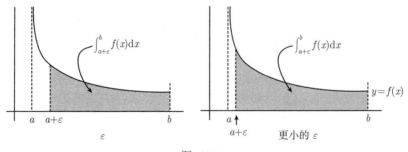

图　20-2

数 ε 越小, 我们对这块无限区域的估算就越接近于真实值. 这说明, 我们应该用越来越小的 ε 重复这个过程, 当 $\varepsilon \to 0^+$ 时, 看看我们是否会得到一个极限 L. 如果可以, 我们就把 L 解释为正在计算的这块区域的面积. 在这种情况下, 我们说积

分 $\int_a^b f(x)\mathrm{d}x$ 收敛于数 L. 如果没有极限, 我们就不能对于这块区域找到一个有意义的答案, 只能放弃寻找, 认为该积分是发散的. 注意: **如果积分不是反常积分, 那么它自然收敛!** 在实践中, 只要这个函数是有界的且区间 $[a,b]$ 是有界的, 那么就可以说这样的积分是收敛的, 因为它甚至不反常. 它仅仅是一些有限的数.

现在, 当在 $x = a$ 处有破裂点时, 我们有:

如果仅仅在 x 接近于 a 点该函数 $f(x)$ 是无界的, 则定义

$$\int_a^b f(x)\mathrm{d}x = \lim_{\varepsilon \to 0^+} \int_{a+\varepsilon}^b f(x)\mathrm{d}x.$$

在此假设这个极限存在. 如果能找到这样的极限, 我们就说这个积分收敛; 否则认为该积分发散. 就像其他的极限一样, 由于极限的结果可能为 ∞ 或 $-\infty$, 或当 $\varepsilon \to 0^+$ 时它的图像上下振荡, 因而这个极限可能没有意义.

这让我们认识到非常重要的一点. 当看到一个反常积分时, 我们需要知道的一件非常重要的事情是: 它是收敛的还是发散的. 这个积分的收敛值是多少并不是很重要 (假设它是收敛的). 在实际中, 如果你知道积分是收敛的, 可以通过复杂的计算求得收敛值. 如果积分是发散的, 而你使用计算机估算这个积分值, 那么可能会得到意想不到的结果. 计算机还不能真正理解无限或疯狂的上下振荡.

20.1.1 反常积分的一些例子

考虑两个积分:

$$\int_0^1 \frac{1}{x}\mathrm{d}x \quad \text{和} \quad \int_0^1 \frac{1}{\sqrt{x}}\mathrm{d}x.$$

这两个都是反常积分, 因为它们的被积函数在 $x = 0$ 点都有垂直渐近线. 所以我们可以使用刚才方框里的公式. 在第一种情况下, 我们有

$$\int_0^1 \frac{1}{x}\mathrm{d}x = \lim_{\varepsilon \to 0^+} \int_\varepsilon^1 \frac{1}{x}\mathrm{d}x = \lim_{\varepsilon \to 0^+} \ln|x|\Big|_\varepsilon^1 = \lim_{\varepsilon \to 0^+} (\ln(1) - \ln(\varepsilon)) = \infty.$$

(我们使用了这些性质: $\ln(1) = 0$; 当 $\varepsilon \to 0^+$ 时 $\ln(\varepsilon) \to -\infty$.) 因为得到的答案是正无穷, 所以这个反常积分是发散的. 第二个积分的情况又如何呢? 再次使用公式, 我们有

$$\int_0^1 \frac{1}{\sqrt{x}}\mathrm{d}x = \lim_{\varepsilon \to 0^+} \int_\varepsilon^1 \frac{1}{x^{1/2}}\mathrm{d}x = \lim_{\varepsilon \to 0^+} 2x^{1/2}\Big|_\varepsilon^1 = \lim_{\varepsilon \to 0^+} (2\sqrt{1} - 2\sqrt{\varepsilon}) = 2.$$

我们得到了一个有限的数, 所以这个积分是收敛的. 我们已经证明了这个积分收敛于 2, 但如上节最后所述, 我们并不在意收敛值, 主要研究它是收敛的还是发散的, 而不是收敛于多少.

我们得到了什么? 为什么反常积分 $\int_0^1 1\,/\,x\mathrm{d}x$ 是发散的, 而 $\int_0^1 1\,/\,\sqrt{x}\mathrm{d}x$ 却是

收敛的? 毕竟, 两个积分的图像 $y = 1/x$ 和 $y = 1/\sqrt{x}$ 是非常相似的 (如图 20-3 所示).

当然, 这两个被积函数是不同的. 当 $0<x<1$ 时, $1/x$ 比 $1/\sqrt{x}$ 要大. 从几何角度来解释, $1/\sqrt{x}$ 的图像实际上比 $1/x$ 的图像更接近于 y 轴. 可以说, $1/\sqrt{x}$ 的图像足够接近于 y 轴, 以至于它所对应的积分是收敛的; 而 $1/x$ 没有那么接近于 y 轴, 所以它所对应的积分是发散的. 但糟糕的是, 对于所有在 $x=0$ 点有渐近线的函数, 很难区分哪个函数足够接近于 y 轴, 哪个足够远离于 y 轴. 大多数情况下, 你需要分别对待每个积分.

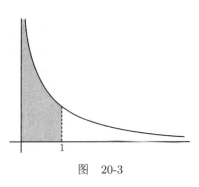

图　20-3

 这里有一点非常重要. 假设你遇到反常积分 $\int_a^b f(x)\mathrm{d}x$, 它的被积函数只在 $x=a$ 点有垂直渐近线, 你仅仅想知道该积分是收敛的还是发散的. 这时, b 的值对我们没有影响, 可以把它换成任意大于 a 的有限的数, 只要不选择新的垂直渐近线或新的破裂点. 之所以这样说, 首先请看 (根据定义):

$$\int_a^b f(x)\mathrm{d}x = \lim_{\varepsilon \to 0^+} \int_{a+\varepsilon}^b f(x)\mathrm{d}x,$$

在此假设这个极限存在. 现在让我们把 b 换成其他任意的数 c, 但要比数 a 大. 如果 $x=a$ 依然是函数 f 的破裂点, 那么我们有

$$\int_a^c f(x)\mathrm{d}x = \lim_{\varepsilon \to 0^+} \int_{a+\varepsilon}^c f(x)\mathrm{d}x,$$

再次假设极限是存在的. 我们可以在 $x=b$ 点把最后一个积分分开 (16.3 节介绍过这种方法) 而得到

$$\int_a^c f(x)\mathrm{d}x = \lim_{\varepsilon \to 0^+} \left(\int_{a+\varepsilon}^b f(x)\mathrm{d}x + \int_b^c f(x)\mathrm{d}x \right).$$

ε 对第二个积分没有任何影响; 实际上, 因为函数 f 在 b 和 c 点之间是有界的, 所以这个积分收敛于一个数 M. 我们已经证明了

$$\int_a^c f(x)\mathrm{d}x = \lim_{\varepsilon \to 0^+} \int_{a+\varepsilon}^b f(x)\mathrm{d}x + M.$$

如果右侧的极限存在, 那么积分 $\int_a^b f(x)\mathrm{d}x$ 收敛. 增加一个数 M 它仍然为有限的, 所以 $\int_a^b f(x)\mathrm{d}x$ 还是收敛的. 相反, 如果极限不存在, 这时增加一个数 M 对情况也没有影响, 所以 $\int_a^b f(x)\mathrm{d}x$ 和 $\int_a^c f(x)\mathrm{d}x$ 同时发散.

我们已经证明了, 一个反常积分在有界区间的收敛或发散是由它的被积函数在非常接近破裂点时的走势决定的. 在具体情况下, 因为我们知道积分 $\int_0^1 1/x \, dx$ 是发散的, 所以可以得出

$$\int_0^2 \frac{1}{x}dx, \quad \int_0^{100} \frac{1}{x}dx, \quad \int_0^{0.000\,000\,1} \frac{1}{x}dx$$

这些积分都是发散的. 另一方面, 因为 $\int_0^1 1/\sqrt{x} \, dx$ 是收敛的, 我们也可以说

$$\int_0^2 \frac{1}{\sqrt{x}}dx, \quad \int_0^{100} \frac{1}{\sqrt{x}}dx, \quad \int_0^{0.000\,000\,1} \frac{1}{\sqrt{x}}dx$$

这些积分是收敛的. 所有的这些都是发生在 $x = 0$ 的垂直渐近线附近.

20.1.2 其他破裂点

对于积分 $\int_a^b f(x)dx$, 如果函数 f 仅仅在积分上限 b (而不是 a) 是无界的, 那么我们可以应用刚才的方法. 仅仅的不同是, 我们这次需要从左方而不是右方趋于 b. 所以

> 如果函数仅仅在 x 接近于 b 点是无界的, 则定义
> $$\int_a^b f(x)dx = \lim_{\varepsilon \to 0^+} \int_a^{b-\varepsilon} f(x)dx,$$

在此假设这个极限存在; 如果它不存在, 那么像前面的例子一样, 它是发散的.

如果函数 f 在区间 $[a, b]$ 内有破裂点 c, 那该怎么办呢? 在这种情况下, 如果函数 f 仅仅是在该区间 (a, b) 内的 c 点无界, 那么需要把这个积分分成两部分:

$$\int_a^c f(x)dx \quad \text{和} \quad \int_c^b f(x)dx.$$

实际上, 我们知道怎样使用极限定义这些积分 —— 使用方框里的公式, 上述积分分别为

$$\lim_{\varepsilon \to 0^+} \int_a^{c-\varepsilon} f(x)dx \quad \text{和} \quad \lim_{\varepsilon \to 0^+} \int_{c+\varepsilon}^b f(x)dx,$$

关键点是: 只有当这两部分的积分都收敛时, 积分 $\int_a^b f(x)dx$ 才是收敛的; 如果任何一个发散, 那么整个积分就是发散的. 毕竟, 你不能把一个不存在的东西加到另一个上去. 无论另一个是否存在, 都不能这样做.

这个例子激发了我们第一个灵感: 为计算反常积分, 如果必要就把它分解. 每一部分最多只能有一个瑕点, 而且该点要在积分的上下限上. (在这里, 瑕点指的是破裂点, 下一节我们会看到一个不同的 "瑕点", 它不是 "破裂点".)

来看积分

$$I = \int_0^3 \frac{1}{x(x-1)(x+1)(x-2)}dx,$$

这个被积函数的瑕点是 $x = 0, 1, 2$ 和 -1. 最后这个点对我们的计算没有影响, 因为积分区间仅在 0 到 3 之间. 另外三个却很重要. 我们需要在这些瑕点之间选择一些数比如 1/2 和 3/2, 因为它们对计算不会产生影响. 现在, 我们把原始的积分分成下面 5 个积分:

$$I_1 = \int_0^{1/2} \frac{1}{x(x-1)(x+1)(x-2)} \mathrm{d}x, \quad I_2 = \int_{1/2}^1 \frac{1}{x(x-1)(x+1)(x-2)} \mathrm{d}x,$$

$$I_3 = \int_1^{3/2} \frac{1}{x(x-1)(x+1)(x-2)} \mathrm{d}x, \quad I_4 = \int_{3/2}^2 \frac{1}{x(x-1)(x+1)(x-2)} \mathrm{d}x,$$

$$I_5 = \int_2^3 \frac{1}{x(x-1)(x+1)(x-2)} \mathrm{d}x.$$

注意, 这 5 个积分的瑕点都不超过一个, 且这些点都在积分的上下限位置. 积分 I_1、I_3 和 I_5 的瑕点在积分的下限, 而 I_2 和 I_4 的瑕点在积分的上限. 原始积分收敛的唯一可能性是从 I_1 到 I_5 都是收敛的. 如果它们都是收敛的, 那么积分 I 的值是从 I_1 到 I_5 的和. (实际上, 这 5 个积分没有一个是收敛的! 在 21.5 节, 我们将会看到为什么这样.)

20.2　关于无穷区间上的积分

现在要研究当积分上下限有一个或同是无穷时的情况; 也就是说, 积分区间是无界的. 为计算

$$\int_a^\infty f(x)\mathrm{d}x,$$

其中 a 是常数, 函数 f 在区间 $[a, \infty)$ 没有破裂点, 我们需要使用另一个极限方法. 这次, 我们对 $[a, N]$ 区间求积分, 其中 N 是个很大的数. 这会给出一个非常好的值且是有限的. 随着 N 值的增大, 我们重复这个过程, 会得到不同的计算结果. 继续计算, 看看最后的积分结果到底是多少. 如果极限确实存在, 那么这个积分是收敛的; 否则它就是发散的. 用符号来表示, 我们可以定义

$$\boxed{\int_a^\infty f(x)\mathrm{d}x = \lim_{N \to \infty} \int_a^N f(x)\mathrm{d}x,}$$

在此假设这个极限是存在的. 在这种情况下, 这个积分是收敛的; 否则它是发散的. 同 20.1.1 节中最后描述的原因一样, a 的值与计算结果无关. 所以只要你不选择函数 f 的新的破裂点, 那么 a 的值对广义积分的收敛还是发散就没有任何影响. 仅仅需要考虑的是当 x 非常大时, 函数 $f(x)$ 的走势怎样.

如果在区间 $(-\infty, b]$ 上函数 f 没有其他的破裂点, 我们可以使用相似的定义

$$\int_{-\infty}^{b} f(x)\mathrm{d}x = \lim_{N \to \infty} \int_{-N}^{b} f(x)\mathrm{d}x.$$

如果函数 f 在整个区间内都没有破裂点, 那么要计算

$$\int_{-\infty}^{\infty} f(x)\mathrm{d}x$$

该是怎样的呢?

尽管它没有破裂点, 但仍然有两个瑕点: ∞ 和 $-\infty$. 是的, 每当出现 ∞ 和 $-\infty$ 时, 我们都把它们看作瑕点, 因为需要分别对待它们. 我们把上述积分分成两部分, 这样每一部分只有一个瑕点. 选一个你喜欢的数 (我选 0), 考虑这两个积分:

$$\int_{-\infty}^{0} f(x)\mathrm{d}x \quad \text{和} \quad \int_{0}^{\infty} f(x)\mathrm{d}x.$$

我们知道这两个积分分别意味着什么, 当然只有两个积分都收敛时原始积分才收敛. 如果你选了一个不同于 0 的数, 对计算结果也没有任何影响, 因为积分的收敛或发散不是由端点值决定的.

下面是一些关于无界区间上的积分例子. 考虑积分

$$\int_{1}^{\infty} \frac{1}{x}\mathrm{d}x \quad \text{和} \quad \int_{1}^{\infty} \frac{1}{x^2}\mathrm{d}x.$$

第一个是

$$\lim_{N \to \infty} \int_{1}^{N} \frac{1}{x}\mathrm{d}x = \lim_{N \to \infty} \ln|x|\Big|_{1}^{N} = \lim_{N \to \infty} \left(\ln(N) - \ln(1)\right) = \infty,$$

而第二个是

$$\lim_{N \to \infty} \int_{1}^{N} \frac{1}{x^2}\mathrm{d}x = \lim_{N \to \infty} -\frac{1}{x}\Big|_{1}^{N} = \lim_{N \to \infty} \left(-\frac{1}{N} + 1\right) = 1.$$

所以, 第一个积分是发散的, 第二个积分是收敛的.

这里有一个问题: 积分

$$\int_{0}^{\infty} \frac{1}{x}\mathrm{d}x \quad \text{和} \quad \int_{0}^{\infty} \frac{1}{x^2}\mathrm{d}x$$

是收敛的还是发散的? 因为这两个积分的瑕点是 0 和 ∞, 所以需要把它们分成两部分. 第一个可以分解为

$$\int_{0}^{1} \frac{1}{x}\mathrm{d}x \quad \text{和} \quad \int_{1}^{\infty} \frac{1}{x}\mathrm{d}x.$$

注意是否选择 1 作为分界点由你来决定. 选什么并不重要 (只要它是一个正数)! 无论如何, 我们已经看到这两个积分都是发散的, 所以积分 $\int_{0}^{\infty} 1/x\,\mathrm{d}x$ 也是发散的.

我们把第二个积分也分成两部分:

$$\int_0^1 \frac{1}{x^2}\mathrm{d}x \quad \text{和} \quad \int_1^\infty \frac{1}{x^2}\mathrm{d}x.$$

我们已经看到, 第二个积分是收敛的. 对于第一个积分, 我们可以使用关于极限的公式, 但也还有一种不是很显见的方法. 其基本思想是: 我们已经看到 $\int_0^1 1/x\,\mathrm{d}x$ 发散到无穷大. 如果你仔细考虑就会发现, 当 x 在 0 和 1 之间时, $1/x^2$ 比 $1/x$ 大. (对吗? 因为在区间 $(0, 1)$ 之间, x^2 比 x 小, 所以它们倒数的大小正好相反.) 所以, 如果在 $[0, 1]$ 区间 $1/x$ 下的面积是无限的, 那么在该区间内函数 $1/x^2$ 下的面积会更大, 所以它也是无限的! 不需要做任何其他工作, 我们就可得出结论: $\int_0^1 1/x^2\,\mathrm{d}x$ 也是发散的. 于是整个积分 $\int_0^\infty 1/x^2\,\mathrm{d}x$ 是发散的, 但它发散的原因不是因为积分上限的无穷大, 而是因为积分下限的 0. 注意我们比较 $1/x^2$ 和 $1/x$ 的方法是比较判别法, 在下一节要研究它.

20.3   比较判别法 (理论)

假设有两个非负函数, 它们至少在某些区间上是非负的. 如果第一个函数比第二个函数大, 第二个函数的积分 (在这个区间内) 是发散的, 那么第一个函数的积分 (在同样的区间内) 也是发散的. 从数学角度上可以这样来解释. 我们想知道积分 $\int_a^b f(x)\mathrm{d}x$ 的情况, 但现在仅仅知道积分 $\int_a^b g(x)\mathrm{d}x$ 的情况. 如果在区间 (a, b) 内, 函数 $f(x) \geqslant g(x) \geqslant 0$, 且积分 $\int_a^b g(x)\mathrm{d}x$ 是发散的, 那么积分 $\int_a^b f(x)\mathrm{d}x$ 也是发散的. 事实上, 因为 $f(x) \geqslant g(x)$, 所以可以写为

$$\int_a^b f(x)\mathrm{d}x \geqslant \int_a^b g(x)\mathrm{d}x = \infty.$$

因而第一个积分也是发散的. 在上述例子中, 我们只需写

$$\int_0^1 \frac{1}{x^2}\mathrm{d}x \geqslant \int_0^1 \frac{1}{x}\mathrm{d}x = \infty,$$

并知道不等式左侧是发散的. 当然, 我们已经知道右侧也是发散的.

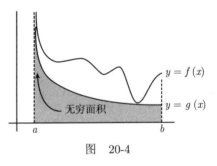

图　20-4

当看图 20-4 所示的图像时, 我们就会更清楚这种情况了.

在这个图像中, 在 $x = a$ 和 $x = b$ 之间的 $y = g(x)$ 的面积被认为是无穷的. 函数 $y = f(x)$ 的图像在函数 $y = g(x)$ 的上方, 所以它的面积 (在 $x = a$ 和 $x = b$ 之间) 应该更大. 比无穷还大当然仍是无穷大. 所以积分 $\int_a^b f(x)\mathrm{d}x$ 也是发散的.

如果 $f(x) \leqslant g(x)$, 积分 $\int_a^b g(x)\mathrm{d}x$ 仍然是发散的, 情况又会是怎样的呢? 你会对积分 $\int_a^b f(x)\mathrm{d}x$ 得出怎样的结论呢? 答案是: 两种情况都有可能. 也就是说什么

结论都得不到. 我们从数学角度来解释这个问题:

$$\int_a^b f(x)\mathrm{d}x \leqslant \int_a^b g(x)\mathrm{d}x = \infty$$

所以正在求的积分 $\int_a^b f(x)\mathrm{d}x$ 小于或等于无穷大. 也就是说, 它可能是小于无穷的, 所以是收敛的; 它也可能是等于无穷的, 所以是发散的. 很好, 我们知道它既可能是收敛的也可能是发散的. 我们没有得到任何结论, 所以这个条件什么都没有给我们.

　　另一方面, 对于收敛性, 方向要反过来. 是这样的: 我们想知道积分 $\int_a^b f(x)\mathrm{d}x$ 的情况, 但现在知道积分 $\int_a^b g(x)\mathrm{d}x$ 是收敛的, 那么我们希望 $f(x) \leqslant g(x)$. 你可能会说, 我们希望函数 f 是由函数 g 控制的. 很好, 这时我们已经可以确定收敛性了 (仍然假设两个函数都是正的). 也就是说, 如果在区间 (a, b) 内 $0 \leqslant f(x) \leqslant g(x)$, 且积分 $\int_a^b g(x)\mathrm{d}x$ 是收敛的, 那么积分 $\int_a^b f(x)\mathrm{d}x$ 也一定是收敛的. 数学上的表示形式是

$$\int_a^b f(x)\mathrm{d}x \leqslant \int_a^b g(x)\mathrm{d}x < \infty,$$

所以两个积分都是收敛的 (注意左边的积分是正的, 所以它不可能发散到 $-\infty$), 见图 20-5.

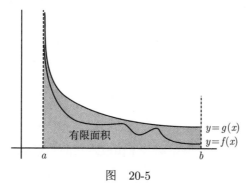

图　20-5

　　对于 $x = a$ 和 $x = b$ 之间的 $y = g(x)$ 的阴影部分面积, 我们假设它是有限的. 你可以清楚地看到, 所要研究的面积, 即函数 $y = f(x)$ 在 $x = a$ 和 $x = b$ 之间的面积, 比有限的阴影面积要小. 因为我们想要的面积是正的并小于一个有限的面积, 所以它是有限的.

　　请注意: 假设你知道积分 $\int_a^b g(x)\mathrm{d}x$ 是收敛的, 但你有个相反的不等式 $f(x) \geqslant g(x)$. 现在你想要分析的图像 $y = f(x)$ 在另一条曲线 $y = g(x)$ 的上方. 这很不好, 我们只能得到

$$\int_a^b f(x)\mathrm{d}x \geqslant \int_a^b g(x)\mathrm{d}x.$$

所以, 不等式左侧的积分大于或等于一个有限的数, 积分可能是有限的也可能是无

限的. 这相当于没有得到任何结论. 我们又白费力气了!

到目前为止, 从数学角度看, 我们还没有正式说明比较判别法. 实际上, 这种方法并不是很复杂. 把积分分解开是必要的, 我们已经了解了其基本思想. 例如, 如果函数 f 和 g 在 $x = a$ 点都有垂直渐近线, 在其他地方没有破裂点, 且区间 $[a,b]$ 内的所有 x 都有 $0 \leqslant f(x) \leqslant g(x)$, 那么我们有

$$0 \leqslant \int_{a+\varepsilon}^{b} f(x)\mathrm{d}x \leqslant \int_{a+\varepsilon}^{b} g(x)\mathrm{d}x$$

对于任何 $\varepsilon > 0$ 成立. 现在取极限. 如果反常积分 $\int_{a}^{b} g(x)\mathrm{d}x$ 收敛, 那么不等式右边就是个有限的数. 现在的情况由中间的那个积分来决定. 因为函数 $f(x)$ 一直都为正, 所以当 ε 趋于 0 时, 这个中间积分变得越来越大. 虽然如此, 但它再大也大不过积分 $\int_{a}^{b} g(x)\mathrm{d}x$, 而这个积分恰恰就是一个有限的数. 所以唯一的可能性是: 当 $\varepsilon \to 0^{+}$ 时, 这个中间积分收敛于一个有限的数[1]. 简而言之, 积分 $\int_{a}^{b} f(x)\mathrm{d}x$ 是收敛的. 这样, 我们从收敛角度 (上述的第二个反常积分) 证明了比较判别法, 在上述特殊情况下, 函数 f 和 g 仅仅在 $x = a$ 点出现瑕点. 我把证明发散的部分留给你去做, 而且也要说明在 $x = b$ 点出现瑕点的情况. 这同证明收敛没什么不同. 当然, 如果瑕点出现在积分的中间, 或有多个瑕点, 在使用比较判别法之前就需要把积分分成几个部分.

在下一章中, 我们将会看到应用比较判别法的更多例子. 现在我们去看看另一个判别法.

20.4   极限比较判别法 (理论)

比较判别法是用一个函数的反常积分的结果去判别另一个函数的反常积分. 极限比较判别法是类似的, 但并不需要一个比被判别的函数更大的函数. 相反, 我们仅仅需要两个近似的函数. 其基本思想是: 假设有两个函数在破裂点 $x = a$ 是非常接近的 (它们再也没有其他的破裂点), 那么积分 $\int_{a}^{b} f(x)\mathrm{d}x$ 和 $\int_{a}^{b} g(x)\mathrm{d}x$ 同时收敛或同时发散, 它们的行为是相同的. 直观上讲, 这个说法是行得通的, 我们来仔细说说什么叫两个函数是 "非常接近" 的.

20.4.1   函数互为渐近线

假设有两个函数 f 和 g 满足

$$\lim_{x \to a} \frac{f(x)}{g(x)} = 1.$$

这就是说, 当 x 接近于 a 时, $f(x)/g(x)$ 的比值是非常接近于 1 的. 如果比值是 1, 那么函数 $f(x)$ 和 $g(x)$ 是相等的; 因为比值仅仅是接近于 1, 所以 $f(x)$ 是非常接近

---

[1] 事实上, 这个显而易见的陈述非常重要, 正是它将 $\mathbb{R}$ 与 $\mathbb{R}$ 的任一包含所有有理数的真子集区分开来.

于 $g(x)$ 的. 但这并不意味着函数 $f(x)$ 和 $g(x)$ 的差是非常小的! 例如, (对于同样的值 x) 函数 $f(x)$ 可能是万亿, 而 $g(x)$ 可能是万亿加上一百万; 在这种情况下, 比值 $f(x)/g(x)$ 比 1 略小, 而 $f(x)$ 和 $g(x)$ 的差却是一百万! 但从另一个角度说, 这两个数是非常接近的, 因为它们之间的差一百万相对于它们自己的数值是非常小的.

所以, 我们说如果比值的极限是 1, 那么当 $x \to a$ 时, $f(x) \sim g(x)$; 即

$$\boxed{\text{当 } x \to a \text{ 时, } f(x) \sim g(x) \text{ 同 } \lim_{x \to a} \frac{f(x)}{g(x)} = 1 \text{ 有着同样的意义.}}$$

这并不是说明当 x 接近于 a 时, $f(x)$ 大约等于 $g(x)$; 它说明当 x 接近于 a 时, $f(x)$ 和 $g(x)$ 的比值接近于 1. 我们说当 $x \to a$, 函数 $f(x)$ 和 $g(x)$ 是渐近等价的. 当然你可以用 $x \to \infty$ 或 $x \to a^+$ 来替代 $x \to a$, 只需要在极限中做同样的替代.

所有这些都可能是无用的, 除非我们有这样形式的极限:

$$\lim_{x \to a} \frac{f(x)}{g(x)} = 1.$$

实际上, 我们已经见过很多这种形式的极限! 这有些例子[①]:

$$\lim_{x \to \infty} \frac{3x^3 - 1000x^2 + 5x - 7}{3x^3} = 1, \ \lim_{x \to 0} \frac{\sin(x)}{x} = 1,$$

$$\lim_{x \to 0} \frac{\mathrm{e}^x - 1}{x} = 1, \qquad \lim_{x \to 0} \frac{\ln(1+x)}{x} = 1.$$

第一个极限可以写为: 当 $x \to \infty$ 时 $3x^3 - 1000x^2 + 5x - 7 \sim 3x^3$. 也就是说, 当 $x \to \infty$ 时, $3x^3 - 1000x^2 + 5x - 7$ 和 $3x^3$ 是渐近等价的. 同理, 第二个极限表明, 当 $x \to 0$ 时, $\sin(x) \sim x$. 第三个和第四个极限表明, 当 $x \to 0$ 时, $\mathrm{e}^x - 1$ 和 $\ln(1+x)$ 同 x 是渐近等价的; 也就是说, 当 $x \to 0$, $\mathrm{e}^x - 1 \sim x$ 和 $\ln(1+x) \sim x$.

我们只是以不同的形式重写了每一个极限, 但这是一种很方便的形式. 实际上, 你可以对渐近等价的函数做幂运算, 然后得到一对新的渐近等价的函数. 例如, 我们知道当 $x \to 0$ 时有 $\sin(x) \sim x$, 则可以立刻写出, 当 $x \to 0$ 时有 $\sin^3(x) \sim x^3$, 或者 $1/\sin(x) \sim 1/x$. 你也可以用其他像 x 一样趋于 0 的量替代 x, 比如 x 的幂. 例如, 从 $x \to 0$ 时 $\sin(x) \sim x$ 开始, 我们用 $4x^7$ 替代 x, 可看到当 $x \to 0$ 时, $\sin(4x^7) \sim 4x^7$. 你甚至可以让两个渐近等价的函数相除或相乘, 假设它们的极限对应的 x 值相同. 例如, 我们知道当 $x \to 0$ 时 $\tan(x) \sim x$, 因为

$$\lim_{x \to 0} \frac{\tan(x)}{x} = 1.$$

所以我们能把 $\sin(x) \sim x$ 和 $\tan(x) \sim x$ 乘到一起, 得到当 $x \to 0$ 时的渐近关系 $\tan(x) \sin(x) \sim x^2$.

加或减这些关系却不适用上述规则. 例如当 $x \to 0$ 时, 以 $\tan(x) \sim x$ 和 $\sin(x) \sim$

---

① 这些例子可以分别在 4.3 节、7.1.1 节、9.4.2 节和 9.4.3 节中找到.

x 开始, 那么不能从第一个中减去第二个得到 $\tan(x) - \sin(x) \sim x - x$. $x - x$ 是 0, 没有什么能同 0 是渐近等价的. 为什么没有呢? 因为, 如果当 $x \to a$ 时有 $f(x) \sim 0$, 这时我们有

$$\lim_{x \to a} \frac{f(x)}{0} = 1.$$

这讲不通, 因为等式的左边没有任何意义. 所以, 可以对这种渐近等价关系做乘积、除法、取幂, 但一定不要做加法和减法.

20.4.2 关于判别法的陈述

好了, 现在我们已经有了渐近等价两个函数的概念, 也有了一些例子 (如 $x \to 0$ 时 $\sin(x) \sim x$). 那又怎样呢? 假设某个函数 f, 它的瑕点仅仅在 a 点, 你想知道反常积分 $\int_a^b f(x)\mathrm{d}x$ 是收敛还是发散的. 如果当 x 趋近于 a 时, 你能找到一个函数 g 的走势非常接近于 f, 那么可以用函数 g 替代函数 f, 判断积分 $\int_a^b g(x)\mathrm{d}x$ 是收敛的还是发散的. 无论你得到什么关于 g 的结论都适用于 f.

更正式地说, 如果当 $x \to a$ 时 $f(x) \sim g(x)$, 且这两个函数在区间 $[a, b]$ 上没有其他的瑕点了, 那么积分 $\int_a^b f(x)\mathrm{d}x$ 和 $\int_a^b g(x)\mathrm{d}x$ 是同时收敛或同时发散的. (如果同时收敛, 它们的收敛值可能不同.) 这就是极限比较判别法. 这只是粗略的介绍, 我们将在下一章给出更多的例子. 假设我们想知道积分

$$\int_0^1 \frac{1}{\sin(\sqrt{x})} \mathrm{d}x$$

是收敛的还是发散的. 看起来求解 $1/\sin\sqrt{x}$ 的反导数不是一件容易的事情. 很幸运, 我们不需要求它的反导. 因为当 $x \to 0$ 时 $\sin(x) \sim x$, 所以可以用一个更小的量 $\sqrt{x}$ 替代这个很小的量 x, 这样可得当 $x \to 0^+$ 时 $\sin(\sqrt{x}) \sim \sqrt{x}$. (我们需要使用 $x \to 0^+$, 因为仅仅当 $x \geqslant 0$ 时, $\sqrt{x}$ 才有意义.) 两边同时取倒数, 可得

$$\text{当 } x \to 0^+ \text{ 时,} \quad \frac{1}{\sin(\sqrt{x})} \sim \frac{1}{\sqrt{x}}.$$

请注意在区间 $(0, 1]$ 上, $1/\sin\sqrt{x}$ 和 $1/\sqrt{x}$ 没有破裂点. 所以极限比较判别法告诉我们, 积分

$$\int_0^1 \frac{1}{\sin(\sqrt{x})} \mathrm{d}x \quad \text{和} \quad \int_0^1 \frac{1}{\sqrt{x}} \mathrm{d}x$$

同时收敛或同时发散. 我们用一个简单的积分 $\int_0^1 1/\sqrt{x}\,\mathrm{d}x$ 替代了一个较难的积分. 从 20.1.1 节中, 我们已经知道这个简单的积分是收敛的, 所以立刻知道要计算的积分 (左边那个) 也是收敛的.

当然有些判别法也适用于破裂点在 b 点或积分区间是无界的情况. 我们将在 21.2 节列举所有的情况. 现在, 让我们看看为什么这个判别法适用于上述例子. 因为当 $x \to a$ 时 $f(x) \sim g(x)$, 所以我们知道

$$\lim_{x \to a} \frac{f(x)}{g(x)} = 1.$$

特别地, 假设足够趋于 a, 那么比值 $f(x)/g(x)$ 至少是 1/2 且不比 2 大. 也就是说, 我们能在 a 和 b 的区间内选一个数 c, 满足

$$\frac{1}{2} \leqslant \frac{f(x)}{g(x)} \leqslant 2, \quad x \in (a, c].$$

这个不等式可以重写为

$$\frac{1}{2} g(x) \leqslant f(x) \leqslant 2g(x), x \in (a, c].$$

现在就能使用比较判别法了. 例如, 如果积分 $\int_a^b g(x)\mathrm{d}x$ 是发散的, 那么积分 $\int_a^c g(x)\mathrm{d}x$ 也是 (像我们已经见过的那样). 事实上, $\frac{1}{2}\int_a^c g(x)\mathrm{d}x$ 也是发散的, 直觉解释就是, 无穷的一半还是无穷! 所以, 函数 $f(x)$ 比 $\frac{1}{2}g(x)$ 大说明积分 $\int_a^c f(x)\mathrm{d}x$ 是发散的, 说明 $\int_a^b f(x)\mathrm{d}x$ 也是发散的. 另一方面, 如果积分 $\int_a^b g(x)\mathrm{d}x$ 是收敛的, 那么积分 $2\int_a^c g(x)\mathrm{d}x$ 也是收敛的, 我们能再次使用比较判别法证明积分 $\int_a^b f(x)\mathrm{d}x$ 也是收敛的 (你自己可以证明一下).

附注: 大多数教材关于极限比较判别法都有不同的陈述. 特别地, $f(x)/g(x)$ 的极限可能实际上不是 1 —— 可能是任何正数, 这时上述陈述 (稍微修正之后) 依然成立. 另一方面, 极限不是 1 并没有什么意义, 且无法使用直观的 $\sim$ 表示法. 在下一章, 我们将能非常熟练地使用这个判别法.

20.5 *p* 判别法 (理论)

我们有了比较判别法和极限比较判别法, 需要知道怎样去使用它们. 我们的基本策略是 (下一章将细致讲解): 选择一个能与函数 f 相比较的函数 g. 我们希望函数 g 足够简单到可以判断它是收敛的还是发散的.

问题是, 我们能选择什么样的 g 函数? 最常用的函数是 $1/x^p$, 其中 $p > 0$. 我们已经看到一些关于 $1/x$、$1/\sqrt{x}$ 和 $1/x^2$ 的积分, 它们分别对应于 $p = 1$、$\frac{1}{2}$ 和 2. 因为这些函数很容易求得积分, 所以可以使用极限公式得到 p 判别法.

- **p 判别法, $\int^\infty$ 的情况**: 对于任何有限值 $a > 0$, 积分

$$\int_a^\infty \frac{1}{x^p}\mathrm{d}x$$

  在 $p > 1$ 时是收敛的, 在 $p \leqslant 1$ 时是发散的.

- **p 判别法, $\int_0$ 的情况**: 对于任何有限值 $a > 0$, 积分

$$\int_0^a \frac{1}{x^p}\mathrm{d}x$$

  在 $p < 1$ 时是收敛的, 在 $p \geqslant 1$ 时是发散的.

注意, 这两种情况是相反的, 只是 $p = 1$ 除外. 其中的积分

$$\int_0^a \frac{1}{x^p} \mathrm{d}x \quad \text{或} \quad \int_a^\infty \frac{1}{x^p} \mathrm{d}x$$

是收敛的, 而另一个积分是发散的. $p = 1$ 的情况对应于 $1/x$, 我们已经见过, 这两个积分在这种情况下都是发散的.

p 判别法真的很有用, 其实际应用很广泛, 所以千万不要混淆这两种情况! 要记住这种方法的正确情况, 就要记住 $1/x^2$ 和 $1/\sqrt{x}$ 的情况. 我仅仅记得两个事实:

$$\int_a^\infty \frac{1}{x^2} \mathrm{d}x \text{ 收敛}, \int_0^a \frac{1}{\sqrt{x}} \mathrm{d}x \text{ 也收敛}.$$

依据这两个事实, 我就能记住整个 p 判别法! 怎样记住的? 由第一种情况我们知道, 趋于 ∞ 时的情况与趋于 0 时的情况是相反的, 我知道积分

$$\int_0^a \frac{1}{x^2} \mathrm{d}x$$

是发散的; 同理, 由第二种情况我们知道,
积分

$$\int_a^\infty \frac{1}{\sqrt{x}} \mathrm{d}x$$

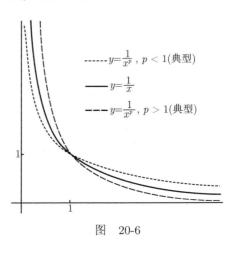

也是发散的. 那么其他指数的情况是什么样子呢? 任何高于 1 的指数 (例如 3/2、2 或 70) 的趋势同 $1/x^2$ 是一样的, 而任何低于 1 的指数 (例如 1/2、2/3 或 0.999) 的趋势同 $1/\sqrt{x}$ 是一样的 (记住, 它就是 $1/x^{1/2}$).

图　20-6

观察图 20-6 会很有帮助. 在这个图像中, 点状线和虚线是典型的 $p < 1$ 或 $p > 1$ 时 $y = 1/x^p$ 的图像. 实线是 $y = 1/x$ 的图像, 它不足够接近于 y 轴使积分 $\int_0^1 1/x \mathrm{d}x$ 收敛, 也不足够接近于 x 轴使 $\int_1^\infty 1/x \mathrm{d}x$ 收敛. 另一方面, 对于任何 $p < 1$, $\int_0^1 1/x^p \mathrm{d}x$ 是收敛的, 因为点状线足够接近于 y 轴. 当你查看 x 轴时, 这种情况是相反的: 这时需要查看虚线, 即 $p > 1$ 时的 $y = 1/x^p$, 它足够接近于 x 轴, 所以 $\int_1^\infty 1/x^p \mathrm{d}x$ 是收敛的.

注意, 因为 $1.000\,000\,1 > 1$, 所以积分

$$\int_1^\infty \frac{1}{x^{1.000\,000\,1}} \mathrm{d}x$$

收敛, 尽管 $\int_1^\infty 1/x \mathrm{d}x$ 是发散的! 仅仅把 x 的幂从 1 变为 $1.000\,000\,1$, 这个微小的变化足够引起质变了. 这展示出了收敛和发散的精妙之处.

现在我们证明 p 判别法. 幸运的是, 这仅仅需要使用 20.2 节的公式. 首先, 考虑积分

$$\int_a^\infty \frac{1}{x^p}\mathrm{d}x,$$

其中常数 $a > 0$. 如果 $p = 1$, 该积分变为 $1/x$, 我们已经知道, 这个积分在这种情况下是发散的. 另外我们有

$$\int_a^\infty \frac{1}{x^p}\mathrm{d}x = \lim_{N\to\infty} \int_a^N x^{-p}\mathrm{d}x = \lim_{N\to\infty} \frac{1}{1-p} x^{1-p}\Big|_a^N$$
$$= \frac{1}{1-p}\left(\left(\lim_{N\to\infty} N^{1-p}\right) - a^{1-p}\right).$$

现在如果极限

$$\lim_{N\to\infty} N^{1-p}$$

存在, 那么整个积分 $\int_a^\infty 1/x^p\mathrm{d}x$ 是收敛的. 如果这个极限不存在, 那么该积分是发散的. 所以, 将上述极限重写为

$$\lim_{N\to\infty} \frac{1}{N^{p-1}}.$$

如果 $p > 1$, 那么 $p - 1 > 0$, 所以当 N 很大时 N^{p-1} 非常大; 它的倒数变得很小, 所以极限是 0, 最初的积分是收敛的. 另一方面, 如果 $p < 1$, 那么 $p - 1 < 0$, 所以 N^{1-p} 非常大, 这个极限趋于无穷大, 说明原始积分是发散的. 这证明了 p 判别法的一半. 另一半证明与此类似, 只是使用 $\varepsilon \to 0^+$ 而不是 $N \to \infty$. 我将证明细节留给你.

20.6 绝对收敛判别法

比较判别法的一个假设是函数 f 和 g 都是非负的. 但如果你想判断一个负函数的走势, 该怎么办呢? 如果这个函数一直为负, 则可把负号提出来后把它归为正函数的情况. 在下一章中, 我们将会看到例子. 另一方面, 如果这个函数在积分区间不停地在正负之间振荡, 则可以应用**绝对收敛判别法**. 陈述如下:

> 如果 $\displaystyle\int_a^b |f(x)|\mathrm{d}x$ 是收敛的, 那么 $\displaystyle\int_a^b f(x)\mathrm{d}x$ 也是收敛的.

这对于无限区间上的积分也是适用的 (例如 $[a, \infty)$ 而不是 $[a, b]$). 注意: 如果原始积分的绝对值是发散的, 那么这个原始积分可能还是收敛的! 这样的例子很酷, 但超过了本书的范围. 我们在 23.7 节讨论正交级数时将看到一些相似情况.

为什么上述方法是有用的? 首先, $|f(x)|$ 总是非负的, 所以可以使用反常积分的比较判别法. 例如, 考虑反常积分

$$\int_1^\infty \frac{\sin(x)}{x^2} \mathrm{d}x.$$

当 x 越来越大时, 被积函数 $\frac{\sin(x)}{x^2}$ 在正负之间振荡, 所以不能使用比较判别法[①]或极限比较判别法. 让我们先试着使用绝对收敛判别法.

我们需要考虑积分

$$\int_1^\infty \left| \frac{\sin(x)}{x^2} \right| \mathrm{d}x.$$

这可以重写为

$$\int_1^\infty \frac{|\sin(x)|}{x^2} \mathrm{d}x,$$

因为 x^2 不可能为负. 现在就能使用比较判别法了. 因为对于所有的 x, $|\sin(x)| \leqslant 1$, 所以对于所有的 x, 有

$$\frac{|\sin(x)|}{x^2} \leqslant \frac{1}{x^2}.$$

比较判别法表明

$$\int_1^\infty \frac{|\sin(x)|}{x^2} \mathrm{d}x \leqslant \int_1^\infty \frac{1}{x^2} \mathrm{d}x.$$

因为根据 p 判别法, 不等式的右侧是收敛的, 所以左侧的积分也是收敛的. 最后, 我们使用绝对收敛判别法得

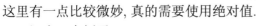

$$\int_1^\infty \frac{|\sin(x)|}{x^2} \mathrm{d}x \text{收敛, 所以} \int_1^\infty \frac{\sin(x)}{x^2} \mathrm{d}x \text{也收敛.}$$

这里有一点比较微妙, 真的需要使用绝对值.

还有一个例子:

$$\int_0^\infty \cos(x) \mathrm{d}x.$$

这个被积函数 $\cos(x)$ 在正负之间振荡, 所以应该先研究它的绝对值情况:

$$\int_0^\infty |\cos(x)| \mathrm{d}x.$$

遗憾的是, 这个新的积分不可能是收敛的. 想要知道为什么吗? 画一个 $y = |\cos(x)|$ 的图像, 你会看到大量相似的小山丘, 一个接一个. 要把这些无限个小山丘加到一起得到有限的值是不可能的. 所以这个绝对值型的积分是发散的. 这说明我们不能使用绝对收敛判别法! 只有当该积分的绝对值情况是收敛的, 才能使用这个方法.

我们需要重新来过. 我们不知道最原始的积分是收敛还是发散的. 所以, 我们使用瑕点在 ∞ 的反常积分的定义:

---

① 直接比较是不行的, 因为积分 $\int_1^N \sin(x)/x^2 \mathrm{d}x$ 并不随 N 变大而变大. 20.3 节结尾处的结论不适用, 因为它需要在不达到 $g(x)$ 的积分上限时 $f(x)$ 的积分越来越大.

$$\int_0^\infty \cos(x)\mathrm{d}x = \lim_{N\to\infty}\int_0^N \cos(x)\mathrm{d}x = \lim_{N\to\infty}\sin(x)\Big|_0^N$$
$$= \lim_{N\to\infty}(\sin(N)-\sin(0)) = \lim_{N\to\infty}\sin(N).$$

最后一个极限并不存在, 因为 $\sin(N)$ 在 -1 到 1 之间反复振荡, 即使 N 一直无限变大也如此. 所以, 原始积分 $\int_0^\infty \cos(x)$ 发散的原因是振荡太多, 而不是因为它趋于 ∞ 或 $-\infty$.

振荡的积分处理起来很复杂. 如果你足够幸运, 可以像上面一样使用标准定义. 大多数情况下, 这根本不起作用. 很多数学家花费了大量的时间想弄明白这一点. 此刻, 只要将上例记在心间就可以了, 我们在下一章还有很多事情要处理, 届时会再次讨论判别法, 并着重解决反常积分相关的问题.

在此之前, 我们简单看一下为什么绝对收敛判别法可以起作用. 假设我们知道

$$\int_a^b |f(x)|\mathrm{d}x$$

收敛. 有一个很好的技巧: 设对于 f 的 x 的定义区间 $[a,b]$, 有 $g(x) = |f(x)| + f(x)$. 那么 g 有两个重要特性: 首先, $g(x) \geqslant 0$; 其次, $g(x) \leqslant 2|f(x)|$. (两种情况下, 都假定 x 是 f 定义区间 $[a,b]$ 中的任意数.) 实际上, 稍考虑一下就可以知道, 每当 $f(x) \geqslant 0$ 都有 $g(x) = 2f(x)$, 而且每当 $f(x) < 0$ 都有 $g(x) = 0$. 尝试证明, 从这点可得到前面提到的 g 的两个重要特性.

无论如何, 我们现在可以对 g 使用比较判别法了:

$$0 \leqslant \int_a^b g(x)\mathrm{d}x \leqslant 2\int_a^b |f(x)|\mathrm{d}x < \infty.$$

结论是

$$\int_a^b g(x)\mathrm{d}x$$

也是收敛的. 那又怎样呢? 注意, $f(x) = g(x) - |f(x)|$, 所以

$$\int_a^b f(x)\mathrm{d}x = \int_a^b g(x)\mathrm{d}x - \int_a^b |f(x)|\mathrm{d}x.$$

右侧的两个积分都是收敛的 —— 第一个已经证明了, 第二个假设为收敛的 —— 所以, 左侧的积分也是收敛的.

第 21 章   反常积分：如何解题

我们实际应用一下，并看看有关反常积分的例子. 讨论过程中，我们会总结主要的方法. 在上一章中，我们介绍了一些很有用的判别方法. 为了更加有效地利用这些方法，你需要了解一些常见函数的性质，特别是它们在 0 和 ∞ 附近是怎样变化的. 所谓常见函数是指：多项式函数、三角函数、指数函数和对数函数. 下面是这一章要讲的内容：

- 首次遇到反常积分时需要做什么，包括怎么处理被积函数存在多个瑕点和函数存在非正值的情况；
- 比较判别法、极限比较判别法和 p 判别法的总结；
- 常见函数在 ∞ 或 $-\infty$ 附近的变化；
- 常见函数在 0 附近的变化；
- 如何处理在非 0 有限值处的瑕点.

21.1   如 何 开 始

给定一个反常积分 $\int_a^b f(x)\mathrm{d}x$ (我们总是假设 f 是连续的或者有有限个不连续的点). 之所以称其为反常积分，是因为被积函数 f 在区间 $[a,b]$ 上至少有一个瑕点. 瑕点经常出现在 f 的破裂点，如有垂直渐近线的点处，还出现在 ∞ 和 $-\infty$ 处. 例如，积分

$$\int_{-\infty}^{\infty} \frac{1}{x^2-1}\mathrm{d}x$$

在 ∞ 和 $-\infty$ 处有瑕点 (只要包含它们，就一定有瑕点)，同样 $x=1$ 和 $x=-1$ 处也有瑕点 (因为被积函数在这些点未定义).

如 20.1.2 节所述，每次只关注一个瑕点是合理的. 同样地，我们倾向于被积函数恒正，至少 x 在瑕点附近时函数应该为正. 因此，我们的第一个任务是适当地拆分积分，第二个任务是处理 f 存在负值的情况.

21.1.1 拆分积分

下面是基本的对策：

(1) **确定区间 $[a,b]$ 上的所有瑕点**；

(2) **将积分拆分**成若干积分之和，使得每个积分至多有一个瑕点，并使这些瑕点作为相应积分的上限或下限；

(3) **分别讨论每个积分, 如果某一积分发散, 则整个积分发散**. 原反常积分收敛的唯一情形是, 每个积分都收敛.

如何将一个积分正确拆分呢? 如果只在 a 或 b 点有瑕点, 则什么都不用做. 考虑如下的经典例子, 积分

$$\int_0^\infty \frac{1}{\sqrt{x} + x^2} dx$$

收敛还是发散? 被积函数在 $x = 0$ 有垂直渐近线, ∞ 总是瑕点, 所以我们有端点 0 和 ∞ 两个瑕点. 这是两个瑕点, 而我们每个积分只处理一个瑕点, 所以可以在 0 和 ∞ 之间任选一个你喜欢的数字, 我选的是 5, 然后把积分拆分成两个:

$$\int_0^5 \frac{1}{\sqrt{x} + x^2} dx \quad \text{和} \quad \int_5^\infty \frac{1}{\sqrt{x} + x^2} dx.$$

这个例子将在 21.4.1 节完成. 现在, 注意这两个积分都只有一个瑕点, 并且瑕点在积分区间的左端点或右端点. 在哪个点对积分进行拆分是没有关系的, 这在 20.1.1 节已经详细讨论过了. 你可以用 20.1.2 节的例子进行验证, 那个反常积分需拆分成 5 个积分.

至于上面的第 (3) 步, 本章余下部分会探讨如何处理只在一个端点处有一个瑕点的积分. 为了让原积分收敛, 重要的是拆分后的每个积分必须都收敛. 所以若将一个反常积分拆分成 5 个积分, 发现有一个积分发散, 则不需要浪费时间考虑其他 4 个积分, 因为你已经知道整个积分是发散的了.

有一个重要的情形: 如果没有瑕点会怎样呢? 也就是说, 假设有积分 $\int_a^b f(x)dx$, 它的积分区间 $[a,b]$ 是有界的 (故没有 ∞ 和 $-\infty$), 并且 f 在闭区间 $[a,b]$ 上有界, 则如 20.1 节所述, f 没有瑕点, 所以我们知道积分 $\int_a^b f(x)dx$ 收敛. 总之, **如果没有瑕点, 则积分收敛!** 例如:

$$\int_0^{100} \frac{\ln(x+1)}{x^4 + x^2 + 1} dx$$

收敛, 因为被积函数在有界区间 $[0, 100]$ 上有界, 也就是函数在该闭区间上没有瑕点. 对于形如上例的积分, 不要被其蒙蔽而用相关的判别法进行积分敛散性的判定.

21.1.2 如何处理负函数值

如果 $f(x)$ 在区间 $[a,b]$ 上的某些 x 处取负值, 你需要特别小心, 这经常出现在三角函数或对数函数中. 幸运的是, 你能够将问题化简为只有正被积函数的积分. 下面是处理负函数值的三种方法.

(1) 如果被积函数 $f(x)$ 在区间 $[a,b]$ 上既有正值又有负值, 应该考虑使用绝对收敛判别法. 如 20.6 节所述:

$$\text{如果} \int_a^b |f(x)|\mathrm{d}x \text{ 收敛, 那么} \int_a^b f(x)\mathrm{d}x \text{ 也收敛.}$$

这个判别法特别适用于讨论当积分区间不是有界的, 且包含三角函数的反常积分, 20.6 节的例子

$$\int_1^\infty \frac{\sin(x)}{x^2}\mathrm{d}x$$

就是这种类型的. 记住要从积分的绝对值开始考虑, 即

$$\int_1^\infty \frac{|\sin(x)|}{x^2}\mathrm{d}x;$$

不需要在分母上加绝对值, 因为分母恒正. 然后指出这个新的积分是收敛的 (详见 20.6 节), 并用绝对收敛判别法得出原积分也收敛. 不要忘记: 绝对收敛判别法只能帮你判断积分收敛, **不能用绝对收敛判别法判断积分发散!**

　　(2) 假设被积函数 $f(x)$ 在区间 $[a,b]$ 上恒负 (或为 0), 即在 $[a,b]$ 上 $f(x) \leqslant 0$. 则

$$\int_a^b f(x)\mathrm{d}x = -\int_a^b (-f(x))\mathrm{d}x$$

又会怎样? 现在 $-f(x)$ 非负, 所以可以用比较判别法或 p 判别法来看 $\int_a^b (-f(x))\mathrm{d}x$ 收敛还是发散. 当然, 如果该积分收敛, 则 $\int_a^b f(x)\mathrm{d}x$ 收敛. 类似地, 如果 $\int_a^b (-f(x))\mathrm{d}x$ 发散, 则 $\int_a^b f(x)\mathrm{d}x$ 发散. 例如

$$\int_0^{1/2} \frac{1}{x^2 \ln(x)}\mathrm{d}x$$

显然在 $x=0$ 处有一个瑕点. 注意 $\ln(x)$ 在定义域 0 和 1 之间是负的, 所以最好写成

$$\int_0^{1/2} \frac{1}{x^2 \ln(x)}\mathrm{d}x = -\int_0^{1/2} \frac{-1}{x^2 \ln(x)}\mathrm{d}x.$$

事实上, 因为 $\ln(x)$ 是出现负值的部分, 所以可以将 $-\ln(x)$ 替换为 $|\ln(x)|$, 即

$$\int_0^{1/2} \frac{1}{x^2 \ln(x)}\mathrm{d}x = -\int_0^{1/2} \frac{1}{x^2 |\ln(x)|}\mathrm{d}x.$$

　　现在我们只需考虑

$$\int_0^{1/2} \frac{1}{x^2 |\ln(x)|}\mathrm{d}x.$$

遗憾的是, 还要等到学习了 21.4.4 节才能最后知道这个积分是发散的, 因而原积分也发散. 注意绝对收敛判别法不能用于这个例子, 因为该判别法只能用于反常积分

收敛的判别.

(3) 如果上面两种情形都不适用, 可以用反常积分的正式定义试一下. 例如 20.6 节的

$$\int_0^\infty \cos(x)\mathrm{d}x.$$

到这里其实还没完, 还有一些特殊的反常积分收敛, 但不绝对收敛[①]. 这些类型的反常积分经常在实际的物理和工程应用中出现, 不过在本书的讨论范围之外. 现在我们来回顾一下积分判别法.

21.2 积分判别法总结

目前你可以使用的最有价值的工具是比较判别法、极限比较判别法和 p 判别法. 上一章我们从理论的角度讨论了这些判别法, 现在我们再次讨论它们. **在下面的所有判别法中, 被积函数 $f(x)$ 被假定为在积分区间上恒正.**

- **比较判别法的发散情形**: 若认为 $\int_a^b f(x)\mathrm{d}x$ 发散, 那就去找一个积分也发散的较小函数, 即找一个使得在区间 (a,b) 上有 $f(x) \geqslant g(x)$ 的非负函数 $g(x)$, 且 $\int_a^b g(x)\mathrm{d}x$ 发散. 则有

$$\int_a^b f(x)\mathrm{d}x \geqslant \int_a^b g(x)\mathrm{d}x = \infty,$$

因此 $\int_a^b f(x)\mathrm{d}x$ 发散.

- **比较判别法的收敛情形**: 若认为 $\int_a^b f(x)\mathrm{d}x$ 收敛, 那就去找一个积分也收敛的较大函数, 即找一个使得在区间 (a,b) 上有 $f(x) \leqslant g(x)$ 的函数 $g(x)$, 且 $\int_a^b g(x)\mathrm{d}x$ 收敛. 则有

$$\int_a^b f(x)\mathrm{d}x \leqslant \int_a^b g(x)\mathrm{d}x < \infty,$$

因此 $\int_a^b f(x)\mathrm{d}x$ 也收敛.

要小心, 别做无用功. 在 20.3 节中讨论过, 若搞反了上述不等式的方向就会做无用功. 若不等式的方向是反的, 就不能发挥比较判别法的作用.

极限比较判别法是比较判别法的替代形式. 使用该判别法的重点是, 能找到一个和被积函数在瑕点附近敛散性一致的函数. 在 20.4.1 节中, 我们有如下的定义:

> 当 $x \to a$ 时, $f(x) \sim g(x)$, 这等价于 $\lim\limits_{x \to a} \dfrac{f(x)}{g(x)} = 1$.

若将 $x \to a$ 换成 $x \to \infty$ (或 $x \to -\infty$), 上述定义仍成立. 在任何情况下, 如

[①] 例如 $\int_1^\infty \sin(x)/x\mathrm{d}x$ 收敛, 但 $\int_1^\infty |\sin(x)|/x\mathrm{d}x$ 发散. 如果你能对它们中任一个的正确性加以说明, 你已经相当了不起了!

果被积函数 f 形式复杂, 而又能找到一个好的函数 g, 使得当 x 趋近于瑕点时有 $f(x) \sim g(x)$, 则你已经接近成功了! 这是因为根据极限比较判别法, g 与 f 敛散性一致. 更准确地, 下面是该判别法针对瑕点的有限和无穷两种情形的判别.

- **极限比较判别法中瑕点为无穷的情形**: 找一个在区间 $[a, \infty)$ 上没有瑕点、形式较简单的非负函数 g, 且有当 $x \to \infty$ 时, $f(x) \sim g(x)$, 则
  (1) 若 $\int_a^\infty g(x)\mathrm{d}x$ 收敛, 则 $\int_a^\infty f(x)\mathrm{d}x$ 收敛;
  (2) 若 $\int_a^\infty g(x)\mathrm{d}x$ 发散, 则 $\int_a^\infty f(x)\mathrm{d}x$ 发散.

当然, 将区间 $[a, \infty)$ 换为 $(-\infty, b]$ 也成立. 还有一种情形也成立, 即瑕点为积分区间左端点处的有限值 a.

- **极限比较判别法中瑕点为有限值的情形**: 找一个在区间 $(a, b]$ 上没有瑕点、形式较简单的非负函数 g, 且有当 $x \to a$ 时, $f(x) \sim g(x)$, 则
  (1) 若 $\int_a^b g(x)\mathrm{d}x$ 收敛, 则 $\int_a^b f(x)\mathrm{d}x$ 收敛;
  (2) 若 $\int_a^b g(x)\mathrm{d}x$ 发散, 则 $\int_a^b f(x)\mathrm{d}x$ 发散.

不用说, 针对唯一的瑕点在右端点 $x = b$, 且有当 $x \to b$(而不是 a) 时 $f(x) \sim g(x)$ 的情形, 结论相同.

因此, 需要我们找到一个合适的函数 g 来做比较. 通过选择 $g(x)$ 为 $1/x^p$ 的形式, 并选择合理的 p 值, 能够解决很多问题. 这类函数积分的敛散性可以准确地由 p 判别法描述.

- **p 判别法, $\int^\infty$ 的情形**: 对任意有限值 $a > 0$, 积分

$$\int_a^\infty \frac{1}{x^p}\mathrm{d}x, \text{ 当 } p > 1 \text{ 时收敛, 当 } p \leqslant 1 \text{ 时发散;}$$

- **p 判别法, $\int_0$ 的情形**: 对任意有限值 $a > 0$, 积分

$$\int_0^a \frac{1}{x^p}\mathrm{d}x, \text{ 当 } p < 1 \text{ 时收敛, 当 } p \geqslant 1 \text{ 时发散.}$$

好好学习所有这些判别法, 它们都是你的朋友.

21.3   常见函数在 ∞ 和 $-\infty$ 附近的表现

现在该回答最重要的问题了: 如何选择用于比较的函数 g? 这取决于瑕点在 $\pm\infty$、0, 还是其他的有限值处, 我们将分别讨论. 在几乎所有要讨论的情形中, 我们要重述之前的极限和不等式, 应用这些原理来讨论反常积分. 现在, 我们讨论常见函数在 ∞ 和 $-\infty$ 附近的情形.

21.3.1 多项式和多项式型函数在 ∞ 和 $-\infty$ 附近的表现

自多项式被研究以来, 在 $x \to \infty$ 或 $x \to -\infty$ 时**最高次项**起决定作用. 更准确地说, 设 p 为多项式, 则

> 若 $p(x)$ 的最高次项是 ax^n, 则当 $x \to \infty$ 或 $x \to -\infty$ 时, 有 $p(x) \sim ax^n$.

例如, 我们有

$$\text{当 } x \to \infty \text{ 时,} \quad x^5 + 4x^4 + 1 \sim x^5.$$

不用这种说法, 也可以通过指出当 $x \to \infty$ 时, $x^5 + 4x^4 + 1$ 和 x^5 的商的极限为 1 来验证. 过程如下:

$$\lim_{x \to \infty} \frac{x^5 + 4x^4 + 1}{x^5} = \lim_{x \to \infty} \left(1 + \frac{4}{x} + \frac{1}{x^5} \right) = 1.$$

在 4.3 节, 我们讨论了上述原理.

若 p 是一个多项式型函数而不是多项式, 则有一个类似原理适用. (欲知有关多项式型函数更多的信息, 参见 4.4 节.) 例如, 为了解 $x \to \infty$ 时的 $3\sqrt{x} - 2\sqrt[3]{x} + 4$, 将它写为 $3x^{1/2} - 2x^{1/3} + 4$, 由于最高次幂为 $1/2$, 我们可以说当 $x \to \infty$ 时, $3\sqrt{x} - 2\sqrt[3]{x} + 4 \sim 3\sqrt{x}$. (当 $x \to -\infty$ 时不成立, 因为负数不能开平方!)

有时最高次幂不好确定. 例如, $\sqrt{x^4 + 8x^3 - 9} - x^2$ 看起来是一个有最高次幂 4 的关于 x 的多项式型函数, 不过要开平方, 就会使幂次下降为 2. 当将 x^2 项消掉后, 最高次幂就有些难以理解了. 在本节末, 我们将讨论如何处理这样的问题.

由于我们有许多新的渐近关系, 故可以用极限比较判别法分析很多反常积分. 例如, 考虑

$$\int_1^\infty \frac{1}{2 + 20\sqrt{x}} dx \quad \text{和} \quad \int_0^\infty \frac{1}{x^5 + 4x^4 + 1} dx.$$

在这两个积分中, ∞ 都是唯一的瑕点. 第一个积分的分母 $2 + 20\sqrt{x}$ 可以写为 $2 + 20x^{1/2}$, 这里 $1/2$ 是最高次幂, 因此当 $x \to \infty$ 时, 有 $2 + 20\sqrt{x} \sim 20x^{1/2}$, 则

$$\text{当 } x \to \infty \text{ 时,} \quad \frac{1}{2 + 20\sqrt{x}} \sim \frac{1}{20x^{1/2}}.$$

现在由 p 判别法可知积分

$$\int_1^\infty \frac{1}{20x^{1/2}} dx$$

发散, 由极限比较判别法可知积分

$$\int_1^\infty \frac{1}{2 + 20\sqrt{x}} dx$$

也发散. 对于第二个积分, 由于当 $x \to \infty$ 时, 有 $x^5 + 4x^4 + 1 \sim x^5$, 则对倒数也一样有

$$\text{当 } x \to \infty \text{ 时,} \quad \frac{1}{x^5 + 4x^4 + 1} \sim \frac{1}{x^5}.$$

这里需要当心! 我们希望讨论的积分与积分 $\int_0^\infty 1/x^5 \mathrm{d}x$ 表现一样, 但问题是这个积分在 $x = 0$ 还有一个瑕点. 事实上, 该积分只因 0 点的瑕点而发散, 这将导致整个结论错误. 为了避免这些错误, 我们需要将原积分分成两部分:

$$\int_0^1 \frac{1}{x^5 + 4x^4 + 1} \mathrm{d}x \quad \text{和} \quad \int_1^\infty \frac{1}{x^5 + 4x^4 + 1} \mathrm{d}x.$$

在这两个积分中, 第一个因没有瑕点而收敛. 对于第二个积分, 我们有

$$\text{当 } x \to \infty \text{ 时,} \quad \frac{1}{x^5 + 4x^4 + 1} \sim \frac{1}{x^5}.$$

由于 $\int_1^\infty 1/x^5 \mathrm{d}x$ 收敛, 则积分

$$\int_1^\infty \frac{1}{x^5 + 4x^4 + 1} \mathrm{d}x$$

也收敛.

　　两个积分都收敛, 所以原积分也收敛. 这种情况经常出现, 所以要小心, 记着确保将积分进行拆分. 基本上, 如果 "极限比较函数" g 有原函数没有的瑕点, 为了避免产生新的瑕点, 你需要将原函数进行拆分. 通常新的被积函数 $g(x)$ 具有形式 $1/x^p$, 所以当有瑕点 ∞ 时, 就像我们例子一样, 只需避免出现 $x = 0$.
　　我们来看另一个例子

$$\int_2^\infty \frac{3x^5 + 2x^2 + 9}{x^6 + 22x^4 + \sqrt{4x^{13} + 18x}} \mathrm{d}x.$$

这个问题有点复杂, 唯一的瑕点是 ∞. 被积函数的分子很容易处理: 当 $x \to \infty$, 有 $3x^5 + 2x^2 + 9 \sim 3x^5$. 对于分母, 首先注意到当 $x \to \infty$, $\sqrt{4x^{13} + 18x} \sim \sqrt{4x^{13}} = 2x^{13/2}$. 由于 13/2 大于 6, $\sqrt{4x^{13} + 18x}$ 项在分母中起主要作用, 所以当 $x \to \infty$, 整个分母渐近等价于 $2x^{13/2}$. 综上所述, 我们有

$$\text{当} x \to \infty \text{时,} \quad \frac{3x^5 + 2x^2 + 9}{x^6 + 22x^4 + \sqrt{4x^{13} + 18x}} \sim \frac{3x^5}{2x^{13/2}} = \frac{3}{2} \frac{1}{x^{3/2}}$$

由 p 判别法可知积分

$$\frac{3}{2} \int_2^\infty \frac{1}{x^{3/2}} \mathrm{d}x$$

收敛, 所以由极限比较判别法可知原积分也收敛.
　　最后, 考虑

$$\int_9^\infty \frac{1}{\sqrt{x^4 + 8x^3 - 9} - x^2} \mathrm{d}x.$$

如上面的讨论, 由于 $\sqrt{x^4}$ 与 x^2 相消, 分母的最高次幂难以确定, 我们需将分子分母同时乘以分母的共轭表达式. (之前已多次用过此法, 更多例题见 4.2 节.) 我们有

$$\int_9^\infty \frac{1}{\sqrt{x^4+8x^3-9}-x^2}\,\mathrm{d}x = \int_9^\infty \frac{1}{\sqrt{x^4+8x^3-9}-x^2} \times \frac{\sqrt{x^4+8x^3-9}+x^2}{\sqrt{x^4+8x^3-9}+x^2}\,\mathrm{d}x;$$

可将其化简为

$$\int_9^\infty \frac{\sqrt{x^4+8x^3-9}+x^2}{8x^3-9}\,\mathrm{d}x.$$

分母很容易处理: 当 $x \to \infty$ 时, $8x^3-9 \sim 8x^3$. 分子呢? 由于 $x^4+8x^3-9 \sim x^4$, 有 $\sqrt{x^4+8x^3-9} \sim x^2$, 最后 $\sqrt{x^4+8x^3-9}+x^2 \sim 2x^2$ (当 $x \to \infty$ 时). 最后的结论有点难以理解, 因为渐近等价不能相加或相减. 为了确定该说法的正确性, 我们需要指出 $\sqrt{x^4+8x^3-9}+x^2$ 和 $2x^2$ 的比值当 $x \to \infty$ 时趋于 1, 因为

$$\lim_{x\to\infty} \frac{\sqrt{x^4+8x^3-9}+x^2}{2x^2} = \lim_{x\to\infty} \frac{1}{2}\left(\frac{\sqrt{x^4+8x^3-9}}{x^2} + \frac{x^2}{x^2}\right).$$

将分母上的 x^2 拖入根式 (为 x^4) 并化简, 上述极限变为

$$\lim_{x\to\infty} \frac{1}{2}\left(\sqrt{\frac{x^4+8x^3-9}{x^4}} + 1\right) = \lim_{x\to\infty} \frac{1}{2}\left(\sqrt{1+\frac{8}{x}-\frac{9}{x^4}} + 1\right)$$
$$= \frac{1}{2}(\sqrt{1+0-0}+1) = 1.$$

这就证明了当 $x \to \infty$ 时, $\sqrt{x^4+8x^3-9}+x^2 \sim 2x^2$. 我们再回到原积分, 得到

$$\frac{1}{\sqrt{x^4+8x^3-9}-x^2} = \frac{\sqrt{x^4+8x^3-9}+x^2}{8x^3-9} \sim \frac{2x^2}{8x^3} = \frac{1}{4x}, \text{ 当 } x \to \infty.$$

运用极限比较判别法, 由于 $\int_9^\infty 1/(4x)\mathrm{d}x$ 发散, 因而原积分发散. 顺便说一下, 你能猜到原被积函数在 $x \to \infty$ 时渐近等价于 $1/4x$ 吗? 这个不容易想到, 所以如果要用最高次幂起决定作用的结论, 要保证有且仅有一个最高次幂.

21.3.2　三角函数在 ∞ 和 −∞ 附近的表现

或许我们能知道的有用结论仅仅是, 对任意实数 A 有

$$\boxed{|\sin(A)| \leqslant 1} \quad \text{和} \quad \boxed{|\cos(A)| \leqslant 1.}$$

虽然给出的信息不多, 但总比没有好. (其他的三角函数有太多的垂直渐近线, 所以它们不满足类似的不等式.) 上述不等式有两个主要的应用, 一是可以在很多情况下使用比较判别法. 例如, 积分

$$\int_5^\infty \frac{|\sin(x^4)|}{\sqrt{x}+x^2}\,\mathrm{d}x$$

收敛还是发散呢? 我们从 $|\sin(x^4)| \leqslant 1$ 开始. 注意, 将 A 的正弦值换成 x^4 的正弦值是没关系的, 因为任何数的正弦 (或余弦) 的绝对值都不超过 1. 因此, 我们有

$$\int_5^\infty \frac{|\sin(x^4)|}{\sqrt{x}+x^2}\mathrm{d}x \leqslant \int_5^\infty \frac{1}{\sqrt{x}+x^2}\mathrm{d}x.$$

太棒了, 我们去除了表达式中的所有三角函数, 右边积分的唯一瑕点出现在 ∞ 处. 由于对于大数 x, 最高次幂起主要作用, 所以我们有当 $x \to \infty$, $\sqrt{x}+x^2 \sim x^2$. 现在取倒数可得

$$\text{当 } x \to \infty \text{ 时,} \quad \frac{1}{\sqrt{x}+x^2} \sim \frac{1}{x^2}.$$

由 p 判别法, 我们知道 $\int_5^\infty 1/x^2\mathrm{d}x$ 收敛, 极限比较判别法告诉我们

$$\int_5^\infty \frac{1}{\sqrt{x}+x^2}\mathrm{d}x$$

也收敛. 最后, 我们有

$$\int_5^\infty \frac{|\sin(x^4)|}{\sqrt{x}+x^2}\mathrm{d}x \leqslant \int_5^\infty \frac{1}{\sqrt{x}+x^2}\mathrm{d}x < \infty,$$

所以由比较判别法知原积分收敛.

　　$|\sin(A)| \leqslant 1$ 和 $|\cos(A)| \leqslant 1$ 的另一个漂亮的应用是, 相对于 x 的任何正数次幂, 任何数的正弦或余弦值都可忽略, 至少在 $x \to \infty$ 或 $x \to -\infty$ 时是这样的. 例如

$$\text{当 } x \to \infty \text{ 时,} \quad 2x^3 - 3x^{0.1} + \sin(100x^{200}) \sim 2x^3.$$

为什么? 因为当 x 是大数时, 正弦项与 $2x^3$ 相比相当地小. 更准确地, 我们有

$$\lim_{x \to \infty} \frac{2x^3 - 3x^{0.1} + \sin(100x^{200})}{2x^3} = \lim_{x \to \infty} \left(1 - \frac{3}{2x^{2.9}} + \frac{\sin(100x^{200})}{2x^3}\right).$$

项 $3/2x^{2.9}$ 当 $x \to \infty$ 时趋于 0. 关键点是, 可以用三明治定理得出

$$\lim_{x \to \infty} \frac{\sin(100x^{200})}{2x^3} = 0.$$

具体过程留给你来完成, 因为我们在 7.1.3 节讨论过类似的例子. 不管怎样, 我们已经得出

$$\lim_{x \to \infty} \frac{2x^3 - 3x^{0.1} + \sin(100x^{200})}{2x^3} = 1.$$

毕竟这就证得

$$\text{当 } x \to \infty \text{ 时,} \quad 2x^3 - 3x^{0.1} + \sin(100x^{200}) \sim 2x^3.$$

　　这个结论对于了解积分

$$\int_8^\infty \frac{1}{2x^3 - 3x^{0.1} + \sin(100x^{200})}\mathrm{d}x$$

收敛与否是很有用的. 由极限比较判别法和上面的渐近等价关系可知, 该积分与 $\int_8^\infty 1/2x^3\mathrm{d}x$ 敛散性一致. 因为据 p 判别法, 最后一个积分收敛, 则原积分也收敛.

21.3.3　指数在 ∞ 和 −∞ 附近的表现

这是一个非常有用的原理: **指数比多项式增长得快**. 我们在 9.4.4 节最先给出这个结论, 当时用下面的形式来表示这个原理:

$$\lim_{x \to \infty} \frac{x^n}{e^x} = 0,$$

其中 n 是任意正数, 甚至很大的数. 现在考虑函数 $f(x) = x^n/e^x$, 我们可知 $f(0) = 0$, 且由上面的极限有当 $x \to \infty$ 时 $f(x) \to 0$. 那么当 $x \geqslant 0$ 时, $f(x)$ 能有多大呢? 函数从 0 开始, 中间没有垂直渐近线, 然后又折返下来, 在 $y = 0$ 处有水平渐近线, 所以 $y = f(x)$ 的图像必然有最大高度, 我们定义为 C. 意思是对所有的 $x \geqslant 0$, $f(x) = x^n/e^x \leqslant C$. (注意对不同的 n 有不同的 C 与之对应, 但这无关紧要.) 现在, 将 $1/e^x$ 写为 e^{-x}, 并两边同时除以 x^n, 得到一个有用的不等式

$$\boxed{\text{对所有的 } x > 0, \, e^{-x} \leqslant \frac{C}{x^n}.}$$

如 9.4.4 节所述, 如果将 e^{-x} 换成 $e^{-p(x)}$ 也是对的, 这里 $p(x)$ 是当 $x \to \infty$ 时趋于无穷的任何一个多项式型表达式, 底数 e 也可以换成其他大于 1 的数. 例如, 若将 e^{-x} 换为 $2^{-5x^5+\sqrt{x^3+3}}$, 上述不等式也成立. 这里重点是你可以任意选择 n, 但要注意使它足够地大. 例如, 考虑

$$\int_1^{\infty} x^3 e^{-x} dx.$$

好消息是, 被积函数是正的且只有 ∞ 一个瑕点; 坏消息是, 因子 x^3 在 $x \to \infty$ 时增长很快. 然而因子 e^{-x} 减小 (到 0) 非常快, 其速度要远远快于 x^3 的增长速度. 为了证明这个, 我们将关注

$$e^{-x} \leqslant \frac{C}{x^5}.$$

这正好是方框中的不等式, 只是将 n 选为 5, 为什么选 5 呢? 因为它能起作用:

$$\int_1^{\infty} x^3 e^{-x} dx \leqslant \int_1^{\infty} x^3 \frac{C}{x^5} dx = C \int_1^{\infty} \frac{1}{x^2} dx < \infty.$$

我们已经用 p 判别法得到 $C \int_1^{\infty} 1/x^2 dx$ 收敛. 由比较判别法可知, 原积分也收敛. 我是怎么知道用 x^5 的呢? 如果换成 $e^{-x} \leqslant C/x^4$ 会发生什么? 它将不会起作用:

$$\int_1^{\infty} x^3 e^{-x} dx \leqslant \int_1^{\infty} x^3 \frac{C}{x^4} dx = C \int_1^{\infty} \frac{1}{x} dx = \infty.$$

我们完全白费功夫了, 因为除了能够说明原积分有穷或无穷外, 其他什么都说明不了. 另一方面, 如果我们之前用了 $x^{4.0001}$ 就会有用, 为什么? 你只要保证所选的指数为比 4 大的任意数, 该论证就能有作用. 实际上, 最好选择要消除的幂加 2 的数.

这里我们想消去 x^3, 所以用 $e^{-x} \leqslant C/x^5$.

重要的一点是: 若说当 $x \to \infty$, $x^3 e^{-x} \sim e^{-x}$ 就大错特错了. 它是不正确的. 如果是正确的, 就可以消掉正项 e^{-x} 而得到结论当 $x \to \infty$, $x^3 \sim 1$. 这才是瞎说. 所以, 你应该对前一个例子采用比较判别法而不是极限比较判别法.

现在来看积分

$$\int_{10}^{\infty} (x^{1000} + x^2 + \sin(x)) e^{-x^2+6} \mathrm{d}x.$$

我们要做一点点的工作. 被积函数因有 $\sin(x)$ 项而看起来在正值和负值之间振荡, 不过这不是事实, 因为 $\sin(x)$ 的大小不足以影响正数 $x^{1000} + x^2 (x \geqslant 10)$ 的符号. 不管怎样, 第一个观察的结果是当 $x \to \infty$, $x^{1000} + x^2 + \sin(x) \sim x^{1000}$, 因为 x^2 和 $\sin(x)$ 项的作用被 x^{1000} 抵掉了. (若想知道如何给出更专业的解释, 见前一节.) 故我们乘以 e^{-x^2+6} 得

当 $x \to \infty$ 时, $(x^{1000} + x^2 + \sin(x)) e^{-x^2+6} \sim x^{1000} e^{-x^2+6}$.

利用极限比较判别法, 我们只需知道积分

$$\int_{10}^{\infty} x^{1000} e^{-x^2+6} \mathrm{d}x$$

收敛还是发散. 原积分也需要做相同讨论. 现在需要小心了, 因为指数项 e^{-x^2+6} 没有合适的渐近等价对象, 这里我们需要采用基本的比较方法. 你知道, x^{1000} 确实增加了, 但 e^{-x^2+6} 的的确确在减小. 我们用

$$e^{-x^2+6} \leqslant \frac{C}{x^{1002}}$$

(看, 1002 比 1000 大 2) 来得到

$$x^{1000} e^{-x^2+6} \leqslant x^{1000} \times \frac{C}{x^{1002}} = \frac{C}{x^2}.$$

故用比较判别法有

$$\int_{10}^{\infty} x^{1000} e^{-x^2+6} \mathrm{d}x \leqslant C \int_{10}^{\infty} \frac{1}{x^2} \mathrm{d}x < \infty$$

(其中最后那个积分由 p 判别法得知收敛). 整理一下思路. 我们知道积分

$$\int_{10}^{\infty} x^{1000} e^{-x^2+6} \mathrm{d}x$$

收敛, 因此由极限比较判别法知

$$\int_{10}^{\infty} (x^{1000} + x^2 + \sin(x)) e^{-x^2+6} \mathrm{d}x$$

也收敛.

e^x 在 $-\infty$ 附近是什么表现呢? 这与讨论 e^{-x} 在 ∞ 附近的表现是一回事. 例如, 考虑

$$\int_{-\infty}^{-4} x^{1000} e^x \mathrm{d}x,$$

首先做变量代换 $t = -x$, 由 $\mathrm{d}t = -\mathrm{d}x$, 我们有

$$\int_{-\infty}^{-4} x^{1000} e^x \mathrm{d}x = -\int_{\infty}^{4} (-t)^{1000} e^{-t} \mathrm{d}t = \int_{4}^{\infty} t^{1000} e^{-t} \mathrm{d}t.$$

这里我们用由 $\mathrm{d}t$ 产生的负号将积分的上下限进行了调换. 最后这个积分的敛散判别留给你们自己完成.

这里有个怪题：积分

$$\int_{4}^{\infty} x^{1000} e^x \mathrm{d}x$$

收敛还是发散呢? 被积函数的两个因子在 $x \to \infty$ 时都无限增大, 所以它当然发散! 更准确地说, 当 $x \geqslant 4$, 显然 $x^{1000} e^x \geqslant 1$ (事实上, 不等式右边的 1 是保守的选择). 则我们有

$$\int_{4}^{\infty} x^{1000} e^x \mathrm{d}x \geqslant \int_{4}^{\infty} 1 \mathrm{d}x = \infty.$$

一定要保证右边的积分发散. (这是不证自明的, 不过你可以用正式定义或 $p = 0$ 时的 p 判别法加以证明). 总之, 比较判别法推出了原积分发散.

现在再来考虑指数加上多项式后会发生什么. 如你所希望的, 如果指数变得很大, 与多项式相比, 它的变化起决定作用. 例如, 分析

$$\int_{9}^{\infty} \frac{x^{10}}{e^x - 5x^{20}} \mathrm{d}x,$$

先看分母 $e^x - 5x^{20}$, e^x 项与 $5x^{20}$ 项相比起决定作用, 我们应该有 $e^x - 5x^{20} \sim e^x$ (当 $x \to \infty$). 我们可以通过讨论如下商式的极限来加以证明:

$$\lim_{x \to \infty} \frac{e^x - 5x^{20}}{e^x} = \lim_{x \to \infty} \left(1 - \frac{5x^{20}}{e^x}\right) = 1 - 0 = 1.$$

(这里用了本节一开始的那个极限.) 总之, 由 $e^x - 5x^{20} \sim e^x$(当 $x \to \infty$), 我们有

$$\text{当 } x \to \infty \text{ 时,} \quad \frac{x^{10}}{e^x - 5x^{20}} \sim \frac{x^{10}}{e^x};$$

所以, 可以讨论

$$\int_{9}^{\infty} \frac{x^{10}}{e^x} \mathrm{d}x = \int_{9}^{\infty} e^{-x} x^{10} \mathrm{d}x,$$

来代替原积分. 接下来可用不等式 $e^{-x} \leqslant C/x^{12}$ 和比较判别法证明该积分收敛, 这部分由你自己完成. 所以, 由极限比较判别法知原积分收敛.

最后, 考虑积分

$$\int_{18}^{\infty} \frac{x^2}{7^x - 4^x} \mathrm{d}x.$$

我们最好知道分母 $7^x - 4^x$ 到底是什么. 这里 7^x 和 4^x 都是指数. 具有最大底数的起决定作用; 也就是说, 当 $x \to \infty$, $7^x - 4^x \sim 7^x$. 为了说明原因, 来看它们比式的极限:

$$\lim_{x \to \infty} \frac{7^x - 4^x}{7^x} = \lim_{x \to \infty} \left(1 - \frac{4^x}{7^x} \right) = \lim_{x \to \infty} \left(1 - \left(\frac{4}{7} \right)^x \right).$$

在 9.4.4 节有

$$若 0 \leqslant r < 1, \quad \lim_{x \to \infty} r^x = 0.$$

这是证明当 $x \to \infty$, $(4/7)^x \to 0$ 所需要的, 只需将 r 换成 $4/7$. 所以我们有

$$\lim_{x \to \infty} \frac{7^x - 4^x}{7^x} = \lim_{x \to \infty} \left(1 - \left(\frac{4}{7} \right)^x \right) = 1 - 0 = 1.$$

这就证明了当 $x \to \infty$, $7^x - 4^x \sim 7^x$. 所以, 我们也为原被积函数找到了一个渐近等价关系:

$$当 x \to \infty, \quad \frac{x^2}{7^x - 4^x} \sim \frac{x^2}{7^x}.$$

现在尝试用不等式 $7^{-x} \leqslant C/x^4$ 来证明

$$\int_{18}^{\infty} \frac{x^2}{7^x} \mathrm{d}x = \int_{18}^{\infty} 7^{-x} x^2 \mathrm{d}x$$

收敛, 故而由极限比较判别法可知原积分也收敛.

21.3.4 对数在 ∞ 附近的表现

首先注意我们不考虑对数在 $-\infty$ 附近的情形, 因为负数不能取对数, 所以讨论当 $x \to -\infty$ 时的 $\ln(x)$ 是没有意义的.

另一方面, **对数在 ∞ 处增长得很慢**. 事实上, 对数比 x 的任何正数次幂增长都慢. 用符号来表示就是, 若 $\alpha > 0$ 是你选择的某个正数, 则不管它有多小, 都有

$$\lim_{x \to \infty} \frac{\ln(x)}{x^\alpha} = 0.$$

在 9.4.5 节, 我们详细讨论了这个原理. 由 21.3.3 节的一个类似论述可得, 必有一个常数 C 使得

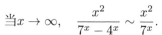

$$\boxed{对所有 x > 1, \ln(x) \leqslant Cx^\alpha.}$$

上述结论对任何底数大于 1 的对数或最高次项系数为正的多项式的对数都成立.

例如, 考虑

$$\int_{2}^{\infty} \frac{\ln(x)}{x^{1.001}} \mathrm{d}x.$$

若没有 $\ln(x)$, 则由 p 判别法可知该积分收敛. 由于 $\ln(x)$ 增长得很慢, 它基本不会有什么影响. 虽然这是个正确概念, 但并不精确. 为了证明这个说法, 我们要用到

$\ln(x) \leqslant Cx^\alpha$, 其中 α 小到 x^α 不会影响 1.001 大于 1 这样一个性质. 例如, 如果采用 $\ln(x) \leqslant Cx^{0.5}$, 由 p 判别法可得

$$\int_2^\infty \frac{\ln(x)}{x^{1.001}}\mathrm{d}x \leqslant \int_2^\infty \frac{Cx^{0.5}}{x^{1.001}}\mathrm{d}x = C\int_2^\infty \frac{1}{x^{0.501}}\mathrm{d}x = \infty.$$

又白费力气了. 我们讨论的积分小于等于 ∞, 没有任何意义. 那我们就更精细一点, 采用 $\ln(x) \leqslant Cx^{0.0005}$. 0.0005 是一个很小的数, 小到被 1.001 减后的差仍大于 1. 我们看一下这个不等式的应用结果:

$$\int_2^\infty \frac{\ln(x)}{x^{1.001}}\mathrm{d}x \leqslant \int_2^\infty \frac{Cx^{0.0005}}{x^{1.001}}\mathrm{d}x = C\int_2^\infty \frac{1}{x^{1.0005}}\mathrm{d}x < \infty.$$

上面右边的积分根据 p 判别法可知是收敛的, 因为 1.0005 大于 1. 由比较判别法可知, 左边的积分也收敛. 你看到有多精细了吗? 这个方法与 21.3.3 节处理指数的方法类似.

提醒一下, 对数增长缓慢的原理并不是对每个含有对数的反常积分都有效. 考虑下面 6 个反常积分:

$$\int_2^\infty \frac{\ln(x)}{x^{1.001}}\mathrm{d}x, \quad \int_2^\infty \frac{1}{x^{1.001}\ln(x)}\mathrm{d}x, \quad \int_2^\infty \frac{\ln(x)}{x}\mathrm{d}x,$$

$$\int_2^\infty \frac{1}{x\ln(x)}\mathrm{d}x, \quad \int_{3/2}^\infty \frac{\ln(x)}{x^{0.999}}\mathrm{d}x, \quad \int_2^\infty \frac{1}{x^{0.999}\ln(x)}\mathrm{d}x.$$

我们刚讨论过第一个, 发现它是收敛的. 看第二个例子:

$$\int_2^\infty \frac{1}{x^{1.001}\ln(x)}\mathrm{d}x.$$

这里若没有因子 $\ln(x)$, 积分仍收敛, 但这个因子在分母上其实是有帮助的. 也就是说, 当 $\ln(x)$ 在分母上时, 分母变得比原来更大了, 使得被积函数变小了, 这有利于积分收敛. 如何更有效地把这些写下来呢? 随着 x 的增大, $\ln(x)$ **有下界**. 这时, 积分区间是 $[2, \infty)$, 那么 $\ln(x)$ 在这个区间上能有多小呢? 由于 $\ln(x)$ 是关于 x 的增函数, 所以当 $x = 2$ 时, $\ln(x)$ 在该区间上有最小值. 所以, 我们仅需要写出当 $x \geqslant 2$ 时 $\ln(x) \geqslant \ln(2)$. 这有什么帮助? 两边取倒数, 发现当 $x \geqslant 2$ 有

$$\frac{1}{\ln(x)} \leqslant \frac{1}{\ln(2)},$$

然后两边同时除以 $x^{1.001}$ 后, 左边为被积函数:

$$\frac{1}{x^{1.001}\ln(x)} \leqslant \frac{1}{x^{1.001}\ln(2)}.$$

现在可用比较判别法, 因为

$$\int_2^\infty \frac{1}{x^{1.001}\ln(x)}\mathrm{d}x \leqslant \int_2^\infty \frac{1}{x^{1.001}\ln(2)}\mathrm{d}x = \frac{1}{\ln(2)}\int_2^\infty \frac{1}{x^{1.001}}\mathrm{d}x < \infty.$$

要知道 $\ln(2)$ 是一个常数, 因此可被提到积分符号前面, 由 p 判别法可知原积分收敛, 因为 1.001 比 1 大. 所以上面 6 个积分中的第二个积分收敛. 顺便说一下, 确定值 $\ln(2)$ 是无关紧要的, 我们可以将 $\ln(2)$ 换成任何常数 C, 证明仍然成立.

那么第三个积分呢? 看

$$\int_2^\infty \frac{\ln(x)}{x}\mathrm{d}x.$$

如果把分子中的 $\ln(x)$ 拿掉会怎样? 我们知道 $\int_2^\infty 1/x\mathrm{d}x$ 发散, 把 $\ln(x)$ 放回去, 情况只会变得更糟, 所以上述积分应该发散. 为了加以证明, 我们使用不等式 $\ln(x) \geqslant \ln(2)$, 此时 $x \geqslant 2$(或者可将 $\ln(2)$ 换成任何常数 $C > 0$). 可得

$$\int_2^\infty \frac{\ln(x)}{x}\mathrm{d}x \geqslant \int_2^\infty \frac{\ln(2)}{x}\mathrm{d}x = \ln(2)\int_2^\infty \frac{1}{x}\mathrm{d}x = \infty.$$

由比较判别法可知积分发散.

对第四个积分

$$\int_2^\infty \frac{1}{x\ln(x)}\mathrm{d}x,$$

现在需要做一些完全不同的事情了. 可以看到, 这个积分的任何部分都达到了完美的均衡. 如果没有因子 $\ln(x)$ 则积分发散. 由于 $\ln(x)$ 在分母中, 又会给积分以收敛的机会. 它的作用足够使积分收敛吗? 我们想利用 $\ln(x) \leqslant Cx^\alpha$, 但无论选择多么小的 α 都找不到一个有效的比较. (试一下就知道了!) 在此我们考虑用变量代换. 令 $t = \ln(x)$, 则 $\mathrm{d}t = 1/x\mathrm{d}x$. 当 $x = 2$, 我们有 $t = \ln(2)$, 且当 $x \to \infty$ 时有 $t \to \infty$, 所以

$$\int_2^\infty \frac{1}{x\ln(x)}\mathrm{d}x = \int_{\ln(2)}^\infty \frac{\mathrm{d}t}{t} = \infty,$$

其中后面的积分由 p 判别法可知发散, 则原积分也发散. 另一方面, 我们把上述积分的上限由 ∞ 换为 e^{e^8}:

$$\int_2^{e^{e^8}} \frac{1}{x\ln(x)}\mathrm{d}x.$$

数 e^{e^8} 其实很大, 从我的电脑上获知它的值接近于 4×10^{1294}, 意味着 4 后面跟着 1294 个 0. 这是一个难以置信的大数, 相对于我们人脑的有限理解能力来说, 这个数就是无穷了. 因为当积分上限为 ∞ 时积分发散, 所以你可能认为上面积分的值是相当大的. 我们来计算它, 并令 $t = \ln(x)$, 可得

$$\int_2^{e^{e^8}} \frac{1}{x\ln(x)}\mathrm{d}x = \int_{\ln(2)}^{e^8} \frac{1}{t}\mathrm{d}t = \ln(t)\Big|_{\ln(2)}^{e^8} = \ln(e^8) - \ln(\ln(2)) = 8 - \ln(\ln(2)).$$

这里我们用到了一点, 即当 $x = e^{e^8}$ 时有 $t = \ln(e^{e^8}) = e^8$. 总之, 最终的结果比 8 小

一点点, 一点都不大. 这会使你认为反常积分

$$\int_2^\infty \frac{1}{x \ln(x)} \mathrm{d}x$$

收敛, 但如我们刚刚所见, 它是发散的, 只不过发散的速度非常缓慢.

现在考虑

$$\int_2^\infty \frac{1}{x (\ln(x))^{1.1}} \mathrm{d}x.$$

如果还用代换 $t = \ln(x)$, 可得

$$\int_2^\infty \frac{1}{x (\ln(x))^{1.1}} \mathrm{d}x = \int_{\ln(2)}^\infty \frac{\mathrm{d}t}{t^{1.1}} < \infty,$$

其中后一个积分由 p 判别法可知收敛, 所以新积分也收敛. 只需要让分母上的 $\ln(x)$ 的幂增加一点点, 即 $(\ln(x))^{0.1}$ 就足够让积分收敛了. 这一点增加真是重大的改变啊!

我们仍有两个积分需要考虑, 第一个是

$$\int_{3/2}^\infty \frac{\ln(x)}{x^{0.999}} \mathrm{d}x.$$

这个积分与第三个积分类似. 如果分子上没有因子 $\ln(x)$, 积分发散; 加上 $\ln(x)$ 只会使积分更加发散. 我们不能说对积分区间里的所有 x 都有 $\ln(x) \geqslant \ln(2)$, 因为现在的积分区间是 $[3/2, \infty)$. 不用管它, 只要换成 $\ln(x) \geqslant \ln(3/2)$ 就行了:

$$\int_{3/2}^\infty \frac{\ln(x)}{x^{0.999}} \mathrm{d}x \geqslant \int_{3/2}^\infty \frac{\ln(3/2)}{x^{0.999}} \mathrm{d}x = \ln(3/2) \int_{3/2}^\infty \frac{1}{x^{0.999}} \mathrm{d}x = \infty.$$

由 p 判别法可知最后一个积分发散. 又根据比较判别法, 原积分发散. (同样, 可以将 $\ln(3/2)$ 换成任意大于 0 的数 C.)

最后, 我们考虑本节的最后一个积分:

$$\int_2^\infty \frac{1}{x^{0.999} \ln(x)} \mathrm{d}x.$$

解这个题目的一个方法是直接利用比较判别法, 将其与第四个反常积分比较. 特别地, 当 $x \geqslant 2$ 时 $x^{0.999} < x$. 我们两边取倒数, 改变不等式的方向, 有

$$\int_2^\infty \frac{1}{x^{0.999} \ln(x)} \mathrm{d}x > \int_2^\infty \frac{1}{x \ln(x)} \mathrm{d}x.$$

我们已经知道上面最后一个积分是发散的, 所以由比较判别法可知原积分也发散. 还有一个更直接的方法. 观察原积分

$$\int_2^\infty \frac{1}{x^{0.999} \ln(x)} \mathrm{d}x,$$

如果把因子 $\ln(x)$ 拿走会发生什么呢? 根据 p 判别法可知它会发散. 把因子 $\ln(x)$ 放进分母会使积分有收敛的趋向, 但不是很明显. 事实上, 的确不足以使积分收敛. 你可以运用对数增长缓慢的原理: $\ln(x) \leqslant Cx^{0.0005}$, 两边取倒数, 我们有

$$\frac{1}{\ln(x)} \geqslant \frac{1}{C} \times \frac{1}{x^{0.0005}}.$$

不等式两边同时除以 $x^{0.999}$, 可得

$$\frac{1}{x^{0.999}\ln(x)} \geqslant \frac{1}{C} \times \frac{1}{x^{0.999}x^{0.0005}} = \frac{1}{C} \times \frac{1}{x^{0.9995}}.$$

最后可得

$$\int_2^\infty \frac{1}{x^{0.999}\ln(x)}\mathrm{d}x \geqslant \frac{1}{C}\int_2^\infty \frac{1}{x^{0.9995}}\mathrm{d}x = \infty,$$

最后一个积分由 p 判别法可知发散, 故原积分也发散. 注意我们仍选择足够小的幂次 0.0005, 其实我们还可以用任何小的正数, 只要当你把它加到 0.999 上不会得到大于等于 1 的数. 否则的话, 你又要白费力气了.

21.4   常见函数在 0 附近的表现

目前我们已经知道了, 多项式、三角函数、指数、对数在 ∞ 附近的表现. 再来看一下它们在 0 附近的表现.

21.4.1   多项式和多项式型函数在 0 附近的表现

对多项式, **最低次幂在 $x \to 0$ 时起决定作用**. 这与 $x \to \infty$ 时的情况正好相反. 更准确地, 假设 p 是多项式, 则有

> 若 $p(x)$ 的最低次项是 bx^m, 则当 $x \to 0, p(x) \sim bx^m$.

例如, 当 $x \to 0, 5x^4 - x^3 + 2x^2 \sim 2x^2$. 我们通过证明它们之比的极限为 1 来说明:

$$\lim_{x \to 0} \frac{5x^4 - x^3 + 2x^2}{2x^2} = \lim_{x \to 0} \left(\frac{5x^2}{2} - \frac{x}{2} + 1\right) = 0 - 0 + 1 = 1.$$

对于多项式型函数, 并不是总能那么容易找到最低次项, 不过该原理仍适用. 例如, 当 $x \to 0^+, x^2 + \sqrt{x} \sim \sqrt{x}$, 因为 $\sqrt{x} = x^{1/2}$ 且 1/2 小于 2. (这里 $x \to 0^+$, 因为不能对负数开平方.) 该原理甚至对常数也适用, 常数其实是 x^0 的倍数, 而 x^0 是次数很低的项. 如, 当 $x \to 0, 2x^{1/3} + 4 \sim 4$, 因为 $4x^0$ 的指数低于 $2x^{1/3}$ 的指数.

我们来看一些关于反常积分的例子. 考虑

$$\int_0^5 \frac{1}{x^2 + \sqrt{x}}\mathrm{d}x.$$

唯一的瑕点是 $x = 0$, 现在我们知道

$$\text{当 } x \to 0^+ \text{ 时,}\quad \frac{1}{x^2 + \sqrt{x}} \sim \frac{1}{\sqrt{x}},$$

因为 $\int_0^5 1/\sqrt{x}\mathrm{d}x$ 收敛 (p 判别法), 则

$$\int_0^5 \frac{1}{x^2+\sqrt{x}}\mathrm{d}x$$

也收敛 (极限比较判别法). 因此积分收敛, 这主要是因为 $\sqrt{x}$ 项. 如果没有它, 被积函数为 $1/x^2$, 则积分在区间 [0, 5] 上发散, 所以 $\sqrt{x}$ 项保全了积分的收敛性. 不过等一下, 关于这一点, 我希望你回到 21.3.2 节看一下积分

$$\int_5^\infty \frac{1}{x^2+\sqrt{x}}\mathrm{d}x$$

是怎样收敛的. 后一个积分收敛的决定项是 x^2, 而不是 $\sqrt{x}$. 若没有 x^2, 后一个积分将会发散. 故我们在 21.1.1 节开始部分看到的积分

$$\int_0^\infty \frac{1}{x^2+\sqrt{x}}\mathrm{d}x$$

收敛, 因为以下两个积分

$$\int_0^5 \frac{1}{x^2+\sqrt{x}}\mathrm{d}x \quad \text{和} \quad \int_5^\infty \frac{1}{x^2+\sqrt{x}}\mathrm{d}x.$$

收敛. 瑕点 0 由于 $\sqrt{x}$ 项的存在没问题, 瑕点 ∞ 由于 x^2 项的存在也没问题, 非常不错, 是吧?

积分

$$\int_0^1 \frac{x+3}{x+x^5}\mathrm{d}x?$$

瑕点还是 $x=0$, 现在当 $x\to 0$, $x+3\sim 3$ 且 $x+x^5\sim x$, 故

$$\text{当 } x\to 0 \text{ 时,} \quad \frac{x+3}{x+x^5}\sim \frac{3}{x},$$

反常积分 $\int_0^1 3/x\mathrm{d}x$ 由 p 判别法可知发散, 根据极限比较判别法可知原积分

$$\int_0^1 \frac{x+3}{x+x^5}\mathrm{d}x$$

也发散.

21.4.2 三角函数在 0 附近的表现

这些是很有用的结论:

$$\boxed{\text{当 } x\to 0, \sin(x)\sim x, \tan(x)\sim x \text{ 且 } \cos(x)\sim 1.}$$

这些只是我们在第 7 章讨论过的极限的另一种描述:

$$\lim_{x\to 0}\frac{\sin(x)}{x}=1, \quad \lim_{x\to 0}\frac{\tan(x)}{x}=1, \quad \lim_{x\to 0}\cos(x)=1.$$

(若不明白余弦的极限, 将 $\cos(x)$ 写成 $\cos(x)/1$ 就可得当 $x \to 0$, $\cos(x) \sim 1$.) 注意：这些渐近等价关系的积和商成立, 而和与差不成立. 例如, 不能说当 $x \to 0$, $\sin(x) - x \sim 0$. 更深入的讨论见 20.4.1 节末.

我们来看一些例子. 考虑

$$\int_0^1 \frac{1}{\tan(x)} dx \quad 和 \quad \int_0^1 \frac{1}{\sqrt{\tan(x)}} dx.$$

这两个积分看上去很相似, 外表很有迷惑性. 我们对两个积分都采用 $\tan(x) \sim x$(当 $x \to 0$). 具体过程可以自行完成, 基本方法是：对第一个积分采用 $1/\tan(x) \sim 1/x$(当 $x \to 0$), 并由极限比较判别法知积分发散; 对第二个积分采用 $1/\sqrt{\tan(x)} \sim 1/\sqrt{x}$(当 $x \to 0^+$), 并由极限比较判别法知该积分收敛.

这是另一个例子：积分

$$\int_0^1 \frac{\sin(x)}{x^{3/2}} dx.$$

没有因子 $\sin(x)$, 积分根本不会收敛, 因为 $3/2$ 大于 1, 由 p 判别法可知积分发散. 但因子 $\sin(x)$ 改变了这种状况：

$$\frac{\sin(x)}{x^{3/2}} \sim \frac{x}{x^{3/2}} = \frac{1}{x^{1/2}}, \quad 当 x \to 0^+.$$

因为 $\int_0^1 1/x^{1/2} dx$ 收敛, 由极限比较判别法可知原积分收敛. 这个例子有意思的地方是积分

$$\int_1^\infty \frac{\sin(x)}{x^{3/2}} dx$$

也收敛, 但原因却完全不同. 这里瑕点在 ∞, 我们要使用绝对积分, 对绝对积分进行直接比较有

$$\int_1^\infty \frac{|\sin(x)|}{x^{3/2}} dx \leqslant \int_1^\infty \frac{1}{x^{3/2}} dx < \infty,$$

所以原积分收敛 (这里用了 p 判别法、比较判别法和绝对收敛判别法). 注意在 ∞ 处, 比较好的幂次为 $3/2$(要是 $1/2$ 就糟了!) 且正弦函数没起任何帮助作用 (也没帮倒忙). 这里我们也顺便得出

$$\int_0^\infty \frac{\sin(x)}{x^{3/2}} dx$$

收敛, 知道为什么吗?

注: 虽然我们只讨论当 $x \to 0$ 的情况, 但这并不意味着瑕点必须在 0 处, 也可能在 ∞ 处的, 就像下面的例子：

$$\int_1^\infty \sin\left(\frac{1}{x}\right) dx.$$

这里瑕点在 ∞ 处, 但当 $x \to \infty$ 时 $1/x$ 变得很小. 所以在关系 $\sin(x) \sim x$(当 $x \to 0$) 中, 将 x 换为 $1/x$ 可得当 $1/x \to 0$ 时, $\sin(1/x) \sim 1/x$. 当然, 当 $x \to \infty$ 时 $1/x \to 0$, 所以我们有

$$\sin\left(\frac{1}{x}\right) \sim \frac{1}{x}, \quad \text{当} \, x \to \infty.$$

现在可由极限比较判别法得积分发散, 因为 $\int_1^\infty 1/x \, \mathrm{d}x$ 发散.

21.4.3 指数函数在 0 附近的表现

感觉上, **指数函数对 0 没有作用**, 更准确地,

$$\text{当} \, x \to 0 \, \text{时}, \quad \mathrm{e}^x \sim 1 \, \text{和} \, \mathrm{e}^{-x} \sim 1$$

这其实是

$$\lim_{x \to 0} \mathrm{e}^x = 1 \, \text{和} \, \lim_{x \to 0} \mathrm{e}^{-x} = 1$$

的另一种说法. 例如, 反常积分

$$\int_0^1 \frac{\mathrm{e}^x}{x\cos(x)} \mathrm{d}x$$

发散, 因为

$$\text{当} \, x \to 0 \, \text{时}, \quad \frac{\mathrm{e}^x}{x\cos(x)} \sim \frac{1}{x \cdot 1} = \frac{1}{x}$$

(剩下细节请自行完成.) 注意：这只对指数 (如 x 或 $-x$) 很小的情况成立. 另一个容易出错的积分是

$$\int_0^1 \frac{\mathrm{e}^{-1/x}}{x^5} \mathrm{d}x.$$

写成 $\mathrm{e}^{-1/x} \sim 1$ 就错了, 因为当 $x \to 0^+$ 时 $1/x \sim \infty$. 我们确实需要采用 21.3.3 节的方法. 特别地, 对任意 n 有

$$\mathrm{e}^{-\,\text{某大量}} \leqslant \frac{C}{(\text{同一大量})^n}.$$

若大的量为 $1/x$(因 x 很小且为正, 所以 $1/x$ 很大), 则变为对任意 n 有

$$\mathrm{e}^{-1/x} \leqslant \frac{C}{(1/x)^n} = Cx^n$$

现在我把证明选择任意大于 4 的 n 命题均成立的任务留给你来完成. 例如, 取 $n = 5$ 可得

$$\int_0^1 \frac{\mathrm{e}^{-1/x}}{x^5} \mathrm{d}x \leqslant \int_0^1 \frac{Cx^5}{x^5} \mathrm{d}x = C \int_0^1 1\mathrm{d}x < \infty,$$

其中最后一个积分由于没有瑕点而显然收敛 (实际上积分值为 1). 顺便说一下, 这是一个相当难的问题.

这是另一个可能的陷阱：在积分

$$\int_0^2 \frac{\mathrm{d}x}{\sqrt{\mathrm{e}^x - 1}}$$

中，你可能会试图用关系当 $x \to 0$ 时有 $\mathrm{e}^x \sim 1$ 来得出当 $x \to 0$ 时有 $\mathrm{e}^x - 1 \sim 0$，但后一个关系是错误的，因为不允许除以 0，我们需要更聪明点. 在 20.4.1 节，我们应用了 9.4.2 节中的经典极限

$$\lim_{x \to 0} \frac{\mathrm{e}^x - 1}{x} = 1$$

得到了

$$\boxed{\text{当 } x \to 0, \mathrm{e}^x - 1 \sim x.}$$

据此可得

$$\text{当 } x \to 0^+ \text{ 时}, \quad \frac{1}{\sqrt{\mathrm{e}^x - 1}} \sim \frac{1}{\sqrt{x}},$$

现在由极限比较法可知原积分收敛.

21.4.4 对数函数在 0 附近的表现

这里的原理是，当 $x \to 0^+$ 时对数函数缓慢趋于 $-\infty$. 现在通过取绝对值让对数趋于 ∞，要知道当 $0 < x < 1$ 时对数值为负，所以无论 $\alpha > 0$ 有多小，都存在常数 C 使得

$$\boxed{\text{对于所有 } 0 < x < 1, \quad |\ln(x)| \leqslant \frac{C}{x^\alpha}}$$

这是由 9.4.6 节中的极限 (除了将 a 用 α 代替之外)

$$\lim_{x \to 0^+} x^\alpha \ln(x) = 0$$

推出来的. 这与 21.3.3 节开始采用的论证极为类似.

所以，为了理解

$$\int_0^1 \frac{|\ln(x)|}{x^{0.9}} \mathrm{d}x,$$

我们采用之前用过多次的方式来讨论这个新的问题. 若没有 $|\ln(x)|$，积分将收敛. 我们要找一个很小的幂次，使得它与 0.9 的和仍小于 1. 令 $\alpha = 0.05$ 看一下，由上面方框中的不等式知有 $|\ln(x)| \leqslant C/x^{0.05}$，故

$$\frac{|\ln(x)|}{x^{0.9}} \leqslant \frac{C/x^{0.05}}{x^{0.9}} = \frac{C}{x^{0.9}x^{0.05}} = \frac{C}{x^{0.95}}.$$

现在可用比较判别法和 p 判别法来完成该问题，结果为该积分收敛. 你应该相信若选择任意大于等于 0.1 的数作为 α 的值，那么就无法得到结论，又会白费力气了. 顺便说一下，现在我们自然可知

$$\int_0^1 \frac{\ln(x)}{x^{0.9}} \mathrm{d}x$$

收敛, 因为它是原积分求负得来的.

考虑另外一个例子

$$\int_0^{1/2} \frac{1}{x^2|\ln(x)|} \mathrm{d}x.$$

若没有因子 $|\ln(x)|$, 由 p 判别法可知积分发散. $|\ln(x)|$ 有使积分收敛的趋势, 但作用不大, 因为它只是对数, 而对数增长缓慢. 所以我们仍预期积分发散. 为了证明该猜测, 注意 $|\ln(x)| \leqslant C/x^\alpha$, 取倒数可得 $1/|\ln(x)| \geqslant x^\alpha/C$. 为了避免徒劳无功, 我们再一次选择足够小的 α, 有

$$\frac{1}{x^2|\ln(x)|} \geqslant \frac{x^\alpha}{Cx^2},$$

所以只要 $\alpha \leqslant 1$ 就可以. (为什么?) 实际上, 当 $\alpha = 1$ 时右边变为 $1/(Cx)$, 到这里就可知积分发散. 注意积分

$$\int_0^{1/2} \frac{1}{x^2\ln(x)} \mathrm{d}x$$

也发散 (趋于 ∞), 因为它是原积分求负的结果.

最后一个例子: 积分

$$\int_0^{1/2} \frac{1}{x^{0.9}|\ln(x)|} \mathrm{d}x.$$

现在积分在没有因式 $|\ln(x)|$ 时收敛, 但将这个很大的量放到分母上只会使积分收敛得更快, 所以只需找到 $|\ln(x)|$ 在 $(0, 1/2]$ 的最小值. 想一想并确定当 $x = 1/2$ 时有最小值, 所以当 $0 < x \leqslant 1/2$, 我们有 $|\ln(x)| \geqslant |\ln(1/2)| = \ln(2)$. 最后, 两边取倒数并除以 $x^{0.9}$ 可得对所有 $0 < x \leqslant 1/2$, 有

$$\frac{1}{x^{0.9}|\ln(x)|} \leqslant \frac{1}{x^{0.9}\ln(2)}$$

成立. 现在只需运用比较判别法和 p 判别法可得原积分收敛.

21.4.5 更一般的函数在 0 附近的表现

在 24.2.2 节, 我们将学习麦克劳林级数. 如果之前没见过, 不要着急! 留下标记, 等学完麦克劳林级数的所有内容后再来读本节. 不管怎样, 基本观点是: 若一个函数在 0 附近收敛于该函数的麦克劳林级数, 则函数在 $x \to 0$ 时渐近等价于级数的最低次项, 即

$$\boxed{f(x) = a_n x^n + a_{n+1} x^{n+1} + \cdots, \text{当 } x \to 0, \text{则 } f(x) \sim a_n x^n.}$$

考虑下面的例子:

$$\int_0^1 \frac{dx}{1-\cos(x)} \quad \text{和} \quad \int_0^1 \frac{dx}{(1-\cos(x))^{1/3}}.$$

我们知道当 $x \to 0$ 时 $\cos(x) \sim 1$, 但这并没有告诉我们 $1-\cos(x)$ 怎样. 讨论这个量的一个方法是运用 $\cos(x)$ 的麦克劳林级数:

$$\cos(x) = 1 - \frac{x^2}{2!} + \frac{x^4}{4!} - \cdots;$$

它可以另写为

$$1 - \cos(x) = \frac{x^2}{2} - \frac{x^4}{24} + \cdots.$$

所以, 由上面的原理知右边最低次项起决定作用, 我们有

$$\text{当 } x \to 0 \text{ 时}, \quad 1 - \cos(x) \sim \frac{x^2}{2}.$$

这与我们在 7.1.2 节讨论的例子

$$\lim_{x \to 0} \frac{1-\cos(x)}{x^2} = \frac{1}{2}$$

一致. 我把利用渐近等价关系证明上面第一个积分发散, 第二个收敛的任务留作练习.

21.5 如何应对不在 0 或 ∞ 处的瑕点

若瑕点出现在有限值而非 0 处, 做换元. 具体情况如下.

- 若积分 $\int_a^b f(x)dx$ 的唯一瑕点出现在 $x = a$ 处, 做换元 $t = x - a$, 注意 $dt = dx$. 新的积分则只有 0 一个瑕点.
- 若积分 $\int_a^b f(x)dx$ 的唯一瑕点出现在 $x = b$ 处, 做换元 $t = b - x$, 注意 $dt = -dx$, 用多出的负号来做积分上下限交换. 新的积分则只有 0 一个瑕点.

例如, 我们在 20.1.2 节讨论了

$$\int_0^3 \frac{1}{x(x-1)(x+1)(x-2)} dx.$$

我们将该积分拆分成了 5 个积分, 每个积分只有一个瑕点, 并证明了它们均发散. 其中一个积分 (我们称之为 I_5) 为

$$\int_2^3 \frac{1}{x(x-1)(x+1)(x-2)} dx.$$

这里瑕点在 $x = 2$ 处, 故做换元 $t = x - 2$. 由此 $x = t + 2$, 积分变为

$$\int_0^1 \frac{1}{(t+2)(t+1)(t+3)t} dt.$$

积分的上下限现在为 1 和 0, 瑕点变为 0. 现在我们可运用多项式的最低次项在 0 附近起决定作用的事实得

当 $t \to 0$ 时, $t+2 \sim 2$, $t+1 \sim 1$, $t+3 \sim 3$.

综合以上事实可知

当 $t \to 0$ 时, $\dfrac{1}{(t+2)(t+1)(t+3)t} \sim \dfrac{1}{2 \times 1 \times 3 \times t} = \dfrac{1}{6t}$.

由极限比较判别法和 p 判别法知上述积分发散.

另一个由原积分拆出的积分 (我们称之为 I_4) 为

$$\int_{3/2}^{2} \frac{1}{x(x-1)(x+1)(x-2)} \mathrm{d}x.$$

现在瑕点在 $x = 2$ 处, 是积分的右极限. 故做换元 $t = 2 - x$. 当 $x = 3/2$ 时有 $t = 1/2$, 且当 $x = 2$ 时 $t = 0$. 由 $\mathrm{d}t = -\mathrm{d}x$ 和 $x = 2 - t$, 我们有

$$\int_{3/2}^{2} \frac{1}{x(x-1)(x+1)(x-2)} \mathrm{d}x = -\int_{1/2}^{0} \frac{1}{(2-t)(1-t)(3-t)(-t)} \mathrm{d}t$$
$$= \int_{0}^{1/2} \frac{1}{(2-t)(1-t)(3-t)(-t)} \mathrm{d}t.$$

在最后一个积分中, 我们用等式 $\mathrm{d}x = -\mathrm{d}t$ 中的负号来交换积分的上下限 (如 16.3 节所述). 总之, 很容易得到

当 $t \to 0$ 时, $\dfrac{1}{(2-t)(1-t)(3-t)(-t)} \sim -\dfrac{1}{6t}$.

所以上述积分发散 (还是根据极限比较判别法和 p 判别法, 细节自行完成, 处理被 积函数的负号时要小心). 现在, 你就可以试着证明其他三个积分 (20.1.2 节的 I_1、I_2 和 I_3) 发散了.

第 22 章　数列和级数：基本概念

　　无穷级数和反常积分非常相似, 这是个好消息. 所以, 很多 (但不是全部) 反常积分的方法都可以用于讨论无穷级数, 我们就不用重新寻找方法了. 要定义无穷级数, 就要先讨论数列. 跟反常积分的讨论一样, 我用两章来讨论数列和级数: 本章主要包括一些原理, 而下一章注重实际, 包含了求解问题的若干方法. 如果你是第一次阅读, 那就先看一下本章的详细内容吧. 如果是为了回顾, 快速浏览一下要点就足够了, 然后可以直接看下一章的具体例题. 下面是本章的内容:

- 数列的收敛和发散;
- 两个重要数列;
- 数列极限和函数极限之间的联系;
- 级数的收敛与发散, 以及几何级数的敛散性讨论;
- 级数的第 n 项判别法;
- 级数和反常积分的联系;
- 比式判别法、根式判别法、积分判别法以及交错级数判别法的介绍.

本章主要进行理论探讨, 大部分例题在下一章.

22.1　数列的收敛和发散

　　数列是一列有序的数, 可能有有限项, 也可能有无穷项, 其中有无穷项的数列叫作无穷数列. 例如,

$$0, 1, -1, 2, -2, 3, -3, \cdots$$

是一个包含所有整数的无穷数列. 下角标经常用于数列中, 其中 a_1 表示数列中的第一项, a_2 表示第二项, a_3 表示第三项, 以此类推. (有时 a_0 是第一项, a_1 是第二项, 以此类推. 我们也可以不用 a, 如用 b_n 或其他的字母.) 所以上例中, $a_1 = 0$、$a_2 = 1$、$a_3 = -1$、$a_4 = 2$, 以此类推. 数列经常由一个公式来给出, 如

$$a_n = \frac{\sin(n)}{n^2},$$

其中 $n = 1, 2, \cdots$, 定义了数列

$$\frac{\sin(1)}{1^2}, \quad \frac{\sin(2)}{2^2}, \quad \frac{\sin(3)}{3^2}, \quad \frac{\sin(4)}{4^2}, \cdots$$

　　对于无穷数列, 我们主要讨论当 n 趋于无穷时数列的极限值, 即当我们观察数列中越来越靠后的数时, 会发生什么? 数学上表示为, 极限

$$\lim_{n \to \infty} a_n$$

存在与否; 若存在, 值是多少. 虽然我们还未给出上述极限的定义, 不过它与函数 f 的极限 $\lim_{x \to \infty} f(x)$ 差不多. (定义参见附录 A 的 A.3.3 节.) 基本思想是:

$$\lim_{n \to \infty} a_n = L$$

意味着 a_n 在开始时可能有稍许徘徊, 最后会越来越趋近于 L 并一直保持这种趋势. 若存在这样的 L, 则数列 $\{a_n\}$ 收敛, 否则发散. 与函数一样, 数列也可以发散到 ∞ 或 $-\infty$, 也可以不断振荡 (可能会很疯狂) 而不趋于一个特定的值. 例如, 上述数列 $0, 1, -1, 2, -2, \cdots$ 发散, 但不是发散到 ∞ 或 $-\infty$, 而是在绝对值不断增大的正数和负数间振荡.

和函数一样, 有时也可以说当 $n \to \infty$ 时 $a_n \to L$, 这与 $\lim_{n \to \infty} a_n = L$ 意思一样.

22.1.1　数列和函数的联系

考虑数列

$$a_n = \frac{\sin(n)}{n^2},$$

我们之前见过, 它与函数

$$f(x) = \frac{\sin(x)}{x^2}$$

紧密相关. 事实上, 对每个正整数 n, a_n 都等于 $f(n)$. 所以, 如果我们能证明 $\lim_{x \to \infty} f(x)$ 存在, 就可以说数列 $\{a_n\}$ 有相同的极限. 数列继承了函数的极限性质. 在水平渐近线上, 二者也有联系: 记住, 若 $\lim_{x \to \infty} f(x) = L$, 则 $y = f(x)$ 的图像有水平渐近线 $y = L$.

除了上述讨论外, 我们还可以很容易地将函数极限的其他性质推广到数列极限. 例如两个收敛数列 $\{a_n\}$ 和 $\{b_n\}$, 当 $n \to \infty$ 时, $a_n \to L$, $b_n \to M$, 则其和 $a_n + b_n$ 构成一个收敛于 $L + M$ 的新数列. 对于差、积、商 (假定 $M \neq 0$, 因为分母不能为 0) 和常数的积也同样适用. 虽然这个结论意义没有那么深远, 不过的确很有用.

另一个重要的事实是三明治定理, 即夹逼定理, 对数列也适用. (三明治定理内容参见 3.6 节.) 特别地, 假设有数列 $\{a_n\}$, 若怀疑其收敛于某数 L, 则要找到一个比 $\{a_n\}$ 大的数列 $\{b_n\}$ 和一个比其小的数列 $\{c_n\}$, 且两个数列均收敛于 L, 则我们就可知该数列的确收敛于 L 了. 用数学语言描述就是, 若 $c_n \leqslant a_n \leqslant b_n$, 且当 $n \to \infty$ 时, $b_n \to L$, $c_n \to L$, 则当 $n \to \infty$ 时, $a_n \to L$. 对前面的数列

$$a_n = \frac{\sin(n)}{n^2}$$

可以通过将经典不等式 $-1 \leqslant \sin(n) \leqslant 1$ 除以 n^2, 并利用三明治定理得对所有 n 有

$$\frac{-1}{n^2} \leqslant \frac{\sin(n)}{n^2} \leqslant \frac{1}{n^2}.$$

数列 $b_n = 1/n^2$ 和 $c_n = -1/n^2$ 在 $n \to \infty$ 时均收敛于 0, 所以夹于它们之间的数列 a_n 也收敛于 0. 即

$$\lim_{n \to \infty} \frac{\sin(n)}{n^2} = 0.$$

另一个可由函数性质推广过来的是**连续函数保持极限**. 这是什么意思呢? 假设当 $n \to \infty$ 时 $a_n \to L$, 则如果函数 f 在 $x = L$ 连续, 我们就可以说当 $n \to \infty$ 时 $f(a_n) \to f(L)$. 当对任何式子取函数 f 时, 极限关系仍保持. 例如求

$$\lim_{n \to \infty} \cos\left(\frac{\sin(n)}{n^2}\right)$$

是多少? 我们已经有

$$\text{当 } n \to \infty \text{ 时}, \quad \frac{\sin(n)}{n^2} \to 0,$$

由于余弦函数在 0 点连续, 因而两边同时取余弦, 可得

$$\text{当 } n \to \infty \text{ 时}, \quad \cos\left(\frac{\sin(n)}{n^2}\right) \to \cos(0) = 1.$$

还有一个可以从函数理论中借用的重要工具是洛必达法则(见 14.1 节). 应用该法则的一个问题是, 不能对关于 n 的量 a_n 求导, 因为 n 只是一个整数. 事实上, 当对函数 f 求关于变量 x 的导数时, 只是为了看一下当对 x 做极小变动时函数 $f(x)$ 有什么变化. 你不能对整数做极小变动, 因为极小变动后它就不再是整数了. 所以若想应用洛必达法则, 首先需将数列嵌入到一个合适的函数中. 例如, 若 $a_n = \ln(n)/\sqrt{n}$, 则可令

$$f(x) = \frac{\ln(x)}{\sqrt{x}},$$

并利用洛必达法则求出 $\lim_{x \to \infty} f(x)$ 的值再求得 $\lim_{n \to \infty} a_n$. 注意, 这是 ∞/∞ 情形, 所以可以利用该法则. 对分子和分母分别求导, 可得

$$\lim_{x \to \infty} \frac{\ln(x)}{\sqrt{x}} \overset{\text{l'H}}{=} \lim_{x \to \infty} \frac{1/x}{1/(2\sqrt{x})} = \lim_{x \to \infty} \frac{2}{\sqrt{x}} = 0.$$

因为函数的极限是 0, 则数列 a_n 当 $n \to \infty$ 时也收敛于 0.(我们也可以采用对数在 ∞ 处增长缓慢的结论来求上述极限, 只需要应用 21.3.4 节开头部分的公式并令 $\alpha = 1/2$ 即可.)

22.1.2 两个重要数列

取常数 r, 并考虑从 $n = 0$ 开始取值的数列 $a_n = r^n$, 这是一个等比数列, 每一项都是前一项与这个常数的乘积. 我们来看一些等比数列:

- 若 $r = 0$, 则数列为 $0, 0, 0, \cdots$, 显然收敛于 0;

- 若 $r = 1$, 则数列为 $1, 1, 1, \cdots$, 显然收敛于 1;
- 若 $r = 2$, 则数列为 $1, 2, 4, 8, \cdots$, 明显发散于 ∞;
- 若 $r = -1$, 则数列为 $1, -1, 1, -1, 1, \cdots$, 发散, 但不是发散于 ∞ 或 $-\infty$, 因为它一直在 -1 和 1 之间来回振荡, 换句话说, 不存在极限;
- 若 $r = -2$, 则数列为 $1, -2, 4, -8, \cdots$, 与上面数列发散方式相同 (不存在极限), 事实上这次的振荡范围更宽;
- 若 $r = 1/2$, 则数列为 $1, 1/2, 1/4, 1/8, \cdots$, 收敛于 0;
- 若 $r = -1/2$, 则数列为 $1, -1/2, 1/4, -1/8, \cdots$, 尽管振荡, 也收敛于 0, 因为振荡最后变得越来越小.

上面这些都是下述一般规则的特例.

$$\lim_{n\to\infty} r^n \begin{cases} = 0 & \text{如果 } -1 < r < 1, \\ = 1 & \text{如果 } r = 1, \\ = \infty & \text{如果 } r > 1, \\ \text{不存在} & \text{如果 } r \leqslant -1. \end{cases}$$

我们对上述极限进行证明. 首先, 当 $r \geqslant 0$, 极限与 9.4.4 节 (见中间的方框) 中的含有 r^x 的极限相似. 容易出错的情况是当 $r < 0$ 时, 这是因为数列振荡. 为了解决这个问题, 注意对所有 n 都有

$$-|r|^n \leqslant r^n \leqslant |r|^n,$$

这里比较好的情况是数列 $\{-|r|^n\}$ 和 $\{|r|^n\}$ 都不振荡. 实际上, 若 $-1 < r < 0$, 则 $|r| < 1$, 因此我们知道这两个数列都收敛于 0, 现在可用三明治定理推出 $r^n \to 0$. 最后, 若 $r \leqslant -1$, 则 r^n 不可能收敛, 因为它的值在大于等于 1 和小于等于 -1 的数中来回跳跃, 则极限因这些振荡而不存在. (该情形与 3.4 节的极限 $\lim\limits_{x\to\infty} \sin(x)$ 类似, 也可参见附录 A 的 A.3.4 节.)

等比数列无须从 1 开始, 若令 $a_n = ar^n$, 其中 a 为常数, 则首项 a_0 等于 a. 你可以将上述方框中的 $\lim\limits_{n\to\infty} r^n$ 的值乘以 a 来求 $\lim\limits_{n\to\infty} ar^n$ 的值. 最重要的是, 若 $-1 < r < 1$, 则 $\lim\limits_{n\to\infty} ar^n$ 为 0, 与 a 无关.

把大量时间用在等比数列的讨论之后, 我们来快速看另一个数列. 特别地, 若 k 为任意常数, 则

$$\lim_{n\to\infty} \left(1 + \frac{k}{n}\right)^n = e^k.$$

这就是根据 9.2.3 节开头讲的那个极限而来的. 在数列的相关内容中可知, 这个极限很有用.

22.2 级数的收敛与发散

级数就是和, 就是将数列 a_n 的所有项都加起来, 把各项之间的逗号用加号代替. 对于无穷数列, 好像有点理不出头绪了, 将无穷多个数相加意味着什么呢? 例如, 若数列 a_n 是等比数列 $1, 1/2, 1/4, 1/8, \cdots$, 则相应的级数就是 $1 + 1/2 + 1/4 + 1/8 + \cdots$. 我们需要做一些不同寻常的事情, 来处理意味着级数不断加下去的省略号.

一般地, 我们想知道

$$a_1 + a_2 + a_3 + \cdots$$

意味着什么. 为了处理这个无穷项之和, 我们把前若干项之后的项去掉. 若取前面 N 项, 则去掉后面那些项的级数为

$$a_1 + a_2 + a_3 + \cdots + a_{N-1} + a_N.$$

现在是有限项之和, 变得有意义了. 下面就是我们想要的:

$$a_1 + a_2 + a_3 + \cdots = \lim_{N \to \infty} (a_1 + a_2 + a_3 + \cdots + a_{N-1} + a_N).$$

右边看起来有点奇怪, 因为随着 N 的增大, 项数也在增多. 所以, 我们定义一个新的数列 $\{A_N\}$:

$$A_N = a_1 + a_2 + a_3 + \cdots + a_{N-1} + a_N.$$

这个新的数列被称为部分和数列. 前面那个奇怪的等式现在为

$$a_1 + a_2 + a_3 + \cdots = \lim_{N \to \infty} A_N.$$

现在右边就不那么奇怪了, 是个数列的极限. 如果极限存在且等于 L, 则我们说左边的级数收敛于 L. 若极限不存在, 则级数发散.

理解上面这些, 有个极好的类比. 假想你站在一条又直又长的高速公路休息站旁, 休息站两边公路向两侧延伸, 一边是来的方向, 另一边是要去的方向. 休息站的位置为 0. (我们在 5.2.2 节见过这个高速公路的例子.) 不幸的是, 你失去了自由意识, 有人每分钟都用扩音器告诉你走一定的英尺数, 他下命令你才能动. 如果他说出一个负数, 你就往回走, 每一次移动称为一步. (希望他不会让你一步走 100 英尺!)

持扩音器的家伙喊的第一个数为 a_1, 你从位置 0 移动到位置 a_1 (长度单位是英尺, 下同). 第二个数为 a_2, 又向前走 a_2 英尺, 现在到哪儿了? 在位置 $a_1 + a_2$ 处, 因这次是从 a_1 开始走的. 在第三个数 a_3 之后, 你将在位置 $a_1 + a_2 + a_3$. 趋势很明显: 按 a_1, a_2, a_3 的步长, 第 N 步为 a_N, 你会在位置

$$a_1 + a_2 + a_3 + \cdots + a_{N-1} + a_N.$$

这正好是上面定义的部分和 A_N 的值. 换句话说, A_N 是第 N 步后你的位置. 所以当有

$$a_1 + a_2 + a_3 + \cdots = \lim_{N \to \infty} A_N,$$

意思就是如果最终要走向高速公路的某个特定目标, 你可以将所有的步都加起来. 你必须非常非常接近那个点, 决不能很远. 在那个点附近, 要用很小的步子踮起脚走, 否则就不可能把这些步加起来, 级数将会发散.

现在是时候引入求和号了 (见 15.1 节). A_N 表达式变为

$$A_N = a_1 + a_2 + a_3 + \cdots + a_{N-1} + a_N = \sum_{n=1}^{N} a_n.$$

无穷级数可写为

$$a_1 + a_2 + a_3 + \cdots = \sum_{n=1}^{\infty} a_n.$$

因此, 下面是用求和号定义的无穷级数的值:

$$\boxed{\sum_{n=1}^{\infty} a_n = \lim_{N \to \infty} \sum_{n=1}^{N} a_n.}$$

如果右边的极限不存在, 则左边的级数发散. 右边就是数列的极限, 所以上述等式并不像符号所表示的那样简易明了.

我们再回顾一下. 我们从无穷**数列**

$$\{a_n\} = a_1, a_2, a_3, \cdots$$

开始, 并用它构造无穷**级数**

$$\sum_{n=1}^{\infty} a_n = a_1 + a_2 + a_3 + \cdots.$$

为了理解级数的极限, 这里构造了一个新的部分和**数列**:

$$A_N = \sum_{n=1}^{N} a_n = a_1 + a_2 + a_3 + \cdots + a_{N-1} + a_N.$$

由定义, 如果极限存在, 级数的极限与部分和数列的极限一样; 否则级数发散. 鉴于这里有两个数列与一个级数一起讨论, 一定要确保能将它们区分清楚!

级数不必从 $n = 1$ 开始, 也可以从其他的数开始, 甚至 $n = 0$. 你需要做的仅仅是把部分和的起始项更改一下. 重要的一点是: 级数收敛还是发散与起始项无关! 例如, 我们将在 22.4.3 节看到级数

$$\sum_{n=1}^{\infty} \frac{1}{n}$$

发散. 由此结果, 马上可知下面的级数也发散:

$$\sum_{n=5}^{\infty} \frac{1}{n}, \quad \sum_{n=89}^{\infty} \frac{1}{n}, \quad \sum_{n=1\,000\,000}^{\infty} \frac{1}{n}.$$

为了讨论为什么第一个级数发散, 只要将原来那个级数的前四项取出来, 如下:

$$\sum_{n=1}^{\infty} \frac{1}{n} = \frac{1}{1} + \frac{1}{2} + \frac{1}{3} + \frac{1}{4} + \sum_{n=5}^{\infty} \frac{1}{n} = \frac{25}{12} + \sum_{n=5}^{\infty} \frac{1}{n}.$$

从 $n = 1$ 开始的级数和从 $n = 5$ 开始的级数只相差有限常数 25/12. 由于从 $n = 1$ 开始的级数发散到 ∞, 故减去 25/12 对其不会有任何影响, 因而从 $n = 5$ 开始的级数一定也发散. 当然, 5 没有什么特别的, 对任意的起始点都会有相同的结果. 类似的, 我们将在 22.4.3 节讨论

$$\sum_{n=1}^{\infty} \frac{1}{n^2}$$

实际上也是收敛的. 这意味着如果能将原和式进行拆分并证明的话, 下面的这些级数也收敛:

$$\sum_{n=4}^{\infty} \frac{1}{n^2}, \quad \sum_{n=101}^{\infty} \frac{1}{n^2}, \quad \sum_{n=5\,000\,000}^{\infty} \frac{1}{n^2}.$$

在我们讨论几何级数之前再注意一件事: 考虑

$$\sum_{n=0}^{\infty} \frac{1}{n^2}.$$

我们将起始点换为 $n = 0$, 令人讨厌的事是: 首项变为 $1/0^2$, 但它并不存在. 因此上述级数不是发散, 而是没意义, 因为首项没有定义. 我们总是以一个足够大的 n 作为起点以避免这样的情形, 这样级数的所有项就都有定义了.

几何级数(理论)

我们来看一个无穷级数的重要例子. 假定以我们在 22.1.2 节见过的等比数列 $1, r, r^2, r^3, \cdots$ 开始, 可以把这个数列作为无穷级数

$$1 + r + r^2 + r^3 + \cdots = \sum_{n=0}^{\infty} r^n$$

的项, 则这个级数为几何级数. 问题是, 该级数收敛吗? 若收敛, 收敛于何值?

为了求解, 我们最好看一下部分和. 选择数 N, 则部分和 A_N 为

$$A_N = 1 + r + r^2 + r^3 + \cdots + r^{N-1} + r^N.$$

用求和号表示为

$$A_N = \sum_{n=0}^{N} r^n.$$

希望你在前面的学习中已经知道上述表达式可化简为

$$A_N = 1 + r + r^2 + r^3 + \cdots + r^{N-1} + r^N = \frac{1 - r^{N+1}}{1 - r},$$

只要 $r \neq 1$. (不管怎样, 后面会给出其证明.) 现在我们要求当 $N \to \infty$ 时 A_N 的极限, 首先假设 $-1 < r < 1$, 则由前面 22.1.2 节方框中第一种情形知 $\lim\limits_{N \to \infty} r^N = 0$, 将 N 换为 $N+1$ 也得到 $\lim\limits_{N \to \infty} r^{N+1} = 0$. 所以

$$\lim_{N \to \infty} A_N = \lim_{N \to \infty} \frac{1 - r^{N+1}}{1 - r} = \frac{1}{1 - r}.$$

该几何级数收敛于 $1/(1-r)$. 下面是写在一起的带求和号的整个论证过程:

$$\sum_{n=0}^{\infty} r^n = \lim_{N \to \infty} \sum_{n=0}^{N} r^n = \lim_{N \to \infty} \frac{1 - r^{N+1}}{1 - r} = \frac{1}{1 - r}.$$

若 r 不介于 1 和 -1 之间呢? 结论是几何级数肯定发散, 下一节将给出证明. 总结如下:

$$\text{如果 } -1 < r < 1, \quad \sum_{n=0}^{\infty} r^n = \frac{1}{1 - r};$$

$$\text{如果 } r \geqslant 1 \text{ 或 } r \leqslant -1, \text{ 级数发散.}$$

上述几何级数的首项总是 1, 因为 $r^0 = 1$. 如果用其他的某数 a 代替, 则各项为 a, ar, ar^2 等. 所以每项都可以乘 a, 得到上述原理更一般的形式:

$$\text{如果 } -1 < r < 1, \quad \sum_{n=0}^{\infty} ar^n = \frac{a}{1 - r};$$

$$\text{如果 } r \geqslant 1 \text{ 或 } r \leqslant -1, \text{ 级数发散.}$$

我们将在 23.1 节讨论几何级数的更多例子. 同时, 证明

$$A_N = \sum_{n=0}^{N} r^n = \frac{1 - r^{N+1}}{1 - r}.$$

证明如下: 首先, 和式左乘 $(1-r)$ 可得

$$A_N(1 - r) = (1 - r) \sum_{n=0}^{N} r^n.$$

将因式 $(1-r)$ 移入求和号内并化简得

$$A_N(1 - r) = \sum_{n=0}^{N} r^n(1 - r) = \sum_{n=0}^{N} (r^n - r^{n+1}).$$

右边的和是一个伸缩级数 (见 15.1.2 节), 所以和为 $r^0 - r^{N+1}$ 或 $1 - r^{N+1}$. 因此 $A_N(1 - r) = 1 - r^{N+1}$. 现在为证得结果, 只需除以 $(1-r)$, 其中 $(1-r)$ 不为 0, 因为我们已经假设 $r \neq 1$.

22.3   第 n 项判别法 (理论)

对于收敛级数, 部分和的极限必须存在. 要知道, N 步后的部分和表示你按照持扩音器家伙的指令走了 N 步后的位置. (若不明白我在说什么, 参见 22.2 节) 总之, 若你的位置随着你的步数不断增加而逐渐收敛于某个极限位置, 则每一步都需要变得很小很小, 否则, 你将失误且不能待在与特定位置一致的地方. 前后挪动并不好, 要接近特定位置, 你需要非常靠近, 驻留在很接近的位置.

所以, 由数列 $\{a_n\}$ 给出的每一步到最后要变得很小很小, 才能使得级数收敛. 数学上表示为, 当 $n \to \infty$ 时 $a_n \to 0$, 故我们有

> **第 n 项判别法**: 若 $\lim\limits_{n \to \infty} a_n \neq 0$, 或极限不存在, 则级数 $\sum\limits_{n=1}^{\infty} a_n$ 发散.

若 $\lim\limits_{n \to \infty} a_n = 0$, 则级数可能收敛也可能发散, 需要采用其他的方法解决该问题. 注意: **第 n 项判别法不能用于级数收敛性的判别!**

这个判别法是一种求真判定: 若 a_n 不趋于 0, 该级数发散. 否则仍需要采用其他方法继续讨论该问题. 例如, 我们马上要讨论

$$\sum_{n=1}^{\infty} \frac{1}{n^2} \text{ 收敛, 但 } \sum_{n=1}^{\infty} \frac{1}{\sqrt{n}} \text{ 发散.}$$

这两个级数的通项都趋于 0:

$$\lim_{n \to \infty} \frac{1}{n^2} = 0, \quad \lim_{n \to \infty} \frac{1}{\sqrt{n}} = 0.$$

第 n 项判别法在两个级数中都不适用! 只有当极限不为 0 的时候才能使用该判别法. 下面是一些该判别法适用的例子:

$$\sum_{n=0}^{\infty} 2^n, \quad \sum_{n=0}^{\infty} (-3)^n \text{ 和 } \sum_{n=0}^{\infty} 1.$$

我们有

$$\lim_{n \to \infty} 2^n = \infty, \quad \lim_{n \to \infty} (-3)^n \text{ 不存在}, \quad \lim_{n \to \infty} 1 = 1.$$

根据第 n 项判别法, 上面三个级数都发散, 因为每个级数通项的极限都不是 0. 事实上, 这些级数都是几何级数, 公比分别为 2, -3 和 1. 一般地, 对于公比 $r \geqslant 1$ 或 $r \leqslant -1$ 的几何级数 $\sum\limits_{n=0}^{\infty} r^n$, 通项当 $n \to \infty$ 时不趋于 0. (见 22.1.2 节方框中公式.) 所以第 n 项判别法告诉我们, 任何公比不在 $(-1, 1)$ 里的几何级数均发散.

在收敛级数中, 虽然通项 a_n 要收敛于 0, 但这并不意味着级数的极限为 0. 例如, 公比为 $r = 1/2$ 的等比数列 $1, 1/2, 1/4, 1/8, \cdots$ 收敛于 0, 我们可以由前一节的

公式得出相应的级数的值:

$$\sum_{n=0}^{\infty} \left(\frac{1}{2}\right)^n = \frac{1}{1-r} = \frac{1}{1-\frac{1}{2}} = 2.$$

所以数列收敛于 0, 而级数却收敛于 2. 反过来可以说, 若数列收敛于 2, 则由第 n 项判别法知相应的级数发散.

我们将在 23.2 节看到更多关于第 n 项判别法的例子. 现在来看一下其他的判别法.

22.4 无穷级数和反常积分的性质

无穷级数和反常积分之间是有一些联系的, 特别是当反常积分在 ∞ 有瑕点的时候. 其中的一个联系就是积分判别法, 这将在 22.5.3 节讨论. 本节主要告诉你反常积分的四个判别法对无穷级数仍适用. 下面就一一讨论.

22.4.1 比较判别法 (理论)

假设给定的级数 $\sum\limits_{n=1}^{\infty} a_n$ 的每一项都为正, 若认为该级数发散, 则要能找到一个比 $\sum\limits_{n=1}^{\infty} a_n$ 小的发散级数 $\sum\limits_{n=1}^{\infty} b_n$, 即可被证实. 即, 若对所有 n, 有 $0 \leqslant b_n \leqslant a_n$, 且 $\sum\limits_{n=1}^{\infty} b_n$ 发散, 则 $\sum\limits_{n=1}^{\infty} a_n$ 也发散. 若认为原级数收敛, 则要能找一个比它大的收敛级数 $\sum\limits_{n=1}^{\infty} b_n$, 即可被证实. 即, 若对所有 n, 有 $b_n \geqslant a_n \geqslant 0$, 且 $\sum\limits_{n=1}^{\infty} b_n$ 收敛, 则 $\sum\limits_{n=1}^{\infty} a_n$ 也收敛.

基本上, 这与反常积分的比较判别法一致. 级数比较判别法成立理由与积分的比较判别法一样, 若有兴趣可自行证明.

级数的首项不必从 $n = 1$ 开始, 可以从任何数开始. 例如, 考虑

$$\sum_{n=3}^{\infty} \left(\frac{1}{2}\right)^n |\sin(n)|.$$

利用比较判别法很容易判定. 要知道, 对任何 n, 都有 $|\sin(n)| \leqslant 1$, 我们可得

$$\sum_{n=3}^{\infty} \left(\frac{1}{2}\right)^n |\sin(n)| \leqslant \sum_{n=3}^{\infty} \left(\frac{1}{2}\right)^n < \infty.$$

后面一个级数收敛, 因为它是公比为 $1/2$(介于 -1 到 1 之间) 的几何级数. 根据比较判别法, 原级数也收敛. 下一章我们将介绍比较判别法的更多例子.

22.4.2　极限比较判别法 (理论)

在 20.4.1 节, 我们有如下的定义:

$$当\ x \to \infty\ 时,\quad f(x) \sim g(x)\ 与\ \lim_{x \to \infty} \frac{f(x)}{g(x)} = 1\ 含义一样.$$

这里数列也有类似的定义:

$$\boxed{当\ n \to \infty\ 时,\ a_n \sim b_n\ 与\ \lim_{n \to \infty} \frac{a_n}{b_n} = 1\ 含义一样.}$$

极限比较判别法为, 若当 $n \to \infty$ 时 $a_n \sim b_n$, 且 a_n 和 b_n 均有限, 则 $\sum\limits_{n=1}^{\infty} a_n$ 与

$\sum\limits_{n=1}^{\infty} b_n$ 同时收敛或同时发散. 当然, 没有必要必须从 $n = 1$ 开始, 也可以从 $n = 0$, $n = 19$ 或任何其他的 n 的有限值开始. 该比较判别法的证明与积分的极限比较法证明类似, 这里不再赘述. 读者可自行证明, 若当 $n \to \infty$ 时 $a_n \sim b_n$, 我们说两个数列渐近等价.

我们在第 21 章讨论的函数的所有性质对数列均成立. 例如, 考虑

$$\sum_{n=0}^{\infty} \sin\left(\frac{1}{2^n}\right).$$

当 n 很大时, $1/2^n$ 变得很小 (即趋于 0). 我们知道当 $x \to 0$ 时 $\sin(x) \sim x$ (见 21.4.2 节), 将 x 用 $1/2^n$ 代换, 我们有

$$当\ \frac{1}{2^n} \to 0\ 时,\quad \sin\left(\frac{1}{2^n}\right) \sim \frac{1}{2^n}.$$

将 $1/2^n$ 另写为 $(1/2)^n$, 且注意 $1/2^n \to 0$ 等价于 $n \to \infty$. 故上述关系可写成

$$当\ n \to \infty\ 时,\quad \sin\left(\frac{1}{2^n}\right) \sim \left(\frac{1}{2}\right)^n.$$

由极限比较法, 两级数

$$\sum_{n=0}^{\infty} \sin\left(\frac{1}{2^n}\right)\ 和\ \sum_{n=0}^{\infty} \left(\frac{1}{2}\right)^n$$

同时收敛或同时发散. 现在我们知道右边的级数收敛, 因为它是公比为 1/2(绝对值小于 1) 的几何级数, 所以左边的级数也收敛. 但是, 右边的级数收敛于 2(如 22.3 节所见) 并不意味着左边级数也收敛于 2. 我们不知道它收敛于何值, 只可知其收敛.

22.4.3　p 判别法 (理论)

级数也有 p 判别法, 基本上与反常积分在瑕点 ∞ 的 p 判别法一样. 特别地,

$$\sum_{n=a}^{\infty} \frac{1}{n^p} \begin{cases} \text{收敛, 若 } p > 1; \\ \text{发散, 若 } p \leqslant 1. \end{cases}$$

它的最简单的证明要用到积分判别法, 所以将到 22.5.3 节再讨论. p 判别法的一些简单例子为

$$\sum_{n=1}^{\infty} \frac{1}{n^2} \text{收敛, 而} \sum_{n=1}^{\infty} \frac{1}{\sqrt{n}} \text{发散.}$$

第一个级数中幂次 2 大于 1, 故收敛. 另一方面, 由 $\sqrt{n} = n^{1/2}$ 知第二个级数幂次为 1/2, 因为 1/2 小于 1, 级数发散.

在讨论绝对收敛判别法之前, 先看一下所谓的调和级数

$$\sum_{n=1}^{\infty} \frac{1}{n}.$$

由 p 判别法知该级数发散, 不过我们也可以直接证明它发散. 方法是: 先将该级数各项写出来, 再把它们用特殊的方式组合. 特别地, 上述级数可以写为

$$1 + \frac{1}{2} + \left(\frac{1}{3} + \frac{1}{4}\right) + \left(\frac{1}{5} + \frac{1}{6} + \frac{1}{7} + \frac{1}{8}\right)$$
$$+ \left(\frac{1}{9} + \frac{1}{10} + \frac{1}{11} + \frac{1}{12} + \frac{1}{13} + \frac{1}{14} + \frac{1}{15} + \frac{1}{16}\right) + \cdots.$$

除了开始的 1 和 1/2 外, 后面每一组中的项数都是前一组的两倍. 主要过程为: 每一组的最后一项是该组中最小的项, 故上面的和式大于

$$1 + \frac{1}{2} + \left(\frac{1}{4} + \frac{1}{4}\right) + \left(\frac{1}{8} + \frac{1}{8} + \frac{1}{8} + \frac{1}{8}\right)$$
$$+ \left(\frac{1}{16} + \frac{1}{16} + \frac{1}{16} + \frac{1}{16} + \frac{1}{16} + \frac{1}{16} + \frac{1}{16} + \frac{1}{16}\right) + \cdots.$$

在这个新级数中, 一项为 1, 一项为 1/2, 两项为 1/4, 四项为 1/8, 八项为 1/16, 以此类推. 也就是说, 除了第一项, 每一组的和都为 1/2, 所以上面的级数等于

$$1 + \frac{1}{2} + \frac{1}{2} + \frac{1}{2} + \frac{1}{2} + \cdots,$$

该级数发散! 最后根据比较判别法, 调和级数发散, 因为它大于上面的发散级数. 现在我们可以轻松地知道 $\sum_{n=1}^{\infty} 1/n^p$ 当 $p \leqslant 1$ 时发散, 因为 $1/n^p \geqslant 1/n$, 再次应用比较判别法即可. (细节试着自行完成.)

22.4.4 绝对收敛判别法

若级数 $\sum_{n=1}^{\infty} a_n$ 的各项 a_n 有的为正, 有的为负, 则会使问题变得更难了 (或更

有意思了, 这取决于你怎么看). 如果级数从某一项后都为正, 这就没问题, 可以略去前面的项, 只讨论后面的正项组成的新级数. 要知道, 级数的前面有限项不影响级数最终的敛散性. 类似地, 若级数从某一项后均为负, 可以忽略前面的有限项, 只讨论由后面的负项组成的级数. 然后, 考虑所有项均为正的级数 $\sum\limits_{n=m}^{\infty}(-a_n)$: 若该级数收敛, 则原级数也收敛; 若它发散, 则原级数也发散. 这是因为新级数与原级数相差一个负号.

若级数各项正负交错出现会怎样呢? 例如下面的例子:

$$\sum_{n=3}^{\infty}\sin(n)\left(\frac{1}{2}\right)^n, \quad \sum_{n=1}^{\infty}\frac{(-1)^n}{n^2} \text{ 和 } \sum_{n=1}^{\infty}\frac{(-1)^n}{n}.$$

第二个和第三个级数实际上是交错级数, 即各项正数和负数交错出现. 例如, 第三个级数可展开为

$$-1+\frac{1}{2}-\frac{1}{3}+\frac{1}{4}-\frac{1}{5}+\cdots,$$

可以清楚地看到每隔一项为负. 上面的第一个级数不是交错的. 虽然 $\sin(n)$ 有时为正, 有时为负, 但正负项不是交错出现. 例如, $\sin(1)$、$\sin(2)$ 和 $\sin(3)$ 都是正的 (因为 $1, 2$ 和 3 都在 0 与 π 之间), 而 $\sin(4)$、$\sin(5)$ 和 $\sin(6)$ 都是负的.

不管怎样, 我们将在 22.5.4 节专门讨论针对交错级数的判别法. 现在还有绝对收敛判别法: 若 $\sum\limits_{n=1}^{\infty}|a_n|$ 收敛, 则 $\sum\limits_{n=1}^{\infty}a_n$ 也收敛. 同样, 级数可以从 n 的任何值开始, 不必一定从 $n=1$ 开始. 现在利用该判别法讨论上面的例子. 对于第一个级数

$$\sum_{n=3}^{\infty}\sin(n)\left(\frac{1}{2}\right)^n,$$

加绝对值后为

$$\sum_{n=3}^{\infty}|\sin(n)|\left(\frac{1}{2}\right)^n.$$

注意我们只需对 $\sin(n)$ 加绝对值号, 因为因式 $(1/2)^n$ 恒正. 我们已经在 22.4.1 节用比较判别法证明了上述级数是收敛的, 则由绝对收敛判别法知原级数 (不带绝对值号的) 也收敛. 实际上, 原级数绝对收敛. 更多信息见 22.5.4 节.

对于第二个级数

$$\sum_{n=1}^{\infty}\frac{(-1)^n}{n^2},$$

加绝对值后为

$$\sum_{n=1}^{\infty}\frac{1}{n^2}.$$

由 p 判别法知该级数收敛 (因为 $2 > 1$), 故由绝对收敛判别法知原级数绝对收敛.

对于第三个级数

$$\sum_{n=1}^{\infty} \frac{(-1)^n}{n},$$

加绝对值后为

$$\sum_{n=1}^{\infty} \frac{1}{n}.$$

由 p 判别法知该级数发散, 故不能运用绝对收敛判别法. 即不能得出原级数

$$\sum_{n=1}^{\infty} \frac{(-1)^n}{n}$$

发散的结论. 只能说该级数不绝对收敛. 实际上, 在 22.5.4 节我们将会知道该级数是收敛的, 尽管它加上绝对值后是发散的! 在此之前, 我们还有一些其他判别法要讨论.

22.5 级数的新判别法

我们来看四个与反常积分无对应的级数收敛性判别法: 比式判别法、根式判别法. 积分判别法和交错级数判别法. 在下一章讨论应用之前, 我们先来看看它们的内容.

22.5.1 比式判别法 (理论)

这是一个只能用于级数而不能用于反常积分的非常有用的判别法, 被称为比式判别法, 因为它涉及级数相邻两项的比. 提出的问题是: 对于级数 $\sum_{n=1}^{\infty} a_n$, 若要使它收敛, 则各项要以足够快的速度趋于 0. 解决方法是: 考虑一个新的数列 b_n, 定义其为级数相邻两项之比的绝对值, 即对每个 n 令

$$b_n = \left| \frac{a_{n+1}}{a_n} \right|.$$

这是一个数列, 所以它可能收敛于某数. 结果为: 若数列 $\{b_n\}$ 收敛于一个小于 1 的数, 则立即得知级数 $\sum_{n=1}^{\infty} a_n$ 收敛. 实际上它绝对收敛, 即 $\sum_{n=1}^{\infty} |a_n|$ 也收敛. 另一方面, 若数列 $\{b_n\}$ 收敛于一个大于 1 的数, 则级数 $\sum_{n=1}^{\infty} a_n$ 发散. 若数列 $\{b_n\}$ 收敛于 1 或不收敛. 则我们对原级数得不出什么结论.

下一章将讨论比式判别法的更多例子, 现在来看能否证明该判别法. 这是一个很复杂的论证, 若不能理解, 不要着急, 可直接跳到下一节. 我们只是来试一下. 这

里假定对所有 n 有 $a_n \geqslant 0$, 这样就可以去掉绝对值号. 假设 b_n 收敛于一个小于 1 的值 L, 即

$$当 \ n \to \infty \ 时, \quad \frac{a_{n+1}}{a_n} \to L < 1;$$

这意味着当 n 很大时, 比式 a_{n+1}/a_n 近似等于 L. 若比式就等于 L, 则级数为具有公比 L 的几何级数, 且当 $L < 1$ 时级数收敛. 但比式只是极限等于 L, 所以我们要更聪明点才行.

可令 r 等于 L 和 1 的平均值, 由于 $L < 1$, 则均值 r 介于 L 和 1 之间, 所以 r 小于 1, 即 $L < r < 1$. 然后呢? 由于比式 a_{n+1}/a_n 收敛于 L, 因而该比式会总小于 r. 也就是说, 该比式一开始可能会在某些值之间徘徊, 但最终会趋近于 L. 若比值不小于 r 就不能趋近于 L, 因为 r 大于 L. 所以, 关键点是若去除级数前面足够多项后, 总能有 a_{n+1}/a_n 小于 r.

看一下我们得到的结论: 我们从 $\sum\limits_{n=1}^{\infty} a_n$ 开始, 但去掉了前面的若干项, 得到从某数 m 开始的 $\sum\limits_{n=m}^{\infty} a_n$. 去掉前面的有限项并不影响级数的敛散性. 另一方面, 这个操作是有用的, 因为可以确定对所有 $n \geqslant m$ 有 $a_{n+1}/a_n < r$; 换一种写法即为: 对所有 $n \geqslant m$ 有 $a_{n+1} < r a_n$.

我们就要接近问题的核心了: 数列 $\{a_n\}$ 受控于公比为 r 的等比数列. 毕竟, 由 a_n 推出 a_{n+1}, 需乘以一个小于 r 的数 (因为 $a_{n+1} < r a_n$). 另一方面, 要从公比为 r 的等比数列的某项推出下一项, 也需乘以 r. 所以若等比数列从 a_m 开始, 则该数列领先于数列 $\{a_n\}$, 且保持领先. (所有这些都可用推导得出. 假设 $a_n < A r^n$, 则两边同乘 r 可得 $r a_n < A r^{n+1}$. 由于 $a_{n+1} < r a_n$, 我们有 $a_{n+1} < A r^{n+1}$. 现在只需选择使得 $a_m < A r^m$ 的 A 即可, 任何大于 a_m/r^m 的数都行.)

好的, 我们已经得到对某数 A 有 $a_n < A r^n$, 于是

$$\sum_{n=m}^{\infty} a_n \leqslant \sum_{n=m}^{\infty} A r^n.$$

因为 $0 \leqslant r < 1$, 右边收敛, 故由比较判别法知左边也收敛. 最后, 由绝对收敛判别法知级数 $\sum\limits_{n=m}^{\infty} a_n$ 也收敛, 虽然有些项 a_n 是负的.

真不容易, 幸运的是发散的情形不会这么麻烦. 假定比式 $|a_{n+1}/a_n|$ 收敛于一个大于 1 的数 L, 若我们删掉足够的项之后, 只需讨论 $\sum\limits_{n=m}^{\infty} |a_n|$, 其中 m 是使得 $|a_{n+1}/a_n| > 1$ 对所有 $n \geqslant m$ 均成立的足够大的数. 也就是说, 对于所有的 $n > m$ 都有 $|a_{n+1}| > |a_n|$. 项 $|a_n|$ 随着 n 的增大而增大, 所以不可能有 $\lim\limits_{n \to \infty} a_n = 0$. 现在

只需运用第 n 项判别法即可证明 $\sum\limits_{n=m}^{\infty} a_n$ 发散, 故 $\sum\limits_{n=1}^{\infty} a_n$ 也发散.

剩下的问题就是, 证明 $L = 1$ 时无明确结论. 这里有一个很好的例子: 考虑级数 $\sum\limits_{n=1}^{\infty} 1/n^p$, 计算相邻项的比

$$\left| \frac{a_{n+1}}{a_n} \right| = \frac{\frac{1}{(n+1)^p}}{\frac{1}{n^p}} = \frac{n^p}{(n+1)^p} = \left(\frac{n}{n+1} \right)^p.$$

我们可以去掉绝对值号, 因为各部分均为正. 当 $n \to \infty$, 显然有 $n/(n+1) \to 1$, 所以 p 次幂仍趋于 1, 即

$$\lim_{n \to \infty} \left| \frac{a_{n+1}}{a_n} \right| = \lim_{n \to \infty} \left(\frac{n}{n+1} \right)^p = 1^p = 1.$$

所以, 比式的极限 L 无论 p 为何值均为 1. 我们知道当 $p > 1$ 时 $\sum\limits_{n=1}^{\infty} 1/n^p$ 收敛, 而 $p \leqslant 1$ 时发散. 比式极限 $L = 1$ 对这两种可能都不能判定. 这个例子足以说明若 $L = 1$, 则原级数可能收敛也可能发散, 只是无从判定.

22.5.2 根式判别法(理论)

根式判别法 (也叫 n 次方根判别法) 类似于比式判别法, 考虑的不是相邻项的比, 而是第 n 项绝对值的 n 次方根, 即对给定级数 $\sum\limits_{n=1}^{\infty} a_n$, 构造新数列为

$$b_n = |a_n|^{1/n}.$$

(要知道, 某量的 $1/n$ 次幂与其 n 次方根是一回事.)现在欲知数列 $\{b_n\}$ 收敛与否, 并要求极限. 若极限值小于 1, 则级数 $\sum\limits_{n=1}^{\infty} a_n$ 收敛 (事实上, 绝对收敛). 若极限值大于 1, 则级数发散. 若极限值等于 1, 则我们对原级数得不出明确结论, 需要采用其他方法进行讨论.

我们仍用下一章的一个例子来证明该结论. 若读不懂, 可直接进入下一节. 不管怎样, 其主要思想仍是通过等比数列来讨论的. 假定 $a_n = r^n$, 则 $|a_n|$ 的 n 次方根为 $|r|$, 所以当 $|r| < 1$ 时级数收敛, 而当 $|r| > 1$ 时级数发散. 这里, 我们并未没明确的几何级数, 但也差不多了. 我们假定

$$\text{当 } n \to \infty \text{ 时,} \quad \lim_{n \to \infty} |a_n|^{1/n} = L < 1.$$

采用与比式判别法证明相同的逻辑, 令 r 等于 L 和 1 的平均值, 最终 $|a_n|^{1/n} < r$, 即在级数中的某一点 $n = m$ 后, $|a_n| < r^n$. 故我们有

$$\sum_{n=m}^{\infty} |a_n| \leqslant \sum_{n=m}^{\infty} r^n.$$

因为 $r < 1$, 所以右边级数收敛, 我们运用比较判别法可得左边级数也收敛, 所以级数 $\sum\limits_{n=1}^{\infty} a_n$ 绝对收敛.

另一方面, 假设极限值 L 大于 1, 即

$$\text{当 } n \to \infty \text{ 时,} \quad \lim_{n \to \infty} |a_n|^{1/n} = L > 1.$$

最终对足够大的 n, 总有 $|a_n|^{1/n} > 1$, 意味着 $|a_n| > 1$. 故由第 n 项判别法知级数 $\sum\limits_{n=1}^{\infty} a_n$ 发散, 因为通项不趋于 0.

若极限值 L 为 1, 判别法仍无效, 还是用例子 $\sum\limits_{n=1}^{\infty} 1/n^p$ 来讨论. 由你自行证明, 即

$$\lim_{n \to \infty} \left| \frac{1}{n^p} \right|^{1/n} = \lim_{n \to \infty} n^{-p/n} = 1.$$

(把它看作洛必达类型的问题进行讨论, 该类型问题参见 14.1.5 节.) 我们知道 $\sum\limits_{n=1}^{\infty} 1/n^p$ 对某些 p 值发散, 对其他 p 值收敛. 由此可知, 根式判别法给不出任何有用的信息, 因为无论 p 为何值, 上面的极限值都为 1.

22.5.3 积分判别法 (理论)

我们在 22.4 节讨论过, 反常积分和无穷级数之间是有联系的. 积分判别法更确定了这种联系. 特别地, 对给定的级数 $\sum\limits_{n=1}^{\infty} a_n$, 其中 a_n 为**正且递减**. 这里 "递减" 意思是对所有 n 都有 $a_{n+1} \leqslant a_n$. (更专业地说应是 "非增", 因为这里的不等式并不严格.) 这类级数的一个例子为 $\sum\limits_{n=1}^{\infty} 1/n^p$, 其中 $p > 0$: 各项当然为正, 且显然递减. 我们画个一般情形的图像, 如图 22-1 所示.

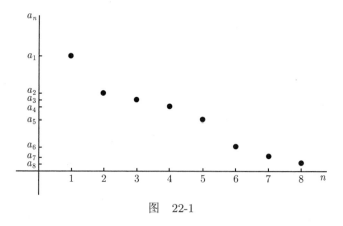

图 22-1

坐标轴用 n 和 a_n 代替 x 和 y. 数 n 上方相应点的高度是 a_n 的值, 注意所有的点都在 x 轴 (其实为 n 轴) 上方, 因为所有的 a_n 均为正. 另外, 高度在逐渐变小,

因为各项递减.

假想能找到某个递减的连续函数 f 可以把点连接起来, 如图 22-2 所示.

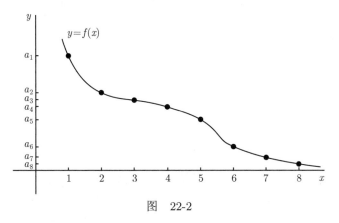

图　22-2

由于曲线 $y=f(x)$ 穿过每一个点, 所以对所有正整数 n 有 $f(n)=a_n$. 考虑积分

$$\int_1^\infty f(x)\mathrm{d}x.$$

若该积分收敛, 则级数 $\sum\limits_{n=1}^\infty a_n$ 也收敛. 为什么呢? 我们在图像上画一些线, 如图 22-3 所示.

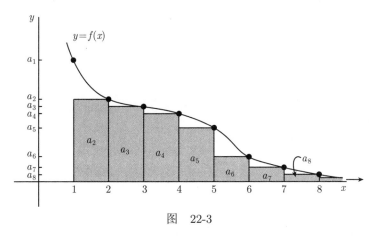

图　22-3

我们在曲线下方画了一串矩形. 每个矩形的底为 1, 高分别为 a_2, a_3, a_4, $\cdots$. (这里 a_1 没有对应的矩形.) 所有矩形的总面积为 $\sum\limits_{n=2}^\infty a_n$ (平方单位), 由比较判别法, 该面积之和是一个有限的数, 因为

$$0 \leqslant \sum_{n=2}^\infty a_n \leqslant \int_1^\infty f(x)\mathrm{d}x < \infty.$$

所以级数 $\sum\limits_{n=2}^{\infty} a_n$ 收敛, 当然 $\sum\limits_{n=1}^{\infty} a_n$ 也收敛. (要知道, 级数的前几项不影响其收敛性!)

另一方面, 假设 $\int_1^{\infty} f(x)\mathrm{d}x$ 发散. 这次我们画不同的矩形, 如图 22-4 所示.

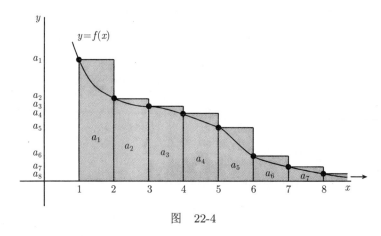

$$y = f(x)$$

图 22-4

这次矩形延伸到曲线上方, 每个矩形的底为 1, 高分别为 a_1, a_2, a_3, $\cdots$. (这次 a_1 有对应的矩形!) 由于矩形在曲线上方, 我们有

$$\sum_{n=1}^{\infty} a_n \geqslant \int_1^{\infty} f(x)\mathrm{d}x = \infty,$$

由比较判别法可知级数 $\sum\limits_{n=1}^{\infty} a_n$ 发散.

综上所述, 我们有**积分判别法**: 若 f 是使得对所有正整数 n 有 $f(n) = a_n$ 的递减正函数, 则

$$\int_1^{\infty} f(x)\mathrm{d}x \quad \text{和} \quad \sum_{n=1}^{\infty} a_n$$

同时收敛或同时发散. 这里, 级数还是可以从任何数开始, 不必一定从 $n = 1$ 开始, 只需要改变相应的积分下限. 下一章将讨论一些应用积分判别法的例题, 现在我们至少可以用它来证明级数的 p 判别法, 该判别法已经在 22.4.3 节见过.

为了研究 $\sum\limits_{n=1}^{\infty} 1/n^p$ 的收敛性, 首先假设 $p > 0$ 并考虑函数 $f(x) = 1/x^p$, $x > 0$. 该函数显然当 $x = n$ 时等于 $1/n^p$, 且递减. (证明递减的一个方法就是考虑导数. 在这个例子中, $f'(x) = -px^{-p-1}$, 当 $x > 0$ 时为负, 故 f 递减.) 我们可以由积分判别法得

$$\int_1^{\infty} \frac{1}{x^p}\mathrm{d}x \quad \text{和} \quad \sum_{n=1}^{\infty} \frac{1}{n^p}$$

同时收敛或同时发散, 到底是哪个呢? 当 $p > 1$, 根据积分的 p 判别法知积分收敛,

所以级数也收敛; 当 $0 < p \leqslant 1$, 根据积分的 p 判别法知积分发散, 所以级数也发散.

那 $p < 0$ 的时候呢? 这时不能运用积分判别法, 因为 $f(x) = 1/x^p$ 是增函数. 你知道, 若 $p < 0$, 则对于某 $q > 0$, 可令 $p = -q$. 则

$$\sum_{n=1}^{\infty} \frac{1}{n^p} = \sum_{n=1}^{\infty} \frac{1}{n^{-q}} = \sum_{n=1}^{\infty} n^q.$$

最后一个级数根据第 n 项判别法可知发散, 因为当 $n \to \infty$, $n^q \to \infty$ (不是 0). 最后, 若 $p = 0$, 级数 $\sum_{n=1}^{\infty} 1/n^p$ 为 $\sum_{n=1}^{\infty} 1 = 1 + 1 + 1 + \cdots$, 显然发散. 综上所述, 我们知级数 $\sum_{n=1}^{\infty} 1/n^p$ 当 $p > 1$ 时收敛, 当 $p \leqslant 1$ 时发散, 这就是级数的 p 判别法!

22.5.4 交错级数判别法 (理论)

假设级数 $\sum_{n=1}^{\infty} a_n$, 其中各项不确定是正还是负, 但正负交替出现. 我们在 22.4.4 节见过这样的例子, 有些情况下, 绝对收敛判别就可以解决问题, 比如当级数 $\sum_{n=1}^{\infty} |a_n|$ 收敛, 则原级数收敛. 但若 $\sum_{n=1}^{\infty} |a_n|$ 发散怎么办呢? 你究竟能做什么呢?

这的确是个问题, 通常没有简单的答案. 多年来, 这个困扰人的问题引起了很多的思考和讨论. 令人振奋的是, 有一个简单的判别法常被应用. 假设级数是交错的, 意味着每隔一项为正, 每隔一项为负. 若令每个正项级数各项乘以 $(-1)^n$, 则可得到一个交错级数. (也可乘以 $(-1)^{n+1}$.) 前面我们讨论的两个级数

$$\sum_{n=1}^{\infty} \frac{(-1)^n}{n^2} \quad \text{和} \quad \sum_{n=1}^{\infty} \frac{(-1)^n}{n}$$

都是交错级数. 我们已经知道 (见 22.4.4 节), 第一个级数绝对收敛, 故收敛. 第二个更有意思, 它**不是**绝对收敛的, 因为它的绝对值形式 $\sum_{n=1}^{\infty} 1/n$ 发散. 令人惊奇的是, 原级数 $\sum_{n=1}^{\infty} (-1)^n/n$ 是收敛的! 当一个级数收敛而其绝对值形式发散, 我们就说该级数条件收敛. 所以级数 $\sum_{n=1}^{\infty} (-1)^n/n$ 条件收敛. 来看下原因.

交错级数判别法表明, 若级数 $\sum_{n=1}^{\infty} a_n$ 是交错的, 且各项的绝对值递减趋于 0, 则级数收敛. 也就是说, a_n 正负交错, $|a_n|$ 递减, 且 $\lim_{n \to \infty} |a_n| = 0$, 则级数收敛. 例如前面的级数 $\sum_{n=1}^{\infty} (-1)^n/n$ 收敛, 因为它是交错级数, 各项的绝对值为递减数列 $\{1/n\}$, 且趋于 0. 在 23.7 节, 我们将总结判别法, 讨论更多关于交错级数判别法的例子.

为什么该判别法可行呢? 首先我们做个可信度验证. 其中的一个条件为级数各项的极限趋于 0. 如果不是这样, 则根据第 n 项判别法可知级数发散! 所以该条件是显而易见的. 再看看剩下的条件是怎么起作用的. 考虑部分和 $\{A_N\}$, 其中 $A_N = \sum_{n=1}^{N} a_n$. 由于 a_n 不停地在正负之间交错, 部分和 A_N 则来回游移. 回想持扩音器的家伙告诉你来回走: 每一秒, 他告诉你向前走, 而下一秒他告诉你向后走. 你可能向前走迈右脚, 而向后走会迈左脚. 另一方面, 步长 (即 $|a_n|$) 变得越来越小且趋于 0, 所以你发现自己在用越来越小的步长来回走动. 这意味着, 你左脚和右脚正在向一起靠近. 每次迈出左脚, 就会比原来的位置远一点; 每次迈出右脚, 就会回来一点. 在极限情况下, 你的两只脚并在了同一点上, 所以级数收敛!

假定 $a_1, a_3, a_5, \cdots$ 都为正, $a_2, a_4, a_6, \cdots$ 都为负, 则我们可以用数学方式表述上述过程. 现在考虑奇部分和 $A_1, A_3, A_5, \cdots$, 这是你的右脚不断走的位置. 我要求其为递减数列. 实际上, $A_1 = a_1$, 而 $A_3 = a_1 + a_2 + a_3$, 也可写为 $A_1 + a_2 + a_3$. 现在 a_2 是负的, a_3 是正的, 且由对步长递减的假设知 $|a_2| \geqslant |a_3|$. 这意味着 $a_2 + a_3 \leqslant 0$, 即 $A_3 = A_1 + a_2 + a_3 \leqslant A_1$. 现在对 A_5 重复该论证, 看会发生什么. 你知道, A_5 是前五项 a_n 之和, 而 A_3 是前三项之和, 故可以写为 $A_5 = A_3 + a_4 + a_5$. (若你在三步之后知道自己在哪儿, 即 A_3, 则只需走下两个带符号的步 a_4 和 a_5 来看一下五步之后在哪儿, 即 A_5.) 不管怎样, $a_4 + a_5 \leqslant 0$, 因为 a_4 为负, a_5 为正, 且 $|a_4| \geqslant |a_5|$. 这意味着 $A_5 \leqslant A_3$. 若继续该过程, 你会发现

$$A_1 \geqslant A_3 \geqslant A_5 \geqslant A_7 \geqslant \cdots,$$

所以你的右脚实际上随着时间的流逝一直往回走.

你可以对偶部分和 $A_2, A_4, A_6, \cdots$ 重复相同的论证 (但方向相反). 做一下看看能否得出

$$A_2 \leqslant A_4 \leqslant A_6 \leqslant A_8 \leqslant \cdots,$$

故你的左脚随时间变化不断向前走. 关键是: 数列 $A_1, A_3, A_5, \cdots$ 递减, 所以它要么趋于 $-\infty$, 要么收敛于某有限值. 不过它不会趋于 $-\infty$, 因为所有项都大于 A_2. (为什么呢?) 类似地, 偶数列 $A_2, A_4, A_6, \cdots$ 递增, 故其要么趋于 ∞, 要么收敛. 它不会趋于 ∞, 因为所有项都小于 A_1. (为什么?) 所以奇部分和数列与偶部分和数列都收敛. 由于两者之差 $|a_n|$ 越来越小, 故两者的极限一定相同! 即, 奇部分和数列递减至偶部分和数列增长的值, 即你的两只脚靠得越来越近直到任意接近. 这就证明了部分和数列 $\{A_N\}$ 收敛, 而这意味着原级数 $\sum_{n=1}^{\infty} a_n$ 也收敛.

所以交错级数判别法可行. 重要的是, 只有当你验证了给定的级数非绝对收敛时才需用它. 下一章我们将用更多例题来讨论它的用法.

第 23 章　求解级数问题

问题：对于级数 $\sum\limits_{n=1}^{\infty} a_n$, 确定它收敛与否. 若该级数收敛, 你可能想知道它的值 (即收敛于哪个值). 要想求得一个具有漂亮表达式的级数值, 这个级数就必须很特殊. 当然, 级数不必与上面一样从 $n=1$ 开始, 它可以从 $n=0$ 或 n 的其他值开始.

本章主要围绕这样的问题展开讨论. 下面是关于级数的讨论布图.

(1) **是几何级数吗?** 如果级数只包含 2^n 或 e^{3n} 这样的指数, 那么它可能是几何级数, 或是多个几何级数之和. 这种情形的讨论见 23.1 节.

(2) **级数各项趋于 0 吗?** 如果不是几何级数, 尝试用**第 n 项判别法**. 检验一下各项是否趋于 0, 如果不是, 则根据第 n 项判别法知级数发散. 详情见 23.2 节.

(3) **级数中有负项吗?** 如果有, 你可能要用**绝对收敛判别法**或**交错级数判别法**. 更多信息见 23.7 节.

(4) **级数中有阶乘吗?** 如果有, 用**比式判别法**. 该判别法同样适用于级数中包含指数而非几何级数的情形. 详情见 23.3 节.

(5) **有底和指数都包含 n 的指数吗?** 如果有, 试着用**根式判别法**. 一般地, 如果容易对项 a_n 取 n 次方根, 就可以用根式判别法. 详情见 23.4 节.

(6) **项里面有因子 $1/n$ 或对数吗?** 在这种情况下, **积分判别法**可能是你想用的. 我们将在 23.5 节讨论.

(7) **上面的所有判别法都不能用吗?** 你可能需要用**比较判别法**或 **p 判别法**与**极限比较判别法**联合使用, 并重温第 21 章关于函数所有表现的讨论. 我们将在 23.6 节应用这些判别法.

以上讨论计划将引导你在各种不同的级数中穿梭. 上述这些其实并不完美, 仍不时会有陷阱出现, 希望这些情况能少出现一点. 我的建议是掌握所有这些资料, 然后在你平时的学习中时刻提防不常见的陷阱. 现在让我们来看一下具体细节.

23.1　求几何级数的值

如果级数只包含 2^n 或 e^{3n} 这样的指数, 那么它可能是一个或多个几何级数之和. 如上一章所述, 几何级数很简单, 可以直接求它的值 (如果它收敛的话). 几何级数的一般式是 $\sum\limits_{n=m}^{\infty} ar^n$, 其中 r 是公比. 在 22.2.1 节, 我们讨论了如何求该级数的值, 我推荐用文字而不是数学语言来学习这个方法:

$$\text{若 } -1 < \text{公比} < 1, \text{无穷几何级数的和} = \frac{\text{首项}}{1 - \text{公比}}.$$

如果公比不是介于 −1 和 1 之间, 则级数发散.

我们来具体应用, 假定要求解

$$\sum_{n=5}^{\infty} \frac{4}{3^n}.$$

这是一个几何级数, 因为我们有

$$\frac{4}{3^n} = 4 \left(\frac{1}{3} \right)^n.$$

由此, 我们可知公比是 1/3, 它介于 −1 到 1 之间, 故该级数收敛. 你会问: 收敛于何处? 首项在 $n = 5$ 时为 $4/3^5$. 所以

$$\sum_{n=5}^{\infty} \frac{4}{3^n} = \sum_{n=5}^{\infty} 4 \left(\frac{1}{3} \right)^n = \frac{4/3^5}{1 - 1/3},$$

结果为 $2/81$.

这是个极具欺骗性的例子:

$$\sum_{n=2}^{\infty} \frac{2^{2n} - (-7)^n}{11^n}.$$

它不是几何级数, 但可以分成两个几何级数之差:

$$\sum_{n=2}^{\infty} \frac{2^{2n} - (-7)^n}{11^n} = \sum_{n=2}^{\infty} \frac{2^{2n}}{11^n} - \sum_{n=2}^{\infty} \frac{(-7)^n}{11^n}.$$

为什么分开后两个都是几何级数呢? 在第一个级数中, 你可以用 4^n 替换 2^{2n}, 然后将 $4^n/11^n$ 表示成 $(4/11)^n$. 最后这一步变换同样可以用在第二个级数中, 我们有

$$\sum_{n=2}^{\infty} \frac{2^{2n} - (-7)^n}{11^n} = \sum_{n=2}^{\infty} \left(\frac{4}{11} \right)^n - \sum_{n=2}^{\infty} \left(\frac{-7}{11} \right)^n.$$

由于这两个级数的公比分别为 4/11 和 −7/11, 都介于 −1 和 1 之间, 因此都收敛, 故我们可以写成上式. $n = 2$ 为第一项, 所以首项分别为 $(4/11)^2$ 和 $(-7/11)^2$. 因此计算出来为

$$\frac{(4/11)^2}{1 - (4/11)} - \frac{(-7/11)^2}{1 - (-7/11)},$$

化简后为 $-5/126$.

如果把问题稍微变一下会怎样呢? 考虑

$$\sum_{n=2}^{\infty} \frac{2^{2n} - (-13)^n}{11^n}.$$

这次还是把和拆成两组, 写为

$$\sum_{n=2}^{\infty} \left(\frac{4}{11}\right)^n - \sum_{n=2}^{\infty} \left(\frac{-13}{11}\right)^n.$$

不必求出第一个级数的值, 只需要知道它收敛. 第二个级数由于公比 $-13/11$ 不是介于 -1 和 1 之间而发散. 收敛级数和发散级数之和一定发散!

可见, 几何级数很好计算. 如果给定的不是几何级数, 按照下面的顺序, 从第 n 项判别法开始进行判断.

23.2　应用第 n 项判别法

无论什么时候都要首先考虑第 n 项判别法! 其内容为:

> 若 $\lim\limits_{n\to\infty} a_n \neq 0$ 或极限不存在, 则级数 $\sum\limits_{n=1}^{\infty} a_n$ 发散.

若级数通项不趋于 0, 则级数定发散. 若通项趋于 0, 则级数可能发散也可能收敛: 需要进一步判断. **该判别法不能用于级数收敛性的判定.** 总之, 只需快速检验一下通项是否趋于 0, 避免在其他判别法上浪费时间. 例如, 考察级数

$$\sum_{n=1}^{\infty} \frac{n^2 - 3n + 7}{4n^2 + 2n + 1},$$

不需要考虑其他任何判别法, 只要注意

$$\lim_{n\to\infty} \frac{n^2 - 3n + 7}{4n^2 + 2n + 1} = \frac{1}{4},$$

即该级数通项不趋于 0, 由第 n 项判别法可知原级数发散.

如果级数通项趋于 0, 则需要尝试用其他判别法来判别. 在进行判定之前, 一定要快速看下级数是否有负项. 这种情况一般发生在有些项包含负号、因子 $(-1)^n$ 或三角函数 (尤其是 $\sin(n)$ 或 $\cos(n)$) 时. 出现负项的情形参见 23.7 节. 若各项均为正, 用下面的判别法进行判定.

23.3　应用比式判别法

若级数中包含阶乘, 用比式判别法. 记住, 阶乘包含感叹号, 如 $n!$ 或 $(2n+5)!$.

对于含有指数的级数, 如 2^n 或 $(-5)^{3n}$, 比式判别法同样适用. 根据 22.5.1 节, 该判别法总结为:

> 若 $L = \lim\limits_{n \to \infty} \left| \dfrac{a_{n+1}}{a_n} \right|$, 则 $n = \sum\limits_{n=1}^{\infty} a_n$ 在 $L < 1$ 时绝对收敛, 在 $L > 1$ 时发散; 但当 $L = 1$ 或极限不存在时, 比式判别法无效.

可按照下面的步骤使用比式判别法进行判别:

$$\lim_{n \to \infty} \left| \frac{a_{n+1}}{a_n} \right| = \lim_{n \to \infty} \left| \frac{第\ n\ 项中用\ n+1\ 代换\ n}{第\ n\ 项} \right|$$

因为可能会是分式比分式的形式, 所以这里要用稍长的分数线. 级数的第 n 项是 a_n, 把 n 换成 $(n+1)$ 就得到 a_{n+1}. 现在求上面的极限. 假设我们已经完成这一步并求得极限值 L, 则有三种可能:

(1) 若 $L < 1$, 则原级数 $\sum\limits_{n=1}^{\infty} a_n$ 收敛, 实际上是绝对收敛;

(2) 若 $L > 1$, 则原级数发散;

(3) 若 $L = 1$ 或极限不存在, 则比式判别法无效, 尝试用其他方法.

来看一些例子. 首先考虑

$$\sum_{n=1}^{\infty} \frac{n^{1000}}{2^n}.$$

由于分子是多项式, 所以该级数不是几何级数, 又因为指数增长速度快于多项式 (见 21.3.3 节), 可知第 n 项的极限为 0, 即

$$\lim_{n \to \infty} \frac{n^{1000}}{2^n} = 0,$$

则我们不能用第 n 项判别法. 因为该级数包含指数, 我们试一下比式判别法. 根据标准步骤, 有

$$\lim_{n \to \infty} \left| \frac{a_{n+1}}{a_n} \right| = \lim_{n \to \infty} \left| \frac{\frac{(n+1)^{1000}}{2^{n+1}}}{\frac{n^{1000}}{2^n}} \right|.$$

注意分母就是第 n 项, 我们直接将其从原级数中挪过来的; 分子除了将 n 换为 $n+1$ 外, 跟分母一样. 现在通过将上述表达式颠倒相乘, 分组同类项, 得到

$$\lim_{n \to \infty} \left| \frac{(n+1)^{1000}}{n^{1000}} \frac{2^n}{2^{n+1}} \right| = \lim_{n \to \infty} \left(\frac{n+1}{n} \right)^{1000} \frac{1}{2} = 1^{1000} \times \frac{1}{2} = \frac{1}{2}.$$

注意我们去掉了绝对值号 (每项都为正), 把 1000 次方的项也写在一起, 同时运用了事实 $\lim\limits_{n \to \infty} (n+1)/n = 1$. 总之, 上面的极限为 1/2, 它小于 1, 所以由比式判别法可知原级数收敛. 解题完毕.

考虑

$$\sum_{n=2}^{\infty} \frac{3^n}{n\ln(n)}.$$

能够得到, 当 $n \to \infty$ 时, 级数通项趋于 ∞, 所以由第 n 项判别法可知该级数发散. 假设你只考虑了比式判别法, 同样能得到

$$\lim_{n\to\infty}\left|\frac{a_{n+1}}{a_n}\right| = \lim_{n\to\infty}\left|\frac{\frac{3^{n+1}}{(n+1)\ln(n+1)}}{\frac{3^n}{n\ln(n)}}\right| = \lim_{n\to\infty}\frac{3^{n+1}}{3^n}\frac{n}{n+1}\frac{\ln(n)}{\ln(n+1)} = 3.$$

我们用到了 $\lim\limits_{n\to\infty} n/(n+1) = 1$ 和 $\lim\limits_{n\to\infty} \ln(n)/\ln(n+1) = 1$, 前者好求, 而后者就不容易了. 对后一个极限, 可用洛必达法则验证是否极限为 1. 总之, 上述比值的极限是 3, 因 $3 > 1$, 原级数发散. 所以, 虽然我们没用第 n 项判别法, 比式判别法也能判别.

当遇到含阶乘的级数时, 比式判别法是相当有用的. 记住, $n!$ 是从 1 到 n 的自然数之积:

$$n! = 1 \times 2 \times 3 \times \cdots \times (n-1) \times n.$$

当用比式判别法对含阶乘的级数判别时, 经常会考虑到比式

$$\frac{n!}{(n+1)!}.$$

化简该式的唯一可行方法就是将阶乘展开并做相消, 即

$$\frac{n!}{(n+1)!} = \frac{1 \times 2 \times \cdots \times (n-1) \times n}{1 \times 2 \times \cdots \times (n-1) \times n \times (n+1)} = \frac{1}{n+1}.$$

该方法还可以, 不过当遇到类似 $(2n)!$ 的式子可能就有麻烦了. $(2n)!$ 与 $2 \times n!$ 不同 —— 这是个常犯的错误. 考虑比式

$$\frac{(2(n+1))!}{(2n)!} = \frac{(2n+2)!}{(2n)!}.$$

分子是前 $2n+2$ 个数之积, 而分母只是前 $2n$ 个数之积. 故比式为

$$\frac{1 \times 2 \times \cdots \times (2n-1) \times (2n) \times (2n+1) \times (2n+2)}{1 \times 2 \times \cdots \times (2n-1) \times (2n)} = (2n+1)(2n+2).$$

这类计算经常有, 例如级数

$$\sum_{n=1}^{\infty} \frac{(2n)!}{(n!)^2}.$$

该级数收敛还是发散呢? 通项是否趋于 0 并不清楚, 但级数中含有阶乘, 所以我们直接考虑用比式判别法:

$$\lim_{n \to \infty} \left| \frac{a_{n+1}}{a_n} \right| = \lim_{n \to \infty} \left| \frac{\frac{(2(n+1))!}{((n+1)!)^2}}{\frac{(2n)!}{(n!)^2}} \right| = \lim_{n \to \infty} \frac{(2n+2)!}{(2n)!} \left(\frac{n!}{(n+1)!} \right)^2.$$

注意我们对比式和幂次进行了变形, 上述结果可化简为

$$\lim_{n \to \infty} (2n+2)(2n+1) \left(\frac{1}{n+1} \right)^2 = \lim_{n \to \infty} \frac{4n^2 + 6n + 2}{n^2 + 2n + 1} = 4.$$

所以极限值大于 1, 级数发散. 为了说明该级数的敏感性, 我们对其做个小小的修改, 在其通项的分母上加一个因子 5^n, 为

$$\sum_{n=1}^{\infty} \frac{(2n)!}{5^n (n!)^2}.$$

现在试着计算比值, 将额外的一个因子 $1/5$ 提出来, 就可求得极限为 $4/5$, 小于 1, 所以修改后的级数收敛.

考虑级数

$$\sum_{n=1}^{\infty} \frac{n!}{(n+3)^n}.$$

它含有阶乘, 故我们用比式判别法, 有

$$\lim_{n \to \infty} \left| \frac{a_{n+1}}{a_n} \right| = \lim_{n \to \infty} \left| \frac{\frac{(n+1)!}{((n+1)+3)^{n+1}}}{\frac{n!}{(n+3)^n}} \right| = \lim_{n \to \infty} \frac{(n+1)!}{n!} \frac{(n+3)^n}{(n+4)^{n+1}}.$$

可将上式中的 $(n+1)!/n!$ 化简为 $(n+1)$, 因此, 上式结果可化为

$$\lim_{n \to \infty} (n+1) \frac{(n+3)^n}{(n+4)^{n+1}}.$$

现在怎么做呢? 看起来似乎很难. 何不把分母变为 $(n+4) \times (n+4)^n$, 以使其与分子的幂次一样呢? 然后, 我们就可以把各部分组合成:

$$\lim_{n \to \infty} (n+1) \frac{(n+3)^n}{(n+4)^{n+1}} = \lim_{n \to \infty} \frac{n+1}{n+4} \frac{(n+3)^n}{(n+4)^n} = \lim_{n \to \infty} \frac{n+1}{n+4} \left(\frac{n+3}{n+4} \right)^n.$$

有些明朗了. 第一个因子 $(n+1)/(n+4)$ 显然在 $n \to \infty$ 时趋于 1, 但第二个似乎有点难. 计算它的一个方法就是将 n 换成 x, 考虑极限

$$\lim_{x \to \infty} \left(\frac{x+3}{x+4} \right)^x.$$

根据洛必达法则类型 C (参见 14.1.5 节), 求对数 (经过某些代数运算后) 的极限:

$$\lim_{x \to \infty} \ln \left(\frac{x+3}{x+4} \right)^x = \lim_{x \to \infty} x \ln \left(\frac{x+3}{x+4} \right) = \lim_{x \to \infty} \frac{\ln \left(\frac{x+3}{x+4} \right)}{1/x}.$$

分子当 $x \to \infty$ 时趋于 0, 因为 $(x+3)/(x+4) \to 1$, 且 $\ln(1) = 0$. 分母也趋于 0, 可用洛必达法则证明

$$\lim_{x \to \infty} \ln \left(\frac{x+3}{x+4} \right)^x = -1.$$

这部分工作留给你自己完成. 取幂并将 x 换回 n, 我们就得到

$$\lim_{n \to \infty} \left(\frac{n+3}{n+4} \right)^n = \mathrm{e}^{-1}.$$

现在, 我们需要的每一部分都已得到, 上面比式的极限值为

$$\lim_{n \to \infty} \left| \frac{a_{n+1}}{a_n} \right| = \lim_{n \to \infty} \frac{n+1}{n+4} \left(\frac{n+3}{n+4} \right)^n = 1 \times \mathrm{e}^{-1} = \frac{1}{\mathrm{e}}.$$

由于该极限值小于 1, 故原级数收敛.

级数

$$\sum_{n=2}^{\infty} \frac{1}{n \ln(n)}$$

的敛散性如何呢? 显然, 当 $n \to \infty$ 时通项趋于 0. 我们试一下比式判别法:

$$\lim_{n \to \infty} \left| \frac{a_{n+1}}{a_n} \right| = \lim_{n \to \infty} \left| \frac{\frac{1}{(n+1)\ln(n+1)}}{\frac{1}{n \ln(n)}} \right| = \lim_{n \to \infty} \frac{n}{n+1} \frac{\ln(n)}{\ln(n+1)} = 1.$$

(对于含对数的比式的极限, 仍要用到洛必达法则.) 我们已经得到比式的极限为 1, 这意味着什么? 这就意味着比式判别法不能给出任何有用的信息. 除了知道比式判别法无效外, 与刚看到级数时状况相比, 我们没有得到更多关于级数的信息. 我们需要试一下其他的方法. 事实上, 积分判别法是判定这个级数的最好方法, 我们将在 23.5 节进行讨论.

23.4 应用根式判别法

当级数通项的指数为特殊的关于 n 的函数时, 用根式判别法. 当通项具有形式 A^B, 其中 A 和 B 都为关于 n 的函数时, 根式判别法尤其有用. 根据 22.5.2 节, 该判别法的新内容为:

> 若 $L = \lim\limits_{n \to \infty} |a_n|^{1/n}$, 则 $n = \sum\limits_{n=1}^{\infty} a_n$ 在 $L < 1$ 时绝对收敛, 在 $L > 1$ 时发散; 但当 $L = 1$ 或极限不存在时, 根式判别法无效.

使用根式判别法, 一般先讨论表达式

$$\lim_{n \to \infty} |a_n|^{1/n},$$

然后将 a_n 代换为所研究级数的通项, 求极限 (如果存在的话), 并称之为 L. 则与比式判别法一样, 有三种可能, 幸好结论也是一样的:

(1) 若 $L < 1$, 则原级数 $\sum\limits_{n=1}^{\infty} a_n$ 收敛, 实际上是绝对收敛;

(2) 若 $L > 1$, 则原级数发散;

(3) 若 $L = 1$ 或极限不存在, 则根式判别法无效, 尝试用其他方法.

例如, 考虑级数

$$\sum_{n=1}^{\infty} \left(1 - \frac{2}{n}\right)^{n^2}.$$

由于通项的指数包含 n 的幂次, 因而该级数能用根式判别法来判别. 应用根式判别法, 有

$$\lim_{n\to\infty} |a_n|^{1/n} = \lim_{n\to\infty} \left|\left(1 - \frac{2}{n}\right)^{n^2}\right|^{1/n} = \lim_{n\to\infty} \left(1 - \frac{2}{n}\right)^{n^2 \times \frac{1}{n}} = \lim_{n\to\infty} \left(1 - \frac{2}{n}\right)^{n}$$

$$= e^{-2} < 1.$$

注意我们把绝对值号去掉了, 因为该式为正, 并应用了 22.1.2 节最后的那个重要极限 (把 k 换成 -2). 所以极限值为 e^{-2}, 显然小于 1; 由根式判别法知原级数收敛.

23.5　应用积分判别法

当级数同时含有 $1/n$ 和 $\ln(n)$ 时, 可用积分判别法. 由 22.5.3 节知, 若 N 为任意正整数, 则我们可以说:

> 若对连续递减函数 f 有 $a_n = f(n)$, 则 $\sum\limits_{n=N}^{\infty} a_n$ 与 $\displaystyle\int_N^{\infty} f(x)\mathrm{d}x$ 同时收敛或同时发散.

下面是积分判别法的实际应用步骤.

- 将 n 换为 x, 将 $\sum\limits_{n=1}^{\infty}$ 换成 $\displaystyle\int_1^{\infty}$, 并在后面加 $\mathrm{d}x$. 当然, 若级数从 $n=2$ 开始, 则用 $\int_2^{\infty}$ 代换.

- 检验被积函数是否递减, 这可以通过验证导数是否为负或直接检查被积函数获知.

- 现在讨论第一步中的反常积分. 用积分讨论级数的一个主要好处是可以对积分做换元 (或变量替换, 如果你喜欢的话). 本书中最常见的换元是 $t = \ln(x)$.

- 若反常积分收敛, 则级数也收敛; 若积分发散, 则级数也发散.

例如, 考虑

$$\sum_{n=2}^{\infty} \frac{1}{n\ln(n)}.$$

事实上我们已经讨论过该级数了, 在 23.3 节曾试图用比式判别法进行敛散性判定, 但没有成功. 现在我们换用积分判别法进行判定, 因为它包含了 $1/n$ 和 $\ln(n)$. 将变量 n 换为 x, 和式换为积分, 可得

$$\int_2^\infty \frac{1}{x\ln(x)}\mathrm{d}x.$$

被积函数 $1/(x\ln(x))$ 关于 x 递减, 这可以通过证明其导数为负得到; 或更直接地, 观察 x 和 $\ln(x)$ 均关于 x 递增, 则它们的乘积也递增, 所以倒数 $1/(x\ln(x))$ 递减. 不管怎样, 我们已经在第 21 章讨论过这个积分, 这里给出大致过程: 做换元 $t=\ln(x)$, 则 $\mathrm{d}t=1/x\mathrm{d}x$, 积分变为

$$\int_{\ln(2)}^\infty \frac{1}{t}\mathrm{d}t,$$

由积分 p 判别法可知该积分发散. 由于积分发散, 则原级数也发散 (积分判别法).

　　另一方面, 我们对级数做个小的变动: 考虑

$$\sum_{n=2}^\infty \frac{1}{n(\ln(n))^2}.$$

同样包含因子 $1/n$ 和对数, 所以尝试用积分判别法. 将 n 换为 x, 并将级数转换为积分可得

$$\int_2^\infty \frac{1}{x(\ln(x))^2}\mathrm{d}x.$$

确保被积函数关于 x 递减. 做换元 $t=\ln(x)$, 这次积分变为

$$\int_{\ln(2)}^\infty \frac{1}{t^2}\mathrm{d}t,$$

根据 p 判别法, 该积分收敛. 这一次级数收敛 (积分判别法). 将这个例子与前面例子一起来看, 可以发现级数收敛的整个过程是多么地微妙. 我们知道随着 n 的增大, $\ln(n)$ 与 n 的任意正数次幂相比是很小的, 但上面的例子共同说明了对数会带来很大的不同. $\sum\limits_{n=2}^\infty 1/(n\ln(n))$ 分母上 $\ln(n)$ 的幂次增加一个很小的量都会将一个发散级数变为一个收敛级数. (在 21.3.4 节, 我们见过一个类似的例子.)

23.6　应用比较判别法、极限比较判别法和 p 判别法

　　当其他的判别法不能使用时, 对正项级数应用这些判别法. 你一定是想最先应用第 n 项判别法, 然后对包含阶乘的级数采用比式判别法, 对包含底和指数都为 n 的函数的项的级数采用根式判别法, 或对包含因子 $1/n$ 和对数的级数采用积分判

别法. 还剩下什么呢? 基本上与积分的工具一样: 比较判别法、极限比较判别法、p 判别法, 以及对常见函数在 ∞ 和 0 附近的表现的理解. 非常有必要在学习本节前复习第 21 章, 因为方法几乎是相同的. 不管怎样, 这里会再次讨论那些判别法. (为了便于对比, 在这里, 比较判别法和极限比较判别法中的 a_n 都假定为非负.)

(1) **比较判别法的发散情形**: 若认为 $\sum\limits_{n=1}^{\infty} a_n$ 发散, 则找一个同样发散的较小的级数, 即找一个使得对所有 n 都有 $a_n \geqslant b_n$ 的正项数列 $\{b_n\}$, 使得级数 $\sum\limits_{n=1}^{\infty} b_n$ 发散. 则

$$\sum_{n=1}^{\infty} a_n \geqslant \sum_{n=1}^{\infty} b_n = \infty,$$

所以级数 $\sum\limits_{n=1}^{\infty} a_n$ 发散.

(2) **比较判别法的收敛情形**: 若认为 $\sum\limits_{n=1}^{\infty} a_n$ 收敛, 则找一个同样收敛的较大的级数; 即找一个使得对所有 n 都有 $a_n \leqslant b_n$ 的数列 $\{b_n\}$, 使得级数 $\sum\limits_{n=1}^{\infty} b_n$ 收敛. 则

$$\sum_{n=1}^{\infty} a_n \leqslant \sum_{n=1}^{\infty} b_n < \infty,$$

所以级数 $\sum\limits_{n=1}^{\infty} a_n$ 收敛.

(3) **极限比较判别法**: 找一个当 $n \to \infty$ 时 $a_n \sim b_n$ 的简单级数 $\sum\limits_{n=1}^{\infty} b_n$. 则若 $\sum\limits_{n=1}^{\infty} b_n$ 收敛, $\sum\limits_{n=1}^{\infty} a_n$ 也收敛. 另一方面, 若 $\sum\limits_{n=1}^{\infty} b_n$ 发散, 则 $\sum\limits_{n=1}^{\infty} a_n$ 也发散. (要知道 "当 $n \to \infty$ 时 $a_n \sim b_n$" 与 "$\lim\limits_{n \to \infty} a_n/b_n = 1$" 意思一样.)

(4) **p 判别法**: 若 $a \geqslant 1$, 级数

$$\sum_{n=a}^{\infty} \frac{1}{n^p} \begin{cases} \text{收敛,} & \text{如果 } p > 1; \\ \text{发散,} & \text{如果 } p \leqslant 1. \end{cases}$$

这与积分的 p 判别法中 $\int^{\infty}$ 情形一样.

现在来看一些例子. 在下面的每个例子中, 你都可以用积分代换和式得到一个反常积分 (有瑕点 ∞) 来代换级数. 反常积分问题的解就是相应级数的解. 对每种情形, 应该试着写下对等的反常积分的问题和解. 返回第 21 章, 试着将每个瑕点为 ∞ 的反常积分转换成级数, 也是一个好办法. 它们几乎都可以用上述判别法求解. (解中包含变量变换 $t = \ln(x)$ 的问题是个例外. 对于这些问题, 为了求解相应的级数问题, 你需要用积分判别法.) 考虑级数

$$\sum_{n=1}^{\infty} \frac{2n^2 + 3n + 7}{n^4 + 2n^3 + 1}.$$

为了检验这个说法, 注意每个多项式的最高次项起决定作用, 由于 n 变得越来越大 (详见 21.3.1 节), 我们有

$$\text{当 } n \to \infty \text{ 时,} \quad \frac{2n^2 + 3n + 7}{n^4 + 2n^3 + 1} \sim \frac{2n^2}{n^4} = \frac{2}{n^2}.$$

由 p 判别法知 $\sum_{n=1}^{\infty} 2/n^2$ 收敛 (常数 2 不相关); 故由极限比较判别法知原级数也收敛.

考虑几乎一样的例子:

$$\sum_{n=0}^{\infty} \frac{2n^2 + 3n + 7}{n^4 + 2n^3 + 1},$$

这需要采用一点小小的技巧. 该级数与上个级数的唯一区别是, 和式从 $n = 0$ 开始. 若采用与前面级数相同的讨论方法, 就会发现需将上述级数与 $\sum_{n=0}^{\infty} 2/n^2$ 进行比较. 后者显然没有定义好, 因为它的第一项看似为 2/0, 显然没有意义. 你可以通过如下两种方法之一来避免这样的问题: 可以改变首项 $n = 0$, 如换成 $n = 1$, 这样并不改变原级数的敛散性; 或者, 将首项从和式中提出来. 事实上, 当 $n = 0$, $(2n^2 + 3n + 7)/(n^4 + 2n^3 + 1)$ 为 7, 所以

$$\sum_{n=0}^{\infty} \frac{2n^2 + 3n + 7}{n^4 + 2n^3 + 1} = 7 + \sum_{n=1}^{\infty} \frac{2n^2 + 3n + 7}{n^4 + 2n^3 + 1}.$$

右边的级数收敛, 故左边的级数也收敛. 加上有限数 7 仍然收敛. 通常, 若和式从 $n = 0$ 开始, 且你想应用极限比较判别法, 就可将首项提出来, 这样就可以考虑从 $n = 1$ 开始的级数了.

现在来看

$$\sum_{n=1}^{\infty} \frac{\sqrt[3]{27n^6 + 9n^2 + 4}}{n^3 + 9n^2 + 4}.$$

根据我们关于较高次幂起决定作用的标准观点, 有

$$\text{当 } n \to \infty \text{ 时,} \quad \frac{\sqrt[3]{27n^6 + 9n^2 + 4}}{n^3 + 9n^2 + 4} \sim \frac{\sqrt[3]{27n^6}}{n^3} = \frac{3n^2}{n^3} = \frac{3}{n}.$$

由 p 判别法知 $\sum_{n=1}^{\infty} 3/n$ 发散, 故由极限比较判别法知原级数也发散.

那

$$\sum_{n=1}^{\infty} 2^{-n} n^{1000}$$

呢? 在 23.3 节, 我们运用了比式判别法来解这个问题. (事实上我们将 $2^{-n}n^{1000}$ 写成了 $n^{1000}/2^n$, 不过它们当然是一样的!) 现在我们用比较判别法来求解这个问题. 用这种方法解题, 需要用到指数增长较快的观点. 用 21.3.3 节描述的方法, 我们有

$$2^{-n} \leqslant \frac{C}{n^{1002}},$$

这里选择指数为 1002, 因为它比问题中的指数 1000 大 2. 现在我们有

$$\sum_{n=1}^{\infty} 2^{-n}n^{1000} \leqslant \sum_{n=1}^{\infty} \frac{C}{n^{1002}}n^{1000} = C\sum_{n=1}^{\infty} \frac{1}{n^2} < \infty,$$

最后的级数由 p 判别法可知收敛, 故由比较判别法知原级数也收敛.

现在考虑

$$\sum_{n=2}^{\infty} \frac{\ln(n)}{n^{1.001}}.$$

这恰恰是 21.3.4 节中例子的级数形式. 事实上, 你可以用积分判别法将该级数问题转化为反常积分问题, 因为被积函数是递减的, 但关键点是什么? 我们可以直接解该题. 与在反常积分中的方法一样, 我们采用 $\ln(n) \leqslant Cn^{0.0005}$, 这里巧妙地选择如此小的指数 0.0005 以使得原指数 (原级数中的指数)1.001 减去它后仍大于 1. 故我们有

$$\sum_{n=1}^{\infty} \frac{\ln(n)}{n^{1.001}} \leqslant \sum_{n=1}^{\infty} \frac{Cn^{0.0005}}{n^{1.001}} = C\sum_{n=1}^{\infty} \frac{1}{n^{1.0005}} < \infty,$$

最后的级数由 p 判别法可知收敛, 故根据比较判别法知原级数收敛.

级数

$$\sum_{n=1}^{\infty} \frac{|\sin(n)|}{n^2}$$

相当容易求解. 要知道 $|\sin(n)| \leqslant 1$, 我们知

$$\sum_{n=1}^{\infty} \frac{|\sin(n)|}{n^2} \leqslant \sum_{n=1}^{\infty} \frac{1}{n^2} < \infty.$$

故由比较判别法知级数收敛.

现在考虑级数

$$\sum_{n=1}^{\infty} \sin\left(\frac{1}{n}\right).$$

该级数似乎有些项为负, 不过那只不过是表面现象. 事实上, 当 n 从 1 开始随着正整数的不断增大, 数 $1/n$ 从 1 开始不断减小并趋于 0. 即, $1/n$ 总是介于 0 和 1 之间. 由于 $\sin(x)$ 在 0 和 1 之间恒正, 则级数所有项均为正. 我们还没解决该问题, 下面该怎么做呢? 在 21.4.2 节, 当 $x \to 0$ 时 $\sin(x) \sim x$. 用 $1/n$ 替换 x, 则当

$1/n \to 0$ 时 $\sin(1/n) \sim 1/n$. 等一下, 当 $1/n \to 0$ 必须使 $n \to \infty$. 即, 我们已经证得当 $n \to \infty$ 时 $\sin(1/n) \sim 1/n$, 这正是我们需要的! 由于级数 $\sum_{n=1}^{\infty} 1/n$ 发散, 由极限比较判别法知原级数也发散. (将这个例题与 21.4.2 节中最后一个例题比较一下.)

另一方面, 级数

$$\sum_{n=1}^{\infty} \sin^2\left(\frac{1}{n}\right)$$

收敛, 因为当 $n \to \infty$ 时 $\sin^2(1/n) \sim 1/n^2$, 具体过程请自行完成.

最后来看一个很让人头疼的级数

$$\sum_{n=2}^{\infty} \cos^2(n) \tan\left(\frac{(n^2+4n-3)\ln(n)}{\sqrt{n^7+2n^4+3n}}\right).$$

如何讨论呢? 分开考虑该级数. 当 $n \to \infty$, 因式 (n^2+4n-3) 渐近等价于 n^2, 且因式 $\sqrt{n^7+2n^4+3n}$ 渐近等价于 $\sqrt{n^7}$, $\sqrt{n^7}$ 就是 $n^{7/2}$. 所以可以说

$$\text{当 } n \to \infty \text{ 时,} \quad \frac{(n^2+4n-3)\ln(n)}{\sqrt{n^7+2n^4+3n}} \sim \frac{n^2\ln(n)}{n^{7/2}} = \frac{\ln(n)}{n^{3/2}}.$$

另一方面, 当 n 很大时, 上述关系式两边都趋于 0. (要知道, 对数增长缓慢!) 所以可以运用关系当 $x \to 0$ 时 $\tan x \sim x$, 将 x 换成长串 $(n^2+4n-3)\ln(n)/\sqrt{n^7+2n^4+3n}$, 可得

$$\text{当 } n \to \infty \text{ 时,} \quad \tan\left(\frac{(n^2+4n-3)\ln(n)}{\sqrt{n^7+2n^4+3n}}\right) \sim \frac{(n^2+4n-3)\ln(n)}{\sqrt{n^7+2n^4+3n}} \sim \frac{\ln(n)}{n^{3/2}}.$$

现在我们来关注

$$\sum_{n=2}^{\infty} \frac{\ln(n)}{n^{3/2}}.$$

这里我们需要运用对数增长缓慢的事实, 即 $\ln(n)$ 较之 $n^{3/2}$ 不重要 (详见 21.3.4 节). 特别地, 我们需要分母中的幂次 $3/2$, 不希望其为 1 或更小. 故我们采用 $\ln(n) < Cn^{1/4}$(这里幂次仅需小于 $1/2$) 可得

$$\frac{\ln(n)}{n^{3/2}} \leqslant \frac{Cn^{1/4}}{n^{3/2}} = \frac{C}{n^{5/4}}.$$

因此, 把所有项加起来, 由 p 判别法可得

$$\sum_{n=2}^{\infty} \frac{\ln(n)}{n^{3/2}} \leqslant C \sum_{n=2}^{\infty} \frac{1}{n^{5/4}} < \infty.$$

所以由比较判别法可知

$$\sum_{n=2}^{\infty} \frac{\ln(n)}{n^{3/2}}$$

收敛. 现在回到前面的渐近关系, 由极限比较判别法可推得

$$\sum_{n=2}^{\infty} \tan\left(\frac{(n^2+4n-3)\ln(n)}{\sqrt{n^7+2n^4+3n}}\right)$$

也收敛. 太好了, 我们就要成功了. 那因子 $\cos^2(n)$ 呢? 这个因子不起什么作用, 因为它一直在振荡. 我们知道该因子小于等于 1, 且为正 (因为是平方). 所以我们只需看看由 $\cos^2(n) \leqslant 1$ 能得到什么. 事实上

$$\sum_{n=2}^{\infty} \cos^2(n) \tan\left(\frac{(n^2+4n-3)\ln(n)}{\sqrt{n^7+2n^4+3n}}\right) \leqslant \sum_{n=2}^{\infty} \tan\left(\frac{(n^2+4n-3)\ln(n)}{\sqrt{n^7+2n^4+3n}}\right) < \infty,$$

如我们刚刚得证的, 右边的级数收敛, 所以根据比较判别法可知原级数收敛. 在这个问题中, 我们用了两次比较判别法, 两次极限比较判别法和一次 p 判别法. 一堆令人迷惑的判别法. 不过如果你能够独立完成这类问题, 就能够解决任何一个涉及这三个判别法的问题了.

23.7 应对含负项的级数

对于某些项为负的级数, 这里有一些解决方法.

(1) **若所有项都为负, 则可通过在所有项前面加负号来修改级数**: 修改后的级

数 $\sum_{n=1}^{\infty}(-a_n)$ 所有项均为正. 然后运用前面所学的正项级数判别法来判定级数的敛散性. 若修改后的级数发散, 则原级数也发散; 若修改后的级数收敛, 则原级数也收敛. 事实上, 若修改后的级数收敛于 L, 则原级数收敛于 $-L$, 因为修改后的级数与原级数只相差一个负号. 例如, 级数

$$\sum_{n=3}^{\infty} \ln\left(\frac{1}{n}\right) \frac{1}{\sqrt{n}}$$

收敛还是发散? 当 n 很大时, $1/n$ 趋于 0, 所以它的对数值是一个负数. (要知道, 若 $0 < x < 1$, 则 $\ln(x) < 0$.) 所以现在考虑修改后的级数

$$\sum_{n=3}^{\infty} -\ln\left(\frac{1}{n}\right) \frac{1}{\sqrt{n}}$$

就比较容易了, 该级数其实与

$$\sum_{n=3}^{\infty} \ln(n) \frac{1}{\sqrt{n}}$$

是一样的, 因为 $-\ln(1/n) = -(\ln(1) - \ln(n)) = \ln(n)$. 有灵感了吗? 若该级数只是

$$\sum_{n=3}^{\infty} \frac{1}{\sqrt{n}},$$

由 p 判别法可知是发散的. 通常, 对数不起什么作用, 但这并不总是对的, 想一下前面的积分判别法的例题. 不管怎样, 这个特殊的对数帮助级数发散, 因为当 $n \to \infty$, 它无界. 基本的逻辑是 n 从 3 往上取值, $\ln(n)$ 的最小值是 $\ln(3)$, 故我们有

$$\ln(n) \geqslant \ln(3)$$

对任意 $n \geqslant 3$ 均成立. 在我们的级数中, 由 p 判别法 ($p = 1/2$) 可得

$$\sum_{n=3}^{\infty} \ln(n) \frac{1}{\sqrt{n}} \geqslant \sum_{n=3}^{\infty} \frac{\ln(3)}{\sqrt{n}} = \ln(3) \sum_{n=3}^{\infty} \frac{1}{\sqrt{n}} = \infty,$$

即修改后的级数发散到 ∞, 由此可知原级数发散到 $-\infty$.

(2) **若有些项为正, 有些项为负, 尝试用第 n 项判别法**: 即, 验证当 $n \to \infty$ 时通项趋于 0, 否则, 马上可知级数发散. 例如,

$$\sum_{n=1}^{\infty} (-1)^n n^2$$

发散, 因为项 $(-1)^n n^2$ 的极限不为 0. (实际上, 极限不存在, 因为数列在越来越大的正数与负数之间来回振荡.) 这里没必要运用其他的判别法.

(3) **若有些项为正, 有些项为负, 且当 $n \to \infty$ 时通项趋于 0, 尝试应用绝对收敛判别法**:

$$\boxed{\text{若} \sum_{n=1}^{\infty} |a_n| \text{ 收敛, 则} \sum_{n=1}^{\infty} a_n \text{ 也收敛.}}$$

在这种情况下, 我们说数列绝对收敛. 例如, 级数

$$\sum_{n=1}^{\infty} \frac{\sin(n)}{n^2}$$

绝对收敛, 因为我们已经在 23.6 节见到

$$\sum_{n=1}^{\infty} \frac{|\sin(n)|}{n^2}$$

收敛. 所以对给定的有些项为正、有些项为负的级数, 若其不是明显不能用第 n 项判别法, 则需看一下该级数是否绝对收敛. 若该级数绝对收敛, 则其收敛; 若不是绝对收敛, 不要放弃, 继续下一步.

(4) **若级数不是绝对收敛, 尝试交错级数判别法**: 如 22.5.4 节所述,

$$\boxed{\text{若当 } n \to \infty \text{ 时交错级数的通项的绝对值单调递减趋于 0, 则级数收敛.}}$$

所以若想对级数 $\sum\limits_{n=1}^{\infty} a_n$ 应用该判别法, 有三件事情需要验证:

- a_n 的值在正负之间交替 (即各项的符号顺序为 $+,-,+,-,\cdots$, 或 $-,+,-,$ $+,\cdots$);
- 随着 n 的增大, 量 $|a_n|$ 趋于 0, 即
$$\lim_{n\to\infty}|a_n|=0;$$
- 绝对值 $|a_n|$ 关于 n 递减 (即通项的绝对值变得越来越小).

如果上面三个性质都满足, 则级数收敛. 注意: **无论何时都要首先尝试运用绝对收敛判别法. 若级数绝对收敛, 就不必用交错级数判别法!** 同样, 注意第二个性质是第 n 项判别法的另一种形式, 因为 $\lim\limits_{n\to\infty}|a_n|=0$, 当且仅当 $\lim\limits_{n\to\infty}a_n=0$. 所以, 即使你忘了先用第 n 项判别法, 但作为交错级数判别法的一种形式, 你还是会用到第 n 项判别法的.

这是一个经典的例子:
$$\sum_{n=1}^{\infty}\frac{(-1)^n}{n}.$$

根据 p 判别法, 其绝对值形式 $\sum\limits_{n=1}^{\infty}1/n$ 发散. 所以原级数不是绝对收敛的. 现在直接应用交错级数判别法. 我们需要验证这三个性质. 首先, 级数交错吗? 是的. 一个级数如果含有形如 $(-1)^n$ 或 $(-1)^{n+1}$ 乘以一个正数的项, 则一定是交错的. 在这个例子中, 第 n 项是 $(-1)^n$ 与正数 $1/n$ 相乘. 那第二个性质呢? 我们需要证明
$$\lim_{n\to\infty}\left|\frac{(-1)^n}{n}\right|=0.$$

此式显然成立, 因为 $|(-1)^n/n|=1/n$. 对第三个性质, 我们需要证明 $\{|(-1)^n/n|\}$ 是一个递减数列. 可以很直接得出来, 还是因为 $|(-1)^n/n|=1/n$, 且我们知道 $1/n$ 关于 n 递减. 所以可以应用交错级数判别法, 并得到原级数
$$\sum_{n=1}^{\infty}\frac{(-1)^n}{n}$$

收敛. 由于我们已经知道它不绝对收敛, 故其条件收敛.

另一方面, 考虑级数
$$\sum_{n=1}^{\infty}\frac{(-1)^n}{n^2}.$$

它的绝对值形式为 $\sum\limits_{n=1}^{\infty}1/n^2$, 根据 p 判别法知其收敛. 所以上述级数绝对收敛, 因此没必要浪费时间在交错级数判别法上.

我们来看另一些例题. 首先来看

$$\sum_{n=1}^{\infty}(-1)^n \sin\left(\frac{1}{n}\right).$$

这与 23.6 节讲到的一个例题很像, 只是现在这个级数含有因子 $(-1)^n$. 对该级数要做的第一件事是验证其是否绝对收敛. 绝对值形式为

$$\sum_{n=1}^{\infty}\left|(-1)^n \sin\left(\frac{1}{n}\right)\right| = \sum_{n=1}^{\infty} \sin\left(\frac{1}{n}\right).$$

在原来的例题中, 我们已知当 $n \geq 1$, $\sin(1/n)$ 非负, 这就可以去掉绝对值号. 我们同样知道, 上式右侧级数发散, 所以原级数不是绝对收敛的. 另一方面, 该级数的各项显然交错, 且当 $n \to \infty$ 时通项趋于 0, 因为 $\sin(1/n)$ 是这样的. 现在考虑 $|a_n|$, 其实就是 $\sin(1/n)$. 它关于 n 递减吗? 对 $\sin(1/x)$ 关于 x 求导, 可得 $-\cos(1/x)/x^2$, 当 $x \geq 1$ 时它为负. 或者可以说, $1/n$ 关于 n 递减, 且在 0 附近 $\sin x$ 关于 x 递增, 所以 $\sin(1/n)$ 关于 n 递减. 不管用哪种方法, 我们已经证得了三个性质, 故由交错级数判别法可知级数收敛. 由于该级数不绝对收敛, 所以它条件收敛.

最后一个例题. 考虑级数

$$\sum_{n=1}^{\infty}(-1)^n \left(1+\frac{1}{n}\right)^n.$$

该级数显然交错, 但第 n 项的极限是多少? 若期望该级数收敛, 我们需要极限值为 0. 这里似乎有点问题, 根据 22.1.2 节末方框中的极限, 将 k 用 1 代换, 我们有

$$\lim_{n\to\infty}\left(1+\frac{1}{n}\right)^n = \mathrm{e}^1 = \mathrm{e},$$

所以这个数列的交错形式在数 e 和 $-\mathrm{e}$ 之间振荡. 这意味着

$$\lim_{n\to\infty}(-1)^n \left(1+\frac{1}{n}\right)^n \ \text{不存在}.$$

由于极限不为 0, (甚至不存在!) 由第 n 项判别法知原级数

$$\sum_{n=1}^{\infty}(-1)^n \left(1+\frac{1}{n}\right)^n$$

肯定发散, 这里不要掉进交错级数判别法的陷阱, 否则会得出级数收敛的结论.

可见, 级数的讨论并不简单. 另外, 我们在下一章讨论幂级数和泰勒级数时仍会用到这些技术, 所以你非常有必要理解这一章的内容, 否则的话就难以应对后面接踵而来的问题. 当然, 大量做题会很有帮助.

第 24 章　　泰勒多项式、泰勒级数和幂级数导论

现在我们讨论关于幂级数、泰勒多项式和泰勒级数的重要话题. 本章将从总体上探讨这些话题. 后面两章将讨论以本章为背景的解题方法. 下面是本章要讨论的内容:

- 近似值、泰勒多项式和泰勒近似定理;
- 近似值的精确度和完整的泰勒定理;
- 幂级数定义;
- 泰勒级数和麦克劳林级数定义;
- 泰勒级数的收敛性问题.

24.1　近似值和泰勒多项式

这里有个不错的结果: 对任意实数 x, 我们有

$$e^x \approx 1 + x + \frac{x^2}{2} + \frac{x^3}{6}.$$

另外, x 越趋近于 0, 近似程度就越好.

现在我们来讨论这个结果. $x = 0$ 时, 两边其实都等于 1, 所以这个近似值很理想! 那 x 不为 0 时呢? 我们试一下 $x = -1/10$, 由上述等式可得

$$e^{-1/10} \approx 1 - \frac{1}{10} + \frac{1/100}{2} - \frac{1/1000}{6},$$

化简可得

$$e^{-1/10} \approx \frac{5429}{6000}.$$

根据计算器所得结果, $e^{-1/10}$ 等于 0.904 837 418 0 (精确到 10 位小数), 而 5429/6000 等于 0.904 833 333 3 (也精确到 10 位小数). 这些数很接近. 事实上, 它们的差仅为 0.000 004 084 7.

那到底我是怎么想出多项式 $1 + x + x^2/2 + x^3/6$ 的呢? 很显然, 它不只是一个旧多项式, 特别的是它与 e^x 有关系. 与其只关注 e^x, 倒不如考虑其他更一般的函数. 同样, 该多项式的次数 3 也没有什么特别的, 我们可用任何次数. 我们就从次数 1 开始吧, 看看会发生什么.

24.1.1　重访线性化

我们说, 有些光滑函数 f 可以被求任意阶导而不会出现任何问题. 这里有个

13.2 节问过的问题: 在点 $(a, f(a))$ 附近, 与曲线 $y = f(x)$ 最近似的直线方程是什么? 答案是所求直线为曲线上点 $(a, f(a))$ 处的切线, 它的方程为

$$y = f(a) + f'(a)(x - a).$$

这就是 f 在 $x = a$ 的线性化. 右边是次数为 1 的多项式. 图 24-1 给出了曲线 $y = f(x)$ 在 $x = a$ 的切线, 看起来不像是整个曲线的近似.

不过, 它确实为曲线在 $(a, f(a))$ 附近的近似. 事实上, 我们把 $(a, f(a))$ 附近放大, 如图 24-2 所示. 可以看到, 切线与曲线 $y = f(x)$ 并没有很大的差别. 图像放得越大, 它们的差别就越小.

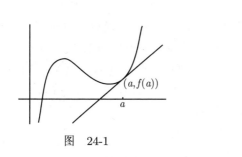

图 24-1

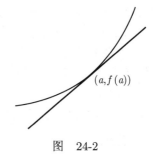

图 24-2

24.1.2 二次近似

为什么只讨论直线? 我们再来探讨这个与前一节开始相同的问题, 但这次讨论抛物线. 问题: 在点 $(a, f(a))$ 附近, 与曲线 $y = f(x)$ 最近似的二次曲线方程是什么? 采用相同的函数, 图 24-3 是我们猜出的二次曲线可能的样子.

事实上, 在 x 接近于 a 时 (即, 曲线上点 $(a, f(a))$ 附近), 最近似于曲线 $y = f(x)$ 的二次曲线方程为

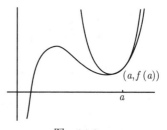

图 24-3

$$y = f(a) + f'(a)(x - a) + \frac{f''(a)}{2}(x - a)^2.$$

它其实是一个关于 x 的二次函数, 因为若展开 $(x - a)^2$, 则 x 的最高次项为 x^2. 这里仍保留了相同的形式, 并称之为 "关于 $(x - a)$ 的二次函数". 我们称该二次函数为 P_2, 即

$$P_2(x) = f(a) + f'(a)(x - a) + \frac{f''(a)}{2}(x - a)^2.$$

现在, 我们搜集一些关于 P_2 的好结论.

(1) 将 $x = a$ 代入方程 $P_2(x)$, 可以很容易地得到 $P_2(a) = f(a)$. 所以当 $x = a$ 时, P_2 与 f 的值相等. 事实上, 因为函数的零阶导为该函数本身, 所以当 $x = a$ 时, P_2 与 f 的零阶导相等.

(2) 对 P_2 求导可得 $P_2'(x) = f'(a) + f''(a)(x-a)$. 同样, 若代入 $x = a$, 可知 $P_2'(a) = f'(a)$. 当 $x = a$ 时, 一阶导 P_2' 与 f' 也相等.

(3) 再求一次导可得 $P_2''(x) = f''(a)$. 当 $x = a$, 有 $P_2''(a) = f''(a)$. 所以当 $x = a$, 二阶导数值也相等.

(4) 另一方面, 由于 $f''(a)$ 为常数, 所以对所有 x 有 $P_2'''(x) = 0$. 对所有更高阶导数均有相同结论. (毕竟, P_2 是二次的, **任何**二次函数的三阶或更高阶导数必处处为 0!)

所以 P_2 与 f 在 $x = a$ 有相同的零阶导、一阶导和二阶导, 但 P_2 的三阶或更高阶导恒为 0. 可以说, P_2 提取了 f 在 $x = a$ 处二阶导及以下的所有信息.

另一个关于 P_2 的好结论是: 若忽视 $P_2(x)$ 方程右边的最后一项, 就得到 $f(a) + f'(a)(x-a)$. 这恰恰是上一节的线性化, 所以可以认为最后的项 $\frac{1}{2}f''(a)(x-a)^2$ 为所谓的二阶修正项. 这意味着我们应该能够找到比切线更好的近似. 二阶修正项有助于更接近于曲线, 至少当 x 在 a 附近时是这样的. (当 $f''(a) = 0$ 时是例外, 在这种情况下 P_2 仅为线性化, 并不能使近似更好.)

24.1.3　高阶近似

我们继续相同形式的讨论, 只不过这里用任意次 N 代替 1 或 2. 问题: 对 a 附近的 x, 哪个次数为 N 或更低的多项式最近似于 $f(x)$? 答案由下面的定理给出.

泰勒近似定理: 若 f 在 $x = a$ 光滑, 则在所有次数为 N 或更低的多项式中, 当 x 在 a 附近时, 最近似于 $f(x)$ 的是

$$P_N(x) = f(a) + f'(a)(x-a) + \frac{f''(a)}{2!}(x-a)^2 +$$

$$\frac{f^{(3)}(a)}{3!}(x-a)^3 + \cdots + \frac{f^{(N)}(a)}{N!}(x-a)^N.$$

用求和号表示该公式为:

$$P_N(x) = \sum_{n=0}^{N} \frac{f^{(n)}(a)}{n!}(x-a)^n.$$

在这个公式中, 要知道 $0! = 1$, $f^{(0)}(a)$ 与 $f(a)$ 意思一样 (零阶导数), $f^{(1)}(a)$ 与 $f'(a)$ 意思一样 (一阶导数).

我们称多项式 P_N 为 $f(x)$ 在 $x = a$ 处的 N 阶泰勒多项式. 注意 P_N 的次数可能小于 N. 例如, 若 $f^{(N)}(a) = 0$, 则上述和式的最后一项为 0, P_N 的次数至多为 $N-1$. 因此, 我们称之为 N 阶泰勒多项式而不是 N 次泰勒多项式. (多项式 $P_N(x)$ 有时被写成 $P_N(x; a)$, 以强调每次选择不同的 N 和 a 得到不同的多项式. 我将采用形式 $P_N(x)$, 因为每次讨论我们只选择一个 a.)

再次强调, P_N 的重要性质是对所有 $n = 0, 1, \cdots, N$,

$$P_N^{(n)}(a) = f^{(n)}(a),$$

即当 $x = a$ 时, P_N 的所有 N 阶导及以下的导数值都与 f 对应值相等, 但是 P_N 的所有更高阶导数必须处处为 0. 函数 P_N 提取了 f 在 $x = a$ 处直到 N 阶导数的所有信息.

当然, 当 $N = 1$ 时, 我们得到 $P_1(x) = f(a) + f'(a)(x - a)$, 为 f 在 $x = a$ 处的线性化. 当 $N = 2$ 时, 我们就得到上一节的公式 $P_2(x)$. 下面看一下该方法对 $a = 0$ 的 $f(x) = e^x$ 的应用. 由上面的公式, 令 $N = 3$ 且 $a = 0$, 我们有

$$P_3(x) = f(0) + f'(0)x + \frac{f''(0)}{2!}x^2 + \frac{f^{(3)}(0)}{3!}x^3.$$

幸运的是, e^x 关于 x 的所有导数均为 e^x, 所以可知 $f(0)$, $f'(0)$, $f''(0)$ 和 $f^{(3)}(0)$ 都是 e^0, 等于 1. 由于 $2! = 2$, $3! = 6$, 因而上述公式变为

$$P_3(x) = 1 + x + \frac{1}{2}x^2 + \frac{1}{6}x^3.$$

这恰恰是 24.1 节开头提到的三次多项式! 在所有的次数为 3 或更低次的多项式中, 这个多项式是与 x 在 0 附近的 e^x 最近似的. 为什么是 0 呢? 因为那是我们所选择的 a 值. 若选择不同的 a 值, 我们将得到 x 在 a 附近对 e^x 有很好近似的另一个不同的多项式. 去掉三次项 $x^3/6$ 后可以看到, $P_2(x) = 1 + x + x^2/2$, 然后再去掉二次项 $x^2/2$, 得到线性化 $P_1(x) = 1 + x$. 从另一个角度来看, $P_2(x)$ 通过加上二阶修正项 $x^2/2$ 而改进了 $P_1(x)$, 而 $P_3(x)$ 通过加上三阶修正项 $x^3/6$ 而改进了 $P_2(x)$. 每次使 N 加 1 都会使近似通过加上另一个修正项而变得更好.

其实泰勒近似定理依赖于泰勒定理, 泰勒定理将在下一节讨论. 近似定理也有一些模糊不清的说法: "最好的近似" 究竟是什么意思? 我们将在下一节进一步探讨, 真正的答案连同定理证明在附录 A.7 节.

24.1.4　泰勒定理

在 24.1 节开始, 我们看到

$$e^x \approx 1 + x + \frac{x^2}{2} + \frac{x^3}{6}.$$

特别地, 注意当 $x = -1/10$, 上面的近似变为了

$$e^{-1/10} \approx 1 - \frac{1}{10} + \frac{1/100}{2} - \frac{1/1000}{6} = \frac{5429}{6000}.$$

这个近似有多好? 衡量的一个方法是, 考虑真正的量 $e^{-1/10}$ 与近似值 5429/6000 的差. 我们称这个差量为近似的误差, 因为它指出了用近似值代替真实值的错误有多大. 该例子的误差是:

$$误差 = 真实值 - 近似值 = e^{-1/10} - \frac{5429}{6000}.$$

若误差很小, 则近似程度较好. 在 24.1 节, 我们看到近似到 10 位小数时差值为 0.000 004 084 7, 但我们需要用计算器, 且这不是我们做近似的全部目的. 要知道, 计算器给出的数也是近似值! 此外, 你认为计算器是怎么工作的? 可能它是用泰勒多项式求出 $e^{-1/10}$ 的近似的.

我们真正喜欢的是误差的另一个公式, 泰勒定理由此而来. 与其只讨论特定的例子 e^x, 倒不如讨论更一般的问题. 我们正在讨论光滑函数 f 和它的关于 $x = a$ 的 N 阶泰勒多项式, 如前一节所见, 该多项式为

$$P_N(x) = \sum_{n=0}^{N} \frac{f^{(n)}(a)}{n!}(x - a)^n.$$

我们想用 $P_N(x)$ 的值来获取 $f(x)$ 的近似值, 所以考虑误差项, 即真实值和近似值之差:

$$R_N(x) = f(x) - P_N(x).$$

实际上, $R_N(x)$ 被称为 N 阶误差项, 也称为 N 阶余项, 因为它就是从 $f(x)$ 取走 $P_N(x)$ 所余下的部分. 如前所述, 泰勒定理给出了 $R_N(x)$ 的另一个公式:

> **泰勒定理:** 关于 $x = a$ 的 N 阶余项
> $$R_N(x) = \frac{f^{(N+1)}(c)}{(N+1)!}(x - a)^{N+1},$$
> 其中 c 是介于 x 与 a 之间的一个数.

注意数 c 依赖于 x 和 N, 一般不能确定! 由于 $f(x) = P_N(x) + R_N(x)$, 则我们可以写为

$$\boxed{f(x) = \sum_{n=0}^{N} \frac{f^{(n)}(a)}{n!}(x - a)^n + \frac{f^{(N+1)}(c)}{(N+1)!}(x - a)^{N+1}.}$$

这个式子看起来很不舒服. 而且这个 c 究竟是什么呢? 其实, 我们以前见过类似的情况. 回顾 11.3 节对中值定理 (MVT) 的讨论. 由 MVT, 若 f 在区间 $[a, b]$ 上足够光滑, 则在 $[a, b]$ 上存在一个数 c(其值一般不能确定), 使得

$$f'(c) = \frac{f(b) - f(a)}{b - a}.$$

若将 b 换为 x, 并解出 $f(x)$, 可得

$$f(x) = f(a) + f'(c)(x - a),$$

其中 c 介于 a 和 x 之间. 现在回到泰勒定理那个最后的等式并令 $N = 0$. $P_0(x)$ 是什么? 就是 $f(a)$. 那 $R_0(x)$ 呢? 根据泰勒定理,

$$R_0(x) = \frac{f^{(1)}(c)}{1!}(x-a)^1 = f'(c)(x-a),$$

其中 c 介于 a 和 x 之间. 则泰勒定理 $(N=0)$ 有

$$f(x) = P_0(x) + R_0(x) = f(a) + f'(c)(x-a),$$

这就是 MVT 的内容! 所以, 泰勒定理基本上是中值定理的扩展. 另外, 这里说 c 介于 a 和 x 之间而不是 $a \leqslant c \leqslant x$, 是因为 x 也可能比 a 小, 那样的话, 我们将会有 $x \leqslant c \leqslant a$.

现在令 $N=1$ 而不是 $N=0$. 上面方框中的主要公式变为

$$f(x) = f(a) + f'(a)(x-a) + \frac{f''(c)}{2!}(x-a)^2 = L(x) + R_1(x);$$

这里 $L(x) = f(a) + f'(a)(x-a)$ 是 f 关于 $x=a$ 的线性化, 且 $R_1(x) = \frac{1}{2}f''(c)(x-a)^2$ 为一阶误差项. 这与我们在 13.2.4 节给出的误差项 $r(x)$ 一致.

回到 e^x 的近似, 当我们写

$$e^x \approx 1 + x + \frac{x^2}{2} + \frac{x^3}{6}$$

时, 就是在说 $e^x \approx P_3(x)$, 其中 P_3 是 $f(x) = e^x$ 关于 $x=0$ 的三阶泰勒多项式. 由泰勒定理, R_3 为

$$R_3(x) = \frac{f^{(4)}(c)}{4!}x^4,$$

其中 c 介于 0 和 x 之间. (我只是将 $N=3$ 和 $a=0$ 代入上面方框中的 $R_N(x)$ 公式.) 由于 e^x 的任意阶导数 (关于 x 的) 都为 e^x, 我们可以知道 $f^{(4)}(c) = e^c$, $4! = 24$, 所以有

$$R_3(x) = \frac{e^c}{24}x^4.$$

换句话说,

$$e^x = 1 + x + \frac{x^2}{2} + \frac{x^3}{6} + \frac{e^c}{24}x^4.$$

我们已经把近似变成一个方程, 但不知道 c 的值! 不过我们还是从这里得到了一些有用的东西, 因为我们知道 c 介于 0 和 x 之间. 例如, 若再次令 $x = -1/10$, 可得

$$e^{-1/10} = 1 - \frac{1}{10} + \frac{1/100}{2} - \frac{1/1000}{6} + \frac{e^c}{24}(1/10\,000),$$

上式可化简为

$$e^{-1/10} = \frac{5429}{6000} + \frac{e^c}{240\,000}.$$

这次, 我们知道 c 介于 0 和 $x = -1/10$ 之间, 所以其实有 $-1/10 < c < 0$. 因为 e^c 关于 c 递增, 显然 c 足够大, e^c 就会最大. 这就意味着 $c=0$ 时 e^c 有最大值, 这样 e^c 就不会比 $e^0 = 1$ 大. 所以误差项至多为 $1/240\,000$. 换句话说, 当写 $e^{-1/10} \approx 5429/6000$

时, 我们知道近似的精确度要好于 $1/240\,000$, 大约为 $0.000\,004\,166\,7$. (将该值与 24.1 节的差的实际值比较一下.)

我们将在 25.3 节看一些运用泰勒定理的例子. 现在来讲讲幂级数和泰勒级数.

24.2   幂级数和泰勒级数

这是另一个结论:

$$\mathrm{e}^x = 1 + x + \frac{x^2}{2!} + \frac{x^3}{3!} + \frac{x^4}{4!} + \frac{x^5}{5!} + \cdots$$

对所有实数 x 均成立. 你可能会注意到, 它与 24.1 节开头的近似类似, 但有两点明显不同. 首先, 我们不再讨论近似; 其次, 右边是一个无穷级数. 当面对无穷级数时, 要小心了.

我们来看一下, 能否理解上述等式的意义. 假定从

$$1 + x + \frac{x^2}{2!} + \frac{x^3}{3!} + \frac{x^4}{4!} + \frac{x^5}{5!} + \cdots$$

开始, 它看起来像是一个多项式, 但实际上不是, 因为没有最高次项. 它只是一直继续下去. 其实, 它是一个幂级数. 若将 x 换成任意一个特定的值, 就得到一个常规的级数. 例如, 若 $x = -1/10$, 得到级数

$$1 - \frac{1}{10} + \frac{1/100}{2!} - \frac{1/1000}{3!} + \frac{1/10\,000}{4!} - \frac{1/100\,000}{5!} + \cdots,$$

也可以另写为

$$1 - \frac{1}{10} + \frac{1}{100 \times 2!} - \frac{1}{1000 \times 3!} + \frac{1}{10\,000 \times 4!} - \frac{1}{100\,000 \times 5!} + \cdots.$$

该级数可能收敛, 也可能发散. 那到底是收敛还是发散呢? 答案是收敛. 还有, 我们甚至知道它收敛于 $\mathrm{e}^{-1/10}$. 这就使我们知道了, 对任意实数 x,

$$\mathrm{e}^x = 1 + x + \frac{x^2}{2!} + \frac{x^3}{3!} + \frac{x^4}{4!} + \frac{x^5}{5!} + \cdots$$

都成立. 意思是若将 x 的任何特定值代入右边, 就得到一个收敛于 e^x 的级数. 我们将在 24.2.3 节证明这个结论的正确性. 从下面的例子可以看出, 代入 x 的一些不同值会得到什么:

$$x = 2 : 1 + 2 + \frac{2^2}{2!} + \frac{2^3}{3!} + \frac{2^4}{4!} + \frac{2^5}{5!} + \cdots \qquad \text{收敛于 } \mathrm{e}^2$$

$$x = -5 : 1 - 5 + \frac{5^2}{2!} - \frac{5^3}{3!} + \frac{5^4}{4!} - \frac{5^5}{5!} + \cdots \qquad \text{收敛于 } \mathrm{e}^{-5}$$

$$x = 0 : 1 + 0 + 0 + 0 + 0 + \cdots \qquad \text{收敛于 } 1$$

我还可以给出更多例子, 实际上有无穷多个. 这个幂级数给出了无穷多个常规级数的信息, 一个 x 值对应一个级数. 显然, 上面最后的级数收敛于 1. 令 $x = 0$, 会发生

很特别的事情: 它使得除了常数项外的其他项都消失了. 我们很快就会讨论这点, 先来看一般的幂级数.

24.2.1　一般幂级数

关于 $x = 0$ 的幂级数是形为

$$a_0 + a_1 x + a_2 x^2 + a_3 x^3 + a_4 x^4 + \cdots$$

的式子, 其中数 a_n 是确定的常数. 尽管幂级数不是一个多项式, 我们仍可定义 a_n 为幂级数中 x^n 的系数. 上述级数也可以用求和号写为

$$\sum_{n=0}^{\infty} a_n x^n.$$

在前一节的例子中, 相应级数是

$$1 + x + \frac{x^2}{2!} + \frac{x^3}{3!} + \frac{x^4}{4!} + \frac{x^5}{5!} + \cdots,$$

用求和号可写成

$$\sum_{n=0}^{\infty} \frac{1}{n!} x^n.$$

所以这是一个系数定义为 $a_n = 1/n!$ 的幂级数, 其中 n 为任意非负整数. 注意, x 是唯一的变量, n 只不过是一个虚拟变量, 一旦将和式展开它就消失了. 比上述幂级数更简单的一个级数的展开式及求和号表示形式为

$$1 + x + x^2 + x^3 + x^4 + \cdots = \sum_{n=0}^{\infty} x^n.$$

在这个级数中, 系数 a_n 都等于 1. 希望你能够看出这是首项为 1、公比为 x 的几何级数.

对给定的 x, 我们经常将方程写成

$$f(x) = a_0 + a_1 x + a_2 x^2 + a_3 x^3 + a_4 x^4 + \cdots$$

的形式. 意思是若将 x 取值范围内的一个值代入, 幂级数就变为收敛于值 $f(x)$ 的常规级数. 例如, 我们已经说过 (但未证明) 的

$$e^x = 1 + x + \frac{x^2}{2!} + \frac{x^3}{3!} + \frac{x^4}{4!} + \frac{x^5}{5!} + \cdots$$

对所有 x 均成立. 另一方面, 当我们讨论 22.2 节等比数列的求和方法时, 有

$$1 + r + r^2 + r^3 + r^4 + \cdots = \sum_{n=0}^{\infty} r^n = \frac{1}{1-r}, \quad -1 < r < 1.$$

用 x 代换 r:

$$1 + x + x^2 + x^3 + x^4 + \cdots = \sum_{n=0}^{\infty} x^n = \frac{1}{1-x}, \quad -1 < x < 1.$$

即, 当 $-1 < x < 1$,

$$\frac{1}{1-x} = 1 + x + x^2 + x^3 + x^4 + \cdots.$$

若将 x 换成任意一个在该区间的数, 右边就得到一个常规级数, 收敛于左边的值. 另一方面, 若 $x > 1$ 或 $x \leqslant -1$ 又会如何呢? 左边有意义, 但右边没有意义, 因为对 x 的这些值, 级数发散. (当 x 等于 1 时, 两边都无定义.)

当 $x = 0$ 时, 幂级数

$$a_0 + a_1 x + a_2 x^2 + a_3 x^3 + a_4 x^4 + \cdots$$

有一些很好的性质: 除了开始的 a_0, 其他所有项都没了, 所以级数自动收敛. (当然, 收敛于 a_0!) 但这并没有告诉我们, 对其他的 x 值, 级数是否收敛. 例如, 几何级数只有当 $-1 < x < 1$ 时收敛, 而我们将在 26.1.2 节指出, 下面的级数只有当 $x = 0$ 时收敛:

$$\sum_{n=0}^{\infty} n! x^n$$

不可否认, 0 是一个很受欢迎的数, 但它并不比其他的实数特殊. 我们可将这个特殊的性质转移到其他的数 a. 我们只需将 x 换为 $(x - a)$. 故下面是幂级数在 $x = a$ 的一般表达式:

$$\boxed{a_0 + a_1(x-a) + a_2(x-a)^2 + a_3(x-a)^3 + a_4(x-a)^4 + \cdots.}$$

用求和号表示为

$$\boxed{\sum_{n=0}^{\infty} a_n (x-a)^n.}$$

当 $x = a$ 时, 该级数当然收敛, 因为除了 a_0 外, 其他所有项都没有了. 数 a 称为幂级数的中心. 什么时候需要考虑中心不为 0 的幂级数呢? 一个可能的例子是, 你想求收敛于 $\ln(x)$ 的幂级数. 该量在 $x = 0$ 没有定义, 所以想求收敛于 $\ln(x)$ 的在 $x = 0$ 的幂级数是愚蠢的行为. 另一方面, 我们能找到一个以 1 为中心且收敛于 $\ln(x)$ 的幂级数, 至少对 x 的某些值是可以的. 实际上, 在 26.2.1 节, 我们将看到等式

$$\sum_{n=1}^{\infty} \frac{(-1)^{n-1}}{n} (x-1)^n = \ln(x)$$

对 $-1 < (x-1) < 1$ 成立, 即对 $0 < x < 2$ 成立. (甚至对 $x = 2$ 也成立:

$$\sum_{n=1}^{\infty} \frac{(-1)^{n-1}}{n} = 1 - \frac{1}{2} + \frac{1}{3} - \frac{1}{4} + \frac{1}{5} - \cdots = \ln(2).$$

不过, 这个不是很容易证明!)

24.2.2　泰勒级数和麦克劳林级数

在上一节中, 我们看到在 $x = a$ 时的一般幂级数为 (求和号表示形式和展开式)

$$\sum_{n=0}^{\infty} a_n(x-a)^n = a_0 + a_1(x-a) + a_2(x-a)^2 + a_3(x-a)^3 + a_4(x-a)^4 + \cdots.$$

在 $x = a$ 收敛, 也可能在 x 的其他值收敛. 在 26.1.2 节, 我们将讨论求使级数收敛的 x 值的方法. 我们可以每次代换一个 x 值, 看看每种情况下, x 收敛于何值, 并称收敛的值为 $f(x)$. 我们从幂级数开始, 需定义一个函数.

假设我们从一个光滑函数 f 开始. 用 f 的所有导数定义一个在 $x = a$ 的幂级数

$$\sum_{n=0}^{\infty} \frac{f^{(n)}(a)}{n!}(x-a)^n.$$

将求和号展开后变为

$$f(a) + f'(a)(x-a) + \frac{f''(a)}{2!}(x-a)^2 + \frac{f^{(3)}(a)}{3!}(x-a)^3 + \frac{f^{(4)}(a)}{4!}(x-a)^4 + \cdots.$$

该幂级数的系数为 $a_n = f^{(n)}(a)/n!$. 该级数称为 f 关于 $x = a$ 的泰勒级数. 所以, 从函数开始, 我们定义了幂级数.

仔细看一下上面泰勒级数的定义, 应该很面熟吧. 其实, 该公式与 24.1.3 节中泰勒多项式 $P_N(x)$ 的定义很像. 唯一的区别是, 和式没有终止于 $n = N$, 而是一直持续到 ∞. 换句话说, 泰勒多项式 $P_N(x)$ 是泰勒级数的 N 项部分和.

我们将在下一节讨论泰勒多项式和泰勒级数的联系. 首先, 我们有另一个定义: 麦克劳林级数, 它是 f 关于 $x = 0$ 的泰勒级数的另一个名字. 所以,

$$\sum_{n=0}^{\infty} \frac{f^{(n)}(0)}{n!}x^n,$$

展开式为

$$f(0) + f'(0)x + \frac{f''(0)}{2!}x^2 + \frac{f^{(3)}(0)}{3!}x^3 + \frac{f^{(4)}(0)}{4!}x^4 + \cdots.$$

无论什么时候看到 "麦克劳林级数" 这几个字, 脑子里想着 "关于 $x = 0$ 的泰勒级数" 就可以了.

24.2.3　泰勒级数的收敛性

好, 我们来回顾一下. 我们从一个函数 f 和数 a 开始, 构造了 f 关于 $x = a$ 的泰勒级数：

$$\sum_{n=0}^{\infty} \frac{f^{(n)}(a)}{n!}(x-a)^n.$$

这是一个中心为 a 的幂级数, 但不仅仅是旧幂级数: 它包含了 f 在 $x = a$ 的所有导数值. 若能写为

$$f(x) = \sum_{n=0}^{\infty} \frac{f^{(n)}(a)}{n!}(x-a)^n$$

将会很酷, 因为那样我们就会知道泰勒级数对任何 x 都收敛, 且收敛于原函数值 $f(x)$. 问题是, 上面的等式并不总是成立. 级数可能会对 x 的某些值发散, 或者对所有 x 值都发散 (除了 $x = a$: 如我们看到的, 幂级数在它的中心总收敛). 更糟的是, 级数可能收敛于不是 $f(x)$ 的某些值! 幸运的是, 我们在例子中将避开这种离奇的可能性[1].

那么, 你是怎么知道泰勒级数是否且何时收敛于原来的函数呢? 跟 24.1.4 节一样, 从

$$f(x) = P_N(x) + R_N(x)$$

开始. 记住,

$$P_N(x) = \sum_{n=0}^{N} \frac{f^{(n)}(a)}{n!}(x-a)^n \quad \text{和} \quad R_N(x) = \frac{f^{(N+1)}(c)}{(N+1)!}(x-a)^{N+1}.$$

这将 $f(x)$ 表示为近似值 $P_N(x)$ 与误差或者余项 $R_N(x)$ 的和. 这里比较聪明的想法是: 令 N 越来越大. 这样就有希望使近似值 $P_N(x)$ 越来越接近于实际值 $f(x)$; 也就是希望误差 $R_N(x)$ 越来越小.

我们尝试用等式来描述上面的论述. 假设对某些 x, 我们已知

$$\lim_{N \to \infty} R_N(x) = 0.$$

对等式 $f(x) = P_N(x) + R_N(x)$ 取 $N \to \infty$ 的极限, 得到

$$\lim_{N \to \infty} f(x) = \lim_{N \to \infty} P_N(x) + \lim_{N \to \infty} R_N(x) = \lim_{N \to \infty} P_N(x).$$

由于 $f(x)$ 不依赖 N, 左边就是 $f(x)$, 所以我们知道

$$f(x) = \lim_{N \to \infty} P_N(x) = \lim_{N \to \infty} \sum_{n=0}^{N} \frac{f^{(n)}}{n!}(x-a)^n = \sum_{n=0}^{\infty} \frac{f^{(n)}}{n!}(x-a)^n.$$

所以 $f(x)$ 等于它的泰勒级数! 换句话说, **若想证明一个函数在某些数 x 处等于它的泰勒级数, 可尝试证明当 $N \to \infty$ 时 $R_N(x) \to 0$.**

我们对 $f(x) = e^x$, $a = 0$ 做这些讨论. 通过改动 24.1.4 节提到的一些结论, 你

应该可知

---

[1] 我只提及一个属于这种泰勒级数的经典例子: 若 $f(x) = e^{-1/x^2}$, 当 $x \neq 0$, 同时我们定义 $f(0) = 0$, 则 f 在 0 点的所有导数均为 0, 所以 f 在中心 0 点的泰勒级数为 0. 除了当 $x = 0$ 外, 这个泰勒级数与 $f(x)$ 一点都不同.

$$P_N(x) = \sum_{n=0}^{N} \frac{x^n}{n!} = 1 + x + \frac{x^2}{2!} + \frac{x^3}{3!} + \cdots + \frac{x^N}{N!},$$

以及对于介于 x 和 0 之间的某些 c,

$$R_N(x) = \frac{e^c}{(N+1)!} x^{N+1}.$$

现在我们需要求 $R_N(x)$ 当 $N \to \infty$ 的极限并说明该极限为 0:

$$\lim_{N \to \infty} R_N(x) = \lim_{N \to \infty} e^c \frac{x^{N+1}}{(N+1)!}.$$

在 24.3 节, 我将证明

$$\lim_{N \to \infty} \frac{x^{N+1}}{(N+1)!} = 0$$

对任意 x 成立. 我们要对因子 e^c 多加小心, 因为它依赖于 N. 问题是, e^c 会有多大? 要知道 c 介于 x 和 0 之间. 若 x 为负, e^c 的最大值可能出现在 $c = 0$, 意味着 $e^c \leqslant 1$; 若 x 为正, e^c 的最大值可能出现 $c = x$, 意味着 $e^c \leqslant e^x$. 不管是哪种情况, 因为 x 是固定的 (即, 看作常数), 我们可以有 $0 \leqslant e^c \leqslant C$, 其中 C 是另一个常数. 无论 N 为何值都成立, 即便 c 随着 N 的改变而在 x 和 0 之间变动. 不管怎样, 希望你相信这些, 由此你就会相信

$$0 \leqslant e^c \frac{|x|^{N+1}}{(N+1)!} \leqslant C \frac{|x|^{N+1}}{(N+1)!}.$$

现在左边和右边都随着 N 趋于 ∞ 而趋于 0, 所以由三明治定理知, 中间的量也趋于 0. 我们已然证明了

$$\lim_{N \to \infty} R_N(x) = 0$$

对任意实数 x 成立. 这就意味着我们最终证明了

$$e^x = 1 + x + \frac{x^2}{2!} + \frac{x^3}{3!} + \frac{x^4}{4!} + \frac{x^5}{5!} + \cdots$$

对所有实数 x 成立.

我们通过求 $f(x) = \cos(x)$ 的麦克劳林级数并证明它对所有 x 都收敛于 $f(x)$, 来讨论一下详细过程. 首先需要对 f 连续求导, 然后将 0 代入每个导数看一下会发生什么. 当对 $\cos(x)$ 关于 x 连续求导时, 得到 $-\sin(x)$, 然后是 $-\cos(x)$, 之后重复出现 $\sin(x), \cos(x), -\sin(x), -\cos(x), \cdots$, 且显然会循环下去. 当将 $x = 0$ 代入时, $\sin(x)$ 项没了, $\pm\cos(x)$ 项变为 ± 1, 所以数列 $f^{(n)}(0)$ 为

$$1, 0, -1, 0, 1, 0, -1, 0, 1, 0, -1, 0, \cdots.$$

若将这些数代入麦克劳林公式, 得到

$$f(0) + f'(0)x + \frac{f''(0)}{2!}x^2 + \frac{f^{(3)}(0)}{3!}x^3 + \frac{f^{(4)}(0)}{4!}x^4 + \frac{f^{(5)}(0)}{5!}x^5 + \frac{f^{(6)}(0)}{6!}x^6 + \cdots,$$

所有奇次项都没有了, 即

$$1 - \frac{1}{2!}x^2 + \frac{1}{4!}x^4 - \frac{1}{6!}x^6 + \cdots,$$

写为更紧凑的形式为

$$1 - \frac{x^2}{2!} + \frac{x^4}{4!} - \frac{x^6}{6!} + \cdots.$$

这就是 $\cos(x)$ 的麦克劳林级数, 或者称为 $\cos(x)$ 关于 $x = 0$ 的泰勒级数. 为了得到相应的泰勒多项式, 所需做的就是削减级数右边. 例如,

$$P_4(x) = 1 - \frac{1}{2!}x^2 + \frac{1}{4!}x^4.$$

顺便说一下, $P_5(x)$ 的公式与 $P_4(x)$ 公式是一样的, 因为上面的麦克劳林级数没有 5 次项. 这就说明了我们为什么要用 "阶" 这个词: P_5 的阶为 5, 但次数为 4.

剩下需要证明的是对所有的实数 x, $\cos(x)$ 都等于它的麦克劳林级数:

$$\cos(x) = 1 - \frac{x^2}{2!} + \frac{x^4}{4!} - \frac{x^6}{6!} + \cdots.$$

为此, 我们要证明

$$\lim_{N \to \infty} R_N(x) = 0.$$

我们知道

$$R_N(x) = \frac{f^{(N+1)}(c)}{(N+1)!}x^{N+1},$$

其中 c 介于 x 和 0 之间. 取绝对值:

$$|R_N(x)| = \frac{|f^{(N+1)}(c)|}{(N+1)!}|x|^{N+1}.$$

f 的所有导数或者为 $\pm\cos(x)$, 或者为 $\pm\sin(x)$, 所以 $|f^{(N+1)}(c)|$ 或者为 $|\cos(c)|$, 或者为 $|\sin(c)|$. 在任一种情况下, 这个量都小于等于 1, 所以我们有

$$0 \leqslant |R_N(x)| \leqslant \frac{1}{(N+1)!}|x|^{N+1}.$$

在下一节, 我们还将证明

$$\lim_{N \to \infty} \frac{x^{N+1}}{(N+1)!} = 0.$$

现在用三明治定理来证明

$$\lim_{N \to \infty} |R_N(x)| = 0,$$

这同样意味着

$$\lim_{N \to \infty} R_N(x) = 0.$$

我们已经证明了

$$\cos(x) = 1 - \frac{x^2}{2!} + \frac{x^4}{4!} - \frac{x^6}{6!} + \cdots$$

对所有实数 x 都成立. 我们把上述级数用求和号来表示吧. (什么, 这不是你对解决难题的庆祝方式吗?) 不管怎样, 你是怎么只得到 x 的偶次幂的? 答案是用 $2n$ 替换 n(见 15.1 节对这类问题的讨论). 由于分母上的阶乘与次数一致, 我们猜测, 该麦克劳林级数可写为

$$\sum_{n=0}^{\infty} \frac{x^{2n}}{(2n)!}.$$

问题是这个级数不是交错级数, 所以需要插入一个因子 $(-1)^n$:

$$\sum_{n=0}^{\infty} \frac{(-1)^n x^{2n}}{(2n)!}.$$

若将其展开, 你会发现这个改变是对的, 即

$$\cos(x) = \sum_{n=0}^{\infty} \frac{(-1)^n x^{2n}}{(2n)!} = 1 - \frac{x^2}{2!} + \frac{x^4}{4!} - \frac{x^6}{6!} + \cdots$$

对所有实数 x 成立.

24.3 一个有用的极限

这一节跟幂级数没有关系, 只是关于前面几节中用过两次的极限的证明:

$$\lim_{N \to \infty} \frac{x^{N+1}}{(N+1)!} = 0$$

对所有实数 x 成立. 令 $n = N + 1$ (就像积分中的换元), 则与证明

$$\lim_{n \to \infty} \frac{x^n}{n!} = 0$$

对所有实数 x 成立一样. 有一些方法可证明后一个结论, 不过这有一个不显眼的方法. 我先来解释一下要用到的逻辑, 然后再用该方法. 我将证明级数

$$\sum_{n=0}^{\infty} \frac{x^n}{n!}$$

收敛, 不必考虑 x 是什么. (是的, 我们 "知道" 它其实收敛于 e^x, 但这是等到我们证明极限为 0 之后才知道的!) 不管怎样, 级数收敛于什么没关系, 仅仅知道级数收敛就足够了. 为什么? 因为那样的话, 第 n 项 $x^n/n!$ 一定随着 n 趋于 ∞ 而趋于 0, 否则第 n 项判别法就不对了. 即, 若通项随着 n 趋于 ∞ 不趋于 0, 则级数将发散. 因此我们用比式判别法来证明级数对所有 x 收敛. 固定 x, $a_n = x^n/n!$, 看一下比值的极限:

$$L = \lim_{n \to \infty} \left| \frac{a_{n+1}}{a_n} \right| = \lim_{n \to \infty} \left| \frac{x^{n+1}/(n+1)!}{x^n/n!} \right| = \lim_{n \to \infty} \left| \frac{x^{n+1}}{x^n} \frac{n!}{(n+1)!} \right|.$$

我们知道 $n!/(n+1)!$ 可化简为 $1/(n+1)$, 所以最后的极限为

$$\lim_{n \to \infty} |x| \frac{1}{n+1} = 0,$$

由于 $|x|$ 固定且 $1/(n+1)$ 趋于 0, 极限为 0, 小于 1, 所以级数收敛, 且我们也顺便证明了极限的正确性. 固定 x, 然后对该特定的 x 运用比式判别法, 来判别级数收敛的方法将在 26.1.2 节多次用到.

第 25 章   求解估算问题

在上一章中, 我们学习了如何应用泰勒多项式来估算 (或近似) 特定的量. 我们也知道了, 余项可以用来判定近似程度. 本章, 我们将详述相应的方法并讨论一些相关例题. 本章的计划是:

- 泰勒多项式和泰勒级数的重要结论回顾;
- 如何求泰勒多项式和泰勒级数;
- 估算问题;
- 分析误差的一个不同的方法.

25.1   泰勒多项式与泰勒级数总结

下面是关于泰勒多项式和泰勒级数的一些重要结论, 已在前一章中讨论过.

(1) 在所有次数为 N 或更低的多项式中, 与定义在 a 附近的光滑函数 f 最近似的多项式被称为关于 $x = a$ 的 N 阶泰勒多项式, 即

$$
\begin{aligned}
P_N(x) = f(a) &+ f'(a)(x-a) + \frac{f''(a)}{2!}(x-a)^2 \\
&+ \frac{f^{(3)}(a)}{3!}(x-a)^3 + \cdots + \frac{f^{(N)}(a)}{N!}(x-a)^N.
\end{aligned}
$$

用求和号表示, 可写为

$$
P_N(x) = \sum_{n=0}^{N} \frac{f^{(n)}(a)}{n!}(x-a)^n.
$$

(2) 多项式 P_N 与 f 在 $x = a$ 点直到 N 阶的导数相同. 即

$$
P_N(a) = f(a), \quad P_N'(a) = f'(a), \quad P_N''(a) = f''(a), \quad P_N^{(3)}(a) = f^{(3)}(a),
$$

且直到 $P_N^{(N)}(a) = f^{(N)}(a)$. 一般来说, 对 a 之外的其他任何值, 或大于 N 的任何阶导数, 上述等式都不成立. (实际上, P_N 的大于 N 阶的所有导数都等于 0, 因为 P_N 是次数为 N 的多项式.)

(3) N 阶余项 $R_N(x)$, 或称为 N 阶误差项, 是 $f(x) - P_N(x)$. 对任意 N 有

$$
f(x) = P_N(x) + R_N(x).
$$

余项表达式为

$$R_N(x) = \frac{f^{(N+1)}(c)}{(N+1)!}(x-a)^{N+1},$$

其中 c 一般求不出来, 它介于 x 与 a 之间.

(4) 所以, $f(x)$ 的完整表达式为

$$f(x) = \sum_{n=0}^{N} \frac{f^{(n)}(a)}{n!}(x-a)^n + \frac{f^{(N+1)}(c)}{(N+1)!}(x-a)^{N+1}.$$

(5) 无穷级数

$$\sum_{n=0}^{\infty} \frac{f^{(n)}(a)}{n!}(x-a)^n$$

被称为 $f(x)$ 关于 $x = a$ 的泰勒级数. 对任何特定的 x, 该级数可能收敛也可能发散. 若对任意特定的 x, 余项 $R_N(x)$ 当 $N \to \infty$ 时收敛于 0, 则对该 x 有

$$f(x) = \sum_{n=0}^{\infty} \frac{f^{(n)}(a)}{n!}(x-a)^n,$$

即在点 x 处, $f(x)$ 等于它的泰勒级数 (关于 $x = a$).

(6) 对特别的情形 $a = 0$, 泰勒级数为

$$\sum_{n=0}^{\infty} \frac{f^{(n)}(0)}{n!}x^n.$$

它被称为 $f(x)$ 的麦克劳林级数. 所以, 当看到 "麦克劳林级数" 时, 可以把它看作 "关于 $x = 0$ 的泰勒级数".

25.2　求泰勒多项式与泰勒级数

欲求特定的泰勒多项式或级数, 幸运的话, 可以通过对已知的泰勒多项式或级数运算来求得想要的多项式或级数. 我们将在 26.2 节讨论一些相应的方法. 不幸的是, 情况并不总是这样, 有时你需要从前面的总结中将 f 关于 $x = a$ 的泰勒级数分离出来:

$$\sum_{n=0}^{\infty} \frac{f^{(n)}(a)}{n!}(x-a)^n.$$

知道了数 a 和函数 f, 还需要求出 f 的所有导数在 $x = a$ 的值, 然后将它们代入上述公式. 然而, 这很讨厌! 求一次或两次导就已经很麻烦了, 求成百上千次导就太荒谬了. 对于只求低次泰勒多项式来说还不是那么糟糕, 因为只需计算少量导数. 我们将在 26.2 节讨论一些可以帮你避开上面这些公式的好方法, 如果你够幸运.

另一方面, 有些函数是很容易求导的. 一个这样的例子是函数 $f(x) = e^x$, 上一章我们讨论了它的麦克劳林级数. 若你不想求 f 的麦克劳林级数, 而是求它关于 $x = -2$ 的泰勒级数怎么办? 将上面公式中的 0 用 $a = -2$ 代换, 可得

$$\sum_{n=0}^{\infty} \frac{f^{(n)}(-2)}{n!}(x+2)^n.$$

对 n 的许多值, 我们需要求 $f^{(n)}(-2)$, 所以构造一个导数表是很有帮助的. 一般地, 表的模板如下:

n	$f^{(n)}(x)$	$f^{(n)}(a)$
0		
1		
2		
3		

首先应填中间一列. 从最上一行的函数本身, 持续求导. 每次求完导后, 将结果写在表的下一行 (仍为中间一列). 当中间那列填满后, 将 $x = a$ 代入中间列的每一个值, 将相应的结果填在同行的第三列上. 注意可能要更多行, 这取决于 n 的大小或计算的快慢. 在我们的例子中, $a = -2$ 且 $f(x)$ 的所有导数均为 e^x, 所以填完的表如下:

n	$f^{(n)}(x)$	$f^{(n)}(-2)$
0	e^x	e^{-2}
1	e^x	e^{-2}
2	e^x	e^{-2}
3	e^x	e^{-2}

很清楚: 对所有 n, $f^{(n)}(-2) = e^{-2}$, 若将其代入公式

$$\sum_{n=0}^{\infty} \frac{f^{(n)}(-2)}{n!}(x+2)^n,$$

可得到 e^x 关于 $x = -2$ 的泰勒级数

$$\sum_{n=0}^{\infty} \frac{e^{-2}}{n!}(x+2)^n.$$

不用求和号而将其展开是个好主意, 即

$$e^{-2} + e^{-2}(x+2) + \frac{e^{-2}}{2!}(x+2)^2 + \frac{e^{-2}}{3!}(x+2)^3 + \cdots.$$

还有另一个例子: 求 $\sin(x)$ 关于 $x = \pi/6$ 的泰勒级数, 写出直到第四阶的项. 我们从导数表开始.

n	$f^{(n)}(x)$	$f^{(n)}(\pi/6)$
0	$\sin(x)$	$1/2$
1	$\cos(x)$	$\sqrt{3}/2$
2	$-\sin(x)$	$-1/2$
3	$-\cos(x)$	$-\sqrt{3}/2$
4	$\sin(x)$	$1/2$

这与用来求麦克劳林级数的表类似, 不过这里是求 $\pi/6$ 处的导数而不是 0 处的导数. 写出泰勒级数的标准公式:

$$\sum_{n=0}^{\infty} \frac{f^{(n)}(a)}{n!}(x-a)^n.$$

展开:

$$f(a) + f'(a)(x-a) + \frac{f''(a)}{2!}(x-a)^2 + \frac{f^{(3)}(a)}{3!}(x-a)^3 + \frac{f^{(4)}(a)}{4!}(x-a)^4 + \cdots.$$

令 $a = \pi/6$, 将上面表中的值代入上式得到 $\sin(x)$ 关于 $x = \pi/6$ 的泰勒级数为

$$\frac{1}{2} + \frac{\sqrt{3}}{2}\left(x-\frac{\pi}{6}\right) + \frac{-1/2}{2!}\left(x-\frac{\pi}{6}\right)^2 + \frac{-\sqrt{3}/2}{3!}\left(x-\frac{\pi}{6}\right)^3 + \frac{1/2}{4!}\left(x-\frac{\pi}{6}\right)^4 + \cdots.$$

要写出用求和号表示的形式比较难, 所以只做一个小小的化简得到:

$$\frac{1}{2} + \frac{\sqrt{3}}{2}\left(x-\frac{\pi}{6}\right) - \frac{1}{2\times 2!}\left(x-\frac{\pi}{6}\right)^2 - \frac{\sqrt{3}}{2\times 3!}\left(x-\frac{\pi}{6}\right)^3 + \frac{1}{2\times 4!}\left(x-\frac{\pi}{6}\right)^4 + \cdots.$$

当然, 为了求四阶泰勒多项式 $P_4(x)$ (仍关于中心 $x = \pi/6$), 只需去掉后面的 "$+\cdots$". 若只想求 $P_3(x)$, 还要去掉最后那项, 则最后一项的幂次变为 3:

$$P_3(x) = \frac{1}{2} + \frac{\sqrt{3}}{2}\left(x-\frac{\pi}{6}\right) - \frac{1}{4}\left(x-\frac{\pi}{6}\right)^2 - \frac{\sqrt{3}}{12}\left(x-\frac{\pi}{6}\right)^3.$$

(将 2! 换成了 2, 3! 换成了 6.) 另一方面, 若想求 $P_5(x)$, 需要在上面的表尾再加上对应于 $n = 5$ 的一行, 则得到另外的项 $(x-\pi/6)^5$.

    另一个例子: $(1+x)^{1/2}$ 的麦克劳林级数是什么? 因为要求麦克劳林级数, 所以需要令 $a = 0$. 画一个到四阶导的表:

n	$f^{(n)}(x)$	$f^{(n)}(0)$
0	$(1+x)^{1/2}$	1
1	$\frac{1}{2}(1+x)^{-1/2}$	$1/2$
2	$-\frac{1}{4}(1+x)^{-3/2}$	$-1/4$
3	$\frac{3}{8}(1+x)^{-5/2}$	$3/8$
4	$-\frac{15}{16}(1+x)^{-7/2}$	$-15/16$

现在写出麦克劳林级数的一般公式

$$f(0) + f'(0)x + \frac{f''(0)}{2!}x^2 + \frac{f^{(3)}(0)}{3!}x^3 + \frac{f^{(4)}(0)}{4!}x^4 + \cdots,$$

将上面表中的导数值代入可得

$$1 + \frac{1}{2}x + \frac{-1/4}{2!}x^2 + \frac{3/8}{3!}x^3 + \frac{-15/16}{4!}x^4 + \cdots.$$

化简得

$$1 + \frac{x}{2} - \frac{x^2}{8} + \frac{x^3}{16} - \frac{5x^4}{128} + \cdots$$

实际上, 当 x 介于 -1 和 1 之间时, 余项趋于 0(这个证明比较棘手!). 所以当 $-1 < x < 1$, 我们有

$$(1+x)^{1/2} = 1 + \frac{x}{2} - \frac{x^2}{8} + \frac{x^3}{16} - \frac{5x^4}{128} + \cdots$$

这是二项式定理的一个特殊情形, 即对 $-1 < x < 1$, 有

$$(1+x)^a = 1 + ax + \frac{a(a-1)}{2!}x^2 + \frac{a(a-1)(a-2)}{3!}x^3$$
$$+ \frac{a(a-1)(a-2)(a-3)}{4!}x^4 + \cdots$$

除非 a 是非负整数, 否则右边的级数在 $x > 1$ 或 $x < -1$ 时都发散. (在这种情况下, 右边实际为一个多项式. 能说出为什么吗?)

25.3 用误差项估算问题

在 24.1.4 节, 我们用三阶泰勒多项式 P_3 来估算 $\mathrm{e}^{-1/10}$, 然后用余项 R_3 来说明近似程度的好坏. 现在, 我们重新看一下这些方法并把它们一般化.

为了设置问题背景, 考虑下面两个相似的例子:

(1) 用二阶泰勒多项式估算 $\mathrm{e}^{1/3}$, 并估算误差;

(2) 估算 $\mathrm{e}^{1/3}$, 且误差不得大于 $1/10\,000$.

第二个问题要比第一个难. 你也看到了, 在第一个问题中, 我们要讨论二阶泰勒多项式, 故在公式中令 $N = 2$. 在第二个问题中, 我们实际上是要找到 N, 这是需要考虑的另一件事情.

用这两个问题来检验一下求解估值 (或近似) 问题的一般方法.

(1) 看一下要估算什么, 选择一个相关的函数 f. 在上面的例子中, 我们要估算 $\mathrm{e}^{某式}$, 所以令 $f(x) = \mathrm{e}^x$. 然后, 我们令 $x = 1/3$, 这是由于 $f(1/3) = \mathrm{e}^{1/3}$, 这就是我们要估算的量.

(2) 选一个接近 x 值的数 a, 这样 $f(a)$ 就很理想了. 这就意味着, 你应该能写出 $f(a)$ 的值, 对 $f'(a)$、$f''(a)$ 等等也一样. 在我们的例子中, 我们令 $a = 0$, 因为它很接近 $1/3$, 且 e^0 较易计算.

(3) 如上一节所做的那样, 做 f 的导数表. 它应该有三列, 分别代表 n、$f^{(n)}(x)$ 和 $f^{(n)}(a)$ 的值. 若你知道所用的泰勒多项式的阶, 则这就是你需要的 N

的值, 一定要保证表中导数计算到第 $(N + 1)$ 阶. 否则, 你就尽管一行行往下写吧, 直到厌烦为止, 只要需要, 就一直能写下去.

(4) 若你不介意估算的误差, 直接跳到第 8 步; 否则, 写出 $R_N(x)$ 的公式:

$$R_N(x) = \frac{f^{(N+1)}(c)}{(N+1)!}(x-a)^{N+1},$$

确保注明 "c 在 a 与 x 之间", 同时注意整个过程中用 a 的实际值替代 a.

(5) 若已知所用泰勒多项式的阶, 在上述公式中将 N 替换为该数; 若不知道, 根据你所需要的误差的大小做猜测. 误差越小, N 应该越大. 对于很多问题来说, $N = 2$ 或 3 就可以了. 若该猜测值是错的, 那应该很快就能知道, 只需用较大的 N 重复这一步和下面两步.

(6) 现在, 用你想用的值代换 $R_N(x)$ 公式中的 x. 除了 c 以外, 没有其他的未知变量, 且可以用不等式写下 c 的可能范围. 在我们的例子中, 由 $a = 0$ 和 $x = 1/3$ 知, c 介于两者之间, 可写为 $0 < c < 1/3$.

(7) 求 $|R_N(x)|$ 的最大值, c 在适当的区间里. 这就是误差可能的大小. 若已知 N 的值, 就基本完成了误差估算. 若不知道, 则用你想要的误差来与实际误差比较. 若实际误差较小, 这就太好了, 你已经找到了一个较好的 N 值. 反之, 你就要回到步骤 5 再来一次. (我们将在 25.3.6 节讨论一些 $|R_N(x)|$ 极大化的方法.)

(8) 最后, 求实际的估算. 写下 $P_N(x)$ 的公式:

$$P_N(x) = f(a) + f'(a)(x-a) + \frac{f''(a)}{2!}(x-a)^2$$
$$+ \frac{f^{(3)}(a)}{3!}(x-a)^3 + \cdots + \frac{f^{(N)}(a)}{N!}(x-a)^N.$$

现在将 a 与 N 换成前面所得值而得到一个只含有 x 的公式. 最后, 写出近似

$$f(x) \approx P_N(x),$$

并代入所需的 x 的实际值. 右边将是你想要的量, 而左边将是近似值.

(9) 如果需要的话, 还有另一个信息: 若 $R_N(x)$ 是正的, 则估算为低估; 若 $R_N(x)$ 为负, 则估算是高估. 这些结果遵从等式

$$f(x) = P_N(x) + R_N(x).$$

现在, 我们来看一下有关这类问题的 5 个例子.

25.3.1 第一个例子

我们最好从前一节的两个问题开始. 在第一个问题中, 我们想用二阶泰勒多项式来估算 $e^{1/3}$, 它其实与 24.1.4 节中涉及 $e^{-1/10}$ 的问题很相似. 不管怎样, 我们还

用前面的方法. 从选择 f 开始. 因为要求幂, 令 $f(x) = \mathrm{e}^x$ 且注意 $\mathrm{e}^{1/3}$ 就是 $f(1/3)$. 最后, 我们令 $x = 1/3$, 但这还不算完, 还要选择接近 $1/3$ 的 a 使得 e^a 足够精密. 如我前面提到的, 很自然的选 0.

　　现在, 该填导数表了:

n	$f^{(n)}(x)$	$f^{(n)}(0)$
0	e^x	1
1	e^x	1
2	e^x	1
3	e^x	1

我求到 3 阶导, 因为它刚好大于 2, 我们需要二阶泰勒多项式 (即 $N = 2$). 好, 继续. 误差项为

$$R_N(x) = \frac{f^{(N+1)}(c)}{(N+1)!} x^{N+1},$$

其中 c 介于 0 与 x 之间. 注意在 $R_N(x)$ 的标准公式中, 我将 a 换成了 0. 现在, 我们知道 $N = 2$, 所以实际需要

$$R_2(x) = \frac{f^{(3)}(c)}{3!} x^3 = \frac{\mathrm{e}^c}{6} x^3.$$

在前面的表中, 将中间一列的最后一行的 x 换成 c, 得到 $f^{(3)}(c) = \mathrm{e}^c$. 现在将 x 换为 $1/3$ 可得

$$R_2(1/3) = \frac{\mathrm{e}^c}{6} (1/3)^3 = \frac{\mathrm{e}^c}{162};$$

这里 c 介于 0 与 $x = 1/3$ 之间, 故 $0 < c < 1/3$. 取绝对值有:

$$|R_2(1/3)| = \left| \frac{\mathrm{e}^c}{162} \right| = \frac{\mathrm{e}^c}{162},$$

因为 e^c 必为正. 接下来, 我们需要最大化 $|R_2(1/3)|$. 由于 e^c 关于 c 递增, 最大值出现在 $c = 1/3$ 时. 这就有

$$|R_2(1/3)| = \frac{\mathrm{e}^c}{162} < \frac{\mathrm{e}^{1/3}}{162}.$$

似乎有一个问题, 我们不知道 $\mathrm{e}^{1/3}$ 是多少. 这其实是该问题的关键点! 没关系, 我们粗略高估一下 $\mathrm{e}^{1/3}$. 你知道, $\mathrm{e} < 8$, 所以 $\mathrm{e}^{1/3} < 8^{1/3}$, 而 $8^{1/3}$ 为 2. 我为什么选 8 呢? 因为我可以什么都不用想就直接取它的三次方根! 总之, 运用不等式 $\mathrm{e}^{1/3} < 2$, 前面 $|R_2(1/3)|$ 的不等式变为

$$|R_2(1/3)| = \frac{\mathrm{e}^c}{162} < \frac{\mathrm{e}^{1/3}}{162} < \frac{2}{162} = \frac{1}{81}.$$

所以误差不大于 $1/81$. 我们仍需求估算值. 写下 $P_2(x)$ 的公式, 并令 $a = 0$:

$$P_2(x) = f(0) + f'(0)x + \frac{f''(0)}{2!}x^2.$$

根据前面的表, 将 $f(0)$、$f'(0)$ 和 $f''(0)$ 换为 1:

$$P_2(x) = 1 + x + \frac{1}{2}x^2.$$

最后, 令 $x = 1/3$ 可得

$$P_2(1/3) = 1 + \frac{1}{3} + \frac{1}{2}\left(\frac{1}{3}\right)^2 = \frac{25}{18}.$$

由于 $f(x) \approx P_2(x)$, 我们有

$$f(1/3) \approx P_2(1/3).$$

根据 $f(x) = \mathrm{e}^x$, 我们有

$$\mathrm{e}^{1/3} = f(1/3) \approx P_2(1/3) = \frac{25}{18}.$$

我们已经得到了 $|R_2(1/3)| < 1/81$, 所以估算值至少精确到 1/81. 其实, 因为 $R_2(1/3)$ 是正的, 所以估算值 25/18 相对于 $\mathrm{e}^{1/3}$ 真实值是低估了.

25.3.2 第二个例子

我们将讨论 25.3 节的第二个例子: 估算 $\mathrm{e}^{1/3}$ 的值, 且误差小于 1/10 000. 与前一个例子一样, 我们令 $f(x) = \mathrm{e}^x, a = 0$, 最后令 $x = 1/3$, 我们有

$$R_N(x) = \frac{f^{(N+1)}(c)}{(N+1)!}x^{N+1},$$

其中 c 介于 0 与 x 之间. 我们已经从前一个例子知道, 不能令 $N = 2$, 因为此时会得到一个最大的误差 1/81, 而我们需要误差小于 1/10 000. 所以, 来看一下 $N = 3$ 是否可行. 现在误差项为

$$R_3(x) = \frac{f^{(4)}(c)}{4!}x^4 = \frac{\mathrm{e}^c}{24}x^4,$$

其中 c 介于 0 与 x 之间. 令 $x = 1/3$ 可得

$$R_3(1/3) = \frac{\mathrm{e}^c}{24}\left(\frac{1}{3}\right)^4 = \frac{\mathrm{e}^c}{24 \times 81},$$

其中 $0 < c < 1/3$. 我们引用前一节的结论, 当 c 介于 0 与 1/3 之间时, $\mathrm{e}^c < 2$:

$$|R_3(1/3)| = \frac{|\mathrm{e}^c|}{24 \times 81} < \frac{2}{24 \times 81} = \frac{1}{972}.$$

这个结果并不小于 1/10 000, 所以 $N = 3$ 不够大. 再试一下 $N = 4$. 重复上面的步骤, 有

$$R_4(x) = \frac{f^{(5)}(c)}{5!}x^5 = \frac{\mathrm{e}^c}{120}x^5,$$

所以令 $x = 1/3$, 可知

$$R_4(1/3) = \frac{\mathrm{e}^c}{120}\left(\frac{1}{3}\right)^5 = \frac{\mathrm{e}^c}{120 \times 243}.$$

c 还是介于 0 与 $1/3$ 之间, 同样有 $\mathrm{e}^c < 2$, 所以

$$|R_4(1/3)| < \frac{2}{120 \times 243} = \frac{1}{14\,580}.$$

(别急着用计算器来计算最后的分数, 再想一下, 其实可以将 $2/120$ 化简为 $1/60$, 然后算出 6×243, 再乘以 10, 最后写在分母上.) 不管怎样, 我们知道 $|R_4(1/3)|$ 远小于 $1/10\,000$, 所以目的达到了: 令 $N = 4$, 那估算值是多少呢? 我们需要求出 $P_4(1/3)$. 一般地, 当 $a = 0$, 四阶泰勒多项式 P_4 为

$$P_4(x) = 1 + x + \frac{x^2}{2!} + \frac{x^3}{3!} + \frac{x^4}{4!},$$

所以

$$P_4\left(\frac{1}{3}\right) = 1 + \frac{1}{3} + \frac{(1/3)^2}{2} + \frac{(1/3)^3}{6} + \frac{(1/3)^4}{24} = 1 + \frac{1}{3} + \frac{1}{18} + \frac{1}{162} + \frac{1}{1944} = \frac{2713}{1944},$$

即

$$\mathrm{e}^{1/3} = f(1/3) \approx P_4(1/3) = \frac{2713}{1944}.$$

所以, 我们可以将前一个例子中的估算值 $25/18$ 替换为更好的估算, 即 $2713/1944$. 这个新的估算值保证与 $\mathrm{e}^{1/3}$ 真实值的误差在 $1/10\,000$ 以内. 验证一下, 我用计算器算出 $2713/1944$ 精确到 5 位小数的值为 $1.395\,58$, 而 $\mathrm{e}^{1/3}$ 精确到 5 位小数的值为 $1.395\,61$, 最多相差 $0.000\,04$, 显然在允许的范围 $1/10\,000 = 0.0001$ 之内.

25.3.3 第三个例子

这里有一个问题: 估算 $\sqrt{27}$, 误差不大于 $1/250$. 根据前面的方法, 我们需要选择一个合适的函数 f 以及 a 和 x 的值. 较好的选择是令 $f(x) = \sqrt{x}$, 或者 $f(x) = x^{1/2}$, 随便哪个都行. 我们要估算 $f(27) = \sqrt{27}$ 的值, 所以令 $x = 27$. 现在要找一个接近 27 且易求平方根的数. 似乎 25 就可以, 我们令 $a = 25$, 这是第一步. 第二步是填一个导数表:

n	$f^{(n)}(x)$	$f^{(n)}(25)$
0	$x^{1/2}$	5
1	$\frac{1}{2}x^{-1/2}$	$1/10$
2	$-\frac{1}{4}x^{-3/2}$	$-1/500$
3	$\frac{3}{8}x^{-5/2}$	$3/8 \times 1/5^5$

记住, 要填这个表, 在首行的中间一列填上 $x^{1/2}$, 然后连续求几次导, 将结果填在中间列的后面几行. 最后, 右边是将值 $a = 25$ 代入所得的值. 困难的是, 我们不知道这个表需要填到第几行. 可能需要更多行.

现在我们来看误差项

$$R_N(x) = \frac{f^{(N+1)}(c)}{(N+1)!}(x-25)^{N+1},$$

其中 c 介于 x 与 25 之间. 我们关注的是 $x = 27$, 将其代入得到

$$R_N(27) = \frac{f^{(N+1)}(c)}{(N+1)!}(27-25)^{N+1} = \frac{f^{(N+1)}(c)}{(N+1)!}2^{N+1},$$

其中 $25 \leqslant c \leqslant 27$. 感到幸运了吗? 或许 $N = 0$ 就够好了! 我们来试一下:

$$|R_0(27)| = \left| \frac{f'(c)}{1!}(27-25)^1 \right| = \frac{1}{2}c^{-1/2} \times 2 = c^{-1/2},$$

其中我们利用前面的表来求 $f'(c)$ 并去掉了绝对值, 因为所有数都是正的. 现在的大问题是, 对给定的 $25 \leqslant c \leqslant 27$, $c^{-1/2}$ 有多大? 注意 $c^{-1/2}$ 关于 c 递减, 所以当 $c = 25$ 时有最大值. 因为 $c^{-1/2}$ 为 $25^{-1/2} = 1/5$, 所以, 有

$$|R_0(27)| = c^{-1/2} \leqslant 1/5.$$

故误差可能高达 $1/5$. 有点太高了, 我们需要误差不大于 $1/250$. 所以选择 $N = 0$ 显然有点太过于乐观了! 我们需要更好点. 试一下 $N = 1$, 则

$$|R_1(27)| = \left| \frac{f''(c)}{2!}(27-25)^2 \right| = \left| -\frac{1}{4}c^{-3/2} \times \frac{1}{2!} \times 2^2 \right| = \frac{c^{-3/2}}{2}.$$

同样用前面的表来求 $f''(c)$. 这次我要用绝对值, 因为 $R_1(27)$ 是负的 (是的, 有些估高了). 还是当 c 最小时 $c^{-3/2}$ 最大, 即 $c = 25$, 这时表达式为 $25^{-3/2} = 1/125$, 所以

$$|R_1(27)| = \frac{c^{-3/2}}{2} \leqslant \frac{1}{125} \times \frac{1}{2} = \frac{1}{250}.$$

这就意味着误差不大于 $1/250$, 正是我们想要的. 因此取 $N = 1$, 我们只需求 $P_1(27)$. (因为 $N = 1$, 这里我们其实运用了线性化.) 总之, 我们知道了

$$P_1(x) = f(25) + f'(25)(x-25) = 5 + \frac{1}{10}(x-25),$$

其中 $f(25)$ 和 $f'(25)$ 的值可从前面的表中得到, 令 $x = 27$, 有

$$P_1(27) = 5 + \frac{1}{10}(27-25) = \frac{26}{5}.$$

我们得到 $\sqrt{27}$ 近似等于 $26/5$ 的结论, 这两个数之间的差在 $1/250$ 之内, 且 $26/5$ 高于 $\sqrt{27}$ (因为误差项 $R_1(27)$ 是负的). 事实上, 计算器算出的 $\sqrt{27}$ 约为 $5.196\ 15$, 与 $26/5 = 5.2$ 的差在 $1/250$ 之内. 对 $N = 2$ 或更大值的情况, 估算值不会错, 反而会更好, 只不过数会更不整洁.

25.3.4 第四个例子

为了提出本节的问题, 我们将前面的问题做个小的变动. 我们将 $\sqrt{27}$ 换成 $\sqrt{23}$, 欲估算 $\sqrt{23}$ 的误差不大于 $1/250$ 的值. 这没比前面的例子难多少, 是吧? 然而, 也

不尽然, 我们来看看. 我们仍将采用 $f(x) = x^{1/2}$, $a = 25$ 的泰勒级数, 不过这里需要将 $x = 27$ 换为 $x = 23$. 我们来看一下余项 R_1:

$$|R_1(23)| = \left|\frac{f''(c)}{2!}(23 - 25)^2\right| = \left|-\frac{1}{4}c^{-3/2} \times \frac{1}{2!} \times (-2)^2\right| = \frac{c^{-3/2}}{2}.$$

这就是误差项! 不过现在与前一个例子有个很重要的不同: c 介于 23 和 25 之间. 所以 $\frac{1}{2}c^{-3/2}$ 有多大呢? 这个量仍关于 c 递减, 所以随着 c 的减小, 其值变成最大值, 即当 $c = 23$ 时值最大. 因此有如下的估算:

$$|R_1(23)| = \frac{c^{-3/2}}{2} \leqslant \frac{23^{-3/2}}{2}.$$

不幸的是, $23^{-3/2}$ 并不比 $25^{-3/2}$ 好算. 我们唯一可以肯定的是这种情况不够好. 你知道, $\frac{1}{2} \cdot 25^{-3/2} = 1/250$, 但 $\frac{1}{2} \cdot 23^{-3/2}$ 大于 $1/250$, 所以太大了. 所以 $N = 1$ 不行, 需要试一下 $N = 2$.

取 $N = 2$ 并运用 25.3.3 节的表, 有

$$|R_2(23)| = \left|\frac{f^{(3)}(c)}{3!}(23 - 25)^3\right| = \left|-\frac{3}{8}c^{-5/2} \times \frac{1}{3!} \times (-2)^3\right| = \frac{c^{-5/2}}{2},$$

其中 $23 \leqslant c \leqslant 25$. 这次当 $c = 23$ 时, $c^{-5/2}$ 还是最大的, 因此有

$$|R_2(23)| = \frac{c^{-5/2}}{2} \leqslant \frac{23^{-5/2}}{2}.$$

这个够好吗? 没有计算器, 我们不得不寻找一些估算 $23^{-5/2}$ 的方法. 朋友, 你怎么来实现呢? 我能想到的最好办法就是找一个小于 23 的数, 并且这个数的 $-5/2$ 次幂是容易算出来的. 那应该是 16, 而 $16^{-5/2} = 1/4^5 = 1/1024$, 所以

$$|R_2(23)| \leqslant \frac{23^{-5/2}}{2} \leqslant \frac{16^{-5/2}}{2} = \frac{1}{1024} \times \frac{1}{2} = \frac{1}{2048}.$$

这个值当然小于 $1/250$, 所以采用 $N = 2$ 是可以的, 我们就可以用 $P_2(23)$ 了. 现在

$$P_2(x) = f(25) + f'(25)(x - 25) + \frac{f''(25)}{2!}(x - 25)^2$$
$$= 5 + \frac{1}{10}(x - 25) - \frac{1}{500 \times 2}(x - 25)^2.$$

(再一次利用那个表), 将 x 用 23 代换, 我们有

$$P_2(23) = 5 + \frac{1}{10}(23 - 25) - \frac{1}{1000}(23 - 25)^2 = 5 - \frac{2}{10} - \frac{4}{1000} = \frac{1199}{250}.$$

因此对 $\sqrt{23}$ 的估算值是 $1199/250$. 用计算器得出最后分数的结果等于 4.796, 而 $\sqrt{23}$ 的计算结果为 $4.795\,83$. 这两个数的差的确在 $1/250$ 范围内.

25.3.5 第五个例子

我们再来看一个例子: 用三阶泰勒级数估算 $\cos(\pi/3 - 0.01)$ 的值, 并给出该估

算的精确度. 我们需要选择一个函数, 显而易见的函数是 $f(x) = \cos(x)$, 所以我们要令 $x = \pi/3 - 0.01$. 那余弦值易求且接近于 x 的数是什么呢? 显然 $a = \pi/3$ 是一个自然的候选项. 故我们得到如下的表:

n	$f^{(n)}(x)$	$f^{(n)}(\pi/3)$
0	$\cos(x)$	$1/2$
1	$-\sin(x)$	$-\sqrt{3}/2$
2	$-\cos(x)$	$-1/2$
3	$\sin(x)$	$\sqrt{3}/2$
4	$\cos(x)$	不需要

误差项 $R_3(x)$ 为

$$R_3(x) = \frac{f^{(4)}(c)}{4!}\left(x - \frac{\pi}{3}\right)^4 = \frac{\cos(c)}{24}\left(x - \frac{\pi}{3}\right)^4,$$

其中 c 介于 x 与 $\pi/3$ 之间. 注意, 我们需要的是 $f^{(4)}(c)$ 而不是 $f^{(4)}(\pi/3)$, 这就解释了表中出现的 "不需要". 当 $x = \pi/3 - 0.01$, 我们有

$$R_3\left(\frac{\pi}{3} - 0.01\right) = \frac{\cos(c)}{24}\left(\frac{\pi}{3} - 0.01 - \frac{\pi}{3}\right)^4 = \frac{\cos(c)}{24}(-0.01)^4 = \frac{\cos(c)}{24 \times 10^8}.$$

(这里我们使用了 $(-0.01)^4 = (0.01)^4 = (10^{-2})^4 = 10^{-8}$.) 现在只需估算误差项的绝对值. 鉴于 $|\cos(c)| \leqslant 1$, 我们有

$$\left|R_3\left(\frac{\pi}{3} - 0.01\right)\right| = \frac{|\cos(c)|}{24 \times 10^8} \leqslant \frac{1}{24 \times 10^8} = \frac{1}{2\,400\,000\,000}.$$

太好了, 我们知道运用 $P_3(\pi/3 - 0.01)$ 来估算 $\cos(\pi/3 - 0.01)$ 会使得估算值精确到很小的数 $1/2\,400\,000\,000$. 那 $P_3(\pi/3 - 0.01)$ 是多少呢? 根据公式有

$$P_3(x) = f\left(\frac{\pi}{3}\right) + f'\left(\frac{\pi}{3}\right)\left(x - \frac{\pi}{3}\right) + \frac{1}{2!}f''\left(\frac{\pi}{3}\right)\left(x - \frac{\pi}{3}\right)^2 + \frac{1}{3!}f^{(3)}\left(\frac{\pi}{3}\right)\left(x - \frac{\pi}{3}\right)^3.$$

应用上面的导数表, 其变为

$$P_3(x) = \frac{1}{2} - \frac{\sqrt{3}}{2}\left(x - \frac{\pi}{3}\right) - \frac{1}{2} \times \frac{1}{2}\left(x - \frac{\pi}{3}\right)^2 + \frac{1}{6} \times \frac{\sqrt{3}}{2}\left(x - \frac{\pi}{3}\right)^3.$$

令 $x = \pi/3 - 0.01$ 并化简, 结果是

$$\begin{aligned}
P_3\left(\frac{\pi}{3} - 0.01\right) &= \frac{1}{2} - \frac{\sqrt{3}}{2}(-0.01) - \frac{1}{4}(-0.01)^2 + \frac{\sqrt{3}}{12}(-0.01)^3 \\
&= \frac{1}{2} + \frac{\sqrt{3}}{200} - \frac{1}{40\,000} - \frac{\sqrt{3}}{12\,000\,000}.
\end{aligned}$$

这个表达式看起来很麻烦, 但其实还不错, 唯一棘手的量是 $\sqrt{3}$, 不过它本身是容易估算的, 至少表达式中没有三角函数了. 总之, 由于 $f(\pi/3 - 0.01)$ 近似等于 $P_3(\pi/3 - 0.01)$, 我们有

$$\cos\left(\frac{\pi}{3} - 0.01\right) = f\left(\frac{\pi}{3} - 0.01\right) \approx \frac{1}{2} + \frac{\sqrt{3}}{200} - \frac{1}{40\,000} - \frac{\sqrt{3}}{12\,000\,000},$$

精确到 $1/2\,400\,000\,000$ 之内.

25.3.6 误差项估算的一般方法

在前面所有例子中, 我们都要对在某区间内取值的 c 来估算 $|f^{(N+1)}(c)|$. 我们总结下一般的对策.

(1) 不管 c 是多少, 你总能使用标准的不等式 $|\sin(c)| \leqslant 1$ 和 $|\cos(c)| \leqslant 1$.

(2) 若函数 $f^{(N+1)}$ 是递增的, 则它的值在右端点最大. 在前两个例子中, 我们要求 e^c 的最大值, 其中 $0 < c < 1/3$. 由于 e^c 关于 c 递增, 所以可以说 $\mathrm{e}^c < \mathrm{e}^{1/3}$. 另一方面, 在 24.1.4 节的例子中, 我们也需要最大化 e^c, 不过那次 $-1/10 < c < 0$. 同样, 由于 e^c 关于 c 递增, 因而这个最大值就是 $\mathrm{e}^0 = 1$, 即 $\mathrm{e}^c < \mathrm{e}^0 = 1$.

(3) 若函数 $f^{(N+1)}$ 是递减的, 则它的最大值 $f^{(N+1)}(c)$ 出现在区间的左端点. 例如, 若已知 c 介于 1 和 5 之间, 则最大值 $1/(3+c)^4$ 出现在区间 $[1,5]$ 的左端点, 因为 $1/(3+c)^4$ 关于 c 递减. 所以上面的表达式在 $c = 1$ 时最大, 相应的值为 $1/4^4 = 1/256$.

(4) 一般地, 为了求最大值, 可能还要求函数 $f^{(N+1)}$ 的临界点. (具体求法见 11.1.1 节.)

25.4 误差估算的另一种方法

回想一下交错级数判别法 (见 22.5.4 节). 该判别法表明若级数是交错的, 且各项的绝对值递减趋于 0, 则级数收敛. 收敛的原因是, 部分和与真实极限值之间就如儿童摇摇乐车: 这个部分和大点, 下一个部分和小点, 再下一个部分和大点, 等等. 每次, 部分和都更接近真实极限值, 就像摇摇乐车正在失去动力. 方法就是在级数中的每个点, 每加一项都超越真实值, 所以整个误差小于下一项的绝对值.

我们用符号来表述. 假设从某函数 f 开始, 求它关于 $x = a$ 的泰勒级数. 若碰巧你还知道级数对某些特定的 x 值收敛于 $f(x)$(就像我们讨论的一些函数一样), 则可以写为

$$f(x) = \sum_{n=0}^{\infty} \frac{f^{(n)}(a)}{n!}(x-a)^n.$$

对那些你感兴趣的特定的 x 值, 上述级数若是各项绝对值递减趋于 0 的交错级数, 则误差小于下一项. 即

$$|R_N(x)| \leqslant \left| \frac{f^{(N+1)}(a)}{(N+1)!}(x-a)^{N+1} \right|.$$

这里没有讨厌的 c, 这足以成为我们运用这个理想结论的原因. 记住, 上述结论只有当级数满足交错级数的三个条件时才成立!

下面是该方法适用的例子. 假设我们欲用麦克劳林级数来求定积分

$$\int_0^1 \frac{1-\cos(t)}{t^2}\mathrm{d}t,$$

误差不大于 1/3000 的估算值. 该积分好像是一个瑕点在 $t=0$ 的反常积分, 但其实 $t=0$ 不是瑕点. 由洛必达法则可知

$$\lim_{t\to 0}\frac{1-\cos(t)}{t^2} \overset{\text{l'H}}{=\!=} \lim_{t\to 0}\frac{\sin(t)}{2t} = \frac{1}{2}.$$

即, 被积函数在 $t=0$ 并没有趋于无穷, 所以积分不是反常的. 不管怎样, 刚刚只是观察, 现在我们要解决问题.

第一个有用的方法是先构造一个像上述积分的函数, 令

$$f(x) = \int_0^x \frac{1-\cos(t)}{t^2}\mathrm{d}t.$$

则我们要估算的积分是 $f(1)$. 我们要求 f 的麦克劳林级数. 为此, 将 $\cos(t)$ 用它的麦克劳林级数代换, 该级数已在 24.2.3 节求得, 即

$$f(x) = \int_0^x \frac{1-\left(1-\frac{t^2}{2!}+\frac{t^4}{4!}-\frac{t^6}{6!}+\frac{t^8}{8!}-\cdots\right)}{t^2}\mathrm{d}t.$$

若稍作化简, 可写成

$$f(x) = \int_0^x \left(\frac{1}{2!}-\frac{t^2}{4!}+\frac{t^4}{6!}-\frac{t^6}{8!}+\cdots\right)\mathrm{d}t.$$

现在求积分并计算在端点处的值:

$$f(x) = \left(\frac{t}{2!}-\frac{t^3}{3\times 4!}+\frac{t^5}{5\times 6!}-\frac{t^7}{7\times 8!}+\cdots\right)\Big|_0^x$$
$$= \frac{x}{2!}-\frac{x^3}{3\times 4!}+\frac{x^5}{5\times 6!}-\frac{x^7}{7\times 8!}+\cdots.$$

尝试将上式用求和号表示是一个很好的做法. 总之, 现在可将 $x=1$ 代入得

$$f(1) = \int_0^1 \frac{1-\cos(t)}{t^2}\mathrm{d}t = \frac{1}{2!}-\frac{1}{3\times 4!}+\frac{1}{5\times 6!}-\frac{1}{7\times 8!}+\cdots.$$

说实话, 这里我将两个更快的方法放在了一起. 首先, 我将 $\cos(t)$ 用它的麦克劳林级数代替. 还好我们已经在 24.2.3 节知道这对所有 t 都成立. 其次, 我对无穷级数逐项求积分, 并声明对所有 x 都可以这么做. 我们将在 26.2.3 节看到这么做是可以的 (虽然我们不会对其证明). 总之, 上面的等式是正确的. 现在给定的积分有一个无穷级数的表达式.

现在唯一的问题是, 要求与真实值误差在 1/3000 内的近似值需取多少项? 注意该级数是各项递减趋于 0 的交错级数, 那么我们可以运用下一项的绝对值大于误差的结论. 例如, 若用首项 1/2! 近似积分, 则误差不大于 $1/(3\times 4!)$, 即 1/72. 这

也太大了. 那用前两项来近似该积分怎么样? 即,

$$\int_0^1 \frac{1 - \cos(t)}{t^2} \mathrm{d}t \approx \frac{1}{2!} - \frac{1}{3 \times 4!} = \frac{35}{72}$$

怎样? 那么误差小于下一项的绝对值:

$$|\text{误差}| \leqslant \frac{1}{5 \times 6!} = \frac{1}{5 \times 720} = \frac{1}{3600}.$$

这小于我们的容忍度 1/3000, 很好. 我们完全可以说积分近似等于 35/72, 误差小于 1/3000. (我们甚至可以说 35/72 是低估的, 为什么?) 我用处理这类问题的计算机程序求了一下积分, 得到积分值约为 0.486 385, 而计算器计算的 35/72 值等于 0.486 111 (精确到 6 位小数), 这两个数的差的确在 1/3000 内.

　　作为练习, 试着用与上面相同的方法近似

$$\int_0^{1/2} \frac{\sin(t)}{t} \mathrm{d}t,$$

误差为 1/1000. (你会用到 $\sin(t)$ 的麦克劳林级数, 这个可在 26.2 节找到.)

第 26 章　泰勒级数和幂级数：如何解题

本章, 我们将讨论涉及泰勒级数、泰勒多项式和幂级数的四类不同问题:

- 如何确定幂级数收敛或发散的区间;
- 如何利用现有泰勒级数来求其他的泰勒级数和泰勒多项式;
- 利用泰勒级数或泰勒多项式求导;
- 利用麦克劳林级数求极限.

26.1　幂级数的收敛性

假定有一个关于 $x = a$ 的幂级数

$$\sum_{n=0}^{\infty} a_n(x-a)^n.$$

由几何级数的例子可见, 一个幂级数可能对某些 x 收敛, 而对某些 x 发散. 我们想问的一个问题是: 对上面给定的幂级数, x 取何值时收敛, 取何值时发散? 另外, 假设级数对某特定的 x 收敛, 若能确定该收敛是绝对收敛还是条件收敛就好了. 所以, 我们来看一下可能会发生什么, 然后好好利用这些观察所得结果.

26.1.1　收敛半径

我们想知道什么样的 x 能使幂级数 $\sum_{n=0}^{\infty} a_n(x-a)^n$ 收敛. 表面上看, 我们似乎必须回答无穷多个问题, 因为有无穷多个 x 的值需要代入并验证级数收敛与否. 我们画一个数轴来表示 x 的不同值. 对每个使级数收敛的 x, 都在它上面打个对号; 而对使级数发散的 x 就打个叉号. (当然, 我们不是对每个 x 都这么做, 若如此, 图就太挤了! 只标一部分, 得到结论就可以了.) 例如, 几何级数 $\sum_{n=0}^{\infty} x^n$ 当 $-1 < x < 1$ 时收敛, 其他情况均发散, 如图 26-1 所示.

$$\times \times \times \times \times \times \times \times \times \times \times \overset{\overset{\times}{\downarrow}}{\big/\big/\big/\big/\big/\big/\big/\big/\big/\big/\big/\big/\big/\big/\big/} \overset{\overset{\times}{\downarrow}}{\times} \times \times \times \times \times \times \times \times \times \times$$

$$-1 \qquad 0 \qquad 1$$

图　26-1

注意我对在端点 -1 和 1 处的发散做了特别标注.

另外, 我们已经知道级数

$$\sum_{n=0}^{\infty} \frac{x^n}{n!}$$

对所有 x 收敛 (当然, 收敛到 e^x), 如图 26-2 所示.

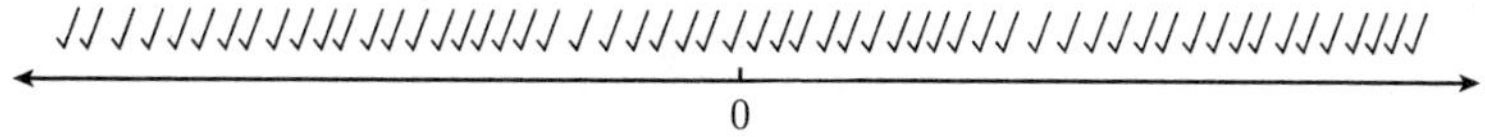

图 26-2

看起来似乎是难以预测的. 我们可以确定的是, 幂级数在 $x = a$ 处都收敛. 其实, 若将 $x = a$ 代入

$$\sum_{n=0}^{\infty} a_n(x-a)^n = a_0 + a_1(x-a) + a_2(x-a)^2 + \cdots,$$

就能知道除了 a_0 外, 其他项都没有了. 因此, 级数显然收敛 (到 a_0). 不幸的是, $x = a$ 是我们唯一可以确定收敛性的值. 那其他的值呢? 可能会是对号和叉号的大杂烩, 如图 26-3 所示.

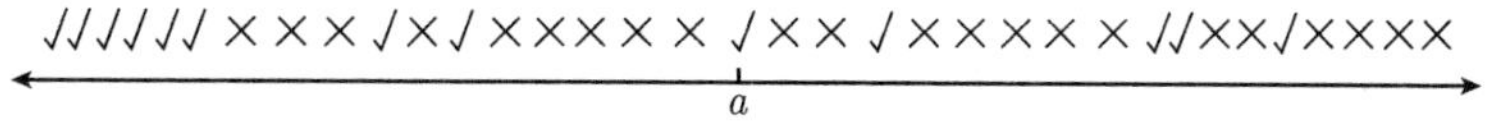

图 26-3

事实证明, 幂级数是不会像上图这样. 具体来说, 只可能出现如下三种可能性.

(1) 存在某数 $R > 0$, 被称为幂级数的收敛半径, 如图 26-4 所示.

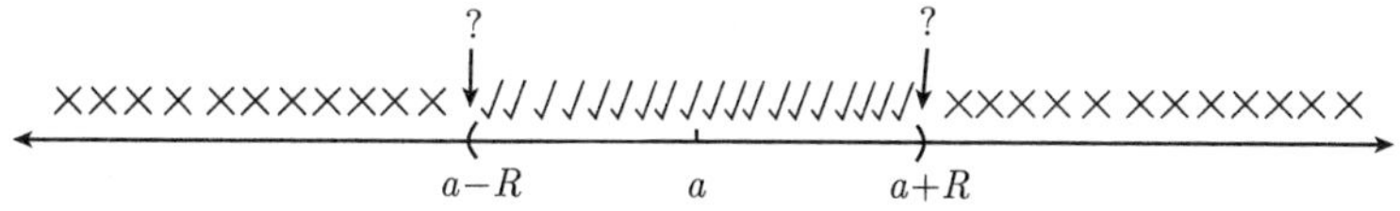

图 26-4

该图的解释如下.

- 幂级数在区域 $|x - a| < R$ 内收敛 (也可将该条件写为 $a - R < x < a + R$), 所以图像在那个区间是对号.
- 幂级数在区域 $|x - a| > R$ 内发散 (也可将该条件写为 $x < a - R$ 或 $x > a + R$), 所以图像在那个区间是叉号.
- 在两个特殊点 $|x - a| = R$ (即 $x = a + R$ 和 $x = a - R$) 处, 幂级数可能绝对收敛、条件收敛或发散. 这需要分别对这两个点进行讨论, 所以上图在这两个点处是问号. 我将称这样的点称为 "端点".

(2) 幂级数可能对所有的 x 均绝对收敛, 这种情况下的图像如图 26-5 所示.

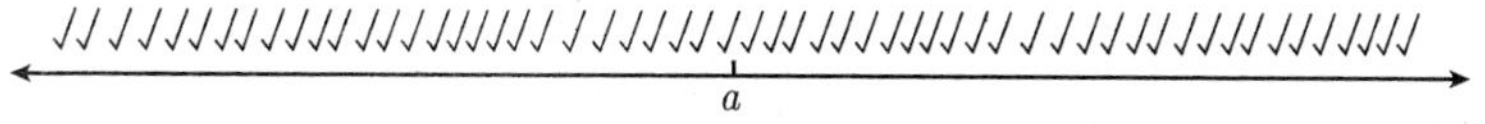

图 26-5

在这种情况下, 我们说收敛半径为 ∞. 如我们前面所见, 这样的一个例子是 e^x 的幂级数

$$\sum_{n=0}^{\infty} \frac{x^n}{n!}.$$

其他的例子包含 $\sin(x)$ 和 $\cos(x)$ 的麦克劳林级数.

(3) 幂级数可能只在 $x = a$ 时收敛, 而对其他所有的 x 均发散. 在这种情况下, 收敛半径为 0, 我们很快就会知道, 级数

$$\sum_{n=0}^{\infty} n! x^n$$

就是这种情形. 这种情况的图像如图 26-6 所示.

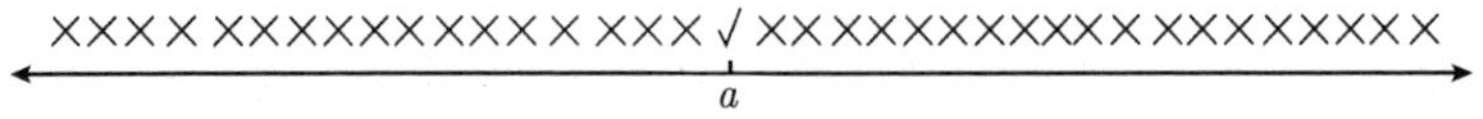

×××××××××××××× ××× √ ×××××××××××××××××××
                                  a

图 26-6

当然, 我还没有说为什么这些是仅有的可能. 不过很快就可以弄清楚了!

26.1.2 求收敛半径和收敛区域

给定一个幂级数, 如何求收敛半径? 答案是用比式判别法. 有时, 根式判别法会更有效, 但比式判别法对大多数问题更合适. (比式判别法和根式判别法的更多细节分别见 23.3 节和 23.4 节.) 这里是一般的方法.

(1) 写出比值绝对值的极限, 常常为

$$\lim_{n \to \infty} \left| \frac{a_{n+1}(x-a)^{n+1}}{a_n(x-a)^n} \right| = \lim_{n \to \infty} \left| \frac{a_{n+1}}{a_n} \right| |x-a|.$$

若使用的是根式判别法, 则得到

$$\lim_{n \to \infty} |a_n(x-a)^n|^{1/n} = \lim_{n \to \infty} |a_n|^{1/n} |x-a|.$$

(2) 算出极限. 注意, 极限是在 $n \to \infty$ 时而不是 $x \to \infty$ 时. 它们的差别很大! 无论是运用比式判别法还是根式判别法, 答案都形如 $L|x-a|$, 其中 L 可能是一个有限值、0 或者 ∞. 重要的是结果中有因子 $|x-a|$.

(3) 不管是比式判别法还是根式判别法, 重要的是极限 $L|x-a|$ 是小于 1, 大于 1, 还是等于 1. 所以, 若 L 是正的, 则除以 L 就能知道一切: 若 $|x-a| < 1/L$, 则幂级数绝对收敛; 若 $|x-a| > 1/L$, 则幂级数发散; 若 $|x-a| = 1/L$, 则得不到结论, 需要讨论两个端点. 这是前一节的第一种情形, 收敛半径是 $1/L$.

(4) 若 $L = 0$, 则不论 x 取何值, 比式的极限都为 0. 由于 $0 < 1$, 这意味着幂级数对所有的 x 值都绝对收敛, 所以, 这是前一节的第二种情形, 收敛半径为 ∞.

(5) 若 $L = \infty$, 则看起来似乎幂级数永不收敛. 其实, 当 $x = a$ 时幂级数一定收敛, 但幂级数对其他的任何 x 值都发散. 所以, 这是前一节的第三种情形, 收敛半

径为 0.

　　这或多或少地说明了我们为什么必然得到前一节的三种情形之一. 不过, 这些仍很抽象, 还需要用一系列的例子来加以说明.

　　首先, 考虑幂级数

$$\sum_{n=2}^{\infty} \frac{x^n}{n \ln(n)}.$$

我们采用比式判别法. 我们从取通项 $x^n/(n \ln(n))$ 开始, 并把它作为一个大分数的分母; 然后选取大分数的分子, 还是从通项 $x^n/(n \ln(n))$ 开始, 不过这次将每个 n 用 $n+1$ 代换; 最后, 取绝对值, 然后取 $n \to \infty$ 的极限. 所以, 我们需要考虑的是

$$\lim_{n \to \infty} \left| \frac{\dfrac{x^{n+1}}{(n+1)\ln(n+1)}}{\dfrac{x^n}{n\ln(n)}} \right|.$$

这与普通的用比式判别法的级数问题一样: 只需合并同类项. 可得

$$\lim_{n \to \infty} \left| \frac{\dfrac{x^{n+1}}{(n+1)\ln(n+1)}}{\dfrac{x^n}{n\ln(n)}} \right| = \lim_{n \to \infty} \left| \frac{x^{n+1}}{x^n} \frac{n}{n+1} \frac{\ln(n)}{\ln(n+1)} \right|$$

$$= \lim_{n \to \infty} |x| \frac{n}{n+1} \frac{\ln(n)}{\ln(n+1)} = |x|.$$

同样, 极限是在 $n \to \infty$ 时, 这就是将 $n/(n+1)$ 和 $\ln(n)/\ln(n+1)$ 换成 1 的原因. (对对数运用洛必达法则, 细节自行完成.) 总之, 比式的极限为 $|x|$, 故由比式判别法, 我们的幂级数当 $|x| < 1$ 时绝对收敛, 当 $|x| > 1$ 时发散, 即收敛半径为 1. 我们仍需讨论 $x = 1$ 和 $x = -1$ 时的情形. 先看 $x = 1$, 将 $x = 1$ 代入, 则原幂级数变为

$$\sum_{n=2}^{\infty} \frac{1^n}{n \ln(n)} = \sum_{n=2}^{\infty} \frac{1}{n \ln(n)}.$$

它收敛吗? 你可运用积分判别法得到, 它发散 (或见 23.5 节). 现在将 $x = -1$ 代入原幂级数可得

$$\sum_{n=2}^{\infty} \frac{(-1)^n}{n \ln(n)}.$$

它不绝对收敛, 事实上, 将该级数的各项用它们的绝对值代换就是当 $x = 1$ 时的级数, 这个级数刚刚已被证得是发散的. 另一方面, 上面 $x = -1$ 对应的级数可由交错级数判别法证得是收敛的 (用 23.7 节的方法, 可自行写出具体细节). 于是, 我们知道在点 $x = -1$ 处条件收敛. 总之, 幂级数在 $-1 < x < 1$ 时绝对收敛, 当 $x = -1$ 时条件收敛, 对其他的所有 x 都发散. 图像如图 26-7 所示.

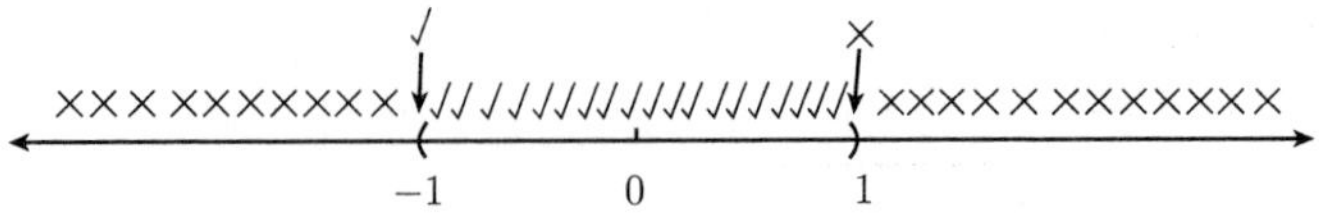

图 26-7

现在考虑

$$\sum_{n=2}^{\infty} \frac{x^n}{n(\ln(n))^2}.$$

这与前一个问题几乎一样, 我们来看看. 我们有

$$\lim_{n\to\infty} \left| \frac{\frac{x^{n+1}}{(n+1)(\ln(n+1))^2}}{\frac{x^n}{n(\ln(n))^2}} \right| = \lim_{n\to\infty} \left| \frac{x^{n+1}}{x^n} \frac{n}{n+1} \frac{(\ln(n))^2}{(\ln(n+1))^2} \right|$$

$$= \lim_{n\to\infty} |x| \frac{n}{n+1} \left(\frac{\ln(n)}{\ln(n+1)} \right)^2,$$

它仍然可以化简到 $|x|$. 故幂级数还是在 $|x| < 1$ 时绝对收敛, 在 $|x| > 1$ 时发散. 因此, 收敛半径是 1. 对于端点, 我们令 $x = 1$:

$$\sum_{n=2}^{\infty} \frac{1^n}{n(\ln(n))^2} = \sum_{n=2}^{\infty} \frac{1}{n(\ln(n))^2}.$$

如 23.5 节所述, 你可运用积分判别法得到该级数收敛, 由于各项均为正, 所以收敛为绝对收敛. 现在, 代入 $x = -1$, 我们得到

$$\sum_{n=2}^{\infty} \frac{(-1)^n}{n(\ln(n))^2}.$$

各项取绝对值对应的级数为

$$\sum_{n=2}^{\infty} \frac{1}{n(\ln(n))^2},$$

这与 $x = 1$ 时的级数一样, 所以它绝对收敛. 我们得到结论: 当 $-1 \leqslant x \leqslant 1$ 时幂级数绝对收敛, 且级数对其他所有 x 发散, 如图 26-8 所示.

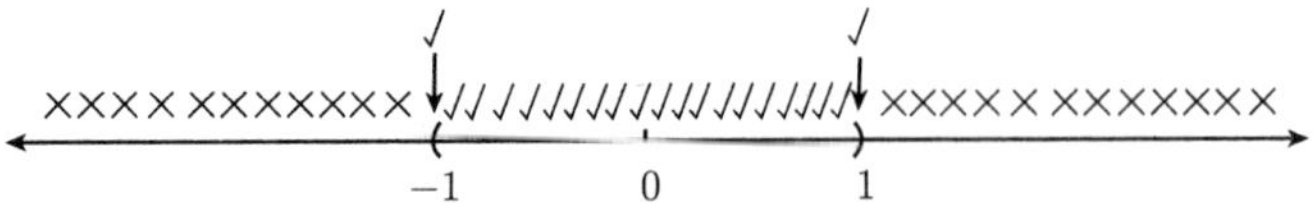

图 26-8

所以, 除了在端点 1 和 -1 处不同之外, 它与前一个例子一样.

那级数

$$\sum_{n=1}^{\infty} n! x^n$$

呢? 我们有

$$\lim_{n\to\infty}\left|\frac{(n+1)!x^{n+1}}{n!x^n}\right|=\lim_{n\to\infty}\left|\frac{(n+1)!}{n!}\frac{x^{n+1}}{x^n}\right|=\lim_{n\to\infty}(n+1)|x|.$$

最后的极限是什么? 若 $x=0$, 则当 $n\to\infty$ 时, $0(n+1)=0$ 的极限当然为 0. (你可能注意到了, 这种情况下的 x^{n+1}/x^n 并没定义!) 然而, 对其他的任何 x 值, 我们就有点晕了 —— 极限是 ∞, 肯定大于 1. 我们得出结论, 级数只在 $x=0$ 时收敛 (要知道, 级数必在 $x=a$ 处收敛, 在这个例子中 a 为 0). 所以收敛半径为 0, 且图像如图 26-9 所示.

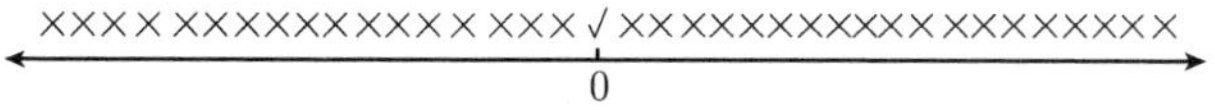

×××××××××××××× ××× √ ×××××××××××× ××××××××
0

图　26-9

现在考虑

$$\sum_{n=1}^{\infty}\frac{(-2)^n}{\sqrt{n}}(x-7)^n.$$

这是一个 $a=7$ 的幂级数, 所以该点肯定在收敛区域的中心. 不管怎样, 通过讨论, 我们有

$$\lim_{n\to\infty}\left|\frac{\frac{(-2)^{n+1}(x-7)^{n+1}}{\sqrt{n+1}}}{\frac{(-2)^n(x-7)^n}{\sqrt{n}}}\right|=\lim_{n\to\infty}\left|\frac{(-2)^{n+1}}{(-2)^n}\frac{(x-7)^{n+1}}{(x-7)^n}\sqrt{\frac{n}{n+1}}\right|$$
$$=2|x-7|.$$

所以幂级数在 $2|x-7|<1$ 时绝对收敛, 在 $2|x-7|>1$ 时发散. 两边除以 2, 可知级数在 $|x-7|<\frac{1}{2}$ 时收敛, 在 $|x-7|>\frac{1}{2}$ 时发散. 故收敛半径为 $\frac{1}{2}$, 图像如图 26-10 所示.

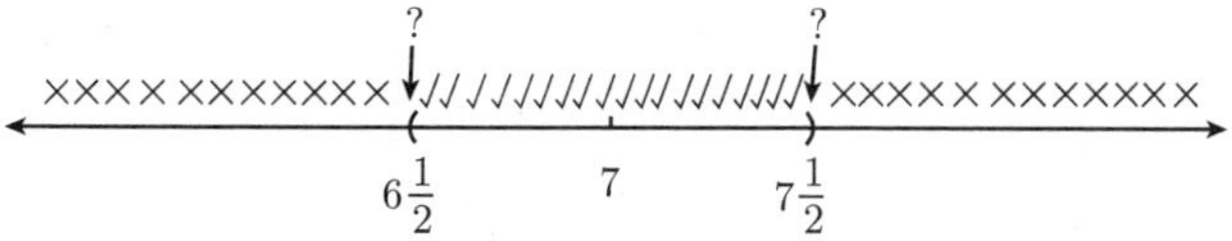

×××× ×××××××× (//////////////////) ×××××× ×××××××
$6\frac{1}{2}$　　　7　　　$7\frac{1}{2}$

图　26-10

我们仍需讨论端点. 试一下 $x=7\frac{1}{2}$, 则级数为

$$\sum_{n=1}^{\infty}\frac{(-2)^n}{\sqrt{n}}\left(7\frac{1}{2}-7\right)^n=\sum_{n=1}^{\infty}\frac{(-2)^n}{\sqrt{n}}\frac{1}{2^n}=\sum_{n=1}^{\infty}\frac{(-1)^n}{\sqrt{n}}.$$

要确保, 你意识到了为什么 $(-2)^n/2^n$ 能化简到 $(-1)^n$. 不管怎样, 我把证明最后这个级数条件收敛 (用交错级数判别法) 而非绝对收敛 (用 p 判别法) 留给你自行完成. 现在, 当 $x=6\frac{1}{2}$, 可得

$$\sum_{n=1}^{\infty}\frac{(-2)^n}{\sqrt{n}}\left(6\frac{1}{2}-7\right)^n=\sum_{n=1}^{\infty}\frac{(-2)^n}{\sqrt{n}}\left(-\frac{1}{2}\right)^n=\sum_{n=1}^{\infty}\frac{(-2)^n}{\sqrt{n}}\frac{1}{(-2)^n}=\sum_{n=1}^{\infty}\frac{1}{\sqrt{n}},$$

发散. 我们得出结论, 幂级数在 $6\frac{1}{2} < x < 7\frac{1}{2}$ 时绝对收敛, 在 $x = 7\frac{1}{2}$ 时条件收敛, 其他情况发散, 完整图示见图 26-11.

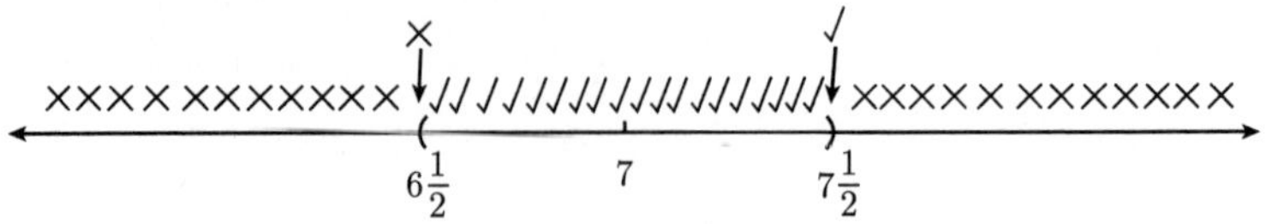

图　26-11

考虑级数

$$\sum_{n=1}^{\infty} \frac{3^n}{2^{n^2}}(x+2)^n.$$

该级数因为复杂的因子 2^{n^2} 使其更适合运用根式判别法. 你可以用比式判别法求出结果, 但根式判别法更好. 考虑第 n 项绝对值的 n 次方根的极限:

$$\lim_{n\to\infty}\left|\frac{3^n}{2^{n^2}}(x+2)^n\right|^{1/n} = \lim_{n\to\infty}\frac{(3^n)^{1/n}}{(2^{n^2})^{1/n}}(|x+2|^n)^{1/n} = \lim_{n\to\infty}\frac{3}{2^n}|x+2|.$$

现在无论 x 取何值, 极限都等于 0, 小于 1; 根据根式判别法, 幂级数对所有 x 都绝对收敛, 即收敛半径是 ∞, 图像如图 26-12 所示.

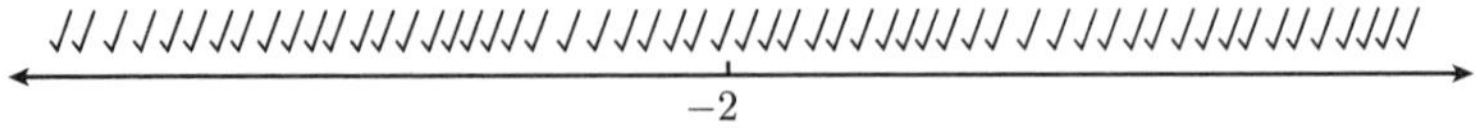

图　26-12

在进入下一节前, 这里还有最后一点说明: 当收敛半径为正时, 可能在两端点都收敛, 或在两端点都不收敛, 或只在左端点收敛, 或只在右端点收敛. 我们在前面见过了所有这四种可能.

26.2　合成新的泰勒级数

我们来看一些求泰勒级数的方法. 求给定函数 f 关于 $x = a$ 的泰勒级数的一个方法, 是像 25.2 节那样直接用公式. 为了运用公式需要求 f 的所有导数, 至少是在 $x = a$ 的所有导数. 对大多数函数来说, 这是一件令人厌烦的事. 通常, 一个较好的办法是用一些常见的泰勒级数来合成新的泰勒级数. 当然, 首先你需要知道一些泰勒级数! 下面 5 个麦克劳林级数 (关于 $x = 0$ 的泰勒级数) 是非常有用的.

(1) 对应 $f(x) = \mathrm{e}^x$:

$$\mathrm{e}^x = \sum_{n=0}^{\infty} \frac{x^n}{n!} = 1 + x + \frac{x^2}{2!} + \frac{x^3}{3!} + \cdots$$

对所有实数 x 都成立.

(2) 对应 $f(x) = \sin(x)$:

$$\sin(x) = \sum_{n=0}^{\infty} \frac{(-1)^n x^{2n+1}}{(2n+1)!} = x - \frac{x^3}{3!} + \frac{x^5}{5!} - \frac{x^7}{7!} + \cdots$$

对所有实数 x 都成立.

(3) 对应 $f(x) = \cos(x)$:

$$\cos(x) = \sum_{n=0}^{\infty} \frac{(-1)^n x^{2n}}{(2n)!} = 1 - \frac{x^2}{2!} + \frac{x^4}{4!} - \frac{x^6}{6!} + \cdots$$

对所有实数 x 都成立.

(4) 对应 $f(x) = 1/(1-x)$:

$$\frac{1}{1-x} = \sum_{n=0}^{\infty} x^n = 1 + x + x^2 + x^3 + \cdots$$

只对 $-1 < x < 1$ 成立.

(5) 对应 $f(x) = \ln(1+x)$ 或 $f(x) = \ln(1-x)$:

$$\ln(1+x) = \sum_{n=1}^{\infty} -\frac{(-1)^n x^n}{n} = x - \frac{x^2}{2} + \frac{x^3}{3} - \frac{x^4}{4} + \cdots$$
$$\ln(1-x) = \sum_{n=1}^{\infty} -\frac{x^n}{n} = -x - \frac{x^2}{2} - \frac{x^3}{3} - \frac{x^4}{4} - \cdots$$

对 $-1 < x < 1$ 成立. (其实, 第一个公式也对 $x = 1$ 成立, 第二个公式也对 $x = -1$ 成立, 不过这个有点复杂了!)

至今为止, 我们已经证明了公式 (1) 和 (3) (见 24.2.3 节) 和 (4) (见 22.2 节). 后面的 26.2.2 节和 26.2.3 节将分别讨论 (2) 和 (5).

无论如何, 我假设你已经学过了这 5 个级数. 下面介绍如何通过对它们进行操作来得到新的幂级数.[①]

26.2.1 代换和泰勒级数

最有用的方法就是做代换. 在麦克劳林级数中, 你可以将 x 换为 x^n 的倍数来得到一个新的麦克劳林级数, 其中 n 是一个整数. 例如, 我们知道

$$e^x = 1 + x + \frac{x^2}{2!} + \frac{x^3}{3!} + \frac{x^4}{4!} + \cdots$$

对任意 x 都成立, 故若想求 $f(x) = e^{x^2}$ 的麦克劳林级数, 只需将上述级数的 x 换成 x^2, 可得

$$e^{x^2} = 1 + x^2 + \frac{(x^2)^2}{2!} + \frac{(x^2)^3}{3!} + \frac{(x^2)^4}{4!} + \cdots,$$

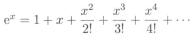

① 这些方法的证明不在本书讨论范围内.

并可化简为

$$e^{x^2} = 1 + x^2 + \frac{x^4}{2!} + \frac{x^6}{3!} + \frac{x^8}{4!} + \cdots.$$

由于原级数对任意 x 都成立, 这个级数也一样.

我们来看另一个常见的例子: $f(x) = 1/(1+x^2)$ 的麦克劳林级数是什么? 要求解该题, 我们从下面的几何级数开始:

$$\frac{1}{1-x} = \sum_{n=0}^{\infty} x^n = 1 + x + x^2 + x^3 + \cdots,$$

它对 $-1 < x < 1$ 成立, 然后将 x 换成 $-x^2$ 可得

$$\frac{1}{1+x^2} = \sum_{n=0}^{\infty} (-x^2)^n = \sum_{n=0}^{\infty} (-1)^n x^{2n} = 1 - x^2 + x^4 - x^6 + \cdots,$$

它对 $-1 < -x^2 < 1$ 成立. 注意, 我们将这个 "成立" 的不等式中的 x 换成了 $-x^2$. 在此, 这并不重要, 因为不等式最后可化简为 $-1 < x < 1$. 但是假设我们要求 $1/(1+2x^2)$ 的麦克劳林级数, 则需将 x 换成 $-2x^2$, 此时可得

$$\frac{1}{1+2x^2} = \sum_{n=0}^{\infty} (-2x^2)^n = \sum_{n=0}^{\infty} (-1)^n 2^n x^{2n} = 1 - 2x^2 + 4x^4 - 8x^6 + \cdots,$$

但它只对 $-1 < -2x^2 < 1$ 成立. 可以确信, 该不等式可化为 $-1/\sqrt{2} < x < 1/\sqrt{2}$. (这里的所有级数都是几何级数.)

假设现在从下面的等式开始, 该等式对所有的 x 都成立:

$$\sin(x) = x - \frac{x^3}{3!} + \frac{x^5}{5!} - \frac{x^7}{7!} + \cdots.$$

右边是 $\sin(x)$ 的麦克劳林级数, 或可看作 $\sin(x)$ 关于 $x = 0$ 的泰勒级数. 若将 x 用 $(x-18)$ 代换, 则得到一个关于 $x = 18$ 的泰勒级数:

$$\sin(x-18) = (x-18) - \frac{(x-18)^3}{3!} + \frac{(x-18)^5}{5!} - \frac{(x-18)^7}{7!} + \cdots.$$

右边不是 $\sin(x)$ 关于 $x = 18$ 的泰勒级数, 因为左边不再是 $\sin(x)$, 而是 $\sin(x-18)$. 所以我们的代换也改变了原函数. 我们其实求出了 $\sin(x-18)$ 关于 $x = 18$ 的泰勒级数. 为了求出 $\sin(x)$ 关于 $x = 18$ 的泰勒级数, 需要用到泰勒定理中的公式. (我们在 25.2 节末见过类似的问题.)

上面这个例子告诉我们, 若将 x 换为 $(x-a)$, 则得到关于 $x = a$ 的泰勒级数而不是麦克劳林级数, 且函数也变了. 这还是有用的. 例如, 为了求 $\ln(x)$ 关于 $x = 1$ 的泰勒级数, 我们从前一节的公式

$$\ln(1+x) = \sum_{n=1}^{\infty} -\frac{(-1)^n x^n}{n} = x - \frac{x^2}{2} + \frac{x^3}{3} - \frac{x^4}{4} + \cdots, \quad -1 < x < 1.$$

开始. 现在, 将 x 换为 $(x-1)$, 则 $\ln(1+x)$ 变为 $\ln(1+(x-1))$, 即 $\ln(x)$, 则我们得到

$$\ln(x) = \sum_{n=1}^{\infty} -\frac{(-1)^n(x-1)^n}{n} = (x-1) - \frac{(x-1)^2}{2} + \frac{(x-1)^3}{3} - \frac{(x-1)^4}{4} + \cdots,$$
$$-1 < (x-1) < 1.$$

注意, 我同样将原不等式 $-1 < x < 1$ 中的 x 换为 $(x-1)$, 得到 $-1 < (x-1) < 1$. 这个不等式看起来有些蠢, 故各项加 1, 得到 $0 < x < 2$. 最后可得

$$\ln(x) = \sum_{n=1}^{\infty} -\frac{(-1)^n(x-1)^n}{n} = (x-1) - \frac{(x-1)^2}{2} + \frac{(x-1)^3}{3} - \frac{(x-1)^4}{4} + \cdots,$$
$$0 < x < 2.$$

这里用了 $\ln(1+x)$ 的麦克劳林级数得到 $\ln(x)$ 关于 $x = 1$ 的泰勒级数.

代换方法也可以用于求泰勒多项式, 不过要注意写对阶数. 例如, 若取 $f(x) = \mathrm{e}^x$ 和 $a = 0$, 则 3 阶泰勒多项式为

$$P_3(x) = 1 + x + \frac{x^2}{2!} + \frac{x^3}{3!}.$$

若 $g(x) = \mathrm{e}^{x^2}$, 将上述多项式的 x 换为 x^2, 则认为 g 的 3 阶泰勒多项式为

$$P_3(x) = 1 + x^2 + \frac{x^4}{2!} + \frac{x^6}{3!}.$$

这是错的. 它其实是 g 关于 $x = 0$ 的 6 阶泰勒多项式, 所以左边应为 $P_6(x)$ 而不是 $P_3(x)$. 为了得到 $P_3(x)$ 的正确公式, 只需去掉所有次数大于 3 的项, 即为 $P_3(x) = 1 + x^2$. 当然, 它也是 $P_2(x)$! 当心, 不要看作次数哦! 那可是阶数. (至少, 你想通过微积分这门课并取得学位 …… 好吧, 我发誓再也不使用双关语[①]了.)

26.2.2 泰勒级数求导

若一个幂级数收敛于开区间 (a,b) 上可导的函数 f, 则可以通过对幂级数逐项求导, 得到一个在相同区间上收敛于 $f'(x)$ 的新幂级数. 在端点 a 和 b 的情况比较棘手: 求导后的级数可能发散, 即使原级数是收敛的[②]所以要单独讨论端点.

我们的第一个例子是求 $\sin(x)$ 的麦克劳林级数, 假设已知 $\cos(x)$ 的麦克劳林级数为

$$\cos(x) = 1 - \frac{x^2}{2!} + \frac{x^4}{4!} - \frac{x^6}{6!} + \frac{x^8}{8!} - \cdots,$$

该公式对所有 x 都成立. (这个我们已在 24.2.3 节证明.) 若两边同时求导, 右边逐项求导, 可得

$$-\sin(x) = -\frac{2x}{2!} + \frac{4x^3}{4!} - \frac{6x^5}{6!} + \frac{8x^7}{8!} - \cdots.$$

[①] 这里指上一句的阶数 order 一词, 该词也有 "命令" 之意. —— 编者注
[②] 若求导后的级数在一个 (或两个) 端点处收敛, 则原级数也在那里收敛.

为了处理左边的负号, 两边同乘 -1. 不过还需要做另一步化简. 我们要处理形如 $2/2!$、$4/4!$、$6/6!$ 和 $8/8!$ 的量. 先来考虑 $4/4!$, 由于 $4!$ 实为 $3! \times 4$, 所以可通过消掉因子 4 而将 $4/4!$ 化简为 $1/3!$. 类似地, $6! = 5! \times 6$, 故有 $6/6! = 1/5!$, 同样 $8! = 7! \times 8$, 所以 $8/8! = 1/7!$. 综上, 上面的等式变为

$$\sin(x) = x - \frac{x^3}{3!} + \frac{x^5}{5!} - \frac{x^7}{7!} + \cdots.$$

由于 $\cos(x)$ 的级数对所有 x 都成立, 所以上述求导后的级数也如此. 即, $\sin(x)$ 的麦克劳林级数由上式给出, 且对所有 x 都成立. 这就证明了 26.2 节的公式 (2).

　　这里是幂级数求导的另一个例子. 假定欲求 $f(x) = 1/(1+x)^2$ 的麦克劳林级数. 最好的方法是从 $1/(1+x)$ 的级数开始, 该级数是通过将标准几何级数 (前面的公式 (4)) 的 x 换为 $-x$ 而得到的:

$$\frac{1}{1+x} = 1 - x + x^2 - x^3 + x^4 - \cdots;$$

对 $-1 < x < 1$ 成立. 然后两边求导, 右边逐项求导, 可得

$$-\frac{1}{(1+x)^2} = 0 - 1 + 2x - 3x^2 + 4x^3 - \cdots.$$

剩下的就是两边同时取负, 得

$$\frac{1}{(1+x)^2} = 1 - 2x + 3x^2 - 4x^3 + \cdots = \sum_{n=0}^{\infty} (-1)^n (n+1) x^n,$$

对 $-1 < x < 1$ 成立. (你需要验证, 带求和号的表达式是正确的, 且级数在端点 $x = \pm 1$ 处不收敛.)

　　同样, 你可以将这些方法用于泰勒多项式, 还是要注意阶数. 由于多项式求导使得次数减 1, 所以求导后的泰勒多项式的阶比原多项式的阶小 1. 例如, $1/(1+x)$ 关于 0 的 3 阶泰勒多项式是 $1 - x + x^2 - x^3$, 如前一个例子. 若求导并乘以 -1, 则 $1/(1+x)^2$ 关于 0 的二阶泰勒多项式为 $1 - 2x + 3x^2$.

26.2.3　泰勒级数求积分

　　我们还可以对泰勒级数逐项求积分. 新的级数与原级数收敛区间一样 (收敛区间的端点除外). 若用的是不定积分, 别忘了常数! 我们来看一些例子. 首先, 证明 $\ln(1-x)$ 的公式, 这是 26.2 节的公式 (5), 不过没证过:

$$\ln(1-x) = \sum_{n=1}^{\infty} -\frac{x^n}{n} = -x - \frac{x^2}{2} - \frac{x^3}{3} - \frac{x^4}{4} - \cdots, \quad -1 < x < 1.$$

我们将用到几何级数的公式, 即 26.2 节的公式 (4):

$$\frac{1}{1-x} = \sum_{n=0}^{\infty} x^n = 1 + x + x^2 + x^3 + \cdots, \quad -1 < x < 1.$$

然后对每一项关于 x 求积分:

$$\int \frac{1}{1-x}\mathrm{d}x = \int \sum_{n=0}^{\infty} x^n \mathrm{d}x = \int (1 + x + x^2 + x^3 + \cdots)\mathrm{d}x.$$

(注意, 我既用了求和号, 也用了展开式, 不过你一般只用其中之一.) 现在逐项求积分:

$$-\ln(1-x) = C + \sum_{n=0}^{\infty} \frac{x^{n+1}}{n+1} = C + x + \frac{x^2}{2} + \frac{x^3}{3} + \frac{x^4}{4} + \cdots.$$

这里最好将常数放在前面, 而不以 $+C$ 的方式放在后面, 因为常数是幂级数的零次项. 现在我们要求出 C 的值. 最好的方法是代入 $x = 0$, 由此可得

$$-\ln(1-0) = C + 0 + \frac{0^2}{2} + \frac{0^3}{3} + \frac{0^4}{4} + \cdots,$$

化简后得 $C = 0$. 将其代入并两边取负, 则得到前面的 $\ln(1-x)$ 的级数:

$$\ln(1-x) = \sum_{n=1}^{\infty} -\frac{x^n}{n} = -x - \frac{x^2}{2} - \frac{x^3}{3} - \frac{x^4}{4} - \cdots.$$

由于原级数 ($1/(1-x)$ 的级数) 对 $-1 < x < 1$ 收敛, 故积分后的级数 (即 $-\ln(1-x)$ 的级数, 进而对 $\ln(1-x)$ 的级数) 也对 $-1 < x < 1$ 收敛. 其实, $\ln(1-x)$ 的级数当 $x = -1$ 时也收敛, 不过如我所说, 逐项积分以后的幂级数并未给出收敛区间端点的任何信息. 现在, 可将 26.2 节公式 (5) 中的 x 代换为 $-x$, 得到 $\ln(1+x)$ 的展开式.

另一个例子: 如何求 $\tan^{-1}(x)$ 的麦克劳林级数? 不断求导是很痛苦的 (试试看就知道了!) 但我们可以更灵活一点, 对已知的级数求积分. 我们来看一下, $\tan^{-1}(x)$ 是 $1/(1+x^2)$ 的一个反导数, 我们在 26.2.1 节得知

$$\frac{1}{1+x^2} = 1 - x^2 + x^4 - x^6 + \cdots, \quad -1 < x < 1.$$

现在可以两边求积分, 得到

$$\int \frac{1}{1+x^2}\mathrm{d}x = \int (1 - x^2 + x^4 - x^6 + \cdots)\mathrm{d}x.$$

右边逐项求积可得

$$\tan^{-1}(x) = C + x - \frac{x^3}{3} + \frac{x^5}{5} - \frac{x^7}{7} + \cdots.$$

代入 $x = 0$ 来求 C:

$$\tan^{-1}(0) = C + 0 - \frac{0^3}{3} + \frac{0^5}{5} - \frac{0^7}{7} + \cdots,$$

化简为 $C = \tan^{-1}(0) = 0$. 故, 我们有

$$\tan^{-1}(x) = x - \frac{x^3}{3} + \frac{x^5}{5} - \frac{x^7}{7} + \cdots = \sum_{n=0}^{\infty} \frac{(-1)^n x^{2n+1}}{2n+1}.$$

(确信右边的求和号形式是正确的.) 由于 $1/(1+x^2)$ 的原级数在 $-1 < x < 1$ 时收敛, 所以 $\tan^{-1}(x)$ 的级数也在 $-1 < x < 1$ 时收敛.[①]

我们来看一个定积分的例子. 假定函数 f 定义为

$$f(x) = \int_0^x \sin(t^3)\mathrm{d}t.$$

它的麦克劳林级数是什么? 我们应该从求 $\sin(t^3)$ 的级数开始. 为此, 对 $\sin(x)$ 的麦克劳林级数做换元 $x = t^3$, 可得

$$\sin(t^3) = t^3 - \frac{(t^3)^3}{3!} + \frac{(t^3)^5}{5!} - \frac{(t^3)^7}{7!} + \cdots$$

$$= t^3 - \frac{t^9}{3!} + \frac{t^{15}}{5!} - \frac{t^{21}}{7!} + \cdots.$$

由于 $\sin(x)$ 的级数对所有实数 x 均成立, 则 $\sin(t^3)$ 的级数对所有实数 t 都成立. 现在两边可同时求 0 到 x 的积分, 得

$$f(x) = \int_0^x \sin(t^3)\mathrm{d}t = \int_0^x \left(t^3 - \frac{t^9}{3!} + \frac{t^{15}}{5!} - \frac{t^{21}}{7!} + \cdots \right) \mathrm{d}t.$$

对右边逐项求积分, 可得

$$f(x) = \left(\frac{t^4}{4} - \frac{t^{10}}{10 \cdot 3!} + \frac{t^{16}}{16 \cdot 5!} - \frac{t^{22}}{22 \cdot 7!} + \cdots \right) \bigg|_0^x$$

$$= \frac{x^4}{4} - \frac{x^{10}}{10 \cdot 3!} + \frac{x^{16}}{16 \cdot 5!} - \frac{x^{22}}{22 \cdot 7!} + \cdots,$$

对所有实数 x 都成立. (你应该试着将这个级数写成求和号的形式, 答案在 26.3 节给出.)

也可将上述积分方法用于泰勒多项式, 这次泰勒多项式的阶要加 1.

26.2.4　泰勒级数相加和相减

若已知两个函数 f 和 g 关于 $x = a$ 的泰勒级数, 则和式 $f(x) + g(x)$ 的泰勒级数显然是两个泰勒级数之和, 这至少对于两泰勒级数收敛区间的交集是成立的. 差 $f(x) - g(x)$ 遵循相同规则. 在实践中唯一需要做的事就是合并同类项, 然后关注所得级数在哪里收敛. 例如, $\sin(x)$ 　 e^x 的麦克劳林级数为

$$\left(x - \frac{x^3}{3!} + \frac{x^5}{5!} - \frac{x^7}{7!} + \cdots \right) - \left(1 + x + \frac{x^2}{2!} + \frac{x^3}{3!} + \frac{x^4}{4!} + \frac{x^5}{5!} + \frac{x^6}{6!} + \frac{x^7}{7!} + \cdots \right),$$

这里需要化简. 消减后, 至少到 7 阶的级数为

---

① 其实, 根据交错级数判别法, $\tan^{-1}(x)$ 的级数在 $x = 1$ (或 $x = -1$) 时也收敛, 最后可得一个漂亮的公式

$$1 - \frac{1}{3} + \frac{1}{5} - \frac{1}{7} + \cdots = \tan^{-1}(1) = \frac{\pi}{4}.$$

$$-1 - \frac{x^2}{2!} - \frac{2x^3}{3!} - \frac{x^4}{4!} - \frac{x^6}{6!} - \frac{2x^7}{7!} - \cdots,$$

由于 $\sin(x)$ 和 e^x 的级数对所有 x 成立, 所以 $\sin(x) - e^x$ 的级数也一样.

若讨论泰勒多项式, 则需要注意阶数取两个阶数中的较小者. 例如, 我们知道 $1/(1-x)$ 关于 0 的三阶泰勒多项式为

$$1 + x + x^2 + x^3,$$

而 e^x 关于 0 的四阶泰勒多项式为

$$1 + x + \frac{x^2}{2!} + \frac{x^3}{3!} + \frac{x^4}{4!}.$$

若 $f(x) = 1/(1-x) + e^x$, 求它关于 0 的泰勒多项式, 则取上述两个多项式的和是不对的. 问题出在 e^x 的多项式有四阶项, 但 $1/(1-x)$ 没有四阶项. 这好比是拿苹果和橘子这样两种无法相比的东西做比较. 你应该将 e^x 多项式的四阶项略去来得到三阶泰勒多项式

$$1 + x + \frac{x^2}{2!} + \frac{x^3}{3!}.$$

现在可将 $1 + x + x^2 + x^3$ 加到上面的多项式, 得到 $1/(1-x) + e^x$ 关于 $x = 0$ 的三阶泰勒多项式

$$(1 + x + x^2 + x^3) + \left(1 + x + \frac{x^2}{2!} + \frac{x^3}{3!}\right),$$

化简可得

$$2 + 2x + \frac{3x^2}{2} + \frac{7x^3}{6}.$$

26.2.5 泰勒级数相乘

你也可以将两个泰勒级数相乘, 从而得到一个收敛于两个函数之积的新级数, 至少该级数在两个泰勒级数收敛区域的交集收敛. 用求和号形式书写这些会很乱, 且通常会有两个求和号. 一般地, 大家只关注级数的前面几项. 例如, 求 $f(x) = e^x \sin(x)$ 的三阶及以下的麦克劳林级数. 欲求该问题, 写出 e^x 和 $\sin(x)$ 的三阶及以下的级数, 相乘, 然后略去所有大于三阶的项:

$$\begin{aligned} e^x \sin(x) &= \left(1 + x + \frac{x^2}{2} + \frac{x^3}{6} + \cdots\right)\left(x - \frac{x^3}{6} + \cdots\right) \\ &= 1\left(x - \frac{x^3}{6}\right) + x(x) + \frac{x^2}{2}(x) + \cdots \\ &= x + x^2 + \frac{x^3}{3} + \cdots \end{aligned}$$

有一个略去无用项的技巧. 例如, 分别略去第一个和与第二个和中的项 x 和 $-x^3/6$ 的乘积, 因为我意识到它们之积会得到一个含 x^4 的项, 而这不是我关心的项, 因为我只需要到三阶的项. 若我要关心到四阶的项, 则必然要关注更多的项.

事实上, 不要把注意力集中在次数大于原函数级数的阶的项, 这点很重要. 例如, 取 e^x 关于 0 的二阶泰勒多项式

$$1 + x + \frac{x^2}{2};$$

现在令其与 e^{-x} 关于 0 的二阶泰勒多项式

$$1 - x + \frac{x^2}{2}$$

相乘, 得到

$$\left(1 + x + \frac{x^2}{2}\right)\left(1 - x + \frac{x^2}{2}\right),$$

化简为

$$1 + \frac{x^4}{4}.$$

若你说, 它是乘积 $(e^x)(e^{-x})$ 关于 0 的四阶泰勒多项式, 那就大错特错了! 毕竟, 两函数之积是 1, 故它的所有泰勒多项式都是 1. 正确的做法是, 略去积中所有次数大于 2 的项. 毕竟, 我们只是从二阶多项式开始, 怎么能期望将这两个多项式相乘就得到更高阶呢? 在上面的多项式 $1 + x^4/4$ 中, 项 $x^4/4$ 的次数大于 2, 故不准确, 应该略去. 多项式的二阶多项式为 1, 这就是你能从两个二阶泰勒多项式的积中得到的所有结论. 不要将精力都集中在更高次数上, 以免贪多嚼不烂而使自己骑虎难下.

26.2.6 泰勒级数相除

你可以用长除法来做与除法一样的事. 方法是略掉不关心的项. 例如, 为了求 $f(x) = \sec(x)$ 的四阶麦克劳林级数, 首先将 $\sec(x)$ 写为 $1/\cos(x)$, 然后与多项式一样做长除法. 这里的主要区别是, 你应该将各项按次数递增的顺序写, 而不是平常的递减顺序写. 由于我们关心四阶及以下的项, 所以将

$$\cos(x) = 1 - \frac{x^2}{2} + \frac{x^4}{24} - \cdots$$

用在 $1/\cos(x)$ 的长除法中：

$$
\begin{array}{r}
1 \qquad\quad +\frac{1}{2}x^2 \qquad\quad +\frac{5}{24}x^4 + \cdots \\
1 + 0x - \tfrac{1}{2}x^2 + 0x^3 + \tfrac{1}{24}x^4 - \cdots \overline{)\,1 + 0x + 0x^2 + 0x^3 + 0x^4 \;+ \cdots} \\
\underline{1 + 0x - \tfrac{1}{2}x^2 + 0x^3 + \tfrac{1}{24}x^4 + \cdots} \\
\tfrac{1}{2}x^2 + 0x^3 - \tfrac{1}{24}x^4 + \cdots \\
\underline{\tfrac{1}{2}x^2 + 0x^3 - \tfrac{1}{4}x^4 \;+ \cdots} \\
\tfrac{5}{24}x^4 + \cdots
\end{array}
$$

所以 $\sec(x)$ 的麦克劳林级数是 $1 + x^2/2 + 5x^4/24 + \cdots$, 直到四阶项.

若我们欲求 $\tan(x)$ 的四阶麦克劳林级数, 可类似求解, 因为 $\tan(x) = \sin(x)/\cos(x)$. 利用 $\sin(x) = x - x^3/6 + \cdots$ 和 $\cos(x) = 1 - x^2/2 + x^4/24 - \cdots$, 除法如下：

$$1 + 0x - \frac{1}{2}x^2 + 0x^3 + \frac{1}{24}x^4 - \cdots \overline{\big) 0 + x + 0x^2 - \frac{1}{6}x^3 + 0x^4 + \cdots}$$

计算请自行完成. 通过计算可知, 当含有四阶及以下项时, $\tan(x) = x + x^3/3 + \cdots$ (注意这里四阶项为 0).

以上论述表明你可能不需要连续求导, 而利用泰勒级数公式来求泰勒级数. 若幸运的话, 可以用 5 个基本级数, 外加一个或多个如换元、求导、积分、相加、相减、相乘和相除的方法来求级数.

26.3 利用幂级数和泰勒级数求导

回忆 $f(x)$ 关于 $x = a$ 的泰勒级数的第 n 项系数公式:

$$a_n = \frac{f^{(n)}(a)}{n!}.$$

两边同乘 $n!$ 得到:

$$\boxed{f^{(n)}(a) = n! \times a_n.}$$

用语言描述, 意思是

$$\boxed{f^{(n)}(a) = n! \times (f(x) \text{ 在 } x = a \text{ 处的泰勒级数中 } (x-a)^n \text{ 的系数})}$$

所以若知道一个函数关于某点 a 的泰勒级数, 就可以很容易地求得该函数在 a 点的导数. 这就是你的全部所得! 这里并没有任何关于其他 x 值的导数值的信息, 只有 $x = a$. (其实, 为求第 n 阶导数, 只需要一个在 $x = a$ 的 n 阶或更高阶的泰勒多项式, 而不是整个泰勒级数.)

为了应用上面的方程, 需先求给定函数的一个合适的泰勒级数. 前几节的方法也很有用的. 例如, 假设 $f(x) = \mathrm{e}^{x^2}$, 我们欲求 $f^{(100)}(0)$ 和 $f^{(101)}(0)$. 我们从求 e^{x^2} 的麦克劳林级数开始:

$$\mathrm{e}^{x^2} = \sum_{n=0}^{\infty} \frac{(x^2)^n}{n!} = \sum_{n=0}^{\infty} \frac{x^{2n}}{n!} = 1 + x^2 + \frac{x^4}{2!} + \frac{x^6}{3!} + \cdots.$$

根据前面方框中的公式,

$$f^{(100)}(0) = 100! \times (\text{上述麦克劳林级数中 } x^{100} \text{ 的系数}).$$

那么麦克劳林级数中 x^{100} 的系数是什么? 看上面的麦克劳林级数, 可知系数就是 $1/(50!)$, 或者更正式地说, 你能够算出 n 的什么值对应 x^{100}. 特别地, 我们想确定 x^{100} 的倍数 $x^{2n}/n!$, 而这就意味着 $2n = 100$, 所以 $n = 50$, 对应的项为 $x^{100}/(50!)$. 故系数是 $1/(50!)$. 于是

$$f^{(100)}(0) = 100! \times \frac{1}{50!} = \frac{100!}{50!}.$$

(不要犯将最后的表达式化简为 2! 的错误, 阶乘不是这样算的.) 现在想一想, $f^{(101)}(0)$ 又怎么求呢? 它等于上述级数中 x^{101} 系数的 101! 倍. 那个系数是什么? 等一下, 级数中没有奇次幂! 换一种方式思考, 什么样的 n 值对应 x^{101}? 需要解 $2n = 101$, 但 n 必须为整数, 所以没有幂 x^{101}. 那就意味着 x^{101} 的系数为 0, 所以

$$f^{(101)}(0) = 101! \times 0 = 0.$$

好吧, 我们来看一个更难的例子. 在 26.2.3 节, 我们发现函数

$$f(x) = \int_0^x \sin(t^3)\mathrm{d}t$$

的麦克劳林级数是

$$\frac{x^4}{4} - \frac{x^{10}}{10 \cdot 3!} + \frac{x^{16}}{16 \cdot 5!} - \frac{x^{22}}{22 \cdot 7!} + \cdots,$$

这个级数对所有的 x 都收敛于 $f(x)$. 现在要问: $f^{(50)}(0)$ 是什么? $f^{(52)}(0)$ 呢? 为了求出这些, 我们需要知道前面 $f(x)$ 的级数中 x^{50} 和 x^{52} 的系数. 要知道, $f^{(50)}(0)$ 是 $f(x)$ 麦克劳林级数中 x^{50} 系数的 50! 倍, 当然, 除了处处用 52 代替 50 之外, $f^{(52)}(0)$ 也同理.

为了求上面级数中 x^{50} 和 x^{52} 的系数, 需要将级数写出至足够长以便于理解. 更好的方法是将级数用求和号表示. 之前我已经让你练习过, 这里是相应的做法. 注意 x 的幂为 4, 10, 16, 22, $\cdots$. 这意味着幂次从 4 开始, 每次增长 6. 所以, 指数为 $6n + 4$, 其中 n 取值为 0, 1, 2, 3, $\cdots$. 现在来看分母, 它是 $6n + 4$ 与某奇数阶乘的乘积. 其中奇数为 1, 3, 5, 7, $\cdots$, 故分母是 $(6n + 4)(2n + 1)!$. 最后, 各项以正项开始, 正负交错, 所以应该还有 $(-1)^n$. 现在, 我们得到

$$f(x) = \sum_{n=0}^{\infty} \frac{(-1)^n x^{6n+4}}{(6n+4)(2n+1)!}.$$

现在来求 x^{50} 和 x^{52} 的系数. 对前者, 解 $6n + 4 = 50$ 得到 $n = 23/3$, 它不是整数, 所以 x^{50} 的系数为 0. 意味着

$$f^{(50)}(0) = 50! \times (x^{50} \text{ 的系数}) = 50! \times 0 = 0.$$

另外对 x^{52}, 解 $6n + 4 = 52$ 得到 $n = 8$, 故我们可以通过观察 $n = 8$ 时的结果来确定 x^{52} 的系数. 和式中 $n = 8$ 的项是

$$\frac{(-1)^8 x^{6 \times 8 + 4}}{(6 \times 8 + 4)(2 \times 8 + 1)!} = \frac{x^{52}}{52 \times 17!},$$

所以系数是 $1/(52 \times 17!)$. 最后,

$$f^{(52)}(0) = 52! \times (x^{52}\text{的系数}) = 52! \times \frac{1}{52 \times 17!} = \frac{51!}{17!}.$$

注意, 这里做了一个小的相消: $52!/52 = 51!$, 在继续之前要明白这么做的正确性!

有时, 一个函数已经被关于 $x = a$ 的一个幂级数定义, 你可能需要求这个函数在 a 处的某些导数. 这个甚至比前面的例子容易些, 因为不用先求泰勒级数. 例如, 假设 $f(x)$ 定义为

$$f(x) = \sum_{n=0}^{\infty} \frac{(-1)^{n+1}n^3(x-6)^{3n}}{n!},$$

它对所有 x 都收敛 (为什么?). 假设要求 $f^{(300)}(6)$ 的值. 幂级数是关于 $x = 6$ 的, 故利用公式

$$f^{(300)}(6) = 300! \times (\text{上面级数中 } (x-6)^{300} \text{ 的系数}).$$

要知道系数的值, 应该求出 n 的什么值给出了正确的项. 看上面的级数, $(x-6)$ 的指数为 $3n$, 所以我们需要 $3n = 300$ 的项. 因此 $n = 100$, 代入后可以看到正确的项是

$$\frac{(-1)^{100+1}100^3(x-6)^{300}}{100!} = \frac{-1\,000\,000}{100!}(x-6)^{300}.$$

所以系数是 $-1\,000\,000/100!$. 要想使它更别致一点, 可以将 $100!$ 写成 $100 \times 99!$ 并消掉 100, 得到系数为 $-10\,000/99!$. 总之, 这个给出了

$$f^{(300)}(6) = 300! \times \frac{-10\,000}{99!} = -\frac{300! \times 10\,000}{99!}.$$

那要求 $f^{(301)}(6)$ 怎么办呢? 可以证明幂级数中没有 $(x-6)^{301}$ 这项, 所以答案为 0, 这部分留给你自己完成.

26.4 利用麦克劳林级数求极限

你也可以利用泰勒级数来求特定的极限. 特别地, 若你有极限

$$\lim_{x \to 0} \frac{f(x)}{g(x)},$$

其中当 $x = 0$ 时, 分子分母都为 0, 则可以用洛必达法则; 然而, 若想求

$$\lim_{x \to 0} \frac{e^{-x^2} + x^2 \cos(x) - 1}{1 - \cos(2x^3)}$$

的值, 要是还那么做, 你会发疯的. 对分子分母求导一次可不好玩, 更不必说可能要求 6 次了 (结果确实如此). 所以, 正确的方法是用合适的麦克劳林级数中足够多的项来做替代. "足够多的项" 是什么意思? 我们希望能消去一些项, 且不想让分子或分母为 0. 我们先求到第 8 阶来试一下. 写出完整的麦克劳林级数, 首先, 因为

$$e^x = 1 + x + \frac{x^2}{2} + \frac{x^3}{6} + \frac{x^4}{24} + \cdots,$$

用 $-x^2$ 代换 x, 得到

$$e^{-x^2} = 1 - x^2 + \frac{x^4}{2} - \frac{x^6}{6} + \frac{x^8}{24} - \cdots.$$

又因为

$$\cos(x) = 1 - \frac{x^2}{2} + \frac{x^4}{24} - \frac{x^6}{6!} + \cdots.$$

通过两边乘 x^2 可得 $x^2 \cos(x)$ 的级数:

$$x^2 \cos(x) = x^2 - \frac{x^4}{2} + \frac{x^6}{24} - \frac{x^8}{6!} + \cdots.$$

若我们回到 $\cos(x)$ 的级数并用 $2x^3$ 代换 x, 可得

$$\cos(2x^3) = 1 - \frac{(2x^3)^2}{2} + \frac{(2x^3)^4}{24} - \cdots = 1 - 2x^6 + \frac{2}{3}x^{12} - \cdots,$$

这里我们甚至不需要最后那项, 更不必理会任何次数更高的项, 因为我们只决定到 8 阶. 当然, 把它放在其中也不会有坏处, 所以我们留下了它. 总之, 若将所有这些联系在一起, 分子就是

$$\begin{aligned}
&\mathrm{e}^{-x^2} + x^2 \cos(x) - 1 \\
&= \left(1 - x^2 + \frac{x^4}{2} - \frac{x^6}{6} + \frac{x^8}{24} - \cdots\right) + \left(x^2 - \frac{x^4}{2} + \frac{x^6}{24} - \frac{x^8}{6!} + \cdots\right) - 1 \\
&= -\frac{1}{8}x^6 + \left(\frac{1}{24} - \frac{1}{720}\right)x^8 + \cdots,
\end{aligned}$$

而分母变为

$$1 - \cos(2x^3) = 1 - \left(1 - 2x^6 + \frac{2}{3}x^{12} - \cdots\right) = 2x^6 - \frac{2}{3}x^{12} + \cdots.$$

现在代入极限, 我们有

$$\lim_{x \to 0} \frac{\mathrm{e}^{-x^2} + x^2 \cos(x) - 1}{1 - \cos(2x^3)} = \lim_{x \to 0} \frac{-\frac{1}{8}x^6 + \left(\frac{1}{24} - \frac{1}{720}\right)x^8 + \cdots}{2x^6 - \frac{2}{3}x^{12} + \cdots}.$$

上下同时除以最低次项 x^6, 并代入 $x = 0$ 可知该极限等于

$$\lim_{x \to 0} \frac{-\frac{1}{8} + \left(\frac{1}{24} - \frac{1}{720}\right)x^2 + \cdots}{2 - \frac{2}{3}x^6 + \cdots} = \frac{-1/8}{2} = -\frac{1}{16}.$$

所以可知, 阶数大于 6 的项都不用写出来 (这就是为什么我从不烦心要化简 1/24 − 1/720 的原因). 基本上, 若所有的项都消去了, 就意味着你没用到足够多的项; 如果还有一些项, 说明你已经写出了足够多的项并能继续下去. 如果最高只能写到 5 阶 (或更少), 又得到了 0/0, 那么就不会继续下去了.

我们再看一个例子: 求

$$\lim_{x \to 0} \left(\frac{1}{\sin(x)} - \frac{1}{\mathrm{e}^x - 1}\right).$$

这看起来不像是个分式, 所以第一步要做些代数运算. 取公分母, 就像我们在 14.1.3 节中对洛必达类型 **B1** 的极限所做的一样, 将极限写成

$$\lim_{x \to 0} \frac{\mathrm{e}^x - 1 - \sin(x)}{\sin(x)(\mathrm{e}^x - 1)}.$$

现在, 我们有

$$\mathrm{e}^x - 1 = x + \frac{x^2}{2} + \frac{x^3}{6} + \cdots,$$

和

$$\sin(x) = x - \frac{x^3}{6} + \cdots.$$

把这些代入, 极限变为

$$\lim_{x \to 0} \frac{\left(x + \dfrac{x^2}{2} + \dfrac{x^3}{6} + \cdots\right) - \left(x - \dfrac{x^3}{6} + \cdots\right)}{\left(x - \dfrac{x^3}{6} + \cdots\right)\left(x + \dfrac{x^2}{2} + \dfrac{x^3}{6} + \cdots\right)}$$

$$= \lim_{x \to 0} \frac{\dfrac{x^2}{2} + \dfrac{x^3}{3} + \cdots}{\left(x - \dfrac{x^3}{6} + \cdots\right)\left(x + \dfrac{x^2}{2} + \dfrac{x^3}{6} + \cdots\right)}.$$

当 $x \to 0$ 时, 还是最低次起决定作用. 为了说明这个, 上下同除以 x^2. 不过, 我们可以稍微变通一下：在分母上, 让两个因子都除以 x, 这与整个分母除以 x^2 一样. 极限变为

$$\lim_{x \to 0} \frac{\dfrac{1}{2} + \dfrac{x}{3} + \cdots}{\left(1 - \dfrac{x^2}{6} + \cdots\right)\left(1 + \dfrac{x}{2} + \dfrac{x^2}{6} + \cdots\right)} = \frac{1/2}{(1)(1)} = \frac{1}{2}.$$

同样, 写出其他的项不会有什么坏处 —— 这里我只用了三阶, 不过更高阶也行. 其实, 甚至三阶项也没有参与计算, 分母中只用到了一阶项. 除非你是心理学家或对这事有很好的直觉, 否则猜测需要多少项真是太难了. 所以, 用较多的项比用较少的项要好, 因为你总是可以稍后略去它们; 然而若用太少的项, 你甚至都解不出问题.

　　这是前面所有极限可行的真正原因：若 f 有最低次项为 $a_N x^N$ 的麦克劳林级数, 则

$$f(x) \sim a_N x^N, \text{ 当 } x \to 0$$

我们在 21.4.5 节提过这个结论, 与极限比较判别法联系起来是有用的. 事实上, 上述等式甚至对 f 的麦克劳林级数关于 $x = 0$ 不收敛的情况也是成立的. 所以没必要讨论完整的麦克劳林级数：最低阶且非 0 的 f 关于 $x = 0$ 的泰勒多项式足以了. 只有一个条件, f 的第 $N + 1$ 阶导数在 0 附近有界. 下面是完整过程：根据泰勒定

理, 我们有

$$f(x) = a_N x^N + R_N(x) = a_N x^N + \frac{f^{(N+1)}(c)}{(N+1)!} x^{N+1},$$

其中 c 介于 0 和 x 之间. 现在两边同时除以 $a_N x^N$ 可得

$$\frac{f(x)}{a_N x^N} = 1 + \frac{f^{(N+1)}(c)}{a_N(N+1)!} x.$$

右边量 $f^{(N+1)}(c)/(a_N(N+1)!)$ 的绝对值当 $x \to 0$ 时有界, 因为分母是常数且我们已经假设分子是有界的. 现在可用三明治定理来证明上述方程右边的最后一项在 $x \to 0$ 时趋于 0. 即,

$$\lim_{x \to 0} \frac{f(x)}{a_N x^N} = 1.$$

也就是说:

$$f(x) \sim a_N x^N, \text{ 当 } x \to 0$$

证毕. 怎样? 我们不仅得到了一个利用极限比较判别法的便利工具, 而且证明了前面的极限都是成立的. 例如, 为了真正证明极限

$$\lim_{x \to 0} \frac{e^x - 1 - \sin(x)}{\sin(x)(e^x - 1)},$$

我们应该注意到 $e^x - 1 - \sin(x)$ 有一个以 $x^2/2$ 开始的麦克劳林级数, 所以当 $x \to 0$ 时 $e^x - 1 - \sin(x) \sim x^2/2$. 类似地, 当 $x \to 0$ 时 $\sin(x) \sim x$, 且当 $x \to 0$ 时 $e^x - 1 \sim x$. 由于可以乘以或除以这些渐近关系 (但不能做加法或减法!), 因而可以说

$$\frac{e^x - 1 - \sin(x)}{\sin(x)(e^x - 1)} \sim \frac{x^2/2}{(x)(x)}, \text{ 当 } x \to 0.$$

右边就是 $1/2$, 所以我们证明了

$$\lim_{x \to 0} \frac{e^x - 1 - \sin(x)}{\sin(x)(e^x - 1)} = \frac{1}{2}.$$

在现实中, 上面的方法 (运用带 $+ \cdots$ 符号的整个级数) 是被广泛接受的, 虽然严格上讲它只是围绕真正问题论述的. 真正发生的已在前面关于余项 R_N 的论证中给出.

第 27 章   参数方程和极坐标

迄今为止, 我们已经画过很多笛卡儿坐标系下形如 $y = f(x)$ 的方程的图像. 现在, 我们将从不同的角度来看问题: 首先看一下当坐标 x 和 y 不直接相关而是通过一个公共参数相联系时会怎样; 接着看一下当将整个坐标系换成完全不同的形式时又会发生什么. 当然, 我们也会做一些计算. 下面是本章的计划:

- 参数方程、图和求切线;
- 极坐标与笛卡儿坐标的互换;
- 求极坐标曲线的切线;
- 求由极坐标曲线围成的面积.

27.1   参 数 方 程

当写下形如 $y = x^2 \sin(x)$ 的方程时, 你是将 y 表示为了关于 x 的函数. 所以, 若已有 x 的特定值, 则通过将该 x 值代入方程可以很容易地求出相应的 y 值. 另一方面, 考虑关系 $x^2 + y^2 = 9$. 若已有一个特定的 x 值, 则你需要稍费点力气来求得相应的 y 值. 其实, 可能会有多个 y 值与给定的 x 值对应, 也可能一个都没有. 当然, 你可以写成 $y = \pm\sqrt{9 - x^2}$ 的形式, 意思是: 如果 $-3 < x < 3$, 则有两个 y 值对应于 x; 但若 $x = \pm 3$, 则只有一个 y 值与之对应.

来看另一种方法: 假设 x 和 y 都是另一个变量 t 的函数, 例如

$$x = 3\cos(t) \quad \text{和} \quad y = 3\sin(t).$$

这里是想让你将 x 看作关于 t 的函数; 若你愿意, 甚至可以写成 $x(t) = 3\cos(t)$ 的形式加以强调. 对 y 同理. 若选定 t 的值, 则可通过将该 t 值代入上面的方程求得相应的 x 和 y 值. 变量 t 被称为参数, 上述方程被称为参数方程.

上述这对参数方程的图像是什么样的呢? 我们来试着描点. 与选择 x 值求得相应 y 值的一般方法不同, 我们选择一些 t 值, 并求得相应的 x 和 y 值. 为了描点, 只能采用 x 和 y 值, 因为没有 t 轴! 总之, 因为有三角函数, 所以我们应确保选定的值包含 π. 假定我们用了下面的 t 值.

t	0	$\pi/6$	$\pi/4$	$\pi/3$	$\pi/2$
x					
y					

我们用方程 $x = 3\cos(t)$ 和 $y = 3\sin(t)$ 算出了对应的 x 和 y 值, 便可填表如下.

t	0	$\pi/6$	$\pi/4$	$\pi/3$	$\pi/2$
x	3	$3\sqrt{3}/2$	$3/\sqrt{2}$	$3/2$	0
y	0	$3/2$	$3/\sqrt{2}$	$3\sqrt{3}/2$	3

例如, $t = 0$ 对应于点 $(3,0)$, $t = \pi/6$ 对应于点 $(3\sqrt{3}/2, 3/2)$. 上面 5 个点如图 27-1 所示.

看似我们正在讨论中心在原点且半径为 3 的 1/4 圆. 这并不奇怪, 只要知道关于三角函数的知识! (当然, 对任意的 t 值, 有 $x^2 + y^2 = (3\cos(t))^2 + (3\sin(t))^2 = 9(\cos^2(t) + \sin^2(t)) = 9$.) 若继续上表, 直到 $t = \pi$, 就描述了半圆; 而若一直到 $t = 2\pi$, 则得到整个圆. 那再继续下去会发生什么呢? 你就会重新描述这个圆. 若从 $t = 0$ 开始向负方向继续, 那就是在沿着顺时针方向而不是逆时针方向走圆. 注意, 若在圆上选一点 (x, y), 并不是只有一个 t

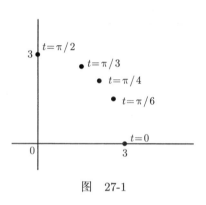

图　27-1

值与该点对应, 而是有无穷多个 2π 倍于 t 值的数与之对应. 例如, 若 n 为任意整数, 则 $t = 2\pi n$ 对应于 $x = 3$ 和 $y = 0$, 即点 $(3,0)$.

所以, 前面的这对参数方程描述了圆 $x^2 + y^2 = 9$, 至少 t 在一个足够大的区间 (例如, $[0, 2\pi)$) 里取值时是这样的. 你可以说

$$x = 3\cos(t) \quad 和 \quad y = 3\sin(t), \text{其中 } 0 \leqslant t \leqslant 2\pi$$

是 $x^2 + y^2 = 9$ 的参数化. 现在, 我问你: $x^2 + y^2 = 9$ 的图像与上面参数化的图像一样吗? 一样, 但也不一样. 当然, 两个图像看似是同一个圆, 不过参数化图像能告诉你更多信息: 圆是怎么画的. 若从 $t = 0$ 开始且连续移动到 $t = 2\pi$, 则你就可以从 $(3,0)$ 开始并以不变的速度沿逆时针方向画, 直到回到起点.

通过观察, 整件事情就像蜗牛移动和离开时留下的粘液轨迹. 只是从轨迹并不足以看出蜗牛移动的方向 —— 它甚至可能往回走! 你也说不出它沿着轨迹移动时不同时间处的速度. ("蜗牛步伐" 不是它移动快慢的科学描述.) 借助参数化, 就像是知道了每一时刻蜗牛的位置一样, 能够知道方向和速度等其他信息.

那么, 上面的参数化是 $x^2 + y^2 = 9$ 的唯一可能的参数化吗? 当然不是. 还有很多其他方法可以画出相同的圆. 例如, 令 $x = 3\cos(2t)$ 和 $y = 3\sin(2t)$, 现在只需令 t 在 0 到 π 间取值就能包含整个圆, 并且这时的速度是原来的两倍. 或者令 $x = 3\sin(t)$ 和 $y = 3\cos(t)$, 其中 $0 \leqslant t < 2\pi$. 现在又回到原来的速度了, 不过这次

是从 $(0,3)$ 开始以顺时针方向而不是逆时针方向运动. 可以通过描点来验证这些结论.

怎么求 $x^2 + 4y^2 = 9$ 的参数化? 画该方程的图像得到一个通过点 $(\pm 3,0)$ 和 $(0, \pm 3/2)$ 的椭圆. 若令 $Y = 2y$, 则 $x^2 + Y^2 = 9$. 这是新坐标 (x, Y) 的圆, 所以可以用前面的参数化: $x = 3\cos(\theta)$ 和 $Y = 3\sin(\theta)$, $0 \leqslant \theta < 2\pi$. 现在只需写出 $y = Y/2$ 来得到椭圆的参数化

$$x = 3\cos(t) \quad 和 \quad y = \frac{3}{2}\sin(t), \text{其中 } 0 \leqslant t < 2\pi$$

当然, 这不是唯一的参数化!

那 $x^6 + y^6 = 64$ 呢? 这个曲线留给你来画, 你可以看到该图像就像是一个膨胀的 "半径" 为 $64^{1/6} = 2$ 单位的圆. 这启发了我们可以调整前面的圆的参数化. 首先, 我们需要将半径改为 2 单位: 其实, $x = 2\cos(t)$ 和 $y = 2\sin(t)$ 适合圆 $x^2 + y^2 = 4$, 但不能参数化膨胀的圆, 因为 $\cos^6(t) + \sin^6(t) = 1$ 一般不成立. 那怎么调整它呢? 我们可用 $\cos(t)$ 的某些次幂来替换它, 当对它们取 6 次方时, 可得 $\cos^2(t)$. 这应该是 $\cos^{1/3}(t)$. 所以, 若令 $x = 2\cos^{1/3}(t)$ 和 $y = 2\sin^{1/3}(t)$, 则应该可行. 我们来验证一下:

$$x^6 + y^6 = (2\cos^{1/3}(t))^6 + (2\sin^{1/3}(t))^6 = 64\cos^2(t) + 64\sin^2(t) = 64,$$

这正是我们想要的. 为了得到整个曲线, 如前面一样, 我们令 t 在 0 到 2π 间取值.

参数方程的导数

这是一本微积分图书, 所以我们最好对这些参数求微积分. 要求曲线的切线方程, 当然要求导数. 由于 x 和 y 都是关于 t 的函数, 所以要用到链式法则. 就是说

$$\frac{dy}{dt} = \frac{dy}{dx}\frac{dx}{dt},$$

两边除以 dx/dt, 整理后得

$$\boxed{\frac{dy}{dx} = \frac{dy/dt}{dx/dt}.}$$

若把 x 看作 $x(t)$, y 类似, 则可将该方程另写为

$$\frac{dy}{dx} = \frac{y'(t)}{x'(t)}.$$

我们用 3 个例子来看一下如何应用.

首先, 求参数曲线上对应于 $t = 1/2$ 点的切线斜率和切线方程, 参数曲线定义为

$$x = e^{-2t}, \quad y = \sin^{-1}(t), \quad -1 < t < 1.$$

求导, 我们有

$$\frac{\mathrm{d}x}{\mathrm{d}t} = -2\mathrm{e}^{-2t} \quad \text{和} \quad \frac{\mathrm{d}y}{\mathrm{d}t} = \frac{1}{\sqrt{1-t^2}}.$$

由于我们只关心点 $t = 1/2$, 因此需要立即求 $t = 1/2$ 处的导数, 可得

$$\frac{\mathrm{d}x}{\mathrm{d}t} = -2\mathrm{e}^{-1} = -\frac{2}{\mathrm{e}} \quad \text{和} \quad \frac{\mathrm{d}y}{\mathrm{d}t} = \frac{1}{\sqrt{1-1/4}} = \frac{2}{\sqrt{3}}.$$

故在 $t = 1/2$, 我们有

$$\frac{\mathrm{d}y}{\mathrm{d}x} = \frac{\mathrm{d}y/\mathrm{d}t}{\mathrm{d}x/\mathrm{d}t} = \frac{2/\sqrt{3}}{-2/\mathrm{e}} = -\frac{\mathrm{e}}{\sqrt{3}}.$$

太好了! 我们已经求出了斜率. 那切线呢? 该直线过点 (x, y) 且斜率为 $\mathrm{d}y/\mathrm{d}x$. 斜率知道了, 但 x 和 y 呢? 将 $t = 1/2$ 代入原 x 和 y 的方程, 可知 $x = \mathrm{e}^{-2 \cdot (1/2)} = 1/\mathrm{e}$, $y = \sin^{-1}(1/2) = \pi/6$. 所以切线方程为

$$y - \frac{\pi}{6} = -\frac{\mathrm{e}}{\sqrt{3}}\left(x - \frac{1}{\mathrm{e}}\right),$$

稍作化简后为

$$y = -\frac{\mathrm{e}}{\sqrt{3}}x + \frac{1}{\sqrt{3}} + \frac{\pi}{6}.$$

现在看一个更棘手的例子: 求曲线 $x^6 + y^6 = 64$ 在点 $(-2^{5/6}, 2^{5/6})$ 的切线方程. (应当将该点代入原方程验证它是否在曲线上.) 该问题可通过隐函数求导来完成, 不过这里我们用前一节末的参数化 $x = 2\cos^{1/3}(t)$ 和 $y = 2\sin^{1/3}(t)$ 来完成, 这里 $0 \leqslant t < 2\pi$. 求导得到

$$\frac{\mathrm{d}x}{\mathrm{d}t} = -\frac{2}{3}\cos^{-2/3}(t)\sin(t) \quad \text{和} \quad \frac{\mathrm{d}y}{\mathrm{d}t} = \frac{2}{3}\sin^{-2/3}(t)\cos(t).$$

故由链式求导法则,

$$\frac{\mathrm{d}y}{\mathrm{d}x} = \frac{\mathrm{d}y/\mathrm{d}t}{\mathrm{d}x/\mathrm{d}t} = \frac{\dfrac{2}{3}\sin^{-2/3}(t)\cos(t)}{-\dfrac{2}{3}\cos^{-2/3}(t)\sin(t)} = -\frac{\cos^{5/3}(t)}{\sin^{5/3}(t)}.$$

我们想知道在点 $(-2^{5/6}, 2^{5/6})$ 会发生什么. 令 $x = -2^{5/6}$, 由于 $x = 2\cos^{1/3}(t)$, 可知 $2\cos^{1/3}(t) = -2^{5/6}$, 所以 $\cos(t) = -1/\sqrt{2}$. 若对 y 采用相同讨论, 会发现 $\sin(t) = 1/\sqrt{2}$. 现在可以求出 t 了 —— 若想求 t, 你应该可知 $t = 3\pi/4$ 是 0 到 2π 之间的唯一解. 不过无论如何, 你都不必求 t, 信不信由你! 知道 $\sin(t)$ 和 $\cos(t)$ 的值就足够代入前面 $\mathrm{d}y/\mathrm{d}x$ 的表达式得出

$$\frac{\mathrm{d}y}{\mathrm{d}x} = -\frac{\cos^{5/3}(t)}{\sin^{5/3}(t)} = -\frac{(-1/\sqrt{2})^{5/3}}{(1/\sqrt{2})^{5/3}} = 1.$$

故我们已经求出了切线的斜率为 1. 我们知道它过点 $(x, y) = (-2^{5/6}, 2^{5/6})$ 且斜率

为 1, 所以它的切线方程为

$$y - 2^{5/6} = 1(x - (-2^{5/6})).$$

要确保你能理解为什么它可以化简为

$$y = x + 2^{11/6}.$$

现在来看最棘手的例子 (至少从概念上讲是如此). 给定参数方程

$$x = 4t^2 - 4 \text{ 和 } y = 2t - 2t^3, t \text{ 为所有实数}.$$

这些方程描述了 x-y 平面的一条曲线, 我们来求一下该曲线在原点的任意切线方程. 注意我说的是 “任意” 而不是 “某个”. 这是有原因的! 我们来求一下原点对应的值. 在原点, x 和 y 的值都为 0, 故 $x = 4(t^2 - 1) = 0$ 和 $y = 2(t - t^3) = 0$. 第一个方程仅当 $t^2 = 1$ 时成立, 故 t 值为 ± 1; 这两个值都满足第二个方程. 结论是曲线在 $t = 1$ 和 $t = -1$ 时都过原点. 现在我们知道

$$\frac{\mathrm{d}y}{\mathrm{d}x} = \frac{\mathrm{d}y/\mathrm{d}t}{\mathrm{d}x/\mathrm{d}t} = \frac{2 - 6t^2}{8t} = \frac{1}{4t} - \frac{3t}{4}.$$

当 $t = 1$, 我们有 $\mathrm{d}y/\mathrm{d}x = -1/2$, 所以切线过原点且斜率为 $-1/2$. 因此对应的切线方程为 $y = -x/2$. 另一方面, 当 $t = -1$, 我们有 $\mathrm{d}y/\mathrm{d}x = 1/2$, 此时的切线方程为 $y = x/2$. 下面通过曲线的图像来说明为什么会是这样. 取一些 t 值并计算出相应的 x 和 y 值, 填表如下.

t	-2	$-\dfrac{3}{2}$	-1	$-\dfrac{1}{2}$	0	$\dfrac{1}{2}$	1	$\dfrac{3}{2}$	2
x	12	5	0	-3	-4	-3	0	5	12
y	12	$\dfrac{15}{4}$	0	$-\dfrac{3}{4}$	0	$\dfrac{3}{4}$	0	$-\dfrac{15}{4}$	-12

描出这些点并做合理猜测, 曲线的图像应该如图 27-2 所示.

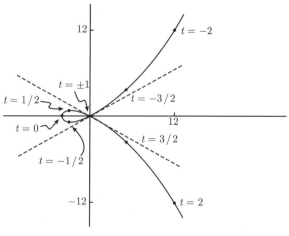

图 27-2

我们看到在原点确实有两条切线, 它们的斜率为 1/2 和 −1/2, 这看起来很合理.

假设我们求上述参数方程在 $t = 1$ 处的二阶导数. 求 $\mathrm{d}^2y/\mathrm{d}x^2$ 的秘密就是将其看作 $\mathrm{d}y'/\mathrm{d}x$, 即把二阶导数看作 y' 的导数, 而 y' 是 y 关于 x 的导数. 现在问题变得简单了. 我们在前面已经看到

$$y' = \frac{\mathrm{d}y}{\mathrm{d}x} = \frac{1}{4t} - \frac{3t}{4},$$

先不要将 $t = 1$ 代入, 利用链式求导法则 (和 $x = 4t^2 - 4$) 得

$$\frac{\mathrm{d}^2y}{\mathrm{d}x^2} = \frac{\mathrm{d}y'}{\mathrm{d}x} = \frac{\mathrm{d}y'/\mathrm{d}t}{\mathrm{d}x/\mathrm{d}t} = \frac{\dfrac{\mathrm{d}}{\mathrm{d}t}\left(\dfrac{1}{4t} - \dfrac{3t}{4}\right)}{\dfrac{\mathrm{d}}{\mathrm{d}t}(4t^2 - 4)} = \frac{\dfrac{-1}{4t^2} - \dfrac{3}{4}}{8t} = -\frac{1}{32t^3} - \frac{3}{32t}.$$

最后代入 $t = 1$ 得

$$\frac{\mathrm{d}^2y}{\mathrm{d}x^2} = -\frac{1}{32} - \frac{3}{32} = -\frac{1}{8}.$$

参照前面的图像做个检查. $t = 1$ 对应的曲线部分是 y 轴左侧环线的上半部分, 它一直向下穿过原点移动到第四象限. 若你只关注曲线上原点附近的这部分, 可以看到这部分其实是下凹的, 故至少我们可以确信二阶导数为负, 这与前面发现的一样.

27.2 极 坐 标

假设你的朋友站在一块很大的平地上, 你俩都认为那是原点所在. 你会告诉他如何到达平地上的另一点. 如果利用笛卡儿坐标系, 你就会告诉你的朋友走到点 (x, y), 意思是你的朋友应该向东走 x 个单位, 然后再向北走 y 个单位. (你们得事先确定所用的单位.) 当然, 若 x 和 y 是负的, 意味着你朋友要往回走一定的单位. 你的朋友也可以先向北走 y 个单位, 然后再向东走 x 个单位, 仍然能到达相同的地点.

你也可以让你的朋友面朝东, 然后告诉他向逆时针方向转个角度 (还是站在原点). 若角度是负的, 意味着你的朋友是顺时针转. 然后, 让你的朋友沿着他面对着的方向行进一定的距离. 若该距离是负的, 则向相反方向行进. 此时与笛卡儿坐标 (x, y) 不同, 你朋友将到达 (r, θ), 转过的角度是 θ, 行进的距离是 r 个单位.

若你想描述的点是原点, 则可以告诉你朋友点为 $(0, \theta)$, θ 为任意角. 他转过多少角度是没有关系的, 因为没有行进, 所以他还是在原点. 还可以知道, 将 2π 加到角 θ 上没有差别, 他只是在 θ 基础上原地转一圈. 加 4π、6π 或其他任何 2π 的整数倍, 甚至负整数倍都是一样的, 加多少得看你有多狠心了, 让你的朋友在原地无目的地旋转很多圈只会让他眩晕! 现在来看看公式.

27.2.1 极坐标与笛卡儿坐标互换

考虑极坐标系下的点 (r, θ), 如图 27-3 所示.

图 27-3

要知道, 你的朋友站在原点面朝 x 轴正方向, 然后逆时针旋转 θ 角, 然后向前行进 r 单位到达了点 P. 那么 P 的笛卡儿坐标 (x, y) 是什么呢? 我们知道 $\cos(\theta) = x/r$ 和 $\sin(\theta) = y/r$, 因此有

$$x = r\cos(\theta) \quad 和 \quad y = r\sin(\theta).$$

(将这个例子与 27.1 节的例子 $x = 3\cos(t)$, $y = 3\sin(t)$ 进行比较.) 总之, 这些方程展示了如何将极坐标转换为笛卡儿坐标. 例如, 极坐标系下的点 $(2, 11\pi/6)$ 的笛卡儿坐标是什么? 首先画图以便理解, 如图 27-4 所示.

根据图可知相关角为 $2\pi - 11\pi/6$, 即 $\pi/6$. 该点在第四象限, 所以余弦值为正且正弦值为负, 由此可得 $x = 2\cos(11\pi/6) = 2 \cdot (\sqrt{3}/2) = \sqrt{3}$, 以及 $y = 2\sin(11\pi/6) = 2 \cdot (-1/2) = -1$. 因此笛卡儿坐标是 $(\sqrt{3}, -1)$.

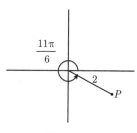

图 27-4

通常将外语翻译成母语总比将母语翻译成外语容易些, 极坐标也一样. 从笛卡儿坐标转化到极坐标要稍难一些. 容易的部分是 r, 因为由勾股定理 (毕达哥拉斯定理) 知 $r^2 = x^2 + y^2$. (也可以通过将上面方框中的方程取平方, 然后加起来并运用 $\cos^2(x) + \sin^2(x) = 1$ 来得到这个等式.) 那么 θ 呢? 我们知道若 $x \neq 0$, 则 $\tan(\theta) = y/x$, 但这并未告诉我们 θ 的确切值. 我们总可以将 π 的整数倍加到 θ 上而不改变 $\tan(\theta)$ 的值. 所以你应该画一个图看看具体情况. 上面情形可总结为:

$$r^2 = x^2 + y^2 \text{ 且 } \tan(\theta) = \frac{y}{x}, \ (x \neq 0), \text{ 但要检验象限!}$$

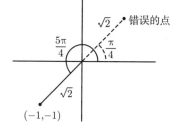

图 27-5

我们来看一个例子: 假设要将 $(-1, -1)$ 写成极坐标的形式. 若将 $x = -1$ 和 $y = -1$ 代入上面的公式, 得到 $r^2 = (-1)^2 + (-1)^2 = 2$ 和 $\tan(\theta) = (-1)/(-1) = 1$. 所以看似 $r = \sqrt{2}$ 和 $\theta = \tan^{-1}(1) = \pi/4$. 但其实是不对的! 检验图 27-5.

极坐标系下的点 $(\sqrt{2}, \pi/4)$ 是错误的点, 因为它在第一象限. 正确的点在第三象限, 如你在图中所见, 极坐标应为 $(\sqrt{2}, 5\pi/4)$.

我们错在哪儿了呢? 实际上, 我们由 $\tan(\theta) = 1$ 推出 $\theta = \pi/4$, 却忘了另一个答案 $\theta = 5\pi/4$. 我们还得到 $r^2 = 2$, 所以 $r = \sqrt{2}$, 舍掉解 $r = -\sqrt{2}$. 若再看一下上面

的图, 可以看到点 $(-1,-1)$ 也可以写成极坐标 $(-\sqrt{2}, \pi/4)$. 若你的朋友面朝错误的点站在原点, 然后往回走 $\sqrt{2}$ 个单位, 他最后也能走到正确的点处.

现在我们有两种方式将 $(-1,-1)$ 写成极坐标: $(\sqrt{2}, 5\pi/4)$ 和 $(-\sqrt{2}, \pi/4)$. 但这还不全, 在 θ 上加 2π 的任何整数倍也是一样的. 故, 该点可用的所有极坐标如下:

$$\left(\sqrt{2}, \frac{5\pi}{4} + 2\pi n\right), \left(-\sqrt{2}, \frac{\pi}{4} + 2\pi n\right) \ (n \text{ 为整数}).$$

这表明有无穷多对 (r, θ) 在两个族中, 它们都描述了平面中的同一个点 $(-1,-1)$! 幸运的是, 几乎在每一个问题中只需要一对 (r, θ), 习惯上选择 $r \geqslant 0$ 且 θ 在 0 到 2π 之间的那对. 所以, 倘若你能理解这不是唯一的极坐标形式, 知道 $(-1,-1)$ 有极坐标 $(\sqrt{2}, 5\pi/4)$ 就可以了.

另外一些例子: 笛卡儿坐标为 $(0,1)$、$(-2,0)$ 和 $(0,-3)$ 的点的极坐标是什么? 在相同坐标轴下画出这些点, 如图 27-6 所示.

运用前面的公式 $\tan(\theta) = y/x$, 会遇到些麻烦. 例如, 在点 $(0,1)$ 处会得到 $\tan(\theta) = 1/0$, 而这是没有定义的. 忘记这个公式吧! 只看图就能知道我们要找的角是 $\pi/2$, 故 $(0,1)$ 的极坐标为 $(1, \pi/2)$. 类似地, $(-2,0)$ 的极坐标为 $(2, \pi)$, $(0,-3)$ 的极坐标为 $(3, 3\pi/2)$. 当然, 有无穷多个答案. 例如, 点 $(0,-3)$ 经常被写为极坐标 $(3, -\pi/2)$ 而不是 $(3, 3\pi/2)$. 总之, 需要对很多点练习笛卡儿坐标和极坐标的互换, 直到熟练为止.

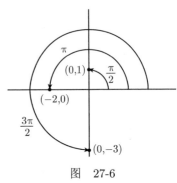

图 27-6

继续讲述之前, 让我们再想一想. 你记得在电影里看到的监视潜艇的发着绿光且发出 "哔、哔、哔……" 声音的雷达屏幕吗? 那些屏幕就如图 27-7 所示.

这就是极坐标系的 "格子". 你知道, 一个格子包含 x 为常数的一些线 (垂直的线) 和 y 为常数的一些线 (水平的线). 若在极坐标系下, 则应该画出一些 r 为常数的曲线, 和一些 θ 为常数的曲线. r 等于某常数 C 的这些点构成了一个

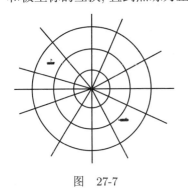

图 27-7

以原点为中心、C 个单位为半径的圆, 而 θ 为常数的点构成了一条以原点为起点的射线. 上图显示了一些这样的圆和射线. 你之前已经见过极坐标, 只不过从未意识到!

27.2.2 极坐标系中画曲线

假设某函数 f 的极坐标方程为 $r = f(\theta)$, 我们想在极坐标系下画出所有点 (r, θ)

的图像, 其中 $r = f(\theta)$ 在 θ 给定的范围内取值. 这个做起来不容易, 最好的方法也许是做个函数值表并描点. 先画出 $r = f(\theta)$ 在笛卡儿坐标系下的图像是有帮助的. 例如, 要画极坐标系下 $r = 3\sin(\theta)$ 的图像, 其中 $0 \leqslant \theta \leqslant \pi$, 我们先画出以 r 和 θ 为笛卡儿坐标轴的 $r = 3\sin(\theta)$ 图像, 见图 27-8.

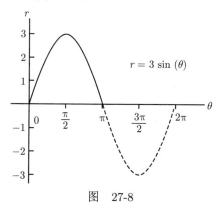

图 27-8

该图说明随着角由 0 转到 π/2, 距离 r 由 0 增加到 3, 然后在角度到 π 时回到 0. 所以所求的曲线如图 27-9 所示.

这个图看上去有点差劲. 为了更紧密些, 我们可以写出如下的函数值表.

θ	0	$\pi/6$	$\pi/4$	$\pi/3$	$\pi/2$	$2\pi/3$	$3\pi/4$	$5\pi/6$	π
r	0	$3/2$	$3/\sqrt{2}$	$3\sqrt{3}/2$	3	$3\sqrt{3}/2$	$3/\sqrt{2}$	$3/2$	0

画出这些点, 可得到图 27-10.

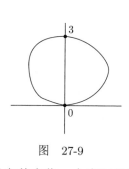

图 27-9

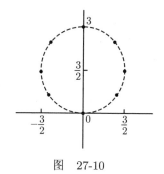

图 27-10

所以它其实像一个真正的圆, 不是那个看上去很蹩脚的图. 其实, 将其转换成笛卡儿坐标就可验证. 事实上, 由于 $y = r\sin(\theta)$, 且有 $r = 3\sin(\theta)$, 因而可以消除 θ 得到 $r^2 = 3y$. 另一方面, $r^2 = x^2 + y^2$, 故我们得到 $x^2 + y^2 = 3y$. 将 $3y$ 移到左边并凑成关于 y 的完全平方式可得 $x^2 + (y - 3/2)^2 = (3/2)^2$, 它是以 $(0, 3/2)$ 为圆心、$3/2$ 为半径的圆. 这与上面的图像一致. 现在, 可自行验证若 θ 从 π 变到 2π, 结果只是沿着该圆又描一遍.

我们来看另一个例子. 假定要画曲线 $r = 1 + 2\cos(\theta)$, 其中 $0 \leqslant \theta \leqslant 2\pi$ 的图像. 首先, 注意笛卡儿图像 (见图 27-11).

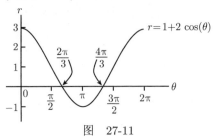

图 27-11

求出图像在 θ 轴 (就是通常被认为是 x 轴的水平轴) 的交点是很重要的. 你知道, 在 θ 轴的交点处 $r = 0$, 所以这时极坐标系下的图像应该回到原点. 在这个例子中, 我们有 $1 + 2\cos(\theta) = 0$, 意味着 $\cos(\theta) = -1/2$. 由于 $\cos(\theta)$ 是负的, 因此 θ 必须在第二或第三象限. 而且相应的角度是 $\cos^{-1}(1/2)$, 即 $\pi/3$. 我们推出了当 $\theta = 2\pi/3$ 或 $4\pi/3$ 时 $r = 0$, 如图 27-11 所示.

现在画 $r = 1 + 2\cos(\theta)$ 的极坐标图像. 随着 θ 从 0 增加到 $2\pi/3$, 距离 r 从 3 递减到 0, 当 $\theta = \pi/2$ 时穿过 1. 这是目前为止我们可得到的图, 如图 27-12 所示.

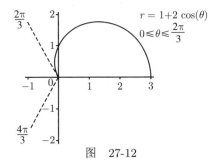

图 27-12

随着 θ 从 $2\pi/3$ 增加到 π, 距离 r 递减到 -1. 这意味着我们要折回到第四象限, 而不是停留在第二象限, 图 27-13 可以说明.

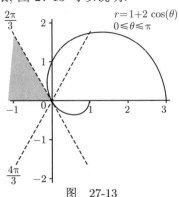

图 27-13

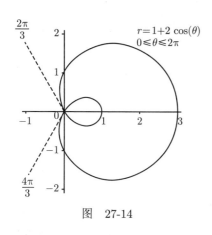

图 27-14

随着 θ 从 $2\pi/3$ 增加到 π, 图像应该包含在阴影区域, 但由于这时的 r 是负的, 所以图像一下转到了第四象限. 不管怎样, 我们可以用这种方法继续讨论直到 $\theta = 2\pi$, 或者至少注意到 $r = 1 + 2\cos(\theta)$ 的笛卡儿图像关于直线 $\theta = \pi$ 是对称的, 这意味着我们要画的完整图像就是现有图像 (关于水平轴) 的镜面映像 (见图 27-14).

最后, 我们来观察一些选定的极坐标曲线 (见图 27-15). 你可能想全部拿下这些图像, 并试图画出图来, 或者说服自己相信每个图都是正确的. 不管怎样, 你应该画很多极坐标曲线, 直到自己感觉不再有进展了.

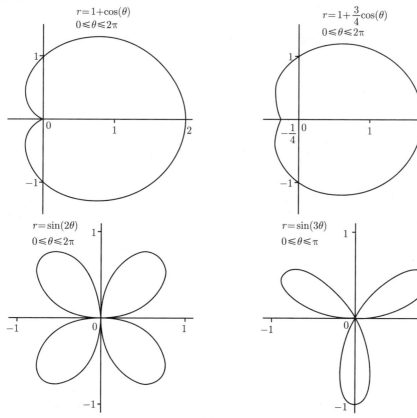

图 27-15

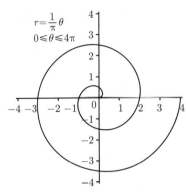 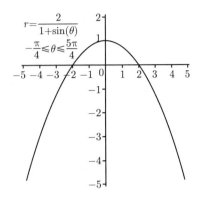

图　27-15　（续）

关于上述曲线的一些事实.

(1) 由 $r = 1 + \cos(\theta)$ 确定的曲线称为心形线. 曲线 $r = 1 + \dfrac{3}{4}\cos(\theta)$ 是蜗牛形曲线的一个例子, 而心形线是蜗牛形曲线的特例.

(2) 在 $r = \sin(3\theta)$ 的图像中, 角 θ 只从 0 取到 π. 当 θ 从 π 取到 2π 时, 图像折了回来, 就像圆 $r = \sin(\theta)$ 的情形一样.

(3) 曲线 $r = \theta / \pi$ 是阿基米德螺旋线的一个例子, 该曲线不是周期的: 随着 θ 的增加, 螺旋变得越来越大.

(4) 曲线 $r = 2/(1 + \sin(\theta))$ 看起来像一个抛物线. 实际上, 可以证明给定的方程在笛卡儿坐标下为 $x^2 = 4 - 4y$.

27.2.3　求极坐标曲线的切线

幸运的是, 求极坐标曲线的切线就是求参数方程确定的曲线的切线的特殊情形. 我们已经在第 27 章开始讨论过这一问题的一般求解方法. 我们来看一下在极坐标下怎么运用这个方法.

我们有 $r = f(\theta)$, 要求该曲线上某点处的切线. 利用 $x = r\cos(\theta)$ 和 $y = r\sin(\theta)$, 我们有

$$x = f(\theta)\cos(\theta) \quad \text{和} \quad y = f(\theta)\sin(\theta),$$

这意味着 x 和 y 都被 θ 参数化了. 根据第 27 章开始部分的公式, 我们有

$$\frac{\mathrm{d}y}{\mathrm{d}x} = \frac{\mathrm{d}y/\mathrm{d}\theta}{\mathrm{d}x/\mathrm{d}\theta},$$

这给出了通常的切线斜率. 最后, 只需代入我们所关心的 θ. 这就是该问题的全部, 来看一下实例.

考虑极坐标下的曲线 $r = 1 + 2\cos(\theta)$. 我们在前一节画过该曲线图像, 假设我们要求穿过极坐标为 $(2, \pi/3)$ 的点的切线方程. 首先检查一下这个点在曲线上吗? 当 $\theta = \pi/3$, 有 $1 + 2\cos(\theta) = 1 + 2\cos(\pi/3) = 2$, 即给出了 r 的值. 所以该

点的确在曲线上. 下一步, 我们要求出切线的斜率 dy/dx. 我们有 $x = r\cos(\theta) = (1 + 2\cos(\theta))\cos(\theta)$ 和 $y = r\sin(\theta) = (1 + 2\cos(\theta))\sin(\theta)$, 需要求出 $dy/d\theta$ 和 $dx/d\theta$. 不幸的是, 这里要用到积的求导法则, 不过还不算太糟, 自行验证

$$\frac{dy}{d\theta} = -2\sin^2(\theta) + (1 + 2\cos(\theta))\cos(\theta) \ \text{和} \ \frac{dx}{d\theta} = -\sin(\theta)(1 + 4\cos(\theta)).$$

所以, 我们有

$$\frac{dy}{dx} = \frac{dy/d\theta}{dx/d\theta} = \frac{-2\sin^2(\theta) + (1 + 2\cos(\theta))\cos(\theta)}{-\sin(\theta)(1 + 4\cos(\theta))}.$$

我们想知道当 $\theta = \pi/3$ 时会怎样. 将其代入, 应该可得

$$\frac{dy}{dx} = \frac{-2(3/4) + (1 + 2(1/2))(1/2)}{-(\sqrt{3}/2)(1 + 4(1/2))} = \frac{1}{3\sqrt{3}}.$$

我们知道了所求直线的斜率. 现在只需找到直线穿过的一个点. 显然那个点的极坐标为 $(2, \pi/3)$, 不过我们需要它的笛卡儿坐标. 因此, 只需用 $x = r\cos(\theta)$ 和 $y = r\sin(\theta)$ 来得到 $x = 2\cos(\pi/3) = 1$ 和 $y = 2\sin(\pi/3) = \sqrt{3}$. 太好了, 我们求的直线过点 $(1, \sqrt{3})$, 且斜率为 $1/(3\sqrt{3})$. 这条线为

$$y - \sqrt{3} = \frac{1}{3\sqrt{3}}(x - 1),$$

稍加化简后得到答案

$$y = \frac{1}{3\sqrt{3}}(x + 8),$$

那这条曲线在原点处的切线呢? 见 27.2.2 节中 $r = 1 + 2\cos(\theta)$ 的图像, 可以看到在那点应该有两条切线! 不过, 我们还是能求出它们的方程. 事实上, 我们知道当 $r = 0$ 时曲线过原点, 且在前一节看到此时 $\theta = 2\pi/3$ 或 $\theta = 4\pi/3$. 可以验证, 将这些 θ 值分别代入前面 dy/dx 的方程可得到 $-\sqrt{3}$ 和 $\sqrt{3}$. 由于两条切线过原点, 它们必有方程 $y = -\sqrt{3}x$ 和 $y = \sqrt{3}x$. 事实上, 这些直线补齐了对应于 $\theta = 2\pi/3$ 或 $\theta = 4\pi/3$ 的射线, 如 27.2.2 节图 27-13 上的虚线所示.

27.2.4 求极坐标曲线围成的面积

若想求由极坐标曲线 $r = f(\theta)$ 围成的面积, 其中 f 假设是连续的, 则需要求积分. 接下来呢? 我们只需建立正确的黎曼和. (回顾黎曼和, 参见 16.2 节.) 假设我们取介于 θ 和 $\theta + d\theta$ 间的一小块角. 这块角沿逆时针移动, r 则从 $f(\theta)$ 缓慢移动到 $f(\theta + d\theta)$. 若 $d\theta$ 很小, 则 r 不会距离 $f(\theta)$ 很远, 所以可以用半径为 $r = f(\theta)$、角为 $d\theta$, 以原点为中心的一小块饼图来近似所求的楔形, 如图 27-16 所示.

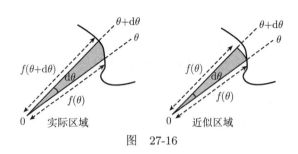

图　27-16

扇形的面积是半径平方的二分之一乘以扇形的角 (当然是弧度角). 所以, 可以近似楔形的面积为 $\dfrac{1}{2}(f(\theta))^2\mathrm{d}\theta$ (平方单位), 即 $\dfrac{1}{2}r^2\mathrm{d}\theta$. 当 θ 从 θ_0 变到 θ_1 时, 整个面积可通过将所有的楔形面积加起来, 并令 $\mathrm{d}\theta$ 递减于 0 来得到. 即有[1]下面的积分:

$$\text{(在 } r=f(\theta) \text{ 之内, 介于 } \theta=\theta_0 \text{ 和 } \theta=\theta_1 \text{ 之间的面积)}=\int_{\theta_0}^{\theta_1}\frac{1}{2}r^2\mathrm{d}\theta.$$

跟前面一样, 面积以平方为单位.

我们将这个公式用于曲线 $r=3\sin(\theta)$, 其中 $0\leqslant\theta\leqslant\pi$. 由 27.2.2 节可知, 该曲线是一个半径为 3/2 个单位的圆, 所以它的面积应该为 $\pi(3/2)^2$, 即 $9\pi/4$ 平方单位. 我们来证明它. 我们有

$$\text{面积}=\int_0^\pi\frac{1}{2}r^2\mathrm{d}\theta=\frac{1}{2}\int_0^\pi(3\sin(\theta))^2\mathrm{d}\theta=\frac{9}{2}\int_0^\pi\sin^2(\theta)\mathrm{d}\theta.$$

这个积分可以用二倍角公式来求解, 就像 19.1 节开始描述的那样. 请验证答案为 $9\pi/4$.

这是一个更难的例子. 我们求由曲线 $r=1+2\cos(\theta)$ 围成的形如新月形面包的区域的面积, 如图 27-17 所示.

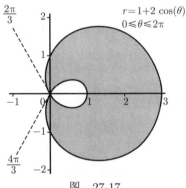

图　27-17

---

[1] 要证明这个公式, 需要考虑 $f(\theta)$ 的最大值和最小值来确定面积的上和与下和, 其中 θ 取值于 $[\theta_0,\theta_1]$ 的子区间, 然后证明当分割的区间趋于 0 时, 上和与下和都收敛于相同的值.

看来应该能够利用公式求得我们要求的面积为

$$\int_0^{2\pi} \frac{1}{2} r^2 \mathrm{d}\theta = \frac{1}{2} \int_0^{2\pi} (1 + 2\cos(\theta))^2 \mathrm{d}\theta.$$

同样, 求这个积分还要用到二倍角公式. 你可自己证明

$$\frac{1}{2} \int (1 + 2\cos(\theta))^2 \mathrm{d}\theta = \frac{3}{2}\theta + 2\sin(\theta) + \frac{1}{2}\sin(2\theta) + C.$$

上面的定积分可以通过代入 $\theta = 2\pi$ 和 $\theta = 0$ 并相减 (即 3π) 而求得. 不幸的是, 这不是正确的答案. 问题出在当 θ 位于 $2\pi/3$ 和 $4\pi/3$ 之间时, r 为负. 由于面积公式中包含 r^2, 因此无法辨别正负面积. (这与笛卡儿坐标下的情况大不相同, 在笛卡儿坐标系中, y 轴以下都为负.) 所以, 我们刚才求得的是在曲线 $r = |1 + \cos(2\theta)|$ 里的面积, 如图 27-18 所示.

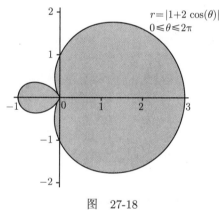

$$r = |1 + 2\cos(\theta)|$$
$$0 \leq \theta \leq 2\pi$$

图 27-18

为了修正这个情况, 我们需要求竖轴左侧的小环内的面积, 然后从原面积中减去两次. 为什么是两次? 因为减去一次只是得到上图剩下的阴影部分面积, 而我们想求的面积其实是在该区域再剪去一个小环. 那么如何求小环内的面积呢? 重复上面的积分, 不过这次从 $2\pi/3$ 到 $4\pi/3$:

$$\text{小环的面积} = \frac{1}{2} \int_{2\pi/3}^{4\pi/3} (1 + 2\cos(\theta))^2 \mathrm{d}\theta.$$

现在用前面的反导来求积分值, 结果为 $(\pi - 3\sqrt{3}/2)$ 平方单位. 因此, 最后可以将我们要求的面积表示成 3π 平方单位减去两倍的小环面积, 然后计算出该面积:

$$\text{我们要求的面积} = 3\pi - 2\left(\pi - \frac{3\sqrt{3}}{2}\right) = (\pi + 3\sqrt{3}) \text{ 平方单位}.$$

如该例所示, 若 r 可能为负, 在利用上述公式求极坐标系下的面积时要非常小心.

第 28 章 复 数

为什么有些二次方程很有趣呢? 二次方程 $x^2 - 1 = 0$ 可以有两个根 (1 和 −1), 而可怜的 $x^2 + 1 = 0$ 则没有根, 因为它的判别式为负. 为了平衡, 我们引入了复数的概念. 利用复数, 任何一个二次方程都有两个根.[①] (可认为 $(x - a)^2 = 0$ 的复根 a 为两个根.) 下面是我们即将讨论的复数内容:

- 基本运算 (加法、减法、乘法、除法) 及解二次方程;
- 复平面及复数的笛卡儿和极坐标形式;
- 复数的高次幂;
- 解形如 $z^n = w$ 的方程;
- 解形如 $e^z = w$ 的方程;
- 利用幂级数和复数的一些技巧求解一些级数问题.

28.1 基 础

不能取 −1 的平方根着实有点令人失望. 然而, 我们接下来就要做这件事. 我们创造一个 −1 的平方根, 称之为 i. 这样我们就有了 $i^2 = -1$. i 是 −1 唯一的平方根吗? 不, 如果这个世界是公平的, −i 也应该是一个平方根, 则

$$(-i)^2 = (-1)^2(i)^2 = 1(-1) = -1.$$

(事实上, 世界是公平的, 这一系列等式是正确的.) 由于 $i^2 + 1 = 0$ 且 $(-i)^2 + 1 = 0$, 则二次方程 $x^2 + 1 = 0$ 有了两个根: 但它们不是实根, 它们是虚根. 那 2i 呢? 它也是虚的. 实际上, $(2i)^2 = 2^2i^2 = 4(-1) = -4$, 所以 $(2i)^2$ 是一个负数. 故, 我们说一个数是虚数, 意思是它的平方是一个负数. 虚数的唯一形式为 yi, 其中 y 是不等于 0 的实数. 也可用 iy 代替 yi 表示虚数.

现在, 你可以对实数和复数进行加减了, 如 $2 - 3i$, 但结果不能化简. 用这种方法, 我们得到所有的复数, 即所有形为 $x + iy$ 的数, 其中 x 和 y 为实数. 全体复数的集合通常用符号 $\mathbb{C}$ 来表示. 注意, 所有虚数都是复数, 如 $2i = 0 + 2i$; 所有实数也都是复数, 如 $-13 = -13 + 0i$. 每个复数都有实部和虚部. 若 $z = x + iy$, 则实部是 x, 虚部是 y, 分别被写作 $\text{Re}(z)$ 和 $\text{Im}(z)$. 例如, $\text{Re}(2 - 3i) = 2$ 和 $\text{Im}(2 - 3i) = -3$. 注意, $\text{Im}(2 - 3i)$ 不是 −3i 而是 −3. $\text{Re}(2i)$ 是什么呢? 将 2i 写成 0 + 2i, 可以看到

[①] 令人惊奇的是, 它对更高次的多项式也成立: 任何次数为 n 的多项式有 n 个复数根 (重根也算在内). 这是源于所谓的代数基本定理, 但那个方法不在本书讨论范围内. 或许可在关于复分析的书中找到更多相关内容.

实部是 0. 另一方面, 虚部 Im(2i) 显然是 2.

复数的加减法很简单. 就是将实部相加 (或相减), 然后再处理虚部. 例如,

$$(2 - 3i) + (-6 - 7i) = 2 - 6 - 3i - 7i = -4 - 10i;$$

减法的例子是

$$(2 - 3i) - (-6 - 7i) = 2 + 6 - 3i + 7i = 8 + 4i$$

乘法也不难, 只需展开, 但要记住每次见到 i^2 时都要把它换成 -1. 例如,

$$(2 - 3i)(-6 - 7i) = 2(-6) + 2(-7i) - (3i)(-6) - (3i)(-7i)$$
$$= -12 - 14i + 18i + 21i^2 = -12 + 4i - 21 = -33 + 4i.$$

那 i^3 是什么呢? i^4 呢? i^5 呢? 我们从 i^3 开始. 我们有 $i^3 = i^2 \times i = (-1) \times i = -i$, 所以 i^3 就是 $-i$. $i^4 = i^3 \times i = (-i) \times i = 1$, 即 $i^4 = 1$. 对于 i^5, 用相同的方法: $i^5 = i^4 \times i = 1 \times i = i$. 事实上, 由于 $i^4 = 1$, 我们可以看到 i 的幂次在 1、i、-1、$-i$ 中循环. 例如, $i^{101} = i$, 因为 $i^{100} = 1$ (要知道 100 可被 4 整除).

除法呢? 有点棘手, 不过还好. 方法与分母有理化很相似. 该方法源于如下的观察: 如果有一个复数 $x + iy$, 并令其乘以复数 $x - iy$, 得到一个实数. 当做计算时, 会意识到应用平方差公式:

$$(x + iy)(x - iy) = x^2 - (iy)^2 = x^2 - i^2 y^2 = x^2 + y^2.$$

x 和 y 都是实数, 显然 x^2 和 y^2 也是, 故它们的和也是实数. 若 $z = x + iy$, 与其对应的 $x - iy$ 是如此重要, 故它有个名字: 共轭复数, 并表示为 $\bar{z}$. 例如, 若 $z = 2 - 3i$, 则 $\bar{z} = 2 + 3i$; 若 $z = 7i$, 则 $\bar{z} = -7i$. 注意, 实数的共轭复数仍是该实数, 因为在取共轭复数时, 只是变换了虚部的符号, 但实数的虚部为 0. 如前面的公式所示, 一个数与它的共轭复数相乘得实数, 即实部和虚部的平方和. 受勾股定理和上面的公式启发, 对给定的复数 $z = x + iy$, 我们定义 z 的模为 $\sqrt{x^2 + y^2}$. 将 z 的模写作 $|z|$, 则

$$|x + iy| = \sqrt{x^2 + y^2}.$$

这里是一些例子: $|2 - 3i| = \sqrt{2^2 + (-3)^2} = \sqrt{4 + 9} = \sqrt{13}$. 类似地, $|7i| = \sqrt{0^2 + 7^2} = 7$. 那 $|-13|$ 呢? 我们有 $|-13| = \sqrt{(-13)^2 + 0^2} = 13$, 即 -13 的绝对值. 模的表示符号与原来绝对值的表示符号完全一致. 其实, 可认为模是绝对值的加强版. 不管怎样, 前面的平方差公式显示了复数与它的共轭复数的乘积是模的平方, 即

$$z\bar{z} = |z|^2.$$

完成这些准备工作之后, 我们该讨论复数除法了. 你要做的就是上下同乘分母部分的共轭复数, 然后展开. 新的分母是原分母模的平方, 如

$$\frac{2-3i}{-6-7i} = \frac{(2-3i)(-6+7i)}{(-6-7i)(-6+7i)}.$$

分子部分需要完全展开, 分母就是 $|-6-7i|^2$, 所以

$$\frac{2-3i}{-6-7i} = \frac{-12+18i+14i-21i^2}{(-6)^2+(-7)^2} = \frac{9+32i}{85} = \frac{9}{85} + \frac{32}{85}i.$$

我们可推出

$$\mathrm{Re}\left(\frac{2-3i}{-6-7i}\right) = \frac{9}{85} \quad \text{和} \quad \mathrm{Im}\left(\frac{2-3i}{-6-7i}\right) = \frac{32}{85}.$$

 另一个例子: 求

$$\mathrm{Re}\left(\frac{3+4i}{i-1}\right).$$

这个例子有个小陷阱. 分母其实应该写成 $-1+i$. 这样做了, 就能看到分母的共轭复数是 $-1-i$, 所以

$$\frac{3+4i}{i-1} = \frac{(3+4i)(-1-i)}{(-1+i)(-1-i)} = \frac{-3-3i-4i-4i^2}{(-1)^2+(1)^2} = \frac{1-7i}{2} = \frac{1}{2} - \frac{7}{2}i.$$

所以 $(3+4i)/(i-1)$ 的实部为 $\frac{1}{2}$, 它的虚部为 $-\frac{7}{2}$.

我们来看看如何解二次方程. 例如, 欲解 $x^2+3x+14=0$, 只需用二次方程公式和 $\sqrt{-1}=i$ 来得出

$$x = \frac{-3\pm\sqrt{3^2-4\times1\times14}}{2} = \frac{-3\pm\sqrt{-47}}{2} = -\frac{3}{2} \pm \frac{\sqrt{47}}{2}i.$$

注意, 我们已将 $\pm\sqrt{-47}$ 化简为 $\pm\sqrt{47}\cdot i$. 如果是系数为复数的二次方程呢? 二次方程公式仍可用, 但可能要求复数的平方根, 而不只是刚刚做的只是求负数的平方根. 我们将在 28.4.1 节看到这样的例子.

复指数函数

我们已经讨论了如何加、乘复数. 那么, 如何指数化它们呢? 我们来看如何使形如 e^z 的数有意义, 其中 z 是复数. 从 24.2.3 节知

$$e^x = \sum_{n=0}^{\infty} \frac{x^n}{n!},$$

对所有实数 x 都成立. 如果我们将右边的 x 换成 z(其中 z 为复数) 会发生什么? 我们将得到一个项为复数的级数. 不管相信与否, 你仍可用比式判别法证明该级数收敛, 无论 z 是什么样的复数. (我们只证明了实数级数的比式判别法, 但你一旦定义了复数序列的收敛, 该证明仍成立.) 受所有这些启发, 我们对任意复数 z, 通过等式

$$e^z = \sum_{n=0}^{\infty} \frac{z^n}{n!}$$

定义 e^z. 该等式当 z 为实数时当然成立, 因为 e^x 满足上面等式. 另一方面, 如果新对象 e^z 能满足我们对指数的所有预期就好了. 其实, 关键是满足指数法则 $e^z e^w = e^{z+w}$. 一旦我们知道了这个, 其他所有的指数法则马上也能多少得到满足.

那么, 怎么证明 $e^z e^w = e^{z+w}$? 这里有一个间接的方法. 我们知道 $e^x e^y = e^{x+y}$ 对任意实数 x 和 y 成立, 这意味着

$$\sum_{n=0}^{\infty} \frac{x^n}{n!} \sum_{m=0}^{\infty} \frac{y^m}{m!} = \sum_{k=0}^{\infty} \frac{(x+y)^k}{k!}.$$

我们只是将每个指数用它们的麦克劳林级数代换了, 在每个和中用了不同的虚拟变量. 如果将左边的两个级数乘开, 将得到一些 x 和 y 幂次的双幂级数; 右边同理. 因此, 等式左边和右边 $x^n y^m$ 的系数相同, 若将 x 和 y 用复数 z 和 w 分别代替, 同样也成立. 因此, 我们证明了 $e^z e^w = e^{z+w}$ 对任意两个复数 z 和 w 成立!

28.2 复 平 面

实数常常被表示为数轴上的点, 是一维的. 从字面上看, 复数还多一维. 其实, 若 $z = x + iy$, 我们不能将所有信息压缩到一个实数上去. 我们将采用复平面而非实数轴. 复数 $z = x + iy$ 将用笛卡儿坐标系下的 (x, y) 表示. 画形如 $2 - 3i$、$2i$ 和 -1 的复数是很简单的, 如图 28-1 所示.

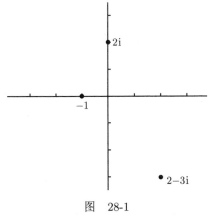

图 28-1

你应该将每个点看作一个复数, 而不是一对实数.

在前一章我们看到, 可将平面中的点用极坐标代替. (如果很久没看了, 现在应该复习 27.2.1 节.) 那么如果你有复平面内极坐标为 (r, θ) 的点, 该点所表示的复数是什么呢? 我们可用 $x = r\cos(\theta)$ 和 $y = r\sin(\theta)$ 来转化到笛卡儿坐标. 所以极坐标 (r, θ) 表示复数 $z = x + iy = r\cos(\theta) + ir\sin(\theta)$. 特别的, 若 $r = 1$, 则 z 就是 $\cos(\theta) + i\sin(\theta)$.

欧拉给出了一个奇异且独特的等式, 它很重要:

$$\boxed{e^{i\theta} = \cos(\theta) + i\sin(\theta).}$$

对所有实数 θ 都成立.[①] 意思是, 按前一节定义复数 $e^{i\theta}$, 当在复平面上画该点时有

① 该等式证明见本章末.

极坐标 $(1, \theta)$. 所以 $e^{i\theta}$ 在单位圆上且有从 x 轴正方向开始的角 θ. 图 28-2 给出了不同 θ 值对应的 $e^{i\theta}$.

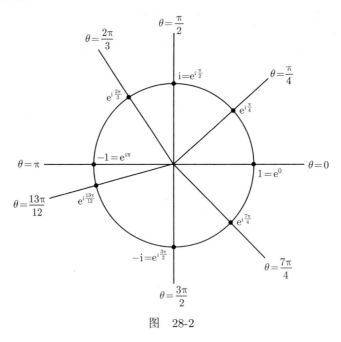

图　28-2

对于不在单位圆上的点, 你只需乘以 r. 特别地, 我们看到如果 z 由极坐标系下的点 (r, θ) 表示, 则 $z = r\cos(\theta) + ir\sin(\theta)$. 由欧拉等式, 这意味着 $z = re^{i\theta}$, 故我们证得

> 若 (x, y) 和 (r, θ) 为相同的点, 则 $x + iy = re^{i\theta}$.

我们说, 形如 $re^{i\theta}$ 的复数为极坐标形式 (与之相对的 $x + iy$ 为笛卡儿形式). 例如, 在上图中 $-1 = e^{i\pi}$, 这是因为笛卡儿坐标点 $(-1, 0)$ 有极坐标 $(1, \pi)$, 所以 $-1 + 0i = 1e^{i\pi}$. 也就是说, -1 的极坐标形式是 $e^{i\pi}$. 类似地, 笛卡儿坐标点 $(0, 1)$ 可以写成极坐标 $(1, \pi/2)$, 所以 $0 + 1i = 1e^{i\pi/2}$, 或 $i = e^{i\pi/2}$. 这个式子看起来有点奇怪, 但确实是正确的: 左边是笛卡儿形式, 而右边是极坐标形式. 相同的还有 $-i = e^{i(3\pi/2)}$. (知道为什么吗?)

在 27.2.1 节, 我们看到有无穷多种方式来表示一个给定的极坐标点. 当我们讨论复数时与之一致, 这里令 r 非负. 同样地, 如果已经求出给定点的极坐标 (r, θ), 则可以将 2π 的任意整数倍加到 θ 上, 结果不变. 例如, 点 $(0, -1)$ 有极坐标 $(1, 3\pi/2)$, 或者减去 2π 得到该点的另一个极坐标 $(1, -\pi/2)$. 对于复数, 这意味着 $e^{i(3\pi/2)} = e^{-i\pi/2}$. 所以 $e^{i\theta}$ 关于 θ 是**周期的**, 且周期为 2π. 这个结果很重要, 稍后将用到.

前面讨论了 $e^{i\pi} = -1$, 我们仔细想想, 也许你会觉得, 这真是太令人惊叹了. 在你的数学学习中, 有多少个基本新数呢? 引入 −1 打开了通往负数的大门. 数字 π 来自圆的几何. 数字 e 是自然对数的底, 在微积分学习中很重要. 数字 i 指引我们通往复数的路并得以求解二次 (和更高次多项式) 方程. 如果你问我, 我会说它们结合成这样简单的公式真是很不寻常. 好了, 哲学闲谈就到此, 我们来看一些复数的极坐标形式与笛卡儿形式相互转换的例子.

笛卡儿形式和极坐标形式互换

将极坐标形式的复数转换成笛卡儿形式, 可以直接应用欧拉恒等式, 即 $e^{i\theta} = \cos(\theta) + i\sin(\theta)$. 例如, $2e^{i(5\pi/6)}$ 的笛卡儿形式是什么? 根据欧拉恒等式, 为 $2(\cos(5\pi/6) + i\sin(5\pi/6))$. 明白为什么要知道三角函数形式吗? 希望你能算出 $\cos(5\pi/6) = -\sqrt{3}/2$ 和 $\sin(5\pi/6) = 1/2$, 所以

$$2e^{i(5\pi/6)} = 2\left(\cos\left(\frac{5\pi}{6}\right) + i\sin\left(\frac{5\pi}{6}\right)\right) = 2\left(-\frac{\sqrt{3}}{2} + i\frac{1}{2}\right) = -\sqrt{3} + i.$$

另一方面, 如 27.2.1 节所述, 由笛卡儿形式转换到极坐标形式要稍难一些. 在那节,

$$r = \sqrt{x^2 + y^2} \quad \text{和} \quad \tan(\theta) = \frac{y}{x},$$

其中舍去了可能的解 $r = -\sqrt{x^2 + y^2}$, 因为我们需要复数的 $r \geqslant 0$. 顺便说一下, 我们定义 z 的模为 $|z| = \sqrt{x^2 + y^2}$, 所以 r 等于 $|z|$. 因此模 $|z|$ 是从原点到点 z 的距离 (在复平面中). 角 θ 被称为 z 的辐角, 写为 $\arg(z)$. (通常要求 $0 \leqslant \arg(z) < 2\pi$ 以避免产生歧义.[①])

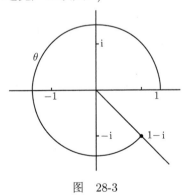

图 28-3

将 z 由笛卡儿坐标转换为极坐标, 只需用上面的公式求出 z 的模和辐角. (其实, 有时 z 的极坐标形式也被称为模 – 辐角式.) 例如, 如何将 $z = 1 - i$ 转换成极坐标形式? 将 z 写作 $1 + (-1)i$, 则需令上面公式中的 $x = 1$, $y = -1$. 事实上, 若 $z = re^{i\theta}$, 则 $r = \sqrt{1^2 + (-1)^2} = \sqrt{2}$, $\tan(\theta) = (-1)/1 = -1$. 现在需要确定 θ 的正确值所在的象限. 最好的方法是画图, 如图 28-3 所示.

显然, 点 $(1, -1)$ 在第四象限, 所以 θ 一定等于 $7\pi/4$ (即 $\theta = -\pi/4$). 所以, 我们只需将 $r = \sqrt{2}$ 和 $\theta = 7\pi/4$ 一起代入 $re^{i\theta}$ 而得到 $1 - i = \sqrt{2}e^{i(7\pi/4)}$. (若用 $\theta = -\pi/4$, 将得到 $1 - i = \sqrt{2}e^{-i(\pi/4)}$. 要知道在 θ 上加 2π 的任意整数倍都是正确的.)

---

① 这个条件也经常被写为 $-\pi < \arg(z) \leqslant \pi$.

让我们来看一对看似易混的例子. 首先, 如何写 2i 的极坐标形式? 考虑 2i 为 0+2i, 故它可由复平面上的点 $(0,2)$ 表示. 因此, 若 $2i = re^{i\theta}$, 则有 $r = \sqrt{0^2 + 2^2} = 2$, 而 $\tan(\theta) = 2/0$. 等一下, 不对, 0 不能作除数. 我们画个图来看看 θ 应该是什么 (如图 28-4 所示).

由图可知 $\theta = \dfrac{\pi}{2}$, 这与前面奇怪的 $\tan(\theta)$ 值一致, 因为 $\tan\left(\dfrac{\pi}{2}\right)$ 无定义. 因此, 我们有 $2i = 2e^{i\pi/2}$. 当然, 这正是前一节的公式 $i = e^{i\pi/2}$ 的 2 倍.

那将 -6 转换成极坐标形式呢? 现在我们将 -6 写为 $-6 + 0i$, 可知

$$r - \sqrt{(-6)^2 + 0^2} - 6, \ \tan(\theta) = 0/(-6) = 0.$$

这意味着 θ 是 π 的整数倍, 为了确定它, 我们画另一幅图 (见图 28-5).

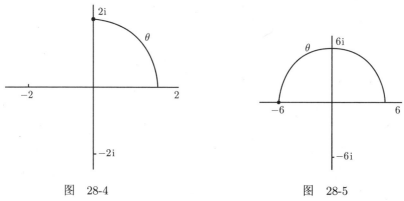

图　28-4　　　　　　　　　　图　28-5

现在可知 $\theta = \pi$(或随你喜欢, 选 $-\pi$、3π, 甚至任何 π 的奇数倍). 因此, 我们有 $-6 = 6e^{i\pi}$. 顺便提一句, 若除以 6, 将得到令人惊异的公式 $e^{i\pi} = -1$, 该公式在上一节讨论过.

28.3　复数的高次幂

你究竟为什么要用极坐标形式呢? 一个原因是, 极坐标形式比较容易进行乘法和取幂运算. 设想用 $2e^{-i(3\pi/8)}$ 乘 $3e^{i\pi/4}$. 这个很简单, 只需用一般指数法则 (见 9.1.1 节) 得

$$(3e^{i\pi/4})(2e^{-i(3\pi/8)}) = 6e^{i(\pi/4 - 3\pi/8)} = 6e^{-i\pi/8}.$$

甚至更好的方式, 如取 $3e^{i\pi/4}$ 的 200 次幂, 就是

$$(3e^{i\pi/4})^{200} = 3^{200}e^{i(\pi/4)\times 200} = 3^{200}e^{i(50\pi)}.$$

事实上, 由欧拉恒等式可知, $e^{i(50\pi)} = \cos(50\pi) + i\sin(50\pi)$. 由于 50π 是 2π 的整数倍, 所以有 $\cos(50\pi) = 1$ 和 $\sin(50\pi) = 0$, 故证得 $(3e^{i\pi/4})^{200} = 3^{200}$.

很多时候, 你想要的最终结果可能是笛卡儿形式的. 例如计算 $(1 - i)^{99}$, 并给

出笛卡儿形式的结果. 将该式展开是很荒唐的, 所以我们不会那么做. 正确的方法是将 $1-\mathrm{i}$ 转换为极坐标形式, 取 99 次幂, 然后再转换回笛卡儿形式. 来看我们在前一节见到的极坐标形式的 $1-\mathrm{i} = \sqrt{2}\mathrm{e}^{\mathrm{i}(7\pi/4)}$, 所以有

$$(1-\mathrm{i})^{99} = (\sqrt{2}\mathrm{e}^{\mathrm{i}(7\pi/4)})^{99} = (2^{1/2})^{99}(\mathrm{e}^{\mathrm{i}(7\pi/4)})^{99} = 2^{99/2}\mathrm{e}^{\mathrm{i}(693\pi/4)}.$$

现在要回到笛卡儿形式. 在转换之前, 我们来看 $\mathrm{e}^{\mathrm{i}(693\pi/4)}$. 这个分数 $693\pi/4$ 有点讨厌. 要知道 $\mathrm{e}^{\mathrm{i}\theta}$ 以关于 θ 的 2π 为周期, 所以把分数 $693\pi/4$ 的所有 2π 倍数去掉而不影响结果, 故有 $693/4 = 173\frac{1}{4}$, 小于这个数的最大偶数为 172, 且这两个数之差为 $173\frac{1}{4} - 172 = 5/4$. 所以我们可将 $693\pi/4$ 看作 $172\pi + 5\pi/4$. 因为 172π 是 2π 的整数倍 (这就是我们想要偶数的原因, 172 就是这种情况), 所以 $\mathrm{e}^{\mathrm{i}(693\pi/4)} = \mathrm{e}^{\mathrm{i}(5\pi/4)}$. 这样就好多了, 现在可将整个式子写成笛卡儿形式:

$$(1-\mathrm{i})^{99} = 2^{99/2}\mathrm{e}^{\mathrm{i}(693\pi/4)} = 2^{99/2}\mathrm{e}^{\mathrm{i}(5\pi/4)} = 2^{99/2}\left(\cos\left(\frac{5\pi}{4}\right) + \mathrm{i}\sin\left(\frac{5\pi}{4}\right)\right)$$

$$= 2^{99/2}\left(-\frac{1}{\sqrt{2}} - \mathrm{i}\frac{1}{\sqrt{2}}\right).$$

其实, 这个式子还可以进一步将 $1/\sqrt{2}$ 简写为 $2^{-1/2}$, 最终的结果为 $-2^{49}(1+\mathrm{i})$. 作为练习, 你可以对另一种极坐标形式 $1-\mathrm{i} = \sqrt{2}\mathrm{e}^{-\mathrm{i}\pi/4}$, 验证有相同的结果.

总之, 若取复数的高次幂, 首先将它转化为极坐标形式, 然后取幂. 求小于 θ 的 π 的最大偶数倍, 然后从 θ 中减去这个偶数倍, 且用所得新数来代换 θ. 最后, 换回笛卡儿形式.

28.4 解 $z^n = w$

我们来看一个复杂的主题: 如何解形如 $z^n = w$ 的方程, 其中 n 是整数, w 为复数. 这意味着要取 w 的 n 次方根, 但并不是简单的 $z = \sqrt[n]{w}$, 因为它没有告诉我们太多信息. 相反, 我们将直接求解. 因为极坐标形式的幂次很好算, 而它就是我们要用的.

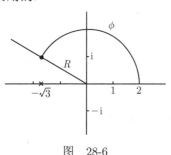

图 28-6

例如, 求解 $z^5 = -\sqrt{3}+\mathrm{i}$, 我们应该同时用 z 和 $w = -\sqrt{3}+\mathrm{i}$ 的极坐标. 因为不知道 z 的值, 所以令 $z = r\mathrm{e}^{\mathrm{i}\theta}$. 要求 z, 只需求 r 和 θ. 对于 w, 我们写出 $-\sqrt{3}+\mathrm{i} = R\mathrm{e}^{\mathrm{i}\phi}$ 并求 R 和 ϕ. (这里用 R 和 ϕ 而不是 r 和 θ, 是因为后两个变量已经用于 z 了.) 现在, 我们来画出该情形对应的图 (见图 28-6).

所以我们有 $R = \sqrt{(-\sqrt{3})^2 + 1^2} = 2$ 和 $\tan(\phi) = -1/\sqrt{3}$. 由于点在第二象限, ϕ 必为 $5\pi/6$. 太好了, 我们知道了极坐标形式下 $-\sqrt{3}+\mathrm{i} = 2\mathrm{e}^{\mathrm{i}(5\pi/6)}$.

现在我们把注意力转移到方程 $z^5 = -\sqrt{3} + i$ 上, 并将它们转换为极坐标形式. 在左边, 我们用 $re^{i\theta}$ 代换 z, 得到 $z^5 = (re^{i\theta})^5 = r^5 e^{i(5\theta)}$; 而我们已经知道右边为 $2e^{i(5\pi/6)}$. 故方程变为

$$r^5 e^{i(5\theta)} = 2e^{i(5\pi/6)}.$$

若两边同时取模, 可得 $r^5 = 2$ (因为若 A 是实数, e^{iA} 的模总为 1). 然后我们可以消去 r^5 和 2, 因为它们相等, 从而得到 $e^{i(5\theta)} = e^{i(5\pi/6)}$. 我们已将上述方程分成了两个独立的方程:

$$r^5 = 2 \text{ 和 } e^{i(5\theta)} = e^{i(5\pi/6)}$$

第一个方程很容易求解: 只需取 5 次方根, 得到 $r = 2^{1/5}$, 这是合理的, 因为 r 是一个非负实数. 对于第二个方程, 你可能想说 $5\theta = 5\pi/6$, 但其实没那么简单. 记住, $e^{i\theta}$ 关于变量 θ 以 2π 为周期! 你可以通过下面这个重要原理来阐释这个结果, 这个原理你一定要着重记忆:

> 若 $e^{iA} = e^{iB}$ 对任意实数 A 和 B 成立, 则 $A = B + 2\pi k$, 其中 k 是整数.

该原理使我们转危为安. 由于 $e^{i(5\theta)} = e^{i(5\pi/6)}$, 因而我们运用该原理有

$$5\theta = \frac{5\pi}{6} + 2\pi k,$$

其中 k 为整数. 除以 5, 有

$$\theta = \frac{\pi}{6} + \frac{2\pi k}{5}.$$

看起来好像有无穷多个 θ 值, 因此方程有无穷多个 z 值. 然而, 外表是有欺骗性的! 你看, 由于 $n = 5$, 所以只需要用到 k 的前 5 个值, 即 $k = 0, 1, 2, 3, 4$. 我们一会儿会讨论其原因. 现在, 我们可以计算出 k 从 0 取到 4 时, θ 的值分别为

$$\frac{\pi}{6}, \qquad \left(\frac{\pi}{6} + \frac{2\pi}{5}\right) = \frac{17\pi}{30}, \qquad \left(\frac{\pi}{6} + \frac{4\pi}{5}\right) = \frac{29\pi}{30},$$

$$\left(\frac{\pi}{6} + \frac{6\pi}{5}\right) = \frac{41\pi}{30}, \qquad \left(\frac{\pi}{6} + \frac{8\pi}{5}\right) = \frac{53\pi}{30},$$

将 θ 的这些值和 $r = 2^{1/5}$ 代入方程 $z = re^{i\theta}$, 可得

$$z = 2^{1/5} e^{i\pi/6}, \quad 2^{1/5} e^{i(17\pi/30)}, \quad 2^{1/5} e^{i(29\pi/30)}, \quad 2^{1/5} e^{i(41\pi/30)}, \quad 2^{1/5} e^{i(53\pi/30)}.$$

当然, 将这些解转换为笛卡儿形式就好了. 第一个解很容易:

$$2^{1/5} e^{i\pi/6} = 2^{1/5} \left(\cos\left(\frac{\pi}{6}\right) + i\sin\left(\frac{\pi}{6}\right)\right) = 2^{1/5} \left(\frac{\sqrt{3}}{2} + i\frac{1}{2}\right) = 2^{-4/5}(\sqrt{3} + i).$$

其他的解看起来就没那么简单了. 例如, 第二个解

$$2^{1/5} e^{i(17\pi/30)} = 2^{1/5} \left(\cos\left(\frac{17\pi}{30}\right) + i\sin\left(\frac{17\pi}{30}\right)\right)$$

并不容易化简. (你知道 $\cos(17\pi/30)$ 是多少吗? 我不知道, 但没必要算出来.) 我把用 (未化简的) 笛卡儿形式写出其他 3 个解的工作留给你完成.

现在, 我们来看为什么 k 只需从 0 取到 4, 而舍掉其他所有的 k 值. 我们来看当 $k = 5$ 时会怎样. 运用前面的方程

$$\theta = \frac{\pi}{6} + \frac{2\pi k}{5},$$

当 $k = 5$ 时, 我们有

$$\theta = \frac{\pi}{6} + \frac{2\pi \times 5}{5} = \frac{\pi}{6} + 2\pi.$$

这个结果当然与我们给出的其他 θ 值不一样, 但并没有出现不同的 z 值. 为什么? 因为

$$2^{1/5} \mathrm{e}^{\mathrm{i}(\pi/6 + 2\pi)} = 2^{1/5} \mathrm{e}^{\mathrm{i}(\pi/6)}.$$

即, 我们得到了一个与 $k = 0$ 情形一样的解. 类似地, 若 $k = 6$, 你应该得到与 $k = 1$ 时一样的 z 值. 一般地, 每次将 k 加 5, 你就会再一次得到相同的 z 值. 所以, $k = 0, 5, 10, \cdots$ 和 $k = -5, -10, -15, \cdots$ 一样有相同的解, 即 $z = 2^{1/5} \mathrm{e}^{\mathrm{i}(\pi/6)}$. 类似地, $k = 1, 6, 11, \cdots$ 和 $k = -4, -9, -14, \cdots$ 给出了相同的解. 其他 3 个解也一样. 你应该重视这个结果, 它在实践中很容易应用: 除非 $w = 0$, 否则在 $k = 0, 1, \cdots, n-1$ 时, 方程 $z^n = w$ 有 n 个不同的解. 那些就是你要用到的 k 值. 我们的例子中 $n = 5$, 所以只需要 $k = 0, 1, 2, 3, 4$.

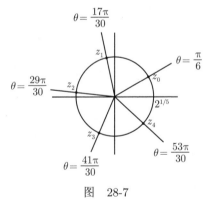

图 28-7

在复平面中描画所有的解会很有意思. 它们的模都为 $2^{1/5}$, 这意味着它们都在中心在原点、半径为 $2^{1/5}$ 单位的圆上. 而且, 连续解的辐角差 (即 θ 值) 为 $2\pi/5$, 它是整个圆周的五分之一. 这意味着所有的解均匀的分布在圆周上; 也就是说, 它们形成了一个规则的五边形 (解用 z_0 到 z_4 标记), 如图 28-7 所示.

一般地, 方程 $z^n = w$ 有 n 个解, 当画出这些解时, 它们的顶点形成了一个正 n 多边形. ($w = 0$ 时例外, 这种情况下 $z = 0$ 是唯一的解, 但它是 n 重的).

我们来给出求解 $z^n = w$ 的主要步骤:

(1) 将 $z = r\mathrm{e}^{\mathrm{i}\theta}$ 写成极坐标. 则 $z^n = r^n \mathrm{e}^{\mathrm{i}n\theta}$;

(2) 将 w 转化成极坐标. 我们设 $w = R\mathrm{e}^{\mathrm{i}\phi}$;

(3) 由于 $z^n = w$, 因而原方程可以写成 $r^n \mathrm{e}^{\mathrm{i}n\theta} = R\mathrm{e}^{\mathrm{i}\phi}$, 这里的 n、R 和 ϕ 的值已知, 而 r 和 θ 是我们想求的 (所以它们作为变量出现);

(4) 分成两个方程: $r^n = R$ 和 $\mathrm{e}^{\mathrm{i}n\theta} = \mathrm{e}^{\mathrm{i}\phi}$;

(5) 第一个方程很容易求解：取 n 次方根可得 $r = R^{1/n}$，

(6) 求解第二个方程可运用前面方框中的原理，于是得 $n\theta = \phi + 2\pi k$，其中 k 是整数；

(7) 用 n 除这个结果，然后写出当 $k = 0, 1, 2, \cdots, n - 1$ 时的所有不同的 θ 值；

(8) 将 r 值和不同的 θ 值代入 $z = re^{i\theta}$，得到 n 个不同的 z 值，即为解；

(9) 若有必要，将每个解转换成笛卡儿坐标形式.

我们再看一个例子：i 的三次方根是多少？这个问题需求解方程 $z^3 = i$. 我们先写出 $z = re^{i\theta}$，则 $z^3 = r^3 e^{i(3\theta)}$ (第 1 步). 现在，我们需要将 i 转换成极坐标 (第 2 步)，我们已经知道 $i = e^{i\pi/2}$. 由于 $z^3 = i$，因而我们有 $r^3 e^{i(3\theta)} = 1e^{i\pi/2}$ (第 3 步). 这就导出方程 $r^3 = 1$ 和 $e^{i(3\theta)} = e^{i\pi/2}$ (第 4 步). 对第一个方程取三次方根，可得 $r = 1$ (第 5 步)，再根据重要原理，第二个方程解出 $3\theta = \pi/2 + 2\pi k$，其中 k 是整数 (第 6 步). 这与 $\theta = \pi/6 + 2\pi k/3$ 等价，由于这个问题中的 $n = 3$，所以我们只需取 $k = 0, 1, 2$，于是得到

$$\theta = \frac{\pi}{6}, \qquad \left(\frac{\pi}{6} + \frac{2\pi}{3}\right) = \frac{5\pi}{6}, \qquad \left(\frac{\pi}{6} + \frac{4\pi}{3}\right) = \frac{3\pi}{2}$$

(第 7 步). 继而推导出 z 的三个可能值为

$$z = e^{i\pi/6}, \quad e^{i(5\pi/6)}, \quad e^{i(3\pi/2)}$$

(第 8 步). 最后，我们应该将这些解转换为笛卡儿形式 (第 9 步). 第一个解为

$$z = e^{i\pi/6} = \cos\left(\frac{\pi}{6}\right) + i\sin\left(\frac{\pi}{6}\right) = \frac{\sqrt{3}}{2} + i\frac{1}{2}.$$

第二个解为

$$z = e^{i(5\pi/6)} = \cos\left(\frac{5\pi}{6}\right) + i\sin\left(\frac{5\pi}{6}\right) = -\frac{\sqrt{3}}{2} + i\frac{1}{2}.$$

第三个解为

$$z = e^{i(3\pi/2)} = \cos\left(\frac{3\pi}{2}\right) + i\sin\left(\frac{3\pi}{2}\right) = 0 - i(1) = -i.$$

我们画出这三个解，从图 28-8 中可以看出，它们的确形成了一个等边三角形.

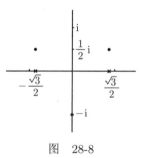

图　28-8

一些变式

假设要求解方程 $(z - 2)^3 = i$. 没问题，只需令 $Z = z - 2$，则方程为 $Z^3 = i$. 像上节我们所做的那样来解这个方程，可得

$$Z = z - 2 = \frac{\sqrt{3}}{2} + i\frac{1}{2}, \qquad -\frac{\sqrt{3}}{2} + i\frac{1}{2}, \qquad -i.$$

最后，两边同时加 2，可得

$$z = 2 + \frac{\sqrt{3}}{2} + i\frac{1}{2}, \qquad 2 - \frac{\sqrt{3}}{2} + i\frac{1}{2}, \qquad 2 - i.$$

一点都不难. 不过这里有个较难的, 我们来试着求解二次方程

$$z^2 + \frac{1}{\sqrt{2}}z - \frac{\sqrt{3}i}{8} = 0.$$

运用二次公式, 我们得到

$$z = \frac{\dfrac{-1}{\sqrt{2}} \pm \sqrt{\dfrac{1}{2} + i\dfrac{\sqrt{3}}{2}}}{2}.$$

这个结果是正确的, 但它不是笛卡儿形式 (也不是极坐标形式), 所以我们要试着化简它. 我们需要求复数 $\frac{1}{2} + i\frac{\sqrt{3}}{2}$ 的二次方根. 怎么做呢? 求解方程 $Z^2 = \frac{1}{2} + i\frac{\sqrt{3}}{2}$. 根据前面的步骤, 我们写出 $Z = re^{i\theta}$, 极坐标形式为 $\frac{1}{2} + i\frac{\sqrt{3}}{2} = e^{i\pi/3}$, 可自行证明. 所以我们的方程变为 $r^2 e^{i2\theta} = e^{i\pi/3}$. 这意味着 $r^2 = 1$ 和 $2\theta = \pi/3 + 2\pi k$, 其中 $k = 0$ 或 1. (要记住重要原理!) 所以, 我们有 $r = 1$ 和 $\theta = \pi/6$ 或 $7\pi/6$, 这意味着 $Z = e^{i\pi/6}$ 或 $Z = e^{i7\pi/6}$. 再一次, 需要验证, 它们对应的笛卡儿形式分别为 $Z = \frac{\sqrt{3}}{2} + \frac{1}{2}i$ 或 $Z = -\frac{\sqrt{3}}{2} - \frac{1}{2}i$. 最后, 我们可以在上面 z 的方程中用 $\pm\left(\frac{\sqrt{3}}{2} + \frac{1}{2}i\right)$ 来代换 $\pm\sqrt{\frac{1}{2} + i\frac{\sqrt{3}}{2}}$, 得到

$$z = \frac{-\dfrac{1}{\sqrt{2}} \pm \left(\dfrac{\sqrt{3}}{2} + \dfrac{1}{2}i\right)}{2},$$

化简为

$$z = -\frac{1}{2\sqrt{2}} + \frac{\sqrt{3}}{4} + \frac{i}{4} \quad \text{或} \quad -\frac{1}{2\sqrt{2}} - \frac{\sqrt{3}}{4} - \frac{i}{4}$$

来看另一个例子. 如何在复数域上将 $(z^4 - z^2 + 1)$ 因式分解? 在实数域上又如何呢? 在第一个情形中, 我们只需求出方程 $z^4 - z^2 + 1 = 0$ 的所有复数解, 共 4 个. 为了求解, 我们首先需要知道这个方程其实是 z^2 的二次方程. 我们令 $Z = z^2$, 则方程变为 $Z^2 - Z + 1 = 0$. 运用二次公式求解得

$$Z = z^2 = \frac{1 \pm \sqrt{-3}}{2} = \frac{1}{2} \pm i\frac{\sqrt{3}}{2}.$$

我们需求 $\frac{1}{2} + i\frac{\sqrt{3}}{2}$ 和 $\frac{1}{2} - i\frac{\sqrt{3}}{2}$ 的二次方根. 我们在前个例子中已经完成了对第一个数的求解, 你可以按相同的步骤来处理第二个数, 足够简单. 这两个数各有两个平方根, 算出来为

$$\frac{\sqrt{3}+i}{2}, \quad \frac{-\sqrt{3}-i}{2}, \quad \frac{-\sqrt{3}+i}{2}, \quad \frac{\sqrt{3}-i}{2}.$$

这些是 $z^4 - z^2 + 1 = 0$ 的解. 由此, 我们可将 $z^4 - z^2 + 1$ 因式分解为

$$z^4 - z^2 + 1 = \left(z - \frac{\sqrt{3}+\mathrm{i}}{2}\right)\left(z - \frac{\sqrt{3}-\mathrm{i}}{2}\right)\left(z - \frac{-\sqrt{3}+\mathrm{i}}{2}\right)\left(z - \frac{-\sqrt{3}-\mathrm{i}}{2}\right).$$

这是复因式分解. 为了求出实因式分解, 我们需要运用一个事实: 若 w 为任意复数, 则 $(z-w)(z-\bar{w})$ 相乘有实系数. 事实上, 你会得到 $z^2 - (w+\bar{w})z + w\bar{w}$, 易知 $w + \bar{w} = 2\mathrm{Re}(w)$ (为实数), 而我们已知 $w\bar{w} = |w|^2$, 也是实数. 不知道你是否注意到, 我已将四个因式巧妙地分了组, 使得将前两个因式相乘时得到

$$\left(z - \frac{\sqrt{3}+\mathrm{i}}{2}\right)\left(z - \frac{\sqrt{3}-\mathrm{i}}{2}\right) = z^2 - \left(\frac{\sqrt{3}+\mathrm{i}}{2} + \frac{\sqrt{3}-\mathrm{i}}{2}\right)z + \left(\frac{\sqrt{3}+\mathrm{i}}{2}\right)\left(\frac{\sqrt{3}-\mathrm{i}}{2}\right)$$
$$= z^2 - \sqrt{3}z + 1.$$

类似地, 你可以验证后两个因式相乘得到的是 $z^2 + \sqrt{3}z + 1$. 故结论是

$$z^4 - z^2 + 1 = (z^2 - \sqrt{3}z + 1)(z^2 + \sqrt{3}z + 1).$$

注意, 这里没有任何复数. 然而, 这个例子若不用因式来计算, 会相当棘手.

28.5　解 $\mathrm{e}^z = w$

现在该讨论如何对给定的 w 求解形如 $\mathrm{e}^z = w$ 的方程了. 要是能写成 $z = \ln(w)$ 就好了, 但帮助并不大. 例如, $\ln(-\sqrt{3}+\mathrm{i})$ 是多少呢? 让我们来回答这个问题.

幸运的是, 求解 $\mathrm{e}^z = w$ 并不比求解 $z^n = w$ 难多少, 事实上, 若说有什么区别的话, 就是求解更简单. 在讨论解法之前, 我们需要更多地理解 e^z. 我们来看如果写成 $z = x + \mathrm{i}y$ 会发生什么. 我们得到

$$\mathrm{e}^z = \mathrm{e}^{x+\mathrm{i}y} = \mathrm{e}^x \mathrm{e}^{\mathrm{i}y}.$$

那又怎样? 这里的关键是, 这已经是极坐标形式了. 模为 e^x, 辐角为 y. 如果你愿意, 也可写为 $r = \mathrm{e}^x$ (记住, e^x 是正实数), $\theta = y$. 这意味着, 若 z 的笛卡儿形式是 $x + \mathrm{i}y$, 则 e^z **自动**有极坐标形式 $\mathrm{e}^z = \mathrm{e}^x \mathrm{e}^{\mathrm{i}y}$. 所以, 求解 $\mathrm{e}^z = w$ 和 $z^n = w$ 时的主要区别是, 前个问题中不必将 z 写成极坐标形式, 而后个问题中需要这样做. 这个问题还有个副产物, 即方程 $\mathrm{e}^z = w$ 有无穷多个解 (除非 $w = 0$, 在这种情况下方程无解).

我们来求解 $\mathrm{e}^z = -\sqrt{3}+\mathrm{i}$. 我们已经将右边转换成了极坐标 $2\mathrm{e}^{\mathrm{i}(5\pi/6)}$ (参见 28.4 节). 为了处理左边, 要将 $z = x + \mathrm{i}y$ 写成笛卡儿坐标, 所以 $\mathrm{e}^z = \mathrm{e}^x \mathrm{e}^{\mathrm{i}y}$. 因此, 将原方程转换成极坐标形式, 可得

$$\mathrm{e}^x \mathrm{e}^{\mathrm{i}y} = 2\mathrm{e}^{\mathrm{i}(5\pi/6)}.$$

现在分成两个方程;

$$\mathrm{e}^x = 2 \text{ 和 } \mathrm{e}^{\mathrm{i}y} = \mathrm{e}^{\mathrm{i}(5\pi/6)}.$$

为求解第一个方程, 我们需要取对数, 可知 $x = \ln(2)$. 对第二个方程, 我们运用重要原理可得 $y = 5\pi/6 + 2\pi k$, 其中 k 是整数. 最后, 将这些值代入 $z = x + iy$, 可得

$$z = \ln(2) + i\left(\frac{5\pi}{6} + 2\pi k\right),$$

其中 k 是任意整数. 在本例中, 不同的 k 值有不同的 z 值, 所以我们需要用到所有的 k 值. 我们来画出对应 $k = -2, -1, 0, 1, 2$ 的 z 值 (为了清晰起见, 我们对两坐标轴运用了不同的尺度), 如图 28-9 所示.

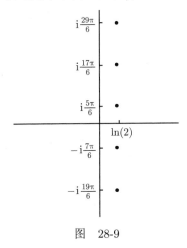

图 28-9

所以, 解都在垂直线 $x = \ln(2)$ 上均匀分布. 顺便提一句, 这意味着它们形成复数的等差数列. 虽然图中只显示了 5 个解, 但你需要记住, 方程 $e^z = -\sqrt{3} + i$ 其实有无穷多个解.

我们再来看个例子. 假设要求解 $e^{2iz+3} = i$. 指数 $2iz + 3$ 让这个例显得比前一例复杂一点, 但其实没那么糟. 我们已经知道右边的极坐标是 $e^{i\pi/2}$, 那左边呢? 同样, 我们写出 $z = x + iy$, 不过现在需令 $2iz + 3 = 2i(x + iy) + 3 = (-2y + 3) + i(2x)$. 所以, 左边的极坐标形式为

$$e^{2iz+3} = e^{-2y+3}e^{i(2x)}.$$

注意 i 的因式是如何改变实部和虚部的 (还有 y 的符号). 不管怎样, 将方程 $e^{2iz+3} = i$ 转换成极坐标形式, 我们有

$$e^{-2y+3}e^{i(2x)} = 1e^{i\pi/2}.$$

由此可推出方程

$$e^{-2y+3} = 1 \text{ 和 } e^{i(2x)} = e^{i\pi/2}.$$

为解第一个方程, 取对数可得 $-2y + 3 = \ln(1) = 0$, 所以 $y = \dfrac{3}{2}$. 为解第二个方程, 运用重要原理可得 $2x = \pi/2 + 2\pi k$, 其中 k 是整数. 这意味着 $x = \pi/4 + \pi k$, 所以由 $z = x + iy$, 我们有

$$z = \frac{\pi}{4} + \pi k + \frac{3}{2}i,$$

其中 k 是整数. 我们画出 $k = -2, -1, 0, 1, 2$ 的解来看看它们是什么样的, 如图 28-10 所示. 记住, 这些解只是无穷多个解中的 5 个. 同样, 这些解为等差数列, 不过这次分布在水平线 $y = \dfrac{3}{2}$ 上.

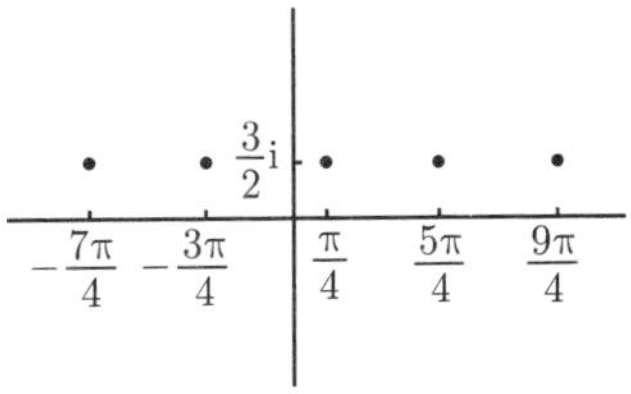

图 28-10

28.6   一些三角级数

三角级数是系数为 $\{a_n\}$ 和 $\{b_n\}$，形如

$$\sum_{n=0}^{\infty}(a_n\cos(n\theta)+b_n\sin(n\theta))$$

的级数. 在本节, 我们将会看到这类可被化简的级数.

例如, 考虑三角级数

$$\sum_{n=0}^{\infty}\frac{\sin(n\theta)}{n!},$$

其中 θ 为实数. 注意, 这不是一个关于 θ 的幂级数, 因为 $\sin(n\theta)$ 不是 θ 的幂. 另一方面, 我们可巧妙地运用互补级数

$$\sum_{n=0}^{\infty}\frac{\cos(n\theta)}{n!},$$

将整个级数转换成一个幂级数. 实际上, 我们可以立刻找到两个级数. 关键点就是欧拉恒等式. 要仔细看, 因为这个技巧很巧妙. 我们将它们组合成

$$\sum_{n=0}^{\infty}\frac{\cos(n\theta)}{n!}+\mathrm{i}\sum_{n=0}^{\infty}\frac{\sin(n\theta)}{n!},$$

就能快速找到这两个级数. 好吧, 这就是一个级数加上另一个级数乘以 i. 那又怎样? 整理和式[①], 然后运用欧拉恒等式, 它可化简为

$$\sum_{n=0}^{\infty}\frac{\cos(n\theta)+\mathrm{i}\sin(n\theta)}{n!}=\sum_{n=0}^{\infty}\frac{\mathrm{e}^{\mathrm{i}n\theta}}{n!}.$$

最后, 运用指数规则将 $\mathrm{e}^{\mathrm{i}n\theta}$ 写成 $(\mathrm{e}^{\mathrm{i}\theta})^n$, 和式变为

$$\sum_{n=0}^{\infty}\frac{(\mathrm{e}^{\mathrm{i}\theta})^n}{n!}.$$

这个和式看起来很熟悉. 其实, 我们在 28.1.1 节见过, 对所有复数 z 有

$$\sum_{n=0}^{\infty}\frac{z^n}{n!}=\mathrm{e}^z.$$

现在我们只需代入 $z=\mathrm{e}^{\mathrm{i}\theta}$ 得到

$$\sum_{n=0}^{\infty}\frac{(\mathrm{e}^{\mathrm{i}\theta})^n}{n!}=\mathrm{e}^{\mathrm{e}^{\mathrm{i}\theta}}$$

如果你能明白上述推理, 就应该能明白我们已经证明了

---

① 这需要一些理由. 事实上, 一切都很顺利, 因为两个级数均绝对收敛.

$$\sum_{n=0}^{\infty} \frac{\cos(n\theta)}{n!} + i \sum_{n=0}^{\infty} \frac{\sin(n\theta)}{n!} = e^{e^{i\theta}}.$$

现在做什么? 我们需要将右边转换成笛卡儿形式. 为此, 写出 $e^{i\theta} = \cos(\theta) + i\sin(\theta)$, 故

$$e^{e^{i\theta}} = e^{\cos(\theta) + i\sin(\theta)} = e^{\cos(\theta)} e^{i\sin(\theta)}.$$

这是一个好的开端 —— 这是 $e^{e^{i\theta}}$ 的极坐标形式. 为了得到笛卡儿形式, 我们需要将 $e^{i\sin(\theta)}$ 转换成 $\cos(\sin(\theta)) + i\sin(\sin(\theta))$. 综上, 我们可得

$$\sum_{n=0}^{\infty} \frac{\cos(n\theta)}{n!} + i \sum_{n=0}^{\infty} \frac{\sin(n\theta)}{n!} = e^{\cos(\theta)} \cos(\sin(\theta)) + i e^{\cos(\theta)} \sin(\sin(\theta)).$$

现在, 若两个复数相等, 则它们的实部必须相等, 虚部也必须相等. 由此可推出下面的两个等式, 它们对所有实数 θ 都成立:

$$\sum_{n=0}^{\infty} \frac{\cos(n\theta)}{n!} = e^{\cos(\theta)} \cos(\sin(\theta)) \quad 和 \quad \sum_{n=0}^{\infty} \frac{\sin(n\theta)}{n!} = e^{\cos(\theta)} \sin(\sin(\theta)).$$

确实不容易, 但这些基本上都是你必须做的. 我再举个例子, 但这次不会给出任何解释. 你的任务是跟随每一步并给出相应的解释. 这个例子是求

$$\sum_{n=0}^{\infty} \frac{\cos(n\theta)}{3^n} \quad 和 \quad \sum_{n=0}^{\infty} \frac{\sin(n\theta)}{3^n}.$$

遵照前面例子的求解过程, 我们有

$$\sum_{n=0}^{\infty} \frac{\cos(n\theta)}{3^n} + i \sum_{n=0}^{\infty} \frac{\sin(n\theta)}{3^n} = \sum_{n=0}^{\infty} \frac{\cos(n\theta) + i\sin(n\theta)}{3^n}$$
$$= \sum_{n=0}^{\infty} \frac{e^{in\theta}}{3^n} = \sum_{n=0}^{\infty} \frac{(e^{i\theta})^n}{3^n} = \sum_{n=0}^{\infty} \left(\frac{e^{i\theta}}{3} \right)^n.$$

这是一个公比为 $e^{i\theta}/3$ 的几何级数. 最后的数为极坐标形式, 模为 $1/3 < 1$, 所以该几何级数收敛. 根据几何级数求和公式 (参见 23.1 节), 我们有

$$\sum_{n=0}^{\infty} \left(\frac{e^{i\theta}}{3} \right)^n = \frac{1}{1 - \frac{1}{3} e^{i\theta}}.$$

现在我们要将这个结果转换成笛卡儿坐标, 这个任务有点令人讨厌. 首先, 试一下看能否完成. 若不能, 至少应该试着理解下面的步骤:

$$\frac{1}{1-\frac{1}{3}\mathrm{e}^{\mathrm{i}\theta}} = \frac{1}{1-\frac{1}{3}\cos(\theta)-\mathrm{i}\frac{1}{3}\sin(\theta)}$$

$$= \frac{1}{1-\frac{1}{3}\cos(\theta)-\mathrm{i}\frac{1}{3}\sin(\theta)} \cdot \frac{1-\frac{1}{3}\cos(\theta)+\mathrm{i}\frac{1}{3}\sin(\theta)}{1-\frac{1}{3}\cos(\theta)+\mathrm{i}\frac{1}{3}\sin(\theta)}$$

$$= \frac{1-\frac{1}{3}\cos(\theta)+\mathrm{i}\frac{1}{3}\sin(\theta)}{\left(1-\frac{1}{3}\cos(\theta)\right)^2 + \left(\frac{1}{3}\sin(\theta)\right)^2}$$

$$= \frac{1-\frac{1}{3}\cos(\theta)+\mathrm{i}\frac{1}{3}\sin(\theta)}{1-\frac{2}{3}\cos(\theta)+\frac{1}{9}\cos^2(\theta)+\frac{1}{9}\sin^2(\theta)}$$

$$= \frac{1-\frac{1}{3}\cos(\theta)+\mathrm{i}\frac{1}{3}\sin(\theta)}{1-\frac{2}{3}\cos(\theta)+\frac{1}{9}}$$

$$= \frac{9-3\cos(\theta)+\mathrm{i}3\sin(\theta)}{10-6\cos(\theta)}$$

$$= \frac{9-3\cos(\theta)}{10-6\cos(\theta)}+\mathrm{i}\frac{3\sin(\theta)}{10-6\cos(\theta)}.$$

这之后, 我们完全可以得出

$$\sum_{n=0}^{\infty}\frac{\cos(n\theta)}{3^n}+\mathrm{i}\sum_{n=0}^{\infty}\frac{\sin(n\theta)}{3^n} = \frac{9-3\cos(\theta)}{10-6\cos(\theta)}+\mathrm{i}\frac{3\sin(\theta)}{10-6\cos(\theta)}.$$

由于实部和虚部必须相等, 可推出对所有的实数 θ 有

$$\sum_{n=0}^{\infty}\frac{\cos(n\theta)}{3^n} = \frac{9-3\cos(\theta)}{10-6\cos(\theta)} \quad 和 \quad \sum_{n=0}^{\infty}\frac{\sin(n\theta)}{3^n} = \frac{3\sin(\theta)}{10-6\cos(\theta)}$$

如你所见, 这些问题相当难!

28.7   欧拉恒等式和幂级数

在这章最后, 我们来看看用幂级数证明欧拉恒等式

$$\mathrm{e}^{\mathrm{i}\theta} = \cos(\theta) + \mathrm{i}\sin(\theta).$$

根据 28.1.1 节对 e^z 的定义, 将 z 替换为 $\mathrm{i}\theta$, 可以得到

$$\mathrm{e}^{\mathrm{i}\theta} = 1+(\mathrm{i}\theta)+\frac{(\mathrm{i}\theta)^2}{2!}+\frac{(\mathrm{i}\theta)^3}{3!}+\frac{(\mathrm{i}\theta)^4}{4!}+\frac{(\mathrm{i}\theta)^5}{5!}+\frac{(\mathrm{i}\theta)^6}{6!}+\frac{(\mathrm{i}\theta)^7}{7!}+\cdots$$

$$= 1+\mathrm{i}\theta-\frac{\theta^2}{2!}-\mathrm{i}\frac{\theta^3}{3!}+\frac{\theta^4}{4!}+\mathrm{i}\frac{\theta^5}{5!}-\frac{\theta^6}{6!}-\mathrm{i}\frac{\theta^7}{7!}+\cdots$$

由于 i 的幂在值 $1, i, -1, -i$ 间持续循环, 因而可推导出上述级数的偶次幂都有实系数, 而奇次幂都有虚系数. 另外, 隔项偶次幂项为负, 其余为正; 奇次幂项同理. 所以 $e^{i\theta}$ 的实部为

$$1 - \frac{\theta^2}{2!} + \frac{\theta^4}{4!} - \frac{\theta^6}{6!} + \cdots = \cos(\theta),$$

虚部为

$$\theta - \frac{\theta^3}{3!} + \frac{\theta^5}{5!} - \frac{\theta^7}{7!} + \cdots = \sin(\theta).$$

(回顾一下这些麦克劳林级数, 参见 26.2 节.) 由最后的等式, 可推出 $e^{i\theta} = \cos(\theta) + i\sin(\theta)$.

第 29 章　体积、弧长和表面积

我们已经用定积分求过面积. 现在我们将用它们来求体积、弧长和表面积. 对于体积和表面积, 我们将特别关注平面区域绕某轴旋转一周得到的立体, 这类立体被称为旋转体. 对于体积, 我们会讨论一些更一般的立体. 这里是本章内容的计划:

- 圆盘法和壳法求体积;
- 求更一般立体的体积;
- 求光滑曲线的弧长和带参数的质点速率;
- 求旋转体的表面积.

29.1　旋转体的体积

我们从求旋转体体积开始. 平面上有某个区域, 也有某个轴, 立体由该区域关于轴旋转得到. 为便于研究, 我们假设这些轴总是平行于 x 轴或 y 轴. (也可能有斜轴, 不过这会很麻烦, 除非用线性代数里的方法.)

在我们带上 3D 眼镜之前, 先来回顾一下定积分的原理. 我们在第 16 章讲过该原理, 这里快速回顾一下其主要思想. 我们先看求曲线

$$y = \sqrt{1-(x-3)^2}$$

下方、x 轴上方的区域面积. 它看起来像什么? 如果我们将方程平方并重整将得到 $(x-3)^2 + y^2 = 1$, 它的图像是以 $(3,0)$ 为圆心、1 为半径的圆, 所以这个函数是圆的上半部分, 如图 29-1 所示.

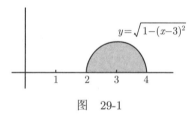

图　29-1

根据定积分的定义, 我们知道阴影区域的面积 (平方单位) 是

$$\int_2^4 \sqrt{1-(x-3)^2}\mathrm{d}x,$$

也可写作 $\int_2^4 y\mathrm{d}x$.

另一方面, 若使用黎曼和求该半圆的面积, 我们需将 x 轴上的底分割成小段, 然后将这些小段向上延伸为小条. 这些小条的宽度不必相同, 唯一需要确定的是每个小条的顶部要与曲线的某处相切 (即小条的某个角要触到曲线). 这些小条的面积和很容易求出, 因为它不过是矩形的面积和. 这个面积是半圆真正面积的近似, 小条越细, 近似越好, 如图 29-2 所示.

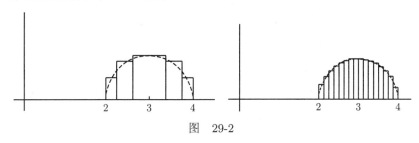

图 29-2

我们来看其中的一个小条. 为了便于讨论, 我们假设小条的左上角在曲线上. 如 16.4 节所述, 选择哪个小条都可以, 只要所有小条的顶部穿过曲线. 现在来看如图 29-3 所示的小条.

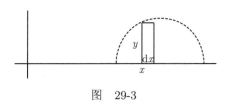

图 29-3

这个矩形小条的底宽 $\mathrm{d}x$ 个单位, 高 y 个单位, 它的面积是 $y\mathrm{d}x$ 平方单位. 现在我们要做的就是将所有小条的面积加起来, 同时令最大的底宽趋于 0. 积分符号的优势在于, 你只需将积分号写在小条面积的前面, 并给出正确的界. 在我们的例子中, x 在区间 $[2,4]$ 内, 一个小条的面积是 $y\mathrm{d}x$ 平方单位, 所以**所有**小条的面积 —— 在小条最大的底宽趋于 0 时 —— 是 $\int_2^4 y\mathrm{d}x$ 平方单位.

所以, 其模式是这样的: 我们在 x 轴上的点 x 处取宽 $\mathrm{d}x$ 个单位、高 y 个单位的小条, 算出它的面积, 然后将积分号放在前面来得到要求的整个面积. 这种方法不仅适用于求面积, 也可用于求体积. 特别地, 让我们来看看它怎么通过两种不同的方法 —— 圆盘法和壳法, 求解旋转体的体积.

29.1.1 圆盘法

假设我们绕 x 轴旋转上节中的半圆, 这将会得到一个球. (能明白为什么吗?) 我们来尝试求体积. 我们从图 29-3 的小条开始, 然后这个小条关于 x 轴旋转得到图 29-4.

这是一个宽 $\mathrm{d}x$ 个单位、半径为 y 个单位的薄盘. 我们可把它看作一个圆柱体, 其半径为 y 个单位, 高为 $\mathrm{d}x$ 个单位. 由于半径为 r 单位、高为 h 个单位的圆柱体的体积为 $\pi r^2 h$ 立方单位, 所以小薄盘的体积是 $\pi y^2 \mathrm{d}x$ 立方单位. 现在, 我们取一些小条, 它们的底是区间 $[2,4]$ 的一小段, 再让它们绕 x 轴旋转. 例如, 我们取 5 个小条并让其旋转, 就会得到图 29-5 所示的结果.

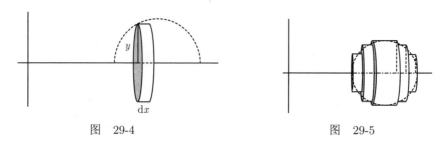

图　29-4　　　　　　　图　29-5

与完美的球相比, 图 29-5 的这个物体很蹩脚, 不过它的体积却是球体积的一个相当好的近似. 所用的圆盘越薄, 近似就越好. 在极限中, 当圆盘的最大厚度趋于 0 时, 近似变得完美：全部圆盘的总体积趋于球的体积. 同样地, 实现 "将所有圆盘体积加起来, 同时令圆盘最大厚度趋于 0" 的思想, 就是取任意一个圆盘的体积 ($\pi y^2 \mathrm{d}x$ 立方单位) 并在我们需要的区间上进行积分. 在我们的例子中, $y = \sqrt{1-(x-3)^2}$ 且 x 从 2 取到 4, 所以我们有

$$V = \int_2^4 \pi y^2 \mathrm{d}x = \pi \int_2^4 (1-(x-3)^2)\mathrm{d}x$$

算出来的体积是 $\dfrac{4\pi}{3}$ 立方单位 (试一下!), 正是我们的预期, 因为我们讨论的是半径为 1 的球. 我们所用的方法称为圆盘法, 也称为切片法.

29.1.2　壳法

现在, 假设我们让图 29-1 的半圆形区域绕 y 轴旋转. 想想, 你会得到什么 —— 面包圈的上半部分 (没有罂粟籽). 我们再次用小细条来近似半圆, 但这次要关于 y 轴而不是 x 轴旋转每个小条. 如我们之前所见, 一个小条如图 29-6 所示.

图　29-6

它关于 y 轴旋转, 得到的不是一个圆盘, 而是一个柱壳, 如图 29-7 所示.

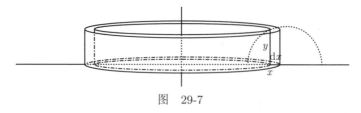

图　29-7

我们将用一系列的壳来近似那半个面包圈, 然后令壳的最大厚度递减趋于 0.

例如, 如果与前节一样, 用 5 个小条来近似区域, 那么会得到图 29-8 所示的东西.

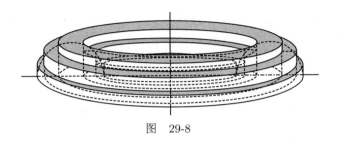

图　29-8

这个怪怪的立体真的是半个成块的面包圈, 但它的体积相当接近我们的所求. 壳的最大厚度越小, 近似就越好. 与前面一样, 积分关注于所有柱壳的体积之和及壳的最大厚度趋于 0 的极限.

首先, 我们要求一个普通壳的体积. 最简单的方法是把壳看作是一个没有底和顶的薄金属罐. 如图 29-7 所示, 罐子的高是 y 个单位, 半径是 x 个单位, 厚度是 $\mathrm{d}x$ 单位. 想象一下, 用锋利的剪刀沿罐子的一边剪开, 将其打开并平铺成一个薄薄的矩形状金属片. 当然它不是一个矩形. 要知道, 矩形是一个二维的物体, 而展开的罐子是三维的 —— 罐子虽然很薄, 但还是有厚度的. (甚至一片纸也有厚度, 否则大量的纸堆叠起来可能还是很薄很薄.) 它甚至不是一个长方体, 因为罐子的内半径不等于外半径. 但关键是, 它**几乎**是一个长方体. 罐子越薄, 就越接近于一个长方体, 当我们最后 (用积

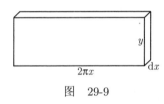

图　29-9

分) 求极限时, 一切就都算出来了[①]. 所以, 理想的罐子展开图为图 29-9. 其厚度为 $\mathrm{d}x$ 单位, 剪开后高度仍为柱壳的高, 即 y 个单位. 那长边呢? 它等于壳的周长 (想一想), 即 $2\pi x$ 个单位, 因为壳的半径基本上是 x 个单位, 所以其体积与 $2\pi xy\mathrm{d}x$ 立方单位很接近. 现在我们所要做的, 就是从 $x=2$ 到 $x=4$ 进行积分来看半个面包圈的体积 (立方单位):

$$\int_2^4 2\pi xy\mathrm{d}x = 2\pi \int_2^4 x\sqrt{1-(x-3)^2}\mathrm{d}x.$$

太棒了! 我们已将问题简化为求定积分的值, 不过这个积分还是有点杂乱. 先做代换 $t=x-3$, 则 $\mathrm{d}t=\mathrm{d}x$. 同样, 当 $x=2$, 我们有 $t=-1$; 当 $x=4$, 我们可知 $t=1$. 所以, 用 t 表示, 积分变为

---

① 更一般的, 我们把壳的体积看成外面壳 (半径为 $x+\mathrm{d}x$ 个单位) 与里面壳 (半径为 x 个单位) 的体积差. 两个壳都有 y 单位高, 所以壳的体积为 $\pi y((x+\mathrm{d}x)^2-x^2)$, 化简为 $2\pi xy\mathrm{d}x + \pi y(\mathrm{d}x)^2$ 立方单位. 求积后, 第二项由于可忽略量 $(\mathrm{d}x)^2$ 而为 0.

$$2\pi \int_{-1}^{1} (t+3)\sqrt{1-t^2}\mathrm{d}t = 2\pi \left(\int_{-1}^{1} t\sqrt{1-t^2}\mathrm{d}t + 3\int_{-1}^{1} \sqrt{1-t^2}\mathrm{d}t \right).$$

第一个积分可通过做代换 $u = 1 - t^2$ 求解, 第二个积分可用三角换元求解. 有个更好的求解方法. 注意第一个积分其实为 0, 因为被积函数是关于 t 的奇函数, 且积分区域 $[-1, 1]$ 关于 $t = 0$ 对称. (我们在 18.1.1 节末证过这个求积分的捷径.) 此外, 求第二个积分 (暂时忽略积分前的因子 3) 的最简单方法是要想到它等于半径为 1 个单位的半圆的面积 (平方单位), 即 $\pi/2$. 所以不用太多计算, 就可知整个答案为 $3\pi^2$, 因此半个面包圈的体积是 $3\pi^2$ 立方单位. 毫不意外, 我们刚才用的方法称为**壳法** (也称为柱壳法).

29.1.3 总结和变式

到目前为止, 我们已经知道了如何在半圆的例子中应用圆盘法和壳法. 相同的方法也可应用在由曲线、x 轴和两个垂线围成的区域, 如图 29-10 所示.

与半圆例子中的论证一样, 我们可以得到下面的原理.

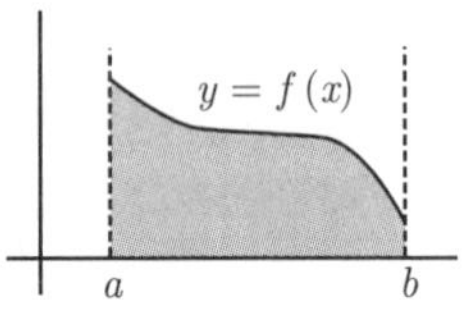

图　29-10

- 若将曲线 $y = f(x)$ 下方、$x = a$ 和 $x = b$ 之间围成的区域绕 x 轴旋转, 则可应用圆盘法, 其体积等于

$$\int_{a}^{b} \pi y^2 \mathrm{d}x \text{ 立方单位.}$$

- 若将曲线 $y = f(x)$ 下方、$x = a$ 和 $x = b$ 之间围成的区域绕 y 轴旋转, 则可应用壳法, 其体积等于

$$\int_{a}^{b} 2\pi xy \mathrm{d}x \text{ 立方单位.}$$

能用心记住这些公式很好, 但若能了解如何求一般圆盘和壳体积并由此推导出这些公式就更好了. 当你遇到下面的变式之一时, 这点尤其有用:

(1) 要旋转的区域在曲线和 y 轴之间 (而不是 x 轴);

(2) 要旋转的区域在两曲线之间, 而不只是曲线下方到某个轴的区域;

(3) 旋转轴可能平行于 x 轴或 y 轴, 而不是轴本身.

对于这几种情况的任何组合, 你都可以通过选取小条并合理地旋转, 然后进行积分来求解. 在我们讨论如何实现之前, 首先重要的是如何确定应用圆盘法还是应用壳法. 注意, 应用圆盘法时, 小条绕平行于它们短边的轴旋转; 而应用壳法时, 小条绕垂直于短边的轴旋转. 也就是说, 在将区域切成小条之后,

- 若每个小条的短边**平行于**旋转轴, 运用**圆盘法**;
- 若每个小条的短边**垂直于**旋转轴时, 运用**壳法**.

有了这些知识, 我们就可以逐个来看下面的三个变式了.

29.1.4　变式 1: 区域在曲线和 y 轴之间

如果区域在曲线和 y 轴之间, 你可能会取横着的小条, 短边在 y 轴上, 如图 29-11 所示.

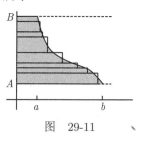

图　29-11

我们其实类似在求由曲线和 y 轴所围区域的面积, 见 16.4.3 节. 不管怎样, 若想求由该区域绕 y 轴旋转所得的立体的体积, 就应该用圆盘法, 因为小条的短边平行于 y 轴. 在 y 轴某处的一个小条, 其宽 $\mathrm{d}y$ 单位, 长 x 单位, 所得圆盘的体积为 $\pi x^2 \mathrm{d}y$ 立方单位. 当对其求积分来求整个体积时, 要时刻注意积分的上下限对应 y 轴上的点, 而不是 x 轴上的点, 因为积分是关于 y 的 (因为 $\mathrm{d}y$). 具体说, 积分应从 A 到 B, 而不是 a 到 b, 所以我们要求的体积是 $\int_A^B \pi x^2 \mathrm{d}y$.

还有另一种方法. 把头偏向右肩观察图 29-11, 此时 y 轴变成了水平的, 一切都倒置了, 试着想象一下, 如果纸是透明的, 且从反面看图 (头还偏着的) 会发生什么. 现在 y 轴和 x 轴交换了位置! 这就表明, 交换 x 和 y 变量是可行的, 假定你仍用 y 轴上的点做积分范围. 其实, 如果对 29.1.3 节的公式 $V = \int_a^b \pi y^2 \mathrm{d}x$ 进行这个变换, 我们可以看到曲线到 y 轴的区域绕 y 轴旋转所得体积是 $\int_A^B \pi x^2 \mathrm{d}y$, 这与我们之前所求一致.

如果上面的区域绕 x 轴而不是绕 y 轴旋转呢? 只需用 29.1.3 节的壳公式 $V = \int_a^b 2\pi xy \mathrm{d}x$, 可知我们想要的体积是 $\int_A^B 2\pi yx \mathrm{d}y$. 这是有道理的, 因为将小条关于 x 轴旋转将得到一个厚 $\mathrm{d}y$、高 x, 半径为 y 个单位的壳. 你应该画一下, 看看这个小条展开成薄片时会是什么样. 这个薄片近似为一个立方体, 计算它的体积, 并确实得到 $2\pi yx \mathrm{d}y$. 综上, 所得的准则如下.

> 若区域在曲线和 y 轴之间, 交换 x 和 y.

如往常一样, 任意画一个小条, 旋转, 计算所得体积, 积分是最可信赖的方法. 上述准则只是个指导.

下面是变式 1 的例子. 令 R 为曲线 $y = \sqrt{x}$、$y = 2$ 和 y 轴之间的区域, 如图 29-12 所示. 我们来计算 R 关于 y 轴和 x 轴的旋转体的体积. 在第一种情况中, 我们用圆盘法, 因为区域在曲线和 y 轴之间, 且关于相同的 y 轴旋转, 则体积为

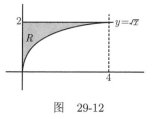

图　29-12

$$\int_0^2 \pi x^2 \mathrm{d}y.$$

因为 $y = \sqrt{x}$, 我们有 $x = y^2$, 所以 $x^2 = y^4$. 因此, 体积是

$$\int_0^2 \pi x^2 \mathrm{d}y = \pi \int_0^2 y^4 \mathrm{d}y = \left.\frac{\pi y^5}{5}\right|_0^2 = \frac{32\pi}{5}$$

立方单位. 第二种情况, R 关于 x 轴的旋转体的体积用壳法求, 其体积为

$$\int_0^2 2\pi y x \mathrm{d}y = 2\pi \int_0^2 y^3 \mathrm{d}y.$$

因为 $yx = y \times y^2 = y^3$, 可验证得出为 8π 立方单位. 要确定你能画出该例两种情况下的小条, 并验证上面公式的正确性. 同时也要注意积分必须从 0 到 2, 而不是从 0 到 4: 毕竟, 积分是关于 y(而非 x) 的, 而 y 的取值范围为 $[0, 2]$, 如图所示.

29.1.5　变式 2: 两曲线间的区域

如果要旋转的区域介于两曲线之间, 那么我们面对的将与 16.4.2 节求两曲线间面积一样的情形. 一般方法是取顶部曲线下方到旋转轴的区域进行旋转, 得到一个较大的立体; 再取底部曲线下方到旋转轴的区域进行旋转, 得到较小的立体, 从较大立体中去掉较小立体, 得到的就是所需的立体. 考虑图 29-13 中的三个区域.

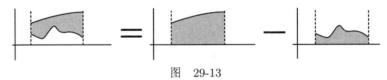

图　29-13

我们要旋转的区域见左图, 它是顶部曲线下方到 x 轴 (中图) 的区域和底部曲线下方到 x 轴区域 (右图) 之差. 不管是关于 x 轴还是关于 y 轴旋转, 我们所求区域的旋转体体积都等于较大区域旋转体体积与较小区域旋转体体积之差. 例如, 若该区域绕 x 轴旋转, 则得到一个类似截去头的圆锥, 且它的中间从左到右有个样子奇特的洞. 该立体是实体 (没有洞) 与洞的差, 如图 29-14 所示.

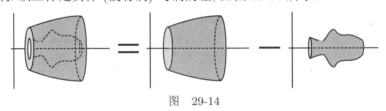

图　29-14

因此, 我们推出了如下结论.

若区域在两曲线之间, 求相应的旋转体体积之差.

来看一个具体的例子. 考虑如图 29-15 所示的两曲线 $y = 2x^3$ 和 $y = x^4$ 之间的有限区域. 该区域绕 x 轴旋转所得的立体的体积是多少?

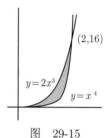

欲求交点, 需令 $2x^3 = x^4$. 可得 $x = 0$ 或 $x = 2$. 所以两条曲线的交点为原点和 $(2, 16)$, 如图所示. 因此, 我们要考虑的 x 区间是 $[0, 2]$. 现在, 对应 x 的区间, 曲线 $y = 2x^3$ 在曲线 $y = x^4$ 上方, 所以我们要求的体积是 $y_1 = 2x^3$ 的旋转体体积减去 $y_2 = x^4$ 的旋转体体积. 注意, 我们用 y_1 和 y_2 来取代 y 有利于区分二者. 现在对两个曲线分别用圆盘法, 则我们所求的体积是

图　29-15

$$\int_0^2 \pi y_1^2 dx - \int_0^2 \pi y_2^2 dx = \pi \int_0^2 (2x^3)^2 dx - \pi \int_0^2 (x^4)^2 dx.$$

你可以计算结果, 并验证答案为 $1024\pi/63$ 立方单位.

若是此区域关于 y 轴旋转呢? 我们在前面求得了两曲线间的面积, 但并没有特意倾向某个轴或其他轴, 所以应该能够用圆盘法或壳法来求解. 我们分别用两种方法来实现. 首先用圆盘法. 假设我们将该区域切割成短边平行于 y 轴的小条, 如图 29-16 所示. 所求的体积是 $y = x^4$ 和 $y = 2x^3$ 旋转体体积之差. 在这两个体积中, 第一个大于第二个, 因为 x^4 在 $2x^3$ 的右边, 所以我们令 $x_1 = y^{1/4}$, $x_2 = (y/2)^{1/3}$. 运用圆盘法, 将 x 和 y 互换 (如变式 1), 并在 $y = 0$ 和 $y = 16$ 间积分 (不是从 0 到 2), 可知所求体积为

$$\int_0^{16} \pi x_1^2 dy - \int_0^{16} \pi x_2^2 dy = \pi \int_0^{16} (y^{1/4})^2 dy - \pi \int_0^{16} ((y/2)^{1/3})^2 dy$$
$$= \pi \int_0^{16} y^{1/2} dy - 2^{-2/3} \pi \int_0^{16} y^{2/3} dy.$$

稍作几步运算后, 可知结果为 $64\pi/15$ 立方单位. 你可以练习算一下.

下面用壳法来求相同的体积. 这次, 我们垂直切割该区域, 如图 29-17 所示. 由于 $y_1 = 2x^3$ 在 $y_2 = x^4$ 之上, 所以取两体积之差, 得到

$$\int_0^2 2\pi x y_1 dx - \int_0^2 2\pi x y_2 dx$$
$$= 2\pi \int_0^2 2x^4 dx - 2\pi \int_0^2 x^5 dx,$$

结果为 $64\pi/15$ 立方单位, 这与用圆盘法所求结果一样. 这是当然! 注意, 我们用圆盘法时, 把所求立体看作是一个中间挖掉另一个碗的碗状物, 而用壳法时, 所求立体更像是一个中间去掉一个更小盆的盆状物. 你应该画图来看看具体情况.

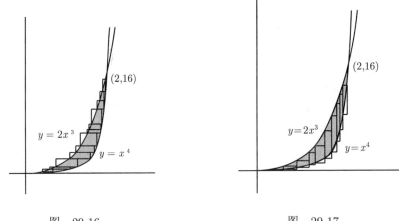

图 29-16   图 29-17

  这个变式同样适用于没有延伸到坐标轴的区域. 例如, 假设我们要求曲线 $y = 1 + \sqrt{25 - x^2}$ 和直线 $y = 1$ 之间的区域绕 x 轴旋转所得的旋转体体积. 注意, 曲线是中心在 $(0,1)$、半径为 5 个单位的圆 $x^2 + (y - 1)^2 = 25$ 的上半部分, 其涉及区域如图 29-18 所示.

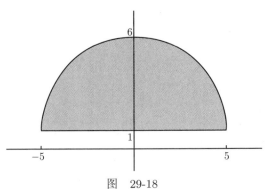

图 29-18

  当我们将该区域绕 x 轴旋转时, 得到一个类似串珠的形状 —— 一个中心有洞的球状立体. 它的体积是多少呢? 你可以用关于变量 y 的壳法把它作为练习吧[①]. 另一个可行的方法是圆盘法. 我们应该将该区域看作曲线 $y_1 = 1 + \sqrt{25 - x^2}$ 和 $y_2 = 1$

之间的区域, 所以体积为

$$\int_{-5}^{5} \pi(1 + \sqrt{25 - x^2})^2 \mathrm{d}x - \int_{-5}^{5} \pi(1)^2 \mathrm{d}x.$$

第二个积分是 10π, 恰巧是高 10 个单位、底面半径 1 个单位的圆柱体体积 —— 正是串珠中间空心部分. 第一个积分留给你计算, 记住 $\int_{-5}^{5} \sqrt{25 - x^2} \mathrm{d}x$ 比你想得要简

---

① 这个练习必须小心, 因为该区域并不是关于 y 轴的曲线下方部分. 最好是先算出半圆的右半边绕 x 轴旋转的体积, 然后令结果乘 2.

单 —— 不需计算, 因为它就是半径为 5 个单位的半圆面积. 不管怎样, 你应该验证答案为 $25\pi^2 + 500\pi/3$ 立方单位.

29.1.6　变式 3: 绕平行于坐标轴的轴旋转

最后, 我们来看一下如何处理轴为 $x = h$ 或 $y = h$ 的旋转体, 其中 h 不必一定等于 0. 我们从 $y = h$ 开始, 它平行于 x 轴, 高为 h. 假设我们令曲线 $y = f(x)$、直线 $y = h$、$x = a$ 和 $x = b$ 间的区域绕直线 $y = h$ 旋转, 如图 29-19 所示.

如图所示的小条宽为 dx, 但高不是 y, 而是 $y - h$. 在图中, h 显示为正数, 所以显然 $y - h$ 小于 y—— 事实上也是如此. 若碰巧 h 为负, 则小条的高大于 y —— 显然这时 $y - h$ 大于 y, 因为 h 为负! 不考虑 h 的符号, 我们看到小条的高为 $y - h$, 所以相应的圆盘体积是 $\pi(y - h)^2 dx$, 整个旋转体的体积是 $\int_a^b \pi(y - h)^2 dx$.

事实上, 这个公式与正规圆盘法的唯一区别是: y 被 $(y - h)$ 代换了. 如 1.3 节所述, 这个变化转换了标准图像, 使得区域位在 x 轴上方 h 单位的地方 (若 h 为负则在 x 轴下方). 该变化的唯一问题是, 直线 $y = h$ 可能会在曲线上方, 图 29-20 所示. 在这种情况下, 小条的高度是 $h - y$, 而不是 $y - h$. 这对圆盘法没有实质影响, 因为是取高的平方, 但对此加以小心总是好的. 壳法则另当别论了.

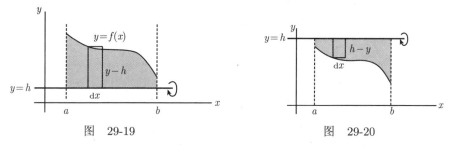

图　29-19　　　　　　　图　29-20

假设我们欲求由如图 29-21 所示区域绕轴 $x = h$ 旋转得到的立体体积. 这里我们要用壳法, 因为小条的短边垂直于旋转轴. 一个壳高 y、厚 dx 单位, 不过现在的半径是 $x - h$ 而非 x 单位. 你可以验证壳的体积为 $2\pi(x - h)y\,dx$, 所以总体积是 $\int_a^b 2\pi(x - h)y\,dx$ 立方单位. 同样, 注意这个结论来源于 29.1.3 节的壳法标准公式, 只是其中的 x 代换为 $(x - h)$. 这个变换将标准图像向右平移了 h 单位 (包括旋转轴) —— 我们做的就是平移图像.

如果旋转轴在该区域右边呢? 考虑图 29-22. 现在壳的半径是 $h - x$ 单位, 而不是 $x - h$ 单位, 因为 h 大于积分区间 $[a, b]$ 内的所有 x. 所以这次旋转体的体积是 $\int_a^b 2\pi(h - x)y\,dx$ 立方单位 (具体自行验证).

所以, 变式 3 的一般思想是:

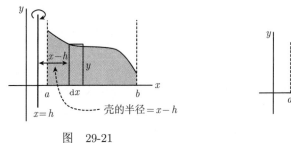

图 29-21

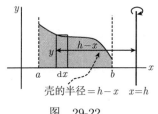

图 29-22

若旋转轴是 $x = h$, 用 $(x - h)$(若 $x < h$ 则用 $(h - x)$) 代换 x;
若旋转轴是 $y = h$, 用 $(y - h)$(若 $y < h$ 则用 $(h - y)$) 代换 y.

我们来看一些变式 3 的例子. 在这些例子中, 我们将讨论在曲线 $y = x^3$、直线 $x = 2$ 和 $y = 1$ 之间的区域, 如图 29-23 所示. (注意图中的 x 轴和 y 轴尺度不同, 因此这只是个粗略图.) 我们先来求该区域绕直线 $y = 1$ 旋转所得立体的体积. 为求该体积, 就要将 y 替换为 $y - 1$, 该图向下移 1 个单位. 因此体积是

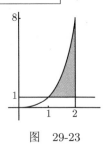

图 29-23

$$\int_1^2 \pi(y-1)^2 \mathrm{d}x = \pi \int_1^2 (x^3 - 1)^2 \mathrm{d}x,$$

很容易算出它为 $163\pi/14$ 立方单位. 想一想能否通过求圆盘的体积来验证这个答案 (小条是垂直的).

若此区域绕直线 $x = 2$ 旋转呢? 这其实是变式 1 和变式 3 的组合, 由于旋转轴平行于 y 轴, 所以我们将交换 x 和 y, 并用 $(2 - x)$ 代换 x 来处理这个平移. 注意这里是 $(2 - x)$ 而不是 $(x - 2)$, 因为区域在直线 $x = 2$ 的左边. 同样, 积分应该从 1 到 8, 因为积分是关于 y 而不是关于 x 的. 因此体积为

$$\int_1^8 \pi(2-x)^2 \mathrm{d}y = \pi \int_1^8 (2 - y^{1/3})^2 \mathrm{d}y,$$

化简后为 $8\pi/5$ 立方单位. 最好验证一下通过求圆盘体积也可求出该体积, 不过注意, 这次我们将区域切成了水平小条, 就像变式 1 一样.

若我们让此区域绕 $x = -3$ 旋转呢? 开始有点乱了. 若我们用垂直小条, 则需用壳法, 因为每个小条的短边垂直于旋转轴. 我们将组合使用变式 2 和变式 3. 垂直来看, 区域在两个曲线 $y_1 = x^3$(在顶部) 和 $y_2 = 1$(在底部) 之间. 同样, 壳法标准公式中的 x 要替换为 $(x + 3)$. 这意味着体积由

$$\int_1^2 2\pi(x+3)y_1 \mathrm{d}x - \int_1^2 2\pi(x+3)y_2 \mathrm{d}x = 2\pi \int_1^2 (x+3)x^3 \mathrm{d}x - 2\pi \int_1^2 (x+3)\mathrm{d}x$$

给出, 计算可得 $259\pi/10$ 立方单位.

我们来重复这个例子, 这次取水平小条. 现在我们要用圆盘法, 因为每个小条的短边平行于旋转轴. 我们需交换 x 和 y, 因为旋转轴是垂直的 (变式 1); 同样, 我们要把该区域看作平放在右曲线 $x_1 = 2$ 和左曲线 $x_2 = y^{1/3}$ 之间; 最后, 我们需将 x 代换为 $x+3$(变式 3), 意思是将 x_1 代换为 x_1+3 且将 x_2 代换为 x_2+3. 所以这个例子运用了以上三个变式! 标准圆盘体积是 $\pi y^2 \mathrm{d}x$; 交换 x 和 y 可得 $\pi x^2 \mathrm{d}y$; 用 $x+3$ 代换 x 得 $\pi (x+3)^2 \mathrm{d}y$; 对该形式分别关于 x_1 和 x_2 从 1 到 8 积分, 取差. 可得体积为

$$\int_1^8 \pi(x_1+3)^2 \mathrm{d}y - \int_1^8 \pi(x_2+3)^2 \mathrm{d}y = \pi \int_1^8 (2+3)^2 \mathrm{d}y - \pi \int_1^8 (y^{1/3}+3)^2 \mathrm{d}y,$$

算出来仍为 259π / 10 立方单位. 至少我们得到了一样的答案! 同样, 最好你可以自己求圆盘体积.

至此, 我们已经有足够多关于旋转体体积的理论了, 要想掌握所有的变式就必须多做练习. 现在是时候讨论求更一般立体体积了.

29.2 一般立体体积

大多数立体不能通过平面区域绕平面内某轴旋转而形成. 例如, 一个棱锥没有曲面, 所以无论你怎么看, 它都不是旋转体. 求类似立体体积的一个方法是切片法, 这是推广了 29.1.1 节的圆盘法.

把立体想象成一种蔬菜, 比如黄瓜或南瓜. 将它放在案板上切成薄的平行的切片. 这些切片的大小不会全部相同, 甚至一个切片的两面也不一样. 例如黄瓜, 靠近端部的切片会有点斜. 另一方面, 若切片很薄, 则它的两面会很接近. 所以我们将取其中一面的面积乘上切片的厚度来近似切片的体积 —— 取哪面都没关系. 然后我们将把所有切片的体积加起来, 求切片厚度趋于 0 的极限.

在实践中, 这个过程有些复杂. 事实上, 有很多方法来切割立体. 例如, 若切平放的黄瓜, 则得到盘状的薄切片; 若切竖放的黄瓜, 虽然较难, 不过还是可行的, 你会得到大小不同的椭圆形切片. 或者, 将黄瓜倾斜一个角度, 切得更小的椭圆形.

基本上, 你的选择是: 选择一个轴, 它不必穿过立体. 所有的切片将垂直于这个轴. 一旦选定了轴, 后续的思路就清晰了: 求得每个垂直于该轴的切片的横截面面积. 不同的切片有不同的面积. 所以, 要在轴上选择一个原点和正方向, 然后算出穿过 x 的切片的横截面面积, 其中 x 是轴上的任意一点. 最后一步是用面积乘厚度 $\mathrm{d}x$ 来近似切片的体积, 然后积分. 这步相当于把所有切片的体积加起来, 同时取切片最大厚度趋于 0 的极限. 综上, 解题思路是:

(1) 选定一个轴;

(2) 求轴上点 x 处的切片横截面面积, 称该面积为 $A(x)$ 平方单位;

(3) 若 V 为立体的体积 (立方单位), 我们有

$$V = \int_a^b A(x)\mathrm{d}x,$$

其中 $[a,b]$ 是完全覆盖立体的 x 的取值范围.

相信我, 你一定要选一个使横截面越简单越好的轴. 最好能确保横截面都很相似, 也就是它们互为不同大小的副本. 不过, 这个可能也不是总有.

让我们用上述方法求一个 "广义" 锥体的体积. 这里的意思是, 在平面上有面积为 A 平方单位的某个形状, 平面上方一定距离处有一顶点 P, 如图 29-24 所示. 现在, 我们做从平面形状边上的每个点到 P 的线段, 这就得到一个底为起始形状的曲面. 我们要讨论的立体就是被填充了的曲面, 或者说是曲面的内部. 图 29-25 为大概的曲面框架图.

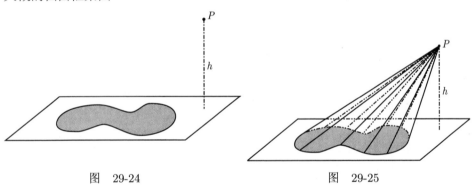

图 29-24   图 29-25

例如, 若底为圆且点 P 在圆心的正上方, 则我们得到一个通常的圆锥. 若底为正方形且点 P 在正方形中心 (即正方形对角线的交点) 的正上方, 则我们得到一个四棱锥. 你可以想象一下, 什么样的底和顶点 P 可以得到规则的锥体或斜锥体 (就像一顶奇怪的帽子, 类似巫师帽, 但不是直的). 结果表明, 与求立体体积相关的仅有的量是底面积 —— A 平方单位, 以及点 P 到平面的垂直距离 —— h 单位 (图 29-25 已标出).

那么, 如何求体积呢? 首先要选一个轴. P 似乎是一个特殊的点, 所以我们选择的直线或许应该穿过 P. 那其他点呢? 你可以进行各种尝试, 但唯一有用的是让直线垂直于底所在的平面. 我们也把轴的原点设在 P, 正方向向下, 这会使计算更容易. (看起来有点怪, 但谁说正方向不可以向下呢. 毕竟, 广义锥体也可能顶点在下, 此时向上是正方向.) 我们来看若选择轴上的点 x 并取穿过 x 的垂直切片会怎样 (参见图 29-26).

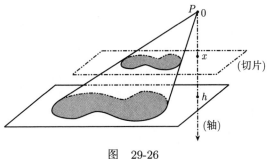

图 29-26

横截面是原底的一个较小副本. 用数学语言讲就是横截面与底相似. 现在我们要求横截面的面积. 为此, 我们选取底的边上任意一点并连接到 P. 这条线在广义锥体的边上, 且穿过较小截面上的相应点. 我们选的点最好能使得直线位于图像的右边缘, 当然我们也可以选底的边上任意点. 我们还要画一些垂线段, 如图 29-27 所示.

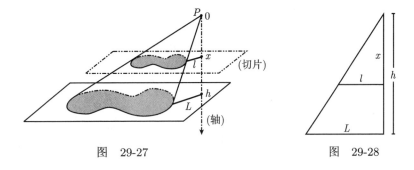

图 29-27   图 29-28

我在上图标出了垂线的长度. 垂线形成的三角形如图 29-28 所示.

运用相似三角形, 我们可知

$$\frac{x}{l} = \frac{h}{L},$$

这意味着 $l = xL/h$. 我们验证一下这个方程. 若 $x = 0$, 则切片过锥体的顶点 (P) 且 l 应该为 0, 而它就是 0. 另一方面, 若 $x = h$, 则切片是底, 且横截面不是底的较小副本 —— 它就是底. 所以, 这时 l 理所当然应该等于 L. 事实的确如此.

现在我们来看底和横截面, 其中画出了长度为 L 和 l 的线段, 如图 29-29 所示.

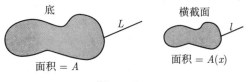

图 29-29

在这两幅图中, 包括线段在内都是相似的 —— 一个是另一个的精确放大. 这里有一个相似性的重要原理. 假设我们有两个相似图形, 且已知两个图形中对应线段的长度. 当我们将一个图形放大到与另一个图形一样大小时, 两条线段应该严格匹配. 那么, 两个图形的面积之比就是对应线段长度之比的平方. 例如我们取两个正方形的瓷砖, 其中一个边长是另一个边长的 3 倍, 则大瓷砖的面积是小瓷砖面积的 9 倍. 回到上图, 底的面积是 A 平方单位, 横截面的面积是 $A(x)$ 平方单位. 因此, 面积之比是对应线段长度之比的平方, 在本例中长度是 L 和 l, 则

$$\frac{A}{A(x)} = \left(\frac{L}{l}\right)^2.$$

化简并运用前面 l 的表达式, 可得

$$A(x) = \frac{Al^2}{L^2} = \frac{A}{L^2} \cdot \left(\frac{xL}{h}\right)^2 = \frac{Ax^2}{h^2}$$

同样来验证一下: 若 $x = 0$, 横截面为点 P, 此时横截面没有面积. 得到验证, 因为 $A(0) = A \times 0^2 / h^2 = 0$. 那 $x = h$ 时呢? 这时我们讨论的是底, 所以横截面面积应该为 A 平方单位. 没问题: $A(h) = A \times h^2 / h^2 = A$.

最后, 我们可以做积分了! 唯一的问题是 x 的范围是多少. 我们可知, $x = 0$ 是顶, $x = h$ 是底, 这就是 x 的正确取值范围. 所以

$$V = \int_0^h A(x)\mathrm{d}x = \int_0^h \frac{Ax^2}{h^2}\mathrm{d}x = \frac{A}{h^2}\int_0^h x^2\mathrm{d}x = \frac{A}{h^2} \cdot \frac{h^3}{3} = \frac{1}{3}Ah$$

立方单位.

好了, 我们已求得任意棱锥或类圆锥体的体积公式. 例如讨论过的正圆锥, 体积是 $\frac{1}{3}\pi r^2 h$ 立方单位, 正是根据上面公式由 $A = \pi r^2$ 求得的结果. 对正四棱锥也一样有效, 其体积为 $\frac{1}{3}l^2 h$ 立方单位(其中底边长 l 单位), 因为此时底面积是 $A = l^2$.

我们再来看一个例子. 取在 $x = 0$ 和 $x = \frac{1}{2}$ 之间的曲线 $y = \mathrm{e}^x$, 并考虑曲线和 x 轴之间的区域. 如图 29-30 所示. 假设有一个形状怪异的立体位于上述平面的上方, 并延伸出纸面, 它的底就是上图的阴影区域. 该立体的形状是: 若沿平行于 y 轴的任何直线竖直向下切, 则其横截面是一个矩形, 长边位于上图的底上, 短边为长边一半. 将图稍微倾斜一下来看透视图, 这些横截面的样子如图 29-31 所示.

该立体的体积是什么? 我们先来选轴. x 轴怎样? 似乎有道理, 因为我们知道垂直于该轴的横截面是什么样的. 我们已经有了原点和正方向, 那就以它们为准吧. 在轴上的 x 点, 垂线段长度为 e^x 单位. 这是矩形长边, 所以短边长度为 $\frac{1}{2}\mathrm{e}^x$ 单位(要知道, 短边是长边的一半). 因此矩形的面积为

$$A(x) = \mathrm{e}^x \times \frac{1}{2}\mathrm{e}^x = \frac{1}{2}\mathrm{e}^{2x}$$

平方单位. 故体积是

$$V = \int_0^{1/2} A(x)\mathrm{d}x = \frac{1}{2}\int_0^{1/2} \mathrm{e}^{2x}\mathrm{d}x = \frac{1}{2}\frac{\mathrm{e}^{2x}}{2}\bigg|_0^{1/2} = \frac{1}{4}(\mathrm{e}-1) \text{ 立方单位.}$$

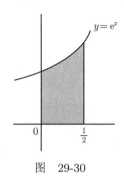

图 29-30

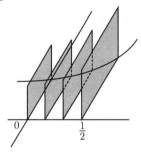

图 29-31

29.3 弧 长

对于某函数 f, 我们有 $y = f(x)$ 的图像, 其中 x 的取值范围为 a 到 b. 取一段细绳, 顺着曲线摆放, 标记两端, 然后细绳离开纸面, 拉直并测量两个标记点之间的长度. 你怎么计算曲线长度呢? 这个长度称为曲线弧长, 我们希望找到一个求弧长的公式. 其策略是先得到某个基本表达式, 然后加以修改, 得到一些有用的公式.

我们来看介于 x 和 $x+\mathrm{d}x$ 之间的一小段曲线, 如图 29-32 所示.

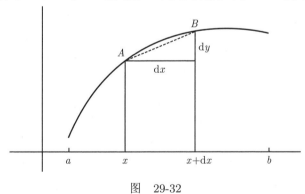

图 29-32

我们用虚线段 AB 的长度来近似 A 和 B 之间的曲线长度. A 与 B 越接近, 近似程度就越好. 根据勾股定理, AB 的长度是 $\sqrt{(\mathrm{d}x)^2 + (\mathrm{d}y)^2}$ 单位. 现在, 我们只需对很多小线段重复该过程, 就形成了对曲线的近似. 像往常一样, 积分关注连加和极限部分, 要小心. 若只在小段长度 $\sqrt{(\mathrm{d}x)^2 + (\mathrm{d}y)^2}$ 前加一个积分号, 会得到

$$\text{弧长} = \int_?^? \sqrt{(\mathrm{d}x)^2 + (\mathrm{d}y)^2}.$$

问题是, 这个积分没有任何意义! 我们需要关于变量的积分. 幸运的是, 我们可以针对各种情形来调整上面的公式, 从而得到有意义的结果. 例如, 你可以将因子 $(\mathrm{d}x)^2$ 移到根号外面, 将小段长度表示为 $\sqrt{1+(\mathrm{d}y/\mathrm{d}x)^2}\mathrm{d}x$ 单位. 这看起来更可行. (这个变动其实需要证明, 不过其细节超出了本书的范围.) 不管怎样, 在下面的每个例子中, 我们将讨论如何调整上面的基本公式来得到合乎情理的弧长公式.

(1) 若 $y=f(x)$, 且 x 在 a 到 b 间取值, 则在上述被积函数中取因子 $(\mathrm{d}x)^2$ (如前所述) 并将其移到根号外面得

$$\boxed{\text{弧长} = \int_a^b \sqrt{1+\left(\frac{\mathrm{d}y}{\mathrm{d}x}\right)^2}\mathrm{d}x} \quad \text{(标准形式)}.$$

将其写成关于 f 的形式为

$$\text{弧长} = \int_a^b \sqrt{1+(f'(x))^2}\mathrm{d}x.$$

(2) 假设给定关于 y 的 x. 若 $x=g(y)$ 且 y 在 A 到 B 间取值, 则取因子 $(\mathrm{d}y)^2$(或者, 交换上面方框中公式的 x 和 y) 得

$$\boxed{\text{弧长} = \int_A^B \sqrt{1+\left(\frac{\mathrm{d}x}{\mathrm{d}y}\right)^2}\mathrm{d}y} \quad \text{(关于 } y),$$

也可写为

$$\text{弧长} = \int_A^B \sqrt{1+(g'(y))^2}\mathrm{d}y.$$

(3) 参数形式呢? 这意味着 x 和 y 是关于参数 t 的函数, t 在 t_0 到 t_1 间取值. (参数方程参见 27.1 节.) 我们将量 $(\mathrm{d}x)^2$ 看作 $(\mathrm{d}x/\mathrm{d}t)^2(\mathrm{d}t)^2$; y 同理. 然后可将 $(\mathrm{d}t)^2$ 移到根号外面, 得到一个有用的公式:

$$\boxed{\text{弧长} = \int_{t_0}^{t_1} \sqrt{\left(\frac{\mathrm{d}x}{\mathrm{d}t}\right)^2 + \left(\frac{\mathrm{d}y}{\mathrm{d}t}\right)^2}\mathrm{d}t} \quad \text{(参数版)}.$$

(4) 最后, 这个公式的特殊情况发生在极坐标情形. 特别地, 在 27.2.4 节, 我们讨论了如何求曲线 $r=f(\theta)$ 内部的面积, 其中 θ 的取值范围为 θ_0 到 θ_1, 现在我们来求相同曲线的弧长. 我们知道 $x=r\cos(\theta)$, $y=r\sin(\theta)$, 所以用 $f(\theta)$ 代换 r, 可得 $x=f(\theta)\cos(\theta)$, $y=f(\theta)\sin(\theta)$. 这里的 θ 即为参数, 所以我们可以使用参数版的弧长公式 (t 代换为 θ). 我们需知道 $\mathrm{d}x/\mathrm{d}\theta$ 和 $\mathrm{d}y/\mathrm{d}\theta$ 是什么. 根据乘积法则,

$$\frac{\mathrm{d}x}{\mathrm{d}\theta} = f'(\theta)\cos(\theta) - f(\theta)\sin(\theta)$$

和

$$\frac{\mathrm{d}y}{\mathrm{d}\theta} = f'(\theta)\sin(\theta) + f(\theta)\cos(\theta).$$

现在需对这两个式子取平方并相加. 试一下吧! 你会发现有些项消掉了; 另外, $\sin^2(\theta) + \cos^2(\theta)$ 项可用 1 代换. 综上, 可得到公式

$$\text{弧长} = \int_{\theta_0}^{\theta_1} \sqrt{(f(\theta))^2 + (f'(\theta))^2}\,d\theta \qquad \text{(极坐标函数, } r = f(\theta)\text{)}.$$

顺便说一下, 你应该在表示弧长时带上单位.

我们来看一些例子. 假设要求曲线 $y = \ln(x)$ 的弧长, 其中 x 的取值范围为 $\sqrt{3}$ 到 $\sqrt{15}$. 我们用前面的第一个公式可得

$$\text{弧长} = \int_{\sqrt{3}}^{\sqrt{15}} \sqrt{1 + \left(\frac{dy}{dx}\right)^2}\,dx = \int_{\sqrt{3}}^{\sqrt{15}} \sqrt{1 + \left(\frac{1}{x}\right)^2}\,dx$$
$$= \int_{\sqrt{3}}^{\sqrt{15}} \frac{\sqrt{x^2 + 1}}{x}\,dx.$$

这其实是个非常难的积分. 你一定要练习一下. 如果卡住了, 对策是: 从一个合适的三角换元开始. 若做对了, 积分对应的不定积分为 $\int \sec^3(\theta)/\tan(\theta)\,d\theta$. 要求它, 可将分子表示为 $\sec(\theta)(1 + \tan^2(\theta))$, 将原积分分成两个积分, 再用第 19 章的方法求解. 可验证所得弧长为 $2 + \ln(3) - \dfrac{1}{2}\ln(5)$ 单位.

若弧长是由参数 $x = 3t^2 - 12t + 4$ 和 $y = 8\sqrt{2}t^{3/2}$ 表述的, 其中 t 在 3 到 5 间取值, 该怎么求呢? 我们需用参数版的公式. 事实上, $dx/dt = 6t - 12$, $dy/dt = 12\sqrt{2}t^{1/2}$, 故

$$\text{弧长} = \int_3^5 \sqrt{\left(\frac{dx}{dt}\right)^2 + \left(\frac{dy}{dt}\right)^2}\,dt = \int_3^5 \sqrt{(6t - 12)^2 + (12\sqrt{2}t^{1/2})^2}\,dt.$$

现在, 我们来看被积函数的最里面部分, 其中有一个因子 6^2 可被提出来, 得

$$(6t - 12)^2 + (12\sqrt{2}t^{1/2})^2 = 6^2((t-2)^2 + (2\sqrt{2}t^{1/2})^2)$$
$$= 36(t^2 - 4t + 4 + 8t) = 36(t + 2)^2.$$

现在将这个结果带入被积函数并作积分, 可得弧长为 72 单位. 这就是一件简单的事了, 细节留给你完成!

参数化和速率

在讨论求表面积之前, 我还想谈谈关于参数坐标系下弧长公式的一点事. 假设一只蚂蚁 (这次不是蜗牛!) 绕一个平地爬行, 我定义在时间 t 秒处的蚂蚁位置是 $(x(t), y(t))$. 那么, 蚂蚁在时间 t 的速率是多少? 我们知道速度是位移关于时间的导数. 因此蚂蚁在 x 方向的速度是 dx/dt, 在 y 方向的速度是 dy/dt. 它的实际速率

需涉及这两个速度. 其实, 根据毕达哥拉斯定理, 我们应该有[①]:

$$\text{速率} = \sqrt{\left(\frac{\mathrm{d}x}{\mathrm{d}t}\right)^2 + \left(\frac{\mathrm{d}y}{\mathrm{d}t}\right)^2}.$$

嘿, 这是在参数情况下求弧长时所积分的量啊! 确实, 要求蚂蚁爬过的总距离, 需要对它的速率求积分. 因此, 现在弧长公式中的被积函数有了意义, 至少在参数情形下是有意义的: 它是质点在曲线上移动的瞬时速率, 就像参数所描述的一样.

考虑前一节末的例子, 其中 $x = 3t^2 - 12t + 4$, $y = 8\sqrt{2}t^{3/2}$. 根据前面的探讨,

$$\text{速率} = \sqrt{\left(\frac{\mathrm{d}x}{\mathrm{d}t}\right)^2 + \left(\frac{\mathrm{d}y}{\mathrm{d}t}\right)^2} = \sqrt{36(t+2)^2} = 6(t+2).$$

其中答案以单位每秒表示 (假设 t 的单位为秒). 这意味着在时间 $t = 3$ 处, 质点 (此时位于 $(x(t), y(t))$ 的速率是 $6(3+2) = 30$ 单位每秒; 而在时间 $t = 5$ 处 (速率稍快一点), 为 $6(5+2) = 42$ 单位每秒.

在 27.1 节, 我们探讨了参数方程 $x = 3\cos(t)$ 和 $y = 3\sin(t)$ $(0 \leqslant t < 2\pi)$ 所描述的中心在原点、半径为 3 的圆. 由这些方程所描述的运动的质点速率为

$$\sqrt{\left(\frac{\mathrm{d}x}{\mathrm{d}t}\right)^2 + \left(\frac{\mathrm{d}y}{\mathrm{d}t}\right)^2} = \sqrt{(-3\sin(t))^2 + (3\cos(t))^2} = \sqrt{9} = 3,$$

因为 $\sin^2(t) + \cos^2(t) = 1$. 这意味着质点以恒定的速率 3 单位每秒绕圆运动 (当然是逆时针方向). 另一方面, 我们也探讨了 $x = 3\cos(2t)$ 和 $y = 3\sin(2t)$ $(0 \leqslant t < \pi)$ 所描述的相同的圆, 这时的速率是

$$\sqrt{\left(\frac{\mathrm{d}x}{\mathrm{d}t}\right)^2 + \left(\frac{\mathrm{d}y}{\mathrm{d}t}\right)^2} = \sqrt{(-6\sin(2t))^2 + (6\cos(2t))^2} = \sqrt{36} = 6,$$

所以这个新的参数方程的质点确实以两倍于原质点的速率绕相同的圆运动.

29.4 旋转体的表面积

本章最后要讨论的问题, 是如何求由曲线绕某轴旋转所得表面的表面积. 我们采用的方法结合了求弧长和体积的方法. 我们从将曲线切割成小段弧开始, 然后关注绕轴旋转其中一段弧时的情况. 假设绕 x 轴旋转. 当旋转这一小段弧时会发生什么呢? 我们得到了一个环, 但它的边是弯的. 若环的宽足够小, 我们应该能用直边环来近似它. 我们从割线段近似弧开始, 如 29.3 节的做法. 可见, 割线的长为 $\sqrt{(\mathrm{d}x)^2 + (\mathrm{d}y)^2}$ 单位. 当我们用该割线代替弧段旋转时, 得到了一个直边环, 如图 29-33 所示.

[①] 这里进入了向量范畴, 它属于关于多变量微积分的书所涉及的内容.

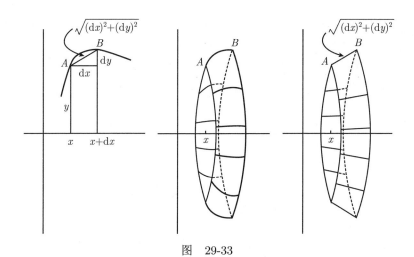

图　29-33

左边的图给出了一段曲线和近似割线; 中间的图给出了我们所求表面积的真实的曲边环; 右边的图给出了用于替换的近似环. 事实上, 我们可以更懒: 环的边并不平行于 x 轴, 所以我们的环实际上是圆锥表面的一部分. 这类物体的表面积是可以计算的, 但比较麻烦. 因而我们进一步近似, 假想要讨论的是一个边长都相等的环, 不过这个环是一个圆柱形的, 如图 29-34 所示.

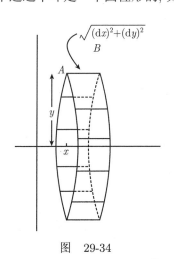

图　29-34

最终的结果是, 我们得到了一个半径为 y 单位、宽度为 $\sqrt{(\mathrm{d}x)^2 + (\mathrm{d}y)^2}$ 单位的圆柱形环, 因此它有表面积 $2\pi y \sqrt{(\mathrm{d}x)^2 + (\mathrm{d}y)^2}$ 平方单位(周长 $2\pi y$ 单位乘以宽度). 结果表明[①], 这个近似在极限中是可行的, 即将这些环的表面积加起来, 并令环的宽度趋于 0 的极限. 所以, 我们由此得到关于 x 轴旋转的原型公式:

$$表面积 = \int_?^? 2\pi y \sqrt{(\mathrm{d}x)^2 + (\mathrm{d}y)^2} \ (关于 x 轴旋转).$$

若旋转是关于 y 轴的, 则我们采用的环宽度不变, 但现在的半径是 x 而不是 y 单位, 所以关于 y 轴旋转的原型公式是

$$表面积 = \int_?^? 2\pi x \sqrt{(\mathrm{d}x)^2 + (\mathrm{d}y)^2} \ (关于 y 轴旋转).$$

你也可以参照体积的变式 1 (见 29.1.4 节), 将第一个原型公式中的 x 和 y 对换来得到该公式.

[①] 所牵涉的计算有些令人生厌. 如果你想算的话, 可运用半径为 r 和 R, 高为 h 单位的圆台的侧面积公式 $\pi(R + r)\sqrt{(R - r)^2 + h^2}$ 平方单位.

不管怎样, 与弧长一样, 这些原型公式不能用于求任何表面积! 我们来看一下如何修改才能使用它们.

(1) 假设我们关于 x 轴旋转曲线 $y = f(x)$, 其中 x 取值范围为 a 到 b. 我们从第一个原型公式中的被积函数中提出因子 $(\mathrm{d}x)^2$ 并将其提到根号之外, 就像在讨论弧长时所做的一样, 得

$$\boxed{\text{表面积} = \int_a^b 2\pi y \sqrt{1 + \left(\frac{\mathrm{d}y}{\mathrm{d}x}\right)^2}\, \mathrm{d}x} \text{ (关于 } x \text{ 轴)}.$$

写成关于 f 的形式, 即为

$$\text{表面积} = \int_a^b 2\pi f(x) \sqrt{1 + (f'(x))^2}\, \mathrm{d}x.$$

(2) 若我们关于 y 轴旋转相同的曲线, 可对另一个原型公式采用相同的处理, 得出

$$\boxed{\text{表面积} = \int_a^b 2\pi x \sqrt{1 + \left(\frac{\mathrm{d}y}{\mathrm{d}x}\right)^2}\, \mathrm{d}x} \text{ (关于 } y \text{ 轴)},$$

或者写成关于 f 的形式为

$$\text{表面积} = \int_a^b 2\pi x \sqrt{1 + (f'(x))^2}\, \mathrm{d}x.$$

(3) 当然也有参数形式. 若 x 和 y 是参数 t 的函数, 其中 t 的取值范围为 t_0 到 t_1, 则可推出下面的公式:

$$\boxed{\text{表面积} = \int_{t_0}^{t_1} 2\pi y \sqrt{\left(\frac{\mathrm{d}x}{\mathrm{d}t}\right)^2 + \left(\frac{\mathrm{d}y}{\mathrm{d}t}\right)^2}\, \mathrm{d}t} \text{ (参数版, 关于 } x \text{ 轴)}$$

和

$$\boxed{\text{表面积} = \int_{t_0}^{t_1} 2\pi x \sqrt{\left(\frac{\mathrm{d}x}{\mathrm{d}t}\right)^2 + \left(\frac{\mathrm{d}y}{\mathrm{d}t}\right)^2}\, \mathrm{d}t} \text{ (参数版, 关于 } y \text{ 轴)}$$

所有这些表面积的单位都是平方单位.

来看一个例子. 若从 $x = 0$ 到 $x = \pi/2$ 的曲线 $y = \cos(x)$ 关于 x 轴旋转, 我们需应用第 1 种情形中的公式, 可知表面积为

$$\int_0^{\pi/2} 2\pi y \sqrt{1 + \left(\frac{\mathrm{d}y}{\mathrm{d}x}\right)^2}\, \mathrm{d}x = 2\pi \int_0^{\pi/2} \cos(x) \sqrt{1 + \sin^2(x)}\, \mathrm{d}x.$$

要求该积分, 首先令 $t = \sin(x)$, 然后用三角换元来求解新积分. 试一下, 算出来的表面积应为 $\pi(\sqrt{2} + \ln(1 + \sqrt{2}))$ 平方单位.

另一方面, 在 $x = 0$ 和 $x = 2\sqrt{2}$ 间的抛物线 $y = x^2/2$ 绕 y 轴 (非 x 轴) 旋转

所得的表面积可用第 2 种情形中的公式求得. 由于 $dy/dx = x$, 表面积由

$$\int_0^{2\sqrt{2}} 2\pi x \sqrt{1 + \left(\frac{dy}{dx}\right)^2}\,dx = 2\pi \int_0^{2\sqrt{2}} x\sqrt{1 + x^2}\,dx$$

给出, 做换元 $t = 1 + x^2$ 后可算得 $52\pi/3$.

现在考虑以原点为中心、半径为 r 单位的上半圆. 参数形式为 $x = r\cos(\theta)$ 和 $y = r\sin(\theta)$, 其中 θ 的取值范围为 0 到 π (只取到 π 是为了只取上半圆). 我们关于 x 轴旋转该半圆, 将得到一个球, 它的表面积由情形 3 给出 (t 代换为 θ):

$$\int_0^\pi 2\pi y \sqrt{\left(\frac{dx}{d\theta}\right)^2 + \left(\frac{dy}{d\theta}\right)^2}\,d\theta = 2\pi \int_0^\pi r\sin(\theta)\sqrt{(-r\sin(\theta))^2 + (r\cos(\theta))^2}\,d\theta.$$

现在可利用 $\sin^2(\theta) + \cos^2(\theta) = 1$ 计算, 可得表面积为 $4\pi r^2$ 平方单位, 这就验证了传统公式.

最后, 我们来考虑类似于旋转体体积变式 3 的表面积 (见 29.1.6 节). 若旋转轴不是 x 轴, 而是直线 $y = h$(平行于 x 轴), 则圆柱形环的半径是 $y - h$ 单位 (而非 y 单位), 所以情形 1 中的公式需要做适当修改:

$$\text{表面积} = \int_a^b 2\pi(y - h)\sqrt{1 + \left(\frac{dy}{dx}\right)^2}\,dx \quad (\text{关于}\, y = h).$$

(其实, 若曲线在直线 $y = h$ 下方, 最好用 $h - y$ 代替 $y - h$, 否则将得到表面积为负的答案!) 同样, 你不能单纯地学习上面的公式, 而应理解如何由已知推出该公式. 事实上, 你现在应该能够对前面所有的公式进行适当改动, 正确处理关于 $y = h$ 或 $x = h$ 的旋转.

第 30 章　微分方程

　　微分方程就是包含导数的方程, 它们对于描述现实世界中量的变化非常有用. 例如, 若想了解种群增长快慢, 或是还清学生贷款的快慢, 都可以使用微分方程模拟对应情形从而得出令人满意的答案. 在本书的这最后一章, 我们将讨论如何求解特定类型的微分方程. 下面是我们将讨论的内容:

- 微分方程导论;
- 可分离变量的一阶微分方程;
- 一阶线性微分方程;
- 一阶和二阶常系数微分方程;
- 微分方程建模.

30.1　微分方程导论

　　早在 9.6 节讨论指数增长和衰退时, 我们就已经见过微分方程的例子. 当时的方程是

$$\frac{\mathrm{d}y}{\mathrm{d}x} = ky,$$

其中 k 是确定的常数, 并断言唯一解的形式为 $y = Ae^{kx}$, A 为常数. 我们将在后面的 30.2 节证明这个断言. 我们不应该对这个突然出现的形如 A 的常数感到意外. 毕竟, 原方程包含一个导数, 消去导数的唯一方法就是对其积分, 而积分会引入一个未知常数 (回想 $+C$).

　　方程 $\mathrm{d}y/\mathrm{d}x = ky$ 是一个一阶微分方程的例子, 因为方程中只有一个一阶导. 一般地, 一个微分方程的阶是其所包含的最高阶导数的阶. 例如, 这个复杂的方程

$$x^2 \frac{\mathrm{d}^4 y}{\mathrm{d}x^4} + \sin(x)\frac{\mathrm{d}^2 y}{\mathrm{d}x^2}\left(\frac{\mathrm{d}y}{\mathrm{d}x}\right)^7 + e^x y = \tan(x)$$

是一个四阶微分方程, 因为它包含一个四阶导数, 没有五阶或更高阶导数.

　　现在考虑本节开始讨论的一阶微分方程的一个特例, 但附带一个条件:

$$\frac{\mathrm{d}y}{\mathrm{d}x} = -2y, \quad y(0) = 5.$$

这意味着所求得的解不仅要满足微分方程, 还要保证当 $x = 0$ 时 $y = 5$. 我们知道 $y = Ae^{kx}$ 是微分方程 $\mathrm{d}y/\mathrm{d}x = ky$ 的通解, 令 $k = -2$ 即知上面微分方程的通解是 $y = Ae^{-2x}$, A 为常数. 现在代入 $x = 0$ 和 $y = 5$ 可知 $5 = Ae^{-2(0)}$, 可得 $A = 5$. 附带的信息 $y(0) = 5$ 使得我们能够确定 A 的值, 所以实际解为 $y = 5e^{-2x}$.

我们刚才看的是 IVP(Initial Value Problem, 初值问题) 的例子. 其思想是已知一个初始条件 (在这个例子中为 $y(0) = 5$) 和相关的微分方程 (在这个例子中为 $dy/dx = -2y$), 你可以运用这两个条件来求无不定常数的解. 对于一个二阶微分方程, 需积分两次, 所以你将得到两个不定常数, 由此可知需要两条已知信息. 一般地, 这两条信息是 $y(0)$ 的值和 $y'(0)$ 的值 ($x = 0$ 处的导数). 我们将在 30.4.2 节给出一些例题.

现在, 微分方程的研究已相当广泛. 这些问题很难求解, 事实上, 基本是不可能求解的, 至少一般是这样的. 幸运的是, 有一些简单的类型解起来并不很麻烦. 我们将讨论其中三种：一阶可分离变量方程、一阶线性方程、线性常系数方程.

30.2 可分离变量的一阶微分方程

如果能够把一阶微分方程中所有关于 y 的部分 (包括 dy) 放在一边, 所有关于 x 的部分 (包括 dx) 放在另一边, 则该微分方程被称为是**可分离变量的**. 例如, 方程 $dy/dx = ky$ 可重新整理为

$$\frac{1}{ky}dy = dx,$$

故它是可分离变量的. 另一个例子, 方程

$$\frac{dy}{dx} - \cos^2(y)\cos(x) = 0$$

可重新整理 (代数运算自行验证!) 成

$$\sec^2(y)dy = \cos(x)dx.$$

现在, 继续计算的方法是两边加积分号并积分, 然后整理[①]求 y. 在第一个例子中, 我们得到

$$\int \frac{1}{ky}dy = \int dx,$$

即

$$\frac{1}{k}\ln|y| = x + C,$$

其中 C 为常数. 要解 y, 两边乘 k 并取指数. 我们得到

$$|y| = e^{kx+kC} = e^{kC}e^{kx}.$$

这意味着 $y = \pm e^{kC}e^{kx}$. 现在, $\pm e^{kC}$ 是一些不为 0 的常数, 我们称它为 A, 因此给出了我们所期望的解 $y = Ae^{kx}$. (事实上, A 甚至可以为 0：若对所有 x 有 $y = 0$, 方程 $dy/dx = ky$ 显然可以成立, 因为两边都为 0. 这在我们的解中没有出现, 原因是我们要除以 y, 这是出于 y 恒不为 0 的假设.)

[①] 如你所预期的, 这些操作都可用链式求导法则证明.

对于第二个例子, 两边同时积分有

$$\int \sec^2(y)\mathrm{d}y = \int \cos(x)\mathrm{d}x,$$

可推出

$$\tan(y) = \sin(x) + C,$$

其中 C 是常数. 这个解已经很好了, 但或许你更愿意写成

$$y = \tan^{-1}(\sin(x) + C).$$

这里有个问题, 反正切函数的值域为 $(-\pi/2, \pi/2)$. 我们应该可以在上述表达式上加 π 的任何整数倍, 仍得到有效解. 事实上, $\sec^2(y)$ 有周期 π, 故全解应该为

$$y = \tan^{-1}(\sin(x) + C) + n\pi,$$

其中 C 为常数, n 为整数. 或许我们应该避开这些讨论, 仍写成 $\tan(y) = \sin(x) + C$ 的形式. (同样, 我们在开始求解时曾除以 $\cos^2(y)$, 这导致我们丢了常数解 $y = n\pi/2$, 其中 n 为奇数, 因为这些是当 $\cos^2(y) = 0$ 时的值. 这些解在上面解中 $C \to \pm\infty$ 时出现.)

对于同样的例子, 涉及初值时会是怎样的情形呢? 例如, 考虑 IVP

$$\frac{\mathrm{d}y}{\mathrm{d}x} - \cos^2(y)\cos(x) = 0, \quad y(0) = \frac{\pi}{4}.$$

若用上面的方法求解微分方程, 可得与前面一样的

$$\tan(y) = \sin(x) + C.$$

现在, 令 $x = 0$ 和 $y = \pi/4$ 可得

$$\tan(\pi/4) = \sin(0) + C,$$

这意味着 $C = 1$. 所以我们有

$$\tan(y) = \sin(x) + 1.$$

若我们写为

$$y = \tan^{-1}(\sin(x) + 1) + n\pi,$$

其中 n 为整数, 还令 $x = 0$ 和 $y = \pi/4$, 可知 $\pi/4 = \tan^{-1}(1) + n\pi$, 这意味着 $n = 0$. 故将解写成

$$y = \tan^{-1}(\sin(x) + 1)$$

是合情理的. 为使该点更清晰, 令初始条件为 $y(0) = 5\pi/4$ 而不是 $y(0) = \pi/4$. 将它代入方程 $\tan(y) = \sin(x) + C$, 又一次推出了 $C = 1$, 因为 $\tan(5\pi/4) = 1$. 所以, 我们再次求出了 $\tan(y) = \sin(x) + 1$, 但将这个方程写成 $y = \tan^{-1}(\sin(x) + 1)$ 是错误的. 为什么? 当 $x = 0$, 我们有

$$y = \tan^{-1}(\sin(0) + 1) = \tan^{-1}(1) = \frac{\pi}{4},$$

这不是我们想要的. 所以应加上 π, 即

$$y = \tan^{-1}(\sin(x) + 1) + \pi.$$

现在微分方程得到满足, 且如我们所希望的 $y(0) = 5\pi/4$. 如果初始条件为 $y(0) = \pi/4 + n\pi$ 对任意非 0 整数 n 成立, 同样需要警惕. 这需要微妙技巧!

30.3 一阶线性方程

这是另一种一阶微分方程:

$$\frac{\mathrm{d}y}{\mathrm{d}x} + p(x)y = q(x),$$

其中 p 和 q 是关于 x 的函数. 这样的方程称为一阶线性微分方程. 它可能不是可分离变量的, 甚至连线性看起来也不很明显! 例如,

$$\frac{\mathrm{d}y}{\mathrm{d}x} + 6x^2 y = \mathrm{e}^{-2x^3}\sin(x)$$

就不像是线性的, 然而这个方程确实是一阶线性的, 因为 y 和 $\mathrm{d}y/\mathrm{d}x$ 的幂次都是 1. 而方程

$$\frac{\mathrm{d}y}{\mathrm{d}x} + 6x^2 y^3 = \mathrm{e}^{-2x^3}\sin(x)$$

不是一阶线性的, 因为 y^3 不是 y 的一次. 类似地,

$$\left(\frac{\mathrm{d}y}{\mathrm{d}x}\right)^2 + 6x^2 y = \mathrm{e}^{-2x^3}\sin(x)$$

也不是线性的, 因为量 $\mathrm{d}y/\mathrm{d}x$ 被平方了.

回到前面的线性方程

$$\frac{\mathrm{d}y}{\mathrm{d}x} + 6x^2 y = \mathrm{e}^{-2x^3}\sin(x).$$

这个方程不是可分离变量的. 试一下! 你不可能得到一边都关于 y 而另一边都关于 x 的方程. 幸运的是, 有个诀窍可用. 假如我们两边都乘 e^{2x^3}. 这个操作显然会使右边变得简洁了, 但其实还有一个更有趣的作用. 我们来看看发生了什么:

$$\mathrm{e}^{2x^3}\frac{\mathrm{d}y}{\mathrm{d}x} + 6x^2 \mathrm{e}^{2x^3} y = \sin(x).$$

现在要仔细了: 我将它改写为了

$$\frac{\mathrm{d}}{\mathrm{d}x}(\mathrm{e}^{2x^3} y) = \sin(x),$$

这其实没隐藏什么. 怎么可能呢? 好吧, 我所做的就是在求导时把乘积法则反过来用了一下罢了! (小菜一碟.) 为了证明这是正确的, 你要做的就是把导数算出来. 事实上, 根据乘积法则, 其中一项为 e^{2x^3} 乘以 y 的导数, 即 $\mathrm{e}^{2x^3}(\mathrm{d}y/\mathrm{d}x)$, 另一项是 y 乘以 e^{2x^3} 的导数, 即 $y \times 6x^2\mathrm{e}^{2x^3}$ (用链式求导法则). 那正是原来方程的左边! 所以我们确实有

$$\frac{\mathrm{d}}{\mathrm{d}x}(\mathrm{e}^{2x^3}y) = \sin(x).$$

现在要做的就是两边关于 x 积分. 这样, 就消掉了左边的导数, 剩下

$$\mathrm{e}^{2x^3}y = \int \sin(x)\mathrm{d}x = -\cos(x) + C.$$

除以 e^{2x^3}, 得到解

$$y = (C - \cos(x))\mathrm{e}^{-2x^3},$$

其中 C 为任意常数. 现在可以试着对其求导来验证它满足原微分方程!

　　上述求解的关键是乘以 e^{2x^3}. 之后, 我们能将左边整体写成 $\dfrac{\mathrm{d}}{\mathrm{d}x}$ (某式) 的形式, 这样就很容易积分了. 出于这个原因, e^{2x^3} 被称为积分因子. 可知, 对于一般一阶线性微分方程

$$\frac{\mathrm{d}y}{\mathrm{d}x} + p(x)y = q(x),$$

一个好的积分因子由等式

$$积分因子 = \mathrm{e}^{\int p(x)\mathrm{d}x}$$

给出, 这里不必对积分结果 $+C$. 在将原微分方程乘了这个积分因子之后, 左边就可被 "因式分解" 成

$$\frac{\mathrm{d}}{\mathrm{d}x}(积分因子 \times y).$$

我们稍后讨论原因. 现在, 我们用这个更一般的框架来重新计算前面的例子

$$\frac{\mathrm{d}y}{\mathrm{d}x} + 6x^2y = \mathrm{e}^{-2x^3}\sin(x)$$

首先, 通过取 y 的系数 (即 $6x^2$) 来找积分因子, 对其积分并指数化结果:

$$积分因子 = \mathrm{e}^{\int 6x^2\mathrm{d}x} = \mathrm{e}^{2x^3}.$$

现在可以如前那样: 用 e^{2x^3} 乘微分方程并将左边重写为 $\frac{\mathrm{d}}{\mathrm{d}x}(\mathrm{e}^{2x^3}y)$, 它是积分因子和 y 乘积的导数.

　　目前为止, 学习这个方法的最好办法就是做大量的练习, 直到掌握为止. 这里有另外两个例子. 首先, 如何解

$$\frac{\mathrm{d}y}{\mathrm{d}x} = \mathrm{e}^x y + \mathrm{e}^{2x}, \quad y(0) = 2(\mathrm{e} - 1)?$$

这是一个 IVP, 但我们担心的是微分方程解完后的事. 第一件事是将其变成标准形式, 意思是需将所有关于 y 的部分放在左边, 所有关于 x 的部分放在右边, 且 $\mathrm{d}y/\mathrm{d}x$ 的系数要为 1. 在本例中, 我们只需两边减去 $\mathrm{e}^x y$, 得

$$\frac{\mathrm{d}y}{\mathrm{d}x} - \mathrm{e}^x y = \mathrm{e}^{2x}, \quad y(0) = 2(\mathrm{e} - 1).$$

y 的系数为 $-\mathrm{e}^x$, 故积分因子是该量积分的指数化:

$$\text{积分因子} = \mathrm{e}^{\int(-\mathrm{e}^x)\mathrm{d}x} = \mathrm{e}^{-\mathrm{e}^x}.$$

(记住, 这里不需 $+C$.) 我们用这个积分因子乘上述微分方程的两边:

$$\mathrm{e}^{-\mathrm{e}^x}\frac{\mathrm{d}y}{\mathrm{d}x} - \mathrm{e}^x\mathrm{e}^{-\mathrm{e}^x}y = \mathrm{e}^{-\mathrm{e}^x}\mathrm{e}^{2x}.$$

如往常一样, 左边是 y 乘积分因子的导数, 所以我们有

$$\frac{\mathrm{d}}{\mathrm{d}x}(\mathrm{e}^{-\mathrm{e}^x}y) = \mathrm{e}^{-\mathrm{e}^x}\mathrm{e}^{2x}.$$

最好通过对左边求导来验证这个化简的合理性. 总之, 对上述方程的两边积分可得

$$\mathrm{e}^{-\mathrm{e}^x}y = \int \mathrm{e}^{-\mathrm{e}^x}\mathrm{e}^{2x}\mathrm{d}x,$$

为了求这个积分, 令 $t = \mathrm{e}^x$, 则 $\mathrm{d}t = \mathrm{e}^x\mathrm{d}x$. 注意, 需将 e^{2x} 写成 $\mathrm{e}^x\mathrm{e}^x$ 来计算. 我把积分的计算 (运用分部积分法) 留给你来完成, 并验证结果方程为

$$\mathrm{e}^{-\mathrm{e}^x}y = -\mathrm{e}^x\mathrm{e}^{-\mathrm{e}^x} - \mathrm{e}^{-\mathrm{e}^x} + C.$$

最后, 两边除以积分因子 $\mathrm{e}^{-\mathrm{e}^x}$ 可得

$$y = -\mathrm{e}^x - 1 + C\mathrm{e}^{\mathrm{e}^x},$$

对某常数 C 成立. 现在剩下的就是解 IVP. 当 $x = 0$ 时, 我们知道 $y = 2(\mathrm{e} - 1)$, 所以将这个代入上述方程, 有

$$2(\mathrm{e} - 1) = -\mathrm{e}^0 - 1 + C\mathrm{e}^{\mathrm{e}^0}.$$

你可以很容易解出 $C = 2$, 故最后的解是

$$y = 2\mathrm{e}^{\mathrm{e}^x} - \mathrm{e}^x - 1.$$

可对其求导来验证它满足原微分方程.

我们再快速浏览一个一阶线性微分方程

$$\tan(x)\frac{\mathrm{d}y}{\mathrm{d}x} = \mathrm{e}^{\sin(x)} - y.$$

首先, 将关于 y 的部分放在左边并令方程除以 $\tan(x)$, 以使 $\mathrm{d}y/\mathrm{d}x$ 的系数等于 1:

$$\frac{\mathrm{d}y}{\mathrm{d}x} + \cot(x)y = \cot(x)\mathrm{e}^{\sin(x)}.$$

y 的系数是 $\cot(x)$, 故

$$\text{积分因子} = \mathrm{e}^{\int \cot(x)\mathrm{d}x} = \mathrm{e}^{\ln(\sin(x))} = \sin(x).$$

(技术上讲, 我们应该写成 $|\sin(x)|$, 但这会使事情变得不必要的复杂.) 不管怎么说, 用 $\sin(x)$ 乘微分方程可得

$$\sin(x)\frac{\mathrm{d}y}{\mathrm{d}x} + \cos(x)y = \cos(x)\mathrm{e}^{\sin(x)},$$

因为 $\sin(x)\cot(x) = \cos(x)$. 现在左边变为 y 乘积分因子的导数 (验证它):

$$\frac{\mathrm{d}}{\mathrm{d}x}(y\sin(x)) = \cos(x)\mathrm{e}^{\sin(x)}.$$

两边积分 (用换元来化简右边):

$$y\sin(x) = \int \cos(x)\mathrm{e}^{\sin(x)}\mathrm{d}x = \mathrm{e}^{\sin(x)} + C.$$

最后, 用 $\sin(x)$ 除以两边可得

$$y = \csc(x)\mathrm{e}^{\sin(x)} + C\csc(x),$$

我们已经找到了微分方程的解.

综述, 下面是求解一阶线性微分方程的方法.

- 将包含 y 的部分放在左边, 包含 x 的部分放在右边, 然后两边除以 $\mathrm{d}y/\mathrm{d}x$ 的系数得到一个标准形式的方程

$$\frac{\mathrm{d}y}{\mathrm{d}x} + p(x)y = q(x).$$

- 两边乘积分因子, 我们称其为 $f(x)$, 它由

$$\boxed{\text{积分因子 } f(x) = \mathrm{e}^{\int p(x)\mathrm{d}x}}$$

给出, 这里不需为指数上的积分 $+C$.

- 左边变为 $\dfrac{\mathrm{d}}{\mathrm{d}x}(f(x)y)$, 其中 $f(x)$ 是积分因子. 用这个新的左边重写方程.

- 两边积分, 这次必须在右边 $+C$.

- 除以积分因子来解出 y.

练习这个方法, 你不会后悔的!

为什么积分因子起作用

为什么怪异的表达式 $\mathrm{e}^{\int p(x)\mathrm{d}x}$ 是个很好的积分因子呢? 假设我们取一般方程

$$\frac{\mathrm{d}y}{\mathrm{d}x} + p(x)y = q(x),$$

并用积分因子 $\mathrm{e}^{\int p(x)\mathrm{d}x}$ 乘以它. 我们得到

$$\mathrm{e}^{\int p(x)\mathrm{d}x}\frac{\mathrm{d}y}{\mathrm{d}x} + \mathrm{e}^{\int p(x)\mathrm{d}x}p(x)y = \text{关于 } x \text{ 的部分}.$$

现在我只关注左边, 故只将右边写为: 关于 x 的部分. 我们已经声明可将左边重写, 使得上面的方程变为

$$\frac{\mathrm{d}}{\mathrm{d}x}\left(\mathrm{e}^{\int p(x)\mathrm{d}x}y\right) = \text{关于 } x \text{ 的部分},$$

这就容易求解了. 为了证明我们的声明, 对左边运用乘积法则, 写为

$$\mathrm{e}^{\int p(x)\mathrm{d}x}\frac{\mathrm{d}y}{\mathrm{d}x} + \frac{\mathrm{d}}{\mathrm{d}x}\left(\mathrm{e}^{\int p(x)\mathrm{d}x}\right)y.$$

这个几乎就是我们需要的了, 我们只需运用链式求导法则写成

$$\frac{\mathrm{d}}{\mathrm{d}x}\left(\mathrm{e}^{\int p(x)\mathrm{d}x}\right) = \frac{\mathrm{d}}{\mathrm{d}x}\left(\int p(x)\mathrm{d}x\right) \times \mathrm{e}^{\int p(x)\mathrm{d}x} = p(x)\mathrm{e}^{\int p(x)\mathrm{d}x}.$$

注意, $\dfrac{\mathrm{d}}{\mathrm{d}x}\displaystyle\int p(x)\mathrm{d}x = p(x)$, 因为 $\displaystyle\int p(x)\mathrm{d}x$ (不带 $+C$) 是 p 的反导. 现在如果把前面各部分整理一下, 最后可知

$$\mathrm{e}^{\int p(x)\mathrm{d}x}\frac{\mathrm{d}y}{\mathrm{d}x} + \mathrm{e}^{\int p(x)\mathrm{d}x}p(x)y = \frac{\mathrm{d}}{\mathrm{d}x}\left(\mathrm{e}^{\int p(x)\mathrm{d}x}y\right).$$

我们的方法是可行的!

30.4 常系数微分方程

现在我们来讨论常系数线性微分方程. 这些方程形如

$$a_n\frac{\mathrm{d}^n y}{\mathrm{d}x^n} + \cdots + a_2\frac{\mathrm{d}^2 y}{\mathrm{d}x^2} + a_1\frac{\mathrm{d}y}{\mathrm{d}x} + a_0 y = f(x),$$

这里 f 是只关于 x 的函数, $a_n, \cdots, a_1, a_0$ 只是一些普通的常实数. 注意上面方程的左边有点像一个 y 的多项式, 不过它用的是导数而不是 y 的幂.

我们来看个例题. 考虑微分方程

$$3\frac{\mathrm{d}y}{\mathrm{d}x} - \sin(5x) = 12x - 6y.$$

这个方程可以整理成所有关于 x 的部分在右边, 所有关于 y 的部分 (包括导数) 在左边的形式. 最后, 除以 3 可得

$$\frac{\mathrm{d}y}{\mathrm{d}x} + 2y = 4x + \frac{1}{3}\sin(5x).$$

这是一个一阶常系数线性方程. 其实, 你可以用前一节的一阶线性方程的方法来解它. 如果这么做, 你将需要用到积分因子, 而这在这个例子中有点难度 (试一下看看). 我们很快会讨论求解该方程的另一个方法. 事实上, 我们将在 30.4.6 节求解上面这个例子.

我们也要详细考察一下二阶的情形. 在这种情况下, 我们要讨论形如

$$a\frac{\mathrm{d}^2 y}{\mathrm{d}x^2} + b\frac{\mathrm{d}y}{\mathrm{d}x} + cy = f(x)$$

的方程. 例如,

$$\frac{\mathrm{d}^2 y}{\mathrm{d}x^2} - 5\frac{\mathrm{d}y}{\mathrm{d}x} + 6y = 2x^2\mathrm{e}^x.$$

我们将在 30.4.6 节讨论它的解法. 首先, 我们需要讨论一阶和二阶常系数线性方程的一般解法[①].

我们从一个简单例子入手: 假设右边没有关于 x 的部分, 例如

[①] 这些方法对高阶方程也适用, 不过本书将主要着重于一阶和二阶方程.

$$\frac{\mathrm{d}y}{\mathrm{d}x} - 3y = 0 \quad \text{和} \quad \frac{\mathrm{d}^2 y}{\mathrm{d}x^2} - \frac{\mathrm{d}y}{\mathrm{d}x} + 20y = 0.$$

这样的方程称为齐次的. 我们来看如何求解一阶 (左边的例子) 和二阶 (右边的例子) 齐次方程.

30.4.1　解一阶齐次方程

这个非常简单.

$$\frac{\mathrm{d}y}{\mathrm{d}x} + ay = 0$$

的解为 $y = Ae^{-ax}$. (其实, 这个方程就是 $\mathrm{d}y/\mathrm{d}x = ky$, 其中 $k = -a$ 的形式, 见 30.1 节和 30.2 节.) 例如, 给定微分方程

$$\frac{\mathrm{d}y}{\mathrm{d}x} - 3y = 0,$$

可以直接写出其解为 $y = Ae^{3x}$, 其中 A 是常数.

30.4.2　解二阶齐次方程

这种情况有点棘手. 我们需解

$$a\frac{\mathrm{d}^2 y}{\mathrm{d}x^2} + b\frac{\mathrm{d}y}{\mathrm{d}x} + cy = 0.$$

它看起来有点奇怪, 最简单的办法就是提取出一个二次方程. 这个二次方程称为特征二次方程, 即 $at^2 + bt + c = 0$. 例如, 考虑下面 3 个微分方程:

(a) $y'' - y' - 20y = 0$;　　(b) $y'' + 6y' + 9y = 0$;　　(c) $y'' - 2y' + 5y = 0$;

注意, 我们已经用 y' 代替 $\mathrm{d}y/\mathrm{d}x$, 用 y'' 代替 $\mathrm{d}^2 y/\mathrm{d}x^2$. 不管怎样, 这 3 个例子的特征方程分别为 $t^2 - t - 20 = 0$、$t^2 + 6t + 9 = 0$ 和 $t^2 - 2t + 5 = 0$.

接下来就是求特征方程的根. 这有三种可能, 取决于方程是否有两个实根、一个 (双重) 实根或两个复根. 我们来总结一下整个方法, 然后解上述三个例子.

下面是解齐次方程 $ay'' + by' + cy = 0$ 的方法.

(1) 写出特征二次方程 $at^2 + bt + c = 0$ 并解 t.

(2) 若有两个不同实根 α 和 β, 解为

$$y = Ae^{\alpha x} + Be^{\beta x}.$$

(3) 若只有一个 (双重) 实根 α, 解为

$$y = Ae^{\alpha x} + Bxe^{\alpha x}.$$

(4) 若有两个复根, 它们将是共轭的, 即其形为 $\alpha \pm i\beta$. 解为

$$y = e^{\alpha x}(A\cos(\beta x) + B\sin(\beta x)).$$

在所有情形中 (2、3 和 4), A 和 B 为不定常数.

所以, 对前面的例 (a), 我们看到特征二次方程是 $t^2 - t - 20 = 0$. 若将二次式因式分解为 $(t + 4)(t - 5)$, 显然方程的解为 $t = -4$ 和 $t = 5$. 由上面第 (2) 步可知,

方程 $y'' - y' - 20y = 0$ 的解为

$$y = Ae^{-4x} + Be^{5x},$$

对某些常数 A 和 B 成立.

例 (b) 的特征二次方程 $t^2 + 6t + 9 = 0$ 化简为 $(t+3)^2 = 0$, 因此唯一解为 $t = -3$. 由前面第 (3) 步, 齐次方程 $y'' + 6y' + 9y = 0$ 的解为

$$y = Ae^{-3x} + Bxe^{-3x}.$$

最后, 如果我们用二次公式来解例 (c) 的特征二次方程 $t^2 - 2t + 5 = 0$, 可得 $t = 1 \pm 2i$. (试一下看看!) 故, 由 $\alpha = 1$ 和 $\beta = 2$, 上面的第 (4) 步给出了 $y'' - 2y' + 5y = 0$ 的解:

$$y = e^x(A\cos(2x) + B\sin(2x)).$$

同样, A 和 B 为不定常数.

30.4.3 为什么特征二次方程适用

为什么前面的方法适用呢? (若你不关心原因, 可以直接转到下一节!) 考虑将 $y = e^{\alpha x}$ 代入方程 $ay'' + by' + cy = 0$ 时会发生什么. 我们有 $y' = \alpha e^{\alpha x}$ 和 $y'' = \alpha^2 e^{\alpha x}$, 所以

$$ay'' + by' + cy = a\alpha^2 e^{\alpha x} + b\alpha e^{\alpha x} + ce^{\alpha x} = (a\alpha^2 + b\alpha + c)e^{\alpha x}.$$

故, 若 α 为特征二次式 $at^2 + bt + c$ 的一个根, 则有 $a\alpha^2 + b\alpha + c = 0$. 上述等式暗示了 $ay'' + by' + cy = 0$, 即 $y = e^{\alpha x}$ 解出了微分方程! 同样, 该解的任何常数倍也是方程的解, 且若有另一个根 β, 则可将两个解 $y = Ae^{\alpha x}$ 和 $y = Be^{\beta x}$ 加起来得到更多解. (试试看!) 但要小心第 (2) 步.

下面我们来看第 (4) 步. 若二次方程的两个解是形如 $\alpha + i\beta$ 的共轭复根, 则根据第 (2) 步的讨论, 解定为

$$y = Ae^{(\alpha + i\beta)x} + Be^{(\alpha - i\beta)x} = e^{\alpha x}(Ae^{i\beta x} + Be^{-i\beta x}),$$

这里 A 和 B 甚至可以为复数. 现在可用欧拉等式 (见 28.2 节) 得

$$y = e^{\alpha x}(A(\cos(\beta x) + i\sin(\beta x)) + B(\cos(\beta x) - i\sin(\beta x)))$$
$$= e^{\alpha x}((A+B)\cos(\beta x) + (A-B)i\sin(\beta x)).$$

重新标记常数 $(A+B)$ 为 A, 常数 $(A-B)i$ 为 B, 得到正确的公式.

最后对第 (3) 步, 假定特征二次方程只有一个根 α. 若将 $y = xe^{\alpha x}$ 代入微分方程 $ay'' + by' + cy = 0$, 可以由 $y' = \alpha xe^{\alpha x} + e^{\alpha x}$ 和 $y'' = \alpha^2 xe^{\alpha x} + 2\alpha e^{\alpha x}$ 推出

$$ay'' + by' + cy = (a\alpha^2 + b\alpha + c)xe^{\alpha x} + (2a\alpha + b)e^{\alpha x}.$$

若 α 是 $at^2 + bt + c$ 的双重根, 则不仅 $a\alpha^2 + b\alpha + c = 0$, 而且 $2a\alpha + b = 0$[①]. 由此可

---

① 这是二次方程 $at^2 + bt + c = 0$ 有双重根 $t = \alpha$ 时 $2a\alpha + b = 0$ 的原因: 判别式为 0, 所以 $b^2 = 4ac$. 则

$$(2a\alpha + b)^2 = 4a^2\alpha^2 + 4ab\alpha + b^2 = 4a^2\alpha^2 + 4ab\alpha + 4ac = 4a(a\alpha^2 + b\alpha + c) = 0.$$

又因为 $(2a\alpha + b)^2 = 0$, 当然有 $2a\alpha + b = 0$.

推出前面第 (3) 步的正确解.

30.4.4 非齐次方程和特解

我们来看方程右边仅有 x 部分时的情况. 例如, 考虑微分方程

$$y'' - y' - 20y = e^x$$

它不是齐次的, 因为右边有 e^x. 试着猜一个解, 我们知道 e^x 的所有导数为 e^x, 试着令 $y = e^x$. 则 $y' = e^x$, $y'' = e^x$, 所以左边 $y'' - y' - 20y$ 变为 $e^x - e^x - 20e^x = -20e^x$, 不等于右边, 但很接近. 我们只需除以 -20. 再试一次: 令 $y = -\dfrac{1}{20}e^x$. 则 y' 和 y'' 也为 $-\dfrac{1}{20}e^x$, 所以我们有

$$y'' - y' - 20y = -\frac{1}{20}e^x - \left(-\frac{1}{20}e^x\right) - 20\left(-\frac{1}{20}e^x\right) = e^x.$$

我们证明了 $y = -\dfrac{1}{20}e^x$ 是原方程 $y'' - y' - 20y = e^x$ 的一个解, 但它不是唯一解. 要知道原因, 考虑相关齐次方程

$$y'' - y' - 20y = 0.$$

这其实是 30.4.2 节的例 (a). 我们知道全解为

$$y = Ae^{-4x} + Be^{5x}.$$

因此我们来做个小游戏. 我们将用 y_H 代替 y 来写这个解, 其中 H 表示齐次. 我们已经证明了

$$\text{若 } y_H = Ae^{-4x} + Be^{5x}, \quad \text{则} y_H'' - y_H' - 20y_H = 0.$$

另一方面, 我们在前面说明了

$$\text{若 } y_P = -\frac{1}{20}e^x, \quad \text{则 } y_P'' - y_P' - 20y_P = e^x.$$

这里我把前面的解 $-\dfrac{1}{20}e^x$ 写为 y_P, 称其为特解, 它解释了下标为何是 P. 现在, 如果把方程 $y_H'' - y_H' - 20y_H = 0$ 和 $y_P'' - y_P' - 20y_P = e^x$ 加起来, 把导数放在一起, 我们得到

$$y_H'' + y_P'' - y_H' - y_P' - 20y_H - 20y_P = 0 + e^x.$$

事实上, 由于导数之和等于和的导数, 对二阶导也一样, 我们可得

$$(y_H + y_P)'' - (y_H + y_P)' - 20(y_H + y_P) = e^x.$$

因此, 若 $y = y_H + y_P$, 则 y 也是原微分方程 $y'' - y' - 20y = e^x$ 的一个解. 换句话说, 我们可以取特解

$$y_P = -\frac{1}{20}e^x,$$

它确实是原微分方程的解, 然后加上微分方程齐次形式的任意解, 结果仍为原微分方程的解. 进一步地, 非齐次方程的所有解均为该形式.

一阶和二阶微分方程都可用这个方法. 唯一的问题是怎么猜这个特解. 在下一节, 我们将讨论如何推测解的形式 (与 18.3 节中的部分分式法类似). 若幸运的话, 可以代入该形式并求出未知常数来确定特解.

下面我们总结一下所讨论的方法.

(1) 将方程整理成正确的形式, 即将所有含 x 的部分放在右边. 则可将一阶形式方程化简为

$$\frac{\mathrm{d}y}{\mathrm{d}x} + ay = f(x)$$

或二阶形式化简为

$$a\frac{\mathrm{d}^2y}{\mathrm{d}x^2} + b\frac{\mathrm{d}y}{\mathrm{d}x} + cy = f(x).$$

(2) 运用 30.4.1 节和 30.4.2 节的方法, 解相应的齐次方程

$$\frac{\mathrm{d}y}{\mathrm{d}x} + ay = 0 \quad \text{或} \quad a\frac{\mathrm{d}^2y}{\mathrm{d}x^2} + b\frac{\mathrm{d}y}{\mathrm{d}x} + cy = 0.$$

我们将解记作 y_H, 它有一个或两个待定常数 (取决于方程是一阶还是二阶). 我们称 y_H 为方程的齐次解.

(3) 若原函数 f 为 0, 则计算结束, 全解为 $y = y_H$.

(4) 另一方面, 若函数 f 不为 0, 则写出特解 y_P 的形式 (见 30.4.5 节). 这个形式有一些需要确定的常数. 将 y_P 代入原方程并令系数相等求待定常数.

(5) 最后, 解为 $y = y_H + y_P$.

我们将在 30.4.8 节讨论 IVP 的情况. 现在, 我们来看如何求特解.

30.4.5 求特解

目前为止, 我们忽略了可能出现在右边的含 x 部分 (之前称为 $f(x)$), 现在该讨论这部分了. 其方法是写出特解的形式, 然后将该形式代入方程来求真正的解. 通过后面的表格可知如何写出正确的形式. 例如, 在微分方程

$$y' - 3y = 5\mathrm{e}^{2x}$$

中, 右边是 e^{2x} 的倍数, 由表可知特解的形式应为 $y_P = C\mathrm{e}^{2x}$, 其中 C 是一个常数, 我们需将 y_P 代入原方程来求出这个常数. 易知 $y_P' = 2C\mathrm{e}^{2x}$, 因此有

$$2C\mathrm{e}^{2x} - 3(C\mathrm{e}^{2x}) = 5\mathrm{e}^{2x}.$$

它可化简为 $-C\mathrm{e}^{2x} = 5\mathrm{e}^{2x}$, 所以 $C = -5$. 由此, 特解为 $y_P = -5\mathrm{e}^{2x}$. 事实上, 由于我们在 30.4.1 节见过齐次形式 $y' - 3y = 0$ 的解为 $y_H = A\mathrm{e}^{3x}$, 因而可以知道 $y' - 3y = 5\mathrm{e}^{2x}$ 的全解是

$$y = y_H + y_P = A\mathrm{e}^{3x} - 5\mathrm{e}^{2x},$$

其中 A 为未知常数. 注意, 齐次解包含未知常数, 而特解一定不能含未知常数.

下面就是那个表格.

若 f 是一个	则形式为
次数为 n 的多项式	$y_P =$ 次数为 n 的一般多项式
例, $\quad f(x) = 7$	$\quad y_P = a$
$\quad\quad f(x) = 3x - 2$	$\quad y_P = ax + b$
$\quad\quad f(x) = 10x^2$	$\quad y_P = ax^2 + bx + c$
$\quad\quad f(x) = -x^3 - x^2 + x + 22$	$\quad y_P = ax^3 + bx^2 + cx + d$
指数 e^{kx} 的倍数	$y_P = Ce^{kx}$
例, $\quad f(x) = 10e^{-4x}$	$\quad y_P = Ce^{-4x}$
$\quad\quad f(x) = e^x$	$\quad y_P = Ce^x$
$\cos(kx)$ 的倍数 $+\sin(kx)$ 的倍数	$y_P = C\cos(kx) + D\sin(kx)$
例, $\quad f(x) = 2\sin(3x) - 5\cos(3x)$	$\quad y_P = C\cos(3x) + D\sin(3x)$
$\quad\quad f(x) = \cos(x)$	$\quad y_P = C\cos(x) + D\sin(x)$
$\quad\quad f(x) = 2\sin(11x)$	$\quad y_P = C\cos(11x) + D\sin(11x)$
上面某些形式的和或积	这些形式的和或积 (若为积, 删掉一个常数)
例, $\quad f(x) = 2x^2 + e^{-6x}$	$\quad y_P = ax^2 + bx + c + Ce^{-6x}$
$\quad\quad f(x) = 2x^2e^{-6x}$	$\quad y_P = (ax^2 + bx + c)e^{-6x}$
$\quad\quad f(x) = 7e^{2x}\sin(3x)$	$\quad y_P = (C\cos(3x) + D\sin(3x))e^{2x}$
$\quad\quad f(x) = \cos(2x) + 6\sin(x)$	$\quad y_P = C\cos(2x) + D\sin(2x) + E\cos(x) + F\sin(x)$
$\quad\quad f(x) = 4x\cos(3x)$	$\quad y_P = (x + b)(C\cos(3x) + D\sin(3x))$
若 y_P 与 y_H 冲突, 令特解的形式乘以 x 或 x^2	

除了最后一行, 这个表对于 "若为积, 删掉一个常数" 是不言自明的. 最后一行将在 30.4.7 节加以解释. 要明白这个不言自明, 首先注意到两种形式乘起来时有一个多余的常数. 例如, $2x^2e^{-6x}$ 看似会引入形式 $(ax^2 + bx + c)Ce^{-6x}$, 但常数 C 是没必要的, 可以删除, 因为它可以并入到其他的常数 a、b 和 c 中. 这点同样适用于表中的例子 $7e^{2x}\sin(3x)$ 和 $4x\cos(3x)$.

(顺便说一下, 这个表只显示了若 f 为多项式、指数、正弦、余弦, 或一个或多个这些类型函数的积或和的方法. 这个方法不适用于其他情形. 还有一个更一般的方法 "参数变异法", 但它不在本书的讨论范围内.)

30.4.6 求特解的例子

写出了 y_P 的形式后, 还需将其代入原微分方程来求常数. 为使计算更容易, 首先要求 y_P' 和 y_P''(对一阶情形, 只需求 y_P'). 我们来看一个这样的例子, 然后再返回完成 30.4 节中未完成的两个例子.

首先考虑微分方程

$$y'' - 4y' + 4y = 25e^{3x}\sin(2x).$$

我们来快速搞定齐次部分. 其实, $y'' - 4y' + 4y = 0$ 的特征二次方程 $t^2 - 4t + 4 = 0$ 只有一个解, 即 $t = 2$. 因此, 我们有 $y_H = Ae^{2x} + Bxe^{2x}$, 其中 A 和 B 为常数. 现在我们来找特解. 将微分方程右边的 $25e^{3x}\sin(2x)$ 分成两部分: $25e^{3x}$ 和 $\sin(2x)$. 根据前面的表, e^{3x} 的常数倍形式为 Ce^{3x}, $\sin(2x)$ 的形式为 $C\cos(2x) + D\sin(2x)$. 我

们要将这些乘在一起, 不过在这个过程中可将常数合并写成

$$y_P = e^{3x}(C\cos(2x) + D\sin(2x)).$$

现在多次运用乘积法则来做一些烦琐的计算:

$$y_P = e^{3x}(C\cos(2x) + D\sin(2x)),$$
$$y_P' = e^{3x}(-2C\sin(2x) + 2D\cos(2x)) + 3e^{3x}(C\cos(2x) + D\sin(2x))$$
$$= e^{3x}((3C + 2D)\cos(2x) + (3D - 2C)\sin(2x)),$$
$$y_P'' = e^{3x}(-2(3C + 2D)\sin(2x) + 2(3D - 2C)\cos(2x))$$
$$+ 3e^{3x}((3C + 2D)\cos(2x) + (3D - 2C)\sin(2x))$$
$$= e^{3x}((5C + 12D)\cos(2x) + (5D - 12C)\sin(2x)).$$

现在该将这些代入原微分方程 $y'' - 4y' + 4y = 25e^{3x}\sin(2x)$ 了. 我们得到了看起来很长的方程

$$e^{3x}((5C + 12D)\cos(2x) + (5D - 12C)\sin(2x))$$
$$- 4e^{3x}((3C + 2D)\cos(2x) + (3D - 2C)\sin(2x))$$
$$+ 4e^{3x}(C\cos(2x) + D\sin(2x)) = 25e^{3x}\sin(2x),$$

它可化简为

$$e^{3x}(4D - 3C)\cos(2x) + e^{3x}(-4C - 3D)\sin(2x) = 25e^{3x}\sin(2x).$$

为了使这个表达式对所有 x 成立, $e^{3x}\cos(2x)$ 部分需为 0 且 $e^{3x}\sin(2x)$ 的系数需为 25. 这意味着 $4D - 3C = 0$ 且 $-4C - 3D = 25$. 同时解这些方程, 可得 $C = -4$ 和 $D = -3$. 现在我们知道 $y_P = e^{3x}(-4\cos(2x) - 3\sin(2x))$, 故全解为

$$y = y_H + y_P = Ae^{2x} + Bxe^{2x} - e^{3x}(4\cos(2x) + 3\sin(2x)),$$

其中 A 和 B 为常数.

现在该遵照承诺完成 30.4 节的两个例子了:

$$y' + 2y = 4x + \frac{1}{3}\sin(5x) \quad \text{和} \quad y'' - 5y' + 6y = 2x^2e^x.$$

你应该先试着解这两个方程. 如果完成了, 继续往下读.

左边的例子是一个一阶方程. 齐次形式为 $y' + 2y = 0$, 有解 $y = Ae^{-2x}$, 其中 A 为常数. 根据前面的表, 我们知道其特解形式为 $y_P = ax + b + C\cos(5x) + D\sin(5x)$. 我们需知导数, 即 $y_P' = a - 5C\sin(5x) + 5D\cos(5x)$. 将 y_P' 和 y_P 代入原方程, 可得

$$(a - 5C\sin(5x) + 5D\cos(5x)) + 2(ax + b + C\cos(5x) + D\sin(5x)) = 4x + \frac{1}{3}\sin(5x),$$

它可化简为

$$2ax + 2b + a + (5D + 2C)\cos(5x) + (2D - 5C)\sin(5x) = 4x + \frac{1}{3}\sin(5x).$$

现在要令该表达式中各部分的系数相等. 左边 x 的系数是 $2a$, 右边为 4, 故 $a = 2$. 左边的常数为 $2b + a$, 而右边没有常数, 故 $2b + a = 0$. 这就意味着 $b = -1$. 同时,

右边没有关于 $\cos(5x)$ 的项, 故 $5D + 2C = 0$. 还有, $\sin(5x)$ 项也必须对应, 故 $2D - 5C = 1/3$. 同时解最后这两个方程 (试试!) 可得 $C = -5/87$ 和 $D = 2/87$. 因此, 我们有

$$y_P = 2x - 1 - \frac{5}{87}\cos(5x) + \frac{2}{87}\sin(5x).$$

把这些整理后, 得到解

$$y = y_H + y_P = Ae^{-2x} + 2x - 1 - \frac{5}{87}\cos(5x) + \frac{2}{87}\sin(5x),$$

其中 A 为常数.

那另一个例子呢? 那是一个二阶方程, 其齐次形式为 $y'' - 5y' + 6y = 0$. 特征二次方程是 $t^2 - 5t + 6 = 0$, 其解为 $t = 2$ 和 $t = 3$. 因此, $y_H = Ae^{2x} + Be^{3x}$, 其中 A 和 B 为常数. 现在该求特解了. 由于原微分方程的右边为 $2x^2 e^x$, 特解形式应该为 $y_P = (ax^2 + bx + c)e^x$, 要知道 e^x 的外面是不需加常数的, 因为那个常数可并入 a、b 和 c 中. 我们对 y_P 求两次导, 得到

$$y_P = (ax^2 + bx + c)e^x,$$
$$y_P' = (ax^2 + bx + c)e^x + (2ax + b)e^x$$
$$= (ax^2 + (2a + b)x + (b + c))e^x,$$
$$y_P'' = (ax^2 + (2a + b)x + (b + c))e^x + (2ax + (2a + b))e^x$$
$$= (ax^2 + (4a + b)x + (2a + 2b + c))e^x.$$

将其代入原方程 $y'' - 5y' + 6y = 2x^2 e^x$ 可得

$(ax^2 + (4a+b)x + (2a+2b+c))e^x - 5(ax^2 + (2a+b)x + (b+c))e^x + 6(ax^2 + bx + c)e^x = 2x^2 e^x.$

它可化简成

$$(2ax^2 + (-6a + 2b)x + (2a - 3b + 2c))e^x = 2x^2 e^x.$$

令系数相等可知, $2a = 2, -6a + 2b = 0, 2a - 3b + 2c = 0$. 由此求得 $a = 1$, $b = 3$, $c = \frac{7}{2}$, 因此 $y_P = \left(x^2 + 3x + \frac{7}{2}\right)e^x$. 整个方程的解为

$$y = y_H + y_P = Ae^{2x} + Be^{3x} + \left(x^2 + 3x + \frac{7}{2}\right)e^x,$$

其中 A 和 B 为常数.

30.4.7 解决 y_P 和 y_H 间的冲突

30.4.5 节中表的最后一行指出, y_P 和 y_H 可能会有冲突. 为什么会这样呢? 考虑微分方程

$$y'' - 3y' + 2y = 7e^{2x}.$$

它的齐次形式为 $y'' - 3y' + 2y = 0$, 特征二次方程为 $t^2 - 3t + 2 = (t-1)(t-2) = 0$, 故齐次解为

$$y_H = Ae^x + Be^{2x},$$

这里 A 和 B 为未知常数. 由于微分方程的右边是 $7e^{2x}$, 由表可知特解的形式为 $y_P = Ce^{2x}$. 唉! 让人伤心的是, 这个选择会彻底失败. 事实上, 当令 $A = 0$ 且 $B = C$ 时, y_P 包含在 y_H 中. 这意味着若将 $y_P = Ce^{2x}$ 代入微分方程, 左边将得到 0,(试试!) 故该解无效. 然而, 如表的最后一行所示, 我们需要引入 x 的幂来使该解起有效. 因此, 我们将采用 $y_P = Cxe^{2x}$. 现在来看会发生什么. 首先注意 $y_P' = 2Cxe^{2x} + Ce^{2x}$ 且 $y_P'' = 4Cxe^{2x} + 4Ce^{2x}$, 故将其代入前面的微分方程时, 可得

$$(4Cxe^{2x} + 4Ce^{2x}) - 3(2Cxe^{2x} + Ce^{2x}) + 2Cxe^{2x} = 7e^{2x}.$$

关于 xe^{2x} 的项完全消掉了, 留下 $Ce^{2x} = 7e^{2x}$. 因此 $C = 7$, 这意味着 $y_P = 7xe^{2x}$. 最后, 全解为 $y = y_H + y_P = Ae^x + Be^{2x} + 7xe^{2x}$.

看另一个例子. 要想解

$$y'' + 6y' + 9y = e^{-3x},$$

需比原来做更进一步的计算. 齐次方程 $y'' + 6y' + 9y = 0$ 有特征二次式 $t^2 + 6t + 9 = (t+3)^2$, 因此齐次解为 $y_H = Ae^{-3x} + Bxe^{-3x}$. 由于微分方程的右边是 e^{-3x}, 因而我们取 $y_P = Ce^{-3x}$. 这个解无效, 因为它包含在 y_H 中 (当 $A = C$ 且 $B = 0$ 时). 甚至 $y_P = Cxe^{-3x}$ 也无效, 因为它也包含在 y_H 中 (当 $A = 0$ 且 $B = C$ 时). 因此我们需要进一步乘以 x^2 并令 $y_P = Cx^2e^{-3x}$. 现在可求两次导得 $y_P' = 2Cxe^{-3x} - 3Cx^2e^{-3x}$ 和 $y_P'' = 2Ce^{-3x} - 12Cxe^{-3x} + 9Cx^2e^{-3x}$. (对其验证!) 将这些量代入原方程并验证 化简后为 $2Ce^{-3x} = e^{-3x}$ 的任务留给你完成. 这意味着 $C = \dfrac{1}{2}$, 故微分方程的解为

$$y = y_H + y_P = Ae^{-3x} + Bxe^{-3x} + \frac{1}{2}x^2e^{-3x}, \text{ 其中 } A \text{ 和 } B \text{ 为常数.}$$

30.4.8 IVP

我们来看如何处理涉及常系数线性微分方程的 IVP. 跟通常一样, 要解 IVP, 首先解微分方程, 然后运用初始条件求剩下的未知常数.

我们将 30.4.6 节的两个例子改成 IVP, 然后求解. 对第一个例子, 假设给定 $y' + 2y = 4x + \dfrac{1}{3}\sin(5x), y(0) = -1$. 现在暂时忽略条件 $y(0) = -1$, 我们已经知道通解是

$$y = Ae^{-2x} + 2x - 1 - \frac{5}{87}\cos(5x) + \frac{2}{87}\sin(5x).$$

又因为 $y(0) = -1$, 意味着当 $x = 0$ 时, $y = -1$. 将其代入, 可得

$$-1 = Ae^0 + 2(0) - 1 - \frac{5}{87}\cos(0) + \frac{2}{87}\sin(0) = A - 1 - \frac{5}{87}.$$

化简为 $A = 5/87$, 故 IVP 的解为

$$y = \frac{5}{87}e^{-2x} + 2x - 1 - \frac{5}{87}\cos(5x) + \frac{2}{87}\sin(5x).$$

没有未知常数.

为了修改第二个例子, 我们假设 $y'' - 5y' + 6y = 2x^2\mathrm{e}^x$, $y(0) = y'(0) = 0$. 如我们在 30.4.6 节所见, 通解 (忽略初始条件 $y(0) = 0$ 和 $y'(0) = 0$) 为

$$y = A\mathrm{e}^{2x} + B\mathrm{e}^{3x} + \left(x^2 + 3x + \frac{7}{2}\right)\mathrm{e}^x.$$

我们需将该解进行一次求导运算来运用初始条件 $y'(0)$ 的值, 验证

$$y' = 2A\mathrm{e}^{2x} + 3B\mathrm{e}^{3x} + \left(x^2 + 5x + \frac{13}{2}\right)\mathrm{e}^x.$$

因此, 当 $x = 0$ 时, 我们知道 y 和 y' 都等于 0, 代入关于 y 的方程可得

$$0 = A\mathrm{e}^0 + B\mathrm{e}^0 + \left(0^2 + 3(0) + \frac{7}{2}\right)\mathrm{e}^0 = A + B + \frac{7}{2};$$

而代入关于 y' 的方程可得

$$0 = 2A\mathrm{e}^0 + 3B\mathrm{e}^0 + \left(0^2 + 5(0) + \frac{13}{2}\right)\mathrm{e}^0 = 2A + 3B + \frac{13}{2}.$$

同时解这些方程, 得到 $A = -4$ 和 $B = \frac{1}{2}$. 这意味着 IVP 的解为

$$y = -4\mathrm{e}^{2x} + \frac{1}{2}\mathrm{e}^{3x} + \left(x^2 + 3x + \frac{7}{2}\right)\mathrm{e}^x.$$

注意, 这两个例子都没有未知常数: 初始条件使得我们能够求得唯一的解. 没有初始条件, 则总会有一个或两个未知常数.

我们来看最后一个 IVP 例子. 假设

$$y'' + 6y' + 13y = 26x^3 - 3x^2 - 24x, \quad y(0) = 1, \quad y'(0) = 2.$$

齐次方程是 $y'' + 6y' + 13y = 0$, 特征二次方程为 $t^2 + 6t + 13 = 0$. 运用二次公式, 后面方程的解为 $t = (-6 \pm \sqrt{36 - 4 \cdot 13})/2 = -3 \pm 2\mathrm{i}$. 这意味着 $y_H = \mathrm{e}^{-3x}(A\cos(2x) + B\sin(2x))$. 现在来看特解: 由于原方程的右边 (含 x 部分) 是三次的, 所以应写为 $y_P = ax^3 + bx^2 + cx + d$. 现在需要将 y_P 带入微分方程来求出从 a 到 d 的所有常数. 注意 $y_P' = 3ax^2 + 2bx + c$ 和 $y_P'' = 6ax + 2b$. 代入, 可得

$$(6ax + 2b) + 6(3ax^2 + 2bx + c) + 13(ax^3 + bx^2 + cx + d) = 26x^3 - 3x^2 - 24x.$$

令 x^3、x^2、x 和 1 的系数相等 (如我们在部分分式中所做一样), 分别可得 $13a = 26$, $18a + 13b = -3$, $6a + 12b + 13c = -24$, $2b + 6c + 13d = 0$. 我把解这些方程的任务留给你完成, 可知 $a = 2$, $b = -3$, $c = 0$, $d = 6/13$. 故 $y_P = 2x^3 - 3x^2 + 6/13$, 因此

$$y = y_H + y_P = \mathrm{e}^{-3x}(A\cos(2x) + B\sin(2x)) + 2x^3 - 3x^2 + \frac{6}{13},$$

对某些常数 A 和 B 成立. 为了求这些常数, 要使用初始条件. 由于 $y(0) = 1$, 我们知道当 $x = 0$ 时 $y = 1$, 代入得到

$$1 = e^{-3(0)}(A\cos(0) + B\sin(0)) + 2(0)^3 - 3(0)^2 + \frac{6}{13} = A + \frac{6}{13},$$

所以 $A = 7/13$. 同时, 对 y 的表达式求导得

$$y' = e^{-3x}(-2A\sin(2x)) + 2B\cos(2x) - 3e^{-3x}(A\cos(2x) + B\sin(2x)) + 6x^2 - 6x.$$

由于 $y'(0) = 2$, 可知当 $x = 0$ 时 $y' = 2$, 代入上面 y' 的表达式得到

$$2 = e^0(-2A\sin(0) + 2B\cos(0)) - 3e^0(A\cos(0) + B\sin(0)) + 6(0)^2 - 6(0)$$
$$= 2B - 3A.$$

因为 $A = 7/13$, 我们可以解最后这个方程来求出 $B = 47/26$. 将这些值代入, 求得最终解:

$$y = e^{-3x}\left(\frac{7}{13}\cos(2x) + \frac{47}{26}\sin(2x)\right) + 2x^3 - 3x^2 + \frac{6}{13}.$$

注意, 该解中没有常数: 初始条件 (即 $y(0)$ 和 $y'(0)$ 的值) 确定了显式解.

30.5 微分方程建模

现实世界的很多量都可以用微分方程模拟 (即理论近似). 例如热流、波高、通货膨胀、电路的电流以及种群增长, 这些还只是一小部分. 下面是一个现实情形中涉及种群增长的简单例子.

某细菌培养以这样的方式呈指数增长: 它每小时的瞬时增长率等于培养皿中细菌数量的两倍. 假设某抗生素以每小时 8 盎司的恒定速率连续注入培养皿. 每盎司抗生素每小时杀死 25 000 细菌. 为保证培养皿细菌数量不为 0, 其初始数量至少需为多少?

这里的问题是: 随着细菌的繁殖, 细菌的数量在不断增长; 但随着抗生素不断注入培养皿, 抗生素的量也在增长. 哪个会赢, 细菌还是抗生素? 要解决这个问题, 我们需写出一个模拟该情形的微分方程. 事实上, 我们需要将文字问题转换成一个微分方程. 若没有抗生素, 则有标准种群增长微分方程为 $(k = 2)$

$$\frac{\mathrm{d}P}{\mathrm{d}t} = 2P,$$

其中 P 是在 t 小时时的种群数量. (我们在 9.6.1 节讨论过这类问题.) 现在我们需要把抗生素考虑进来, 修改方程. 在 t 小时, 我们知道有 $8t$ 盎司的抗生素, 所以细菌死亡率为 $8t \times 25\,000 = 200\,000t$. 因此正确的微分方程是

$$\frac{\mathrm{d}P}{\mathrm{d}t} = 2P - 200\,000t.$$

它可整理成标准形式

$$\frac{\mathrm{d}P}{\mathrm{d}t} - 2P = -200\,000t.$$

这个一阶线性方程的积分因子 (见 30.3 节) 是 $e^{\int -2\mathrm{d}t}$, 可化简为 e^{-2t}. 方程乘以积分因子, 得

$$e^{-2t}\frac{\mathrm{d}p}{\mathrm{d}t} - 2e^{-2t}P = -200\,000e^{-2t}t.$$

跟通常一样, 左边化简成 P 与积分因子之积的导数:

$$\frac{\mathrm{d}}{\mathrm{d}t}(e^{-2t}P) = -200\,000e^{-2t}t,$$

或直接写出

$$e^{-2t}P = -200\,000\int e^{-2t}t\mathrm{d}t.$$

右边需分部积分 (见 18.2 节), 证明

$$e^{-2t}P = 100\,000te^{-2t} + 50\,000e^{-2t} + 200\,000C,$$

这留给你来完成. 现在我们可以将 $200\,000C$ 替换为等价的任意常数 C. 同乘 e^{2t} 可得

$$P = 100\,000t + 50\,000 + Ce^{2t}.$$

这是时间为 t 的种群数量方程. 若初始数量为 P_0, 则可令方程中的 $t = 0$, 得到

$$P_0 = 100\,000(0) + 50\,000 + Ce^{2(0)} = 50\,000 + C.$$

这意味着 $C = P_0 - 50\,000$, 因此我们可将其代入方程, 得到

$$P = 100\,000t + 50\,000 + (P_0 - 50\,000)e^{2t}.$$

太好了! 我们掌握了关于这个情形的很多信息. 我们还需回答给定的问题. 当 P_0 为何值时会导致细菌数量最终为 0? 似乎 $50\,000$ 是一个临界值. 事实上, 若 $P_0 = 50\,000$, 上述方程就是 $P = 100\,000t + 50\,000$. 这种情况下, 细菌的初始数量为 $50\,000$, 并以恒定的速率每小时 $100\,000$ 增长, 因此细菌永远不会灭绝. 若 $P_0 > 50\,000$, 则要加上 e^{2t} 的正数倍, 细菌数量增长得更快. 若 $P_0 < 50\,000$ 呢? 此时 $P_0 - 50\,000$ 是负的, 故我们有

$$P = 100\,000t + 50\,000 + (负常数)e^{2t}.$$

因为最终指数起决定作用, 显然若 t 足够大, P 最终趋于 0. 例如, 即使初始细菌数量为 $49\,999$, 我们有

$$P = 100\,000t + 50\,000 - e^{2t}.$$

图 30-1 是该情形下的 P-t 图.

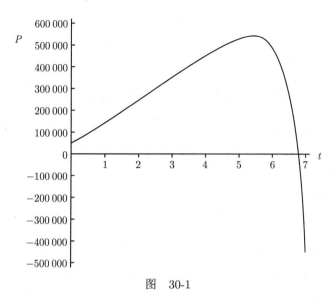

图　30-1

可以看到, 在前 5 个小时细菌数量近乎线性增长, 然后有一个快速的逆转, 最后在 6.5 和 7 小时之间的某处等于 0. (当然, 一旦等于 0, 讨论就结束了 —— 细菌数量永远不会小于 0, 因为细菌数量不能为负! 所以图中并未准确地反映 $P < 0$ 的情形.) 我们由此得出的一般结论是: 若初始细菌数量小于 50 000, 则细菌将灭绝; 而若初始数量为 50 000 或更多, 培养皿内的细菌会幸存下来. 事实上, 它将持续增长.

附录 A 极限及其证明

贯穿本书, 我们使用了大量的极限. 极限很重要, 它也是导数定义和积分定义的核心部分. 正因如此, 我们是该以适当方式来定义它们了. 一旦我们知道它们是如何起作用的, 就可以证明许多原以为理所当然的事实. 以下就是本附录的内容:

- 极限的正式定义 (包括左极限与右极限、无穷极限、在 $\pm\infty$ 处的极限及数列的极限);
- 联合极限及三明治定理的证明;
- 连续和极限的关系, 包括介值定理的证明;
- 微分和极限, 包括乘积法则、商法则及链式求导法则的证明;
- 有关分段函数结果的证明及其导数;
- e 的存在性证明;
- 极值定理、罗尔定理、中值定理 (对于导数)、线性化中的误差公式及洛必达法则的证明;
- 泰勒近似定理的证明.

A.1 极限的正式定义

我们从函数 f 和实数 a 开始. 在 3.1 节中, 我们引入了记号

$$\lim_{x \to a} f(x) = L,$$

它贯穿整本书. 直观上, 上述方程意味着, 当 x 接近于 a 时, $f(x)$ 的值就会极度接近 L. 但有多近呢? 想多近就有多近. 要了解这意味着什么, 让我们来做个小游戏.

A.1.1 小游戏

以下就是游戏规则. 你需要在 y 轴上选择一个以 L 为中点的区间并在其中移动, 画平行于 x 轴且通过区间端点的线. 如图 A-1 所示.

注意, 我用 $L-\varepsilon$ 和 $L+\varepsilon$ 标记了该区间的端点, 故两个端点到 L 的距离都是 ε.

不管怎样, 关键是不允许该函数的任意部分落在那两条水平线之外. 那么, 我的移动就是通过限制定义域来舍弃该函数的某些部分. 我只需要确保新的定义域是一个以 a 为中心的区间, 且该函数的每一点都位于你的两条线之间, 可能 $x = a$ 时除外. 图 A-2 是我的移动, 这基于你刚才的移动. 我可以舍弃更多的函数部分, 这当然没有问题, 只要剩余部分在那两条线之间就行了.

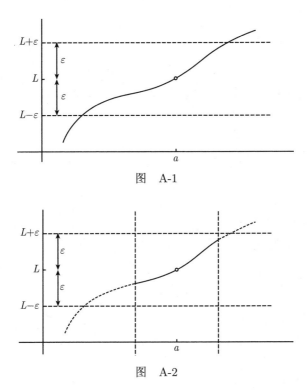

图 A-1

图 A-2

现在, 该你移动了. 你已然意识到, 当你的那两条线彼此接近时, 我的任务就更艰难了. 因此, 这一次你选取了一个更小的 ε 值. 图 A-3 是你第二次移动之后的情况.

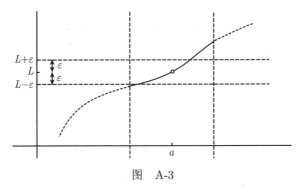

图 A-3

曲线上有一部分又落在两条水平线之外了, 可我还没移动呢. 我要舍弃更多的远离 $x = a$ 的函数部分, 如图 A-4 所示. 因此, 我又能够对抗你的移动了.

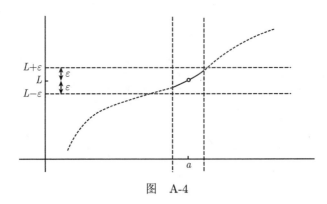

图　A-4

　　游戏何时结束呢? 希望答案是游戏绝不停止! 不管你让那两条线多么接近, 只要我总是可以移动; 这实际上就是说 $\lim\limits_{x \to a} f(x) = L$ 是成立的. 我们不断缩小区间: 你让那两条线不断接近, 我的回应是只关注函数足够接近 $x = a$ 的部分. 另一方面, 如果某次我的移动被卡住了, 那么 $\lim\limits_{x \to a} f(x) = L$ 就不再成立了. 极限或许是其他的值, 或者不存在, 但它一定不是 L.

A.1.2　真正的定义

　　我们需要将这个游戏转变为更多的符号. 首先注意你选择的区间是 $(L-\varepsilon,\, L+\varepsilon)$. 事实上, 你也可以将这个区间看作是满足 $|y - L| < \varepsilon$ 的点 y 的集合. 为什么呢? 因为 $|y - L|$ 就是在数轴 (如 y 轴) 上 y 和 L 之间的距离. 因此, 你的区间是由所有距离 L 小于 ε 的点组成的. 正如你猜测的, 能够将 $|y - L| < \varepsilon$ 这样的不等式与其等价形式 $L - \varepsilon < y < L + \varepsilon$ 相互转换, 对于你来说是极其有帮助的.

　　现在轮到我移动了. 我需要保证该函数落在你的区间里. 这意味着, 在我舍弃大部分定义域之后, 所有保留下来的 $f(x)$ 的值都必须距离 L 小于 ε. 因此, 在我移动之后, 你将得出结论

$$|f(x) - L| < \varepsilon \ (x \ \text{充分接近于} \ a \ \text{且} \ x \neq a).$$

为了让我的移动更精确, 除了那个以 a 为中心的区间, 剩下的一切我都要舍弃. 我的区间看起来像是对某个其他数 δ 成立的 $(a - \delta,\, a + \delta)$, 因此, 我也可以把它看作是使得 $|x - a| < \delta$ 成立的 x 的集合. 事实上, 由于我不想让 x 等于 a, 所以可以写成 $0 < |x - a| < \delta$.

　　总的来说, 你的移动是由选取 $\varepsilon > 0$ 构成的.(它最好是正的, 否则根本不存在移动区间!) 而我的移动是选取一个数 $\delta > 0$, 使得

$$|f(x) - L| < \varepsilon \ (0 < |x - a| < \delta).$$

这意味着只要 x 距离 $a(x \neq a)$ 不超过 δ, $f(x)$ 的值距离 L 就不会超过 ε. 这就确定了基本思想: 当 x 接近 a 时, $f(x)$ 接近 L. 现在, 剩下的就是允许你来选择 ε, 你

想要多小就多小, 而我仍然需要相应地选取 δ. 以下就是我们要找的正式定义:

> "$\lim\limits_{x \to a} f(x) = L$" 表示, 对于任选的 $\varepsilon > 0$, 可以选取 $\delta > 0$, 使得:
> 对于所有满足 $0 < |x - a| < \delta$ 的 x, 有 $|f(x) - L| < \varepsilon$.

重要的是, 在你移动之后我才能开始移动! δ 的选取依赖于 ε 的选取. 通常我不能选择一个普遍的 δ 来保证对每一个 $\varepsilon > 0$ 结论都成立. 我必然受限于你的选择.

A.1.3 应用定义的例子

作为一个简单的例子 (不使用连续性), 我们来证明

$$\lim_{x \to 3} x^2 = 9.$$

我们很容易写出 $3^2 = 9$ 并宣布大功告成, 但这行不通, 因为极限只依赖于当 x 接近而不是等于 3 时的行为. 因此, 我们必须玩一下那个小游戏. 你选择 $\varepsilon > 0$, 这就产生了一扇约束我的小窗 $(9 - \varepsilon, \ 9 + \varepsilon)$. 现在, 我开始选取 δ. 假设 ε 是 8 (从上下文来看它过大了), 那么你的小窗是 $(1, \ 17)$. 现在, 通过选择 $\delta = 1$, 我可以轻易地留在那里, 此时我的小窗是 $(2, \ 4)$. (请记住, 我的小窗中心位于 3, 而你的小窗中心位于 9) 事实上, 如果你对介于 2 和 4 之间的任意数取平方, 就会得到一个介于 4 和 16 之间的数, 因此我的移动不成问题. 如果 ε 比 8 还大, 这会加宽你的区间, 若我坚持 $\delta = 1$, 那我的移动不成问题.

现在, 如果你选择的容忍度 ε 小于 8, 我就必须改变策略. 在这种情况下, 我的选择将是 $\delta = \varepsilon/8$. 即, 不管你如何选择, 我的小窗都将是你的小窗的 1/8. 要想知道这是怎么回事, 就得聪明点. 基本上, 我们必须选取在我区间内的任意一个数, 再平方, 并证明它位于你的区间内. 我的区间是 $(3 - \varepsilon/8, \ 3 + \varepsilon/8)$, 而你的区间是 $(9 - \varepsilon, \ 9 + \varepsilon)$.

让我们在我的区间中选取 x. 它能有多大呢? 它必须小于 $3 + \varepsilon/8$. 即 $x < 3 + \varepsilon/8$, 也可以将它写为 $x - 3 < \varepsilon/8$. 顺便说的是, 由于你的 ε 小于 8, 故我的 x 小于 4. 因此, 使用这两个不等式 $x - 3 < \varepsilon/8$ 及 $x < 4$, 我们得到

$$(x - 3)(x + 3) < \left(\frac{\varepsilon}{8}\right)(4 + 3) = \frac{7\varepsilon}{8}.$$

由于 $(x - 3)(x + 3)$ 正好是 $x^2 - 9$, 所以我们可以在方程两边加上 9, 得到

$$x^2 < 9 + \frac{7\varepsilon}{8}.$$

故容忍上限 (两条线中上边的一条) 没有问题. 我们需要 $x^2 < 9 + \varepsilon$, 刚刚证明过了. 那么容忍下限如何呢? 那好, 已知 x 位于我的区间 $(3 - \varepsilon/8, \ 3 + \varepsilon/8)$ 中, 那么它能有多小呢? 它必然大于 $3 - \varepsilon/8$, 因此我们有 $x > 3 - \varepsilon/8$; 这意味着, $x - 3 > -\varepsilon/8$. 因为你的 ε 小于 8, 也有 $x - 3 > -8/8 = -1$, 这就是说 $x > 2$. 现在应用不等式

$x - 3 > -\varepsilon/8$ 和 $x > 2$, 我们得到

$$(x - 3)(x + 3) > \left(-\frac{\varepsilon}{8}\right)(2 + 3) = -\frac{5\varepsilon}{8}.$$

再次使用 $(x - 3)(x + 3) = x^2 - 9$, 我们在方程两边加上 9, 得到

$$x^2 > 9 - \frac{5\varepsilon}{8}.$$

这样就有了容忍下限! 我们已经证明了, 如果 x 位于区间 $(3 - \varepsilon/8,\, 3 + \varepsilon/8)$ 内, 那么 x^2 就在区间 $(9 - 5\varepsilon/8,\, 9 + 7\varepsilon/8)$ 内. 由于 5/8 和 7/8 都小于 1, 所以我们可以确信 x^2 位于区间 $(9 - \varepsilon,\, 9 + \varepsilon)$ 内; 毕竟, 这个区间包含前面那个.

综合起来, 我们设 $f(x) = x^2$, 且要证明

$$\lim_{x \to 3} f(x) = 9.$$

你选择 ε, 而我就相应地选取 $\delta = \varepsilon/8$, 除非你的 ε 比 8 大, 若如此, 我就选取 $\delta = 1$. 我们已经证明了, 在这两种情况下, 如果 x 位于区间 $(3 - \delta,\, 3 + \delta)$ 内, 那么 $f(x)$ 就区间 $(9 - \varepsilon,\, 9 + \varepsilon)$ 内. 换句话说, 只要 $|x - 3| < \delta$, 那么 $|f(x) - 9| < \varepsilon$. 如果指明 $0 < |x - 3| < \delta$, 那么 $|f(x) - 9| < \varepsilon$ 的话, 我们也可以把 $x = 3$ 排除在外. 这正是我们想要的 —— 证明了上述等式. 信不信由你, 如果想要利用定义来证明以上极限成立, 那么必须做大量的工作!

A.2　由原极限产生新极限

前面的例子令人十分烦恼. 仅仅是想证明当 $x \to 3$ 时 $x^2 \to 9$, 我们就必须做大量的工作. 幸运的是, 事实表明, 一旦你知道一些极限, 就可以将它们放在一起讨论并得到一大堆新的极限. 例如, 你可以在合理的范围内对极限做加法、减法、乘法及除法, 也可以使用三明治定理. 下面就让我们来看看为什么这些都是成立的.

A.2.1　极限的和与差及证明

假设我们有两个函数 f 和 g, 并且知道, 当 $x \to a$ 时 $f(x) \to L$ 和 $g(x) \to M$. 那么, 当 $x \to a$ 时, $f(x) + g(x)$ 会怎样呢? 直观上, 它应该是趋于 $L + M$ 的. 让我们用定义来证明它. 我们知道

$$\lim_{x \to a} f(x) = L \quad \text{和} \quad \lim_{x \to a} g(x) = M.$$

这意味着, 如果你选取 $\varepsilon > 0$, 我可以将 x 限制为充分接近 a 来保证 $|f(x) - L| < \varepsilon$. 如果 x 充分地接近 a, 我也可以保证 $|g(x) - M| < \varepsilon$. 对于 f 和 g 来说, 我需要的接近程度或许是不同的, 但这没有问题 —— 我可以做到充分接近, 以便两个不等式都成立.

如果 $f(x) + g(x)$ 接近 $L + M$, 则这两个量之间的差异应该很小. 因此我们需要查看量 $|(f(x) + g(x)) - (L + M)|$. 我们将它写为 $|(f(x) - L) + (g(x) - M)|$. 然

后, 我们使用所谓的三角不等式 (就是说[①] 对于任意的数 a 和 b, 有 $|a+b| \leqslant |a|+|b|$) 得到

$$|(f(x) - L) + (g(x) - M)| \leqslant |f(x) - L| + |g(x) - M| < \varepsilon + \varepsilon = 2\varepsilon,$$

这里假设 x 充分地接近 a. 这已经够好了, 不过你想要的容忍限度是 ε, 而不是 2ε! 因此, 我必须再次移动 (对不起了); 这一次, 我要将小窗变窄, 以便 $|f(x) - L|$ 和 $|g(x) - M|$ 都小于 $\varepsilon/2$, 而不是 ε. 这是没有问题的, 因为我可以应对你选取的任意一个正数. 不管怎样, 如果你再做一遍上述方程的话, 在右边将得到 ε 而不是 2ε, 这样, 我们就证明了可以找到一扇关于 a 的小窗使得

$$|(f(x) + g(x)) - (L + M)| < \varepsilon$$

在此假设 x 在我的小窗里. (如果你想要将这扇小窗描述得更好, 也可以使用 δ, 但事实上它不会给我们提供任何附加信息.) 因此, 这就证明了

如果 $\lim_{x \to a} f(x) = L$ 且 $\lim_{x \to a} g(x) = M$, 那么 $\lim_{x \to a} (f(x) + g(x)) = L + M$.

即, 和的极限等于极限的和. 它的另一种写法是

$$\lim_{x \to a} (f(x) + g(x)) = \lim_{x \to a} f(x) + \lim_{x \to a} g(x).$$

但在这里, 你必须非常仔细检验, 以确保右边的这两个极限是存在且有限的. 如果其中一个极限是 $\pm\infty$ 或不存在, 就不能再运用上述公式了. 两个极限都必须是有限的, 也能确保可以相加. 如果它们不存在, 你或许很幸运, 但这没有保证.

$f(x) - g(x)$ 又如何呢? 它应该是趋于 $L - M$ 的. 确实如此:

如果 $\lim_{x \to a} f(x) = L$ 且 $\lim_{x \to a} g(x) = M$, 那么 $\lim_{x \to a} (f(x) - g(x)) = L - M$.

该证明几乎和我们刚刚看到的那个差不多, 不过你需要一个略有不同的三角不等式: $|a - b| \leqslant |a| + |b|$. 事实上, 这就是应用于 a 和 $-b$ 的三角不等式, 即 $|a + (-b)| \leqslant |a| + |-b|$, 当然有 $|-b|$ 等于 $|b|$. 现在就由你来重新写出以上论证, 但要将 $f(x)$ 和 $g(x)$ 以及 L 和 M 之间的加号改为减号.

A.2.2 极限的乘积及证明

现在, 我们再来假设两个函数 f 和 g 满足

$$\lim_{x \to a} f(x) = L \quad \text{且} \quad \lim_{x \to a} g(x) = M.$$

我们想证明

$$\lim_{x \to a} f(x)g(x) = LM.$$

[①] 既然我们在证明各种命题, 那不妨也证明一下三角不等式. 首先我们要注意到, 对任意数 x 都有 $x \leqslant |x|$. 实际上, 若 x 为正数或等于 0, 则 $x = |x|$; 若 x 为负数, 则由 $|x|$ 为正数可得 $x < |x|$. 现在用 ab 替换 x 就得到 $ab \leqslant |ab| = |a| \cdot |b|$. 两边先同时乘以 2 再加上 $a^2 + b^2$ 可得 $a^2 + b^2 + 2ab \leqslant a^2 + b^2 + 2|a| \cdot |b|$. 左边就是 $(a + b)^2$. 因为对任意的 x 都有 $x^2 = |x|^2$, 所以左边可写作 $|a + b|^2$. 同样地, 右边可写作 $|a|^2 + |b|^2 + 2|a| \cdot |b|$, 或 $(|a| + |b|)^2$. 于是就有不等式 $|a + b|^2 \leqslant (|a| + |b|)^2$. 现在我们两边同时开方, 因为 $|a + b|$ 和 $|a| + |b|$ 都非负, 于是就得到了三角不等式.

即, 乘积的极限等于极限的乘积. 它的另一种写法是

$$\lim_{x \to a} f(x)g(x) = \lim_{x \to a} f(x) \times \lim_{x \to a} g(x).$$

我们同样要知道的是, 右边的这两个极限是存在的且为有限的. 为了求证, 我们需要证明 $f(x)g(x)$ 与 (希望中的) 极限 LM 的差是很小的. 我们来考虑差 $f(x)g(x) - LM$. 技巧是减去 $Lg(x)$ 再加上它! 即,

$$f(x)g(x) - LM = f(x)g(x) - Lg(x) + Lg(x) - LM.$$

我们会得到什么呢? 我们来取绝对值, 然后使用三角不等式:

$$|f(x)g(x) - LM| = |(f(x) - L)g(x) + L(g(x) - M)|$$
$$\leqslant |(f(x) - L)g(x)| + |L(g(x) - M)|.$$

整理一下可写为

$$|f(x)g(x) - LM| \leqslant |f(x) - L| \cdot |g(x)| + |L| \cdot |g(x) - M|.$$

现在, 该玩游戏了. 你选取你的正数 ε, 然后我开始工作. 我将关注环绕 $x = a$ 的极小区间, 以便 $|f(x) - L| < \varepsilon$ 且 $|g(x) - M| < \varepsilon$. 事实上, 如果你选取 $\varepsilon \geqslant 1$(一个十分无力的移动, 因为你想要 ε 非常小!), 那么我甚至会继续坚持 $|g(x) - M| < 1$. 因此, 我们知道, 不管在哪种情况下都有 $|g(x) - M| < 1$; 这意味着, 在我的区间上 $M - 1 < g(x) < M + 1$. 特别地, 我们可以看到 $|g(x)| < |M| + 1$. 要点在于, 在我的区间上有一些理想的不等式:

$$|f(x) - L| < \varepsilon, \quad |g(x)| < |M| + 1, \quad |g(x) - M| < \varepsilon.$$

我们可以将它们代入上面的 $|f(x)g(x) - LM|$, 得到

$$|f(x)g(x) - LM| \leqslant |f(x) - L| \cdot |g(x)| + |L| \cdot |g(x) - M|$$
$$< \varepsilon \cdot (|M| + 1) + |L| \cdot \varepsilon = \varepsilon(|M| + |L| + 1),$$

其中 x 充分地接近 a. 这几乎就是我们想要的了! 在右边我应该得到 ε, 但是我得到了一个额外的因子 $(|M| + |L| + 1)$. 这没有问题 —— 只要你允许我再移动一次, 这一次我将确保 $|f(x) - L|$ 不超过 $\varepsilon/(|M| + |L| + 1)$. $|g(x) - M|$ 同理. 然后, 当我重做以上步骤时, ε 将由 $\varepsilon/(|M| + |L| + 1)$ 代替, 并且在最后一步, 因子 $(|M| + |L| + 1)$ 会被消除, 而我们正好得到 ε! 这样, 我们就证明了该结论.

顺便一提的是, 要注意上述情况的一个特例. 如果 c 是常数, 那么

$$\lim_{x \to a} cf(x) = c \lim_{x \to a} f(x).$$

在上述主要公式中设 $y(x) = c$, 很容易看出这 点. 我将细节留给你来完成.

A.2.3　极限的商及证明

现在, 我们重做一下练习. 如果

$$\lim_{x \to a} f(x) = L \quad 和 \quad \lim_{x \to a} g(x) = M,$$

那么, 我们有

$$\lim_{x \to a} \frac{f(x)}{g(x)} = \frac{L}{M}.$$

因此, 商的极限等于极限的商. 为了让它有意义, 我们要保证 $M \neq 0$, 否则就要除以 0 了. 以上等式的另一种写法是

$$\lim_{x \to a} \frac{f(x)}{g(x)} = \frac{\lim\limits_{x \to a} f(x)}{\lim\limits_{x \to a} g(x)},$$

只要这两个极限都存在且为有限的, 同时 g 的极限非零.

以下是求证过程. 我们想要 $f(x)/g(x)$ 接近 L/M, 因此, 要考虑它们的差. 然后, 我们需要通分:

$$\frac{f(x)}{g(x)} - \frac{L}{M} = \frac{Mf(x) - Lg(x)}{Mg(x)}.$$

现在, 我们使用一个类似于极限的乘积中的技巧: 在分子上减去并加上 LM, 然后做因式分解, 会得到

$$\begin{aligned}
\frac{f(x)}{g(x)} - \frac{L}{M} &= \frac{Mf(x) - LM + LM - Lg(x)}{Mg(x)} \\
&= \frac{M(f(x) - L)}{Mg(x)} + \frac{L(M - g(x))}{Mg(x)} \\
&= \frac{f(x) - L}{g(x)} - \frac{L(g(x) - M)}{Mg(x)}.
\end{aligned}$$

如果我们取绝对值, 然后使用形如 $|a - b| \leqslant |a| + |b|$ 的三角不等式, 将得到

$$\left| \frac{f(x)}{g(x)} - \frac{L}{M} \right| = \left| \frac{f(x) - L}{g(x)} - \frac{L(g(x) - M)}{Mg(x)} \right| \leqslant \left| \frac{f(x) - L}{g(x)} \right| + \left| \frac{L(g(x) - M)}{Mg(x)} \right|.$$

因此, 你通过选取 $\varepsilon > 0$ 来移动, 然后我会将 $x = a$ 附近的那扇小窗变窄, 使得在这扇小窗中, $|f(x) - L| < \varepsilon$ 且 $|g(x) - M| < \varepsilon$. 现在, 我需要变得更加聪慧. 你看, 我知道 $M - \varepsilon < g(x) < M + \varepsilon$, 这表示 $|g(x)| > |M| - \varepsilon$. 如果右边的量 $|M| - \varepsilon$ 为正, 那么一切不成问题; 但是如果它是负的, 将不会告诉我们任何信息, 因为我们已经知道 $|g(x)|$ 不可能是负的. 因此, 如果 ε 足够小, 那么我就不担心了; 但是如果它大一点的话, 我就需要将我的那扇小窗变窄, 使得 $|g(x)| > |M|/2$. 总之, 在这个区间上, 我们有三个不等式成立:

$$|f(x) - L| < \varepsilon, \quad |g(x)| > \frac{|M|}{2}, \quad |g(x) - M| < \varepsilon.$$

中间的那个不等式颠倒过来为

$$\frac{1}{|g(x)|} < \frac{2}{|M|}.$$

综述, 我们有

$$\left| \frac{f(x)}{g(x)} - \frac{L}{M} \right| \leqslant \frac{|f(x) - L|}{|g(x)|} + \frac{|L| \cdot |g(x) - M|}{|M||g(x)|} < \varepsilon \cdot \frac{2}{|M|} + \varepsilon \cdot \frac{|L|}{|M|} \cdot \frac{2}{|M|}.$$

这还不是我们想要的——这里有一个额外的因子 $\left(2/|M| + 2|L|/|M|^2 \right)$. 但我们知道如何处理它——只需要再移动一次, 这一次不针对 ε, 而是 ε 除以这个额外因子.

A.2.4　三明治定理及证明

在 3.6 节中, 我们见过三明治定理. 现在该证明它了. 我们以函数 f、g 和 h 开始, 它们满足对于所有充分接近 a 的 x, 有 $g(x) \leqslant f(x) \leqslant h(x)$. 我们也知道

$$\lim_{x \to a} g(x) = L \quad \text{和} \quad \lim_{x \to a} h(x) = L.$$

直观上, f 被越来越紧地夹在 g 和 h 之间, 以至于当 $x \to a$ 时, 我们应该会有 $f(x) \to L$. 即, 我们需要证明

$$\lim_{x \to a} f(x) = L.$$

好吧, 你开始选取你的正数 ε, 然后我关注一个中心位于 a 的小区间, 使此区间 $|g(x) - L| < \varepsilon$ 且 $|h(x) - L| < \varepsilon$. 我还需要不等式 $g(x) \leqslant f(x) \leqslant h(x)$ 在此区间成立; 由于不等式或许只有当 x 非常接近 a 时成立, 因而我可能必须缩减我的原始区间.

不管怎样, 我们知道当 x 充分接近 a 时, $|h(x) - L| < \varepsilon$; 该不等式可以重写为

$$L - \varepsilon < h(x) < L + \varepsilon.$$

事实上, 我们只需要右边的不等式 $h(x) < L + \varepsilon$. 你看, 在我的小区间里可知 $f(x) \leqslant h(x)$, 因此有

$$f(x) \leqslant h(x) < L + \varepsilon.$$

类似地, 我们知道

$$L - \varepsilon < g(x) < L + \varepsilon,$$

其中 x 充分接近 a. 这一次, 我们舍弃右边的不等式而使用 $g(x) \leqslant f(x)$ 会得到

$$L - \varepsilon < g(x) \leqslant f(x).$$

综述, 我们证明了, 当 x 接近 a 时,

$$L - \varepsilon < f(x) < L + \varepsilon,$$

或简单的形式 $|f(x) - L| < \varepsilon$. 这样, 我们就证明了三明治定理!

A.3　极限的其他情形

现在我们来快速看一些其他类型极限的定义: 无穷极限、左极限与右极限及在 $\pm\infty$ 处的极限.

A.3.1　无穷极限

使用我们的游戏来定义极限

$$\lim_{x \to a} f(x) = \infty$$

是不适用的. 当你尝试画出那两条接近极限的线时, 就会被完全卡住, 因为该极限应该是 ∞ 而不是某个有限的值 L. 因此, 我们必须对规则做些修正. 我的移动不会有太大改变, 但是你的移动会变化很大. 这一次你不是要选取一个很小的数 ε 再画

出两条水平线 (高度为 $L - \varepsilon$ 和 $L + \varepsilon$), 而是要选取一个很大的数 M 并且只画一条线, 其高度为 M. 我仍然会通过舍弃该函数的大部分来移动, 不过保留一个围绕 $x = a$ 的很小部分. 尽管如此, 这一次我必须确保所剩部分总是在你那条线的上方. 例如, 图 A-5 显示了你的一次移动及我接下来的反应.

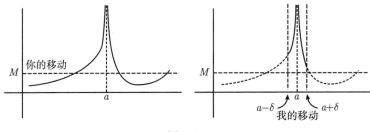

图 A-5

如果你做另一次移动, 这次 M 的值更大了, 会发生什么呢? (参见图 A-6.)

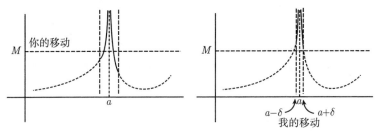

图 A-6

因此其基本思想就是, 这次你将那条线提升得越来越高了; 如果我总是可以对你的移动做出反应, 那么该极限的确是 ∞. 用符号表示就是, 我需要能够保证不管 M 有多大, 只要 x 充分接近 a 就有 $f(x) > M$. 定义如下:

> $\lim\limits_{x \to a} f(x) = \infty$ 表示对于你选取的任意的 $M > 0$, 我都可以选取 $\delta > 0$, 使得:
> 对于所有满足 $0 < |x - a| < \delta$ 的 x, $f(x) > M$.

这和极限是某个有限数 L 时的情况差不多, 只是不等式 $|f(x) - L| < \varepsilon$ 由 $f(x) > M$ 所代替.

例如, 假设我们想要证明

$$\lim_{x \to 0} \frac{1}{x^2} = \infty.$$

以你选取数 M 开始; 然后, 我必须确保当 x 充分接近 a 时 $f(x) > M$. 那好, 假设我舍弃满足 $|x| < 1/\sqrt{M}$ 的 x 之外的一切. 对于这样的一个 x, 我们有 $x^2 < 1/M$, 故 $1/x^2 > M$(注意我们假设了 $x \neq 0$). 这意味着在我的区间里 $f(x) > M$, 也就是

说我的移动是有效的. 对于你选取的任意 M, 我都可以做出一个有效的移动, 这样, 我就证明了该极限的确是 ∞.

那么 $-\infty$ 的情况会怎样呢? 一切正好反转过来. 你仍然选取一个很大的正数 M, 但这一次, 我需要在移动的同时确保该函数总是在高度为 $-M$ 的水平线的下方. 故定义如下:

> $\lim\limits_{x \to a} f(x) = -\infty$ 表示对于你选取的任意的 $M > 0$, 我都可以选取 $\delta > 0$, 使得:
> 对于所有满足 $0 < |x - a| < \delta$ 的 x, $f(x) < -M$.

A.3.2   左极限与右极限

为了定义右极限, 我们来做相同的游戏, 只是这一次我们提前舍弃了 $x = a$ 左边的一切. 其效果就是: 当我移动时只需要考虑 $(a,\ a + \delta)$, 而不是选取一个类似 $(a - \delta,\ a + \delta)$ 的区间. a 左边的一切都是无关紧要的.

类似地, 对于左极限, 只有 a 左边的 x 值是相关的. 这表示, 我的区间会形如 $(a - \delta,\ a)$; 我已经舍弃了 $x = a$ 右边的一切.

这一切表明, 你可以取以上方框定义中的任意一个, 并将不等式 $0 < |x - a| < \delta$ 改为 $0 < x - a < \delta$ 来得到右极限. 而为了得到左极限, 就要将不等式 $0 < |x - a| < \delta$ 改为 $0 < a - x < \delta$. 你不用详细写出全部六种形式 (就是极限值为 L、∞ 及 $-\infty$ 的左极限和右极限), 但若你能不看这几页, 自己尝试全部写出, 那的确是一个不错的练习机会.

A.3.3   在 ∞ 及 $-\infty$ 处的极限

最后的极限情形是在 ∞ 或 $-\infty$ 而不是某个有限值 a 取极限. 因此, 我们想要定义

$$\lim_{x \to \infty} f(x) = L.$$

当然需要对游戏稍作改动, 我们已经知道如何去做了. 事实上, 只需要改写 A.3.1 节中的方法. 以你选取很小的数 $\varepsilon > 0$ 开始, 建立你的容忍区间 $(L - \varepsilon,\ L + \varepsilon)$; 然后我的移动将是舍弃某条垂线 $x = N$ 左侧的函数部分, 以便这条线右侧的所有函数值都落在你的容忍区间内; 然后, 你选取一个更小的 ε, 如果我必须落在你的那个新的小区间内, 就要将那条垂线右移. 图 A-7 所示就是我们两个开始的几次可能的移动.

在你第一次移动后, 我的移动保证了垂线 $x = N$ 右侧的函数值都落在你的容忍区间内. 你的反应是使两条水平线逼近, 而我只需要将垂线右移, 直到我可以满足你的限制更严的新容忍区间. 同样, 如果我总是可以对你的移动做出反应, 那么以上极限成立.

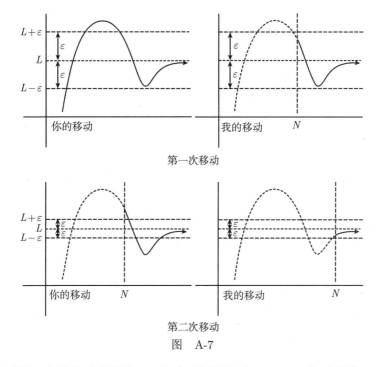

第一次移动

第二次移动

图　A-7

更正式地, 我的移动由选取 N 组成, 使得只要 $x > N$(x 位于垂线 $x = N$ 的右侧), 都有 $f(x)$ 位于区间 $(L - \varepsilon, L + \varepsilon)$. 使用绝对值, 我们可以将它写作:

> $\lim\limits_{x \to \infty} f(x) = L$ 表示对于你选取的任意 $\varepsilon > 0$, 我都可以选取 N, 使得:
> 对于所有满足 $x > N$ 的 $x, |f(x) - L| < \varepsilon$.

需要注意的是, $x \to \infty$ 时的极限必定是一个左极限 —— 在 ∞ 的右侧什么也没有! 不管怎样, 我们仍然要看一些情形. 首先, $\lim\limits_{x \to \infty} f(x) = \infty$ 是什么意思? 你只需要改写之前的定义. 特别地, 你可以取上述定义并将你的移动变为选取 $M > 0$, 现在用 $f(x) > M$ 代替 $|f(x) - L| < \varepsilon$. 反之, 如果你想要证明 $\lim\limits_{x \to \infty} f(x) = -\infty$, 就要将不等式改为 $f(x) < -M$. 这相当简单.

定义下列极限很简单:

$$\lim_{x \to -\infty} f(x) = L, \quad \lim_{x \to -\infty} f(x) = \infty, \quad \lim_{x \to -\infty} f(x) = -\infty$$

和 $x \to \infty$ 时的情形不同, 我的垂线变为 $x = -N$, 且现在的函数值都必须落在该线左侧你的容忍区间, 而不是右侧即你只需在所有的定义中将不等式 $x > N$ 改为 $x < -N$.

事实上, 我们可以使用相同的思想来定义无穷数列的极限. 在 22.1 节, 我们给出了一个非正式的定义, 现在可以做得更好. 我们由一个无穷数列 $a_1, a_2, a_3, \cdots$ 开

始, 那么

> $$\lim_{n \to \infty} a_n = L$$ 表示对于你选取的任意的 $\varepsilon > 0$, 我都可以选取 N, 使得:
>
> 对于所有满足 $n > N$ 的 n, $|a_n - L| < \varepsilon$.

如果比较该定义和

$$\lim_{x \to \infty} f(x) = L$$

的定义, 你会看到它们几乎是一样的. 唯一的区别就是, 连续变量 x 由整数值型变量 n 代替. 此时, L 由 ∞ (或 $-\infty$) 代替, 然后你选择 $M > 0$ 而不是 $\varepsilon > 0$, 且不等式 $|a_n - L| < \varepsilon$ 变为 $a_n > M$ (或相应地有 $a_n < -M$).

现在, 如果你真的想要挑战一下, 就请尝试写出每一个可能的极限类型的定义吧. (我们看过 18 个!) 再来一次, 看你是否可以证明类似 A.2 节的所有结论在其他情况下的结果.

A.3.4　两个涉及三角函数的例子

在 3.4 节中, 我们说极限

$$\lim_{x \to \infty} \sin(x)$$

不存在 (DNE). 凭直觉, $\sin(x)$ 一直在 -1 和 1 之间振荡, 因此它不会趋于任意一个数. 我们现在用 A.3.3 节的定义来证明这个直觉是对的. 假设该极限存在且极限值为 L. 你选取数 $\varepsilon > 0$, 然后我需要选取一个很大的数 N, 只要 $x > N$, 就有 $|\sin(x) - L| < \varepsilon$. 我们假设你选取 ε 为 $\frac{1}{2}$. 这意味着, 我需要保证, 只要 $x > N$ 就有 $|\sin(x) - L| < \frac{1}{2}$. 从另一种方式来看, 就是对于所有的 $x > N$, $\sin(x)$ 必须落在区间 $(L - \frac{1}{2}, L + \frac{1}{2})$ 中. 不幸的是, 不管 L 和 N 是什么, 这都是不可能的! 要知道为什么, 我们首先选取大于 N 的 π 的倍数: 不妨设这个数为 $n\pi$. 其中 n 是一个整数. 那么, $\sin(n\pi + \pi/2) = 1$, 而 $\sin(n\pi + 3\pi/2) = -1$. $\sin(x)$ 的这两个值的距离为 2, 由于区间 $(L - \frac{1}{2}, L + \frac{1}{2})$ 的长度仅为 1, 故它们不可能都落在该区间中. 因此, 该极限不可能是一个有限的数 L.

图 A-8 是我们对极限 L 期望的三个可能的候选图像.

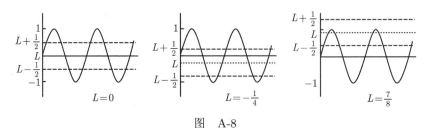

图　A-8

在每种情况下, 围绕 L 的区间的宽都是 $\frac{1}{2}$, 但是在这三种情况下, 即使我舍弃了函数的大部分, 还是不能将 $\sin(x)$ 填塞到该区间中. 由于 $\sin(x)$ 总超出区间, 而我总是在你的区间内移动, 因此我画不出一条垂线并说在该线的右侧. 不论对于哪个高度为 1 的水平线条, 结果都是一样的.

为了使讨论完整, 我们还应该确保该极限不可能是 ∞ 或 $-\infty$. 事实上, 如果该极限是 ∞ 的话, 那么你将选取 $M > 0$, 而我必须确保对于某个 N, 只要 $x > N$ 就有 $\sin(x) > M$. 然而, 要想阻挠我, 你只需选取 $M = 2$. 由于对于任意的 x 都不会有 $\sin(x) > 2$, 所以我就被钉住了. 可用相同的移动来处理 $-\infty$ 的情况 (做做看). 这样, 我们的确证明了以上极限不存在.

在 3.3 节中, 我们还提到极限

$$\lim_{x \to 0^+} \sin\left(\frac{1}{x}\right)$$

不存在. 为了证明这是真的, 你可以选取一个可能的极限 L 并进行如同上例的论证. 如果你的移动是选取 $\varepsilon = \frac{1}{2}$, 那么我需要试着选取 $\delta > 0$, 使得只要 $0 < x < \delta$ 就有 $|\sin(1/x) - L| < \frac{1}{2}$. (这里我们使用的是 A.3.2 节中的定义.) 现在你可以变聪明些并尝试找到两个会把上述情形搞乱的很小的 x 值. 事实上, 对于足够大的 n, 如果你尝试 $x = 1/(n\pi + \pi/2)$, 然后尝试 $x = 1/(n\pi + 3\pi/2)$, 那么两个取值都在 $0 < x < \delta$ 中, 但事实表明, $\sin(1/x)$ 的结果分别是 1 和 -1. 不管 L 如何, 它们两个不可能都落在容忍区间 $(L - \frac{1}{2}, L + \frac{1}{2})$ 中, 这就说明 L 不是极限.

你应该尝试写出这些细节, 但有一个更简单的方法. 由于已知 $\lim_{x \to \infty} \sin(x)$ 不存在, 所以可以只做简单的极限变量替换. 事实上, 如果令 $u = 1/x$, 那么 $x = 1/u$, 则我们立刻知道

$$\lim_{1/u \to \infty} \sin\left(\frac{1}{u}\right)$$

不存在. $1/u \to \infty$ 何时为真呢? 唯一的情况就是当 $u \to 0^+$. 一般来说, 证明这个切换并不难 (见 A.4.1 节), 因此, 我们看到

$$\lim_{u \to 0^+} \sin\left(\frac{1}{u}\right) \text{ 不存在}.$$

现在只需要将虚拟变量 u 改为 x, 不用费劲就会得到我们想要的结果了!

A.4 连续与极限

正如我们在 5.1.1 节中看到的, 说一个函数 f 在 $x = a$ 上连续就是指

$$\lim_{x \to a} f(x) = f(a).$$

即, 当 $x \to a$ 时有 $f(x) \to f(a)$. 因此, 函数 f 保持极限, 这就是连续的核心思想. 不管怎样, 现在我们可以使用极限的知识来证明, 当你对两个在 $x = a$ 上连续的函

数做加法、减法、乘法或除法时, 新的函数在那里也是连续的. (在除法的情况下, 分母在 $x = a$ 上不能为 0.) 事实上, 我们假设 f 和 g 在 $x = a$ 上连续, 那么

$$\lim_{x \to a} f(x) = f(a) \quad \text{和} \quad \lim_{x \to a} g(x) = g(a).$$

因此, 为了证明函数 $f + g$ 在 $x = a$ 上连续, 我们所要做的就是拆分极限. 在 A.2.1 节我们证明过

$$\lim_{x \to a} (f(x) + g(x)) = \lim_{x \to a} f(x) + \lim_{x \to a} g(x) = f(a) + g(a).$$

就是这么简单. 现在, 你可以用 −、× 或 / 号来替换 + 号, 从而得到对于减法、乘法和除法的类似结果.

A.4.1　连续函数的复合

我们来看一些稍复杂情况. 假设 f 和 g 都处处连续, 我们想要证明复合函数 $f \circ g$ 也处处连续. 我们需要集中考虑一个特殊的 x 值. 因此, 假设 g 在 $x = a$ 上连续. 那么我们需要 f 在哪里连续呢? 我们想要证明

$$\lim_{x \to a} f(g(x)) = f(g(a)),$$

因此没有必要去担心 f 在 $x = a$ 上是否连续. 我们需要的是它在 $g(a)$ 上连续, 因为我们要在 $g(a)$ 的附近且在点 $g(a)$ 上评估 f.

下面就是我们面临的情况: g 在 $x = a$ 上连续, 且 f 在 $x = g(a)$ 上连续, 要证明 $f \circ g$ 在 $x = a$ 上连续. 为了求证, 我们需要在游戏中增加第三参与者. 事实上, 我将对抗这个新的参与者, 我们称之为 Smiddy, 而 Smiddy 将对抗你.

来看看如何玩游戏吧. 由于 f 在 $g(a)$ 上连续, 我们知道

$$\lim_{y \to g(a)} f(y) = f(g(a)).$$

注意, 我使用 y 作为代替 x 的虚拟变量, 但这没问题 —— 你可以将 y 变成你喜欢的任意字母, 它们表示的是同一个意义. 不管怎样, 我们设 $L = f(g(a))$. 然后, 你选取你的 $\varepsilon > 0$, 建立你的容忍区间 $(L - \varepsilon, \ L + \varepsilon)$. 而你要挑战 Smiddy, 舍弃以 $y = g(a)$ 为中心的一个小区间外面的一切, 以便所剩的函数值都落在你的区间内. 即, Smiddy 应该选取 $\lambda > 0$, 使得 $|y - g(a)| < \lambda$ 时都有 $|f(y) - L| < \varepsilon$. 因为以上极限是正确的, 所以 Smiddy 就可以这样做. 为什么要用 λ 代替 δ 呢? 因为 Smiddy 非常喜欢它.

现在, 轮到我来对抗 Smiddy 了. 这一次, 我们根据 g 在 $x = a$ 上连续的事实写出

$$\lim_{x \to a} g(x) = g(a).$$

关键是: Smiddy 使用的是数 λ, 而不是你已经使用的 ε! 因此, Smiddy 的容忍区间是 $(g(a) - \lambda, \ g(a) + \lambda)$. 现在, 我必须舍弃以 $x = a$ 为中心的一个小区间外的一切, 以便所剩的函数值落在 Smiddy 的区间内. 因为以上极限是正确的, 所以我可以选

择 $\delta > 0$, 使得只要 $|x - a| < \delta$, 就有 $|g(x) - g(a)| < \lambda$.

我们要综合考虑. 由于我和 Smiddy 的游戏, 我们知道只要 $|x - a| < \delta$, 就有 $|g(x) - g(a)| < \lambda$. 而你和 Smiddy 的游戏显示, 如果 $|y - g(a)| < \lambda$, 那么 $|f(y) - L| < \varepsilon$. 我们不管 Smiddy, 用 $f(g(a))$ 替换 L, 用 $g(x)$ 替换 y. 可以看到, 只要 $|x - a| < \delta$, 就有 $|f(g(x)) - f(g(a))| < \varepsilon$. 这表示, 如果我直接与你对抗, 我总是可以做一次合情理的移动, 不管 ε 是什么 (只要它为正). 因此, 我们实际上就证明了

$$\lim_{x \to a} f(g(x)) = f(g(a)),$$

其中 g 在 $x = a$ 上连续且 f 在 $g(a)$ 上连续. 当然, 如果 f 和 g 都处处连续, 那么复合函数 $f \circ g$ 也处处连续.

我们可以对论证进行修正, 以便包括 $x \to \infty$ 或 $x \to -\infty$ 而不是 $x = a$ 的情况. 由于右边不能是 $g(\infty)$, 故我们必须对陈述稍作修改. 最好的做法就是

$$\lim_{x \to \infty} f(g(x)) = f\left(\lim_{x \to \infty} g(x)\right).$$

我们也可以对 $x \to -\infty$ 的情况做类似的修改. 我把证明的细节留给你来完成, 但基本思想是你和 Smiddy 的对抗是不变的, 但我和 Smiddy 的对抗会稍有不同: 我选取 N 而不是 δ, 且不等式 $|x - a| < \delta$ 必须用 $x > N$ 或 $x < N$ 来替换, 这取决于你所处的情况是 $x \to \infty$ 还是 $x \to -\infty$.

我们现在可以建立极限

$$\lim_{x \to \infty} \sin\left(\frac{1}{x}\right) = 0,$$

它在 3.4 节出现过. 事实上, 如果你设 $f(x) = \sin(x)$ 且 $g(x) = 1/x$, 除了 g 在 $x = 0$ 上不连续外, f 和 g 都是处处连续的. 因为

$$\lim_{x \to \infty} g(x) = \lim_{x \to \infty} \frac{1}{x} = 0,$$

我们可以使用上述公式推出结论

$$\lim_{x \to \infty} \sin\left(\frac{1}{x}\right) = \lim_{x \to \infty} f(g(x)) = f\left(\lim_{x \to \infty} g(x)\right) = f(0) = \sin(0) = 0.$$

更直观的一种表达方式是, 当 $x \to \infty$ 时 $1/x \to 0$, 故当 $x \to \infty$ 时 $\sin(1/x) \to \sin(0) = 0$.

A.4.2 介值定理的证明

在 5.1.4 节中, 我们见过介值定理, 它表明如果 f 在 $[a, b]$ 上连续, 且 $f(a) < 0$ 及 $f(b) > 0$, 那么存在某个数 c 使得 $f(c) = 0$. 现在, 我们来看看证明此定理的基本思想.

我们考虑区间 $[a, b]$ 上使得 $f(x) < 0$ 的 x 值的集合. 我们知道 a 在这个集合中, 因为 $f(a) < 0$; 而 b 不在这个集合中. 我们想要求出此集合中最大的数 c, 但这

或许不太可能. 例如, 小于 0 的最大数是什么呢? 没有. 对于任意的负数, 你总是可以找到一个接近 0 的负数, 例如, 将你的数除以 2. 另一方面, 我们可以找到此集合中右边穿插的一个数 c. 特别地, 我们可以坚持说此集合中没有哪个元素在 c 的右边, 而且任意带有端点 c 的开区间至少包括此集合中的一个元素. (这来自于实轴的一个很好的性质 —— 完备性.) 以下是我们知道的, 用符号表示:

(1) 对于任意的 $x > c$, 我们有 $f(x) \geqslant 0$;

(2) 对于任意的区间 $(c-\delta, c)$, 其中 $\delta > 0$, 区间内至少存在一点 x 使得 $f(x) < 0$.

现在该忙起来了. 以下就是重要的问题: $f(c)$ 是什么? 我们假设它是负的. 在这种情况下, 由于 $f(b) > 0$, 故 $c \neq b$. 因为 f 是连续的, 所以当 x 在 c 的附近时, $f(x)$ 的值应该在 $f(c)$ 的附近; 但当 x 在 c 的右边一点点时就会有问题, 因为 $f(x)$ 预期应该是正的, 而 $f(c)$ 为负. 更正式地, 你可以选择 $\varepsilon = -f(c)/2$ (它是正的), 那么你的容忍区间就是 $(3f(c)/2, f(c)/2)$, 它仅由负数组成. 我不能选取任何位于 $[a, b]$ 中形如 $(c-\delta, c+\delta)$ 的区间, 因为任何这样的区间都包含一个大于 c 的 x. 根据上面的条件 (1), 我们知道 $f(x)$ 一定为正, 这表示它不会位于你的容忍区间. 因此, 不可能有 $f(c) < 0$. 直观上, 如果有 $f(c) < 0$, 那么你的穿插仍然有数在它的右边!

或许 $f(c) > 0$. 在这种情况下, 我们不可能有 $c = a$, 因为 $f(a) < 0$. 现在, 当 x 在 c 的附近时, $f(x)$ 的值应该在 $f(c)$ 附近; 特别地, 它们应该是正的. 由于上面的条件 (2), 所以这是个问题. 更明确些, 这一次你可以选择 $\varepsilon = f(c)/2$, 则你的容忍区间是 $(f(c)/2, 3f(c)/2)$. 我需要尝试找到一个在 $[a, b]$ 中的区间 $(c-\delta, c+\delta)$, 使得对于我的区间中的任意 x, $f(x)$ 总是位于你的容忍区间里. 特别地, $f(x) > 0$. 这意味着, 对于 $(c-\delta, c)$ 中的所有 x 有 $f(x) > 0$, 这和条件 (2) 是相悖的. 故 $f(c) > 0$ 也不可能. 如果它是真的, 那么我们可以将穿插再向左边挪一些, 因此它不会是 c.

剩下的是什么呢? 唯一可能就是 $f(c) = 0$, 因此, 我们证明了该定理. 顺便要说的是, 我们很容易将情况改为 $f(a) > 0$ 及 $f(b) < 0$ 的情况. 你可以稍稍改写一下证明, 或者设 $g(x) = -f(x)$ 并对 g 而不是 f 应用该定理.

A.4.3　最大–最小定理的证明

现在我们来证明 5.1.6 节的最大 – 最小定理. 其基本思想是, 假定我们有一个在闭区间 $[a, b]$ 上连续的函数 f, 我们断言, 该区间上存在某个数 c 使 f 达到最大值. 正如我们看到的, 这表示 $f(c)$ 大于或等于其他 $f(x)$ 的值, 其中 x 在整个区间 $[a, b]$ 上漫游.

证明如下. 我们想要证明的是, 你可以放置某条水平线 $y = N$, 使得所有的函数值 $f(x)$ 都位于这条线的下方. 如果做不到这一点, 那么函数就会在 $[a, b]$ 内的某处变得越来越大, 而不会有最大值. 因此, 我们假设你画不出这样的一条线. 那么,

对于每一个正数 N, 在 $[a, b]$ 中存在某个点 x_N 使得 $f(x_N)$ 在水平线 $y = N$ 的上方即我们找到了若干个点 x_N, 对于每一个 N, 都有 $f(x_N) > N$. 我们在 x 轴上用 X 将它们标出来.

这些标记点在哪里呢? 有无穷多个这样的点. 因此, 如果我们将区间 $[a, b]$ 分成两半得到两个新的区间, 它们中的某一个定然包含无穷多个标记点. 它们可能都包含无穷多个标记点, 但不可能都只包含有限个标记点, 否则总的标记点将是有限的. 让我们把注意力集中在原始区间中包含无穷多个标记点的那一半上. 如果它们都如此, 那就选择你最喜欢的那个 (这没有关系的). 现在, 我们用新的更小的区间重复这个练习: 将它分成两半. 其中之一一定包含无穷多个标记点. 只要你喜欢, 我们就继续做这个练习, 你会得到一个变得越来越小的区间的集合, 一个套一个, 并且每一个都包含无穷多个标记点. 我们将这些区间一个一个地堆在一起, 如图 A-9 所示.

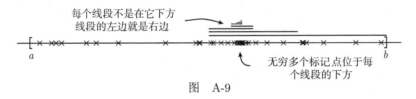

每个线段不是在它下方线段的左边就是右边

无穷多个标记点位于每个线段的下方

图　A-9

直观上, 必有实数存在于所有这些区间之中,[①] 我们称之为数 q. $f(q)$ 是什么呢? 我们可以使用 f 的连续性来获得一些信息. 事实上, 我们知道

$$\lim_{x \to q} f(x) = f(q).$$

因此, 打个比方, 如果你选取的 ε 是 1, 那么我应该能够找到一个区间 $(q - \delta, q + \delta)$, 使得对于所有该区间中的 x 都有 $|f(x) - f(q)| < 1$. 问题是, 这个区间 $(q - \delta, q + \delta)$ 包含了无穷多个标记点! 因为不管 δ 多么小, 我们选择的最后一个小区间都会位于 $(q - \delta, q + \delta)$ 内. 这才是问题所在: 所有这些标记点都应该在区间 $(q - \delta, q + \delta)$ 内, 当你对其中任意一个点取 f 值时, 会得到一个介于 $f(q) - 1$ 和 $f(q) + 1$ 之间的数. 因此, 不管 $f(q)$ 是什么, 我们都会陷入困境: 某些标记点的函数值会远远大于 $f(q) + 1$. 一切都将失去控制. 因此, 画不出让整个函数位于其下方的直线 $y = N$, 这一假设是错的.

事情还没有结束. 我们有了这条线 $y = N$, 它位于 $y = f(x)$ 在 $[a, b]$ 的图像的上方, 现在, 我们需要将它向下移动, 直到它接触到该图像以便求最大值. 因此, 我们选取尽可能小的 N, 使得对于 $[a, b]$ 内的所有 x 有 $f(x) \leqslant N$. (我们再次使用了完备性.) 现在我们需要证明, 对于某个 c 有 $N = f(c)$. 为了求证, 我们要重复在标记点中所使用的技巧, 只是这一次将它们用圈标记出来. 我们选取一个正整数 n,

---

① 同样, 我们需要使用实轴的完备性来证明. 事实上, 一定只存在一个这样的数 —— 你知道为什么吗?

在 $[a, b]$ 中一定能够找到某个数 c_n, 使得 $f(c_n) > N - 1/n$. 如若不然, 我们就应该在 $y = N - 1/n$(或更低处) 而不是 $y = N$ 处画那条线. 因此, 存在这样的一个 c_n, 且对于每一个正整数 n 都存在. 我们将这些点圈起来. 有无穷多个这样的点, 当你对它们取 f 值时, 其结果会越来越接近 —— 事实上是任意地接近 ——N. (没有一个值会超过 N, 因为对于所有的 x 有 $f(x) \leqslant N$!) 现在, 我们所要做的就是持续将区间 $[a, b]$ 进行二分, 使得每一个小区间都包含无穷多个圈起来的点. 和前面一样, 在所有的区间中都存在一个数 c. 这个数又被圈起来的点所环绕着.

$f(c)$ 是什么呢? 它不可能大于 N, 但或许它会小于 N. 我们假设 $f(c) = M$, 其中 $M < N$, 另外设 $\varepsilon = (N - M)/2$. 由于 f 是连续的, 我们实际上需要

$$\lim_{x \to c} f(x) = f(c) = M.$$

你有你的 ε, 因此我需要找到一个区间 $(c - \delta, c + \delta)$, 使得对于在我区间内的 x, $f(x)$ 位于 $(M - \varepsilon, M + \varepsilon)$ 中. 问题是 $M + \varepsilon = N - \varepsilon$, 且不管我如何选取 $\delta > 0$, 都有无穷多个圈起来的点位于 $(c - \delta, c + \delta)$ 中. 它们其中一些的函数值可能位于 $(M - \varepsilon, M + \varepsilon)$ 中, 但由于函数值会变得接近 N, 因而大多数不会位于 $(M - \varepsilon, M + \varepsilon)$ 中. 因此, 我不能移动. 唯一解脱的方法就是 $f(c) = N$. 这表示 c 是函数取得最大值的点. 这样我们就完成了求证!

要得到定理的最小值的形式, 只需要将定理重新应用到 $g(x) = -f(x)$ 上就可以了. 毕竟, 如果 c 是 g 取得最大值的点, 那么它就是 f 取得最小值的点.

A.5　再谈指数函数和对数函数

在 9.2 节中, 我们发展了指数函数和对数函数的理论, 最终的发现就是

$$\frac{\mathrm{d}}{\mathrm{d}x} \mathrm{e}^x = \mathrm{e}^x \quad \text{和} \quad \frac{\mathrm{d}}{\mathrm{d}x} \ln(x) = \frac{1}{x}.$$

当时还有个不精确的结尾: 我们断言

$$\lim_{h \to 0^+} (1 + h)^{1/h}$$

存在, 并称之为 e, 但我们并没有证明过它. 直接证明上述极限存在是可能的, 但这提供不了任何特别的信息. 反之, 我假设你已经学了积分和微积分基本定理 (见第 16 章和第 17 章), 从而我可以用一个不同的方法解决问题. 事实上, 一切都是从对数函数开始的.

我们先根据规则定义一个函数 F,

$$F(x) = \int_1^x \frac{1}{t} \mathrm{d}t$$

对于所有的 $x > 0$ 成立. 这个函数基于另一个函数的积分, 就这类函数请参见 17.1 节. 现在, 我知道你可以写出

$$F(x) = \int_1^x \frac{1}{t}\mathrm{d}t = \ln|t|\Big|_1^x = \ln|x| - \ln|1| = \ln(x),$$

因为 $x > 0$ 且 $\ln(1) = 0$. 问题是, 我们的行动过早了! 如果真要以恰当的方式求解, 就不能使用 $\int 1/t\mathrm{d}t = \ln|t| + C$ 这一事实. 实际上, 这是我们想要证明的事情之一. 目前为止, 我们不能假设 $F(x) = \ln|x|$, 那就让我们从证明它开始吧.

让我们写出函数 F 的一些有趣性质. 根据微积分第一基本定理, F 的导数为

$$F'(x) = \frac{\mathrm{d}}{\mathrm{d}x}\int_1^x \frac{1}{t}\mathrm{d}t = \frac{1}{x}.$$

因此, F 可导, 这意味着它是连续的 (见 5.2.11 节). 接下来, 我们设 $x = 1$, 从而得

$$F(1) = \int_1^1 \frac{1}{t}\mathrm{d}t = 0,$$

因为若积分上下限相等且函数在那里确实有定义, 则任何函数的积分都是 0(见 16.3 节). 极限

$$\lim_{x\to\infty} F(x)$$

如何呢? 事实上, 根据反常积分的定义 (见 20.2 节), 我们有

$$\lim_{x\to\infty} F(x) = \lim_{x\to\infty}\int_1^x \frac{1}{t}\mathrm{d}t = \int_1^\infty \frac{1}{t}\mathrm{d}t = \infty.$$

反常积分 $\int_1^\infty 1/t\mathrm{d}t$ 发散, 我们必须非常小心提到. 最初证明它的发散性时, 我们使用了公式 $\int 1/t\mathrm{d}t = \ln|t| + C$, 但我们现在不能这样做! 而是使用了积分判别法来说 $\int_1^\infty 1/t\mathrm{d}t$ 和 $\sum\limits_{n=1}^\infty 1/n$ 同时收敛或同时发散; 然后使用 22.4.3 节中的论证来证明该级数发散; 故该积分也发散. 因此我们有

$$F(1) = 0 \text{ 和 } \lim_{x\to\infty} F(x) = \infty.$$

由于 F 连续, 介值定理 (见 5.1.4 节) 表明, 一定存在一个数 e 使得 $F(\mathrm{e}) = 1$. 毕竟, 1 介于 0 和 ∞ 之间! 此外, 对于所有的 $x > 0$, $F'(x) = 1/x > 0$, 我们因此知道 F 总是递增的. 因此, 不可能存在其他的数 c, 使得 $F(c) = 1$. 我们已经有了 e 的正式定义:

$$\text{e 是唯一使得} \int_1^{\mathrm{e}} \frac{1}{t}\mathrm{d}t = 1 \text{ 的数.}$$

现在, 我们选取一个有理数 α 并定义

$$G(x) = F(x^\alpha) = \int_1^{x^\alpha} \frac{1}{t}\mathrm{d}t.$$

使用 17.5.2 节中描述的变形 2 的技巧, 可以看到

$$G'(x) = \frac{\mathrm{d}}{dx}\int_1^{x^\alpha} \frac{1}{t}\mathrm{d}t = \alpha x^{\alpha-1}\frac{1}{x^\alpha} = \alpha \cdot \frac{1}{x}.$$

(不使用对数函数求导, 假设我们知道 $\frac{\mathrm{d}}{\mathrm{d}x}(x^\alpha) = \alpha x^{\alpha-1}$. 如果只知道对于正整数是成立的, 正如 6.1 节所述, 那么我们来看看是否可以对于所有的有理数来证明这个事实.) 另一方面, 我们知道 $F'(x) = 1/x$, 因此, 上述方程暗示了 $G'(x) = \alpha F'(x)$. 由于 α 是常数, 我们看到 $G(x) = \alpha F(x) + C$, 其中 C 是常数. 特别地, 如果我们设 $x = 1$, 此方程变为 $G(1) = \alpha F(1) + C$. 现在有 $G(1) = F(1^\alpha) = F(1) = 0$, 故 $C = 0$. 由于 $G(x) = F(x^\alpha)$, 我们就证明了 $F(x^\alpha) = \alpha F(x)$, 对于任意有理数 α 及 $x > 0$ 成立. 事实上, 由于 F 连续, 结果对于任意实数 α 一定也适用! 现在我们设 $x = \mathrm{e}$, 会看到 $F(\mathrm{e}^\alpha) = \alpha F(\mathrm{e}) = \alpha$, 因为 $F(\mathrm{e}) = 1$. 我们将 α 变为 x, 这样就证明了 $F(\mathrm{e}^x) = x$. 因此, F 是 e^x 的反函数, 这表示 $F(x) = \ln(x)$. 因为我们知道 $F'(x) = 1/x$, 这就证明了 $\frac{\mathrm{d}}{\mathrm{d}x}\ln(x) = 1/x$. 现在, 如果 $y = \mathrm{e}^x$, 那么 $x = \ln(y)$, 故

$$\frac{\mathrm{d}x}{\mathrm{d}y} = \frac{1}{y} = \frac{1}{\mathrm{e}^x};$$

根据链式法则, $\mathrm{d}y/\mathrm{d}x = \mathrm{e}^x$. 因此, 我们对 $\ln(x)$ 和 e^x 求了导且证明了 e 存在!

现在, 我们要做的就是证明

$$\lim_{h \to 0^+}(1 + h)^{1/h} = \mathrm{e}.$$

这十分简单: 令 $y = (1 + h)^{1/h}$, 于是 $\ln(y) = \ln(1 + h)/h$. 故根据 9.4.3 节中使用的论证 (或洛必达法则)

$$\lim_{h \to 0^+}\ln(y) = \lim_{h \to 0^+}\frac{\ln(1 + h)}{h} = 1.$$

当然, 如果当 $h \to 0^+$ 时 $\ln(y) \to 1$, 那么当 $h \to 0^+$ 时 $y \to \mathrm{e}^1 = \mathrm{e}$. 这就证明了上述极限. 关键是, 一旦你知道 $\ln(x)$ 关于 x 的导数是 $1/x$, 那么其余的一切对你来说就很容易了.

A.6　微分与极限

在这一节, 我们将证明一些涉及微分和极限的结论. 更确切地说, 我们要处理函数的常数倍、函数的和与差的求导, 以及乘积法则、商法则与链式求导法则. 然后, 我们将证明极值定理、罗尔定理、中值定理以及线性化中的误差公式. 最后, 我们会看到分段函数的导数以及洛必达法则的证明.

A.6.1　函数的常数倍

假设 y 是关于 x 的一个可导函数, c 是某个常数. 我们想要证明

$$\frac{\mathrm{d}}{\mathrm{d}x}(cy) = c\frac{\mathrm{d}y}{\mathrm{d}x}.$$

这相当简单. 我们用 $y = f(x)$ 定义 f, 那么上述方程的左边就是

$$\lim_{\Delta x \to 0}\frac{cf(x + \Delta x) - cf(x)}{\Delta x}.$$

你所要做的就是从分子中提取一个 c 的因子并将它拖到极限之外. 这是在 A.2.2 节结尾部分证明过的:

$$\lim_{\Delta x \to 0} \frac{cf(x + \Delta x) - cf(x)}{\Delta x} = \lim_{\Delta x \to 0} \frac{c(f(x + \Delta x) - f(x))}{\Delta x}$$
$$= c \lim_{\Delta x \to 0} \frac{f(x + \Delta x) - f(x)}{\Delta x}.$$

右边正好是 $cf'(x)$, 它和 $c(\mathrm{d}y/\mathrm{d}x)$ 一样. 这样我们就完成了求证.

A.6.2 函数的和与差

假设 u 和 v 都是 x 的可导函数, 我们想要证明的是

$$\frac{\mathrm{d}}{\mathrm{d}x}(u + v) = \frac{\mathrm{d}u}{\mathrm{d}x} + \frac{\mathrm{d}v}{\mathrm{d}x},$$

以及类似地用减号代替加号. 这几乎没什么可证的. 记 $u = f(x)$ 及 $v = g(x)$, 那么上述方程的左边就是

$$\lim_{\Delta x \to 0} \frac{f(x + \Delta x) + g(x + \Delta x) - (f(x) + g(x))}{\Delta x}.$$

你所要做的就是重新整理这个和, 并拆分极限, 这是在 A.2.1 节中证明过的, 上述极限等于

$$\lim_{\Delta x \to 0} \frac{f(x + \Delta x) - f(x)}{\Delta x} + \lim_{\Delta x \to 0} \frac{g(x + \Delta x) - g(x)}{\Delta x}.$$

这就是 $f'(x) + g'(x)$, 它等于我们想要证明的方程的右边. 用减号替换加号的情况也同样简单!

A.6.3 乘积法则的证明

对于乘积法则和商法则的证明, 我们将继续使用记号 $\mathrm{d}y/\mathrm{d}x$ 而不是 $f'(x)$, 因为使用前者更易于理解概念. 正如 5.2.7 节所述, 我们有

$$\frac{\mathrm{d}y}{\mathrm{d}x} = \lim_{\Delta x \to 0} \frac{\Delta y}{\Delta x},$$

其中 Δy 是将 x 变为 $x + \Delta x$ 时 y 的变化量.

因此, 我们想要证明的乘积法则说的就是

$$\frac{\mathrm{d}}{\mathrm{d}x}(uv) = v \frac{\mathrm{d}u}{\mathrm{d}x} + u \frac{\mathrm{d}v}{\mathrm{d}x}.$$

假设我们将 x 变为 $x + \Delta x$, 那么 u 就变为 $u + \Delta u$, v 就变为 $v + \Delta v$. 而 uv 就变为 $(u + \Delta u)(v + \Delta v)$. 这个变化量有多大呢? 我们取原来的量与新的量的差来看看:

$$\Delta(uv) = (u + \Delta u)(v + \Delta v) - uv.$$

展开并化简, 得到

$$\Delta(uv) = v\Delta u + u\Delta v + \Delta u \Delta v.$$

现在用该式除以 Δx. 对于最后一项, 我们要多除以一个 Δx, 再乘以这个量使方程两边保持平衡. 结果是

$$\frac{\Delta(uv)}{\Delta x} = v\frac{\Delta u}{\Delta x} + u\frac{\Delta v}{\Delta x} + \frac{\Delta u}{\Delta x}\frac{\Delta v}{\Delta x}\Delta x.$$

如果你取当 $\Delta x \to 0$ 时的极限, 那么所有的比率都会趋于相应的导数, 但最后一个 Δx 的因子会趋于 0, 即

$$\frac{\mathrm{d}}{\mathrm{d}x}(uv) = v\frac{\mathrm{d}u}{\mathrm{d}x} + u\frac{\mathrm{d}v}{\mathrm{d}x} + \frac{\mathrm{d}u}{\mathrm{d}x}\frac{\mathrm{d}v}{\mathrm{d}x} \times 0.$$

由于最后一项为 0, 我们就证明了乘积法则. 现在, 你应该尝试写出一个使用 $f(x)$ 记号 (形式 1) 的证明了.

A.6.4   商法则的证明

现在我们想要证明

$$\frac{\mathrm{d}}{\mathrm{d}x}\left(\frac{u}{v}\right) = \frac{v\frac{\mathrm{d}u}{\mathrm{d}x} - u\frac{\mathrm{d}v}{\mathrm{d}x}}{v^2}.$$

同样, 当 x 变为 $x + \Delta x$ 时, 我们知道 u 和 v 就会分别变为 $u + \Delta u$ 及 $v + \Delta v$. 而 u/v 就变为 $(u + \Delta u)/(v + \Delta v)$. 这个变化量是

$$\Delta\left(\frac{u}{v}\right) = \frac{u + \Delta u}{v + \Delta v} - \frac{u}{v}.$$

我们对上式通分并消除 $uv - uv$, 得到

$$\Delta\left(\frac{u}{v}\right) = \frac{v\Delta u - u\Delta v}{v^2 + v\Delta v}.$$

将上式除以 Δx, 再用 Δx 和分母中的 Δv 的项相乘并相除, 得到

$$\frac{\Delta\left(\frac{u}{v}\right)}{\Delta x} = \frac{v\frac{\Delta u}{\Delta x} - u\frac{\Delta v}{\Delta x}}{v^2 + v\frac{\Delta v}{\Delta x}\Delta x}.$$

现在令 $\Delta x \to 0$. 所有的分式都变为导数, 并且分母中的最后一个因子趋于 0, 因此我们得到结果

$$\frac{\mathrm{d}}{\mathrm{d}x}\left(\frac{u}{v}\right) = \frac{v\frac{\mathrm{d}u}{\mathrm{d}x} - u\frac{\mathrm{d}v}{\mathrm{d}x}}{v^2 + v\frac{\mathrm{d}v}{\mathrm{d}x} \times 0}.$$

由于分母中的最后一项是 0, 我们证明了商法则.

A.6.5   链式求导法则的证明

假设 y 是 u 的可导函数, 而 u 本身是 x 的可导函数. 我们想要证明

$$\frac{\mathrm{d}y}{\mathrm{d}x} = \frac{\mathrm{d}y}{\mathrm{d}u}\frac{\mathrm{d}u}{\mathrm{d}x}.$$

第一眼看上去这也没什么, 可使用 Δ 记号写出

$$\frac{\Delta y}{\Delta x} = \frac{\Delta y}{\Delta u}\frac{\Delta u}{\Delta x}$$

并取极限. 不幸的是, Δu 有时可能为 0, 而这会导致整个等式无效. 因此, 我们使用函数记号. 令 f 和 g 都是可导的, 并设 $h(x) = f(g(x))$. 我们想要证明

$$h'(x) = f'(g(x))g'(x).$$

如果 g 在 x 附近是常数, 那么 h 也是, 因此等式两边都是 0. 否则, 我们知道

$$h'(x) = \lim_{\Delta x \to 0} \frac{h(x + \Delta x) - h(x)}{\Delta x} = \lim_{\Delta x \to 0} \frac{f(g(x + \Delta x)) - f(g(x))}{\Delta x}.$$

用该分式乘以并除以 $g(x + \Delta x) - g(x)$, 对于无穷多个在 0 附近的 Δx 值, 这一定是非零的, 然后我们将极限拆分得到

$$h'(x) = \lim_{\Delta x \to 0} \frac{f(g(x + \Delta x)) - f(g(x))}{g(x + \Delta x) - g(x)} \times \lim_{\Delta x \to 0} \frac{g(x + \Delta x) - g(x)}{\Delta x}.$$

右边的极限就是 $g'(x)$, 但左边是什么呢? 求解技巧是设 $\varepsilon = g(x + \Delta x) - g(x)$. 那么, 左边极限的分子中的量 $g(x + \Delta x)$ 可以被写作 $g(x) + \varepsilon$, (你知道这是为什么吗?) 而分母正是 ε 本身. 因此我们有

$$h'(x) = \lim_{\Delta x \to 0} \frac{f(g(x) + \varepsilon) - f(g(x))}{\varepsilon} \times g'(x).$$

现在, 当 $\Delta x \to 0$ 时, ε 会怎样呢? 由于 g 可导, 由 5.2.11 节可知 g 连续. 特别地, 有

$$\lim_{\Delta x \to 0} g(x + \Delta x) = g(x).$$

如果从两边减去 $g(x)$, 那么你会看到, 当 $\Delta x \to 0$ 时 $\varepsilon \to 0$. 这表示, 在 $h'(x)$ 的表达式中, 我们可以用 $\varepsilon \to 0$ 替换 $\Delta x \to 0$, 得到

$$h'(x) = \lim_{\varepsilon \to 0} \frac{f(g(x) + \varepsilon) - f(g(x))}{\varepsilon} \times g'(x).$$

第一项正是 $f'(g(x))$, 故 $h'(x) = f'(g(x)) g'(x)$. 这样, 我们就证明了链式求导法则.

A.6.6　极值定理的证明

在 11.1.2 节中, 我们陈述了极值定理. 它说的是, 如果 f 在 $x = c$ 有一个局部最大值或局部最小值, 那么 $x = c$ 是 f 的一个临界点. 这表示, 或者 $f'(c)$ 不存在, 或者 $f'(c) = 0$.

为了证明这一点, 我们首先假设 f 在 $x = c$ 有一个局部最小值. 如果 $f'(c)$ 不存在, 那么它就是一个临界点, 这正是我们所希望的. 另一方面, 如果 $f'(c)$ 存在, 那么

$$f'(c) = \lim_{h \to 0} \frac{f(c + h) - f(c)}{h}.$$

由于 f 在 c 上有一个局部最小值, 因而我们知道当 $c + h$ 非常接近 c 时, $f(c + h) \geqslant f(c)$. 当然, 只有当 h 接近于 0 时, $c + h$ 才会非常接近 c. 对于这样的 h, 上述分式中的分子 $f(c + h) - f(c)$ 一定是非负的. 当 $h > 0$ 时, 量

$$\frac{f(c + h) - f(c)}{h}$$

是正的 (或 0); 但是当 $h < 0$ 时, 此量是负的 (或 0). 因此右极限

$$\lim_{x \to c^+} \frac{f(c + h) - f(c)}{h}$$

一定大于或等于 0, 而同样的左极限是小于或等于 0. 由于双侧极限存在, 故左极限等于右极限; 唯一的可能性就是它们都是 0. 这就证明了 $f'(c) = 0$, 故 $x = c$ 是 f 的一个临界点.

如果 f 在 $x = c$ 有一个局部最大值会如何呢? 我把这个论证过程留给你来完成. 唯一的区别就是, 当 h 接近于 0 时, 量 $f(c+h) - f(c)$ 是负的 (或 0).

A.6.7   罗尔定理的证明

假设 f 在 $[a, b]$ 上连续, 在 (a, b) 内可导, 且满足条件 $f(a) = f(b)$. 接下来, 我们想要证明在 (a, b) 内存在一个数 c, 使得 $f'(c) = 0$. 为了求证, 我们使用最大最小值定理来说明 f 在 $[a, b]$ 上有一个全局最大值和一个全局最小值. 如果最大值或最小值中任一个出现在 (a, b) 内的某个数 c 上, 那么极值定理告诉我们 $f'(c) = 0$. (我们知道 $f'(c)$ 存在, 因为 f 在 (a, b) 内可导.) 其他的唯一可能性就是全局最大值和全局最小值都出现在端点 a 和 b 上. 在这种情况下, 由于 $f(a) = f(b)$, 该函数一定为常数, 因此, (a, b) 内的每一个数 c 都满足 $f'(c) = 0$. 这就是完整的证明!

A.6.8   中值定理的证明

现在, 我们知 f 在 $[a, b]$ 上连续, 在 (a, b) 内可导, 但我们不假设 $f(a) = f(b)$. 中值定理表明, 在 (a, b) 内存在某个 c 满足

$$f'(c) = \frac{f(b) - f(a)}{b - a}.$$

为了证明这一点, 我们定义一个新的函数 g:

$$g(x) = f(x) - \frac{f(b) - f(a)}{b - a}(x - a).$$

它看起来有点复杂, 但实际上我们只是从 $f(x)$ 中减去了线性函数 $x - a$ 的一个常数倍, 并称之为 g. 因此, 函数 g 也在 $[a, b]$ 上连续且 (a, b) 内可导, 且可知

$$g(a) = f(a) - \frac{f(b) - f(a)}{b - a}(a - a) = f(a),$$
$$g(b) = f(b) - \frac{f(b) - f(a)}{b - a}(b - a) = f(a).$$

因此, 我们证明了 $g(a) = g(b)$, 这表示我们可以应用罗尔定理了! 结果是, 存在一个数 c 使得 $g'(c) = 0$. 现在, 我们只需要对 y 求导来看看这对于 f 意味着什么. 由于量 $f(b) - f(a)$ 和 $b - a$ 都是常数, 我们得到

$$g'(x) = f'(x) - \frac{f(b) - f(a)}{b - a}.$$

现在, 将 $x = c$ 代入. 由于 $g'(c) = 0$, 我们有

$$0 = f'(c) - \frac{f(b) - f(a)}{b - a}.$$

这表示

$$f'(c) = \frac{f(b) - f(a)}{b - a}.$$

这正好是我们想要证明的!

A.6.9 线性化的误差

让我们来整理另外一个不精确的结果. 在 13.2 节, 我们看到函数 f 关于 $x = a$ 的线性化 L, 其中 a 是 f 定义域内的某个数:

$$L(x) = f(a) + f'(a)(x - a).$$

如果 x 在 a 的附近, 我们可以使用 $L(x)$ 来估算 $f(x)$ 的值. 我们的错误可能有多大呢? 根据 13.2.4 节的公式, 如果 f'' 在 x 和 a 之间存在, 那么

$$|误差| = \frac{1}{2}|f''(c)||x - a|^2,$$

这里的 c 是介于 x 和 a 之间的某个数. 我们来证明这个公式. 首先, 我们称误差项为 $r(x)$; 由于 $r(x)$ 是 $f(x)$ 的真值和猜测值的差, 故猜测值就是线性化 $L(x) = f(a) + f'(a)(x - a)$. 我们有

$$r(x) = f(x) - L(x) = f(x) - f(a) - f'(a)(x - a).$$

现在, 聪明的做法是将 x 固定为一个常数并且令 a 为变量. 由此启发得到

$$g(t) = f(x) - f(t) - f'(t)(x - t).$$

因此, 只有 $t = a$ 时, 才有误差 $r(x)$. 即, 误差为 $g(a)$. 注意

$$g(x) = f(x) - f(x) - f'(x)(x - x) = 0.$$

我们求 g 关于 t 的导数. 项 $f(x)$ 是常数, 故其导数为 0. 此外, 我们需要用乘积法则来处理 $f'(t)(x - t)$. 总之, 我们得到

$$g'(t) = 0 - f'(t) - (f'(t) \times (-1) + f''(t)(x - t)) = -f''(t)(x - t).$$

特别地, 我们有

$$g'(x) = -f''(x)(x - x) = 0.$$

目前为止, 我们所做的一切都是非常合理的. 现在, 我们必须做一些看起来有些疯狂的事情. 请记住, 我们想要证明误差是 $\frac{1}{2}f''(c)(x - a)^2$, 其中 c 介于 x 和 a 之间. 由于误差是 $g(a)$, 这就暗示了 $g(t)$ 形如 $K(x - t)^2$, 其中 K 是某个不依赖于 t 而只依赖于 x 和 a 的数. 即使这不完全正确, 但它或许可以解释我们为什么会令

$$h(t) = g(t) - K(x - t)^2.$$

你看, 当对它关于 t 求导时, 保持 x 为常数, 会得到

$$h'(t) = g'(t) + 2K(x - t).$$

这又怎么样? 我们可以使用中值定理 (见 11.3 节) 得到

$$h'(c) = \frac{h(x) - h(a)}{x - a}$$

对于某个介于 x 和 a 之间的 c 成立. 我们可以使用上述等式对 $h'(c)$、$h(x)$ 及 $h(a)$ 做替换:

$$
\begin{aligned}
g'(c) + 2K(x-c) &= \frac{(g(x) - K(x-x)^2) - (g(a) - K(x-a)^2)}{x-a} \\
&= \frac{-g(a) + K(x-a)^2}{x-a},
\end{aligned}
$$

因为 $g(x) = 0$. 因为 $g'(c) = -f''(c)(x-c)$, 最后一个方程可以重新整理为

$$
g(a) - K(x-a)^2 = (x-a)(x-c)(f''(c) - 2K).
$$

我们的任务快完成了, 但仍然有一个问题. 我们不能处理因子 $(x-c)$, 因为在我们的误差项中没有它! 唯一一种消除它的可能就是左边等于 0, 即应该选取 K 使得 $g(a) - K(x-a)^2 = 0$. 事实上, 如果 $K = g(a)/(x-a)^2$, 那么上述方程变为

$$
0 = (x-a)(x-c)\left(f''(c) - \frac{2g(a)}{(x-a)^2}\right).
$$

由于 $x \neq a$ 且 $x \neq c$, 我们一定会有

$$
f''(c) - \frac{2g(a)}{(x-a)^2} = 0,
$$

这表示 $g(a) = \frac{1}{2}f''(c)(x-a)^2$. 由于 $g(a) = r(x)$ 是我们要找的误差, 因此我们完成了证明.

A.6.10　分段函数的导数

假定 f 以分段的形式定义为

$$
f(x) = \begin{cases} f_1(x) & \text{若 } x > a, \\ f_2(x) & \text{若 } x \leqslant a. \end{cases}
$$

(你可以将 $x > a$ 改为 $x \geqslant a$, 将 $x \leqslant a$ 改为 $x < a$; 这无关紧要.) 不管怎样, 在 6.6 节中, 我们考虑了一个问题, 就是 f 是否在 a 上可导. 我们假设如果函数 f_1 和 f_2 在 $x = a$ 处互相匹配, 则它们的导数 f_1' 和 f_2' 在 $x = a$ 处也互相匹配, 那么 f 在 a 上可导. 我们如何来证明呢? 首先要注意 f_1 和 f_2 在 $x = a$ 处互相匹配的意思是

$$
\lim_{x \to a^+} f_1(x) = \lim_{x \to a^-} f_2(x) = f(a).
$$

这就确保了 f 至少是连续的. 现在, 我们还要假设它们的导数也互相匹配, 这意味着 f_1 在最接近 a 的右侧是可导的, f_2 在最接近 a 的左侧是可导的, 以及

$$
\lim_{x \to a^+} f_1'(x) = \lim_{x \to a^-} f_2'(x) = L,
$$

其中 L 是某个很好的有限数. 因此, 我们来考虑

$$
\frac{f(a+h) - f(a)}{h},
$$

其中 h 是某个很小的数且 $h \neq 0$. 如果 $h > 0$, 那么我们可以应用中值定理 (见 11.3 节) 得到

$$\frac{f(a+h) - f(a)}{h} = f_1'(c),$$

其中 c 是介于 a 和 $a+h$ 之间的某个数. (这里我们需要 f 在 $[a,\, a+h]$ 上的连续性.) 根据三明治定理, 当 $h \to 0^+$ 时, 数 c 就被夹在 a 和 $a+h$ 之间, 故当 $h \to 0^+$ 时有 $c \to a^+$. 我们现在看到

$$\lim_{h \to 0^+} \frac{f(a+h) - f(a)}{h} = \lim_{h \to 0^+} f_1'(c) = \lim_{c \to a^+} f_1'(c) = L.$$

同理得左极限, 只是我们要使用 f_2' 代替 f_1':

$$\lim_{h \to 0^-} \frac{f(a+h) - f(a)}{h} = \lim_{h \to 0^-} f_2'(c) = \lim_{c \to a^-} f_2'(c) = L.$$

左极限和右极限都等于 L, 因此, 我们证明了 $f'(a)$ 存在且它也等于 L.

A.6.11 洛必达法则的证明

我们来证明洛必达法则 (见第 14 章). 确切地说, 假设我们有两个函数 f 和 g, 它们在某个包含点 a 的区间上可导 (但或许不在 a 本身), 且 $f(a) = g(a) = 0$; 此外, 除了可能在 a 处, $g'(x) \neq 0$. 那么, 我们需要证明

$$\lim_{x \to a} \frac{f(x)}{g(x)} = \lim_{x \to a} \frac{f'(x)}{g'(x)},$$

假设右边的极限存在. 我们需要一个形式略有不同的中值定理, 它被称为柯西中值定理: 如果 f 和 g 在 $[A,\, B]$ 上连续, 在 $(A,\, B)$ 内可导, 且在 $(A,\, B)$ 上 $g'(x) \neq 0$, 那么, 在 $(A,\, B)$ 内存在某个 C 使得

$$\frac{f'(C)}{g'(C)} = \frac{f(B) - f(A)}{g(B) - g(A)}.$$

我们首先来证明它, 然后用它来证明洛必达法则. 顺便提一句, 请注意, 如果对于所有的 x 有 $g(x) = x$, 那么 $g'(x) = 1$, 并且上述方程变为

$$f'(C) = \frac{f(B) - f(A)}{B - A}.$$

这正好是常规的中值定理! 尽管如此, 它对我们没有太多帮助. 让我们回到原始方程中去看看右边的分母吧, 即 $g(B) - g(A)$. 这不可能等于 0; 要是那样的话, 则 $g(B) = g(A)$, 这表示根据罗尔定理 (见 11.2 节), 对于在 $(A,\, B)$ 内的某个 C, $g'(C) = 0$. 因此, 右边有意义. 现在, 我们定义一个新的函数 h:

$$h(x) = f(x) - \left(\frac{f(B) - f(A)}{g(B) - g(A)} \right) g(x)$$

对于在 $(A,\, B)$ 内的所有的 x 成立. (将这个函数与 A.6.8 节中的常规中值定理的证明中的函数 g 做比较.) 不管怎样, 我们来写出有关这个函数的某些事实吧. 首先, 计算 $h(A)$ 和 $h(B)$. 我们有

$$h(A) = f(A) - \left(\frac{f(B) - f(A)}{g(B) - g(A)} \right) g(A)$$

$$= \frac{f(A)g(B) - f(A)g(A) - f(B)g(A) + f(A)g(A)}{g(B) - g(A)}$$

$$= \frac{f(A)g(B) - f(B)g(A)}{g(B) - g(A)},$$

而

$$h(B) = f(B) - \left(\frac{f(B) - f(A)}{g(B) - g(A)} \right) g(B)$$

$$= \frac{f(B)g(B) - f(B)g(A) - f(B)g(B) + f(A)g(B)}{g(B) - g(A)}$$

$$= \frac{f(A)g(B) - f(B)g(A)}{g(B) - g(A)}.$$

故 $h(A) = h(B)$. 此外, 注意 h 是可导的, 并且由于 A 和 B 都是常数, 我们有

$$h'(x) = f'(x) - \left(\frac{f(B) - f(A)}{g(B) - g(A)} \right) g'(x).$$

由于 $h(A) = h(B)$, 我们可以使用罗尔定理来推出结论: 在 (A, B) 内存在一个数 C, 使得 $h'(C) = 0$. 这意味着

$$h'(C) = f'(C) - \left(\frac{f(B) - f(A)}{g(B) - g(A)} \right) g'(C) = 0.$$

如果你重新整理这个方程, 就会得到我们想要的结果

$$\frac{f'(C)}{g'(C)} = \frac{f(B) - f(A)}{g(B) - g(A)}.$$

现在, 我们来证明洛必达法则. 由于 $f(a) = g(a) = 0$, 我们有

$$\lim_{x \to a} \frac{f(x)}{g(x)} = \lim_{x \to a} \frac{f(x) - f(a)}{g(x) - g(a)}.$$

如果 $x > a$, 那么在区间 $[a, x]$ 上, 我们可以使用柯西中值定理 (就是我们刚刚证明的) 来说明

$$\lim_{x \to a} \frac{f(x)}{g(x)} = \lim_{x \to a} \frac{f(x) - f(a)}{g(x) - g(a)} = \lim_{x \to a} \frac{f'(c)}{g'(c)}$$

对于在 (a, x) 内的某个 c 成立. 否则, 如果 $x < a$, 那么我们会有相同的结果, 只是 c 在 (x, a) 中. (注意, 我们使用的事实是, 除了可能在 a 外, g' 不为 0; 这是柯西中值定理的一个条件.) 当然, 数 c 依赖于 x 的值; 而我们看到, 当 $x \to a$ 时, 也会有 $c \to a$. 因此, 我们有

$$\lim_{x \to a} \frac{f(x)}{g(x)} = \lim_{x \to a} \frac{f'(c)}{g'(c)} = \lim_{c \to a} \frac{f'(c)}{g'(c)}.$$

所剩的工作就是将 c 看成虚拟变量并将它改为 x, 这样, 我们就完成了洛必达法则的证明.

嗯, 其实证明不算完整. 我们还没有证明 ∞/∞ 的情况, 也没有证明 $x \to \infty$ (或 $-\infty$) 时的情况. 如果你敢于挑战, 就请尝试将上述证明应用到这些情况中吧, 这是一个极棒的练习.

A.7 泰勒近似定理的证明

现在, 我们来看看如何证明 24.1.3 节中的泰勒近似定理吧. 该定理说的是: 如果 f 在 $x = a$ 处是光滑的, 那么, 在所有 N 次或 N 次以下的多项式中, 对于在 a 附近的 x 的 $f(x)$ 的最佳近似就是 N 阶泰勒多项式 P_N 它由下式给出:

$$P_N(x) = f(a) + f'(a)(x - a) + \frac{f''(a)}{2!}(x - a)^2$$
$$+ \frac{f^{(3)}(a)}{3!}(x - a)^3 + \cdots + \frac{f^{(N)}(a)}{N!}(x - a)^N.$$

我们的计划是, 证明该定理是如何从 24.1.4 节的完整泰勒定理中推导出来的. 我省略了完整泰勒定理的证明, 因为从大多数教科书或在搜索引擎上输入 "泰勒定理的证明" 能找到. 你不容易找到的是这个近似定理的证明, 因此我们就来看看它吧.

首先, 让我们设 $a = 0$ 来简化这个问题. 由于我们假设完整泰勒定理已经被证明了, 因此可知 $f(x) = P_N(x) + R_N(x)$, 其中

$$P_N(x) = \sum_{n=0}^{N} \frac{f^{(n)}(0)}{n!} x^n$$

是一个 N 次多项式, 也知

$$R_N(x) = \frac{f^{(N+1)}(c)}{(N+1)!} x^{N+1},$$

其中 c 介于 0 和 x 之间. (请记住, 我们设了 $a = 0$, 因此, 形如 $(x - a)^n$ 的因子就变为 x^n, 形如 $f^{(n)}(a)$ 的量就变为 $f^{(n)}(0)$.) 我们想要证明的就是:

在所有 N 次或 N 次以下的多项式中, P_N 是在 0 附近 f 的最佳近似.

到底如何证明类似的陈述呢? 上下文中的 "最佳" 又意味着什么呢? 求解技巧是, 另外选取一个次数不超过 N 的多项式, 我们称之为 Q. 由于 Q 不同于 P_N, 所以 Q 至少有一个系数不同于 P_N 中的相应系数. 我们想要证明 $P_N(x)$ 比 $Q(x)$ 更接近 $f(x)$, 至少当 x 接近 0 时如此. 为了看到这两个量有多么接近, 你需查看一下这两个量的差. 因此, 我们真正想要证明的就是不等式 $|f(x) - P_N(x)| < |f(x) - Q(x)|$, 此时取 x 接近 0. 如果这是正确的, 那么就可以推出结论 —— $P_N(x)$ 确实比 $Q(x)$ 更接近理想值 $f(x)$.

为了得到这个不等式, 我们来分别看看两边的情况. 左边是 $f(x) - P_N(x)$ 的绝对值, 这实际上就是余项 R_N. 我们已经有一个 R_N 的表达式, 它包括三个因子, 即 $f^{(N+1)}(c)$、x^{N+1} 及 $1/(N+1)!$. 我们知道 c 介于 0 和 x 之间, 当 $x \to 0$ 时, 根

据三明治定理一定有 $c \to 0$. 由于我们假定 f 非常光滑, 函数 $f^{(N+1)}$ 是连续的. 因此, 当 $x \to 0$ 时有 $c \to 0$, 故得出 $f^{(N+1)}(c) \sim f^{(N+1)}(0)$. 将这三个因子写在一起并取绝对值, 我们有

$$|f(x) - P_N(x)| = |R_N(x)| = \left| \frac{f^{(N+1)}(c)}{(N+1)!} x^{N+1} \right| \sim \frac{|f^{(N+1)}(0)|}{(N+1)!} |x|^{N+1},$$

其中 $x \to 0$. 事实上, 我们可以令 $C = f^{(N+1)}(0) / (N+1)!$, 要注意 C 只是某个不依赖于 x 的常数. 因此, 我们有

$$|f(x) - P_N(x)| \sim |C||x|^{N+1}, \qquad \text{当 } x \to 0 \text{ 时}.$$

这太棒了. 现在, 我们来看看要证明的不等式的右边. 这个量是 $|f(x) - Q(x)|$. 我们写出 $f(x) = P_N(x) + R_N(x)$, 从而

$$|f(x) - Q(x)| = |P_N(x) + R_N(x) - Q(x)| = |S(x) + R_N(x)|,$$

其中, 我们通过设 $S(x) = P_N(x) - Q(x)$ 将 $P_N(x)$ 和 $Q(x)$ 放在一起. 让我们来好好看看 S. 它是两个次数不超过 N 的不同多项式的差. 因此, S 是一个次数小于或等于 N 的多项式, 但它不是零多项式. 我们假设, 如果用 x 的幂来写 $S(x)$, 它就好像 $S(x) = a_m x^m + \cdots$, 其中 $a_m x^m$ 是最低次数项. 数 m 必然介于 0 和 N 之间, 因为 S 的次数小于或等于 N. 我们知道 S 的行为很像它的最低次数项的行为 (见 21.4.1 节). 即, 当 $x \to 0$ 时, $S(x) \sim a_m x^m$. 另一方面, 我们需要看看 $S(x) + R_N(x)$, 因为这是我们想要的不等式的右边. 我们已经看到了, 当 $x \to 0$ 时 $R_N(x) \sim C x^{N+1}$, 故 $S(x) + R_N(x)$ 中的最低次数项的行为仍会像 $a_m x^m$ 一样 (请记住, $m \leqslant N$, 故 x^m 是一个次数低于 x^{N+1} 的项). 综述, 我们有

$$|f(x) - Q(x)| = |S(x) + R_N(x)| \sim |a_m||x^m|, \qquad \text{当 } x \to 0 \text{ 时}.$$

太棒了! 我们想要证明不等式

$$|f(x) - P_N(x)| < |f(x) - Q(x)|$$

当 x 接近 0 时是成立的. 我们知道, 当 $x \to 0$ 时, $|f(x) - P_N(x)| \sim |C||x|^{N+1}$ 及 $|f(x) - Q(x)| \sim |a_m||x|^m$. 由于 $m < N+1$(及 $|C|$ 与 $|a_m|$ 都是常数), 易知当 x 很小时, $|C||x|^{N+1}$ 比 $|a_m||x|^m$ 小得多. 事实上, 这两个量的比率是

$$\frac{|C||x|^{N+1}}{|a_m||x|^m} = C_1 |x|^{N+1-m},$$

其中 $C_1 = |C| / |a_m|$ 只是另一个常数. 当 $x \to 0$ 时, 右边的量趋于 0. 因此, 当 x 接近 0 时, 以上不等式实际上是成立的. 最终我们完成了泰勒近似定理的证明!

　　事实上, 有一点我们没有考虑: 假设 $a = 0$. 为了由此推出一般情况, 你只需在上述证明过程中每一处都用被平移的量 $(x - a)$ 替换量 x. 你只需要注意, $(x - a) \to 0$ 和 $x \to a$ 是同一个意思. 我把证明细节留给你来完成. 如果你能通过上述证明做到这点, 那你就太棒了.

附录 B   估 算 积 分

看到定积分时, 我们习惯于通过反导数以及微积分第二基本定理来给出一个确切的答案. 可实际上, 求解一个有用的反导数可能会很困难或者根本不可能. 有时候, 最好的选择是求出一个积分值的近似. 因此, 我们将讨论估算定积分的三种技巧, 以下就是最后这个附录的内容:
- 使用条纹、梯形法则及辛普森法则估算定积分;
- 估算上述近似中的误差.

B.1   使用条纹估算积分

以下是一个完全合理的定积分:
$$\int_0^2 \mathrm{e}^{-x^2}\mathrm{d}x.$$
它相当于由 x 轴、曲线 $y = \mathrm{e}^{-x^2}$ 以及直线 $x = 0$ 与 $x = 2$ 所围成区域的面积, 如图 B-1 所示.

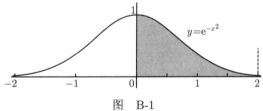

图　B-1

求这样的区域面积或许看起来偏于技术性, 但它有非常大的实际意义. 上述曲线通常被认为是钟形曲线,[①] 而且它是概率论学习的基础. 因此, 特别烦扰的是, 没有简单的好方法来写出反导数
$$\int \mathrm{e}^{-x^2}\mathrm{d}x.$$
实际上, 你可以使用麦克劳林级数把这个积分写成一个无穷级数, 但这也不是简单的好方法. 当前的严峻现实是, 无法将本节最开始的那个定积分的确切值以简洁的方式写出来. (在 16.5.1 节中, 我们已经讨论了这一点.)

另一方面, 我们可以使用黎曼积分的定义求出这个积分的近似值, 即一个估算. 实际上, 在 16.2 节, 我们讨论了划分、区间以及黎曼和. 由于积分是黎曼和的极限,

---

[①] 技术上说, 钟形曲线 (或正态分布) 实际上是由方程 $y = \mathrm{e}^{-x^2/2}/\sqrt{2\pi}$ 给出的.

不取极限, 我们就可以得到一个近似. 因此, 为了估算积分

$$\int_a^b f(x)\mathrm{d}x,$$

可以将区间 $[a, b]$ 做一个形如

$$a = x_0 < x_1 < \cdots < x_{n-1} < x_n = b$$

的划分, 然后在 $[x_0, x_1]$ 中选取一点 c_1, 在 $[x_1, x_2]$ 中选取一点 c_2, 以此类推直到在 $[x_{n-1}, x_n]$ 中选取一点 c_n. 那时, 就可以写出

$$\int_a^b f(x)\mathrm{d}x \approx \sum_{j=1}^n f(c_j)(x_j - x_{j-1}).$$

这就是说, 积分近似等于它的一个黎曼和.

所有这一切看起来都很抽象. 我们来看看它在上例中是如何起作用的吧. 我们要从 0 到 2 积分, 因此需要区间 $[0, 2]$ 上的一个划分. 该区间上最简单的划分就是这个区间 $[0, 2]$, 这相当于选择 $n = 1$、$x_0 = 0$ 及 $x_1 = 2$. 我们只需要在 $[0, 2]$ 内选取 c_1. 求出的近似很大程度上依赖于这个选取! 例如, 如果选取 $c_1 = 0$、$c_1 = 1$ 或 $c_1 = 2$, 那么近似就会分别对应图 B-2 所示区域的面积.

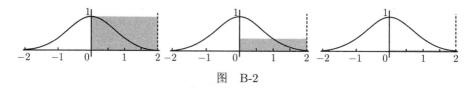

图   B-2

很明显, 第一个估算过高了, 而第三个则估算过低了. 中间的那个不算太糟, 但它仍不完美. 为了计算这三个估算值, 我们使用公式

$$\int_0^2 \mathrm{e}^{-x^2}\mathrm{d}x \approx \sum_{j=1}^n f(c_j)(x_j - x_{j-1}).$$

我们用 1 替换 n, $\mathrm{e}^{-c_1^2}$ 替换 $f(c_1)$, 0 替换 x_0, 并用 2 替换 x_1, 得到

$$\int_0^2 \mathrm{e}^{-x^2}\mathrm{d}x \approx \mathrm{e}^{-c_1^2}(2 - 0) = 2\mathrm{e}^{-c_1^2}.$$

当 c_1 是 0、1 或 2 时, 这些值分别是 2、$2/\mathrm{e} \approx 0.736$ 及 $2/\mathrm{e}^4 \approx 0.037$. 正如你看到的, 这三个估算有很大的差别!

现在我们来看看, 使用更多的条纹是否可以做得更好. 假设我们取了 $[0, 2]$ 上的一个五条划分

$$0 < \frac{1}{2} < 1 < \frac{5}{4} < \frac{3}{2} < 2.$$

因此, $n = 5$, $x_0 = 0$, $x_1 = \frac{1}{2}$, $x_2 = 1$, $x_3 = \frac{5}{4}$, $x_4 = \frac{3}{2}$, $x_5 = 2$. 假设我们选取的数 c_j 是每一个小区间的左端点, 这就表示 $c_1 = 0$, $c_2 = \frac{1}{2}$, $c_3 = 1$, $c_4 = \frac{5}{4}$, $c_5 = \frac{3}{2}$. 将这些

数代入上述近似公式中, 可得

$$\int_0^2 e^{-x^2} dx \approx \sum_{j=1}^{n} f(c_j)(x_j - x_{j-1})$$

$$= \sum_{j=1}^{5} e^{-c_j^2}(x_j - x_{j-1})$$

$$= e^{-0^2}\left(\frac{1}{2} - 0\right) + e^{-(1/2)^2}\left(1 - \frac{1}{2}\right) + e^{-1^2}\left(\frac{5}{4} - 1\right)$$

$$+ e^{-(5/4)^2}\left(\frac{3}{2} - \frac{5}{4}\right) + e^{-(3/2)^2}\left(2 - \frac{3}{2}\right).$$

如果你喜欢, 可以再做一些简化, 或者使用计算器或计算机得出其近似到小数点后四位的结果 1.0865. 现在, 你的任务是, 求使用每一个小区间的右端点而不是左端点时的估算值.

均匀划分

取均匀划分总会是很方便的. 这表示, 每一个小区间都有相同的宽度, 并且要计算出其宽度也不是很难的事情. 如果积分区间是 $[a, b]$, 那么其长度是 $b - a$ 单位, 因此如果将该区间 n 等分, 那么每一个小区间的长度是 $(b - a)/n$ 单位. 我们称这个量为 h, 故 $h = (b - a)/n$. 此外, 出现在黎曼和定义中的表达式 $(x_j - x_{j-1})$ 正是第 j 个条纹的宽度, 因此它正是 h. 我们的表达式

$$\sum_{j=1}^{n} f(c_j)(x_j - x_{j-1})$$

可以简化为

$$h \times \sum_{j=1}^{n} f(c_j).$$

你仍然需要选取数 c_j, 但这一次就简单多了. 例如, 我们使用 10 个等宽的条纹来估算积分

$$\int_0^2 e^{-x^2} dx,$$

每一条的宽度是 $h = (2 - 0)/10$, 即 $1/5$, 而且 $n = 10$. 因此, 我们有

$$\int_0^2 e^{-x^2} dx \approx h \times \sum_{j=1}^{n} f(c_j) = \frac{1}{5} \sum_{j=1}^{10} e^{-c_j^2}.$$

这些区间的宽度都是 $1/5$, 因此从 0 开始, 我们看到了如下的划分:

$$0 < \frac{1}{5} < \frac{2}{5} < \frac{3}{5} < \frac{4}{5} < 1 < \frac{6}{5} < \frac{7}{5} < \frac{8}{5} < \frac{9}{5} < 2.$$

如果我们令 c_j 为每一个小区间的右端点, 那么就有 $c_1 = \frac{1}{5}$, $c_2 = \frac{2}{5}$, 以此类推直到

$c_{10} = 2$. 我们将这些数代入上述公式中, 得到

$$\int_0^2 e^{-x^2} dx \approx \frac{1}{5}\left(e^{-(1/5)^2} + e^{-(2/5)^2} + \cdots + e^{-(9/5)^2} + e^{-2^2}\right).$$

在这个和中有 10 项. 由于函数 f 在 0 和 2 之间是递减的, 而且我们使用了每一条的右端点, 因而以上就是估算过低的情况. (你知道为什么吗?) 不管怎样, 你可以使用计算器或计算机来求上面的和, 大约是 0.783 670(近似到小数点后六位).

如果使用每一个小区间的中点, 而不是左端点或右端点, 情况又会怎样呢? 我们知道, $[0, \frac{1}{5}]$ 的中点是 $\frac{1}{10}$, $[\frac{1}{5}, \frac{2}{5}]$ 的中点是 $\frac{3}{10}$, 以此类推. 因此, 另一个可能的近似是

$$\int_0^2 e^{-x^2} dx \approx \frac{1}{5}(e^{-(1/10)^2} + e^{-(3/10)^2} + \cdots + e^{-(17/10)^2} + e^{-(19/10)^2}).$$

这大约是 0.882 202.

B.2　梯 形 法 则

涉及选取数 c_j 的问题是很困难的. 大多数情况下, 人们或者选择左端点或者选择右端点, 中点也是个常见的 (并且合理的) 选择. 这里还有一种估算积分的方法, 它不需要选择 (当然是在你决定使用这种方法的时候!) 但会给出更好的估算. 它被称作梯形法则.

其基本思想非常简单: 我们允许条纹的上边不平行于底边. 每一条纹的上边都是连接曲线 $y = f(x)$ 上的两个相应点的线段. 图 B-3 就是说明这两种方法间区别的图像.

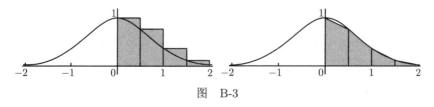

图　B-3

让我们来好好看看其中的一条新条纹, 如图 B-4 所示.

由于有两条边是平行的, 故该条纹是一个梯形. 底边长是 $(x_j - x_{j-1})$ 单位, 而平行的边的高度为 $f(x_{j-1})$ 单位和 $f(x_j)$ 单位. 根据梯形面积公式, 这个梯形条纹的面积是 $\frac{1}{2}(f(x_{j-1}) + f(x_j))(x_j - x_{j-1})$ 平方单位. 如果我们确保划分都是均匀的, 那么如同上一节, 可知 $x_j - x_{j-1}$ 就是 $(b-a)/n$. 这恰好就是条纹的宽度 (单位), 我们称之为 h, 因此, 一个条纹的面积变为

$$\frac{h}{2}(f(x_{j-1}) + f(x_j))$$

平方单位. 余下的工作就是把所有的梯形条纹面积都加在一起. 我们可以只将一个 Σ 符号放在以上量的外面, 提取常数因子 $h/2$, 即

$$\int_a^b f(x)\mathrm{d}x \approx \frac{h}{2}\sum_{j=1}^n (f(x_{j-1}) + f(x_j)).$$

事实上, 我们可以把这个表达式再简化一些. 你看, 除了最左边和最右边的条纹, 其他的相邻条纹都共用一条边, 如图 B-5 所示.

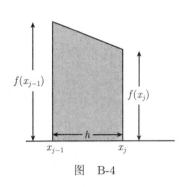

图 B-4

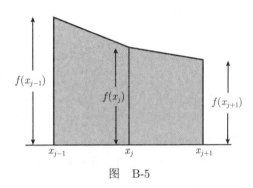

图 B-5

这意味着, 我们可以将很多项合并. 特别地, 除了 x_0 和 x_n 之外, 形如 $f(x_j)$ 的每一项都被用到两次. 例如 $n = 4$ 时, 我们有

$$\int_a^b f(x)\mathrm{d}x \approx \frac{h}{2}((f(x_0) + f(x_1)) + (f(x_1) + f(x_2)) + (f(x_2) + f(x_3)) + (f(x_3) + f(x_4))).$$

因此, 我们可以将和式中除第一项和最后一项外的所有项合并, 得到

$$\int_a^b f(x)\mathrm{d}x \approx \frac{h}{2}(f(x_0) + 2f(x_1) + 2f(x_2) + 2f(x_3) + f(x_4)).$$

同样的技巧适用于一般情况, 因此有

> 梯形法则: 如果 $x_0 < x_1 < \cdots < x_n$ 是 $[a, b]$ 上的均匀划分, 且 $h = (b-a)/n$ 是条宽, 那么
> $\int_a^b f(x)\mathrm{d}x \approx \frac{h}{2}(f(x_0) + 2f(x_1) + 2f(x_2) + \cdots + 2f(x_{n-2}) + 2f(x_{n-1}) + f(x_n)).$

让我们应用它来求下面积分的近似值:

$$\int_0^2 \mathrm{e}^{-x^2}\mathrm{d}x.$$

我们取 $n = 5$. 由于 $[0, 2]$ 的长度为 2 单位, 从而每一条的宽度为 $h = \frac{2}{5}$ 单位, 且划分是

$$0 < \frac{2}{5} < \frac{4}{5} < \frac{6}{5} < \frac{8}{5} < 2.$$

根据梯形法则, 我们有

$$\int_0^2 e^{-x^2} dx \approx \frac{2/5}{2} \left(e^{-0^2} + 2e^{-(2/5)^2} + 2e^{-(4/5)^2} + 2e^{-(6/5)^2} + 2e^{-(8/5)^2} + e^{-2^2} \right).$$

如果你愿意, 也可以将右边简化为

$$\frac{1}{5} \left(1 + 2e^{-4/25} + 2e^{-16/25} + 2e^{-36/25} + 2e^{-64/25} + e^{-4} \right).$$

你可以使用计算器或计算机来计算, 结果近似到小数点后六位是 0.881 131. 这比我们在 B.1 节结尾部分求出的估算 1.0865 略小一点, 但它很接近 B.1.1 节结尾部分的估算 0.882 202.

B.3 辛普森法则

为什么要止步于梯形法则呢? 梯形仍然有一个笨拙的线形上边. 在条纹的上边使用曲线而不是线段, 我们可以做得更好. 以下就是操作细节. 首先, 我们来看看相邻的两个条纹, 不用线段连接上边, 而是用一个二次曲线, 如图 B-6 所示.

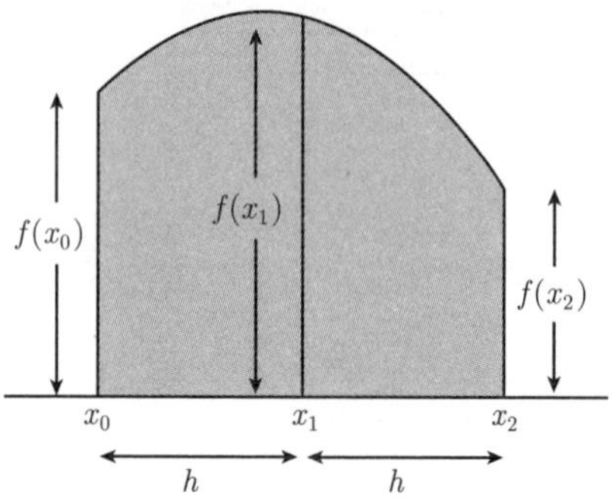

正如我们将在 B.3.1 节中看到的, 阴影部分的面积是

$$\frac{h}{3}(f(x_0) + 4f(x_1) + f(x_2))$$

平方单位, 其中我们又设了 $h = (b-a)/n$. 现在, 如果对每一对条纹重复这个操作, 再将所有的面积相加, 就会得到近似. 如同梯形法则的情况, 相邻的两个条纹共用一条边, 因此会有一些量被重复一次. 例如, 如果有四个条纹, 那么面积和将是

图   B-6

$$\frac{h}{3}((f(x_0) + 4f(x_1) + f(x_2)) + (f(x_2) + 4f(x_3) + f(x_4)));$$

我们把形如 $f(x_2)$ 的两项合并起来变为 $2f(x_2)$, 因此面积和是

$$\frac{h}{3}(f(x_0) + 4f(x_1) + 2f(x_2) + 4f(x_3) + f(x_4)).$$

如果有更多的条纹依然会有相同样式的结果. 如果 j 是偶数, $f(x_j)$ 的系数等于 2; 如果 j 是奇数, $f(x_j)$ 的系数等于 4——$f(x_0)$ 和 $f(x_n)$ 除外, 它们的系数都是 1. 总之, 我们有:

> 辛普森法则: 如果 n 是偶数, $x_0 < x_1 < \cdots < x_n$ 是 $[a, b]$ 上的均匀划分, 且 $h = (b-a)/n$ 是条宽, 那么
> $\int_a^b f(x) dx \approx \frac{h}{3}(f(x_0) + 4f(x_1) + 2f(x_2) + 4f(x_3) + \cdots + 2f(x_{n-2}) + 4f(x_{n-1}) + f(x_n)).$

我们拿它和上一节的梯形法则比较一下. 代替形如 1, 2, 2, ..., 2, 2, 1 的系数, 这

一次系数形如 1, 4, 2, 4, 2, ..., 2, 4, 2, 4, 1. 还要注意的是, 前面分母中的常数为 3 而不是 2.

应用辛普森法则很容易. 我们回到原来的那个例子中:

$$\int_0^2 e^{-x^2} dx,$$

并应用辛普森法则, 其中 $n = 8$. (我们不能用 $n = 5$, 因为 n 必须为偶数才能使用辛普森法则.) 每一条的宽度为 $h = (2 - 0)/8$ 单位, 即 $\frac{1}{4}$, 因此划分为

$$0 < \frac{1}{4} < \frac{1}{2} < \frac{3}{4} < 1 < \frac{5}{4} < \frac{3}{2} < \frac{7}{4} < 2.$$

根据以上公式, 我们有

$$\int_0^2 e^{-x^2} dx \approx \frac{1/4}{3}(e^{-0^2} + 4e^{-(1/4)^2} + 2e^{-(1/2)^2} + 4e^{-(3/4)^2} + 2e^{-1^2}$$

$$+ 4e^{-(5/4)^2} + 2e^{-(3/2)^2} + 4e^{-(7/4)^2} + e^{-2^2}).$$

使用计算器, 这大约是 0.882066, 这十分接近我们在上一节的估算. 确切地说, 使用梯形法则 (其中 $n = 5$), 我们得到估算 0.881131. 为了准确起见, 我使用了计算机程序, 得积分近似到小数点后六位的正确值是 0.882081. 因此, 辛普森法则 $(n = 8)$ 比梯形法则 $(n = 5)$ 更好. 当然, 更公平的比较需在两种情况下都使用 $n = 8$; 希望你来重复这种情况下的梯形法则的计算, 并和刚才相应的辛普森法则的估算结果进行比较.

辛普森法则的证明

让我们将图像平移, 以便中线位于 y 轴, 如图 B-7 所示.

可以看到, 平移的结果将划分端点的 x 坐标移到了 $-h$、0 和 h. 不再使用 $f(x_0)$、$f(x_1)$ 和 $f(x_2)$, 我们只分别写出 P、Q 和 R. 上边的点由某二次曲线连接, 但我们不知道它是什么. 好吧, 我们就称它为 g 并假设 $g(x) = Ax^2 + Bx + C$. 我们知道 $P = g(-h)$、$Q = g(0)$ 及 $R = g(h)$, 这表示

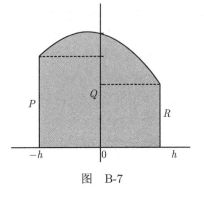

图　B-7

$$P = A(-h)^2 + B(-h) + C,$$
$$Q = A(0)^2 + B(0) + C,$$
$$R = Ah^2 + Bh + C.$$

中间那个方程就是 $C = Q$, 那么重新整理其他两个方程, 会看到 $A = (P + R - 2Q)/(2h^2)$. (我们不需要知道 B 是什么!) 现在, 所求阴影部分的面积简化后就是

$$\int_{-h}^{h} (Ax^2 + Bx + C)\mathrm{d}x = \left(\frac{A}{3}x^3 + \frac{B}{2}x^2 + Cx\right)\bigg|_{-h}^{h} = \frac{2Ah^3}{3} + 2Ch$$

平方单位. 从上述公式中代换 A 和 C 的值, 表达式可简化为

$$\frac{2h^3}{3} \times \frac{P + R - 2Q}{2h^2} + 2Qh = \frac{h}{3}(P + 4Q + R).$$

现在, 我们所要做的就是将它平移至更一般的位置 (不影响其面积) 并用函数值 $f(x_0)$、$f(x_1)$ 和 $f(x_2)$ 分别替换 P、Q 和 R, 来获得上一节开始部分的原型公式.

B.4   近似的误差

做近似 (或估算, 如果你更喜欢这个词) 的意义就是求接近于你要找的真实量的结果. 如果你真的能够确切地回答这个问题, 你就应该去做, 但有些时候这太难了. 因此, 近似至少可以给你提供接近于真实值的一个数. 正如我们多次看到的, 特别是当我们讨论线性化以及泰勒级数的时候 (见 13.2 节及 25.3 节), 还有一个重要的问题: 近似有多好呢? 你的近似是至少接近真实值, 还是在四周打转呢?

为了将这个问题量化, 我们再来看看近似中的误差, 它就是真实量和近似之间的差. 因此, 假设我们使用上述技巧中的一个 —— 均匀划分的条纹、梯形法则或辛普森法则 —— 来近似积分 $\int_a^b f(x)\,\mathrm{d}x$. 我们会得到

$$\int_a^b f(x)\mathrm{d}x \approx A,$$

其中 A 是近似值. 误差的绝对值是

$$|\text{误差}| = \left| \int_a^b f(x)\mathrm{d}x - A \right|.$$

事实表明, 通过 f 的导数 (如果它们存在), 我们可以对误差大小有些了解. 在那种情况下, 我们可以设 M_1 是 $|f'(x)|$ 在 $[a,\ b]$ 上的最大值. 类似地, 设 M_2 是 $|f''(x)|$ 在 $[a,\ b]$ 上的最大值, 最后设 M_4 是 $|f^{(4)}(x)|$ 在 $[a,\ b]$ 上的最大值. 那么, 我们可以证明下列误差的范围, 这取决于所使用的方法:

对于均匀划分的条纹, $|\text{误差}| \leqslant \dfrac{1}{2}M_1(b-a)h,$

对于梯形法则, $|\text{误差}| \leqslant \dfrac{1}{12}M_2(b-a)h^2,$

对于辛普森法则, $|\text{误差}| \leqslant \dfrac{1}{180}M_4(b-a)h^4.$

如往常一样, 这里的 h 是条纹宽度 $(b-a)/n$. 尽管上述公式都很相似, 但是它们还是有所不同的. 首先, 前面的系数不一样. 其次, 所涉及的导数不同: 对于条纹, 出现的是一阶导 (M_1 的形式); 对于梯形法则, 出现的是二阶导; 而对于辛普森法则,

则是四阶导. 然而, 最显著的区别是 h 的次数. 这显示了条纹宽度变小时, 误差减少的程度, 这当然发生在你取了很多条纹的时候. 当 h 变小时, h^4 会比 h^2 或 h 更快变小, 因此, 当使用很多条纹时, 辛普森法则与其他方法相较更胜一筹.

B.4.1 估算误差的例子

我们来看看这个附录中早早出现的例子

$$\int_0^2 \mathrm{e}^{-x^2}\,\mathrm{d}x$$

中误差结果的情况, 首先, 我们设 $f(x) = \mathrm{e}^{-x^2}$, 然后计算

$$f'(x) = -2x\mathrm{e}^{-x^2}, \quad f''(x) = (4x^2 - 2)\mathrm{e}^{-x^2}, \quad f^{(3)}(x) = -4x(2x^2 - 3)\mathrm{e}^{-x^2},$$
$$f^{(4)}(x) = 4(4x^4 - 12x^2 + 3)\mathrm{e}^{-x^2}.$$

首先, 我们来求 M_1. 这表示, 我们需要求出 $|f'(x)|$ 在 $[0, 2]$ 上的最大值, 它实际上是 $-f'(x)$. 由于二阶导 $f''(x)$ 在 $x = 1/\sqrt{2}$ 时为 0, 并且在那里其符号由负变为正, 故在 $1/\sqrt{2}$ 处 $f'(x)$ 有一个局部最小值. 这意味着, $f'(x)$ 在 $[0, 2]$ 上的最小值是 $-\sqrt{2}\mathrm{e}^{-1/2}$, 因此, $|f'(x)|$ 的最大值是 $\sqrt{2}\mathrm{e}^{-1/2}$. 即 $M_1 = \sqrt{2}\mathrm{e}^{-1/2}$.

现在, 我们可以回到 B.1.1 节的积分估算中了. 那里, 我们使用了 10 个均匀划分的条纹来估算积分. 由于 $a = 0$, $b = 2$, $h = (2 - 0)/10 = \frac{1}{5}$, 故我们有

$$|\text{使用 10 个均匀划分的条纹的误差}| \leqslant \frac{1}{2}M_1(b - a)h = \frac{1}{2} \times \sqrt{2}\mathrm{e}^{-1/2}(2 - 0)\frac{1}{5}$$
$$= \frac{\sqrt{2}}{5}\mathrm{e}^{-1/2}.$$

这大约是 0.171 553. 注意, 不管你使用左端点、右端点或中间的某个点作为 c_n, 都不要紧. (在 B.1.1 节, 我们使用了右端点和中点来求两个不同的估算, 它们都精确到大概 ±0.171 553.)

我们再来看看梯形法则. 在 B.2 节, 我们使用了 5 个宽度为 $h = 2/5$ 的梯形来估算积分 (故 $n = 5$). 为了查看误差会有多大, 我们需要在 $[0, 2]$ 上最大化 $|f''(x)|$ 来求 M_2. 为此, 回头看看上述公式中的 $f^{(2)}(x)$ 和 $f^{(3)}(x)$. $f^{(3)}(x)$ 在 $[0, 2]$ 上的零点在 $x = 0$ 和 $x = \sqrt{3/2}$, 因此, 这些点就是 $f^{(2)}(x)$ 的临界点. (请记住, 三阶导是二阶导的导数!) 因此, 我们可以检验 $f''(0)$ 和 $f''(\sqrt{3/2})$ 的值, 还有在另一个端点 2 上的 $f''(2)$ 的值. 我们求出 $f''(0) = -2$, $f''(\sqrt{3/2}) = 4\mathrm{e}^{-3/2}$, $f''(2) = 14\mathrm{e}^{-4}$. 它们绝对值当中的最大值是 $f''(0)$. 这意味着 $M_2 = 2$. 现在, 我们可以估算误差了 (记住 $h = 2/5$):

$$|\text{使用 5 个梯形的误差}| \leqslant \frac{1}{12}M_2(b - a)h^2 = \frac{1}{12} \times 2(2 - 0)\left(\frac{2}{5}\right)^2 = \frac{4}{75},$$

这大概是 0.053 333.... 这比使用 10 个条纹的误差要小很多, 尽管我们只使用了 5 个

梯形! 由于我们之前的估算大约是 0.881 131, 我们证明了

$$\int_0^2 e^{-x^2}\mathrm{d}x \approx 0.881\,131$$

这个近似可精确到 $\pm 0.053\,333$. (这当然和我们在 B.3 节结尾部分的观察是一致的, 其中, 近似到小数点后六位的正确值实际上是 $0.882\,081$.)

最后, 我们使用辛普森法则来估算误差. 在 B.3 节, 我们使用了 $n = 8$ 时的辛普森法则来证明

$$\int_0^2 e^{-x^2}\mathrm{d}x \approx 0.882\,066.$$

我们需要求 M_4, 它是 $\left|f^{(4)}(x)\right|$ 在 $[0, 2]$ 上的最大值. 这可能非常繁杂, 因为 $f^{(4)}(x) = 4\left(4x^4 - 12x^2 + 3\right)e^{-x^2}$. 我们来分别求这三个因子的最大值, 以代替求整个式子的最大值. 对于 4 没有任何问题, e^{-x^2} 是正的且在 $x = 0$ 上达到最大 (其最大值为 1); 因此, 我们只需要求出 $\left|4x^4 - 12x^2 + 3\right|$ 在 $[0, 2]$ 上的最大值点. 我们有

$$\frac{\mathrm{d}}{\mathrm{d}x}(4x^4 - 12x^2 + 3) = 16x^3 - 24x = 8x(2x^2 - 3),$$

因此, 要找的最大值点只能出现在临界点 $x = 0$ 和 $x = \sqrt{3/2}$, 或另一个端点 $x = 2$ 上. 将这些数代入, 我们可以求出最大值 19 出现在 $x = 2$, 这意味着在 $[0, 2]$ 上有

$$|4x^4 - 12x^2 + 3| \leqslant 19.$$

综上所述, 我们可以说

$$M_4 \leqslant 4 \times 19 \times 1 = 76.$$

(实际上 $M_4 = 12$, 但是你需要看看 f 的五阶导, 这就够了!) 现在, 终于可以使用我们的公式了 ($h = (2 - 0)/8 = 1/4$):

$$|使用 \ n = 8 \ 的辛普森法则的误差| \leqslant \frac{1}{180}M_4(b - a)h^4$$

$$\leqslant \frac{1}{180} \times 76(2 - 0)\left(\frac{1}{4}\right)^4 = \frac{19}{5760}.$$

这大约是 $0.003\,299$, 它比我们之前计算的那两个误差更小一些.

B.4.2　误差项不等式的证明

证明 B.4 节三个误差不等式的后两个, 有点超出本书的范围, 但是第一个并不难证明:

$$|使用 \ n \ 个均匀划分条纹宽度为 \ h \ 的误差| \leqslant \frac{1}{2}M_1(b - a)h,$$

其中, M_1 是 $f'(x)$ 在 $[a,\, b]$ 上的最大值. 假设我们使用左端点来做估算. 我们就来看看其中的一条吧. 如果它的底是区间 $[q,\, q+h]$(对于某个 q), 那么它看起来就如图 B-8 所示.

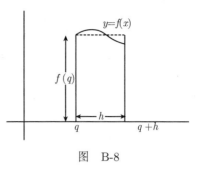

近似矩形的高度是 $f(q)$ 且宽度为 h 个单位, 因此, 近似的面积是 $hf(q)$ 平方单位. 一般地, 这个近似的结果会有多糟呢? 这完全取决于 f 的图像和常数直线 $y = f(q)$ 的偏离程度. 图 B-9 就是两种最坏的情况.

图 B-8

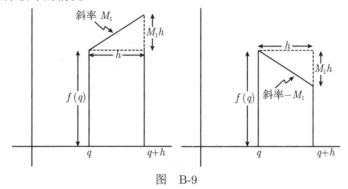

图 B-9

第一个图像显示了一条始于 $(q,\, f(q))$ 且斜率为 M_1 的线段, 而第二个图像显示了一条始于同一点且斜率为 $-M_1$ 的线段. 事实上, 该函数一定被夹在这两个极值之间. 的确, 第一条直线的方程为 $y = f(q) + M_1(x - q)$. 如果 $f(x)$ 高过这条线 (对于在区间 $[q,\, q+h]$ 内的 x), 那么我们有

$$f(x) > f(q) + M_1(x - q) \text{ 或 } \frac{f(x) - f(q)}{x - q} > M_1.$$

根据中值定理 (见 11.3 节), 对于在 $[q,\, x]$ 上的某个 c, 左边部分等于 $f'(c)$, 故 $f'(c) > M_1$. 这是不可能的, 因为 M_1 是 $|f'(x)|$ 在 $[a,\, b]$ 上的最大值. 类似的论证显示了 $y = f(x)$ 总是位于那条向下倾的线的上方.

现在, 我们可以来看看误差了. 在第一种最坏的情况中, 真正的区域包括该条纹及一个边长为 h 与 $M_1 h$ 个单位的三角形; 在第二种最坏的情况中, 实际上从该条纹中去除了一个同样的三角形. 不管在哪一种情况中, 可能会偏离的面积是这个三角形的面积, 即 $\frac{1}{2} M_1 h^2$ 平方单位. 剩下要做的就是, 用这个误差和条纹的个数 n 相乘, 会看到我们的近似不可能再比 $\frac{1}{2} M_1 h^2 n$ 更糟了. 事实上, 我们可以拿掉 h 的某个因子, 并使用等式 $nh = (b - a)$ 将上述表达式写作 $\frac{1}{2} M_1 (b - a) h$. 这就是我们想要的了! 有时我们不是必须选择左端点的, 其他情形就请你来重复上述的证明. (事实上, 如果你使用中点, 可以证明误差实际上仅仅是 $\frac{1}{4} M_1 (b - a) h$.)

符 号 列 表

符号	意义
$\mathbb{R}$	实数集合
$[a, b]$	从 a 到 b 的闭区间
(a, b)	从 a 到 b 的开区间
$(a, b]$	从 a 到 b 的半开区间
$A \setminus B$	在 A 中但不在 B 中的数
$f(x)$	以 x 为变量的函数
f^{-1}	函数 f 的反函数
$f \circ g$	函数 f 和 g 的复合函数
Δ	二次函数判别式
$|x|$	x 的绝对值
$\sin, \cos, \tan$	基本三角函数 (正弦、余弦、正切)
$\sec, \csc, \cot$	基本三角函数的倒数 (正割、余割、余切)
$\sin^{-1}, \cos^{-1}, \tan^{-1}$	基本三角函数的反函数 (反正弦、反余弦、反正切)
$\sec^{-1}, \csc^{-1}, \cot^{-1}$	基本三角函数的倒数的反函数 (反正割、反余割、反余切)
$\sinh, \cosh, \tanh$	基本的双曲函数 (双曲正弦、双曲余弦、双曲正切)
$\text{sech}, \text{csch}, \coth$	基本双曲函数的倒数 (双曲正割、双曲余割、双曲余切)
$\sinh^{-1}, \cosh^{-1}, \tanh^{-1}$	基本双曲函数的反函数 (反双曲正弦、反双曲余弦、反双曲正切)
$\text{sech}^{-1}, \text{csch}^{-1}, \coth^{-1}$	基本双曲函数的倒数的反函数 (反双曲正割、反双曲余割、反双曲余切)
$\ln(x), \log_e(x)$	x 的自然对数
$\lim\limits_{x \to a}$	当 x 趋于 a 时的双方向极限
$\lim\limits_{x \to a^+}$	当 x 趋于 a 时的右极限
$\lim\limits_{x \to a^-}$	当 x 趋于 a 时的左极限
DNE	极限不存在
$0/0, \infty/\infty, 0 \times \infty$	不定式
$0^0, 1^\infty, \infty^0$	不定式
$\underset{}{\overset{\text{l'H}}{=\!=}}$	等于, 使用洛必达法则
$\sim$	渐近函数或数列
$\approx$	约等于
Δx	自变量 x 所发生的变化
$f'(x)$	函数 f 关于 x 的导数

$f''(x), f^{(2)}(x)$	函数 f 关于 x 的二次导数
$f^{(n)}(x)$	函数 f 关于 x 的 n 次导数
$\dfrac{\mathrm{d}y}{\mathrm{d}x}, \dfrac{\mathrm{d}}{\mathrm{d}x}(y), \mathrm{d}y/\mathrm{d}x$	y 关于 x 的导数
$\dfrac{\mathrm{d}^2 y}{\mathrm{d}x^2}, \dfrac{\mathrm{d}^2}{dx^2}(y)$	y 关于 x 的二次导数
x, v, a	位移, 速度, 加速度
g	重力加速度
$|AB|$	线段 AB 的长度
$\triangle ABC$	以 A、B、C 为顶点的三角形
e	自然对数的底
$t_{1/2}$	放射性物质的半衰期
$\star$	不连续 (使用在符号表格里)
$L(x)$	线性化
$\mathrm{d}f$	函数 f 的微分
$\displaystyle\sum_{j=a}^{b}$	从 $j = a$ 到 b 的和
$F(x)\Big|_a^b$	$F(b) - F(a)$
$\displaystyle\int_a^b f(x)\mathrm{d}x$	函数 f 关于 x 的定积分
$\displaystyle\int f(x)\mathrm{d}x$	函数 f 关于 x 的不定积分 (反导数)
f_{av}	函数 f 的平均值
I_n	积分数 n (递归公式)
$\{a_n\}$	数列 $a_1, a_2, a_3 \cdots$
$\displaystyle\sum_{n=1}^{\infty} a_n$	无穷级数 $a_1 + a_2 + a_3 + \cdots$
$n!$	n 的阶乘 $(1 \times 2 \times 3 \times \cdots \times (n-1) \times n)$
$P_N(x)$	N 阶泰勒多项式
$R_N(x)$	n 阶余项
(r, θ)	极坐标
i	$\sqrt{-1}$
$z = x + \mathrm{i}y$	笛卡儿形式的复数
$z = r\mathrm{e}^{\mathrm{i}\theta}$	极坐标形式的复数

e^z	以 z 为指数的复数
$\mathrm{Re}(z)$	z 的实部
$\mathrm{Im}(z)$	z 的虚部
$\bar{z}$	z 的复共轭
$\lvert z \rvert$	z 的模
$\arg(z)$	z 的辐角
y_H	齐次解 (微分方程)
y_P	特解 (微分方程)

索　引

漫长的历史流传中，散佚、缺残、衍误等为古籍的研究整理带来很大困难。《中医古籍整理丛书》作为国家项目，得到了卫生部和国家中医药管理局的大力支持，不仅为组织工作的实施和科研经费的保障提供了有力支持，而且为珍本、善本版本的调阅、复制、使用等创造了便利条件。因此，本丛书的版本价值和文献价值随着时间的推移日益凸显。

由于原版书出版时间已久，图书市场上今已很难见到，部分著作甚至已成为中医读者的收藏珍品。为便于读者研习，我社决定精选部分具有较大影响力的名家名著，编为《中医古籍整理丛书重刊》出版，以飨读者。

2013 年 2 月

在浩如烟海的古医籍中,保存了中国医药学精湛的医学理论和丰富的临证经验。为继承发扬祖国医药学遗产,过去,我社影印、排印出版了一批古医籍,以应急需。根据中共中央和国务院关于加强古籍整理的指示精神,以及卫生部1982年制定的《中医古籍整理出版规划》的要求,今后,我社将对经过中医专家、学者和研究人员在最佳版本基础上整理的古医籍,做到有计划、有系统地陆续出版,以满足广大读者和中医药人员的需要。

这次中医古籍整理出版,力求保持原书原貌,并注意吸收中医文史研究的新发现、新考证;有些医籍经过整理后,可反映出当代学术研究的水平。然而,历代中医古籍所涉及的内容是极其广博的,所跨越的年代又是极其久远的。由于历史条件所限,有些医籍夹杂一些不当之说,或迷信色彩,或现代科学尚不能解释的内容等,希望读者以辩证唯物主义的观点加以分析,正确对待,认真研究,从中吸取精华,以推动中医学术的进一步发展。

人民卫生出版社

王肯堂为明代有名的医学家,字宇泰,号念西居士,江苏金坛人。约生于嘉靖三十一年壬子(公元1552年);卒年不详。王氏出身于官宦世家,万历十七年己丑(公元1589年),中进士,选庶吉士,授检讨,任职史馆四年。王因上书朝廷,对国是提出评议,未被采纳,于是称病归里,旋遇京察,复降调家居。直至万历三十四年丙午(公元1606年)重又启用,官至福建参政,终于任所(一说,于天启元年辛酉,公元1621年离任)。

　　王肯堂自幼聪颖,好学不倦,尤其酷爱医学,正如王于自序中所云:"颛蒙无所知顾,读岐黄家言,辄心开意解,若有夙契者。"由于他"锐志医学",弱冠时医术已很高明,如"治女弟之乳痈,虞翁之附骨疽,皆起白骨而肉之"。因而求治日众,"延诊求方,户屦恒满"。正因医务繁忙,招致王父(王樵)的竭力反对,认为"妨废举业"而不之许。于是肯堂乃辍医习儒而涉足仕途。迨至贬官居家时,始重操旧业,一面为人治病,一面编撰医著,二百七十余万言之《证治准绳》一书,就是他居家十多年之内撰著而成的。

　　王肯堂学识渊博,著述宏富,除撰著《证治准绳》外,还编撰有《古今医统正脉全书》、《郁冈斋笔麈》等多种医著,但对医务界影响最大、最有代表性者当推《证治准绳》。王氏之著是书,始于明万历二十五年丁酉(公元1597年),迄于万历三十六年戊申(公元1608年)。全书分六科(实际五科),共四十四卷。其所以题名《证治准绳》者，因本书对证候治法的叙述特详，可使"不知医不能脉者，因证检书而得治法"故名。是书分科论述，各科涉及的病种非常广泛，全书所搜集的资料却又非常广博，如上自《内》《难》、下逮明季，但经删削整理，则全书有"博而不杂，详而有要"之感。兹就六科大要，分述如下。

《杂病证治准绳》书凡八卷（书中以册计卷），一至六册为内科杂病，分诸中、诸伤、寒热等十二门，百卅一种病证（子目不计下同）；七至八册为七窍门，计十九种病证。每门先列总论，而后按证分述。每证之下首引《内》《难》《伤寒》及历代医书有关论述，次叙证治、后附诸家医案，最后论脉。所有附方则另集《类方证治准绳》专册。书中第七册详述四十一种目疾病因、证候、治法，而对青光眼病证的论治特详，诚不啻明代之眼科专集。

《类方证治准绳》八册，系前书的方药专集。其卷次、证目顺序全同，故有姊妹编之称。本书辑有附方二千九百余首（六百多无名方尚不计在内）。约从东汉以迄有明一代，凡是主要医籍的常用要方，几乎搜录殆遍。然辨证设方尤为本专集特色，比如每一病证下面先列著名常用方，如痞证下首方张仲景泻心汤、气滞证下首方刘河间正气天香散等。对于一些较为复杂的病证则往往先列名家方论，示人以用药法度。每一方名之下均注有方源出处；凡为王氏本人创制方，均标"自制"两字以资区别。

《伤寒证治准绳》八卷（书中以帙计卷），系王氏集卅年精研伤寒所积累的资料写成。本书于序言下列有凡例、入门辨证诀等导论性章节。帙之一为伤寒总例；帙之二至四为六经病证；帙之五、六为合病、并病、汗吐下后不解、喘以及坏病、狐惑、百合病等；帙之七为劳复、食复、瘥后及妇人、小儿伤寒；帙之八为脉法与药性。本书是在张仲景原文基础上通过综合整理，并附后世各家论述和脉法。内容广博，诸证详备，既赅括百家，又不相淆杂，可以说对明代以前的伤寒学科进行了一次系统整理。

《女科证治准绳》五卷，分调经、杂病、胎前、产后四门。卷一首列治法通论及通治妇人诸疾与调经;卷二、三为杂病;卷四为胎前;卷五为产后,合共百八十余病证。本书是以宋代陈自明《妇人大全良方》及薛立斋校注本为蓝本,并在此基础上补充当代名医妇科论述及有关医方、医案。经过王氏这一整理和充实,使女科证治的内容更为赅博精详,更加切合临床实用,确为明代妇科学重要著作。后如清代妇产诸书《济阴纲目》《胎产心法》《胎产辑粹》等,大都在本书基础上略加发挥而成书的。

《幼科证治准绳》九卷(书中以集计卷),集之一为证治通论、初生胎疾;集之二列有二十一种病证均从肝脏论治的病理机制;集之三至八,突出论治儿科四大证麻、痘、惊、疳,对危害尤剧的麻、痘两病证,以是书三分之一的篇幅汇为专集;集之九为肺、肾两脏疾病,包括咳喘、龟胸、囟陷、五迟、五软、五鞭等难治之证。是书证治独以五脏分部,不同于各科编例,良因小儿脏腑娇嫩,易虚易实,使人易于掌握。

《疡医证治准绳》六卷,卷之一首列痈疽病源、诊法、治法等十四则,实为疡科总论;卷之二详论溃疡证治;卷之三、四简述痈疽外疡之不同部位;卷之五为诸肿以及较难治之皮肤科疾患;卷之六为损伤,包括金疮跌仆、破伤风、诸虫兽咬伤等。从卷之二起各证首列诊治法则,继而广辑众方,详叙证治并附王氏本人外科经验方。是书收录方剂共一千一百余首,其中有不少确具实效,如国老膏、神功散、换骨丹、没药丸、散肿溃坚汤等常用方,至今仍沿用于外科临床。

王肯堂的学术思想,能融会各家之长而无所偏执,对前人立论有偏颇者,辄参已见归之于平。但王氏深受金元"补土派"影响,应该说服膺于李东垣,化裁于薛立斋。扶正补虚是他一贯主张。如治伤寒,他提出"谨护元气,无孟浪汗下而后庶几乎少失也"的论点;又,他于女科自序里推崇薛己对校注《妇人大全良方》的功绩,谓其"立论酌寒热之中,大抵依于养脾胃,补气血,不以去病为事"而誉之为"救时之良医"。

《六科证治准绳》一书,实际上是五门学科撰著之总称,是有明一代内、妇、儿、外综合性著作,因而本书不仅对学习和研究明以前各学科的发展与成就有一定价值,而且就在现时,无论在教学、临床、科研等方面,都被广泛采用为主要参考用书,是以《四库全书·总目提要》评有"宜其为医家圭臬",洵非过誉。

施仲安执笔整理　一九八六年于南京

点校说明

《证治准绳》为明代名医王肯堂编撰。全书分"杂病"、"类方"、"伤寒"、"女科"、"幼科"、"疡医"等六科，故又称《六科证治准绳》，或《六科准绳》。

本书编撰，始于万历二十五年丁酉（公元 1597 年），讫于万历三十六年戊申（公元 1608 年），前后历时达 11 年之久。本书首先撰成的为"杂病"与"类方"各八卷（公元 1597—1598 年），其次为"伤寒"八卷（公元 1604 年），再次为"女科"五卷与"幼科"九卷（公元 1607 年），最后为"疡医"六卷（公元 1608 年），全书共四十四卷。始刊于万历三十年壬寅（公元 1602 年），历时七年，至三十六年戊申（公元 1608 年）六科全部刻成。本书科目较全，资料丰富，条理井然，切于临床实用。印成面世，受到当时医家的崇尚，历经辗转翻印，现有各种刻本不下 20 余种，为我们这次点校，对版本的选择提供了有利条件。

这次点校的底本，系选用上海科学技术出版社于1959 年出版的《证治准绳》缩影本（简称"上科缩影本"）。该本是根据上海图书馆所藏的万历初刻本与南京图书馆所藏的虞衙藏版重镌本（据专家判断为万历间刊本）参酌取舍，缩影成书，因而上科缩影本被现代中医界视为公认之通行本和善本。

《证治准绳》的明、清版本（包括日本两刻本）虽然很多，但大多依样葫芦，很少加以校订。其中惟以修敬堂金氏藏本（简称"修敬堂本"），刊于清乾隆五十八年癸丑（公元 1793 年），为苏州程永培氏校勘本（详见程序），基本订正了初刻本所存在的不少脱衍倒讹和误刻,所以我们把修敬堂本选为点校用的主校本。

　　本书其他较好的翻刻本有日本宽文十年的铜驼书林本与宽文十三年的村上平乐寺本(公元 1670—1673 年)。清康熙三十八年己卯(公元 1699 年)虞氏刻本;清乾隆十四年己巳(公元 1749 年)带月楼刻本;清光绪十八年壬辰(公元 1892 年)上海图书集成印书局本(简称"集成本")等,其中集成本对于修敬堂本的少数差错有所订正,因而作为点校用的主要旁校本。其余不同版本,则作为普通旁校本。

　　《证治准绳》六科所引用其他著作约计百数十种,除其中少数原著早已散佚者外,对现有的著作亦选取较好的印本,作为他校本。凡为点校所引用到的主要他校书名,一一列于书末,使读者便于查考。

　　在选定底本与校本的基础上,综合运用对校、本校、他校、理校等四校方法进行点校,但以对校、他校为主,原则上做到逐字校雠,不漏不误。若诸本一致而有悖医理时,则运用理校,但务必据理充分。对原书内容一般不予删节和变动,力求恢复或接近《证治准绳》初刻本的原貌,使其不但具有实用性,而且更具有较大的文献价值。兹将本书点校的具体方法分述于下:

　　一、凡底本不误,他本误者不出校记;如底本脱讹衍倒,确有实据,均予补改删乙,并出校说明。

　　二、凡疑有脱讹衍倒,而无确实理据者,原文不动,出校存疑。

　　三、凡底本与校本异文纷纭,各有义理难以定论者,原文不动,出校列举有意义之异文。

　　四、古人引书每多剪裁,有些还综合数说为一,虽与他校本文句有所出入,但不失原意者不予改动,亦不出校记以保持本书原貌。如与原书不同且有损文义者,则据原书改正并出校说明。

　　五、底本内容有少数生僻字和通假字;以及多义字和费解的名词、术语等等,分别出校,并加注汉语拼音与简明的训释。

　　六、底本中少数字体的笔画小误,显系误刻或错字,以及日曰混淆、己巳舛错之类,均予径改;又如底本中的槩、畓、揵、智、膋、疱、艸、氷、蒠、麀、齸等异体字,亦径改不出校注。凡出校注的字、词、句之右上角,均注以角码并按角码数字顺序注于每页页末。

七、全书一律添加常用的标点符号,便于阅读。书中引用的书名均加书名号(《》);如书名与篇名联用时,则中间隔以间隔号(·)。如只有篇名以及单名(经云)之类,一概不加书名号。

八、凡目录与正文不一致时,据正文改目录,不出校注;如应据目录改正正文,如改正病证名或方名时,则出校说明。

九、本书"杂病"、"类方"目录,原为分册目录,置各册之首,为便于检索,援引其他四科体例,将分册目录移编于前。又,本书六科之内有分册、帙、集、卷之别,为保存原书旧貌,未作改动,依仍其旧。

十、本书因受当时历史条件限制,夹有某些封建迷信内容,为保留原书原貌,不予删节,希读者阅读时,有分析地加以接受。

全书六科,是由倪和宪("杂病")、彭怀仁("类方")、宋立人("伤寒")、臧载阳("女科")、陈立行("幼科")、施仲安("疡医")六位同志分工点校的。由于我们限于水平,加之点校古医籍经验不足,存在问题一定很多,请批评指正。

《证治准绳》点校组 1986 年 1 月于南京

总目

证治准绳(一)

杂病证治准绳

中医古籍整理丛书重刊

明·王肯堂 辑

倪和宪 点校

人民卫生出版社

证治准绳 自叙

余发始燥,则闻长老道说范文正公未达时,祷于神以不得为良相,愿为良医。因叹古君子之存心济物,如此其切也。当是时,颛蒙无所知顾,读岐黄家言,辄心开意解,若有夙契者。嘉靖丙寅母病阽危,常润名医,延致殆遍,言人人殊,罕得要领,心甚陋之,于是锐志学医。既起亡妹于垂死,渐为人知,延诊求方,户屦恒满。先君以为妨废举业,常严戒之,遂不复穷究。无何举于乡,又十年成进士,选读中秘书,备员史馆,凡四年,请急归,旋被口语,终已不振。因伏自念受圣主作养厚恩,见谓储相材,虽万万不敢望文正公,然其志不敢不立,而其具不敢不勉,以庶几无负父师之教,而今已矣。定省之余,颇多暇日,乃复取岐黄家言而肆力焉。二亲笃老善病,即医非素习,固将学之,而况乎轻车熟路也。于是闻见日益广,而艺日益精,乡曲有抱沉痼,医技告穷者,叩阍求方,亡[1]弗立应,未尝敢萌厌心,所全活者,稍稍众矣。而又念所济仅止一方,孰若著为书,传之天下万世耶。偶嘉善高生隐从余游,因遂采取古今方论,参以鄙见,而命高生次第录之,遂先成杂病论与方各八巨袠[2]。高生请名,余命之曰《证治准绳》。高生曰:何谓也?余曰:医有五科七事,曰脉、曰因、曰病、曰证、曰治为五科,因复分为三,曰内、曰外、曰亦内亦外,并四科为七事。如阴阳俱紧而浮脉也,伤寒因也,太阳病也,头痛发热身痛恶寒无汗证也,麻黄汤治也。派析支分,

〔1〕亡(wú 吾):通"无"。《集韵》:"无,说文亡也,或作亡。"
〔2〕袠(zhì 治):同"帙"。书套、书函。书一函称一袠。

15

毫不容滥，而时师皆失之不死者，幸而免耳。自陈无择始发明之，而其为《三因极一方》，复语焉不详。李仲南为《永类钤方》，枝分派析详矣，而入理不精，比附未确。此书之所以作也。曰五科皆备焉，而独名证治何也？曰以言证治独详故也。是书出，而不知医不能脉者，因证检书而得治法故也。虽然，大匠之所取，平与直者准绳也。而其能用准绳者，心目明也。倘守死句而求活人，以准绳为心目，则是书之刻，且误天下万世，而余之罪大矣。家贫无赀，假贷为之，不能就其半，会侍御周鹤阳公以按嵯[1]行县至金坛，闻而助成之，遂行于世。时

万历三十年岁次壬寅夏五月朔旦念西居士王肯堂宇泰识

〔1〕按嵯（cuó瘥）：古代官名，掌管盐政的按察司官员。

程永培序

　　王念西先生,胜国名翰林,理学文章,表表一时,出其绪余,游艺于岐黄之学以济人,虽未曾以专门名一家,而其所施治,往往奇验。夫医自天之阴阳寒暑,地之燥湿刚柔,以至昆虫草木之形质性味,莫不详而察焉。其施之于人,外而气色神情,内而经络部分,必先焖然昭晰,而又贵识其岁气消长,子母胜复之机,然后可以治病,此即儒者格物致知穷理尽性之学,而非可与方技同类而轻量之也。准绳一书,采辑精要,议论晓畅,门分类列,綦详且审,洵医学之金科玉律,虽有谓其疡科、痘科未甚详备者,要不得以此轻议之。余不知医,间居多暇,流览之余,或间遇笃疾之人,每窃取准绳之意,检方治之辄得效,亦冀稍有济于人耳。盖此书流传,足资后学法守,特少善本,欲校以付梓,顾卷帙浩繁,力有不逮,迟之又久,至戊戌岁,立志刊木,积十余年而告成,其间反覆校勘已数四矣。然不敢以为无误,且往来参订于青浦王半学茂才,钱塘陆琛紫孝廉,二公皆精于医者。间有舛误无考者仍之,恐失真耳。噫!医岂小道哉。若人在死生苦患之际,为之调剂使获安全,真不啻出水火而登之衽席也。念西先生,济人之心,深且远矣,后之读此书者,当亦体其意而恒其心则善尔。

乾隆五十八年孟冬之月瘦樵程永培书于心导楼

目录

诸 中 门[1]

卒 中 暴 厥

经云：暴病卒死，皆属于火。注云：火性速疾故也。然初治之药，不寒而温，不降而升，甚者从治也。俗有中风、中气、中食、中寒、中暑、中湿、中恶之别。但见卒然仆倒，昏不知人，或痰涎壅塞、咽喉作声，或口眼㖞斜，手足瘫痪，或半身不遂，或六脉沉伏，或指下浮盛者，并可用麻油、姜汁、竹沥，调苏合香丸，如口噤抉开灌之。或用三生饮一两，加人参一两煎成，入竹沥二三杯，姜汁少许。如抉不开，不可进药，急以生半夏为末，吹入鼻中，或用细辛、皂角、菖蒲为末，吹入得嚏则苏。此可以验其受病深浅，则知其可治不可治。详见中风门口噤条。若口开手撒遗尿者，虚极而阳暴脱也，速用大料参芪接补之，及脐下大艾灸之。痰涎壅盛者宜吐之，急救稀涎散，猪牙皂角肥实不蛀者四挺，去黑皮，晋矾光明者一两，各为细末研匀，轻者五分，重者三字，温水调灌下。又碧霞散，拣上色精好石绿，研筛水飞，再研取二三钱，同冰片三四豆许研匀，以生薄荷汁合温酒调服之。二药不大呕吐，但微微令涎自口角流出自苏。旧说口开心绝，手撒脾绝，眼合肝绝，遗尿肾绝，声如鼾肺绝，皆为不治之症。然五症不全见者，速服参芪膏，灸脐下，亦有得生者。卒中眼上戴不能视者，灸第二椎

证治准绳第一册

金坛王肯堂 辑

---

〔1〕诸中门：原脱，据本册目录补。

骨、第五椎上各七壮，一齐下火炷如半枣核大。若中人发直吐清沫，摇头上撺、面赤如妆，汗缀如珠，或头面赤黑，眼闭口开，气喘遗尿，皆不可治。诸中或未苏，或已苏，或初病，或久病，忽吐出紫红色者死。《传心方》云：治男子妇人涎潮于心，卒然中倒，当即时扶入暖室中，扶策正坐，当面作好醋炭熏之，令醋气冲入口鼻内，良久，其涎潮聚于心者自收归旧。轻者即时苏醒，重者亦省人事，唯不可吃一滴汤水入喉也。如吃汤水，则其涎永系于心络不能去，必成废人。

风邪中人，六脉多沉伏，亦有脉随气奔，指下洪盛者。浮迟吉，坚大急疾凶。浮迟为寒。虚大为暑，不当暑则为虚。浮涩为湿。浮大为风。浮数无热亦为风。微而数、浮而紧、沉而迟皆气中。风应人迎。气应气口。洪大为火。滑为痰。或浮而滑、沉而滑、微而虚者，皆虚与痰。更当察时月气候，及其人之起居，参以显症，而定病之主名，以施治疗。

中　　风

中后当如东垣法，分中血脉、中腑、中脏施治。

《灵枢经》云：虚邪偏客于身半，其入深，内居荣卫，荣卫稍衰则真气去，邪气独留，发为偏枯。故其邪气浅者，脉偏痛。又云：偏枯，身偏不用而痛，言不变，志不乱，病在分腠之间，巨针取之，益其不足，损其有余，乃可复也。痱之为病也，身无痛者，四肢不收，志乱不甚，其言微，知可治。甚则不能言，不可治也。此《内经》论中风之浅深也。其偏枯，身偏痛而言不变，志不乱者，邪在分腠之间，即仲景、东垣所谓邪中腑是也。痱病无痛，手足不收，而言喑志乱者，邪入于里，即仲景、东垣所谓邪中脏是也。

中血脉，外有六经之形症，则以小续命汤加减，及疏风汤治之。太阳经中风，无汗恶寒，于续命汤中加麻黄、防风、杏仁一倍，针太阳经至阴出血，昆仑举跷。有汗恶风，于续命汤中加桂枝、芍药、杏仁一倍，针风府。阳明经中风，无汗身热不恶寒，于续命汤中加石膏二两，知母二两，甘草一两。有汗身热不恶风，于续命汤中加葛根二两，桂枝、黄芩各一倍，针陷谷，刺厉兑。太阴经中风，无汗身凉,于续命汤中加附子一倍,干姜加二两,甘草加三两,针隐白。少阴经中风,有汗无热,于续命汤中加桂枝、附子、甘草各一倍,针太溪。凡中风无此四证,六经混淆,系于少阳厥阴,或肢节挛痛,或麻木不仁,每续命八两,加羌活四两,连翘六两,刺厥阴之井大敦以通其经,灸少阳之经绝骨以引其热。

中腑,内有便溺之阻隔,宜三化汤,或《局方》中麻仁丸通利之。

外无六经之形症,内无便溺之阻隔,知为血弱不能养筋,故手足不能运动,舌强不能语言也。宜大秦艽汤养血而筋自荣。若内外症俱有之,先解表而后攻里。若内邪已除,外邪已去,当服愈风汤以行中道。久服大风尽去,纵有微邪,只从愈风汤加减治之。然治病之法,不可失于通塞,或一气之微汗,或一旬之通利,如此乃常治之法也。久之清浊自分,荣卫自和矣。

中脏,痰涎昏冒,宜至宝丹、活命金丹之类。若中血脉中腑之病,初不宜用龙脑、麝香、牛黄,为麝香入脾治肉,牛黄入肝治筋,龙脑入肾治骨,恐引风深入骨髓,如油入面,莫之能出。

中腑者多兼中脏:如左关脉浮弦,面目青,左胁偏痛,筋脉拘急,目眮,头目眩,手足不收,坐踞不得,此中胆兼中肝也。犀角散之类。如左寸脉浮洪,面赤,汗多恶风,心神颠倒,言语謇涩,舌强口干,忪悸恍惚,此中小肠兼中心也。加味牛黄散之类。如右关脉浮缓,或浮大,面唇黄,汗多恶风,口㖞语涩,身重怠惰嗜卧,肌肤不仁,皮肉眴动,腹胀不食,此中胃兼中脾也。防风散之类。如右寸脉浮涩而短,鼻流清涕,多喘,胸中冒[1]闷,短气自汗,声嘶,四肢痿弱,此中大肠兼中肺也。五味子汤之类。如左尺脉浮滑,面目黧黑,腰脊痛引小腹,不能俯仰,两耳虚鸣,骨节疼痛,足痿善恐,此中膀胱兼中肾也。独活散之类。治风之法,解表、攻里、行中道,三法尽矣,然不可执也。如小续命汤,亦麻黄、桂枝之变,麻黄、桂枝若不施于冬月即病之伤寒,而施于温热之症,未有不杀人者,其可执乎。

---

〔1〕冒:原作"胃",形近之误,据虞衙本改。

戴复庵云：治风之法，初得之即当顺气，及其久也，即当活血。久患风疾，四物汤吞活络丹愈者，正是此义。若先不顺气，遽用乌附，又不活血，徒用防风、天麻、羌活辈，吾未见其能治也。然顺气之药则可，破气、泻气之药则不可。卒仆偏枯之症，虽有多因，未有不因真气不周而病者，故黄芪为必用之君药，防风为必用之臣药。黄芪助真气者也，防风载黄芪助真气以周于身者也。亦有治风之功焉。许徽宗治王太后中风口噤，煎二药熏之而愈，况服之乎。多怒加羚羊角。渴加葛根汁、秦艽。口噤口喎亦加秦艽。恍惚错语加茯神、远志。不得睡加炒酸枣仁。不能言加竹沥、荆沥、梨汁、陈酱汁、生葛汁、人乳汁。内热加梨汁、人乳、生地黄汁。痰多加竹沥、荆沥，少佐以姜汁。予每治此症，用诸汁以收奇功，为其行经络，渗分肉，捷于汤散故也。【小便不利】《三因》白散子加木通、灯心、茅根煎，热盛去附子。洁古云：中风如小便不利，不可以药利之。既已自汗，则津液外亡，小便自少，若利之使荣卫枯竭，无以制火，烦热愈甚，当俟热退汗止，小便自行也。【遗尿】浓煎参芪汤，少加益智子频啜之。中风【多食】风木盛也，盛则克脾，脾受敌求助于食。经曰：实则梦与，虚则梦取。当泻肝木，治风安脾，脾安则食少，是其效也。此其大略也，仍分症详著于后。

【痰涎壅盛】橘红一斤，逆流水五碗，煮数滚，去橘红，再煮至一碗顿服，白汤导之。吐痰之圣药也。竹沥、荆沥少佐姜汁，加入二陈汤、星香散中，乃必用之药。戴云：肥人多中，以气盛于外而歉于内也。肺为气出入之道，人肥者必气急，气急必肺邪盛，肺金克肝木，胆为肝之府，故痰涎壅盛。所以治之必先理气为急，中后气未尽顺，痰未尽降，调理之剂，唯当以藿香正气散和星香散煎服。此药非特可以治中风之症，中气、中恶、霍乱尤宜。中后体虚有痰，宜四君子汤和星香散，或六君子汤和之。脉沉伏无热者，用三生饮加全蝎一个。养正丹可以坠下痰涎，镇安元气。气实者以星香汤吞之，气虚者以六君子汤吞之。

【口噤】以苏合香丸，或天南星、冰片末，或白梅末擦牙。以郁金、藜芦末搐鼻。以黄芪防风汤熏。针人中、颊车各四分。白矾半两，盐花一分,细研。揩点牙根下,更以半钱匕绵裹,安牙尽头。用甘草比中指节截作五截,于生油内浸过,炭火上炙,候油入甘草。以物斡开牙关,令咬定甘草,可人行十里许时,又换甘草一截,后灌药极效。

【口眼㖞斜】经曰:木不及曰委和,委和之纪,其动緛戾拘缓。又云:厥阴所至为緛。盖緛缩短也。木不及则金化缩短乘之,以胜木之条达也。戾者,口目㖞斜也。拘者,筋脉拘强。木为金之缩短牵引而㖞斜拘强也。缓者,筋脉纵也。木为金乘,则土寡于畏,故土兼化缓纵,于其空隙而拘缓者,自缓也。故口目㖞斜者,多属胃土,然有筋脉之分焉。经云:足之阳明,手之太阳,筋急则口目为僻,眦急不能卒视,此胃土之筋为㖞斜也。又云:胃足阳明之脉,挟口环唇,所生病者,口㖞唇斜,此胃土之脉为㖞斜也。口目常动,故风生焉,耳鼻常静,故风息焉。治宜清阳汤、秦艽升麻汤,或二方合用。黄芪二钱,人参、当归、白芍药各一钱,甘草、桂枝各五分,升麻、葛根、秦艽各一钱,白芷、防风、苏木、红花、酒黄柏各五分,水酒各半煎,稍热服。初起有外感者,加莲须葱白三茎同煎,取微汗。第二服不用。外以酒煮桂取汁一升,以故布浸拓病上,左㖞拓右,右㖞拓左。筋急㖞斜,药之可愈。脉急㖞斜,非灸不愈。目斜灸承泣,口㖞灸地仓,如未效,于人迎、颊车灸之。戴云:中而口眼㖞邪者,先烧皂角烟熏之,以逐去外邪。次烧乳香熏之,以顺其血脉。

【半身不遂】经云:胃脉沉鼓涩,胃外鼓大,心脉小坚急,皆鬲偏枯,男子发左,女子发右,不喑舌转可治,三十日起。其从者喑,三岁起。年不满二十者,三岁死。盖胃与脾为表里,阴阳异位,更实更虚,更逆更从,或从内,或从外,是故胃阳虚则内从于脾,内从于脾则脾之阴盛,故胃脉沉鼓涩也。涩为多血少气,胃之阳盛则脾之阴虚,虚则不得与阳主内,反从其胃越出于部分之外,故胃脉鼓大于臂外也。大为多气少血,心者元阳君主宅之,生血主脉,因元阳不足阴寒乘之,故心脉小坚急。小者,阳不足也。坚急者,阴寒之邪也。夫如是,心胃之三等脉,凡有其一,即为偏枯者何也。盖心是天真神机开发之本,胃是谷气充大真气之标,标本相得,则胸膈间之膻中气海,所留宗气盈溢,分布四脏三焦,上下中外,无不周遍。若标本相失,则不能致其气于气海,而宗气散矣。故分布不周于经脉则偏枯,不周于五藏则喑。即此言之,是一条可为后之诸言偏枯者纲领也,未有不因真气不周而病者也。故治疗之方,不用黄芪为君,人参、当归、白芍药为臣,防风、桂枝、钩藤、竹沥、荆沥、姜汁、韭汁、葛汁、梨汁、乳汁之属为之佐使,而杂沓乎乌、附、羌、独之属,以涸荣而耗卫,如此死者,医杀之也。丹溪云:大率多痰,在左挟死血与无血,在右挟气虚与痰,亦是无本杜撰之谈,不必拘之。古方顺风匀气散、虎骨散、虎胫骨酒、黄芪酒皆可用。外用蚕沙两石,分作三袋,每袋可七斗。蒸热,一袋着患处,如冷再换一袋,依前法数数换易,百不禁,瘥止。须羊肚酿粳米、葱白、姜、椒、豉等煮烂熟,日食一具,十日止。

【失音不语】《素问》云:太阴所谓入中为喑者,阳盛已衰,故为喑也。内夺而厥,则为喑痱,此肾虚也。少阴不至者,厥也。夫肾者藏精,主下焦地道之生育,故冲任二脉系焉。二脉与少阴肾之大络,同出肾下,起于胞中。其冲脉因称胞络为十二经脉之海,遂名海焉。冲脉之上行者,渗诸阳,灌诸精。下行者,渗三阴[1],灌诸络而温肌肉,别络结于跗。因肾虚而肾络与胞络内绝,不通于上则喑,肾脉不上循喉咙挟舌本,则不能言,二络不通于下则痱厥矣。如是者,以地黄饮子主之。竹沥、荆沥、大梨汁各三杯,生葛汁、人乳汁各二杯,陈酱汁半杯,和匀,隔汤顿温服。有痰者,涤痰汤。内热者,凉膈散加石菖蒲、远志为末,炼蜜丸弹子大,朱砂为衣。每服一丸,薄荷汤化下,名转舌膏。《宝鉴》诃子汤、正舌散、茯神散。

【四肢不举】有虚有实,实者脾土太过,泻令湿退土平而愈。虚者脾土不足,十全散加减,去邪留正。详见痿门。

【身体疼痛】铁弹丸、十味剉散、内有热药,无热者宜之蠲痹汤。

【昏冒】活命金丹、至宝丹、至圣保命金丹、牛黄清心丸。

中风要分阴阳:阴中颜青脸白,痰厥喘塞,昏乱眩晕,㖞斜不

---

〔1〕阴:原误作"阳",据修敬堂本改。

遂,或手足厥冷不知人,多汗。阳中脸赤如醉怒,牙关紧急,上视,强直掉眩。《素问》云:诸风掉眩,支痛强直筋缩,为厥阴风木之气,自大寒至小满,风木君火二气之位。风主动,善行数变,木旺生火,风火属阳,多为兼化。且阳明燥金主于紧敛缩劲,风木为病,反见燥金之化,由亢则害,承乃制,谓已过极,则反似胜己之化,故木极似金。况风能胜湿而为燥,风病势甚而成筋缩,燥之甚也。

有热盛生风而为卒仆偏枯者,以麻、桂、乌、附投之则殆,当以河间法治之。《绀珠经》云:以火为本,以风为标。心火暴甚,肾水必衰。肺金既摧,肝木自旺。治法先以降心火为主,或清心汤,或泻心汤,大作剂料服之,心火降则肝木自平矣。次以防风通圣散汗之,或大便闭塞者,三化汤下之。内邪已除,外邪已尽,当以羌活愈风汤常服之,宣其气血,导其经络。病自已矣。或舌塞不语者,转舌膏,或活命金丹以治之,此圣人心法也。或有中风便牙关紧急,浆粥不入,急以三一承气汤灌于鼻中,待药下则口自开矣,然后按法治之。

有元气素弱,或过于劳役,或伤于嗜欲,而卒然厥仆,状类中风者,手必散,口必开,非大剂参芪用至斤许,岂能回元气于无何有之乡哉。亦有不仆而但舌强语涩痰壅,口眼㖞斜,肢体不遂者,作中风治必殆,以六君子汤加诸汁治之。

《宝鉴》云:凡人初觉大指、次指麻木不仁,或不用者,三年内有中风之疾也。宜先服愈风汤、天麻丸各一料,此治未病之法也。薛己云:预防之理,当养气血,节饮食,戒七情,远帏幙可也。若服前方以预防,适所以招风取中也。

中　　寒

中寒之症,身体强直,口噤不语,或四肢战掉,或洒洒恶寒,或翕翕发热,或卒然眩晕,身无汗者,此寒毒所中也。其异于伤寒何也? 曰:伤寒发热,而中寒不发热也。仲景于伤寒详之,而中寒不成热者,未之及何也? 曰:阳动阴静,动则变生,静则不变,寒虽阴邪，既郁而成热，遂从乎阳动，传变不一，靡有定方，故极推其所之之病，不得不详也。其不成热者，则是邪中于阴形之中，一定而不移，不移则不变，不变则止在所中寒处而生病，是故略而不必详也。治之先用酒调苏合香丸，轻则五积散加香附一钱，麝香少许；重则用姜附汤。若人渐苏，身体回暖，稍能言语，须更问其别有何证。寒脉迟紧，挟气带洪，攻刺作痛，附子理中汤加木香半钱。挟风带浮，眩晕不仁，加防风一钱。挟湿带濡，肿满疼痛，加白术一钱。筋脉牵急，加木瓜一钱。肢节疼痛，加桂一钱。亦可灸丹田穴，以多为妙。大抵中在皮肤则为浮，中在肉则为苛为重，为聚液分裂而痛，或痛在四肢，或痛在胸胁，或痛在胫背，或痛在小腹引睾。或经脉引注脏腑之膜原为心腹痛。或注连于脏腑则痛死不知人。中于筋骨为筋挛骨痛，屈伸不利。中入六腑五脏，则仲景述在《金匮要略》中。所以肺中寒者，吐浊涕。肝中寒者，两臂不能举，舌本燥，喜太息，胸中痛而不得转侧，则吐而汗出也。心中寒者，其人苦心中如啖蒜状，剧者心痛彻背，背痛彻心，譬如虫注，其脉浮者，自吐乃愈。不言脾肾二脏中寒者缺文也。然所谓中脏者，乃中五脏所居畔界之郭内，阻隔其经，脏气不得出入故病，若真中脏则死矣。《永类钤方》云：肝中寒，其脉人迎并左关紧而弦，其证恶寒，发热面赤，如有汗，胸中烦，胁下挛急，足不得伸。心中寒者，其脉人迎并左寸紧而洪，其证如啖韭蒜，甚则心痛掣背，恶寒，四肢厥，自吐，昏塞不省。脾中寒，其脉人迎并右关紧而沉，其证心腹胀，四肢挛急，嗳噫不通，脏气不传，或秘或泄。肺中寒，其脉人迎并右寸紧而涩，其证善吐浊，气短不能报息，洒洒而寒，吸吸而咳。肾中寒，其脉人迎并左尺紧而滑，其证色黑气弱，吸吸少气，耳聋腰痛，膝下拘疼，昏不知人。治当审微甚，甚则以姜附汤为主，微则不换金正气散加附子，附子五积散。脐腹痛，四肢厥，附子理中汤、姜附汤。入肝加术瓜，入肺加桑白皮，入脾加术，入心加茯苓。

中暑 更参伤暑门

中暑之症，面垢闷倒，昏不知人，冷汗自出，手足微冷，或吐或泻,或喘或满,以来复丹末,同苏合香丸,用汤调灌。或以来复丹研末,汤调灌之。却暑散水调灌下亦得。候其人稍苏,则用香薷饮、香薷汤煎熟去查[1],入麝香少许服。或剥蒜肉入鼻中,或研蒜水解灌之。盖中伤暑毒,阳外阴内,诸暑药多有暖剂,如大顺之用姜桂,枇杷叶散之用丁香,香薷饮之用香薷。香薷味辛性暖,蒜亦辛暖,又蒜气臭烈,能通诸窍,大概极臭极香之物,皆能通窍故也。热死人切勿便与冷水及卧冷地,正如冻死人须先与冷水,若遽近火即死。一法:行路喝死人,惟得置日中,或令近火,以热汤灌之即活。初觉中暑,即以日晒瓦,或布蘸热汤更易熨其心腹脐下,急以二气丹末,汤调灌下。一方用不蛀皂角不拘多少,刮去黑皮,烧烟欲尽,用盆合于地上,周围勿令透烟。每用皂角灰一两,甘草末六钱和匀,每服一钱,新汲水调下。气虚人温浆水调下。昏迷不省者,不过两服。盖中暑人痰塞关窍,皂角能疏利去痰故也。又有暑途一证,似中而轻,欲睡懒语,实人香薷饮加黄连一钱,虚人星香饮加香薷一钱。苏后冷汗不止,手足尚逆,烦闷多渴者,宜香薷饮。苏后为医者过投冷剂,致吐利不止,外热内寒,烦躁[2]多渴,甚欲裸形,状如伤寒,阴盛格阳,宜用温药香薷饮加附子,浸冷服。渴者缩脾饮加附子,亦浸冷服。

东垣云:静而得之谓之中暑。中暑者阴证,当发散也。或避暑热,纳凉于深堂大厦得之者,名曰中暑。其病必头痛恶寒,身形俱急,肢节疼痛而烦心,肌肤大热,无汗,为房室之阴寒所遏,使周身阳气不得伸越,世多以大顺散主之是也。动而得之为中热。中热者阳证,为热伤元气,非形体受病也。若行人或农夫于日中劳役得之者,名曰中热。其病必苦头疼,发躁热,恶热,扪之肌肤大热,必大渴引饮,汗大泄,无气以动,乃为天热外伤肺气,苍术白虎汤主之。薛氏云:若人元气不足,用前药不应,宜补中益气汤主之。大抵夏月阳气浮于外,阴气伏于内,若人饮食劳倦内伤中气,或酷暑

---

〔1〕查:同"楂",药渣。《释文》:"楂,字亦作查。"《广韵》:"楂,或作柤,又煎药滓。"
〔2〕躁:原作。"燥",形近之误,据虞衙本改。

劳役外伤阳气者多患之。法当调补元气为主，而佐以解暑。若中暍者，乃阴寒之症，法当补阳气为主，少佐以解暑。故先哲多用姜、桂、附子之类，此推《内经》舍时从证之良法也。今患暑症殁，而手足指甲或肢体青黯，此皆不究其因，不温补其内，而泛用香薷饮之类所误也。夫香薷饮，乃散阳气导真阴之剂也。须审有是证而服，亦何患哉。若人元气素虚，或犯房过度而饮之者，适所以招暑也。

中湿 参看伤湿门

风寒暑湿，皆能中人。惟湿气积久，留滞关节，故能中非如风寒暑之有暴中也。中湿之证，关节重痛，浮肿喘满，腹胀烦闷，昏不知人，其脉必沉而缓，或沉而微细，宜除湿汤、白术酒。有破伤处因澡浴湿气从疮口中入，其人昏迷沉重，状类中湿，名曰破伤湿，宜白术酒。

中　气

中气，因七情内伤，气逆为病，痰潮昏塞，牙关紧急。七情皆能为中，因怒而中者尤多。大略与中风相似，风与气亦自难辨。风中身温，气中身冷。风中多痰涎，气中无痰涎。风中脉浮应人迎，气中脉沉应气口。以气药治风则可，以风药治气则不可。才觉中气，急以苏合香丸灌之，候醒，继以八味顺气散加香附三五钱，或木香调气散。尚有余痰未尽平复，宜多进四七汤及星香散。若其人本虚，痰气上逆，关隔不通，上下升降，或大便虚秘，宜用三和丹。

中　食

中食之证，忽然厥逆昏迷，口不能言，肢不能举，状似中风。皆因饮食过伤醉饱之后，或感风寒，或着气恼，以致填塞胸中，胃气有所不行，阴阳痞隔，升降不通，此内伤之至重者。人多不识，若误作中风、中气，而以祛风行气之药，重伤胃气，其死可立而待。不若先煎姜盐汤探吐其食。仍视其风寒尚在者，以藿香正气散解之。气滞不行者，以八味顺气散调之。吐后别无他证，只用平胃散加白术、茯苓、半夏、曲蘖之类调理。如遇此卒暴之病，必须审问明白，或方食醉饱，或饮食过伤，但觉胸膈痞闷，痰涎壅塞，气口脉紧盛者，且作食滞治之。戴云：人之饮食下咽而入肝，由肝而入脾，由脾而入胃，因食所伤，肝气不理，故痰涎壅塞，若中风然，亦有半身不遂者，肝主筋故也，治以风药则误矣。按复庵名医也，饮食下咽而先入肝，于理难通，其必有谓矣。姑存之以俟问。

中　　恶

中恶之证，因冒犯不正之气，忽然手足逆冷，肌肤粟起，头面青黑，精神不守。或错言妄语，牙紧口噤，或头旋晕倒，昏不知人。即此是卒厥客忤，飞尸鬼击，吊死问丧，入庙登冢，多有此病。苏合香丸灌之，候稍苏，以调气散和平胃散服，名调气平胃散。

五　　绝

治五绝。一自缢，二摧压，三溺水，四魇魅，五产乳。用半夏一两末之，为丸豆大，内鼻中愈。心温者，一日可治。

自缢死

仲景云：自旦至暮虽已冷，必可治。暮至旦则难，恐此当言阴气盛故也。然夏时夜短于昼，又热，犹应可治。又云：心下若微温者，一日以上，犹可治之。当徐徐抱解，不得截绳，上下安被卧之；一人以脚踏其两肩，手挽其发常令弦急，勿使纵缓；一人以手按据胸上，数摩动之；一人摩捋臂胫屈伸；若已僵直，但渐渐强屈之，并按其腹，如此一炊顷，虽得气从口出，呼吸眼开，仍引按莫置，亦勿劳之，须臾可少与桂汤及粥清含与之，令喉润渐渐能咽乃止，更令两人以管吹其两耳，此法最善，无不活者。自缢者，切不可割断绳子，以膝盖或用手厚裹衣物，紧顶谷道，抱起解绳放下，揉其项痕，搐鼻及吹其两耳，待其气回，方可放手。若便泄气，则不可救矣。《肘后方》

自缢死，安定心神，徐缓解之，慎勿割绳断，须抱取。心下犹温者，刺鸡冠血滴口中即活。男雌女雄。又方，鸡屎白如枣大，酒半盏和灌及鼻中尤妙。《千金方》以蓝汁灌之，余法同上。自缢死，但身温未久者，徐徐放下，将喉气管捻圆，揪发向上揉擦，用口对口接气，粪门用火筒吹之，以半夏、皂角搐鼻，以姜汁调苏合香丸灌之，或煎木香细辛汤调灌亦得。得苏可治，绳小痕深过时者不治。

摧压

卒堕攧压倒打死，心头温者皆可救。将本人如僧打坐，令一人将其头发控放低，用半夏末吹入鼻内。如活，却以生姜汁、香油打匀灌之。余详折伤门。

溺水死

捞起，以尸横伏牛背上，无牛以凳控去其水，冬月以绵被围之，却用皂角以生姜自然汁灌之。上下以炒姜擦之，得苏可治。若五孔有血者不治。《金匮》救溺死方，取灶中灰两石埋之，从头至足，水出七孔即活。溺水者，放大凳上睡着，将脚后凳脚站起二砖，却蘸盐擦脐中，待其水自流出，切不可倒提出水，此数等，但心头微热者，皆可救治。又方，溺水死一宿者尚活，捣皂角绵裹纳下部，须臾出水即活。

魇

神虚气浊，风痰客于心肺，所以得梦不觉，浊气闭塞而死。气动不苏，面青黑者不治。急以搐鼻散引出膈痰，次以苏合香丸导动清气，身动则苏，若身静色陷者不治。魇死不得近前唤，但痛咬其脚跟及唾其面。不醒者，移动些少卧处，徐徐唤之，元有灯则存，无灯切不可点灯。《肘后方》卧忽不寤，勿以火照之杀人，但痛啮大拇指际，而唾其面则活，取韭捣汁吹鼻孔，冬月用韭根取汁灌口中。皂角为末如绿豆大许，吹入鼻中，得嚏即气通。雄黄捣末细筛，以管吹入鼻孔中。

诸伤门伤寒、伤风别为一书[1]

伤暑伤暑与热病外症相似，但热病脉盛，中暑脉虚，以此别之。
又有湿温与中暑同，但身凉不渴为异耳。

《此事难知》伤暑有二：动而伤暑，心火大盛，肺气全亏，故身脉洪大。动而火胜者，热伤气也，辛苦人多得之，白虎加人参汤。静而伤暑，火胜金位，肺气出表，故恶寒脉沉疾。静而湿胜者，身体重也，安乐之人多受之，白虎加苍术汤。伤暑必自汗背寒面垢，或口热烦闷，或头疼发热，神思倦怠殊甚，暑伤气而不伤形故也。但身体不痛，与感风寒异。宜香薷饮、香薷汤、六和汤。呕而渴者，浸冷香薷汤，或五苓散兼吞消暑丸。呕不止者，枇杷叶散去茅根，吞来复丹。呕而痰，却暑散吞消暑丸，或小半夏茯苓汤，或消暑饮。泻而渴，生料平胃散和生料五苓散各半贴，名胃苓散。或理中汤加黄连，名连理汤。泻定仍渴，春泽汤，或缩脾饮。泻而腹痛有积者，生料五苓散、藿香正气散匀各半贴。若泻虽无积，其腹痛甚，生料五苓散加木香七分，或六和汤加木香半钱。或不加木香，止与二药煎熟去滓，调下苏合香丸。又有不泻而腹干痛者，六和汤煎熟调苏合香丸。泻而发热者，胃苓散。泻而发渴者，胃苓散兼进缩脾饮。泻渴兼作未透者，汤化苏合香丸，吞来复丹。或研来复丹作末，白汤调下。已透者，香薷饮。感冒外发热者，六和汤、香薷汤、香薷饮。身热烦者，五苓散，或香薷汤加黄连一钱。热而汗多畏风甚者，生料五苓散。热而渴者，五苓散兼进缩脾饮。暑气攻里，热不解，心烦口干，辰砂五苓散，或香薷饮加黄连一钱。若大渴不止，辰砂五苓散吞酒煮黄连丸。暑气攻里，腹内刺痛，小便不通，生料五苓散加木香七钱，或止用益元散。冒暑饮酒，引暑入肠内，酒热与暑气相并，发热大渴，小便不利，其色如血，生料五苓散去桂加黄连一

---

[1] 诸伤门伤寒、伤风别为一书：原脱，据目录补。

钱，或五苓散去桂吞酒煮黄连丸。暑气入肠胃，而大便艰涩不通者，加味香薷饮，仍佐以三黄丸。暑气入心，身烦热而肿者，辰砂五苓散，或香薷饮加黄连一钱。伤暑而伤食者，其人头疼背寒，自汗发热，畏食恶心，噫酸臭气，胸膈痞满，六和汤倍砂仁。若因暑渴，饮食冷物，致内伤生冷，外伤暑气，亦宜此药。暑先入心者，心属南方离火，各从其类。小肠为心之府，利心经暑毒使由小肠中出，五苓散利小便，为治暑上剂也。

有伤于暑，因而露卧，又为冷气所入，其人自汗怯风，身痛头痛，去衣则凛，着衣则烦，或已发热，或未发热，并宜六和汤内加扁豆、砂仁。一方用藿香，一方用紫苏，正治已感于暑，而复外感于风寒，或内伤生冷，以藿香、紫苏兼能解表，砂仁、扁豆兼能温中。然感暑又感冷，亦有无汗者，只宜前药。若加以感风，则断然多汗，审是此症，宜生料五苓散，内用桂枝为佳。市井中多有此病，往往日间冒热经营，夜间开窗眠卧，欲取清凉，失盖不觉，用药所当详审。有此症而发潮热似疟犹未成疟者，六和汤、养胃汤各半贴，相和煎。有此症而鼻流清涕，或鼻孔热气时出者，六和汤加川芎半钱，羌活、黄芩各七分。有因伤暑，遂极饮以冷水，致暑毒留结心胸，精神昏愦，语音不出者，煎香薷汤化苏合香丸。若先饮冷后伤暑者，五苓散主之。此必心下痞恅，生姜汤调服佳。或四君子汤调中亦可。中和后，或小便不利，或茎中痛，宜蒲黄三钱，滑石五钱，甘草一钱。有因伤暑，用水沃面，或入水洗浴，暑湿相搏，自汗发热，身重，小便不利，宜五苓散。伤暑而大汗不止，甚则真元耗散，宜急收其汗，生料五苓散倍桂，加黄芪如术之数。伤暑自汗，手足厥冷者，煎六和汤调苏合香丸。伤暑自汗，手足时自搐搦者，谓之暑风。缘已伤于暑，毛孔开而又邪风乘之，宜香薷饮或香薷汤，并加羌活一钱。痰盛者，六和汤半贴和星香散半贴。暑月身痒如针刺，间有赤肿处，亦名暑风。末子六和汤和消风散酒调服。暑风而加以吐泻交作者，六和汤、藿香正气散各半贴，加全蝎三个。

有暑毒客于上焦，胸膈痞塞，汤药至口即出，不能过关，或上气喘急，六和汤浸冷，调入麝香少许。伏暑烦渴而多热痰者，于消暑丸中每两入黄连末二钱，名黄连消暑丸。或二陈汤，或小半夏茯苓汤，并可加黄连一钱。暑气久而不解，遂成伏暑，内外俱热，烦躁自汗，大渴喜冷，宜香薷饮加黄连一钱，继进白虎汤。若服药不愈者，暑毒深入，结热在里，谵语烦渴，不欲近衣，大便秘结，小便赤涩，当用调胃承气汤，或三黄石膏汤。时当长夏，湿热大胜，蒸蒸而炽，人感之四肢困倦，精神短少，懒于动作，胸满气促，肢节沉疼。或气高而喘，身热而烦，心下膨痞，小便黄而数，大便溏而频，或利出黄如糜，或如泔色。或渴或不渴，不思饮食，自汗体重或汗少者，血先病而气不病也。其脉中得洪缓。若湿气相搏，必加之以迟迟，病虽互换少差，其天暑湿令则一也。宜以清燥之剂治之。《内经》曰：阳气者，卫外而为固也。热则气泄，今暑邪干卫，故身热自汗。以黄芪甘温补之为君。人参、陈皮、当归、甘草甘微温，补中益气为臣。苍术、白术、泽泻渗利而除湿，升麻、葛根苦甘平，善解肌热，又以风胜湿也。湿热则食不消而作痞满，故以炒曲甘辛，青皮辛温，消食快气。肾恶燥，急食辛以润之，故以黄柏辛苦寒，借其气味，泻热补水。虚者滋其化源，以人参、五味子、麦门冬酸甘微寒，救天暑之伤于庚金为佐，名曰清暑益气汤。此病皆由饮食劳倦，伤其脾胃，乘天暑而病作也。但药中犯泽泻、猪苓、茯苓、灯心、通草、木通淡味渗利小便之类，皆从时令之旺气，以泄脾胃之客邪，而补金水之不及也。此正方已是从权而立之。若于其时病湿热脾旺之证，或小便已数，肾肝不受邪者，若误用之，必大泻真阴，竭绝肾水，先损其两目也。复立变证加减法于后。如心火乘脾，乃血受火邪，而不能升发阳气，伏于地中，地者人之脾也。必用当归和血，少用黄柏以益真阴。如脾胃不足之证，须少用升麻，乃足阳明、太阴引经之药也。使行阳道，自脾胃中右迁，少阳行春令，生万物之根蒂也。更少加柴胡，使诸经右迁，生发阴阳之气，以滋春之和气也。如脾虚缘心火亢盛，而乘其土也，其次肺气受邪，为热所伤，必须用黄芪最多，甘草次之，人参又次之，三者皆甘温之阳药也。脾始虚肺气先绝，故用黄芪之甘温，以益皮毛之气而闭腠理，不令自汗而损元气也。上喘气短懒言语，须用人参以补之。心火乘脾，须用炙甘草以泻火热，而补脾胃中元气。甘草最少，恐滋满也。若脾胃之急痛，并脾胃大虚，腹中急缩，腹皮急缩者，却宜多用。经曰：急者缓之。若从权、必加升麻以引之，恐左迁之邪坚盛，卒不肯退，反致项上及臀尻肉添而行阴道，故引之以行阳道，使清气出地，右迁而上行，以和阴阳之气也。若中满者去甘草，咳甚者去人参，口干嗌干者加干葛。如脾胃既虚，不能升浮，为阴火伤其生发之气，荣血大亏，荣气伏于地中，阴火炽盛，日渐煎熬，血气亏少，且心包与心主血，血减则心无所养，致使心乱而烦，病名曰悗。悗者心惑而烦闷不安也。是由清气不升，浊气不降，清浊相干，乱于胸中，使周身血气逆行而乱。经云：从下上者，引而去之。故当加辛温、甘温之剂生阳，阳生而阴长也。或曰甘温何能生血，又非血药也。曰：仲景之法，血虚以人参补之，阳旺则能生阴血也。更加当归和血，又宜少加黄柏以救肾水，盖甘寒泻热火，火减则心气得平而安也。如烦乱犹不能止，少加黄连以去之。盖将补肾水，使肾水旺而心火自降，扶持地中阳气也。如气浮心乱，则以朱砂安神丸镇固之，得烦减、勿再服，以防泻阳气之反陷也。如心下痞，亦少加黄连。气乱于胸，为清浊相干，故以陈皮理之，能助阳气之升而散滞气，又助诸甘辛为用。故长夏湿土客邪火旺，可从权加苍术、白术、泽泻，上下分消其湿热之气。湿气大胜，主食不消化，故食减不知谷味，加炒曲以消之。复加五味子、麦门冬、人参泻火益肺气，助秋损也。此三伏中长夏正旺之时药也。

　　夫脾胃虚弱，必上焦之气不足。遇夏天气热甚，损伤元气，怠惰嗜卧，四肢不收，精神不足，两脚痿软，遇早晚寒厥，日高之后，阳气将旺，复热如火，乃阴阳气血俱不足，故或热厥而阴虚，或寒厥而气虚。口不知味，目中溜火，而视物䀮䀮无所见，小便频数，大便难而秘结、胃脘当心而痛，两胁痛，或急缩，脐下周围如绳束之急，甚则如刀刺，腹难舒伸，胸中闭塞，时显呕哕，或有痰嗽，口沃白沫，舌强腰背腹皆痛，头痛时作，食不下，或食入即饱，全不思食，自汗尤甚，若阴气覆在皮毛之上，皆天气之热助本病也。乃庚大肠、辛肺金、为热所乘而作，当先助元气，治庚辛之不足，黄芪人参汤主之。

夫脾胃虚弱,至六七月间,河涨霖雨,诸物皆润,人汗沾衣,身重短气,甚则四肢痿软,行步不正,脚欹眼黑欲倒者,此肾水与膀胱俱竭之状也。当急救之,滋肺气以补水之上源,又使庚大肠不受邪热,不令汗大泄也。汗泄甚则亡津液,亡津液则七神无所依。经云:津液相成,神乃自生。津者、庚大肠所主,三伏之义,为庚金受囚也。若亡津液汗大泄,湿令亢甚,则清肃之气亡,燥金受囚,风木无制,故风湿相搏,骨节烦疼,一身尽痛,亢则害,承乃制也。孙思邈曰:五月常服五味子,是泻丙火,补庚金大肠,益五脏之元气。壬膀胱之寒已绝于巳,癸肾水已绝于午,今更逢湿旺,助热为邪,西方、北方之寒清绝矣。圣人立法,夏月宜补者,补天元之真气,非补热火也,今人夏食寒是也。为热伤元气,以人参、麦门冬、五味子生脉,脉者,元气也。人参之甘,补元气泻热火也。麦门冬之苦寒,补水之源而清肃燥金也。五味子之酸,以泻火补庚大肠与肺金也。当此之时,无病之人,亦或有二症,况虚损、脾胃有宿疾之人,遇此天暑,将理失所,违时伐化,必困乏无力,懒语气短,气弱气促,似喘非喘,骨乏无力。其形如梦寐,朦朦如烟雾中,不知身所有也,必大汗泄。若风犯汗眼[1]皮肤,必搐项筋,皮枯毛焦,身体皆重,肢节时有烦疼,或一身尽疼或渴或不渴,或小便黄涩,此风湿相搏也。头痛或头重,上热壅盛,口鼻气短气促,身心烦乱,有不乐生之意,情思惨凄,此阴胜阳之极也。病甚则传肾肝为痿厥。厥者,四肢如在火中者为热厥,四肢寒冷者为寒厥。寒厥则腹中有寒,热厥则腹中有热,为脾主四肢故也。若肌肉濡溃,痹而不仁,传为肉痿证,证中皆有肺疾,用药之人,当以此调之。气上冲胸,皆厥证也。痿者,四肢痿软而无力也,其心烦冤不止。厥者、气逆也,甚则大逆,故曰厥逆。其厥痿多相类也。于前已立人参黄芪五味子麦门冬汤中,每加白茯苓二分,泽泻四分,猪苓、白术各一分。如小便快利不黄涩者,只加泽泻二分,与二术上下分消此湿。如行步不正,脚膝痿弱,两足欹侧,已中痿邪者,加酒洗黄柏、知母三分或五分,令二足涌出

―――――――――――――――

〔1〕眼:集成本作"孔"。义同。

气力。如汗大泄者，津脱也，急止之，加五味子六粒，炒黄柏五分，炒知母三分，不令妨其食，当以意斟酌。若妨食则止，候食进再服。取三里、气街以三棱针出血。若汗不减不止者，于三里穴下三寸上廉穴出血。禁酒湿面。

六七月之间，湿令大行，子能令母实而热旺，湿热相合而刑庚大肠，故用寒凉以救之。燥金受湿热之邪，绝寒水生化之源，源绝则肾亏，痿厥之病大作，腰以下痿软，瘫痪不能动矣。步行不正，两足欹侧，以清燥汤主之。

伤　湿

湿有天之湿，雾露雨是也。天本乎气，故先中表之荣卫。有地之湿，水泥是也。地本乎形，故先伤皮肉筋骨血脉。有饮食之湿，酒水乳酪之类是也。胃为水谷之海，故伤于脾胃。有汗液之湿，汗液亦气也，止感于外。有人气之湿，太阴湿土之所化也，乃动于中。治天之湿，当同司天法，湿上甚而热者，平以苦温，佐以甘辛，以汗为效而止。如《金匮要略》诸条之谓，风湿相搏，身上疼痛者是也。治地之湿，当同在泉法，湿淫于内，治以苦热，佐以酸淡，以苦燥之，以淡泄之。治饮食之湿，在中夺之，在上吐之，在下引而竭之。汗液之湿，同司天者治。虽人气属太阴脾土所化之湿者，在气交之分也，与前四治有同有异。何者？土兼四气，寒热温凉，升降浮沉，备在其中。脾胃者，阴阳异位，更实更虚，更逆更从，是故阳盛则木胜，合为风湿；至阳盛则火胜，合为湿热，阴盛则金胜，合为燥湿；至阴盛则水胜，合为阴湿。为兼四气，故淫泆上下中外，无处不到。大率在上则病呕吐，头重胸满，在外则身重肿，在下则足胫胕肿，在中腹胀中满痞塞，当分上下中外而治，随其所兼寒热温凉以为佐使。至若先因乘克，以致脾虚津积而成湿者，则先治胜克之邪。或脾胃本自虚而生湿者，则用补虚为主。或郁热而成湿者，则以发热为要。或脾胃之湿淫泆流于四脏，筋骨皮肉血脉之间者，大概湿主乎否塞，以致所受之脏，涩不得通疏，本脏之病因而发焉。其筋骨皮肉血脉受之则发为痿痹，缓弱痛重，不任为用，所治之药，各有所入，能入于此者,不能入于彼,且湿淫为病,《内经》所论,叠出于各篇,本草治湿,亦不一而见,凡切于治功者,便是要药。今丹溪书乃止归重苍术一味,岂理也哉。伤湿为病,发热恶寒,身重自汗,骨节疼痛,小便秘涩,大便多泄,腰脚痹冷,皆因坐卧卑湿,或冒雨露,或着湿衣所致,并除湿汤。具前诸症,而腰痛特甚,不可转侧,如缠五六贯重者。湿气入肾,肾主水,水流湿,从其类也。肾著汤、渗湿汤。小便秘,大便溏,雨淫腹疾故也。五苓散吞戊己丸。戊己属土,土克水,因以得名。五苓乃湿家要药,所谓治湿不利小便,非其治也。伤湿而兼感风者,既有前项证,而又恶风不欲去衣被,或额上微汗,或身体微肿,汗渍衣湿,当风坐卧,多有此证。宜除湿汤、桂枝汤各半贴和服,令微发汗。若大发其汗,则风去湿在。已得汗而发热不去者,败毒散加苍术一钱,防己半钱。伤湿又兼感寒,有前诸症,但无汗惨惨烦痛,宜五积散和除湿汤半贴,和五苓散半贴。伤湿而兼感风寒者,汗出身重,恶风喘满,骨节烦疼,状如历节风,脐下连脚冷痹不能屈伸,所谓风寒湿合而成痹。宜防己黄芪汤,或五痹汤。若因浴出,未解裙衫,身上未干,忽尔熟睡,攻及肾经,外肾肿痛,腰背挛曲,只以五苓散一贴,入真坏少许,下青木香丸,如此三服,脏腑才过,肿消腰直,其痛自止。湿热相搏者,清热渗湿汤。其证肩背沉重疼痛,上热胸膈不利,及遍身疼痛者,拈痛汤。酒面乳酪停滞不能运化,而湿自内盛者,除湿散及苍白二陈汤,加消息之药燥之。

伤　燥

《内经》曰:诸燥枯涸,干劲皴揭,皆属于燥。乃阳明燥金肺与大肠之气也。燥之为病,皆属燥金之化,然能令金燥者火也,故曰燥万物者,莫熯乎火。夫金为阴之主,为水之源,而受燥气,寒水生化之源竭绝于上,而不能灌溉周身,营养百骸,色干而无润泽皮肤,滋生毫毛者,有自来矣。或大病而克伐太过,或吐利而亡津液,或预防养生误饵金石之药,或房劳致虚,补虚燥剂,食味过厚,辛热太多,醇酒炙肉,皆能偏助狂火而损害真阴。阴中伏火,日渐煎熬,血液衰耗,使燥热转甚为诸病。在外则皮肤皲揭,在上则咽鼻焦干,在中则水液衰少而烦渴,在下则肠胃枯涸,津不润而便难,在手足则痿弱无力,在脉则细涩而微,此皆阴血为火热所伤也。治法当以甘寒滋润之剂,甘能生血,寒能胜热,阴得滋而火杀,液得润而燥除,源泉下降,精血上荣,如是则气液宣通,内神茂而外色泽矣。滋燥养荣汤、大补地黄丸、清凉饮子、导滞通幽汤、润肠丸、八正散,皆燥病中随症酌用之方药也。

伤　饮　食

东垣曰:阴阳应象论云:水谷之寒热,感则害人六府。痹论云:阴气者,静则神脏,躁则消亡。饮食自倍,肠胃乃伤。此乃混言之也。分之为二,饮也,食也。饮者水也,无形之气也。因而大饮则气逆,形寒饮冷则伤肺,肺病则为喘咳,为肿,为水泻。轻则当发汗、利小便,使上下分消其湿,解酲汤、五苓散、生姜、半夏、枳实、白术之类是也。如重而蓄积为满者,芫花、大戟、甘遂、牵牛之属利下之,此其大法也。食者物也,有形之血也。如生气通天论云:因而饱食,筋脉横解,肠澼为痔。又云:食伤太阴厥阴,寸口大于人迎两倍三倍者,或呕吐,或痞满,或下利肠澼,当分寒热轻重治之。轻则内消,重则除下。如伤寒物者,半夏、神曲、干姜、三棱、广茂、巴豆之类主之。如伤热物者,枳实、白术、青皮、陈皮、麦蘖、黄连、大黄之类主之。亦有宜吐者,阴阳应象论云:在上者因而越之。瓜蒂散之属主之。然而不可过剂,过则反伤脾胃。盖先因饮食自伤,又加之以药过,故肠胃复伤,而气不能化,食愈难消矣,渐至羸困。故五常政大论云:大毒治病,十去其六,小毒治病,十去其七,常毒治病,十去其八,无毒治病,十去其九,不可过之。此圣人之深戒也。伤食之证,胸膈痞塞,吐逆咽酸,噫败卵臭,畏食头痛,发热恶寒,病似伤寒,但气口大于人迎数倍,身不痛耳。内无热与伤冷物者,治中汤加砂仁一钱,下红丸子、小七香丸。内有热与伤热物者,上二黄丸、枳术导滞丸、通用保和丸、枳术丸、曲蘖枳术丸、木香枳术丸、槟榔丸、木香槟榔丸。伤肉食湿面辛辣厚味之物,填塞闷乱,胸膈不快,三黄枳术丸。伤湿面，心腹满闷，肢体沉重，除湿益气丸。伤热食，痞闷兀兀欲吐，烦乱不安，上二黄丸。伤湿热之物，不得旋化，而作痞满，闷乱不安，枳术导滞丸。伤蟹，紫苏丁香汤。伤豆粉湿面油腻之物，白术丸。食狗肉不消，心下坚，或腹胀口干，发热妄语，煮芦根汁饮之。食鱼脍及生肉在胸膈不化，必成癥瘕，捣马鞭草汁及生姜汁饮之。伤冷食，半夏枳术丸，小便淋加泽泻，寒热不调，每服加上二黄丸十丸，或用木香干姜枳术丸、丁香烂饭丸。张仲景治宿食在上脘，以瓜蒂散吐之，不即下之。凡脉浮而大，按之反涩，尺中亦微而涩，或数而滑，或紧如转索无常，及下利不欲食者，皆宿食也。皆用大承气汤下之。其人热，其伤物亦热者，宜之。其人寒，其伤物亦寒者，不宜也。戴云：伤食腹痛胀满，大便不通者，遂成食积，小七香丸一贴，用水一盏，姜三片，煎八分去滓，吞感应丸，此下伤冷之方也。大抵气口脉紧盛者宜下。尺脉绝者宜吐。经曰：气口脉盛伤于食，心胃满而口无味。口与气口同，口曰坤者，口乃脾之候，故胃伤而气口紧盛。夫伤有多少，有轻重，如气口一盛，得脉六至，则伤于厥阴，乃伤之轻也，枳术丸之类主之。气口二盛，脉得七至，则伤于少阴，乃伤之重也，雄黄圣饼子、木香槟榔丸、枳壳丸之类主之。气口三盛，脉得八至九至，则伤太阴，填塞闷乱，则心胃大痛，备急丸、神保丸、消积丸之类主之。兀兀欲吐不已，俗呼食迷风是也。经曰：上部有脉，下部无脉，其人当吐不吐者死，瓜蒂散主之。如不能吐，是无治也。经曰：其高者因而越之，此之谓也。或曰盛食填塞胸中痞乱，两寸脉当用事，今反两尺脉不见，其理安在？曰：胸中有食，是木郁宜达，故探吐之。食者物也，物者坤土也，是足太阴之号也。胸中者肺也，为物所塞，肺者手太阴金也，金主杀伐，与坤土俱在手上，而旺于天。金能克木，故肝木发生之气伏于地下，非木郁而何。吐去上焦阴土之物，木得舒畅则郁结去矣。食塞于上，脉绝于下，若不明天地之道，无由达此至理。水火者，阴阳之征兆，天地之别名也。故独阳不生，独阴不长。天之用在于地下，则万物生长。地之用在于天上，则万物收藏。此乃天地交而万物通也，此天地相根之道也。故阳火之根本于地下，阴水之源本于天上，故曰

水出高源。故人五脏主有形之物，物者阴也，阴者水也，右三部脉
主之，偏见于寸口，食塞于上，是绝五藏之源，源绝则水不下流，两
尺脉之绝，此其理也，何疑之有。然必视所伤之物冷热，随证加减，
如伤冷物一分，热物二分，则用寒药二停，热药一停，随时消息。经
云：必先岁气，无伐天和，此之谓也。既有三阴可下之法，亦必有三
阴可补之法。故曰内伤三阴可用温剂。若饮冷内伤，虽云损胃，未
知色脉，各在何经。若面色青黑，脉浮沉不一，弦而弱者，伤在厥阴。
若面色红赤，脉浮沉不一，细而微者，伤在少阴。若面色黄洁，脉浮
沉不一，缓而迟者，伤在太阴也。伤在厥阴肝之经，当归四逆汤加
吴茱萸、生姜汤之类主之。伤在少阴肾之经，通脉四逆汤主之。伤
在太阴脾之经，理中丸汤主之。大便㑞者宜汤，结者宜丸。凡诸脾
脉微洪，伤苦涩物。经曰：醎胜苦。微弦，伤冷硬物。经云：温以克
之。微涩，伤辛辣物。经云：苦胜辛。微滑，伤腥咸物。经云：甘胜
咸。弦紧，伤酸硬物。经云：辛胜酸。洪缓，伤甜烂物。经云：酸胜
甘。微迟，伤冷痰积聚恶物，温胃化痰。单伏主物不消化，曲蘗、三
棱、广茂之类。浮洪而数，皆中酒，葛根、陈皮、茯苓。伤食作泻不
止，于应服药中，加肉豆蔻、益智仁以收固之。伤食兼感风寒，其证
与前同，但添身疼，气口人迎俱盛，俗谓夹食伤寒，宜生料五积散，
或养胃汤、香苏饮、和解饮。

【伤酒】恶心呕逆，吐出宿酒，昏冒眩晕，头痛如破，宜冲和汤、
半夏茯苓汤，或理中汤加干葛七分，或用末子理中汤和缩脾饮。酒
渴，缩脾汤，或煎干葛汤调五苓散。久困于酒，遂成酒积，腹痛泄
泻，或暴饮有灰酒亦能致然，并宜酒煮黄连丸。多饮结成酒癖，腹
中有块，随气上下，冲和汤加蓬术半钱。酒停胸膈为痰饮者，枳实
半夏汤加神曲、麦芽各半钱，冲和汤加半夏一钱，茯苓七分。解酒
毒无如枝矩子之妙，一名枳椇，一名木蜜，俗呼癞汉指头，北人名曰
烂瓜，江南谓之白石树，杭州货卖名蜜屈立，诗所谓南山有枸是也。
树形似白杨，其子着枝端，如小指，长数寸，屈曲相连，春生秋熟，经
霜后取食如饧美。以此木作屋柱，令一室之酒味皆淡薄。赵以德
治酒人发热，用枝矩子而愈，即此也。东垣云：酒者大热有毒，气味

俱阳，乃无形之物也。若伤之，止当发散，汗出则愈矣。其次莫如利小便，乃上下分消其湿。今之病酒者，往往服酒症丸，大热之药下之，又有用牵牛、大黄下之者，是无形元气受病，反下有形阴血，乖误甚矣。酒性大热已伤元气，而复重泻之，亦损肾水真阴，及有形血气，俱为不足，如此则阴血愈虚，真水愈弱，阳毒之热大旺，反增其阴火，是以元气消铄，折人长命，不然则虚损之病成矣。酒疸下之，久则为黑疸，慎不可犯，宜以葛花解酲汤主之。海藏云：治酒病宜发汗，若利小便，炎焰不肯下行，故曰火郁则发之。发辛温散之，是从其体性也。是知利小便，则湿去热不去。若动大便，尤为疏陋。盖大便者，有形质之物，酒者无形之水，从汗发之，是为近理。湿热俱去，故治以苦温，发其火也；佐以苦寒，除其湿也。按酒之为物，气热而质湿，饮之而昏醉狂易者热也，宜以汗去之。既醒则热去而湿留，止宜利小便而已。二者宜酌而用之，大抵葛花解酲汤备矣。

伤 劳 倦

东垣曰：调经篇云：阴虚生内热。岐伯曰：有所劳倦，形气衰少，谷气不盛，上焦不行，下脘不通，而胃气热，热气熏胸中，故内热。举痛论云：劳则气耗，劳则喘且汗出，内外皆越，故气耗矣。夫喜怒不节，起居不时，有所劳伤，皆损其气，气衰则火旺，火旺则乘其脾土，脾主四肢，故困热无气以动，懒于语言，动作喘乏，表热自汗，心烦不安，当病之时，宜安心静坐，以养其气，以甘寒泻其热火，以酸味收其散气，以甘温补其中气。经言劳者温之，损者温之是也。《金匮要略》云：平人脉大为劳，脉极虚亦为劳矣。夫劳之为病，其脉浮大，手足烦热，春夏剧，秋冬瘥，脉大者，热邪也。极热者，气损也。春夏剧者，时助邪也。秋冬差者，时胜邪也以黄芪建中汤治之，此亦温之之意也。盖人受水谷之气以生，所谓清气、营气、运气、卫气、春升之气，皆胃气之别名也。夫胃气为水谷之海，饮食入胃，游溢精气，上输于脾，脾气散精，上归于肺，通调水道，下输膀胱，水精四布，五经并行，合于四时五脏，阴阳揆度以为常也。若阴阳失节，寒温不适,脾胃乃伤。喜怒忧恐,损耗元气。脾胃气衰,元气不足,而心火独盛。心火者、阴火也,起于下焦,其系系于心,心不主令,相火代之。相火包络之火,元气之贼也。火与元气不两立,一胜则一负,脾胃气虚则下流肝肾,阴火得以乘其土位,故脾证如得则气高而喘,身热而烦,其脉洪大而头痛,或渴不止,其皮肤不任风寒而生寒热。盖阴火上冲则气高喘而烦热,为头痛,为渴而脉洪。脾胃之气下流,使谷气不得升浮,是春生之令不行,则无阳以护其荣卫,使不任风寒,乃生寒热,此皆脾胃之气不足所致也。然与外感风寒之证颇同而实异。内伤脾胃,乃伤其气;外感风寒,乃伤其形。伤其外则有余,有余者泻之;伤其内则不足,不足者补之。汗之、下之、吐之、克之之类,皆泻也:温之、和之、调之、养之之类,皆补也。内伤不足之病,苟误认作外感有余之证,而反泻之,则虚其虚也。实实虚虚,如此死者,医杀之耳。然则奈何,唯当以辛甘温剂补其中而升其阳,甘寒以泻其火则愈矣。经曰:劳者温之,损者温之。又曰:温能除大热。大忌苦寒之药,损其脾胃,今立补中益气汤主之。夫脾胃虚者,因饮食劳倦,心火亢甚,而乘其土位。其次肺气受邪,须用黄芪最多,人参、甘草次之。脾胃一虚,肺气先绝,故用黄芪以益皮毛而闭腠理,不令自汗,损其元气。上喘气短,人参以补之。心火乘脾,须炙甘草之甘以泻火热,而补脾胃中元气。若脾胃急痛,并大虚腹中急缩者,宜多用之。经曰:急者缓之。白术苦甘温,除胃中热,利腰脐间血。胃中清气在下,必加升麻、柴胡以引之,引黄芪、甘草甘温之气味上升,能补卫气之散解,而实其表也。又缓带脉之缩急。二味苦平,味之薄者,阴中之阳,引清气上升也。气乱于胸中,为清浊相干,用去白陈皮以理之。又能助阳气上升,以散滞气,助诸甘辛为用。脾胃气虚不能升浮,为阴火伤其生发之气,荣血大亏,荣气不营,阴火炽盛,是血中伏火日渐熬煎,血气日减。心包与心主血,血减则心无所养,致使心乱而烦,病名曰悗。悗者,心惑而烦闷不安也,故加辛甘微温之剂生阳气,阳生则阴长,故血虚以人参补之,更以当归和之,少加黄柏以救肾水,能泻阴中之伏火。如烦犹不止,少加生地黄补肾水,水旺而心火自降。如气浮心乱,以朱砂安神丸镇固之则愈。以手扪之而肌表热者,表证也。只服补中益气汤一二服,得微汗则已。非正发汗,乃阴阳气和自然汗出也。若更烦乱,如腹中或周身有刺痛,皆血涩不足,加当归身五分或一钱。如精神短少,加人参五分,五味子十二个。头痛加蔓荆子三分,痛甚加川芎五分,顶痛脑痛加藁本五分、细辛三分,诸头痛并用此四味足矣。若头上有热,则此不能治,别以清空膏主之。如头痛有痰,沉重懒倦者,乃太阴痰厥头痛,加半夏五分,生姜三分。耳鸣目黄,颊颔肿,颈肩臑肘臂外后廉痛,面赤,脉洪大者,以羌活二钱,防风、藁本各七分,甘草五分,通其经血。加黄芩、黄连各三分,消其肿。人参五分、黄芪七分,益元气而泻火邪,另作一服与之。嗌痛颔肿,脉洪大面赤者,加黄芩、甘草各三分,桔梗七分。口干嗌干,加葛根五分,升引胃气上行以润之。久病痰嗽,肺中伏火,去人参,初病勿去之。冬月或春寒或秋凉时,各宜加不去根节麻黄半钱。如春令大温,只加佛耳草、款冬花各五分。夏月病嗽,加五味子三、五枚,去心麦门冬五分。如舌上白滑胎者,是胸中有寒,勿用之。夏月不嗽,亦加人参二分或三分,并五味子、麦门冬各等分,救肺受火邪也。食不下,乃胸中胃上有寒,或气涩滞,加青皮、木香各三分,陈皮五分,此三味为定法。如冬月加益智仁、草豆蔻仁各五分。如夏月加黄芩、黄连各五分。如秋月加槟榔、草豆蔻、白豆蔻、缩砂各五分。如春初犹寒,少加辛热之剂,以补春气之不足,为风药之佐,益智、草豆蔻可也。心下痞,夯闷,加芍药、黄连各一钱。如痞腹胀,加枳实、木香、缩砂仁各三分,厚朴七分。如天寒,少加干姜或肉桂。心下痞,觉中寒,加附子、黄连各一钱。不能食而心下痞,加生姜、陈皮各一钱。能食而心下痞,加黄连五分、枳实三分。脉缓有痰而痞,加半夏、黄连各一钱。脉弦四肢满,便难而心下痞,加柴胡七分、黄连五分、甘草三分。胸中气壅滞,加青皮二分。如气促少气去之。腹中痛者,加白芍药五分,炙甘草三分。如恶寒冷痛者,加桂心三分。如恶热喜寒而腹痛者,于已加白芍药、甘草二味中,更加生黄芩三二分。如夏月腹痛而不恶热者亦然,治时热也。如天凉时恶热而痛,于已加白芍药、甘草、黄芩中,更少加桂。

如天寒时腹痛,去芍药,味酸而寒故也,加益智仁三分,或加半夏五分、生姜三片。如腹中痛,恶寒而脉弦者,是木来克土也,小建中汤主之。盖芍药味酸,于土中泻木为君。如脉沉细腹中痛,以理中汤主之。干姜辛热,于土中泻水以为主也。如脉缓体重节痛,腹胀自利,米谷不化,是湿胜也,平胃散主之。胁下痛或胁下缩急,俱加柴胡三分,甚则五分,甘草三分。脐下痛加真熟地黄五分,其痛立止。如不已者,乃大寒也,更加肉桂三二分。《内经》所说少腹痛皆寒证,从复法相报中来也。经云:大胜必大复,从热病中变而作也。非伤寒厥阴之证,乃下焦血结膀胱也,仲景以抵当汤并丸主之。身有疼痛者湿,若身重者亦湿,加去桂五苓一钱。如风湿相搏,一身尽痛,加羌活七分,防风、藁本根各半钱,升麻、苍术各一钱,勿用五苓,所以然者,为风药已能胜湿,故别作一服与之。如病去勿再服,以诸风药损人元气,而益其病故也。小便遗失,肺金虚也。宜安卧养气,以黄芪、人参之类补之。不愈则是有热也,加黄柏、生地黄各五分,切禁劳役。如卧而多惊,小便淋者,邪在少阳、厥阴,宜太阳经所加之药,更添柴胡五分。如淋加泽泻五分,此下焦风寒合病也。经云:肾肝之病同一治。为俱在下焦,非风药行经则不可,乃受客邪之湿热也,宜升举发散以除之。大便秘涩,加当归梢一钱,大黄酒洗煨五分或一钱。闭涩不行者,煎成正药,先用清者一口,调玄明粉五分或一钱,得行则止。此病不宜下。下之恐变凶证也。脚膝痿软,行步乏力或痛,乃肾肝伏热,加黄柏五分,空心服。不已,更加汉防己五分。脉缓,显沉困怠惰无力者,加苍术、泽泻、人参、白术、茯苓、五味子各五分。上一方加减,是饮食劳倦,喜怒不节,始病热中,则可用之。若末传寒中,则不可用也。盖甘酸适足益其气耳,如黄芪、人参、甘草、芍药、五味之类是也。

【内伤始为热中病似外感阳证】头痛大作,四肢痓闷,气高而喘,身热而烦,上气鼻息不调,四肢困倦不收,无气以动,无气以言,或烦躁闷乱,心烦不安,或渴不止。病久者,邪气在血脉中,有湿故不渴。如病渴,是心火炎上克肺金,故渴。或表虚不任风寒,目不欲开,恶食,口不知味,右手气口脉大于左手人迎三倍,其气口脉急

大而数,时一代而涩。涩是肺之本脉。代是无气不相接,乃脾胃不
足之脉。大是洪大,洪大而数,乃心脉刑肺。急是弦急,乃肝木挟
心火克肺金也。其右关脾脉比五脉独大而数,数中时显一代,此不
甚劳役,是饮食不时,寒温失所,则无右关胃脉损弱,隐而不见,惟
内显脾脉如此也。治用补中益气汤。

【内伤末传寒中病似外感阴证】腹胀,胃脘当心痛,上支[1]两
胁,隔噎不通,或涎唾,或清涕,或多溺,足下痛,不能任身履地,骨
乏无力,喜唾,两丸多冷,阴阴作痛,或妄见鬼状梦亡人,腰背胛眼
脊臀皆痛,不渴不泻,脉盛大以涩,名曰寒中。治用神圣复气汤、白
术附子汤、草豆蔻丸。

【似外感阳明中热证】有天气大热时劳役得病,或路途劳役,
或田野中劳役,或身体怯弱食少劳役,或长斋久素胃气久虚劳役。
其病肌体壮热,躁热闷乱,大恶热,渴饮水.此与阳明伤寒热白虎汤
证相似,鼻口中气短促上喘,此乃脾胃久虚,元气不足之证,身亦疼
痛,至日西作,必谵语热渴闷不止,脉洪大空虚或微弱。白虎汤证,
其脉洪大有力,与此内伤中热不同,治用清暑益气汤。饥困劳役之
后,肌热躁热,困渴引饮,目赤面红,昼夜不息,其脉大而虚,重按全
无。经曰:脉虚则血虚,血虚则发热,证象白虎,惟脉不长实为辨也。
误服白虎汤必危,宜黄芪当归补血汤。

【似外感恶风寒证】有因劳役坐卧阴凉处后,病表虚不任风
寒,少气短促,懒言语,困弱无力。此因劳役辛苦,肾中阴火沸腾,
后因脱衣或沐浴,歇息于阴凉处,其阴火不行,还归皮肤,腠理极虚
无阳,被风与阴凉所遏,以此表虚不任风寒,与外感恶风相似。不
可同外感治,宜用补中益气汤。

【内伤似外感杂证】饮食失节,劳役所伤,脾胃中州变寒,走痛
而发黄,治用小建中汤,或理中汤,或大建中汤,选而用之。

【劳倦所伤虚中有寒】理中丸。心肺在膈上为阳,肾肝在膈下
为阴,此上下脏也。脾胃属土,处在中州,在五脏曰孤脏。在三焦

---

〔1〕上支:原作"四肢",误,据《脾胃论》卷中改。

曰中焦。因中焦治在中，一有不调，此丸专主，故名曰理中丸。人
参味甘温，《内经》曰：脾欲缓，急食甘以缓之。缓中益脾，必以甘
为主，是以人参为君。白术味甘温，《内经》曰：脾恶湿，甘胜湿。
温中胜湿，必以甘为助，是以白术为臣。甘草味甘平，《内经》曰：
五味所入，甘先入脾。脾不足者以甘补之，补中助脾必须甘剂，是
以甘草为佐。干姜味辛热，喜温而恶寒者胃也，寒则中焦不治。《内
经》曰：寒淫所胜，平以辛热。散寒温胃，必先辛剂，是以干姜为使。
脾胃居中，病则邪气上下左右无所不之，故有诸加减焉。若脐下筑
者，肾气动也，去白术加桂。气壅而不泄，则筑然动也，白术味甘补
气，去白术则气易散。桂辛热，肾气动者，欲作奔豚也，必服辛热
以散之，故加桂以散肾气，泄奔豚气。吐多者，去白术加生姜。气
上逆则吐多，术甘而壅，非气逆者之所宜。《千金》曰：呕家多服生
姜，以其辛散，故吐多者加之。下多者还用白术，气泄而不收则下
多，术甘壅补，使正气收而不下泄也。或曰湿胜则濡泄，术专除湿，
故下多者加之。悸者加茯苓，饮聚则悸，茯苓味甘，渗泄伏水，是所
宜也。渴欲得水者倍加术，津液不足则渴，术甘以补津液，故加之。
腹中痛者加人参，虚则痛，经曰：补可以去弱，人参、羊肉之属是也。
寒多者加干姜，以辛热能散寒也。腹满者去白术，加附子。《内经》
曰：甘者令人中满，术甘壅补，于腹中满者则去之。附子味辛热，气
壅郁腹为之满，以热胜寒，以辛散满，故加附子。经曰：热者寒之，
寒者热之，此之谓也。建中汤，《内经》曰：肝生于左，肺生于右，
心位在上，肾处在下，左右上下四藏居焉。脾者土也，应中央，处四
藏之中州，治中焦，生育荣卫，通行津液，一有不调，则荣卫失所育，
津液失所行，必以此汤温中益脾，是以建中名之焉。胶饴味甘温，
甘草味甘平，脾欲缓，急食甘以缓之。建脾者，必以甘为主，故以胶
饴为君，而甘草为臣。桂辛热，散也、润也，荣卫不足，润而散之。
芍药味酸，微寒，收也、泄也，津液不通，收而行之。是以桂、芍药为
佐。生姜味辛温，大枣味甘温，胃者卫之源，脾者荣之本。《灵枢经》
云：荣出中焦，卫出上焦是也。卫为阳，不足者益之必以辛；荣为阴，
不足者补之必以甘。甘辛相合，脾胃建而荣卫通，是以姜枣为使也。

呕家不用此汤,以味甜故也。《宝鉴》育气汤、参术调中汤、养胃进食丸、宽中进食丸、和中丸、安胃丸、补中丸、加减平胃散、嘉禾散、白术散、缓中丸、沉香鳖甲散、十华散、沉香温脾汤、厚朴温中汤、双和汤、小沉香丸、木香分气丸、木香饼子。

【劳倦所伤虚中有热】《金匮要略》云:夫男子平人脉大者为劳,极虚亦为劳。男子[1]面色薄者,主渴及亡血,卒喘悸,脉浮者,里虚也。男子脉虚沉弦,无[2]寒热,气促里急,小便不利,面色白,时目眩,兼衄,少腹满,此为劳使之然。劳之为病,其脉浮大,手足烦,春夏剧,秋冬瘥,阴寒精自出,酸削不能行。男子脉微弱而涩,为无子,精清冷。夫失精家,少腹弦急,阴头寒,目眩发落,脉极虚芤迟,为清谷亡血失精也。调中益气汤,治因饥饱劳役损伤脾胃,元气不足,其脉弦,或洪缓,按之无力中之下时一涩。其证身体沉重,四肢困倦,百节烦疼,胸满短气,膈咽不通,心烦不安,耳聋耳鸣,目有瘀肉,热壅如火,视物昏花,口中沃沫,饮食失味,忽肥忽瘦,怠惰嗜卧,溺色变赤,或清利而数,或上饮下便,或时餐泄,腹中虚痛,不思饮食。《内经》云:劳则气耗,热则伤气。以黄芪、甘草之甘泻热为主,以白芍药、五味子之酸,能收耗散之气。又曰:劳者温之,损者温之。以人参甘温补气不足,当归辛温补血不足,故以为臣。白术、橘皮甘苦温,除胃中客热,以养胃气为佐。升麻、柴胡苦平,味之薄者,阴中之阳,为脾胃之气下溜,上气不足,故从阴引阳以补之。又以行阳明之经为使也。如时显热躁,是下元阴火蒸蒸然发也,加真生地黄二分,黄柏三分。如大便虚坐不得,或大便了而不了,腹中常逼迫,血虚、血涩也,加当归身五分。如身体沉重,虽小便数多,亦加[3]茯苓五分,苍术一钱,泽泻五分,黄柏三分。时暂从权而祛湿也,不可常用。兼足太阴已病,其脉亦络于心中,故显湿热相合而烦乱如胃气不和,加汤洗半夏半钱,生姜三片。有嗽者加生地黄

---

〔1〕子:原脱,据《金匮要略》第六补。

〔2〕无:此下原衍"力",据《金匮要略》第六删。

〔3〕加:原作"如",形近之误,据四库本改。

三分,以制半夏之毒。痰厥头痛,非半夏不能除,此足太阴经邪所
作也。如无以上证,只服黄芪一钱,人参三钱,甘草五分,橘皮酒洗
三分,柴胡二分,升麻二分,苍术五分,黄柏酒洗二分。上件剉如麻
豆大,依前煎服。如秋冬之月,胃脉四道为冲脉所逆,并胁下少阳
脉二道而反上行,病名曰厥逆。《内经》曰:逆气上行,满脉去形。
明七神昏绝,离去其形而死矣。其证气上冲咽不得息,而喘息有
音,不得卧,加吴茱萸半钱或一钱半,汤洗去苦,观厥气多少而用
之。如夏月有此证,为大热也。盖此病随四时为寒热温凉也。宜
以酒黄连、酒黄柏、酒知母各等分,为细末,熟汤为丸,如梧桐子大。
每服二百丸,白汤送下,空心服,仍多服热汤,服毕少时,便以美饮
食压之,不令胃中停留,直至下元,以泻冲脉之邪也。大抵治饮食
劳倦所得之病,乃虚劳七损证也,当用温平甘多辛少之药治之,是
其本法也。如时上见寒热病,四时也,又或将理不如法,或酒食过
多,或辛热之食作病,或寒冷之食作病,或居大热大寒之处益其病,
当临时制宜,暂用大寒大热治法而取效,此从权也。不可以得效之
故而久用之,必致夭横矣。《灵枢经》曰:从下上者引而去之,上气
不足,推而扬之。盖上气者,心肺上焦之气,阳病在阴,从阴引阳,
宜以入肾肝下焦之药,引甘多辛少之药,使升发脾胃之气,又从而
去其邪气于腠理皮毛也。又云:视前痛者当先取之,是先以缪刺泻
其经络之壅者,为血凝而不流,故先去之,而后治他病。《宝鉴》桂
枝加龙骨牡蛎汤、黄芪建中汤、人参黄芪散、续断汤、柴胡散、秦艽
鳖甲散、人参地骨皮散、地仙散、当归补血汤、犀角紫河车丸、人参
柴胡散、清神甘露丸、双和散、四君子汤、猪肚丸、酸枣仁丸、定志
丸、麦煎散、独圣散。

　　饮食不节,劳役所伤,腹胁满闷,短气,遇春则口淡无味,遇夏
虽热,犹有恶寒,饥则常如饱,不喜食冷物,升阳顺气汤主之。脾胃
不足之证,须用升麻、柴胡苦平味之薄者,阴中之阳,引脾胃中清气
行于阳道及诸经,生发阴阳之气,以滋春气之和也。又引黄芪、人
参、甘草甘温之气味上行,充实腠理,使阳气得卫外而为固也。凡
治脾胃之药,多以升阳补气名之者,此也。饥饱劳役,胃气不足,脾

气下溜,气短无力,不能[1]寒热,早饭后转增昏闷,须要眠睡,怠惰四肢不收,懒倦动作,五心烦热,升阳补气汤主之。如腹胀及窄狭,加厚朴。如腹中似硬,加砂仁。脾胃虚弱,气促气弱,精神短少,衄血吐血,门冬清肺饮、大阿胶丸。痰喘,人参清镇丸。劳风,心脾壅滞,痰涎盛多,喉中不利,涕唾稠粘,嗌塞吐逆,不思饮食,或时昏愦,皂角化痰丸。病久厌厌不能食,而藏府或结或溏,此胃气虚弱也,白术和胃丸。《明医杂著》云:东垣论饮食劳倦,为内伤不足之证,治用补中益气汤。《溯洄集》中,又论不足之中,又当分别饮食伤为有余,劳倦伤为不足,予谓伤饮食而留积不化,以致宿食郁热,热发于外,此为有余之证,法当消导,东垣自有枳术丸等治法,具于饮食门矣。其补中益气方论,却谓人因伤饥失饱,致损脾胃、非有积滞者也,故只宜用补药。盖脾胃全赖饮食之养,今因饥饱不时,失其所养,则脾胃虚矣。又脾主四肢,若劳力辛苦,伤其四肢,则根本竭矣。或专因饮食不调,或专因劳力过度,或饮食不调之后加之劳力,或劳力过度之后继以不调,故皆谓之内伤元气不足之证,而宜用补药也。但须于此四者之间,审察明白,为略加减,则无不效矣。

虚劳癥骨蒸热

《素问》云:脉虚、气虚、尺虚,是谓重虚。所谓气虚者,言无常也;尺虚者,行步恇然;脉虚者,不象阴也。又云:脉细,皮寒,气少,泄利前后,饮食不入,是谓五虚。五虚死,浆粥入胃泄注止,则虚可活。治用黄芪建中汤、理中汤之类。此《素问》但言虚而无劳癥之名,然其因则固屡言之矣。凡外感六淫,内伤七情,其邪展转乘于五脏,遂至大骨枯槁,大肉陷下,各见所合衰惫之证,真脏脉见则有死期。又如二阳之病,则传为风消、息贲。三阳之病,传为索泽,瘅成为消中。大肠移热于胃,胃移热于胆,则皆善食而瘦。尝贵后贱,病从内生,名曰脱营。尝富后贫,名曰失精。暴乐暴喜,始乐后苦,

---

〔1〕能(nài 奈):通"耐"。《汉书·晁错传》:"其性能暑"颜师古注:"能,读曰耐。"

皆伤精气。精气竭绝，形体毁沮[1]，离绝菀结，喜怒忧恐，五脏空虚，血气离守。《灵枢》曰：怵惕思虑则伤神，神伤则恐惧自失，破䐃脱肉，毛瘁色夭，死于冬。又诸热病在肤肉脉筋骨之间者，各客于所合之本藏不得，客于所不胜。及考医和视晋平公之疾曰：是近女室晦，女阳物[2]而晦时，淫则生内热或[3]蛊之疾，非鬼非食，疾不可为也。至汉张仲景《金匮要略》明立虚劳门，于是巢元方撰《病源候论》，遂有虚劳，有蒸病，有注病，皆由此而推之者也。虚劳者，五劳、六极、七伤是也。五劳者，志劳、思劳、心劳、忧劳、瘦劳。六极者，气极、血极、筋极、骨极、肌极、精极。七伤者，曰阴寒、曰阴痿、曰里急、曰精连连[4]、曰精少、阴下湿、曰精清[5]、曰小便苦数，临事不举。又曰：大饱伤脾，大怒气逆伤肝，强力举重、久坐湿地伤肾，形寒饮冷伤肺，忧愁思虑伤心，风雨寒暑伤形，大恐惧不节伤志。蒸有五，骨蒸、脉蒸、皮蒸、肉蒸、内蒸。又有二十三蒸，胞、玉房、脑、髓、骨、血、脉、肝、心、脾、肺、肾、膀胱、胆、胃、三焦、小肠、肉、肤、皮、气各有一蒸，其状遍身发热，多因热病愈后，食牛肉，或饮酒，或房欲而成注者。注之为言住也，邪气居人身内，生既连滞停住，死又注易傍人也，即所谓传尸。已别立门外，今以虚劳骨蒸合为一门，而列古明医治法于后。《金匮》云：五劳虚极羸瘦，腹满不能饮食，食伤、忧伤、饮伤、房室伤、饥伤、劳伤，经络荣卫气伤，内有干血，肌肤甲错，两目黯黑，缓中补虚，大黄䗪虫丸主之。按虚劳发热，未有不由瘀血者，而瘀血未有不由内伤者，人之饮食起居，一失其节，皆能成伤，此亦可以睹矣。故以润剂治干，以蠕动啮血之物行死血，死血既去，病根已划，而后可从事乎滋补之剂，仲景为万古医方之祖，有以哉。又有陈大夫传仲景百劳丸，可与䗪虫丸互用。《活法机要》云：虚损之疾，寒热因虚而感也。感寒则损阳，阳虚则阴盛，

---

[1] 沮：原作"阻"，形近之误，据《素问·疏五过论》篇改。

[2] 物：原作"也"，据《春秋左传·昭公元年》及四库本改。

[3] 或：通"惑"。《说文通训定声》："或，假借为惑。"

[4] 精连连：原作"精速"，文义不明，据《诸病源候论》卷三改。

[5] 精清：原作"精滑"，形近之误，据《诸病源候论》卷三改。

故损则自上而下,治之宜以辛甘淡,过于胃则不可治也。感热则损阴,阴虚则阳盛,故损则自下而上,治之宜以苦酸咸,过于脾则不可治也。自上而损者,一损损于肺,故皮聚而毛落。二损损于心,故血脉虚弱,不能荣于脏腑,妇人则月水不通。三损损于胃,故饮食不为肌肤也。自下而损者,一损损于肾,故骨痿不起于床。二损损于肝,故筋缓不能自收持。三损损于脾,故饮食不能消克也。故心肺损则色弊,肝肾损则形痿,脾胃损则谷不化也。治肺损皮聚而毛落,宜益气,四君子汤。治心肺虚损,皮聚毛落,血脉虚耗,妇人月水愆期,宜益气和血,八物汤。治心肺损及胃,损饮食,不为肌肤,宜益气和血,调饮食,十全散。治肾损,骨痿不能起于床,宜益精补肾,金刚丸。治肾肝损,骨痿不能起于床,宜益精。筋缓不能自收时,宜缓中牛膝丸。治肝肾损及脾,食谷不化,宜益精缓中消谷,煨肾丸。如阳盛阴虚,肝肾不足,房室虚损,形瘦无力,面多青黄而无常色,宜荣血养肾,地黄丸。如阳盛阴虚,心肺不足,及男子妇人面无血色,食少嗜卧,肢体困倦,宜八味丸。如形体瘦弱,无力多困,未知阴阳先损,夏月宜地黄丸,春秋宜肾气丸,冬月宜八味丸。病久虚弱,厌厌不能食,和中丸。肝劳,尽力谋虑而成。虚寒则口苦骨疼,筋挛烦闷,宜续断汤,灸肝俞。实热则关格牢涩不通,眼目赤涩,烦闷热壅,毛悴色夭,宜羚羊角散。心劳,曲运神机而成。虚寒则惊悸恍惚,神志不定,宜远志饮子、酸枣仁汤。实热则口舌生疮,大小便秘涩,宜黄芩汤。脾劳,意外致思而成。虚寒则气胀咽满,食不下,噫气,宜白术汤、生嘉禾散、大建脾散。实热则四肢不和,胀满气急不安,宜小甘露饮。肺劳,预事而忧所成。虚寒则心腹冷气,胸满背痛,吐逆,宜温肺汤。实热则气喘,面目苦肿,宜二母汤。肾劳,矜持志节所成。虚寒则遗精白浊,腰脊如折,宜羊肾丸。实热则小便黄赤涩痛,阴生疮,宜地黄丸。肝伤筋极,虚则手足拘挛,腹痛,指甲痛,转筋,宜木瓜散,当归、枸杞、续断。实则咳而胁下痛,脚心痛不可忍,手足甲青黑,宜五加皮散。心伤脉极,虚则咳而心痛,咽肿,喉中介介如梗,宜茯神汤,远志、酸枣仁、朱砂、龙齿。实则血焦发落,唇舌赤,语涩肌瘦,宜麦门冬汤。脾伤肉极、虚则四肢倦,关节痛，不食，阴引肩背皆强，宜半夏汤，豆蔻、厚朴、陈皮、益智。实则肌肉痹，腠理开，汗大泄，四肢缓弱急痛，宜薏苡仁散。肺伤气极，虚则皮毛焦，津液枯，力乏，腹胀喘息，宜紫菀汤，人参、黄芪、白石英。实则喘息冲胸，心恚腹满，热烦呕，口燥咽干，宜前胡汤。肾伤骨极，虚则面肿垢黑，脊痛气衰，毛发枯槁，宜鹿角丸，益智、五味、鹿茸。实则面焦耳鸣，小便不通，手足痛，宜玄参汤。脏腑气虚，视听已卸，精极，虚则遗精白浊，体弱，小腹急，茎弱核小，宜磁石丸，鹿茸、苁蓉、破故纸、龙骨、人参、附子、钟乳。实则目昏毛焦，虚热烦闷，泄精，宜石斛汤。《古今录验》五蒸汤，甘草炙一两，茯苓三两，人参二两，干地黄三两，竹叶二把，葛根三两，知母二两，黄芩二两，粳米二合，石膏五两碎，上十味㕮咀。以水九升，煮小麦一升，至六升去麦，入药煎至二升半，分三服。实热，黄连、黄芩、黄柏、大黄。虚热，乌梅、秦艽、柴胡，气也；青蒿、鳖甲、蛤蚧、牡丹皮、小麦，血也。肺，鼻干乌梅、紫菀、天门冬、麦门冬。皮，舌白唾血石膏、桑白皮。肤，昏昧嗜睡牡丹皮。气，遍身气热，喘促鼻干，人参、黄芩、栀子。大肠鼻右孔干痛芒硝、大黄。脉，唾白浪语，经络溢，脉缓急不调，当归、生地黄。心，舌干黄连、生地黄。血，发焦地黄、当归、桂心、童子小便。小肠，下唇焦木通、赤茯苓、生地黄。脾，唇焦芍药、木瓜、苦参。肉，食无味而呕，烦躁不安，芍药。胃，舌下痛石膏、粳米、大黄、芒硝、葛根。肝，眼黑前胡、川芎、当归。筋，甲焦川芎、当归。胆，眼白失色柴胡、栝蒌。三焦，乍寒乍热石膏、竹叶。肾，两耳焦石膏、知母、生地黄、寒水石。脑，头眩闷热羌活、地黄、防风。髓，髓沸骨中热当归、地黄、天门冬。骨，齿黑腰痛足逆冷，疳虫食藏，鳖甲、当归、地骨皮、牡丹皮、生地黄。肉，肢细跗肿，脏腑俱热，石膏、黄柏。胞，小便黄赤生地黄、泽泻、茯苓、沉香、滑石。膀胱，左耳焦泽泻、茯苓、滑石。凡此诸蒸，皆因热病后食肉油腻，行房饮酒犯之而成。久蒸不除，变成疳病即死矣。《珍珠囊》云：地为阴，骨为里，皮为表，地骨皮泻肾火，牡丹皮泻包络火，总治热在外无汗而骨蒸。知母泻肾火，治热在内有汗而骨蒸，四物汤加二皮，治妇人骨蒸。《玄珠》云：五行六气，水特五之一耳。一水既亏，岂能胜五火哉，虚劳等证蜂起矣。其体虚者，最易感于邪气，当先和解，微利微下之，从其缓而治之，次则调之。医者不知邪气加于身而未除，便行补剂，邪气得补，遂入经络，至死不悟，如此误者，何啻千万，良可悲哉。夫凉剂能养水清火，热剂能燥水补火，理易明也。劳为热证明矣，还可补乎。惟无邪无热无积之人，脉举按无力而弱者，方可补之。又必察其胃中及右肾二火亏而用之。心虚则动悸恍惚，忧烦少色，舌强，宜养荣汤、琥珀定神丸之类，以益其心血。脾虚面黄肌瘦，吐利清冷，腹胀肠鸣，四肢无力，饮食不进，宜快胃汤、进食丸之类，以调其饮食。肝虚目昏，筋脉拘挛，面青恐惧，如人将捕之状，宜牛膝益中汤、虎骨丹之类，以养助其筋脉。肺虚呼吸少气喘乏，咳嗽嗌干，宜枳实汤加人参、黄芪、阿胶、苏子，以调其气。肾虚腰背脊膝厥逆而痛，神昏耳鸣，小便频数，精漏，宜八味丸加五味、鹿茸，去附子，用山药等丸，以生其精。陈藏器诸虚用药凡例：虚劳头痛复热，加枸杞、萎蕤。虚而欲吐，加人参。虚而不安，亦加人参。虚而多梦纷纭，加龙骨。虚而多热，加地黄、牡蛎、地肤子、甘草。虚而冷，加当归、川芎、干姜。虚而损，加钟乳、棘刺、苁蓉、巴戟天。虚而大热，加黄芩、天门冬。虚而多忘，加茯苓、远志。虚而口干，加麦门冬、知母。虚而吸吸，加胡麻、覆盆子、柏子仁。虚而多气兼微咳，加五味子、大枣。虚而惊悸不安，加龙齿、沙参、紫石英、小草。若冷则用紫石英、小草，若客热即用沙参、龙齿，不冷不热皆用之。虚而身强，腰中不利，加磁石、杜仲。虚而多冷，加桂心、吴茱萸、附子、乌头。虚而劳，小便赤，加黄芩。虚而客热，加地骨皮、白水黄芪。虚而冷，加陇西黄芪。虚而痰复有气，加生姜、半夏、枳实。虚而小肠利，加桑螵蛸、龙骨、鸡膍胵。虚而小肠不利，加茯苓、泽泻。虚而损，溺白，加厚朴。髓竭不足，加地黄、当归。肺气不足，加天门冬、麦门冬、五味子。心气不足，加上党人参、茯苓、菖蒲。肝气不足，加天麻、川芎。脾气不足，加白术、白芍药、益智。肾气不足，加熟地黄、远志、牡丹皮。胆气不足，加细辛、酸枣仁、地榆。神昏不足，加朱砂、预知子、茯神。

《证治要诀》云：五劳皆因不量才力，勉强云为，忧思过度，嗜欲无节，或病失调将，积久成劳。其证头旋眼晕，身疼脚弱，心怯气短,自汗盗汗,或发寒热,或五心常热,或往来潮热,或骨蒸作热,夜多恶梦,昼少精神,耳内蝉鸣,口中无味,饮食减少,此皆劳伤之证也。五脏虽皆有劳,心肾为多。心主血,肾主精,精竭血燥则劳生焉。治劳之法,当以调心补肾为先,不当用峻烈之剂,惟当温养滋补,以久取效。天雄、附子之类投之,适足以发其虚阳,缘内无精血,不足当此猛剂。然不可因有热,纯用甜冷之药,以伤其胃气。独用热药者,犹釜中无水而进火也。过用冷药者,犹釜下无火而添水也。非徒无益,而又害之。宜十全大补汤或双和散,或养荣汤、七珍散、乐令建中汤,皆可选用,间进双补丸。诸发有杂病,如咳嗽吐血不得卧,盗汗,寒热潮热等,已见各门。审知因虚劳得之,并宜用前药,未效用十四味建中汤,无热,脉不数,乃可用。或大建中汤。渴而不胜热药者,七珍散加木香、五味子各七分。热多黄芪鳖甲散、或人参散。独五心发热,将欲成劳者,茯苓补心汤。饮食减少,畏食而呕者,难独用前滞甜药,须斟酌用前快脾之剂,缩砂、陈皮却不可少,仍下鹿茸橘皮煎丸。如不呕不畏食,用前十全大补汤、双和散等药,亦当少加快脾之剂以为之防。有患精血不足,明知当补肾,方欲一取之归芪等药,其人素减食,又恐不利于脾,方欲理脾,则不免用疏刷之药,又恐愈耗肾水,全一举而两得之功,莫若鹿茸橘皮煎丸为第一。故曰精不足者,补之以味。又曰:补肾不如补脾,以脾上交于心,下交于肾故也。道家交媾心肾,以脾为黄婆者,即此意。若肾元大段虚损,病势困笃,则肾又不容少缓,不必拘于此说。要知于滋肾之中,佐以砂仁、澄茄之类,于壮脾之中,参以北五味、黄芪之属,此又临时审病用药之活法。《难经》曰:肾有两者,非皆肾也。其左为肾,上为命门。命门者诸精神之所舍,原气之所系也。男子以藏精,女子以系胞,故知肾有二也。男子藏精者,气海也。女子系胞者,血海也。所主者二,受病者一也。是故左肾为阴,合主地道生育之化,故曰元气之舍也。若夫肾之藏精者,是受五脏六腑之精,输纳入精房、血海而藏之。然精有阴有阳,阴阳平则两肾和而不偏,不平则偏,阴阳俱不足,则两肾俱虚。故东垣治两虚者,以仲景八味丸补之。偏于左肾之阴精不足,则以地黄丸主之,以三才封髓丹主之。右肾之阳火不足，则以八味丸、天真丸之类主之。此用方之凡例也。丹溪论劳瘵主乎阴虚者，盖自子至巳属阳，自午至亥属阴，阴虚则热在午后子前，寤属阳，寐属阴，阴虚则汗从寐时盗出也。升属阳，降属阴，阴虚则气不降，气不降则痰涎上逆而连绵吐出不绝也。脉浮属阳，沉属阴，阴虚则浮之洪大，沉之空虚也。此皆阴虚之证，用四物汤加黄柏、知母主之。然世医遵用治疾，乃百无一效者何哉？盖阴既虚矣，火必上炎，而川芎、当归皆味辛气大温，非滋虚降火之药。又川芎上窜，尤非虚炎短乏者所宜。地黄泥膈，非胃弱食少痰多者所宜。黄柏、知母苦辛大寒，虽曰滋阴，其实燥而损血；虽曰降火，其实苦先入心，久而增气，反能助火；至其败胃，所不待言。用药如此，乌能奏功也。予每用薏苡仁、百合、天门冬、麦门冬、桑根白皮、地骨皮、牡丹皮、枇杷叶、五味子、酸枣仁之属，佐以生地汁、藕汁、乳汁、童子小便等。如咳嗽则多用桑皮、枇杷叶。有痰则增贝母。有血则多用薏苡仁、百合，增阿胶。热盛则多用地骨皮。食少则用薏苡仁至七八钱。而麦门冬常为之主，以保肺金而滋生化之源，无不应手而效。盖诸药皆禀燥降收之气，气之薄者，为阳中之阴，气薄则发泄，辛甘淡平寒凉是也。以施于阴虚火动之症，犹当溽暑伊郁之时，而商飙飒然倏动，则炎歊如失矣。与治暑热用白虎汤同意。然彼是外感，外感为有余，故用寒沉藏之药，而后能辅其偏。此是内伤，内伤为不足，但用燥降收之剂，而已得其平矣。此用药之权衡也。虚劳之疾，百脉空虚，非粘腻之物填之，不能实也。精血枯涸，非滋湿之物濡之，不能润也。宜用人参、黄芪、地黄、天麦门冬、枸杞子、五味子之属，各煎膏，另用青蒿以童便熬膏，及生地汁、白莲藕汁、人乳汁、薄荷汁，隔汤炼过，酌定多少，并麋角胶、霞天膏，合和成剂。每用数匙，汤化服之。如欲行瘀血，加入醋制大黄末子、玄明粉、桃仁泥、韭汁之属。欲止血，加入京墨之属。欲行痰，加入竹沥之属。欲降火，加入童便之属。凡虚劳之症，大抵心下引胁俱疼，盖滞血不消，新血无以养之也。尤宜用膏子，加韭汁、桃仁泥。呼吸少气，懒言语，无力动作，目无精光，面色㿠白，皆兼气虚，用麦门冬、人参各三钱，橘红、桔梗、炙甘草各半两,五味子二十一粒,为极细末,水浸油饼为丸,如鸡头子大。每服一丸,细嚼津唾咽下,名补气丸。气虚则生脉散,不言白术。血虚则三才丸,不言四物。大略前言薏苡仁之属治肺虚,后言参芪地黄膏子之类治肾虚。盖肝心属阳,肺肾属阴,阴虚则肺肾虚矣。故补肺肾即是补阴,非四物、黄柏、知母之谓也。劳瘵兼痰积,其证腹胁常热,头面手足则于寅卯时分乍有凉时者是也。宜以霞天膏入竹沥、加少姜汁,调玄明粉行之。若顽痰在膈上胶固难治者,必以吐法吐之,或沉香滚痰丸、透膈丹之类下之,甚则用倒仓法。若肝有积痰污血结热而劳瘵者,其太冲脉必与冲阳脉不相应,宜以补阴药吞当归龙荟丸。古方柴胡饮子、防风当归饮子、麦煎散皆用大黄,盖能折炎上之势而引之下行,莫速乎此。然惟大便实者乃可。若溏泄则虽地黄之属亦不宜,况大黄乎?透肌解热,柴胡、干葛为要剂,故治骨蒸方中多用之。如秦艽鳖甲散、人参地骨皮散、人参柴胡散,皆退热之剂,然非常用多服之药也。《衍义》云:柴胡,《本经》并无一字治劳,今治劳方中鲜有不用者,凡此误世甚多。尝原病劳有一种真脏虚损,复受邪热者,如《经验方》治劳热,青蒿煎丸用柴胡,正合宜耳,服之无不效。热去即须急已。若无邪热,不死何待。又大忌芩、连、柏,骤用纯苦寒药,反泻其阳。但当用琼玉膏之类,大助阳气,使其复还寅卯之位,微加泻阴火之药是也。有重阴覆其阳,火不得伸,或洒洒恶寒,或志意不乐,或脉弦数,四肢五心烦热者,火郁汤、柴胡升麻汤,病去即已,不可过剂。服寒凉药,证虽大减,脉反加数者,阳郁也。宜升宜补,大忌寒凉,犯之必死。男子肌瘦,气弱咳嗽,渐成劳瘵,用猪肚丸,服之即肥。有面色如故,肌体自充,外看如无病,内实虚损,俗呼为桃花蛀,当看有何证候,于前项诸药审而用之。右所列五劳六极二十三蒸诸治法,亦略备矣。然当以脾肾二脏为要,何以言之,肾乃系元气者也,脾乃养形体者也。经曰:形不足温之以气者也。谓真气有少火之温,以生育形体。然此火不可使之热,热则壮,壮则反耗真气也。候其火之壮少,皆在两肾间,经又曰:精不足补之以味。五味入胃,各从所喜之脏而归之,以生津液,输纳于肾者。若五味一有过节,反成其脏有余,胜克之祸起矣。候其五味之寒热,初在脾胃,次在其所归之脏,即当补其不足,泻其有余。谨守精气,调其阴阳,使神内藏。夫如是,则天枢开发,而胃和脉生,故荣卫以周于内外,无不被滋养而病愈矣。劳疾久而嗽血,咽疼无声,此为自下传上;若不嗽不疼,久而溺浊脱精,此为自上传下,皆死证也。骨蒸之极,声嘎咽痛,面黧脉躁,汗出如珠,喘乏气促,出而无入,毛焦唇反,皆死证也。又骨肉相失,声散呕血,阳事不禁,昼凉夜热者死。

附水丘先生紫庭治疗秘方　人有传尸、瘵瘵、伏连、五劳、七伤、二十六蒸,其候各异,其源不同,世医不明根本,妄投药石,可胜叹哉。予休心云水,远绝人事,遂以所传枢要精微,以示世医,使之明晓。夫传尸劳者,男子自肾传心,心而肺,肺而肝,肝而脾;女子自心传肺,肺而肝,肝而脾,脾而肾,五脏复传六腑而死矣。或连及亲族,至于灭门,其源皆由房室、饮食过度,冷热不时,忧思悲伤,有欲不遂,惊悸喜惧。或大病后行房,或临尸哭泣,尸气所感。邪气一生,流传五脏,蛊食伤心,虽有诸候,其实不离乎心阳肾阴也。若明阴阳用药,可以返魂夺命,起死回生。人知劳之名,未知其理。人生以血为荣,气为卫,二者运转而无壅滞,劳何由生。故劳者倦也,血气倦则不运,凝滞疏漏,邪气相乘。心受之为盗汗虚汗,忧悲恐惧,恍惚不安。肾受之为骨蒸,为鬼交,阳虚好色愈甚。肝受之为瘰疬,胁满痞聚,拳挛拘急,风气乘之为疼痛。脾受之为多思虑慕,清凉不食,多食无味。肺受之为气喘痰涎,睡卧不安,毛发焦枯。至于六府,亦各有证。今人多用凉药则损胃气,虽卢扁亦难矣。予之所论,但在开关把胃,何则? 劳病者,血气不运,遂致干枯,此关脉闭也。故先用开关药通其血脉,既开关则须起胃。盖五脏皆有胃气,邪气附之则五脏衰弱,若不把胃,则他药何由而行,故开关把胃乃治劳妙法也。然必须明阴阳,且如起胃,阳病药不可过暖,阴病药不可过凉。今人言丁香、厚朴、肉桂、苁蓉可补五脏,不知用之则喘息闭嗽,如火益热。或以治鬼为先务,要当法药相济,道力资扶,然后鬼尸可逐也。此论上合黄帝、岐、扁,下明脏腑阴阳,非患人有福,亦不遭逢,宝之。

　　总论病证　如夜梦鬼交，遗精自泄。梦魂不安，常见先亡，恐怖鬼神。思量饮食，食至不进。目睛失白，骨节疼痛。五心烦热，头发作滞，面脸时红，如傅胭脂。唇红异常，肌肤不润，言语气短。大便秘涩，或时溏利。小便黄赤，或时白浊。项生瘰疬，腹中气块。鼻口生疮，口舌干燥，咽喉不利，仰卧不得。或时气喘，涕唾稠粘，上气愤满，痰吐恶心，腹胁妨闷。阴中冷痛，阴痒生疮，多湿转筋拘急。或忿怒悲啼，舌直苦痛，目睛时疼，盗汗，抬肩喘息，阳道虚刚。如手足心烦疼，口干舌疮，小便黄赤，大便难，及热多咽喉痛，涎唾黄粘，及兼前项一二证，即是阳病。当用阳病开关散，为泻阳而补阴。如大便溏利，小便白浊，饮食不化，胃逆口恶，虽有热，痰唾白色及小便多，仍兼前项数症，即是阴病。当用阴病开关药。凡劳病虚极，亦多令人烦躁，大小便不利，宜兼诸脉证审之。阴阳二症，皆用起胃散。又歌诀云：水丘道人年一百，炼得龙精并虎魄。流传此法在人间，聊向三天助阴德。扶危起死莫蹉跎，此药于人有效多。不问阴阳与冷热，先将脾胃与安和。脾经虚冷易生寒，最是难将热药攻。闭却大便并上气，为多厚朴与苁蓉。此法精关两道方，无筋力。乌龙膏子二十圆，便似焦枯得甘滴。遗精梦泄腹膨高，咳嗽阴疼为患劳。此病是阴须识认，便当急下玉龙膏。嗽里痰涎仰卧难，阴阳交并候多端。却须兼服诃黎散，治取根源病自安。

　　七宝圆，泻骨蒸传尸邪气，阳病可服。黄连四两，为细末，用猪肚一个洗净，入药末，线缝之。用童便五升，文火煮令烂干为度。以肚细切同药烂研，置风中吹干，丸如桐子大，朱砂、麝香作衣。空心麦门冬水下，或用阳病开关散咽下。无朱砂亦可。

　　阳病开关散，北柴胡，去芦桔梗炒，秦艽、麦门冬去心各半两，芍药、木香、泽泻各一两，木通半两，甘草一钱炙，当归、桑白皮蜜炙、地骨皮各一两，㕮咀。每服三钱，水一盏，姜三片，煎六分，空心服。小便多即病去也。

　　阴病开关散，当归、赤芍药、肉桂、白芷、甘草炙各半两，木香二钱，制枳壳三钱，天南星一钱，去皮姜汁浸一宿焙，㕮咀。每服三钱，姜三片，煎七分，入无灰酒三分盏，童便三分盏，又煎七分温服。先服此起胃散一二日后，不问退否，兼玉龙膏服之。

起胃散，阴阳二候皆用。黄芪炙二两，白术炒一两，白芷半两，人参半两，山药一两，㕮咀。每服三钱，加木瓜煎。或加沉香、茯苓、甘草各半两。

乌龙膏，乌梅去核、柴胡、紫菀、生干地黄、木香各一两，秦艽实好者、贝母面炒去心、防风各三钱，杏仁五两面炒为末，皂角六十片，二十片去黑皮醋炙为末，二十片烧灰存性，二十片汤浸去黑皮，用精猪肉剁烂如泥，同皂角一处，入水五升细揉汁，入童便三升，无灰酒一升，并熬如膏，和前药末为丸，如梧桐子大。每服二十丸，空心麦门冬汤下，甚者二十日效。

玉龙膏，青蒿子、柴胡、白槟榔各二两，制鳖甲、白术、赤茯苓、木香、牡蛎各半两，地骨皮半两，人参一两，生干地黄一两，当归三钱，朱砂一钱，豆豉心二合，虎头骨研开酒炙黄赤色一两，肉苁蓉酒浸一宿炙一两，鳖甲汤煮去皮裙，酒浸炙黄赤，皆为末。又加乌梅肉、枳壳。上前件末成，却以杏仁五升，壮者，以童便浸，春夏七日，秋冬十日，和瓶日中晒，每日一换新者，日数足，以清水淘去皮尖焙干，别以童便一升，于银石器内，以文火煎至随手烂，倾入砂盆，用柳木槌研烂为膏，细布滤过，入酥一两，薄荷自然汁二合搅匀，和药用槌捣五百下，丸如梧桐子大。空心汤下十五丸，加至三十丸。如觉热减丸数服，热少还添。加减经月日，诸证皆退，进食安卧，面有血色，乃药行也。当勤服无怠。忌苋菜、白粥、冷水、生血、雀、鸽等物。

诃黎散，治劳嗽上气。赤茯苓二两，诃黎勒皮二两，木香半两，槟榔一两，当归一两炒，大黄一两炒，吴茱萸汤泡七次半两，㕮咀。每服三钱，生姜三片，水一盏，煎六分，温服。

传 尸 劳

《本事方》云：葛稚川言，鬼疰者，是五尸之一疰。又按诸鬼邪为害，其变动乃有三十六种至九十九种。大约使人淋漓沉沉，默默的不知其所苦，而无处不恶。累年积月，渐就顿滞，以至于死。传于傍人，乃至灭门。觉知是候者，急治獭肝一具，阴干取末，水服方寸匕，日三服效，未知再服，此方神良。《紫庭方》云：传尸、伏尸皆有虫，须用乳香熏病人之手，乃仰手掌，以帛覆其上，熏良久，手背上出毛长寸许，白而黄者可治，红者稍难，青黑者即死。若熏之良久无毛者，即非此症，属寻常虚劳症也。又法，烧安息香令烟出，病人吸之嗽不止，乃传尸也。不嗽，非传尸也。《直指方》云：瘵虫食人骨髓，血枯精竭，不救者多。人能平时爱护元气，保养精血、瘵不可得而传。惟夫纵欲多淫，精血内耗，邪气外乘，是不特男子有伤，妇人亦不免矣。然而气虚腹馁，最不可入劳瘵之门，吊丧问丧，衣服器用中，皆能乘虚而染触。间有妇人入其房，睹其人，病者思之，劳气随入，染患日久，莫不化而为虫。治疗之法，大抵以保养精血为上，去虫次之。安息、苏合、阿魏、麝、犀、丹砂、雄黄，固皆驱伐恶气之药，亦须以天灵盖行乎其间。盖尸疰者鬼气也，伏而未起，故令淹缠，得枯骸枕骨治之，鬼气飞越，不复附人，于是乎瘥。外此则虎牙骨、鲤鱼头，皆食人之类也，其亦枕骨之亚乎。要之发用以前，当以川芎、当归先立乎根本之地。先用芎归血余散，吞北斗符，次用鳖甲生犀散取虫。苏游论曰：传尸之候，先从肾起，初受之两胫酸疼，腰背拘急，行立脚弱，饮食减少，两耳飕飕，真似风声，夜卧遗泄，阴汗痿弱。肾既受讫，次传于心，心初受气，夜卧心惊，或多恐悸，心悬悬，气吸吸欲尽，梦见先亡，有时盗汗，饮食无味，口内生疮，心气烦热，惟欲眠卧，朝轻夕重，两颊口唇，悉皆纹赤，如傅胭脂，有时手足五心烦热。心受已，次传于肺，肺初受气，咳嗽上气，喘卧益甚，鼻口干燥，不闻香臭，如或忽闻，惟觉朽腐气，有时恶心欲吐，肌肤枯燥，时或疼痛，或似虫行，干皮细起，状如麸片。肺既受已，次传于肝，肝初受气，两目眈眈，面无血色，常欲颦眉，视不能远，目常干涩，又时赤痛，或复睛黄，常欲合眼，及时睡卧不着。肝既受已，次传于脾，脾初受气，两胁虚胀，食不消化，又时泻利，水谷生虫，有时肚痛腹胀雷鸣，唇口焦干，或生疮肿，毛发干耸，无有光润，或时上气，撑肩喘息，利赤黑汁，见此证者，乃不治也。

　　夫骨蒸、痷殜、伏连、尸疰、劳疰、虫疰、毒疰、热疰、冷疰、食疰、鬼疰,善皆曰传尸。以疰者注也,病自上注也,其变有二十二种,或三十六种,或九十九种。大略令人寒热盗汗,梦与鬼交,遗精白浊,发干而耸,或腹内有块,或脑后两边有小结,复连数个,或聚或散,沉沉默默,咳嗽痰涎,或咯脓血如肺痿肺痈状,或腹下利,羸瘦困乏,不自胜持,积月累年,以至于死。死复传注亲属,乃至灭门者是也。更有蛊尸、遁尸、寒尸、丧尸、与尸疰,谓之五尸,及大小附著等证,乃挟诸鬼邪而害人。其证多端,传变推迁,难以推测。故自古及今,愈此病者,十不一得。所谓狸骨、獭肝、天灵盖、铜锁鼻,徒有其说,未尝取效。惟膏肓俞、四花穴,若及早灸之,可否几半,晚亦不济矣。

上清紫庭追劳方云:三尸九虫之为害,治者不可不知其详。九虫之内,三虫不传,蛲、蛔、寸白也。其六虫者,或脏种毒而生,或亲属习染而传,疾之初觉,精神恍惚,气候不调,切在戒忌酒色,调节饮食。如或不然,五心烦热,寝汗怔悸,如此十日,顿成羸瘦,面黄光润,此其证也。大抵六虫,一旬之中,遍行四穴,周而复始。病经遇木气而生,立春一日后方食起,三日一食,五日一退,方其作苦,百节皆痛,虫之食也。退即还穴醉睡,一醉五日,其病乍静。候其退醉之时,乃可投符用药。不然,虫熟于符药之后,不能治也。一虫在身中,占十二穴,六虫共占七十二穴。一月之中,上十日虫头向上,从心至头游四穴,中十日虫头向内,从心至脐游四穴,下十日虫头向下,从脐至足游四穴。阳日长雄,阴日长雌。其食先脏腑脂膏,故其色白。五脏六腑一经食损,即皮聚毛脱。妇人即月信不行,血脉皆损,不能荣五脏六腑也。七十日后食人血肉尽,故其虫黄赤。损于肌肉,故变瘦劣,饮食不为肌肤,筋缓不能收持。一百二十日外,血肉食尽,故其虫紫。即食精髓,传于肾中食精,故其虫色黑。食髓即骨痿不能起于床。诸虫久即生毛,毛色杂花　钟孕五脏五行之气,传之三人即自能飞,其状如禽,亦多品类。传入肾经,不可救治。利药下虫后,其虫色白,可三十日服药补,其虫黄赤,可六十日服药补,其虫紫黑,此病已极,可百二十日服药补。又云:虫头赤者,食患人肉、可治,头口白者,食患人髓,其病难治,只宜断后。故经曰:六十日者,十得七八。八十日内治者,十得三四。过此以往,未知生全,但可为子孙除害耳。

第一代为初劳病,谓初受其疾,不测病源,酒食加餐,渐觉羸瘦,治疗蹉跎,乃成重病,医人不详其故,误药多死。

此虫形如婴儿,背上毛长三寸,在人身中。

此虫形如鬼状,变动在人脏腑中。

此虫形如虾蟆,变动在人脏腑中。

以上诸虫,在人身中萦著之后或大或小,令人梦寐颠倒,魂魄飞扬,精神离散,饮食不减,形容渐羸,四肢酸疼,百节劳倦,憎寒壮热,背膊拘急,头脑疼痛,口苦舌干,面无颜色,鼻流清涕,虚汗常多,行步艰辛,眼睛多痛。其虫遇丙丁日食起,醉归心俞穴中,四穴轮转,周而复始。候虫大醉,方可医灸,取出虫后,用药补心。此用守灵散

第二代为觉劳病,谓传受此病,已觉病者患人,乃自知夜梦不祥,与亡人为伴侣,醒后全无情思,昏沉似醉,神识不安,所食味辄成患害,或气痰发动,风毒所加,四体不和,心胸满闷,日渐羸瘦,骨节干枯,或呕酸水,或是醋心,唇焦口苦,鼻塞胸痛,背膊酸疼,虚汗常出,腰膝刺痛。如此疾状,早须医治,过时难疗,致伤性命。

此虫形如乱丝,长三寸许,在人脏腑中。

此虫形如蜈蚣,或似守宫,在人脏腑中。

此虫形如虾蟹,在人脏腑中。

以上诸虫,在人身中,令人气喘,唇口多干,咳嗽憎寒,心烦壅满,毛发焦落,气胀吞酸,津液渐衰,次多虚渴,鼻流清水,四肢将虚,脸赤面黄,皮肤枯瘦,腰膝无力,背脊痠疼,吐血唾脓,语言不利,鼻塞头痛,胸膈多痰。重者心闷吐血,僵仆在地,不能自知。其虫遇庚辛日食起,醉归肺俞穴中,四穴轮转,周而复始。俟虫大醉,方可治医,取出其虫,补肺则差。虚成散[1]

第三代为传尸劳病,谓传受病人自寻得知之,日渐消瘦,顿改容颜,日日恛惶,夜夜忧死,不遇良医,就死伊迩。

此虫形如蚊蚁,俱游人脏腑中。

此虫形如蜣螂,大如碎血片,在人脏中。

此虫形如刺猬,在人腹中。

以上诸虫,在人身中,令人三焦多昏,日常思睡,呕吐苦汁[2]或吐清水,或甜或苦,粘涎常壅,腹胀虚鸣,卧后多惊,口鼻生疮,唇黑面青,日渐消瘦,精神恍惚,魂魄飞扬,饮食不消,气咽声干,目多昏泪。其虫遇庚寅日食起,醉归厥阴穴中,四穴轮转,周而复始。俟虫大醉,方可治取,虫出之后,补气即差。

第四代

此虫形如乱丝,在人腹脏之中。

此虫形如猪肺,在人腹内之中。

此虫形如蛇虺。在人五脏之中。

[1] 散:原脱,据修敬堂本补。
[2] 汁:原作"汗",形近之误,今改。

以上诸虫，在人身中，令人脏腑虚鸣，呕逆伤中，痃癖气块，憎寒壮热，肚大筋生，腰背疼痛，或虚或瘦，泻利无时，行履困重，四肢憔悴，上气喘急，口苦舌干，饮食及水过多，要吃酸咸之物。其虫遇戊己日食起，醉归脾俞穴中，四穴轮转，周而复始。俟虫大醉，方可治取，虫出之后，补脾为瘥。魂停散[1]

第五代

此虫形如鼠，似小瓶，浑无表里背面。

此虫形如有头无足，有足无头。

此虫变动，形如血片，在于阳宫。

以上诸虫，入肝经而归肾，得血而变更也。令人多怒气逆，筋骨拳挛，四肢解散，唇黑面青，憎寒壮热，腰背疼痛，起坐无力，头如斧砟，眼睛疼痛，翳膜多泪，背膊刺痛，力乏虚羸，手足干枯，卧着床枕，不能起止，有似风中，肢体顽麻，腹内多痛，眼见黑花，忽然倒地，不省人事，梦寐不祥，觉来遍体虚汗，或有面色红润如平时者，或有通灵而言未来事者。其虫遇癸未日食起，醉归肝俞穴中，四穴轮转，周而复始。俟虫大醉，方可医救，取虫出后，补肝乃瘥。金明散[2]

第六代此代虫有翅足全者，千里传痒，所谓飞尸，不以常法治也。

此虫形如马尾，有两条，一雌一雄。

此虫形如龟鳖，在人五脏中。

此虫形如烂面，或长或短，或如飞禽。

---

〔1〕散：原脱，据修敬堂本补。
〔2〕散：原脱，据本书《类方》金明散方补。

以上诸虫,在人身中,居于肾藏,透连脊骨,令人思食,百味要吃,身体危羸,腰膝无力,髓寒骨热,四体干枯,眼见火生,或多黑暗,耳内虚鸣,阴汗燥痒,冷汗如油,梦多鬼交,小便黄赤,醒后昏沉,脐下结硬,或奔心腹,看物如艳,心腹闷乱,骨节疼痛,食物进退,有时喘嗽。其虫遇丑亥日食起,醉归肾俞穴中,四穴轮转,周而复始。俟虫大醉可医治,取虫后,补肾填精瘥。育婴散

寒 热 门[1]

发 热

凡病鲜有不发热者,而内伤外感,其大关键也,已各立门,详其治法。此又立发热门者,重在内伤,示人治热之都例也。《明医杂著》云:世间发热症类伤寒者数种,治各不同。张仲景论伤寒、伤风,此外感也。因风寒之邪感于外,自表入里,故宜发表以解散之,此麻黄、桂枝之义也。以其感于冬春之时,寒冷之月,即时发病,故谓之伤寒。而药用辛热以胜寒。若时非寒冷,则药当有变矣。如春温之月,则当变以辛凉之药,如夏暑之月,则当变以甘苦寒之药。故云伤寒不即病,至春变温,至夏变热,而其治法必因时而有异也。又有一种冬温之病,谓之非其时而有其气。盖冬寒时也,而反病温焉,此天时不正,阳气反泄,用药不可温热。又有一种时行寒疫,却在温暖之时,时行温暖,而寒反为病,此亦天时不正,阴气反逆,用药不可寒凉。又有一种天行温疫热病,多发于春夏之间,沿门阖境相同者,此天地之疠气,当随令参气运而施治,宜用刘河间辛凉甘苦寒之药,以清热解毒。以上诸症,皆外感天地之邪者。若夫饮食劳倦,为内伤元气,此则真阳下陷,内生虚热。故东垣发补中益气之论,用人参、黄芪等甘温之药,大补其气,而提其下陷,此用气药以补气之不足也。又若劳心好色,内伤真阴,阴血既伤,则阳气偏

---

〔1〕寒热门:原脱,据目录补。

胜，而变为火矣。是谓阴虚火旺劳瘵之症。故丹溪发阳有余阴不足之论，用四物加黄柏、知母，补其阴而火自降，此用血药以补血之不足者也。益气补阴，皆内伤症也，一则因阳气之下陷，而补其气以升提之，一则因阳火之上升，而滋其阴以降下之，一升一降，迥然不同矣。又有夏月伤暑之病，虽属外感，却类内伤，与伤寒大异。盖寒伤形，寒邪客表，有余之症，故宜汗之。暑伤气，元气为热所伤而耗散，不足之症，故宜补之。东垣所谓清暑益气者是也。又有因时暑热，而过食冷物以伤其内，或过取凉风以伤其外，此则非暑伤人，乃因暑而自致之之病，治宜辛热解表，或辛温理中之药，却与伤寒治法相类者也。凡此数症，外形相似，而实有不同。治法多端，不可或谬，故必审其果为伤寒、伤风、及寒疫也，则用仲景法。果为温病及瘟疫也，则用河间法。果为气虚也，则用东垣法。果为阴虚也，则用丹溪法。如是则庶无差误以害人矣。今人但见发热之症，一皆认作伤寒外感，率用汗药以发其表，汗后不解，又用表药以凉其肌，设是虚证，岂不死哉。间有颇知发热属虚，而用补药，则又不知气血之分，或气病而补血，或血病而补气，误人多矣。故外感之与内伤，寒病之与热病，气虚之与血虚，如冰炭相反。治之若差，则轻病必重，重病必死矣。可不畏哉。内外伤辨，人迎脉大于气口为外感，气口脉大于人迎为内伤。外感则寒热齐作而无间，内伤则寒热间作而不齐。外感恶寒，虽近烈火不能除；内伤恶寒，得就温暖而必解。外感恶风，乃不禁一切风寒；内伤恶风，唯恶夫些少贼风。外感证显在鼻，故鼻气不利而壅盛有力；内伤证显在口，故口不知味而腹中不和。外感则邪气有余，故发言壮厉，先轻而后重；内伤则元气不足，故出言懒怯，先重而后轻。外感头痛，常常而痛；内伤头痛，时止时作。外感手背热，手心不热；内伤手心热，手背不热。东垣辨法，大要如此。有内伤而无外感，有外感而无内伤，以此辨之，则判然矣。若夫内伤外感兼病而相合者，则其脉证并见而难辨，尤宜细心求之。若显内证多者，则是内伤重而外感轻，宜以补养为先。若是外证多者，则是外感重而内伤轻，宜以发散为急。此又东垣未言之意也。东垣云：五脏有邪，各有身热，其状各异，以手扪摸有三法：以轻手扪之则热，重按之则不热，是热在皮毛血脉也；重按至筋骨之分则热，蒸手极甚，轻摸之则不热，是热在筋骨间也；轻手扪之则不热，重手加力按之亦不热，不轻不重按之而热，是热在筋骨之上，皮毛血脉之下，乃热在肌肉也。此谓三法，以三黄丸通治之。细分之则五脏各异矣。肺热者，轻手乃得，微按全无，瞥瞥然见于皮毛上，为肺主皮毛故也。日西尤甚，乃皮毛之热也。其证必见喘欬，洒淅寒热，轻者泻白散，重者凉膈散、白虎汤之类治之，及地黄地骨皮散。海藏云：皮肤如火燎，而以手重取之不甚热，肺热也。目白睛赤，烦躁引饮，单与黄芩一物汤。丹溪青金丸、黄芩末粥丸，亦名与点丸，伐脾肺火，此二方泻肺中血分之火。泻白散泻肺中气分之火。心热者，心主血脉，微按至皮肤之下，肌肉之上，轻手乃得。微按至皮毛之下则热，少加力按之则全不热，是热在血脉也。日中大甚，乃心之热也。其证烦心心痛，掌中热而哕，以黄连泻心汤、导赤散、朱砂丸、安神丸、清凉散之类治之。《千金》地黄丸、门冬丸、清心丸、火府丹。导赤散泻丙，泻心汤泻丁，火府丹丙丁俱泻。脾热者，轻手扪之不热，重按至筋骨又不热，不轻不重，在轻手重手之间，此热在肌肉，遇夜尤甚。其证必怠惰嗜卧，四肢不收，无气以动。以泻黄散、调胃承气汤，治实热用之。人参黄芪散、补中益气汤，治中虚有热者用之。肝热者，按之肌肉之下，至骨之上，乃肝之热，寅卯间尤甚，其脉弦。其证四肢满闷，便难，转筋，多怒多惊，四肢困热，筋痿不能起于床。泻青丸、柴胡饮之类治之。两手脉弦者，或寅申发者，皆肝热也，俱宜用之。当归龙荟丸、回金丸、佐金丸。肾热者，轻按之不热，重按之至骨，其热蒸手，如火如炙，其人骨酥酥然，如虫蚀其骨，困热不任，亦不能起于床。滋肾丸、六味地黄丸主之。以脉言之，则轻按之如三菽之重，与皮毛相得，洪大而数者，肺热也。如六菽之重，与血脉相得，洪大而数者，心热也。如九菽之重，与肌相得，洪大而数者，脾热也。如十二菽之重，与筋相得，洪大而数者，肝热也。按之至骨，举指来疾，洪大而数者，肾热也。有表而热者，谓之表热。无表而热者，谓之里热。故苦者以治五脏，五脏属阴而居于内。辛者以治六腑，六腑属阳而在于外。故曰内者下之，外者发之。又宜养血益阴，身热自除。以脉言之，浮数为外热，沉数为内热。浮大有力为外热，沉大有力为内热。昼则发热，夜则安静，是阳气自旺于阳分也。昼则安静，夜则发热烦躁，是阳气下陷入阴中也，名曰热入血室。昼则发热烦躁，夜亦发热烦躁，是重阳无阴，当亟泻其阳，峻补其阴。昼热则行阳二十五度，柴胡饮子。夜热则行阴二十五度，四顺饮子。平旦发热，热在行阳之分，肺气主之，故用白虎汤以泻气中之火。日晡潮热，热在行阴之分，肾气主之，故用地骨皮散以泻血中之火。白虎汤治脉洪，故抑之，使秋气得以下降也。地骨皮散治脉弦，故举之，使春气得以上升也。气分热，柴胡饮子、白虎汤。血分热，清凉饮子、桃仁承气汤。牵牛，味辛烈，能泻气中之湿热，不能除血中之湿热。防己，味苦寒，能泻血中之湿热，又能通血中之滞塞骨肉筋血皮毛阴足，而热反胜之，是为实热。骨痿、肉烁、筋缓、血枯、皮聚毛落，阴不足而有热疾，是为虚热。能食而热，口舌干燥，大便难者，实热也。以辛苦大寒之剂下之，泻热补阴。经云：阳盛阴虚，下之则愈。脉洪盛有力者是已。不能食而热，自汗气短者，虚热也。以甘寒之剂泻热补气。经云：治热以寒，温而行之。脉虚弱无力者是已。《金匮》云：热在上焦者，因欬为肺痿。热在中焦者，为坚。热在下焦者，为尿血，亦令淋闷不通。《灵枢》云：肘前热者，腰以上热。手前独热者，腰以下热。肘前独热者，膺前热。肘后独热者，肩背热。臂中独热者，腰腹热。肘后以下三四寸热者，肠中有虫。掌中热者，腹中亦热。又云：胃足阳明之脉盛，则身以前皆热。又云：胃中热则消谷，令人悬心善饥，脐以上皮热。肠中热则出黄如糜，脐已下皮热。盖胃居脐上，故胃热则脐以上热。肠居脐下，故肠热则脐已下热。如肝胆居胁，肝胆热则当胁亦热。肺居胸背，肺热则当胸背亦热。肾居腰，肾热则当腰亦热。可类推也。上焦热，身热脉洪，无汗多渴者，宜桔梗汤。易老法，凉膈散减大黄、芒硝，加桔梗同为舟楫之剂，浮而上之，治胸膈中与六经热。以手足少阳之气，俱下膈络胸中，三焦之气同相火游于身之表，膈与六经乃至高之分，此药浮载亦至高之剂。故施于无形之中，随高而走，去胸膈中及六经之热也。三焦热用药大例：上焦热，栀子、黄芩。中焦热，小便不利，黄连、芍药。

下焦热,黄蘗、大黄。上焦热,清神散、连翘防风汤、凉膈散、龙脑饮子、龙脑鸡苏丸、犀角地黄汤。中焦热,小承气汤、调胃承气汤、洗心散、四顺清凉饮、桃仁承气汤、泻脾散、贯众散。下焦热,大承气汤、五苓散、立效散、八正散、石韦散、四物汤、三才封髓丹、滋肾丸。通治三焦甚热之气,三黄丸、黄连解毒汤。暴热者,病在心肺。积热者,病在肾肝。暴热者,宜《局方》雄黄解毒丸。积热者,宜《局方》妙香丸。暴者上喘也,病在心肺,谓之高喘,宜木香金铃子散。上焦热而烦者,宜牛黄散。有病久憔悴,发热盗汗,谓之五脏齐损,此热劳骨蒸之病也。瘦弱虚损,烦喘,肠澼下血,皆蒸劳也。治法宜养血益阴,热自能退,此谓不治而治。钱氏地黄丸主之。黄连解毒汤,治大热甚烦躁,错语不得眠。加防风、连翘为金花丸,治风热。加柴胡治小儿潮热。与四物相合各半,治妇人潮热。阴覆乎阳,火不得伸,宜汗。经曰:体若燔炭,汗出而散是也。脉弦而数,此阴气也。宜风药升阳,以发火郁,则脉数峻退矣。凡治此病脉数者,当用黄柏,少加黄连、柴胡、苍术、黄芪、甘草,更加升麻。得汗则脉必下,乃火郁则发之意也。男妇四肢发热,肌肉热,筋痹热,骨髓中热,如火燎火烧,扪之令人亦热。四肢主属脾,脾者土也。热伏地中,此病多因血虚而得。又因胃虚过食冷物,冰水无度,郁遏阳气于脾土中,经曰:火郁则发之,柴胡升阳汤。五心烦热,是火郁于地中,四肢、土也,心火下陷于脾土之中,故宜升发火郁,以火郁汤主之。手足心热,用栀子、香附、苍术、白芷、半夏、川芎末之,神曲糊丸。两手大热为骨厥,如在火中,可灸涌泉穴三壮立愈。《素问》帝曰:人有四肢热,逢风寒如炙如火者何也? 岐伯曰:是人者,阴气虚,阳气盛。四肢者,阳也,两阳相得,而阴气虚少,少水不能灭盛火,而阳独治,独治者,不能生长也,独胜而止耳。逢风如炙如火者,是人当肉烁也。仲景有三物黄芩汤,治妇人四肢烦热。小儿癍后余热不退,痂不收敛,大便不行,是谓血燥,则当以阴药治之,因而补之,用清凉饮子通大便而泻其热。洁古云:凉风至而草木实,夫清凉饮子,乃秋风彻热之剂也。伤寒表邪入于里,日晡潮热,大渴引饮,谵语狂躁,不大便,是胃实,乃可攻之。夫胃气为热所伤,以承气汤泻其上实，元气乃得周流，承气之名，于此具矣。今世人以苦泄火，故备陈之。除热泻火，非甘寒不可，以苦寒泻火，非徒无益，而反害之。故有大热脉洪大，服苦寒剂而热不退者，加石膏。如症退而脉数不退，洪大而病有加者，宜减苦寒加石膏。如大便软或泄者，加桔梗，食后服。此药误用，则其害非细，用者旋旋加之。如食少者，不可用石膏，石膏善能去脉数，如病退而脉数不退者，不治。肌热燥热，目赤面红，烦渴引饮，日夜不息，脉浮大而虚，重按全无，为血虚发热，症似白虎，唯脉不长实为辨也。误服白虎必危，宜当归二钱，黄芪一两，水煎服。有肾虚火不归经，游行于外而发热者，烦渴引饮，面目俱赤，遍舌生刺，两唇黑裂，喉间如烟火上冲，两足心如烙，痰涎壅盛，喘急，脉洪大而数无伦次，按之微弱者是也。宜十全大补汤，吞八味丸。或问燥热如此，复投桂、附，不为以火济火乎。曰心包络相火附于右尺命门，男子以藏精，女子以系胞，因嗜欲竭之，而火无所附，故厥而上炎。桂、附与火同气也，而其味辛，能开腠理，致津液通气道。据其窟宅而招之，同气相求，火必下降矣。且火从肾出者，是水中之火也。火可以水折，而水中之火，不可以水折，故巴蜀有火井焉，得水则炽，得火则熄，则桂、附者，固治相火之正药欤。杨仁斋云：凡壮热烦躁，用柴胡、黄芩、大黄解利之。其热乍轻而不退，盖用黄芩、川芎、甘草、乌梅作剂，或用黄连、生地黄、赤茯苓同煎，临熟入灯心一捻主之，其效亦速。盖川芎、生地黄皆能调血，心血一调，其热自退。其人脉涩，必有漱水之症，必有呕恶痰涎之证，必有两脚厥冷之证，亦必有小腹结急之证，或唾红，或鼻衄，此皆滞血作热之明验也。用药不止于柴胡、黄芩，当以川芎、白芷、桃仁、五灵脂、甘草佐之。大便秘结者，于中更加大黄、浓蜜，使滞血一通，黑物流利，则热不复作。东垣云：发热昼少而夜多，太阳经中尤甚。昼病则在气，夜病则在血，是足太阳膀胱血中浮热，微有气也。既病人大小便如常，知邪气不在脏腑，是无里证也。外无恶寒，知邪气不在表也。有时而发，有时而止，知邪气不在表，不在里，在经络也。夜发多而昼发少，是邪气下陷之深也。此杂证当从热入血室而论，泻血汤主之。丹溪治阴虚发热者，于血药四物汤亦分阴阳,血之动者为阳,芎、归主之。血之静者为阴,生地黄、芍药主之。若血之阴不足,虽芎、归辛温,亦在所不用。若血之阳不足,虽姜、桂辛热,而亦用之。与泻火之法,有正治,有从治,皆在临机应变。饮酒发热者,缘酒性大热有毒,遇身之阳气本盛,得酒则热愈炽,刚而又刚,阴气破散,阳气亦亡,故难治矣。然耗之未至于亡者,则犹可治。一富家子二十余岁,四月间病发热,脉之浮沉皆无力而虚,热有往来,潮作无时,间得洪数之脉,随热进退,因知非外感之热,必是饮酒留毒在内,今因房劳气血虚乏而病作。问之果得其情,遂用补气血药加葛根以解酒毒,服一贴微汗,反懈怠,热如故,因思是病气血皆虚,不禁葛根之散而然也。必得鸡矩子,方可解其毒,偶得干者少许,加于药中,其热即愈。治酒肉发热,青黛、瓜蒌仁、姜汁。又有服金石辛热者,甘草、乌豆汤下。火邪者,艾汤下。冷饮食者,干姜汤下。炙煿者,茶清、甘草汤下。三消、诸失血后、蓐劳、久痢、诸虚复发热者,皆非美证。有当直攻其发者,有不当专治其热者,因他病而发为热者也,当随证用药,不可一概求之。其他诸证作热,当自治其本病,即于本证药中,加入退热药。元戎谓:参苏饮治一切发热,皆能作效,不必拘其所因。谓中有风药解表,有气药和中,则外感风寒及内积痰饮并可用也。而合四物汤名茯苓补心汤,尤能治虚热,则此方乃虚实表里兼治之剂,然不可过。如素有痰饮者,俟热退即以六君子汤调之。素阴虚者,俟热退即用三才丸之属调之。

治各有五:一治曰和,假令小热之病,当以凉药和之。和之不已,次用取。二治曰取,为热势稍大,当以寒药取之。取之不已,次用从。三治曰从,为势既甚,当以温药从之,为药气温也。味随所为,或以寒因热用。味通所用,或寒以温用。或以汗发之不已,又用折。四治曰折,为病势极甚,当以逆制之。逆制之不已,当以下夺之。下夺之不已,又用属。五治曰属,为求其属以衰之,缘热深陷在骨髓间,无法可出,针药所不能及,故求其属以衰之。求属之法,是同声相应,同气相求。经曰:陷下者灸之。夫衰热之法,同前所云,火衰于戌,金衰于辰之类是也。如或又不已,当广其法而治之。譬如孙子之用兵，若在山谷则塞渊泉，在水陆则把渡口，在平川广野，当清野千里。塞渊泉者、刺俞穴，把渡口者、夺病发时前，清野千里者、如肌羸瘦弱，宜广服大药以养正。治热以寒，温而行之有三，皆因大热在身，止用黄芪、人参、甘草，此三味者，皆甘温，虽表里皆热，燥发于内，扪之肌热于外，能和之，汗自出而解矣。此温能除大热之至理一也。热极生风，乃左迁入地，补母以虚其子，使天道右迁顺行，诸病得天令行而必愈二也。况大热在上，其大寒必伏于内，温能退寒，以助地气，地气者，在人乃胃之生气，使真气旺三也。

【诊】：脉浮大而无力为虚。沉细而有力为实。沉细或数者死。病热有火者生，心脉洪是也。无火者死，沉细是也。浮而涩，涩而身有热者死。热而脉静者，难治。脉盛，汗出不解者死。脉虚，热不止者死。脉弱，四肢厥，不欲见人，食不入，利下不止者死。

潮　热

潮热有作有止，若潮水之来，不失其时，一日一发。若日三五发，即是发热，非潮热也。有虚有实，惟伤寒日晡发热，乃胃实，别无虚证。其余有潮热者，当审其虚实，若大便坚涩，喜冷畏热，心下愊然，睡卧不着，此皆气盛，所谓实而潮热者也。轻宜参苏饮，重则小柴胡汤。若气消乏，精神憔悴，饮食减少，日渐尪羸，虽病暂去而五心常有余热，此属虚证。宜茯苓补心汤、十全大补汤、养荣汤之类。病后欠调理者，八珍散主之。有潮热似虚，胸膈痞塞，背心疼痛，服补药不效者，此乃饮证随气而潮，故热随饮而亦潮，宜于痰饮门求之。外有每遇夜身发微热，病人不觉，早起动作无事，饮食如常，既无别证可疑，只是血虚阴不济阳，宜润补之。茯苓补心汤。候热稍减，继以养荣汤、十全大补汤。脉滑，肠有宿食，常暮发热，明日复止者，于伤饮食门求之。湿痿夜热，以黄芩、黄柏、黄连、白芍药为末粥丸。潮热者，黄芩、生甘草。辰戌时发加羌活。午间发黄连。未时发石膏。申时发柴胡。酉时发升麻。夜间发当归梢。有寒者，加黄芪、参、术。分昼夜例见前发热门。

恶寒 振寒 气分寒 三焦寒 寒痹 血分寒 五脏寒

经曰:恶寒战栗,皆属于热。又曰:战栗如丧神守,皆属于火。恶寒者,虽当炎月,若遇风霜,重绵在身,如觉凛凛战栗,如丧神守,恶寒之甚也。《原病式》曰:病热证而反觉自冷,此为病热,实非寒也。或曰往往见有服热药而愈者何也? 曰:病热之人,其气炎上,郁为痰饮,抑遏清道,阴气不升,病势尤甚。积痰得热,亦为暂退,热势助邪,其病益深。或曰寒势如此,谁敢以寒凉药与之,非杀而何。曰:古人遇战栗之证,有以大承气汤下燥粪而愈者。恶寒战栗,明是热证,但有虚实之分耳。昼则恶寒,是阴气上溢于阳分也。夜则恶寒,是阴血自旺于阴分也。有卫气虚衰,不能实表,温分肉而恶寒者,丹溪用参、芪之类,甚者加附子少许,以行参芪之气是也。有上焦之邪隔绝荣卫,不能升发出表而恶寒者,丹溪治一女子,用苦参、赤小豆为末,虀水吐后,用川芎、苍术、南星、黄芩、酒曲糊丸是也。有酒热内郁,不得泄而恶寒者,丹溪治一人形瘦色黑,平生喜饮酒,年近半百,且有别馆,一日大恶寒战,且自言渴,却不能饮,其脉大而弱,唯右关稍实,略类弦,重取则涩,以黄芪一物,与干葛同煎与之,尽黄芪二两,干葛一两,脉得小,次日安。六月大热之气,反得大寒之病,气难布息,身凉脉迟,何以治之? 曰:病有标本,病热为本,大寒为标,用凉则顺时而失本,用热则顺本而失时,故不从标本,而从乎中治。中治者何? 用温是已,然既曰温,则不能治大寒之病。治大寒者,非姜附不可,若用姜附,又似非温治之例。然衰其大半乃止,脉得四至,余病便无令治之足矣。虽用姜附,是亦中治也,非温而何。经曰:用热远热,虽用之不当,然胜至可犯,亦其理也。丹溪治色目妇人,年近六十,六月内常觉恶寒战栗,喜炎火御绵,多汗如雨,其形肥肌厚,已服附子十余贴,浑身痒甚,两手脉沉涩,重取稍大,知其热甚而血虚也。以四物去川芎,倍地黄,加白术、黄芪、炒黄柏、生甘草、人参,每服一两重。方与一贴,腹大泄,目无视,口无言,知其病势深,而药无反佐之过也。仍用前药,热炒与之。盖借火力为向导,一贴利止,四贴精神回,十贴全安。又治蒋氏年三十余，形瘦面黑，六月喜热恶寒，两手脉沉而涩，重取似数。以三黄丸下之，以姜汤每服三十粒，二十贴，微汗而安。妇人先病恶寒，手足冷，全不发热，脉八至，两胁微痛，治者便作少阳治之。阳在内伏于骨髓，阴在外致使发寒，治当不从内外，从乎中治也。宜以小柴胡调之，倍加姜枣。脾胃之虚，怠惰嗜卧，四肢不收，时值秋燥令行，湿热少退，体重节痛，口舌干，食无味，大便不调，小便频数，不嗜食，食不消，兼见肺病，洒淅恶寒，气惨惨不乐，面色恶而不和，乃阳气不伸故也。升阳益胃汤主之。背恶寒是痰饮。仲景云：心下有留饮，其人背恶寒，冷如冰。治法，茯苓丸之类是也。身前寒属胃。经云：胃足阳明之脉气虚，则身以前皆寒栗。治法宜针，补三里穴是也。手足寒者，厥也。掌中寒者，腹中寒。鱼上白肉有青血脉者，胃中有寒。理中之类治之。黄芪补胃汤，治表虚恶贼风。上焦不通，则阳气抑遏，而皮肤分肉无以温之，故寒栗。东垣升阳益胃汤，用升发之剂开发上焦，以伸阳明出外温之也。丹溪吐出湿痰，亦开发上焦，使阳气随吐升发出外温之也，故寒栗皆愈。

振寒

谓寒而颤振也。经云：阳明所谓洒洒振寒者，阳明者午也，五月盛阳之阴也，阳盛而阴气加之，故洒洒振寒也。此当泻阳者也。又云：寒气客于皮肤，阴气盛，阳气虚，故为振寒寒栗。此当补阳者也。又云：厥阴在泉，风淫所胜，病洒洒振寒，治以辛凉。又云：阳明司天之政，清热之气，持于气交，民病振寒。四之气，寒雨降，病振栗。治视寒热轻重，多少其制。六脉中之下得弦细而涩，按之无力，腹中时痛，心胃相控睾隐隐而痛，或大便溏泄，鼻不闻香臭，清浊涕不止，目中泪出，喘喝痰嗽，唾出白沫，腰沉沉苦痛，项背胸胁时作痛，目中流火，口鼻恶寒，时时头痛目眩，苦振寒不止，或嗽或吐，或呕或哕，则发躁蒸蒸而热，如坐甑中，必得去衣居寒处，或饮寒水则便如故。其振寒复至，或气短促，胸中满闷而痛，如有膈咽不通，欲绝之状。甚则口开目瞪，声闻于外，而泪涕痰涎大作，其发躁方过，而振寒复至。或面白而不泽者，脱血也。悲愁不乐，情惨意悲，健忘，或善嚏，此风热大损寒水，燥金之复也。如六脉细弦而涩,按之空虚,此大寒证也,亦伤精气,以辛甘温热润之剂,大泻西北二方则愈。

寒痹

帝曰:人身非衣寒也,中非有寒气也,寒从中生者何? 岐伯曰:是人多痹气也,阳气少阴气多,故身寒如从水中出。帝曰:人有身寒,汤火不能热,厚衣不能温,然不冻栗,是为何病? 岐伯曰:是人者,素肾气胜,以水为事,太阳气衰,肾脂枯不长,一水不能胜两火。肾者水也,而生于骨,肾不生则髓不能满,故寒甚至骨也。所以不能冻栗者,肝一阳也,心二阳也,肾孤藏也,一水不能胜二火,故不能冻栗,名曰骨痹,是人当挛节也。治法当求之痹门。

气分寒,桂枝加附子汤,桂枝加芍药、人参新加汤。

血分寒,巴戟丸、神珠丸。

上焦寒,陈皮、厚朴、藿香、胡椒,理中丸,铁刷汤、桂附丸。

中焦寒,白术、干姜、丁香,大建中汤、二气丹、附子理中丸。

下焦寒,肉桂、附子、沉香,八味丸,还少丹、天真丹。海藏云:下焦寒,四逆例。干姜味苦,能止而不行,附子味辛,能行而不守,泄小便不通。二药皆阳,气化能作小便。若姜、附、术三味,内加茯苓以分利之为佳。附生用而不炮,则无火力,热则行而不止,兼以水多煎少,则热直入下焦。

五脏寒方:肝寒,双和汤。心寒,定志丸、菖蒲丸。脾寒,益黄散。肺寒,小青龙汤。肾寒,八味丸。通治大寒,四逆汤,大已寒丸、沉香桂附丸。

王太仆云:小寒之气,温以和之。大寒之气,热以取之。甚寒之气,则下夺之。夺之不已,则逆折之。折之不尽,则求其属以衰之。东垣云:治寒以热,凉而行之有三,北方之人,为大寒所伤,其足胫胀,乃寒胜则浮,理之然也。若火灸汤浴,必脱毛见骨,须先以新汲水浴之,则时见完复矣。更有大寒冻其面或耳,若近火汤,必脱皮成疮,须先于凉房处浴之,少时以温手熨烙,必能完复。此凉而行之,除其大寒之理一也。大寒之气,必令母实,乃地道左迁入肺,逆行于天,以凉药投之,使天道右迁而顺天令,诸病得天令行而必愈二也。况大寒在外，其大热伏于地下者，乃三焦包络天真之气所居之根蒂也。热伏于中，元气必伤，在人之身乃胃也，以凉药和之，则元气充盛而不伤三也。

往 来 寒 热

凡病多能为寒热，但发作有期者疟也，无期者诸病也。【内因】经云：荣之生病也，寒热少气，血上下行。小柴胡与四物各半汤。【外因】经云：风气盛于皮肤之间，内不得通，外不得泄，风者善行而数变，腠理开则洒然寒，闭则热而闷，其寒也则衰饮食，其热也则消肌肉，故使人怢栗而不能食，名曰寒热。又云：因于露风，乃生寒热。又云：风盛为寒热。解风汤、防风汤。【肺】经云：脉之至也，喘而虚，名曰肺痹，寒热，得之醉而使内也。又曰：肺脉微急为肺寒热。【脾】经云：脾脉小甚为寒热。【太阳】经云：三阳为病发寒热。【阳维】经云：阳维为病苦寒热。【火热攻肺】经云：少阴司天，热气下临，肺气上从，喘呕寒热。又云：少阳司天，火气下临，肺气上从，寒热胕肿。又云：少阴司天，热淫所胜，寒热，皮肤痛。又云：岁木不及，燥乃大行，复则病寒热，疮疡。治以寒剂。【寒热相错】，经云：阳明司天之政，天气急，地气明，民病寒热发暴。三之气，燥热交合，民病寒热。又云：阳明司天，燥气下临，肝气上从，民病寒热如疟。又云：少阴司天之政，四之气，寒热互至，民病寒热。治视寒热多少其制。皮寒热者，不可附席，毛发焦，鼻槁腊，不得汗，取三阳之络，以补手太阴。肌寒热者，肌痛，毛发焦而唇槁腊，不得汗，取三阳于下，以去其血者，补足太阴，以出其汗。骨寒热者，病无所安，汗注不休。齿未槁，取其少阴于阴股之络；齿已槁，死不治。骨厥亦然。无汗而寒热者，属表可治。寒热汗出不休，骨寒热者，已入骨髓，故难治也。灸寒热之法，先灸项大椎，以年为壮数，王注云：如患人之年数。次灸橛[1]骨，以年为壮数。尾穷谓之橛骨。视背腧陷者灸之，膏肓等腧陷者，为筋骨之间陷中也。王注：以背胛骨际有陷处也。举臂肩上陷者灸之，肩髃穴也。

---

〔1〕橛：原作"撅"，形近之误，据《素问·骨空论》改。

两季胁之间灸之,京门穴也。外踝上绝骨之端灸之,阳辅穴也。足小指、次指间灸之,侠溪穴也。腨下陷脉灸之,承筋穴也。外踝后灸之,昆仑穴也。缺盆骨上切之坚动如筋者灸之,当随其所有而灸之。膺中陷骨间灸之,天突穴也,未详是否。掌束骨下灸之,阳池穴也,未详是否。脐下关元三寸灸之,毛际动脉灸之,气冲穴也。膝下三寸分间灸之,三里穴也。足阳明跗上动脉灸之,冲阳穴也。巅上一灸之。百会穴也。凡当灸二十九处,灸之不已者,必视其经之过于阳者,数刺其俞而药之。按项大椎至巅上一灸之,二十九处也。以上出骨空论。邪在肺,则病皮肤痛,寒热,上气喘,汗出,欬动肩背,取之膺中外腧,背三节五脏之傍,以手疾按之快然,乃刺之,取之缺盆中以越之。小腹满大,身时寒热,小便不利,取足厥阴。络病者,善太息,口苦,下利,寒热,取阳陵泉。病风,且寒且热,汗出,一日数过,先刺诸分理络脉;汗出且寒且热,三日一刺,百日而已。凡刺寒热,皆多血络,必间日而一取之,血尽乃止,乃调其虚实。寒热,五处及天柱、风池、腰腧、长强、大杼、中膂、内俞、上窌、断交、上脘[1]、关元、天牖、天容、合谷、阳溪[2]、关冲、中渚、阳池、消烁、少泽、前谷、腕骨[3]、阳谷、少海、然谷、至阴、昆仑主之。身寒热,阴都主之。寒热,刺脑户。风寒热,液门[4]主之。心如悬,阴厥,脚腨后廉急,不可前却,癫疝[5]便脓血,足跗上痛,舌卷不能言,善笑,心下痞,四肢倦,溺青、赤、白、黄、黑,青取井,赤取荥[6],黄取输,白取经,黑取合。血痔泄,后重,腹痛如癃状,卧仆必有所扶持,及失气涎出,鼻孔中痛,腹中常鸣,骨寒热无所安,汗出不休,复溜主之。骨寒热,溲难,肾腧主之。肺寒热,呼吸不得卧,上气,呕沫,喘,气相追逐,胸满胁膺急,息难,振栗,脉鼓,气鬲,胸中有热,支满,不嗜食,汗不出,腰脊痛,肺俞主之。咳

---

〔1〕上脘:《甲乙经》卷八作"上关"。
〔2〕阳溪:原作"阴溪",误,据《甲乙经》卷八改。
〔3〕腕骨:原作"腕骨",形近之误,据《甲乙经》卷八改。
〔4〕液门:原作"腋门",形近之误,据《甲乙经》卷八改。
〔5〕癫疝:《甲乙经》卷八作"肠澼",义长。
〔6〕荥:原作"荣",形近之误,据集成本改。

而呕，鬲寒，食不下，寒热，皮肉肤[1]痛，少气不得卧，胸满支两胁，鬲上兢兢，胁痛腹膜，胃脘暴痛，上气，肩背寒痛，汗不出，喉痹，腹中痛，积聚，默默然嗜卧，怠惰不欲动，身常湿湿，一作温。心痛无可摇者，鬲俞主之。欬而胁满急，不得息，不得反侧，腋胁下与脐相引，筋急而痛，反折，目上视，眩，耳中鏒然，肩项痛，惊狂，衄，少腹满，目眈眈生白翳，欬引胸痛，筋寒热，唾血，短气，鼻酸，肝俞主之。寒热食多身羸瘦，两胁引痛，心下贲痛，心如悬，下引脐，少腹急痛，热，面急，一作黑。目眈眈，久喘咳少气，溺浊赤，肾俞主之。寒热，咳呕沫，掌中热，虚则肩背寒栗，少气不足以息，寒厥，交两手而瞀，口沫出。实则肩背热痛，汗出，暴四肢肿，身湿摇肘寒热，饥则烦，饱则善面色变，一作痛。口噤不开，恶风泣出，列缺主之。寒热，胸背急，喉痹，欬上气喘，掌中热，数欠伸，汗出，善忘，四肢厥逆，善笑，溺白，列缺主之。胸中膨膨然，甚则交两手而瞀，暴痹喘逆，刺经渠及天府，此谓之大腧。肺系急，胸中痛，恶寒，胸满悒悒然，善呕胆汁，脑中热，喘，逆气，气相追逐，多浊唾，不得息，肩背风汗出，面腹肿，鬲中食噎不下，喉痹，肩息肺胀，皮肤骨痛，寒热烦满，中腑主之。寒热，目眈眈，善咳，喘逆，通谷主之。烦心咳、寒热善哕，劳宫主之。寒热，唇口干，身热喘息，目急痛，善惊，三间主之。一本云：寒热，心背引痛胸中不得息，咳唾血涎，烦中善饥，食不下，咳逆，汗不出，如疟状，目泪出，悲伤，心腧主之。寒热善呕，商丘主之。呕，厥寒，时有微热，胁下支满，喉痛嗌干，膝外廉痛，淫泺胫痠，腋下肿，马刀瘘，肩[2]肿吻伤痛，大冲主之。寒热头痛，喘喝，目不能视，神庭主之。其目泣出，头不痛者，听会取之。寒热，头痛如破，目痛如脱，喘逆烦满，呕吐流汗，头维主之。寒热，胸满头痛，四肢不举，腋下肿，上气，胸中有声，喉中鸣，天池主之。寒热头痛，水沟主之。寒热善怖[3]，头重足寒，不欲食，脚挛，京骨主之。下部寒，热病汗不出，体重，逆气头

---

〔1〕肤:《外台》卷三十九作"骨"，义长。
〔2〕肩:《外台》卷三十九作"唇"。
〔3〕怖:《甲乙经》卷八作"唏"。

眩痛,飞阳主之。肩背痛,寒热,瘰疬绕颈有大气,暴聋气蒙瞽,耳目不开,头颔痛,泪出,目鼻衄,不得息,不知香臭,风眩,喉痹,天牖主。寒热痠痛,四肢不举,腋下肿,马刀挟瘿,髀膝胫骨淫泺,痿痹不仁,阳辅主之。寒热,颈瘰疬,欸呼吸[1],灸手三里[2],左取右,右取左。寒热,颈瘰疬,大迎主之。寒热瘰疬,胸中满,有大气,缺盆中满痛者死。外溃不死。肩引项不举[3],缺盆中痛,汗不出,喉痹,欸嗽血,缺盆主之。寒热,颈瘰疬,肩痛不可举臂,臑腧主之,寒热,颈瘰疬,耳鸣无闻,痛引缺盆,肩中热痛,手臂不举,肩真主之。寒热瘰疬,目不明,欸上气唾血,肩中腧主。寒热,颈腋下肿,申脉主之。寒热,颈颔肿,后溪主之。胸中满,耳前痛,齿热痛,目赤痛,颈肿,寒热,渴饮辄汗出,不饮则皮干热烦,曲池主之。振寒,小指不用,寒热汗不出,头痛,喉痹,舌急卷,小指之间热,口中热,烦心,心痛,臂内廉痛,聋,欸,瘈疭,口干,头痛不可顾,少泽主之。振寒寒热,肩臑肘臂痛,头[4]不可顾,烦满身热,恶寒,目赤痛眦烂,生翳膜,暴痛,衄衄,耳聋,臂重痛,肘挛,痂疥,胸[5]满引臑,泣出而惊,颈项强,身寒,头不可顾,后溪主之。振寒寒热,颈项肿,实则肘挛,头眩痛,狂易;虚则生疣,小者痂疥,支正主之。寒热,凄厥鼓颔,承浆主之。肩痛引项,寒热,缺盆主之。身热汗不出,胸中热满,天窌主之。寒热肩肿,引胛中肩臂痠痛,臑腧主之。臂厥,肩膺胸满痛,目中白翳,眼青转筋[6],掌中热,乍寒乍热,缺盆中相引痛,数欸[7]喘不得息,臂内廉痛,上膈饮已烦满,太渊主之。寒热,腹膜央央然,不得息,京门主之。善啮颊齿唇,热病[8]汗不出,口中热痛,冲阳主之。胃脘痛,时寒热,皆主之。寒热篡反出,承山主之。寒热篡后

---

〔1〕欸呼吸:此下《甲乙经》卷八及《外台》卷三十九有"难"字。

〔2〕手三里:《甲乙经》卷八及《外台》卷三十九作"五里"。

〔3〕肩引项不举:文义不属,据上下条文互勘,当为"肩痛引项臂不举"。

〔4〕头:原在"痛"字上,颠倒之误,据《甲乙经》卷七乙转。

〔5〕胸:原作"脑",形近之误,据《外台》卷三十九改。

〔6〕眼青转筋:《外台》卷三十九作"眼眦赤筋",义长。

〔7〕欸:《外台》卷三十九作"欠"。

〔8〕病:原脱,据《甲乙经》卷七补。

出,瘿疢,脚腨痠重,战栗不能久立,脚急肿痛,跌筋足挛,少腹痛引喉嗌,大便难,承筋主之。寒热胫肿,丘墟主之。寒热,痹[1]胫不收,阳交主之。跟厥膝急,腰脊痛引腹,篡阴股热,阴暴痛,寒热膝痠重,合阳主之。寒热解㑊,一作烂。淫泺胫痠,四肢重痛,少气难言,至阳主之。寒热,腰痛如折,束骨主之。寒热骨痛,玉枕主之。黄帝曰:人之善病寒热,何以候之? 少俞答曰:小骨弱肉者,善病寒热。黄帝曰:何以候骨之大小,肉之坚脆,色之不一也? 少俞答曰:颧骨者,骨之本也。颧大则骨大,颧小则骨小。皮肤薄而其肉无䐃,其臂濡濡然,其地[2]色炲然,不与天[3]同色,污然独异,此其候也。然臂薄者,其髓不满,故善病寒热也。问曰:病者有洒淅恶寒,而复发热者何也? 曰阴脉不足,阳往从之,阳脉不足,阴往乘之。何谓阳不足,假令寸[4]口脉微,名曰阳不足,阴气上入阳中则洒淅恶寒也。何谓阴不足,假令尺脉弱,名曰阴不足,阳气下陷入阴中则发热也。凡治寒热用柴胡之属者,升阳气使不下陷入阴中,则不热也。用黄芩之属者,降阴气使不得上入阳中,则不寒也。右俱《灵》《素》《难》《甲乙》《金匮》之文,备载之者,以世医书多不列寒热门,仅仅《纲目》有之,又止针法,少用药之方。然知针所取之经络,则知药之所取,亦犹是矣。吾非不能一一以药代之,但不欲印定后人眼目。仲景曰:妇人中风七八日,续得寒热,发作有时,经水适断,此为热入血室,其血必结,故使如疟状,发作有时,小柴胡汤主之。小柴胡加减法:如寒热往来,经水不调,去半夏、加秦艽、芍药、当归、知母、地骨皮、牡丹皮、川芎、白术、茯苓。如小柴胡汤与四物汤各半,名调经汤。无孕呕者,加半夏。无汗者,加柴胡。恶寒者,加桂。有汗者,加地骨皮。嗽者,加紫菀。通经,加京三棱、广茂。劳者,加鳖甲。完颜小将军病寒热间作,腕后有斑三五点,鼻中微血出,两手脉沉涩,胸膈四肢按之殊无大热,此内伤寒也。问之向者卧殿角伤风,又渴饮冰酪水,

---

〔1〕痹:《外台》卷三十九作"髀"。义长。

〔2〕地:指地阁,即下巴。

〔3〕天:指天庭,即前额。

〔4〕寸:原误作"丁",据四库本改。

此外感者轻,内伤者重,外从内病俱为阴也。故先斑后衄,显内阴证。寒热间作,脾亦有之,非徒少阳之寒热也。与调中汤数服而愈。《脉经》云:大肠有宿食,寒栗发热,有时如疟,轻则消导,重则下之。当求之伤食门。血中风气,体虚发渴,寒热,地骨皮散。寒热体瘦,肢节疼痛,口干心烦,柴胡散。产后往来寒热,柴胡四物汤、黄芪丸。师尼寡妇,独阴无阳,欲心萌而不遂,阴阳交争,寒热互作,全类温疟,久则成劳,其肝脉弦长而上鱼际,宜抑阴地黄丸。结热在里,往来寒热者,大柴胡汤。武阳仇天祥之子,病发寒热,诸医作骨蒸劳治之,半年病甚。戴人往视之,诊其手脉尺寸皆潮于关,关脉独大。戴人曰:肺痈也。问其乳媪,曾有痛处,乳媪曰无。戴人令儿去衣,举其两手,观其两胁下,右胁稍高。戴人以手侧按之,儿移身避之,按其左胁则不避。戴人曰:此肺部有痈,已吐脓矣。

【诊】:寸口脉沉而喘,曰寒热。脉沉数细散者,寒热也。沉细为寒,数散为热。脉涩洪大,寒热在中。尺肤烘然,先热后寒,寒热也。言初扪尺肤则热,久之则寒也。尺肤先寒,久之而热者,亦寒热也。言初扪尺肤则寒,久之则热也。寒热夺形,脉坚搏,是逆也。尺肉热者,解㑊安卧,脱肉者寒热,不治。诊寒热,赤脉上下贯瞳子,见一脉,一岁死;见一[1]脉半,一岁半死;见二脉,二岁死;见二脉半,二岁半死;见三脉,三岁死。见赤脉,不下贯瞳子,可治也。寒热病者,平旦死。

外热内寒外寒内热

仲景云:病人身大热,反欲得近衣者,热在皮肤,寒在骨髓也。活人云:先与桂枝汤治寒,次与小柴胡汤治热也。又云:病人身大寒,反不欲近衣者,寒在皮肤,热在骨髓也。活人云:先与白虎加人参汤治热,次与桂枝麻黄各半汤以解其外。

上热下寒上寒下热

《脉经》云:热病所谓阳附阴者,腰以下至足热,腰以上寒,阴

---

〔1〕一:原脱,据四库本补。

气下争还心腹满者死。所谓阴附阳者，腰以上至头热，腰以下寒，阴气上争还得汗者生。《灵枢经》云：上寒下热，先刺其项太阳，久留之，已刺则熨项与肩胛，令热下合乃止，此所谓推而上之者也。上热下寒，视其虚脉而陷之于经络者取之，气下乃止，此所谓引而下之者也。东垣云：另有上热下寒。经曰：阴病在阳，当从阳引阴，必须先去[1]络脉经隧之血。若阴中火旺，上腾于天，致六阳反不衰而上充者，先去五脏之血络，引而下行，天气降下，则下寒之病自去矣。慎勿独泻其六阳，此病阳亢，乃阴火之邪滋之，只去阴火，只损血络经隧之邪，勿误也。圣人以上热下寒，是有春夏无秋冬也。当从天外引阳下降入地中，此症乃上天群阴火炽，而反助六阳不能衰退，先于六阳中决血络出血，使气下降，三阴虽力微，能逐六阳下行，以阴血自降故也。亦可谓老阳变阴之象也。故经云：上热下寒，视其虚脉下陷于经络者取之，此所谓引而下之也。但言络脉皆是也。病大者，三棱针决血，去阳中之热，热者，手太阳小肠中留火热之邪，致此老阳不肯退化为阴而下，故先决去手太阳之热血，使三阴得时之用而下降，以行秋令，奉收道下入地中而举藏也。乃泻老阳在天不肯退化行阴道者也。至元戊辰春，中书参政杨公正卿，年逾七十，病面颜郁赤，若饮酒状，痰稠粘，时眩运，如在风雾中，一日会都堂，此症忽来，复加目瞳不明，遂归。命予诊候，两寸脉洪大，尺脉弦细无力，此上热下寒明矣。欲药之，为高年气弱不任。记先师所论，凡上热譬犹鸟巢高颠，射而取之，即以三棱针于颠前发际，疾刺二十余，出紫黑血约二合许，即时头目清利，诸苦皆去，自后不复作。中书左丞姚公茂六旬有七，宿有暗风，至元戊申末，因酒病发，头面赤肿而痛，耳前后肿尤甚，胸中烦闷，嗌咽不利，身半已下皆寒，足胫尤甚，由是以床相接作坑，身半以上常卧于床，饮食减少，精神困倦而体痛。命予治之，诊得脉浮数，按之弦细，上热下寒明矣。《内经》云：热胜则肿。又曰：春气者，病在头。《难经》云：畜则肿热，砭射之也。盖取其易散，故遂于肿上约五十余

_____

〔1〕去：原误作"由"，据《脾胃论》阴病治阳，阳病治阴篇改。修敬堂本作〔出〕，亦通。

刺,出血紫黑约一杯数,顷时疼痛消散。又于气海中大艾灸百壮,乃助下焦阳虚,退其阴寒。次于三里二穴各灸三七壮,治足胻下寒,引导阳气下行故也。遂制一方,名曰既济解毒汤,以热者寒之。然病有高下,治有远近,无越于此。以黄芩、黄连苦寒,酒制为引,用泻其上热。桔梗、甘草辛甘温升,佐诸苦药治其热。柴胡、升麻苦平,味薄者也,阳中之阳,散发上热。连翘苦辛平,散结消肿。当归辛温,和血止痛。酒煨大黄苦寒,引苦性上行止烦热。投剂之后,肿散痛减,大便利。再服,减大黄。慎言语,节饮食,不旬日良愈。

疟

《内经》论病诸篇,唯疟论最详,语邪则风寒暑湿四气,皆得留着而病疟。论邪入客处所,则有肠胃之外,荣气之舍,脊骨之间,五脏募原,与入客于脏腑浅深不同。语其病状,则分寒热先后,遇寒热之多寡,则因反时而病,以应令气生长化收藏之变,此皆外邪所致者也。及乎语温疟在脏者,止以风寒中于肾。语瘅疟者,止以肺素有热。然冬令之寒,既得以中于肾,则其余四脏令气之邪,又宁无入客于所属之脏乎。既肺本气之热为疟,则四脏之气郁而为热者,又宁不似肺之为疟乎。此殆举一隅,可以三隅反也。故陈无择谓内伤七情,饥饱房劳,皆得郁而蕴积痰涎,其病气与卫气并则作疟者,岂非用此例以推之欤。夫如是内外所伤之邪,皆因其客在荣气之舍,故疟有止发之定期。荣气有舍,犹行人之有传舍也。故疟荣卫之气,日行一周,历五脏六腑十二经络之界分,每有一界分,必有其舍,舍有随经络沉内薄之疟邪,故与日行之卫气相集则病作,离则病休。其作也,不惟脉外之卫虚并入于阴,《灵枢》所谓足阳明与荣俱行者,亦虚以从之。阳明之气虚,则天真因水谷而充大者亦暂衰。所以疟作之际,禁勿治刺,恐伤胃气与天真也。必待阴阳并极而退,其荣卫天真胃气离而复集,过此邪留所客之地,然后治之。或当其病未作之先,迎而夺之。丹溪谓疟邪得于四气之初,弱者即病,胃气强者,伏而不得动,至于再感,胃气重伤,其病乃作。此谓外邪必用汗解,虚者先以参术实胃,加药取汗,唯足厥阴最难得汗,其汗至足方佳。大率取汗,非用麻黄辈,但开郁通经,其邪热即散为汗矣。又云:疟发于子半之后、午之前,是阳分受病,其病易愈。发于午之后、寅之前,阴分受病,其病难愈。必分受病阴阳,气血药以佐之,观形察色以别之。盖尝从是法,而治形壮色泽者,病在气分,则通经开郁以取汗。色稍夭者,则补虚取汗。挟痰者,先实其胃一二日,方服劫剂。形弱色枯者,则不用取汗,亦不可劫,但补养以通经调之。其形壮而色紫黑者,病在血分,则开其阻滞。色枯者,补血调气。夫如是者,犹为寻常之用。至于取汗不得汗,理血而汗不足,若非更求药之切中病情,直造邪所着处,何能愈之乎。经云:夏伤于暑,秋必痎疟。暑者、季夏也,季夏者、湿土也,君火持权,不与之子,暑湿之令不行也。湿令不行,则土亏矣。所胜妄行,木气太过,少阳旺也。所生者受病,则肺金不足。所不胜者侮之,故水得以乘之土分。土者、坤也,坤土、申之分,申为相火,水入于土,则水火相干,阴阳交争,故为寒热。兼木气终见三焦,是二少阳相合也。少阳在湿土之分,故为寒热。肺金不足,洒淅寒热。此皆往来未定之气也,故为痎疟久而不愈。疟不发于夏,而发于秋者,以湿热在酉之分,方得其权,故发于大暑以后也。在气则发早,在血则发晏,浅则日作,深则间日。或在头项,或在背中,或在腰脊,虽上下远近之不同,在太阳一也。或在四肢者,风淫之所及,随所伤而作,不必尽当风府也。先寒而后热者,谓之寒疟。先热而后寒者,谓之温疟。二者不当治水火,当从乎中治,中治者,少阳也。渴者,燥胜也。不渴者,湿胜也。疟虽伤暑,遇秋而发,其不应也。秋病寒甚,太阳多也。冬寒不甚,阳不争也。春病则恶风,夏病则多汗,汗者、皆少阳虚也。其病随四时而作,异形如此。又有得之于冬,而发之于暑,邪客于肾、足少阴也。有藏之于心,内热熏于肺,手太阴也。至于少气烦冤,手足热而呕,但热而不寒,谓之瘅疟,足阳明也。治之奈何? 方其盛也,勿敢必毁,因其衰也,治法易老疟论备矣。易老云:夏伤于暑,湿热闭藏而不能发泄于外,邪气内行,至秋而发为疟也。初不知何经受病,随其受而取之。有中三阳者,有中三阴者,经中邪气,其证各殊,同伤寒论之也。五脏皆有疟,其治各异。肺疟,令人心寒,寒甚热,热间善惊,如有所见者,桂枝加芍药汤。心疟,令人烦心甚,欲得清水,反寒多不甚热,桂枝黄芩汤。肝疟,令人色苍苍然,太息,其状若死者,四逆汤、通脉四逆汤。脾疟,令人寒,腹中痛,热则肠中鸣,鸣已汗出,小建中汤、芍药甘草汤。肾疟,令人洒洒然,腰脊痛宛转,大便难,目眴眴然,手足寒,桂枝加当归芍药汤。足太阳之疟,令人腰痛头重,寒从背起,先寒后热,熇熇暍暍然,热止汗出,难已,羌活加生地黄汤、小柴胡加桂汤。足少阳之疟,令人身体解㑊,寒不甚,热不甚,恶见人,见人心惕惕然,热多汗出甚,小柴胡汤。足阳明之疟,令人先寒,洒淅洒淅,寒甚久乃热,热去汗出,喜见日月光火气乃快然,桂枝二白虎一、黄芩芍药加桂汤。足太阴之疟,令人不乐,好太息,不嗜食,多寒热汗出,病至则善呕,呕已乃衰,小建中汤、异功[1]散。足少阴之疟,令人呕吐甚,多寒热,热多寒少,欲闭户牖而处,其病难已,小柴胡加半夏汤。足厥阴之疟,令人腰痛,少腹满,小便不利,如癃状,非癃也,数便,噫,恐惧,气不足,腹中悒悒,四物柴胡苦楝附子汤。在太阳经者,谓之风疟,治多汗之。在阳明经者,谓之热疟,治多下之。在少阳经者,谓之风热疟,治多和之。此三阳受病,皆谓暴疟也。发在夏至后处暑前者,此乃伤之浅者,近而暴也。在阴经者,则不分三经,皆谓之温疟,宜以太阴经论之。其发处暑后冬至前者,此乃伤之重者,远而深也。痎疟者、老疟也,故谓之久疟。疟疾处暑前发,头痛项强,脉浮恶风有汗,桂枝羌活汤。疟疾头痛项强,脉浮恶寒无汗,麻黄羌活汤。发疟如前证而夜发者,麻黄黄芩汤。桃仁散血缓肝,夜发乃阴经有邪,此汤散血中风寒也。疟疾身热目痛,热多寒少,脉长,睡卧不安,先以大柴胡汤下之,微利为度。如下过微邪未尽者,宜白芷汤以尽其邪。疟无他证,隔日发,先寒后热,寒少热多,宜桂枝石膏汤。疟寒热大作,不论先后,此太阳阳明合病也,谓之大争。寒作则必战动,经曰热胜则动也。发热则必汗泄,经曰汗出不愈,知为热也。

---

〔1〕功:原作"攻",据本书《类方》异功散方改。下同。

阳盛阴虚之证,当实内治外,不治,恐久而传入阴经也。桂枝芍药汤主之。如前药服之,寒热转大者,知太阳、阳明、少阳、三阳合病也。宜桂枝黄芩汤和之。服药已,如外邪已罢,内邪未已,再诠下药。从卯至午时发者,宜大柴胡汤下之。从午至酉发者,知邪在内也,宜大承气汤下之。从酉至子发者,或至寅时发者,知邪在血也,宜桃仁承气汤下之。前项下药,微利为度,更以小柴胡汤彻其微邪之气。大法先热后寒者,小柴胡汤。先寒后热者,小柴胡加桂枝汤。多热、但热者,白虎加桂枝汤。多寒、但寒者,柴胡桂姜汤。此以疟之寒热多少定治法也。若多寒而但有寒者,其脉或洪实,或滑,当作实热治之,若便用桂枝误也。如或多热而但有热者,其脉或空虚,或微弱,当作虚寒治之,若便用白虎亦误也。所以欲学者,必先问其寒热多少。又诊脉以参之,百无一失矣。仲景云:疟脉自弦,弦数者多热,弦迟者多寒,弦小紧者可下之,弦迟者可温之,弦紧者可发汗及针灸也,浮大者可吐之,弦数者风疾发也,以饮食消息止之。阴气孤绝,阳气独发,则热而少气烦冤,手足热而欲呕,名曰瘅疟。若但热不寒者,邪气内藏于心肺,外舍于分肉之间,令人消烁脱肉。又云:温疟者,其脉如平,身无寒但热,骨节疼烦,时时呕逆,以白虎加桂枝汤主之。疟多寒者,名曰牝疟,蜀漆散主之。《外台》牡蛎汤亦主之。予弱冠游乡校时,校师蒋先生之内,患牝疟身痛,逾月不瘥,困甚。时予初知医,延予诊治,告以医欲用姜附温之,予曰溽暑未衰,明系热邪,安得寒而温之。经云:阳并于阴则阴实而阳虚,阳明虚则寒栗鼓颔也。巨阳虚则腰背头项痛,三阳俱虚则阴气胜,阴气胜则骨寒而痛。寒生于内,故中外皆寒,此所云寒,乃阴阳交争互作之寒,非真寒也,岂得用桂、附温之。乃处一方,以柴胡、升麻、葛根、羌活、防风补三阳之虚,升之也,何曰补,曰虚亦非真虚,以陷入阴分而谓之虚,故升之即补矣。以桃仁、红花引入阴分,而取阳以出还于阳分,以猪苓分隔之,使不复下陷,一剂而病良已。疟病发渴,小柴胡去半夏加栝蒌根汤。亦治劳疟。张子和法:白虎加人参汤、小柴胡汤、五苓散、神祐丸。服前三服未动,次与之承气汤,甘露饮调之,人参柴胡饮子补之。在上者,常山饮吐之。刘立之法:先当化痰下气,调理荣卫。草果平胃散、理中汤加半夏、藿香正气散、不换金正气散、对金饮子,皆要药也。俟荣卫正,方进疟药。杨仁斋法:风疟自感风而得,恶风自汗,烦躁头疼,转而为疟。风、阳气也,故先热后寒,可与解散风邪,如川芎、白芷、青皮、紫苏之类,或细辛、槟榔佐之。温疟一证,亦先热后寒,此为伤寒坏病,与风疟大略则同,热多寒少,小柴胡汤。热少寒多,小柴胡汤内加官桂。寒疟自感寒而得,无汗恶寒,挛痛面惨,转而为疟。寒、阴气也,故先寒后热,可与发散寒邪,生料五积散、增桂养胃汤、或良姜、干姜、官桂、草果之类,甚则姜附汤,附子理中汤。暑疟者,暑胜热多得之,一名瘅疟。阴气独微,阳气独发,但热不寒,里实不泄,烦渴且呕,肌肉消铄,用小柴胡汤、香薷散,呕者缩脾饮加生姜温服,下消暑圆。热多燥甚者,少与竹叶汤、常山、柴胡,于暑证最便。湿疟者,冒袭雨湿,汗出澡浴得之,身体痛重,肢节烦疼,呕逆胀满,用五苓散除湿汤加苍术、茯苓辈。寒多者,术附汤最良。牝疟者,久受阴湿,阴盛阳虚,阳不能制阴,所以寒多不热,气虚而泄,凄惨振振,柴胡桂姜汤,减半黄芩,加半夏。食疟一名胃疟,饮食无节,饥饱有伤致然也。凡食啖生冷。咸藏,鱼盐肥腻,中脘生痰,皆为食疟。其状苦饥而不能食,食则中满,呕逆腹痛,青皮、陈皮、半夏、草果、缩砂、白豆蔻作剂,或四兽汤下红圆子。瘴疟,挟岚瘴溪源蒸毒之气致然也。自岭以南,地毒苦炎,燥湿不常,人多瘴疟。其状:血乘上焦,病欲来时,令人迷困,甚则发躁狂妄,亦有哑不能言者。皆由败血瘀于心,毒涎聚于脾,坡仙指为脾胃实热所致,又有甚于伤暑之疟耳。治之须用凉膈,疏通大肠;小柴胡加大黄,治瘴木香圆,观音圆,皆为要药。戴复庵法:不问寒热多少,且用清脾饮,草果饮,二陈汤加草果,生料平胃散加草果、前胡。初发之际,风寒在表,虽寒热过后而身体常自疼,常自畏风,宜草果饮,或养胃汤,每服加川芎、草果各半钱。热少者进取微汗,寒多者宜快脾汤,或养胃汤,每服更加草果半钱。服药后寒仍多者,养胃汤,每服加熟附、官桂各半钱。独寒者尤宜。不效则七枣汤。热多者,宜驱疟饮,或参苏饮,每服加草果半钱。大热不除,宜小柴胡汤,渴甚则佐以五苓散,入辰砂少许。独热无寒,宜小柴胡汤。热虽剧不甚渴者,于本方加桂四分。热多而脾气怯者,柴朴汤。寒热俱等者,常服宜如上项二陈汤、平胃散加料之法。发日进,柴胡桂姜汤,候可截则截之。有独热用清脾饮效者,内烦增参作一钱。食疟,乃是饮食伤脾得之,或疟已成而犹不忌口,或寒热正作时吃食,其人噫气吞酸,胸膈不利。宜生料平胃散,每服加草果、砂仁各半钱,仍佐以红丸子、七香丸。暑疟,其人面垢口渴,虽热已过后,无事之时,亦常有汗,宜养胃汤一贴,香薷饮一贴,和匀作二服。渴甚汗出多者,加味香薷饮,间进辰砂五苓散。不问已发未发,其人呕吐,痰食俱出,宜多服二陈汤,加草果半钱。又恐伏暑蕴结为痰,宜消暑丸。按戴院使处元末国初大乱之后,草昧之初,故其用药多主温热,医者当更斟酌于天时方土物情之间,而得其宜,以为取舍可也。仲景、易老治疟法晰矣,然用之外因暑邪,病在盛热之时为宜,若深秋凄清之候,与七情痰食诸伤,未可泥也,故又备诸治法。然暑月之疟,必脉浮有表证,始可用麻、桂、羌活等表药。脉洪数长实有热证,始可用白虎等药。脉沉实有里证,始可用大柴胡、承气等药。若弦细芤迟,四肢倦怠,饮食少进,口干,小便赤,虽得之伤暑,当以清暑益气汤,十味香薷饮投之,虽人参白虎非其治也。至于内外俱热,烦渴引饮,自汗出而不衰,虽热退后脉长实自如,即处暑后进白虎何害,是又不可泥矣。澹寮云:用药多一冷一热,半熟半生,分利阴阳。按《局方》交解饮子,即半熟半生之例也。东垣云:秋暮暑气衰,病热疟,知其寒也,《局方》用双解饮子是已。治瘴疟尤妙。邑令刘蓉川先生,深秋患疟而洞泄不止,问予以先去其一为快,予以此方投之。一服而二病俱愈。外祖母虞太孺人,年八十余,夏患疟,诸舅以年高不堪,惧其再发,议欲截之。予曰欲一剂而已亦甚易,何必截乎。乃用柴胡、升麻、葛根、羌活、防风之甘辛气清以升阳气,使离于阴而寒自已,以知母、石膏、黄芩之苦甘寒引阴气下降,使离于阳而热自已,以猪苓之淡渗分利阴阳,使不得交并,以穿山甲引之,以甘草和之,果一剂而止。故赵以德云:尝究本草,知母、草果、常山、甘草、乌梅、槟榔、穿山甲。皆言治疟。集以成方者，为知母性寒，入[1]足阳明药，将用治阳明独盛之火热，使其退就太阴也。草果性温燥，治足太阴独盛之寒，使其退就阳明也。二经合和，则无阴阳交错之变，是为君药也。常山主寒热疟，吐胸中痰结，是为臣药也。甘草和诸药，乌梅去痰，槟榔除痰癖、破滞气，是佐药也。穿山甲者，以其穴山而居，遇水而入，则是出阴入阳，穿其经络于荣分，以破暑结之邪，为之使药也。然则此方，乃脾胃有郁痰伏涎者，用之收效。若无痰，止于暑结荣分，独应是太阴血证而热者，当发唇疮而愈，于此方则无功矣。柴升等药，外因为宜。知母等药，内因为宜。东南濒海，海风无常，所食鱼盐，人多停饮，故风疟、食疟所由以盛，乌头、草果、陈皮、半夏施得其宜。西北高旷，隆冬则水冰地裂，盛夏则烁石流金，人多中寒伏暑，故多暑疟、寒疟，柴胡、恒山[2]故应合用。东南西北往来其间，病在未分之际，可与藿香正气散、草果饮，是犹养胃汤也。治北方疟，以马鞭草茎叶煎一盏，露一宿，早服。寒多加姜汁。戴云：近世因寒热发作，见其指甲青黑，遂名曰沙，或夏或挑，或灌以油茶，且禁其服药，此病即是南方瘴气。生料平胃散加草果、槟榔，正其所宜，岂有病而无药者哉。按南人不以患疟为意，北人则畏之，北人而在南方发者尤畏之。以此见治者，当知方土之宜也，上三条姑引其端耳。《洁古家珍》治久疟不能食，胸中郁郁欲吐而不能吐者，以雄黄散吐之。按此必上部脉浮滑有力，确知胸中有澼而后可用，不然能无虚虚之祸。杨仁斋云：有中年人脏腑久虚，大便尝滑，忽得疟疾，呕吐异常，唯专用人参，为能止呕，其他疟剂，并不可施，遂以茯苓二陈汤加人参、缩砂，而倍用白豆蔻，进一二服，病人自觉气脉顿平，于是寒热不作。盖白豆蔻能消能磨，流行三焦，荣卫一转，寒热自平。继今遇有呕吐发疟之症，或其人素呕而发疟，谨勿用常山，惟以生莱菔、生姜各碾自然汁半盏，入蜜三四匙，乌梅二枚同煎，吞《局方》雄黄丸三四粒，候其利下恶血痰水，即以人参、川芎、茯苓、半夏、砂仁、

---

〔1〕入：原误作"人"，据四库本改。
〔2〕恒山：即常山。

甘草调之。万一呕不止,热不退,却用真料小柴胡汤,多加生姜主治。其或呕吐大作而又发热,且先与治疟生熟饮,呕定以小柴胡汤继之。按仁斋论治虽悉,而用药不甚中肯綮,若审知胸中有澼而吐,不若以逆流水煎橘皮汤导而吐之。若吐不出,便可定之,抑之使下,于随证药中加枇杷叶、芦根之属。大抵当审其所以吐之故,从其本而药之,难以言尽也。仁斋又云:疟家多蓄痰涎黄水,常山为能吐之利之,是固然矣。其有纯热发疟,或蕴热内实之证,投以常山,大便点滴而下,似泄不泄,须用北大黄为佐,大泄数下,然后获愈。又云:凡疟皆因腹中停蓄黄水,惟水不行,所以寒热不歇,此疟家受病之处也。治法,暑疟纯热,以香薷饮加青皮、北大黄、两个乌梅同煎,侵晨温服。寒疟多寒,以二陈汤加青皮、良姜,多用姜同煎,侵晨吞神保丸五粒,并欲取下毒水,则去其病根,寒热自解。又云:疟有水有血,水即水饮也,血即瘀血也。唯水饮所以作寒热,唯瘀血所以憎寒热。常山逐水利饮固也,苟无行血药品佐助其间,何以收十全之效耶。继自今疟家,或衄血,或大便血丝,或月候适来适去,皆是血证,当于疟药中加五灵脂、桃仁为佐,入生姜、蜜同煎以治之。又云:疟之经久而不歇,其故何耶?有根在也,根者何?曰饮、曰水、曰败血是耳。惟癖为疟之母,惟败血为暑热之毒,惟饮与水皆生寒热,故暑之脉虚,水饮之脉沉,癖之脉结。挟水饮者,为之逐水消饮;结癖者,胁必痛,为之攻癖;败血暑毒,随证而疏利之。寒热不除,吾未之信。按仁斋之论固是矣,其于治未也。大黄止能去有形之积,不能去水,其取瘀血,亦必醋制,及以桃仁之属引之而后行,不然不行也。常山治疟,是其本性,虽善吐人,亦有蒸制得法而不吐者,疟更易愈,其功不在吐痰明矣。亦非吐水之剂,但能败胃耳。内弟于中甫多留饮,善患疟,尝一用常山截之,大吐,疟亦不止,反益重。今谈及之,犹兀兀欲呕也。甲午以多饮茶过醉,且感时事愤懑于中,饮大积腹中,常辘辘有声。夏秋之交,病大发,始作寒热,寒热已而病不衰。予见其呕恶,用瓜蒂散、人参芦煎汤导吐之,不得吐,因念积饮非十枣汤不能取,乃用三药以黑豆煮制,晒干研为末,枣肉和丸如芥子大,而以枣汤下之,初服五分后,见其不动,复加五分,无何腹痛甚,以枣汤饮之,大便五六行,皆溏粪无水,时盖晡时也,夜半乃大下积水数斗而疾平。然当其下时,瞑眩特甚,手足厥冷,绝而复苏,举家号泣,咸咎予之孟浪,嗟乎!药可轻试哉。王海藏云:水者,肺肾脾三经所主,有五脏六府十二经之部分,上而头,中而四肢,下而腰脚,外而皮毛,中而肌肉,内而筋骨。脉有尺寸之殊,浮沉之别,不可轻泻。当知病在何经何腑,方可用之,若误投之则害深矣。况仁斋所用,尤非治水之药,其诛罚无过,不为小害。故愚谓病人果有积水瘀血,其实者,可用小胃丸行水,抵当汤行血。其虚者,不若且以淡渗之剂加竹沥、姜汁以治痰,而于随证药中加桃仁、韭汁之属以活血,疾亦当以渐而平。慎无急旦夕之功,而贻后悔也。疟发已多遍,诸药未效,度无外邪及虚人患疟者,以人参、生姜各一两煎汤,于发前二时,或发日五更,连进二服,无不愈者。愈后亦易康复,不烦调将。近因人参价高,难用济贫,以白术代之,夜发则用当归,亦莫不应手而愈。《金匮》问曰:疟以月一日发,当十五日愈,设不差,当月尽日解也。如其不差,当云何?师曰:此结为癥瘕,名曰疟母。急宜治之,可用鳖甲煎丸。疟母丸,鳖甲醋炙二两,三棱、莪术各醋煮一两,香附醋制二两,阿魏醋化二钱,醋糊为丸服之,积消及半即止。诸久疟及处暑后冬至前后疟,及非时之间日疟,并当用疟母法治之,以鳖甲为君。疟之间日而作者,其气之舍深,内薄于阴,阳气独发。阴邪内着,阴与阳争不得出,故间日而作也。其有间二日,或至数日发者,邪气与卫气客于六腑,而有时相失,不能相得,故休数日乃作也。丹溪曰:三日一作者,邪入于三阴经也。作于子午卯酉日者,少阴疟也。作于寅申巳亥日者,厥阴疟也。作于辰戌丑未日者,太阴疟也。当更参之证与脉,而后决其经以立治法。

【淹疾疟病】肝病面青,脉弦皮急,多青则痛,形盛,胸胁痛,耳聋口苦舌干,往来寒热而呕,以上是形盛,当和之以小柴胡汤也。如形衰骨摇而不能安于地,此乃膝筋,治之以羌活汤。本草云:羌活为君也。疟证取以少阳,如久者发为瘅疟,宜以镵针刺绝骨穴,复以小柴胡汤治之。心病面赤，脉洪身热，赤多则热，暴病壮热恶寒，麻黄加知母、石膏、黄芩汤主之。此证如不发汗，久不愈为疟也。淹疾颐肿，面赤身热，脉洪紧而消瘦，妇人则亡血，男子则失精。脾病面黄，脉缓，皮肤亦缓，黄多则热，形盛，依伤寒说是为湿温，其脉阳浮而弱，阴小而急，治在太阴，湿温自汗，白虎汤加苍术主之。如久不愈为温疟重暍，白虎加桂枝主之。淹疾肉消，食少无力，故曰热消肌肉，宜以养血凉药。《内经》曰：血生肉。肺病面白，皮涩，脉亦涩，多白则寒，暴病涩痒，气虚，麻黄加桂枝，令少汗出也。《伤寒论》云：夏伤于暑，汗不得出为痒。若久不痊为风疟，形衰面白脉涩，皮肤亦涩，形羸气弱，形淹卫气不足。肾病面黑，身凉，脉沉而滑，多黑则痹，暴病形冷恶寒，三焦伤也，治之以姜附汤，或四逆汤。久不愈为疟，暴气冲上吐食，夜发，俗呼谓之夜疟。太阳经桂枝证，形衰淹疾，黑瘅羸瘦，风痹痿厥，不能行也。外有伤寒，往来寒热如疟，劳病往来寒热亦如疟，谓之如疟，非真疟也。然伤寒寒热如疟，初必恶风寒，发热头痛体疼，自太阳经而来。劳病寒热如疟，初必五心烦热，倦怠咳嗽，久乃成寒热，与正疟自不同。诸病皆有寒热，如失血痰饮，癥瘕积聚，小肠癞疝，风寒暑湿，食伤发劳，劳瘵、脚气、疮毒，已各见本门，其余不能尽举，应有发寒热者，须问其元有何病而生寒热，则随病施治。凡寒热发作有期者疟也。无期者诸病也。

厥

娄全善曰：王太仆云：厥者，气逆上也。世谬传为脚气，读此始知其病，上古称之为脚气也。经曰：寒厥者，手足寒也。曰热厥者，手足热也。曰痿厥者，痿病与厥杂合而足弱痿无力也。曰痹厥者，痹病与厥病杂合而脚气顽麻肿痛也。曰厥逆者，即前寒厥、热厥、痿厥、痹厥、风厥等气逆上，而或呕吐，或迷闷，或胀或气急，或小腹不仁，或暴不知人，世所谓脚气冲心者是也。今人又以忽然昏运不省人事为厥。或问世以手足冷者名为厥，何如？曰非也。在张仲景论伤寒，则以手足热者为热厥，手足冷者为寒厥，冷者曰逆。谓凡厥者，阴阳不相顺接便为厥，厥者手足逆冷也。是故于阳虚而不接者则温之，于阳陷而伏深，不与阴相顺者则下之，于邪热入而未深者，则散其传阴之热，随其浅深轻重以为治。此乃为伤寒之邪自表入里，至太阴手足厥者，独归于二经也。盖自伤寒六经传邪者论，故厥阴是两阴交尽之经，热传至此，乃极深之时，故曰厥阴。及《内经》厥论篇之义则不然，概以足之三阳起于足五指之表，三阴起于足五指之里，故阳气胜则足下热，阴气胜则从五指至膝上寒。论得寒厥之由，则谓前阴者，宗筋之所聚，太阴阳明之所合也。此人质壮，秋冬阴气盛，阳气衰之时也，夺于所用，下气上争不能复，精气溢下，邪气因从之而上，阳气衰不能渗营其经络，阳气日损，阴气独在，故手足为之寒也。论得热厥之由，则谓人必数醉，若饱以入房，气聚于脾中，肾气有衰，阳气独胜，故手足为之热也。观其微旨，殆将为肾得先身生之精，元气从此而充，二藏相因，脉道乃行，运阴阳于内外，各有所司，阳主表，其气温，阴主里，其气寒，表里之脉，循环相接于四肢，是故举此脾胃伤于酒色，致阴阳二厥之大者为例，著于篇首，续叙十二经之厥逆者，止出本经气逆病形，皆不言手足之厥，亦不及受病之由，亦非一言而可足。既设二例在前，于此便可推而及之，故不复言也。虽然更以诸篇有关于厥者，详陈以明之。如太阴阳明论曰：阳明者，五脏六腑皆禀气于胃，今脾病不能与胃行其津液于三阴，胃亦不能行津液于三阳，四肢不得禀水谷气，日以益衰，阴道不利，筋骨肌肉皆无气以生。即此而言，脾胃有更实更虚，互相盛衰，衰者不行津液，盛者独行，独行必寒，此脾胃之致厥一也。又十二经皆禀气于胃，受胃之寒，则经气亦寒，受胃之热，则经气亦热。因之经脉不和，比流行相接之际，必有所遗寒热于四末，此脾胃之致厥二也。更有脾胃是肾之胜脏，脾胃有邪，必乘于肾，肾乃治下，主厥者也。肾受邪则厥，此脾胃之致厥三也。《灵枢》曰：冲脉者，与少阴大络同出于肾，为五脏六腑之海，故五脏六腑皆禀焉。其上者，渗诸阳，灌诸精，其下者，并少阴之经，渗三阴，灌诸络，而温肌肉，其别络结则跗上不动，不动则厥，厥则寒矣。夫冲脉者，是行肾脏治内之阳者，阳即火也，故阳动之以正，则为生物温养之少火，动之以妄，则为炎炽害物之壮火，火壮则元真之阳亦衰。李东垣谓火与元气不两立，一胜则一负是也。如前厥论，谓下气上争，邪气因从之而上者，非别有其邪，即此火所乱，阴阳之淫气起而上逆者也。故经以逆气为冲脉之病，病机亦言诸逆冲上，皆属于火。诸厥皆属于下。然而在肾之阴阳和则下治，不和则下不治，不治则寒热之厥生矣，此肾主厥之道也。至于冲脉与胃，皆以海名，故十二经禀气而致厥病悉同。又若他篇论厥，有谓因阳气烦劳则张，精绝辟积于夏，使人煎厥者；有二阳一阴发病，为风厥者；有志不足则厥者；有脏厥者；有暴不知人之厥者；有五络俱竭而尸厥者。凡此诸因上逆之邪，皆相火与五火相扇而起，起则变乱其经气，所以属风寒燥湿热之五气相从而起，五气多相兼化，风燥同热化，湿同寒化，病甚则手足经从其所化之寒热以为厥。盖所逆之气自下而上者，非得之火炎之势而能之乎。如三焦、足少阳、冲、任、督，皆自司相火在下者，然而统属乎肾。何则？足少阴子与手少阴午对化者，寄于其间，如是则肾之元气安于治下。若相火妄动，须当先救其肾，分正治从治，折其冲逆，辨五气所从之盛衰者，补泻之。虽然亦有不因气逆而遽冷者，如《原病式》谓阴水主清净，故病寒则四肢冷是也。乃为阳虚而阴独在故寒，即仲景所谓先厥后热，因寒邪外中，阳气未能胜之，故先厥也。虽邪有内外之分，然在温之则一耳。

【寒热二厥】《素问》黄帝曰：厥之寒热者，何也？岐伯对曰：阳气衰于下则为寒厥，阴气衰于下则为热厥。帝曰：热厥之为热也，必起于足下者，何也？岐伯曰：阳气起于足五指之表，阴脉者，集于足下而聚于足心，故阳气胜则足下热也。帝曰：寒厥之为寒也，必从五指而上于膝者何也？岐伯曰：阴气起于五指之里，集于膝下而聚于膝上，故阴气胜则从五指至膝上寒，其寒也，不从外，皆从内也。帝曰：寒厥何为而然也？岐伯曰：前阴者，宗筋之所聚，太阴阳明之所合也。春夏则阳气多而阴气少，秋冬则阴气盛而阳气衰，此人者质壮，以秋冬夺于所用，下气上争不能复，精气溢下，邪气因从之而上也。气因于中，阳气衰不能渗荣其经络，阳气日损，阴气独

在,故手足为之寒也。帝曰:热厥何如而然也? 岐伯曰:酒入于胃,
则络脉满而经脉虚,脾主为胃行其津液者也。阴气虚则阳气人,阳
气入则胃不和,胃不和则精气竭,精气竭则不荣其四肢也。此人
必数醉,若饱以入房,气聚于脾中不得散,酒气与谷气相搏,热盛
于中,故热遍于身,内热而溺赤也。夫酒气盛而剽悍,肾气日衰,
阳气偏胜,故手足为之热也。《灵枢·颠狂》篇,厥逆为病也,足暴
清,胸若将裂,肠若将以刀切之,烦而不能食,脉大小皆涩。暖取
足少阴,清取足阳明。清则补之,温则泻之。《儒门事亲》云:西
华李政之病寒厥,其妻病热厥,前后十余年,其妻服逍遥散十余
剂,终无效。一日命予诊之,二人脉皆浮大而无力。政之曰:吾手
足之寒,时时渍以热汤,渍而不能止;吾妇手足之热,终日沃以冷
水,沃而不能已者,何也? 予曰:寒热之厥也。此皆得之贪饮食,
纵嗜欲,遂出《内经·厥论》证之。政之喜曰:十年之疑,今而释然,
纵不服药,愈过半矣。仆曰:热厥者,寒在上也。寒厥者,热在上
也。寒在上者,以温剂补肺金。热在上者,以凉剂清心火。分取
二药,令服之不辍,不旬日,政之诣门谢曰,寒热厥者皆愈矣。《原
病式》谓厥者有阴阳之辨,阴厥者,原病脉候皆为阴证,身凉不渴,
脉迟细而微也。阳厥者,原病脉候皆为阳证,烦渴谵妄,身热而脉
数也。若阳厥极深,或失下而至于身冷,反见阴证,脉微欲绝而死
者,正为热极而然也。王安道曰:热极而成厥逆者,阳极似阴也。
寒极而成厥逆者,独阴无阳也。阳极似阴用寒药,独阴无阳用热
药,不可不辨也。叶氏曰:《内经》所谓寒热二厥者,乃阴阳之气逆
而为虚损之证也。寒厥补阳,热厥补阴。正王太仆所谓壮水之主
以镇阳光,益火之原以消阴翳,此补其真水、火之不足耳。仲景、
河间、安道所论厥证,乃伤寒手足之厥冷也。证既不同,治法亦异。
寒厥,表热里寒,下利清谷,食入即吐,脉沉伏,手足冷,四逆汤主
之。热厥,腹满身重,难以转侧,面垢谵语遗溺,厥冷自汗,脉沉滑,
白虎汤主之。热厥,手足热而游赤,宜升阳泄火汤。若大便结实,大
柴胡汤主之。寒厥,手足冷,以附子理中汤。指尖冷,谓之清,理中
汤主之。

寒厥手足冷

脉沉数实为热。东垣治中书贴合公脚膝尻腰背冷，脉沉数有力，用黄柏滋肾丸，再服而愈。又治中书左丞姚公茂，上热下寒，用既济解毒汤良愈。丹溪治吕宗信，腹有积块，足冷至膝，用大承气加减下之愈。此皆寒厥有热也。脉沉细微为寒。罗谦甫治征南副元帅大忒木儿，年六十，秋七月征南，至仲冬，病自利完谷不化，脐腹冷痛，足胻寒，以手搔之不知痛痒，常烧石以温之，亦不得暖。诊之脉沉细而微，此年高气弱，深入敌境，军务烦冗，朝夕形寒，饮食失节，多饮乳酪，履于卑湿，阳不外固，由是清湿袭虚，病起于下，故胻寒而逆。《内经》云：感于寒而受病，微则为咳，盛则为泄为痛，此寒湿相合而为病也。法当急退寒湿之邪，峻补其阳，非灸不能病已。先以大艾炷于气海灸百壮，补下焦阳虚。次灸三里各三七壮，治胻寒而逆，且接引阳气下行。又灸三阴交，以散足受寒湿之邪。遂处方云：寒淫所胜，治以辛热，湿淫于外，平以苦热，以苦发之。以附子大辛热，助阳退阴，温经散寒为君。干姜、官桂大热辛甘，亦除寒湿，白术、半夏苦辛温而燥脾湿，故以为臣。人参、草豆蔻、甘草大温中益气，生姜大辛温，能散清湿之邪，葱白辛温，能通上焦阳气，故以为佐。又云：补下治下制以急，急则气味厚，故大作剂服之。不数服，泻止痛减，足胻渐温，调其饮食，十日平复。明年秋，过襄阳值霖雨，阅旬余前证复作，再依前灸，添阳辅各二七壮，再以前药投之，数服愈《内经》寒厥，皆属肾虚。云肾藏志，志不足则厥。又云：肾虚则清厥，意不乐。又云：下虚则厥。又云：诸厥固泄，皆属于下是也。《灵枢·逆顺肥瘦》篇，黄帝曰：少阴之脉，独下行何也？岐伯曰：不然。夫冲脉者，五脏六腑之海也，五脏六府皆禀焉。其上者，出于颃颡，渗诸阳，灌诸精，其下者，注少阴之大络，出于气冲，循阴股内廉，入腘中，伏行骭骨内，下至内踝之后属而别。其下者，并于少阴之经，渗三阴，其前者，伏行出跗属，下循跗，入大指间，渗诸络而温肌肉。故别络结则跗上不动，不动则厥，厥则寒矣。经云：经络坚紧，火所治之。盖灸以治之，或汤酒渍之也。运气寒厥有二：一曰寒。经云：水平气曰静顺，静顺之纪，其病厥。又云：岁水太过，

寒气流行,邪害心火[1],躁[2]悗阴厥。又云:岁金不及,炎火乃行,
复则病阴厥且格是也。二曰寒湿。经云:太阴司天之政,天气下降,
地气上腾,民病寒厥是也。《千金方》治丈夫腰脚冷不随,不能行方,
上醇酒三斗,水三斗,合著瓮中,温渍至膝,三日止。冷则瓮下常着
灰火,勿令冷。东垣云:经云,厥在于足,宗气不下,脉中之血,凝而
留止,非火调弗能取之。洁古云:身热如火,足冷如冰,可灸阳辅穴。
又云:胻痠冷,绝骨取之。

热厥手足热

丹溪曰:司承叔平生脚自踝以下常觉热,冬不可加绵于上,尝
自言曰,我资禀壮不怕冷。予曰,此足三阴虚,宜断欲事,以补养阴
血,庶乎可免,笑而不答,年方十七患痿,半年而死。《千金方》手
足烦者,小便三升,盆中温渍手足。《素问》热厥,取足太阴、少阳,
皆留之。

暴不知人之厥,已前见卒中暴厥门,但有轻而未至于卒仆者,
难以诸中目之,故复附见于此。厥有涎潮,如拽锯声在咽中,为痰
厥。先用瓜蒂散,或稀涎散,或人参芦煎汤探吐,随用导痰汤,多加
竹沥,少加姜汁。暴怒气逆而昏运者,为气厥。宜八味顺气散,或
调气散,或四七汤。手足搐搦为风厥,宜小续命汤。因酒而得为酒
厥,宜二陈汤加干葛、青皮,或葛花解醒汤。又有骨枯爪痛为骨厥,
身立如橼为骭厥,喘而惋[3]为阳明厥,此皆由气逆也。厥亦有腹满
不知人者,一二日稍知人者,皆卒然闷乱者,皆因邪气乱,阳气逆,
是少阴肾脉不至也。肾气衰少,精血奔逸,使气促迫,上入胸胁,宗
气反结心下,阳气退下,热归股腹,与阴相助,令身不仁。又五络皆
会于耳,五络俱绝,则令人身脉皆动,而形体皆无知,其状如尸,故
曰尸厥。正由脏气相刑,或与外邪相忤,则气郁不行,闭于经络,诸
脉伏匿,昏不知人。唯当随其脏气而通之,寒则热之,热则寒之,闭

---

〔1〕火:此下原衍"火",据《素问·气交变大论》篇删。
〔2〕躁:原作"燥",形近之误,据《素问·气交变大论》篇改。
〔3〕喘而惋:原作"喘而强",文义不属,据《素问·阳明脉解》篇改。

则通之。仲景云：尸厥脉动而无气，气闭不通，故静而死也。菖蒲屑内鼻孔中吹之，令人以桂屑著舌下。又剔取左角发方寸，烧灰末酒和灌之，立起。以竹管吹其两耳。还魂汤。奄忽死去，四肢逆冷，不醒人事，腹中气走如雷鸣，此尸厥也。以焰硝五钱，硫黄二钱，研细作三服，每服好陈酒一大盏煎，觉硝焰起，倾于盆内，盖著温服，如人行五里，又进一服，不过三服即醒，灸百会四十九壮，气海、丹田三百壮，身温灸止。如无前药，用黑附子一只炮制，人参一两，分作二服，酒三盏煎服，或生姜汁、酒合煎亦妙。灸百会，艾炷止许如绿豆大，粗则伤人。

【诊】：沉微不数为寒厥。沉伏而数为热厥。细为气虚。大如葱管为血虚。浮数为痰。弦数为热。浮者外感。脉至如喘为气厥。寸沉大而滑，沉为实，滑为气，实气相搏，血气入藏，唇口青、身冷死。如身和、汗自出为入府，此为尸厥。

诸 气 门[1]

诸 气

经云:诸痛皆因于气。百病皆生于气。怒则气上喜则气缓,悲则气消,恐则气下,寒则气收,热则气泄,惊则气乱,劳则气耗,思则气结,九气不同也。按子和云:天地之气,常则安,变则病。而况人禀天地之气,五运迭侵于外,七情交战于中,是以圣人啬气如持至宝,庸人役物而反伤太和,此轩岐所以论诸痛皆因于气,百病皆生于气,遂有九气不同之说。气本一也,因所触而为九,怒、喜、悲、恐、寒、热、惊、思、劳也。盖怒气逆甚则呕血及飧[2]泄,故气逆上矣。怒则阳气逆上而肝木乘脾,故甚则[3]呕血及飧泄也。喜则气和志达,荣卫通利,故气缓矣。悲则心系急,肺布叶举,而上焦不通,荣卫不散,热气在中,故气消矣。恐则精却,却则上焦闭,闭则气逆,逆则下焦胀,故气不行矣。寒则腠理闭,气不行,故气收矣。热则腠理开,荣卫通,汗大泄,故气泄矣。惊则心无所倚,神无所归,虑无所定,故气乱矣。劳则喘息汗出,内外皆越,故气耗矣。思则心有所存,神有所归,正气留而不行,故气结矣。尝考其为病之详,变化多端,如怒气所至为呕血,为飧泄,为煎厥,为薄厥,为阳厥,为胸满胁痛,食则气逆而不下,为喘渴烦

证治准绳第二册

金坛王肯堂 辑

---

〔1〕诸气门:原脱,据目录补。
〔2〕飧:古"飧"字。
〔3〕则:原脱,据上文补。

心,为消瘅,为肥气,为目暴盲,耳暴闭,筋缓,发于外为痈疽。喜气所至,为笑不休,为毛革焦,为内病,为阳气不收,甚则为狂。悲气所至,为阴缩,为筋挛,为肌痹,为脉痿,男为数溲血,女为血崩,为酸鼻辛頞,为目昏,为少气不能报息,为泣则臂麻。恐气所至,为破䐃脱肉,为骨痠痿厥,为暴下绿水,为面热肤急,为阴痿,为惧而脱颐。惊气所至,为潮涎,为目寰,为口呿,为痴痫,为不省人,为僵仆,久则为瘛疭。劳气所至,为嗌噎病,为喘促,为嗽血,为腰痛骨痿,为肺鸣,为高骨坏,为阴痿,为唾血,为冥目视,为耳闭,男为少精,女为不月,衰甚则溃溃乎若坏都,汩汩乎不可止。思气所至,为不眠,为嗜卧,为昏瞀,为中痞,三焦闭塞,为咽嗌不利,为胆瘅呕苦,为筋痿,为白淫,为得后与气,快然如衰,为不嗜食。寒气所至,为上下所出水液,澄彻清冷,下利清白云云。热气所至,为喘呕吐酸,暴注下迫云云。窃又稽之《内经》治法,但以五行相胜之理,互相为治。如怒伤肝,肝属木。怒则气并于肝,而脾土受邪。木太过则肝亦自病。喜伤心,心属火。喜则气并于心,而肺金受邪。火太过则心亦自病。悲伤肺,肺属金。悲则气并于肺,而肝木受邪。金太过则肺亦自病。恐伤肾,肾属水。恐则气并于肾,而心火受邪。水太过则肾亦自病。思伤脾,脾属土。思则气并于脾,而肾水受邪。土太过则脾亦自病。寒伤形,形属阴。寒胜[1]热则阳受病。寒太过则阴亦自病。热伤气,气属阳。热胜寒则阴受病。热太过则阳亦自病。凡此数者,更相为治。故悲可以治怒,以怆恻苦楚之言感之。喜可以治悲,以谑浪亵狎之言娱之。恐可以治喜,以迫遽死亡之言怖之。怒可以治思,以污辱欺罔之言触之。思可以治恐,以虑彼志此之言夺之。凡此五者,必诡诈谲怪无所不至,然后可以动人耳目,易人视听。若胸中无才器之人,亦不敢用此法也。热可以治寒,寒可以治热,逸可以治劳,习可以治惊。经曰:惊者平之。夫惊以其忽然而遇之也,使习见习闻则不惊矣。如丹溪先生治一女子,许婚后,夫经商二年不归,因不食困卧如痴,他无所病,但向里床坐,此

---

〔1〕胜:原误作"受",据修敬堂本改。

思想气结也,药难独治,得喜可解,不然令其怒。脾主思,过思则脾气结而不食。怒属肝木,怒则木气升发而冲开脾气矣。因激之大怒而哭至二时许,令解之,与药一贴,即求食矣。然其病虽愈,必得喜方已,乃给以夫回,既而果然病不举。又如子和治一妇人,久思而不眠,令触其怒,妇果怒,是夕困睡,捷于影响。惟劳而气耗,恐而气夺者为难治。喜者少病,百脉舒和故也。又闻庄先生治喜劳之极而病者,庄切其脉,为之失声,佯曰:吾取药去,数日更不来,病者悲泣,后即愈矣。《素问》曰:惧胜喜,可谓得玄关者也。凡此之类,《内经》自有治法,庸工废而不行,亦已久矣。幸河间、子和、丹溪数先生出,而其理始明,后之学者,宜知所从事。丹溪云:冷气、滞气、逆气,皆是肺受火邪,气得炎上之化,有升无降,熏蒸清道,甚而转成剧病,《局方》类用辛香燥热之剂,以火济火,咎将谁执。气无补法,世俗之言也。以其为病,痞闷壅塞,似难于补,不思正气虚者不能运行,邪滞著而不出,所以为病。经曰:壮者气行则愈,怯者著而成病。苟或气怯,不用补法,气何由行。气属阳,无寒之理。上升之气觉恶寒者,亢则害,承乃制也。气有余,便是火。冷生气者,高阳生之谬言也。自觉冷气自下而上者,非真冷也。盖上升之气,自肝而出,中挟相火,自下而上,其热为甚,火极似水,阳亢阴微也。按河间论气为阳而主轻微,诸所动乱劳伤,乃阳火之化,神狂气乱而病热矣。又云:五志过极,皆为火也。而其治法,独得言外之意。凡见喜、怒、悲、恐、思之证,皆以平心火为主。至于劳者伤于动,动便属阳,惊者骇于心,心便属火,二者必以平心火为主。俗医不达此者,遂有寒凉之谤。气郁,用香附、苍术、抚芎。调气用木香,然味辛,气能上升,如气郁而不达,固宜用之。若阴火冲上而用之,则反助火邪矣。故必用黄柏、知母,而少用木香佐之。气从左边起者,肝火也。气刺痛,皆属火。当降火药中加枳壳。破滞气用枳壳,枳壳能损至高之气,二三服即止,恐伤真气,气实者可服。实热在内,相火上冲,有如气滞,用知母、黄柏、芩、连。阴虚气滞,用四物以补血。因事气郁不舒伸而痛者,木香调达之。忧而痰气,香附五钱,瓜蒌一两,贝母、山楂各三钱,半夏一两。禀受素壮而气刺痛,用枳壳、乌药。因死血而痛者,桃仁、红花、归头。解五脏结气，益少阴经血，用栀子炒黑为末，入汤同煎，饮之甚效。河间云：妇人性执，故气疾为多，宜正气天香汤先导之。戴复庵云：七气致病，虽本一气，而所以为气者，随症而变，《三因方》论最详。喜、怒、忧、思、悲、恐、惊，谓之七气。有痰在咽喉间，如绵絮相似，咯不出，咽不下，并宜四七汤，未效，进丁沉透膈汤。内有热者不宜。审知是思虑过度，宜四七汤去茯苓，加半夏、人参、菖蒲。审知是盛怒成疾，面色青黄，或两胁胀满，宜调气散，或四七汤加枳壳、木香各半钱。因惊恐得疾，心下怔忡者，见惊悸门。脉滑者，多血少气。涩者，少血多气。大者，血气俱多。小者，血气俱少。下手脉沉，便知是气。其或沉滑，气兼痰饮。脉弦软，或虚大，虚滑微弱，饮食不节，劳伤过度，精神倦怠，四肢困乏，法当补益。补中益气汤、调中益气汤、十全大补汤。夏月清暑益气汤、四君、四物之类加减。脉结涩，或沉弦，急疾收敛，四肢腹胁腰胯间牵引疼痛，不能转侧，皆由七情郁滞，跕闪伤损，谨察病原，随证疏导。《三因》七气汤、流气饮子、大七气汤、苏子降气汤、化气散、四磨汤、大玄胡汤选用。脉沉滑，气兼痰饮者，二陈汤、桔梗半夏汤、四七汤，枳壳、乌药、紫苏、大腹皮。桑白皮之类，随证加减。

郁

六元正纪大论曰：木郁达之，火郁发之，土郁夺之，金郁泄之，水郁折之。然调其气，过者折之，以其畏也，所谓泻之。王安道曰：木郁达之五句，治郁之法也。调其气一句，治郁之余法也。过者折之三句，调气之余法也。夫五法者，经虽为病由五运之郁所致而立，然扩而充之，则未尝不可也。且凡病之起也，多由乎郁，郁者、滞而不通之义。或因所乘而为郁，或不因所乘而本气自郁，皆郁也。岂惟五运之变能使然哉。郁既非五运之变可拘，则达之、发之、夺之、泄之、折之之法，固可扩焉而充之矣。木郁达之，达者、通畅之也。如肝性急，怒气逆，肢胁或胀，火时上炎，治以苦寒辛散而不愈者，则用升发之药，加以厥阴报使而从治之。又如久风入中为飧泄，及不因外风之人而清气在下为飧泄，则以轻扬之剂，举而散之。凡此之类,皆达之之法也。王氏谓吐之令其条达,为木郁达之。东垣谓食塞胸中,食为坤土,胸为金位,金主杀伐,与坤土俱在于上而旺于天,金能克木,故肝木生发之气伏于地下,非木郁而何?吐去上焦阴土之物,木得舒畅则郁结去矣,此木郁达之也。窃意王氏以吐训达,此不能使人无疑者,以为肺金盛而抑制肝木软,则泻肺气举肝气可矣,不必吐也。以为脾胃浊气下流,而少阳清气不升软,则益胃升阳可也,不必吐也。虽然木郁固有吐之之理,今以吐字总该达字,则是凡木郁皆当用吐矣,其可乎哉。至于东垣所谓食塞肺分,为金与土旺于上而克木,又不能使人无疑者,夫金之克木,五行之常道,固不待夫物伤而后能也。且为物所伤,岂有反旺之理。若曰吐去其物以伸木气,乃是反为木郁而施治,非为食伤而施治矣。夫食塞胸中而用吐,正《内经》所谓其高者因而越之之义耳。恐不劳引木郁之说以汨之也。火郁发之,发者、汗之也,升举之也。如腠理外闭,邪热怫郁,则解表取汗以散之。又如龙火郁甚于内,非苦寒降沉之剂可治,则用升浮之药,佐以甘温,顺其性而从治之,使势穷则止。如东垣升阳散火汤是也。凡此之类,皆发之之法也。土郁夺之,夺者、攻下也,劫而衰之也。如邪热入胃,用咸寒之剂以攻去之。又如中满腹胀,湿热内甚,其人壮气实者,则攻下之,其或势盛而不能顿除者,则劫夺其势而使之衰。又如湿热为痢,有非力轻之剂可治者,则或攻或劫,以致其平。凡此之类,皆夺之之法也。金郁泄之,泄者、渗泄而利小便也,疏通其气也。如肺金为肾水上原,金受火烁,其令不行,原郁而渗道闭矣。宜肃清金化,滋以利之。又如肺气䐜满,胸凭仰息,非利肺气之剂,不足以疏通之。凡此之类,皆泄之之法也。王氏谓渗泄、解表、利小便,为金郁泄之。夫渗泄利小便,固为泄金郁矣,其解表二字,莫晓其意,得非以人之皮毛属肺,其受邪为金郁,而解表为泄之乎。窃谓如此,则凡筋病便是木郁,肉病便是土郁耶,此二字未当于理,今删去。且解表间于渗泄利小便之中,是渗泄利小便为二治矣。若以渗泄为滋肺生水,以利小便为直治膀胱,则直治膀胱,既责不在肺,何为金郁乎,是亦不通,故予易之曰,渗泄而利小便也。水郁折之,折者、制御也，伐而挫之也，渐杀其势也。如肿胀之病，水气淫溢而渗道以塞，夫水之所不胜者土也。今土气衰弱不能制之，故反受其侮，治当实其脾土，资其运化，俾可以制水而不敢犯，则渗道达而后愈。或病势既旺，非上法所能遏制，则用泄水之药以伐而挫之，或去菀陈莝，开鬼门，洁净府，三治备举，迭用以渐平之。王氏所谓抑之制其冲逆，正欲折挫其氾滥之势也。夫实土者、守也，泄水者、攻也，兼三治者、广略而决胜也。守也、攻也、广略也，虽俱为治水之法，然不审病者之虚实、久近浅深，杂焉而妄施治之，其不倾踣者寡矣。且夫五郁之病，固有法以治之矣，然邪气久客，正气必损，今邪气虽去，正气岂能遽平哉。苟不平调正气，使各安其位复其常，于治郁之余，则犹未足以尽治法之妙，故又曰然调其气。苟调之而其气犹或过而未服，则当益其所不胜以制之，如木过者当益金，金能制木，则木斯服矣。所不胜者，所畏者也，故曰过者折之，以其畏也。夫制物者，物之所欲也。制于物者，物之所不欲也。顺其欲则喜，逆其欲则恶。今逆之以所恶，故曰所谓泻之。王氏以咸泻肾、酸泻肝之类为说，未尽厥旨。虽然自调其气以下，盖经之本旨。故予推其义如此。若扩充为应变之用，则不必尽然也。丹溪言郁有六，气、血、湿、热、痰、食也。气郁，胸胁痛，脉沉而涩，宜香附、苍术、抚芎。湿郁，周身走痛，或关节痛，遇阴寒则发，其脉沉细，宜苍术、川芎、白芷、茯苓。热郁、目瞀，小便赤，其脉沉数，宜山栀、青黛、香附、苍术、抚芎。痰郁，动则喘，寸口脉沉滑，宜海石、香附、南星、瓜蒌仁。血郁，四肢无力，能食便红，其脉芤，宜桃仁、红花、青黛、川芎、香附。食郁，嗳酸，腹满不能食，右寸脉紧盛，宜香附、苍术、山楂、神曲、针砂。右诸郁药，春加防风，夏加苦参，秋冬加吴茱萸。苍术、抚芎，总解诸郁。凡郁皆在中焦，以苍术、抚芎开提其气以升之，假令食在气上，气升则食自除矣。余仿此。或问方论分门叙证，未尝有郁病之名，今出六郁之药何也？曰：夫人气之变，一如天地六淫而分之，故郁者，燥淫为病之别称也。燥乃阳明秋金之位化。经曰：金木者生成之终始。又曰：木气之下，金气乘之。盖物之化，从于生物之成，从于杀造化之道，于生杀之气，未始相离，犹权衡之不可轻重也。生之重杀之轻，则气殚散而不收。杀之重生之轻，则气敛涩而不通，是谓郁矣。郁有外邪内伤，外邪者，《内经》有六气五运胜克之郁，内应乎人气而生病者是也。用五郁而治，木郁者达之，火郁者发之，水郁者折之，土郁者夺之，金郁者泄之。内伤者，人之天真与谷气并，分布五脏，名五阳者，金、木、水、火、土之五气也，各司一脏，而金木则统为生杀之纪纲。以其五阳，又复相通移，五五二十五阳，于是一脏一五气，各有生、长、化、收、藏之用。虽各自为之用，然必归于肺。肺属金、主气，分阴阳，其化燥，其变敛涩，敛涩则伤其分布之政，不惟生气不得升，而收气亦不得降。故经曰：逆秋气则太阴不收，肺气焦满。又曰：诸气怫郁，皆属于肺，此之谓也。今观此集所云，郁病多在中焦，及六郁凡例之药，诚得其要矣。中焦者，脾胃也，水谷之海，法天地，生万物，体干健之化，具坤静之德，五性备而冲和之气，五脏六腑皆禀之以为主，荣卫由谷气之精悍所化，天真亦由谷气而充大。东垣所谓人身之清气、荣气、运气、卫气、春升之气，皆胃气之别称。然而诸气岂尽是胃气者哉，乃因胃气以资其生故也。脾胃居中心，肺在上，肾肝在下，凡有六淫七情劳役妄动上下，所属之脏气，致虚实胜克之变，过于中者，而中气则常先，是故四脏一有不平，则中气不得其和而先郁矣。更有因饮食失节，停积痰饮，寒温不适所，脾胃自受，所以中焦致郁之多也。今以其药兼升降而用之者，盖欲升之，必先降之，而后得以升也。欲降之，必先升之，而后得以降也。老氏所谓：将欲取之，必先与之。其苍术足阳明药也，气味雄壮辛烈，强胃强脾，开发水谷气，其功最大。香附阴血中快气药也，下气最速，一升一降，以散其郁。抚芎者，足厥阴直达三焦，俾生发之气，上至头目，下抵血海，通疏阴阳气血之使者也。然用此不专开中焦而已，其胃主行气于三阳，脾主行气于三阴，脾胃既布，水谷之气行，纵是三阴三阳各脏腑自受其燥金之郁者，亦必因胃气可得而通矣。天真等气之不达，亦必可得而伸矣。况苍术尤能径入诸经，疏泄阳明之湿，通行敛涩者也。观此六郁药之凡例，其升降消导，皆因《内经》变而致，殆将于受病未深者设也。若或气耗血衰，津液枯竭，病已入深，宁复令人守此，不从病机大要治法，以有者求之，无者求之，盛者责之，虚者责之，必先五胜者哉。不然，如前条中风、伤寒外邪者，尚分虚实论治，何乃郁病属内伤多者，反不分之乎。先生之意当不止是，集书者不能备其辞也。曰子言郁乃燥淫之别称，刘河间则又以怫郁属热者何也？曰燥之为气，有凉有热而燥者，秋风气至大凉。革候肃杀坚劲，生气不扬，草木敛容，人物之象一也。在人身则腠理闭密，中外涩滞，气液皆不滑泽，是以《原病式》叙诸涩枯涸，干劲皴揭者，在燥淫条下，从化何如，《内经》有之，少阴、少阳热火下临，肺气上从，白起金用草木眚[1]。河间又谓六气不必一气独为病，气有相兼，或风热胜湿成燥涩者，或肺受火热、致金衰耗津而燥者，或火热亢极、兼贼鬼水化、反闭塞而燥者，或因寒邪外闭腠理、阳气郁而成燥，其病在外，甚亦入内。或口食生冷，阳气内郁而成燥热者，其病在肉里，甚亦在外。或兼于湿，湿主于否，因致怫郁成热以燥者。或兼风者，因热伤肺金不能平木，而生风胜湿而燥也。易曰：燥万物者，莫熯乎火。燥之从化者，其此之谓欤。至于论郁之为病，外在六经九窍四属，内在五脏六腑，大而中风、暴病、暴死、颠狂、劳瘵、消渴等疾，小而百病，莫不由是气液不能宣通之所致。治郁之法，有中外四气之异，在表者汗之，在内者下之。兼风者散之，热微者寒以和之，热甚者泻阳救水，养液润燥，补其已衰之阴。兼湿者，审其湿之太过不及，犹土之旱涝也。寒湿之胜，则以苦燥之，以辛温之。不及而燥热者，则以辛润之，以寒调之。大抵须得仲景之法治之，要各守其经气而勿违。然方论止叙风寒湿热四气之病，无燥火二淫之故。殆是从四时令气之伤人者，于秋不言伤其燥，而乃曰伤其湿者，为相火代君火行令于暑，故止言热而不言火，夫如是之天气合四时者尚不能明，况能推究人以一气之变，亦如天气六淫之分者乎。且人气之燥火二淫，常通贯于风寒湿热病中，尤多于四气之相移也。何以言之？在病之冲逆奔迫即属之火，气液不得通即属之燥，其火游行于五者之间，今不以为言，尚不可也。抑夫燥者，正属五

────────

〔1〕眚：原作"青"，形近之误，据修敬堂本改。

行金气所化，而亦舍之，此何理焉。及观其所立气门，多是二淫之病，可见其不识人气有六化六变之道，宜乎其治气病之法，无端绪矣。

【诊】：郁脉多沉伏，郁在上则见于寸，郁在中则见于关，郁在下则见于尺。郁脉，或促、或结、或涩。滑伯仁云：气血食积痰饮，一有留滞于其间，则脉必因之而止涩矣。但当求其有神，所谓神者，胃气也。

痞　胀在腹中　胀有形　胸痹　痞在心下　痞无形内附

或问痞属何脏？邪属何气？曰尝考之《内经》，有阳明之复，心痛痞满者。注以清甚于内，热郁于外。太阳之复，心胃生寒，心痛痞闷者。注以心气内燔。备化之纪，病痞。卑监之纪，留满痞塞。太阴所至，为积饮否隔。注皆以阴胜阳也。由是观之，则是受病之脏者，心与脾也。因而怫郁壅塞不通为痞者，火与湿也。其论致病所由之邪，则不可一言而尽。天气之六淫外感，人气之五邪相乘，阴阳之偏负，饮食七情之过节，皆足以乱其火土之气。盖心、阳火也，主血。脾、阴土也，主湿。凡伤其阳则火怫郁而血凝，伤其阴则土壅塞而湿聚，二脏之病，相去不离方寸间，至于阴阳之分，施治之法，便不可同也。何则？《金匮要略》水病篇谓：心下坚大如盘，边如旋杯，水饮所作者，二条同是语也。但一条之上有气分二字，用桂枝去芍药，加麻黄附子细辛汤，治为水寒之邪闭结，气海之阳不布，荣卫不行。一条用枳术汤，为中焦水停土壅故也。又胸痹篇云：胸痹心下痞，留气结在胸，胸满，胁下逆抢心，枳实薤白桂枝汤主之。人参汤亦主之。一证列二方，原其意盖是留气结在胸为重者，便须补中。又心中痞，诸逆心悬痛，桂枝生姜枳实汤主之。《伤寒论》中，有谓病人手足厥冷，脉作紧，邪结在胸中者，当吐之。脉浮大，心下反鞭，有热属脏者，下之。兹二者为不汗下而痞满，从其邪有高下，故吐下之不同。若经汗下而心下痞，则以诸泻心汤。大抵痞与结胸，同是满鞭，但结胸则涌治，岂非仲景治痞亦在心脾二脏，从火土之阴阳者欤，各适其宜而治。高者越之，下者竭之，上气不足推而扬之,下气不足温而行之。高者抑之,下者举之,郁者开之,结者解之,寒者热之,热者寒之,虚则补,实则泻,随机应变以为治。东垣云:夫痞者,心下满而不痛是也。太阴者湿也,主壅塞,乃土来心下为痞满也。伤寒下太早亦为痞,乃为寒伤其荣,荣者血也,心主血,邪入于本,故为心下痞闷。仲景立泻心汤数方,皆用黄连以泻心下之土邪,其效如响应桴。故《活人书》云:审知是痞,先用桔梗枳壳汤,非以此专治痞也。盖因先错下必成痞证,是邪气将陷而欲过胸中,故先用截,散其邪气,使不至于痞。先之一字,早用之义也。若已成痞而用之,则失之晚矣。不惟不能消痞,而反损胸中之正气,则当以仲景痞药治之。经云:察其邪气所在而调治之,正谓此也。非止伤寒如此,至于酒积杂病下之太过,亦作痞伤。盖下多亡阴,亡阴者,谓脾胃水谷之阴亡也。故胸中之气因虚下陷于心之分野,则致心下痞,宜升胃气,以血药兼之。若全用气药导之,则其痞益甚,甚而复下之,气愈下降,必变为中满膨胀,皆非其治也。又有虚实之殊,如实痞大便闭者,厚朴枳实汤主之。虚痞大便利者,白芍陈皮汤主之。如饮食所伤痞闷者,当消导之,去其胸中窒塞。上逆兀兀欲吐者,则吐之,所谓在上者,因而越之也。海藏云:治痞独益中州脾土,以血药治之,其法无以加矣。伤寒痞者从血中来,杂病痞者亦从血中来,虽俱为血证,然伤寒之证从外至内,从有形至无形,故无形气证,以苦泄之,有形血证,以辛甘散之。中满者勿食甘,不满者复当食也。中满者,腹胀也。如自觉满而外无腹胀之形,即非中满,乃不满也。不满者病也,当以甘治之可也。主方,黄芪补中汤加柴胡、升麻。缘天地不交为痞,今以猪苓、泽泻从九天之上而降,柴胡、升麻从九地之下而升,则可以转否而为泰矣。无形气证,以苦泄之,枳实、黄连之类,大消痞丸、黄连消痞丸、失笑丸。有形血证,以辛甘散之,枳实理中丸、人参汤、半夏泻心汤。伤寒五六日,不论已下未下,心下痞满,泻心汤、小柴胡汤加枳、桔主之。少阴面赤下[1]利,心下痞,泻心汤加减例,易老单

---

〔1〕下:原误作"不",据四库本改。

用泻心汤,用钱氏法,后随症加减。烦者加山栀,躁加香豉,呕加半夏,满加枳实、厚朴,腹痛加芍药,脉迟加附子,下焦寒加干姜,大便硬加大黄。如用姜附,先煎令熟,使热不僭,后加黄连同用。痞而头目不清者,以上清散主之。胸中不利者,悉利于表。饮食伤脾痞闷,轻者大消痞丸、枳术丸、回金丸之类。甚者微下之、吐之。下之者,槟榔丸、煮黄丸。吐之者,二陈汤及瓜蒂散探吐之。若酒积杂病下之太过,亦作痞满,宜升提胃气,以血药兼之。湿者,四肢困重,小便短,宜平胃和五苓以渗之。郁者,越鞠丸。热则烦渴溺赤,以苦寒泄之,大消痞丸。煎汤用黄连,及葛根、升麻发之。便结即利之。寒则中清,以辛甘散之,枳实理中丸,挝脾汤加丁香,或丁沉透膈汤。戴复庵以诸痞塞及噎膈,乃是痰为气所激而上气,又为痰所隔而滞,痰与气搏不能流通,并宜用二陈汤加枳实、砂仁、木香,或木香流气饮入竹沥、姜汁服。因七气所伤,结滞成疾,痞塞满闷,宜四七汤或导痰汤加木香半钱,或下来复丹。脾胃弱而转运不调为痞,宜四君子汤。伤于劳倦者,补中益气汤,大病后元气未复而痞者,亦宜之。脉之右关多弦,弦而迟者,必心下坚,此肝木克脾土,郁结涩闭于脏腑,气不舒则痞,木香顺气汤。挟死血者,多用牡丹皮、江西红曲、麦芽炒研、香附童便制、桔梗、川通草、穿山甲、番降香、红花、山楂肉、苏木各钱许,酒、童便各一钟煎。甚者加大黄,临服入韭汁、桃仁泥。此方一应大怒之后作痞者,皆可服。

胸痹

心下满而不痛为痞,心下满而痛为胸痹。《金匮》方,胸痹,胸中气塞,短气,茯苓杏仁甘草汤主之。橘枳姜汤主之。胸痹缓急者,薏苡仁附子散主之。此二条不言痛支饮胸满者,枳朴大黄汤主之。不言痹胸痹之病,喘息欬唾,胸背痛,短气,寸口脉沉而迟,关上小紧数者,以栝蒌薤白白酒汤主之。胸痹不得卧,心痛彻背,栝蒌薤白半夏汤主之。胸痹心中痞,留气结在胸,胸满胁下逆抢心,枳实薤白桂枝汤主之。人参汤亦主之。一味瓜蒌,取子熟炒,连皮或煎或丸,最能荡涤胸中垢腻。

水 胀 总 论

许学士云：脐腹四肢悉肿者为水。但腹胀四肢不甚肿为蛊，蛊即胀也。然胀亦有头面手足尽肿者，大抵先头足肿，后腹大者，水也。先腹大后四肢肿者，胀也。《灵枢经·五癃津液别[1]》篇，黄帝问曰：水谷入于口，输于肠胃，其液别为五，天寒衣薄则为溺与气，天热衣厚则为汗，悲哀气并则为泣，中热胃缓则为唾，邪气内逆则气为之闭塞而不行，不行则为水胀，予知其然也，不知其何由生，愿闻其道。岐伯曰：水谷皆入于口，其味有五，各注其海，津液各走其道。故三焦出气，以温肌肉，充皮肤，为其津，其流而不行者为液。天暑衣厚则腠理开，故汗出，寒留于分肉之间，聚沫则为痛。天寒则腠理闭，气湿不行，水下留于膀胱则为溺与气。五脏六腑，心为之主，耳为之听，目为之候，肺为之相，肝为之将，脾为之卫，肾为之主外，故五脏六腑之津液尽上渗于目，心悲气并则心系急，心系急则肺举，肺与则液上溢。夫心系举肺不能常举，乍上乍下，故欬而泣出矣。中热则胃中消谷，消谷则虫上下作，肠胃充郭故胃缓，胃缓则气逆，故唾出。五谷之津液和合而为膏者，内渗入于骨空，补益脑髓，而下流于阴股。阴阳不和，则使液溢而下流于阴，髓液皆减而下，下过度则虚，虚故腰背痛而胫痠。阴阳气道不通，四海闭塞，三焦不泻，津液不化，水谷并于肠胃之中，别于回肠，留于下焦，不得渗膀胱，则下焦胀，水溢则为水胀。水胀篇黄帝问于岐伯曰：水与肤胀、鼓胀、肠覃、石瘕、石水，何以别之？岐伯答曰：水始起也，目窠上微肿，如新卧起之状，其颈脉动时欬，阴股间寒，足胫肿，腹乃大，其水已成矣。以手按其腹，随手而起，如裹水之状，此其候也。黄帝曰：肤胀何以候之？岐伯曰：肤胀者，寒气客于皮肤之间，鏧然不坚，腹大，身尽肿，皮厚，按其腹窅而不起，腹色不变，此其候也。鼓胀何如？岐伯曰：腹胀身皆大，大与肤胀等也，色苍黄，腹筋起，此其候也。肠覃何如？岐伯曰：寒

〔1〕别：原脱，据《灵枢》篇名"五癃津液别"补。

气客于肠外,与卫气相搏,气不得营,因有所系,癖而内著,恶气乃起,息肉乃生,其始生也,大如鸡卵,稍以益大,至其成,如怀子之状,久者离岁,按之则坚,推之则移,月事以时下,此其候也。石瘕何如？岐伯曰:石瘕生于胞中,寒气客于子门,子门闭塞,气不得通,恶血当泻不泻,衃以留止,日以益大,状如怀子,月事不以时下,皆生于女子,可导而下。黄帝曰:肤胀、鼓胀可刺耶？岐伯曰:先泻其胀之血络,后调其经,刺去其血络也。石水,脐以下肿,其脉沉。

水　肿

《素问》汤液醪醴论帝曰:其有不从毫毛而生,五脏阳以竭也。津液充郭,其魄独居,孤精于内,气耗于外,形不可与衣相保,此四极急而动中,是气拒于内而形施于外,治之奈何？岐伯曰:平治于权衡,去宛陈莝,微动四极,温衣,缪刺其处,以复其形,开鬼门,洁净府,精以时服,五阳以布,疏涤五脏。故精自生,形自盛,骨肉相保,巨气乃平。释云:不从毫毛生者,明其邪不自腠理入,是水从内而溢出于外者也。五脏阳以竭者,为由脾胃虚弱。夫脾胃者土也,法天地,生万物,故水谷入胃,清阳化气,浊阴成味,五脏禀其气曰阳,禀其味曰精,即经之谓五阳者,胃脘之阳是也。气和精生。今不得禀水谷气,则无气以生,不得禀五味,则无精以化。肺主气而魄藏焉,无气则魄独居,肾为阳,故动之,经脉行则脾胃之水谷得以化,四脏亦得以禀之,然后可以施治。其水在表在上者汗之,在下、在里者分利之。夫如是,此条所治,正与评热论阴虚者对待而言也。彼为肾之阴虚,不能敌夫所凑之阳,此为胃之阳虚,不能制夫溢水之阴也。仲景法,诸有水者,腰以下肿,当利小便,腰已上肿,当发汗乃愈。防己黄芪汤、防己茯苓汤、蒲灰散。以上利小便。越婢汤、越婢加术汤、甘草麻黄汤、麻黄附子汤、杏子汤。以上发汗。观此可见仲景之法,一出于《内经》。后世治水肿方,有五皮散、香苏散,中用姜、橘、紫苏、大腹皮辛以散之,茯苓、防己、木通、桑皮淡以渗之,是开鬼门洁净府同用也。丹溪云:因脾虚不能制水,水渍妄行,当以参、术补脾，气得实则自能健运，自能升降，运动其枢机，则水自行，非五苓之行水也。又云：《内经》曰，诸气膹郁，皆属于肺。诸湿肿满，皆属于脾。诸腹胀大，皆属于热。是三者相因而为病。盖湿者土之气，土者火之子，故湿每生于热，热气亦能自湿者，母气感子湿之变也。湿气盛，肺气不行而膹郁矣。故水肿病者，脾失运化之职，清浊混淆，因郁而为水。脾土既病，肺为之子，而肺亦虚，荣卫不布，气停水积，凝聚浊液，渗透经络，涵流溪谷，窒碍津液，久久灌入隧[1]道，血亦化水矣。凡治肿，皆宜以治湿为主，所挟不同，故治法亦异。更宜清心经之火，补养脾土，火退则肺气下降而水道通，脾土旺则运化行，清浊分，其清者复回而为气、为血、为津液。其败浊之甚者，在上为汗，在下为溺，以渐而分消矣。卢砥镜治水肿类例，以肺金盛而生水，水溢妄行，气息闭、枢机壅而为肿，必欲导肾以决去之，岂理也哉。夫肺者肾之母，其气清肃，若果由肺盛生水，则将奉行降令，通调水道，下输膀胱，水精四布，五经并行，而何病肿之有。或问丹溪所论水病之源，在于脾土，卢氏论水，宗于水热篇，阴盛水溢，其源在肾。所起不同，故治必异。今如丹溪之论，则《内经》非欤？曰不然，试用水热篇三章之义绎之，则晰然矣。首章问少阴何以主肾，肾何以主水，曰肾者至阴也，至阴者盛水也。肺者太阴也，少阴者冬脉也。故其本在肾，其末在肺，皆积水也。此以少阴经脉在上，主肾行冬令，至阴盛水气化之常者而言也。非是为病之因也。当时若遇邪伤，则二脏之气停而皆积水矣。今卢氏不求其因所感之邪，而致气停水积，乃辄以至阴盛水，谓是脏气有余而生病者，误矣。不然，何乃次章复问，肾何以能聚水而生病，曰肾者胃之关也，关门不利，故聚水而从其类也。上下溢于皮肤，故为胕肿，胕肿者，聚水而生病也。此承上章积水之病，故注文以肾主下焦，膀胱为府，主其分注，开窍二阴，故肾气化则二阴通，二阴闭则胃填满，故云肾者胃之关也。关闭则水积。然而气停水溢之义，尚有可言者焉，当是下焦之气也。何则？《灵枢》本

---

〔1〕隧：原作"隊"，形近之误，据修敬堂本改。

输篇曰:少阳[1]者属肾,上连肺,故将两脏;三焦者,决渎之府也,水
道出焉,属膀胱,是孤府也。宣明五气篇,下焦溢为水。注文以分
注之所,气窒不泻,则溢而为水也。又曰:三焦病者,腹气满,小腹
尤坚,不得小便,窘急,溢则水留,即为胀。以此观之,其下焦少阳
之经气,当相火之化,六气中惟相火有其经,无其府藏,游行于五者
之间,故曰少阳为游部,其经脉之在上者,布膻中,散络心包,在下
者,出于委阳,上络膀胱。岂非上佐天道之施化,下佐地道之生发,
与手厥阴为表里,以行诸经之使者乎。是故肾经受邪,则下焦之火
气郁矣。火气郁则水精不得四布,而水聚矣。火郁之久必发,发则
与冲脉之属火者,同逆而上。盖冲脉者,十二经之海,其上者,出于
项颡,渗诸阳,灌诸精;其下者,并少阳下足,渗三阴,灌诸络。由是
水从火溢,上积于肺,而为喘呼不得卧;散聚于阴络,而为胕肿;随
五脏之虚者,入而聚之,为五脏之胀。夫如是之病,皆相火泛滥其
水而生病者也。非相火则水不溢,而止为积水之病。如《内经》所
谓阴阳结斜,多阴少阳曰石水,少腹肿:三阴结寒为水;肾肝并沉为
石水之类是也。又尝推其肾气不化之由,多是四气相乘害之。盖
胃是肾之胜脏,或湿热盛而伤之,或胃气不足下陷而害之,或心火
太过下乘而侮之,或燥金敛涩之,或风木摇撼之,与夫劳役色欲,七
情外感,皆足以致肾气之不足也。夫胃之关,不惟因肾气不化而后
闭,其胃之病者,而关亦自闭矣。其水不待肾水而生,所饮之水亦
自聚矣。盖胃主中焦,为水谷之海,胃气和则升降出纳之气行,水
谷各从其道而输泄也。胃气不和,则出纳之关皆不利,故水谷之津
液皆积聚而变水也。即《灵枢》经脉篇曰:胃所生病,大腹水肿,膝
膑肿痛。津液篇曰:五谷之津液,因阴阳不和,则气道不通,四海闭
塞,三焦不泻,津液不化,水谷并于肠胃之中,留于下焦,不得渗膀
胱,则下焦胀,水溢则为水胀。王叔和《脉经》曰:脾常怀抱其子,
子、肺金也。子畏火伤,下避水中,木畏金乘,下为荆棘,脾复畏木
居一隅,水遂上溢而为胀也。即此诸论观之,所谓关门不利云云者,

---

〔1〕少阳:《太素》卷十一、《甲乙经》卷一第三作"少阴"。

盖以二脏相因而然耳。第三章问诸水皆生于肾乎,曰肾者、牝脏也,地气上者,属于肾,而生水液也。故曰至阴勇而劳甚则肾汗出,肾汗出,逢于风,内不得入于脏腑,外不得越于皮肤,客于玄府,行于皮里,传为胕肿,本之于肾,名曰风水。观是章所谓地气上者,指人形体皆禀地之阴以生者而言也。肾居五脏之下,是至阴,主水,以生津液,是故津液在百体,犹水在地中行,五气所化之五液,悉属于肾。今因劳火迫于肾气之液,发出为汗,因逢风而玄府闭,其汗与风相搏,遂结于皮肤,于是五气所化新旧之液,则皆类聚而成水矣。用是比例推之,则肾气之劳,不止房事一端而已,如夜行劳甚,渡水跌仆,持重远行,极怒惊恐之类,岂无越出肾液于表,亦得以逢于风者乎?此圣人之言简而意博,举一而可十者也。又按评热篇曰:有病肾风者,面胕疕然壅,害于言,虚不当刺。不当刺而刺,后五日其气必至。至必少气时热,时热从胸背上至头,汗出手热,口干苦渴,小便黄,目下肿,腹中鸣,身重难以行,月事不来,烦而不能食,不能正偃,正偃则欬,病名曰风水。此肾虚不可妄治,治之则阴愈虚而阳必凑之,转及五脏,有是热病状也。用此比类前后所叙,诸水溢之病,未有不因肾虚得之。设不顾虚,辄攻其水,是重虚其阴也。虚则诸邪可入,而转生病矣。《内经》又谓肝肾脉并浮为风水,此尤见是阴虚之甚者也。何则?夫肾肝二脏,同居下焦。肾为阴主静,其脉沉。肝为阳主动,其脉浮。而阴道易乏,阳道易饶,为二脏俱有相火故也。若相火所动,不得其正,动于肾者,犹龙火之于海,故水附而龙起。动于肝者,犹雷火之出于地,疾风暴发,故水如波涌。今水从风,是以肝肾并浮也。王注以为风薄于下,似若水风之邪,世人莫知肝木内发之风也。《灵枢》水胀篇,有水胀、肤胀、鼓胀、肠覃、石瘕、石水之病。治肤胀、鼓胀者,先泻其胀之血络,后调其经,刺去其血络也。观此肤胀,与胀论篇谓荣气循脉,卫气逆为脉胀,卫气并脉循分肉为肤胀,三里而泻,近者一下,远者三下,无问虚实,工在疾泻。此篇之鼓胀,亦与腹中论中之鼓胀同其病状,彼则治之以鸡矢醴,一剂知,二剂已。若饮食不节,其病虽已,当病气复聚于腹也。何与此篇治是二证,皆先泻其胀之血络,刺去其血,而复调其经,如是之不同何哉?盖彼以气聚之病,此以气停与血相搏,故血凝于络,气凝于经,而生水液为胀,故治不同也。仲景云:风水,其脉自浮,外证骨节疼痛,恶风。《针经》论疾诊尺篇云:视人之目窠上微肿,如新卧起状,其颈脉动,时欬,按其手足上,窅而不起者,风水[1]肤胀也。又仲景云:太阳病[2]脉浮而紧,法当骨节疼痛,反不痛,身体反重而痠,其人不渴,汗出即愈,为风水。风水,脉浮,身重,汗出恶风者,防己黄芪汤主之。风水恶[3]风,一身悉肿,脉浮不渴,续自汗出,无大热,越婢汤主之。恶风者,加附子一枚炮。续法:风水,身体浮肿,发歇不定,肢节疼痛,上气喘急,大腹皮散主之。风水毒气,遍身肿满,楮白皮散主之。皮水,其脉亦浮,外证胕肿,按之没指,不恶风,其腹如鼓,不渴,当发其汗。又云:渴而不恶寒者,此是皮水。盖法当风水恶寒不渴,皮水不恶寒而渴。假令皮水不渴,亦当发汗也。皮水为病,四肢肿,水气在皮肤中,四肢聂聂动者,防己茯苓汤主之。厥而皮水者,蒲灰散主之。续法:皮水,身体面目悉浮肿,木香丸主之。正水,其脉沉迟,外证自喘。石水,其脉自沉,外证腹满不喘。大奇论,肾肝并沉为石水,并浮为风水。续法石水四肢细瘦,腹独肿大,海蛤丸主之。石水,病腹光紧急如鼓,大小便涩,槟榔散主之。黄汗,其脉沉迟,身发热,胸满,四肢头面肿,久不愈,必致痈脓[4]。又云:身肿而冷,状如周痹,胸中窒,不能食,反聚痛,暮躁不得眠,此为黄汗。治法见黄疸门。里水者,一身面目黄肿,其脉沉,小便不利,故令病水。假如小便自利,此亡津液,故令渴。越婢加术汤主之。甘草麻黄汤亦主之。水之为病,其脉沉小,属少阴,浮者为风,无水虚胀者为气。水发[5]其汗即已,脉沉者宜麻黄附子汤,浮者宜杏子汤。心水者,其身重而少气,不得卧,烦而躁,其人阴肿[6]。肝水者,其腹大不能自转侧,胁下腹中痛,时时津液微生,小便续通。肺水

---

〔1〕水:原脱,据《金匮要略》第十四补。

〔2〕太阳病:原作"太阴",误,据《金匮要略》第十四改。

〔3〕恶:原作"急",形之误,据《金匮要略》第十四改。

〔4〕脓:原作"肿",形之误,据《金匮要略》第十四改。

〔5〕发:原脱,据《金匮要略》第十四补。

〔6〕其人阴肿:原作"其阴大肿",据《金匮要略》第十四改。

者,身肿,小便难,时时鸭溏。脾水者,其腹大,四肢苦重,津液不生,但苦少气,小便难。肾水者,其腹大脐肿,腰痛不得溺,阴下湿如牛鼻上汗,其足逆冷,面黄瘦,大便反坚。诸病水者,渴而不利,小便数者,皆不可发汗。问曰:病者苦[1]水,面目四肢身体皆肿,小便不利,脉之,不言水,反言胸中痛,气上冲咽,状如炙肉,当微咳喘,审如师言,其脉何类? 师曰:寸口脉沉而紧,沉为水,紧为寒,沉紧相搏,结在关元,始时当微;年盛不觉,阳衰之后,荣卫相干,阳损阴盛,结寒微动,肾[2]气上冲,喉咽塞噎,胁下急痛。医以为留饮而大下之,气击不去,其病不除;后重吐之,胃家虚烦,咽燥欲饮水,小便不利,水谷不化,面目手足浮肿;又与葶苈丸下水,当时如小差,食饮过度,肿复如前,胸胁苦痛,象若奔豚,其水扬溢,则浮欬喘逆。当先攻击冲气,令止,乃治欬,欬止其喘自瘥,先治新病,病当在后。右仲景治水诸方,皆用脉病为本,然后量轻重虚实而施治,皆守圣经之法耳。奈何今世俗之医,因病者急求一时之效,以破气去水为功,不知过一二日,则病复至而不可救矣。呜呼! 予每痛夫世人病水肿多死不救者有二,一以病人不善调摄,二以医误投下药之过,竭其阴阳,绝其胃气,故多死。于是详摘《素》、《灵》、《金匮》之言而稍发明之,有志者当不厌其繁也。

　　肿病不一,或遍身肿,或四肢肿,面肿脚肿,皆谓之水气。然有阳水,有阴水,并可先用五皮饮,或除湿汤加木瓜、腹皮各半钱,如未效,继以四磨饮兼吞桂黄丸,仍用赤小豆粥佐之。遍身肿,烦渴,小便赤涩,大便多闭,此属阳水。轻宜四磨饮,添磨生枳壳,兼进保和丸;重则疏凿饮子利之,以通为度。亦有虽烦渴而大便已利者,此不可更利,宜用五苓散加木通、大腹皮半钱,以通小便。遍身肿,不烦渴,大便自调或溏泄,小便虽少而不赤涩,此属阴水。宜实脾饮。小便多少如常,有时赤,有时不赤,至晚则微赤,却无涩滞者,亦属阴也,不可遽补,木香流气饮,继进复元丹。若大便不溏,气息

―――――――――

〔1〕苦:原作"若",形近之误,据《金匮要略》第十四及四库本改。
〔2〕肾:原作"紧",误,据《金匮要略》第十四改。

胀满,宜四磨饮下黑锡丹。四肢肿,谓之肢肿,宜五皮饮加姜黄、木瓜各一钱,或四磨饮,或用白术三两,㕮咀,每服半两,水一盏半,大枣三枚,拍破,同煎至九分,去渣温服,日三无时,名大枣汤。面独肿,苏子降气汤,兼气急者尤宜,或煎熟去滓后,更磨沉香一呷。有一身之间,唯面与双脚浮肿,早则面甚,晚则脚甚。经云:面肿为风,脚肿为水,乃风湿所致,须问其大小腑通闭,别其阴阳二症。前后用药,惟除湿汤加木瓜、腹皮、白芷各半钱,可通用。或以苏子降气汤,除湿汤各半贴煎之。罗谦甫导滞通经汤,治面目手足浮肿。感湿而肿者,其身虽重,而自腰下至脚尤重,腿胀满尤甚于身,气或急或不急,大便或溏或不溏,但宜通利小便为佳。以五苓散吞木瓜丸。内犯牵牛,亦不可轻服。间进除湿汤,加木瓜、腹皮各半钱,炒莱菔子七分半。因气而肿者,其脉沉伏,或腹胀,或喘急,宜分气香苏饮。饮食所伤而肿,或胸满,或嗳气,宜消导宽中汤。不服水土而肿者,胃苓汤,加味五皮汤。有患生疮,用干疮药太早,致遍身肿,宜消风败毒散。若大便不通,升麻和气饮。若大便如常或自利,当导其气,自小便出,宜五皮饮和生料五苓散。腹若肿,只在下,宜除湿汤和生料五苓散,加木瓜如泽泻之数。以上数条为有余之证。大病后浮肿,此系脾虚,宜加味六君子汤。白术三钱,人参、黄芪各一钱半,白茯苓二钱,陈皮、半夏曲、芍药、木瓜各一钱,炙甘草、大腹皮、木瓜各五分,姜、枣煎服。小便不利,间入五苓散。有脾肺虚弱,不能通调水道者,宜用补中益气汤补脾肺,六味丸补肾。有心火克肺金,不能生肾水,以致小便不利,而成水证者,用人参平肺散以治肺,滋阴丸以滋小便。若肾经阴亏,虚火烁肺金,而小便不生者,用六味地黄丸以补肾水,用补中益气汤以培脾土,肺脾肾之气交通,则水谷自然克化。二经既虚,渐成水胀,又误用行气分利之药,以致小便不利,喘急痰盛,已成蛊证,宜加减金匮肾气丸主之。以上数条,为不足之证。不足者,正气不足。有余者,邪气有余。凡邪之所凑,必正气虚也。故以治不足之法,治有余则可,以治有余之法,治不足则不可。洁古法:如水肿,因气为肿者,加橘皮。因湿为肿者,煎防己黄芪汤,调五苓散。因热为肿者,八正散。如以热燥于肺为肿者,乃绝水之源也。当清肺除燥,水自生矣。于栀子豉汤中加黄芩。如热在下焦阴消,使气不得化者,当益阴而阳气自化,黄蘖内加黄连是也。如水胀之病,当开鬼门、洁净府也,白茯苓汤主之。白茯苓汤能变水,白茯苓、泽泻各二两,郁李仁五钱,水一碗,煎至一半,生姜自然汁入药,常服无时,从少至多,服五七日后,觉腹下再肿,治以白术散,白术、泽泻各半两,为末,煎服三钱。或丸亦可,煎茯苓汤下三十丸。以黄芪芍药建中汤之类调养之。平复后,忌房室猪鱼盐面等物。香薷熬膏,丸如桐子大,每服五丸,日三渐增,以小便利为度。冬瓜,不限多少任吃。鲤鱼一头,重一斤以上者,煮熟取汁,和冬瓜、葱白作羹食之。青头鸭或白鸭,治如食法,细切,和米并五味,煮熟作粥食之,宜空腹时进。何柏斋学士云:造化之机,水火而已,宜平不宜偏,宜交不宜分。水为湿为寒,火为燥为热,火性炎上,水性润下,故火宜在下,水宜在上,则易交也。交则为既济,不交则为未济,不交之极,则分离而死矣。消渴证不交,而火偏盛也,水气证不交,而水偏盛也。制其偏而使之交,则治之之法也。小火不能化大水,故必先泻其水,后补其火。开鬼门,泻在表在上之水也。洁净府,泻在里在下之水也。水势既减,然后用暖药以补元气使水火交,则用药之次第也。又云:卢氏以水肿隶肝肾胃而不及脾,丹溪非之似矣,然实则皆非也。盖造化生物,天地水火而已矣。主之者天也,成之者地也。故曰干知太始,坤作成物,至于天地交合变化之用,则水火二气也。天运水火之气于地之中,则物生矣。然水火不可偏盛,太旱物不生,火偏盛也。太涝物亦不生,水偏盛也。水火和平则物生矣,此自然之理也。人之脏腑,以脾胃为主,盖饮食皆入于胃而运以脾,犹地之土也。然脾胃能化物与否,实由于水火二气,非脾胃所能也。火盛则脾胃燥,水盛则脾胃湿,皆不能化物,乃生诸病。水肿之证,盖水盛而火不能化也。火衰则不能化水,故水之入于脾胃者,皆渗入血脉骨肉,血亦化水,肉发肿胀,皆自然之理也。导去其水,使水气少减,复补其火,使二气平和则病去矣。丹溪谓脾失运化,由肝木侮脾,乃欲清心经之火,使肺金得令以制肝木,则脾土全运化之职,水自顺道,乃不为肿,其词迁而不切,故书此辨之。按何公虽于医学未精,其论水火,则医书所未发,是可存也,故附著于此。

【诊】:目窠微肿,如卧蚕之状,曰水。足胫肿,曰水。颈脉动,喘疾欬,曰水。病下利后,渴饮水,小便不利,腹满因肿,此法当病水。若小便自利及汗出者,自当愈。趺阳脉当伏,今反数,本自有热,消谷,小便数,今反不利,此欲作水。寸口脉浮而迟,浮脉则热,迟脉则潜,热潜相搏,名曰沉。趺阳脉浮而数,浮脉则热,数脉则止,热止相搏,名曰伏。沉伏相搏,名曰水。沉则络脉虚,伏则小便难,虚难相搏,水走皮肤,则为水矣。脉得诸沉,当责有水,身体肿重,水病脉出者死。《三因》云:大抵浮脉带数,即是虚寒潜止于其间,久必沉伏,沉伏则阳虚阴实,为水必矣。面瘂然浮肿,疼痛,其色炲黑,多汗恶风者,属肾风。阳水兼阳证,脉必沉数。阴水兼阴证,脉必沉迟。沉而滑,为风水。浮而迟,弦而紧,皆为肿。水病脉洪大者可治,微细者不可治。又云:浮大轻者生,沉细虚小者死。又云:实者生,虚者死。唇黑则伤肝。缺盆平则伤心。脐出则伤脾。足心平则伤肾。背平则伤肺。凡此五伤,必不可治。

胀满肠覃、石瘕[1]

仲景云:胀满按之不痛为虚,痛者为实,可下之。腹胀时减复如故,此为寒,当与温药。腹满不减,减不足言,须当下之,宜大承气汤。心下坚大如盘,边如旋杯,水饮所作,枳术汤主之。腹满,口舌干燥,此肠胃间有水气,防己椒苈丸主之。病腹满,发热十日,脉浮而数,饮食如故,厚朴七物汤主之。脾虚满者,黄芪汤。芍药停湿。脾实满不运,平胃散。苍术泄湿。东垣云:腹胀满,气不转者,加厚朴以破滞气,腹中夯闷,此非腹胀满,乃散而不收,可加芍药收之,是知气结而胀,宜厚朴散之,气散而胀,宜芍药收之。六元政纪论云:太阴所至为中满,太阴所至为稸满,诸湿肿满,皆属脾土。论云:脾乃阴中之太阴,同湿土之化,脾湿有余,腹满食不化。天为阳为

[1]肠覃、石瘕:原脱,据目录及后文补。

热,主运化也。地为阴为湿,主长养也。无阳则阴不能生化,故云
藏寒生满病。调经篇云:因饮食劳倦,损伤脾胃,始受热中,末传寒
中,皆由脾胃之气虚弱,不能运化精微而制水谷,聚而不散而成胀
满。经云:腹满䐜胀,支膈胠胁,下厥上冒,过在太阴、阳明,乃寒湿
郁遏也。《脉经》所谓胃中寒则胀满者是也。腹满,大便不利,上
走胸臆,喘息喝喝然,取足少阴。又云:胀取三阳,三阳者足太阳寒
水为胀,与通评虚实论说,腹暴满,按之不下,取太阳经络胃之募也
正同,取者泻也。经云:中满者,泻之于内者是也。宜以辛热散之,
以苦泻之,淡渗利之,使上下分消其湿,正如开鬼门,洁净府,温衣,
缪刺其处,是先泻其血络,后调其真经,气血平,阳布神清,此治之
正也。或问诸胀腹大,皆属于热者何也? 此乃病机总辞。假令外
伤风寒,有余之邪自表传里,寒变为热,而作胃实腹满,仲景以大承
气汤治之。亦有膏粱之人,湿热郁于内而成胀满者,此热胀之谓也。
大抵寒胀多而热胀少,治之者宜详辨之。诸腹大,皆属于热,此
乃八益之邪有余之证,自天外而入,是感风寒之邪自表传里,寒变
为热,作胃实腹病,日晡潮热,大渴引饮,谵语,是太阳、阳明并大实
大满者,大承气汤下之。少阳、阳明微满实者,小承气汤下之。经
云:泄之则胀已,此之谓也。假令痎疟为胀满,亦有寒胀、热胀,是
天之邪气,伤暑而得之,不即时发,至秋暑气衰绝而疟病作矣,知其
寒也,《局方》用交解饮子者是也。内虚不足寒湿令人中满,及五
脏六腑俱有胀满,更以脉家寒热多少较之。胃中寒则胀满,浊气在
上则生䐜胀,取三阳。三阳者,足太阳膀胱寒水为胀,腹暴满,按之
不下,取太阳经络者,胃之募也正同。腹满䐜胀,支膈胠胁,下厥上
冒[1],过在太阴、阳明,此胃之寒湿郁遏也。太阴䐜胀,后不利不欲
食,食则呕,不得卧。按《内经》所说,寒胀之多如此中满。治法当
开鬼门,洁净府。开鬼门者,谓发汗也。洁净府者,利小便也。中
满者,泻之于内,谓脾胃有病,当令上下分消其气,下焦如渎,气血
自然分化,不待泄滓秽。如或大实大满,大小便不利,从权以寒热

---

〔1〕冒:原作"胃",形近之误,据修敬堂本改。

药下之。或伤酒湿面及味厚之物，膏粱之人，或食已便卧，使湿热之气不得施化，致令腹胀满，此胀亦是热胀。治热胀，分消丸主之。如或多食寒凉，及脾胃久虚之人，胃中寒则胀满，或藏寒生满病，以治寒胀中满，分消汤主之。中满热胀、鼓胀、气胀，皆分消丸主之。中满寒胀，寒疝，大小便不通，阴躁，足不收，四肢厥逆，食入反出；下虚中满，腹中寒，心下痞，下焦躁寒沉厥，奔豚不收，皆分消汤主之。中满腹胀，内有积聚，坚硬如石，其形如盘，令人不能坐卧，大小便涩滞，上喘气促，面色痿黄，通身虚肿，广茂溃坚汤主之。二服后中满减半，止有积不消，再服半夏厚朴汤。阴阳应象论云：清气在下则生飧泄，浊气在上则生膜胀，此阴阳反作，病之逆从也。夫膜胀者，以寒热温凉论之，此何腹胀也？曰此饮食失节之胀，乃受病之始也。湿热亦能为胀，右关脉洪缓而沉弦，脉浮于上，是风湿热三脉相合而为病也。是脾胃之令不行，阴火亢甚，乘于脾胃，盛则左迁而阳道不行，是六府之气已绝于外，火盛能令母实，风气外绝。风气外绝者，是谷气入胃，清气、营气不行，便是风气也。异呼同类，即胃气者是也。经云：虚则兼其所胜，土不胜者，肝之邪也。是脾胃之土不足，水火大胜者也。经云：浊阴出下窍，浊阴走五脏，浊阴归六腑，浊阴归地，此平康不病之常道，反此则为胀也。阴阳论云：饮食不节，起居不时者，阴受之，阴受之则入五脏，入五脏则膜胀闭塞。调经篇云：下脘不通，则胃气热，热气熏胸中，故内热。下脘者，幽门也。人身之中，上下有七冲门，皆下冲上也。幽门上冲吸门，吸门者，会厌也，冲其吸入之气，不得下归于肾，肝为阴火动相拒，故咽膈不通，致浊阴之气不得下降，而大便干燥不行，胃之湿与客阴之火俱在其中，则腹胀作矣。治在幽门，使幽门通利，泄其阴火，润其燥血，生益新血，幽门通利则大便不闭，吸门亦不受邪，其膈咽得通，膜满腹胀俱去，是浊阴得下归地矣。故经曰：中满者，泻之于内，此法是也。通幽汤、润肠丸。胀而大便燥结，脉沉之洪缓，浮之弦者，宜沉香交泰丸。范天驌夫人，先因劳役饮食失节，加之忧思气结，病心腹胀满，旦食则不能暮食，两胁刺痛，诊其脉弦而细，至夜浊阴之气当降而不降，膜胀尤甚。大抵阳主运化，饮食劳倦损伤脾胃，阳气不能运化精微，聚而不散，故为胀满。先灸中脘，乃胃之募穴，引胃中生发之气上行阳道，后以木香顺气汤助之，则浊阴之气自此而降矣。经曰：留者行之，结者散之。以柴胡、升麻之苦平，行少阳、阳明二经，发散清气，运行阳分为君；以生姜、半夏、草豆蔻、益智仁之甘辛大热，消散中寒为臣；以厚朴、木香、苍术、青皮之辛苦大温，通顺滞气，以陈皮、当归、人参辛甘温，调和荣卫，滋养中气，浊气不降，宜以苦泄之，吴茱萸之苦热，泄之者也，气之薄者，为阳中之阴，茯苓甘平、泽泻咸平，气薄，引浊阴之气自上而下，故以为佐。气味相合，散之、泄之、上之、下之，使清浊之气，各安其位也。《灵枢经》云：腹满，大便不利，上走胸臆，喘息喝喝然，取足少阴。取者泻也，宜以辛热散之，良姜、肉桂、益智仁、草豆蔻仁、厚朴、升麻、甘草、独活、使黄柏。少许引用又方，桂枝、桔梗、人参、陈皮、青皮、少许良姜、白术、泽泻、吴茱萸。太阴所至为畜满。辨云：脾为阴中之太阴。又云：脾为阴中之至阴，乃为坤元亘古不迁之土。天为阳火也，地为阴水也，在人则为脾同阴水之化，脾有余则腹胀满，食不化，故无阳则不能化五谷，脾盛乃大寒为胀满，故《脉经》云：胃中寒则胀满。大抵此病，皆水气寒湿为之也。治宜大辛热之剂必愈，然亦有轻重。木香塌气丸。丹溪云：脾者、具坤静之德，而有干健之运，故能使心肺之阳降，肾肝之阴升，而成天地交之泰，是为平人。今也七情内伤，六淫外感，饮食失节，房劳致虚，脾土之阴受伤，转输之官失职，胃虽受谷不能运化，故阳升阴降，而成天地不交之否，清浊相混，隧道壅塞而为热，热留为湿，湿热相生，遂成胀满。经云：鼓胀是也，以其外虽坚满，中空无物，有似于鼓。以其胶固难治，又名曰蛊，若虫之侵蚀，而有蛊之义焉。宜补其脾，又须养肺金以制木，使脾无贼邪之患，滋肾水以制火，使肺得清化之令，却咸味，断妄想，远音乐，无有不安。医者不察，急于取效，病者苦于胀满，喜行利药以求通快，不知宽得一日半日，其胀愈甚，而病邪甚矣，真气伤矣。或问方论，或以胃冷中虚，或以旦食则不能暮食，由至阴居中，五阳不布然也。今丹溪乃云湿热相生，则固无寒者欤？曰初病因寒饮食，与外受寒气，亦或有之，若丹溪之

所言者,则非一日之病,初虽因寒,阳气被郁,久亦成热矣。经曰:
诸腹胀大,诸病有声,鼓之如鼓,皆属于热是也。今使心肺之阳降,
肾肝之阴升,即是五阳布之也。何必姜、附之热乎。然先以救其脾
胃虚弱者为本,从而视其标之有余者治之,此亦圣人之旨也。《灵
枢》胀论谓五脏六腑皆有胀,其胀皆在脏腑之外,排脏腑而郭胸腹,
胀皮肤。胸腹者,脏腑之郭也。各有畔界,各有形状。荣气循脉,
卫气逆为脉胀。卫气并脉,循分肉为肤胀。夫诸胀者,皆因厥气在
下,荣卫留止,寒气逆上,真邪相攻,两气相搏,乃合为胀也。凡此
诸胀,其道在一,明知逆顺,针数不失。泻虚补实,神去其室,致邪
失正,真不可定,粗之所败,谓之天命。补虚泻实,神归其室,久塞
其空,谓之良工。以此而观,则圣人未尝不以补虚为要。曰《灵枢》
胀论多言由厥气在下,寒气逆上而为胀也,更有他邪之可言乎。曰
考之《内经》脉要精微篇谓:胃脉实,气有余则胀。腹中论谓:病心
腹满,旦食不能暮食,名为鼓胀。有病热者,三阳盛,入于阴,故病
在头与腹,乃䐜胀而头痛。有病膺肿颈痛,胸满腹胀,名曰厥逆。
风论谓:胃风鬲塞不通,腹善满,失衣则䐜胀。调经篇谓:形有余则
腹胀,泾溲不利,志有余则腹胀飧泄。至真大要篇谓:诸湿肿满,皆
属于脾。六元正纪大论谓:土郁之发,心腹胀,肠鸣而数后。水运
太过,阴厥,上下中寒,甚则腹大胫肿,寝汗憎寒。至真大要论谓:
厥阴司天,食则呕,腹胀,溏泄。在泉病腹胀,善噫。少阴司天,腹
䐜胀,腹大满,彭彭而喘欬。阳明之复,胀而泄,呕苦欬哕。阳明[1]
初之[2]气,病中热胀,面目浮肿。太阴阳明论谓:饮食起居失节,入
五脏则䐜满闭塞,下为飧泄。缪刺论谓:有所堕坠,恶血留内,腹中
满胀,不得前后,先饮利药,此上伤厥阴之脉,下伤少阴之络。诊要
谓:手少阴终者,面黑,齿长而垢,腹胀闭,上下不通而终。足太阴
终者,腹胀闭不得息,善噫善呕,呕则逆,逆则面赤,不逆则上下不
通,面黑皮毛焦而终。阴阳别论谓:二阴一阳发病,善胀,心满善气,

---

[1] 阳明:原作"太阴",误,据《素问·六元正纪大论》篇改。
[2] 之:原脱,据《素问·六元正纪大论》篇补。

为肾胆同逆，三焦不行，气稸于上。阴阳应象论，浊气在上，则生䐜胀。六元正纪论谓：太阴所至为稸满。又云：太阴所至为中满。脉解篇谓：太阴子也，十一月万物气皆藏于中，故曰病胀；所谓上走心为噫者，阴盛而上走于阳明，阳明络属心，故上走心为噫；所谓食则呕者，物盛满而上溢，故呕；所谓得后与气，则快然如衰者，十二月阴气下衰，而阳气且出。《灵枢》水胀篇谓：鼓胀者，腹胀身[1]皆大，与肤胀等，色苍黄，腹筋起，此其候也。经脉篇谓：胃气不足，胃中寒则胀满，身以前皆寒。有脾[2]是动病，胃脘痛，腹胀，得后与气，则快然如衰。邪气论谓：胃病者，腹䐜胀，胃脘当心而痛，上支两胁，膈咽不通，饮食不下。又胃是动病，贲响腹胀。本神篇谓：脾气实则腹胀，泾溲不利。经脉篇[3]谓：足太阴之别公孙，虚则鼓胀。师传篇[4]谓：胃[5]中寒，肠中热，则胀而泄。胀论篇谓：荣气顺脉，卫气逆为脉胀。卫气并脉，循分肉为肤胀。脾胀者，善哕，四肢烦悗，体重不能胜衣，卧不安。胃胀者，腹满，胃脘痛，鼻闻焦臭，妨于食，大便难。肺胀者，虚满而喘欬。大肠胀者，肠鸣而痛，濯濯有声。肾胀者，腹满引背，央央然腰髀痛。膀胱胀者，少腹满而气癃。肝胀者，胁下满而痛引少腹。胆胀者，胁下痛胀，口中苦，善太息。三焦胀者，气满于皮肤中，轻轻然不坚。心胀者，烦心短气，卧不安。小肠胀者，少腹䐜胀，引腰而痛。二经诸条之论，各邪所生之胀，各胀之病状如此。李东垣尝引五常政大要云，下之则胀已者，谓西北二方，地形高寒，及异法方宜论云，北方之人，脏寒生满病，亦谓适寒凉者胀，皆秋冬之气也。二者尽由寒凉在外，六阳在于坤土之中，坤土者，人之脾胃也。五脏之病，外寒必内热，然阴盛阳虚，故下之则愈。又曰：大抵寒胀多而热胀少，治者宜详辨之。予因是而思，岂独寒热而已。凡治是病，必会通圣经诸条之旨，然后能识脏腑之

---

〔1〕身：原作"者"，误，据《灵枢·水胀》及修敬堂本改。
〔2〕脾：此下原衍"胃"，据《灵枢·经脉》删。
〔3〕经脉篇：原作"师传篇"，所引之文出《灵枢》经脉篇，据改。
〔4〕师传篇：原作"又"，所引之文出《灵枢》师传篇，据改。
〔5〕胃：原脱，据《灵枢·师传》补。

部分形证,邪气之所自来,纵是通腹胀满,卒难究竟者,亦必有胀甚之部,与病先起处,即可知属何脏腑之气受邪而不行者为先,而后及乎中焦气交之分,于是转运不前,壅聚通腹胀满也。若脾胃受邪,便先是胃脘心下痞气起,渐积为通腹胀也。腹属脾也,属脾胃者,则饮食少,属他腑脏者,则饮食如常,此亦可验。又须分其表里浅深,以胀在皮肤孙络之间者,饮食亦如常,其在肠胃肓膜之间者,则饮食减少,其气壅塞于五脏,则气促急不食而病危矣。是故病在表者易治,入府者难治,入脏者不治。更要分虚寒实热,其脏腑之气本盛,被邪填塞不行者为实。其气本不足,因邪所壅者为虚。实者祛之,虚者补之,寒者热之,热者寒之,结者散之,留者行之。邪从外入内而盛于中者,先治其外,而后调其内,阴从下逆上而盛于中者,先抑之而调其中,阳从上降下而盛于中者,先举之亦调其中,使阴阳各归其部。故《内经》治法谓:平治权衡,去菀陈莝,开鬼门,洁净府,宣布五阳,巨气乃平,此之谓也。每见俗工不明其道,专守下之则胀已者一法耳。虽得少宽一二日,然真气未免因泻而下脱,而邪气既不降,必复聚成胀,遂致不救,可胜叹哉,因书一二证以验之。嘉定沈氏子,年十八,患胸腹身面俱胀满,医治半月不效,诊其脉六部皆不出也。于是用紫苏、桔梗之类,煎服一盏,胸有微汗,再服则身尽汗,其六部和平之脉皆出,一二日其证悉平。又一男子,三十余岁,胸腹胀大,发烦躁渴,面赤不得卧而足冷。予以其人素饮酒,必酒后入内,夺于所用,精气溢下,邪气因从之上逆,逆则阴气在上,故为䐜胀。其上焦之阳,因下逆之邪所迫,壅塞于上,故发烦躁,此因邪从下上[1]而盛于上者也。于是用吴茱萸、附子、人参辈,以退阴逆,冰[2]冷饮之以解上焦之浮热,入咽觉胸中顿爽,少时,腹中气喘如牛吼,泄气五七次,明日其证愈矣。风寒暑湿胀,藿香正气散。七情胀,五膈宽中散、木香流气饮、沉香降气汤。或饮食所伤,脾胃虚弱,以致水谷聚而不化,此寒湿郁遏而胀,香砂调中

汤。大怒而胀,分心气饮。忧思过度而胀,紫苏子汤。湿热而甚,
心腹胀满,小便不利,大便滑泄及水肿,大橘皮汤。失饥伤饱,痞闷
停酸,早食暮不能食,名谷胀,大异香散。鸡矢醴,治心腹胀满,且
食不能暮食。由脾元虚弱,不能克制于水,水气上行浸渍于土,土
湿不能运化水谷,气不宣流,上下痞塞,故令人中满。且、阳气方长,
谷气易消,故能食。暮、阴气方进,谷不得化,故不能食。其脉沉实
滑,病名谷胀。用鸡矢白半升,以好酒一斗,渍七日,每服一盏,食
后,临卧温服。脾土受湿,不能制水,水渍于肠胃,溢于皮肤,漉漉
有声,怔忪喘息,名水胀,大半夏汤。烦躁漱水,迷忘惊狂,痛闷喘
恶,虚汗厥逆,小便多,大便血,名血胀,人参芎归汤。有因积聚相
攻,或疼或胀者,初用七气消聚散,日久元气虚,脾胃弱而胀者,参
术健脾汤,少佐消导药。瘀蓄死血而胀,腹皮上见青紫筋,小水反
利,脉芤涩,妇人多有此疾,先以桃仁承气汤,势重者、抵当汤,如虚
人不可下者,且以当归活血散调治。劳倦所伤,脾胃不能运化而胀
者,补中益气汤加减,法见劳倦门。大病后饮食失调,脾胃受伤,运
化且难而生胀者,先以化滞调中汤,次以参苓白术散。泻利后并过
服通利药,以致脾胃太弱而胀,专以补脾为主,若泻痢未止,间用胃
风汤。喘满不得卧,虚者,人参生脉散之类。实者,葶苈汤之类。
胸膈满胀,一身面目尽浮,鼻塞欬逆,清涕流出,当用小青龙汤二三
服,分利其经,却进消胀药。经久患泄泻,昼夜不止,乃气脱也。宜
用益智子,煎浓汤服,立愈。凡腹胀、小腹胀,有肾热、三焦虚寒、石
水、肠痈、女劳疸。《金匮》云:寸口脉迟而涩,迟则为寒,涩则为血
不足。趺阳脉微而迟,微则为气,迟则为寒,寒气不足,则手足逆冷,
手足逆冷,则荣卫不利,荣卫不利,则腹胀肠鸣相逐,气转膀胱,荣
卫俱劳;阳气不通即身冷,阴气不通即骨寒[1],阳前通则恶寒,阴前
通则痹不仁;阴阳相得,其气乃行,大气一转,其气乃散,实则失气,
虚则遗尿,名曰气分。寸口脉沉而迟,沉则为水,迟则为寒,寒水相
搏,趺阳脉伏,水谷不化,脾气衰则鹜溏,胃气衰则身体肿;少阴脉

―――――――――

〔1〕寒:《金匮要略》第十四作"疼"。

卑,少阴脉[1]细,男子则小便不利,妇人则经水不通,经为血,血不利则为水,名曰血分。师曰:寸口脉沉而数,数则为出,沉则为入,出则为阳实,入则为阴结。趺阳脉微而弦,微则无胃气,弦则不得息。少阴脉沉而滑,沉则为在里,滑则为实,沉滑相搏,血结胞门,其瘕不泻,经络不通,名曰血分。问曰:病有血分、水分何也?师曰:经水前断后病水,名曰血分,此病为难治。先病水后经水断,名曰水分,此病易治。何以故?去水其经自当下。气分谓气不通利而胀,血分谓血不通利而胀,非胀病之外,又有气分、血分之病也。盖气血不通利,则水亦不通利而尿少,尿少则腹中水渐积而为胀。但气分心下坚大而病发于上,血分血结胞门而病发于下。气分先病水胀后经断,血分先经断后病水胀也。刘立之云:气分之证,当以下气消膨为先,如枳壳散、木香流气饮、三和散之类是也。《金匮》方,气分心下坚大如盘,边如旋杯,水饮所作,桂枝去芍、加麻、辛、附子汤主之。良方加味枳术汤,治气分胀满。妇人血分,如夺命丹、黑神散,皆为要药。血分一证,大小产后多有之,唯产前脚肿不同,产后则皆败血所致,当于血上治之。

　　肠覃[2]

　　肠覃者,寒气客于肠外,与卫气相搏,气不得荣,因有所系,癖而内着,恶气乃起,息肉乃生,其始生也,大如鸡卵,稍以益大,至其成,如怀子之状,久者离岁,按之则坚,推之则移,月事以时下,此其候也。夫肠者大肠也,覃者延也。大肠以传导为事,乃肺之府也。肺主卫,卫为气,得热则泄,得冷则凝。今寒客于大肠,故卫气不荣,有所系止而结瘕在内贴着,其延久不已,是名肠覃也。气散则清,气聚则浊,结为瘕聚,所以恶气发起,瘜肉乃生,小渐益大,至期而鼓,其腹如怀子之状也。此气病而血未病,故月事不断,应时而下,本非胎脉,可以此为辨矣。晞露丸、木香通气散主之。

_____

〔1〕脉:原脱,据《金匮要略》第十四补。
〔2〕肠覃　此标题原连正文,今据本册目录移出。

石瘕[1]

石瘕者,生于胞中,寒气客于子门,子门闭塞,气不得通,恶血当泻不泻,衃以留止,日以益大,状如怀子,月事不以时下,皆生于女子,可导而下。夫膀胱为津液之府,气化则能出焉。今寒客于子门,则气塞而不通,血壅而不流,衃以留止,结硬如石,是名石瘕也。此病先气病而后血病,故月事不来,则可宣导而下出者也。《难经》云:任之为病,其内苦结,男子生七疝,女子为瘕聚,此之谓也。非大辛之剂不能已也,可服见晛丸、和血通经汤。

【诊】:脉盛而紧,大坚以涩,迟而滑,皆胀也。关上脉虚则内胀。胀脉,浮大洪实者易治,沉细微弱者难治。唇偏举者,脾偏倾,脾偏倾则善满善胀。腹胀,身热脉大,是逆也,如是者,不过十五日死矣。胀或兼身热,或兼如疟状,皆不可治,累验。腹大胀,四末清,脱形,泄甚,是逆也,如是者,不及一时死矣。腹胀便血,其脉大时绝,是逆也。呕咳腹胀且餐泄,其脉绝,是逆也。少阴终者,面黑齿长而垢,腹胀闭,上下不通而终矣。太阴终者,腹胀闭,不得息,善噫善呕,呕则逆,逆则面赤,不逆则上下不通,不通则面黑皮毛焦而终矣。

积 聚

《内经》论积:有寒气客于小肠募原之间,络血之中,血泣不得注于大经,血气稽留成积,谓之瘕者。有小肠移热于大肠,为伏瘕,为沉者。有脾传肾为疝瘕者。有任脉为病,女子瘕聚者。有厥阴司天,溏泄瘕水闭者。有二阳三阴脉并绝,浮为血瘕。有肾脉小急,亦为瘕。有伏梁二:其一谓少腹盛,上下左右皆有根,裹大脓血居肠胃之外。其二谓气溢于大肠,而着于肓,肓之原在脐下,故环脐而痛。《灵枢经》言积皆生于风雨寒暑,清湿喜怒。喜怒不节则伤脏,脏伤则病起于阴;阴既虚矣,则风雨袭阴之虚,病起于上而生积;清湿袭阴之虚,病起于下而成积。虚邪中人始于皮肤,皮肤缓则腠理开,开则邪从毛发入,入则抵深,深则毛发立,毛发立则淅然,故皮

---

〔1〕石瘕 此标题原连正文,今据本册目录移出。

肤痛。留而不去,传舍于络脉,则痛于肌肉,其痛之时息,大经乃代。传舍于经,则洒淅善惊。传舍于输,则六经不通,四肢则肢节痛,腰脊乃强。传舍于伏冲之脉,则体重身痛。传舍于肠胃,则贲响腹胀,多寒则肠鸣餐泄食不化,多热则溏出麋[1]。传舍于肠胃之外,募原之间,已上数端,皆邪气袭虚留而不去,以次相传,未曾留着,无有定所。若留着而有定所,则不能传矣,下文是也。留着于脉,稽留而不去,息而成积,不一其处。或着孙络之脉者,往来移行肠胃之间,水凑渗注灌,濯濯有音,有寒则膜满雷引,故时切痛。或着于阳明之经者,则挟脐而居,饱食则益大,饥则益小。或着于缓筋者,似阳明之积,饱食则痛,饥则安。或着于肠胃之募原者,痛而外连于缓筋,饱食则安,饥则痛。或着于伏冲之脉者,按之应手而动,发手则热气下于两股,如汤沃之状。或着于膂筋,在肠后者,饥则积见,饱则积不见,按之不得。或着于输之脉者,闭塞不通,津液不下,孔窍干壅,此邪气之从外入内,从上下也。此谓风雨袭阴之虚,病起于上而积生也。积之始生,得寒乃生,厥乃成积也。厥气生足悗,足悗生胫寒,胫寒则血脉凝涩,血脉凝涩则寒气上入于肠胃,入于肠胃则膜胀,膜胀则肠外之汁沫,迫聚不得散,日以成积。卒然多食饮则肠满,起居不节,用力过度,则络脉伤。阳络伤则血外溢,血外溢则衄血。阴络伤则血内溢,血内溢则后血。肠胃之络伤,则血溢于肠外,肠外有寒汁沫与血相搏,则并合凝聚不得散而积成矣。卒然外中于寒,若内伤于忧怒,则气上逆,气上逆则六输不通,温气不行,凝血[2]蕴裹而不散,津液涩渗,着而不去,而积皆成矣。此谓清湿袭阴之虚,病起于下而成积也。《内经》言积始末,明且尽矣。《难经》五积,不过就其中析五脏相传,分部位以立其名。《金匮要略》以坚而不移者为脏病,名曰积。以推移而不定者为腑病,名曰聚。然而二者原其立名之由,亦不过就其肓膜结聚之处,以经脉所过部分,属脏者为阴,阴主静,静则牢坚而不移,属腑者为阳,阳则推荡而不定,以故名之

----

〔1〕麋:通"糜"。
〔2〕血:原作"结",据《灵枢·百病始生》及《甲乙经》卷八改。

耳。又有槃气者,即饮食之气渗注停积之名也。《巢氏病源》于积聚之外,复立癥瘕之名,谓由寒温不调,饮食不化,与脏气相搏结所生,其病不动者癥也。虽有癖而可推移者瘕也。瘕者假也,虚假可动也。张子和谓五积者,因受胜己之邪,而传于己之所胜,适当旺时,拒而不受,复还于胜己者,胜己者不肯受,因留结为积,故肝之积得于季夏戊己日云云。此皆抑郁不伸而受其邪也。岂待司天克运,然后为郁哉。故五积六聚,治同郁断,如伏梁者火之郁,火郁则发之是也,复述九积丸。食积,酸心腹满,大黄、牵牛之类,甚者礞石、巴豆。酒积,目黄口干,葛根、麦糵之类,甚者甘遂、牵牛。气积,噫气痞塞,木香、槟榔之类,甚者枳壳、牵牛。涎积,咽如拽锯,朱砂、腻粉之类,甚者瓜蒂、甘遂。痰积,涕唾稠粘,半夏、南星之类,甚者瓜蒂、藜芦。癖积,两胁刺痛,三棱、广茂之类,甚者甘遂、蝎稍。水积,足胫胀满,郁李、商陆之类,甚者甘遂、芫花。血积,打扑肭瘀,产后不月,桃仁、地榆之类,甚者虻虫、水蛭。肉积,瘿瘤核疬,腻粉、白丁香,砭刺出血,甚者硇砂、阿魏。每见子和辩世俗之讹,必引《内经》为证。若此者,论病是从《难经》五积之名。论治立九积丸,是从《病源》攻其所食之物。《内经》之义,则未有发明。然则用《内经》之义而治当何如?曰《内经》分六淫六邪,喜怒饮食,起居房劳,各有定治之法。今既论积瘕由内外邪所伤,岂不以诸邪之治法,尽当行于其间乎。邪自外入者,先治其外,邪自内生者,先治其内。然而天人之气,一阴阳也。是故人气中外之邪,亦同天地之邪也。从手经自上而下者,同司天法平之。从足经自下而上者,同在泉法治之。从五脏气之相移者,同五运郁法治之。从肠胃食物所留者,则夺之消之,去[1]菀陈莝也。若气血因之滞者,则随其所在以疏通之。因身形之虚,而邪得以入客稽留者,必先补其虚,而后泻其邪。大抵治是病必分初中末三法,初治其邪入客后积块之未坚者,当如前所云,治其始感之邪与留结之,客者除之、散之、行之,虚者补之,约方适其主所为治。及乎积块已坚,气郁已久,变而

―――――――

〔1〕去:原作"法",误,据修敬堂本改。

为热，热则生湿，湿热相生，块日益大，便从中治，当祛湿热之邪，其块之坚者削之，咸以耎之，比时因邪久凑，正气尤虚，必以补泻迭相为用。若块消及半，便从末治，即住攻击之剂，因补益其气，兼导达经脉，使荣卫流通，则块自消矣。凡攻病之药，皆是伤气损血。故经曰：大毒治病，十去其五，小毒治病，十去其七，不得过也。洁古云：壮人无积，虚人则有之，皆由脾胃怯弱，气血两衰，四时有感，皆能成积。若遽以磨坚破结之药治之，疾似去而人已衰矣。干漆、硇砂、三棱、牵牛、大黄之类，得药则暂快，药过则依然，气愈消疾愈大，竟何益哉。故善治者，当先补虚，使血气壮，积自消，如满座皆君子，则小人自无容地也。不问何脏，先调其中，使能饮食，是其本也。东垣云：许学士云，大抵治积，或以所恶者攻之，所喜者诱之，则易愈。如硇砂、阿魏治肉积，神曲、麦蘖治酒积，水蛭、虻虫治血积，木香、槟榔治气积，牵牛、甘遂治水积，雄黄、腻粉治痰积，礞石、巴豆治食积，各从其类也。若用群队之药分其势，则难取效。须要认得分明，是何积聚，兼见何证，然后增加佐使之药，不尔反有所损，要在临时通变也。治积当察其所痛，以知其病有余不足，可补可泻，无逆天时。详脏腑之高下，如寒者热之，结者散之，客者除之，留者行之，坚者削之，强者夺之，咸以耎之，苦以泻之，全真气药补之，随其所积而行之。节饮食，慎起居，和其中外，可使必已。不然，遽以大毒之剂攻之，积不能除，反伤正气，终难复也，可不慎欤。肝之积，名曰肥气，在左胁下，如覆杯，有头足，久不愈，令人呕逆，或两胁痛，牵引小腹，足寒转筋，久则如疟，宜大七气汤煎熟待冷，却以铁器烧通红，以药淋之，乘热服，兼吞肥气丸。肺之积，名曰息贲，在右胁下，大如覆杯，气逆背痛，或少气喜忘目瞑，肤寒皮中时痛，如虱缘针刺，久则咳喘，宜大七气汤加桑白皮、半夏、杏仁各半钱，兼吞息奔丸。心之积，名曰伏梁，起脐上，大如臂，上至心下，久不愈，令人病烦心腹热咽干，甚则吐血，宜大七气汤加石菖蒲、半夏各半钱，兼吞伏梁丸。脾之积，名曰痞气，在胃脘，大如覆杯，痞塞不通，背痛心疼，饥减饱见，腹满吐泄，久则四肢不收，发黄疸，饮食不为肌肤，足肿肉消，宜大七气汤下红丸子，兼吞痞气丸。肾之积，名曰贲豚，发于少腹，上至心，若豚状，或下或上无时，饥见饱减，小腹急，腰痛，口干目昏，骨冷，久不已，令人喘逆，骨痿少气，宜大七气汤倍桂加茴香、炒楝子肉各半钱，兼吞奔豚丸。杂积通治，万病紫菀丸，《局方》温白丸、厚朴丸。热积，寒取之，《千金》硝石丸、醋煮三棱丸、神功助化散、圣散子。寒积，热取之，鸡爪三棱丸、硇砂煎丸、红丸子。胃弱少食，勿与攻下，二贤散常服，块亦自消。惊风成块者，妙应丸加穿山甲炒、鳖甲烧各三钱，玄胡索、蓬术各四钱，每五十丸加至七十丸，以利为度。胁痛有块，龙荟丸加姜黄、桃仁各半两，蜜丸。龙荟丸加白鸽粪，大能消食积，或入保和丸。肉积，阿魏丸。有正当积聚处，内热如火，渐渐遍及四肢，一日数发，如此二三日又愈，此不当攻其热。又有元得热病，热留结不散，遂成癥癖，此却当用去热之剂。有病癥瘕腹胀，纯用三棱、莪术以酒煨服，下一物如黑鱼状而愈，或加入香附子用水煎，多服取效。又有病此者，用姜苏汤吞六味丸。六味者，乃小七香丸、红丸子、小安肾丸、连翘丸、三棱煎、理中丸，六件等也。有饮癖结成块，在胁腹之间，病类积聚，用破块药多不效，此当行其饮。宜导痰汤、五饮汤。何以知为饮，其人先曾病，瘥，口吐涎沫清水，或素来多痰者是也。又多饮人结成酒癖，肚腹积块，胀急疼痛，或全身肿满，肌黄少食，宜十味大七气汤，用红酒煎服。腹中似若瘕癖，随气上下，未有定处，宜散聚汤。若气作痛，游走心腹间，攻刺上下，隐若雷鸣，或已成积，或未成积，沉香降气散。戴用全蝎一个劈破煎汤，调苏合香丸。以上磨积之药，必用补气血药相兼服之，积消及半即止。若纯用之致死，乃医杀之也。贴块，三圣膏，琥珀膏，大黄、朴硝各等分为末，大蒜捣膏和匀贴。熨癥方，吴茱萸碎之，以酒和煮，热布裹熨症上，冷更炒，更番用之，症移走、逐熨之，候消乃止。

【妇人血块】加减四物汤、当归丸、牡丹散。

【息积】乃气息痞滞于胁下，不在脏腑荣卫之间，积久形成，气不干胃，故不妨食，病者胁下满，气逆息难，频岁不已。化气汤。

【倒仓法】用肥嫩黄牡牛肉二十斤，必得三十斤方可，宁使多，勿使不及。切成小块，去筋膜，长流水煮糜烂，以布滤去滓，取净汁再入锅中,慢火熬至琥珀色则成矣。令病人预先断欲食淡,前一日不食晚饭,设密室,令明快而不通风,置秽桶及瓦盆,贮吐下之物,置一磁盆,盛所出之溺。至日病者入室,以汁饮一钟,少时又饮一钟,积数十钟,寒月则重汤温而饮之,任其吐利,病在上者欲其吐多,病在下者欲其利多,上中下俱有者,欲其吐利俱多,全在活法而为之缓急多寡也。连进之急则逆上而吐多,缓则顺下而利多矣。视其所出之物,必尽病根乃止。吐利后必渴,不得与汤,以所出之溺饮之,名轮回酒,非惟可以止渴,抑且可以浣濯余垢。行后倦睡觉饥,先与稠米汤饮,次与淡稀粥,三日后方与少菜羹,次与厚粥软饭[1]调养半月或一月,觉精神焕发,形体轻健,沉痾悉安矣。其后忌牛肉数一作五年。夫牛、坤土也,黄土之色也,以顺为性,而效法乎干,以为功者,牡之用也。肉者、胃之乐也,熟而为液,无形之物也,横散入肉络,由肠胃而渗透肌肤皮毛爪甲,无不入也。积聚久而形质成,依附肠胃回薄曲折处,以为栖泊之窠臼,阻碍津液气血,熏蒸燔灼成病,自非刮肠剖骨之神妙,可以铢两丸散,窥犯其藩墙户牖乎。肉液之散溢,肠胃受之,其厚皆倍于前,有似乎肿,其回薄曲折处,肉液充满流行,有如洪水泛涨,浮槎陈朽,皆推逐荡漾,顺流而下,不可停留,表者因吐而汗,清道者自吐而涌,浊道者自泄而去,凡属滞碍,一洗而空。牛肉全重厚和顺之性,益然涣然,润泽枯槁,补益虚损,宁无精神焕发之乐乎。

【霞天膏】即倒仓法。有人指授韩懋天爵投煎剂治痰,而遂推广之。黄牡牛一具,选纯黄肥泽无病才一二岁者,右洗净,取四腿项脊,去筋膜,将精肉切作块子如栗大,秤三十斤,或四五十斤,于静室以大铜锅或新铁锅,加长流水煮之,不时搅动。另以一新锅煮沸汤旋加,常使水淹肉五六寸,掠去浮沫,直煮至肉烂如泥,漉去渣,却将肉汁以细布漉入小铜锅,用一色桑柴,文武火候,不住手搅,不加熟水,只以汁渐如稀饧,滴水不散,色如琥珀,其膏成矣。此节火候,最要小心,不然坏矣。大段每肉十二斤,可炼膏一斤,磁器盛

〔1〕饭:原作"饮",形近之误,据集成本改。

之。用调煎剂,初少渐多,沸热自然溶化。用和丸剂,则每三分挼白面一分,同煮为糊,或同炼蜜。寒天久收若生霉,用重汤煮过,热天冷水窨之,可留三日。

【诊】:细而附骨为积,寸口见之积在胸中,微出寸口,积在喉中,关上积在脐傍,上关下积在心下,微下关积在少腹,尺中积在气街,脉出在右积在右,脉出在左积在左,脉左右两出,积在中央。沉而有力为积。脉浮而毛,按之辟易,胁下气逆,背相引痛,为肺积。沉而芤,上下无常处,胸满悸,腹中热,名心积。弦而细,二胁下痛,邪走心下,足肿寒重,名肝积。沉而急,苦肾与腰相引痛,饥见饱减,名肾积。浮大而长,饥减饱见,腹满泄呕,胫肿,名脾积。寸口沉而横,胁下及腹有横积痛,左手脉横症在左,右手脉横症在右,脉头大者在上,头小者在下。脉弦,腹中急痛,为瘕。脉细微者,为症。脉沉重而中散者,因寒食成症,脉左转而沉重者,气症在胃中,右转出不至寸口者,内有肉症也。脉细而沉时直者,身有痛,若腹中有伏梁。脉沉小而实者,胃中有积聚,不下食,食即呕吐。脉沉而紧者,心下有寒时痛,有积聚。关上脉大而尺寸细者,必心腹冷积。迟而滑,中寒有症结。弦而伏者,腹中有症不可转也,必死不治。虚弱者死,坚强急者生。

痰　饮

痰皆动于脾湿,寒少而热多。湿在肝经,谓之风痰。湿在心经,谓之热痰。湿在脾经,谓之湿痰。湿在肺经,谓之气痰。湿在肾经,谓之寒痰。风痰,脉弦面青,四肢满闷,便溺秘涩,心多躁怒,水煮金花丸、川芎防风丸。热痰,脉洪面赤,烦热心痛,唇口干燥,多喜笑,小黄丸、小柴胡汤加半夏。湿痰,脉缓面黄,肢体沉重,嗜卧不收,腹胀而食不消,白术丸、《局方》防己丸。气痰,脉涩面白,气上喘促,洒淅寒热,悲愁不乐,玉粉丸、《局方》桔梗汤。寒痰,脉沉面色黧黑,小便急痛,足寒而逆,心多恐怖,姜桂丸、《局方》胡椒理中丸、《金匮》吴茱萸汤。心下痞闷,加枳实五钱。身热甚,加黄连五钱。体重,加茯苓、白术各一两。气逆上,加苦葶苈五钱。

气促,加人参、桔梗各五钱。浮肿,加郁李仁、杏仁各五钱。大便秘,加大黄五钱。以上本出咳嗽门,咳嗽当参看。

痰分五色:色白,西方本色;色黄,逆而之坤;色红,甚而之丙,金受火因为难治;青色受风之羁绊;黑如烟煤点,顺而之北方,不治自愈。

经曰:饮入于胃,游溢精气,上输于脾,脾气散精,上归于肺,通调水道,下输膀胱,水精四布,五经并行,安有所谓痰者哉。痰之生,由于脾气不足,不能致精于肺,而淤以成焉者也。故治痰先补脾,脾复健运之常,而痰自化矣。然停积既久,如沟渠壅遏淹久,则倒流逆上,瘀浊臭秽,无所不有。若不疏决沟渠,而欲澄治已壅之水而使之清,无是理也。《金匮》云:其人素盛今瘦,水走肠间,辘辘有声,谓之痰饮。当以温药和之。又云:心下有痰饮者,桂苓甘术汤主之。饮后水流在胁下,咳唾引痛,谓之悬饮,十枣汤主之。此药太峻,以小胃丹代之差缓,然虚人切不可用。饮水流行归于四肢,当汗出而不汗出,身体疼重,谓之溢饮,当发其汗。大青龙汤、小青龙汤主之。咳逆倚息短气,不得卧,其形如肿,谓之支饮。又云:呕家本渴,今反不渴,心下有支饮故也,小半夏汤主之。又云:心下有支饮,其人苦冒眩,泽泻汤主之。通用海藏五饮汤,《局方》倍术丸。丹溪曰:痰之源不一,有因痰而生热者,有因热而生痰者,有因气而生者,有因风而生者,有因惊而生者,有积饮而生者,有多食而成者,有因暑而生者,有伤冷物而成者,有脾虚而成者,有嗜酒而成者。其为病也,惊痰则成心包痛,颠疾。热痰则成烦躁,头风,烂眼燥结,怔忡懊憹,惊眩。风痰成瘫痪大风,眩晕暗风,闷乱。饮痰成胁痛,四肢不举,每日呕吐。食痰成疟痢,口出臭气。暑痰中晕眩冒,黄疸头疼。冷痰,骨痹四肢不举,气刺痛。酒痰,饮酒不消,但得酒次日又吐。脾虚生痰,食不美,反胃呕吐。气痰,攻注走刺不定。妇人于惊痰最多,盖因产内交接,月事方行,其惊因虚而入,结成块者为惊痰,必有一块在腹,发则如身孕转动跳跃,痛不可忍。按热痰用黄连利膈丸,当下者,用妙应丸加盆硝等分,每服三两丸,亦可用滚痰丸。惊痰用妙应丸加朱砂二钱,全蝎三钱,每用八、九丸,常与之三、五服去尽。惊气成块，妙应丸加穿山甲炒、鳖甲烧各三钱，玄胡索、蓬术各四钱，每服五十丸加至七十丸，以利为度。寒痰，妙应丸加胡椒、丁香、蝎、桂各等分，每服二十五丸。风痰，祛风丸、导痰丸。酒痰，妙应丸加雄黄、全蝎各二钱，每服十丸。饮痰，小胃丹。食痰，保和丸。暑痰，消暑丹。庞安常有言人身无倒上之痰，天下无逆流之水，故善治痰者，不治痰而治气，气顺则一身之津液亦随气而顺矣。并宜苏子降气汤、导痰汤各半贴和煎。或小半夏茯苓汤加枳实、木香各半钱，吞五套丸。或以五套丸料，依分两作饮子煎服亦好。平居皆无他事，只有痰数口，或清或坚，宜二陈汤、小半夏茯苓汤。痰多间进青州白丸子和来复丹，名来白丸，如和以八神来复丹，即名青神丸，此非特治痰饮，尤甚疗喘嗽，呕逆翻胃。痰饮流入四肢，令人肩背酸疼，两手软痹，医误以为风，则非其治，宜导痰汤加木香、姜黄各半钱。大凡病痰饮而变生诸证，不当为诸证牵掣，妄言作名，且以治饮为先，饮消则诸证自愈。故如头风，眉棱角疼，累以风药不效，投以痰药收功。如患眼赤羞明而痛，与之凉药弗瘳，异以痰剂获愈。凡此之类，非一而足，散在各证门中，不复繁引。有阴血不足，阴火上逆，肺受火侮，不得清肃下行，由是津液凝浊生痰不生血者，此则当以润剂，如门冬、地黄、枸杞子之属，滋其阴，使上逆之火得返其宅而息焉，而痰自清矣。投以二陈，立见其殆。肾虚不能纳气归原，出而不纳则积，积而弗散则痰生焉，八味丸主之。脉来细滑或缓，痰涩清薄，身体倦怠，手足酸软，此脾虚挟湿。六君子汤，或补中益气加半夏、茯苓。脉来结涩，胸膈不利，或作刺痛，此挟气郁。宜七气汤、越鞠丸。有人坐处，率吐痰涎满地，其痰不甚稠粘，只是沫多，此气虚不能摄涎，不可用利药，宜六君子汤加益智仁一钱以摄之。丹阳贡鲁庵，年七十余，膈间有痰不快，饮食少思，初无大害，就医京口，投以越鞠丸、清气化痰丸，胸次稍宽，日日吞之，遂不辍口，年余困顿不堪，俶舟来就予诊治，则大肉已脱，两手脉如游丝，太溪绝不至矣。见予有难色，因曰吾亦自分必死，但膈间胀不可忍，大便秘结不通，诚为宽须臾，即死瞑目矣。固强予疏方，以至亲难辞，教用大剂人参、白术煎汤进之，少顷如厕,下积痰数升,胸膈宽舒,更数日而殁。

咳嗽 肺痿　肺胀

咳谓无痰而有声,肺气伤而不清也。嗽谓无声而有痰,脾湿动而为痰也。咳嗽是有痰而有声,盖因伤于肺气而欬,动于脾湿,因咳而为嗽也。经言脏腑皆有咳嗽,咳嗽属肺,何为脏腑皆有之?盖咳嗽为病,有自外而入者,有自内而发者,风寒暑湿外也,七情饥饱内也。风寒暑湿先自皮毛而入,皮毛者,肺之合,故虽外邪欲传脏腑,亦必先从其合而为嗽,此自外而入者也。七情饥饱内有所伤,则邪气上逆,肺为气出入之道,故五脏之邪上蒸于肺而为嗽,此自内而发者也。然风寒暑湿有不为嗽者,盖所感者重,径伤脏腑,不留于皮毛。七情亦有不为嗽者,盖病尚浅,止在本脏,未即上攻。所以伤寒以有嗽为轻,而七情饥饱之嗽,久而后见,治法当审脉证三因。若外因邪气,止当发散,又须原其虚实冷热。若内因七情,则随其部经,在与气口脉相应,当以顺气为先,下痰次之。有停饮而欬,又须消化之方,不可用乌梅、罂粟酸涩之药。其寒邪未除,亦不可便用补药。尤忌忧思过度,房室劳伤,遂成瘵疾,宜养脾生肺也。《仁斋直指》云:感风者鼻塞声重,伤冷者凄清怯寒,挟热为焦烦,受湿为缠滞,瘀血则膈间腥闷,停水则心下怔忪,或实或虚,痰之黄白,唾之稀稠,从可知也。治嗽大法,肺脉浮为风邪所客,以发散取之。肺脉实为气壅内热,以清利行之。脉濡散为肺虚,以补肺安之。其间久嗽之人,曾经解利,以致肺胃俱寒,饮食不进,则用温中助胃,加和平治嗽之药。至若酒色过度,虚劳少血,津液内耗,心火自炎,遂使燥热乘肺,咯唾脓血,上气涎潮,其嗽连续而不已。唯夫血不荣肌,故邪在皮毛,皆能入肺,而自背得之尤速,此则人参、芎、归,所不可无。一种传注,病涉邪恶,五脏反克,毒害尤深,近世率用蛤蚧、天灵盖、桃、柳枝,丹砂、雄黄、安息香、苏合香丸通神之剂。然则咳嗽证治,于此可以问津索途矣。抑犹有说焉,肺出气也,肾纳气也,肺为气之主,肾为气之本。凡咳嗽暴重,动引百骸,自觉气从脐下逆奔而上者,此肾虚不能收气归元也。当以破故纸、安肾丸主之。毋徒从事于宁肺。感风而嗽者,恶风自汗,或身体发热,或鼻流清涕,其脉浮,宜桂枝汤加防风、杏仁、前胡、细辛。感寒而嗽者,恶寒发热无汗,鼻流清涕,其脉紧,宜杏子汤去干姜、五味,加紫苏、干葛,或二陈加紫苏、葛根、杏仁、桔梗。暴感风寒,不恶寒发热,止是咳嗽鼻塞声重者,宁嗽化痰汤。薛新甫云:春月风寒所伤,咳嗽声重,头疼,用金沸草散。咳嗽声重,身热头痛,用《局方》消风散。盖肺主皮毛,肺气虚则腠理不密,风邪易入,治法当解表兼实肺气。肺有火则腠理不闭,风邪外乘,治宜解表兼清肺火,邪退即止。若数行解散,则重亡津液,邪蕴而为肺疽、肺痿矣。故凡肺受邪不能输化,而小便短少,皮肤渐肿,咳嗽日增者,宜用六君子汤以补脾肺,六味丸以滋肾水。夏月喘急而嗽,面赤潮热,其脉洪大者,黄连解毒汤。热躁而咳,栀子汤。欬唾有血,麦门冬汤。俱吞六味丸,壮水之主以制阳光,而保肺金。秋月咳而身热自汗,口干便赤,脉虚而洪者,白虎汤。身热而烦,气高而短,心下痞满,四肢困倦,精神短少者,香薷饮。若病邪既去,宜用补中益气汤,加干山药、五味子以养元气,柴胡、升麻各二分以升生气。冬月风寒外感,形气病气俱实者,宜华盖散、加减麻黄汤。所谓从表而入,自表而出。若形气病气俱虚者,宜补其元气,而佐以解表之药,若专于解表,则肺气益虚,腠理益疏,外邪乘虚易入,而其病愈难治矣。《活法机要》云:夏月嗽而发热者,谓之热痰嗽,小柴胡汤四两,加石膏一两,知母半两用之。冬月嗽而发寒热,谓之寒嗽,小青龙加杏仁服之。感湿而嗽者,身体痛重,或有汗,或小便不利,此多乘热入水,或冒雨露,或浴后不解湿衣,致有此患,宜白术酒。热嗽,咽喉干痛,鼻出热气,其痰嗽而难出,色黄且浓,或带血缕,或出血腥臭,或坚如蛎肉,不若风寒之嗽痰清而白,宜金沸草散,去麻黄、半夏,加薄荷、枇杷叶、五味、杏仁、桑根白皮、贝母、茯苓、桔梗,入枣子一个同煎,仍以辰砂化痰丸,或薄荷煎、八风散含化。有热嗽诸药不效,竹叶石膏汤,去竹叶,入粳米,少加知母,多服五味、杏仁、枇杷叶,此必审是伏热在上焦心肺间可用。冷热嗽,因增减衣裳,寒热俱感,遇乍寒亦嗽,乍热亦嗽,饮热亦嗽,饮冷亦嗽,宜金沸草散、消风散各一贴和煎，或应梦人参散，或款冬花散，以薄荷代麻黄，或二母散，仍以辰砂化痰丸、八风丹吞化。七情饥饱嗽，无非伤动脏腑正气，致邪上逆，结成痰涎，肺道不理。宜顺气为先，四七汤一贴，加杏仁、五味子、桑白皮、人参、阿胶、麦门冬、枇杷叶各一钱。有饮冷热酒，或饮冷水，伤肺致嗽，俗谓之凑肺，宜紫菀饮。有嗽吐痰与食俱出者，此盖饮食失节，致肝气不利，而肺又有客邪，肝浊道，肺清道，清浊相干，宜二陈汤加木香、杏仁、细辛、枳壳各半钱。食积痰嗽发热，二陈汤加瓜蒌、莱菔子、山查、枳实、曲蘖。《机要》云：痰而能食者，大承气微下之。痰而不能食者，厚朴汤主之。嗽而失声，润肺散，或清音丸。戴云：有热嗽失声咽疼，多进冷剂，而声愈不出者，宜以生姜汁调消风散，少少进之，或只一味姜汁亦得，冷热嗽后失声者尤宜。嗽而失声者，非独热嗽有之，宜审其证用药，佐以橄榄丸含化，仍浓煎独味枇杷叶散热服。声哑者，寒包其热也，宜细辛、半夏、生姜辛以散之。亦有痰热壅于肺者，金空则鸣，必清金中邪滞，用清咽宁嗽汤。劳嗽，有因久嗽成劳者，有因病劳乃嗽者，其证寒热往来，或独热无寒，咽干嗌痛，精神疲极，所嗽之痰，或浓或淡，或时有血，腥臭异常，语声不出者，薏苡仁五钱，桑根白皮、麦门冬各三钱，白石英二钱，人参、五味子、款冬花、紫菀、杏仁、贝母、阿胶、百合、桔梗、秦艽、枇杷叶各一钱，姜、枣、粳米同煎，去渣调钟乳粉。亦宜蛤蚧散，或保和汤、知母茯苓汤、紫菀散、宁嗽汤。经年累月，久嗽不已，服药不瘥，余无他证，却与劳嗽不同。戴用三拗汤、青金丸。予谓其不妥，独宜保肺而已，一味百部膏可也。《衍义》云：有妇人患肺热久嗽，身如炙，肌瘦，将成肺劳。以枇杷叶、木通、款冬花、紫菀、杏仁、桑白皮各等分，大黄减半，各如常制治讫，同为末，蜜丸如樱桃大。食后、夜卧各含化一丸，未终剂而愈。有风寒者，可用熏法。有热者，可用枳壳汤。有实积者，可用款气丸、利膈丸、马兜铃丸。脾胃如常，饮食不妨者，加味人参清肺汤、参粟汤。《素问》云：咳嗽烦冤，是肾气之逆也，八味丸、安肾丸主之。有暴嗽，服诸药不效，或教之进生料鹿茸丸、大菟丝子丸方愈。有本有标，却不可以其暴嗽而疑遽补之非，所以易愈者，亦觉之早故也。时行嗽，发热恶寒，头痛鼻塞，气急，状如伤冷热，连咳不已。初得病即伏枕一两日即轻，俗呼为虾蟆瘟，用参苏饮加细辛半钱。洁古云：咳而无痰者，以辛甘润其肺，蜜煎生姜汤、蜜煎橘皮汤、烧生姜、胡桃，皆治无痰而嗽者。《本事方》补肺法，生地黄二斤，净洗，杏仁二两，生姜、蜜各四两，捣如泥，入瓦盆中，置饭上蒸五七度，每五更挑三匙咽下。《金匮》方，咳而上气，喉中水鸡声，射干麻黄汤主之。咳嗽喉中作声，一味白前妙。《千金》有白前汤。一男子五十余岁，病伤寒咳嗽，喉中声如鼾，与独参汤一服而鼾声徐，至二三贴咳嗽亦渐退，凡服二三斤，病始全愈。丹溪云：上半日嗽多，属胃中有火。午后嗽多，属阴虚。黄昏嗽多，此火气浮于肺，不宜用凉药，宜敛而降之。有一咳即出痰者，脾湿胜而痰滑也。有连咳十数不能出痰者，肺燥胜痰涩[1]也。滑者宜南星、半夏、皂角灰之属燥其脾，若利气之剂所当忌也。涩者宜枳壳、紫苏、杏仁之属利其肺，若燥肺之剂所当忌也。形肥，或有汗，或脉缓，体重嗜卧之人咳者，脾湿胜也。宜白术、苍术、茯苓之属燥之。形瘦，或夏月无汗，或脉涩之人咳者，肺燥胜也。宜杏仁、瓜蒌之属润之。凡咳嗽面赤，胸腹胁常热，唯于足乍有凉时，其脉洪者，热痰在胸膈也。宜小陷胸汤、礞石丸之类清膈降痰。甚而不已者，宜吐下其痰热也。面白悲嚏，或胁急胀痛，或脉沉弦细迟而欬者，寒饮在胸腹也。宜辛甘热去之，半夏温肺汤。丹溪治饮酒伤肺痰嗽，以竹沥煎入韭汁，就吞瓜蒌、杏仁、青黛、黄连丸。按此恐太寒，闭遏热气，不得发舒，不若先以辛散之，而后以酸收之，甚者吐之。后与五苓甘露，胜湿去痰之剂。吃醋抢喉，咳嗽不止，用甘草二两，去赤皮，作二寸段，中半劈开，用猪胆汁五枚浸三日，取出火上炙干为细末，炼蜜丸。每服四十丸，茶清吞下，临卧服。咸物所伤，哮嗽不止，用白面二钱，砂糖二钱，通搜和，用糖饼灰汁捻作饼子，放在炉内煤熟，划出，加轻粉四钱，另炒略熟，将饼切作四亚，掺轻粉在内，令患人吃尽，吐出病根即愈。

　　肺咳之状，咳而喘息有音，甚则唾血，麻黄汤。心欬之状，欬则

---

〔1〕涩：原作"湿"，误，据修敬堂本改。

心痛,喉中介介如梗状,甚则咽肿喉痹,桔梗汤。肝欬之状,欬而两胁下痛,甚则不可以转,转则两胠下满,小柴胡汤。仲景云:咳引胁痛为悬饮,宜十枣汤。丹溪云:咳引胁痛,宜疏肝气,用青皮、枳壳、香附子等,实者白芥子之属。脾欬之状,欬则右胁下痛,阴阴引肩背,甚则不可以动,动则欬剧,升麻汤。肾欬之状,咳则腰背相引而痛,甚则咳涎,麻黄附子细辛汤。五脏之久嗽,乃移于六府,脾咳不已,则胃受之,胃欬之状,欬而呕,呕甚则长虫出,乌梅丸。肝欬不已,则胆受之,胆欬之状,欬呕胆汁,黄芩加半夏生姜汤。肺欬不已、则大肠受之,大肠欬状,欬而遗失,赤石脂禹余粮汤、桃花汤。不止用猪苓分水散。心欬不已、则小肠受之,小肠欬状,欬而失气,气与欬俱失,芍药甘草汤。肾欬不已,则膀胱受之,膀胱欬状,欬而遗溺,茯苓甘草汤。久欬不已,则三焦受之,三焦欬状,咳而腹满不欲食饮,此皆聚于胃,关于肺,使人多涕唾,而面浮肿气逆也,钱氏异功散。

肺痿

仲景云:热在上焦者,因咳为肺痿,肺痿之病,从何得之? 师曰:或从汗出,或从呕吐,或从消渴小便利数,或从便难,又被快药下利,重亡津液故得之。肺痿,欬吐涎沫不止,咽燥而渴,生姜甘草汤主之。生姜五两,人参二两,甘草四两,大枣十五枚,水七升,煮取三升,分温三服。炙甘草汤,治肺痿涎唾多,心中温温液液者。用甘草一味,水三升,煮半升,分温三服。桂枝去芍药加皂荚汤,治肺痿吐涎沫。桂枝、生姜各三两,甘草一两,大枣十枚,皂荚十枚,去皮弦、炙焦,水七升,微火煮取三升,分三温服。肺痿吐涎沫而不咳者,其人不渴必遗尿,小便数。所以然者,以上虚不能制下故也。此为肺中冷,必眩,多涎唾,甘草干姜汤以温之。甘草炙四两,干姜炮二两,水三升,煮取一升五合,分温再服。若服汤口渴,属消渴。肺痿,欬唾咽燥,欲饮水者自愈。自张口者,短气也。欬而口中自有津液,舌上胎滑,此为浮寒,非肺痿也。肺痿,或欬沫,或欬血,今编欬沫者于此,欬血者入血证门。

肺胀

仲景云:欬而上气,此为肺胀,脉浮大者,越婢加半夏汤主之。

又云：肺胀，欬而上气，烦躁而喘，脉浮者，心下有水，小青龙汤加石膏主之。丹溪治主收敛，用诃子为主，佐以海石、香附童便浸三日、瓜蒌仁、青黛、半夏曲、杏仁、姜汁、蜜调噙之。肺胀而嗽，或左或右，不得眠，此痰夹瘀血碍气而病，宜养血以流动乎气，降火疏肝以清痰，四物汤加桃仁、诃子、青皮、竹沥、韭汁之属，壅遏不得眠者，难治。

【诊】浮为风。紧为寒。数为热。细为湿。浮紧则虚寒。沉数则实热。弦涩则少血。洪滑则多痰。涩为房劳。右关濡伤脾。左关弦短伤肝。浮短伤肺。脉出鱼际，为逆气喘息。弦为饮，欬而浮，四十日已。咳而眩，实者吐之愈。欬而脉虚，必苦冒。脉沉不可发汗。脾脉微为欬。肺脉微急为欬唾血。浮直而濡者，易治。喘而逆上气，脉数有热，不得卧，难治。上气喘，面浮肿，肩息，脉浮大者死。久嗽脉弱者可治，实大数者死。上气喘息低昂，脉滑手足温者生，脉涩四肢寒者死。欬而脱形，身热脉小，坚急以疾，是逆也，不过十五日死。咳嗽羸瘦，脉形坚大者死。咳嗽脉沉紧者死，浮直者生，浮软者生，小沉伏匿者死。欬而呕，腹满泄，弦急欲绝者死。

喘哮[1]

喘者，促促气急，喝喝息数，张口抬肩，摇身撷肚。短气者，呼吸虽数而不能接续，似喘而不摇肩，似呻吟而无痛，呼吸虽急而无痰声。逆气者，但气上而奔急，肺壅而不下，宜详辨之。或问喘病之源何如？曰尝考古今方论，自《巢氏病源》称为肺主气，为阳气之所行，通荣脏腑，故气有余，俱入于肺，或为喘息上气，或为咳嗽。因此至严氏，谓人之五脏，皆有上气，而肺为之总，由其居于五脏之上，而为华盖，喜清虚而不欲窒碍。调摄失宜，或为风寒暑湿邪气所侵，则肺气胀满，发而为喘，呼吸促迫，坐卧不安。或七情内伤，郁而生痰，脾胃俱虚，不能摄养一身之痰，皆能令人发喘。治之之法，当究其源，如感外邪则祛散之，气郁则调顺之，脾胃虚者温理

---

〔1〕哮：原脱，据目录及后文补。

之。《圣济方》又云：呼随阳出，气于是升，吸随阴入，气于是降，一升一降，阴阳乃和。所谓上气者，盖气上而不下，升而不降，痞满膈中，气道奔迫，喘息有音者是也。本于肺脏之虚，复感风邪，肺叶胀举，诸脏又上冲而壅遏，此所以有上气之候也。历代医者，用此调气之说，以为至当，无复他论，及观刘河间《原病式》则以喘病叙于热淫条下，谓火热为阳，主乎急数，故热则息数气粗而为喘也。与巢氏所云气为阳，有余则喘较之，则刘氏之言为胜。何则？阴阳各因其对待而指之，形与气对，则以形为阴，气为阳。寒与热对，则以寒为阴，热为阳。升与降对，则以降为阴，升为阳。动与静对，则以静为阴，动为阳。巢氏不分一气中而有阴阳寒热升降动静备于其间，一皆以阳为说，致后人止知调气者，调其阳而已。今刘氏五运所主之病机，则是一气变动而分者也。其病机如何？曰不独病之有机，于化生者亦有之，知生化之机，则可以知为病之机也。盖一气运行，升降浮沉者，由生气根于身中，而神居之，主阴阳动静之机也。其机动而清静者，则生化治，动而烦扰者，则苛疾作矣。其动有甚衰，以致五行六气胜负之变作，故《内经·至真大要》篇立病机一十九条，而统领五运六气之大纲。如喘者，谓诸喘皆属于上。王注以上乃上焦气也。炎热薄烁，心之气也。承热分化，肺之气也。又谓诸逆冲上，皆属于火。是故河间叙喘病在热淫条下，诚得其旨矣。曰喘病之纲，属热属火，则闻命矣。亦有节目之可言者乎？曰予尝考之《内经》、《灵枢》诸篇，有言喘喝，有言喘息，有言喘逆，有言喘嗽，有言喘呕，有言上气而喘。诸喘之形状，或因热之微甚，或邪之所自故也。其独喘者，《内经·逆调》篇谓：卧则喘，是水气之客也。经脉别论[1]篇谓：夜行喘出于肾，淫气病肺；有所堕恐，喘出于肝，淫气害脾；有所惊恐，喘出于肺，淫气伤心；渡水跌仆，喘出于肾与骨。痹论谓：肺痹者，烦满喘呕。肠痹者，中气喘争。大奇论篇谓：肺痈者，喘而两胠满。至真大要论谓：太阴司天客胜，首面胕肿，呼吸气喘。太阴阳明篇谓：邪入六腑，身热喘呼，不得卧。脉

---

〔1〕别论：原脱。所引之文出《素问·经脉别论》篇，据补。

解篇谓:阳明之厥,则喘而悗,悗则恶人,连脏则死,连经则生。其言喘喝者,喝谓大呵出声。生气通天篇谓:阳气者,因于暑,烦则喘喝。五常政篇:坚成之纪,喘喝胸满仰息。《灵枢》本神篇:肺实者,喘喝胸满仰息。经脉篇谓:肺所生病,是上气喘喝,烦心胸满。肾是动病者,喝喝而喘,坐而欲起。其言喘息者,玉机真脏篇谓:大骨枯槁,大肉陷下,胸中气满,喘息不便,内痛引肩项,身热,脱肉破䐃,真脏见,十月死。注云:是脾脏也。皆以至其月真脏脉见,乃予之期日。又谓:秋脉不及,其气来毛而微,其病在中,令人喘,呼吸少气而咳,上气见血,下闻病音。注云:音是肺中喘息之声也。举痛篇谓:劳则喘息汗出,内外皆越,故气耗矣。逆调篇:起居如故,而息有音。风论篇:[1]息而恶风口干善渴,不能劳事。奇病篇谓:有病痝,一日数十溲,身热如炭,颈膺如格,人迎躁盛,喘息气逆,此有余也。太阴脉微细如发,此不足也。病在太阴,其盛在胃,颇在肺,病名厥,死不治。缪刺篇谓:邪客手阳明之络,令人气满胸中,喘息而支胠,胸中热,刺其井。痿论篇谓:肺者脏之长,为心之盖也。有所失亡,所求不得,则发肺鸣,鸣则肺热叶焦,发为痿躄。注云:鸣者,喘息之声也。阴阳别论篇谓:阴争于内,阳扰于外,魄汗未藏,四逆而起,起则熏肺,使人喘鸣。又二阳之病发心脾,传为息贲,死不治。注云:息奔者,喘息而上奔,脾胃肠肺及心、互相传克故死。《灵枢》五邪篇谓:邪在肺,上气喘汗出。本藏篇谓:肺高则上气肩息,肝高则上支贲,切胁悗,为息贲。经筋篇谓:太阴筋病,其成息贲,胁急。其言上气而喘逆者,经脉别论[2]篇谓:太阳独至,厥喘虚气逆,是阴不足,阳有余。至真大要论谓:阳明在泉,主胜则腰重腹痛,少腹生寒,寒厥,上冲胸中,甚则喘不能久立。痹论篇谓:心痹者,烦则心下鼓,暴上气而喘。脉解篇谓:呕欬上气而喘者,阴气在下,阳气在上,诸阳气浮,无所依从故也。东垣解以此论秋冬之阴阳也。经气之燥寒在上阳也,脏气之金水在下阴也。所谓上喘而

---

〔1〕风论篇:原脱,此下所引之文出《素问·风论》篇,据补。
〔2〕别论:原脱,所引之文出《素问·经脉别论》篇,据补。

为水者,阴气下而复上,邪客脏腑间,故为水也。脉要篇谓:肝脉搏坚而长,当病坠若搏,因血在胁下,令人喘逆。其言喘咳者,脏气法时篇谓:肺病者,喘咳逆气,肩背痛。又肾病者,腹大胫肿,喘咳身重,寝汗憎风。刺热篇谓:肺热病者,恶风寒,舌上黄,身热,热争则喘咳,痛走胸膺背,头痛,汗出而寒。五常政篇谓:从革之纪,发喘咳。气交变篇谓:岁火太过,肺金受邪,少气喘咳。血溢血泄,嗌燥,中热,肩背热。岁金太过,甚则火气复之,喘咳逆气,肩背痛,咳逆甚而血溢。岁水太过,害在心火,病在中,上下寒甚则腹大胫肿,喘咳,寝汗出,憎风。六元正纪篇谓:少阴司天,三之气,大火行,病气厥心痛,寒热更作,咳喘。终之气,燥令行,余火内格,肿于上,咳喘,甚则血溢,内作寒中。至真大要论篇谓:少阴司天,胸中热,胠满,寒热喘咳,唾血。少阴司天,客胜少气发热,甚则胕肿血溢,咳喘。《灵枢·经脉》篇谓:肺是动病,肺胀满膨膨而喘咳,缺盆中痛。其言喘呕者,痹论篇谓:肺痹者,烦满喘而呕。至真大要篇谓;少阴司天,喘呕寒热。其言喘咳上气者,调经篇谓:风[1]有余喘咳上气。玉机篇谓:肺脉不及,喘,少气而咳,上气见血,下闻病音。夫诸篇节目之多如此,然犹是设为凡例者耳,何则? 盖圣人之言,举一邪而诸邪具,举一脏而五脏具,用是推之,其阴阳之变,百病之生,莫不各有所。穷其理之极致,唯张仲景得其旨,在伤寒证中,诸喘症者,皆因其邪动之机,以致方药务不失其气宜。若夫从后代集证类方者,不过从巢氏、严氏之说而已。独王海藏辩华佗云:肺气盛为喘。活人云:气有余则喘,气盛当认作气衰,有余当认作不足,肺气果盛与有余,则清肃下行,岂复为喘。以其火入于肺,炎烁真气,衰与不足而为喘焉。所言盛与有余者,非肺气也,肺中之火也。此语高出前辈,发千古所未发,惜乎但举其端,未尽乎火所兼行之气。何则? 如外感六淫,郁而成火者,则必与六淫相合,因内伤五邪相胜者,亦必与邪相并,遂有风热、暑热、湿热、燥热、寒热之分,诸逆冲上之火亦然,而有所从之气在焉。盖相火出于肝肾,厥阳之火气

────────────

[1]风:《素问·调经论》作“气”。同义。

起于五脏。夫火生于动，五脏主藏精，宅神乃火也。至若阴精先有所伤而虚，不能闭藏其气，遇有妄动，其神至则火随发而炎起，起于肾者，本脏寒水之气从之；起于肝者，本脏风木之气从之；起于脾者，湿气从之；起于心者，热气从之；起于肺者，燥气从之；所从者得以附火之炎而逆也。诸逆之气盛，先入于所胜之脏，甚而至于上焦，或因火而径冲于肺，此亦火之合并藏气五邪者也。此外，复有心火因逆气不得下降，奔迫于上者；有脏气之俱不足，其火浮溜于上而虚者；有离其宫室，而务于取胜，反自虚者。更有人之禀素弱者，有常贵后贱之脱营；常富后贫之气离守者。夫如是之病，虽有当攻之实，亦不重泻，大抵必从病机。大要治法曰：谨守病机，各司其属。有者求之，无者求之，盛者责之，虚者责之。必先五胜，疏其血气，令其调达，而致和平。凡处治虚实之法，尽在此数语矣。予今独引《内经》、《灵枢》诸篇纲目之详如此条者，盖欲令人知是集之百病，尽有纲目之当察，因书以为例。丹溪云：喘因气虚，火入于肺，有痰者，有火炎者，有阴虚，自小腹下起而上逆者，有气虚而致气短者，有水气乘肺者。戴复庵云：痰者，凡喘便有痰声，火炎者，乍进乍退，得食则减，食已则喘，大概胃中有实火，膈上有稠痰，得食坠下稠痰，喘即止，稍久食已入胃，反助其火，痰再升上，喘反大作，俗不知此，作胃虚治，以燥热之药，以火济火也。一人患此，诸医作胃虚治之不愈，后以导水丸，利五六次而愈，此水气乘肺也。若气短喘急者，呼吸急促而无痰声，有胃虚喘者，抬肩撷肚，喘而不休是也。盖肺主清阳上升之气，居五脏之上，通荣卫，合阴阳，升降往来，无过不及，何病之有。若内伤于七情，外感于六气，则肺气不清而喘作矣。外感风寒暑湿，脉人迎大于气口，必上气急不得卧，喉中有声，或声不出，审是风寒者，《局方》三拗汤、华盖散、《三因》神秘汤。审是湿者，渗湿汤。审是暑者，白虎汤。通用秘传麻黄汤加减，麻黄、有汗不去节，无汗去根节。川升麻、北细辛、桑白皮、桔梗、生甘草各等分，热加瓜蒌根，湿加苍术、姜、葱煎，温热服，或加川芎、干葛，则群队矣，暑喘勿用。仲景云：上气喘而躁者，属肺胀，欲作风水，发汗则愈。又云：咳而上气，此为肺胀，其人喘，目如脱状，脉浮大者,越婢加半夏汤主之。又云:肺胀,咳而上气,烦躁而喘,脉浮者,心下有水,小青龙加石膏主之。东垣麻黄定喘汤,麻黄苍术汤。以上皆外因。七情郁结,上气喘急,宜四磨汤、四七汤。内因。罗谦甫治石怜吉歹元帅夫人,年逾五十,身体肥盛,时霖雨不止,又饮酒及潼乳过,腹胀喘满,声闻舍外,不得安卧,大小便涩滞,气口脉大,两倍于人迎,关脉沉缓而有力。此霖雨之湿,饮食之热,湿热大盛,上攻于肺,神气躁乱,故为喘满。邪气盛则实,实者宜下之。故制平气散以下之,一服减半,再服喘愈,止有胸膈不利,烦热口干,时时咳嗽,再与加减泻白散全愈。内外俱因。仲景云:膈间支饮,其人喘满,心下痞坚,面色黧黑,其脉沉紧,得之数十日,医吐之不愈,木防己汤主之;虚者即愈,实者三日复发,复[1]与不愈者,宜木防己汤去石膏,加茯苓、芒硝汤主之。支饮不得息,葶苈大枣泻肺汤主之。云岐云:四七汤治痰涎咽喉中,上气喘逆甚效。风痰作喘,千缗汤,半夏丸。经验方定喘化痰,猪蹄甲四十九个净洗控干,每个指甲内入半夏、白矾各一字,装罐子内,封闭勿令烟出,火煅通赤,去火毒,细研,入麝香一钱匕,糯米饮下。人参半夏丸,化痰定喘。娄全善云:予平日用此方治久喘,未发时服此丸,已发时用沉香滚痰丸微下,累效。槐角利膈丸,亦可下痰。娄全善云:凡下痰定喘诸方,施之形实有痰者神效。若阴虚而脉浮大,按之涩者,不可下,下之必反剧而死。以上治痰例。初虞世云:火喘用白虎汤,加瓜蒌仁、枳壳、黄芩神效。双玉散治痰热而喘,痰涌如泉,寒水石、石膏各等分,为细末,人参汤下三钱,食后服。以上治实火例。经云:岁火大过,炎暑流行,肺金受邪,民病少气咳喘。又热淫所胜,病寒热喘咳。宜以人参、麦门冬、五味子救肺,童便炒黄柏、知母降火。平居则气平和,行动则气促而喘者,此冲脉之火,用滋肾丸。仲景云:火逆上气,咽喉不利,止逆下气,麦门冬汤主之。《保命》天门冬丸。以上治虚火例。丹溪云:喘须分虚实,久病是气虚,用阿胶、人参、五味补之。新病是气实,用桑白皮、葶苈泻之。《金匮》云:无寒热,短气不足以息者,

---

〔1〕复:原脱,据《金匮要略》第十二补。

实也。或又曰实喘者，气实肺盛，呼吸不利，肺窍壅滞，右寸沉实，宜泻肺。虚喘者肾虚，先觉呼吸气短，两胁胀满，左尺大而虚，宜补肾。邪喘者，由肺受寒邪，伏于肺中，关窍不通，呼吸不利，右寸沉而紧，亦有六部俱伏者，宜发散，则身热退而喘定。《三因》又云：肺实者，肺必胀，上气喘逆，咽中逆，如欲呕状，自汗。肺虚者，必咽干无津，少气不足以息也。《永类钤方》云：右手寸口气口以前阴脉，应手有力，肺实也，必上气喘逆，咽塞欲呕，自汗，皆肺实证。若气口以前阴脉，应手无力，必咽干无津少气，此肺虚证。右分虚实例。从前皆泻实例。今述补虚例于后。东垣云：肺胀膨膨而喘咳，胸膈满，壅盛而上奔者，于随证用药方中，多加五味子，人参次之，麦门冬又次之，黄连少许。如甚则交两手而瞀者，真气大虚也。若气短加黄芪、五味子、人参。气盛去五味子、人参，加黄芩、荆芥穗。冬月去荆芥穗，加草豆蔻仁。丹溪云：气虚者，用人参、蜜炙黄柏、麦冬、地骨皮之类。本草治咳嗽上气喘急，以人参一味为末，鸡子清投新水调下一钱。昔有二人同走，一含人参，一不含，俱走三五里许，其不含者大喘，含者气息自如，此乃人参之力也。娄全善治一妇人，五十余岁，素有痰嗽，忽一日大喘，痰出如泉，身汗如油，脉浮而洪，似命绝之状，速用麦门冬四钱，人参二钱，五味子一钱五分，煎服一贴，喘定汗止，三贴后，痰亦渐少，再与前方内加瓜蒌仁一钱五分，白术、当归、芍药、黄芩各一钱，服二十余贴而安。此实麦门冬、五味子、人参之功也。如自汗兼腹满，脉沉实而喘者，里实也。宜下之。以上治气虚例。丹溪云：喘有阴虚，自小腹下火起而上者，宜四物汤加青黛、竹沥、陈皮，入童便煎服。有阴虚挟痰喘者，四物汤加枳壳、半夏，补阴降火。愚谓归、地泥膈生痰，枳、半燥泄伤阴，不如用天门冬、桑皮、贝母、马兜铃、地骨皮、麦门冬、枇杷叶之属。以上治阴虚例。东垣曰：病机云：诸痿喘呕，皆属于上。辩云：伤寒家论喘呕以为火热者，是明有余之邪中于外，寒变而为热，心火太旺攻肺，故属于上。又云：膏粱之人，奉养太过，及过爱小儿，亦能积热于上而为喘咳，宜以甘寒之剂治之。《脉经》又云，肺盛有余，则咳嗽上气喘渴，烦心胸满短气，皆冲脉之火行于胸中而作也。系在下焦，非属上也。故杂病不足之邪,起于有余病机之邪,自是标本病传多说。饮食劳役,喜怒不节,水谷之寒热,感则害人六府,皆由中气不足。其膜胀腹满,咳喘,呕食不下,皆以大甘辛热之剂治之,则立已。今立热喘、寒喘二方于后。人参平肺散,治心火刑肺,传为肺痿,咳嗽喘呕,痰涎壅盛,胸膈痞闷,咽嗌不利。参苏温肺汤,治形寒饮冷则伤肺,喘,烦心胸满,短气不能宣畅。调中益气汤加减法,如秋冬月胃脉四道,为冲脉所逆,并胁下少阳脉二道而反上行,病名曰厥逆。其证气上冲咽不得息,而喘息有音不得卧,加茱萸五分或一钱,汤洗去苦,观厥气多少而用之。如夏月有此证,为大热也。盖此症随四时为寒热温凉,宜以酒黄连、酒黄柏、酒知母各等分,为细末,熟汤丸如桐子大。每服二百丸,白汤送下,空心服,仍多饮热汤,服毕少时,便以美膳压之,使不得胃中停留,直至下元,以泻冲脉之邪也。大抵治饮食劳倦所得之病,乃虚劳七损症也,当用温平甘多辛少之药治之,是其本法也。如时止见寒热病,四时症也。又或将理不如法,或酒食过多,或辛热之食作病,或寒冷之食作病,或居大寒大热之处益其病,当临时制宜,暂用大寒大热治法而取效,此从权也。不可以得效之故,而久用之,必致夭横矣。《黄帝针经》曰:从下上者,引而去之。上气不足,推而扬之。盖上气者,心肺上焦之气,阳病在阴,从阴引阳,宜以入肾肝下焦之药,引甘多辛少之药,使升发脾胃之气,又从而去邪气于腠理皮毛也。又曰:视前痛者,当先取之。是先以缪刺,泻其经络之壅塞者,为血凝而不流,故先取之,而后治他病。以上分寒热例。胃络不和,喘出于阳明之气逆。阳明之气下行,今逆而上行,古人以通利为戒,如分气紫苏饮,指迷七气汤加半夏,二陈汤加缩砂,施之为当。真元耗损,喘生于肾气之上奔。真阳虚惫,肾气不得归元,固有以金石镇坠,助阳接真而愈者,然亦不可峻骤,自先与安肾丸、八味丸辈,否则人参煎汤,下养正丹主之。肺虚则少气而喘。经云:秋脉者,肺也,秋脉不及则喘,呼吸少气而咳,上气见血,下闻病音,其治法则门冬、五味、人参之属是也。肺痹、肺积则久喘而不已。经云:淫气喘息,痹聚在肺。又云:肺痹者,烦满喘而呕。是肺痹而喘治法,或表之,或吐之,使气宣通而愈也。《难经》又云:肺之积名息贲,在右胁下，如杯，久不已，令人喘咳，发肺痈。治法则息贲丸，以磨其积是也。右治肺喘例。胃喘则身热而烦。经云：胃为气逆。又云：犯贼风虚邪者，阳受之，阳受之则入六腑，入六腑则身热，不时卧，上为喘呼。又云：阳明厥则喘而惋，惋则恶人，或喘而死者，或喘而生者何也？厥逆连脏则死，连经则生是也。惋，王注谓：热内郁而烦。凡此胃喘治法，宜加减白虎汤之类是也。右治胃喘例。肾喘则呕咳。经云：少阴所谓呕咳，上气喘者，阴气在下，阳气在上，诸阳气浮，无所依从，故呕咳、上气喘也。东垣治以泻白散是也。右治肾喘例。

【喘不得卧】凡喘而不得卧，其脉浮，按之虚而涩者，为阴虚，去死不远，慎勿下之，下之必死。宜四物加童便、竹沥、青黛、门冬、五味、枳壳、苏叶服之。《素问》逆调论：夫不得卧，卧则喘者，是水气之客也。夫水者，循津[1]液而流也，肾者水脏，主津液，主卧与喘也。东垣云：病人不得眠，眠则喘者，水气逆行，上乘于肺，肺得水而浮，使气不流通，其脉沉，大宜神秘汤主之。仲景云：咳逆倚息不得卧，小青龙汤主之。支饮亦喘不得卧，加短气，其脉平也。青龙汤下已，多唾口燥，寸脉沉，尺脉微，手足厥逆，气从小腹上冲胸咽，手足痹，其面翕然如醉状，因复下流阴股，小便难，时复冒者，与茯苓桂枝五味子甘草汤，治其气冲。冲气即低，而反更咳胸满者，用桂枝茯苓五味甘草汤去桂，加干姜、细辛各三两，以治其咳满。咳满即止，而更复渴，冲气复发者，以细辛、干姜为热药也，服之当遂渴，而渴反止者，为支饮也。支饮者，法当冒，冒者必呕，呕者复纳半夏以去其水。于桂苓甘草五味汤中去桂，加干姜、细辛、半夏是也。水去呕止，其人形肿者，加杏仁半升主之。其证应纳麻黄，以其人遂痹，故不纳之。若逆而纳之必厥。所以然者，以其人血虚，麻黄发其阳故也。用茯苓四两，甘草、干姜、细辛各三两，五味子、半夏、杏仁去皮尖各半升，右煎去渣，温、日三服。若面热如醉，此为胃[2]热所冲，熏其面，

---

〔1〕津：原作"经"，误，据《素问·逆调论》改。
〔2〕为胃：原作"胃为"，颠倒之误，据《金匮要略》第十二乙正。

加大黄三两以利之。《素问·逆调论》不得卧而息有音,是阳道之逆也。足三阳者下行,今逆而上行,故息有音也。阳明者,胃脉也。胃者六腑之海,其气亦下行,阳明逆,不得从其道,故不得卧也。《下经》曰:胃不和则卧不安,此之谓也。治法已见前。

哮

与喘相类,但不似喘开口出气之多。如《圣济总录》有名呷嗽者是也。以胸中多痰,结于喉间,与气相系,随其呼吸,呀呷于喉中作声。呷者口开,呀者口闭,乃开口闭口尽有其声。盖喉咙者,呼吸之气出入之门也。会厌者,声音之户也。悬雍者,声之关也。呼吸本无声,胸中之痰随气上升,沾结于喉咙及于会厌悬雍,故气出入不得快利,与痰引逆相击而作声也。是痰得之食味咸酸太过,因积成热,由来远矣,故胶如漆粘于肺系。特哮出喉间之痰去,则声稍息,若味不节,其胸中未尽之痰,复与新味相结,哮必更作,此其候矣。丹溪云:哮主于痰,宜吐法。治哮必用薄滋味,不可纯作凉药,必带表散。治哮方,用鸡子略击破壳,不可损膜,浸尿缸内三四日夜,煮吃效。盖鸡子能去风痰。又方,用猫屎烧灰,沙糖汤调下立效。哮喘遇冷则发者用二证:其一属中外皆寒,治法乃东垣参苏温肺汤,调中益气加茱萸汤,及紫金丹劫寒痰者是也。其二属寒包热,治法乃仲景、丹溪用越婢加半夏汤等发表诸剂,及预于八九月未寒之时,先用大承气汤下其热,至冬寒时无热可包,自不发者是也。遇厚味即发者,清金丹主之。

【产后喘】产后喉中气急喘促者,因所下过多,荣血暴竭,卫气无主,独聚肺中,故令喘也。此名孤阳绝阴,为难治。陈无择云:宜大料芎归汤,或用独参汤尤妙。若恶露不快散,血停凝,上熏于肺,亦令喘急,宜夺命丹、参苏饮、血竭散。若因风寒所伤,宜旋覆花汤。若因忧怒郁结,用小调经散,以桑白皮、杏仁煎汤调服。娄全善治浦江吴辉妻,孕时足肿,七月初旬产,后二月洗浴即气喘,但坐不得卧者五个月,恶风得暖稍宽,两关脉动,尺寸皆虚,百药不效,用牡丹皮、桃仁、桂枝、茯苓、干姜、枳实、厚朴、桑白皮、紫苏、五味子、瓜蒌仁煎汤服之即宽,二三服得卧,其痰如失盖作污血感寒治之也。

若伤咸冷饮食而喘者,宜见现丸。

【诊】:喘者,肺主气,形寒饮冷则伤肺,故其气逆而上行,冲急喝喝而息数,张口抬肩,摇身滚肚,是为喘也。喘逆上气,脉数有热,不得卧者,难治。上气面浮肿,肩息,脉浮大者危。上气喘息低昂,脉滑、手足温者生。脉涩、四肢寒者死。右寸沉实而紧,为肺感寒邪,亦有六部俱伏者,宜发散,则热退而喘定。右寸沉实为肺实,左尺大为肾虚。

短　气

短气者,气短而不能相续,似喘而非喘,若有气上冲,而实非气上冲也。似喘而不摇肩,似呻吟而无痛。《金匮》云:平人无寒热,短气不足以息者实也。丹溪治白云许先生脾疼胯疼短气,用大吐大下者二十余日,凡吐胶痰一大桶,如烂鱼肠或如柏油条者数碗而安。仲景论短气皆属饮。《金匮》云:夫短气有微饮,当从小便去之,苓桂术甘汤主之,肾气丸亦主之。又云:咳逆倚息,短气,不得卧,其形如肿,谓之支饮。又云:支饮亦喘而不得卧,加短气,其脉平也。又云:膈上有留饮,其人气短而渴,四肢历节痛,脉沉者,有留饮。又云:肺饮不弦,但苦喘短气,其治法,危急者,小青龙汤。胀满者,厚朴大黄汤。冒眩者,苓桂术甘汤,及泽泻汤。不得息,葶苈大枣汤。吐下不愈者,木防己汤之类是也。【胸痹】,胸中气塞[1],短气,茯苓杏仁甘草汤主之,橘枳姜汤亦主之。胸痹,喘息咳唾,胸背痛[2],短气,栝蒌薤白半夏汤主之。【磨积】,孙兆正元散,治气不接续气短,兼治滑泄及小便数,蓬莪术一两,金铃子去核二钱半,为末,入硼砂一钱,拣过研细和匀,每服二钱,盐汤或温酒调下,空心服。【补虚】,东垣云:胸满少气短气者,肺主诸气,五脏之气皆不足,而阳道不行也。气短小便利者,四君子汤去茯苓,加黄芪以补之,如腹中气不转者,更加甘草一半。肺气短促或不足者,加人参、白芍药,中焦用白芍药,

─────────────

〔1〕塞:原作"寒",形近之误,据《金匮要略》第九改。

〔2〕痛:原脱,据《金匮要略》第九补。

则脾中阳升，使肝胆之邪不敢犯之。如衣薄而短气，则添衣，于无风处居止，气尚短，则以沸汤一碗，薰其口鼻，即不短也。如厚衣于不通风处居止而气短，则宜减衣，摩汗孔令合，于漫风处居止。如久居高屋，或天寒阴湿所遏，令气短者，亦如前法薰之。如居周密小室，或大热而处寒凉气短，则就风日。凡短气，皆宜食滋味汤饮，令胃气调和。戴复庵云：短乏者，下气不接上，呼吸不来，语言无力，宜补虚，四柱饮，木香减半，加黄芪、山药各一钱。若不胜热药及痰多之人，当易熟附子作生附，在人活法，余皆仿此。药轻病重，四柱饮不足取效，宜于本方去木香，加炒川椒十五粒，更不效，则用椒附汤。上焦干燥，不胜热药者，宜于椒附汤中加人参一钱，寻常病当用姜附，而或上盛燥热不可服者，唯此最良。气短乏力之人，于进药之外，选一盛壮男子吸自己之气，嘘入病人口中，如此数次，亦可为药力一助，此法不特可治虚乏，寻常气暴逆致呃者，用之良验。

【针灸】，《灵枢》云：短气，息短不属，动作气索，补足少阴，去血络。

　　【诊】：寸口脉沉，胸中短气。阳脉微而紧，紧则为寒，微则为虚，微紧相抟，则为短气。

少　气

　　少气者，气少不足以言也。《素问》云：三阳绝，三阴微，是为少气。又云：怯然少气者，是水道不行，形气消索也。又云：言而微，终日乃复言者，此夺气也。其治法则生脉散、独参汤之属是也。运气少气有二：一曰火热。经云：火郁之发，民病少气。又云：少阴之复，少气骨痿。又云：少阳之复，少气脉痿。治以诸寒是也。二曰风湿。经云：太阳司天之政，四之气，风湿交争，风化为雨，民病大热少气是也。针灸少气有三：一曰补肺。经云：肺藏气，气不足则息微少气，补其经隧，无出其气。又云：肺虚则少气不能报息，耳聋嗌干，取其经太阴、足太阳之外，厥阴内血者是也。二曰补肾。经云：少气，身漯漯也，言吸吸也，骨酸体重[1]，懈惰不能动，补足少阴是

────────

〔1〕重：原脱，据《灵枢·癫狂》补。

也。三曰补气海。经云：膻中者，为气之海，其输上在于柱骨之上下，前在于人迎；气海不足，则气少不足以言，审守其输，调其虚实。所谓柱骨之上者，盖天容穴也。人迎者，结喉两旁之脉动处也。乃取天容、人迎二穴补之也。

【诊】鱼际络青短者，少气也。脾脉抟坚而长，其色黄，当病少气。一呼脉一动，一吸脉一动，曰少气。尺坚大脉小甚少气，悗有加立死。谓尺内坚而脉反小，而少气悗加也。

诸 呕 逆 门[1]

呕吐膈气总论

《洁古家珍》,吐证有三,气、积、寒也。皆从三焦论之,上焦在胃口,上通于天气,主内而不出。中焦在中脘,上通天气,下通地气,主腐熟水谷。下焦在脐下,下通于地气,主出而不纳。是故上焦吐者,皆从于气。气者、天之阳也。其脉浮而洪。其症食已暴吐,渴欲饮水,大便燥结,气上冲胸而发痛。其治当降气和中。中焦吐者,皆从于积,有阴有阳,食与气相假为积而痛。其脉浮而弦。其证或先痛而后吐,或先吐而后痛。法当以小毒药去其积,槟榔、木香和其气。下焦吐者,皆从于寒,地道也,其脉大而迟。其证朝食暮吐,暮食朝吐,小便清利,大便秘而不通。治法宜毒药通其闭塞,温其寒气,大便渐通,复以中焦药和之,不令大腑秘结而自愈也。《此事难知》,问呕吐哕,胃所主,各有经乎?答曰:胃者总司也,内有太阳、阳明、少阳三经之别,以其气血多少,而为声物有无之不同。即吐属太阳,有物无声,乃血病也。有食入即吐,食已则吐,食久则吐之别。呕属阳明,有物有声,气血俱病也。仲景云:呕多虽有阳明证,不可下。哕属少阳,无物有声,乃气病也。此以干呕为哕也。医家大法:食刹则吐为之呕,生姜半夏汤。食入则吐为之暴吐,生姜橘皮汤。食已则吐为之呕吐,橘皮半夏汤。食久则吐为之反胃,水煮金花丸。食再则吐为之翻胃,易老紫沉丸。且食不能暮食。则吐、食不下,脉实而滑,半夏生姜大黄汤下之。洁古论吐分三焦,其说盖本于黄帝,所谓气为上膈,食饮入而还出为下膈,食晬时乃反出之。其上焦食已暴吐者,今世谓之呕吐也。中下二焦食久而吐,食再而吐者,今世谓之膈气反胃也。分呕吐、膈气为二门。赵以德云:夫阴阳气血,随处有定分,独脾胃得之,则法天地人而三才之道备。故胃有上、中、下三脘,上脘法天为阳,下脘法地为阴,中脘法气交之分。阳清而阴浊,故阳所司者气,阴所司者血。然阳中亦有阴,阴中亦有阳,于是上脘气多血少,则体干道之变化动也。下脘血多气少,则体坤道之资生静也。中脘气血相半,故运上下动静升降之气行。由是物之入胃,各从其类聚。水饮者,物之清。谷食者,物之浊。然清中有浊,浊中有清,故饮之清者,必先上输于司气之肺,而后四布为津为液。清中之浊者,则下输膀胱以便溺出焉。食之清者,亦必先淫精于司血之心肝,以养筋骨经脉,更化荣卫,流注百骸。浊中之浊者,则自下脘变糟粕,传送下大肠出焉。若邪在上脘之阳则气停,气停则水积,故饮之清浊混乱,则为痰、为饮、为涎、为唾、变而成呕。邪在下脘之阴则血滞,血滞则谷不消,故食之清浊不分,而为噎塞、为痞满、为痛为胀、变而成吐。邪在中脘之气交者,尽有二脘之病。是故呕从气病,法天之阳,动而有声,与饮俱出,犹雷震必雨注也。吐从血病,法地之阴,静而无声,与食俱出,象万物之吐出于地也。气血俱病,法阴阳之气交,则呕吐并作,饮食皆出。然在上脘,非不吐食也,设阳中之阴亦病,则食入即吐,不得纳于胃也。非若中脘之食已而后吐,下脘之食久而方出。其下脘,非不呕也,设阴中之阳亦病,则吐与呕齐作,然呕少于吐,不若上脘之呕多于吐也。

呕吐漏气　走哺　吐食　干呕　恶心　呕苦
吐酸吞酸　呕清水　吐涎沫　呕脓[1]　呕虫[2]

东垣曰：夫呕、吐、哕者，皆属于胃，胃者总司也，以其气血多少为异耳。且如呕者、阳明也，阳明多血多气，故有声有物，气血俱病也。仲景云：呕多虽有阳明症，慎不可下。孙真人曰：呕家多服生姜，乃呕吐之圣药也。气逆者必散之，故以生姜为主。吐者、太阳也，太阳多血少气，故有物无声，乃血病也。有食入则吐，有食已则吐，以陈皮去白主之。哕者、少阳也，少阳多气少血，故有声无物，乃气病也。以姜制半夏为主。故朱奉议治呕、吐、哕，以生姜、半夏、陈皮之类是也。究三者之源，皆因脾气虚弱，或因寒气客胃，加之饮食所伤而致也。宜以丁香、藿香、半夏、茯苓、陈皮、生姜之类主之。若但有内伤而有此疾，宜察其虚实，使内消之，痰饮者必下之，当分其经，对证用药，不可乱也。《金匮》方，诸呕吐，谷不得下者，小半夏汤主之。又云：呕家本渴，渴者为欲解，今反不渴，心下有支饮故也，小半夏汤主之。用半夏一升，生姜半斤，水七升，煮取一升半，分温再服。又云：卒呕吐，心下痞，有水[3]眩悸者，小半夏加茯苓汤主之。即前方加茯苓四两也。然则生姜、半夏固通治呕吐之正剂矣，然东垣云：辛药生姜之类治呕吐，但治上焦气壅表实之病。若胃虚谷气不行，胸中闭塞而呕者，唯宜益胃推扬谷气而已，勿作表实用辛药泻之。故服小半夏汤不愈者，服大半夏汤立愈，此仲景心法也。寒而呕吐，则喜热恶寒，四肢凄清，或先觉咽酸，脉弱小而滑，因胃虚伤寒饮食，或伤寒汗下过多，胃中虚冷所致，当以刚壮温之，宜二陈汤加丁香十粒，或理中汤加枳实半钱，或丁香吴茱萸汤、藿香安胃散、铁刷汤，不效则温中汤，甚则附子理中汤，或治中汤加丁香，并须冷服。盖冷遇冷则相入，庶不吐出。罗谦甫云：诸药不愈者，

---

〔1〕呕脓：原误作"吐蚘"，据目录及后文改。

〔2〕呕虫：原脱，据目录及后文补。

〔3〕有水：此上《金匮要略》第十二有"膈间"二字。

红豆丸神效。曾有患人用附子理中汤、四逆汤加丁香,到口即吐,后去干姜,只参、附加丁、木二香,煎熟,更磨入沉香,立吐定。盖虚寒痰气凝结,丁、附既温,佐以沉、木香则通,干姜、白术则泥耳。热呕,食少则出,喜冷恶热,烦躁引饮,脉数而洪,宜二陈汤加黄连、炒栀子、枇杷叶、竹茹、干葛、生姜,入芦根汁服。《金匮》方,呕而发热者,小柴胡汤主之。洁古用小柴胡汤加青黛,以姜汁打糊丸,名清镇丸,治呕吐脉弦头痛,盖本诸此。胃热而吐者,闻谷气即呕,药下亦呕,或伤寒未解,胸中有热,关脉洪者是也,并用芦根汁。《金匮》方,呕吐而病在膈上,后思水,解,急与之,思水者,猪苓散主之。呕而胸满者,吴茱萸汤主之。呕而渴,煮枇杷叶汁饮之。呕而肠鸣,心下痞者,半夏泻心汤主之。气呕吐,胸满膈胀,关格不通,不食常饱,食则常气逆而吐,此因盛怒中饮食而然,宜二陈汤加枳实、木香各半钱,或吴茱萸汤,不效则丁沉透膈汤,及五膈宽中汤。食呕吐,多因七情而得,有外感邪气,并饮食不节而生,大概治以理中为先,二陈汤加枳实一钱,或加南星七分,沉香、木香各四分亦好,或只服枳南汤,或导痰汤。又有中脘伏痰,遇冷即发,俗谓之冷痫,或服新法半夏汤,或挝脾汤。有痰饮,粥药到咽即吐,人皆谓其番胃,非也,此乃痰气结在咽膈之间,宜先以姜苏汤下灵砂丹,俟药可进,则以顺气之药继之。外有吐泻及痢疾,或腹冷痛,进热药太骤,以致呕逆,宜二陈汤加砂仁、白豆蔻各半钱,沉香少许。呕吐诸药不效,当借镇重之药以坠其逆气,宜姜苏汤下灵砂丹百粒,俟药得止,却以养正丹、半硫丸导之。呕吐津液既去,其口必渴,不可因渴而遽以为热。若阴虚邪气逆上,窒塞呕哕,不足之病,此地道不通也。正当用生地黄、当归、桃仁、红花之类,和血、凉血、润血,兼用甘草以补其气,微加大黄、芒硝以通其闭,大便利,邪气去,则气逆呕哕自不见矣。复有胸中虚热,谷气久虚,发而为呕哕者,但得五谷之阴以和之,则呕哕自止。

漏气

身背皆热,肘臂牵痛,其气不续,膈间厌闷,食入即先呕而后下,名曰漏气。此因上焦伤风,闭其腠理,经气失道,邪气内着,麦门冬汤主之。

走哺

下焦实热,大小便不通,气逆不续,呕逆不禁,名曰走哺。人参汤主之。

吐食

上焦气热上冲,食已暴吐,脉浮而洪,宜先降气和中,以桔梗汤调木香散二钱,隔夜空腹服之,三服后,气渐下,吐渐去,然后去木香散,加芍药二两,黄芪一两半,同煎服之,病愈则止。如大府燥结,食不尽下,以大承气汤去芒硝微下之,少利为度,再服前药补之。如大便复结,又依前微下之。《保命集》用荆黄汤调槟榔散。中焦吐食,由食积与寒气相格,故吐而疼,宜服紫沉丸。《金匮》大黄甘草汤,治食已即吐,又治吐水。吐食而脉弦者,由肝胜于脾而吐,乃由脾胃之虚,宜治风安胃,金花丸、青镇丸主之。《金匮》茯苓泽泻汤,治胃反吐而渴欲饮水者。

干呕

《金匮》方,干呕哕,若手足厥者,陈皮汤主之。卒干呕不息,取甘蔗汁温服半升,日三,或入生姜汁。捣葛根绞取汁服。

恶心

恶心干呕,欲吐不吐,心下映漾,人如畏船,宜大半夏汤,或小半夏茯苓汤,或理中汤、治中汤皆可用。《金匮》方,病人胸中似喘不喘,似呕不呕,似哕不哕,彻心中愦愦[1]然无奈者,生姜半夏汤主之。胃气虚弱,身重有痰,恶心欲吐,是邪气羁绊于脾胃之间,当先实其脾胃,茯苓半夏汤主之。旧有风证,不敢见风,眼涩眼黑,胸中有痰,恶心兀兀欲吐,但遇风觉皮肉紧,手足难举动,重如石,若在暖室,少出微汗,其证随减,再遇风,病复如是,柴胡半夏汤主之。仲景云:病人欲吐者,不可下之,又用大黄甘草治食已即吐何也?曰欲吐者,其病在上,因而越之可也。而逆之使下,则必抑塞愦乱而益以甚,故禁之。若既已吐矣,吐而不已有升无降,则当逆而折

---

〔1〕愦愦:原作"愦愦",形近之误,据《金匮要略》第十七及修敬堂本改。

之,引令下行,无速于大黄者也,故不禁也。兵法曰:避其锐,击其惰,此之谓也。丹溪泥之,而曰凡病呕吐,切不可下,固矣夫。

呕苦

经云:善呕,呕有苦,长太息,邪在胆,逆在胃。胆液泄则口苦,胃气逆则呕苦,故曰呕胆。取[1]三里,以下胃气逆,则刺少阳血络,以闭[2]胆逆,却调虚实,以去其邪。又云:口苦呕宿汁,取阳陵泉,为胃主呕而胆汁苦,故独取胆与胃也。阳明在泉,燥淫所胜,病善呕,呕有苦。又云:阳明之胜,呕苦,治以苦温、辛温。是运气呕苦,皆属燥也。

吐酸 吞酸附

东垣曰:病机云:诸呕吐酸,皆属于热。辨云:此上焦受外来客邪也,胃气不受外邪故呕。《伤寒论》云:呕家虽有阳明证,不可攻之,是未传入里,三阴不受邪也,亦可见此症在外也,仲景以生姜、半夏治之。孙真人云:呕家多用生姜,是呕家圣药。以杂病论之。呕吐酸水者,甚则酸水浸其心,不任其苦,其次则吐出酸水,令上下牙酸涩不能相对,以大辛热剂疗之必减。吐酸,呕出酸水也。酸味者收气也,西方肺金旺也。寒水乃金之子,子能令母实,故用大咸热之剂,泻其子,以辛热为之佐,以泻肺之实。以病机之法作热攻之者误矣,盖杂病醋心,浊气不降,欲为中满,寒药岂能治之乎。丹溪曰:或问吞酸,《素问》明以为热,东垣又以为寒,何也?曰吐酸与吞酸不同,吐酸似吐出酸水如醋,平时津液随上升之气郁而成积,成积既久,湿中生热,故从木化,遂作酸味,非热而何。其有郁积之久,不能自涌而出,伏于肺胃之间,咯不得上,咽不得下,肌表得风寒则内热愈郁而酸味刺心,肌表温暖腠理开发,或得香热汤丸,津液得行亦可暂解,非寒而何。《素问》言热者,言其本也。东垣言寒者,言其末也。但东垣不言外得风寒,而作收气立说,欲泻肺金之实。又谓寒药不可治酸,而用安胃汤、加减二陈

〔1〕取:原在"胆"字上,系颠倒之误,据《灵枢·四时气》乙转。
〔2〕闭:原作"开",形近之误,据《灵枢·四时气》改。

汤,俱犯丁香,且无治热湿郁积之法,为未合经意。予尝治吞酸,用黄连、茱萸各制炒,随时令迭为佐使,苍术、茯苓为辅,汤浸蒸饼为小丸吞之,仍教以粝食蔬果自养,则病易安。中脘有饮则嘈,有宿食则酸,故常嗳宿腐,气逆,咽酸水;亦有每晨吐清酸水数口,日间无事者;亦有膈间常如酸折,皆饮食伤于中脘所致。生料平胃散加神曲、麦芽各一钱,或八味平胃散,有热则咽醋丸。膈间停饮积久,必吐酸水,神术丸。酒癖停饮吐酸水,干姜丸。风痰眩冒,头痛恶心,吐酸水,半夏、南星、白附生为末,滴水丸桐子大,以生面为衣,阴干。每服十丸至二十丸,姜汤送下。参萸丸,可治吞酸,亦可治自利。酸心,用槟榔四两,陈皮二两,末之。空心生蜜汤下方寸匕。

呕清水

经云:太阴之复,呕而密默,唾吐清液,治以甘热。是呕水属湿,一味苍术丸主之。《金匮》方,心胸中有停痰宿水,自吐出水后,心胸间虚,气满不能食,茯苓饮主之。能消痰气,令能食。又云:渴欲饮水,水入则吐者,名曰水逆,五苓散主之。《千金方》治痰饮,水吐无时节者,其原因冷饮过度,遂令脾胃气羸,不能消于饮食,饮食入胃则皆变成冷水,反吐不停者[1],赤石脂散主之。赤石脂捣筛服方寸匕,酒饮时稍加至三匕,服尽一斤,终身不吐痰水,又不下利。

吐涎沫

《金匮》方,干呕吐逆,吐涎沫,半夏干姜散主之。半夏、干姜各等分,杵为散,取方寸匕,浆水一升半,煎至七合,顿服之。干呕,吐涎沫,头痛者,吴茱萸汤主之。妇人吐涎沫,医反下之,心下即痞,当先治其吐涎沫,小青龙汤主之;涎沫止,乃治痞,泻心汤主之。

呕脓

仲景云:呕家[2]有痈脓,不可治呕,脓尽自愈。《仁斋直指》以

---

〔1〕者:原作"皆",误,据《千金翼方》卷十九第四改。
〔2〕呕家:此下原衍"虽",据《金匮要略》第十七删。

地黄丸汤主之。

呕虫

仲景以吐蛔为胃中冷之故，则成蛔厥，宜理中汤加炒川椒五粒，槟榔半钱，吞乌梅丸。胃欬之状，欬而呕，呕甚则长虫出，亦用乌梅丸。取胃三里。有呕吐诸药不止，别无他证，乃蛔在胸膈作呕，见药则动，动则不纳药，药出而蛔不出，虽非吐蛔之比，亦宜用吐蛔药，或于治呕药中入炒川椒十粒，蛔见椒则头伏故也。

【诊】：形状如新卧起。阳紧阴数，其人食已即吐。阳浮而数，亦为吐。或浮大，皆阳偏胜阴不能配之也，为格，主吐逆，无阴和之。寸紧尺涩，其人胸满不能食而吐。寸口脉数，其人则吐。寸口脉细而数，数则为热，细则为寒，数为呕吐。《金匮》问数为热，当消谷引食，而反吐者，何也？曰以发其汗，令阳微，膈气虚脉乃数，数为客热，不能消谷，胃中虚冷故吐也。趺阳脉微而涩，微则不利，涩则吐逆，谷不得入。或浮而涩，浮则虚，虚伤脾，脾伤则不磨，朝食暮吐名反胃。寸口脉微而数，微则血虚，血虚则胃中寒。脉紧而涩者，难治。关上脉浮大，风在胃中，心下澹澹，食欲呕。关上脉微浮，积热在胃中，呕吐蛔虫。关上脉紧而滑者，蛔动。脉紧而滑者，吐逆。脉小弱而涩，胃反。浮而洪为气。浮而匿为积。沉而迟为寒。趺阳脉浮，胃虚，呕而不食，恐怖者难治，宽缓生。寒气在上，阴气在下，二气并争，但出不入。先呕却渴，此为欲解；先渴却呕，为水停心下，属饮。脉弱而呕，小便复利，身有微热，见厥者死。呕吐大痛，色如青菜叶者死。

胃反 即膈噎

《金匮要略》云：发汗令阳微，膈气虚，脉乃数，数为客热，不能消谷，胃中虚冷，其气无余，朝食暮吐，变为胃反。又云：趺阳脉浮而涩，浮则为虚，涩则伤脾，脾伤则不磨，朝食暮吐，暮食朝吐，宿食不化，名曰胃反。《伤寒论》太阳病，吐后汗出，不恶寒发热，关脉细数，欲食冷食，朝食暮吐。注以晨食入胃，胃虚不能克化，至暮胃气行里，与邪相搏，则食反出也。《巢氏病源》亦曰：荣卫俱虚,血气不足,停水积饮在胃脘,即藏冷,藏冷则脾不磨,而宿食不化,其气逆而成反胃,则朝食暮吐,甚则食已即吐。王太仆注《内经》亦曰:食不得入,是有火也;食入反出,是无火也。由是后世悉以胃虚为寒,而惟用辛香大热之剂以复其阳。虽有脉数,为邪热不杀谷者,亦用。殊不思壮火散气,其大热之药,果能复气乎。丹溪谓膈噎反胃之病,得之七情六淫,遂有火热炎上之化,多升少降,津液不布,积而为痰为饮,被劫时暂得快,七情饮食不节,其证复作,前药再行,积成其热,血液衰耗,胃脘干槁,其槁在上,近咽之下,水饮可行,食物难入,入亦不多,名之曰噎。其槁在下,与胃为近,食虽可入,难尽入胃,良久复出,名之曰膈,亦曰反胃。大便秘少若羊矢。然必外避六淫,内节七情,饮食自养,滋血生津,以润肠胃,则金无畏火之炎,肾有生水之渐,气清血和则脾气健运,而食消磨传送行矣。此论膈噎之久病者也。然而亦有病未久,而食入即反出之不已与膈噎形状同者,何以言之?《内经》谓厥阴之复,呕吐,饮食不入,入而复出,甚则入脾,食痹而吐。王注食痹者,食已心下痛,阴阴然不可忍也,吐出乃止,此胃气逆而不下行也。又胃脉夹散,当病食痹。又肺病传之肝,曰肝痹,胁痛出食。与夫《金匮要略》复有肝中寒、心中风、厥阴之为病,三者皆食入则吐,则必又从其病由之邪而治也。大抵反胃亦必如前条治吐,分气、积、寒三法可也。奈后世概用调气之剂,制一方名十膈散,治十般膈气,今人守之为良方,略古圣贤而勿论。夫治病之道,非中其邪,而病岂能愈乎。予试以昔尝求邪而得验者明之。一男子壮年,食后必吐出数口,却不尽出,膈上时作声,面色如平人,知其病不在脾胃而在膈间,问其得病之由,乃因大怒未止,辄吃面,即时有此证。料之以怒甚则血菀于上,积在膈间,有碍气之升降,津液因聚为痰为饮,与气相搏而动,故作声也。用二陈汤加香附、韭汁、莱菔子服二日,以瓜蒂散、酸浆吐之,再一日又吐,痰中见血一盏,次日复吐,见血一钟,其病即愈。一中年人中脘作痛,食已则吐,面紫霜色,两关脉涩,知其血病也。问之乃云跌仆后中脘即痛,投以生新推陈血剂,吐出停血碗许,则痛不作而食亦不出矣。咽喉闭塞,胸膈膨满,似属气滞，暂宜香砂宽中丸，开导结散而已。然服耗气药过多，中气不运而致者，当补气而使自运，补气运脾汤。李绛疗反胃呕吐无常，粥饮入口即吐，困倦无力垂死者，以上党人参三大两，劈破，水一大升，煮取四合，热顿服。大便燥结如羊矢，闭久不通，似属血热，止可清热润养，小著汤丸，累累加之，关扃自透。滋血润肠汤，姜汁炙大黄，人参利膈丸，玄明粉少加甘草。然服通利药过多，致血液耗竭而愈结者，当补血润血而使自行。有因火逆冲上，食不得入，其脉洪大有力而数者，滋阴清膈散，加枇杷叶二钱，芦根一两。或痰饮阻滞而脉结涩者，二陈汤入竹沥、姜汁。痰多，食饮才下，便为痰涎裹住不得下者，以来复丹控其痰涎，自制涤痰丸，半夏曲、枯矾、皂角火炙刮去皮弦子、玄明粉、白茯苓、枳壳各等分，霞天膏和丸。有因脾胃阳火内衰，其脉沉微而迟者，以辛香之药温其气，却宜丁沉透膈汤、五膈宽中散、嘉禾散之类，仍以益阴之药佐之。瘀血在膈间，阻碍气道而成者居多，以代抵当丸作芥子大，取三钱，去枕仰卧，细细咽之，令其搜逐停积，至天明利下恶物，却好将息自愈。五灵脂治净为细末，黄犬胆汁和丸，如龙眼大。每服一丸，好酒半盏温服，不过三服效，亦行瘀血之剂也。亦有虫者，以秦川剪红丸取之，此丸亦取瘀血。《本事方》芫花丸，治积聚停饮痰水生虫，久则成反胃及变为胃痈。其说在《灵枢》及《巢氏病源》。有实积而无内热者，古方厚朴丸、万病紫菀丸，当如方服之，能取下虫物。治反胃，用新汲水一大碗，留半碗，将半碗水内细细浇香油，铺满水面上，然后将益元散一贴，轻轻铺满香油面上，须臾自然沉水底，此即阴阳升降之道。用匙搅匀服，却将所留水半碗荡药碗漱口令净，吐既止，却进末子凉膈散，通其大小便，未效再进一贴益元及凉膈即效也。此方极验。童便降火、竹沥行痰、韭汁行血、人乳汁、牛乳汁补虚润燥、芦根汁止呕、茅根汁凉血、姜汁佐竹沥行痰、甘蔗汁和胃、驴尿杀虫、仍入烧酒、米醋、蜜各少许和匀，隔汤顿温服。自制通肠丸，大黄酒浸、滑石飞研，各二两，陈皮去白、厚朴姜制，各一两半，人参、当归、贯众去毛、干漆炒烟尽，各一两，木香、槟榔各七钱半，三棱煨、蓬术煨、川芎、薄荷、玄明粉、雄黄、桃仁泥、甘草各五钱，俱各另取细末，用竹

沥、童便、韭汁、人乳、驴尿、芦根汁、茅根汁、甘蔗汁、烧酒、米醋、蜜
各二杯,姜汁一杯,隔汤煮浓,和丸如芥子大。每服三钱,去枕仰
卧,唾津咽下,通利止后服。服此丸及前诸汁后,得药不反,切不可
便与粥饭及诸饮食,每日用人参五钱,陈皮二钱,作汤细啜,以扶胃
气,觉稍安,渐渐加人参,旬日半月间,方可小试陈仓米饮及糜粥。
仓廪未固,不宜便贮米谷,常见即食粥饭者,遂致不救。又有反胃,
因叫呼极力,破损气喉,气喉破漏,气壅胃管,胃受气亦致反胃,法
在不治,或用牛喉管焙燥服之。张子和十膈五噎浪分支派疏,病派
之分,自巢氏始,病失其本,亦自巢氏始,何则? 老子曰:少则得,多
则惑。且俗谓噎食一症,在《内经》原无多语,惟曰三阳结谓之膈。
三阳者,大肠、小肠、膀胱也。结谓结热也。小肠结热则血脉燥,大
肠结热则后不圊,膀胱结热则津液涸,三阳俱结则前后秘涩。下既
不通,必反上行,此所以噎食不下,纵下而复出也。谓胃为水谷之
海,日受其新,以易其陈,一日一便,乃常度也。今病噎者,三五七
日不便,乖其度也。岂非三阳俱结于下,大肠枯涸,所食之物为咽
所拒,纵入太仓,还出喉咙,此阳火不下推而上行也。经曰:少阳所
至,为呕,涌溢食不下。又气厥论云:肝移寒于心,为狂,膈中。注
阳与寒相搏,故膈食而中不通,此膈热与寒为之也,非独专于寒也。
六节藏象云:人迎四盛以上为格阳。王太仆云:阳盛之极,故膈拒
而食不入。《正理论》云:格则吐逆,故膈亦当为格,后世强分为五
噎,后又别为十膈五噎,其派既多,其惑滋甚,人之溢食,初未必遽
然也。初或伤酒食,或胃热欲吐,或胃风欲吐,医氏不察本原,火里
烧姜,汤中煮桂,丁香未已,豆蔻继之,荜拨未已,胡椒继之。虽曰
和胃,胃本不寒。虽曰补胃,胃本不虚。设如伤饮,止可逐饮。设
如伤食,止可逐食。岂可言虚,便将热补。素热之人,三阳必结,三
阳既结,食必上潮。医者犹云胃寒不纳,烧针著艾,三阳转结。分
明一句,到了难从。不过抽薪退热,最为紧要。扬汤止沸,愈急愈增。
岁月弥[1]深,为医所误。人言可下,退阳养阴,张眼吐舌,恐伤元气,

---

〔1〕弥:原作"深",据《儒门事亲》卷三改。

止[1]在冲和。闭塞不通，肠宜通畅，是以肠鸣，肠既不通，遂成噎病。或曰忧恚气结，亦可下乎。予曰忧恚盘礴，便同火郁，太仓公见此皆下，法废以来，千年不复。今代刘河间治膈气噎食用承气三乙汤，独超近代。今予不恤，姑示后人。用药之时，更详轻重。假如秘久，慎勿顿攻。总得攻开，必虑后患。宜先润养，小著汤丸，累累加之，关扃自透。其或咽噎，上阻痰涎，轻用苦酸，微微涌出。因而治下，药势易行，设或不行，蜜盐下导，始终勾引，两药相通，结散阳消，饮食自下。莫将巴豆，耗却天真，液燥津枯，留毒不去。人言此病，曾下夺之，从下夺来，转虚转痞。此为巴豆，非大黄、牵牛之过也。箕城一酒官，病呕吐，逾年不愈，皆以胃寒治之，丁香、半夏、青、陈、姜、附、种种燥热，烧锥燎艾，莫知其数，或少愈，或复剧，且十年大便涩燥，小便赤黄，予视之曰，诸痿喘呕，皆属于上。王太仆云：上谓上焦也。火气炎上之气，谓皆热甚而为呕。以四生丸下三十行，燥粪肠垢何啻如斗，其人昏困一二日，频以冰水呷之，渐投凉乳酪、芝麻饮，时时咽之。数日后大啜饮食，精神气血如昔，继生三子，至五十岁。

【诊】：寸口脉微而数，微则无气，无气则荣虚，荣虚则血不足，血不足则胸中冷。趺阳脉浮而涩，浮则为虚，涩则伤脾，脾伤则不磨，朝食暮吐，暮食朝吐，完谷不化，名曰胃反。脉紧而涩，其病难治。脉弦者虚也，胃气无余，朝食暮吐，变为胃反，寒在于上，医反下之，令脉反弦，故名曰虚。胃脉奕而散者，当病食痹。至真要论云：食痹而吐。肾脉微缓为洞，洞者食不化，下嗌还出。沉缓而无力，或大而弱，为气虚。数而无力，或涩小，为血虚。数而有力为热。寸关沉，或伏、或大而滑数，是痰。寸关脉沉而涩，是气。反胃之脉，沉细散乱，不成条道，沉浮则有，中按则无，必死不治。更参面色，不欲黄白，亦不欲纯白，皆恶候也。年高病久，元气败坏，手足寒冷，粪如羊矢，沫大出者，皆不治。

---

〔1〕止：原作"上"，形近之误，据《儒门事亲》卷三改。

噎

　　噎谓饮食入咽而阻碍不通,梗涩难下,有下者,有不得下者,有吐者,有不吐者,故别立门。血槁者,地黄、麦门冬、当归煎膏,入韭汁、乳汁、童便、芦根汁、桃仁泥,和匀,细细呷之。大便秘涩,加桃仁泥、玄明粉,或用人参散。有实积者,可暂用厚朴丸,亦可用昆布丸。食物下咽,屈曲自膈而下,梗涩作微痛,多是瘀血,用前膏子药润补之后,以代抵当丸行之。有生姜汁煎方,用生姜汁、白蜜、牛酥各五两,人参去芦末,百合末各二两,内铜锅中,慢火煎如膏,不拘时候含一匙,如半枣大,津咽;或煎人参汤,调下一茶匙亦得,此虚而燥者宜之。手巾布裹舂杵头糠,时时拭齿,治卒噎。刮舂米杵头细糠吞之,或煎汤呷,或炼蜜丸,含咽津亦得。杵头糠、人参末、石莲肉末、柿霜、玄明粉等分,舐吃。枇杷叶拭去毛炙,陈皮去白各一两,生姜半两,水煎分温三服。噎病,喉中如有肉块,食不下,用昆布二两,洗去咸水,小麦二合,水三大盏煎,候小麦烂熟去滓,每服不拘时,吃一小盏,仍拣取昆布,不住含三两片咽津极效。噎病声不出,竹皮饮。东垣曰:堵塞咽喉,阳气不得出者,曰塞。阴气不得下降者,曰噎。夫噎塞迎逆于咽喉胸膈之间,令诸经不行,则口开目瞪气欲绝,当先用辛甘气味俱阳之药,引胃气以治其本,加堵塞之药,以泻其标也。寒月阴气大助阴邪于外,于正药内加吴茱萸,大热大辛苦之味,以泻阴寒之气。暑月阳盛,则于正药中加青皮、陈皮、益智、黄柏,散寒气泄阴火之上逆,或以消痞丸合滋肾丸。滋肾丸者,黄柏、知母、微加肉桂,三味是也。或更加黄连别作丸。二药七八十丸,空心约宿食消尽服之,待少时以美食压之,不令胃中停留也。以上诸法,悉于补中益气汤加减之。

　　膈咽不通,并四时换气用药法《黄帝针经》云:胃病者,腹䐜胀,胃脘当心而痛,上支两胁,膈咽不通,饮食不下,取三里。夫咽者,咽物之门户也。膈者,上焦心肺之分野。不通者,升降之气上不得下交。又云:清气在下,则生飧泄,泄黄如糜,米谷不化者是也。浊气在上则生䐜胀,腹中胀满,不得大便,或大便难,先结后溏皆是也。浊气在上,当降而不降者,乃肾肝吸入之阴气不得下,而反在上也。胃气逆上,或为呕,或为吐,或为哕者,是阴火之邪上冲,而吸入之气不得,入故食不下也。此皆气冲之火,逆胃之脉反上而作者也。清气在下则生餐泄者,胃气未病之日,当上行心肺而经营也,因饮食失节,劳役形体,心火乘于土位,胃气弱而下陷入阴中,故米谷入而不得升,反降而为餐泄也。膈咽之间,交通之气,不得表里者,皆冲脉上行逆气所作也。盖胃病者,上肢两胁,膈咽不通,饮食不下,取三里者是也。《针经》云:清浊相干,乱于胸中,是为大悗,悗者惑也。气不交通,最为急证,不急去之,诸变生矣。圣人治此有要法,阳气不足,阴气有余,先补其阳,后泻其阴,是先令阳气升发在阳分,而后泻阴也。春夏之月,阳气在经,当益其经脉,去其血络。秋冬阳气降伏,当先治其脏腑。若有噎有塞,塞者,五脏之所生,阴也,血也。噎者,六腑之所生,阳也,气也。二者皆由阴中伏阳而作也。今立四时用药并治法于后。冬三月,阴气在外,阳气内藏,当外助阳气,不得发汗,内消阴火,勿令泄泻,此闭藏周密之大要也。盛冬乃水旺之时,水旺则金旺,子能令母实,肺者肾之母,皮毛之阳,元本虚弱,更以冬月助其令,故病者善嚏,鼻流清涕,寒甚则出浊涕,嚏不止,比常人尤大恶风寒,小便数而欠,或上饮下便,色清而多,大便不调,夜恶无寐,甚则为痰欬,为呕,为哕,为吐,为唾白沫,以至口开目瞪,气不交通欲绝者,吴茱萸丸主之。夏三月大暑,阳气在外,阴气在内,以此病而值此时,是天助正气而制其邪气,不治而自愈矣。然亦有当愈不愈者,盖阴气极盛,正气不能伸故耳。且如膈咽不通,咽中如梗,甚者前证俱作,治法当从时,用利膈丸泻肺火,以黄芪补中汤送下。如两足痿厥,行步怯怯,欹侧欲倒,臂臑如折,及作痛而无力,或气短气促而喘,或不足以息,以黄芪、人参、甘草、白术、苍术、泽泻、猪苓、茯苓、橘皮等作汤,送下滋肾丸一百五十丸。六七月之间,湿热之令大行,气短不能言者,加五味子、麦门冬。如心下痞,膨闷食不下,以上件白术、苍术等汤,送下消痞丸五七十丸,更当审而用之。

【诊】:寸口脉浮大,医反下之,此为大逆,浮即无血,大即为寒,寒气相搏，即为肠鸣，医不知而反与饮水，令汗大出，水得寒气，冷必相搏，其人即噎，寸口脉紧而芤，紧则为寒，芤则为虚，虚寒相搏，脉为阴结而迟，其人则噎。

吐　利

成无己云：若止呕吐而利，经谓之吐利是也。上吐下利，躁扰烦乱，乃谓之霍乱。其与但称吐利者有异也。盖暴于旦夕者为霍乱，可数日久者为吐利。《纲目》以霍乱与伤寒吐利合为一门，今仍分为二，而以徐而日久者入此门。《脉经》云：心乘肝必吐利。《内经》云：厥阴所至，为呕泄。又云：木太过曰发生，发生之纪，上徵则气逆，其病吐利，是风木之为吐利者。又云：水太过曰流衍，流衍之纪，其动漂泄沃涌，是寒水之为吐利者也。漂泄谓泻利，沃涌为吐沫也。《金匮》云：干呕而利者，黄芩加半夏、生姜汤主之。黄芩汤亦主之。海藏云：上吐下泻不止，当渴而反不渴，脉微细而弱者，理中汤主之。丹溪云：泄泻或呕吐，生姜汁汤调六一散服。洁古云：有痰而泄利不止，甚则呕而欲吐，利下而不能食，由风痰羁绊脾胃之间，水煮金花丸主之。

霍乱干霍乱[1]

陈无择曰：霍乱者，心腹卒痛，呕吐下利，憎寒壮热，头痛眩晕，先心痛则先吐，先腹痛则先利，心腹俱痛，吐利并作，甚则转筋入腹则毙。盖阴阳反戾，清浊相干，阳气暴升，阴气顿坠，阴阳痞隔，上下奔迫，宜详别三因以调之。外因，伤风则恶风有汗，伤寒则恶寒无汗，冒湿则重著，伤暑则烦热。内因，九气所致，郁聚痰涎，痞隔不通，遂致满闷，随其胜复，必作吐利。或饱食脍炙，恣餐乳酪、冰脯、寒浆、旨酒，胃既膜胀，脾脏停凝，必因郁发，遂成吐利，当从不内外因也。或问霍乱病，亦复有他论者乎，曰尝考之《内经》，有太阴所至，为中满霍乱吐下。有土郁之发，民病呕吐霍乱注下。上湿

---

〔1〕干霍乱：原脱，据本册目录及后文补。

土霍乱,即仲景五苓散、理中丸之类。有岁土不及,风乃大行,民病霍乱餐泄。上土虚风胜霍乱,即罗谦甫桂苓白术散之类。有热至则身热霍乱吐下。右热霍乱,即《活人书》香薷散之类。《灵枢》有足太阴之别,名曰公孙,去本节后一寸,别走阳明;其别者,入络肠胃。厥气上逆则霍乱,实则肠中切痛,虚则蛊胀,取之所别。有清气在阴,浊气在阳,营气顺脉,卫气逆行,清浊相干,乱于肠胃,则为霍乱。取之足太阴、阳明,不下,取之三里。巢氏因此一条,乃云霍乱者,由阴阳清浊二气相干,乱于肠胃间,因遇饮食而变,发则心腹绞痛。挟风而实者,身发热,头痛体疼。虚者但心腹痛而已。亦有因饮酒食肉腥脍,生冷过度,居处不节,或露卧湿地,或当风取凉,风冷之气归于三焦,传于脾胃,水谷不化,皆成霍乱。自巢氏之说行,后世守之以为法,无复知《内经》诸条者矣。至刘河间乃云吐下霍乱,三焦为水谷传化之道路,热气甚则传化失常,而吐泻霍乱,火性躁动故也。世俗止谓是停食者误也。转筋者,亦是脾胃土衰,肝木自甚,热气燥烁于筋,则筋挛而痛,亦非寒也。张戴人则以风湿暍三气合而为邪。盖脾湿土为风木所克,郁则热乃发,发则心火炎上故呕吐,呕吐者暍也。脾湿下注故注泄,注泄者湿也。风急甚故筋转,转筋者风也。可谓善推病情者乎。王海藏亦谓风湿热外至,生冷物内加,内外合病者,此条殆似之矣。凡治病当从《内经》随宜施治,安可执一端而已哉。然则此病当以何为要,曰脾胃之湿为本,诸邪感动者为病之由。然其间脾胃有虚有实,邪有阴阳相干之孰甚,皆宜消息处治。至若《明理论》谓伤寒吐利者,由邪气所伤。霍乱吐利者,由饮食所伤。其有兼伤寒之邪,内外不和者,加之头痛发热而吐利者,是霍乱伤寒也。原仲景之意,岂必在饮食始为是病,彼于寒邪传入中焦,胃气因之不和,阴阳否隔者,安得不有以致之乎。不然,何以用理中、四逆等汤治之。此疾多生夏秋之交,纵寒月有之,亦多由伏暑而然,病之将作,必先腹中疗痛,吐泻之后,甚则转筋,此兼风也。手足厥冷,气少唇青,此兼寒也。身热烦渴,气粗口燥,此兼暑也。四肢重著,骨节烦疼,此兼湿也。伤风、伤寒,当于伤寒吐利门中求之。若风暑合病,宜石膏理中汤。暑湿相搏,宜二香散。夏月中暑霍乱,上吐下利,心腹撮痛,大渴烦躁,四肢逆冷,汗自出,两脚转筋,宜香薷饮,井底沉极冷,顿服之。桂苓白术汤亦妙。罗谦甫治蒙古人,因食酒肉、饮潼乳,得吐泻霍乱症,脉沉数按之无力,所伤之物已出矣。即以新汲水半碗调桂苓白术散,徐徐服之,稍得安静,又于墙阴掘地约二尺许,入新汲水搅之澄清,名曰地浆,用清一杯再调服之,渐渐气和,吐泻遂止。翼日微烦渴,却以钱氏白术散,时时服之良愈。或问用地浆者何也?曰坤为地,地属阴土,平日静顺,感至阴之气,又于墙阴贮新汲水,取重阴之气也。阴中之阴能泄阳中之阳,霍乱症由暑热内伤而得之,故痹论云:阴气者,静则神藏,躁则消亡。又加暑热,七神迷乱,非至阴之气何由息乎?又治提学侍其公七十九岁,中暑霍乱吐泻,昏冒不知人,脉七八至洪大无力,头热如火,足寒如冰,半身不遂,牙关紧急,此年高气弱,不任暑气,阳不维阴则泻,阴不维阳则吐,阴阳不相维则既吐且泻矣。前人见寒多以理中汤,热多以五苓散,作定法治之。今暑气极盛,阳明得时之际,况因动而得之,中暑明矣。非甘辛大寒之剂不能泄其暑热,坠浮焰之火而安神明也。遂以甘露散甘辛大寒泻热补气加茯苓以分阴阳,冰[1]水调灌之,渐省人事,诸症悉去后,慎言语,节饮食三日,以参术调中汤以意增减服之,理其正气,逾旬方平复。戴氏云:人于夏月多食瓜果及饮冷乘风,以致食留不化,因食成痞,隔绝上下,遂成霍乱。六和汤倍藿香煎熟,调苏合香丸。湿霍乱,除湿汤、诃子散。七情郁结,五脏六腑互相刑克,阴阳不和,吐利交作,七气汤。霍乱转筋,吐泻不止,头目昏眩,须臾不救者,吴茱萸汤。霍乱吐利转筋,四肢逆冷,须臾不救,急以茱萸食盐汤。霍乱多寒,肉冷脉绝,宜通脉四逆汤。有宜吐者,虽已自吐利,还用吐以提其气,用二陈汤探吐,或樟木煎汤亦可吐,或白矾汤亦可吐。《三因》吐法,用极咸盐汤三升,热饮一升,刺口令吐,宿食便尽,不吐更服,吐讫仍饮,三吐乃止,此法胜他法远矣。俗人鄙而不用,坐观其毙,哀哉。吐后随证调理,亦有可下者。《保命集》云:夫伤寒霍乱者,其

---

〔1〕冰:原作“水”,形近之误,据虞衙本改。

本在于阳明胃经也。胃者水谷之海，主禀四时，皆以胃气为本，与脾脏为表里，皆主中焦之气，腐熟水谷。脾胃相通，湿热相合，中焦气滞，或因寒饮，或因饮水，或伤水毒，或感湿气，冷热不调，水火相干，阴阳相搏，上下相离，荣卫不能相维，故转筋挛痛，经络乱行，暴热吐泻。中焦、胃气所主也。有从标而得之者，有从本而得之者，有从标本而得之者。六经之变，治各不同，察其色脉，知犯何经，随经标本各施其治，此治霍乱之法也。如头痛发热，邪自风寒而来，中焦为热相半之分，邪稍高者居阳分，则为热，热多饮水者，五苓散以散之。如邪稍下者居阴分，则为寒，寒多不饮水者，理中丸以温之。如吐利后，有表者解之，汗出厥者温之。如既吐且利，小便利，大汗出，内外热者，亦温之，如吐下后汗出，厥逆不解，脉欲绝者，四逆等汤治之。伤寒吐泻转筋，身热脉长，阳明本病也。宜和中平胃散、建中汤，或四君子汤。脉浮自汗者，四君子加桂五钱主之。脉浮无汗者，四君子加麻黄五钱主之。伤寒吐泻转筋、胁下痛，脉弦者，木克土也，故痛甚。平胃散加木瓜五钱，亦可治宜建中加柴胡、木瓜汤。伤寒吐泻后，大小便不通，胃中实痛者，四君子加大黄一两主之。伤寒吐泻转筋，腹中痛，体重，脉沉而细者，宜四君子加芍药高良姜汤。伤寒吐泻，四肢拘急，脉沉而迟，此少阴霍乱也。宜四君子加姜附厚朴汤。厥阴霍乱，必四肢逆冷，脉微缓，宜建中加附子当归汤。戴复庵云：霍乱之病，挥霍变乱，起于仓卒，与中恶相似，但有吐利为异耳。其证胸痞腹疼，气不升降，甚则手足厥逆，冷汗自出，或吐而不泻，或泻而不吐，或吐泻兼作，或吐泻不透，宜苏合香丸以通其痞塞，继进藿香正气散加木香半钱，仍以苏合香丸调吞来复丹。若果泻已甚，则不可用来复丹，泻而不吐，胸膈痞满，先以阴阳汤，或浓盐汤顿服，以导其吐。已吐未吐，并藿香正气散，间进苏合香丸。吐而不泻，心腹疼痛，频欲登圊，苦于不通，藿香正气散加枳壳一钱，多下来复丹。欲捷则用生枳壳。若更不能作效，逼迫已甚，其势不容不用神保丸，但神保虽能通利，亦入大肠而后有功。若隔于上而不能下，转服转秘，须用来复丹研末汤调，吞下养正丹百粒，庶可引前药到下。吐泻兼作，心腹缠扰未安者，藿香正气散加官桂、木香各半钱，不愈则投四顺汤。吐利不止，元气耗散，病势危笃，或水粒不入，或口渴喜冷，或恶寒战掉，手足逆冷，或发热烦躁欲去衣被，此盖内虚阴盛，却不可以其喜冷欲去衣被为热，宜理中汤，甚则附子理中汤，不效则四逆汤，并宜放十分冷服。霍乱已透，而余吐余泻未止，腹有余痛，宜一味报秋豆叶煎服，干者尤佳。霍乱并诸吐泻后，胸膈高起，痞塞欲绝，理中汤加枳实半钱，茯苓半钱，名枳实理中汤。吐泻已愈，而力怯精神未复者，十补散。

【转筋】陈氏云：转筋者，以阳明养宗筋，属胃与大肠。今暴吐下津液顿亡，外感四气，内伤七情，饮食甜腻，攻闭诸脉，枯削于筋，宗筋失养，必致挛缩。甚则舌卷囊缩者，难治也。刘宗厚云：冷热不调，阴阳相搏，故转筋挛痛，甚者遍体转筋，此实阴阳之气反戾，风寒乘之，筋失血气所荣，而为挛缩急痛也。又河间论转筋皆属火。丹溪谓属血热。二公之论转筋，非因于霍乱者。其不因霍乱而转筋者，诚如二公之言。亦有血虚筋失所养，则转而急痛不能舒也。若夫霍乱而转筋，则陈氏、刘氏备矣。亦有荣血中素有火热，卒然霍乱而风寒外束，荣中之热内郁，而其势猖狂，则筋亦为之转动也。大抵霍乱见此症，甚者多不可救，宜急治之，木瓜煮汁饮之。香薷煮汁饮之。烧栀子二十枚，研末熟水调下。热者宜之。理中汤去术，加生附子一枚。或理中汤加冻胶剉炒一钱，或以造曲蓼汁暖热浸，或用浓盐汤浸，仍令其縶缚腿胫，若筋入腹及通身转筋者，不可治。寒者宜之。《直指》木瓜汤。皂角末一小豆许，入鼻中取嚏。蓼花一把，去两头，以水二升半，煮一升半，顿服之。灸承山二十七壮，神效。【烦渴】陈氏云：阴阳反戾，清浊相干，水与谷并，小便闭涩，既走津液，肾必枯燥，引饮自救，烦渴必矣。止渴汤主之。霍乱烦渴，以增损缩脾饮主之，能解伏热，消暑毒，止吐利。霍乱之后，服热药太多，烦躁作渴，尤宜服之。霍乱吐泻后，烦渴饮水，宜茯苓泽泻汤。霍乱已愈，烦热多渴，小便不利，宜小麦门冬汤。霍乱后，恶心懒食，口干多渴，宜白术散。霍乱后，利不止，冷汗出，腹胁胀，宜乌梅散。霍乱后，下利无度，腹中疞痛，宜黄连丸。霍乱后，下利见血，宜止血汤，赤石脂汤。洁古老人云：霍乱转筋，吐泻不止，病在中焦，阴阳交而不和,发为疼痛。此病最急,不可与分毫粥饮,谷气入胃则必死矣。《保命集》云:凡霍乱慎勿与粟米粥汤,入胃即死。如吐泻已多,欲住之后,宜以稀粥渐渐补养,以迟为妙。

【诊】:霍乱,遍身转筋,肚痛,四肢厥冷欲绝者,其脉洪大易治。脉微囊缩舌卷不治。霍乱之后,阳气已脱,或遗尿而不知,或气少而不语,或膏汗如珠,或大躁欲入水,或四肢不收,皆不可治也。

干霍乱

忽然心腹胀满搅痛,欲吐不吐,欲泻不泻,燥乱愦愦无奈,俗名搅肠沙者是也。此由脾土郁极而不得发,以致火热内扰,阴阳不交,或表气发为自汗,或里气不通而作腹痛。然膈上为近阳也,膈下为近阴也。若欲阴阳之气行,必先自近从上开之,阳气得通,则先下之阳也。若欲阴阳之气行,必死于其火也。曰方论皆谓脾胃有宿食,与冷气相搏,子何言为火耶?曰神志昏冒,烦躁闷乱,非诸躁狂越之为属火者乎。不急治即死,非暴病暴死之属火者乎。但处治不可过于攻,攻之过则脾愈虚,亦不可过于热,热之过则内火愈炽,不可过于寒,寒之过则火必与捍格,须反佐以治。然后郁可升,食可出,而火可散矣。古方有用盐熬,调以童便,非独用其降阴之不通,阴既不能,其血亦不行,兼用行血药也。此诚良法,足可为处方者比类矣。丹溪云:吐提其气,最是良法,吐中兼有发散之义。有用解散者,不用凉药,但二陈汤加川芎、苍术、防风、白芷。戴复庵法:先以浓盐汤顿服,次调苏合香丸,吞下来复丹,仍进藿香正气散加木香、枳壳各半钱。厚朴汤、活命散、冬葵子汤。刺委中穴,并十指头出血亦好。

【妊娠霍乱】若先吐或腹痛吐利,是因于热也。若头痛体疼发热,是挟风邪也。若风折皮肤,则气不宣通,而风热上冲为头痛。若风入肠胃,则泄利呕吐,甚则手足逆冷,此阳气暴竭,谓之四逆。妊娠患多致损胎也。薛氏曰:若因内伤饮食,外感风寒,用藿香正气散。若因饮食停滞,用平胃散。果脾胃顿伤,阳气虚寒,手足厥冷,须用温补之剂,治当详审,毋使动胎也。人参散、人参白术散、缩脾饮、木瓜煎、竹茹汤、四君子汤、理中丸、香薷饮。

【产后霍乱】陈氏云：因脏腑虚损，饮食不消，触冒风冷所致。若热而饮水者，五苓散。寒而不饮水者，理中丸。虚冷者加附子，来复丹尤妙。予谓宜参之于《保命集》治法。

关　格

关者不得小便，格者吐逆，上下俱病者也。格则吐逆。九窍、五藏、阴极自地而升，是行阳道，乃东方之气，金石之变，上壅是也。极则阳道不行，反闭于上，故令人吐逆，是地之气不能上行也。逆而下降，反行阴道，故气填塞而不入，则气口之脉大四倍于人迎，此清气反行浊道也，故曰格。关则不便。下窍、六府、阳极自天而降，是行阴道，乃西方之气，膏粱之物，下泄是也。极则阴道不行，反闭于下，故不得小便，是天之气不得下通也。逆而上行，反行阳道，故血脉凝滞而不通，则人迎之脉大四倍于气口，此浊气反行清道也，故曰关。或问关格之病因何如？曰《内经》以脏腑阴阳之病，诊见于外者，则在人迎气口，谓人迎一盛病在少阳，二盛病在太阳，三盛病在阳明，四盛以上为格阳。寸口一盛病在厥阴，二盛病在少阴，三盛病在太阴，四盛以上为关阴。人迎与寸口俱盛，四倍以上为关格。关格之脉赢，不能极于天地之精气则死矣。注谓格者阳盛之极，故格拒而食不得入也。关者阴盛之极，故关闭而溲不通也。《灵枢》亦尝三言之，其二者，皆如《内经》之论人迎气口之盛分经脉也。但更谓盛者是足经，盛而躁者是手经。至人迎四盛，且大且数，名曰溢阳，溢阳为外格。手太阴脉口四盛，且大且数，名曰溢阴，溢阴为内关。内关不通，死不治。人迎与太阴脉口俱盛四倍以上，命曰关格，关格者与之短期。而人迎与脉口俱盛三倍以上，命曰阴阳俱溢，如是不开，则血脉闭塞，气无所行，流淫于中，五脏内伤矣。凡刺之道，从所分人迎一盛、三盛、五盛泻其阳，补其所合之阴，二泻一补；寸口亦然，分泻其阴，补其所合之阳，二补一泻[1]，皆以上气和乃止。其一言邪在腑则阳脉不和，阳脉不和则气留之，

---

〔1〕二补一泻：原误作"二泻一补"，据《灵枢·终始》改。

气留之则阳气盛矣。阳气太盛则阴不利,阴脉不利则血留之,血留之则阴气盛矣。阴气太盛则阳气不能荣也,故曰关。阳气太盛则阴气不能荣也。故曰格。阴阳俱盛不得相荣也,故曰关格。关格者,不得尽期而死也。由此而观,前之论人迎寸口者,为人迎主外,气口主内,故分三阴三阳,气之多寡,定一盛二盛三盛而言也。若此之不言人迎寸口者,殆亦有谓焉。何则? 此因论脉度及之,而以手足十二经周行上下者,是大经隧,然一阴一阳经相为脏腑之表里者,即有支横之路,通其内外,脏腑阴阳之气〔1〕与之相荣,故在两手寸关尺六部以为诊法。浮则为府,沉则为脏者,于阴阳之盛,岂尽从其部而见耶,故不复言人迎气口耳,及张仲景之言关格者,则可见矣。如谓寸口脉浮而大,浮为虚,大为实,在尺为关,在寸为格,关则不得小便,格则吐逆。又谓心脉洪大而长,是心之本脉也。上微头小者,则汗出,下微本大者,则为关格不通,不得尿。头无汗者可治,有汗者死。又云:趺阳脉伏而涩,伏则吐逆,水谷不化,涩则食不得入,名曰关格。盖胃者水谷之海,营之居也。营者营卫之根源,营之机不动,则卫气不布,卫气不布则脉伏,伏则谷不化而吐逆,荣气不行则脉涩,涩则食不入,如是皆为外格,未见内关之病,亦通言为关格矣。注乃又以涩脉为脾病,且脾者阴脏也。脾病则阴盛,阴盛当为内关,岂以外格其饮食不入耶。盖关格之名义,格者拒捍其外,入者不得内。关者闭塞其内,出者不得泄。岂不明且尽乎。后世妄以小便不通为格,大便不通为关,泛指在下阴阳二窍者为言,及乎阴阳之大法者,不复穷已,抑非独此也。复有以阴阳格绝之证,通为关格之病者,是非错乱,有可叹焉。夫隔绝之证,具于《内经》者,有曰隔则闭绝,上下不通者,暴忧之病也。注云:忧愁则气闭塞不行,血脉断绝,故大小便不得通。有曰病久则传化行上下不并,良医勿为。又有三阳结谓之隔。注云:小肠膀胱热结也,小肠热结则血脉燥,膀胱热结则津液涸〔2〕,故隔塞而不便。又

---

〔1〕阴阳之气:原作"之阴阳气",颠倒之误,据修敬堂本乙转。
〔2〕涸:原作"固",形近之误,据修敬堂本改。

谓三阳积则九窍皆塞。又谓阳蓄积病死而阳气当隔,隔者当泻,不亟正治,粗乃败之。原此数条,其与关格果何如耶。丹溪书云:必用吐,提其气之横格,不必在出痰也。又云:有痰二陈汤吐之,吐中便有降。中气不运者,补气药中升降,此盖窃其治小便之法填于条下,蹈世俗之弊而不悟,悲夫。又考之王氏《脉经》,从八十一难谓:有太过,有不及,有阴阳相乘,有覆有溢,有关有格。然关之前者,阳之动也,脉当见九分而浮,过者、法曰太过,减者、法曰不及。遂上鱼为溢,为外关内格,此阴乘之脉也。关以后者,阴之动也,脉当见一寸而沉,过者、法曰太过,减者、法曰不及。遂入尺为覆,为内关外格,此阳乘之脉也。故覆溢是其真藏之脉,人不病自死。大抵亦人迎气口之互见者也。云岐子云:阴阳易位,病名关格。胸膈上阳气常在,则热为主病。身半已下,阴气常在,则寒为主病。寒反在胸中,舌上白胎,而水浆不下,故曰格,格则吐逆。热在丹田,小便不通,故曰关,关则不得小便。胸中有寒,以热药治之。丹田有热,以寒药治之。若胸中寒热兼有,以主客之法治之,治主当缓,治客当急。柏子仁汤、人参散、既济丸、槟榔益气汤、木通二陈汤、导气清利汤、加味麻仁丸、皂角散。孙尚药治奉职赵令仪女,忽吐逆,大小便不通,烦乱,四肢渐冷,无脉,凡一日半,与大承气汤一剂,至夜半,渐得大便通,脉渐和,翼日乃安。

呃 逆

呃逆,即《内经》所谓哕也。或曰成无己、许学士固以哕为呃逆,然东垣、海藏又以哕为干呕,陈无择又以哕名欬逆,诸论不同,今子独取成、许二家之说,何也? 曰哕义具在《内经》,顾诸家不察耳。按《灵枢》杂病篇末云:哕以草刺鼻,嚏,嚏而已;无息而疾迎引之立已;大惊之亦可已。详此经文三法,正乃治呃逆之法。按呃逆用纸捻刺鼻便嚏,嚏则呃逆立止;或闭口鼻气使之无息,亦立已;或作冤盗贼大惊骇之,亦已。此予所以取成、许二家之论哕为呃逆,为得经旨也。若以哕为干呕,设使干呕之人,或使之嚏,或使之无息,或使之大惊,其干呕能立已乎,哕非干呕也明矣。若以哕名欬逆,按《内经》生气通天论曰:秋伤于湿,上逆而欬。阴阳应象论曰:秋伤于湿,冬生欬嗽。以此论之,则欬逆为欬嗽无疑,以春夏冬三时比例自见。孙真人《千金》曰:欬逆者嗽也,本自明白,后人不知何以将欬逆误作呃逆,失之远矣。赵以德曰:成无己云哕者俗谓之欬逆,呃呃然有声,然引欬逆是哕非也。《内经》以哕与欬逆为两证,哕是胃病,欬逆是肺病,谓胃气逆为哕。注云:胃为水谷之海,肾与为关,关闭不利,则气逆而上,胃以包容水谷,性喜受寒寒谷相搏,故为哕也。又谓阳明之复,欬哕。太阳之复,呕出清水及为哕噫。少阴之复,哕噫。《灵枢》亦谓谷入于胃,胃气上注于肺,今有故寒气与新谷气俱还入于胃,新故相乱,真邪相攻,气并相逆,复出于胃故为哕,补手太阴泻足少阴。张仲景言哕者,皆在阳明证中,谓湿家下之太早则哕,而阳明病不能食,攻其热必哕,皆因下后胃气虚而哕者也。至有风热内壅,气不能通,有潮热,时时哕者,与小柴胡汤和解之。哕而腹满,视前后知何部不利,利之者,此皆可治之证。至若病极谵语,甚者至哕,又不尿腹满加哕者,皆不治。丹溪先生亦尝谓呃逆、气逆也,气自脐下直冲,上出于口,而作声之名也。《内经》谓诸逆冲上,皆属于火。东垣谓是阴火上冲,而吸之气不得入,胃脉反逆,由阴中伏阳而作也,从四时用药法治。古方悉以胃弱言之,而不及火,且以丁香、柿蒂、竹茹、陈皮等剂治之,未审孰为降火,孰为补虚。人之阴气,依胃为养,胃土伤损则木气侮之,此土败木贼也。阴为火所乘,不得内守,木挟相火乘之,故直冲清道而上,言胃弱者、阴弱也,虚之甚也。病人见此,似为危证。然亦有实者,不可不知。嗟乎!圣人之言胃气逆为哕者,非由一因而逆,缘王太仆用《灵枢》之意,竟作肾寒逆上之病注之,由是后代方论,或用热剂治寒,或用辛温散气。安知脾与胃,一阴一阳也,二者不和亦逆。肾肝在下,相凌亦逆,且肾之逆,未可便谓之寒也。左肾主水,性本润下,乌能自逆,必右肾相火炎上,挟其冲逆,须观所挟多寡,分正治反治以疗之。肝木之风,从少阳相火冲克者,亦必治火,皆当如先生所言者以治。若别有其故而哕者,又必如仲景法,随其攸利而治之。刘宗厚曰:呃逆一证,有虚有实,有火有痰,有水气,不可专作寒论。盖伤寒发汗吐下之后,与泻利日久,及大病后、妇人产后有此者,皆脾胃气血大虚之故也。若平人食入太速而气噎,或饮水喜笑错喉而气抢,或因痰水停隔心中,或因暴怒气逆痰厥,或伤寒热病失下而有此者,则皆属实也。夫水性润下,火性炎上,今其气自下冲上,非火而何。大抵治法,虚则补之,虚中须分寒热,如因汗吐下后,误服寒凉过多,当以温补之。如脾胃阴虚,火逆上冲,当以平补之。挟热者,凉而补之。若夫实者,如伤寒失下,地道不通,因而呃逆,当以寒下之。如痰饮停蓄,或暴怒气逆痰厥,此等必形气俱实,别无恶候,皆随其邪之所在,涌之泄之,清之利之也。胃伤阴虚,木挟相火直冲清道而上者,宜参术汤下大补阴丸。吐利后胃虚寒者,理中汤加附子、丁香、柿蒂。吐利后胃虚热者,橘皮竹茹汤。《三因方》云:凡吐利后多作哕,此由胃中虚、膈上热故哕,或至八九声相连于气不回,至于惊人者,若伤寒久病得此甚恶,《内经》所谓坏病者是也。丹溪治赵立道年近五十,质弱多怒,暑月因饥后大怒,得滞下病,口渴,自以冷水调生蜜饮之,痢渐缓,五七日后,诊脉稍大不数,遂令止蜜水,渴时且以参术汤调益元散与之,痢亦渐收。七八日后觉倦甚发呃,知其因下久而阴虚也。令守前药,然利尚未止,又以炼蜜与之,众皆尤药之未当,欲用姜附,曰补药无速效,附子非补阴者,服之必死。众曰冷水饮多,得无寒乎。曰炎暑如此,饮凉非寒,勿多疑,待以日数,药力到当自止,又四日而呃止,滞下亦安。又治陈择仁年近七十,素厚味,有久嗽病,新秋患滞下,食大减,至五七日后呃作,脉皆大豁,众以为难。丹溪曰:形瘦者尚可为,以参术汤下大补丸,七日而安。娄全善治其兄九月得滞下,每夜五十余行,呕逆食不下,五六日后加呃逆,与丁香一粒嚼之立止,但少时又至,遂用黄连泻心汤加竹茹饮之,呃虽少止,滞下未安。若此者十余日,遂空心用御米壳些少涩其滑,日间用参、术陈皮之类补其虚。自服御米壳之后,呃声渐轻,滞下亦收而安。以上吐利后补虚例。仲景云:哕而腹满,视其前后,知何部不利,利之即愈。大肠结燥,脉沉数者,调胃承气汤。大便不通,哕数谵语,小承气汤。丹溪治超越陈氏二十余岁,因饱后奔走数里患哕,但食

物则连哕百余声,半日不止,饮酒与汤则不作,至晚发热,脉涩数,
以血入气中治之,用桃仁承气汤加红花煎服,下污血数次,即减,再
用木香和中丸加丁香服之,十日而愈。右下例,有实积者宜之。又治
一女子,年逾笄,性躁味厚,炎月因大怒而呃作,作则举身跳动,脉
不可诊,神昏不知人,问之乃知暴病。视其形气俱实,遂以人参芦
二两煎汤,饮一碗,大吐顽痰数碗,大汗昏睡一日而安。人参入手
太阴,补阴中之阳者也。芦则反是,大泻太阴之阳。女子暴怒气
上,肝主怒,肺主气,经曰怒则气逆,因怒逆肝木,乘火侮肺,故呃
大作而神昏。参芦善吐,痰尽则气降而火衰,金气复位,胃气得和
而解。右宣例,痰郁者宜之。《三因》云:哕而心下坚痞眩悸者,膈间
有痰水所为,虚不禁吐者,宜二陈汤、导痰汤加姜汁、竹沥。亦有
污血而哕者,丹溪治超越陈氏用桃仁承气汤是也。虚不禁下者,
于蓄血门求轻剂用之。仲景云:哕逆者,陈皮竹茹汤主之。又云:
干呕哕,若手足厥者,陈皮汤主之。《本事方》用枳壳五钱,木香
二钱半,细末,每服一钱,白汤调下。孙兆方用陈皮二两去白,水
煎通口服,或加枳壳一两,此皆破气之剂,气逆者宜之。唯陈皮竹
茹汤,气逆而虚者宜之。水寒相搏者,小青龙汤。寒甚加附子尖炒。
洁古柿钱散,《宝鉴》丁香柿蒂散,羌活附子汤,皆热剂,唯寒呃
宜之。戴复庵以热呃,唯伤寒有之。其他病发呃者,皆属寒,用半
夏一两,生姜一两半,水一碗,煎半碗热服。或用丁香十粒,柿蒂
十个切碎,白水一盏半煎。或理中汤加枳壳、茯苓各半钱,半夏一
钱,不效更加丁香十粒。亦有无病偶然致呃,此缘气逆而生,重者
或经一二日,宜小半夏茯苓汤加枳实半夏汤,或煎汤泡萝卜子研
取汁,调木香调气散,乘热服,逆气用之最佳。若胃中寒甚,呃逆
不已,或复加以呕吐,轻剂不能取效,宜丁香煮散,及以附子粳米
汤,增炒川椒、丁香,每服各二三十粒。治呃逆,于脐下关元灸七
壮,立愈,累验。又方,男左女右,乳下黑尽处一韭叶许,灸三壮,甚
者二七壮。

【诊】:心脉小甚为哕。肺脉散者不治。哕声频密相连者为实,
可治。若半时哕一声者为虚,难治,多死在旦夕。

【产后呃逆】此恶候也。急灸期门三壮，神效。屈乳头向下尽处是穴，乳小者，乳下一指为率。男左女右，与乳正直下一指陷中动脉处是穴，炷如小豆大，穴真病立止。丁香散、羌活散，桂心五钱，姜汁三合，水煎服。参附汤。右皆热剂。干柿一个切碎，以水一盏，煎六分热呷。内有热，不禁热剂者可用。

噫　气

《内经》所谓噫，即今所谓嗳气也。宣明五气论，以心为噫。痹论，以心痹者，脉不通，烦则心下鼓，暴上气而喘，嗌干善噫。至真大要论，以太阳司天，少阴之复，皆为哕噫。四时刺逆从论，刺中心一日死，其动为噫。阴阳别论，二阳一阴发病，主惊骇背痛，善噫善欠，名曰风厥。脉解，太阴所谓上走心为噫者，阴盛而上走于阳明，阳明络属心，故曰上走心为噫也。此乃噫从心出者也。厥阴在泉，腹胀善噫，得后与气，则快然如衰。玉版论，太阴终者，善噫。《灵枢》云：足太阴是动病，腹胀善噫。又云：寒气客于胃，厥逆从下上散，复出于胃，故为噫。仲景谓上焦受中焦气未和不能消，是故能噫。卫出上焦。又云：上焦不归者，噫而酢酸。不归，不至也。上焦之气不至其部，则物不能传化，故噫而吞酸。由是观之，噫者是火土之气郁而不得发，故噫而出。王注解心为噫之义，象火炎上，烟随焰出。如痰闭膈间，中气不得伸而嗳者，亦土气内郁也。仲景云：痞而噫，旋覆代赭汤主之。《本事方》心下蓄积，痞闷或作痛，多噫败卵气，枳壳散主之。丹溪云：胃中有实火，膈上有稠痰，故成嗳气。用二陈汤加香附、栀子仁、黄连、苏子、前胡、青黛、瓜蒌，或丸或汤服之。

【诊】：寸口脉弱而缓，弱者阳气不足，缓者胃气有余，噫而吞酸，食卒不下，气填于膈上。寸脉紧，寒之实也。寒在上焦，胸中必满而噫。趺阳脉微而涩，微无胃气，涩即伤脾，寒在膈而反下之，寒积不消，胃微脾伤，谷气不行，食已自噫。寒在胸膈，上虚下实，谷气不通，为闭塞之病。趺阳脉微涩，及寸脉紧而噫者，皆属寒。太阴终者，腹胀闭，噫气呕逆。

诸逆冲上

逆气，五脏皆有。一曰心、小肠。经云：诸逆冲上，皆属于火。又云：少腹控睾，引腰脊，上冲心，邪在小肠，取之肓原以散之，刺太阳以予之，取厥阴以下之，取巨虚、下廉以去之，按其所过之经以调之是也。二曰胃。经云：胃为气逆是也。胃逆有呕有吐有哕，故刺呕吐取中脘、三里也。刺哕取乳下黑根尽处，及脐下三寸，皆大验也。治各见本门。三曰肺、大肠。经云：肺苦气上逆，急食苦以泄之。又云：腹中常鸣，气上冲胸，喘不能久立，邪在大肠，刺肓之原，巨虚、下廉是也。其肺逆曰咳喘，取天突、人迎泄之也。治亦各有门。四曰肝。经云：肝气逆则耳聋不聪，颊肿，取血是也。五曰肾。即奔豚气逆、脚气冲心之类是也。治亦各有门。六曰肾。经云：督脉别络生病，从少腹上冲心而痛，不得前后，为冲疝是也。

运气厥逆有三：一曰风火。经云：少阳司天，火气下临，风行于地，厥逆，膈不通是也。二曰寒。经云：水郁之发，善厥逆是也。三曰湿。经云：太阴司天，湿气下临，厥逆是也。

经云：逆气象阳。凡气逆必见象阳证，面赤脉洪，当以法降其逆乃愈。若以气象阳盛而用寒药攻之，则不救矣。气上冲心咽不得息，治法见伤寒厥阴病条。东垣云：如秋冬之月，胃脉四道，为冲脉所逆，并胁下少阳脉二道而反上行，病名曰厥逆。经曰：逆气上行，满脉去形，七神昏绝，离去其形而死矣。其症气上冲咽不得息，喘息有声不得卧，于调中益气加吴茱萸半钱或一钱，观厥气多少用之。如夏月有此症，为大热也。盖此症随四时为寒热温凉，宜以酒黄连、酒黄柏、酒知母各等分，为细末，熟汤为丸，如桐子大。每服二百丸，空心白汤下，仍多饮汤，服毕少时，便以美饮食压之，使不得胃中停留，直至下焦，以泻冲脉之邪也。戴复庵云：虚炎之证，阴阳不升降，下虚上盛，气促喘息，宜苏子降气汤去前胡，下黑锡丹或养正丹，气急甚而不能眠卧者，沉附汤或正元散，或四柱散去木香用沉香，并以盐煎，下黑锡丹，或灵砂丹、三妙丹，不效则以前药下朱砂丹。此多用香燥刚热之剂，若阴虚内热者，误用立殆，医者审之。

诸 血 门[1]

诸见血证附九窍出血　血从毛孔出

东垣云：衄血出于肺，以犀角、升麻、栀子、黄芩、芍药、生地、紫参、丹参、阿胶之类主之。咯唾血者出于肾，以天门冬、麦门冬、贝母、知母、桔梗、百部、黄柏、远志、熟地黄之类主之。如有寒者，干姜、肉桂之类主之。痰涎血者出于脾，葛根、黄芪、黄连、芍药、甘草、当归、沉香之类主之。呕血出于胃，实者犀角地黄汤主之。虚者小建中汤加黄连主之。

海藏云：胸中聚集之残火，腹里积久之太阴，上下隔绝，脉络部分，阴阳不通，用苦热以定于中，使辛热以行于外，升以甘温，降以辛润，化严肃为春温，变凛冽为和气，汗而愈也。然余毒土苴犹有存者，周身阳和尚未泰然，胸中微躁而思凉饮，因食冷物服凉剂，阳气复消，余阴再作，脉退而小，弦细而迟，激而为衄血，唾血者有之，心肺受邪也。下而为便血、溺血者有之，肾肝受邪也。三焦出血，色紫不鲜，此重沓寒湿化毒，凝泣水谷道路，浸渍而成。若见血证，不详本源，便用凉折，变乃生矣。阳证溢出鲜血。阴证下如豚肝。

上而血者，黄芪桂枝汤，白芍当归汤。中而血者，当归建中汤，增损胃风汤。下而血者，芎归术附汤，桂附六合汤。若三血证在行阳二十五度见，黄芪四君子汤主之。若三血证在行阴二十五度见，当归四逆加吴茱萸主之。

吐血、衄血、便血，其人阴虚阳走，其脉沉而散，其外证虚寒无热候，宜乌金丸、散止之，法宜上用散，下用丸，次以木香理中汤和大七气汤，入川芎煎，调苏合香丸温之。《仁斋直指》云：血遇热则宣流，故止血多用凉药。然亦有气虚挟寒，阴阳不相为守，荣气虚散，血亦错行，所谓阳虚阴必走是耳。外证必有虚冷之状，法当温

---

〔1〕诸血门：原脱，据目录补。

中,使血自归于经络,可用理中汤加南木香,或《局方》七气汤加川芎,或甘草干姜汤,其效甚著。又有饮食伤胃,或胃虚不能传化,其气逆上,亦令吐衄,木香理中汤,甘草干姜汤。出血诸证,每以胃药收功,木香理中汤,或参苓白术散二分,枳壳散一分,夹和,米汤乘热调下,或真方四君子汤,夹和小乌沉汤,米汤调下,以上并用姜枣略煎亦得,上药不惟养胃,盖以调气辈与之并行。若夫桔梗枳壳汤,夹和二陈汤,姜枣同煎,入苏合香丸少许佐之,又调气之上药也。

经云:岁火太过,炎暑流行,肺金受邪,民病血溢血泄。又云:少阳之复,火气内发,血溢血泄。是火气能使人失血者也。而又云:太阳司天,寒淫所胜,血变于中,民病呕血血泄,衄血善悲。又云:太阳在泉,寒淫所胜,民病血见。是寒气能使人失血也。又云:太阴在泉,湿淫所胜,民病血见。是湿气能使人失血也。又云:少阴司天之政,水火寒热持于气交,热病生于上,冷病生于下,寒热凌犯而争于中,民病血溢血泄。是寒热凌犯能使人失血也。太阴司天之政,初之气,风湿相薄,民病血溢。是风湿相薄血溢也。又云:岁金太过,燥气流行,病反侧咳逆,甚而血溢。是燥气亦能使血溢也。然则六气皆能使人失血,何独火乎。

《撄宁生厄言》云:古人言诸见血非寒证,皆以血为热迫,遂至妄行,然皆复有所挟也。或挟风,或挟湿,或挟气,又有因药石而发者,其本皆热。上中下治,各有所宜。在上则栀子、黄芩、黄连、芍药、犀角、蒲黄,而济以生地黄、牡丹皮之类。胃血,古人有胃风汤,正是以阳明火邪为风所扇,而血为之动,中间有桂,取其能伐木也。若苍术、地榆、白芍药之类,而济以火剂。大肠血,以手阳明火邪,为风为湿也。治以火剂、风剂,风能胜湿也。如黄连、黄芩、芍药、檗皮、荆芥、防风、羌活之类,兼用鸡冠花,则又述类之义也。惊而动血者,属心。怒而动血者,属肝。忧而动血者,属肺。思而动血者,属脾。劳而动血者,属肾。血溢、血泄、诸蓄妄证,其始也,予率以桃仁、大黄行血破瘀之剂折其锐气,而后区别治之。虽往往获中,然犹不得其所以然也。后来四明遇故人苏伊举,间论诸家之术,伊举曰吾乡有善医者,每治失血蓄妄,必先以快药下之。或问失血复下，虚何以当？则曰血既妄行，迷失故道，不去蓄利瘀，则以妄为常，曷以御之，且去者自去，生者自生，何虚之有。予闻之愕然曰名言也。昔者之疑，今释然矣。

妇人之于血也，经水蓄而为胞胎，则蓄者自蓄，生者自生，及其产育为恶露，则去者自去，生者自生，其酝而为乳，则无复下，满而为月矣。失血为血家妄逆，产妇为妇人常事，其去其生则一也。失血家须用下剂破血，盖施之于蓄妄之初，亡血虚家不可下，盖戒之于亡失之后。

九窍出血

南天竺饮主之。或用血余灰，自发为佳，无即父子一气者，次则男胎发，又次则乱发，皂角水净洗，晒干烧灰为末，每二钱以茅草根、车前草煎汤调下。荆叶捣取汁，酒和服。刺蓟一握绞汁，酒半盏和服。如无生者，捣干者为末，冷水调三钱。

血从毛孔出

名曰肌衄，用人中白不拘多少，刮在新瓦上，用火逼干，研令极细，每服二钱，入麝香少许，温酒调下。外以男胎发烧灰醢之。未效，以郁金末水调，鹅翎扫之即止。《九灵山房集》云：湖心寺僧履师，偶搔腘中疥，忽自出血，汨汨如涌泉，竟日不止，疡医治疗弗效。邀吕元膺往视时，已困极无气可语，及持其脉，惟尺脉如蛛丝，他部皆无，即告之曰，夫脉血气之先也，今血妄溢，故荣气暴衰，然两尺尚可按，惟当益荣以泻其阴火，乃作四神汤加荆芥穗、防风，不间晨夜并进，明日脉渐出，更服十全大补汤一剂遂痊。

凡九窍出血皆可用：墙头苔藓可以塞。车前草汁可以滴。火烧莲房用水调。锅底黑煤可以吃。石榴花片可以塞。生莱菔汁可以滴。火烧龙骨可以吹。水煎茅花可以吃。《玉机微义》曰：经云荣者、水谷之精也，和调五藏，洒陈于六府，乃能入于脉也。源源而来，生化于脾，总统于心，藏受于肝，宣布于肺，施泄于肾，灌溉一身。目得之而能视，耳得之而能听，手得之而能摄，掌得之而能握，足得之而能步，脏得之而能液，腑得之而能气，是以出入升降濡润宣通者，由此使然也。注之于脉，少则涩，充则实。常以饮食日滋，故能阳生阴长,取汁变化而赤为血也。生化旺则诸经恃此而长养,衰耗竭则百脉由此而空虚,可不谨养哉。故曰血者神气也,得之则存,失之则亡。是知血盛则形盛,血弱则形衰,神静则阴生,形役则阳亢。阳盛则阴必衰,又何言阳旺而生阴血也,盖谓血气之常,阴从乎阳,随气运行于内,苟无阴以羁束,则气何以树立,故其致病也易,调治也难,以其比阳常亏而又损之,则阳易亢阴易乏之论,可以见矣。诸经有云:阳道实,阴道虚,阴道常乏。阳常有余,阴常不足。妇人之生也,年至十四经行,四十九而经断,可见阴血之难成易亏如此。阴气一伤,所变立至,妄行于上则吐衄,衰涸于外则虚劳,妄反于下则便红,积热膀胱则癃闭溺血,渗透肠间则为肠风,阴虚阳搏则为崩中,湿蒸热瘀则为滞下,热极腐化则为脓血。火极似水,血色紫黑。热胜于阴,发为疮疡,湿滞于血则为痛痒,瘾疹皮肤则为冷痹。畜之在上则人喜忘,畜之在下则人喜狂。堕恐跌仆则瘀恶内凝。若分部位,身半以上同天之阳,身半以下同地之阴。此特举其所显之证者。治血必血属之药,欲求血药,其四物之谓乎。河间谓随证辅佐,谓之六合汤者,详言之矣。予故陈其气味,专司之要,不可不察。夫川芎血中气药也,通肝经,性味辛散,能行血滞于气也。地黄血中血药也,通肾经,性味甘寒,能生真阴之虚也。当归分三治,血中主药也,通肝经,性味辛温,全用能活血,各归其经也。芍药阴分药也,通脾经,性味酸寒,能和血,治虚腹痛也。若求阴药之属,必于此而取则焉。《脾胃论》有云:若善治者,随证损益,摘其一二味之所宜为主治可也。此特论血病而求血药之属者也。若气虚血弱,又当如长沙血虚以人参补之,阳旺则生阴血也。若四物者,独能主血分受伤,为气不虚也。辅佐之属,若桃仁、红花、苏木、血竭、牡丹皮者,血滞所宜。蒲黄、阿胶、地榆、百草霜、棕榈灰者,血崩所宜。乳香、没药、五灵脂、凌霄花者,血痛所宜。苁蓉、锁阳、牛膝、枸杞子、益母草、夏枯草、败龟板者,血虚所宜。乳酪血液之物,血燥所宜。干姜、肉桂,血寒所宜。生地黄、苦参,血热所宜。特取其正治大略耳。人能触类而长,可以应无穷之变矣。

【诊】:脱血而脉实者难治。病若吐血复鼽衄,脉当沉细,反浮大而牢者死。吐血衄血,脉滑、弱小者生,实大者死。汗出若衄,其脉滑小者生,大躁者死。呕血胸满引痛,脉小而疾者逆也。脉至而搏,血衄身热者死。吐血,欬逆上气,其脉数而有热,不得卧者死。诸见血,身热脉大者难治,难治者,邪胜也。身凉脉静者易治,易治者,正气复也。衄血者,若但头汗出,身无汗,及汗出不至足者死。血溢上行,或唾、或呕、或吐,皆凶也。若变而下行为恶利者顺也。血上行为逆,其治难,下行为顺,其治易。故仲景云:蓄血证下血者,当自愈。若无病之人,忽然下利者,其病进也。今病血证上行而复下行恶利者,其邪欲去,是知吉也。

鼻 衄 出 血

《三因方》云:衄者,因伤风寒暑湿,流传经络,涌泄于清气道中而致者,皆外所因。积怒伤肝,积忧伤肺,烦思伤脾,失志伤肾,暴喜伤心,皆能动血,随气上溢而致者,属内所因。饮酒过多,啖炙煿辛热,或坠堕车马伤损致者,皆非内非外因也。鼻通于脑,血上溢于脑,所以从鼻而出。宜茅花汤调止衄散,时进折二泔,仍令其以麻油滴入鼻,或以莱菔汁滴亦可。茅花、白芍药对半尤稳。糯米炒微黄为末,新水下二钱。乱发烧灰存性,细研,水服方寸匕,并吹鼻中。萱草根捣汁,每一盏入生姜汁半盏相和,时时细呷。竹蛀屑,水饮调。百药煎,半烧半生,水酒调服。白芨末,新汲水调下神效。治鼻衄久不止,或素有热而暴作者,诸药不效,神法以大白纸一张,作十数揲,于冷水内浸湿,置顶中,以热熨斗熨之,至一重或二重纸干立止。又方,用线扎中指中节,如左鼻孔出血扎左指,右鼻孔出血扎右指,两鼻孔齐出,则左右俱扎之。血衄不愈,以三棱针于气街穴出血,更用五味子十粒,麦门冬、当归、黄芪、生地、人参各一钱,水煎,空心热服。六脉细弦而涩,按之空虚,其色必白而夭不泽者,脱血也。此大寒证,以辛温补血养血,以甘温、甘热滑润之剂佐之即愈,理中汤,小建中汤。六脉俱大,按之空虚,心动面赤,善惊上热,乃手少阴心脉也,此气盛多而亡血。以甘寒镇坠之剂,大泻其气以坠气浮,以甘辛温微苦,峻补其血,三黄补血汤。实热衄血,先服朱砂、蛤粉,次服木香、黄连。大便结者下之,用大黄、芒硝、甘草、生地。溏夹者,栀子、黄芩、黄连、犀角地黄汤,可选用之。有头风自衄,头风才发则衄不止,宜芎附饮,间进一字散。下虚上盛而衄,不宜过用凉剂,宜四物汤加参、芪、麦门、五味,磨沉香下养正丹,八味地黄丸。伤湿而衄,肾著汤加川芎,名除湿汤。伏暑而衄,茅花汤调五苓散。上膈极热而衄,金沸草散去麻黄、半夏、加茅花如荆芥数,或用黄芩芍药汤加茅花一撮。虚者茯苓补心汤,生料鸡苏散。饮酒过多而衄,茅花汤加干葛、鸡矩子,或理中汤去干姜,用干葛加茅花。擤而衄不止,苏合香丸一丸,或以小乌沉汤一钱,白汤调下。或煎浓紫苏汤,独调小乌沉汤,或添入黑神散一钱,盐汤调下亦得。仍蓦然以水噀其面,使惊则血止。非特擤而衄,凡五窍出血皆治。曾病衄,后血因旧路,一月或三四衄,又有洗面而衄,日以为常,此即水不通借路之意,并宜止衄散,茅花煎汤调下。或四物汤加石菖蒲、阿胶、蒲黄各半钱,煎熟,调火煅石膏末一匙头许,兼进养正丹。前诸证服药不效,大衄不止者,养正丹多服,仍佐以苏子降气汤,使血随气下。衄后头晕,四物汤、十全大补汤。有先因衄血,衄止而变生诸证,或寒热间作,或喘急无寐,病状不一,渐成劳瘵,当于虚损诸证详之。

舌　衄

舌上忽出血如线,用槐花炒研末掺之,麦门冬煎汤调妙香散。香薷汁,服一升,日三。发灰二钱,米醋调服,且傅血出处。文蛤散,治热壅舌上出血如泉。五倍子、白胶香、牡蛎粉等分为末,每用少许掺患处。或烧热铁烙孔上。

齿　衄

血从齿缝中、或齿龈中出,谓之齿衄,亦曰牙宣。有风壅,有肾虚。风壅者,消风散内服外擦。外用加盐。肾虚者,以肾主骨,牙者骨之余,火乘水虚而上炎,服凉药而愈甚,宜盐汤下安肾丸,间黑锡丹,仍用青盐炒香附黑色为末擦之。亦有胃热牙疼而龈间出血,以至崩落,口臭不可近人者,内服清胃散、甘露饮,外用大黄、米泔浸令软生地黄大者薄切。二味,旋切,各用一二片合定,贴所患牙上,一夜即愈,忌说话。尝治三人不欬唾而血见口中,从齿缝舌下来者,每用益肾水泻相火治之,不旬日愈。《医旨绪余》云:有婼女十岁,因毁齿动摇,以苎麻摘之血出不止,一日夜积十一盆,用末药止其处,少顷复从口出。诊其脉皆洪大有力。以三制大黄末二钱,枳壳汤少加童便调下,去黑粪数块,其血顿止。一男子每齿根出血盈盆,一月一发,百药不效,知其人好饮,投前剂一服而安。一老妪患此,一发五七日,日约升余,投前剂亦安。所下皆有黑粪,是知此疾多阳明热盛所致,缘冲任二脉皆附阳明,阳明一经气血俱多,故一发如潮涌,急则治其标,故投以釜底抽薪之法,应手而愈。要知肾虚血出者,其血必点滴而出,齿亦攸攸而疼,必不如此之暴且甚也。

耳　衄

耳中出血,以龙骨吹入即止。左关脉弦洪,柴胡清肝散。尺脉或躁或弱,六味地黄丸。

吐　血

夫口鼻出血,皆系上盛下虚,有升无降,血随气上,越出上窍。法当顺其气,气降则血归经矣。宜苏子降气汤,加人参、阿胶各一钱,下养正丹。亦有气虚不能摄血者,其脉必微弱虚软,精神疲惫,宜独参汤,或人参饮子、团参丸。上膈壅热吐血,脉洪大弦长,按之有力,精神不倦,或觉胸中满痛,或血是紫黑块者,用生地黄、赤芍、当归、牡丹皮、荆芥、阿胶、滑石、大黄、玄明粉、桃仁泥之属,从大便导之,此釜底抽薪法也。血从下出者顺,从上出者逆,一应血上溢之证,苟非脾虚泄泻,羸瘦不禁者,皆当以大黄醋制,和生地黄汁,及桃仁泥、牡丹皮之属,引入血分,使血下行以转逆而为顺,此妙法也。不知此而日从事于芩、连、栀、檗之属,辅四物而行之,使气血俱伤,脾胃两败。今医治血证,百岂有一生者耶。血既下行之后,用薏苡仁、多用百合、麦门冬、鲜地骨皮。嗽渴加枇杷叶、五味子、桑根白皮。有痰加贝母。皆气薄味淡，西方兑金之本药，因其衰而减之，自不再发，于虚劳证为尤宜。急欲止之，用血余灰二钱，以白汤化阿胶二钱，入童便、生藕汁、刺蓟汁、生地黄汁各一杯，仍用好墨磨浓黑，顿温服。胸中烦热，吐血不止，口舌干燥，头疼，石膏散。冒雨著汤，郁于经络，血溢妄行，从鼻则衄。衄行清道，吐行浊道。流入胃脘，令人吐血。用肾著汤，头疼加川芎，最止浴室中发衄。吐血在暑天，病人口渴面垢，头晕干呕，煎茅花灯心麦门冬汤，仍入藕节汁、侧扇柏汁、茅根汁、生姜汁少许、生蜜亦少许、调五苓散。血止用生地黄、当归、牡丹皮、赤芍药、百草霜末，煎服一二贴，却用黄芪六一汤调理。怒气伤肝者，唇青面黑，当用鸡苏丸，煎四物汤吞下，并用十四友丸、灯心麦门冬汤吞下，盖其中有理肝之药。打扑伤损吐血，先以藕节汁、侧扇柏汁、茅根汁、韭汁、童便磨墨汁、化阿胶止之。却以川芎、当归、白芍药、百合、荆芥穗、阿胶、牡丹皮、紫金藤、大黄、滑石、红花煎汤，调番降香末、白芨末与服。戴复庵先用苏合香丸，却以黑神散和小乌沉汤，童便调治。劳心吐血，用莲心五十粒，糯米五十粒，研末温酒调服，及天门冬汤。劳力太过，吐血不止，苏子降气汤加人参、阿胶，用猪肝煮熟，蘸白芨末食之。吐血久不止，松花散、百花煎，并常服大阿胶丸。未效，以伏龙肝二钱，米饮调下，速止。或饮酒之后，闷吐之时，血从吐后出，或因啖辛热而得吐血之证，名曰肺疽。宜大蓟散。古方用红枣烧存性，百药煎煅等分为末，米饮调服二钱。饮酒伤胃吐血，理中汤加金钩子、干葛、茅花。酒色过度，饥饱吐血效方，枇杷叶、款冬花、北紫菀、杏仁、鹿茸、桑白皮、木通、大黄为末，炼蜜丸，噙化。内损吐血下血，或饮酒太过，劳伤于内，其血妄行，出如涌泉，口鼻皆流，须臾不救即死。用侧柏叶蒸焙一两半，荆芥穗烧灰，人参各一两，为细末，入飞罗面一钱，新汲水调如稀糊，不拘时啜服。伤胃吐血，因饮食太饱之后，胃中冷不能消化，便烦闷，强呕吐，使所食之物与气共上冲蹙，因伤裂胃口，吐血色鲜正赤，腹亦绞痛，自汗，其脉紧而数者，为难治也。宜理中汤加川芎、干葛各半钱，或只依理中本方，加川芎、扁豆尤好，不必干葛。若渴甚用葛，丸则白术丸。《曹氏必用方》

云：吐血须煎干姜、甘草作汤与服，或四物理中汤亦可，如此无不愈者。若服生地黄、竹茹、藕汁，去生便远。《三因方》云：理中汤能止伤胃吐血，以其方最理中脘，分利阴阳，安定血脉。按患人果身受寒气，口受冷物，邪入血分，血得冷而凝，不归经络而妄行者，其血必黯黑，其色必白而夭，其脉必微迟，其身必清凉，不用姜桂而用凉血之剂殆矣。临病之工，宜详审焉。有时或吐血两口，随即无事，数日又发，经年累月不愈者，宜黑神散和小乌沉汤常服。吐血人多发渴，名为血渴，十全大补汤，或黄芪、人参、五味子、地黄、麦门冬、葛根、枇杷叶，量胃气虚实用之。吐甚头晕，发为寒热者，降气汤合四物汤各半贴，加阿胶一钱。若单发热者，茯苓补心汤。吐血之后有潮热咳嗽，脉洪大而数，五[1]至以上不可治也。《金匮方》，心气不足，吐血、衄血，泻心汤主之。大黄二两，黄连、黄芩各一两，水三升，煮取一升顿服之。此正谓心手少阴经之阴气不足，本经之阳亢甚无所辅，肺肝俱受其火而病作，以致阴血妄行而飞越，故用大黄泄去亢甚之火，黄芩救肺，黄连救肝，使之和平，则阴血自复而归经矣。云岐子加生地，名犀角地黄汤。又云：吐血不止，柏叶汤主之。柏叶、干姜各二两，艾三把，以水五升，取马通汁一升，合煮取一升，分温再服。凡吐血不已，则气血皆虚，虚则生寒，是故用柏叶，柏叶生而西向，乃禀兑金之气而生，可制肝木，木主升，金主降，取其升降相配，夫妇之道和则血得以归藏于肝矣，故用是为君。干姜性热，止而不走，用补虚寒之血。艾叶之温，能入内而不炎于上，可使阴阳之气反归于里，以补其寒，用二味为佐。马通者，为血生于心，心属午，于是用午兽之通，主降火消停血，引领而行为使。仲景治吐血，唯此二方，可以为准绳，触类而长之。

欬嗽血

或问欬血，止从肺出，他无可言耶。曰肺不独欬血，而亦唾血。盖肺主气，气逆为欬，肾主水，水化液为唾。肾脉上入肺，循喉咙，

---

〔1〕五：修敬堂本作"八"。

侠舌本。其支者,从肺出络心,注胸中。故二脏相连,病则俱病,于是皆有欬唾血也。亦有可分别者,涎唾中有少血散漫者,此肾从相火炎上之血也。若血如红缕在痰中,欬而出者,此肺络受热伤之血也。其病难已。若欬白血必死。白血、浅红色,似肉似肺也。然肝亦唾血,肝藏血,肺藏气,肝血不藏,乱气自两胁逆上,唾而出之。《内经》有血枯证,先唾血,为气竭伤肝也。热壅于肺能嗽血,久嗽损肺亦能嗽血。壅于肺者易治,不过凉之而已。损于肺者难治,渐以成劳也。热嗽有血,宜金沸草散加阿胶一钱,痰盛加瓜蒌仁、贝母。劳嗽有血,宜补肺汤加阿胶、白芨一钱。嗽血而气急者,补肺汤加阿胶、杏仁、桑白皮各一钱,吞养正丹,或三炒丹,间进百花膏,亦可用七伤散、大阿胶丸。丹溪云:欬血乃火升痰盛。身热多是血虚。痰带血丝出,童便、竹沥止之。经血逆行,或血腥吐血、唾血,韭汁服立效。韭汁、童便合和,隔汤顿热,磨郁金浓汁,荡匀服之,其血自消。《千金方》治一切肺病欬唾、唾脓血,用好酥三十斤,炼取凝当中醍醐,服一合,日三升,即止。薏苡仁十两,杵碎,水三升,煎取一升,入酒少许服。或以薏苡仁细末,煮猪肺,白蘸食之。上气喘息,欬嗽唾血、咯血,人参细末,鸡子清调三钱,五更初服,便去枕仰卧,忌酸咸酢酱面等物,及过醉饱。嗽咯血成劳,眼睛疼,四肢困倦,脚膝无力,五味子黄芪散。脉大,发热,喉中痛,是气虚,用参、芪、蜜炙黄柏、荆芥、地黄、当归、韭汁、童便、少加姜汁、磨郁金饮之。嗽血久而成劳,或劳病成而嗽血,肌肉消瘦,四肢倦怠,五心烦热,咽干颊赤,心忡潮热,盗汗减食,黄芪鳖甲散、人参黄芪散。阴虚火动而嗽血者,滋阴保肺汤。二三年间,肺气上喘咳嗽,咯唾脓血,满面生疮,遍身黄肿,人参蛤蚧散。蛤蚧补肺劳虚嗽有功,治久嗽不愈。肺间积虚热,久则成疮,故嗽出脓血,晓夕不止,喉中气塞,胸膈噎痛,用蛤蚧、阿胶、生犀角、鹿角胶、羚羊角各一两,除胶外皆为屑,次入胶,分四服,每服用河水三升,于银石器内慢火煮至半升,滤去滓,临卧微温,细细呷之。其查候服尽再搥,都作一服,以水三升,煎至半升,如前服。伤寒后伤肺欬唾脓血,胸胁胀满,上气赢瘦,麦门冬汤。脉浮大者作虚治,用前虚劳条诸补药。若浮大而上壅甚者,鸡苏丸。脉沉滑有力者,当用攻,攻中有补。丹溪治台州林德芳,年三十余得咳而咯血,发热,肌体渐瘦,众医以补药调治数年,其证愈甚。诊其六脉皆涩,此因好色而多怒,精血耗少,又因补塞药太多,荣卫不行,瘀血内积,肺气壅遏不能下降。治肺[1]壅非吐不可,精血耗少非不可,唯倒仓法二者俱备,但使吐多于泻耳,兼灸肺俞五次而愈。脉浮数忌灸,若误灸之必唾血,唾血而脉浮数,其不可灸又可知也。《脉经》云:肺伤者,其人劳倦则欬唾血。此为一项,以人参救肺散治之。其脉细紧浮数,皆唾血,此为躁扰嗔怒,得之肺[2]伤气壅所致。此为一项以降气宁神之药治之。猪心一个,竹刀切开,勿令相离,以沉香末一钱重,半夏七个,入在缝中,纸裹,蘸小便内令湿,煨熟取出,去半夏,只吃猪心,此方嗽血、吐血均治。热嗽咽疼,痰带血丝,或痰中多血,其色鲜者,并宜金沸草散。若服凉药不愈,其色瘀者,此非热证,宜杏子汤。欬嗽甚而吐血者,鲜桑白皮一斤,米泔浸三宿,净刮上黄皮,剉细,入糯米四两,焙干,一处捣为末,每服一二钱,米饮调下。久嗽咯血成肺痿,及吐白涎,胸膈满闷不食,扁豆散。肺痿吐脓血,甘桔加阿胶紫菀汤。肺痿痰嗽,痰中有血线,盗汗发热,热过即冷,食减,劫劳散,前薏苡仁一味方。欬而胸满,心胸甲错,振寒,脉数,咽干不渴,时出浊唾腥臭,久之叶脓如粥者,肺痈也。然待吐脓而后觉为痈,不已晚乎。《千金》云:欬唾脓血,其脉数实者为肺痈。若口中辟辟燥[3],欬即胸中隐痛,脉反滑数,此肺痈也。更于本门细查之。

咯 血

咯血,不嗽而咯出血也。咯与唾少异,唾出于气,上无所阻;咯出于痰,气郁于喉咙之下,滞不得出,咯而乃出。求其所属之脏,咯、唾同出于肾也。治咯血之方,宜用童便、青黛,以泻手足少阳三焦

---

〔1〕肺:原误作"肝",据四库本改。
〔2〕肺:原作"脉",据《脉经》卷六第七及四库本改。
〔3〕辟辟燥:原脱,据《备急千金要方》卷十七第七补。

与胆所合之相火，而姜汁为佐，用四物、地黄、牛膝辈，以补肾阴安其血也。《撄宁生厄言》云：咯血为病最重，且难治者，以肺手太阴之经气多血少。又肺者金象，为清肃之脏，金为火所制，迫而上行，以为咯血，逆之甚矣。上气见血，下闻病音，谓喘而咯血且咳嗽也。初得病，且宜白扁豆散去半夏，加贝母，入生地黄、藕节尤佳。及浓磨京墨调黑神散、小乌沉汤各一钱。或新掘生地黄净洗，生姜少许，捣汁去滓温进。又有以生姜一片，四面蘸百草霜含咽，如百草霜已淡，吐出再蘸，如姜已无味，则吐出易之。劳瘵吐咯血，七珍散加阿胶、当归各半钱，恶甜人更加百药煎半钱，仍调钟乳粉尤佳。一味钟乳粉，用糯米饮调，吐血、嗽血亦治。因饱屈身伤肺，吐咯血者，白芨枇杷丸，或白芨莲须散。治咯血，黄药子、汉防己各一两为末，每服一钱匕，水一盏，小麦二十粒同煎，食后温服。白芨一两，藕节半两为末，每一钱汤调服。新绵灰半钱，酒调下。薏苡仁为末，熟煮猪胰，切片蘸药，食后微空时取食之。青黛一钱，杏仁四十粒去皮尖，以黄明蜡煎黄色，取出研细，二味同研匀，却以所煎蜡少许，溶开和之，捏作钱大饼子，每服用干柿一个，中破开，入药，一饼合定，以湿纸裹，慢火煨熟，取出，糯米粥嚼下。

溲 血

痛者为血淋。不痛者为溺血。血淋别见淋门。经云：悲哀太甚则胞络绝，胞络绝则阳气内动，发则心下崩，数溲血也。又云：胞移热于膀胱则癃、溺血，是溺血未有不本于热者。陈无择以为心肾气结所致，曾不思圣人之言简意博，举一而可十者也。血虽主于心，其四脏孰无血以为养，所尿之血，岂拘于心肾气结者哉。若此类推之，则五脏凡有损伤妄行之血，皆得如心下崩者渗于胞中，五脏之热，皆得如膀胱之移热传于下焦。何以言之？肺金者，肾水之母，谓之连脏，况恃之通调水道下输膀胱者也。肺有损伤妄行之血，若气逆上者，既为呕血矣。气不逆者如之何？不从水道[1]下降入于

---

〔1〕道：原作"逆"，形近之误，据上下文义改。

胞中耶，其热亦直抵肾与膀胱可知也。脾土者，胜水之贼邪也，水精不布则壅成湿热，湿热必陷下，伤于水道，肾与膀胱俱受其害，害则阴络伤，伤则血散入胞中矣。肝属阳，主生化，主疏泄，主纳血。肾属阴血，闭藏而不固，必渗入胞中。正与《内经》所谓伤肝血枯症，时时前后血者类也。大抵溲血、淋血、便血三者，虽以前后阴所出之窍血有不同，然于受病则一也。故治分标本亦一也。其散血止血之药，无越于数十品之间，惟引导佐使、各走其乡者少异耳。先与生料五苓散和四物汤，若服药不效，其人素病于色者，此属虚证。宜五苓散和胶艾汤，吞鹿茸丸。或八味地黄丸，或鹿角胶丸，或辰砂妙香散和五苓散，吞二项丸子。若小便自清，后有数点血者，五苓散加赤芍药一钱。亦有如砂石而色红，却无石淋之痛，亦属虚证。宜五苓散和胶艾汤，或五苓散和辰砂妙香散，吞鹿茸丸、八味丸、鹿角胶丸。干胶炙捣末，酒和服。鹿角胶尤妙。每服一二两。发灰二钱，茅根、车前草煎汤调下。当归四两，酒三升，煮取一升，顿服。镜面草自然汁，加生蜜一匙服之。以八正散加麦门冬、葱煎服。小便涩痛，药内调海金砂末。夏枯草烧灰存性为末，米饮或凉水调下。车前草自然汁数合，空心服。实者，可以调胃承气汤加当归下之。《脉经》云：尺脉滑，气血实，妇人经脉不利，男子尿血，宜服朴硝煎、大黄汤，下去经血，针关元泻之。

　　咳而且溲血，脱形，其脉小劲，是逆也。咳，溲血，形肉脱，脉搏，是逆也。

下血肠风　脏毒　中蛊[1]

　　血之在身，有阴有阳，阳者顺气而行，循流脉中，调和五藏，洒陈六府，如是者谓之荣血也。阴者居于络脉，专守脏腑，滋养神气，濡润筋骨。若其藏感内外之邪，伤则或循经之阳血至其伤处，为邪气所阻，漏泄经外；或居络之阴血，因著留之邪，僻裂而出，则皆渗入肠胃而泄矣。世俗每见下血，率以肠风名之，不知风乃六淫中之

────────
〔1〕中蛊：原脱，据目录及后文补。

一耳。或风有从肠胃经脉而入客者，或肝经风木之邪内乘于肠胃者，则可谓之肠风。若其他不因风邪而肠胃受火热二淫，与寒燥湿怫郁其气，及饮食用力过度，伤其阴络之血者，亦谓之肠风可乎。许学士谓下清血色鲜者，肠风也。血浊而色黯者，脏毒也。肛门射如血线者，脉痔也。然肠风挟湿者，亦下如豆汁及紫黑瘀血，不必尽鲜，正当以久暂为别耳。然要之皆俗名也。世医编书者，或以泻血为肠风，或分泻血与肠风脏毒为二门，皆非也。先血而后便，此近血也。由手阳明随经下行，渗入大肠，传于广肠而下者也。赤小豆当归散主之。先便而后血，此远血也。由足阳明随经入胃，淫溢而下者也。黄土汤主之。下血腹中不痛，谓之湿毒下血，血色不鲜，或紫黑，或如豆汁，黄连汤主之。下血腹中痛，谓之热毒下血，血色鲜，芍药黄连汤主之。东垣治宿有肠血症，因五月大热吃杏，肠澼下血远三四尺，散漫如筛，腰沉沉然，腹中不痛，血色紫黑，是阳明、少阳经血证，升麻补胃汤。湿毒太阴阳明腹痛，大便常溏泄，若不泄，即秘而难见，在后传作湿热毒，下鲜红血，腹中微痛，胁下急缩，脉缓而洪弦，中指下得之，按之空虚，和中益胃汤。湿热　肠澼下血另作一派，其血溅出有力而远射，四散如筛下，腹中大作痛，乃阳明气冲热毒所作也。升阳除湿和血汤。湿热　肠澼下血，红或深紫黑色，腹中痛，腹皮恶寒，右三部脉，中指下得之俱弦，按之无力，关脉甚紧，肌表阳明分凉，腹皮热，而喜热物熨之，内寒明矣，益智和中汤。挟寒　夫肠澼者，为水谷与血另作一派，如溅桶涌出也。夏湿热太甚，正当客气盛而主气弱，故肠澼之病甚也。以凉血地黄汤主之，黄柏、知母炒各一钱，青皮炒、槐子炒、当归、熟地各五分，水一盏，煎七分，温服。如小便涩，脐下闷，或大便前后重，调木香、槟榔细末各半钱，稍热于食前空心服。如里急后重又不去者，当下之。如腹中动摇有水声，而小便不调者，停饮也。诊是何藏，以去水饮药泻之，假令脉洪大，用泻火利小便之类是也。如胃虚不能食而大渴不止，不可用淡渗之药止之，乃胃中元气少故也。与七味白术散补之。如发热恶热，烦躁，大渴不止，肌热不欲近衣，其脉洪大，按之无力，或无目痛鼻干者，非白虎汤证也。此血虚发躁，当以黄芪一两,当归二钱,㕮咀,水煎服。如大便秘塞,或里急后重,数至圊而不能便,或少有白脓,或少有血,慎勿利之,利之则必致病重及郁结不通,以升阳除湿防风汤,升其阳则阴气自降矣。《素问》云:结阴者,便血一升,再结二升,三结三升。骆龙吉云:结阴之病,阴气内结,不得外行,血无所禀,渗入肠间,故便血也,其脉虚涩者是也。因血结不行故下,古方有结阴丹。罗谦甫治因强饮酸酒得腹痛,次传泄泻,十余日便后见血,或红或紫,肠鸣腹痛,服凉药如故,仍不欲食,食则呕酸,心下痞,恶冷物,口干烦躁,不得安卧,其脉弦细而微迟,手足稍冷,以平胃地榆汤,温中散寒,除湿和胃,数服病减大半,又灸中脘二七壮,引胃气上升,次灸气海百壮,生发元气。灸则强食生肉,又以还少丹服之,至春再灸三里二七壮,温脾壮胃生发元气,次服芳香之剂,慎言语节饮食而愈。八物汤去生地黄、甘草,加官桂,名胃风汤,治风冷乘虚入客肠胃,水谷不化,泄泻注下,及肠胃湿毒,下如豆汁,或下瘀血,日夜无度,盖亦结阴之类也。为阴气内结,故去甘寒而加辛热,结者散之也。洁古云:如下血,防风为上使,黄连为中使,地榆为下使。若血瘀色紫者,陈血也,加熟地黄。若血鲜色红者,新血也,加生地黄。若寒热者,加柴胡。若肌热者,加地骨皮。此证乃甲欺戊也,风在胃口中焦,湿泄不止,湿既去尽而反生燥,庚欺甲也。本无金气,以甲胜戊亏,庚为母复雠也。故经曰亢则害承乃制,是反制胜己之化也。若脉洪实痛甚者,加酒浸大黄。戴复庵以色鲜为热,色瘀为寒。热血,连蒲散,寒血,理物汤。血色鲜红者,多因内蕴热毒,毒气入肠胃,或因饮酒过多,及啖糟脏炙煿,引血入大肠,故泻鲜血,宜连蒲散吞黄连阿胶丸,及香连丸,或一味黄连煎饮。大泻不止者,四物汤加黄连、槐花,仍取血见愁草少许,生姜捣取汁和米饮服。于血见愁草中,加入侧柏叶、与生姜同捣汁尤好。有暑毒入肠胃下血者,一味黄连煎汤饮。肠风下血,以香附末加百草霜,米饮调服。加入麝香少许,其应尤捷。冷气入客肠胃下瘀血,理中汤不效,宜黑神散米饮调下,或用胶艾汤加米汤煎,吞震灵丹。攧扑内损,恶血入肠胃,下出浊物如瘀血者,宜黑神散加老黄茄为末酒调。酒积下血不止,粪后见,用神曲一两半,白酒药二丸,同为末,清水调捏作饼子,慢火上炙黄为细末。每服二钱,白汤调下。亦治泄泻。海藏治梅师大醉,醒发渴,饮水及冰茶后,病便鲜红,先与吴茱萸丸,翌日又与平胃、五苓各半散三大服,血止复自利,又与神应丸四服,自利乃止。或问何不用黄连之类以解毒,曰若用寒药,其疾大变,难治。寒饮内伤,复用寒药,非其治也。况血为寒所凝,入大肠间而便下血,温之乃行,所以得热则自止。唐生病因饮酪水及食生物,下利紫黑血十余行,脾胃受寒湿毒,与六神平胃散半两,加白术三钱,以利腰脐间血,一服愈。《撄宁生厄言》云:肠风则足阳明积热久而为风,风有以动之也。脏毒则足太阴积热久而生湿,从而下流也。风则阳受之,湿则阴受之。戴氏《要诀》云:脏毒者,蕴积毒气久而始见;肠风者,邪气外入随感随见。《三因方》五痔、脏毒、肠风之辩甚详,脏毒、肠风之血出于肠脏间,五痔之血出于肛门蚀孔处,治各不同。无择翁乌连汤,治脉痔,外无形而所下血一线如箭,或点滴不能已,此由脉窍中来也,详见痔门。肠风、脏毒不拘粪前粪后,并宜米饮汤调枳壳散,下酒煮黄连丸,或枳壳散下乌梅丸。此乃因登厕粪中有血,却与泻血不同,或用小乌沉汤和黑神散,米饮调下。血色清鲜者,以瓦松烧灰研细,米饮调服,宜减桂五苓散加茅花半钱,吞荆梅花丸,仍以侧柏叶同姜捣烂,冷水解下,侵些米饮佳。如血色淡浊者,胃风汤吞蒜连丸,或乌荆丸,或棕灰散,仍以米饮调香附末,或三灰散。肠风,腹中有痛,下清血,先当解散肠胃风邪,甚者肛门肿疼,败毒散加槐角、荆芥,或槐花汤、枳壳散。脏毒腹内略疼,浊血兼花红脓并下,或肛门肿胀,或大肠头突出,大便难通,先以拔毒踈利之剂,追出恶血脓水,然后以内托并凉血祛风量用,人虚兼以参、芪、苓、术助养胃气。诸般肠风脏毒,并宜生银杏四十九个,去壳膜烂研,入百药煎末,丸如弹子大。每两三丸,空心细嚼米饮下。下血久,面色痿黄,渐成虚惫,下元衰弱,宜黄芪四君子汤下断红丸,或十全大补汤,或黄芪饮。【中蛊脏腑败坏下血】如鸡肝,如烂肉,其证唾水沉,心腹绞痛者是也。治之方,马兰根末,水服方寸匕,随吐则出。白蘘荷叶,密安病人席下,勿令病人知觉,自呼蛊主姓名。蚯蚓十四枚,以苦酒三升渍之，服其汁。猬毛烧末，水服方寸匕。吐毒苦瓠一枚，水二升，煮取一升服。吐或用苦酒一升，煮瓠令消，服之。

【诊】：肾脉小搏沉为肠澼下血，血温身热者死。淫而夺精，身热色夭然，及酒后下血，血笃重是逆也。心肝澼亦下血，二脏同病者可治，其脉小沉涩为肠澼，其身热者死，热见七日死。身热则死，身寒则生。脉悬绝则死，滑大则生。脉沉小留连者生，数疾且大有热者死。腹胀便血，脉大时绝，是逆也，如此者不及一时而死矣。胃移热于脾，传为虚，肠澼，死不治。脾脉外鼓，沉为肠澼，久自已。肝脉小缓为肠澼，易治。

蓄　血

夫人饮食起居一失其宜，皆能使血瘀滞不行，故百病由污血者多，而医书分门类，症有七气而无蓄血，予故增著之。衄血，蓄血上焦。心下手不可近，蓄血中焦。脐腹小肿大痛，蓄血下焦。三焦蓄血，脉俱在左手中。蓄血上焦，活人犀角地黄汤。蓄血中焦，仲景桃仁承气汤。蓄血下焦，仲景抵当汤、韩氏地黄汤、生漆汤。海藏云：蓄血可用仲景抵当汤、丸，恐康医不知药性，用之太过，有不止、损血之候，老弱虚人之禁也。故立生地黄汤，虻虫、水蛭、大黄、桃仁，内加生地黄、干漆、生藕、蓝叶之辈也。又云生漆汤一方，亦恐抵当汤、丸下之太过也。是以知干漆为破血之剂，比之抵当汤则轻，用之通则重用之，破积治食则重也。食药内干漆、硇砂，非气实不可用也。如牙齿等蚀，数年不愈，当作阳明蓄血治之，以桃仁承气汤，细末，炼蜜丸桐子大服之。好饮者多有此疾，屡服有效。若登高坠下，重物撞打，箭镞刃伤，心腹胸中停积郁血不散，以上中下三焦部分分之，以易老犀角地黄汤、桃仁承气汤、抵当汤、丸之类下之。亦有以小便同酒煎治之者，更有内加生地黄、当归煎服者，亦有加大黄者。又法，虚人不禁下之者，以四物汤加穿山甲煎服妙。亦有用花蕊石散，以童子小便煎服，或酒调下。此药与寒药，正分阴阳，不可不辨也。

诸痛门[1]

头痛 偏头风　雷头风　真头痛[2]　大头痛[3]
眉棱骨痛　头风屑　头重　头摇

金坛王肯堂　辑

　　医书多分头痛、头风为二门,然一病也。但有新久去留之分耳。浅而近者名头痛,其痛卒然而至,易于解散速安也。深而远者为头风,其痛作止不常,愈后遇触复发也。皆当验其邪所从来而治之。世俗治头痛,不从风则从寒,安知其有不一之邪乎。试考《内经》论头痛所因以明之,如风从外入,振寒汗出头痛。新沐中风为首风,当先风一日,头痛不可以出内。大寒内至骨髓,髓以脑为主,脑逆故头痛齿亦痛。少阳司天之政,初之气,风胜乃摇,候乃大温[4],其病气怫于上头痛。二之气,火反郁,白埃四起,其病热郁于上头痛。少阳司天,火淫所胜,民病头痛,发热恶寒如疟。岁金不及,炎火乃行,复则阴厥且格,阳反上行,头脑户痛,延及脑顶发热。太阳之胜,热反上行,头项顶巅脑户中痛,目如脱。太阳之复,心痛痞满,头痛。太阴司天,湿淫所胜,腰脊头项痛时眩。太阴在泉,湿淫所胜,病冲头痛,目似脱,项似拔。太阴之复,头顶痛重,而掉瘛尤甚。阳明之复,欬哕烦心,病在膈中,头痛。伤寒一日,巨阳受之,头项

---

〔1〕诸痛门:原脱,据目录补。
〔2〕真头痛:原脱,据目录及后文补。
〔3〕大头痛:原作"大头天行",据目录及后文改。
〔4〕温:原误作"湿",据《素问·六元正纪大论》改。

痛,腰脊强。《灵枢》谓风痹,股胫烁,足如履冰,时如入汤,烦心头痛时眩,悲恐短气,不出三年死。凡此皆六气相侵,与清阳之真气相薄而痛者也。至于头痛甚则脑尽痛,手足寒至节死。头痛巅病,下虚上实。注以肾虚不能引膀胱之气故尔。心烦头痛耳鸣,九窍不利,肠胃之所生。心热病者,卒心痛烦闷,头痛面赤,刺手少阴、太阳。肺热病者,头痛不堪,汗出而寒,刺手太阴、阳明。肾热病者,项痛员员澹澹然,刺足少阴、太阳。《灵枢》谓厥头痛,面若肿起而烦心,取足阳明、太阴。厥头痛,头脉痛,心悲善泣,取血与厥阴。厥头痛,贞贞头重而痛,取手、足少阴。厥头痛,意善忘,按之不得,取头面左右动脉,后取足太阴。厥头痛,项先痛,腰脊为应,先取天柱,后取足太阳。厥头痛,头痛甚,耳前后脉涌有热,泻出其血,后取足少阳。头痛不可取于腧者,有所击堕,恶血在于内,若肉伤,痛未已,可侧取[1]不可远取也。头痛不可刺者,大痹为恶,日作者,可令少愈,不可已。头半寒痛,先取手少阳、阳明,后取足少阳、阳明。膀胱足太阳所生病,头囟顶脑户中痛。胆足少阳所生病,头痛。凡此皆脏腑经脉之气逆上,乱于头之清道,致其不得运行,壅遏经隧而痛者也。盖头象天,三阳六腑清阳之气皆会于此,三阴五脏精华之血亦皆注于此。于是天气所发六淫之邪,人气所变五贼之逆,皆能相害,或蔽覆其清明,或瘀塞其经络,因与其气相薄,郁而成热则脉满,满则痛。若邪气稽留则脉亦满,而气血乱故痛甚,是痛皆为实也。若寒湿所侵,虽真气虚,不与相薄成热,然其邪客于脉外则血泣脉寒,寒则脉缩卷紧急,外引小络而痛,得温则痛止,是痛为虚也。如因风木痛者,则抽掣恶风,或有汗而痛。因暑热痛者,或有汗,或无汗,则皆恶热而痛。因湿而痛者,则头重而痛,遇天阴尤甚。因痰饮而痛者,亦头昏重而痛,愦愦欲吐。因寒而痛者,绌急恶寒而痛。各与本藏所属,风寒湿热之气兼为之状而痛。更有气虚而痛者,遇劳则痛甚,其脉大。有血虚而痛者,善惊惕,其脉芤。用是病形分之,更兼所见证察之,无不得之矣。东垣曰:金匮真言论云,

---

〔1〕侧取:《灵枢·厥病》作“则刺”。

东风生于春,病在肝,俞在颈项。故春气者、病在头。又诸阳会于头面,如足太阳膀胱之脉,起于目内眦,上额交巅,直入络脑,还出别下项,病则冲头痛。又足少阳胆之脉,起于目锐眦,上抵头角,病则头角额痛。夫风从上受之,风寒伤上,邪从外入客经络,令人振寒头痛,身重恶寒,治在风池、风府,调其阴阳。不足则补,有余则泻,汗之则愈,此伤寒头痛也。头痛耳鸣,九窍不利者,肠胃之所生,乃气虚头痛也。如气上不下,头痛巅疾者,下虚上实也,过在足少阴、巨阳,甚则入肾,寒湿头痛也。有厥逆头痛者,所犯大寒,内至骨髓,髓以脑为主,脑逆故令头痛齿亦痛。有心烦头痛者,病在膈中,过在手巨阳、少阴,乃湿热头痛也。凡头痛皆以风药治之者,总其大体而言之也。高巅之上,惟风可到,故味之薄者,阴中之阳,自地升天者也。然亦有三阴三阳之异。太阳经头痛,恶风寒,脉浮紧,川芎、独活之类为主。少阳经头痛,脉弦细,往来寒热,用柴胡、黄芩主之。阳明经头痛,自汗发热,不恶寒,脉浮缓长实者,升麻、葛根、石膏、白芷主之。太阴经头痛,必有痰,体重,或腹痛为痰癖,脉沉缓者,苍术、半夏、南星主之。少阴经头痛,三阴三阳经不流行,而足寒气逆为寒厥,其脉沉细,麻黄附子细辛汤主之。厥阴经头疼,项痛,或吐痰沫,冷厥,其脉浮缓,吴茱萸汤主之。三阳头痛药,羌活、防风、荆芥、升麻、葛根、白芷、柴胡、川芎、芍药、细辛、葱白。连须　阴证头痛,只用温中药,如理中、姜、附之类。风湿热头痛,上壅损目及脑痛,偏正头痛,年深不愈,并以清空膏主之。如苦头痛,每料中加细辛二钱。如太阴脉缓有痰,名曰痰厥头痛,去羌活、防风、川芎、甘草,加半夏一两半。如偏头痛服之不愈,减羌活、防风、川芎一半,加柴胡一倍。如发热恶热而渴,此阳明头痛,只与白虎汤加白芷。丹溪云:东垣清空膏,诸般头痛皆治,惟血虚头痛,从鱼尾相连痛者不治。又云:治少阳头痛。如痛在太阳、厥阴者勿用,盖谓头巅痛也。头旋眼黑,头痛,宜安神散、川芎散。热厥头痛,虽严寒犹喜风寒,微来暖处,或见烟火,其痛复作,宜清上泻火汤,后用补气汤。风热头疼,石膏散、荆芥散。冬月大寒犯脑,令人脑痛齿亦痛,名曰厥逆。出奇病论中。宜羌活附子汤。头痛,胸中痛,食减少,咽嗌

不利,寒冷,脉左寸弦急,宜麻黄吴茱萸汤。湿热在头而头痛者,必
以苦吐之,轻者用透顶散搐鼻取涎。新沐中风为首风,头面多汗恶
风,当先风一日则病甚,至其风日则少愈,大川芎丸主之。风气循
风府而上,则为脑风,项背怯寒,脑户极冷,神圣散主之。凡治头痛,
皆用芎、芷、羌、防等辛温气药升散者,由风木虚不能升散,而土寡
于畏,得以壅塞而痛,故用此助肝木,散其壅塞也。若风盛疏散太
过而痛,服辛散药反甚者,则宜用酸涩,收而降之乃愈,乳香盏落散
之类是也。已上外因。头痛耳鸣,九窍不利,肠胃之所生,东垣以为
此气虚头痛也,用人参、黄芪主之。罗谦甫治柏参谋六十一岁,先
患头昏闷微痛,医作伤寒解之,汗出后痛转加,复汗解,病转加而头
愈痛,每召医用药雷同,到今痛甚不得安卧,恶风寒,不喜饮食,脉
弦细而微,气短促,懒言语。经曰:春气病在头。今年高气弱,清气
不能上升头面,故昏闷。此病本无表邪,因发汗数四,清阳之气愈
亏损,不能上荣,亦不能外固,所以病增甚。宜升阳补气,头痛自愈
,制顺气和中汤。经曰:阳气者,卫外而为固也。误汗之,卫外之气
损,故黄芪甘温,补卫实表为君。人参甘温补气,当归辛温补血,芍
药味酸,收卫气为臣。白术、陈皮、炙甘草苦甘温,养卫气,生发阳
气,上实皮毛腠理为佐。柴胡、升麻苦辛,引少阳、阳明之气上升,
通百脉灌溉周身者也。川芎、蔓荆子、细辛辛温,体轻浮,清利空窍
为使。一服减半,再服全愈。血虚头痛,自鱼尾,眉尖后近发际曰鱼尾。
上攻头痛,当归、川芎主之。当归一两,酒一升,煮取六合,饮至醉
效。当归、川芎、连翘、熟苄各二钱,水煎去渣,入龙脑薄荷末二钱,
乘沸泡之,鼻吸其气,候温即服,服即安卧效。气血俱虚头痛者,于
调中益气汤加川芎、蔓荆子、细辛,其效如神。痰厥头痛,眼黑头旋,
恶心烦乱,半夏白术天麻汤主之。痰厥头痛,非半夏不能疗。眼黑
头旋,风虚内作,非天麻不能解。天麻苗,谓之定风草,独不为风所
摇,以治内风之神药。内风者,虚风是也。黄芪甘温,泻火补元气,
实表虚,止自汗。人参甘温,调中补气泻火。二术甘温,除湿补中
益气。泽泻、茯苓利小便导湿。橘皮苦温,益气调中而升阳。炒面
消食,荡胃中滞气。麦芽宽中助胃气。干姜辛热,以涤中寒。黄柏

苦寒用酒洗,以疗冬日少火在泉而发躁也。东垣壮岁病头痛,每发时两颊尽黄,眩运,目不欲开,懒于言语,身体沉重,兀兀欲吐,数日方过。洁古老人曰,此厥阴、太阴合而为病,名曰风痰,宜以《局方》玉壶丸治之,可加雄黄、白术以治风湿,更有水煮金花丸,灸侠溪二穴各二七壮,不旬日愈。鼻衄腹肿头痛,病在胃。经云:阳明所谓客孙脉则头痛鼻衄腹肿者,阳明并于上,上者则其孙络太阴也,故头痛鼻衄腹肿也。动作头重痛,热气潮者属胃。丹溪云:头痛如破,酒炒大黄半两,茶煎服。娄全善云:病在胃而头痛者,必下之方愈也。如孙兆以利膈药,下张学士伤食头痛,郭茂恂以黑龙丹,下其嫂产后污血头痛,皆下咽即安是也。心烦头痛,病在膈中,过在手巨阳、少阴;乃湿热头痛也^[1]。东垣清空膏之类治之。头痛巅病,下虚上实,过在足少阴、巨阳,甚则入肾,许学士谓之肾厥头痛也。其脉举之则弦,按之则坚,用玉真丸治之。戴复庵用正元散,或大三五七散,入盐煎服;或于正元散内入炒椒十五粒,下来复丹,间进黑锡丹。有服诸药不效,其痛愈甚,宜茸朱丹。《素问》曰:头疼巅疾,下虚上实,过在足少阴、巨阳,甚则入肾。徇蒙招尤,目眩耳聋,下实上虚,过在足少阳、厥阴,甚则入肝。下虚者、肾虚也,故肾虚则头痛。上虚者、肝虚也,故肝虚则头晕。徇蒙者,如以物蒙其首,招摇不定,目眩耳聋,皆晕之状也。故肝厥头晕、肾厥巅痛、不同如此。肝厥宜钩藤散。伤食头痛,胸膈痞塞,咽酸,噫败卵臭,畏食,虽发热而身不痛,宜治中汤加砂仁一钱,或红丸子。伤酒头痛,恶心呕吐出宿酒,昏冒眩晕,宜葛花解酲汤。怒气伤肝,及肝气不顺上冲于脑,令人头痛,宜沉香降气散,并苏子降气汤,下养正丹。上热头目赤肿而痛,胸膈烦闷,不得安卧,身半已下皆寒,足胻尤甚,大便微秘,宜既济解毒汤。外有臭毒头痛,一味吃炒香附愈。头痛连睛痛,石膏、鼠粘子炒为末,茶清食前调下。头风搐鼻,白芷散、川芎散、如金散、瓜蒂神妙散、火筒散、郁金散。

---

〔1〕乃湿热头痛也:原脱,据修敬堂本、集成本补。

偏头风

头半边痛者是也。丹溪云：有痰者多。左属风，荆芥、薄荷。左属血虚，川芎、当归。右属痰，苍术、半夏。右属热，黄芩。川芎散、细辛散。荜拨猪胆搐鼻中。荜麻子半两去皮，大枣十五枚去核，右共捣令熟，涂纸上，用箸一只卷之，去箸，纳鼻中良久，取下清涕即止。生萝卜汁仰卧注鼻中，左痛注右，右痛注左。一妇人患偏头痛，一边鼻塞不闻香臭，常流清涕，时作臭气，服遍治头痛药，如芎、蝎等皆不效。后一医人教服《局方》芎犀丸，不十数服，忽作嚏，突出一铤稠脓，其疾遂愈。

雷头风

头痛而起核块者是也。或云头如雷之鸣也，为风邪所客，风动则作声也。夫治雷头风，诸药不效者，证与药不相对也。夫雷者、震也，震、仰盂，故东垣制药用荷叶者，象震之形，其色又青，乃述类象形。当煎《局方》中升麻汤主之，名曰清震汤。张子和用茶调散吐之，次用神芎丸下之，然后服乌荆丸及愈风饼子之类。衰者用凉膈散消风散热。头上赤肿结核，或如酸枣状，用排针出血则愈。亦有因痰火者，痰生热，热生风故也。痰火上升，壅于气道，兼乎风化，则自然有声，轻如蝉鸣，重如雷声，故名雷头风也。用半夏、牙皂、姜汁煮，一两大黄、酒浸透，湿纸包煨，再浸再煨三次。二两白僵蚕、连翘、橘红、桔梗、天麻、各五钱片芩、酒炒七钱薄荷叶、三钱白芷、青礞石、粉草各一钱末之，水浸蒸饼丸如绿豆大。食后、临卧茶吞二钱，以痰利为度，然后用清痰降火煎药调理。

真头痛

天门真痛，上引泥丸，夕发旦死，旦发夕死。为脑为髓海，真气之所聚，卒不受邪，受邪则死，不可治。古方云与黑锡丹，灸百会，猛进参、沉、乌、附，或可生，然天柱折者，亦难为力矣。

大头痛

头肿大如斗是也。是天行时疫病。东垣监济源税时，长夏多疫疠，初觉憎寒体重，次传面目肿盛，目不能开，上喘，咽喉不利，舌干口燥。俗云大头天行，亲戚不相访问，如染之多不救。张县丞亦患此,医以承气汤加蓝根下之稍缓,翼日其病如故,下之又缓,终莫能愈,渐至危笃。东垣诊视具说其由曰,夫身半以上,天之气也,身半已下,地之气也。此虽邪热客于心肺之间,上攻头而为肿盛,以承气下之,泻胃中之实热,是诛罚无过,殊不知适其病所为故,遂处方用黄连、黄芩,味苦寒,泻心肺间热以为君。橘红、玄参苦寒,生甘草甘寒,泻火补气以为臣。连翘、鼠粘子、薄荷叶苦辛平,板蓝根味甘寒,马屁勃、白僵蚕味苦平,散肿消毒定喘以为佐。新升麻、柴胡苦平,行少阳、阳明二经不得伸。桔梗味辛温,为舟楫不令下行。共为细末。用汤调,时时服之,拌蜜为丸嚼化,服尽良愈。乃施其方,全活甚众,名普济消毒饮子。海藏云:大头病者,虽在身半以上,热伏于经,以感天地四时非节瘟疫之气所着以成此疾。至于溃裂脓出,而又染他人,所以谓之疫疠也。大抵足阳明邪热太甚,实资少阳相火为之炽,多在少阳,或在阳明,甚则逆传。视其肿势在何部分,随其经而取之。湿热为肿,木盛为痛。此邪发于首,多在两耳前后所,先见出者为主为根。治之宜早,药不宜速,恐过其病,所谓上热未除,中寒已作,有伤人命矣。此疾是自外而之内者,是为血病,况头部分受邪见于无形之处,至高之分,当先缓而后急。先缓者,谓邪气在上,着无形之部分,既着无形,所传无定,若用重剂大泻之,则其邪不去,反过其病矣。虽用缓药,若又急服之,或食前,或顿服,咸失缓体,则药不能除病矣。当徐徐溃无形之邪,或药性味形体据象服饵,皆须不离缓体及寒药,或酒炒浸之类皆是也。后急者,谓前缓剂已经高分泻邪气入于中,是到阴部,染于有形质之所,若不速去,反损阴也。此却为客邪,当急去之,是治客以急也。且治主当缓者,谓阳邪在上,阴邪在下,各为本家病也。若急治之,不惟不能解其纷,而反致其乱矣,此所以治主当缓也。治客当急者,谓阳分受阳邪,阴分受阴邪,主也。阴分受阳邪,阳分受阴邪,客也。凡所谓客者,当急去之,此治客以急也。假令少阳、阳明之为病,少阳为邪者,出于耳前后也。阳明者,首面大肿也。先以黄芩、黄连、甘草,通炒过剉煎,少少不住服呷之。或服毕,再用大黄或酒浸、或煨,又以鼠粘子新瓦上炒香,㕮咀,煎去渣,内芒硝各等分,亦细细呷之，当食后用。徐得微利及邪气已，只服前药。如不已，再服后药，依前次第用之，取大便利、邪已即止。如阳明渴者，加石膏。少阳渴者，加瓜蒌根汤。阳明行经加升麻、葛根、芍药之类，太阳行经加羌活、防风、荆芥之类，选而加之，并与上药均合，不可独用散也。黑白散。甘桔汤加鼠粘子、连翘、大黄、玄明粉、白僵蚕、荆芥。僵蚕一两，锦纹大黄二两，姜汁丸弹子大。新汲泉水和生蜜调服。外用井底泥，调大黄、芒硝末敷之。

眉棱骨痛

眉骨者，目系之所过，上抵于脑，为目属于脑也。若诸阳经或挟外邪，郁成风热毒，上攻于头脑，下注于目睛，遂从目系过眉骨，相并而痛。若心肝壅热，上攻目睛而痛，则亦目系与眉骨牵连并痛。若胸膈风痰上攻者亦然。若太阴之胜，湿气内郁，寒迫下焦，痛留项，互引眉间，其痛有酸者，有抽掣者，有重者，有昏闷者，便可审是孰气之胜也。东垣选奇汤，治眉骨痛不可忍，神效。丹溪云：属风热与痰，治类头风。风热者，宜祛风清上散。因痰者，二陈汤加酒黄芩、白芷。因风寒者，羌乌散。戴云：眼眶痛有二证，皆属肝。有肝虚而痛，才见光明则眼眶骨痛甚，宜生熟地黄丸。有肝经停饮，发则眉棱骨痛不可开，昼静夜剧，宜导痰汤，或小芎辛汤加半夏、橘红、南星、茯苓。

头风屑

罗谦甫云：肝经风盛，木自摇动，《尚书》云：满招损。老子云：物壮则老。故木陵脾土，金来克之，是子来为母复仇也。使梳头有雪皮，见肺之证也，肺主皮毛。大便实，泻青丸主之。虚者，人参消风散主之。万病紫菀丸，治头多白屑。每服三丸至五七丸，姜汤下。按上治法，必有风热上攻，头目眩痛诸证，而后用之。若止是白屑，但宜白芷、零陵香之属，外治而已。

头重

何因得之？曰因天之湿淫外着也，因人之湿痰上蒸也，因在下之阴气逆于上也，皆得而头重。何以言之，头象于天，其气极清，地气重浊，地者阴也，土湿也。若外着内蒸，必壅蔽清道，致气血不利,沉滞于经隧脉络故重。《内经》曰:阳气者,因于湿,首如裹,是外湿蔽着者也。又曰:脾热病者,先头重,是胃脉引其热上于头也。太阴之复,饮发于中,湿气内逆太阳,上留而重痛,胸中[1]掉瘛尤甚。太阳之胜,湿气内郁,亦头重。巨阳之厥,肿首头重,发为眴仆。《灵枢》谓督脉之别,名曰长强,挟脊上项,散头上,下当肩胛左右,别走太阳。虚则头重高摇之。侠脊之有过者,取之所别也。东垣云:头重如山,此湿气在头也。红豆散鼻内搐之。又方,羌活根、烧 连翘、各三钱 红豆,半钱上为末,搐鼻。为饮除湿药,则过病所,诛罚无过,故于鼻取之。犹物在高巅之上,必射而取之也。丹溪云:壮实人气实有痰,或头痛,或眩晕,大黄酒浸三次,为末。茶调服。

头摇

风也,火也,二者皆主动,会之于巅,乃为摇也。《内经》曰:眴蒙招尤,目瞑耳聋,下实上虚,过在足少阳、厥阴。注谓:眴、疾也,蒙、目不明,招、掉摇不定也,尤、甚也。目疾不明,首掉尤甚。又太阴之复,头项痛重,掉瘛尤甚。注谓:湿气内逆太阳,上留胸中而掉瘛也。《灵枢》谓督脉之别长强,虚则头重高摇之。然病机有谓诸风掉眩,皆属肝木。夫头之巅,足太阳之所过,督脉与厥阴之所会,是故三经所逆之火,留聚于此者,皆从风木而为掉摇也。张仲景又言,心绝者,亦直视摇头也。

【诊】:寸口之脉,中手短者,曰头痛。推而下之,下而不上,头顶痛。寸口紧急,或短或弦或浮,皆头痛。浮滑为风痰,易治。短涩难治。浮紧为太阳。弦细少阳。浮缓长阳明。沉缓太阴。沉细少阴。浮缓厥阴。浮弦为风。浮洪为火。右寸滑或大,或弦而有力,皆痰火积热。细或缓,兼体重者湿。左脉不足,血虚。右脉不足,气虚。左右俱不足,气血俱虚。右寸紧盛,食积。右关洪大,为胃热上攻。寸口弦细,为鬲上有风涎冷痰,或呕吐。沉细为阴毒伤寒,但头痛身不热也。诊头痛目痛,久视无所见者死。病苦头痛目

---

〔1〕胸中:此下《素问·至真要大论》有"不便"二字。

痛,脉急短涩死。

面　痛

面痛皆属火。盖诸阳之会,皆在于面,而火阳类也。心者生之本,神之变,其华在面,而心君火也。暴痛多实,久痛多虚。高者抑之,郁者开之。血热者凉血,气虚者补气。不可专以苦寒泻火为事。许学士医检正患鼻颊间痛,或麻痹不仁,如是数年,忽一日连口唇颊车发际皆痛,不开口言语,饮食皆妨。在颊与颊上常如糊,手触之则痛,此足阳明经络受风毒,传入经络,血凝滞而不行,故有此证。或以排风、小续命、透髓丹之类与之,皆不效。制犀角升麻汤赠之,数日愈。夫足阳明胃也。经云:肠胃为市。又云:阳明多血多气,胃之中腥膻五味无所不纳,如市廛无所不有也。以其腐熟饮食之毒聚于胃,此方以犀角为主,解饮食之毒也。阳明经脉环唇挟舌,起于鼻,合颏中,循颊车,上耳前,过客主人,循发际至头颅,今所患皆一经络也。故以升麻佐之。余药皆涤除风热。升麻、黄芩专入胃经。老母年七十余,累岁患颊车痛,每多言伤气、不寐伤神则大发,发之剧则上连头,下至喉内及牙龈,皆如针刺火灼,不可手触。乃至口不得开,言语饮食并废,自觉火光如闪电,寻常涎唾稠粘,如丝不断,每劳与饿则甚,得卧与食则稍安,知其虚也。始以清胃散、犀角升麻汤、人参白虎汤、羌活胜湿汤加黄芩、甘、桔皆不效,后改用参、芪、白术、芎、归、升、柴、甘、桔之类,稍佐以芩、栀、连翘、黍粘,空腹进之,而食远则服加减甘露饮,始渐安。第老人性躁不耐闲,劳与多言时有之,不能除去病根,然发亦稀少,即发亦不如往岁之剧矣。从子锴因丧子郁结,复多饵鹿角胶诸种子药,或于食后临卧辄进之,以至积成胃热,遂患面痛如老母证。服清胃散、甘露饮,大加石膏过当,而见虚证。又服参、芪等补药过当,而复见火证。门人施生以越鞠加山栀、连翘、贝母、橘红之属,开其郁结,而始向安。诸方书无面痛门,今补之。且具载上三条,以见用药不可执一耳,非三条之足以尽是病也。

颈 项 强 痛

经云:东风生于春,病在肝,腧在颈项。诸痉项强,皆属于湿。缺盆之中,任脉也,名曰天突。当缺盆中央动脉是。一次任脉侧之动脉,足阳明也,名曰人迎。挟喉两旁动脉。二次脉,手阳明也,名曰扶突。挟喉动脉之后,曲颊之前一寸后是。三次脉,手太阳也,名曰天窗。手阳明之后,当曲颊之下。四次脉,足少阳也,名曰天容。曲颊之后,当耳之下。五次脉,手少阳也,名曰天牖。耳后当完骨上。六次脉,足太阳也,名曰天柱。挟项大筋中。七次脉,颈中央之脉,督脉也,名曰风府。足阳明,挟喉之动脉也,其腧在膺中。手阳明次在其腧外,不至曲颊一寸。太阳当曲颊。足少阳在耳下曲颊之后。手少阳出耳后上,加完骨之上。足太阳挟项大筋之中。然则颈项强急之证,多由邪客三阳经也。寒搏则筋急,风搏则筋弛,左多属血,右多属痰。颈项强急,发热恶寒,脉浮而紧,此风寒客三阳经也。宜驱邪汤。颈项强急,动则微痛,脉弦而数实、右为甚,作痰热客三阳经治,宜消风豁痰汤。颈项强急,动则微痛,脉弦而涩,左为甚,作血虚邪客太阳、阳明经治,宜疏风滋血汤。颈项强急,寒热往来,或呕吐,或胁痛,宜小柴胡汤、升麻防荆汤。颈项强急,腰似折,项似拔,加味胜湿汤。精神短少,不得睡,项筋肿急难伸,禁甘温,宜苦寒,养神汤主之。《本事方》椒附散,治肾气上攻,项背不能转侧,于虚寒者为宜。丹溪治一男子。项强不能回顾,动则微痛,其脉弦而数实,右手为甚,作痰客太阳经治之,用二陈汤加酒洗黄芩、羌活、红花,服后二日愈。许学士治一人患筋急项不得转侧,自午后发至黄昏时定,此患必从足起。经言十二经络各有筋,惟足太阳之筋,自足至项。大抵筋者,肝之合也。日中至黄昏,天之阳,阳中之阴也。又曰:阳中之阴,肺也。自离至兑,阴旺阳弱之时,故《灵宝毕法》云:离至干,肾气绝而肝气弱,肝肾二脏受阴气,故发于是时。授以木瓜煎方,三服而愈。戴云:颈痛,非是风邪,即是气挫,亦有落枕而成痛者,并宜和气饮,食后服。按人多有挫闪,及久坐失枕,而致项强不可转移者,皆由肾虚不能生肝,肝虚无以养筋,故机关不利,

宜六味地黄丸常服。《内经》刺灸项颈痛有二：其一取足手太阳，
治项后痛。经云：足太阳之脉，是动则病项如拔，视虚、盛、寒、热、
陷下取之。又云：项痛不可俯仰，刺足太阳。不可以顾，刺手太阳。
又云：大风项颈痛，刺风府。风府在上椎。又云：邪客于足太阳之络，
令人头项肩痛，刺足小指爪甲上与肉交者各一痏，立已。不已则刺
外踝下三痏，左取右，右取左，如食顷是也。其二取足、手阳明，治
颈前痛。经云：足阳明之脉，所生病者，颈肿。又云：手阳明之脉，
是动则病颈肿。皆视盛、虚、寒、热、陷下取之也。

<h2 style="text-align:center">心痛胃脘痛膈痛　心瘥</h2>

　　或问丹溪言心痛即胃脘痛，然乎？曰心与胃各一脏，其病形
不同，因胃脘痛处在心下，故有当心而痛之名，岂胃脘痛即心痛者
哉。历代方论将二者混同叙于一门，误自此始。盖心之脏君火也，
是神灵之舍，与手少阴之正经，邪皆不得而伤。其受伤者，乃手心
主包络也，如包络引邪入于心之正经脏而痛者，则谓之真心痛，必
死，不可治。夫心统性情，始由怵惕思虑则伤神，神伤藏乃应而心
虚矣。心虚则邪干之，故手心主包络受其邪而痛也。心主诸阳，
又主血，是以因邪而阳气郁伏过于热者痛，阳气不及惟邪胜之者
亦痛，血因邪泣在络而不行者痛，血因邪胜而虚者亦痛。然方论
虽有九种心痛，曰饮、曰食、曰风、曰冷、曰热、曰悸、曰虫、曰疰、去
来。其因固多，终不得圣人之旨，岂复识六淫五邪不一之因哉。且
五脏六腑任督支脉络于心，脏腑经脉挟其淫气，自支脉乘于心而为
痛者，必有各府脏病形与之相应而痛。如《灵枢》谓厥心痛，与背
相控，善瘛，如从后触其心，伛偻者，肾心痛也。厥心痛，腹胀胸满，
心尤痛甚，胃心痛也。厥心痛，痛如以锥针刺其心，心痛甚者，脾心
痛也。厥心痛，色苍苍如死状，终日不得太息，肝心痛也。厥心痛，
卧若徒居心痛间，动作痛益甚，色不变，肺心痛也。更以阳明有余，
上归于心，滑则病心疝。又心痛引少腹满，上下无定处，溲便难者，
取足厥阴。心痛腹胀，啬然大便不利，取足太阴。心痛短气不足以
息，取手太阴。心痛引背不得息，刺足少阴。不已，取手少阳。与

夫《内经》于六气五运，司上下胜复，淫邪应脏气盛衰而相乘者，亦必有诸淫气之病状与心而痛。是故苟不能遍识诸脏腑所从来之病因，将何以施治哉。胃脘痛亦如心痛，有不一之因。盖胃之真湿土也，位居中焦，禀冲和之气，多气多血，是水谷之海，为三阳之总司，五脏六腑十二经脉皆受气于此。是以足之六经，自下而上，凡壮则气行而已，胃脘弱则着而成病。其冲和之气，变至偏寒偏热，因之水谷不消，停留水饮食积，真气相搏为痛，惟肝木之相乘者尤甚。胃脘当心而痛，上支两胁里急，饮食不下，膈咽不通，食则为食痹者，谓食已心下痛，吐出乃止。又肾气上逆者次之，逆则寒厥，入胃亦痛。夫如是胃脘之受邪，非止其自病者多，然胃脘逼近于心，移其邪上攻于心为心痛者亦多。若夫心痛之病形，如前所云者则详矣。今欲分胃脘不一病因之状当何如？ 曰胃之湿土主乎痞，故胃病者，或满或胀，或食不下，或呕吐，或吞酸，或大便难，或泻利，面色浮而黄者，皆是胃之本病也。其有六淫五邪相乘于胃者，大率与前所列心痛之形状相类，但其间必与胃本病参杂而见之也。《活法机要》云：诸心痛者，皆少阴、厥阴气上冲也。有热厥心痛者，身热足寒痛，甚则烦躁而吐，额自汗出，知其为热也，其脉浮大而洪，当灸太溪及昆仑，谓表里俱泻之，是为热病汗不出，引热下行，表汗通身而出者愈也。灸毕服金铃子散则愈，痛止，服枳术丸，去其余邪也。有大实心中痛者，因气而食，卒然发痛，大便或秘久而注闷，心胸高起，按之愈痛，不能饮食，急以煮黄丸利之，利后以藁本汤去其邪也。有寒厥心痛者，手足厥逆而通身冷汗出，便溺清利，或大便利而不渴，气微力弱，急以术附汤温之。寒厥暴痛，非久病也，朝发暮死，急当救之。是知久病无寒，暴病非热也。丹溪云：凡心膈痛须分新久，若明知身受寒气，口吃寒物而得者，于初得之日，当与温散或温利之。温散谓治身受寒气于外者，如陈无择麻黄桂枝汤，治外因心痛之类是也。温利谓治口食寒物于里者，如仲景九痛丸、洁古煮黄丸，治大实心痛之类是也。病得之稍久，则成郁矣，郁则蒸热，热则生火，若欲行温散、温利，宁无助火添病耶。由是方中多以山栀仁为热药之向导，则邪易伏，病易退，正气复而病安矣。大概胃口有热而作痛,非山栀不可,须姜汁佐之,多用台芎开之。《金匮要略》云:心中寒者,其人病心如啖蒜状,剧者心痛彻背,背痛彻心,譬如蛊注,其脉浮者,自吐乃愈。心痛彻背,背痛彻心,乌豆赤石脂丸主之。胸痹不得卧,心痛彻背者,栝蒌薤白半夏汤主之。心胸中大寒痛,呕不能饮食,腹中寒,上冲皮起,出见有头足,上下痛而不可触近,大建中汤主之。心中痞,厥逆,心悬痛,桂枝生姜枳实汤主之。右仲景方,大抵皆温散之剂,有寒结而痛者宜之。左脉浮弦或紧,兼恶风寒者,有外邪,宜藿香正气散,或五积散加姜、葱之类。外吸凉风,内食冷物,寒气客于肠胃之间,则卒然而痛者,二陈、草果、干姜、吴茱萸,扶阳助胃汤,草豆蔻丸之类。心膈痛,曾服香燥热药,复作复劫,转转深痼,宜山栀子炒黑二两,川芎、香附盐水浸炒各一两,黄连、酒炒 黄芩、酒炒 木香、槟榔各二钱五分,赤曲、番降香各五钱,芒硝二钱,为细末。生姜汁、童子小便各半盏,调二钱,痛时呷下。仲景云:按之心下满痛者,此为实也。当下之,宜大柴胡汤。凡脉坚实,不大便,腹满不可按,并可承气汤下之。有实积者,脉沉滑,气口紧盛,按之痛,宜小胃丹,津下十五丸,亦可服厚朴丸、紫菀丸。痰积作痛,星半安中汤、海蛤丸。火痛,清中汤。心膈大痛,攻走腰背,发厥呕逆,诸药不纳者,就吐中以鹅翎探吐之,以尽其痰积而痛自止。《外台》治卒心痛,黄连八两,水七升,煮五升,绞去渣,温服五合,日三。《肘后》治卒心痛,龙胆草四两,酒三升,煮一升半,顿服。仲景云:心伤者,其人劳役[1]即头面赤而下重,心中痛而自烦,发热,脐跳,其脉弦,此为心藏所伤也。可服妙香散。钱氏云:心虚者炒盐补之。《图经》、《衍义》谓蛎粉治心痛,皆心伤之正药也。以物拄按而痛者,挟虚,以二陈汤加炒干姜和之。按之痛止者为虚,宜酸以收之,勿食辛散之剂。又有病久气血虚损,及素作劳羸弱之人,患心痛者,皆虚痛也。有服大补之剂而愈者,不可不知。气攻刺而痛,宜加味七气汤、沉香降气散、正气天香散。治心痛,但忍气则发者。死血作痛,脉必涩,作时饮汤水下或作呃,壮人用桃

---

〔1〕役:《金匮要略》第十一作"卷"。

仁承气汤下，弱人用归尾、川芎、牡丹皮、苏木、红花、玄胡索、桂心、桃仁泥、赤曲、番降香、通草、大麦芽、穿山甲之属，煎成入童便、酒、韭汁，大剂饮之，或失笑散。虫痛，面上白斑，唇红能食，或食即痛，或痛后便能饮食，或口中沫出。上半月虫头向上易治，下半月虫头向下难治。先以鸡肉汁及糖蜜饮之，引虫头向上，用集效丸，或万应丸、剪红丸之类下之。若因蛔作痛，蛔攻啮心痛有休止，其人吐蛔，或与之汤饮药饵，转入转吐，盖缘物入则蛔动，蛔动则令人恶心而吐，用川椒十数粒煎汤，下乌梅丸。仲景云：蛔虫为病，令人吐涎心痛，发作有时，毒药不止，甘草粉蜜汤主之。为脾受肝制而急，故虫不安，用粉蜜之甘缓以安之。有肾气逆上攻心以致心痛，用生韭研汁，和五苓散为丸，空心茴香汤下。病人旧有酒积、食积、痰积在胃脘，一遇触犯，便作疼痛，挟风寒，参苏饮加姜、葱。挟怒气，二陈加青皮、香附、姜汁炒黄连。挟饮食，二陈加炒山栀、曲糵、草果、山楂。挟火热者，二陈加枳实、厚朴、姜汁炒黄连、山栀。加减越鞠丸，川芎、苍术、香附、神曲、贝母、炒栀子、砂仁、草果，参酌脉病施治。服寒药多致脾胃虚弱，胃脘痛。宜温胃汤。寒湿所客，身体沉重，胃脘痛，面色痿黄，宜术桂汤。心脾痛，用荔枝核为末，每服一钱，热醋汤调下。刘寄奴末六钱，玄胡索末四钱，姜汁热酒调服效。白矾、辰砂糊丸，好醋吞下神效。心胃腹胁散痛，二陈加苍术诸香药治之，或沉香降气散。不愈则和其血。热饮痛，黄连、甘遂作丸服之。冬寒停饮，桂黄散。心极痛，以生地黄汁调面煮吃，打下虫积效。实痛者，手不可近，六脉沉细甚，有汗，大承气加桂。强壮痛甚者，加桃仁、附子。连小腹虚寒作痛，小建中汤。寒热呕吐而痛，脉沉弦，大柴胡汤。脾虚积黄而痛，胃苓汤。胃虚感冷而痛，理中汤。内伤发热不食，胃口作痛，补中益气汤加草豆蔻，热痛加栀子。肥人心脾胃脘当心痛，或痞气不食，用草豆蔻、炒三棱、白术各一两，白豆蔻仁、桂枝、小草远志、莪术、丁香、丁皮、木香、藿香，炊饼丸梧桐子大。姜汤下三五十丸。胃脘停湿者，温中丸。脾胃不和而痛，大安丸。因气者，加减木香槟榔丸。欬逆上气，痰饮心痛，海蛤粉煅，瓜蒌仁带穣等分为末，和匀米糊丸。丹溪治许文懿公，因饮食作痰成心脾痛，后触风雪腿骨痛，医以黄芽岁丹乌附治十余年，艾灸万计，又冒寒而痛加，胯难开合，脾疼时胯稍轻，胯痛则脾疼止。此初因中脘有食积痰饮，续冒寒湿，郁遏经络，气血不行，津液不通，痰饮注入骨节，往来如潮，涌上则为脾疼，降下则为胯痛，须涌泄之。以甘遂末一钱，入猪腰子内煨食之，连泄七行，足便能步，后呕吐大作，不食烦躁，气弱不语，记《金匮》云，无寒热而短气不足以息者，实也。其病多年郁结，一旦泄之，徒引动其猖獗之势，无他制御之药故也。仍以吐剂达其上焦，次第治及中下二焦。连日用瓜蒂、藜芦、苦参等药，俱吐不透，而哕躁愈甚，乃用附子尖三枚，和浆水以蜜饮之，方大吐胶痰一大桶。以朴硝、滑石、黄芩、石膏、连翘等一斤浓煎，置井中极冷饮之，四日服四斤，后腹微痛，二便秘，脉歇至于卯酉时，予谓卯酉为手足阳明之应，此乃胃与大肠有积滞未尽，当速泻之。诸医惑阻，乃作紫雪，三日服至五两，腹减稍安后，又小便闭痛，饮以萝卜子汁得吐立通。又小腹满痛，以大黄、牵牛等分水丸，服至三百丸，下如烂鱼肠者二升许，脉不歇。又大便进痛，小腹满闷，又与前丸药百粒，腹大绞痛，腰胯重，眼火出，不言语，泻下秽物如柏油条一尺许，肛门如火，以水沃之。自病半月不食不语，至此方啜稀粥，始有生意，数日平安。自呕吐至安日，脉皆平常弦大，次年行倒仓法全愈。治一人以酒饮牛乳患心痛，年久无汗，医多以丁附，羸弱食减，每痛以物拄之，脉迟弦而涩，又苦吞酸，以二陈加芩、连、白术、桃仁、郁李仁、泽泻，每旦服之，涌出酸苦黑水，并如烂木耳者，服至二百余贴，脉涩退至添纯弦而渐充满。时令暖，意其欲汗而血气未充，以参、术、归、芍、陈皮、半夏、甘草。痛缓与麻黄、苍术、芎、归，才下咽，忽运厥，须臾而苏，大汗痛止。一童子久疟方愈，心脾痛，六脉伏，痛减时气口紧盛，余部弦而实。意其宿食，询之果伤冷油面食，以小胃丹津咽下十余粒，禁余食三日，与药十二次，痛止。后又与谷太早，忽大痛连胁，乃禁食，亦不与药，盖宿食已消，今因新谷与余积相迸而痛，若再药攻，必伤胃气。至夜心嘈索食，先以白术、黄连、陈皮丸服之，以止其嘈，此非饥也，乃余饮未了，因气而动耳。若与食复痛，询其饥作膈间满闷，又与前丸子，一昼夜不饥而昏睡，后少与粥渐安。一妇因久积忧患后心痛，食减羸瘦，渴不能饮，心与头更换而痛，不寐，大便燥结，以四物加陈皮、甘草百余贴未效。予曰：此肺久为火所郁，气不得行，血亦畜塞，遂成污浊，气壅则头痛，血不流则心痛，通一病也。治肺当自愈。遂效东垣清空膏例，以黄芩细切、酒浸透，炒赤色，为细末，汤下，头稍汗，十余贴，汗渐通身而愈。因其膝下无汗，瘦弱脉涩，小便数，大便涩，当补血以防后患，以四物汤加陈皮、甘草、桃仁、酒芩，服之愈。一妇春末心脾疼，自言腹胀满，手足寒时，膝须绵裹火烘，胸畏热，喜掀露风凉，脉沉细涩，稍重则绝，轻似弦而短，渴喜热饮，不食。以草豆蔻仁三倍，加黄连、滑石、神曲为丸。以白术为君，茯苓为佐，陈皮为使，作汤下百丸，至二斤而安。一妇形瘦色嫩味厚，幼时曾以火烘湿鞋，湿气上袭，致吐清水吞酸，服丁香热药，时作时止，至是心疼，有痞块、略吐食，脉皆微弦，重似涩，轻稍和。与左金丸三四十粒，姜汤下三十余次，食不进。予曰结已开矣，且止药。或思饮，与水、间与青绿丸，脉弦渐添。与人参、酒芍药引金泻木，渐思食。若大便秘，以生芍药、陈皮、桃仁、人参为丸与之，又以蜜导，便通食进。一老人心腹大痛，昏厥，脉洪大，不食，不胜一味攻击之药，用四君子加川归、沉香、麻黄服愈。东垣治一妇人重娠六个月，冬至因恸哭口吸风寒，忽病心痛不可忍，浑身冷气欲绝。曰此乃客寒犯胃，故胃脘当心而痛。急与草豆蔻、半夏、干生姜、炙甘草、益智仁之类。或曰半夏有小毒，重娠服之可乎？ 曰乃有故而用也。岐伯曰：有故无殒，故无殒也。服之愈。滑伯仁治一妇人，盛暑洞泄，厥逆恶寒，胃脘当心而痛，自腹引胁，转为滞下，呕哕不食，人皆以中暑霍乱治之益甚。脉三部俱微短沉弱，不应呼吸，此阴寒极矣。不亟温之，则无生意。遂以姜、附三四进，间以丹药，脉稍有力，厥逆渐退，更服姜、附，七日而安。厥心痛者，他脏病干之而痛，皆有治也。真心痛者，心脏自病而痛，故夕发旦死，旦发夕死，无治也。然心脏之经络有病，在标者，其心亦痛而有治。经云：心手少阴之脉，是动则病嗌干心痛，渴而欲饮。又心主手少阴之脉，所生病者，心痛，掌中热，皆视盛、虚、热、寒、陷下取之。又经云：手心主之别,名曰内关,去腕二寸,出于两筋之间。实则心痛,取之两筋间也。又云:邪在心则病心痛喜悲,时眩仆,视有余不及,调其俞是也。【卒急心痛】若脉洪大而数,其人火热盛者,用前黄连、龙胆草单方饮之。若无热者,荔枝核之类治之。若中恶心痛,腹胀大便不通者,走马汤治之。《海上方》急救男子妇人心疼,牙关紧急欲死者,用隔年陈葱白三五根,去皮须叶,擂为膏,将病人口斡开,用匙将膏送入咽喉,用香油四两灌送下,油不以多少,但得葱下喉,其人必苏。一方,用香油顿服一盏亦妙。经云:邪客于足少阴之络,令人卒心痛,暴胀,胸胁支满,无积者,刺然骨之前出血,如食顷而已,不已,左取右,右取左,病新发者,五日已。

膈痛

与心痛不同,心痛则在岐骨陷处,本非心痛,乃心支别络痛耳。膈痛则痛横满胸间,比之心痛为轻,痛之得名,俗为之称耳。诸方称为烦躁怔悸,皆其证也。五苓散泻心、小肠之热,恐非其对,不若用四物汤、十全大补汤去桂,生血而益阴,此以水制火之义。膈痛多因积冷与痰气而成,宜五膈宽中散,或四七汤加木香、桂各半钱,或挝脾汤加木香。膈痛而气上急者,宜苏子降气汤去前胡加木香如数。痰涎壅盛而痛者,宜小半夏茯苓汤加枳实一钱,间进半硫丸。

心嘈

亦痰饮所致,俗名饮嘈。有胃口热食易消故嘈。《素问》谓之食嘈,亦类消中之状,俗名肚嘈。痰气,宜小半夏茯苓汤加枳实一钱。胃中热宜二陈汤加黄连一钱,或五苓散去桂加辰砂。亦有病嘈,呷姜汤数口,或进干姜剂而愈,此膈上停寒,中有伏饮,见辛热则消。予读中秘书时,馆师韩敬堂先生,常患膈痛,诊其脉洪大而涩,予用山栀仁、赤曲、通草、大麦芽、香附、当归、川芎煎汤,加姜汁、韭汁、童便、竹沥之类,饮之而止。一日劳倦忍饥,痛大发,亟邀予至火房问曰:晨起痛甚,不能待公,服家兄药,药下咽如刀割,痛益甚,不可忍,何也?予曰,得非二陈、平胃、乌药、紫苏之属乎,曰然。曰是则何怪乎其增病也。夫劳饿而发,饱逸则止,知其虚也。饮以十全大补汤,一剂而痛止。

【诊】:脉多见于右关,阴弦为痛。微急为痛。微大为心痹引背痛。短数为痛。涩为痛。痛甚者,脉必伏。大是久病。洪大数,属火热。滑大属痰。右手实者,痰积。沉滑者,有宿食。弦迟者,有寒。沉细而迟者,可治。坚大而实,浮大而长,滑而利,数而紧,皆难治。真心痛,手足俱青至节者,不治。

胸痛 心痛条有膈痛,痞条有胸痹,宜与此条参看

经云:南风生于夏,病在心,俞在胸胁。又云:仲夏善病胸胁。此则胸连胁痛属心。肝虚则胸痛引背胁,肝实则胸痛不得转侧,喜太息,肝著则常欲蹈压其胸。经云:春脉如弦,其气不实而微,此谓不及,令人胸痛引背,下则两胁胀满,此肝虚而其脉证见于春如此也。宜补肝汤。《金匮》云:肝中寒者,两臂不举,舌本燥,喜太息,胸中痛不得转侧,食则吐而出汗也。肝著,其人常欲踏其胸上,先未苦时,但欲饮热,旋覆花汤主之。《素问》曰:阳明所谓胸痛短气者,水气在脏腑也。水者、阴气也,阴气在中,故胸痛少气也。轻者五苓散,重者用张子和法取之。《脉经》云:寸口脉沉,胸中引胁痛,胸中有水气,宜泽漆汤,及刺巨阙泻之。水杜壬治胸胁痛彻背,心腹痞满,气不得通,及治痰欬,大栝蒌去穰,取子熟炒,连皮研和,面糊为丸,如桐子大。米饮下五十丸。《斗门方》治胸膈壅滞,去痰开胃,用半夏洗净焙干,捣罗为末,生姜自然汁和为饼子,用湿纸裹,于慢火中煨令香熟,水一盏,用饼子一块如弹丸大,入盐半分,煎取半盏,温服。痰 丹溪治一人鬲有一点相引痛,吸气皮觉急,用滑石一两,桃仁半两,枳壳炒一两,黄连炒半两,甘草炙二钱,为细末。每服钱半,以萝卜汁煎熟饮之,一日五六次。又治一人因吃热补药,又妄自学吐纳,以致气乱血热,嗽血消瘦,遂与行倒仓法。今嗽血消瘦已除,因吃炒豆米,膈间有一点气梗痛,似有一条丝垂映在腰,与小腹亦痛,大半偏在左边,此肝部有污血行未尽也。用滑石一两,黄丹三钱,枳壳一钱,黄连五钱,生甘草二钱,红花一钱,柴胡五钱,桃仁二两,为细末。每服一钱半,以萝卜汁煎沸服之。胸痛连胁,胁支满膺背肩胛,两臂内亦痛。经云:岁火太过,则有此证。其脉

若洪数,宜用降火凉剂。胸痛引背,两胁满,且痛引少腹。经谓岁金太过,与岁土不及,风木大行而金复,则有此疾。是为金邪伤肝,宜用补肝之剂。胸中痛,连大腹、小腹亦痛者,为肾虚,宜先取其经少阴、太阳血,后用补肾之药。胸连胁肋髀膝外皆痛,为胆足少阳木所生病,详盛、虚、热、寒、陷下取之。手心主之筋,其病当所过者支转筋,前及胸痛息贲,治在燔针劫刺,以知为数,以痛为输。又足太阳之筋、足少阳之筋痛,皆引胸痛,治在燔针劫刺,以知为数,以痛为输也。

腹痛少腹痛

　　或问腹痛何由而生? 曰邪正相搏,是以作痛。夫经脉者,乃天真流行出入,脏腑之道路也。所以水谷之精悍为荣卫,行于脉之内外,而统大其用,是故行六气,运五行,调和五脏,洒陈六腑,法四时升降浮沉之气,以生长化收藏。其正经之别脉,络在内者,分守脏腑部位,各司其属,与之出纳气血。凡是荣卫之妙用者,皆天真也。故经曰:血气,人之神,不可不谨养,养之则邪弗能伤矣。失之则荣气散解,而诸邪皆得从其脏腑所虚之舍而入客焉。入客则气停液聚,为积为痰,血凝不行,或瘀或畜,脉络皆满,邪正相搏,真气迫促,故作痛也。脾胃内舍心腹,心肺内舍胸膺、两胁,肝内舍胠胁、小腹,肾内舍小腹、腰脊,大小肠、冲任皆在小腹,此脏腑所通之部位也。曰举痛论叙腹痛一十四条,属热者止一条,余皆属寒。后世方论,因尽作风冷客之攻击而作痛。今子乃云诸邪何哉? 曰方论不会通诸篇之旨,因不解篇末,复谓百病皆生于气,列九气之状,其间虽不言痛,必亦为或有作痛者故也。不然,何乃出于诸痛篇之末耶。试以《灵枢》百病始生篇观之,其旨则显然矣。所论邪有三部,风雨伤于上,清湿伤于下,伤于上者,病从外入内,从上下也。次第传入,舍于输之时,六经不通,或着络脉,或着经脉,或着输脉,或着伏冲之脉,或着肠胃之膜原,皆得成积而痛。伤于下者,病起于足,故积之始生,得寒乃生,厥乃成积。厥气生足悗,悗生胫寒,胫寒则血脉凝涩,血脉凝涩则寒气上入于肠胃,入于肠胃则膜胀,肠外之汁沫迫聚不得散,日以成积。伤于脏者,病起于阴,故卒然多食饮,则肠满,起居不节,用力过度,则络脉伤,阳络伤则血外溢,血外溢则衄血。阴络伤则血内溢,血内溢则后血。肠胃之络伤,则血溢于肠外,肠外有寒,汁沫与血相搏,则并合凝聚不得散而积成矣。卒然外中于寒,若内伤于忧怒,则气上逆,气上逆则六轮不通,温气不行,凝血[1]蕴裹[2]而不散,津液涩渗,着而不去,而积皆成矣。自今观之,此篇所谓成积作痛,未至于癥瘕结块之积,乃汁沫聚而不散之积也。与举痛论所谓血气稽留不得行而成积同也。岂七情叙于篇末者之不同然于作痛乎。然推原二篇之意,百病始生篇在乎三部之邪会而为痛,故相连而为言。举痛论在乎其邪各自为病,所以独引寒淫一者,亦为寒邪之能闭塞阳气最甚故也。用是为例,其他则可自此而推之矣。至如七情之气逆,即伤其荣卫而不行,荣卫不行则液聚血凝,及饮食用力过度者亦然,皆不待与寒相会,始成积作痛也。且如诸篇有言,胃气实而血虚,其脉软散者,当病食痹,谓[3]食则痛也;有言岁土太过,湿淫所胜,大腹、小腹痛者;有言冲脉之病,其气溢于大肠,而着于膏肓之原,在脐下,故环脐而痛;有言脾传之肾,少腹冤热而痛,有言肝热病者,腹痛身热;有言肾虚者,亦大腹、小腹痛;有言厥阴之厥,小腹肿胀;太阴厥逆,心痛引背;有言六气司上下之胜之复等邪,各随其所入之部分而痛,岂非诸邪各有自径入作痛,初无与寒相关者耶。《难经》云:脐上牢若痛,心内证也。脐下牢若痛,肾内证也。脐右牢若痛,肺内证也。脐左牢若痛,肝内证也。方论之未备者,不独此而已。至若厥心痛,五邪相乘者,亦不能推及四脏,与之无异,岂五五二十五阳之相移,独心而已哉。更于五脏之疝,不干涉于睾丸,止在腹中痛者,犹未明也。止知诸脉急者为疝,未知脉滑微有热者,亦病疝也。其详备见疝条。且刘河间尝解急脉之意,急脉固是寒之象,然寒脉当短小而

---

〔1〕血:原作"结",据《灵枢·百病始生》及《甲乙经》卷八第二改。
〔2〕裹:原作"里",形近之误,据《甲乙经》卷八第二改。
〔3〕谓:原作"胃",同音而误,今改。

迟,非急数而洪也。由紧脉主痛,急而为痛甚,所以痛而脉有紧急者,脉为心之所养也。凡六气为病,则心神不宁,而紧急不得舒缓,故脉亦从之而见也。欲知何气之为病者,适其紧急相兼之脉而可知也。如紧急洪数,则为热痛之类也。此论可谓善推脉理病情者也。曰诸邪之作痛则闻命矣,然其邪之博也,奈何以治?将亦有所守要约之方乎。曰自博而求约,何患约之无其道,不自博而从事于约,约必失其道,失其道,宁无实实虚虚、诛伐无过之患乎。然其道要在于审经脉气血之虚实,辨六淫五邪之有无兼气,于是择至真大要诸治法中,并五郁者之所当施,而后选其经,分祛邪补正,适所宜之药,配君臣佐使以为方。夫如是而约之,则犹约囊也,不切中其病矣。东垣云:夫心胃痛及腹中诸痛,皆因劳力过甚,饮食失节,中气不足,寒邪乘虚而入客之,故卒然而作大痛。经言得炅则止,炅者,热也。以热治寒,治之正也。然腹痛有部分,脏腑有高下,治之者亦宜分之。如厥心痛者,乃寒邪客于心包络也,前人以良姜、菖蒲大辛热之味,末之,酒调服,其痛立止,此直折之耳。真心痛者,寒邪伤其君也,手足青至节,甚则旦发夕死,夕发旦死。中脘痛者、太阴也,理中、建中、草豆蔻丸之类主之。脐腹痛者、少阴也,四逆姜附、御寒汤之类主之。少腹痛者、厥阴也,正阳散、回阳丹、当归四逆汤之类主之。杂证而痛者,苦楝汤、酒煮当归丸、丁香楝实丸之类主之。是随高下治之也。更循各藏部分穴俞而灸刺之,如厥心痛者,痛如针刺其心,甚者,脾之痛也。取之然谷、太溪,余藏皆然。如腹中不和而痛者,甘草芍药汤主之。如伤寒误下,传太阴腹满而痛者,桂枝加芍药汤主之。痛甚者,桂枝加大黄汤主之。夏月肌热恶热,脉洪疾而痛者,黄芩芍药汤主之。又有诸虫痛者,如心腹懊憹,作痛聚往来上下行,痛有休止,腹热善渴涎出,面色乍青乍白乍赤,呕吐水者,蛔咬也。以手紧按而坚持之,无令得脱,以针刺之,久持之,虫不动,乃出针也。或《局方》化虫丸,及诸虫之药,量虚实用之,不可一例治也。海藏云:秋腹痛,肌寒恶寒,脉沉微,足太阴、足少阴主之,桂枝芍药汤。中脘痛、太阴也,理中、建中、黄芪汤之类。脐腹痛、少阴也,四逆、真武、附子汤之类。小腹痛、厥阴也,重则正阳散、回阳丹之类，轻则当归四逆汤之类。太阴传少阴痛甚者，当变下利而止。夏腹痛，肌热恶寒，脉洪疾，手太阴、足阳明主之，芍药黄芩汤，治腹痛脉洪数。肚腹痛者，芍药甘草汤主之。稼穑作甘，甘者己也。曲直作酸，酸者甲也。甲己化土，此仲景妙方也。脉缓伤水，加桂枝、生姜。脉洪伤金，加黄芩、大枣。脉涩伤血，加当归。脉弦伤气，加芍药。脉迟伤火，加干姜。丹溪云：有寒、有热、有食积、有湿痰、有死血。绵绵痛而无增减，欲得热手按，及喜热食，其脉迟者，寒也。当用香砂理中汤，或治中汤、小建中汤、五积散等药。若冷痛用温药不效，痛愈甚，大便不甚通，当微利之，用藿香正气散，每服加官桂、木香、枳壳各半钱，吞下来复丹，或用苏感丸，不利，则量虚实用神保丸。时痛时止，热手按而不散，其脉洪大而数者，热也。宜二陈平胃、炒芩、连，或四顺清凉饮、黄连解毒汤、神芎丸、金花丸之类。若腹中常觉有热而痛，此为积热，宜调胃承气汤。感暑而痛，或泄利并作，其脉必虚豁，宜十味香薷饮、六和汤。感湿而痛，小便不利，大便溏泄，其脉必细，宜胃苓汤。痰积作痛，或时眩运，或呕冷涎，或下白积，或小便不利，或得辛辣热汤则暂止，其脉必滑，宜二陈加行气之剂，及星半安中汤。食积作痛，痛甚欲大便，利后痛减，其脉必弦，或沉滑，宜二陈平胃加山楂、神曲、麦芽、砂仁、草果，温中丸、枳术丸、保和丸、木香槟榔丸之类。酒积腹痛，用三棱、蓬术、香附、官桂、苍术、厚朴、陈皮、甘草、茯苓、木香、槟榔主之。多年败田螺壳，煅存性，加三倍于木香槟榔丸中，更加山茵陈等分，其效甚速。气滞作痛，痛则腹胀，其脉必沉，宜木香顺气散。死血作痛，痛有常处而不移，其脉必涩或芤，宜桃仁承气汤。虚者加归、地蜜丸服，以缓除之。或用牡丹皮、江西红曲、麦芽、香附、川通草、穿山甲、番降香、红花、苏木、山楂、玄胡索、桃仁泥，酒、童便各一钟，煎至一钟，入韭汁服。七情内结，或寒气外攻，积聚坚牢如杯，必腹绞痛，不能饮食，时发时止，发即欲死，宜七气汤。腹痛有作止者，有块耕起往来者，吐清水者，皆是虫痛。或以鸡汁吞万应丸下之，或以椒汤吞乌梅丸安之。《金匮要略》问曰：病腹痛有虫，其脉何以别之？师曰：腹中痛，其脉当沉，若弦，反洪大，故有蛔虫。

关上脉紧而滑者，蛔毒。脉沉而滑者，寸白。肘后粗以下三四寸热者，肠中有虫。脾胃虚而心火乘之，不能滋荣上焦元气，遇冬肾与膀胱之寒水旺时，子能令母实，致肺金大肠相辅而来克心乘脾胃，此大复其雠也。经曰：大胜必大复，故皮毛血脉分肉之间，元气已绝于外，又大寒大燥二气并乘之，则苦恶风寒，耳鸣，及腰背相引胸中而痛，鼻息不通，不闻香臭，额寒脑痛，目时眩，目不欲开，腹中为寒水反乘，痰唾涎沫，食入反出，腹中常痛，及心胃痛，胁下急缩，有时而痛，腹不能努，大便多泻而少秘，下气不绝或肠鸣，此脾胃虚之极也。胸中气乱，心烦不安，而为霍乱之渐，膈咽不通，噎塞极则有声喘喝闭塞，或日阳中，或暖房内稍缓，口吸风寒则复作，四肢厥冷，身体沉重，不能转侧，不可回顾，小便溲而时燥，以草豆蔻丸主之。此主秋冬寒凉大复气之药也。复气乘冬足太阳寒气、足少阴肾水之旺，子能令母实。手太阴肺实，反来侮土，火木受邪，腰背胸膈闭塞疼痛，善嚏，口中涎，目中泣，鼻中流浊涕不止，或有息肉，不闻香臭，咳嗽痰沫，上热如火，下寒如水，头作阵痛，目中流火，视物睆睆，耳鸣耳聋，头并口鼻或恶风寒喜日阳，夜卧不安。常觉痰塞膈咽不通，口无滋味，两胁缩急而痛。牙齿动摇，不能嚼物，腰脐间及尻臀膝足寒冷，阴汗，前阴冷，行步欹侧，起居艰难，掌中寒，风痹麻木，小便数而昼多，夜频而少。气短喘喝，少气不足以息，卒遗失无度。妇人白带，阴户中大痛，牵心而痛，鬻黑失色。男子控睾牵心，阴阴而痛，面如赭色，食少，大小便不调。烦心霍乱，逆气里急，而腹皮色白，后出余气，腹不能努或肠鸣，膝下筋急，肩胛大痛。此皆寒水来复火土之雠也。以神圣复气汤主之。季秋心腹中大痛，烦躁，冷汗自出，宜益智和中丸。季秋客寒犯胃，心胃大痛不可忍者，麻黄草豆蔻丸。脾胃虚寒心腹满，及秋冬客寒犯胃，时作疼痛，宜厚朴汤。为戊火已衰，不能运化，又加客气聚为满痛，散以辛热、佐以苦甘温，以淡泄之，扶持胃气，以期平也。腹痛或大便利，或用手重按痛处不痛者为虚，宜于以上治寒痛方中选用之。无寒者，芍药甘草汤。仲景云：虚劳，里急腹中痛，小建中汤主之。此补例也，温例也。痛而秘者，厚朴三物汤主之。此泻例也，寒例也。三阴受邪，于心脐少三腹疼痛气风等证,当归丸主之。失笑散,治心腹痛效。心痛门有刘寄奴玄胡索方,亦治腹痛,皆通理气血之剂也。有全不喜食,其人本体素怯弱,而又加以腹冷疼者,养胃汤,以人参、白术、苍术,仍加桂、茱萸各半钱,木香三分,应腹冷痛,或心脾疼者,加生姜,均治之。诸寒作痛,得炅则止者,熨之。用熟艾半斤,以白纸一张,铺于腹上,纸上摊艾令匀,又以愍葱数枝,批作两半片,铺于艾上,再用白纸一张覆之,以慢火熨斗熨之,冷则易之,觉腹中热、腹皮暖不禁,以帛三搭多缝带系之,待冷方解。一法用盐炒,布裹熨痛处,神效。腹痛证治,上条列之详矣。但有因别病而致痛者,不可不明。且如疝致腹痛,必是睾丸肿疼牵引而痛,或边有一条冲腹而痛。霍乱腹痛,必吐利兼作,甚有不呕不利,四肢厥冷痛极者,名干霍乱,又名搅肠沙。急用樟木煎汤大吐之;或用白矾末一钱,清汤调服探吐之;或用台芎为末,每一钱许入姜汁半盏,热汤调服。甚者面青昏倒不省人事,急以鼠矢一合,研为细末,滚汤调,澄清,通口服之。或刺委中并十指出血。肠内生痈,亦常腹痛,但小便数似淋,脉滑数,身甲错,腹皮急,按之濡,如肿状,或绕脐生疮,治法见本门。凡此数证,要当审辨,随其所因而施治,毋苟且而误人也。

少腹痛

伤寒蓄血在下焦,宜抵当丸、桃仁承气之类。若因气郁而痛,以青皮主之。寒者,以桂枝、吴茱萸温之。苦练丸、酒煮当归丸。若因疝、奔豚、癥聚者,更检本门施治。若身甲错,腹皮急,按之濡,如肿状、或绕脐生疮者,小肠痈也。急宜下之,或以云母膏、太乙膏作丸服。

【诊】:脉多细小紧急。滑为痰。弦为食。阴弦或紧,或尺紧而实,或伏者,可下。细小迟者生。坚大疾者,数而紧者,浮大而长者死。痛而喘,脐下或大痛,人中黑色者,不治。

胁　　痛

或问胁痛从肝治,复有可言者乎? 曰肝病内舍胠胁而胁痛也,则何异于心肺内舍膺胁而痛者哉。若谓肝实病而胠胁痛也,则何异于肝木不及、阳明所胜之胠胁痛者哉。若谓由是厥阴肝经所过而痛也,则何异于足少阳、手心主所过而胁痛者哉。若谓独经脉挟邪而痛也,则何异于经筋所过而痛者哉。岂执一说而可已乎。非察色按脉,遍识各经气变,虽在一病之中,而辨其异状者,卒不能也。且夫左右者,阴阳之道路也。是故肝生于左,肺藏于右,所以左属肝。肝藏血,肝阳也,血阴也,乃外阳而内阴也。右属肺,肺主气,肺阴也,气阳也,外阴而内阳也。由阴阳互藏,其左胁多因留血作痛,右胁悉是痰积作痛,其两胁之病,又可一概而言乎。若论其致病之邪,凡外之六淫,内之七情,劳役饮食,皆足以致痰气积血之病。虽然痰气固亦有流注于左者,然必与血相搏而痛,不似右胁之痛无关于血也。戴云:伤寒胁痛属少阳经,合用小柴胡汤。痛甚而不大便者,于内加枳壳。若寻常胁痛,不系正伤寒时,身体带微热者,《本事方》中枳壳煮散,用枳壳、桔梗、细辛、川芎、防风各四分,干葛钱半,甘草一钱。若只是胁痛,别无杂证,其痛在左,为肝经受邪,宜用川芎、枳壳、甘草。其痛在右,为肝经移病于肺,宜用片姜黄、枳壳、桂心、甘草。此二方出严氏《济生续集》,加减在人。又有肝胆经停痰伏饮,或一边胁痛,宜用严氏导痰汤。痰结成癖,间进半硫丸。盖枳壳乃治胁痛之剂,所以诸方中皆不可少。曾见潘子先说,有人胁痛,下青龙汤痛止,兼嗽得可[1],此其痛必在右胁故也。灼然知是寒气作痛,枳实理中汤为宜。挟外感风寒,有表证,宜芎葛汤。中脘不快,腹胁胀满,香橘汤。腹胁疼痛,气促喘急,分气紫苏饮。悲哀伤肝,气引两胁疼痛,枳壳煮散。右胁痛,推气散。左胁痛,枳芎散,或柴胡疏肝散。死血者,日轻夜重,或午后热,脉短涩或芤,桃仁承气汤加鳖甲、青皮、柴胡、芎、归之属。若跌扑胁痛者,亦是死血,宜复元活血汤、破血散瘀汤。怒气者,脉弦实有力,大剂香附合芎归之属。痰饮停伏者,脉沉弦滑,导痰汤加白芥子。戴云:停饮胁痛,《本事方》面丸最佳。食积痛,凡痛有一条扛起者是也。用保和丸,或吴茱萸炒黄连,神曲、麦芽、山楂、蓬术、三棱、

---

〔1〕得可:集成本作"亦愈"。

青皮。发寒热胁痛，觉有积块，当归龙荟丸。经云：肝病者，两胁下痛引少腹，善怒。又云：肝气实则怒，左关必弦实鼓击，独大于诸脉，知肝火盛也。龙荟丸治肝实胁痛，其人气收者，善怒是也。甚则用姜汁吞下。经云：风木淫胜，治以辛凉是也。因惊伤肝胁痛，桂枝散。仲景云：胁下偏痛发热，其脉弦紧，此寒也。以温药下之，宜大黄附子汤。煮黄丸，治胁下痃癖痛如神。控涎丹，治一身气痛及胁走痛。痰挟死血，加桃仁泥。凡胁有痰流注，二陈加南星、川芎、苍术，实者控涎丹下之。枳实散，攻中有补，虚人可用。戴云：曾有人胁痛连膈，进诸气药，并自大便导之，其痛殊甚，后用辛热补剂，下黑锡丹方愈。此乃虚冷作痛，愈疏而愈虚耳。肝气不足，两胁下满，筋急，不得太息，四肢厥冷，发抢心腹痛，目不明了，爪甲枯，口面青，宜补肝汤。左胁偏痛久，宿食不消，并目䀮䀮昏风泪出，见物不审，而逆风寒偏甚，宜补肝散。肝虚寒，胁下痛，胀满气急，目昏浊，视物不明，其脉迟弱者，宜槟榔汤。肝气虚，视物不明，两胁胀满，筋脉拘急，面色青，小腹痛，用山茱萸、当归、山药、黄芪、五味子、木瓜、川芎各一两半，熟地黄、白术各一两，独活、酸枣仁各四铢为末。每三钱匕，枣二枚，水一盏，煎取八分，空心服。房劳过多，肾虚羸怯之人，胸膈之间多有隐隐微痛，此肾虚不能约气，气虚不能生血之故。气与血犹水也，盛则流畅，少则壅滞。故气血不虚则不滞，既虚则鲜有不滞者，所以作痛。宜用破故纸之类补肾，芎、归之类和血，若作寻常胁痛治，即殆矣。一人六月途行，受热过劳，性又躁暴，忽左胁痛，皮肤上一片红如碗大，发水泡疮三五点，脉七至而弦，夜重于昼，医作肝经郁火治之，以黄连、青皮、香附、川芎、柴胡之类，进一服，其夜痛极，且增热。次早视之，皮肤上红大如盘，水泡疮又加至三十余粒，医教以水调白矾末敷，仍于前药加青黛、龙胆草进之，夜痛益甚，胁中如钩摘之状。次早视之，红已及半身矣，水泡又增至百数。乃载以询黄古潭，为订一方，以大瓜蒌一枚，重一二两者，连皮捣烂，加粉草二钱，红花五分，进药少顷即得睡，比觉已不痛矣。盖病势已急，而时医执寻常泻肝正治之剂，又多苦寒，愈资其燥，故病转增剧。水泡疮发于外者，肝郁既久，不得发越，乃侮所不胜，故

皮膜为之溃也。瓜蒌味甘寒,经云泄其肝者缓其中,且其为物,柔
而滑润,于郁不逆,甘缓润下,又如油之洗物,未尝不洁,此其所以
奏效之捷也欤。《九灵山房集》云:里钟姓者,一男子病胁痛,众医
以为痈也。投诸香姜桂之属益甚。项彦章诊其脉告曰,此肾邪病,
法当先温利而后竭之,投神保丸下黑溲痛止,即令更服神芎丸,或
疑其太过,彦章曰向用神保丸,以肾邪透膜,非全蝎不能引导,然巴
豆性热,非得芒硝、大黄荡涤之,后遇热必再作,乃大泄数出病已。
彦章所以知男子之病者,以阳脉弦,阴脉微涩,弦者,痛也。涩者,
肾邪有余也。肾邪上薄于胁不能下,且肾方恶燥,今以燥热发之,
非得利不愈。经曰:痛随利减,殆谓此也。云中秦文山掌教平湖,
与家兄同官,每患胁痛,遇劳忍饿则发,介家兄书来求方,予为处以
人参、黄芪、白术、当归、川芎、地黄、牛膝、木瓜、山茱萸、石斛、薏苡
仁、酸枣仁、柏子仁、桃仁之属,令常服之。后来谢云,自服药后,积
久之疾,一朝而愈,不复发矣。闻魏昆溟吏部,亦以劳饿得胁痛,无
大病也。而医者投以枳壳、青皮破气之药,痛愈甚,不数日而殒。
予故著之以为世戒。

【诊】:合腋张胁者肺下,肺下则居贲迫肺,善胁下痛。青色粗
理者肝大,肝大则逼胃迫咽,则苦膈中,且胁下痛。凡胁骨偏举者,
肝偏倾,肝偏倾则胁下痛。揭唇者脾高,脾高则胁引季胁而痛。寸
口脉弦者,即胁下拘急而痛,其人啬啬恶寒也。脉双弦,是两手俱
弦也。沉涩是郁,细紧或弦者怒气。

腰痛 肾著 腰胯痛 腰软

六元正纪论云:太阳所至为腰痛。又云:巨阳即太阳也,虚则
头项腰背痛。足太阳膀胱之脉所过,还出别下项,循肩髆内,挟脊
抵腰中。故为病项如拔,挟脊痛,腰似折,髀不可以曲,是经气虚则
邪客之,痛病生矣。夫邪者,是风热湿燥寒皆能为病。大抵寒湿多
而风热少。然有房室劳伤,肾虚腰痛者,是阳气虚弱不能运动故也。
经云:腰者肾之府,转摇不能,肾将惫矣。宜肾气丸、茴香丸之类,
以补阳之不足也。膏粱之人,久服汤药,醉以入房,损其真气,则肾

气热，肾气热则腰脊痛而不能举，久则髓减骨枯，发为骨痿。宜六味地黄丸、滋肾丸、封髓丹之类，以补阴之不足也。《灵枢》云：腰痛，上寒取足太阴、阳明，上热取足厥阴，不可俯仰取足少阳。盖足之三阳，从头走足，足之三阴，从足走腹，经所过处，皆能为痛。治之者当审其何经，所过分野，循其空穴而刺之，审何寒热而药之。假令足太阳令人腰痛引项脊尻背如重状，刺其郄中太阳二经出血，余皆仿此。彼执一方治诸腰痛者，固不通矣。有风、有湿、有寒、有热、有挫闪、有瘀血、有滞气、有痰积、皆标也。肾虚其本也。风伤肾而痛，其脉必带浮，或左或右，痛无常处，牵引两足，宜五积散，每服加防风半钱，全蝎三个。小续命汤、独活寄生汤皆可选用。《三因方》小续命汤加炒去皮桃仁，治风腰痛最妙。仍吞三仙丹。杜仲姜汁炒研末，每一钱，温酒调，空心服，治肾气腰痛，兼治风冷为患，名杜仲酒。《三因》又有牛膝酒，治肾伤风毒，攻刺腰痛不可忍者。伤湿而痛，如坐水中，盖肾属水，久坐水湿处，或为雨露所着，雨水相得，以致腰痛，其脉必带缓，遇天阴或久坐必发，身体必带沉重，宜渗湿汤主之。不效，宜肾著汤，或生附汤。风湿腰痛，独活寄生汤。寒湿腰痛，五积散加桃仁、川芎、肉桂汤，麻黄苍术汤，并摩腰膏。湿热腰痛，苍术汤、独活汤、羌活汤。东垣云：如身重腰沉沉然，乃经中有湿热也。于羌活胜湿汤中加黄柏一钱，附子五分，苍术二钱。感寒而痛者，腰间如冰，其脉必紧，见热则减，见寒则增，宜五积散去桔梗，加吴茱萸半钱，或姜附汤加辣桂、杜仲，外用摩腰膏。伤热而痛者，脉必洪数而滑，发渴便闭，宜甘豆汤加续断、天麻，间服败毒散。若因闪挫，或撷扑伤损而痛者，宜乳香趁痛散，及黑神散，和复元通气散，酒调下。不效，则必有恶血停滞，宜先用酒调下苏合香丸，仍以五积散加桃仁、大黄、苏木各一钱，当归倍原数。若因劳役负重而痛，宜和气饮，或普贤正气散，或十补汤下青娥丸。挫闪腰痛，不能转侧，用陈久神曲一大块，烧通红淬老酒，去曲，以酒通口吞青娥丸，仰卧片时。未效再服，不用丸亦得。又方，以茴香根同红曲擂烂，好热酒调服。东垣云：打扑伤损，从高坠下，恶血在太阳经中，令人腰脊痛，或胫腨臂膊中痛不可忍，鼻壅塞不通，地龙汤主之。橘核酒、熟大黄汤。丹溪治徐质夫年六十，因坠马腰痛，不可转侧，六脉散大，重取则弦小而长稍坚。此虽有恶血，未可驱逐，且以补接为先。遂令煎苏木、人参、黄芪、川芎、当归、陈皮、木通、甘草，服至半月，饮食渐进，遂与前药调下自然铜等药，一月而安。瘀血为病，其脉必涩，转侧若锥刀之刺，大便黑，小便赤黄或黑，日轻夜重，名沥血腰痛。宜调荣活络饮，或桃仁酒调黑神散，或四物汤加桃仁、红花之类。丹溪用补阴丸中加桃仁、红花主之。气滞而痛，其脉必沉，宜人参顺气散，或乌药顺气散，加五加皮、木香，入少甘草煎汤调下。或用降真香、檀香、沉香共一两重，煎汤空心服。痰注而痛，其脉必滑或伏，宜二陈汤加南星、香附、乌药、枳壳主之。食积腰腿痛，用龟板酒炙、柏叶酒制、香附五钱、辣芥子、凌霄花一钱五分，酒糊丸，煎四物汤加陈皮、甘草一分吞下。食积痰积，如气实脉有力者，宜下之。威灵仙治痛之要药，为细末，每服二钱，猪腰子一只批开，掺药在内，湿纸包煨熟，五更细嚼，热酒下，以微利为度。《本事方》治五般腰痛，用胡桃肉五个，去皮壳，研为膏，五灵脂、黑牵牛、炒白牵牛、炒各三钱，狗脊微炒半两，草薢炒三钱，没药三十文，巴豆五粒，用湿纸包煨，取肉去油，上为末。入前胡桃膏，醋糊丸如桐子大。每服十五丸，风腰疼，豆淋无灰酒下。气腰疼，煨葱白酒下。血腰疼，当归酒下。打扑腰疼，苏木酒下。张子和治赵进道病腰疼一年不愈，诊其两手脉沉重有力，以通经散陈皮、当归、甘遂为末，每三钱，临卧温酒调下。下五七行，次以杜仲，去粗皮细切，炒断丝为末。每服三钱，猪腰子一枚，薄批五七片，先以椒盐淹去腥水，掺药在内，裹以荷叶，以湿纸数重封，文武火烧熟，临卧细嚼，温酒送下。每旦以无比山药丸一服，数日而愈。治腰痛牵引足膝脚腘，屡用神效。杜仲，姜汁炒去丝、续断、黑牵牛、破故纸、桃仁炒去皮尖、玄胡索各等分，为细末。酒煮面糊胡桃肉，和丸如桐子大。每服五七十丸，食前温酒、白汤任下。以上俱用下药，实者宜之。腰胯连脚膝晓夜疼痛，宜虎骨散、补骨脂丸、百倍丸、养肾散、选而用之。大抵诸腰痛皆起肾虚，既挟邪气，则须除其邪。如无外邪积滞而自痛，则惟补肾而已。腰肢痿弱，身体疲倦，脚膝酸软，脉或洪或细而皆无力，痛亦攸攸隐隐而不甚，是其候也。亦分寒热二证，脉细而无力，怯怯短气，小便清利，是为阳虚。宜肾气丸、茴香丸、鹿茸、羊肾之属，或以大建中汤加川椒十粒，吞下腰肾丸，及生料鹿茸丸之类。仍以茴香炒研末，破开猪腰子，作薄片勿令断，层层掺药末，水纸裹煨熟，细嚼酒咽。此皆所以补阳之不足也。其脉洪而无力，小便黄赤，虚火时炎，是谓阴虚。东垣所谓膏粱之人，久服汤药，醉以入房，损其真气，则肾气热，肾气热则腰脊痛而不能举，久则髓减骨枯，发为骨痿。宜六味丸、滋肾丸、封髓丹、补阴丸之类。以补阴之不足也。杨仁斋云：经云，腰者肾之府，转摇不能，肾将惫矣。审如是则病在少阴，必究其受病之源，而处之为得。虽然宗筋聚于阴器，肝者肾之同系也。五脏皆取气于谷，脾者肾之仓廪也。郁怒伤肝则诸筋纵弛，忧思伤脾则胃气不行，二者又能为腰痛之冠，故并及之。郁怒伤肝发为腰痛，宜调肝散主之。忧思伤脾发为腰痛，宜沉香降气汤和调气散，姜、枣煎主之。煨肾丸，治肝肾损及脾损，谷不化，腰痛不起者神效。又有沮剉失志伤肾而痛者，和剂七气汤，多加白茯苓，少加乳香、沉香主之。疟痢后腰痛，及妇人月经后腰痛，俱属虚，宜补。于补气血药中，加杜仲、侧柏叶主之。丹溪云：久腰痛，必用官桂开之方止，腹胁痛亦然。橘香丸，治腰痛经久不瘥，亦用官桂开之之意也。

肾著[1]

肾著为病，其体重，腰冷如冰，饮食如故，小便自利，腰以下冷痛，如带五千钱，治宜流湿，兼用温散，肾著汤。

腰胯痛

腰痛，足太阳膀胱经也。胯痛，足少阳胆经之所过也。若因伤于寒湿，流注经络，结滞骨节，气血不和，而致腰胯痛者，宜除湿丹，或渗湿汤加芍药、青皮、苍术、槟榔。有痰积郁滞经络，流搏瘀血，内亦作痛，用导痰汤加槟榔、青皮、芍药，实者禹攻散。湿执腰胯作疼，宜清湿散。

---

〔1〕肾著：此标题原连正文，据本册目录移出。

腰软

丹溪以为肾肝伏热,治宜黄柏防己。

【诊】:大者肾虚。涩为瘀血。缓为寒湿。或滑或伏为痰。尺沉为腰背痛。尺脉沉而弦,沉为滞,弦为虚。沉弦而紧,为寒。沉弦而浮,为风。沉弦而涩细,为湿。沉弦而实,闪肭。肾惫及盛怒伤志,则腰失强不能转摇而死。经云:肾者腰之府,转摇不能,肾将惫矣。得强者生,失强者死。又云:肾盛怒而不止则伤志,志伤则善忘其前言,腰脊不可以俯仰屈伸,毛悴色夭,死于季夏是也。

脊痛脊强

《内经》刺灸脊痛脊强有三法:其一取督脉。经云:督脉之别,名曰长强,别走太阳。实则脊强,取之所别也。其二取足太阳。经曰:厥挟脊而痛〔1〕至顶,头沉沉然,目𥆧𥆧然,腰脊强,取足太阳腘中血络是也。其三取小肠。经云:小腹控睾,引腰脊,上冲心,邪〔2〕在小肠,取之肓原以散之,刺太阴以予之,取〔3〕厥阴以下之,取巨虚下廉以去之是也。脊痛项强,腰似折,项似拔,冲头痛,乃足太阳经不行也。羌活胜湿汤主之。打扑伤损,从高坠下,恶血在太阳经中,腰脊痛不可忍,地龙汤主之。

肩 背 痛

肩背分野属肺。经云:西风生于秋,病在肺,腧在肩背,故秋气者病在肩背。又云:肺病者喘咳逆气,肩背痛汗出。又云:秋肺太过为病,在外则令人逆气,背痛愠愠然。又云:肺手太阴之脉,气盛有余则肩背痛,风寒汗出,气虚则肩背痛寒,少气不足以息。此肺金自病也。经云:岁火太过,民病肩背热。又云:少阴司天,热淫所胜,病肩背臑缺盆中痛,此肺金受火邪而病也。经云:邪在肾,则病

---

〔1〕痛:原误作"头",据《灵枢·杂病》改。又此下原衍"者",据《甲乙经》卷七第一删。

〔2〕邪:原脱,据《灵枢·四时气》补。

〔3〕以予之,取:原脱,据《灵枢·四时气》补。

肩背颈项痛，取之涌泉、昆仑，视有血者尽取之。是肾气逆上而痛也。东垣云：肩背痛不可回顾，此手太阳气郁而不行，以风药散之。《脉经》云：风寒汗出肩背痛中风，小便数而欠者，风热乘其肺，使肺气郁甚也。当泻风热以通气，防风汤主之。按风寒汗出而肩背痛，小便数者，既以泻风热之药，通肺气之壅，则寒热气不足以息而肩背痛，小便遗失者，当以人参、黄芪之属，补肺气之虚，不言可知也。湿热相搏，肩背沉重而疼者，当归拈痛汤。当肩背一片冷痛，背脊疼痛，古方用神保丸愈者，此有积气故也。其人素有痰饮，流注肩背作痛，宜星香散，或导痰汤下五套丸。有肾气不循故道，气逆挟脊而上，致肩背作痛，宜和气饮加盐炒小茴香半钱，炒川椒十粒。或看书对奕久坐而致脊背疼者，补中益气汤，或八物汤加黄芪。有素虚人及病后心膈间痛，或牵引乳胁，或走注肩背，此乃元气上逆，当引使归元，不可复下疏刷之剂，愈刷愈痛，发汗人患此者众，惟宜温补。拘于气无补法之说误矣。汗者心之液，阳受气于胸中，汗过多则心液耗，阳气不足，故致疼也。丹溪治一男子忽患背胛缝有一线疼起，上跨肩至胸前侧胁而止，其痛昼夜不息，不可忍。其脉弦而数，重取豁大，左大于右。夫胛、小肠经也，胸胁、胆经也。此必思虑伤心，心脏未病而府先病，故痛从背胛起，及虑不能决，又归之胆，故痛至胸胁而止。乃小肠火乘胆木，子来乘母，是为实邪。询之果因谋事不遂而病。以人参四钱，木通二钱，煎汤下龙荟丸，数服而愈。

【诊】：脉洪大，洪为热，大为风。脉促上击者，肩背痛。脉沉而滑者，背脊痛。

臂痛 手气手肿痛[1]

臂痛有六道经络，究其痛在何经络之间，以行本经药行其气血，血气通则愈矣。以两手伸直，其臂贴身垂下，大指居前，小指居后而定之。则其臂臑之前廉痛者，属阳明经，以升麻、白芷、干葛行

---

〔1〕手气手肿痛：原脱，据后文及修敬堂本补。

之;后廉痛者,属太阳经,以藁本、羌活行之;外廉痛者,属少阳经,以柴胡行之;内廉痛者,属厥阴经,以柴胡、青皮行之;内前廉痛者,属太阴经,以升麻、白芷、葱白行之;内后廉痛者,属少阴经,以细辛、独活行之。并用针灸法,视其何经而取之。臂为风寒湿所搏,或饮液流入,或因提挈重物,皆致臂痛。有肿者,有不肿者。除饮证外,其余诸痛,并可五积散,及乌药顺气散,或蠲痹汤。若坐卧为风湿所搏,或睡后手在被外为寒邪所袭,遂令臂痛。宜五积散及蠲痹汤、乌药顺气散。审知是湿,蠲痹汤每服加苍术三匙,防己四分,或用五痹汤。曾有挈重伤筋,以致臂痛,宜琥珀散、劫劳散,或和气饮,每服加白姜黄半钱,以姜黄能入臂故也。痰饮流入四肢,令人肩背酸疼,两手软痹,医误以为风,则非其治。宜导痰汤加木香、姜黄各半钱,如未效,轻者指迷茯苓丸,重者控涎丹。控涎丹加去油木鳖子一两,桂五钱,治臂痛。每服二十丸,加至三十丸。外有血虚不荣于筋而致臂痛,宜蠲痹汤、四物汤各半贴,和匀煎服。有气血凝滞经络不行而致臂痛,宜舒筋汤。治臂痛,半夏一钱,陈皮半钱,茯苓五分,苍术二钱,威灵仙五分,酒芩、白术、南星、香附各一钱,甘草少许。红花、神曲炒为末。姜黄四两,甘草、羌活各一两,白术二两。茯苓丸,治臂痛如神。赤茯苓、防风、细辛、白术、泽泻、官桂各半两,瓜蒌根、紫菀、附子、黄芪、芍药、甘草炙各七钱半,生地黄、牛膝、酒浸山芋、独活、半夏、酒浸山茱萸各二钱半,为细末,炼蜜丸如桐子大。每服十丸,温酒下。

手气手肿痛

或掌指连臂膊痛,宜五痹汤、蠲痹汤。薄桂味淡,能横行手臂,令他药至痛处。白姜黄能引至手臂尤妙。

身体痛身体拘急

体痛谓一身尽痛,伤寒、霍乱、中暑、阴毒、湿痹、痛痹,皆有体痛,但看兼证及问因诊脉而别之。治法已分见各门,其留连难已者,于此求之。寒而一身痛者,甘草附子汤。热者,拈痛汤。内伤劳倦饮食,兼感风湿相搏,一身尽痛者,补中益气汤加羌活、防风、升麻、藁本、苍术治之。湿热相搏，肩背沉重疼痛，上热胸膈不利，遍身疼痛，宜拈痛汤。阴室中汗出懒语，四肢困倦乏力，走注疼痛，乃下焦伏火不得伸浮而躁热汗出，一身尽痛，盖风湿相搏也。以麻黄发汗，渐渐发之。在经者，亦宜发汗，况值季春之月，脉缓而迟，尤宜发之，令风湿去而阳气升，困倦乃退，血气俱得生旺也。麻黄复煎汤主之。丹溪用苍术一两，黄柏半两，羌活、威灵仙各二钱半，姜擂服。遍身皆痛如劳证者，《本事方》用黄芪、人参、甘草、附子、炮　羌活、木香、知母、芍药、川芎、前胡、枳壳、桔梗、白术、当归、茯苓、半夏、制　以上各五钱，柴胡、鳖甲醋炙各一两，桂心，酸枣仁各三分，杏仁炒　半两，上为末。每服四钱，水一盏，姜三片，枣二个，乌梅三枚，葱白三寸，同煎至七分，空心温服。但少年虚损冷惫、老人诸疾，并皆治之。惟伤寒身体痛者不可服。活血丹与四物苍术各半汤相表里，治遍身骨节疼痛如神。

　　身体拘急

　　皆属寒与寒湿、风湿。经云：诸寒收引，皆属于肾。又云：太阴司天之政，民病寒厥拘急，初之气，风湿相搏，民病经络拘强，关节不利。治法盖小续命汤、仲景三黄汤之类是也。

　　【诊】：伤寒太阳经表证，六脉俱紧。阴毒伤寒，身如被杖，脉沉紧。伤寒发汗后，身体痛，气血未和，脉弦迟。伤湿流关节，一身尽痛，风湿相搏，肢体重痛，不可转侧，脉缓。虚劳人气血虚损，脉弦小或豁大。

痿痹门[1]

痹

　　《内经》谓风寒湿三气杂至合而为痹。其风胜者为行痹。行痹者，行而不定也，称为走注疼痛及历节之类是也。寒气胜者为痛痹。痛痹者，

----

〔1〕痿痹门：原脱，据本册目录补。

疼痛苦楚,世称为痛风及白虎、飞尸之类是也。湿气胜者为着痹。着痹者,着而不移,世称为麻木不仁之类是也。痹者闭也,五脏六腑正气为邪气所闭,则痹而不仁。《灵枢》云:病人一臂不遂,时复移在一臂者,痹也,非风也。《要略》曰:风病当半身不遂,若但臂不遂者,痹也。以冬遇此为骨痹,以春遇此为筋痹,以夏遇此为脉痹,以至阴遇此为肌痹,以秋遇此为皮痹。凡风寒湿所为行痹、痛痹、着痹之病,又以所遇之时,所客之处而命其名,非此行痹、痛痹、着痹之外,又别有骨痹、筋痹、脉痹、肌痹、皮痹也。陈无择云:三气袭人经络,入于骨则重而不举,入于脉则血凝不流,入于筋则屈而不伸,入于肉则不仁,入于皮则寒。久不已则入五脏,烦满喘呕者,肺也。上气嗌干,厥胀者,心也。多饮数溲,夜卧则惊者,肝也。尻以代踵,脊以代头者,肾也。四肢懈惰,发欬呕沫者,脾也。大抵显脏证则难治矣。又有肠痹、胞痹,及六府各有俞,风寒湿所中,治之随其府俞以施针灸之法,仍服发散等剂,则病自除。又有血痹、周痹、支饮作痹,皆以类相从也。风痹者,游行上下,随其虚邪与血气相搏,聚于关节,筋脉弛纵而不收,宜防风汤。寒痹者,四肢挛痛,关节浮肿,宜五积散。湿痹者,留而不移,汗多,四肢缓弱,皮肤不仁,精神昏塞,宜茯苓川芎汤。热痹者,脏腑移热,复遇外邪客搏经络,留而不行,阳遭其阴,故痛痹,熁然而闷,肌肉热极,体上如鼠走之状,唇口反裂,皮肤色变,宜升麻汤。三气合而为痹,则皮肤顽厚,或肌肉酸痛,此为邪中周身,搏于血脉,积年不已,则成瘾疹风疮,搔之不痛,头发脱落,宜疎风凉血之剂。肠痹者,数饮而小便不通,中气喘争,时作飧泄,宜五苓散加桑皮、木通、麦门冬,或吴茱萸散。胞痹者,少腹膀胱按之内痛,若沃以汤,涩于小便,上为清涕,宜肾著汤、肾沥汤。血痹者,邪入于阴血之分,其状,体常如被风所吹,骨弱劳瘦,汗出,卧则不时摇动,宜当归汤。周痹者,在血脉之中,上下游行,周身俱痛也。宜蠲痹汤。支饮者,手足麻痹,臂痛不举,多睡眩冒,忍尿不便,膝冷成痹,宜茯苓汤。五脏痹,宜五痹汤。肝痹,加酸枣仁、柴胡。心痹,加远志、茯苓、麦门冬、犀角。脾痹,加厚朴、枳实、砂仁、神曲。肺痹,加半夏、紫菀、杏仁、麻黄。肾痹,加独活、官桂、杜仲、牛膝、黄芪、草薢。痹在五脏之合者可治,其入脏者死。

【诊】：粗理而肉不坚者，善病痹。关中薄泽为风，冲浊为痹。浮络多青则痛，黑则痹。络脉暴黑者，留久痹也。脉大而涩，为痹。脉来急，亦为痹。肺脉微大为肺痹，引胸背起，恶日光。心脉微为心痹，引背善泪出。左寸沉而迟涩，为皮痹。左寸结不流利，为血痹。右关脉举按皆无力而涩，为肉痹。左关弦紧而数，浮沉有力，为筋痹。迟为寒。数为热。濡为湿。滑为痰。豁大、弦小为虚。

行痹 即走注疼痛

行痹，走注无定，防风汤主之。黄柏、苍术各二钱，各用酒炒，煎就，调酒威灵仙末、羚羊角灰，臣苍术，佐芥子，使用姜一片，入药末一钱擂碎，以前药再温服。东垣云：身体沉重，走注疼痛，湿热相搏，而风热郁不得伸，附着于有形也。宜苍术、黄柏之类。湿伤肾，肾不养肝，肝自生风，遂成风湿，流注四肢筋骨，或入左肩髃，肌肉疼痛，渐入左指中，薏苡仁散主之。两手十指，一指疼了一指疼，疼后又肿，骨头里痛。膝痛，左膝痛了右膝痛，发时多则五日，少则三日，昼轻夜重，痛时觉热，行则痛轻肿却重。解云：先血后气，乃先痛后肿，形伤气也。和血散痛汤主之。走注又与历节不同，历节但是肢节疼痛，未必行也。《纲目》未免混淆。今以专主走注疼痛方具于后。如意通圣散、虎骨散、桂心散、仙灵脾散、没药散、小乌犀丸、没药丸、虎骨丸、十生丹、骨碎补丸、定痛丸、八神丹、一粒金丹、乳香应痛丸。地龙一两，去土炒，水蛭半两，糯米内炒熟，麝香二钱半，另研，上为细末。每服一钱，以温酒调下，不拘时候。外贴方，牛皮胶一两，水熔成膏，芸薹子、安息香、川椒、附子各半两，为细末，入胶中和成膏，涂纸上，随痛处贴之。蓖麻子一两，去皮，草乌头半两，乳香一钱，另研，右以猪肚脂炼去沫成膏，方入药搅匀，涂摩攻注之处，以手心摩娑如火之热，却涂摩患处妙。

陈无择云：凡人忽胸背、手脚、颈项、腰膝隐痛不可忍，连筋骨牵引钩痛，坐卧不宁，时时走易不定。俗医不晓谓之走注，便用风药及针灸，皆无益。又疑是风毒结聚欲为痈疽，乱投药饵，亦非也。

此是痰涎伏在心膈上下变为疾,或令人头痛不可举,或神思昏倦多睡,或饮食无味,痰唾稠粘,夜间喉中如锯声,口流涎唾,手脚重,腿冷痹,气不通,误认为瘫痪,亦非也。凡有此疾,但用控涎丹,不过数服,其疾如失。痰挟死血,丹溪控涎散。

痛痹即痛风

留着之邪,与流行荣卫真气相击搏,则作痛痹。若不干其流行出入之道则不痛,但痿痹耳。随其痹所在,或阳多阴少则为痹热,或阴多阳少则为痹寒。虽曰风寒湿三气杂至合而为痹,至四时刺逆从篇,于六经皆云有余不足悉为痹。注曰:痹、痛也,此非人气之邪亦作痛耶。且人身体痛,在外有皮、肉、脉、筋、骨之异,由病有不同之邪,亦各欲正其名,名不正将何以施治。如邪是六淫者,便须治邪。是人气者,便须补泻其气。病在六经四属者,各从其气。故制方须分别药之轻重缓急,适当其所,庶得经意。有风、有湿、有痰、有火、有血虚、有瘀血。诊其脉浮者,风也。缓细者,湿也。滑者,痰也。洪大者,火也。芤者,血虚也。涩者,瘀血也。因于风者,加减小续命汤,或乌药顺气散去干姜,加羌活、防风。因于湿者,遇阴雨即发,身体沉重,宜除湿蠲痛汤,佐以竹沥、姜汁,或大橘皮汤。伤湿而兼感风寒者,汗出身重恶风,喘满,骨节烦疼,状如历节风,脐下连脚冷痹,不能屈伸,宜防己黄芪汤,或五痹汤。因痰者,王隐君豁痰汤,二陈汤加姜汁、竹沥,甚者控涎丹。因火者,潜行散加竹沥。因湿热者,二妙散。因于血虚者,四物苍术各半汤,吞活血丹。因瘀血者,芎、归、桃仁、红花、水蛭,入麝香少许。肥人多湿痰。瘦人多血虚与热。上部痛,羌活、桂枝、桔梗、威灵仙。下部痛,牛膝、防己、木通、黄柏。上部肿痛,五积散、乌药顺气散加姜、葱煎,发其汗。下部肿痛,五苓、八正、大橘皮汤,加灯心、竹叶利小便。若肿痛而大便不通者,大柴胡汤,防风通圣散主之。大势既退,当随其所因之本病施治,防其再发,忌羊肉、法酒、湿面、房劳。寒湿相合,脑户痛,恶寒,项筋脊强,肩背胂卵痛,膝膑痛无力行步,能食,身沉重,其脉沉缓洪上急,宜苍术复煎散。目如火肿痛,两足及伏兔骨筋痛，膝少力，身重腰痛，夜恶寒痰嗽，项颈筋骨皆急痛，目多眵泪，食不下，宜缓筋汤。风湿客于肾经，血脉凝滞，腰背肿疼，不能转侧，皮肤不仁，遍身麻木，上项头目虚肿，耳内常鸣，下注脚膝重痛少力，行履艰难，项背拘急不得舒畅，宜活血应痛丸。昼则静，夜则动，其痛彻骨，如虎之啮，名曰白虎病。痛如掣者为寒多，肿满如脱者为湿多，汗出者为风多，于上药中求之。通用虎骨二两，犀角屑、沉香、青木香、当归、赤芍药、牛膝、羌活、秦艽、骨碎补、桃仁各一两，甘草半两，槲叶一握。每服五钱，水煎，临服入麝香少许。一人感风湿，得白虎历节风证，遍身抽掣疼痛，足不能履地者三年，百方不效。一日梦与木通汤愈，遂以四物汤加木通服，不效，后以木通二两，剉细，长流水煎汁顿服，服后一时许，遍身痒甚，上体发红丹如小豆大粒，举家惊惶，随手没去，出汗至腰而止，上体不痛矣。次日又如前煎服，下体又发红丹，方出汗至足底，汗干后通身舒畅而无痛矣。一月后人壮气复，步履如初，后以治数人皆验。盖痛则不通，通则不痛也。熨法，《灵枢经》寒痹之为病也，留而不去，时痛而皮不仁。刺布衣者，以火淬之。刺大人者，以药熨之。用醇酒二十斤，蜀椒一升，干姜一斤，桂心一斤，凡四种，皆㕮咀，渍酒中，用绵絮一斤，细白布四丈，并纳酒中，置酒马矢煴中，盖封涂，勿使泄，五日五夜，出布绵絮曝干之，干复渍，以尽其汁，每渍必晬其日，乃出干之，并用查与绵絮，复布为复巾，长六七尺，为六七巾，则用之生桑炭炙巾，以熨寒痹所刺之处，令热入至于病所，寒复炙布以熨之，三十遍而止。汗出，以巾拭其身，亦三十遍而止。起步内中，无见风。每刺必熨，如此病已矣。此所谓内热也。内热之内音纳。《外台方》以三年酽醋五升，热煎三四沸，切葱白二三升，煮一沸，滤出，布帛热裹，当病上熨之瘥为度。熏洗法，用樟木屑一斗，置大桶内，桶边放一兀凳，以急流水一担，熬沸，泡之桶内，安一矮凳子，令人坐桶边，放脚在桶内，外以草荐围之，勿令汤气入眼。

【肢节肿痛】痛属火，肿属湿，兼受风寒而发动于经络之中，流注于肢节之间，用麻黄去节、赤芍药各一钱，防风、荆芥、羌活、独活、白芷、苍术、威灵仙、酒片芩、枳实、桔梗、葛根、川芎各五分,当归、甘草、升麻各二分。下焦加酒黄柏,肿多加槟榔、大腹皮,痛多加没药,妇人加酒红花。风湿相搏肢节疼痛,宜大羌活汤。《金匮》方,诸肢节疼痛,身体尪羸,脚肿如脱,头眩短气,兀兀欲吐,桂枝芍药知母汤主之。肥人多是风湿与痰饮流注经络而痛,宜南星、半夏。瘦人是血虚与热,四物加防风、羌活、酒芩。瘦人或性急躁而痛发热是血热,四物加酒炒芩、檗。脉濡滑者用燥湿,苍术、南星,兼行气,以木香、枳壳、槟榔。脉涩数为瘀血,芎、归、桃仁泥、红花,加大黄微利之。倦怠无力而痛,用参、术、南星、半夏之类。风热成历节,攻手指作赤肿麻木,甚则攻肩背两膝,遇暑热或大便秘即作,宜牛蒡子散。此病胸膈生痰,久则赤肿附著肢节,久久不退,遂成疬风。宜早治之。

着痹即麻木

《原病式》列麻证在六气燥金诸涩条下释之曰:物得湿则滑泽,干则涩滞,麻犹涩也。由水液聚少而燥涩,气行壅滞而不得滑泽通行,气强攻冲而为麻也。俗方治麻病,多用乌、附者,令气行之暴甚,以故转麻,因之冲开道路以得通利而麻愈也。然六气不必一气独为病,气有相兼,若亡液为燥,或麻木无热证,即当此法。或风热胜湿为燥,因而病麻,则宜以退风散热,活血养液,润燥通气之凉药调之。东垣则曰麻者气之虚也,真气弱不能流通,填塞经络,四肢俱虚,故生麻木不仁。或在手,或在足,或通身皮肤尽麻者,皆以黄芪、人参、白术、甘草、五味、芍药、当归、升麻、柴胡之类,随时令所兼之气出入为方,但补其虚,全不用攻冲之剂。窃详刘李二公,生同时,居同地,无世运方土之异宜,何乃凡病遽有补攻之别如此,盖因悟入圣人之道不同。刘以人禀天赋本无亏欠,因邪入搅乱其气而后成病,所以攻邪为要,邪退则正气自安。李以人之真气,荣养百骸,周于性命,凡真气失调、少有所亏,则五邪六淫便得乘间而入,所以补正为要,正复则邪气自却。今宜酌量二公之法,当攻当补,从中调治,无执泥其说。丹溪又分麻木为二,以麻止习习然,尚无气血攻冲不行之状，木则气血已痹不仁，莫知其痛痒也。疠风初起者，其手足必先木，而后皮肤疡溃。与夫瘫痪者，手足亦时麻木，当自求之本门。《素问》曰：荣气虚则不仁，卫气虚则不用，荣卫俱虚，则不仁且不用。《灵枢》曰：卫气不行则为麻木。东垣治麻痹，必补卫气而行之，盖本诸此。浑身麻木不仁，或左或右，半身麻木，或面或头，或手臂，或脚腿，麻木不仁，并神效黄芪汤。皮肤间有麻木，此肺气不行也，芍药补气汤。如肌肉麻，必待泻营气而愈。如湿热相合，四肢沉痛，当泻湿热。治杜彦达左手右腿麻木，右手大指次指亦常麻木至腕，已三四年矣。诸医不效，求治明之，明之遂制人参益气汤，服二日便觉手心热，手指中间如气满胀，至三日后，又觉两手指中间皮肉如不敢触者，似痒痛满胀之意，指上瑟瑟，不敢用手擦傍触之，此真气遍至矣。遂于两手指甲傍，各以三棱针一刺之，微见血如黍粘许，则痹自息矣。又为处第二第三服之大效。左腿麻木沉重，除湿补气汤。《金匮》方，血痹阴阳俱微，寸口关上微，尺中小紧，外证身体不仁，如风痹状，黄芪桂枝五物汤主之。李正臣夫人病，诊得六脉中俱弦，洪缓相合，按之无力。弦在其上，是风热下陷入阴中，阳道不行。其证闭目则浑身麻木，昼减而夜甚，觉而目开则麻木渐退，久则绝止。常开其目，此证不作，惧其麻木，不敢合眼，故不得眠。身体皆重，时有痰嗽，觉胸中常是有痰而不利，时烦躁，气短促而喘，肌肤充盛，饮食大小便如常，惟畏麻木不敢合眼为最苦，观其色脉形病相应而不逆。《内经》曰：阳盛瞋[1]目而动轻，阴病闭目而静重。又云：诸脉皆属于目。《灵枢》曰：开目则阳道行，阳气遍布周身，闭目则阳道闭而不行，如昼夜之分，知其阳衰而阴旺也。且麻木为风，虽三尺之童皆以为然，细校之则非。如久坐而起，亦有麻木。假为绳击缚之人，释之觉麻木作而不敢动，久则自已。以此验之，非有风邪，乃气不行也。不须治风，当补其肺中之气，则麻木自去矣。知其经脉，阴火乘其阳分，火动于中为麻木也，当兼去阴火则愈矣。时痰嗽者，秋凉在外，湿在上作也，当实

---

〔1〕瞋：原误作"瞑"，据文义改。《灵枢·寒热病》："阳气盛则瞋目"，可证。

其皮毛以温剂。身重脉缓者,湿气伏匿而作也。时见躁作,当升阳助气益血,微泻阴火,去湿通行经脉,调其阴阳则已。非五脏六腑之本有邪也,补气升阳和中汤主之。李夫人,立冬严霜时得病,四肢无力,乃痿厥,湿热在下焦也。醋心者,是浊气不降欲满也。合眼麻木者,阳道不行也。开眼不麻木者,目开助阳道,故阴寒之气少退也。头旋眩运者,风气下陷于血分不伸越而作也。温经除湿汤主之。湿气风证不退,眩运麻木不已,除风湿,羌活汤主之。停畜支饮,手足麻痹,多睡眩冒,茯苓汤主之。《本事方》治风寒湿痹,麻木不仁。粥法:川乌生为末,用白米作粥半碗,入药末四钱,同米用慢火熬熟,要稀薄不要稠,下姜汁一茶匙许,蜜三大匙,搅匀,空心啜之,温为佳。如是湿,更入薏苡仁二钱,增米作一钟。服此粥,治四肢不随,痛重不能举者。左氏曰:风淫末疾,谓四肢为四末也。脾主四肢,风邪客于肝则淫脾,脾为肝克故疾在末。谷气引风湿之药径入脾经,故四肢得安。然必真有风寒中于卫气,致卫气不行而不仁者,外必有恶风寒等证,然后可服。荣虚卫实,肌肉不仁,致令痛重,名曰肉苛。宜前胡散、苦参丸。丹溪曰:手麻是气虚,木是湿痰死血。十指麻木,胃中有湿痰死血。气虚者,补中益气汤,或四君子加黄芪、天麻、麦门冬、川归。湿痰者,二陈汤加苍、白术,少佐附子行经。死血者,四物汤加桃仁、红花、韭汁。戴人以苦剂涌寒痰,次与淡剂。白术除湿、茯苓利水、桂伐木、姜、附寒胜加之。《内经》针灸着痹分新久,新者汤熨灸之,久者淬针刺之。取三里。陕师郭巨济偏枯,二指着痹,足不能伸,迎洁古治之,以长针刺委中,深至骨而不知痛,出血一二升,其色如墨,又且缪刺之,如是者六七次,服药三月,病良愈。大理少卿韩珠泉,遍身麻痹,不能举动,求治于予,予以神效黄芪汤方加减授之,用芪一两二钱,参、芍各六钱。他称是一服减半,彼欲速效,遂并两剂为一服之,旬日而病如失矣。予以元气初复,宜静以养之,完固而后可出。渠不能从,盛夏遽出见朝谒客,劳顿累日,偶从朝房出,上马忽欲坠仆,从者扶至陈虚舟比部寓,邀予视之,予辞不治,数日而殁。鸣呼,行百里者,半于九十,可不戒哉。

痿

　　痿者,手足痿软而无力,百节缓纵而不收也。圣人以痿病在诸证为切要,故特著篇目,分五藏之热,名病其所属皮、脉、筋、肉、骨之痿。致足不任于地,及叙五脏得热之邪,则以一脏因一邪所伤。观其微旨,是用五志、五劳、六淫,从脏气所要者,各举其一以为例耳。若会通八十一篇而言,便见五劳、五志、六淫,尽得成五脏之热以为痿也。何则? 言肺气热则皮痿,因有所失亡,所求不得者,与他篇之谓始富后贫,虽不伤邪,皮焦筋屈,痿躄为挛者,同是一于七情之不扬。若病机之谓诸痿喘呕,诸气愤郁,皆属于上者言之,即此可推,何热而不为痿,何脉而不为热也。如言心气热为脉痿,因得之悲哀太甚,阳气内动而血崩,大经空虚,乃为脉痿,此以心为神明之官,主脉为要者言也。及乎推之,五脏各有神,各有志,若怒则气上逆,甚则呕血之类,亦五志所动,以热伤血,血逆行于经脉亦必空虚。有若形乐志苦,病生于脉。则是五志皆得以痿其脉,不独悲哀一因也。且五志之在各脏,自伤其所属。若怒甚筋纵,其若不容与形乐志乐,病生于肉,形苦志乐,病生于筋。又若忧恐喜怒,因太虚则五脏相乘,故病有五五二十五变,皆至于大骨枯槁,大肉陷下之病。其神志在五脏之为热病者不可胜计。如言肝脏气热,因思想无穷,所愿不得,犹肺之所求不得也。其入房太甚,宗筋弛纵,亦犹肾之远行劳倦也。即此可见,五劳各得伤其五脏所合之皮肉筋骨矣。如言脾脏气热,因得之有渐于湿,以水为事者,若岁运太阴湿土司天,在泉之湿,皆致肌肉痿,足痿不收,此是从五脏中举外感者为例耳。诸脏皆然,少阴之复为骨痿。少阳之复为脉痿。阳明司天之政,四之气,亦为骨痿。厥阴司天,风气下临,脾气上从,而为肌肉痿。有因于湿,首如裹,湿热不攘,大筋软短,小筋弛长,软短为拘,弛长为痿。《灵枢》有八风之变,或伤筋,或伤肉,或伤骨,与邪客筋骨间者,热多则筋弛,骨消肉烁。夫其外淫而生五脏痿病者如此。然有不言邪,止从经脏之虚而论者,谓脾病者,身重肌肉痿,足痿不收,行善瘈。谓肾虚者,为跛为痈。谓三阳有余,三阴不足为偏枯。谓足少阳之别,皮则痿躄,坐不能起。足阳明之别,虚则足不收,胫枯。又有饮食所伤,味过于咸,则大骨气劳。味过于辛,则筋脉沮弛。与夫膏粱之人,病偏枯痿厥。以上所陈,止就本条足痿不用者言耳。至若五脏尽热,神昏仆倒,手足俱不用,世俗所谓瘫痪者,岂非亦是痿之大者也。又若下条肺痿之为脏病者,而经又有心气痿者死,则是五脏尽有其痿,盖可知矣。《原病式》论小便遗失,谓肺热客于肾部,干于足厥阴之经,而气血不得宣通则痿痹,故神无所用,而不遂其机,因致溲便遗失。由是论之,凡神机气血或劣弱,或闭塞,即脏腑经络四属,若内若外,随处而不用。故《内经》重其事,叠出诸篇,后之览者,竟失其旨。集方论者,或并见虚劳证,或并见风门,赖丹溪始发挥千余年之误表而出之,而复语焉不详,可惜也。曰痿论,阳明冲脉合宗筋,会于气街,因阳明虚,故宗筋纵,带脉不引而足痿,所以独取阳明。今子历陈受病之邪及诸痿证,又将若之何治,曰圣人凡语其一,推之而可十可百,岂惟足痿而已乎。所谓各补其荣而通其俞,调其虚实,和其逆顺者,则治邪之法尽在其中矣。所云筋脉骨肉,各以其时受月则病已者,治四属内外诸痿之法,亦在其中矣。然而诸痿之病,未有不因阳明虚而得者,何以言之?按《灵枢》有谓真气所受于天,与谷气并而充身也。又谓谷始入于胃之两焦,以溉五脏,别出两行荣卫之道,其大气之搏而不行者,积于胸中,命曰气海。《素问》则谓足太阴者,三阴也,其脉贯胃属脾络嗌,故太阴为之行气于三阴。阳明者,表也,五脏六腑之海也,亦为之行气于三阳。脏腑各因其经而受气于阳明,故为胃行其津液。四肢不得禀水谷气,日以益衰,阴道不利,筋骨肌肉无气以生,故不用焉。而冲脉者,出于肾下,与任脉起于胞中,治血海亦云,为五脏六腑之海也。五脏六腑皆禀焉。其上行者,渗三阳,灌诸精。其下行者,渗三阴,灌诸络而温肌肉,与阳明宗筋会于气冲。因言阳明虚则宗筋纵,带脉不引,故足痿不用也。即此而观,真气者,天之道也。谷气者,地之道也。地非天不生,天非地不成,是故真气与谷气并而后生成,形气之道立矣。故阳明虚,于五脏无所禀,则不能行血气,营阴阳,濡筋骨,利关节。气海无所受,则卫气不能温分肉,充皮肤,肥腠理,司开阖。血海无所受,则上下内外之络脉空虚,于是精神气血之奉生身、周于性命者劣弱矣。故百体中随其不得受水谷气处,则不用而为痿,治痿不独取阳明而何哉。丹溪云:肺金体燥居上而主气,畏火者也。脾土性湿居中而主四肢,畏木者也。火性炎上,若嗜欲无节,则水失所养,火寡于畏,而侮所胜,肺得火邪而热矣。木性刚急,肺受热邪则金失所养,木寡于畏而侮所胜,脾得木邪而伤矣。肺热则不能管摄一身,脾伤则四肢不能为用,而诸痿作矣。泻南方,则肺金清而东方不实,何脾伤之有。补北方,则心火降而西方不虚,何肺热之有。故阳明实[1]则宗筋润,能束骨而利机关矣。治痿之法,无出于此。骆龙吉亦曰风火相炽,当滋肾水。东垣先生取黄柏为君,黄芪等药为辅佐,而无一定之方。有兼痰积者,有湿多者,有热多者,有湿热相半者,有挟寒者,临病制方,其善于治痿乎。虽然药中肯綮矣,若将理失宜,圣医不治也。天产作阳,厚味发热,凡病痿者,若不淡薄滋味,吾知其必不能安全也。按丹溪以《难经》泻南补北之法,摘为治痿之方,亦是举其例耳。若胃口不开,饮食少进者,当以芳香辛温之剂进之,不可拘于此例,宜藿香养胃汤主之。况依《内经》当分五脏。肺热叶焦,则皮毛虚弱急薄,着则生痿躄。肺者脏之长,为心之盖也。有所失亡,所求不得,则发肺鸣,鸣则肺热叶焦,故曰五脏因肺热叶焦发为痿躄。又曰:肺热者,色白而毛败。宜黄芪、天、麦门冬、石斛、百合、山药、犀角、通草、桔梗、枯芩、栀子仁、杏仁、秦艽之属主之。心气热则下脉厥而上,上则下脉虚,虚则生脉痿,枢折挈,胫纵而不任地,悲哀太甚则胞络绝,胞络绝则阳气内动,发则心下崩,数溲血也。故本病曰大经空虚,发为肌痹,传为脉痿。又曰:心热者,色赤而络脉溢。宜铁粉、银屑、黄连、苦参、龙胆、石蜜、牛黄、龙齿、秦艽、白鲜皮、牡丹皮、地骨皮、雷丸、犀角之属主之。肝气热则胆泄口苦,筋膜干,筋膜干则筋急而挛,发为筋痿。思想无穷,所愿不得,意淫于外,入房太甚,宗筋弛纵,发为筋痿,及为白淫。故《下经》曰:筋

---

〔1〕实:原误作"虚",据《局方发挥》改。

痿者,生于肝,使内也。又曰:肝热者,色苍而爪枯。宜生地黄、天门冬、百合、紫葳、白蒺藜、杜仲、萆薢、菟丝子、川牛膝、防风、黄芩、黄连之属主之。又方治筋痿,两手握固无力,两腿行动无力,急饥食少,口舌生疮,忽生痰涎,忽然睡中涎溢,身上躁热,忽时憎寒,项颈强急,小便赤白不定,大府忽冷忽热不调,用连翘、防风、荆芥穗、蔓荆子、羌活、独活、牡丹皮、山栀仁、秦艽、麻黄、去根木香各等分,为细末。每服一钱,食后白汤调下。脾气热则胃干而渴,肌肉不仁,发为肉痿。有渐于湿,以水为事,若有所留,居处相湿,肌肉濡渍,痹而不仁,发为肉痿。故《下经》曰:肉痿者,得之湿地也。又曰:脾热者,色黄而肉蠕动。宜苍、白术,二陈,入霞天膏之属主之。肾气热则腰脊不举,骨枯而髓减,发为骨痿。有所远行劳倦,逢大热而渴,渴则阳气内伐,内伐则热舍于肾,肾者水脏也,今水不胜火则骨枯而髓虚,故足不任身发为骨痿。故《下经》曰:骨痿者,生于大热也。又曰:肾热者,色黑而齿槁。宜金刚丸。肾肝俱损,骨痿不能起于床,筋弱不能收持,宜益精缓中,宜牛膝丸、加味四斤丸。肾肝脾俱损,谷不化,宜益精缓中消谷,宜煨肾丸。丹溪云:痿属湿热。有湿痰者,有气虚者,有血虚者,有食积妨碍不降者,有死血者。湿热,东垣健步丸,加黄柏、苍术、黄芩,或清燥汤。湿痰,二陈加苍术、黄柏之类,入竹沥、姜汁。血虚,四物汤加苍术、黄柏,下补阴丸。气虚,四君子汤加苍术、黄柏。气血俱虚,十全大补汤。食积,木香槟榔丸。死血,桃仁、红花、蓬术、归梢、赤芍药之类。痿病,食积妨碍不得降者,亦有死血者,俱宜下之。《保命集》云:四肢不举,俗曰瘫痪,经所谓脾太过则令人四肢不举。又曰:土太过则敦阜,阜、高也,敦、厚也,既厚而又高,则令除去,此真所谓膏粱之疾,其治则泻,令气弱阳衰土平而愈。或三化汤,或调胃承气汤,选而用之。若脾虚则不用也。经所谓土不及则卑陷,卑、下也,陷、坑也,故脾病四肢不举。四肢皆禀气于胃,而不能至经,必因于脾,乃得禀受。今脾病不能与胃行其津液,四肢不得禀水谷气,气日以衰,脉道不利,筋骨肌肉皆无气以生,故不用焉。其治可十全散、加减四物,去邪留正。又云:心热盛则火独光,火炎上,肾之脉常下行,今火盛而上炎用事,故肾脉亦随火炎烁而逆上行,阴气厥逆,火复内焰,阴上隔阳,下不守位,心气通脉,故生脉痿。膝腕枢如折去而不相提挈,经筋纵缓而不任地故也。可下数百行而愈。东垣补益肾肝丸、萧炳神龟滋阴丸、丹溪补益丸、虎潜丸、王启玄传玄珠耘苗丹、经验方何首乌、牛膝等分,酒浸蜜丸。皆补益肾肝壮筋骨之药,下虚者选而用之。痿发于夏,俗名注夏。当从东垣法治之,详见伤暑门。

痿 厥

　　足痿软不收为痿厥,有二:一属肾、膀胱。经云:恐惧不解则伤精,精伤则骨酸痿厥,精时自下,是肾伤精脱也。又云:三阳为病,发寒热,下为痈肿,及为痿厥腨痟,是膀胱在下发病也。二属脾湿伤肾。经云:凡治痿厥发逆,肥贵人则膏粱之疾。又云:秋伤于湿,上逆而欬,发为痿厥是也。目中溜火,视物昏花,耳聋耳鸣,困倦乏力,寝汗憎风,行步不正,两脚欹侧,卧而多惊,腰膝无力,腰以下消瘦,宜补益肾肝丸。膝中无力,伸不能屈,屈不能伸,腰膝腿脚沉重,行步艰难,宜健步丸,愈风汤送下。腿脚沉重无力者,于羌活胜湿汤中加酒洗汉防己五分,轻则附子,重则川乌少许,以为引用而行经也。尝治一老人痿厥,累用虎潜丸不愈,后于虎潜丸加附子,立愈如神,盖附反佐之力。东垣治中书粘合公三十二岁,病脚膝痿弱,脐下尻阴皆冷,阴汗臊臭,精滑不固,服鹿茸丸十旬不减。诊其脉沉数而有力,此醇酒膏粱滋火于内,逼阴于外。医见其证,不知阳强不能密致皮肤,以为内实有寒,投以热剂,反泻其阴而补其阳,是实实虚虚也。不危幸矣,复何望效耶?即处以滋肾大苦寒之剂,制之以急,寒因热用,饮入下焦,适其病所,泻命门相火之盛,再服而愈。求方不与,亦不著其方于书,恐过用之,则故病未已,新病复起也。此必滋肾丸、神龟滋阴丸之类,中病则已,可常服乎。热《本事方》治脚膝无力,用菟丝子五两,石莲肉、山药、茴香各二两,白茯苓一两,五味子五钱,糊丸。每服五十丸,木瓜酒或盐汤下,空心、晚食前各一服。寒 人参酒浸服之,治风软脚弱可逐奔马,故曰奔马草,曾用有效。虚 仲景方,肉[1]极热则身体津脱,腠理开,汗大泄,厉风气,下焦脚弱,宜越婢加术汤。表 《斗门方》用商陆根细切煮熟,入绿豆烂煮为饭食之,及《本事方》左经丸、续骨丹,此中有湿痰污血,阻碍经络而得痿厥者宜之。里

脚　气

脚气之名,起自后代,其顽麻肿痛者,则经所谓痹厥也。痿软不收者,则经所谓痿厥也。其冲心者,则经所谓厥逆也。东垣云:脚气之疾,实水湿之所为也。盖湿之害人皮肉筋脉而属于下,然亦有二焉。一则自外而感,一则自内而致,其治法自应不同,故详而论之。其为病也,有证无名。脚气之称,自晋苏敬始,关中河朔无有也。惟南方地下水寒,其清湿之气中于人,必自足始,故经曰清湿袭虚,则病起于下。或者难曰,今兹北方,其地则风土高寒,其人则腠理致密,而复多此疾者,岂是地湿之气感之而为耶?答曰,南方之疾自外而感者也,北方之疾自内而致者也。何以言之?北方之人常食潼乳,又饮酒无节,过伤而不厌,且潼乳之为物,其气味则潼乳,其形质则水也,酒醴亦然。人之水谷入胃,胃气蒸腾,其气与味宣之于经络,化之为血气,外[2]荣四末,内注五脏六腑,周而复始,以应刻数焉,是谓天地之纪。此皆元气充足,脾胃之气无所伤而然也。苟元气不充,则胃气之本自弱,饮食既倍,则脾胃之气有伤,既不能蒸化所食之物,其气与味,亦不能宣畅旁通,其水湿之性,流下而致之。其自外而入者,止于下胫肿而痛,自内而致者,乃或至于手节也。经云:足胫肿曰水。太阴所至,为重胕肿。此但言其自外者也。所治之法,前人方论备矣。自内而致者,治法则未有也。杨大受云:脚气是为壅疾,治以宣通之剂,使气不能成壅也。壅既成而盛者,砭恶血而去其重势。经曰:畜则肿热,砭射之,后以药治之。按东垣论南方脚气,外感清湿作寒治;北方脚气,内伤酒

---

〔1〕肉:原作"内",形近之误,据《金匮要略》第五改。
〔2〕外:原作"水",形近之误,据修敬堂本改。

乳作湿热治。此实前人之未发者。后学泥之，遂成南北二派，互相诋毁。南毁北者曰，彼所论乃北方病也，彼所治乃北方法也，不可施于南。北毁南者曰，彼所论乃南方病也，彼所治乃南方法也，不可施于北。呜呼，立论之始，不究《内经》首尾所言，辄创其名，以致后人守其说者，知其一不知其二，故相乖迕若此。夫《素》、《灵》诸篇，上穷天文，下究地理，中知人事之变，叠出不一书者，为天地以二气食于人，而人以六经三阴三阳上奉之，是故三阴三阳，亦是在人之六经气也，内以养于脏腑，壮精神，运水谷，以为生化百骸之用。及乎天地六气一有不正则变，变则袭人身形之虚，入客以为病者，谓之外邪。若人之三阴三阳一有不正则变，变则淫泆为病者，谓之内邪。二者皆得致周身之百病。况足之六经，皆起于脚五指，行过于腿膝，上属脏腑，统身半以下气血之运行，故外入之邪客之，则壅闭其经气，凝泣其络血。若人气内注之邪，着而留之，则亦必如外邪壅闭气血者无异也。及其冲痛痿痹厥逆之状，亦无异也。于是皆以脚气名也。此四方之所同，今乃以南方者，止中外邪之湿，北方者，止中内注之湿，岂理也哉。然北方纵无地之卑湿，其在践雨露，履汗袜，洗濯足，皆湿也。与夫脱卸靴履，汗出而风吹之，而血凝于足者，宁不与南方地之湿同类，尽属外中者乎。南方虽无潼乳之湿，其在酒食，与脏腑所伤，津液水谷停积之湿而下注者，宁不与北方潼乳同类，尽属内注者乎。能达此理，第恐自责辨邪之不易，奚暇相毁哉。《千金》云：凡脚气之病，始起甚微，多不令人识也。食饮嬉戏，气力如故，惟卒起脚屈弱不能动，有此为异耳。凡脚气之候，或见食呕吐，憎闻食臭，或有腹痛下利，或大小便闭涩不通，或胸中冲悸，不欲见光明，或精神昏愦，或喜迷忘，语言错乱，或壮热头痛，或身体极冷疼烦，或觉转筋，或肿或不肿，或胜腿顽痹，或时缓纵不随，或复百节挛急，或小腹不仁，此皆脚气状貌也。方书以肿者为湿脚气，不肿者为干脚气。不问久近干湿及属何经，并可用除湿汤加木瓜、槟榔、白芷各半钱，或芎芷香苏散加赤芍药、草薢各半钱，仍吞木瓜丸。脚气发动，两足痛不可忍者，五积散加全蝎三五个，入酒煎。脚气发动，必身痛发热，大类伤寒，若卒起脚弱，或少腹不仁，或举体转筋，或见食呕逆，或两胫赤肿，便当作脚气治。干者，于前二药中，或更加莱菔子炒研半钱。湿者，于前二药中加青橘皮十数片。《千金》云：若脉大而缓，宜服续命汤二剂立瘥。活人云：脚气属冷者，小续命汤煎成，旋入生姜自然汁，服之最快。若风盛，宜作越婢汤加白术二两。若脉浮大而紧转駃，宜作竹沥汤。此最恶脉，细而駃亦恶。脉微而弱，宜服风引汤。此人脉多是因虚而得之。若大虚短气力乏，可间作补汤，随病冷热而用之。若未愈，更服竹沥汤即止。竹沥汤若不及热服，辄停在胸膈，更为人患，每服当使极热。若服竹沥汤得下者必佳也。若加服数剂，病及脉势未折，而苦胀满者，可以大鳖甲汤下之。汤势尽而不得下，可以丸药[1]助汤令下，下后更服竹沥汤，令脉势折，将息料理乃佳。东垣云：《外台》所录，皆谓南方卑湿雾露所聚之地，其民腠理疎，阳气不能外固，因而履之则清湿袭虚，病起于下，此因血虚气弱，受清湿之邪气，与血并行于肤腠，邪气盛，正气少，故血气涩；涩则痹，虚则弱，故令痹弱也。后人名曰脚气。初觉即灸患处二三十壮，以导引湿气外出，及饮醪醴，以通经散邪。所制之方，寒药少，热药多，多用麻黄、川乌、姜、附之属。《内经》云：湿淫于外，以苦发之。麻黄苦温，发之者也。川乌辛热，走而不守，通行经络。姜、附辛甘大热，助阳退阴，亦能散清湿之邪。又察足之三阴三阳，是何经络所起，以引用药为主治，复审六气中何气当之，治以佐使之药。按前廉为阳明，宜以白芷、升麻、葛根为引用。后廉为太阳，宜以羌活、防风为引用。外廉为少阳，宜以柴胡为引用。内廉为厥阴，宜以青皮、吴茱萸、川芎为引用。内前廉为太阴，宜以苍术、白芍药为引用。风胜者，自汗走注，其脉浮而弦，宜发散，越婢加术汤。寒胜者，无汗挛急掣痛，其脉迟而涩，宜温熨，酒浸牛膝丸。湿胜者，肿痛重着，其脉濡而细，宜分渗，除湿汤。暑胜者，烦渴热积，其脉洪而数，宜清利，清暑益气汤。若四气兼见，但推其多者为胜，分其表里以施治也。太阳经脚气病者，头痛目眩，项强，腰脊身体经络，外踝之后，循京骨至小

---

〔1〕丸药：原作"汤丸"，据《备急千金要方》卷七第一改。

指外侧皆痛,宜随四时之气发散而愈,麻黄左经汤。阳明经脚气病者,翕翕寒热,呻欠,口鼻干,腹胀,髀膝膑中循胻外廉,下足跗,入中趾内间皆痛,宜随四时气微利之,大黄左经汤。少阳经脚气病者,口苦上喘,胁痛面垢,体无光泽,头目皆痛,缺盆并腋下如马刀肿,自汗振寒发热,胸中胁肋髀膝、外至胻绝骨外踝,及诸节指皆痛,宜随四气和解之,半夏左经汤。三阳并合脚气病者,憎寒壮热,自汗恶风,或无汗恶寒,晕眩重着,关节掣痛,手足拘挛疼痛,冷痹,腰腿缓纵不随,心躁气上,呕吐下利,其脉必浮弦紧数,宜大料神秘左经汤,加味败毒散。太阴经脚气病者,腹满,夹咽连舌系急,胸膈痞满,循胻骨下股膝内前廉、内踝,过核骨后,连足大趾之端内侧皆痛,宜六物附子汤。少阴经脚气病者,腰脊痛,小趾之下连足心,循内踝,入跟中,上腨内,出腘中,内廉股肉皆痛,上冲胸咽,饥不能食,面黑,小便淋闭,咳唾不已,善恐,心惕惕如将捕之,小腹不仁者难治。四气偏胜,各随其气所中轻重而温之,宜八味丸。厥阴经脚气病者,腰胁偏疼,从足大趾连足跗,上廉上腘,至内廉,循股环阴,抵小腹夹脐,诸处胀痛,两脚挛急,嗌干,呕逆洞泄,各随四气所中轻重而调之,神应养真丹。三阴并合脚气,四肢拘挛,上气喘满,小便秘涩,心热烦闷,遍身浮肿,脚弱缓纵不能行步,宜追毒汤。以上六经受风寒暑湿流注,自汗为风胜,无汗疼痛为寒胜,热烦为暑胜,重着肿满为湿胜,各随其气所胜者而偏调之,不可拘于一方也。湿热为病,肢节烦疼,肩背沉重,胸膈不利,兼遍身疼痛,流注手足,足胫肿痛不可忍者,当归拈痛汤主之。本草十剂云:宣可去壅,通可去滞。《内经》云:湿淫所胜,治以苦温。羌活苦辛,透关节胜湿,防风甘辛温,散经络中留湿,故以为君。水性润下,升麻、葛根苦辛平,味之薄者,阴中之阳,引而上行,以苦发之也。白术苦甘温,和平除湿,苍术体轻浮,气力雄壮,能除肤腠间湿,故以为臣。夫血壅而不流则为痛,当归身辛温以散之,使血气各有所归,人参、甘草甘温,补脾养正气,使苦药不能伤胃。仲景云:湿热相合,肢节烦疼,苦参、黄芩、知母、茵陈苦寒,乃苦以泄之者也。凡酒制炒,以为因用。治湿不利小便,非其治也。猪苓甘温平,泽泻咸平,淡以渗之,又能导其留饮，故以为佐。气味相合，上下分流其湿，使壅滞之气得宣通也。杨大受谓脚气之疾，自古皆尚疏下，为疾壅故也。然不可太过，太过则损伤脾胃，使营运之气不能上行，反下注为脚气，又不可不及，不及则使壅气不能消散。今立三方于后，详虚实而用之。脚气初发，一身尽痛，或肢节肿痛，便溺阻隔，先以羌活导滞汤导之，后用当归拈痛汤除之。饮食不消，心下痞闷者，开结导饮丸。治廉平章年三十八，身体充肥，脚气始发，头面浑身肢节微肿，皆赤色，足胫赤肿，痛不可忍，不敢扶策，手着皮肤其痛转甚，昼夜苦楚，此以北土高寒，故多饮酒，积久伤脾，不能运化，饮食下流之所致。投以当归拈痛汤一两二钱，其痛减半，再服肿痛悉除，止有左手指末微赤肿，以三棱针刺爪甲端，多出黑血，赤肿全去。不数日，因食湿面，肢体觉痛，再以枳实大黄汤治之。夫脚气之疾，皆水湿之为也。面滋其湿，血壅而不行，故肢节烦疼。经云：风胜湿，羌活辛温，透关节去湿，故以为主。血留而不能行则痛，当归之辛温，散壅止痛，枳实之苦寒，治痞消食，故以为臣。大黄苦寒，以导面之湿热，并治诸老血留结，取其峻驶，故以为使也。服后利下两行，痛止。控涎丹加胭脂一钱，槟榔、木瓜各一两，卷柏半两，先以盐水煮半日，次日白水煮半日，同前药为丸。每三十丸加至四五十丸，利下恶物立效。《衍义》云：有人嗜酒，日须五七十杯，后患脚气甚危，或教以巴戟半两，糯米同炒，米微转色，不用米，大黄一两，剉炒，同为末，熟蜜为丸。温水下五七十丸，仍禁酒遂愈。肾脏风壅积，腰膝沉重，威灵仙末，蜜和丸，如桐子大。酒下八十丸，平明微利恶物如青脓桃胶，即是风毒。脚气多属肺气。经云：肺病者，汗出，尻阴股膝、髀腨胻足皆痛，故戴人治脚气用涌法者，良由此也。又《千金方》多汗之者，亦泻肺之意也。古方用紫苏陈皮生姜汤，调槟榔末服之，于疏通肺气为佳。《三因》十全丹、续断丸、薏苡仁酒、虎骨酒，皆药性平良，病人下虚而无实积者，可以常服。【脚气冲心】丹溪用四物汤加炒蘖，以附子末津调傅涌泉穴以艾灸，泄引其热下行。《金匮》八味丸，治脚气上攻入少腹不仁。以上虚者宜之。槟榔为末，童便调服。三脘散、大腹子散、桑白皮散、薏苡仁散，以上实者宜之。

犀角散,热者宜之。茱萸木瓜汤、沉香散,无热者宜之。【脚气上气喘息】紫苏叶三两,桑白皮剉炒二两,前胡去芦一两,㕮咀,每服八钱,水二盏半,槟榔二枚,杏仁去皮尖二十枚,生姜五片,煎至一盏,温服无时。脚气喘急,此系入腹,宜苏子降气汤,仍佐以养正丹或四磨饮。脚气迫肺,令人喘嗽,宜小青龙汤,每服入槟榔一钱煎服。【脚气呕逆恶心】,宜八味平胃散,加木瓜一钱。畏食者,宜生料平胃散,加木瓜一钱。二证并可用半夏散、橘皮汤。【小便不通】,用生料五苓散一贴,除湿汤一贴,加木瓜二钱重,分二服。【大便不通】,羌活导滞汤。【大小便俱不通】,槟榔丸,或五苓散和复元通气散。【发热不退】者,败毒散加木瓜一钱,或用败毒散、五积散各半贴和匀,名交加散,更加木瓜一钱。若久履湿,而得两脚或肿或疮,五苓散和和气饮,加木瓜、萝卜子各半钱,大黄一钱。脚气日久,脚胫枯细,或寒或热,或疼或痒,或一脚偏患软弱𮪷曳,状如偏风者,宜小续命汤加木瓜,或独活寄生汤、附子八味汤,吞活络丹、虎骨四斤丸之类。【脚气生疮】肿痛,心神烦热,犀角散。脚气腿腕生疮,用鹿茸丸、芎归散。脚气生疮肿痛,用漏芦、白敛、槐白皮、五加皮、甘草各七钱半,蒺藜子二两,㕮咀,水煎去渣,看冷热于无风处淋洗之。脚气,跟注一孔,深半寸许,每下半日痛异常,此乃脚气注成漏,以人中白于火上煅,中有水出,滴入疮口。【脚心痛】者,宜大圣散二钱重,入木瓜末一钱,豆淋酒调,仍用川椒、香白芷、草乌煎汤洗。脚气隐痛,行步艰辛,用平胃散加赤曲同煎服最妙,鸡鸣散亦佳。脚气有壅者,加减槟榔汤。无壅者,牛膝汤,川牛膝、酒洗　白茯苓去皮　人参去芦各一两,当归去芦半两,为细末。每服三钱,空心、温酒调服。脚气两胫肿满,是为壅疾,南方多见,两足粗大,与疾偕老者,初起当以重剂宣通壅滞,或砭恶血而去其重势,后以药治。经曰:蓄则肿热,砭射之也。【渫洗】,《活人书》云:凡脚气服补药,及用汤渫洗,皆医之大禁也,为南方外感湿气,乘虚袭人为肿痛而言,非为北方内受湿气,注下肿痛而言也。盖湿气不能外达,宜淋渫开导泄越其邪,名曰导气除湿汤。

《外台》云:第一忌嗔,嗔则心烦,烦则脚气发。第二禁大语,大语则伤肺,肺伤亦发动。又不得露足,当风入水,以冷水洗脚,两脚胫尤不宜冷,虽暑月常须着绵裤,至冬寒倍令两胫温暖,得微汗大佳。依此将息,气渐薄损,每至寅丑日割手足甲,割少侵肉[1]去气。夏时腠理开,不宜当风卧睡,睡觉令人按捼,勿使邪气稽留,数劳动关节,常令通畅,此并养生之要,拒风邪之法也。寻常有力,每食后行三五百步,疲倦便止,脚中恶气随即下散,虽浮肿气不能上也。凡治此疾,每旦早饭任意饱食,午饭少食,晚饭不食弥佳。恐伤脾胃营运之气,失其天度。况夜食则血气壅滞,而阴道愈增肿痛矣。第一凡饮食酒及潼酪勿使过度,过则伤损脾胃,下注于足胫跗肿,遂成脚疾。第二欲不可纵,嗜欲多则脚气发。凡饮食之后,宜缓行二三百步,不至汗出觉困则止,如此则不能成壅也。经云:逸者行之。又云:病湿痹,忌温食饱食,湿地濡衣。

【诊】:脉浮弦为虚,濡细为湿,洪数为热,迟涩为寒,微滑为虚,牢坚为实。浮为表,沉为里,沉弦为风,沉紧为寒,沉细为湿,沉数为热。结因气,散因忧,紧因怒,细因悲。入心则恍惚谬妄,呕吐食不入,眠不安,脉左寸乍大乍小乍无者不治。入肾则腰脚皆肿,小便不通,呻吟,口额黑,冲胸而喘,左尺绝者不治。但见心下急,气喘不停,或自汗数出,或乍寒乍热,其脉促短而数,呕吐不止者死。

---

〔1〕割少侵肉:集成本作"少侵于肉"。

诸 风 门^[1]

疠 风

《素问》脉要精微论曰:脉风成为疠风。论曰:风寒客于脉而不去,名曰疠风。疠风者,荣卫热胕,其气不清,故使鼻柱坏而色败,皮肤疡溃。又谓风气与太阳俱入,行诸脉俞,散诸分肉之间,与卫气相干,其道不利,故使肌肉膹䐜而有疡,卫气有所凝而不行,故其肉有不仁也。长刺节论曰:大风骨节重,须眉堕,名曰大风。刺肌肉为故,汗出百日。王注以泄卫气之怫热。刺骨髓,汗出百日。王注:以泄荣气之怫热。二百日,须眉生而止。《灵枢》曰:疠风者,数刺其肿上,已刺以锐针针其处,按出其恶气,肿尽乃止。常食方食,毋食他食。今观经之论治,分荣卫者如此。若古方虽多,但混泻其风热于荣卫,又无先后之分,至东垣、丹溪始分之。《活法机要》云:先桦皮散,从少至多,服五七日,灸承浆穴七壮,灸疮愈,再灸再愈,三灸之后,服二圣散泄热,祛血之风邪,戒房室,三年病愈。此先治其卫、后治其荣也。《试效方》治段库使用补气泻荣汤,此治荣多于治卫也。丹溪云:须分在上在下,在上者以醉仙散,取臭恶血于齿缝中出,在下者以通天再造散,取恶物蛔虫于谷道中出。所出虽有上下道路之异,然皆不外于阳明一经而已。看其疙瘩,上先见,在上体多

---

〔1〕诸风门:原脱,据本册目录补。

者,病在上也。下先见,在下体多者,病在下也。上下同得者,病
在上复在下也。阳明主胃与大肠,无物不受,此风之入人也,气受
之在上多,血受之在下多,血气俱受者,上下皆多。自非医者神手,
病者铁心,罕有免者。夫气为阳为卫,血为阴为荣,身半以上,阳
先受之,身半已下,阴先受之。是故再造散治其病在阴者,用皂角
刺出风毒于荣血中。肝主血,恶血留止,其属肝也。虫亦生于厥
阴,风木所化,必用是治其藏气杀虫为主,以大黄引入肠胃荣血之
分,利出瘀恶虫物。醉仙散治其病在阳者,用鼠粘子出风毒遍身
恶疮,胡麻逐风补肺润皮肤,蒺藜主恶血身体风痒、通鼻气,防风
治诸风,栝蒌根治瘀血消热胕肿,枸杞消风热散疮毒,蔓荆子主
贼风,苦参治热毒风,皮肌烦躁生疮,赤癞眉脱,八味药治功固至
矣,然必银粉为使,银粉乃是下膈通大肠之要剂,所以用其驱诸药
入阳明经,开其风热怫郁痞隔,逐出恶风臭秽之毒,杀所生之虫,
循经上行至牙齿软薄之分,而出其臭毒之涎水。服此药若有伤于
齿,则以黄连末揩之,或先固济以解银粉之毒。银粉在醉仙散有
夺旗斩将之功,遂成此方之妙用,非他方可企及,故丹溪取二方分
用之,如破敌之先锋。至于余邪未除者,但调和荣卫药中少加驱
逐剂耳。

　　薛新甫曰:大抵此证,多由劳伤气血,腠理不密,或醉后房劳
沐浴,或登山涉水,外邪所乘,卫气相搏,湿热相火,血随火化而
致。故淮阳闽广间多患之。眉毛先落者,毒在肺。面发紫泡者,
毒在肝。脚底先痛或穿者,毒在肾。遍身如癣者,毒在脾。目先
损者,毒在心。此五脏受病之重者也。一曰皮死,麻木不仁。二
曰肉死,针刺不痛。三曰血死,烂溃。四曰筋死,指脱。五曰骨死,
鼻柱坏。此五脏受伤之不可治也。若声哑目盲,尤为难治。治当
辨本证兼证,变证类证,阴阳虚实而斟酌焉。若妄投燥热之剂,
脓水淋漓,则肝血愈燥,风热愈炽,肾水愈枯,相火愈旺,反成坏
证矣。

　　本证治法:疠疡所患,非止一脏,然其气血无有弗伤,兼证无有
弗杂,况积岁而发现于外,须分经络之上下,病势之虚实,不可概施

攻毒之药,当先助胃壮气,使根本坚固,而后治其疮可也。疔疡当知有变、有类之不同,而治法有汗、有下、有砭刺、攻补之不一。盖兼证当审轻重,变证当察先后,类证当详真伪,而汗下砭刺攻补之法,又当量其人之虚实,究其病之源委而施治焉。盖虚者形气虚也,实者病气实而形气则虚也。疔疡砭刺之法,子和张先生谓一汗抵千针,盖以砭血不如发汗之周遍也。然发汗即出血,出血即发汗,二者一律。若恶血凝滞在肌表经络者,宜刺宜汗,取委中出血则效。若恶毒蕴结于脏,非荡涤其内则不能瘥。若毒在外者,非砭刺遍身患处及两臂腿腕,两手足指缝各出血,其毒必不能散。若表里俱受毒者,非外砭内泄,其毒决不能退。若上体患多,宜用醉仙散,取其内蓄恶血于齿缝中出,及刺手指缝并臂腕以去肌表毒血。下体患多,宜用再造散,令恶血陈虫于谷道中出,仍针足指缝并腿腕,隔一二日更刺之,以血赤为度,如有寒热头疼等证,当大补血气。疔疡服轻粉之剂,若腹痛去后兼有脓秽之物,不可用药止之。若口舌肿痛,秽水时流作渴,发热喜冷,此为上焦热毒,宜用泻黄散。若寒热往来,宜用小柴胡汤加知母。若口齿缝出血,发热而大便秘结,此为热毒内淫,宜用黄连解毒汤。若大便调和,用《济生》犀角地黄汤。若秽水虽尽,口舌不愈,或发热作渴而不饮冷,此为虚热也,宜用七味白术散。疔疡手足或腿臂或各指拳挛者,由阴火炽盛亏损气血,当用加味逍遥散加生地黄,及换肌散兼服。疔疡生虫者,五方风邪翕合,相火制金,木盛所化,内食五藏,而证见于外也。宜用升麻汤,送泻青丸,或桦皮散,以清肺肝之邪,外灸承浆,以疏阳明任脉,则风热息而虫不生矣。肝经虚热者,佐以加味逍遥散、六味地黄丸。

兼证治法:【头目眩晕】若右寸关脉浮而无力,脾肺气虚也,用补中益气汤。若左关尺脉数而无力,肝肾气虚也,用六味地黄丸。若右寸尺脉浮大或微细,阳气虚也,用八味地黄丸。血虚者,四物汤加参、苓、白术。气虚者,四君子汤加当归、黄芪。肝经实热者,柴胡清肝散。肝经虚热者,六味地黄丸。脾气虚弱者,补中益气汤。脾虚有痰者,半夏白术天麻汤。砭血过多者,芎归汤。发热恶寒者,圣愈汤。大凡发热则真气伤矣,不可用苦寒药,恐复伤脾胃也。【口喝目斜】若手足牵搐,或瞤棱瘈动,属肝经血虚风热,用加味逍遥散、六味地黄丸,以生肝血滋肾水。若寒热往来,或耳聋胁痛,属肝木炽盛,先用小柴合四物汤,以清肝火生肝血。若筋挛骨痛,或不能动履,用六味地黄丸、补中益气汤,以滋化源。若因服燥药而致者,用四物汤加生甘草、金银花,以解热毒益阴血。凡此俱属肝经血燥所致,须用六味地黄丸、补中益气汤为主。若因怒气房劳而甚者,用六味地黄丸、十全大补汤为主。若因劳伤形体而甚者,用补中益气汤、十全大补汤为主。【夏秋湿热行令】若饮食不甘,头目眩晕,遍身酸软,或两腿麻木,口渴自汗,气促身热,小便黄数,大便稀溏,湿热伤元气也,用清燥汤。如在夏令,用清暑益气汤。若自汗盗汗,气高而喘,身热脉大,元气内伤也,用补中益气汤。若呕吐少食,肚腹痞闷,大便不实,脾胃受伤也,用六君子汤。若胸腹不利,饮食少思,吐痰不止,脾胃虚痞也,用四君子汤。若形气倦怠,肢体麻木,饮食少思,热伤元气也,用人参益气汤。【热渴便浊】若夜安昼热者,热在气分也,用清心莲子饮。昼安夜热者,热在血分也,用四物二连汤,俱佐以六味地黄丸。若寒热往来者,肝经血虚也,用加味逍遥散、六味地黄丸。【小便不利】若因服燥药而致者,用四物汤加炒黑黄柏、知母、生甘草,以滋阴血。若频数而色黄者,用四物汤加参、术、麦门、五味子,以生气血。若短而色黄者,用补中益气汤加山药、麦门、五味,以滋化源。【大便不通】若血虚内热而涩滞者,用四物汤加麦门、五味子,以生血润燥。若因燥热之药而患者,用四物汤加连翘、生甘草,以生血清热。若服克伐之药而致者,用四君子汤加芎、归,以助气生血。若作渴饮冷者,热淫于内也,用竹叶石膏汤,以清胃火。若作渴饮汤者,肠胃虚热也,用竹叶黄芪汤,以补气生津。若内热作渴,面赤饮汤者,用四物汤送润肠丸,以凉血润燥。若肠胃满胀,燥在直肠而不通者,用猪胆汁导之。肠胃气虚血涸而不通者,用十全大补汤。若肝胆邪盛,脾土受侮,而不能输化者,用小柴胡汤加山栀、郁李仁、枳壳治之。【怔忡无寐或兼衄血便血】若内热晡热,作渴饮汤,肢体倦怠,此脾血虚而火动也,用四君子加芎、归。若思虑伤脾动火而致,用归脾汤加山栀。若发热晡热,用八珍汤加酸枣仁、茯神、远志。若因心血虚损,用柏子仁散。大抵此证皆心脾血少所致,但调补胃气,则痰清而神自安,不必专于清热治痰。【发热恶寒】若肢体倦怠,烦躁作渴,气高而喘,头痛自汗者,此内伤气血也,用补中益气汤加五味、麦门。倦怠食少,大便不调,小便频数,洒淅恶寒者,此脾肺气虚也,用升阳益胃汤。烦躁作渴,体倦少食,或食而不化者,此脾气虚热也,用六君子汤。【发热】在午前脉数而有力者,气分热也,用清心莲子饮。脉数而无力者,阳气虚也,用补中益气汤。午后脉数而有力者,血分热也,用四物汤加牡丹皮。脉数而无力者,阴血虚也,用四物汤加参、术。热从两胁起者,肝虚也,用四物汤加参、术、黄芪。从脐下起者,肾虚也,用四物汤加参、术、黄柏、知母、五味、麦门、肉桂,或六味丸。其热昼见夜伏,夜见昼止,或去来无定时,或起作无定处,或从脚起者,此无根虚火也,须用加减八味丸,及十全大补汤加麦门、五味,更以附子末唾津调搽涌泉穴。若形体恶寒,喜热饮食者,阳气虚寒也,急用八味丸。【口干】若恶冷饮食者,胃气虚而不能生津液也,用七味白术散。若喜冷饮食者,胃火盛而消烁津液也,须用竹叶石膏汤。夜间发热口渴者,肾水弱而不能上润也,当用六味地黄丸。若因汗下之后而有前患,胃气虚也,宜用八珍汤。【作渴】若烦躁饮冷者,属上焦实热,用凉膈散。兼大便秘结者,属下焦实热,用清凉饮。若用克伐之药而渴者,气血虚也,急用八珍汤、六味丸。【耳聋耳鸣】若左寸关脉弦数者,心肝二经虚热也,用四物汤加山栀、柴胡生阴血。右寸关脉浮大者,脾肺二经虚热也,用补中益气汤加山栀、桔梗培阳气。若因怒便作,用小柴胡汤加山栀、芎、归,清肝凉血。若午前甚,用小柴胡汤加参、芪、归、术,补气清肝。午后甚,用四物汤加酒炒黑黄柏、知母、五味,补阴降火。如两足心热,属肾虚,用六味丸以壮水之主。两足冷属阳虚,用八味丸以益火之源。【项强口噤腰背反张】者,气血虚而发痉也。仲景云:足太阳病,发汗太多则痉,风病下之则痉,复发汗则加拘急,疮家发汗则痉。盖风能散气,故有汗而不恶寒曰柔痉。寒能涩血,故无汗而恶寒曰刚痉。皆因内虚复汗,亡津血,筋无所养而然。悉属虚象,非风证也。当大补气血为主。故产妇、溃疡、劳伤气血、湿热相火、误服克伐之剂者,多患之,其义可见。【妇女经闭】若因郁火伤脾,以归脾汤加山栀、丹皮。气血俱虚,以八珍汤加山栀、丹皮。若因服燥药伤血,以四物汤加生甘草。若经候过期而来者,气血虚也,八珍汤倍用参、术。先期而来者,血虚热也,四物汤倍加参、术、牡丹皮。将来而作痛者,气虚血滞也,四物汤加茯苓、白术、香附。色紫而成块者,血热也,四物汤加山栀、丹皮。作痛而色淡者,血气虚也,用八珍汤。其血崩之证,肝火不能藏血者,用加味逍遥散。脾虚不能统血者,用补中益气汤。凡此皆六淫七情亏损元气所致,当审其因而调补胃气为善。

变证治法:【身起疙瘩搔破脓水淋漓】若寒热往来者,肝经气血虚而有火也,用八珍散加丹皮、柴胡。寒热内热者,血气弱而虚热也,用八珍散倍用参、术。若恶寒形寒者,阳气虚寒也,用十全大补汤。若肌肤搔如帛隔者,气血不能外荣也,用人参养荣汤。若面部搔之麻痒者,气血不能上荣也,用补中益气汤。若痿软筋挛者,血气不能滋养也,用补中益气汤,佐以六味地黄丸。【口舌生疮或咽喉作痛】若饮食喜冷,大便秘结者,实热也,用四顺清凉饮。肌热恶热,烦渴引饮者,血虚也,用当归补血汤。饮食恶寒,大便不实者,虚热也,用十全大补汤。热从下或从足起者,肾虚热也,用加减八味丸。若饮食难化,四肢逆冷者,命门火衰也,用八味地黄丸。【牙齿作痛】或牙龈溃烂,若喜寒恶热,属胃火,加味清胃散为主。恶寒喜热属胃虚,补中益气汤为主。【自汗】属气虚,用补中益气汤送六味地黄丸。盗汗属血虚,用当归六黄汤内芩、连、黄柏,炒黑用。送六味地黄丸。若因劳心而致,以归脾汤倍用茯神、酸枣仁。【唾痰或作喘】若右寸脉浮缓者,肺气虚也,用六君子汤加桔梗。右寸脉洪滑者,肺经有热也,用泻白散。右寸关脉浮缓迟弱者,脾肺气虚也,用六君子汤加桔梗、黄芪。右寸关脉洪滑迟缓者,脾热传肺也,用泻白、泻黄二散。右尺脉微弱者,命门火衰而脾肺虚也,用人参理中丸,如不应,用八味地黄丸。右寸脉洪数者,心火克肺金也,用人参平肺散,如不应,用六味地黄丸。左寸关脉洪弦数者,心肝二经有热也,用柴胡清肝散,如不应,佐以牛黄清心丸清其风热。仍用六味地黄丸以镇阳光。左尺脉数而无力者,肾虚而水泛上也,用六味地黄丸加五味子以滋阴。如脉微细,或手足冷,或兼喘促,急用八味地黄丸以补阳。【舌赤裂】或生芒刺,兼作渴引饮,或小便频数,不时发热,或热无定处,或足心热起者,乃肾水干涸,心火亢盛,用加减八味丸主之,佐以补中益气汤。若误用寒凉之剂,必变虚寒而殁。【口舌生疮作渴不止不时发热】或昼热夜止,或夜热昼静,小便频数,其热或从足心,或从两胁,或从小腹中起,外热而无定处者,此足三阴亏损之证也。用加减八味丸为主,佐以十全大补汤。若误用寒凉治火之剂,复伤脾胃,胸腹虚痞,饮食少思,或大便不实,小便不利,胸腹膨胀,肢体患肿,或手足俱冷者,此足三阴亏损之虚寒证也。急用加减金匮肾气丸,亦有复生者。【肚腹肿胀】若朝宽暮急属阴虚,暮宽朝急属阳虚,朝暮皆急,阴阳俱虚也。阳虚者,朝用六君子汤,夕用加减肾气丸。阴虚者,朝用四物汤加参、术,夕用加减肾气丸。真阳虚者,朝用八味地黄丸,夕用补中益气汤。若肚腹痞满,肢体肿胀,手足并冷,饮食难化,或大便泄泻,口吸气冷者,此真阳衰败,脾肺肾虚寒,不能司摄而水泛行也。急用加减肾气丸,否则不救。【发热恶寒】若寸脉微,名阳气不足,阴气上入阳中则恶寒也,用补中益气汤。尺部脉弱,名阴气不足,阳气下陷于阴中则发热也,用六味地黄丸。若暑热令而肢体倦怠,此湿热所乘,属形气虚而病气实也,当专补阳气,用补中益气汤。若发热大渴引饮,目赤面红,此血虚发热,属形病俱虚也,当专补阴血,用当归补血汤。【发热作渴】若右寸关脉浮大而无力者,脾肺之气虚也,用补中益气汤。数而有力者,脾肺之气热也,用竹叶石膏汤。寸脉微数而无力者,肺气虚热也,用竹叶黄芪汤。尺脉微细或微数而无力者,命门火衰也,用八味地黄丸。左寸关脉数而有力者,心肝之气热也,用柴胡栀子散。数而无力者,心肝之气虚也,用六味地黄丸。尺脉数而无力者,肾经虚火也,用加减八味丸。大凡疮愈后口渴,或先渴而患疮,或口舌生疮,或咽喉肿痛,或唇裂舌黄目赤,痰涎上涌者,皆败证也。非此丸不能救。【眼目】昏弱,或内障黑花,属血虚神劳,用滋阴肾气丸。若视物无力,或见非常之状,属阴精虚弱,用滋阴地黄丸。若视物无力,或视物皆大,属阳盛阴虚,用六味地黄丸。若目紧体倦,或肌肤麻木,属脾肺气虚,用神效黄芪汤。若至夜目暗,灯下亦暗,属阳虚下陷,用决明夜灵散。若眼暗体倦,内障耳鸣,属脾胃气虚,用益智聪明汤。盖五脏六腑之精气,皆禀受于脾土,上贯于目,脾为诸阴之首,目为血脉之宗,当补脾土为善。【鼻衄吐血】若左寸关脉数而无力,血虚也,四物加参、术。浮而无力,气虚也,补中益气汤。尺脉数或无力,肾虚也,六味地黄丸。右寸关脉数而有力者,肺胃热也,犀角地黄汤。数而无力者,肺胃虚热也,先用《济生》犀角地黄汤,后用四物汤加参、苓、白术。尺脉数无力,阴虚也,用六味地黄丸。若面黄、目涩眵多、手麻者,脾肺虚也,用黄芪芍药汤。【饮食少思】若因胃气虚而不能食,用四君子汤。若因脾气虚而不能化,用六君子汤。大便不实,或呕吐者,脾气虚寒也,用六君子汤加干姜、木香。若作呕口渴,或恶冷饮食者,胃气虚热也,用五味异功散。喜冷饮食者,胃气实热也,用泻黄散。【带下】因经行产后,外邪入胞,传于五脏而致之。其色青者,属于肝,用加味逍遥散加防风。湿热壅滞,小便赤涩,用前散加炒黑龙胆草。肝血不足,或燥热、风热,用六味丸、逍遥散。色赤者,属于心,用小柴胡汤加黄连、山栀、当归。思虑过伤者,用妙香散、六味丸。色白者,属于肺,用六味丸、补中益气汤加山栀。色黄者,属于脾,用六味丸、六君子汤加山栀、柴胡,不应用归脾汤。色黑者,属于肾,用六味丸。气血俱虚,用八珍汤。阳气下陷,用补中益气汤。湿痰下注,前汤加茯苓、半夏、苍术、黄柏。气虚痰饮,四七汤送六味丸。若病久元气下陷,或克伐所伤,但壮脾胃升阳气为善。若拘于人之肥瘦,而用燥湿泻火之药,反伤脾胃,为患不浅。【二便下血】若右关脉浮数,气虚而热也,用四君子加升麻、当归。尺脉浮大或微弱,元气下陷也,用补中益气汤。左关脉洪数,血虚也,用四物汤加炒山栀、升麻、秦艽。脉迟缓或浮大,气虚也,用四君子汤加升麻、炮姜。尺脉洪数或无力者,肾虚也,用六味地黄丸。若因房劳伤损精气，阴虚火动而小便下血，诸血病者，不问脉证百端，但用前丸料煎服为善。【泄泻】在五更或侵晨，乃脾肾虚，五更服四神丸，日间服白术散，或不应，或愈而复作，急用八味丸，补命门火以生脾土，其泻自止。【大便不通】属脾肺亏损，大肠津液干涸，或血虚火铄，不可计其日期，饮食数多，必待腹满胀，自欲去而不能，乃热在直肠间也，用猪胆汁润之。若妄服苦寒辛散之剂，元气愈伤，或通而不止，或成中痞之证。若气血虚者，用八珍汤加麻子仁。肠胃虚者，用补中益气汤加麻子仁。肾液不能滋润，用六味地黄丸加麻子仁。若厚味积壅，小便淋秘者，肝肾虚也，用六味地黄丸以滋肾水，用补中益气汤以补脾胃。若发热晡热，用六君子汤、加味逍遥散，养阴血清风热。若兼筋骨痛，先用透经解挛汤、秦艽地黄汤，后用八珍散加牡丹皮、柴胡主之。若误服风剂而伤阴血者，用易老祛风丸。若两股或阴囊或两足，必用四生散、地黄丸为善。若误服草乌、川乌之类，或敷巴豆、砒石等味，肌肉腐溃，反成疬证，治者审之。【面赤瘙痒或眉毛脱落】属肺经风热，用人参消风散、桦皮散。气虚用补中益气汤加天麻、僵蚕。血虚用加味逍遥散加钩藤钩。面发紫泡或成块，或眉毛脱落，属肝经风热，先用小柴胡汤加山栀、丹皮、钩藤钩，后用加味逍遥散。凡证属肝经血燥生风，但宜滋肾水生肝血，则火自息，风自定，痒自止。【遍身疙瘩或瘾疹瘙痒】此风热伤血，用羌活当归散。气虚者，佐以补中益气汤加山栀、钩藤钩。血虚者，佐以加味逍遥散加钩藤钩。若手足皲裂，不问黯白，或在手足腿腕，搔起白皮，此风热而秘涩，用清胃散加芍药。盖肾开窍于二阴，精血不足则大便秘塞而不通矣，须用六味地黄丸、补中益气汤以滋化源。【小便不利】若不渴而不利者，热在下焦血分也，用滋肾丸。渴而不利者，热在上焦气分也，用清肺散。肾经阴虚而不利者，用六味地黄丸。热结膀胱而不利者，用五淋散。元气虚而不能输化者，用补中益气汤。脾肺之气燥而不能化生者，用黄芩清肺饮。若转筋便闭气喘，不问男女孕妇，急用八味丸，缓则不救。【白浊】足三阴经主之。属厚味湿热所致者，用加味清胃散。肝肾虚热者，用六味地黄丸为主，佐以逍遥散。脾肾虚热者,用六味丸,佐以六君子汤。肝脾郁滞者,六味丸佐以归脾汤。脾肺气虚者,六味丸佐以补中益气汤。湿痰[1]下注者,益气汤佐以六味丸。

类证治法:两臁如癣搔痒,久则脓水淋漓,或搔起白皮者,名肾脏风也。用四生散以祛风邪,用六味地黄丸以补肾水。若头目不清,内热口干体倦,痰热血燥,秋间益甚,故俗名雁来风。宜用羌活白芷散、加味逍遥散。气虚者,佐以补中益气汤,加皂角刺、钩藤钩。血虚者,佐以八物汤,加柴胡、牡丹皮,或加味逍遥散兼服。肢体或腿臂腕间,患痞瘤而游走不定者,赤曰赤游风,白曰白游风,为血虚阴火内动,外邪所搏之证。白用人参消风散,赤用加味逍遥散。气血俱虚用八珍汤。晡热内热用加味逍遥散、六味地黄丸。遍身或头面起疙瘩,或如霞片,或破而脓水淋漓,或痒痛寒热,乃肝火血虚也,用加味逍遥散。若口苦胁痛,小便淋沥,肝火血热也,用柴胡清肝散。若妇女夜间谵语发热,热入血室也,用小柴胡汤加山栀、生地黄。血虚者,四物合小柴胡汤。病退却用逍遥散,以健脾胃生阴血。此证多有因怒气而发者,治当审之。妇人肢体瘾疹疙瘩,搔破成疮,脓水淋漓,热渴眩晕,日晡益甚者,用四物汤加柴胡、山栀、丹皮,清肝火补肝血。若烦热体倦,头目不清,用八珍散加丹皮、山栀,补脾气生阴血。若自汗盗汗,月水不调,肚腹作痛,用八珍汤、六味丸。若食少体倦,心忪盗汗,经闭寒热,用八珍汤佐以加味逍遥散。若病久元气怯弱,用十全大补汤佐以归脾汤。女子十三四或十六七而天癸未至,或妇人月经不调,发赤癍痒痛,此属肝火血热,用小柴胡汤加山栀、生地黄、牡丹皮、防风。生虫者,乃相火制金,不能平木而化耳,非风邪所生也,但滋肾水生肝血,或佐以灸承浆之类,说见本证。敷砒霜患处作痛,或腐溃,用湿泥频涂换之。若毒入腹,胸膈苦楚,或作吐泻,饮冷米醋一二杯即止,多亦不妨。生绿豆末、芝麻油俱可。敷贴雄黄药,闷乱或吐泻,用防己煎汤解之。服辛热药而眉发脱落者,乃肝经血伤而火动,非风也,用四物

---

〔1〕痰:修敬堂本、集成本作"热"。

汤、六味丸,以滋肝血生肾水。服川乌、草乌等药,闷乱流涎,或昏愦呕吐,或出血吐血,用大豆、远志、防风、甘草任用一味煎汤解之。大凡服风药过多,皆宜用之。未应,急用甘草、生姜汁。敷贴巴豆之药,患处作痛,肌肉溃烂,以生黄连为末,水调敷之。若毒入内吐泻等证,更以水调服一二钱。大小豆、菖蒲汁俱可。敷贴藜芦,毒入内,煎葱汤解之。服祛风克伐之药,呕吐少食,胸膈不利,或形气倦怠等证,用六君子汤以补阳气。若烦躁作渴,饮食不思,或晡热内热,面赤发热,用四物汤加参、术以生阴血,余从各门治之。

薛新甫以邪之所凑,其气必虚,世医治疠,止知攻邪,而不知补虚,非徒无益,而又害之,故作《疠疡机要》三卷,循其法,虽不能去病,亦可以延天年,无夭枉之患,故备述于篇。乃至去病之法,则前再造、醉仙之外,《千金翼》有耆婆治恶病,阿魏雷丸散诸方,先服药出虫,看其形状,青黄赤白黑,然后与药疗之。此出西域异人,龙宫所秘,病者能洗涤身心,忏悔业障,精虔修治而用之,万无不瘥也。详具类方中,兹不赘。

破 伤 风

夫风者,百病之始也,清净则腠理闭拒,虽有大风苛毒,莫之能害。诸疮不瘥,荣卫虚肌肉不生,疮眼不合而风邪入之,为破伤风之候。亦有因疮热郁结,多着白痂,疮口闭塞,气难宣通,故热甚而生风者。先辨疮口,平无汁者,中风也;边自出黄水者,中水也,并欲作痉。急治之。东垣云:破伤风者,通于表里,分别阴阳,同伤寒证治。人知有发表,不知有攻里、和解。夫脉浮而无力太阳也,在表宜汗。脉长而有力阳明也,在里宜下。脉浮而弦小者少阳也,半在表半在里,宜和解。明此三法,而治不中病者,未之有也。此但云三阳,不及三阴者,盖风邪在三阳经,便宜按法早治而愈。若得传入三阴,其证已危,或腹满自利,口燥嗌干,舌卷卵缩,皆无生理,故置而勿论也。河间云:破伤风,风热燥甚,怫郁在表,而里气尚平者,善伸数欠,筋脉拘急,或时恶寒,或筋惕而搐,脉浮数而弦也。宜以辛热治风之药,开冲结滞而愈。犹伤寒表热怫郁，而以麻黄汤辛热发散也。凡用辛热开冲风热结滞，宜以寒药佐之则良，免致药中病而风热转甚也。如治伤寒发热，用麻黄、桂枝，加黄芩、知母、石膏之类是也。若止以甘草、滑石、葱、豉寒药发散甚妙。若表不已，渐传入里，里又未太甚，而脉弦小者，宜以退风热开结滞之寒药调之，或微加治风辛热药亦得，犹伤寒在半表半里而以小柴胡和解之也。若里势已甚，而舌强口噤，项背反张，惊惕搐搦，涎唾稠粘，胸腹满塞，便溺秘结，或时汗出，脉沉洪数而弦也。然汗出者，由风热郁甚于里，而表热稍罢，则腠理疎泄而心火热甚，故汗出也。法宜除风散结寒药下之，后以退风热、开结滞之寒药调之，则热退结散而风自愈矣。解表，羌活防风汤、防风汤、九味羌活汤、蜈蚣散。解后实之白术防风汤。攻里，大芎黄汤、江鳔丸、左龙丸。后服小羌活汤。和解，羌活汤、地榆防风散、小柴胡汤。日久气血渐虚，邪气入胃，宜养血四物汤，加防风、藁本、白芷各等分，细辛减半，为粗末。每服五钱水煎。服风药过多自汗出者，白术黄芪汤。大汗不止，筋挛搐搦，白术升麻汤。搐痉不已，蠲痉汤。背后搐者，羌活、独活、防风、甘草。向前搐者，升麻、白芷、独活、防风、甘草。两傍搐者，柴胡、防风、甘草。右搐加滑石。手足颤掉不已，朱砂指甲散。四般恶证不可治。第一头目青黑色，第二额上汗珠不流，第三眼小目瞪，第四身上汗出如油。又痛不在疮处者，伤经络亦死证也。【外治】初觉疮肿起白痂，身寒热，急用玉真散傅之，或用杏仁去皮细嚼，和雄黄飞罗白面傅之。一方只用杏仁白面等分和匀，新汲水调和如膏傅。肿渐消为度。若腰脊反张，四肢强直，牙关口噤，用鼠一头和尾烧作灰细研，以腊月猪脂和傅。牙关紧不能开，用蜈蚣一条，焙干研细末，擦牙吐涎立苏。狗咬破伤风，人参不拘多少，桑柴火上烧令烟绝，用盏子合研为末掺疮上，仍以鱼胶煮烊封固。《婴童百问》云：县尹张公尝言吾有一妙方，治破伤风如神，用人家粪堆内蛴螬虫一枚，烂草房上亦有之，捏住其脊，待其虫口中吐水，就抹在疮口上，觉麻即汗出，立愈。后试之，果然。其虫仍埋故处，勿伤其命。

痉《说文》强直也，而无痓字。《广韵》痓、恶也，
　　非强直明矣。作痓者误，今正之。

《金匮》云：病者身热足寒，颈项强急，恶寒，时头热面赤目赤，
独头动摇，卒口噤，背反张者，痉病也。《活人书》云：外证发热恶寒，与
伤寒相似，但其脉沉迟弦细，而项背反张为异耳。太阳病，发热无汗，反恶
寒者，名曰刚痉。太阳病，发热汗出而不恶寒，名曰柔痉。太阳病，
其证备，身体强，几几然，脉反沉迟，此为痉，栝蒌桂枝汤主之。太
阳病，无汗而小便反少，气上冲胸，口噤不得语，欲作刚痉，葛根汤
主之。刚痉为病，胸满口噤，卧不着席，脚挛急，必龂齿，可与大承
气汤。此阳明经药也，阳明总宗筋，以风寒湿热之邪入于胃中，津液不行，宗
筋无所养，故急宜此汤下湿热行津液。故《宣明》云：痉病目直口噤，背强如
弓卧摇动，手足搐搦，宜三一承气汤下之，亦此意也。然非察证之明，的有实
热者，亦不可轻用也。按：世知治痉之法创自仲景，而不知仲景之论
伤寒，皆自《内经》中来，其所谓刚痉者，为中风发热重感于寒而得
之，与《内经》所谓赫羲之纪，上羽，其病痉，其义一也。风淫之热
与火运之热无少异，其重感于寒亦与上羽之寒同是外郁者，热因郁
则愈甚，甚则热兼燥化而无汗，血气不得宣通，大小筋俱受热害而
强直，故曰刚痉也。其所谓柔痉者，为太阳发热重感于湿而得之，
即《内经》所谓诸痉项强，皆属于湿。又谓因于湿，首如裹，湿热不
攘，大筋软短，小筋弛长，软短为拘，弛长为痿。肺移热于肾，传为
柔痉。注云：柔谓筋柔而无力，痉谓骨强而不随。三者之义，比之
仲景所言重感于湿为柔痉者，岂不同是小筋得湿则痿弛而无力者
乎。其摇头发热，颈项强急，腰背反张，瘈疭口噤，与刚痉形状等者，
又岂不同是大筋受热则拘挛强直者乎。后代方论，乃以无汗为表
实，有汗为表虚。不思湿胜者自多汗出，乃以为表虚而用姜附温热
等剂，宁不重增大筋之热欤。及守仲景方者，但知刚痉用葛根汤，
柔痉用桂枝加葛根汤。而不解《金匮》于柔痉之脉沉迟者，在桂枝
汤不加葛根而加栝蒌根。盖用葛根，不惟取其解肌之热，而取其体
轻、可生在表阳分之津，以润筋之燥急。今因沉迟，沉乃卫气不足，

故用桂枝以和之，迟乃荣血不足，故用栝蒌根，其体重、可生在表阴分之津，此仲景随脉浮沉，用药浅深之法也。至于太阳传入阳明，胸满口噤，卧不着席，脚挛齘齿者，与大承气，亦可见治痉，与伤寒分六经表里，无纤毫之异矣。至若所谓太阳病，发汗太过，及疮家不可汗而汗之，因致痉者；太阳病，发热脉沉细而病痉者；病者身热足寒，颈项强急，恶寒，时头热面赤，独头动摇，卒口噤背反张；若发其汗，寒湿相得，其表益虚，即恶寒甚，发其汗已，其脉如蛇者；暴腹胀大为欲解，脉如故，反伏弦为痉者，皆不出方言治。虽然，能识疗伤寒随机应变之法，则无患方之不足用也。海藏云：发汗太多因致痉，身热足寒，项强恶寒，头热面肿目赤，头摇口噤，背反张者，太阳痉也。若头低视下，手足牵引，肘膝相构，阳明痉也。若一目或左右斜视，并一手一足搐搦者，少阳痉也。汗之、止之、和之、下之，各随其经，可使必已。太阳痉属表，无汗宜汗之，有汗宜止之。阳明痉属里，宜下之。少阳痉属半表半里，宜和之。所谓各随其经也。神术汤加羌活、麻黄，治刚痉解利无汗。白术汤加桂心、黄芪，治柔痉解利有汗。太阳阳明加川芎、荆芥穗。正阳阳明加羌活、酒大黄。少阳阳明加防风、柴胡根。热而在表者加黄芩。寒而在表者加桂枝、黄芪、附子。热而在里者加大黄。寒而在里者加干姜、良姜、附子。右王氏分经论痉，固得仲景伤寒之法矣。其间用仲景方，去葛根、栝蒌根，更风药者，殆从风痉筋强而然也。及《原病式》论筋劲项强而不柔和者，则不然，乃邪在湿淫条下，谓土主安静故耳，亢则害承乃制，故湿过极，反兼风化制之，然兼化者虚象，而实非风也，岂可尽从风治乎。又海藏分六经不及厥阴，厥阴固有痉矣。经云：厥阴在泉，客胜则大关节不利，内为痉强拘急，外为不便者，非乎。《灵枢》又谓足少阴筋病主痫瘛及痉，此非六阴经痉病之例乎。抑海藏所遗，非独此而已。至若《内经》有谓太阳所至为寝汗痉，手阳明、少阳厥逆，发[1]喉痹、痉者，乃是人之六经所属，风寒湿热燥火之气自相盛衰，变而为痉者也，亦皆勿论。予尝思，夫外感内伤之邪病痉，治

---

〔1〕发：此下原衍"呕"，据《素问·厥论》删。

法迥别,不可不辨。天气因八风之变,鼓舞六淫而入,是为经风外伤腠理,内触五脏,故治邪必兼治风。人气因五性劳役,感动厥阳,君相二火相扇,六经之淫邪而起,遂有五阳胜负之变,故胜者泻、负者补,必兼治火调胃土,以复火伤之气,盖不可差也。苟于内伤而用外感药以散邪,则原气愈耗,血竭神离,而至于不救矣。丹溪云:大率与痫相似,比痫为甚,盖因气血大虚,挟痰挟火而成。药宜人参、竹沥之类,不可用风药。一男子二十余岁,患痘疮,靥谢后,忽患口噤不开,四肢强直不能屈,时或绕脐腹痛一阵,则冷汗如雨,痛定则汗止,时作时止,其脉极弦紧而急。此因劳倦伤血,山居多风寒乘虚而感。又因痘疮,其血愈虚。当用辛温养血,辛凉散风,遂用当归身、芍药为君,川芎、青皮、钩藤为臣,白术、陈皮、甘草为佐,桂枝、木香、黄连为使,更加红花少许,煎十二贴而安。薛新甫云:痉病,因伤寒汗下过度,与产妇、溃疡等病,及因克伐之剂,伤损气血而变。若金衰木旺,先用泻青丸,后用异功散,肾水虚用六味丸。肝火旺,先用加味小柴胡汤,次用加味四物汤,发热用加味逍遥散。若木侮脾土,用补中益气加芍药、山栀。脾经郁结,用加味归脾汤。脾土湿热,用三一承气汤。大凡病后气血虚弱,用参、术浓煎,佐以姜汁、竹沥,时时用之。如不应,用十全大补汤;更不应,急加附子,或用参附汤,缓则不救。虞搏治一妇人,年三十余,身形瘦弱,月经后忽发痉,口噤,手足挛缩,角弓反张。此去血过多,风邪乘虚而入。用四物汤加防风、羌活、荆芥,少加附子行经,二贴病减半,六贴病全安。张子和治吕君玉妻,年三十余,病风搐目眩,角弓反张,数日不食。诸医皆作风治不效。夫诸风掉眩,皆属肝木。曲直摇动,风之用也。阳主动,阴主静,由火盛制金,金衰不能平木,肝木茂而自病,因涌风涎二三升,次以寒剂下十余行,又以排针刺百会穴,出血一杯立愈。右内伤例。痉,既以有汗无汗辨刚柔,又以厥逆不厥逆辨阴阳。仲景虽曰痉皆身热足寒,然阳痉不厥逆,其厥逆者,皆阴也。阳痉已前见。阴痉一二日,面肿,手足厥冷,筋脉拘急,汗不出,恐阴气内伤,宜八物白术散。若发热脉沉而细者,附太阴也,必腹痛,宜桂枝加芍药、防风、防己汤,又宜小续命汤。阴痉,手足厥逆,筋脉拘急,汗出不止,颈项强直,头摇口噤,宜附子散、桂心白术汤、附子防风散。右三阴例。

【诊】:太阳病,发热[1],其脉沉而细者,名曰痉,为难治。痉脉伏,按之紧,如弦坚直,上下行。无择云:凡痉脉皆伏弦沉紧。痉病,发其汗已,其脉沧沧[2]如蛇,暴腹胀大者,为欲解,脉如故,反伏弦者痉。此痉字,恐当作死字。痉病有灸疮难治。

【妊娠痉】多由风寒湿乘虚而感,皆从太阳经治之。恐仍当如前例,分六经表里。薛氏云:若心肝风热,用钩藤汤。肝脾血虚,加味逍遥散。肝脾郁怒,加味归脾汤。气逆痰滞,紫苏饮。肝火风热,钩藤散。脾郁痰滞,二陈、姜汁、竹沥。

【产后痉】《良方》云:产后汗多变痉,因气血亏损,肉理不密,风邪所乘。其形口噤背强如痫,或摇头马嘶,不时举发,气息如绝。宜速灌小续命汤。若汗出两手拭不及者,不治。《千金》治产[3]中风,口噤面青,手足急强,用竹沥一升,分为五服,微温,频服大效。娄全善云:小续命汤、举卿古拜散、大豆紫汤,皆治产后痉,太阳、厥阴药也。邪实脉浮弦有力者固宜,但产后血气大虚之人,不宜轻发其表,第用防风当归散治之为妙。薛氏云:产后痉,由亡血过多,筋无所养,与伤寒汗下过多,溃疡脓血大泄,皆败证也。急以十全大补汤,如不应,急加附子。亦有六淫七情所致者,治法见上。

瘛　疭

瘛者、筋脉拘急也,疭者、筋脉张纵也,俗谓之搐是也。《原病式》云:诸热瞀瘛,皆属于火。热胜风搏,并于经络,风主动而不宁,风火相乘是以热瞀瘛生矣。治法,祛风涤热之剂,折其火热,瞀瘛可立愈。若妄加灼艾,或饮以发表之剂,则死不旋踵矣。《素问》云:

---

〔1〕热:原脱,据《金匮要略》第二补。
〔2〕沧沧:《脉经》卷八第二作"沧沧"。
〔3〕产:此下疑脱"后"字。

心脉急甚者为瘛疭,此心火虚寒也,治宜补心,牛黄散主之。《灵枢》云:心脉满大,痫瘛筋挛,此心火实热也,治宜泻心火,凉惊丸主之。肝脉小急,亦痫瘛筋挛,此肝虚也,续断丸主之。若肝脉盛者,先救脾,宜加减建中汤。《素问》云:脾脉急甚者,亦为瘛疭,此脾虚肝乘之而瘛也,故宜实土泻肝木之剂。热伤元气,四肢困倦,手指麻木,时时瘛疭,人参益气汤主之。尹氏表姑,年近七十,暑月得病,手足常自搐搦,如小儿惊风状,医者不识以讯予,予曰此暑风也,缘先伤于暑,毛孔开而风乘之。宜香薷饮加羌活、防风各一钱,黄芪二钱,白芍药一钱半,二剂而病如失。风虚昏愦,不自觉知,手足瘛疭,或为寒热,血虚不能服发汗药,独活汤主之。虚风证,能食麻木,牙关紧急,手足瘛疭,目肉蠕眴,面肿,此胃中有风,胃风汤主之。肝劳虚寒,胁痛胀满,眼昏不食,挛缩瘛疭,续断丸主之。风气留滞,心中昏愦,四肢无力,口眼眴动,或时搐搦,或渴或自汗,续命煮散主之。运气瘛疭有二:其一曰火。经曰:火郁之发,民病呕逆,瘛疭。又曰:少阳所至,为暴注,眴瘛。又曰:少阳司天,客胜则为瘛疭是也。其二曰水。经曰:阳明司天,燥气下临,木气上从,民病胁痛目赤,掉振鼓栗。又曰:岁土太过,雨湿流行,民病足痿不收,行善瘛。又曰:太阴之复,头顶痛重,而掉瘛尤甚是也。

【产后瘛疭】经云:肝主筋而藏血,盖肝气为阳为火,肝血为阴为水,前证因产后阴血去多,阳火炽盛,筋无所养而然耳。故痈疽脓水过多,金疮出血过甚,则阳随阴散,亦多致此。治法当用加味逍遥散,或八珍散加丹皮、钩藤以生阴血,则阳火自退,诸证自愈。如不应,当用四君、芎、归、丹皮、钩藤以补脾土。盖血生于至阴,至阴者,脾土也。故小儿吐泻之后,脾胃亏损,亦多患之,乃虚象也。无风可逐,无痰可消。若属阳气脱陷者,用补中益气加姜、桂,阳气虚败者,用十全大补加桂、附,亦有复生者。此等证候,若肢体恶寒,脉微细者,此为真状。若脉浮大,发热烦渴,此为假象,唯当固本为善。无力抽搐,戴眼反折,汗出如珠者,皆不治。古方,海藏愈风汤、交加散、增损柴胡汤、秦艽汤。

颤　振

　　颤、摇也，振、动也，筋脉约束不住，而莫能任持，风之象也。《内经》云：诸风掉眩，皆属肝木。肝主风，风为阳气，阳主动，此木气太过而克脾土，脾主四肢，四肢者，诸阳之末，木气鼓之故动，经谓风淫末疾者此也。亦有头动而手足不动者，盖头乃诸阳之首，木气上冲，故头独动而手足不动。散于四末，则手足动而头不动也。皆木气太过而兼火之化也。木之畏在金，金者土之子，土为木克，何暇生金。《素问》曰：肝一阳也，心二阳也，肾孤脏也，一水不能胜二火。由是木挟火势而寡于畏，反侮所不胜，直犯无惮。《难经》谓木横乘金者是也。此病壮年鲜有，中年已后乃有之，老年尤多。夫老年阴血不足，少水不能制盛火，极为难治。前哲略不及之，唯张戴人治新寨马叟，作木火兼痰而治得效，遇此证者，当参酌厥旨而运其精思云。新寨马叟，年五十九，因秋欠税，官杖六十，得惊气成风搐已三年矣。病大发则手足颤掉不能持物，食则令人代哺，口目张挦，唇舌嚼烂，抖擞之状，如线引傀儡，每发市人皆聚观，夜卧发热，衣被尽褰，遍身燥痒，中热而反外寒，久欲自尽，手不能绳，倾产求医，至破其家而病益坚。叟之子，邑中旧小吏也，以父母病讯戴人，戴人曰此病甚易治，若隆暑时，不过一涌再涌，夺则愈矣。今已秋寒可三之，如未更刺腧穴必愈，先以通圣散汗之，继服涌剂，涌痰一二升，至晚又下五七行，其疾小愈，待五日再一涌，出痰三四升，如鸡黄成块状，如汤热，叟以手颤不能自探，妻与代探，咽嗌肿伤，昏愦如醉，约一二时许稍稍省，又下数行，立觉足轻颤减，热亦不作，足亦能步，手能巾栉，自持匙箸，未至三涌，病去如濯。病后但觉极寒，戴人曰当以食补之，久则自退。盖大疾之去[1]，卫气未复，故宜以散风导气之药，切不可以热剂温之，恐反成他病也。孙一奎曰：据戴人此治，非真知为痰火盛实，莫敢如此疗也。木之有余，由金之衰弱，病既久矣，恐亦有始同而终异者，况吐汗下之后，谓绝不

[1] 去：修敬堂本作"后"。

必补养可乎！病之轻者，或可用补金平木清痰调气之法，在人自斟酌之。中风手足弹曳，星附散、独活散、金牙酒，无热者宜之。摧肝丸，镇火平肝，消痰定颤，有热者宜之。气虚而振，参术汤补之。心虚而振，补心丸养之。挟痰，导痰汤加竹沥。老人战振，宜定振丸。

挛

《内经》言挛皆属肝，肝主身之筋故也。又阳明之复，甚则入肝，惊骇筋挛。又脾移寒于肝，痈肿筋挛。有热、有寒、有虚、有实。热挛者，经所谓肝气热则筋膜干，筋膜干则筋急而挛。又云：因于湿，首如裹，湿热不攘，大筋软短，小筋弛长，软短为拘，弛长为痿之类是也。丹溪云：大筋软短者，热伤血不能养筋，故为拘挛。小筋弛长者，湿伤筋不能束骨，故为痿弱。筋膜干者用生芐、当归之属濡之。大筋软短者，薏苡仁散主之。《衍义》云：筋急拘挛有两等，《素问》大筋受热则缩而短，故挛急不伸，则可用薏苡仁。若《素问》言因寒筋急，不可用也。寒挛者，经所谓寒多则筋挛骨痛者是也。乌头汤、《千金》薏苡仁汤。虚挛者，经所谓虚邪搏于筋则为筋挛。又云：脉弗荣则筋急。又仲景云：血虚则筋急。此皆血脉弗荣于筋而筋成挛。故丹溪治挛用四物加减，《本事》治筋急极用养血地黄丸，盖本乎此。实挛者，丹溪治一村夫，背伛偻而足挛，已成废人，诊其脉两手皆沉弦而涩，遂以戴人煨肾散与之，上吐下泻，过月余久，吐泻交作，如此凡三贴，然后平复。东垣治董监军，腊月大雪初霁出外，忽觉有风气暴仆，诊得六脉俱弦甚，按之洪实有力，其证手挛急，大便秘涩，面赤热，此风寒始至加于身也。四肢者脾也，以风寒之邪伤之，则搐急而挛痹，乃风淫末疾而寒在外也。《内经》云：寒则筋挛，正此谓也。本人素多饮酒，内有实热，乘于肠胃之间，故大便闭涩而面赤热。内则手足阳明受邪，外则足太阴脾经受风寒之邪。用桂枝、甘草以却其寒邪，而缓其急搐；用黄柏之苦寒滑以泻实而润燥，急救肾水；用升麻、葛根以升阳气，行手足阳明之经，不令遏绝；更以桂枝辛热，入手阳明之经为引；用润燥复以芍药、甘草，专补脾气，使不受风寒之邪而退木邪，专益肺金也；加人参以补元气为之辅佐;加当归身去里急而和血润燥,名之曰活血通经汤。更令暖房中近火摩搓其手乃愈。《本事方》春夏服养血地黄丸、秋服羚羊角汤、冬服乌头汤。下虚则挟腰膝疼痛,防风散。上虚则挟心神烦热,不得睡卧,麦门冬散、黄芪丸。外感风湿四肢拘挛,苍耳子捣末煎服。酒煮木瓜令烂,研作粥浆,用裹筋急处,冷即易。灸筋急不能行,内踝筋急,灸内踝四十壮,外踝筋急,灸外踝三十壮,立愈。

眩　晕

眩谓眼黑眩也,运如运转之运,世谓之头旋是也。《内经》论眩,皆属肝木,属上虚。丹溪论眩,主于补虚治痰降火。仲景治眩,亦以痰饮为先也。赵以德曰:丹溪先生主火而言者,道也。然道无所之而不在,道之谓何? 阴阳水火是也。其顺净清谧者水之化,动扰挠乱者火之用也。脑者,地气之所生,故藏于阴,目之瞳子,亦肾水至阴所主,所以二者皆喜静谧而恶动扰,静谧则清明内持,动扰则掉扰散乱,是故脑转目眩者,皆由火也。《灵枢》曰:五脏六腑之精气,皆上注目而为之精,筋骨血气之精与脉并为目系,上属于脑,后出于项中,故邪中于项,因逢其身之虚,其入深,则随眼系以入于脑,入于脑则脑转,脑转则引目系急,目系急则目眩以转矣。所谓邪者,风寒湿热内外之诸邪也。然诸邪尽谓以火之所成眩者何?《内经》谓诸风掉眩,皆属肝木者,是专言风邪矣。《原病式》释之曰:风火皆属阳,多为兼化,阳主乎动,两动相搏,则头目为之眩运而旋转,火本动也,焰得风则自然旋转,于是乎掉眩掉摇也,眩昏乱旋运也,此非风邪之因火所成者欤。然风有内外,外入者、兼火化者、则如是。若内发者,尤是因火所生之风也。及诸篇中考之,有谓厥阴司天,客胜,耳鸣掉眩。厥阴之胜者亦然。此司天之气,从上受者,外入者也。又谓发生之纪,与岁木运太过,皆掉眩巅疾,善怒。肝脉[1]太过,善忘,忽忽冒眩巅疾。又狗蒙招尤,过在足少阳、厥阴者,言目眴动蒙暗也。巢氏亦谓胁下痛头眩者,肝实也。此或

---

〔1〕脉:原误作"肺",据《素问·玉机真脏论》及修敬堂本改。

得于肝脏，应天气者所动，或因本脏虚实之气自动，皆名之为风，非火之烈焰，何能上于巅也。至于木郁之发，甚则耳鸣眩转，目不识人，善暴僵仆者，尤是肝木中火发之甚也。此天气内应于脏，与肝虚实之气动者，是皆名内发之风者也。又谓太阳之胜，热反上行，头项顶脑中痛，目如脱。注文谓寒气凌逼，阳不胜之，太阳之气，标在于巅，入络于脑，故病如是。谓太阳司天，善悲，时眩仆。《灵枢》谓邪在心者病亦同。二者皆是邪逼于心下，致神志不安则悲，心火不行则妄动上炎。谓太阴之复，阴气上厥，饮发于中，头项胸痛而掉瘛尤甚。注文谓湿气内逆，寒气不行，太阳上留，故为是病。谓太阴在泉，病冲头痛，目似脱。注文云亦是足太阳病也。谓太阴司天，头项痛，善眩。《灵枢》谓邪在肾，颈项时眩。此皆湿邪害肾，逼太阳之气留于上而然也。至于《金匮要略》谓心下有支饮，其人苦冒眩者，亦是格其心火不行而上冲也。谓尺脉浮为伤肾，趺阳脉紧为伤脾，风寒相搏，食谷即眩。谓阳明脉迟，食难用饱，饱则发烦头眩。二者因脾胃虚而阳气不足，所以外见迟紧之脉，内受湿饮之郁，不足之微阳者，始与所郁之热，并而冲上于胸目也。用此比类言之，则眩运之病，非一邪而可终。若夫太乙天真元气，皆得胃脘之阳以行于周身，分三阴三阳之经脉。六气应天之阴阳，运行于表者，谓之六化。布五行于五脏，属之气，应地之阴阳运行于里者，谓之五阳。虽然表里固分为二，及乎一经合一脏相通气而行，则表里必似二而一，一而二者也。悉如其天之有德、有化、有用、有变于气交者，备在身形之中。经曰：成败倚伏，皆生于动，动之清静则生化治，动之躁乱则苛疾起。自此言之，掉眩由人气所动者，岂止如《金匮》所云湿饮而已。若此五阳六化妄动而病者，又可胜数哉。且夫，凡有过节，即随其所动，经藏之气而妄起，因名曰厥阳之火。厥阳之火有五，谓之五邪。五邪之变，遂胜克之病作。又或肾水不足，或精血伤败，不能制其五阳之火独光，或中土虚衰，不能堤防下气之逆，则龙雷之火得以震动于巅，诸火上至于头，重则搏击为痛，轻则旋转为眩运矣。夫如是比类之，道在经有之，诸治病循法守度，援物比类，化之冥冥，循上及下，何必守经，不引比类，是知不明也，其此之谓欤。或曰治诸邪当何如？曰：夫火因动而起,但各从其所动之因而治之。因实热而动者,治其热。因邪搏击而动者,治其邪。因厥逆逼上者,下治所厥之邪。因阴虚而起者,补其阴,抑其阳,按而收之。因阳虚而气浮上者,则补其阳,敛其浮游之气。因五志而动者,各安其藏气以平之。因郁而发者,治其所郁之邪,开之、发之。因精血不足者补之,不已则求其属以衰之。因胜克而动者,从盛衰之气而补泻之。中气虚衰而动者,补其土以安之。上焦清明之气虚,不能主持而动者,亦当补中焦之谷气,推而扬之。因五脏六腑上注之精气不足而动者,察其何者之虚而补之。如是虽不专治其火,而火自息矣。凡治百病之由火而生者皆然,非唯掉眩而已。严氏云：外感六淫,内伤七情,皆能眩运,当以脉证辨之。风则脉浮有汗,项强不仁,《局方》消风散、《本事》川芎散、羚羊角散、都梁丸、青州白丸子。寒则脉紧无汗,筋挛掣痛,不换金正气散加芎、芷、白芍药,甚则姜附汤《济生》三五七散。暑则脉洪大而虚,自汗烦闷,黄连香薷饮、十味香薷饮、消暑丸。湿则脉细沉重,吐逆涎沫,肾著汤加川芎名除湿汤、渗湿汤、《济生》芎术散。风热,羌活汤、钩藤散。寒湿,芎术除眩汤、理中汤,仍吞来复丹,甚者养正丹。七情相干,眩运欲倒,用[1]十四友丸、安肾丸二药夹和,以《和剂》七气汤送下,仍间用乳香泡汤下。有气虚者,乃清气不能上升,或汗多亡阳所致。当升阳补气,黄芪、人参、白术、川芎、当归、甘菊花、柴胡、升麻之类。《直指方》云：淫欲过度,肾家不能纳气归元,使诸气逆奔而上,此眩运出于气虚也,宜益气补肾汤。有血虚者,乃因亡血过多,阳无所附而然,当益气补血芎归汤之类。《直指方》云：吐衄崩漏,肝家不能收摄荣气,使诸血失道妄行,此眩晕生于血虚也,宜补肝养荣汤。有因虚致晕,虽晕醒时面常欲近火,欲得暖手按之,盖头面乃诸阳之会,阳气不足故耳。丹溪云：一男子年七十九岁,头目昏眩而重,手足无力,吐痰口口相续,左手脉散大而缓,右手缓而脉大不及于左,重按皆无力,饮食略减而微渴,大便三四日一

---

〔1〕用：修敬堂本作"者",属上读。

行。众人皆与风药,至春深必死。予曰此大虚证,当以补药作大剂服之,众怒而去。予教用人参、当归身、黄芪、芍药、白术,浓煎作汤使,下连蘗丸三十粒,如此者服一年半,而精力如少壮时。连蘗丸,冬加干姜少许,余三时皆依本法。连蘗皆姜汁炒为细末,又以姜汁煮糊为丸。东垣云:范天骑之内,素有脾胃之病,时显烦躁,胸中不利,大便不通,初冬出外晚归,为寒气怫郁,闷乱大作,火不得伸故也。医疑有热,治以疏风丸,大便行而病不减。又疑药力少,复加七八十丸,下两行,前证仍不减,复添吐逆,食不能停,痰吐稠粘,涌出不止,眼黑头旋,恶心烦闷,气短促,上喘无力,不欲言,心神颠倒,兀兀不止,目不敢开,如在风云中,头苦痛如裂,身重如山,四肢厥冷,不得安卧。予谓前证乃胃气已损,复下两次,则重损其胃,而痰厥头痛作矣。制半夏白术天麻汤治之而愈。中脘伏痰,呕逆眩晕,旋覆花汤主之。《金匮》方,卒呕吐,心下痞,膈间有水,眩悸者,半夏加茯苓汤主之。假令瘦人脐下有悸,吐涎沫而头眩,此水也,五苓散主之。又云:心下有支饮,短气倚息,形如肿,为支饮。其人苦冒眩,泽泻白术汤主之。泽泻五两,白术二两,水二升,煮一升,分温再服。痰闭不出者,吐之。青黛散搐鼻取涎,治眩神效。头风眩运,可用独圣散吐之,吐讫可用清上辛凉之药,防风通圣散加半夏等味。仲景云:此痰结胸中而致也。大小便结滞者,微利之,河间搜风丸。体虚有寒者,温之。仲景云:风虚头重眩,苦极,不知食味,暖肌补中益精气,白术附子汤主之。肝厥,状如痫疾,不醒呕吐,醒后头虚运发热,用麻黄、钩藤皮、石膏、干葛、半夏曲、柴胡、甘草、枳壳、甘菊为粗末。每服四钱,水一钟半,生姜三片,枣一枚,同煎至八分,去渣温服。钩藤散,钩藤、陈皮、半夏、麦门冬、茯苓、石膏、人参、甘菊、防风各等分,甘草减半为粗末。每服四钱,水一钟半,生姜七片,煎八分温服。戴复庵云:有眩晕之甚,抬头则屋转,眼常黑花观见,常如有物飞动,或见物为两,宜小三五七散。或芎附汤、生料正元饮加鹿茸一钱,下灵砂丹。或用正元饮加炒川椒一十五粒,下茸朱丸。若不效则独用鹿茸一味,每服半两,用无灰酒一盏半,煎至一盏,去滓,入麝香少许服。缘鹿茸生于头,头晕而治以鹿茸,盖以类相从也。曾有头痛不愈，服茸朱丹而效。右上一条，为虚寒者设也。若实热者用之殆矣。故丹溪云：眩运不可当者，大黄三次酒炒，干为末，茶调下，每服一钱至二钱。刘宗厚以眩晕为上实下虚所致，而又明之曰，所谓虚者，血与气也。所谓实者，痰涎风火也。是固然矣。然《针经》胃风篇云：上虚则眩。又五脏生成篇云：徇蒙招尤，目瞑耳聋，下实上虚。蒙、昏冒也，招、摇掉也，瞑、黑眩也，即眩运之证。则刘氏所称，无乃与之冰炭乎？盖知虚者正气虚，实者邪气实，邪之所凑，其气必虚，留而不去，其病为实。则虚即实，实即虚，何冰炭之有。然亦当从寸部以定虚实。上虚者，以鹿茸法治之。上实者，以酒大黄法治之。《本事方》治虚风头旋，吐痰涎不已，以养正丹主之。称其升降阴阳，补接真气，非止头旋而已。严氏云：世所谓气不归元，而用丹药镇坠、沉香降气之法。盖香窜散气，丹药助火，其不归之气，岂能因此而复耶！《内经》云：治病必求其本。气之归，求其本，而用药则善矣。

【诊】：左手脉数热多。脉涩有死血。右手脉实痰积。脉大是久病。

神 志 门[1]

癫狂痫总论

《素问》止言癫而不及痫。《灵枢》乃有痫瘛、痫厥之名。诸书有言癫狂者，有言癫痫者，有言风痫者，有言惊痫者，有分癫痫为二门者，迄无定论。究其独言癫者，祖《素问》也。言癫痫、言癫狂者，祖《灵枢》也。要之癫痫狂大相径庭，非名殊而实一之谓也。《灵枢》虽编颠狂为一门，而形证两具，取治异途，较之于痫，又不侔矣。徐嗣伯云：大人曰癫，小儿曰痫，亦不然也。《素问》谓癫为母腹中受惊所致，今乃曰小儿无癫可乎？痫病，大人每每有之，妇人尤多。

---

〔1〕神志门：原脱，据本册目录补。

今据经文,分辨于后。癫者,或狂或愚,或歌或笑,或悲或泣,如醉如痴,言语有头无尾,秽洁不知,积年累月不愈,俗呼心风。此志原高大而不遂所欲者多有之。狂者,病之发时,猖狂刚暴,如伤寒阳明大实发狂,骂詈不避亲疏,甚则登高而歌,弃衣而走,逾垣上屋,非力所能,或与人语所未尝见之事,如有邪依附者是也。痫病,发则昏不知人,眩仆倒地,不省高下,甚而瘛疭抽掣,目上视,或口眼㖞斜,或口作六畜之声。赵以德曰:考之《内经》有痫有癫,以痫而名者,曰心脉满大,痫瘛筋挛。注云:心脉满大,则肝气下流,热气内搏,筋干血枯,故痫瘛筋挛。曰肝脉小急,痫瘛筋挛。注云:肝养筋藏血,肝气受病,故痫瘛筋挛。曰二阴急为痫厥。注云:少阴也。曰治痫惊脉。王注云:阳陵泉也,阳陵泉乃足少阳合穴也。曰厥狂颠疾,久逆之所生也。《灵枢》以痫名者,曰足少阴筋病,主痫瘛及痉。曰暴挛痫眩,足不任身,取天柱。以癫名者,肺脉急甚为癫疾。肾脉急甚为骨癫疾。癫狂篇则曰癫疾始生,先不乐,头重痛,视举目赤,甚[1]作极已而烦心,候之于颜。取手太阳、阳明、太阴血变而止。治癫疾者,常与之居,察其所当取之处,病至,视之有过者泻之,置其血于瓠壶中,至其发时,血独动矣,不动,灸穷骨二十壮,穷骨者,骶骨也。骨癫疾者,顑齿诸腧分肉皆满,而骨居,汗出烦悗,呕多沃沫,气下泄,不治。筋癫疾者,身倦挛急,大刺项大经之大杼。呕多沃沫,气下泄,不治。脉癫疾者,暴仆,四肢之脉皆胀而纵。脉满,尽刺之出血;不满,灸之挟项太阳,灸带脉于腰相去三寸,诸分肉本输。呕多沃沫,气下泄,不治。癫疾发如狂者,死不治。气下泄不治者,癫本由邪入于阴,阴气满,风闭塞于下而逆上,今气下泄,则自肾间正气虚脱于下故死。癫发如狂死不治者,由心之阳,不胜其阴气之逆,神明散乱,阳气暴绝故如狂,犹灯将灭而明也。虽然未可以一概论也,盖必诊脉而后定。阴下脱者,尺脉不应。如狂者,寸脉不应。若尺寸俱实,则是阴阳交错。既癫而又狂,则不可与此同语矣。何以言之?《内经》复谓阳明之厥,则癫

---

〔1〕甚:《太素》卷三十癫疾、《备急千金要方》卷十四第五均作"其"。义长。

疾欲走,腹满不得卧而妄言者。盖足阳明者,胃脉也,与足太阴脾为表里,脾为阴,胃为阳,阴脉从足而上行,阳脉从头而下行,二者有更虚更实之变,是故阳明之厥者,由太阴之脉逆上,阳明之脉不得下行而返上故曰厥,厥则畜积于中,畜之未甚则癫,甚则为热,热则狂而妄言也。不独阳明之厥有是证,凡足三阳之厥皆然。何则?如经所谓癫疾厥狂,久逆之所生是也。《灵枢》经脉篇言:足太阳脉所生病者,为狂癫之疾。凡经脉称是动者,为气病。所生病,为血病。血者、阴也。足太阳内与肾少阴为表里,外与诸阳主气,故得为癫,亦得为狂也。及考越人书于二十难曰,经言脉有阴阳,更有相乘,更相伏也。脉居阴部而反阳脉见者,为阳乘阴也;虽时沉涩而短,此谓阳中伏阴也。脉居阳部而反阴脉见者,为阴乘阳也;脉虽时浮滑而长,为阴中伏阳也。重阳者狂,重阴者癫。详《难经》之言,自阴阳相伏相乘,至于重阴重阳,皆为癫狂之病。以此诸阴阳之交错,尽能致其病,非一因而已。夫如是,始与《内经》之意合。奈何诸家之注,止从重阴重阳为癫狂,于前乘伏则勿论及。按王叔和《脉经》云,阴附阳则狂,阳附阴则癫者,则与《难经》伏匿之意,即是舍己宫观而之他邦者。何以言之?《脉经》论热病条谓,阳附阴者,腰已下至足热,腰以上寒。阴附阳者,腰以上至头热,腰以下寒。盖阴虚气不能治于内,则附阳而上升,阳无承而不下降,故上热而下寒。阳虚气不能卫于外,则下陷附于阴,故下热上寒。及用脉论癫狂,则谓心脉急甚为瘛疭,肝脉微涩为瘛疭筋挛,脾脉急甚为瘛疭,脉气弦急病在肝,少食腹满,头眩筋挛癫疾,脉大、脉坚实者癫病,脉洪大长者风眩癫疾,心气虚者精神离散,阴气衰则为癫疾,阳气衰则为狂。及定生死脉则云,诊癫病,虚则可治,实则死。脉实坚者生,脉沉细小者死。脉搏大滑,久久自已,沉小急实不可治,小坚急亦不可治,脉实而紧急癫痫可治。又有论奇经之癫痫者,前部左右弹者,阳跷也,动苦腰痛癫痫,恶风偏枯,僵仆羊鸣,身强皮痹,取阳跷,在外踝上三寸直绝[1]骨是。后部左右弹者,阴

---

〔1〕绝:原脱,据《脉经》卷十补。

跷也,动苦癫痫寒热[1],皮肤强痹。从少阳斜至太阳,是阳维也,动苦癫痫,僵仆羊鸣,手足相引,甚者失音不能言,癫疾,直取客主人,两阳维脉,在外踝绝骨下二寸。从少阴斜至厥阴,是阴维也,动苦癫痫。尺寸俱浮,直下直上,此为督脉,腰背强痛,不得俯仰,大人癫病,小儿痫疾。脉来中央浮,直上下痛者,督脉也,动苦腰背膝寒,大人癫,小儿痫也。灸顶上三丸。或曰奇经之癫痫,古今所自者哉。按越人《难经》曰,奇经八脉者,不拘于十二经何也?盖经有十二,络有十五,凡二十七气,相随上下,独八脉不拘于经也。比于圣人图设沟渠,沟渠满溢,流入深湖,故圣人不能拘通也。而人脉隆盛,入于八脉,而不环周,故十二经亦不能拘之。其受邪气,畜则肿热,砭射之也。今于冲任带且勿论,独用五脉病癫痫者,言督脉者。注云:其脉之流行,起自下极,循脊中,上行至大椎,与手足三阳脉交会,上至瘖门穴与阳维会,上至百会与太阳交会,下至于鼻柱,下水沟穴与手阳明交会。据此推之,实为诸阳之海,阳脉之都纲也。病则脊强而厥。阳维、阴维者,维络一身,阳维维于阳,阴维维于阴,为病心苦痛。阳跷脉者,起于跟中,循外踝上行入风池。阴跷脉者,亦起跟中,循内踝上行至咽喉。注云:跷、捷疾也,言此脉是人行走之机要,动足之所由,故曰跷脉焉。阴跷为病,阳缓而阴急。阳跷为病,阴缓而阳急。然而言二跷之所行,尚未及二脉皆上交会于目内眦,阳脉交于阴则目闭,阴脉交于阳则目开。若《灵枢》癫狂篇首叙目之外、内、上、下眦者,正为癫则目闭,狂则目开之不同也。故大惑诸篇亦曰,卫气留于阴,不得行于阳,留于阴则阴气盛,阴气盛则阴跷满,不得入于阳则阳气虚,故目闭也。卫气不得入于阴,常留于阳,留于阳则阳气满,阳气满则阳跷盛,不得入于阴则阴气虚,故目不[2]瞑矣。由是而推,昼夜荣卫行五十度,而寤寐之机,岂不在二脉乎。二脉者,足少阴肾之别脉也。督与肾之大络,同起于会阴,《脉经》谓阳维

---

〔1〕热:原脱,据《脉经》卷十补。

〔2〕不:原脱,据修敬堂本补。

从少阳斜至太阳,阴维从少阴斜至厥阴,自其肾肝同在下焦,主地道资生言之。可见五脉皆是辅相天机,动用于形体之要者也,故不随十二经之环周。嗟乎,巢氏方不达王叔和之指,撰为《病源》,不复收采,于是后失传焉,不独此也。至于圣人之旨,亦不皆及,辄立五癫之说。一曰阳癫,发如死人,遗尿,食顷乃解。二曰阴癫,初生小儿,脐疮未愈,数洗浴因此得之。三曰风癫,发时眼目相引,牵纵反僵,羊鸣,食顷乃解。由热作汗出当风,因房室过度,醉饮,令人心意逼迫,短气脉悸得之。四曰湿癫,眉头痛,身重,坐热沐头,湿结[1]脑沸[2]未止得之。五曰马癫,发时反目口噤,手足相引,身体皆然。诸癫发则仆地吐沫无知,若强惊起如狂及遗矢者难治。脉虚则可治,实则死。由是后代钱氏方论,遂增五兽所属为五脏之癫,各有其状。犬癫者,反折上窜犬吠,肝也。鸡癫者,惊跳反折鸡叫,肺也。羊癫者,目瞪吐舌,摇头羊叫,心也。牛痫者,目直视,腹满牛叫,脾也。猪痫者,如尸,吐沫猪叫,肾也。却无马癫。及《三因方》论,则复有马痫者,作嘶鸣搐搦腾踊,多因挟热者,惊心动胆,摄郁涎入心之所致也。诸方皆以初因涎郁闭塞脏气不动,因之倒仆口吐涎沫也。安知口吐涎沫,岂止素积于胸中者哉。大抵癫痫之发,厥乃成。厥由肾中阴火上逆,而肝从之,故作搐搦,搐搦则遍身之脂液促迫而上,随逆气吐出于口也。盖诸方不察其病源,故论如此。其源何如?大抵虽曰癫由邪入于阴,然如前所云,相乘相附,交错之变,于所病经脉,一一当较量而治。更分其有从标而得者,有从本而得者。标者,止在经脉气不通,眩运倒仆;本者,深入两肾间动气中,当时肾受伤而虚。肾藏志,志不足则神躁扰。所以《灵枢》云其先不乐也。所谓肾间者,以肾居两傍,各有肾俞一穴,离脊中三寸,又有志室二穴。杨上善谓七节之傍,中有小心者,指此也。越人分之,左属肾,右为命门。命门者,精神之所舍,原气之所系。及论右肾之气与左肾相通,则谓之两肾间动气,是人生命也,

---

〔1〕结:通"髻",发髻。《汉书·六贾传》:"尉佗魋结箕踞"颜师古注:"结,读曰髻。"
〔2〕沸:《备急千金要方》卷十四第五作"汗"。

系于生气之原,五脏六腑十二经脉之根本,呼吸之门也。夫如是者,
即《内经》所谓肾治于里者是也。所谓生气者,阳从阴极而生,即
苍天之气,所自起之分也。故经曰:苍天之气清净则志意治,顺之
则阳气固,虽有贼邪,弗能害也。或经脉引入外感,内伤深入于根
本,伤其生气之原,邪正混乱,天枢不发,卫气固留于阴而不行,不
行则阴气畜满,郁极乃发,发则命门之相火自下焦逆上,填塞其音
声,惟迫出其羊鸣者、一二声而已,遍身之脂液,脾之涎沫,皆迫而
上胸臆流出于口,五脏六腑十二经脉筋骨肉,皆不胜其冲逆,故卒
倒而不知也。食顷,火气退散乃醒,醒后若邪气从病发而散,生气
得复,则颠不再作。或邪不散,仍与生气混乱,或邪虽退而生气之
原尚虚,当时不治,则邪易入而复作也。如此者,多成常证。故《内
经》曰:癫疾者,初病岁一发,不治,月四五发也。或曰子以癫痫
之疾,有由邪入两肾间而后作者,此言古今未尝闻,将有所自乎,
曰方论未之考尔。《内经》既有二阴之癫,《灵枢》又有足少阴筋
病之痫。二阴,非肾之经乎。肾间动气,非肾之气乎。更以胎痫
言之,便可推之,肾间动气,本受父母精气,既为立命之门,安得各
经引邪深入者,不止于此乎。若夫以胎始论之,则七节之傍,命门
穴在其后,脐在其前,肾在两傍,胎在其中,是故子脐系以胞蒂,随
母呼吸,母呼亦呼,母吸亦吸,通母之生气,食母谷气,以化育内外
百骸之形者,皆是肾间动气所致也。当母受惊之邪,子在母腹,随
呼吸得之,与肾间动气混在其中,虽生出腹后一二岁始发,或八九
岁后发,盖小儿初生之阳,如日方升,邪不易入,故痫未发。必待
复感之邪入深,与所感母腹之邪相搏而后作。夫如是,大人与小
儿病此癫疾者,纵得禀质强壮,终因邪害其生命之原,难得中寿。
若发频而志愚者,仅至四十阴气衰半而已。小儿质弱目瞪者,则
不过岁月,远亦难出成人之年。盖肾间生命之气虚而不复,故不
得寿也。诸方中所治,皆不及此何哉。李东垣昼发灸阳跷,夜发
灸阴跷,为二跷能行下焦之阴阳,阴阳行则动气中之邪,因而可散
故也。

癫

癫病,俗谓之失心风。多因抑郁不遂,侘傺无聊而成。精神恍惚,言语错乱,喜怒不常,有狂之意,不如狂之甚。狂者暴病,癫则久病也。宜星香散加石菖蒲、人参各半钱,和竹沥、姜汁,下寿星丸。或以涌剂,涌去痰涎后,服宁神之剂。因惊而得者,抱胆丸。思虑伤心而得者,酒调天门冬地黄膏,多服取效。有心经蓄热,发作不常,或时烦躁,鼻眼觉有热气,不能自由,有类心风,稍定复作,清心汤加石菖蒲。有病癫人,专服四七汤而愈。盖痰迷为癫,气结为痰故也。四川真蝉肚郁金七两,明矾三两,细末,薄荷丸如桐子大。每服五六十丸,汤水任下。此病由七情得之,痰涎包络心窍,此药能去郁痰。孙兆治相国寺僧充,忽患癫疾半年,名医皆不效,召孙疗之。孙曰:但有咸物,尽与食之,但待云渴,可来取药,今夜睡着,明日便愈也。至夜僧果渴,孙乃与酒一角,调药一服与之,有顷,再索酒,与之半角,其僧遂睡两昼夜,乃觉人事如故。僧谢之,问其治法,曰:众人能安神矣,而不能使神昏得睡,此乃灵苑方中朱砂酸枣仁乳香散也,人不能用耳。陈良甫治一女人,眼见鬼物,言语失常,循衣直视,医用心药不效,投养正丹二贴,煎乳香汤送下,以三生饮佐之,立愈。滑伯仁治一僧,病发狂谵妄,视人皆为鬼,诊其脉累累如薏苡子,且喘且搏。曰,此得之阳明胃实。《素问》云:阳明主内,其经血气俱多,甚则弃衣,升高逾垣妄骂,遂以三化汤三四下,复进以火剂即愈。一妓心痴,狂歌痛哭,裸裎妄骂,瞪视默默,脉之沉坚而结。曰,得之忧愤沉郁,食与痰交积胸中,涌之皆积痰裹血,复与火剂、清上膈而愈。一人方饭间,坐甫定,即搏炉中灰杂饭猛噬,且喃喃骂人,令左右掖而脉之,皆弦直上下行,而左手寸口尤浮滑。盖风痰留心胞证也。法当涌其痰而凝其神,涌出痰沫四五升即熟睡,次日乃寤,寤则病已去矣。徐以治神之剂调之如旧。若脉乍大乍小,乍有乍无,忽六部一息四至如常,忽如雀啄、如屋漏、如虾游鱼戏,此鬼祟之征也。宜以针灸治之。扁鹊曰:百邪所病者,针有十三穴也。凡针之体,先从鬼宫起,次针鬼信,便至鬼垒,又至鬼心,末必须并针,止五六穴即可知矣。若是邪蛊之精,便自言说,论其由来,往验有实,立得其精邪,必须尽其命求去治之。男从左起针,女从右起针,若数处不言,便遍穴针也。依诀而行,针灸等处,并宜主之,仍须依法治之,万不失一。黄帝掌诀,别是术家秘要,缚鬼禁劫,五岳渎,山精鬼魅,并悉禁之,有在人两手中十指节间。第一针人中,名鬼宫。从左边下针,右边出之。第二针手大指爪甲下,名鬼信入肉三分。第三针足大指爪甲下,名鬼垒。入肉二分。第四针掌后横纹,名鬼心。针入半寸,即太渊穴。第五针外踝下白肉际,足太阳,名鬼路。火针七锃三下,即申脉穴。第六针大椎上入发际一寸,名鬼枕。火针七锃三下。第七针耳前发际宛宛中,耳垂下五分,名鬼床。火针七锃三下。第八针承浆,名鬼市。从左出右。第九针手横纹上三寸两筋间,名鬼路。即劳宫穴。第十针直鼻上入发际一寸,名鬼堂。即上星穴。火针七锃三下。十一针阴下缝,灸三壮。女人即玉门头,名鬼脏。十二针尺[1]泽横纹外头接白肉际,名鬼臣。即曲池穴。火针七锃三下。十三针舌头一寸,当舌中下缝,刺贯出舌上,名鬼封。仍以一板横口吻,先针头令舌不得动。已前若是手足皆相对,针两穴。若是孤穴,即单针之。秦承祖灸鬼法,以病者两手大拇指相并,用细麻绳扎缚定,以大艾炷骑缝灸之,甲及两指角肉,四处着火,一处不着即无效,灸七壮神验。

狂

《难经》曰:狂之始发,少卧而不饥,自高贤也,自辩智也,自贵倨也,妄笑好歌乐,妄行不休是也。《素问·病能》篇,帝曰:有病怒狂者,此病安生?岐伯曰:生于阳也。阳气者,暴折而难决,故善怒,病名曰阳厥。曰何以知之?曰阳明者常动,巨阳、少阳不动,不动而动大疾,此其候也。治之夺其食即已。夫食入于阴,长气于阳,故夺其食即已。使之服以生铁落为饮,夫生铁落者,下气疾也。阳气怫郁而不得疏越,少阳胆木挟三焦少阳相火、巨阳阴火上行,故使人易怒如

---

〔1〕尺:原作"足",形近之误,今改。

狂。其巨阳、少阳之动，脉可诊也。夺其食，不使胃火复助其邪也。饮以生铁落，金以制木也。木平则火降，故曰下气疾速。气即火也。阳明脉解篇，帝曰：阳明病甚则弃衣而走，登高而歌，或至不食数日，逾垣上屋，所上之处，皆非其素所能也，病反能者何也？岐伯曰：四肢者，诸阳之本也，阳盛则四肢实，实则能登高也。热盛于身，故弃衣欲走也。阳盛则使人妄言骂詈，不避亲疏，而不欲食，不欲食，故妄走也。脉解篇云：阳明所谓病甚[1]则欲乘高而歌，弃衣而走者，阴阳复争，而外并于阳，故使之弃衣而走也。治法，上实者，从高抑之。生铁落饮、抱胆丸、养正丹。在上者，因而越之。瓜蒂散、来苏膏。子和治一人落马发狂，以车轴埋之地中，约高二丈许，上安中等车轮，其辋上凿一穴，如作盆之状，缚病人在其上，使之伏卧，以软褥衬之，又令一人于下坐，机一枚，以棒搅之，转千百遭，病人吐出青黄涎沫一二斗许，病人自言不堪，因解之，索水，与冰水饮数升而愈。阳明实则脉伏，宜下之，大承气汤、海藏治许氏病阳厥狂怒，骂詈亲疏，或哭或歌，六脉举按无力，身表如冰石，发即叫呼声高，因不与之食，用大承气汤下之，得查秽数升，狂稍宁，数日复发，复下，如此五七次，行大便数斗，疾瘥，身温脉生良愈。此易老夺食之法也。当归承气汤《保命集》云：若阳狂奔走，骂詈不知亲疏，此阳有余阴不足，大黄、芒硝去胃中实热，当归补血益阴，甘草缓中，加姜枣者，胃属土，此引入胃中也。经所谓微者逆之，甚者从之，此之谓也。以大利为度。微缓以瓜蒂散，入防风末、藜芦末吐之，其病立安。后用调心散、洗心散、凉膈散、解毒汤等调之。子和治一人，以调胃承气大作汤，下数十行，三五日复上涌一二升，三五日复下之。凡五六十日下百余行，吐亦七八度，如吐时，暖室置火，以助其汗。此三法并施例也。郁者发之。子和治一叟，年六十，值徭役烦扰而暴发狂，口鼻觉如虫行，两手爬搔，数年不已，诊其脉两手皆洪大如绠，断之曰，肝主谋，胆主决，徭役迫遽，财不能支，则肝屡谋而胆屡不能决，屈无所伸，怒无所泄，心火盘薄，乘阳明金，然胃本属土，而肝属木，胆属相火，火随木气而入胃，故暴发狂。乃命置燠室中涌而汗出，如此三次。《内经》曰：木郁则达之，火郁则发之，正谓此也。又以调胃承气汤

---

〔1〕甚：原误作"至"，据前文"阳明脉解篇"文改。

半斤,用水五升,煎半沸,分作三服,大下二十行,血水与瘀血相杂而下数升,来日乃康,以通圣散调其后。虚者补之。宁志膏、一醉膏、辰砂散。盖狂之为病少卧,少卧则卫独行阳不行阴,故阳盛阴虚。今昏其神得睡,则卫得入于阴,而阴得卫填不虚,阳无卫助不盛,故阴阳均平而愈矣。经云:悲哀动中则伤魂,魂伤则狂妄不精,不精则不正,此悲哀伤魂而狂,当以喜胜之,以温药补魂之阳。娄云:仲景防己地黄汤,《本事》惊气丸之类是也。经云:喜乐无极则伤魄,魄伤则狂,狂者意不存人,此喜乐伤魄而狂,当以恐胜之,以凉药补魄之阴。娄云:辰砂、郁金、白矾之类是也。初虞世用苦参末蜜丸桐子大,每服十丸,薄荷汤化下。盖子午乃少阴君火对化,故药之味苦而气寒者,类能助水而抑火。诸躁狂越,皆属于火。故苦参一味能疗之。戴院使主治痰宁心,用辰砂妙香散,加金箔、真珠末,杂青州白丸子末,浓姜汤调下,吞十四友丸。滑石六一汤,加真珠末,白汤调下。热入血室,发狂不认人,牛黄膏主之。《金匮》云:病如狂状妄行,独语不休,无寒热,其脉浮,防己地黄汤主之。有妇人狂言叫骂,歌笑不常,似祟凭依,一边眼与口角吊起,或作狂治,或作心风治,皆不效。乃是旧有头风疾,风痰使然。用芎辛汤加防风,数服顿愈。

痫

痫病与卒中、痉病相同,但痫病仆时口中作声,将醒时吐涎沫,醒后又复发,有连日发者,有一日三五发者。中风、中寒、中暑之类,则仆时无声,醒时无涎沫,醒后不复再发。痉病虽亦时发时止,然身强直反张如弓,不如痫之身软,或如猪犬牛羊之鸣也。《原病式》以由热甚而风燥为其兼化,涎溢胸膈,燥烁而瘛疭,昏冒僵仆也。《三因》以惊动脏气不平,郁而生涎,闭塞诸经,厥而乃成。或在母腹中受惊,或感六气,或饮食不节,逆于脏气而成。盖忤气得之外,惊恐得之内,饮食属不内外。所因不同,治法亦异。如惊者、安神丸以平之。痰者,三圣散以吐之。火者、清神汤以凉之。可下则以承气汤下之。丹溪大法,分痰与热多少治之,以黄芩、黄连、栝蒌、半夏、南星为主。有热,以凉药清其心。有痰,必用吐,吐后用东垣安神丸,及平肝之药,青黛、柴胡、川芎之类。子和法,痫病不至目瞪如愚者,用三圣散投之,更用火盆于暖室中,令汗吐下三法并行,次服通圣散,百余日愈矣。虚不禁吐下者,星香散加人参、菖蒲、茯苓、麦门冬各一钱,全蝎三个,入竹沥,下酥角丸、杨氏五痫丸、犀角丸、龙脑安神丸、参朱丸、琥珀寿星丸。或用天南星九蒸九晒为末,姜汁打糊丸如桐子大。每服二十丸,煎人参、麦门冬、茯神、菖蒲汤,入竹沥下。治法杂论云:凡病发项强直视,不省人事,此乃肝经有热也。或有咬牙者,先用葶苈苦酒汤吐之,吐后可服泻青丸下之,次服加减通圣散。显咬牙证,用导赤散治之则愈。如病发者,可用轻粉、白矾、代赭石发过米饮调下。经云:重剂以镇之。海藏云:治长洪伏三脉风痫、惊痫、发狂,恶人与火者,灸第三椎、第九椎,服局方妙香丸,以针穿一眼子透,冷水内浸少时,服之如本方。若治弦细缓三脉诸痫似狂者,李仲南五生丸。昼发治阳跷,升阳汤。夜发治阴跷。先灸两跷各二七壮,然后服前药。凡灸痫,必须先下之,乃可灸,不然则气不通,能杀人。平旦发者,足少阳。晨朝发者,足厥阴。日中发者,足太阳。黄昏发者,足太阴。人定发者,足阳明。半夜发者,足少阴。煎药中各加引经药。《千金》云:病先身热,瘛疭惊啼而后发,脉浮洪者,为阳痫,病在六腑,外在肌肤,犹易治也。先身冷,不惊瘛,不啼叫,病发脉沉者,为阴痫,病在五脏,内在骨髓,难治也。刘宗厚曰:阴阳痫犹急慢惊,阳痫不因吐下,由其有痰有热,客于心胃之间,因闻大惊而作,若热盛虽不闻惊亦自作也。宜用寒药以攻治之。阴痫亦本于痰热所作,医以寒凉攻下太过,损伤脾胃,变而成阴,宜用温平补胃燥痰之药治之。若曰不因坏证而有阴阳之分,则是指痰热所客表里脏腑浅深而言,痫病岂本自有阴寒者哉。病久成积,厚朴丸,从本方春秋加添外,又于一料中加人参、菖蒲、茯苓各一两五钱,和剂服之。积久生虫,妙功丸取之。病愈后,痰热药中加养血宁神之药,如四物、酸枣仁、远志、麦门冬、安神丸、至宝丹,服饵不辍,仍加谨节,疾不再作矣。

【诊】:脉洪、长、伏为风痫。弦、细、缓为诸痫。浮为阳痫。沉为阴痫。虚弦为惊。沉数为实热。沉小急实者,虚而弦急者,皆不治。

烦躁总论[1]

成氏曰：烦为扰乱而烦，躁为愤激而躁，合而言之，烦躁为热也。析而言之，烦阳也，躁阴也，烦为热之轻者，躁为热之甚者。陈氏曰：内热曰烦，外热曰躁。东垣烦躁发热论，黄帝《针经》五乱篇云：气乱于心，则烦心密默，俛首静伏云云。气在于心者，取少阴心主之俞。又云：咳喘烦冤者，是肾气之逆也。又云：烦冤者，取足少阴。又云：烦冤者，取足太阴。仲景分之为二，烦也，躁也。盖火入于肺则烦，入于肾则躁。俱在于肾者，以道路通于肺母也。大抵烦躁者，皆心火为病，心者君火也，火旺则金烁水亏，唯火独存，故肺肾合而为烦躁。又脾经络于心中，心经起于脾中，二经相搏，湿热生烦，夫烦者，扰扰心乱，兀兀欲吐，怔忡不安。躁者，无时而热，冷汗自出，少时则止，经云阴躁者是也。仲景以栀子色赤而味苦，入心而治烦，盐豉色黑而味咸，入肾而治躁，名栀子豉汤，乃神药也。若有宿食而烦者，栀子大黄汤主之。运气烦躁有二；一曰热助心火烦躁。经云：少阴之复，燠热内作，烦躁鼽嚏。又云：少阳之复，心热烦躁，便数憎风是也。二曰寒攻心虚烦躁。经云：岁水太过，寒气流行，邪害心火，病身热烦心躁悸，阴厥是也。先贤治烦躁俱作，有属热者，有属寒者。治独烦不躁者，多属热。唯悸而烦者，为虚寒。治独躁不烦者，多属寒。唯火邪者为热。盖烦者心中烦、胸中烦，为内热也。躁者身体手足躁扰，或裸体不欲近衣，或欲在井中，为外热也。内热者，有本之热，故多属热。外热者，多是无根之火，故属寒也。

【诊】：内外俱虚，身体冷而汗出，微呕而烦扰，手足厥逆，体不得安静者死。热病七八日，其脉微细，小便不利，加暴口燥[2]，脉代，舌焦干黑者死。

---

〔1〕总论：原脱，据本册目录补。
〔2〕燥：原作"躁"，形近之误，据《脉经》卷四第七及四库本改。

虚烦 懊憹怵督闷，并虚烦之剧者，不别立门

《活人》云：虚烦似伤寒非伤寒也。成无己云：伤寒有虚烦，有心中烦，有胸中烦。二说不同，考之于书，成无己之言，实出仲景，活人无据，然往往有非因伤寒而虚烦者，今故两存之。陈无择云：虚烦身不觉热，头目昏疼，口干嗌燥不渴，清清不寐，皆虚烦也。《保命集》云：起卧不安，睡不稳，谓之烦。宜栀子豉汤、竹叶石膏汤。《活人》云：但独热者，虚烦也。诸虚烦热与伤寒相似，但不恶寒，身不疼痛，故知非伤寒也，不可发汗。头不痛，脉不紧数，故知非里实也，不可下。病此者，内外皆不可攻，攻之必遂烦渴，当与竹叶汤。若呕者，与陈皮汤一剂，不愈再与之。《三因》淡竹茹汤，东垣朱砂安神丸。仲景云：下利后更烦，按之心下濡者，为虚烦也。栀子豉汤主之。《素问》，帝曰：有病身热，汗出烦满，烦满不为汗解，此为何病？岐伯曰：汗出而身热者，风也；汗出而烦满不解者，厥也；病名曰风厥。帝曰：愿卒闻之。岐伯曰：巨阳主气，故先受邪，少阴与其为表里，得热则上从之，从之则厥也。帝曰：治之奈何？岐伯曰：表里刺之，饮之服汤。表谓太阳，里谓少阴，刺以治风汤，以止逆上之肾气，如仲景止逆下气，麦门汤之类。丹溪治一女子，年二十余岁，在室素强健，六月间发烦闷，困惫不食，发时欲入井，六脉皆沉细而弱数，两日后微渴，众以为病暑，治不效，四五日加呕而人瘦，手心极热，喜在阴处，渐成伏脉，时妄语，乃急制《局方》妙香丸如桐子大，以井水下一丸，半日许大便药已出，病无退减，遂以麝香水洗药，以针穿三窍，次日以凉水送下，半日许大便下稠痰数升，是夜得睡，困顿伏枕，旬日而愈。因记《金匮》云，昔肥而今瘦者，痰也。遂作此药治之。温胆汤，治大病后虚烦不得眠。审知有饮者用之，无饮者勿用。《金匮》酸枣汤，治虚劳虚烦不得眠。右九法治热烦，前五法烦热怔忡，知热在心肺也，故用竹叶、石膏、朱砂镇坠其热，使下行也。第六法烦而下利，知热在上也，故用栀豉汤吐之。第七法烦而汗出不解，知表里有邪也，故用表里饮汤。第八法脉沉口渴手心热，知热不在表也，故用妙香丸下之。第九法温胆、酸枣，治不得眠也。凡心虚

则烦心,肝肾脾虚亦烦心。经云:夏脉者心也,其不及者,令人烦心。又云:肝虚、肾虚、脾虚,皆令人体重烦冤,是知烦多生于虚也。大法津液去多,五内枯燥而烦者,八珍汤加竹叶、酸枣仁、麦门冬。荣血不足,阳胜阴微而烦者,人参、生地黄、麦门冬、地骨皮、白芍药、竹茹之属,或人参养荣汤下朱砂安神丸。肾水下竭,心火上炎而烦者,竹叶石膏汤下滋肾丸。病后虚烦,有饮温胆汤,无饮远志汤。产、痘、滞下后虚烦,为血液耗散,心神不守,危矣!宜猛进独参汤。烦而小便不利,五苓散。心中蕴热而烦,清心莲子饮。烦而呕,不喜食,陈皮汤。

　　运气烦有五:一曰热助心实而烦。经云:少阴司天,热淫所胜,病胸中烦热,嗌干。又云:少阳司天,火淫所胜,病烦心,胸中热。又云:少阳之胜,烦心心痛,治以咸寒是也。二曰心从水制而烦。经云:太阳司天,寒气下临,心气上从,寒清时举,火气高明,心热烦是也。三曰金攻肝虚而烦。经云:岁金太过,燥气流行,肝木受邪,民病体重烦冤是也。四曰土攻肾虚而烦。经云:岁土太过,雨湿流行,肾水受邪,民病体重烦冤。又云:岁水不及,湿乃大行,民病烦冤足痿是也。五曰木攻脾虚而烦。经云:岁木太过,风气流行,脾土受邪,民病体重烦冤。盖肝虚、肾虚,皆令人体重烦冤。故金太过则肝虚,土太过则肾虚,木太过则脾虚,凡此三太过之岁,则肝、肾、脾受邪而虚,皆病体重烦冤也。

　　灸刺烦心有四:其一取心俞。经云:心主手厥阴心包络之脉,所生病者,烦心心痛,掌中热,详盛、虚、寒、热、陷下取之。又云:气乱于心则烦心密默,俛首静伏,取之手少阴心主之腧是也。其二取肾、膀胱俞。经云:肾足少阴之脉,所生病者,烦心心痛,痿厥,足下热痛,视盛、虚、热、寒、陷下取之。又云:舌纵涎下,烦悗,取足少阴。又云:足少阴之别,名曰大钟,当踝后绕跟,别走太阳,其病气逆则烦闷,取之所别也。又汗出烦满不解,表里取之,巨阳、少阴也。其三取肺俞。经云:手太阴之脉,所生病者,烦心胸满,视盛、虚、热、寒、陷下取之。又云:振寒洒洒,鼓颔,不得汗出,腹胀烦冤,取手太阴是也。其四取脾俞。经云:脾足太阴之脉,所生病者,烦心,心下急痛,溏瘕泄,水闭,视盛、虚、热、寒、陷下取之是也。

【胎前烦】妊娠烦闷,名曰子烦。以四月受少阴君火以养精,六月受少阳相火以养气,若母心惊胆寒,多有是证。《产宝》云:是心肺虚热,或痰积于胸。若三月而烦者,但热而已。若痰饮而烦者,吐涎恶食。内热者,竹叶汤、竹茹汤、益母丸。气滞者,紫苏饮。痰滞者,二陈、白术、黄芩、枳壳。气郁者,分气饮加川芎。脾胃虚弱者,六君、紫苏、山栀。

【产后烦】《金匮》云:妇人在草蓐,自发露得风,四肢苦烦热,头痛者,与小柴胡汤;头不痛但烦者,三[1]物黄芩汤主之。又云:妇人产中虚,烦乱呕逆,安中益气,竹皮大丸主之。产后余血不尽,奔心烦闷,生藕汁饮二升,竹沥亦得。产后余血攻心,或下血不止,心闷,面青冷,气欲绝,羊血一盏顿服,如不定更服。产后血虚气烦,生地黄汁、清酒各一盏相和,煎一沸,分二服。蒲黄方寸匕,以东流水和服良。产后去血过多,血虚则阴虚,阴虚生内热,心胸烦满短气,头疼闷乱,晡时辄甚,与大病后虚烦相类,宜《和剂》人参当归散。产后短气欲绝,心中烦闷,竹叶汤、甘竹汤。产后虚烦不得眠,芍药栀豉汤、酸枣汤。经验方治产后烦躁,禹余粮一枚,状如酸馅者入地埋一半,四面紧筑,用炭一秤发顶火一斤,煅去火三分耗二为度,用湿砂土奄一宿,方取出,打去外面一重,只使里面,细研,水淘澄五七度,将纸衬干,再研数千遍,用甘草煎汤,调二钱匕。

躁

经云:诸躁狂越,皆属于火。又曰:阴盛发躁,名曰阴躁,欲坐井中,宜以热药治之何也? 成无己曰:虽躁欲坐井中,但欲水不得入口是也。东垣云:阴躁之极,欲坐井中,阳已先亡,医犹不悟,复指为热,重以寒药投之,其死也何疑焉。况寒凉之剂入腹,周身之火得水则升走矣。宜霹雳煎、理中汤、四逆汤之类治之。

---

〔1〕三:原误作"二",据《金匮要略》第二十一改。

谵妄 尸疰等证

丹溪，虚病、痰病有似鬼祟论：血气者，身之神也。神既衰乏，邪因而入，理或有之。若夫血气两亏，痰客中焦，妨碍升降，不得运用，以致十二官各失其职，视听言动皆有虚妄，以邪治之，其人必死，吁哉冤乎，谁执其咎。宪幕之子傅兄年十七八，时暑月因大劳而渴，欲饮梅浆，又连得大惊三四次，妄言妄见，病似鬼邪，诊其脉两手皆虚弦而带沉数。予曰：数为有热，虚弦是大惊，又梅浆之酸，郁于中脘，补虚清热，导去痰滞，病乃可安。遂与人参、白术、陈皮、茯苓、芩、连等药浓煎汤，入竹沥、姜汁，与旬日未效，众皆尤药之不对，予脉之，知其虚之未完，与痰之未导也。仍与前方入荆沥，又旬日而安。外弟戚一日醉饱后，乱言妄见，询之系伊亡兄附体，言出前事甚的，乃叔在边叱之曰非邪，乃食鱼生与酒太过，痰所为耳。灌盐汤一大碗，吐痰一二升，汗因大作，历一宵而安。金氏妇壮年暑月赴筵归，乃姑询其坐次失序，遂报然自愧，因此成疾，言语失伦，其中多间一句，曰奴奴不是，脉大率皆数而弦。予曰：此非邪，乃病也。但与补脾清热导痰，数日当自安。其家不信，邀数巫者，喷水而咒之，旬余而死。或曰病非邪而以邪治之，何遽至于死。予曰：暑月赴宴，外境蒸热，辛辣适口，内境郁热，而况旧有积痰，加之愧闷，其痰与热，何可胜言，今乃惊以法尺，是惊其神而血不宁也。喷以法水，是淉其体、密其肤、使汗不得泄，汗不出则蒸热内燔，血不宁则阴消而阳不能独立也，不死何为。或曰《外台秘要》有禁咒一科，庸可废乎。予曰：移精变气，乃小术耳，可治小病。若内有虚邪，当用正大之法，自有成式，昭然可考。然符水惟膈上热病，一呷冷凉，胃热得之，岂不暂快，亦可取安。若内伤而虚，与冬令严寒，符水下咽，必冰胃而致害，彼郁热在上，热邪在表，须以汗解，卒得清冷，肤腠固密，热何由解，必致内攻，阴阳离散，血气乖争，去死为近，又何讶焉。仲景云：邪哭使魂魄不安者，血气少也。血气少者属于心，心气虚者其人多畏，合目欲眠梦远行，则精神离散，魂魄妄行。阴气衰者为颠，阳气衰者为狂。运气谵妄有二：一曰火邪助心。经云:岁火太过,上临少阴、少阳,病反谵妄狂越。又云:火太过曰赫曦,其动炎灼妄扰。又云:少阴所至为谵妄。又云:少阴之复,振栗谵妄。又云:少阳之胜,心痛烦心,善惊谵妄,治以咸寒是也。二曰寒邪伤心。经云:岁水太过,寒气流行,邪害心火,病身热烦心,躁悸阴厥,上下中寒,谵妄心痛,上临太阳,渴而妄冒。又云:阳明司天之政,四之气,寒雨降,振栗谵妄,治以甘热是也。【中风】或歌哭,或笑语,无所不至,加减续命汤。【中恶】卒心腹胀满,吐利不行,如干霍乱状,由人精神不全,心志多恐,遂为邪鬼所击或附着,沉沉默默,妄言谵语,诽谤骂詈,讦露人事,不避讥嫌,口中好言未然祸福,及至其时毫发未失,人有起心已知其故,登高陟险如履平地,或悲泣呻吟不欲见人,如醉如狂,其状万端,但随方俗考验治之。

尸疰等证

飞尸者,发无由渐,忽[1]然而至,其状心腹刺痛,气息喘急胀满。遁尸者,停遁在人肌肉血脉之间,触即发动,亦令人心腹胀满刺痛,喘急,攻胁冲心,瘥后复发。沉尸者,发时亦心腹绞痛,胀满喘急,虽歇之后,犹沉痼在人府藏,令人无处不恶。风尸者,在人四肢,循环经络,其状淫[2]跃去来,沉沉默默,不知痛处,冲风则发。伏尸者其病隐伏五脏,积年不除,未发身体都如无患,发则心腹刺痛,胀满喘急。又有诸尸疰候者,则是五尸内之尸疰,而挟外鬼邪之气,流注身体,令人寒热淋沥[3],或腹痛胀满喘急,或磈块踊起,或挛引腰脊,或举身沉重,精神杂错,恒觉昏谬,每节气改变,辄致大恶,积年累月,渐至顿滞,以至于死,死后复易傍人,乃至灭门,故为尸疰。皆用忍冬藤叶,剉数斛,煮令浓,取汁煎服日三瘥。太乙神精丹、苏合香丸,治此疾第一。因丧惊忧悲哀烦恼,感尸气成诸证变动不已,似冷似热,风气触则发,用雄朱散。顷在徽城,日常修

---

〔1〕忽:原误作"昏",据《诸病源候论》卷二十三飞尸候改。
〔2〕淫:原误作"冷",据《诸病源候论》卷二十三风尸候改。
〔3〕沥:原误作"漓",据《诸病源候论》卷二十三尸注候改。

合神精丹一料。庚申予家一妇人，梦中见二苍头，一前一后，手中持一物，前者云到也未，后应云到也，击下爆然有声，遂魇，觉后心一点痛不可忍，昏闷一时许。予忽忆神精丹有此一证，取三粒令服之，少顷已无病矣。云服药觉痛止神醒，今如常矣。日后相识稍有邪气，与一二服无不应验，方在《千金》中，治中风之要药。但近世少得曾青、磁石，为难合耳。

【产后谵妄】陈氏云：产后狂言谵语，乃心血虚也。用朱砂末酒调，下龙虎丹参丸、琥珀地黄丸。薛新甫云：前证当固胃气为主，而佐以见证之药为善。若一于攻痰则误矣。郭氏论产后乍见鬼神者何？答曰：心主身之血脉，因产耗伤血脉，心气虚则败血得积，上干于心，心不受触，遂致心中烦躁，起卧不安，乍见鬼神，言语颠倒，俗人不识，呼为风邪，如此但服调经散，每服加龙胆一捻，得睡即安。产后发热，狂言奔走，脉虚大者，四物汤加柴胡，不愈加甘草、柴胡、生地黄等分煎服，亦可。

循 衣 摸 床

循衣撮空摸床，多是大虚之候，不问杂病伤寒，以大补之剂投之，多有得生者。东垣云：循衣撮空，许学士说作肝热，风淫末疾，故手为之循衣撮空，此论虽然，莫若断之为肺热，似为愈矣。其人必谵语妄言。经云：肺入火为谵语，兼上焦有疾，肺必主之，手经者，上焦也，二者皆当，其理果如何哉？天地互为体用，此肺之体肝之用。肝主诸血，血者阴物也，此静体何以自动？盖肺主诸气，为气所鼓舞，故静得动。一者说肝之用，一者说肺之体，此天地互为体用，二者俱为当矣。是知肝藏血，自寅至申行阳二十五度，诸阳用事，气为肝所使。肺主气，自申至寅行阴二十五度，诸阴用事，血为肺所用。海藏云：妇人血风证，因大脱血崩漏，或前后失血，因而枯燥，其热不除，循衣撮空摸床，闭目不醒，扬手掷足，摇动不宁，错语失神，脉弦浮而虚，内躁热之极也。气粗鼻干不润，上下通燥，此为难治，宜生地黄黄连汤主之。大承气汤气药也，自外而之内者用之。生地黄黄连汤血药也，自内而之外者用之。气血合病，循衣撮空证同,自气而之血,血而复之气,大承气汤下之。自血而之气,气而复之血,地黄黄连汤主之。二者俱不大便。

【诊】:病人循衣缝谵语者,不可治。病人阴阳俱绝,揲衣撮空妄言者死。

喜 笑 不 休

喜笑皆属心火。经曰:心藏神,神有余则笑不休。又云:在脏为心,在声为笑,在志为喜。又云:精气并于心则喜。又云:火太过为赫曦,赫曦之纪,其病笑狂妄。又云:少阴所至,为喜笑者是也。河间云:笑,蕃茂鲜淑,舒荣彰显,火之化也,故喜为心火之志也。喜极而笑者,犹燔烁太甚而鸣笑之象也。故病笑者,心火之盛也。一妇病喜笑不休,已半年矣,众人皆无术,求治于戴人,戴人曰此易治也。以沧盐成块者二两余,用火烧令通赤,放冷研细,以河水一大碗,同煎至三五沸,放温,分三次啜之,以钗探于喉中,吐出热痰五升。次服降火剂,火主苦,黄连[1]解毒是也。不数日而笑定矣。《内经》曰:神有余者,笑不休也。所谓神者,心火是也。火得风而焰,故笑之象也。五行之中惟火有笑,常治一老男子笑不休,口流涎,黄连解毒汤加半夏、竹叶、竹沥、姜汁而笑止矣。刺灸喜笑,独取心主一经。经云:心主手厥阴之脉,是动则病面赤目黄,喜笑不休,详盛、虚、热、寒、陷下取之。

怒

怒在阴阳,为阴闭遏其阳,而阳不得伸也。经云:阴出之阳则怒。又云:血并于上,气并于下,心烦冤善怒。东垣云:多怒者,风热陷下于地是也。怒属肝胆。经云:在藏为肝,在志为怒。又云:肝藏血,血有余则怒。又云:胆为怒是也。丹溪治怒方,香附末六两、甘草末一两,右和匀,白汤调服五钱。运气怒,皆属木太过。经云:木太过曰发生,发生之纪,其病怒。又云:岁木太过,风气流行,甚

〔1〕黄连:原脱,据修敬堂本补。

则善怒。又云：岁土不及，风反大行，民病善怒是也。怒在禁忌多生厥逆。经云：阳气者，大怒则形气绝，而血菀于上，使人薄厥。又云：暴怒伤阳。又云：怒则气逆，甚则呕血及飧泄是也。大法以悲胜之，或用药益肺金以平肝木。

善 太 息

运气善太息，皆属燥邪伤胆。经云：阳明在泉，燥淫所胜，病善太息。又云：阳明之胜，太息呕苦。又云：少阴司天，地乃燥清[1]，凄怆数至，胁痛，善太息是也。《内经》灸刺善太息，皆取心胆二经。经云：黄帝曰人之太息者，何气使然？岐伯曰：思忧则心系急，心系急则气道约，约则不利，故太息以出之，补手少阴心主，足少阳留之也。又曰：胆病者，善太息，口苦，呕宿汁，视足少阳脉之陷下者灸之。又云：胆足少阳之脉，是动则病口苦，善太息，视盛、虚、实、寒、热、陷下取之是也。

悲

悲属肺。经云：在藏为肺，在志为悲。又云：精气并于肺则悲。仲景云：妇人藏躁，喜悲伤欲哭，象如神灵所作，数欠伸，甘麦大枣汤主之。甘草三两，小麦一升，大枣十枚。水六升，煮三升，温分三服。运气悲，皆属寒水攻心。经云：火不及曰伏明，伏明之纪，其病昏惑悲忘，从水化也。又云：太阳司天，寒气下临，心气上从，喜悲数欠。又云：太阳司天，寒淫所胜，善悲，时眩仆。又云：太阳之复，甚则入心，善忘善悲，治以诸热是也。针灸悲有二：其一取心。经云：邪在心则病心痛善悲，时眩仆，视有余不足而调其输也。其二取厥阴。经云：厥阴根于大敦，结于玉英，络于膻中，厥阴为阖，阖折即气绝而喜悲，悲者取之厥阴，视有余不足，虚、实、寒、热、陷下而取之也。

---

〔1〕清：原脱，据《素问·五常政大论》补。

惊悸恐总论

或问惊悸怔忡恐怖之别,曰悸即怔忡也。怔忡者,本无所惊,自心动而不宁。惊者,因外有所触而卒动。张子和云:惊者为自不知故也,恐者为自知也。盖惊者闻响即惊,恐者自知,如人将捕之状,及不能独自坐卧,必须人为伴侣,方不恐惧,或夜必用灯照,无灯烛亦恐惧者是也。《内经》无有称惊怖者,始于《金匮要略》奔豚条云有惊怖,继之云惊恐,由是而见,惊怖即惊恐。怖、惧也,恐、亦惧也,于义且同。凡连称其名以为提纲者,多是一阴一阳对待而言。如喜怒并称者,喜出于心,心居于阳;怒出于肝,肝居于阴。志意并称者,志是静而不移,意是动而不定,静则阴也,动则阳也。惊恐并称者,惊因触于外事内动其心,心动则神摇;恐因惑于外事,内歉其志,志歉则精却。是故《内经》谓惊则心无所依,神无所归,虑无所定,故气乱矣。恐则精却,却则上焦闭,闭则无气还,无气还则下焦胀,故气不行矣。又谓尝贵后贱,尝富后贫,悲忧内结,至于脱营失精,病深无气,则洒然而惊,此类皆是病从外事所动内之心神者也。若夫在身之阴阳盛衰而致惊恐者,惊是火热烁动其心,心动则神乱,神用无方,故惊之变态亦不一状,随其所之,与五神相应而动,肝藏魂,魂不安则为惊骇,为惊妄。肺藏魄,魄不安则惊躁。脾藏意,意不专则惊惑。肾藏志,志慊则惊恐,心惕惕然。胃虽无神,然为五脏之海,诸热归之则发惊狂,若闻木音亦惕然心欲动也。恐者则是热伤其肾,肾伤则精虚,精虚则志不足,志本一定而不移,故恐亦无他状。《内经》于惊之病邪,有火热二淫,司天在泉胜复之气,有各经热病所致,有三阳积并,有气并于阳,皆为诸惊等病,故病机统而言曰,诸病惊骇皆属于火也。于恐病之邪者,有精气并于肾则恐,有血不足则恐,有阴少阳入,阴阳相搏则恐,有胃气热肾气微弱则恐,肾是动病者恐。然于肝之惊恐互相作者,以其藏气属阳居阴,纳血藏魂,魂不安则神动,神动则惊。血不足则志歉,志歉则恐。故二者肝脏兼而有之。似此之类,于火热二淫属感邪之外,余者之惊恐,皆因人气之阴阳所动而内生者也。虽然亦非独火热二淫而已,于阳明脉急,则亦为惊矣。曰惊恐二病,与内外所因,其治法同乎?异乎?曰惊则安其神,恐则定其志,治当分阴阳之别,何得而同也。夫易之为卦,干坤交坎离列,坎离交而后为既济,而人以五脏应之,心为离火,内阴而外阳,肾为坎水,内阳而外阴,内者是主,外者是用。又主内者五神,外用者五气。是故心以神为主,阳为用,肾以志为主,阴为用。阳则气也、火也,阴则精也、水也。及乎水火既济,全在阴精上奉以安其神,阳气下藏以定其志。不然则神摇不安于内,阳气散于外,志感于中,阴精走于下。既有二脏水火之分,治法安得无少异。所以惊者,必先安其神,然后散乱之气可敛,气敛则阳道行矣。恐者必先定其志,然后走失之精可固,精固则阴气用矣。于药而有二藏君臣佐使之殊用,内外所感者,亦少异焉。为外事惊者,虽子和氏谓惊者平之,平、常也,使病者时时闻之习熟,自然不惊,固是良法,不若使其平心易气以先之,而后药之也。吾谓内气动其神者,则不可用张氏之法,唯当以药平其阴阳之盛衰,而后神可安,志可定矣。人之所主者心,心之所养者血,心血一虚,神气失守,失守则舍空,舍空而痰入客之,此惊悸之所由发也。或耳闻大声,目击异物,遇险临危,触事丧志,心为之忤,使人有惕惕之状,是则为惊。心虚而停水,则胸中渗漉,虚气流动,水既上乘,心火恶之,心不自安,使人有怏怏之状,或筑筑然动,是则为悸。惊者与之豁痰定惊之剂。悸者与之逐水消饮之剂。所谓扶虚,调养心血,和平心气而已。若一切以刚燥从事,或者心火自炎,又有热生风之证。

惊

《素问》云:东方青色,入通于肝,其病发惊骇。脾移热于肝,则为惊衄。二[1]阳一阴发病,主惊骇,背痛,善噫,善欠者,名曰风厥。三阳一阴,太阳脉胜,一阴不得止,内乱五脏,外为惊骇。胃足阳明之脉,是动则病,闻木音则惕然而惊,心欲动。阳明所谓甚者

〔1〕二:原误作"一",据《素问·阴阳别论》改。

恶人与火，闻木音则惕然而惊者，阳气与阴气相搏，水火相恶，故惕然而惊也。黄帝问曰：足阳明之脉病，恶人与火，闻木音则惕然而惊，钟鼓不为动，闻木音而动何也？岐伯曰：阳明者胃脉也，胃者土也，故闻木音而惊者，土恶木也。由是观之，肝、胆、心、脾、胃皆有惊证明矣。运气惊悸有三：一曰肝木不及，金来乘之。经曰：木不及曰委和，委和之纪，其发惊骇。又云：阳明之复，甚[1]则入肝，惊骇筋挛是也。二曰火邪助心。经云：少阳所至为惊恐。又云：少阳所至为惊躁。又云：少阳之胜，善惊是也。三曰寒邪伤心。经云：岁水太过，寒气流行，病烦心躁悸是也。东垣云：六脉俱大，按之空虚，必面赤善惊上热，乃手少阴心之脉也。此气盛多而亡血，以甘寒镇坠之剂，泻火与气，以坠气浮。以甘辛温微苦峻补其血，熟地黄、生地黄、柴胡、升麻、白芍药、牡丹皮、川芎、黄芪之类以补之，以防血溢上竭。甘寒镇坠之剂，谓丹砂之类。《三因》云：五饮停蓄，闭于中脘，最使人惊骇，属饮家。五饮汤丸心胆虚怯，触事易惊，或梦寐不祥，遂致心惊胆慑，气郁生涎，涎与气搏，变生诸证，或短气悸乏，或复自汗者，并温胆汤主之。呕则以人参代竹茹。若惊悸眠多异梦随即惊觉者，宜温胆汤加酸枣仁、莲肉各一钱，以金银煎下十四友丸，或镇心丹、远志丸、酒调妙香散、琥珀养心丹、定志丸、宁志丸。卧而多惊魇，真珠母丸、独活汤。羌活胜湿汤，治卧而多惊悸、多魇溲者，邪在少阳厥阴也。加柴胡五分。如淋，加泽泻五分。此下焦风寒二经合病也。经曰：肾肝之病同一治，为俱在下焦，非风药行经不可也。丹溪云：病自惊而得者，则神出于舍，舍空得液则成痰矣。血气入舍，则痰拒其神不得归焉。寿星丸、或控涎丹，加辰砂、远志。惊悸因事有所大惊而成者，其脉大动，动脉之状，如豆厥厥动摇、无头尾者是也。东垣云：外物惊，宜镇平，以黄连安神丸。密陀僧研极细末，茶汤调一钱匕，治惊气入心络不能语者。昔有为狼及大蛇所惊，皆以此而安。盖惊则气上，故以重剂坠之。热郁有痰，寒水石散。气郁有痰，加味四七汤。虚而有痰，十味温胆汤、养心汤。

---

〔1〕甚：原脱，据《素问·至真要大论》补。

《金匮》云：病有奔豚，有吐脓，有惊怖，有火邪，此四病皆从惊发得之。经云：阳气者，开阖不得，寒气从之，乃生大偻，陷脉为瘘，留连肉腠，俞气化薄，传为善畏，及为惊骇者，是瘘疮所为之惊骇也。盖俞则瘘疮之俞窍，其痛气留连肉腠之间，恐人触着而痛，故化惕惕然之心，内薄而传为善畏惊骇之疾也。

【诊】：寸口脉动而弱，动即为惊，弱即为悸。趺阳脉微而浮，浮为胃气虚，微则不能食，如恐怖之脉，忧迫所作也。寸口紧，趺阳浮滑，气虚是以悸。惊主病者，其脉止而复来，其人目睛不转，不能呼气。

悸

《伤寒明理论》释悸字云：悸、心忪也。筑筑惕惕然动，怔怔忪忪不能自安也。则悸即怔忡，而今人分为两条谬矣。心悸之由，不越二种，一者虚也，二者饮也。气虚者，由阳气内虚，心下空虚，火气内动而为悸也。血虚者亦然。其停饮者，由水停心下，心为火而恶水，水既内停，心不自安，故为悸也。有汗吐下后正气内虚而悸者，有邪气交击而悸者，有荣卫涸流脉结代者，则又甚焉。必生津液益血以实其虚，此从伤寒而论者。若杂病则考诸《内经》云：心痹者，脉不通，烦则心下鼓。胆病者，口苦呕宿汁，心下澹澹，恐如人将捕之状。足阳明是动，闻木音则惕然而惊。心包络是动病，心中澹澹大动。肾是动病，善恐，心惕然如人将捕之。《原病式》云：因水衰火旺，其心胸躁动，谓之怔忡，然后知悸之为病，是心脏之气不得其正动，而为火邪者也。盖心为君火，包络为相火，火为阳，阳主动，君火之下阴精承之，相火之下水气承之。夫如是而动，则得其正而清净光明，为生之气也。若乏所承，则君火过而不正，变为烦热，相火妄动，既热且动，岂不见心悸之证哉。况心者神明居之。经曰：两精相搏之谓神。又曰：血气者，人之神。则是阴阳气血在心脏未始相离也。今失其阴，偏倾于阳，阳亦以失所承而散乱，故精神怔怔忡忡不能自安矣。如是者，当自心脏中补其不足之心血，以安其神气。不已则求其属以衰之，壮水之主以制阳光也。又包络之火,非惟辅心,而且游行于五脏,故五脏之气妄动者,皆火也。是以各脏有疾,皆能与包络之火合动而作悸。如是者,当自各脏补泻其火起之由,而后从包络调之平之,随其攸利而治。若各脏移热于心,而致包络之火动者,治亦如之。若心气不足,肾水凌之,逆上而停心者,必折其逆气,泻其水,补其阳。若左肾之真水不足,而右肾之火上逆,与包络合动者,必峻补左肾之阴以制之。若内外诸邪郁其二火不得发越,隔绝荣卫,不得充养其正气者,则皆以治邪解郁为主。若痰饮停于中焦,碍其经络不得舒通,而郁火与痰相击于心下以为怔仲者,必导去其痰,经脉行,则病自已。丹溪云:怔仲,大概属血虚与痰。有虑便动者,属虚。时作时止者,痰因火动。瘦人多是血虚。肥人多是痰饮。真觉心跳者是血少,宜四物安神之类。《金匮》云:食少饮多,水停心下,甚者则悸,微者短气。又云:心下悸者,半夏麻黄丸主之。亦可用温胆汤,或导痰汤加炒酸枣仁、下寿星丸,及茯苓饮子、茯苓甘草汤、姜术汤、五苓散之类,火盛加黄连。脉结代而悸,炙甘草汤,久思所爱,触事不意,虚耗真血,心血不足,遂成怔仲,宜养荣汤。感风寒暑湿闭塞诸经而怔[1]仲者,各见本门。或有阴火上冲,怔仲不已,甚者火炎于上,或头晕眼花,或齿落头秃[2],或手指如许长大,或见异物,或腹中作声,此阴火为患也。治宜滋阴抑火汤。心不宁者,加养心之剂。日久服降火药不愈,加附子从治,或入参芪亦可。有失志者,由所求不遂,或过误自咎,懊恨嗟叹不已,独语书空,若有所失,宜温胆汤去竹茹,加人参、柏子仁各一钱,下定志丸,仍佐以酒调辰砂妙香散。有痞塞不饮食,心中常有所歉,爱处暗地,或倚门后,见人则惊避,似失志状,此为卑慄之病,以血不足故耳。宜人参养荣汤。脾胃不足者,谷神嘉禾散加当归、黄芪各半钱。

---

〔1〕怔:原作"忪",据修敬堂本改。
〔2〕秃:原作"脱",据修敬堂本改。

恐

脏腑恐有四：一曰肾。经云：在脏为肾，在志为恐。又云：精气并于肾则恐是也。二曰肝胆。经云：肝藏血，血不足则恐。戴人曰：胆者敢也，惊怕则胆伤矣。盖肝胆实则怒而勇敢，肝胆虚则善恐[1]而不敢也。三曰胃。经云：胃为恐是也。四曰心。经云：心怵惕思虑则伤神，神伤则恐惧自失者是也。运气善恐，皆属肝木虚。经云：木不及曰委和，委和之纪，其病摇[2]动注恐是也。针灸善恐有三：其一取肾。经云：肾足少阴之脉，是动病，气不足，则善恐，心惕惕如人将捕之。虚则补之，寒则留之是也。其二取肝。经云：肝虚则目䀮䀮，䀮无所见，耳无所闻，善恐，如人将捕之，取其经，厥阴与少阳是也。其三取胆。经云：胆病者，善太息，口苦呕宿汁，心下澹澹，恐人将捕之，取阳[3]陵泉。又云：善呕，呕有苦，善太息，心中憺憺，恐人将捕之，邪在胆，逆在胃，胆液泄则口苦，胃气逆则呕苦，故曰呕胆。取三里，以下胃气逆，则刺[4]少阳[5]血络以闭胆逆，却调其虚实，以去其邪是也。丹溪治周本心，年六十，形气俱实，因大恐，正月间染病，心不自安，如人将捕之状，夜卧亦不安，两耳后亦见火光炎上，食饮虽进而不知味，口干而不欲食[6]，以人参、白术、当归身为君，陈皮为佐，加盐炒黄柏、炙玄参各少许煎服自愈，月余而安。经云：恐伤肾，此用盐炒黄柏、炙玄参，引参、归等药入补肾足少阴络也。《本事方》人参散、茯神散、补胆防风汤，皆治胆虚之剂。

健 忘

黄帝曰：人之善忘者，何气使然？岐伯曰：上气不足，下气有

---

〔1〕恐：原作“怒”，形近之误，据修敬堂本改。

〔2〕摇：原作“淫”，形近之误，据《素问·五常政大论》改。

〔3〕阳：原误作“阴”，据本书卷三呕苦条及《灵枢·邪气脏腑病形》改。

〔4〕刺：原脱，据《灵枢·四时气》补。

〔5〕少阳：原误作“少阴”，据《灵枢·四时气》改。

〔6〕食：疑作“饮”。

余,肠胃实而心气虚,虚则荣卫留于下,久之不以时上,故善忘也。肾盛怒而不止则伤志,志伤则喜忘其前言。血并于下,气并于上,乱而喜忘。火不及曰伏明,伏明之纪,其病昏惑悲忘。太阳司天,寒气下临,心气上从,善忘。太阳之复,甚则入心,善忘善悲。人生气禀不同,得气之清,则心之知觉者明,得气之浊,则心之知觉者昏。心之明者,无有限量,虽千百世已往之事,一过目则终身记而不忘,岂得忘其目前者乎。心之昏者,精神既短,则目前不待于伤心,而不能追忆其事矣。刘河间谓水清明而火昏浊,故上善若水,下愚若火,此禀质使之然也。设禀质清浊混者,则不耐于事物之扰,扰则失其灵而健忘也。盖气与血,人之神也。经曰:静则神藏,躁则消亡。静乃水之体,躁乃火之用。故性静则心存乎中,情动则心忘于外,动不已则忘亦不已,忘不已则存乎中者几希,存乎中者几希则语后便忘,不俟终日已。所以世人多忘者,役役扰扰,纷纭交错,当事于一生,其气血之阴者将竭,必禀质在中人以上,清明有所守,不为事物所乱者,百难一人也。由是言之,药固有安心养血之功,不若平其心,易其气,养其己而已。若夫痰之健忘者,乃一时之病。然病忘之邪,非独痰也。凡是心有所寄,与诸火热伤乱其心者,皆得健忘。如《灵枢》谓盛怒伤志,志伤善忘。《内经》谓血并于下,气并于上,乱而善忘。夫如是,岂可不各从所由而为治耶。思虑过度,病在心脾,宜归脾汤,有痰加竹沥。有因精神短少者,人参养荣汤、小定志丸、宁志膏。有因痰迷心窍者,导痰汤下寿星丸,或加味茯苓汤。上虚下盛,于补心药中加升举之剂。心火不降,肾水不升,神志不定,事多健忘,宜朱雀丸。《千金》孔子大圣枕中方,龟甲、龙骨、远志、菖蒲四味,等分为末,酒服方寸匕,日三服,常令人大聪明。治多忘方,菖蒲一分,茯苓、茯神、人参各五分,远志七分,为末。酒服方寸匕,日三夜一,五日效。《圣惠方》菖蒲、远志各一分,捣为细末。戊子日服方寸匕,开心不忘。《肘后方》治人心孔惛塞,多忘喜误,丁酉日密自至市,买远志著巾角中,为末服之,勿令人知。本草:商陆花主人心惛塞,多忘喜误,取花阴干百日捣末,日暮水服方寸匕,卧思念所欲事,即于眼中自见。

杂　门[1]

汗　总　论

《素问》云:阳气有余,为身热无汗,阴气有余,为多汗身寒,阴阳有余,则无汗而寒。又云:饮食饱甚,汗出于胃。惊而夺精,汗出于心。持重远行,汗出于肾。疾走恐惧,汗出于肝。摇体劳苦,汗出于脾。凡眠熟而汗出,醒则倏收者,曰盗汗,亦曰寝汗。不分寤寐,不由发表而自然汗出者,曰自汗。若劳役因动汗出,非自汗也。伤寒脉紧,麻黄、葱、豉发之,汗出于卫。伤寒脉缓,白术、桂枝止之,汗出于荣。往来寒热,眩,柴胡、连翘和之,汗出于少阳。体若燔炭,地骨皮、秦艽解之,汗出于三焦。厥而抑郁,柴胡、麻黄发之,汗出于血。热聚于胃,大黄、芒硝下之,汗出于足阳明。阴毒大汗,附子、干姜温之,汗出于三阳。

自汗　头汗　手足汗　阴汗　无汗

心之所藏在内者为血,发于外者为汗。汗者,乃心之液。而自汗之证,未有不由心肾俱虚而得之。故阴阳虚必腠理发热自汗,此固阴阳偏胜而致。又有伤风、中暑、病湿,兼以惊怖、房室、劳极,则历节、肠痈、痰饮、产蓐等证,亦能令人自汗。仲景谓肉极则自津脱,腠理开,汗大出。巢氏云:虚劳病,若阳气偏虚,则津[2]发泄为汗。又云:心藏热则腠理开,腠理开则汗出。诸家言汗出之义,大约如此。尝因是而究之,汗者,津之泄也,津与气同类,气之所至,津即有之,以故知《内经》之言心为汗者,大矣哉。盖心是主阳之脏,阳乃火也,气也。故五脏六腑表里之阳,皆心藏主之,以行其变化。是故津者,随其阳气所在之处而生,亦随其火扰所在之处泄出

---

〔1〕杂门:原脱,据目录补。
〔2〕津:此下《诸病源候论》卷三虚劳汗候有"液"字。

为汗，其汗尽由心出也。不然，何《内经》言风、言劳动、言阳阴相争者，其汗各由其所在脏腑而出之乎。然五脏六腑，又必以十二经脉、荣卫为要，因经脉是司其出入行气之隧道。荣行脉中以滋阴血，卫行脉外以固阳气，阳气固则腠理肥，玄府密，而脏腑经脉荣卫通贯若一。内之脏腑与表之经脉离居，则两者出入之机皆废，于是邪在于内则玄府不密，而汗从腑脏出，邪在表则腠理不固，而汗从经脉出，所以自汗之由，不可胜计。至若脏腑之阴拒格卫气浮散于外，无所依从，或胃气虚衰，水谷气脱散者，或肺气微弱不能宣行荣卫而津脱者，如是自汗，虽病重而尚有可治，独三阳之绝汗出者，则不可治矣。阴虚阳必凑，故发热自汗，当归六黄汤加地骨皮。阳虚阴必乘，故发厥自汗，黄芪建中汤，甚者加附子，或芪附汤。滑伯仁治一妇，暑月身冷自汗，口干烦躁[1]欲卧泥水中，脉浮而数，按之豁然虚散。曰：《素问》云，脉至而从，按之不鼓，诸阳皆然，此为阴盛格阳。得之饮食生冷，坐卧当风，以真武汤冷饮之，一进汗止，再进躁去，三进全安。阴阳俱虚，热不甚，寒不甚，秋冬用桂枝，春夏用黄芪。脉证无热者，亦用桂枝，脉证有热者，亦用黄芪。或身温如常而汗出冷者，或身体冷而汗亦冷，别无他病，并属本证。戴复庵用黄芪建中汤，加浮麦少许煎，黄芪六一汤，或玉屏风散。平人气象论云：尺涩脉滑，谓之多汗。王注：谓尺肤涩而尺脉滑也。肤涩者，荣血内涸。又《针经》云：腠理发泄，汗出溱溱，是谓津[2]。津脱者，腠理开，汗大泄。按此二经论自汗多而血涸津脱者，东垣周卫汤，虽曰治湿胜自汗，内有血药，实润剂也，可以治此。湿胜自汗，以东垣法治之。东垣曰：西南坤土也，在人则为脾胃。阳之汗，以天地之雨名之。湿主淋淫，骤注者湿胜也。阴滋其湿，为露为雨，此阴寒隔热火也。隔者解也，阴湿寒下行，地之气也。仲景云：汗多则亡阳，阳去则阴胜也。重虚则表阳虚极矣，甚为寒中。湿胜则音声如从瓮中出若中水也。相家有言，土音如居深瓮里，言其壅也、

---

〔1〕躁：原作"燥"，形近之误，据四库本改。
〔2〕津：此下原衍"脱"，据《灵枢·决气》删。

远也、不出也,其为湿也审矣。又知此二者,亦为阴寒。《内经》云：气虚则外寒,虽见热中,蒸蒸为汗,终传大寒。知始为热中者,表虚无阳不任外寒,终传为寒中者,多成痹寒矣。夫色以候天,脉以候地,形者乃候地之阴阳也。故以脉气候之,皆有形之可见者也。治张芸夫,四月天寒,阴雨寒湿相杂,因官事饮食失节劳役所伤,病解之后,汗出不止,沾濡数日,恶寒重添厚衣,心胸闷躁,时躁热,头目昏愦,壅塞食少减,此乃胃外阴火炽甚,与夫雨之湿气挟热,两气相合,令湿热大作,汗出不休,兼见风邪以助东方甲乙,以风药去其湿,以甘药泻其热,羌活胜湿汤主之。有痰证冷汗自出者,宜七气汤,或理气降痰汤,痰去则汗自止。火气上蒸胃中之湿,亦能作汗,可用凉膈散。有气不顺而自汗不止,须理气使荣卫调和,小建中汤加木香。《素问》帝曰：有病身热解惰,汗出如浴,恶风少气,此为何病? 岐伯曰：病名酒风。帝曰：治之奈何? 岐伯曰：以泽泻、术各十分,麋衔五分,合以三指撮,为后饮。麋衔,一名薇衔,俗名吴风草。又云：饮酒中风,则为漏风。漏风之状,或多汗,常不可单衣,食则汗出,甚则身汗喘息,恶风,衣裳[1]濡,口干善渴,不能劳事。河间以白术散主之,此即酒风也。凡五脏风皆自汗恶风。因饮食汗出日久,心中虚风虚邪,令人半身不遂,见偏风痿痹之病,先除其汗,慓悍之气,按而收之,安胃汤。有病后多汗,服正元散诸重剂不愈,唯八珍散宜之。有别处无汗,独心孔一片有汗,思虑多则汗亦多,病在心,宜养心血。用猯猪心一个,破开,带血入人参、当归二两缝之,煮熟去药,止吃猪心,仍以艾汤调茯苓末服之。若服药汗仍出者,有热,牡蛎散。无热,小建中汤加熟附子一钱,不去皮,或正元散,仍以温粉扑之。大汗不止,宜于诸药中入煅牡蛎粉二钱半,并吞朱砂丹,或茸朱丹。常自汗出,经年累月者,多用黑锡丹。久病及大病新愈汗出者,亦可用此。若不宜热补,须交济其阴阳自愈,当以灵砂丹主之。凡此皆为无他病而独汗出者设,非谓有兼病者也。若服诸药欲止汗固表而并无效验,药愈涩而汗愈不收止,可理心血。盖汗

---

〔1〕裳:修敬堂本作“常”。

乃心之液,心无所养不能摄血,故溢而为汗,宜大补黄芪汤加酸枣仁。有微热者,更加石斛,兼下灵砂丹。汗出如胶之粘,如珠之凝,及淋漓如雨,揩拭不逮者,难治。

【诊】:肺脉软而散者,当病灌汗,至今不复散发也。肺脉缓甚为多汗。

头汗

阴阳俱虚,枯燥,头汗,亡津液也。热入血室,头汗。伤湿额上汗,因下之。微喘者死。胃上热熏,额汗。发黄头汗,小便不利而渴,此瘀血在里也。心下懊恼,头汗。伤寒结胸,无大热,以水结在胸胁间,头汗。往来寒热,头汗。海藏云:头汗出,剂颈而还,血证也。额上偏多,何谓也?曰:首者六阳之所会也,故热熏蒸而汗出也。额上偏多以部分,左颊属肝,右颊属肺,鼻属中州,颐属肾,额属心。三焦之火涸其肾水,沟渠之余迫而上入于心之分,故发为头汗,而额上偏多者,属心之部,而为血证也。饮酒、饮食头汗出者,亦血证也。至于杂证,相火迫肾水上行,入于心为盗汗,或自汗,传而为头汗出者,或心下痞者,俱同血证例治之。无问伤寒、杂病、酒积,下之而心下痞者,血证也。何以然?曰:下之亡阴,亡阴者则损脾胃而亡血,气在胸中,以亡其血陷之于心之分也。故心下痞,世人以为血病,用气药导之则痞病愈甚,而又下之,故变而为中满鼓胀,非其治也。然则当作何治?曰:独益中州脾土,以血药治之,其法无以加矣。头汗出,胸胁满,小便不利,往来寒热,心烦,呕而不渴,柴胡桂姜汤。身微热,表虚,头汗出不已,或因医者发汗以致表虚者,黄芪汤。

手足汗

一男子手足汗,医用芩、连、檗并补剂,皆不效。又足汗常多,后以八物、半、苓为君,白附、川乌佐使,其汗即无。治脚汗,白矾、干葛各等分为末,每半两、水三碗,煎十数沸洗,日一次,三五日自然无汗。

阴汗 别见。

无汗

经云:夺血者无汗,夺汗者无血。东垣云:真气已亏,胃中火盛,汗出不休，胃中真气已竭。若阴火已衰，无汗反燥，乃阴中之阳，阳中之阳俱衰，四时无汗，其形不久，湿衰燥旺，理之常也。其形不久者，秋气主杀，生气乃竭，生气者，胃之谷气也。乃春少阳生化之气也。丹溪云：盛夏浴食无汗为表实。治谢老夏月无汗久嗽，用半夏、紫苏二味为末，入莎末、枕流末、蚬壳灰、蛤粉之属。仁陷末神曲，以栝蒌穰、桃仁泥半两为丸，先服三拗汤三贴，却服此丸子。

盗 汗

卫气至夜行于阴，或遇天之六淫在于表，或遇人气兴衰所变，如天之五邪六淫者，相乘于里，或脏腑经脉之阴阳，自相胜负，则皆有以致阳气之不足。然而非惟寒湿燥同其阴者，能伤其阳而已，至若风火热同其阳者，则亦伤之，而相火出肾肝表里四经者尤甚。夫火与元气不两立，故火盛则阳衰。卫与阳一也，阳衰则卫虚，所虚之卫行阴，当瞑目之时，则更无气以固其表，故腠理开津液泄而为汗。迨寤则目张，其行阴之气复散于表，则汗止矣。夫如是者，谓之盗汗，即《内经》之寝汗也。《内经》谓肾病者，腹大胫肿，喘咳，寝汗，憎风。又岁水太过，甚则土气乘之者，病亦若是。注曰：肾邪攻肺，心内微，心液为汗，故寝汗。仲景《伤寒论》中名盗汗，谓阳明病当作里实而脉浮者，必盗汗。又三阳合病，目合则汗。成无己谓伤寒盗汗，非若杂病者之责其阳虚而已，是由邪在半表半里使然也。何者，若邪气一切在表，干于卫则自汗出，此则邪气侵行于里，外连于表邪，及睡则卫气行于里，乘表中阳气不致，津液得泄而为盗汗，亦非若自汗，有为之虚者，有为之实者，其于盗汗，悉当和表而已。今观仲景二论，似若不同，究其微旨，则一而已矣。何则？《内经》论其源，则心肾者乃阴阳之主。所以论汗必自心之阳，论寝必自肾之阴。仲景之云，从其邪之所在之阴阳，便成盗汗，是指阴阳之流者耳。抑究其源流，悉是卫气之为用。卫气者，由谷气之所化，肺脏之所布。然天真之阳必得是而后充大，无是则衰微。故生气通天论所言，阳气者，如苍天之气，顺之则阳固，与阳因而上，卫外者之类，皆指卫气也。所以王注以卫气合天地之阳气。若夫成无己之释仲景者固善矣,抑亦未为至当,虚劳杂病之人,岂可独责其阳虚,而不有阴虚之可责者乎。予每察杂病之盗汗,有冷有热,岂无其故哉。因热邪乘阴虚而发者,所出之汗必热。因寒邪乘阳虚而发者,所出之汗必冷。其汗冷之义,即《内经》所谓阴胜则身寒,汗出,身上清也。非独为自汗,虽盗汗亦然。其温汗之义,殆以所乘之热,将同于伤寒,郁热在表里而汗者也。虽然邪乘之重者,亢则害,承乃制,兼化水为冷者有之,相火出于肾挟水化而为冷者有之,此又不可不审也。盖成无己因《金匮要略》叙杂病云:平人脉虚弱微细,善盗汗。又以《巢氏病源》以虚劳之人盗汗,有阳虚所致,因即谓杂病之盗汗,悉由于阳虚也。且以《金匮要略》言之,脉虚弱者,乃阳气之虚,细弱者,乃阴气之虚。何独举阳而遗其阴,亦智士之一失也。然虚劳之病,或得于大病后阴气未复,遗热尚留,或得之劳役七情色欲之火,衰耗阴精,或得之饮食药味,积成内热,皆有以伤损阴血,衰惫形气。阴气既虚,不能配阳,于是阳气内蒸,外为盗汗,灼而不已,阳能久存而不破散乎。当归六黄汤治盗汗之圣药。宜润剂者,六黄汤。宜燥剂者,正气汤。无内热者,防风散、白术散。肝火,当归龙荟丸。虚者,黄芪连翘汤。实者,三黄连翘汤。身热,加地骨皮、柴胡、黄芩、秦艽。肝虚,加酸枣仁。肝实,加龙胆草。右尺实大,黄柏、知母。烦心,黄连、生地黄、当归、辰砂、麦门冬。脾虚,人参、白术、白芍药、干山药、白扁豆、浮麦。亦可用山药一味为末,临卧酒调下三钱。经霜桑叶末,茶调服。豆豉微炒,酒渍服。外用五倍子或何首乌为末,津唾调填脐中,以帛缚定。脏腑盗汗皆属肾。经云:肾病者,寝汗出,憎风是也。运气盗汗皆属寒水。经云:岁水太过,寒气流行,甚则劳[1]汗出,憎风。又云:太阳所至,为寝汗痉是也。

多卧不得卧卧不安内附

《灵枢》大惑论云:卫气不得入于阴,常留于阳,留于阳则阳气

---

〔1〕劳:《素问·气交变大论》作"寝"。

满,阳气满则阳跷盛,不得入于阴则阴气虚,故目不瞑矣。卫气留于阴,不得行于阳,留于阴则阴气盛,阴气盛则阴跷满,不得入于阳则阳气虚,故目闭也。寒热病[1]论云:足太阳有通项入于脑者,正属目本,名曰眼系,头目苦痛,取之在项中两筋间。入脑乃别,阴跷阳跷,阴阳相交,阳入阴,阴出阳,交于目锐眦。阳气盛则瞋目,阴气盛则瞑目。四十六难曰:老人卧而不寐,少壮寐而不寤者,何也?然经言少壮者血气盛,肌肉滑,气道通,荣卫之行不失于常,故昼日精、夜不寤。老人血气衰,肌肉不滑,荣卫之道涩,故昼日不能精,夜不寐也。故知老人不得寐也。海藏云:胆虚不眠,寒也。酸枣仁炒为末,竹叶汤调服。胆实多睡,热也。酸枣仁生为末,姜茶汁调服。

《素问》帝曰:人有卧而有所不安者,何也?岐伯曰:脏有所伤,及精有所倚,则卧不安,故人不能悬其病也。羌活胜湿汤,治卧而多惊,邪在少阳、厥阴也。诸水病者,故不得卧,卧则惊,惊则欬甚。

不 得 卧

《灵枢》邪客篇,帝问曰:夫邪气之客人也,或令人目不瞑不卧出者,何气使然?伯高曰:五谷入于胃也,其糟粕、津液、宗气分为三隧,故宗气积于胸中,出于喉咙,以贯心脉,而行呼吸焉。营气者,泌其津液,注之于脉,化以为血,以荣四末,内注五脏六腑,以应刻数焉。卫气者,出其悍气之慓疾,而先行于四末、分肉、皮肤之间,而不休者也。昼日行于阳,夜行于阴,常从足少阴之分间,行于五脏六腑。今厥气客于五脏六腑,则卫气独卫其外,行于阳不得入于阴。行于阳则阳气盛,阳气盛则阳跷陷,陷当作满。不得入于阴,阴虚故目不瞑。黄帝曰:善。治之奈何?伯高曰:补其不足,泻其有余,调其虚实,以通其道,而去其邪。饮以半夏汤一剂,阴阳已通,其卧立至。黄帝曰:善。此所谓决渎壅塞,经络大通,阴阳和得者也。愿闻其方,伯高曰:其汤方,以流水千里以外者八升,扬之万遍,取其清五升煮之,炊以苇薪火,沸置秫米一升,秫米,北人谓之黄米,可

---

[1] 病:原脱,据《灵枢·寒热病》补。

以酿酒。治半夏五合，徐炊令竭为一升半，去其滓，饮汁一小杯，日三，稍益，以知为度。故其病新发者，覆杯则卧，汗出则已矣。久者三饮而已也。《素问》逆调论，阳明者，胃脉也。胃者，六府之海，其气亦下行，阳明逆不得从其道，故不得卧也。《下经》曰：胃不和则卧不安，此之谓也。《金匮》虚劳，虚烦不得眠，酸枣汤主之。《本事方》鳖甲丸。《圣惠方》治骨蒸烦心不得眠，用酸枣仁一两，水一大盏半，研绞取汁，下米二合，煮粥候熟，下地黄汁一合，更煮过，不计时服之。胡洽治振悸不得眠，人参、白术、茯苓、甘草、生姜、酸枣仁六物煮服。以上皆补肝之剂。温胆汤，治大病后虚烦不得眠。并《内经》半夏汤，皆去饮之剂。六一散加牛黄，治烦不得眠。戴云：不寐有二种，有病后虚弱及年高人阳衰不寐，有痰在胆经，神不归舍，亦令不寐。虚者，六君子汤加炒酸枣仁、炙黄芪各一钱。痰者，宜温胆汤减竹茹一半，加南星、炒酸枣仁各一钱，下青灵丹。大抵惊悸健忘，怔忡失志，心风不寐，皆是胆涎沃心，以致心气不足。若用凉心之剂太过，则心火愈微，痰涎愈盛，病愈不减，惟当以理痰气为第一义，导痰汤加石菖蒲半钱。喘不得卧，以喘法治之。厥不得卧，以脚气法治之。

多　卧

　　《灵枢》大惑篇黄帝曰：人之多卧者，何气使然？岐伯曰：此人肠胃大而皮肤湿[1]，而分肉不解焉。肠胃大则卫气留久，皮肤湿则分肉不解，其行迟。夫卫气者，昼日常行于阳，夜行于阴，故阳气尽则卧，阴气尽则寤。故肠胃大则卫气行[2]留久，皮肤湿分肉不解则行迟。留于阴也久，其气不精则欲瞑，故多卧矣。其肠胃小，皮肤滑以缓，分肉解利，卫气之行[3]于阳也久，故少瞑焉。黄帝曰：其非常经也，卒然多卧者，何气使然？岐伯曰：邪气留于上焦，上焦闭而

---

〔1〕湿：《甲乙经》卷十二第三作"涩"，义胜，与下文〔皮肤滑〕对文。
〔2〕行：疑衍，律上文"肠胃大则卫气留久"句可证。
〔3〕行：《灵枢·大惑论》作"留"。

不通，已食若饮汤，卫气留久于阴而不行，故卒然多卧焉。运气多睡，皆属内热。经云：阳明司天之政，初之气，阴始凝，气始肃，病中热善眠是也。酸枣仁一两，生用，腊茶二两，以生姜汁涂，炙微焦，捣罗为末。每服二钱，水七分盏，煎六分，温服无时。灸法，无名指第二节尖一壮，屈手指取之。

怠 惰 嗜 卧

东垣云：脉缓怠惰嗜卧，四肢不收，或大便泄泻，此湿胜，从平胃散。又云：怠惰嗜卧，有湿，胃虚不能食，或沉困，或泄泻，加苍术，自汗加白术。食入则困倦，精神昏冒而欲睡者，脾虚弱也。六君子汤加神曲、麦芽、山楂之属。四肢懒惰，人参补气汤。丹溪云：脾胃受湿，沉困无力，怠惰嗜卧者，半夏、白术。肥人是气虚，宜人参、二术、半夏、甘草。又云：是湿，苍术、茯苓、滑石。黑瘦人是热，黄芩、白术。饮食太过，转运不调，枳实、白术。按：人之虚实寒热，当审脉证定之，岂可以肥瘦为准，学者无以辞害意可也。

身 重

《素问》示从容论有云肝虚、肾虚、脾虚，皆令人体重烦冤。运气身重有五：一曰湿。乃湿制肾虚而重。经云：太阴所至为身重。又云：太阴之复，体重身满。又云：岁土太过，湿气流行，民病体重烦冤。又云：土郁之发，民病身重是也。二曰湿热。经云：少阳司天之政，四之气。炎暑间化，其病满身身重是也。三曰寒湿。经云：太阴司天之政，三之气，感于寒湿，民病身重是也。四曰风乃木制，脾虚而重。经云：岁木太过，风气流行，民病体重烦冤。又云：岁土不及，风乃大行，民病体重烦冤。又云：厥阴在泉，风淫所胜，病身体皆重是也。五曰金乃燥制，肝虚而重。经云：岁金太过，燥气流行，民病体重烦冤是也。东垣云：身重者，湿也。补中益气汤加五苓散去桂主之。洁古云：起卧不能谓之湿，身重是也。小柴胡汤、黄芪芍药汤。仲景云：风湿脉浮身重，汗出恶风者，防己黄芪汤主之。洁古云：夏月中风湿，身重如山，不能转侧，除风胜湿去热之药治之。仲景云：肾著之病，其人身体重，腰中冷，如坐水中，形如水状，反不渴，小便自利，饮食如故，病属下焦，身劳汗出，表里冷湿，久久得之，腰以下冷痛，腹重如带五千钱，甘姜苓术汤主之。脾胃虚弱，元气不能荣于心肺，四肢沉重，食后昏闷，参术汤主之。针灸身重有二法：其一取脾。经云：脾病者，身重肉痿，取其经太阴、阳明、少阴血者。又云：脾足太阴之脉，是动则病腹胀，身体皆重，视盛、虚、热、寒、陷下取之也。其二取肾。经云：肾病者，身重，寝汗出，憎风，取其经少阴、太阳血者是也。

不能食饥不能食　恶食

心下不痞满，自不能食也。东垣云：胃中元气盛，则能食而不伤，过时而不饥，脾胃俱旺则能食而肥，脾胃俱虚则不能食而瘦。故不能食，皆作虚论。若伤食恶食，自有本门，不在此例。病人脉缓怠惰，四肢重著，或大便泄泻，此湿胜也，从平胃散加味。病人脉弦，气弱自汗，四肢发热，或大便泄泻，皮毛枯槁发脱，从黄芪建中汤加味。病人脉虚气弱，脾胃不和，从四君子、六君子汤加味。有痰，从二陈汤加味，兼下人参半夏丸。虚而有痰，用人参四两，半夏一两，姜汁浸一宿，曝干为末，面糊丸。食后生姜汤下。痰积痞隔，食不得下，皂荚烧存性，研末，酒调下一钱匕。和中汤、七珍散、六神汤、钱氏异功散，皆四君子加减例，开胃进食之正剂也。罗谦甫云：脾胃弱而饮食难任者，不可一概用克伐之剂，宜钱氏异功散补之，自然能食。设或嗜食太过伤脾，而痞满呕逆，权用枳实丸一服，慎勿多服。娄全善尝治翁氏久疟食少汗多，先用补剂加黄连、枳实，月余食反不进，汗亦不止。因悟谦甫此言，遂减去枳、连，纯用补剂，又令粥多于药而食进，又于原方内加附子三分半，一服而愈。宽中进食丸、和中丸、木香枳术丸、木香干姜枳术丸，皆有行气之剂，气滞者宜之。许学士云：有人全不进食，服补脾药皆不效。予授二神丸服之，顿能进食。此病不可全作脾气治。盖肾气怯弱，真元衰削，是以不能消化饮食，譬之鼎釜之中，置诸水谷，下无火力，终日米不熟，其何能化。黄鲁直尝记服菟丝子，淘净，酒浸曝干，日挑数匙，以酒下之，十日外饮啖如汤沃雪，亦知此理也。今按治法，虚则补其母，不能食者，戊己虚也，火乃土之母，故以破故纸补肾为癸水，以肉豆蔻厚肠胃为戊土，戊癸化火，同为补土母之药也。杨仁斋云：脾肾之气交通，则水谷自然克化。《瑞竹堂方》谓二神丸，虽兼补脾胃，但无斡旋，往往常加木香以顺其气，使之斡旋，空虚仓廪，仓廪空虚则能受物，屡用见效，其殆使之交通之力欤。严用和云：人之有生不善摄养，房劳过度，真阳衰虚，坎水不温，不能上蒸脾土，冲和失布，中州不运，是致饮食不进，胸膈痞塞，或不食而胀满，或食而不消，大腑溏泄。古人云：补肾不如补脾。予谓补脾不如补肾，肾气若壮，丹田火盛，上蒸脾土，脾土温和，中焦自治，膈开能食矣。薛新甫云：予尝病脾胃，服补剂及针灸脾俞等穴不应，几殆。吾乡卢丹谷先生，令予服八味丸，饮食果进，三料而平。予兄年逾四十，貌丰气弱，遇风则眩，劳则口舌生疮，胸常有痰，目常赤涩。又一人脾虚发肿，皆以八味丸而愈。按此皆补肾之验。戴复庵云：脾运食而传于肺，脾气不足故不喜食，宜启脾丸、煮朴丸。若脾虚而不进食者，当实脾，宜鹿茸橘皮煎丸。若脾虚寒而不进食者，理中汤。未效，附子理中汤加砂仁半钱，或丁香煮散。心肾虚致脾气不足以运者，鹿茸橘皮煎丸。脾上交于心，下交于肾者也。

饥不能食

《灵枢》大惑篇，黄帝曰：人之善饥而不嗜食者，何气使然？岐伯曰：精气并于脾，热气留于胃，胃热则消谷，消谷故善饥，胃气逆上则胃脘寒，故不嗜食也。运气饥不欲食，皆属湿邪伤肾。经云：太阴司天，湿淫所胜，民病心如悬，饥不欲食，治以苦热是也。针灸饥不欲食有二法：其一清胃。经云：胃者水谷之海，其腧上在气冲，下至三里。水谷之海不足，则饥不受谷，审守其腧，调其虚实是也。其二取肾。经云：肾足少阴之脉，是动则病饥不欲食，心如悬，苦饥状，视盛、虚、热、寒、陷下取之也。

恶食

经云：太阴所谓恶闻食臭者，胃无气故恶食臭也。用大剂人参补之。丹溪云：恶食者，胸中有物，导痰补脾，二陈加二术查芎汤。

失笑丸,治虚痞恶食。

喑

喑者,邪入阴部也。经云:邪搏阴则为喑。又云:邪入于阴,搏则为喑。然有二证:一曰舌喑,乃中风舌不转运之类是也。一曰喉喑,乃劳嗽失音之类是也。盖舌喑但舌本不能转运言语,而喉咽音声则如故也。喉喑但喉中声嘶,而舌本则能转运言语也。

【舌喑】经云:心脉涩甚为喑。又云:心脉搏坚而长,当病舌卷不能言。娄全善云:人舌短言语不辨,乃痰涎闭塞舌本之脉而然。尝治一中年男子,伤寒身热,师与伤寒药五贴,日后变神昏而喑,遂作体虚有痰治之,人参五钱,黄芪、白术、当归、陈皮各一钱,煎汤,入竹沥、姜汁饮之。十二日其舌始能语得一字,又服之半月,舌渐能转运言语,热除而瘥。盖足少阴脉挟舌本,脾足太阴之脉连舌本,手少阴别系舌本,故此三脉虚则痰涎乘虚闭塞其脉道,而舌不能转运言语也。若此三脉亡血,则舌无血营养而喑。经云:刺足少阴脉重虚出血,为舌难以言。又云:刺舌下中脉太过,血出不止为喑。治当以前方加补血药也。又尝治一男子五十余岁,嗜酒吐血桶许后不食,舌不能语,但渴饮水,脉略数。与归、芎、芍、地各一两,术、参各二两,陈皮一两半,甘草二钱,入竹沥、童便、姜汁,至二十余贴能言。若此三脉风热中之,则其脉弛纵,故舌亦弛纵不能转运而喑。风寒客之,则其脉缩急,故舌强舌卷而喑。治在中风半身不收求之也。丹溪治一男子三十五岁,因连日劳倦发喊,发为疟疾,医与疟药,三发后变为发热舌短,言语不辨,喉间痰吼有声,诊其脉洪数似滑,遂以独参汤加竹沥两蚶壳许,两服后,吐胶痰三块,舌本正而言可辨,余证未退,遂煎人参黄芪汤,服半月而诸证皆退,粥食调补两月,方能起立。针灸喑有二法:其一取脾。经云:脾足太阴之脉,是动则病舌本强,视盛、虚、热、寒、陷下取之也。其二[1]取心。经云:

---

〔1〕二:原作"一",据文义改。

手少阴[1]之别,名曰通里,去腕一寸五分,别而上行,入于心中,系舌本,虚则不能言,取之掌后一寸是也。

【喉喑】《灵枢经》忧恚无言篇,黄帝问于少师曰:人之卒然忧恚而言无音者,何道之塞? 何气出行,使音不彰? 愿闻其方。少师答曰:咽喉者,水谷之道也。喉咙者,气之所以上下者也。会厌者,声音之户也。口唇者,音声之扇也。舌者,音声之机也。悬雍垂者,音声之关也。颃颡者,分气之所泄也。横骨者,神气所使,主发舌者也。故人鼻洞涕出不收者,颃颡不开,分气失也。是故厌小而疾[2]薄,则发气疾,其开阖利,其出气易;其厌大而厚,则开阖难,其气出迟,故重言也。人卒然无音者,寒气客于厌,则厌不能发,发不能下,至其开阖不致,故无音。黄帝曰:刺之奈何? 岐伯曰:足之少阴上系于舌,络于横骨,终于会厌。两泻其血脉,浊气乃辟,会厌之脉,上络任脉,取之天突,其厌乃发也。杂病篇,厥气走喉而不能言,手足清,大便不利,取足少阴。丹溪治俞继道遗精,误服参芪及升浮剂,遂气壅于上焦而喑,声不出,用香附、童便浸透为末调服,而疏通上焦以治喑。又用蛤粉、青黛为君,黄柏、知母、香附佐之为丸,而填补下焦以治遗,十余日良[3]愈。出声音方,诃子炮去核,木通各一两,甘草半两,用水三升,煎至升半,入生姜、地黄汁一合,再煎数沸,放温,分六服,食后,日作半料。河间诃子汤,诃子折逆气,破结气,木通通利机窍,桔梗通利肺气,童便降火润肺,故诸方通用之。发声散,开结痰。《肘后方》陈皮五两,水三升,煮取一升,去渣顿服,泄滞气下痰。《千金》云:风寒之气客于中,滞而不发,故喑不能言,宜服发表之药,不必治喑。以紫梗荆芥根一两,研汁,入酒相和,温服半盏,服无时。又方,用襄荷根二两绞汁。酒一大盏和匀,温服半盏,无时,此皆治风冷失音。冬月寒痰结咽喉不利,语声不出。经云:寒气客于会厌,卒然而哑是也。玉粉丸主之。肺间

---

〔1〕手少阴:原作"手太阴",误,据修敬堂本改。
〔2〕疾:文义不属,疑衍。"小而薄"与"大而厚"文正相对。
〔3〕良:修敬堂本作"而"。

邪气,胸中积血作痛,失音,蛤蚧丸。暴嗽失音,宜润燥通声膏。咳嗽声嘶者,此血虚受热也。用青黛、蛤粉,蜜调服之。槐花,瓦上炒令香熟,于地上出火毒,三更后,床上仰卧随意服,治热而失音。杏仁三分去皮尖炒,另研如泥,桂一分和,取杏核大,绵裹含,细细咽之,日五夜三。又方,以桂末着舌下,咽津妙,此治寒而失音。孙兆口诀云:内侍曹都使,新造一宅,落成迁入,经半月,饮酒大醉,卧起失音不能语。孙用补心气薯蓣丸,以细辛、川芎治湿,十日其病渐减,二十日全愈。曹既安见上问谁医,曰孙兆郎中,上乃召问曰,曹何疾也? 对曰:凡新宅壁土皆湿,地亦阴多,人乍来阴气未散,曹心气素虚,饮酒至醉,毛窍皆开,阴湿之气从而入乘心经,心经既虚,而湿气又乘之,所以不能语。臣先用薯蓣丸使心气壮,然后以川芎、细辛,又去湿气,所以能语也。运气暗有二法[1]:一曰热助心实。经云:少阴之复,暴暗,治以苦寒是也。二曰寒攻心虚。经云:岁火不及,寒乃大行,民病暴暗,治以咸温是也。狐惑声哑,其证默默欲眠,目不能闭,起居不安是也。针灸暗有三法:其一取足少阴篇首所引二段经文是也。其二取足阳明。经云:足阳明之别,名曰丰隆,去踝八寸,别走太阴,下络喉嗌,其病气逆则喉痹卒暗,取之所别是也。娄全善治一男子四十九岁,久病痰嗽,忽一日感风寒,食酒肉,遂厥气走喉病暴暗。与灸足阳明丰隆二穴各三壮,足少阴照海穴各一壮,其声立出,信哉,圣经之言也。仍用黄芩降火为君,杏仁、陈皮、桔梗泻厥气为臣,诃子泄逆,甘草和元气为佐,服之良愈。其三取手阳明。经云:暴暗气哽,取扶突与舌本出血。舌本、廉泉穴也。

【妊娠暗】《素问》黄帝曰:人之重身,九月而暗,此为何也?岐伯曰:胞之络脉绝也。帝曰:何以言之? 岐伯曰:胞络者,系于肾,少阴之脉贯肾、系舌本,故不能言。帝曰:治之奈何? 岐伯曰:无治也。当十月复。王注云:少阴,肾脉也,气不荣养,故不能言。

【产后暗】陈氏云:产后不语,因心气虚而不能通于舌,则舌强不能言语者,宜服七珍散。余当推其所因而治之。薛新甫曰:经云

---

〔1〕法:原脱,据修敬堂本补。

大肠之脉散舌下。又云脾之脉，是动则病舌本强，不能言。又云肾之别脉，上入于心系舌本，虚则不能言。窃谓前证，若心肾气虚，用七珍散。肾虚风热，地黄饮。大肠风热，加味逍遥散加防风、白芷。脾经风热，秦艽升麻汤。肝经风热，柴胡清肝散加防风、白芷。脾气郁结，加味归脾汤加升麻。肝木太过，小柴胡加钓藤钩。脾受土侮，六君加升麻、白芷、钓藤钩。肝脾血虚，用佛手散。脾气虚，用四君子。气血俱虚，八珍汤；如不应，用独参汤；更不应，急加附子补其气而生其血。若径用血药则误矣。郭氏论人心有七孔三毛，产后虚弱，多致停积败血闭于心窍，神志不能明了。心气通于舌，心气闭塞则舌亦强矣，故令不语，但服七珍散。胡氏孤凤丹散，治产后闭目不语，用白矾细研，每服一钱，热水调下。

消瘅 口燥咽干

渴而多饮为上消。经谓膈消。消谷善饥为中消。经谓消中。渴而便数有膏为下消。经谓肾消。刘河间尝著三消论谓，五脏六腑四肢，皆禀气于脾胃，行其津液，以濡润养之。然消渴之病，本湿寒之阴气极衰，燥热之阳气太盛故也。治当补肾水阴寒之虚，而泻心火阳热之实，除肠胃燥热之甚，济身中津液之衰。使道路散而不结，津液生而不枯，气血和而不涩，则病自已矣。况消渴者，因饮食服饵之失宜，肠胃干涸，而气不得宣平，或精神过违其度而耗乱之，或因大病阴气损而血液衰，虚阳剽悍而燥热郁甚之所成也。若饮水多而小便多，曰消渴。若饮食多，不甚渴，小便数而消瘦者，名曰消中。若渴而饮水不绝，腿消瘦而小便有脂液者，名曰肾消。一皆以燥热太甚，三焦肠胃之腠理怫郁结滞，致密壅滞[1]，虽[2]复多饮于中，终不能浸润于外，荣养面骸，故渴不止，小便多出或数溲也。张戴人亦著三消之说，一从火断，谓火能消物，燔木则为炭，燔金则为液，燔石则为灰，煎海水则为盐，鼎水则干。人之心肾为君火，三焦

---

〔1〕滞：《儒门事亲》卷十三刘河间先生三消论作"塞"。义长。

〔2〕虽：原脱，据《儒门事亲》卷十三刘河间先生三消论补。

胆为相火，得其平则烹炼饮食，糟粕去焉。不得其平，则燔灼脏腑而津液耗焉。夫心火甚于上为膈膜之消，甚于中为肠胃之消，甚于下为膏液之消，甚于外为肌肉之消。上甚不已则消及于肺，中甚不已则消及于脾，下甚不已则消及于肝肾，外甚不已则消及于筋骨，四藏皆消尽，则心始自焚而死矣。故治消渴一证，调之而不下，则小润小濡，固不能杀炎上之势。下之而不调，亦旋饮旋消，终不能沃膈膜之干。下之调之而不减滋味，不戒嗜欲，不节喜怒，则病已而复作。能从此三者，消渴亦不足忧矣。然而二公备引《内经》诸条言消渴者，表白三消所由来之病源，一皆燥热也。虽是心移寒于肺为肺消者，火与寒皆来乘肺，肺外为寒所薄，气不得施，内为火所烁故，然太阳寒水司天，甚则渴饮者，水行凌火，火气内郁，二者固属外之寒邪，则已郁成内之燥热也。或曰夫寒与热反，若冰炭之不同炉，而今之燥热，由外寒所郁也。将用凉以治内热，必致外寒增而愈郁；用温以散外寒，必致内热增而愈渴。治之奈何？曰：先治其急，处方之要，备在《本经》，谓处方而治者，必明病之标本，达药之所能，通气之所宜，而无加害者，可以制其方也。所谓标本者，先病而为本，后病而为标，此为病之本末也。标本相传，先当救其急也。又六气为本，三阴三阳为标。假若胃热者，热为本，胃为标也。处方者，当除胃中之热，是治其本也。故六气乃以甚者为邪，衰者为正，法当泻甚补衰，以平为期。养正除邪，乃天之道也，为政之理也，捕贼之义也。即此观之，处方之要，殆尽此矣。若太阳司天，寒水之胜，心火受郁，内热已甚，即当治内热为急；内热未甚，即当散寒解郁为急。如《宣明论》立方，著《内经》诸证条下者，其治漏风而渴，用牡蛎、白术、防风，先治漏风为急也。若心移寒于肺为肺消者，则以心火乘肺伤其气血为急，所移之寒，非正当其邪也。故用黄芪、人参、熟地黄、五味子、桑白皮、麦门冬、枸杞子，先救气血之衰，故不用寒药泻内热也。若心移热于肺，传为膈消者，则以肺热为急，用麦门冬治肺中伏火、止渴为君。天花粉、知母泻热为臣。甘草、五味子、生地黄、葛根、人参，生津益气为佐。然心火上炎于肺者，必由心有事焉，不得其正，以致其脏气血之虚，故厥阳之火上逆也。所以用茯神安心定志养精神，竹叶以凉之，用麦门冬之属以安其宅，则火有所归息矣。因是三条消渴之方，便见河间处方，酌量标本缓急轻重之宜，通脏腑切当之药者，如此可谓深得仲景处方之法者也。仲景云：男子消渴，小便反多，饮一斗而小便一斗，肾气丸主之。脉浮，小便不利，微热消渴者，与渴欲饮水，水入即吐者，皆以五苓散利之。脉浮发热，渴欲饮水，小便不利者，猪苓汤主之。兼口干舌燥者，白虎汤加人参主之。即此便见表里分经，因病用药，岂非万世之准则哉。坎☵，干水也，气也，即小而井，大而海也。兑☱，坤水也，形也，即微而露，大而雨也。一阳下陷于二阴为坎，坎以气潜行乎万物之中，为受命之根本，故润万物莫如水。一阴上彻于二阳为兑，兑以形普施于万物之上，为资生之利泽，故说万物者，莫说乎泽。明此二水，以悟消渴、消中、消肾三消之义治之，而兼明导引之说，又有水火者焉。三焦为无形之火，内热烁而津液枯，以五行有形之水制之者，兑泽也，权可也。吾身自有上池真水，亦气也，亦无形也，天一之所生也。以无形之水，沃无形之火，又常而可久者，是为真水火，升降既济，而自不渴矣。

【上消】者，上焦受病。逆调论云：心移热于肺，传为膈消是也。舌上赤裂，大渴引饮，少食，大便如常，小便清利，知其燥在上焦，治宜流湿润燥，以白虎加人参汤主之。能食而渴为实热，人参石膏汤，加减地骨皮散。不能食而渴为虚热，白术散，门冬饮子。有汗而渴者，以辛润之。无汗而渴者，以苦坚之。太阳经渴，其脉浮无汗者，五苓散、滑石之类主之。太阳无汗而渴，不宜服白虎汤，若得汗后脉洪大而渴者，宜服之。阳明经渴，其脉长有汗者，白虎汤、凉膈散之类主之。阳明汗多而渴，不宜服五苓散，若小便不利，汗少，脉浮而渴者，宜服之。少阳经渴，其脉弦而呕者，小柴胡汤加栝蒌之类主之。太阴经渴，其脉细不欲饮，纵饮思汤不思水者，四君子、理中汤之类主之。少阴经渴，其脉沉细，自利者，猪苓汤、三黄丸之类主之。厥阴经渴，其脉微引饮者，宜少少与之。小便不利而渴，知内有热也，五苓散、猪苓散泄之。小便自利而渴，知内有燥也，甘露饮、门冬饮润之。大便自利而渴，先用白芍、白术各炒为末调服，后随证用药。大便不利而渴，止渴润燥汤。上焦渴，小便自利，白虎汤。中焦渴，大小便俱不利，调胃承气汤。下焦渴，小便赤涩，大便不利，大承气汤。戴院使云：心消之病，往往因嗜欲过度，食啖辛热，以致烦渴，引饮既多，小便亦多，当抑心火使之下降，自然不渴，宜半夏泻心汤，半夏非所宜用。去干姜，加栝蒌、干葛如其数，吞猪肚丸，或酒煮黄连丸，仍佐独味黄连汤，多煎候冷，遇渴恣饮，久而自愈。若因用心过度，致心火炎上而渴者，宜黄芪六一汤，加莲肉、远志各一钱，吞玄兔丹，仍以大麦煎汤，间下灵砂丹。渴欲饮水不止，仲景以文蛤一味捍为散，沸汤和服方寸匕。经验方用大牡蛎，于腊月或端午日，黄泥里煅通赤，放冷，取出为末，用鲫鱼煎汤下一钱匕。盖二药性收涩，最能回津，《纲目》以为咸软非也。《三因方》用糯谷旋炒作爆、桑根白皮厚者切细，等分。每服一两，水一碗，煮至半碗，渴即饮之。夫水谷之气上蒸于肺而化为津，以溉一身，此金能生水之义，二药固肺药也，而又淡渗，故取之。《保命集》用蜜煎生姜汤，大器倾注，时时呷之，法曰，心肺之病，莫厌频而少饮。经云：补上治上宜以缓。又云：辛以润之。开腠理，致津液，肺气下流，故火气降而燥衰矣。有食韭苗而渴愈者，亦辛润之意也。丹溪云：消渴饮缲丝汤，能引清气上朝于口。予谓蚕与马同属午也，心也，作茧成蛹，退藏之际，故能抑心火而止渴焉。饮多停积，有化水丹，又有神仙减水法。东垣治张芸夫病消渴，舌上赤裂，饮水无度，小便数，制方名曰生津甘露饮子。《内经》云：热淫所胜，佐以甘苦，以甘泻之。热则伤气，气伤则无润。折热补气，非甘寒之剂不能，故以石膏之甘寒为君。王太仆云：壮水之主，以制阳光，故以檗、连、栀子、知母之苦寒，泻热补水为臣。以当归、杏仁、麦门冬、全蝎、连翘、白葵花、兰香、甘草，甘寒和血润燥为佐。升麻、柴胡苦平，行阳明、少阳二经。荜澄茄、白豆蔻、木香、藿香反佐以取之。又用桔梗为舟楫，使浮而不下也。为末汤浸，蒸饼和成剂，晒干杵碎，如黄米大。每于掌内舐之，津液送下，不令药过病处也。许学士治一卒病渴，日饮水三斗，不食已三月，心中烦闷，此心中有伏热。与火府丹，每服五十丸，温水下，日三。次日渴止，又次日食进。此方本治淋，用以治渴效，信乎，药贵变通用之。经云：少阳司天之政，三之气，炎暑至，民病渴。又云：少阴之复，渴而欲饮。又云：少阳之复，嗌络焦槁，渴引水浆。是热助心盛而渴，治以诸寒剂，世之所知也。经云：太阳司天，寒气下临，心火上从，嗌干善渴。又云：太阳司天，寒淫所胜，民病嗌干，渴而欲饮。又云：寒水太过，上临太阳，民病渴而妄冒。是寒攻心虚而渴，治以诸热剂，则世之所未知也。东垣云：消渴末传能食者，必发脑疽背疮，不能食者，必传中满鼓胀。《圣济总录》皆为必死不治之证，洁古分而治之，能食而渴者，白虎加人参汤主之。不能食而渴者，钱氏白术散倍加葛根主之。上下既平，不复传下消矣。或曰末传疮疽者何也？此火邪胜也，其疮痛甚而不溃，或溃赤水者是也。经曰：有形而不痛者，阳之类也。急攻其阳，无攻其阴，治在下焦，元气得强者生，失强者死。末传中满者何也？以寒治热，虽方士不能废绳墨而更其道也。然脏腑有远近，心肺位近，宜制小其服，肾肝位远，宜制大其服，皆适其所至所为。故知过与不及，皆诛罚无过之地也。如膈消、中消，制之太急，速过病所，久而成中满之疾。正谓上热未除，中寒复生者，非药之罪，失其缓急之宜也。处方之际，宜加审焉。虽为三条，而分经止渴，中下亦同例，当参考焉。

【中消】者，胃也，渴而多饮，善食而瘦，自汗，大便硬，小便频数赤黄，热能消谷，知热在中焦也。宜下之以调胃承气汤，又三黄丸主之。胃热则善消水谷，可饮甘辛降火之剂，用黄连末、生地、白藕各自然汁，牛乳各一升，熬成膏，和黄连末一斤，丸如桐子大。每服三五十丸，少呷白汤下，日进十服。消渴中消，自古只治燥止渴，误矣。三阳结谓之消，三阳者，阳明也。手阳明大肠主津液所生病，热则目黄口干，是津液不足也。足阳明主血所生病，热则消谷善饥，血中伏火，是血不足也。结者、津液不足，结而不润，皆燥热为病也。此因数食甘美而多肥，故其气上溢转为消渴，治之以兰，除陈气也。不可服膏粱芳草石药，其气悍烈，能助热燥也。越人云：邪在六腑则阳脉不和，阳脉不和则气留之，气留之则阳脉盛矣，阳脉太盛则阴气不得荣也。故肌肉皮肤消削是也。和血益气汤主之。戴云：消脾缘脾经燥热，食物易化，皆为小便，转食转饥。然脾消又自有三,曰消中,曰寒中,曰热中。宜用莲茗饮,加生地黄、干葛各一钱。或乌金散,或止用莲茗饮。顺利散、参蒲丸、加味钱氏白术散、和血益气汤、清凉饮子、甘露膏、黄连猪肚丸、烂金丸、天门冬丸、猪肾荠苨汤。《内经》言大肠移热于胃,善食而瘦,谓之食㑊。胃移热于胆,亦曰食㑊。食㑊者,谓食移易而过,不生肌肤,亦易饥也。东垣云:善食而瘦者,胃伏火邪于气分则能食,脾虚则肌肉削也,即消中也。运气消中皆属热。经云:少阴之胜,心下热善饥。又云:少阳之胜,热客于胃,善饥,治以寒剂是也。针灸消中,皆取于胃。经云:邪在脾胃,阳气有余,阴气不足,则热中善饥,取三里灸。又云:胃足阳明之脉气盛,则身已前皆热,于胃则消谷善饥。热则清之,盛则泻之。

【下消】者,病在下焦,初发为膏淋,谓淋下如膏油之状,至病成,烦躁引饮,面色黧黑,形瘦而耳焦,小便浊而有脂液,治宜养血以分其清浊而自愈矣,以六味地黄丸主之。益火之源以消阴翳,则便溺有节。八味丸。壮水之主以制阳光,则渴饮不思。六味丸。《金匮》治男子消渴,小便反多,如饮水一斗,小便亦一斗,肾气丸主之。子和治肾消,以肾气丸本方内加山药一倍外,桂、附从四时加减,冬一两,春秋五钱,夏二钱半。又法,肾气丸去附子,加五味子一两半。娄全善云:肾消者,饮一溲二,其溲如膏油,即膈消、消中之传变。王注谓肺脏消燥,气无所持是也。盖肺脏气,肺无病则气能管摄津液,而津液之精微者,收养筋骨血脉,余者为溲。肺病则津液无气管摄,而精微者亦随溲下,故饮一溲二而溲如膏油也。筋骨血脉无津液以养之,故其病成,渐形瘦焦干也。然肺病本于肾虚,肾虚则心寡于畏,妄行陵肺,而移寒与之,然后肺病消。故仲景治渴而小便反多,用肾气丸补肾救肺,后人因名之肾消及下消也。或曰:经既云肺消死不治,仲景复用肾气丸治之何也?曰:饮一溲二者,死不治。若饮一未至溲二者,病尚浅,犹或可治。故仲景肾气丸治饮水一斗小便亦一斗之证。若小便过于所饮者,亦无及矣。肾消服滋补丸药外,宜多煎黄芪汤饮之。戴院使云:若因色欲过度,水火不交,肾水下泄,心火自炎,以致渴浊,不宜备用凉心冷剂,宜坚肾水以济心火,当用黄芪饮,加苁蓉、五味各半钱,吞八味丸,及小菟丝子丸、玄菟丹、鹿茸丸、加减安肾丸、或灵砂丹。消肾为病，比诸消[1]为重，古方谓之强中。又谓之内消。多因恣意色欲，或饵金石，肾气既衰，石气独在，精水无所养，故常发虚阳，不交精出，小便无度，唇口干焦，黄芪饮，吞玄兔丹。八味丸、鹿茸丸、加减肾气丸、小菟丝子丸、灵砂丹，皆可选用。未效，黄芪饮加苁蓉、五味、山茱萸各四分，荠苨汤、苁蓉丸、天王补心丹、双补丸、肾沥散、金银箔丸、白茯苓丸。

【通治】三消丸，用好黄连治净为细末，不拘多少，切冬瓜肉，研取自然汁，和成饼，阴干，再为细末，用汁浸和，加至七次，即用冬瓜汁为丸桐子大。每服三十丸，以大麦仁汤入冬瓜汁送下。寻常渴，止一服效。酒色过度，积为酷热，熏蒸五脏，津液枯燥，血泣，小便并多，肌肉消铄，专嗜冷物寒浆，勿投凉剂，以龙凤丸主之。戴云：诸消不宜用燥烈峻补之剂，惟当滋养，除消脾外，心肾二消，宜用黄芪六一汤，或参芪汤吞八味丸，或玄兔丹，或小菟丝子丸。又用竹龙散皆可，又用六神饮，亦治肾消。惟脾消则加当归去黄芪。三消小便既多，大便必秘，宜常服四物汤，润其大肠，如加人参、木瓜、花粉在内，仍煮四皓粥食之，糯米泔折二，亦可冷进。三消久而小便不臭，反作甜气，在溺桶中涌沸，其病为重。更有浮在溺面如猪脂，溅在桶边如柏烛泪，此精不禁，真元竭矣。按消渴小便甜，许学士论之甚详，其理未畅。大抵水之在天地与人身，皆有咸有甘，甘者生气，而咸者死气也，坡仙乳泉赋备矣。小便本咸而反甘，是生气泄也。生气泄者，脾气下陷入肾中也。脾气入肾者，土克水也。三消久之，精血既亏，或目无见，或手足偏废如风疾，然此证消肾得之为多，但用治下消中诸补药，滋生精血自愈。三消病退后而燥渴不解，此有余热在肺经，可用参、苓、甘草少许，生姜汁冷服。虚者可用人参汤。渴病愈后再剧，舌白滑微肿，咽喉咽唾觉痛，嗌肿，时渴饮冷，白沫如胶，饮冷乃止，甘草石膏丸。渴疾愈，须预防发痈疽，黄芪六一汤下忍冬丸。凡诸虚不足，胸中烦躁，时常消渴唇口干燥，或先渴而欲发疮，或病痈疽而后渴者，并宜黄芪六一汤多服。已发者，蓝叶散、

---

〔1〕消：原脱，据修敬堂本补。

玄参散、茅莒丸。消渴后成水气,方书虽有紫苏汤、瞿麦汤、葶苈丸,皆克泄之剂,不若五皮饮送济生肾气丸,及东垣中满分消诸方为妥。

口燥咽干此寻常渴,非三消证。

东垣云:饮食不节,劳倦所伤,以致脾胃虚弱,乃血所生病,主口中津液不行,故口干咽干,病人自以为渴,医以五苓散治之,反加渴燥,乃重竭津液以致危亡。经云:虚则补其母,当于心与小肠中补之,乃脾胃之根蒂也。以甘温之药为之主,以苦寒为之使,以酸为之臣,佐以辛。心苦缓,急食酸以收之。心火旺则肺金受邪,金虚则以酸补之,次以甘温及甘寒之剂,于脾胃中泻心火之亢盛,是治其本也。补中益气汤,加五味子、葛根。《本事方》黄芪汤亦可。戴云:无病自渴,与病瘥后渴者,参术饮、四君子汤、缩脾汤、俱加干葛。或七珍散加木瓜一钱。生料五苓散加人参一钱,名春泽汤。以五苓散加四君子汤,亦名春泽汤,尤是要药。更兼作四皓粥食之。诸病久损,肾虚而渴,并宜八味丸及黄芪饮,四物汤加人参、木瓜各半钱,或七珍散、大补汤并去术,加木瓜如数。诸失血及产妇蓐中渴,名曰血渴。宜求益血之剂,已于吐血证中论之。有无病忽然大渴,少顷又定,只宜蜜汤及缩脾汤之类。折二泔冷进数口亦可。酒渴者,干葛汤调五苓散。又有果木渴,因多食果子所致,药中宜用麝香。

【诊】:髑骬弱小以薄者心脆,肩背薄者肺脆,胁骨弱者肝脆,唇大而不坚者脾[1]脆,耳大不坚者肾脆,皆善病消瘅易伤。心脉微小为消瘅,滑甚为善渴。滑者阳气胜。肺、肝、脾、肾脉微小,皆为消瘅。诸脉小者,阴阳俱不足也。勿取以针,而调以甘药。心脉软而散者,当消渴自已。濡散者,气实血虚。洪大者,阳余阴亏。寸口脉浮而迟,浮为虚,卫气亏;迟为劳,荣气竭。趺阳脉浮而数,浮为风,数消谷。脉实大,病久可治。悬小坚,病久不可治。数大者生。细小浮短者死。病若开目而渴,心下牢者,脉当得紧实而数,反得沉涩而微者,死也。心移寒于肺消者,饮一溲二不治。

---

〔1〕脾:原误作"脉",据《灵枢·本脏》及修敬堂本改。

黄疸食劳疳黄 目黄

色如熏黄,一身尽痛,乃湿病也。色如橘子黄,身不痛,乃疸病也。疸分为五:黄汗、黄疸、谷疸、酒疸、女劳疸。

【黄汗】汗出染衣,黄如檗汁是也。问曰:黄汗之为病,身体肿,一作强[1]。发热汗出而渴,状如风水,汗沾衣,色正黄如檗汁,脉自沉,何从得之? 师曰:以汗出入水中浴,水从汗孔入得之。宜芪芍桂酒汤主之。黄汗之病,两胫自冷,假令发热,此属历节。食已汗出,又身常暮盗汗出者,此劳气也。若汗出已,反发热者,久久其身必甲错。若发热不止者,必生恶疮。若身重,汗出已辄轻者,久久必身瞤,又胸前痛,腰上有汗,腰下无汗,腰髋弛痛,如有物在皮中状,剧者不能食,身疼重,烦躁,小便不利者,此为黄汗,桂枝加黄芪汤主之。按汗出浴水,亦是仲景举一隅耳。多由脾胃有热,汗出逢闭遏,湿与热盦而成者,宜黄芪汤。治阴黄汗染衣,涕唾黄,用蔓菁子捣末,平旦以井花水服一匙,日再,加至两匙,以知为度。每夜小便中浸少许帛子,各书记日,色渐退白则瘥,不过服五升而愈。

【黄疸】食已即饥,遍身俱黄,卧时身体带青带赤,憎寒壮热,此饮食过度,脏腑热,水谷并积于脾胃,风湿相搏,热气熏蒸而得之。师曰:病黄疸,发热烦喘,胸满口燥者,以病发时火劫其汗,两热所得,然黄皆从湿得之,一身发热而黄,肚热,热在里,当下之。黄疸脉浮而腹中和者,宜汗之,桂枝加黄芪汤热服,须臾饮热粥以助药力,取微汗为度,未汗更服。若腹满欲呕吐,懊憹而不和者,宜吐之,不宜汗。黄疸腹满,小便不利而赤,自汗出,此为表和里实,当下之,宜大黄硝石汤。黄疸病,小便色不变,欲自利,腹满而喘,不可除热,热除必哕,哕者,小半夏汤主之。黄疸病,茵陈五苓散主之。

【谷疸】食毕即头眩,心中怫郁不安,遍身发黄。趺阳脉紧而数,数则为热,热则消谷;紧则为寒,食即为满。尺脉浮为伤肾,趺阳脉紧为伤脾。风寒相搏,食谷则眩,谷气不消,胃中苦浊,浊气下

---

[1] 强:《金匮要略》第十四作"重"。

流,小便不通,阴被其寒,热流膀胱,身体尽黄,名曰谷疸。阳明病脉迟者,食难用饱,饱则发烦,头眩[1],小便难,此欲作谷疸,虽下之腹满如故,所以然者,脉迟故也。谷疸之为病,寒热不食,食即头眩,心胸不安,久久发黄为谷疸,茵陈汤主之。续法,谷疸丸、《宝鉴》茵蔯栀子汤、红丸子。

【酒疸】身目发黄[2],则心下懊憹而热,不能食,时时欲吐。足胫满,小便黄,面发赤斑,此因饥中饮酒,大醉当风入水所致。夫病酒黄疸者,必小便不利,其候心中热,足下热,是其证也。酒黄疸者,或无热,静言了了,腹满欲吐,鼻燥,其脉浮者,先吐之;沉弦者,先下之。酒疸,心中热,欲呕者,吐之即愈。酒疸下之,久久为黑疸,目青面黑,心中如啖蒜韭状,大便正黑,皮肤、爪之不仁,其脉浮弱,虽黑微黄,故知之。《三因》白术汤。酒黄疸,心中懊憹,或热痛,栀子大黄汤主之。续法,葛根汤、小柴胡加茵陈、豆豉、大黄、黄连、葛根汤。戴云:饮酒即睡,酒毒熏肺,脾土生肺金,肺为脾之子,子移病而克于母,故黄。又肺主身之皮肤,肺为酒毒熏蒸,故外发于皮而黄。法宜合脾肺而治,宜藿枇饮。葛根煎汤,或栀子仁煎汤,调五苓散。或生料五苓散加干葛一钱,或葛花解酲[3]汤。酒疸发黄,心胸坚满,不进饮食,小便黄赤,其脉弦涩,当归白术汤。酒疸后变成腹胀,渐至面足俱肿,或肿及遍身,宜藿香脾饮加木香、麦蘖各半钱。

【女劳疸】额上黑,微汗出,手足中热,薄暮即发,膀胱急,小便自利,或云小便不利,发热恶寒,此因过于劳伤,极于房室之后,入水所致。腹如水状不治。黄家,日晡时发热而反恶寒,此为女劳得之。膀胱急,少腹满,一身尽黄,额上黑,足下热,因作黑疸。其腹胀如水状,大便黑,或时溏,此女劳之病,非水也,腹满者难治,硝石散主之。续法,加味四君子汤,脾气不健,大便不实者用之。滑石散,小便不利者用之。东垣肾疸汤。

---

[1]头眩:此下原衍"心烦"二字,据《金匮要略》第十五删。
[2]发黄:此下错简"腹如水状不治"六字,据《金匮要略》第十五及下文女劳疸条删。
[3]酲:原作"醒",据四库本改。

【通治】丹溪云：五疸不要分，同是湿热，如盦曲相似，轻者小温中丸，重者大温中丸。按：丹溪之言，已得大意，其用药则未备也。考之《内经》，病有上、中、下之分，有谓目黄曰黄疸者，有谓黄疸暴病，久逆之所生者，及少阴、厥阴司天之政，四之气，溽暑，皆发黄疸者，悉是上焦湿热病也。有谓食已如饥曰胃疸者，与脾风发瘅[1]，腹中热出黄者，又脾脉搏坚而长，其色黄者，《灵枢》谓脾所生病黄瘅，皆中焦湿热病也。有谓溺黄赤，安卧者，黄疸，及肾脉搏坚而长，其色黄者，《灵枢》谓肾所生病，皆下焦湿热也。独张仲景妙得其旨，推之于伤寒证中，或以邪热入里，与脾湿相交则发黄。或由内热已盛，复被火者，两阳熏灼，其身亦黄。或阳明热盛，无汗，小便不利，湿热不得泄亦发黄。或发汗已，身目俱黄者，为寒湿在里不解而黄也。或食难用饱，饱则头眩，必小便难，欲作谷疸。疸者、单也，单阳而无阴也。成无己释诸黄，皆由湿热二者相争则黄。湿家之黄，黄而色暗不明；热盛之黄，其黄如橘子色。大抵黄家属太阴，太阴者，脾之经也。脾属土，黄色，脾经为湿热蒸之，则色见于外。或脉沉小腹不利者，乃血在下焦之黄也。凡此，必须当其病用其药，直造病所，庶无诛伐无过，夭枉之失也。大法宜利小便，除湿热。脉浮，腹中和，宜汗。脉浮，心中热，腹满欲吐者，宜吐。脉沉，心中懊侬，或热痛，腹满，小便不利而赤，自汗出，宜下。脉不浮不沉微弦，腹痛而呕，宜和解。脉沉细无力，身冷而黄，或自汗泄利，小便清白，为阴黄，宜温。男子黄，大便自利，宜补。饥饱劳役，内伤中州，变寒病生黄，非外感而得，宜补。治疸须分新久。新病初起，即当消导攻渗，如茵陈五苓散、胃苓饮、茯苓渗湿汤之类，无不效者。久病又当变法也，脾胃受伤日久，则气血虚弱，必用补剂，如参术健脾汤、当归秦艽散，使正气盛则邪气退，庶可收功。若口淡怔忡，耳鸣脚软，或微寒热，小便赤白浊，又当作虚治。宜养荣汤或四君子汤吞八味丸，五味子、附子者，皆可用。不可过用凉剂强通小便，恐肾水枯竭，久而面黑黄色，不可治矣。然有元气素弱，避渗利之害，过

---

〔1〕瘅：原作"痹"，形近之误，据《素问·玉机真脏论》改。

服滋补，以致湿热愈增者，则又不可拘于久病调补之例也。发汗，桂枝加黄芪汤，麻黄醇酒汤。吐，瓜蒂散、藜芦散、二陈汤探吐。下，栀子大黄汤、大黄硝石汤、黄连散。利小便，五苓散、益元散。除湿热，茵陈五苓散、茯苓渗湿汤。和解，小柴胡汤。搐鼻，瓜蒂散。温，茵陈附子干姜汤。补，养荣汤、补中汤、大小建中汤、理中汤。干黄、燥也，小便自利，四肢不沉重，渴而引饮，栀子檗皮汤。湿黄、脾也，小便不利，四肢沉重，似渴不欲饮者，大茵陈汤。大便自利而黄，有实热者，茵陈栀子黄连三物汤。无实热者，小建中汤。往来寒热，一身尽黄者，小柴胡加栀子汤。腹痛而呕者，小柴胡汤。诸疸，小便不利为里实，宜利小便，或下之。无汗为表实，宜发汗，或吐之，吐中有汗。诸疸，小便黄赤色者为湿热，可服利小便清热渗湿之药。若小便色白，是无热也，不可除热。若有虚寒证者，当作虚劳治之。故仲景云：男子黄，小便自利，当与虚劳小建中汤。若欲自利，腹满而喘，不可除热，而除之必哕，小半夏汤主之。要当详审，勿令误也。海藏云：内感伤寒，劳役形体，饮食失节，中州变寒病生黄，非外感而得，只用理中、大、小建中足矣。不必用茵陈。戴复庵云：诸失血后，多令面黄。盖[1]血为荣，面色红润者，血荣之也。血去则面见黄色，譬之竹木，春夏叶绿，遇秋叶黄，润与燥之别也。宜养荣汤、枳归汤、十全大补汤。妨食者，四君子汤加黄芪、扁豆各一钱，即黄芪四君子汤。加陈皮名异功散。亦有遍身黄者，但不及耳目。病疟后多黄，盖脾受病，故色见于面。宜理脾为先，异功散加黄芪、扁豆各一钱。诸病后黄者皆宜。黑疸已前见酒疸、女劳疸二条，此证多死。宜急治，用土瓜根一斤，捣碎绞汁六合，顿服，当有黄水随小便出，更服之。

　　食劳疳黄一名黄胖。夫黄疸者，暴病也。故仲景以十八日为期。食劳黄者，宿病也，至有久不愈者，故另为此条。

　　大温中丸、小温中丸、暖中丸、枣矾丸。右前三方，以针砂、醋之类伐肝，以术、米之类助脾。后一方，以矾、醋之酸泻肝，以枣肉之甘补脾。实人及田家作苦之人宜之。若虚人与豢养柔脆者，宜

---

〔1〕盖：原误作"为"，据四库本改。

佐以补剂。

目黄　经云:目黄者曰黄疸,亦有目黄而身不黄者,故另为条。

经云:风气自阳明入胃,循脉而上至目眦,其人肥,风气不得外泄,则为热中而目黄。烦渴引饮。河间青龙散主之。黄疸目黄不除,以瓜蒂散搐鼻取黄水。

【诊】:脉沉,渴欲饮水,小便不利者,皆发黄。腹胀满,面痿黄,躁不得睡,属黄家。黄疸之病,当以十八日为期,治之十日以上宜瘥,反剧为难治。疸病,渴者难治。不渴者,可治。脉洪大,大便利而渴者死。脉微小,小便利,不渴者生。发于阴部,其人必呕。发于阳部,其人必振寒而发热。凡黄家,候其寸口脉近掌无脉,口鼻并冷[1]不可治。疸毒入腹喘满者危。凡年壮气实,脉来洪大者易愈。年衰气虚,脉来微涩者难瘥。年过五十,因房劳饮酒,七情不遂而得,额黑呕哕,大便自利,手足寒冷,饮食不进,肢体倦怠,服建中、理中、渗湿诸药不效者,不可为也。

嘈　杂

嘈杂与吞酸一类,皆由肺受火伤,不能平木,木挟相火乘肺,则脾冲和之气索矣。谷之精微不行,浊液攒聚,为痰为饮,其痰亦或从火木之成化酸,肝木摇动中土,故中土扰扰不宁,而为嘈杂如饥状,每求食以自救,苟得少食,则嘈杂亦少止,止而复作。盖土虚不禁木所摇,故治法必当补土伐木治痰饮。若不以补土为君,务攻其邪,久久而虚,必变为反胃,为泻、为痞满、为眩运等病矣。脉洪大者火多,二陈汤加姜汁炒山栀、黄连。脉滑大者痰多,二陈汤加南星、栝蒌、黄芩、黄连、栀子。肥人嘈杂,二陈汤少加抚芎、苍术、白术、炒栀子。脉弦细身倦怠者,六君子汤加抚芎、苍术、白术、姜汁炒栀子。有用消克药过多,饥不能食,精神渐减,四君子加白芍、陈皮、姜汁炒黄连。心悬悬如饥,欲食之时,勿与以食,只服三圣丸佳。心下嘈杂者,导饮丸最妙。

---

[1]并冷:原作"冷并",颠倒之误,据修敬堂本乙转。

欠　嚏

肾主欠嚏。经云:肾为欠为嚏是也。运气欠嚏有三:一曰寒。经云:太阳司天,寒气下临,心气上从,寒清时举,衄嚏,喜悲,数欠是也。二曰火。经云:少阳司天之政,三之气,炎暑至,民病嚏欠是也。三曰湿郁其火。经云:阳明司天之政,初之气,阴始凝,民病中热,嚏欠是也。

【欠伸】经云:二阳一阴发病,主惊骇背痛,善噫善欠。王注云:气郁于胃,故欠生焉。运气欠伸皆属风。经云:厥阴在泉,风淫所胜,病善伸数欠,治以辛是也。《灵枢》口问篇,黄帝曰:人之欠者,何气使然? 岐伯曰:卫气昼日行于阳,夜半则行于阴,阴者主夜,夜者卧;阳者主上,阴者主下,故阴气积于下,阳气未尽,阳引而上,阴引而下,阴阳相引故数欠。阳气尽,阴气盛,则目瞑;阴气尽,阳气盛,则寤矣。泻足少阴,补足太阳。针灸欠伸有二法:此其一也。其二取胃。经云:胃足阳明之脉,是动则病振寒,善伸数欠,视盛、虚、热[1]、寒、陷下调之也。仲景云:中寒家,善欠。

【嚏】《灵枢》口问篇,黄帝曰:人之嚏者,何气使然? 岐伯曰:阳气和利,满于心,出于鼻,故为嚏。补足太阳荥、眉本。一曰眉上也。运气嚏有三:一曰热火。经云:少阴司天之政,热病生于上,民病血溢,衄嚏。又云:少阴司天,热气下临,肺气上从,病嚏衄衊。又云:少阴之复,燠热内作,烦躁衄嚏。又云:少阳所至为衄嚏。又云:少阳司天,火气下临,肺气上从,咳嚏衄衊。治以诸寒是也。二曰金不及火乘之。经曰:金不及曰从革,从革之纪,其病嚏咳衄衊,从火化者是也。三曰燥金。经云:阳明所至,为衄嚏是也。刘河间云:嚏,鼻中因痒而气喷作于声也。鼻为肺窍,痒为火化,心火邪热干于阳明,发于鼻而痒则嚏也。或故以物扰之痒而嚏者,扰痒属火故也。或视日而嚏者,由目为五脏神华,太阳真火晃曜于目,心神躁乱而热发于上,则鼻中痒而嚏也。仲景云:其人清涕出,发热色和者善嚏。

---

〔1〕热:原误作"实",据修敬堂本改。

大 小 腑 门[1]

泄泻滞下总论

泄泻之证,水谷或化或不化,并无努责,惟觉困倦。若滞下则不然,或脓或血,或脓血相杂,或肠垢或无糟粕,或糟粕相杂。虽有痛不痛之异,然皆里急后重,逼迫恼人。

洁古论曰:脏腑泻利,其证多种,大抵从风湿热论之,是知寒少热多,寒则不能久也。故曰暴泄非阴,久泄非阳。论云:春宜缓形,形缓动则肝木乃荣,反静密则是行秋令,金能制木,风气内藏,夏至则火盛而金去,独火木旺而脾土损矣。轻则餐泄,身热脉洪,谷不能化。重则下利,脓血稠粘,里急后重。故曰诸泄稠粘,皆属于火。经曰:溲而便脓血,知气行而血止也。宜大黄汤下之,是为重剂。黄芩芍药汤,是为轻剂。是实则泄其子,木能自虚而脾土实矣。故经曰:春伤于风,夏为餐泄。此逆四时之气,人所自为也。此一节热泄,所谓滞下也。有自太阴脾经受湿,而为水泄虚滑,身重微满,不知谷味。假令春宜益黄散补之,夏宜泄之。法云宜补、宜泄、宜和、宜止。和则芍药汤,止则诃子汤。久则防变而为脓血,是脾经传受于肾,谓之贼邪,故难愈也。若先利而后滑,谓之微邪,故易安也。此皆脾土受湿,天之所为也。虽圣智不能逃,口食味,鼻食气,从鼻

证治准绳第六册

金坛王肯堂 辑

---

〔1〕大小腑门:原脱,据本册目录补。

而入，留积于脾，而为水泄也。此一节湿泄，所谓泄泻也。有厥阴经动下利不止，其脉沉而迟，手足厥逆，脓血稠粘，此为难治，宜麻黄汤、小续命汤汗之。法云谓有表邪缩于内，当散表邪而自愈。此一节风泄，所谓久泄也。有暴下无声，身冷自汗，小便清利，大便不禁，气难布息，脉微呕吐，急以重药温之，浆水散是也。此一节寒泄，所谓暴泄也。故法曰后重者宜下，腹痛者宜和，身重者宜除湿，脉弦者去风。脓血稠粘者，以重药竭之。身冷自汗者，以毒药温之。风邪内缩者，宜汗之则愈。鹜溏为利，宜温之而已。又曰在表者发之，在里者下之，在上者涌之，在下者竭之。身表热者内疏之，小便涩者分利之。又曰盛者和之，去者送之，过者止之。兵法云：避其来锐，击其惰归，此之谓也。凡病泄而恶寒，太阴传少阴，为土来克水也。用除湿白术、茯苓，安脾芍药，桂枝、黄连破血。火邪不能胜水，太阴经不能传少阴，而反助火邪上乘肺经，而痢必白脓也，加当归、芍药之类是已。又里急后重，脉大而洪实，为里实证，而痛甚是有物结坠也，宜下之。若脉浮大，慎不可下。虽里急后重，脉沉细而弱者，谓寒邪在内而气散也，可温养而自安。里急后重闭者，大肠气不宣通也。宜加槟榔、木香，宣通其气。若四肢慵倦，小便少或不利，大便走[1]沉困，饮食减少，宜调胃去湿，白术、芍药、茯苓三味水煎服。白术除脾胃之湿，芍药除胃之湿热，四肢困倦，茯苓能通水道走湿。如发热恶寒腹不痛，加黄芩为主。如未见脓而恶寒，乃太阴欲传少阴也，加黄连为主，桂枝佐之。如腹痛甚，加当归、倍芍药。如见血加黄连为主，桂枝、当归佐之。如烦躁[2]或先便白脓后血，或发热，或恶寒，非黄连不能止上部血也。如恶寒脉沉，先血后便，非地榆不能除下部血也。如恶寒脉沉，或腰痛，或脐下痛，非黄芩不能除中部血也。如便脓血相杂而脉浮大，慎勿以大黄下之，下之必死，谓气下竭也，而阳无所收。凡阴阳不和，惟以分阴阳之法治之。又曰：暴泄非阴，久泄非阳。有热者脉疾，身动声亮，暴注下迫，此阳也。

---

〔1〕大便走：此下《洁古家珍》有"泄"字。
〔2〕躁：原作"燥"，据集成本改。

寒者脉沉而细,身困,鼻息微者,姜附汤主之。身重不举,术附汤主之。渴引饮者,是热在膈上,水多入则自胸膈入胃中,胃本无热,因不胜其水,胃受水攻,故水谷一时下。此证当灸大椎三五壮立已,乃督脉泻也。如用药使,车前子、雷丸、白术、茯苓之类,五苓散亦可。又有寒泄者,大腹满而泄。又有鹜溏者,是寒泄也。鹜者、鸭也,大便如水,其中有少结粪者是也。如此者,当用天麻、附子、干姜之类。又法曰泄有虚实寒热,虚则无力,不及拈衣,未便已泄出,谓不能禁固也。实则数至圊而不便,俗云虚坐努责是也。里急后重,皆依前法,进退大承气汤主之。太阳病为挟热痢,凉膈散主之。表证误下,因而下利不止,为挟热利。阳明为痼瘕,进退大承气汤主之。太阴湿胜濡泻,不可下,而可温,四逆汤主之。少阴蛰风不动,禁固可涩,赤石脂丸、干姜汤主之。厥阴风泄以风治,宜小续命汤、消风汤主之。少阳风气自动,大柴胡汤主之。胃泄,饮食不化,色黄。承气汤。脾泄,腹胀满泄注,食即呕吐逆。建中、理中汤。大肠泄,食已窘迫,大便色白,肠鸣切痛。干姜附子汤。小肠泄,溲而便脓血,少腹痛。承气汤。大瘕泄,里急后重,数至圊而不能便,茎中痛。五泄之病,胃、小肠、大瘕三证,皆以清凉饮子主之,其泄自止。厥阴证,加甘草以缓之。少阴证,里急后重加大黄。又有太阴、阳明二证,当进退大承气汤主之。太阴证,不能食是也,当先补而后泄之,乃进药法也。先煎厚朴半两,制,水煎,二三服后,未已,谓有宿食未消,又加枳实二钱,同煎,二三服泄又未已,如稍进食,尚有热毒,又加大黄三钱推过,泄止住药。如泄未已,为肠胃有久尘垢滑粘,加芒硝半合,宿垢去尽则愈也。阳明证,能食是也,当先泄而后补,谓退药法也。先用大承气汤五钱,水煎服,如利过泄未止,去芒硝;后稍热退,减大黄一半,再煎两服,如热气虽已,其人必腹满,又减去大黄,与枳实厚朴汤,又煎三两服;如腹满退,泄亦自愈,后服厚朴汤数服则已。按进退承气法,须审之脉证的,知有积热,及形病俱实,而后可下。此以上虽出《洁古家珍》、东垣《活法机要》而多出于刘河间《保命集》之文,故其用药于疏荡为多,观者会其意,毋泥其辞可矣。东垣云:胃气和平,饮食入胃,精气则输于脾,上归于肺,行于百脉,而养荣卫也。若饮食一伤,起居不时,损其胃气,则上升精华之气反下降,是为飧泄,久则太阴传少阴而为肠澼。假令伤寒冷饮食,䐜满而胀,传为飧泄者,宜温热之剂以消导之。伤湿热之物而成脓血者,宜苦寒之剂以内疏之。风邪下陷者升举之。湿气内盛者分利之。里急者下之。后重者调之。腹痛者和之。洞泄肠鸣无力,不及拈衣,其脉细微而弱者,温之收之。脓血稠粘,数至圊而不能便,其脉洪大而有力者,下之寒之。大抵治病,当求其所因,察何气之胜,取相克之药平之,随其所利而利之,以平为期。此治之大法也。泻利久不止,或暴下者,皆太阴受病,不可离甘草、芍药。若不受湿则不利,故须用白术。是以圣人立法,若四时下利,于芍药、白术内,春加防风,夏加黄芩,秋加厚朴,冬加桂、附。然更详外证寒热处之,如里急后重,须加大黄。如身困倦,须用白术。若自汗逆冷气息微,加桂、附以温之。如或后重,脓血稠粘,虽在盛冬,于温药内亦加大黄。

【诊】胃脉虚则泄。脉滑按之虚绝者,其人必下利。肺脉小甚为泄。小者,气血皆虚。肾脉小甚为洞泄。小者,气血皆少,肾主闭藏,今气血俱少,无以闭藏,故泄。尺寒脉细,谓之后泄。尺肤寒,其脉小者,泄,少气。下利脉沉弦者,下重。下利寸口反浮数,尺中自涩者,必清脓血[1]。病[2]若腹大而泄者,脉当细微而涩,反紧大而滑者死。泄而脉大者,难治。病泄脉洪大,是逆也。泄注脉缓,时小结者生,浮大数者死。下利脉大为不止。下利日十余行,脉反实者死。大便赤瓣,飧泄脉小者,手足寒难已。飧泄脉小,手足温易已。腹鸣而满,四肢清泄,其脉大,是逆也。如是者,不过十五日死矣。腹大胀,四末清,脱形泄甚,是逆也。如是者,不及一时死矣。下利,手足厥冷无脉者,灸之不温,若脉不还,反微喘者死。下利后脉绝,手足厥冷,晬时脉还,手足温者生,脉不还者死。病者痿黄,燥而不渴,胸中寒而利不止者死。假令下利,寸口关上尺中悉不见脉,然尺中

---

〔1〕血:原脱,据《金匮要略》第十七补。
〔2〕病:此上原衍“溲”字,据《难经》十七难删。

时一小见,脉再举头者,肾气也。若见损脉来,为难治。下利如鱼脑者,半死半生。下利如尘腐色者死。纯血者死。如屋漏汁者死。下利如竹筒注者,不可治。脉细,皮寒,气少,泄利前后,饮食不入,此谓五虚,不治。若用参术膏早救之,亦有生者。下则泄泻,上则吐痰,皆不已,为上下俱脱,死。

泄　泻

　　《金匮》下利病脉证并治:夫六府气绝于外者,手足寒,上气脚缩。五脏气绝于内者,利不禁,甚者手足不仁。下利,脉沉弦者下重,脉大者为未止,脉微弱数为欲自止,虽发热不死。下利,手足厥冷无脉者,灸之不温,若脉不还,反微喘者死。少阴负趺阳者,为顺也。下利,有微热而渴,脉弱者,当自愈。下利,脉数有微热,汗出,今当自愈。设脉紧,为未解。下利,脉数而渴者当自愈,设不差[1],必清脓血,以有热也。清,古圊字。下利,脉反弦,发热身汗者,自愈。下利气者,当利小便。下利,寸脉反浮数,尺中自涩者,必清脓血。下利清谷,不可攻其表,汗出必胀满。下利脉沉而迟,其人面少赤,身微热,下利清谷者,必郁冒,汗出而解,病人必微厥,所以然者,其面戴阳,下虚故也。下利后脉绝,手足厥冷,晬时脉还,手足温者生,脉不还者死。下利腹胀满,身体疼痛者,先[2]温其里,后攻其表,温里宜四逆汤,攻表宜桂枝汤。下利,三部脉[3]皆平,按之心下坚者,急下之,宜大承气汤。下利脉迟而滑者,实也。利未欲止,急下之,宜大承气汤。下利脉反滑者,当有所去,下乃愈,宜大承气汤。下利已瘥,至年[4]月日时复发者,以病不尽故也。当下之,大承气汤。以上数承气汤,本虚者当别议。下利谵语者,有燥矢故也。小承气汤主之。下利便脓血者,桃花汤主之。热利下重者,白头翁汤主之。下利后更烦,按之心下濡者,为虚烦也,栀子豉汤主之。下利清谷,里

---

〔1〕不差:原脱,据《金匮要略》第十七补。

〔2〕先:原作"必",据《金匮要略》第十七改。

〔3〕脉:原脱,据《金匮要略》第十七补。

〔4〕年:原作"半",形近之误,据修敬堂本改。

寒外热，汗出而厥者，通脉四逆汤主之。下利腹痛，紫参汤主之。干呕下利，黄芩汤主之。上此下利一章，后世名医诸书，皆以为法。古之所谓下利，即今之所谓泄泻也。内有治伤寒数方，仲景用治杂病，今全录之，使后人知云治伤寒有法，治杂病有方者非也。伤寒杂病同一法矣。

　　丹溪云：有湿、有气虚、火、痰、食积。戴复庵云：泻水腹不痛者，湿也。饮食入胃，辄后之，完谷不化者，气虚也。腹痛泻水，肠鸣，痛一阵泻一阵者，火也。或泻或不泻，或多或少者，痰也。腹痛甚而泻，泻后痛减者，食积也。湿多成五泄。戴云：餐泄者，水谷不化而完出，湿兼风也。溏泄者，渐下污积粘垢，湿兼热也。鹜泄者，所下澄彻清冷，小便清白，湿兼寒也。濡泄者，体重软弱，泄下多水，湿自甚也。滑泄者，久下不能禁固，湿胜气脱也。湿泻脉濡细，乃太阴经脾土受湿，泄水虚滑，身重微满，不知谷味，口不渴，久雨泉溢河溢，或运气湿土司令之时，多有此疾。宜除湿汤吞戊己丸，佐以胃苓汤，重者术附汤。东垣云：予病脾胃久衰，视听半失，此阴盛乘阳，加之气短，精神不足，此由弦脉令虚，多言之过也。皆阳气衰弱不得舒伸，伏匿于阴中耳。癸卯岁六七月间，淫雨阴寒，逾月不止，时人多病泄利。一日予体重肢节疼痛，大便泄并下者三，而小便闭塞。思其治法，按《内经》标本论，大小不利，无问标本，先利小便。又云：在下者引而竭之，亦是先利小便也。又云：诸泄利，小便不利，先分利[1]之。又云：治湿不利小便，非其治也。皆言当利小便，必用淡味渗泄之剂以利之，是其法也。噫，圣人之法，虽布在方策，其不尽者，可以意求耳。今客邪寒湿之淫，从外而入里，以暴加之，若从以上法度，用淡渗之剂以除之，病虽即已，是降之又降，是复益其阴，而重竭其阳，则阳气愈削而精神愈短矣。是阴重强、阳重衰，反助其邪之谓也。故必用升阳风药即瘥，以羌活、独活、柴胡、升麻各一钱，防风根半钱，炙甘草半钱，同咬咀，水二钟煎至一盏，去渣稍热服。大法云：湿寒之胜，助风以平之。又曰：下者举之，

---

〔1〕利：原作"别"，文义不属，为形近之误，今改。

得阳气升腾而去矣。又法云：客者除之，是因曲而为之直也。夫圣人之法，可以类推，举一而知百者也。若不达升降浮沉之理，而一概施治，其愈者幸也。湿兼寒泻，《内经》曰：湿胜则濡泄。《甲乙经》云：寒气客于下焦，传为濡泄。夫脾者，五脏之至阴，其性恶寒湿。今寒湿之气内客于脾，故不能裨助胃气腐熟水谷，致清浊不分，水入肠间，虚莫能制，故洞泄如水，随气而下，谓之濡泄。法当除湿利小便也，治之以对金饮子。湿兼热泻，益元散、参萸丸。湿兼风，见餐泄条。寒泻，脉沉细或弦迟，身冷口不渴，小便清白，或腹中绵绵作疼，宜理中汤、附子温中汤、浆水散。暴泄如水，周身汗出，一身尽冷，脉沉而弱，气少而不能语，甚者加吐，此谓紧病，宜以浆水散治之。若太阳经伤动，传太阴下利，为鹜溏，大肠不能禁固，卒然而下，中有硬物，欲起而又下，欲了而又不了，小便多清，此寒也，宜温之。春夏桂枝汤，秋冬白术汤。理中汤治泄泻，加橘红、茯苓各一两，名补中汤。若溏泄不已者，于补中汤内加附子一两，不喜饮食，水谷不化者，再加砂仁一两，共成八味。仲景云：下利不止，医以理中与之，利益甚。理中者，理中焦。此利在下焦，赤石脂禹余粮汤主之。用此加法则能理下焦矣。戴云：寒泻，寒气在腹，攻刺作痛，洞下清水，腹内雷鸣，米饮不化者，理中汤，或附子补中汤，吞大已寒丸，或附子桂香丸。畏食者，八味丸。元是冷泻，因泻而烦躁引饮，转饮转泻者，参附汤、连理汤。如寒泻服上药未效，宜木香汤，或姜附汤、六柱汤，吞震灵丹、养气丹。手足厥逆者，兼进朱砂丹。药食方入口而即下者，名曰直肠，难治。如泻已愈，而精神未复旧者，宜十补饮。寒泻腹中大疼，服前药外，兼进乳豆丸。服诸热药以温中，并不见效，登圊不迭，秽物随出，此属下焦。宜桃花丸二五粒，诃梨勒丸以涩之。按戴方多过于亢热，用者审之。热泻，脉数疾或洪大，口干燥，身多动，音声响亮，暴注下迫，益元散加芩、连、灯心、淡竹叶之属。泄而身热，小便不利，口渴者，益元、五苓。若火多，四苓加木通、黄芩。泄而困倦不便者，及脉数虚热者，宜参、术、滑石、芩、通。泄而脉滑坚者，实热。宜大承气汤。戴云：热泻，粪色赤黄，弹响作疼，粪门焦痛，粪出谷道，犹如汤热，烦渴，小便不利，宜五苓散吞香连丸。凡泻津液既去，口必渴，小便多是赤涩，未可便作热论，的知热泻，方用冷剂。不然，勿妄投以致增剧。玉龙丸，治一切伏暑泄泻神效。理中汤加茯苓、黄连，名连理汤，用之多有奇功。且如今当暑月，若的知暑泻，自合用暑药，的知冷泻，自合用热药，中间有一等盛暑，又复内伤生冷，非连理汤不可。下泄无度，泄后却弹过响，肛门热，小便赤涩，心下烦渴，且又喜冷，此药为宜。若元是暑泻，经久下元虚甚，日夜频并，暑毒之势已，然而泻不已，复用暑药，则决不能取效，便用姜附辈，又似难施，疑似之间，尤宜用此。气泻，肠鸣气走，胸膈痞闷，腹急而痛，泻则腹下稍可，须臾又急，亦有腹急气塞而不通者，此由中脘停滞，气不流转，水谷不分所致。戴法用大七香丸，入米煎服。久而不愈者，五膈宽中散吞震灵丹，仍佐以米饮调香附末。调气散。《金匮》诃梨勒散，治气利。气虚泻，用四君子汤加曲、蘗、升、柴，吞二神加木香丸。积滞泄泻，腹必耕痛方泄者是也。或肚腹满，按之坚者亦是也。受病浅者，宜神曲之类消导之。病深而顽者，必用进退承气之类，下之方安。伤食泻，因饮食过多，脾胃之气不足以运化而泻。其人必噫气如败卵臭，宜治中汤加砂仁半钱，曲蘗枳术丸。或七香丸、红丸子杂服。食积腹疼而泻，不可遽用治中兜住，宜先用消导推荡之药。或因食一物过伤而泻，后复食之即泻者，以脾为所伤未复而然，宜大建脾汤，寒者可用。仍烧所伤之物，存性为末，三五钱重，调服。因食冷物停滞伤脾，脾气不暖，所食之物，不能消化，泻出而食物如故，宜治中汤加干葛，吞酒煮黄连丸。有脾气久虚，不受饮食者，食毕即肠鸣腹急，尽下所食之物方快，不食则无事，俗名录食泻，经年累月，宜快脾丸。因伤于酒，每晨起必泻者，宜理中汤加干葛，吞酒煮黄连丸。或葛花解酲[1]汤吞之。因伤面而泻者，养胃汤加莱菔子炒研一钱，痛者更加木香五分，泻甚者去藿香，加炮姜如其数。痰泻，二陈汤、海石、青黛、黄芩、神曲、姜汁、竹沥为丸。每服三五十丸。少者必用吐法，吐之方愈。一男子夜数如厕，或教以生姜一两，碎之，半夏

---

〔1〕酲：原作"醒"，形近之误，据四库本改。

汤洗,与大枣各三十枚,水一升,磁瓶中慢火烧为熟水,时时呷之,数日便已。每日五更即泄泻,有酒积、有寒积、有食积、有肾虚,俗呼脾肾泄。有人每早须大泻一行,或腹痛,或不腹痛,空心服热药亦无效。有人教以夜食前,又进热药一服遂安,后如此常服愈。盖暖药虽平旦服之,至夜力已尽,无以敌一夜阴气之故也。有人每五更将天明时必溏利一次,有人云此名肾泄,服五味子散顿愈。有人久泄,早必泄一二行,泄后便轻快,脉滑而少弱,先与厚朴和中丸五十丸,大下之后,以白术为君,枳壳、半夏、茯苓为臣,厚朴、炙甘草、芩、连、川芎、滑石为佐,吴茱萸十余粒为使,生姜煎服,十余贴而愈。戴云:有每日五更初洞泻,服止泻药并无效,米饮下五味丸,或专以北五味煎饮。虽节省饮食,大段忌口,但得日间上半夜无事,近五更其泻复作。此病在肾分。水饮下二神丸及椒朴丸,或平胃散下小茴香丸。二神丸合五味子散,名为四神丸,治泻尤妙。小便不利而泄,若津液偏渗于大肠,大便泻而小便少者,用胃苓散分利之。若阴阳已分而小便短少,此脾肺气虚不能生水也,宜补中益气汤加麦门、五味。阴火上炎而小便赤少,此肺气受伤不能生水也,用六味地黄丸加麦门、五味。肾经阴虚,阳无所生,而小便短少者,用滋肾丸、肾气丸。肾经阳虚,阴无所化,而小便短少者,用益气汤、六味丸。若误用渗泄分利,复伤阳气,阴无所生,而小便益不利,则肿胀之证作而疾危矣。凡大便泄,服理中汤,小便不利,大便反泄,不知气化之过。本肺不传化,以纯热之药治之,是以转泄,少服则不止,多服则愈热,所以不分。若以青皮、陈皮之类治之则可。经云:膀胱者,州都之官,津液藏焉,气化则能出矣。泄而口渴引饮,此为津液内亡,用钱氏白术散,或补中益气汤。肾水不足之人患泄,或过服分利之剂而渴者,加减八味丸。失治,必变小便不利,水肿胀满等危证矣。水渍入胃,名为溢饮滑泄,渴能饮水,水下复泄,泄而大渴,此无药证,当灸大颧。在第一椎下陷中。滑泻,东垣云:中焦气弱,脾胃受寒冷,大便滑泄,腹中雷鸣,或因误下,末传寒中,复遇时寒,四肢厥逆,心胃绞痛,冷汗不止,此肾之脾胃虚也。沉香温胃丸治之。薛氏曰:前证若脾胃虚寒下陷者,用补中益气汤,加木香、肉豆蔻、补骨脂。若脾气虚寒不禁者,用六君子汤,加炮姜、肉桂。若命门火衰,脾土虚寒者,用八味丸。若脾肾气血俱虚者,用十全大补汤送四神丸。若大便滑利,小便闭涩,或肢体渐肿,喘嗽唾痰,为脾肾气血俱虚。宜用十全大补汤送四神丸[1]。若大便滑利,小便闭涩,或肢体渐肿,喘嗽唾痰,为脾胃[2]亏损,宜《金匮》加减肾气丸。《保命集》云:虚滑久而不止者,多传变为利,太阴传少阴是为鬼邪,先以厚朴枳实汤,防其传变。按此法实者用之,虚者不若四神丸实肾之为得也。收涩之剂,固肠丸、诃子散,皆治热滑。扶脾丸、桃花丸、诃子丸、赤石脂禹余粮汤,皆治寒滑。泻已愈,至明年此月日时复发者,有积故也。脾主信,故至期复发。热积,大承气汤。寒积,感应丸。虚者,以保和丸加三棱、蓬术之属投之。赵以德云:昔闻先生言泄泻之病,其类多端,得于六淫五邪、饮食所伤之外,复有杂合之邪,似难执法而治,乃见先生治气暴脱而虚,顿泻,不知人,口眼俱闭,呼吸微甚,殆欲绝者,急灸气海,饮人参膏十余斤而愈。治阴虚而肾不能司禁固之权者,峻补其肾。治积痰在肺,致其所合大肠之气不固者,涌出上焦之痰,则肺气下降,而大肠之虚自复矣。治忧思太过,脾气结而不能升举,陷入下焦而成泄泻者,开其郁结,补其脾胃,使谷气升发也。凡此之类,不可枚举。因问先生治病何其神也,先生曰无他,圆机活法,具在《内经》,熟之自得矣。

【餐泄】水谷不化而完出是也,《史记·仓公传》迥风即此。经云:清气在下,则生餐泄。又曰:久风入中,则为肠风餐泄。夫脾胃土也,气冲和以化为事,今清气下降而不升,则风邪久而干胃,是木贼土也,故冲和之气不能化而令物完出,谓之餐泄。或饮食太过,肠胃所伤,亦致米谷不化,此俗呼水谷利也。法当下者举之而消克之也,以加减木香散主之。东垣云:清气在下者,乃人之脾胃气衰,不能升发阳气,故用升麻、柴胡,助甘辛之味,以引元气之升,不令下陷为餐泄也。又云:凡泄则水谷不化,谓之餐泄。是清气在下,

---

〔1〕小便闭涩……送四神丸:此段文字,其叙证与下文重,治疗与上文重,疑为衍文。
〔2〕胃:据医理疑为"肾"之误。

乃胃气不升，上古圣人皆以升浮药扶持胃气，一服而愈，知病在中焦脾胃也。《脉诀》曰：湿多成五泄。湿者，胃之别名也。病本在胃，真气弱。真气者，谷气也。不能克化饮食，乃湿盛故也。以此论之，正以脾胃之弱故也。初病夺食，或绝不食一二日，使胃气日胜，泄不作也。今已成大泄矣，经云：治湿不利小便，非其治也。又云：下焦如渎。又云：在下者引而竭之。惟此证不宜。此论其病得之于胃气下流，清气不升，阳道不行，宜升宜举，不宜利小便。《灵枢》云：头有疾，取之足，谓阳病在阴也。足有疾，取之上，谓阴病在阳也。中有疾，傍取之。傍者，少阳甲胆是也。中者、脾胃也。脾胃有疾，取之足少阳。甲胆者，甲风是也，东方春也。胃中谷气者，便是风化也。作一体而认，故曰胃中湿胜而成泄泻，宜助甲胆风胜以克之，又是升阳助清气上行之法也。又一说，中焦元气不足，溲便为之变，肠为之苦鸣，亦缘胃气不升，故令甲气上行。又云：风胜湿也。大抵此证，本胃气弱，不能化食，夺食则一日而可止。夫夺食之理，为胃弱不能克化，食则为泄，如食不下何以作泄，更当以药滋养元气令和，候泄止渐与食，胃胜则安矣。若食不化者，于升阳风药内加炒曲同煎。兼食入顿至心头者，胃之上口也，必口沃沫，或食入反出，皆胃土停寒，其右手关脉中弦，按之洪缓，是风热湿相合，谷气不行，清气不升，为弦脉之寒所隔，故不下也。曲之热亦能去之。若反胃者，更加半夏、生姜，入于风药内同煎。夺食少食，欲使胃气强盛也。若药剂大则胃不胜药，泄亦不止，当渐渐与之。今病既久，已至衰弱，当以常法治之，不可多服饵也。人之肉，如地之土，岂可人而无肉，故肉消尽则死矣。消瘦之人，有必死者八，《内经》有七，《外经》有一。又病肌肉去尽，勿治之，天命也。如肌肉不至瘦尽，当急疗之，宜先夺食而益胃气，便与升阳。先助真气，次用风药胜湿，以助升腾之气，病可已矣。余皆勿论，此治之上法也。治用升阳除湿汤之类是也。春伤于风，夏生飧泄，木在时为春，在人为肝，在天为风。风者、无形之清气也，当春之时，发为温令，反为寒折，是三春之月行三冬之令也，以是知水为太过矣。水既太过，金肃愈严，是所胜者乘之而妄行也。所胜者乘之，则木虚明矣。故经曰：从后来者为虚邪。木气既虚,火令不及,是所生者受病也,故所不胜者侮之,是以土来木之分,变而为飧泄也。故经曰:清气在下,则生飧泄。以其湿令当权,故飧泄之候,发之于夏也。若当春之时,木不发生,温令未显,止行冬令,是谓伤卫,以其阳气不出地之外也,当以麻黄汤发之。麻黄味苦,味之薄者,乃阴中之阳也。故从水中补木而泻水,发出津液为汗也。若春木既生,温令已显,阳气出于地之上,寒再至而复折之,当以轻发之,谓已得少阳之气,不必用麻黄也。春伤于风,夏生飧泄,所以病发于夏者,以木绝于夏,而土旺于长夏,湿本有下行之体,故飧泄于夏也。不病于春者,以其春时风虽有伤,木实当权,故飧泄不病于木之时,而发于湿之分也。经曰:至而不至,是为不及,所胜妄行,所不胜者薄之,所生者受病,此之谓也。仲景法,下利清谷,里寒外热,汗出而厥者,通脉四逆汤主之。河间法,飧泄,风冷入中,泄利不止,脉虚而细,日夜数行,口干腹痛不已,白术汤主之。东垣云:泄利飧泄,身热,脉弦腹痛而渴,及头痛微汗,宜防风芍药汤。东垣所云:内动之风也。经云:春伤于风,夏生飧泄。又云:久风为飧泄。又云:虚邪之中人也,始于皮肤,留而不去,传舍于络脉;留而不去,传舍于经;留而不去,传舍于输;留而不去,传舍于伏冲之脉;留而不去,传舍于肠胃。在肠胃之时,贲响腹胀,多寒则肠鸣飧泄,食不化,则非内动之风也。洁古云:大渴引饮,多致水谷一时下者,宜灸大椎三五壮,或用车前子、雷丸、白术、茯苓及五苓散等药渗之。又如久风为飧泄者,则不饮水而谷完出,治法当以宣风散导之,后服苍术防风汤。飧泄以风为根,风非汗不出。有病此者,腹中雷鸣,泄注水谷不分,小便涩滞,皆以脾胃虚寒故耳,服豆蔻、乌梅、粟壳、干姜、附子,曾无一效,中脘脐下灸已数千,燥热转甚,津液涸竭,瘦削无力,饮食减少。延予视之,予以应象论曰,热气在下,水谷不分,化生飧泄,寒气在上,则生膜胀,而气不散何也,阴静而阳动故也。诊其脉两手皆浮大而长,身表微热,用桂枝麻黄汤,以姜枣煎。大剂连进三服,汗出终日,至旦而愈。次以胃风汤和其脏腑,调养阴阳,食进而愈。经云:脾虚则腹满肠鸣,泄食不化。又云:飧泄取三阴。三阴者,太阴也。宜补中益气汤,以白芍药代当归主之。又云:

肾藏志,志有余,腹胀餐泄,泻然筋血。又云:肝足厥阴之脉,所生病者,胸满呕逆,餐泄,视盛、虚、寒、热、陷下施法。此皆内因无风者也。

滞下 即痢疾

　　古以赤为热,白为冷。至金河间、李东垣始非之。刘谓诸痢皆由乎热,而以赤属之心火,黄属之脾土,白属之肺金,青属肝木,黑乃热之极而反兼肾水之化。其诸泻利皆兼于湿,湿主于痞,以致怫郁,气不得宣通,湿热甚于肠胃之中,因以成肠胃之燥,故里急后重,小便赤涩。谓治诸痢,莫若以辛苦寒药而治,或微加辛热佐之。辛能开郁,苦能燥湿,寒能胜热,使气宣平而已。行血则便血自愈,调气则后重自除。李从脾胃病者而论,则曰上逆于肺为白,下传于阴为赤。《卫生宝鉴》因谓太阴主泻,传于少阴为痢。由泄亡津液而火就燥,肾恶燥,居下焦血分也,其受邪者,故便脓血。然亦赤黄为热,青白为寒。丹溪谓滞下,因火热下迫而致里急后重,用刘氏之治湿热,李氏之保脾土,更复一一较量气血虚实以施治。三家皆发前代之未发,而举其要也。予尝因是而研究之,自其五色分五脏者言,则可见湿热之中,具有五邪之相挟。自其上逆下传气血者言,则可见五脏六腑十二经脉之气血,诸邪皆得伤之,而为痢之赤白。本自其湿热为病者言,则可见由来致成湿热之故非一端。自其分痢有虚实者言,则可见凡在痢病者中所有之证,如烦躁者,咽干舌黑者,哕噫后重者,腹痛者,胀满者,脚痛肿弱之类,悉有虚实之殊。是故予于痢证,直断之种种为邪入胃以成湿热,经脏[1]受伤,其气伤则病于肺,血伤则传于心,心肺者,气血之主也,气血所行之方既病,安得不归所主之脏乎。而大小肠者,心肺之合也,出纳水谷,糟粕转输之官。胃乃大小肠之总司,又是五脏六腑十二经脉禀气之海。苟有内外之邪,凡损伤于经脏者,或移其邪入胃,胃属土,湿之化,胃受邪则湿气不化,怫郁而成湿热矣。或心肺移气血之病,传之于合,大肠独受其病,则气凝注而成白痢,小肠独受其病,则血凝

---

〔1〕脏:原作"经",文义不属,据下文"损伤于经藏者"句改。四库本作"络"。

注而成赤痢,大小肠通受其病,则赤白相混而下。胃之湿热,淫于大小肠者亦如之,其色兼黄。若色之黑者有二,如色之焦黑,此极热兼水化之黑也。如黑之光若漆者,此瘀血也。或曰治利从肠胃,世人所守之法也。今乃复求其初感之邪,与初受之经,将何为哉?曰:病在肠胃者,是其标也,所感之邪与初受之经者,是其本也。且《内经》于治标本,各有所宜,施之先后,况所传变之法,又与伤寒表里无异,何可不求之乎,岂止此而已。至若肠胃自感而病,亦当以邪正分,或正气先虚而受邪,或因邪而致虚,则以先者为本,后者为标。与夫积之新旧亦如之。旧积者,停食结痰所化之积也。新积者,旧积去后而气血复郁所生者也。旧积当先下之,新积则下宜下,其故何哉?盖肠胃之腐熟水谷,转输糟粕者,皆荣卫洒陈六腑之功。今肠胃有邪,则荣卫运行至此,其机为之阻不能施化,故卫气郁而不舒,荣血泣而不行,于是饮食结痰停于胃,糟粕留于肠,与所郁气泣血之积,相挟成滞下病矣。如是者必当下之,以通壅塞,利荣卫之行。至于升降仍不行,卫气复郁,荣血复泣,又成新积,故病如初。若是者,不必求邪以治,但理卫气以开通腠理,和荣血以调顺阴阳,阴阳调,腠理开,则升降之道行,其积不治而自消矣。然而旧积亦有不可下者,先因荣卫之虚,不能转输其食积,必当先补荣卫,资肠胃之真气充溢,然后下之,庶无失矣。予数见俗方,惟守十数方治利,不过攻之、涩之而已矣,安知攻病之药,皆是耗气损血之剂,用之不已,甚至于气散血亡,五脏空虚,精惫神去而死。其固涩之,又皆足以增其气郁血泣之病,转生腹胀,下为足肿,上为喘呼,诸疾作焉。世人之法,何足守乎。

丹溪云:痢初得之,必用调胃承气,及大小承气。有男子五十余,下利,昼有积,淡红色,夜无积,食自进。先吃小胃丹两服,再与四十丸,次六十丸,去积,却与断下。按此惟实者宜之,虚者以芍药汤、益元散、保和丸之类荡积。芍药汤,治下血调气。经曰:溲而便脓血,知气行而血止也。行血则便血[1]自安,调气则后重自除。益

---

〔1〕血:原脱,据上文"行血则便血自愈"句补。

元散,治身发热,下痢赤白,小便不利,荡胃中积聚。下痢势恶,频
并窘痛,或久不愈,诸药不止,须吐下之,以开除湿热痞闷积滞,而
使气液宣行者,宜玄青丸逐之。《玄珠》利积丸亦可。《玄珠》云:
下痢赤白,腹满胀痛,里急,上渴引饮,小水赤涩,此积滞也。宜泄
其热,中用清肠丸、导气丸,推其积滞而利自止矣。凡治积聚之证,
轻则温而利之,清肠丸是也。重者天真散、舟车丸下之,下后勿便
补之,其或力倦,自觉气少,恶食,此为挟虚证,宜加白术、当归身
尾,甚者加人参,若又十分重者,止用此药加陈皮补之,虚回而痢自
止矣。丹溪治叶先生患滞下,后甚逼迫,正合承气证,但气口虚,形
虽实而面黄积白,此必平昔食过饱而胃受伤,宁忍二三日辛苦,遂
与参、术、陈皮、芍药等补药十余贴,至三日后胃气稍完,与承气二
贴而安。苟不先补完胃气之伤,而遽行承气,宁免后患乎。以上荡
积。戴云:痢疾古名滞下。以气滞成积,积成痢,治法当以顺气为
先,须当开胃,故谓无饱死痢疾也。凡痢初发,不问赤白,里急后重,
频欲登圊,及去而所下无多,既起而腹内复急,宜用藿香正气散加
木香半钱,吞感应丸[1],或苏合香丸、吞感应丸。以上调气赤痢血色
鲜红,或如蛇虫形而间有血鲜者,此属热痢。宜藿香正气散加黑豆
三十粒,五苓散加木香半钱,粟米少许,下黄连丸,或黄连阿胶丸、
茶梅丸。热甚,服上项药未效,宜白头翁汤。赤痢发热者,败毒散
加陈仓米一撮煎。若血色黯如瘀,服凉药而所下愈多,去愈频者,
当作冷痢,宜理中汤,或四君子汤加肉果一钱,木香半钱。加减平
胃散、青六丸,治血痢佳。诸血痢不止,宜多用地榆。《易简方》云:
血痢当服胃风汤、胶艾汤之类。心经伏热下纯血,色必鲜红。用犀
角生磨汁半钟,朱砂飞研二钱,牛黄三分,人参末三钱,和丸如麻子
大。灯心、龙眼肉煎汤,下六七分。脾经受湿下血痢,用苍术地榆
汤。血痢久不止,腹中不痛,不里急后重,槐花丸。干姜于火上烧黑,
不令成灰,磁碗合,放冷为末,每服一钱,米饮调下,治血痢神效。
仲景云:小肠有寒者,其人下重便血,可以此治之。以上赤痢。东垣

---

[1] 吞感应丸:修敬堂本及集成本均无此四字。

云:大便后有白脓,或只便白脓,因劳倦气虚伤大肠也,以黄芪、人
参补之。如里急频见污衣者,血虚也,宜加当归。如便白脓,少有
滑,频见污衣者气脱,加附子皮[1],甚则加御米壳。如气涩者,只以
甘药补气,当安卧不言,以养其气。戴云:白痢下如冻胶,或如鼻涕,
此属冷痢。先宜多饮除湿汤,加木香一钱,吞感应丸,继进理中汤。
亦有下如蚘色,或如腊茶色者,亦宜用前白痢药。白蜡治后重白脓。
以上白痢。若感暑气而成痢疾者,其人自汗发热,面垢,呕逆,渴欲
引饮,腹内攻刺,小便不通,痢血频并,宜香薷饮加黄连一钱,佐以
五苓散、益元散,白汤调服。不愈,则用蜜水调。感暑成痢,疼甚,
食不进,六和汤、藿香正气散各半贴,名木香交加散。以上暑痢。老
人深秋患痢,发呃逆,呕者,黄柏炒燥研末,陈米饭为丸小豌豆大。
每服三十丸,人参、白术、茯苓三味浓煎汤下,连服三剂即愈。切不
可下丁香等热药。治冷利,腹中不能食,肉豆蔻去皮,醋面裹煨熟,
捣末,粥饮下二钱匕。世俗治夏中暑痢疾,用黄连香薷饮加甘草、
芍药、生姜神效者,盖夏月之痢,多属于暑。洁古治处暑后秋冬间
下痢,用厚朴丸大效者,盖秋之痢多属于寒积,经所谓必先岁气,无
伐天和者也。以上秋痢。《金匮》下痢腹痛,紫参汤主之。洁古云:
厚朴丸治处暑后秋冬间腹痛下痢大效。丹溪曰:初下痢腹痛,不可
用参、术,然气虚胃虚者可用。初得之,亦可用大承气、调胃承气下
之,看其气病、血病,然后加减用药。腹痛者,肺经之气郁在大肠之
间者,以苦梗发之,然后用治痢药,气用气药,血用血药。其或痢后
糟粕未实,或食粥稍多,或饥甚方食,肚中作疼,切不可惊恐,当以
白术、陈皮各半煎汤,和之自安。粥多及食肉作痛者,宜夺食。夺
食者,减其粥食,绝其肉味也。因伤冷水泻,变作赤白痢,腹痛减食
热燥,四肢困倦无力,宜茯苓汤。下痢之后,小便利,而腹中满痛不
可忍,此名阴阳反错,不和之甚也,越桃散主之。治痢止痛如神方,
拣净川连片一两,净枳壳片一两,槐花三二两,用水浸,片时漉净,
同川连先炒老黄色,次入枳壳再炒,待燥拣出槐花不用,止将黄连

---

〔1〕附子皮:疑为"诃子皮"之误。

五钱,枳壳五钱,作一服,水煎七分去渣,调乳香、没药净末各七分
五厘服之,次照前方再服一剂,腹痛即止,痢即稀,神效。此方有服
之如醉者,乃药力行也,不妨。仲景建中汤,治痢不分赤白久新,但
腹中大痛者神效。其脉弦急或涩,浮大按之空虚,或举按皆无力者
是也。下利脓血稠粘,腹痛后重,身热久不愈,脉洪疾者,芍药黄芩
汤。脓血痢无度,小便不通,腹中痛,当归导气汤。以上腹痛。下利
赤白,里急后重,香连丸。亦可用连二钱,姜半钱,为末和匀,温酒
下。仲景云:热利下重者,白头翁汤主之。下利脓血,里急后重,日
夜无度,宜导气汤。大瘕泄者,里急后重,数至圊而不能便,茎中痛,
用清凉饮子主之,其泄自止。茎中痛者,属厥阴,加甘草梢。里急
后重多者,属少阴,加大黄,令急推去旧物则轻矣。《内经》曰:因
其重而减之。又云:在下者引而竭之。里急后重,数至圊而不能便,
皆宜进退大承气汤主之。下利赤白,后重迟涩,宜感应丸。或曰治
后重,疏通之剂,罗谦甫水煮木香膏,东垣白术安胃散等方已尽矣。
又有用御米壳等固涩之剂亦愈者何也? 曰:后重本因邪压大肠坠
下,故大肠不能升上而重,是以用大黄、槟榔辈,泻其所压之邪。今
邪已泻,其重仍在者,知大肠虚滑不能自收而重,是以用御米壳等
涩剂固其滑,收其气,用亦愈也。然大肠为邪坠下之重,其重至圊
后不减;大肠虚滑不收之重,其重至圊后随减。以此辨之,百不失
一也。其或下坠异常,积中有紫黑色,而又痛甚,此为死血证,法当
用桃仁泥、滑石粉行之。或口渴及大便口燥辣,是名挟热,即加黄
芩。或口不渴,身不热,喜热手熨荡,是名挟寒,即加干姜。后重,
积与气坠下,服升消药不愈者,用秦艽、皂角子、煨大黄、当归、桃
仁、枳壳、黄连等剂,若大肠风盛,可作丸服。其或下坠在血活之后,
此为气滞证,宜前药加槟榔一枚。后重当和气。积与气坠下者,当
兼升兼消。升谓升麻之类,消谓木香、槟榔之类。《金匮》方,泄利
下重者,以水五升,煮薤白三升,至二升去渣,以四逆散方寸匕内汤
中,煮取一升半,分温再服。凡用诸承气等药搅积之后,仍后重者,
乃阳不升也,药中当加升麻升其阳,其重自去也。东垣云:里急后
重,数至圊而不能便,或少有白脓,或少血者,慎勿利之,宜升阳除

湿防风汤。以上里急后重。其或气行血和积少,但虚坐努责,此为
亡血证。倍用当归身尾,却以生地黄、生芍药、生桃仁佐之,复以陈
皮和之,血生自安。虚坐而不得大便,皆因血虚也。血虚则里急,
加当归身。凡后重逼迫而得大便者,为有物而然。今虚坐努责而
不得大便,知其血虚也。故用当归为君,生血药佐之。以上虚坐努
责。《内经》脓血稠粘,皆属相火。夫太阴主泻,少阴主痢,是先泄
亡津液而火就燥,肾恶燥,居下焦血分,其受邪者,故便脓血,然赤
黄为热,青白为寒,治须两审。治热以坚中丸、豆蔻丸、香连丸。治
寒白胶香散。或多热少寒,水煮木香膏。虚滑频数,宜止宜涩,宜
养藏汤。溲而便脓血者,小肠泄也。脉得五至以上洪大者,宜七宣
丸。脉平和者,立秋至春分,宜香连丸。春分至立秋,宜芍药蘗皮
丸。四时皆宜,加减平胃散。如有七宣丸证者,亦宜服此药,去其
余邪,兼平胃气。以上脓血稠粘。其或缠滞,退减十之七八,秽积未
尽,糟粕未实,当以炒芍药、炒白术、炙甘草、陈皮、茯苓煎汤,下固
肠丸三十粒。然固肠丸性燥,恐尚有滞气未尽行者,但当单饮此汤,
固肠丸未宜遽用。盖固肠丸者,虽有去湿实肠之功,其或久痢体虚
气弱,滑泄不止,又当以诃子、肉豆蔻、白矾、半夏等药涩之,甚者添
牡蛎,可择用之。然须以陈皮为佐,恐太涩亦能作疼。又甚者,灸
天枢、气海。此二穴大能止泄。仲景云:下利便脓血者,桃花汤主
之。丹溪云:桃花汤主病属下焦,血虚且寒,非干姜之温,石脂之涩
且重,不能止血。用粳米之甘,引入肠胃。水煮木香膏、易简断下
汤、白术安胃散、养藏汤。五倍子为丸,赤痢、甘草汤下,白痢、干姜
汤下,各十丸。乌梅二个煎汤。石榴一个烧灰,用酸石榴一个煎汤,
调二钱。以上滑脱。东垣治一老仆,脱肛日久,近复下利,里急后重,
白多赤少,不任其苦,此非肉食膏粱者也。必多蔬食,或饮食不节,
天气已寒,衣盖又薄,寒侵形体不禁,而肠头脱下者,寒也,滑也。
真气不禁,形质不收,乃血脱也。此乃寒滑,气泄不固,故形质下脱
也。当以涩去其脱而除其滑,以大热之剂除寒补阳,以补气之药升
阳益气,以微酸之味固气上收,名之曰诃子皮散,一服减半,再服全
愈。养脏汤、地榆芍药汤。戴云:脱肛一证,最难为药,热则肛门闭,

寒则肛门脱。内用磁石研末,每二钱,食前米饮调下。外用铁锈磨汤温洗。以上脱肛。滞下,大便不禁,其大孔开如空洞不闭者,用葱和花椒末捣烂,塞谷道中。并服酸涩固肠之剂收之,如御米壳、诃子皮之类是也,神效。大孔开。痢久大孔痛,亦有寒热者,熟艾、黄蜡、诃子烧熏之。因热而痛,槟榔、木香、黄连、黄芩加干姜。因寒而痛,炒盐熨之。炙枳实熨之。丹溪用瓦片敲圆如铜钱状,烧红,投童子小便中,急取起,令干纸裹安痛处,因时寒恐外寒乘虚而入也,以人参、当归、陈皮作浓汤饮之,食淡味自安。大孔痛。痢疾不纳食,或汤药入口,随即吐出者,俗名噤口。有因邪留,胃气伏而不宣,脾气涩而不布,故呕逆而食不得入者,有阳气不足,胃中宿食因之未消,则噫而食卒不下者;有肝乘脾胃发呕,饮食不入,纵入亦反出者;有水饮所停,气急而呕,谷不得入者;有火气炎炽,内格呕逆,而食不得入者;有胃气虚冷,食入反出者;有胃中邪热不欲食者;有脾胃虚弱不欲食者;有秽积在下,恶气熏蒸而呕逆,食不得入者。当各从其所因以为治。以脉证辨之,如脾胃不弱,问而知其头疼心烦,手足温热,未尝多服凉药者,此乃毒气上冲心肺,所以呕而不食。宜用败毒散,每服四钱,陈仓米一百粒,姜三片,枣一枚,水一盏半,煎八分,温服。若其脉微弱,或心腹膨胀,手足厥冷,初病则不呕,因服罂粟壳、乌梅苦涩凉药太过,以致闻食先呕者,此乃脾胃虚弱。用山药一味,剉如小豆大,一半入银瓦铫内炒熟,一半生用,同为末,饭饮调下。又方,用石莲槌去壳,留心并肉,碾为末。每服二钱,陈米饮调下。此疾盖是毒气上冲心肺,借此以通心气,便觉思食效。丹溪用人参、黄连姜汁炒浓煎汁,终日细细呷之,如吐再吃,但一呷下咽便开,痢亦自止神效。杨仁斋用参苓白术散,加石菖蒲末,以道地粳米饮乘热调下。或用人参、茯苓、石莲子肉,入些菖蒲与之。戴复庵用治中汤加木香半钱,或缩砂一钱。以上噤口痢。其或在下则缠滞,在上则呕食,此为毒积未化,胃气未平证。当认其寒则温之,热则清之,虚则用参、术补之,毒解积下,食自进矣。泄痢久不安,脓血稠粘,里急后重,日夜无度,宜大黄汤。用大黄一两,剉,用好酒两大盏,浸半日,同煮至一盏半,去渣,分为二次,顿服之。痢止停服,未止再服,以利为度。又服芍药汤以和之,所以彻其毒也。服前药痢已除,宜以白术黄芩汤和之。丹溪治一人患痢百余日,百法不效。六脉促急,沉弦细弱芤,左手为甚,昼夜十行,视之秽物甚少,虽下清涕中有紫黑血丝,食全不进。此非痢也,宜作瘀血治之。以桃仁、乳香、没药、滑石,佐以槟榔、木香、神曲糊为丸。米饮下百余粒,至夜半不动,又依前法下二百粒,至天明下秽如烂鱼肠者二升半,困顿终日,渐与粥食而安。按此方恐当有大黄,无则难下。又治族叔年七十,禀壮形瘦,夏末患泄痢至秋,百方不应,视之病虽久而神不瘁,小便涩少而不赤,两手脉俱涩而颇弦,自言胸微闷,食亦减。因悟此必多年沉积,癖在肠胃。询其平生喜食何物,曰喜食鲤鱼,三年无日不用。此积痰在肺,肺为大肠之脏,宜大肠之不固也。当与澄其源而流自清,以茱萸、陈皮、青葱、蔍苢根、生姜煎浓汤,和以砂糖,饮一碗许,自以指探喉中,至半时吐痰半升如胶,其夜减半,次早又服,又吐半升而痢自止。又与平胃散加白术、黄连,旬日而安。收涩用木香散、诃黎勒丸。久痢。休息痢,多因兜住太早,积不尽除。或因痢愈而不善调理,以致时止时作。宜四君子汤加陈皮一钱,木香半钱,吞驻车丸。只缘兜住积滞,遂成休息。再投去积,却用兜剂。张文仲用虎骨炙焦,捣末调服,日三匙效。久痢、休息痢,虚滑甚者,用椿根白皮东南行者,长流水内漂三日,去黄皮切片,每一两配人参一两,入煨木香二钱,粳米一撮,煎汤饮之。休息痢。劳痢,因痢久不愈,耗损精血,致肠胃空虚,变生他证,或五心发热如劳之状。宜蔍莲饮,赤多倍莲肉,白多倍山药。痢后调补,宜四君子汤加陈皮一钱半,即异功散。或七珍散。恶甜者,生料平胃散加人参、茯苓各半钱。诸病坏证,久下脓血,或如死猪肝色,或五色杂下,频出无禁,有类滞下,俗名刮肠。此乃脏腑俱虚,脾气欲绝,故肠胃下脱,若投痢药则误矣。六柱饮去附子,加益智仁、白芍药,或可冀其万一。痢后风,因痢后下虚,不善调将,或多行,或房劳,或感外邪,致两脚痿软,若痛若痹,遂成风痢。独活寄生汤,吞虎骨四斤丸。或用大防风汤,或多以骨碎补三分之一同研取汁,酒解服。外以杜牛膝、杉木节、白芷、南星、萆薢,煎汤熏洗。丹溪云:痢后风,系血入脏腑下未尽,复还经络不得行故也。松明节一两,以乳香二钱炒焦存性,苍术、黄柏各一两,紫葳一两半,甘草半两,桃仁去皮不去尖一两,俱为末。每服三钱,生姜同杵细,水荡起二三沸服。邻人鲍子年二十余,因患血痢,用涩药取效,后患痛风,号叫撼邻里。予视之曰:此恶血入经络证。血受湿热,久为凝浊,所下未尽,留滞隧道,所以作痛,经久不治,恐成枯细。遂与四物汤、桃仁、红花、牛膝、黄芩、陈皮、甘草煎,生姜汁研潜行散,入少酒,饮之数十贴,又与刺委中出黑血,近三合而安。《宝鉴》云:且如泻痢止,脾胃虚难任饮食,不可一概用克伐之剂,若补养其脾胃气足,自然能饮食。宜钱氏方中异功散。设或喜嗜,饮食太过,有伤脾胃,而心腹痞满,呕逆恶心,则不拘此例。当权用橘皮枳实丸一服,得快勿再服。若饮食调节无伤,则胃气和平矣。

大小便不通

脉盛,皮热,腹胀,前后不通,瞀闷,此谓五实。脾胃气滞,不能转输,加以痰饮食积阻碍清道,大小便秘涩不快,升柴二术二陈汤数服,能令大便润而小便长。湿热痰火结滞,脉洪盛,大小便秘赤,肢节烦疼,凉膈散、通圣散、《金匮》厚朴大黄汤选用。丹溪治一妇人,脾疼后患大小便不通,此是痰隔中焦,气聚上焦。二陈加木通,初服后吐,查再服。烧皂角灰为末,粥清调下。推车客七个,土狗七个,二物新瓦上焙干为末。以虎目树皮即虎杖。向东南者,煎浓汤服之。连根葱一二茎带土,生姜一块,淡豆豉二十一粒,盐二匙,同研烂作饼,烘热掩脐中,以帛扎定,良久气透自通,不通再换一饼。阴证大小便不通,及诸杂病阴候,大小便不通危急者,用牡蛎、陈粉、干姜炮各一两,右为细末。男病用女人唾调,手内擦热,紧掩二卵上,得汗出愈。女病用男子唾调,手内擦热,紧掩二乳上,得汗出愈。盖卵与乳乃男女之根蒂,坎离之分属也。非急不用。

大 便 不 通

洁古云:脏腑之秘,不可一概治疗。有虚秘,有实秘。胃实而秘者,能饮食,小便赤,当以麻仁丸、七宣丸之类主之。胃虚而秘者,不能饮食,小便清利,厚朴汤主之。胃气实者,秘物也。胃气虚者,秘气也。有风秘、有冷秘、有气秘、有热秘,有老人津液干燥,及妇人分产亡血,及发汗利小便,病后血气未复,皆能作秘。不可一例用硝黄利药。巴豆、牵牛,尤在所禁。风秘者,由风搏肺藏,传于大肠,故传化难。或其人素有风病者,亦多有秘。宜小续命汤,去附子,倍芍药,入竹沥一杯,吞润肠丸,或活血润肠丸。冷秘,由冷气横于肠胃,凝阴固结,津液不通,胃气闭塞,其人肠内气攻,喜热恶冷,宜藿香正气散加官桂、枳壳各半钱,吞半硫丸。热药多秘,惟硫黄暖而通。冷药多泄,惟黄连肥肠而止泄。气秘,由气不升降,谷气不行,其人多噫。宜苏子降气汤加枳壳,吞养正丹,或半硫丸、来复丹。未效佐以木香槟榔丸。有气作痛,大便秘塞,用通剂而便愈不通,又有气秘,强通之虽通复秘,或迫之使通因而下血者。此当顺气,气顺则便自通,又当求温暖之剂。热秘,面赤身热,肠胃胀闷,时欲得冷,或口舌生疮,此由大肠热结。宜四顺清凉饮,吞润肠丸,或木香槟榔丸。实者承气汤。仲景云:脉有阳结阴结者,何以别之? 曰:其脉浮而数,能食不大便者,此为实,名曰阳结也,期十七日当剧。其脉沉而迟,不能食,身体重,大便反鞕,名曰阴结也,期十四日当剧。东垣云:阳结者散之,阴结者热之。前所云实秘、热秘,即阳结也。前所云虚秘、冷秘,即阴结也。老人虚秘,及出汗、利小便过多,一切病后血气未复而秘者,宜苏子降气汤,倍加当归,吞威灵仙丸。或肉黄饮,苁蓉润肠丸尤宜。东垣云:津液耗而燥者,以辛润之。肾主五液,津液盛则大便如常,若饥饱劳役损伤胃气,及食辛热厚味之物而助火邪,伏于血中,耗散真阴,津液亏少,故大便结燥。又有年老气虚,津液不足而结者。肾恶燥,急食辛以润之是也。血虚津液枯竭而秘结者,脉必小涩,面无精光,大便虽软,努责不出。大剂四物汤,加陈皮、甘草、酒红花,导滞通幽汤,益血丹。血少兼有热者,脉洪数,口干,小便赤少,大便秘硬。润燥汤、活血润燥丸、四物汤加酒芩、栀子、桃仁、红花。大法云:大便秘,服神芎丸。大便不通,小便反利,不知燥湿之过,本大肠少津液,以寒燥之药治之，是以转燥，少服则不济，多服则亡血，所以不通。若用四物、麻子、杏仁之类则可。经云：燥则为枯，湿剂所以润之。金匮真言论云：北方黑色，入通于肾，开窍于二阴，故肾阴虚则小大便难，宜以地黄、苁蓉、车前、茯苓之属，补真阴利水道，少佐辛药开腠理致津液而润其燥，施之于老人尤宜。若大小便燥结之甚，求通不得，登厕用力太过，便仍不通，而气被挣脱，下注肛门，有时泄出清水，而里急后重不可忍者，胸膈间梗梗作恶，干呕有声，渴而索水，饮食不进，呻吟不绝，欲利之则气已下脱，命在须臾，再下即绝。欲固之则溺与燥矢膨满腹肠间，恐反增剧。欲升之使气自举，而秽物不为气所结，自然通利，则呕恶不堪，宜如何处。家姑年八十余，尝得此患，予惟用调气利小便之药，虽小获效，不收全功，尝慰之令勿急性，后因不能食，遽索末药，利下数行，不以告予，自谓稍快矣。而脉忽数动一止，气息奄奄，颓然床褥。予知真气已泄，若不收摄，恐遂无救，急以生脉药投之，数剂后结脉始退。因合益血润肠丸与服，劝以勿求速效，勿服他药，久之自有奇功。如言调理两月余，而二便通调，四肢康胜矣。便秘自是老人常事，俗以为后门固，寿考之徵，而一时难堪，辄躁扰而致疾，予所处方，不犯大黄，可以久服，故表而出之。《元戎》五şiş大便秘：东方其脉弦，风燥也。宜泻风之药治之，独活、羌活、防风、茱萸、地黄、柴胡、川芎。南方其脉洪，热燥也。宜咸苦之药治之，黄芩、黄连、大黄、黄柏、芒硝。西南方其脉缓，土燥也。宜润湿之药治之，芍药、半夏、生姜、乌梅、木瓜。西方其脉涩，血燥也。宜滋血之药治之，杏仁、麻仁、桃仁、当归。气结用木香、槟榔、枳实、陈皮、地黄、郁李仁。北方其脉迟，寒燥也。宜温热之药治之，当归、肉桂、附子、乌头、硫黄、良姜、巴豆。润肠丸加减法：如病人不小便，因大便不通而涩其邪，盛者急加酒洗大黄以利之。如血燥者，加桃仁、酒洗大黄。如风结燥者，加麻仁、大黄。如风涩者，加煨皂角仁、大黄、秦艽以利之。如脉涩，觉身痒气涩者，加郁李仁、大黄以除气燥。如寒阴之病，为寒结闭者，以《局方》中半硫丸，或加煎附子生姜汤，冰冷与之。其病虽阴寒之证，当服阳药补之，若大便恒不甚通者，亦当十服中与一服利药，微通其大便,不令秘结,乃治之大法也。若病人虽是阴证,或是阴寒之证,其病显躁,脉坚实,亦宜阳药中少加苦寒之剂,以去热躁,躁止勿加。如阴躁欲坐井中者,其二肾脉按之必虚,或沉细而迟,此为易辨。如有客邪之病,亦从权加之。有物有积而结者,当下之。食伤太阴,肠满食不化,腹响响然,不能大便者,以苦泄之,七宣丸、木香槟榔丸。桃杏仁俱治大便秘,当以血气分之。年老虚人大便燥秘者,脉浮在气,杏仁、陈皮主之。脉沉在血,桃仁、陈皮主之。所以俱用陈皮者,以手阳明病与手太[1]阴为表里也。又云:盛则难便,行阳气也。败则便难,行阴血也。注夏大便涩滞者,血少、血中伏火也。黄芪人参汤,加生地黄、当归身、桃仁泥、麻仁泥润之。如润之大便久不快利者,少加煨大黄微利之。如加大黄久不快利者,非血结、血秘,是热则生风,病必湿风证,止当服黄芪人参汤,只用羌活、防风各半两,水四盏,煎至一盏,去渣空心服之,其大便必大走也。大便不通,五日一遍,小便黄赤,浑身肿,面上及腹尤甚,色黄,麻木,身重如山,沉困无力,四肢痿软,不能举动,喘促,唾清水,吐秽痰白沫如胶,时躁热,发欲去衣,须臾而过,振寒顶额有时如冰,额寒尤甚,头旋眼黑,目中溜火,冷泪,鼻不闻香臭,小腹急痛,当脐有动气,按之坚硬而痛,宜麻黄白术汤。此病宿有风湿热伏于荣血之中,其水火乘于阳道而上盛,元气短少上喘,为阴火伤其气,四肢痿,在肾水之间,乃所胜之病,今正遇冬寒得时,乘其肝木,又实其母,肺金克木凌火,是大胜必有大复。其证善怒,欠,多嚏,鼻中如有物,不闻香臭,目视䀮䀮,多悲健忘,少腹急痛,遍身黄,腹大胀,面目肿尤甚,食不下,痰唾涕有血,目眦疡,大便不通,只二服皆愈。凡诸秘服药不通,或虚人畏服利药者,用蜜煎导。或用盐及皂角末,和入蜜煎中尤捷,盖盐能软坚润燥,皂角能通气踈风故也。冷秘,用酱生姜导。或于蜜煎中,加草乌头末,以化寒消结。热者,猪胆汁导。乌梅汤浸去核,为丸如枣子大,亦可导。酱瓜削如枣,亦可导。丹溪云:予观古方通大便,皆用降气品剂,盖肺气不降,则大便难传

〔1〕太:原作“大”,形近之误,据虞衙本改。

送,用枳壳、沉香、诃子、杏仁等是也。又老人、虚人、风人、津液少而秘者,宜以药而滑之,用胡麻、麻仁、阿胶等是也。如妄以峻利药逐之,则津液走,气血耗,虽暂通而即秘矣,必更生他病。昔王少府患此疾,有人以骏药利之者屡矣,后为肺痿咯脓血,卒至不通而死。

闭癃遗尿总论[1]

遗尿者,溺出不自知也。闭癃者,溺闭不通而淋沥滴点也。唯肝与督脉、三焦、膀胱主之。肝脉、督脉主之者。经云:肝足厥阴之脉,过阴器,所生病者,遗溺闭癃。又云:督脉者,女子入系廷孔,其孔溺孔之端也。其男子循茎下至篡,与女子等,其生病癃痔遗溺。故遗溺闭癃,皆取厥阴俞穴、及督脉俞穴也。三焦主之者。经云:三焦下脉在于足太阳之前,少阳之后,出于腘中外廉,名曰委阳,足太阳络也。三焦者,足太阳、少阳之所将,太阳之别也,上踝五寸,别入贯腨肠,出于委阳,并太阳之正,入络膀胱,约下焦,实则闭癃,虚则遗溺。遗溺则补之,闭癃则泻之是也。膀胱主之者。经云:膀胱不利为癃,不约为遗溺是也。然遗溺闭癃,不取膀胱俞穴者,盖膀胱但脏溺,其出溺,皆从三焦及肝、督脉也。闭癃,合而言之,一病也。分而言之,有暴久之殊。盖闭者暴病,为溺闭点滴不出,俗名小便不通是也。癃者久病,为溺癃淋沥点滴而出,一日数十次,或百次,名淋病是也。今分其病立为二门。

小　便　不　通

丹溪大法,小便不通,有热、有湿、有气结于下。宜清、宜燥、宜升,有隔二隔三之治。如因肺燥不能生水,则清金,此隔二。如不因肺燥,但膀胱有热,则宜泻膀胱,此正治也。如因脾湿不运而精不升,故肺不能生水,则当燥脾健胃,此隔三。车前子、茯苓清肺也。黄柏、知母泻膀胱也。苍术、白术健胃燥脾也。《宝[2]鉴》小便

---

〔1〕总论:原脱,据本册目录补。
〔2〕宝:原作"实",形近之误,据修敬堂本改。

不利有三,不可一概而论。若津液偏渗于肠胃,大便泄泻而小便涩少,一也,宜分利而已。若热搏下焦津液,则热湿而不行,二也,必渗泄则愈。若脾胃气涩,不能通调水道,下输膀胱而化者,三也,可顺气,令施化而出也。东垣大法,小便不通,皆邪热为病,分在气在血而治之。以渴与不渴而辨之。如渴而不利者,热在上焦肺分故也。夫小便者,是足太阳膀胱经所主也。肺合生水,若肺热不能生水,是绝其水之源。经云:虚则补其母,宜清肺而滋其化源,故当从肺之分,助其秋令,水自生焉。又如雨如雾如霜,皆从天而降下也。且药有气之薄者,乃阳中之阴,是感秋清肃杀之气而生,可以补肺之不足,淡味渗泄之药是也。茯苓、泽泻、琥珀、灯心、通草、车前子、木通、瞿麦、萹蓄之类,以清肺之气,泄其火,滋水之上源也。如不渴而小便不通者,热在下焦血分,故不渴而小便不通也。热闭于下焦者,肾也、膀胱也,乃阴中之阴,阴受热邪,闭塞其流。易[1]老云:寒在胸中遏塞不入,热在下焦填塞不便,须用感北方寒水之化,气味俱阴之药,以除其热,泄其闭塞。《内经》云:无阳则阴无以生,无阴则阳无以化。若服淡渗之药,其性乃阳中之阴,非纯阴之剂,阳无以化,何以补重阴之不足也。须用感地之水运而生大苦之味,感天之寒气而生大寒之药,此气味俱阴,乃阴中之阴也。大寒之气,人感之生膀胱。寒水之运,人感之生肾。此药能补肾与膀胱。受阳中之阳热火之邪,而闭其下焦,使小便不通也。夫用大苦寒之药,治法当寒因热用。又云:必伏其所主,而先其所因,其始则气同,其终则气异也。如热在上焦,以栀子、黄芩。热在中焦,以黄连、芍药。热在下焦,以黄柏。热在气分,渴而小便闭,清肺散、猪苓汤、五苓散、茯苓琥珀汤、红秋散。热在血分,不渴而小便闭,滋肾丸、黄连丸、导气除燥汤。东垣治一人病小便不利,目睛突出,腹胀如鼓,膝以上坚硬,皮肤欲裂,饮食不下,服甘淡渗泄之药皆不效。曰疾急矣。非精思不能处,思之半夜,曰吾得之矣。经云:膀胱者,津液之府,必气化而能出焉。多服淡渗之药而病益甚,是气不化也。

〔1〕易:此下原衍"上"字,据修敬堂本删。

启玄子云：无阳则阴无以生，无阴则阳无以化。甘淡气薄皆阳药，独阳无阴，欲化得乎。遂以滋肾丸群阴之剂投服，再服即愈。渴而腹冷，水气也。《金匮》云：小便不利者，有水气，其人苦渴，栝蒌瞿麦丸主之。以小便利，腹中温为度。小便不通，腹下痛，状如覆碗，痛闷难忍者，乃肠胃干涸，膻中气不下。经云：膀胱者，州都之官，津液藏焉，气化则能出矣。膻中者，臣使之官，三焦相火，肾为气海也。王注曰：膀胱津液之府，胞内居之，少腹处间毛内藏胞器，若得气海之气施化，则溲便注下，气海之气不及，则隐秘不通，故不得便利也。先用木香、沉香各三钱，酒调下，或八正散，甚则宜上涌之，令气通达，便自通利，经所谓病在下，上取之。王注曰：热攻于上，不利于下，气盛于上，则温辛散之，苦以利之。一方，煎橘红、茯苓汤，调木香、沉香末服之，空心下。丹溪云：小便不通，属气虚、血虚、有实热、痰气闭塞，皆宜吐之，以提其气，气升则水自降，盖气承载其水者也。气虚用参、术、升麻等，先服后吐，或就参、芪药中调理吐之。血虚用四物汤，先服后吐，或就芎归汤探吐之。痰多，二陈汤，先服后探吐之。痰气闭塞，二陈加香附、木通探吐之。实热当利之，或用八正散，盖大便动则小便自通矣。或问以吐法通小便，方论中未尝有之，理将安在？曰：取其气化而已。何则？《内经》谓三焦者，决渎之官，水道出焉。膀胱者，州都之官，津液藏焉，气化则能出矣。故上中下三焦之气，有一不化，则不得如决渎之水而出矣，岂独下焦膀胱气塞而已哉。上焦肺者，主行荣卫，通调水道，下输膀胱，而肾之合足三焦，下输又上连肺，此岂非小便从上焦之气化者乎。张仲景有言，卫气行则小便宣通，其义亦在是矣。《内经》又谓脾病则九窍不通，小便不利，是其一也。此岂非小便从中焦之气化者乎。由是而言之，三焦所伤之邪不一，气之变化无穷，故当随处治邪行水，求其气化，亦无穷也。然而大要在乎阴与阳无相偏负，然后气得以化。若方盛衰论曰：至阴虚，天气绝，至阳盛，地气不足。夫肾肝在下，地道也。心肺在上，天道也。脾胃居中，气交之分也。故天之阳绝而不交于地者，尚且白露不下。况人同乎天，其在上之阳不交于阴，则在下之阴无以为化，而水道其能出乎。东垣引《八十一难经》谓,有阴阳相乘,有覆有溢,而为内关,不得小便者。有或在下之阴虚,在上之阳盛,不务其德而乘之,致肾气之不化者,必泻其阳而举之,则阴可得而平也。若此条所叙之证,皆用吐法,盖因气道闭塞,升降不前者而用耳。何尝舍众法而独施是哉。丹溪尝曰,吾以吐通小便,譬如滴水之器,上窍闭则下窍无以自通,必上窍开而下窍之水出焉。予尝推是开窍之法,用之多验,姑书一二证以明之。甲午秋,治一妇人,年五十,初患小便涩,医以八止散等剂,展转小便不通,身如芒刺加于体。予以所感霖淫雨湿,邪尚在表,因用苍术为君,附子佐之,发其表,一服即汗,小便即时便通。又治马参政父,年八旬,初患小便短涩,因服药分利太过,遂致闭塞,涓滴不出。予以饮食太过,伤其胃气,陷于下焦,用补中益气汤,一服小便通。因先多利药,损其肾气,遂致通后遗尿,一夜不止,急补其肾,然后已。凡医之治是证,未有不用泄利之剂者,安能顾其肾气之虚哉。表而出之,以为世戒。有瘀血而小便闭者,宜多用牛膝。《本事方》云:顷在毗陵,有一贵官妻妾,小便不通,脐腹胀痛不可忍,众医皆作淋治,如八正散之类,数种皆治不通,病愈甚。予诊之曰,此血瘕也。非瞑眩药不可去。乃用桃仁煎,初服至日午,大痛不可忍,卧少顷,下血块如拳者数枚,小便如黑豆汁一二升,痛止得愈。此药猛峻,气虚血弱者,宜斟酌之。大抵小腹痛胀如覆碗者为实,亦分在气在血,气壅塞于下者,木香流气饮。血污于下者,桃仁煎、代抵当丸、牛膝膏。经云:肾合膀胱,膀胱者,津液之府也。小肠属肾,肾上连肺,故将两藏。三焦者,中渎之府也,水液出焉。是属膀胱,乃肾之府也。又云:膀胱者,州都之官,津液藏焉,气化则能出矣。由是言之,膀胱藏水,三焦出水。治小便不利,故刺灸法但取三焦穴,不取膀胱也。小肠属肾、肺,故东垣用清肺饮子、滋肾丸利小便也。运气小便不利有三:其一,属湿邪攻三焦。经云:太阴在泉,湿淫所胜,病小腹痛肿,不得小便。又云:水不及曰涸流,涸流之纪,上宫与正宫同,其病癃闭是也。其二,属风邪攻脾。经云:厥阴司天,风淫所胜,病溏瘕泄、水闭是也。其三,属燥热。经云:阳明司天之政,天气急,地气明,民病癃闭。初之气,其病小便黄赤,甚则淋。又云:少阴司天之政,地气肃,天气明。二之气,其病淋是也。良法治小便不通,诸药不效,或转胞至死危困,用猪尿胞一个,底头出一小眼子,翎筒通过,放在眼儿内,根底以细线系定,翎筒子口细杖子堵定,上用黄蜡封尿胞口,吹满气七分,系定了,再用手捻定翎筒根头,放了黄蜡,塞其翎筒在小便出里头,放开翎筒根头,手捻其气透于里,小便即出,神效。

【妊娠小便不通】妊娠胎满逼胞,多致小便不利,若胞系了戾,小便不通,名曰转胞。丹溪以为多因胎妇虚弱,忧闷性躁,食味厚。古方用滑利疏导药鲜效,若胕为胎所坠而不通,但升举其胎,胞系疏而小便自行。若脐腹作胀而小便淋闷,此脾胃气虚,胎压尿胞,四物、二陈、参、术,空心服后探吐,数次自安。薛氏云:前证亦有脾肺气虚,不能下输膀胱者;亦有气热郁结,膀胱津液不利者;亦有金为火燥,脾土湿热甚而不利者。更当详审施治。《金匮要略》问曰:妇人病饮食如故,烦热不得卧,而反倚息者,何也? 师曰:此名转胞,不得溺也。以胞系了戾,故致此病。但利小便则愈,宜肾气丸主之。即八味丸,酒下十五丸至三十丸,日再服。又云:妊娠有水气,身重[1]小便不利,洒淅恶寒,起即头眩,葵子茯苓散主之。又云:妊娠小便难,饮食如故,归母苦参丸主之。丹溪治一妇转胞,小便闭,脉似涩,重取则弦,左稍和,此得之忧患。涩为血少气多,弦为有饮。血少则胞不举,气多有饮,中焦不清而溢,则胞知所避而就下故坠。以四物汤加参、术、半夏、陈皮、甘草、生姜空心饮,随以指探吐之,俟气定又与,至八贴而安。此恐偶中,后又治数人皆效。又一妇四十一岁,孕九月转胞小便闭,脚肿形瘁,脉左稍和而右涩,此饱食气伤胎系,弱不能自举而下坠,压着膀胱,偏在一边,气急为其所闭,所以水窍不能出也。宜补血养气,气血既正,胎系自举,则不下坠,方有安之理。遂用人参、当归身尾、白芍药、白术、陈皮、炙甘草、半夏、生姜煎汤,浓与四贴,次早以查煎,顿服探吐之,小便即通,皆黑水。后就此方加大腹皮、枳壳、青葱叶、砂仁二十贴与之,而得以

---

〔1〕身重:原作"重身",颠倒之误,据《金匮要略》第十二乙转。

安产。一孕妇小便不通,脉细弱,乃气血俱虚,胎压膀胱下口。用补药升起恐迟,反加急满。令稳婆以香油抹手,入产户托起其胎,溺出如注。却以参、芪、升麻大剂服之。一法将孕妇倒竖起,胎自运,溺自出,胜手托远矣。

【产后小便不通】旧方用陈皮去白为末,空心酒调二钱,外用盐填脐中,却以葱白剥去粗皮,十余根作一缚,切作一指厚,安盐上,用大艾炷满葱饼上,以火灸之,觉热气入腹内,即时便通。按此唯气壅不得通者宜之,若气虚源涸与夫热结者,不可泥也。

淋胞痹

淋之为病,尝观《病源候论》谓由肾虚而膀胱热也。膀胱与肾为表里,俱主水,水入小肠与胞,行于阴为溲便也。若饮食不节,喜怒不时,虚实不调,脏腑不和,致肾虚而膀胱热,肾虚则小便数,膀胱热则水下涩,数而且涩,则淋沥不宣,故谓之淋。其状小腹弦急,痛引于脐,小便出少气数,及分石淋、劳淋、血淋、气淋、膏淋、冷淋。其石淋者,有如沙石。劳淋者,劳倦即发。血淋者,心主血,气通小肠,热甚则搏于血脉,血得热则流行,入胞中与溲俱下。膏淋者,肥液若脂膏,又名肉淋。气淋者,胞内气胀,小腹坚满,出少喜数,尿有余沥。冷淋者,冷气客于下焦,邪正交争,满于胞内,水道不宣,先寒战,然后便数成淋,可谓悉病情矣。考之《内经》,则淋病之因,又不止此。大纲有二,曰湿、曰热。谓太阴作初气,病中热胀,脾受积湿之气,小便黄赤,甚则淋。少阳作二气,风火郁于上而热,其病淋。盖五脏六腑十二经脉气皆相通移,是故足太阳主表,上行则统诸阳之气,下行则入膀胱。又肺者,通调水道,下输膀胱。脾胃消化水谷。或在表在上在中,凡有热则水液皆热,转输下之,然后膀胱得之而热矣。且小肠是心之府,主热者也。其水必自小肠渗入膀胱,胞中诸热应于心者,其小肠必热,胞受其热,经绵胞移热于膀胱者,则癃溺血是也。由此而言,初起之热邪不一,其因皆得传于膀胱而成淋。若不先治其所起之本,止从末流胞中之热施治,未为善也。予尝思之,淋病必由热甚生湿,湿生则水液浑,凝结而为淋。

不独此也,更有人服金石药者,入房太甚,败精流入胞中,及饮食痰积渗入者,则皆成淋。丹溪尝治一小儿,在胎受久服金石药之余毒,病淋一十五年,以紫雪治愈。凡治病不求其本可乎。小便涩痛,常急欲溺,及去点滴,茎中痛不可忍者,此五淋病。生料五苓散加阿胶,或车前子末,或五苓散、益元散等分和服,并可吞火府丹,佐以导赤散、石苇散。若热极成淋,服药不效者,宜减桂五苓散,加木通、滑石、灯心、瞿麦各少许,仍研麦门冬草、连根车前草、白龙草各自然汁,和蜜水调下。气淋,气壅不通,小便淋结,脐下妨闷疼痛,瞿麦汤、石苇散、榆枝汤、木香流气饮。气虚淋,八物汤加杜牛膝、黄芩汁煎服。老人气虚亦能淋,参、术中加木通、山栀。血受伤者,补血行血自愈,勿作淋治。死血作淋,牛膝膏妙。但虚人能损胃,不宜食。《千金》云:用牛膝以酒煮服,治小便淋痛。《肘后方》用牛膝根茎叶,亦以酒煮服,治小便不利,茎中痛欲死,及治妇人血结坚痛如神。盖牛膝治淋之圣药也。但虚人当用补剂监制之耳。血淋,用侧柏叶、生藕节、车前草等分捣汁,调益元散、立效散、瞿麦散、小蓟饮子、柿蒂散、当归汤、羚羊角饮、鸡苏饮子、金黄散、发灰散。戴氏云:血淋一证,须看血色分冷热。色鲜者,心、小肠实热。色瘀者,肾、膀胱虚冷。若的是冷淋及下元虚冷血色瘀者,并宜汉椒根剉碎,不以多少,白水煎、候冷进。按:血多有热极兼水化而黑凝者,未可便以为冷也。膏淋,鹿角霜丸、沉香散、沉香丸、磁石丸、海金砂散、兔丝丸。戴云:有似淋非淋,小便色如米泔,或便中有如鼻涕之状,此乃精溺俱出,精塞溺道,故便欲出不能而痛。宜大菟丝子丸、鹿茸丸之类。按:此即膏淋也。沙石淋,乃是膀胱蓄热而成,正如汤瓶久在火中,底结白碱而不能去,理宜清彻积热,使水道通则沙石出而可愈。宜神效琥珀散、如圣散、石燕丸、独圣散。石首鱼脑骨十个,火煅,滑石二钱,琥珀三分,俱为细末。每服一钱,空心煎木通汤调下。鳖甲九肋者一个,酥炙令脆,为细末。每服一匙,酒煎服,当下沙石。雄鹊烧灰,淋取汁饮之,石即下。石淋,小便时沙石下流,塞其水道,痛不可忍,经及时日,水道不通,其气上攻,头痛面肿,重则四肢八节俱肿。其石大者如梅核,坚硬如有棱角,其石小者,唯碎石相结,通下即碎。宜服此取石方,用冬葵子、滑石、射干、知母,以上各一分,通草三分,为细末。每服二钱半,水一盏半,苦竹叶十片同煎,取一盏,去滓,食前热服。又大府热头痛,若体气壮健,先进后方药两三盏,然后进取石方。用麻黄去节、羌活、射干、荆芥穗、紫菀、防风、知母、蔓荆子、牵牛各一分,半夏二铢,为细末。每服二钱,水一盏,煎九分,去滓,食后热服。石淋,导水用蝼蛄七枚,以盐一两,同于新瓦上铺盖焙干,研为细末。每服一钱匕,温酒调服。劳淋,地黄丸、黄芪汤、白芍药丸。冷淋,肉苁蓉丸、泽泻散、沉香散、槟榔散、生附散。戴氏云:进冷剂愈甚者,此是冷淋。宜地髓汤下附子八味丸。有因服五苓散等药不效,用生料鹿茸丸却愈。此皆下元虚冷之故。乃刘河间则谓亦由热客膀胱,郁结不能渗泄,非真冷也。小便淋,茎中痛不可忍,相引胁下痛,宜参苓琥珀汤。有小便艰涩如淋,不痛而痒者,虚证也。宜八味丸、生料鹿茸丸之类。若因思虑过度致淋,宜归脾汤、或辰砂妙香散、吞威喜丸,或妙香散和五苓散。汗多而小便赤涩,暑月多有此证。盛暑所饮既多,小便反涩少而赤,缘上停为饮,外发为汗,津液不通,小肠涩闭,则水不运下。五苓散一名导逆,内有术、桂收汗,猪苓、泽泻、茯苓分水道,收其在外者使之内,又从而利导焉。发者敛之,壅者通之,义取于此。然有虚劳汗多而赤涩者,却是五内枯燥,滋腴既去,不能生津,故溺涩而赤,不宜过用通小便之剂竭其肾水,唯当温养润肺。十全大补汤、养荣汤之类,自足选用。汗者心液,心主血,血荣则心得所养,汗止津生,不待通而溺自清矣。诸失精血及患痈毒人,或有小便赤涩之证,此亦是枯竭不润之故,并宜前法。

胞痹

痹论云:小腹膀胱,按之内痛,若沃以汤,涩于小便,上为清涕。夫膀胱者,州都之官,津液藏焉,气化则能出矣。今风寒湿邪气客于胞中,则气不能化出,故胞满而水道不通。其证小腹膀胱按之内痛,若沃以汤,涩于小便,以足太阳经,其直行者,上交巅,入络脑,下灌鼻窍,则为清涕也。肾著汤、茯苓丸、巴戟丸、肾沥汤。

【妊娠淋】乃肾与膀胱虚热,不能制水,然妊妇胞系于肾,肾间虚热而成斯证。甚者心烦闷乱，名曰子淋也。若颈项筋挛，语涩痰甚，用羚羊角散。若小便涩少淋沥，用安荣散。若肝经湿热，用龙胆泻肝汤。若肝经虚热，用加味逍遥散。腿足转筋，而小便不利，急用八味丸，缓则不救。若服燥剂而小便频数或不利，用生地、茯苓、牛膝、黄柏、知母、芎、归、甘草。若频数而色黄，用四物加黄柏、知母、五味、麦门、玄参。若肺气虚而短少，用补中益气加山药、麦门。若阴挺痿痹而频数，用地黄丸。若热结膀胱而不利，用五淋散。若脾肺燥不能化生，宜黄芩清肺饮。若膀胱阴虚，阳无所生，用滋肾丸。若膀胱阳虚，阴无所化，用肾气丸。

【产后淋】因热客于脬，虚则频数，热则涩痛，气虚兼热，血入胞中，则血随小便出而为血淋也。若膀胱虚热，用六味丸。若阴虚而阳无以化，用滋阴肾气丸。盖土生金，金生水，当滋化源。陈氏云：治产前后淋，其法不同。产前当安胎，产后当去血。瞿麦、蒲黄，最为产后要药。茅根汤，主治产后诸淋。

【诊】肾脉滑实为癃癪。痹脉滑甚为癥瘕。少阴脉数，妇人则阴中生疮，男子则气淋。盛大而实者生，虚小而涩者死。下焦气血干者死。鼻头色黄者，小便难。《素问》奇病论，病有癃者，一日数十溲，此不足也。身热如炭，颈膺如格，人迎躁盛，喘息气逆，此有余也。太阴脉细微如发者，此不足也。其病安在？名为何病？岐伯曰：病在太阴，其盛在胃，颇在肺，病名曰厥。死不治。

小　便　数

运气小便数，皆属火。经云：少阳之复，便数憎风是也。小便数，唯二脏有之。一属肺。经云：肺手太阴之脉，气盛有余则肩背痛，风寒汗出中风，小便数而欠是也。以刺言之，泻手太阴则愈。一属肝。经云：足厥阴之疟，令人如癃状而小便不利。又云：肝痹者，夜卧则惊，多饮数小便是也。视虚实、补泻之则愈。数而少，茯苓琥珀汤利之。数而多，薯蓣、莲肉、益智仁之属收之。生薯蓣半斤，刮去皮，以刀切碎，于铛中煮酒沸，下薯蓣，不得搅，待熟加盐、葱白，更添酒，空腹下二三盏妙。莲肉去皮，不以多少，用好酒浸一两宿，猪肚一个,将酒浸莲肉入肚中多半为度,水煮熟,取出莲肉,切,焙干为细末,酒煮面糊为丸,如芡实大。每服五十丸,食前米饮汤下,名水芝丸。夜多小便,益智二十四个为末,盐五分,水一盏,煎八分,临卧温服。卫真汤并丸、桑螵蛸散。戴氏云:小便多者,乃下元虚冷,肾不摄水,以致渗泄。宜菟丝子丸、八味丸、玄菟丹、生料鹿茸丸。有人每日从早至午前定尿四次,一日之间,又自无事。此肾虚所致,亦犹脾肾泄,早泄而晚愈,次日又复然者也。若小便常急,遍数虽多而所出常少,放了复急,不涩痛,却非淋证。亦有小便毕少顷,将谓已尽,忽再出些少者。多因自忍尿,或忍尿行房事而然。宜生料五苓散,减泽泻之半,加阿胶一钱,吞加减八味丸。此丸须用五味子者。有盛喜致小便多,日夜无度。乃喜极伤心,心与小肠为表里。宜分清饮、四七汤各半贴和煎,仍以辰砂妙香散,吞小菟丝子丸或玄兔丹。若频频欲去而溺不多,但不痛耳。此肾与膀胱俱虚,客热乘之,虚则不能制水。宜补肾丸、六味地黄丸。热入水道,涩而不利。八正散,或五苓散加黄柏、知母、麦门冬、木通。大便硬,小便数者,是谓脾约。脾约丸主之。

小 便 不 禁

《原病式》云:热甚客于肾部,干于足厥阴之经,廷孔郁结极甚,而气血不能宣通,则痿痹,神无所用,故津液渗入膀胱而旋溺遗失,不能收禁也。考之《内经》则谓督脉生病为遗溺。《灵枢》谓肝所生病为遗溺。盖因二经循阴器,系廷孔,病则荣卫不至,气血劳劣,莫能约束水道之窍,故遗失不禁。刘河间可谓得此旨矣。然《内经》复言膀胱不约为遗溺。《灵枢》言手太阴之别,名曰列缺,其病虚则欠㰦,小便遗数。由此观之,则又不独病在阴器廷孔而已。夫如是者,内由三焦决渎之失常也。何则? 手少阳之脉,从缺盆布膻中,下鬲循属三焦。足太阳之脉,从肩膊内挟脊抵腰中,入循膂,属膀胱。三焦虚则膀胱虚,故不约也。肺从上焦通调水道,下输膀胱,肾又上连肺,故将两脏,是子母也。母虚子亦虚,此上中下三焦气虚,皆足以致遗溺矣。由是而知三焦所部,五脏之淫气变而为五邪者,悉能干于下焦肾肝膀胱出水之窍而为不禁之病,何止于热极郁结痿痹肾部而已乎。又自《内经》所谓太阴在泉,客胜,湿客下焦,溲便不时。太阴之复,甚则入肾,窍泄无度者观之,则知湿主于痿,况是所胜之邪,其不为郁结痿痹者乎。从而思之,圣人之言,举一隅便当以三隅反,前所谓肝肾膀胱之病,不言其邪,可见诸邪尽能病之也。次言手太阴列缺虚者,为子母脏气之要也。可见所生、所胜、不胜之五邪,皆足以乘之也。其言太阴之胜复,则湿为所胜之重者也。其他风寒燥热,虽不及言,可知在其中矣。治法,上虚补气。下虚涩脱。东垣云:小便遗失者,肺金虚也。宜安卧养气,禁劳役,以黄芪、人参之类补之。不愈当责有热,加黄柏、生地。下虚谓膀胱下焦虚。经云:水泉不止者,是膀胱不藏也。仲景云:下焦竭则遗溺失便,其气不能自禁制,不须治,久则愈。又云:下焦不归则遗溲,世用桑螵蛸、鸡胜胵之类是也。古方多燥热,如二气丹、家韭子丸、菟丝子丸、固脬丸、白茯苓散、鹿茸散、菟丝子散,内有桂、附,唯真虚寒者宜之。桑螵蛸散、鹿角霜丸、阿胶饮、鹿茸散,温补而不僭。小便不禁而淋沥涩滞者,泽泻散、茯苓丸。滑脱者,牡蛎丸。如白薇散、鸡肠散,内俱有寒药,内热者宜之。娄全善治一男子遗溺不觉,脉洪大盛,以黄柏、知母、杜牛膝为君,青皮、甘草为臣,木香为佐,桂些少反佐,服数贴大效。此法与《千金》白薇散,皆河间所谓热甚,廷孔郁结,神无所用,不能收禁之意也。遗尿有实热者,用神芎导水丸,每服百丸,空心白汤下。若一服利,止后服。此谓淫气遗溺,痹聚在肾,痹谓气血不通宣也。戴云:睡着遗尿者,此亦下元冷,小便无禁而然。宜大菟丝子丸,猪胞炙碎煎汤下。凡遗尿皆属虚。通用方,薏苡仁盐炒煎服。鸡肠一具,以水三升,煮取一升,分三服。一方用雄鸡烧灰为末,用三指撮,温浆水调一钱,向北斗服之,更良。雄鸡喉咙及矢白,胵里黄皮,烧为末,麦粥清调服。羊脬盛水贮令满,系两头煮熟,开取水顿服之。鸡胜胵一具,并肠洗净烧灰,男用雌,女用雄,为细末。每服二钱,空心温酒调服。一方加猪脬灰。燕蓐草主眠中遗尿不觉,烧令黑,研,水进方寸匕。膀胱欬者,欬而遗溺。

【妊娠尿出不知】用白薇、芍药为末,酒调下。或白矾、牡蛎为末,酒调二钱。或鸡毛灰末,酒服一匕。或炙桑螵蛸、益智仁为末,米饮下。薛氏云:前证若脬中有热,宜加味逍遥散。若脾肺气虚,宜补中益气汤加益智。若肝肾阴虚,宜六味丸。

【产后小便数】乃气血不能制故也。薛氏曰:若因稳婆不慎,以致胞损而小便淋沥者,用八珍汤以补气血,兼进补脬饮。若因膀胱气虚而小便频数,当补脾肺。若膀胱阴虚而小便淋沥,须补肺肾。

妇人产蓐,产理不顺,致伤膀胱,遗尿无时,宜补脬饮、桑螵蛸散、白薇散。薛氏曰:前证若脾肺阳虚,用补中益气汤。若肝肾阴虚,用六味地黄丸。若肝肾之气虚寒,用八味地黄丸。若肝脾气血虚热,用加味逍遥散,佐以六味丸。丹溪云:尝见尿胞因收生者不谨,以致破损而得淋沥病,遂为废疾。有妇年壮,难产得此,因思肌肉破伤在外者,可以补完。胞虽在腹,恐亦可治。诊其脉虚甚,遂与峻补,以参、芪为君,芎、归为臣,桃仁、陈皮、黄芪、茯苓为佐,煎以猪羊胞中汤,极饥时饮之。但剂小者,率用一两,至一月而安。盖令气血骤长,其胞自完。恐稍缓,亦难成功矣。

小 便 黄 赤

诸病水液浑浊,皆属于热。小便黄者,少腹中有热也。脏腑小便黄有四:一属肝热。经云:肝热病者,小便先黄是也。二属胃实。经云:胃足阳明之脉,气盛则身已前皆热,其有余于胃则消谷善饥,溺色黄是也。三属肺虚。经云:肺手太阴之脉,气虚则肩背痛寒,少气不足以息,溺色变是也。四属肾虚。经云:冬脉者,肾脉也,冬脉不及则令人眇[1]清脊痛,小便变是也。运气小便黄有二:一属风。经云:厥阴之胜,胠胁气并,化而为热,小便黄赤是也。二属热。经云:少阴司天,热淫所胜,病溺色变。又云:少阳之胜,溺赤善惊。又云:阳明司天,燥气下临,暴热至乃暑,阳气郁发,小便变是也。

---

〔1〕眇(miǎo 秒):原作"眇",形近之误,据《素问·玉机真脏论》篇改。眇,季胁下空软处。

盖暴热谓地气少阴之热也。邪之所在，皆为不足。中气不足，溲便为之变。补足外踝下留之。用药则补中益气汤是已。小便黄，无如黄柏、知母效。《脉经》云：尺涩，足胫逆冷，小便赤，宜服附子四逆汤，足太冲补之。

遗　精

丹溪书分梦遗精滑为二门。盖梦与鬼交为梦遗，不因梦感而自遗者为精滑，然总之为遗精也。其治法无二，故合之。或问精滑，何因得之？曰：《金匮要略》谓虚劳之病，脉浮大，手足烦，阴寒精自出。又谓脉弦而大，此名革，亡血失精。又谓小腹弦急，阴头寒，脉动微紧，男失精，女子梦交通。《巢氏病源》以虚劳病分出五劳、七伤、六极、二十三蒸之名。于七伤中精连，蒸病中玉房蒸，男则遗沥漏精，与尿精，闻见精出，及失精等候皆混同，仍类虚劳门，为肾主藏精，故尽作肾气衰弱之病，似若他脏无损焉，岂其然哉。夫五脏皆藏精者也。尝考《灵枢》本神篇，首谓天之在我者德也，地之在我者气也，德流气薄而生者也。故生之来谓之精，两精相搏谓之神，如是者，通言一身主宰之精神也。因心肾是水火之脏，法天地施化生成之道，故藏精神为五脏之宗主。其次言所以任物者谓之心，心有所忆谓之意，意有所存谓之志，因志而存变谓之思，因思而远慕谓之虑，因虑而处物谓之智。如是者，皆因心神随物所感，变而分之，是谓五志，遂有五神脏之名。五神既分，则于德化政令性味各司其属者之用，于是心肾之水火，亦俯从五神之列。然而所主之精，神则并行，未始相离，而五神五变者分之如此，则精亦从神之所变，随处与之合矣。故五脏各得藏其精，神以行其用，是之谓藏真主，所以属本气之生化也。苟有一脏之真不得其正，即一脏之病作矣。苟一脏之精神伤之甚者，则必害其心肾之主精神者也。如所谓怵惕思虑则伤神，神伤则恐惧，流淫而不止。喜乐恐惧则伤精，精伤则骨酸痿厥而不举。喜乐者，惮散而不藏。恐惧者，荡惮而不收。是故主藏精者不可伤，伤则失守而阴虚，阴虚则无气，无气则死矣。如是者，精神之在五脏，伤之则淫邪立至。心之在志为喜,在气为火为热。肾之在志为恐,在气为水为寒。于是怵惕思虑伤其神,神伤则火动不止,火动不止则肾水恐惧之志者并矣。恐甚不解则动中而肾自伤,肾主藏精,与所受五脏六腑所输至之精,皆不得藏而时自下矣。此乃以心肾主宰精神者言也。至若他脏之精,各得而泄,有所据乎? 曰:《内经》所谓思想无穷,所愿不得,意淫于外,入房太甚,宗筋弛纵,发为白淫,其病筋痿。筋痿者,生于肝,使内。王注以白淫是白物淫衍,如精之状,因溲而下。虽云如精,殆非将化未成之精而径出者乎?何以言之? 精有谓生来之精者,先身生之精也。有谓食气入胃,散精于五脏者;有谓水饮自脾肺输肾而四布,五经并行之精者,此水谷日生之精也。然饮食日生之精,皆从生来元精之所化,而后分布其脏,盈溢则输之于肾,肾乃元气之本,生成之根,以始终化之养之道也。若饮食之精,遇一脏有邪,则其藏之食味,化之不全,不得入与元精俱藏而竟泄出。与夫所谓脾移热于肾,少腹冤热而痛出白者,义亦如之。王注虽谓消脂烁肉,无乃消其肾所藏之精欤。盖使二脏无病,则此白物其不为精乎。使二脏有病,则所藏之精,其不变为白物而出之乎。以此比例,则肺脾二脏之精,宁不有似肝脏之伤神动气,致精失守而走泄者乎。然则治当何如? 曰:独肾泄者,治其肾。由他脏而致肾之泄者,则两治之。在他脏自泄者,治其本脏,必察四属以求其治。大抵精自心而泄,则血脉空虚,本纵不收。自肺而泄者,皮革毛焦,喘急不利。自脾而泄者,色黄肉消,四肢懈惰。自肝而泄者,色青而筋痿。自肾而泄者,色黄黑,髓空而骨惰。即脉亦可辨也。或问夜梦交接之理何如? 曰:《内经》曰,肾者主水,受五脏六腑之精而藏之。又曰主蛰,封藏之本,精之处也。又曰,阴阳之要,阳密乃固,故阳强不能密,阴气乃绝。阴平阳秘,精神乃治。阴阳离决,精气乃绝。又曰,阴阳总宗筋之会,会于气街。《灵枢·淫邪发梦》篇曰:厥气客于阴器则梦接内。盖阴器者,宗筋之所系也。而足太阴、阳明、少阴、厥阴之筋,皆结聚于阴器,与冲、任、督三脉之所会。然厥阴主筋,故诸筋皆统属于厥阴也。肾为阴,主藏精。肝为阳,主疏泄。阴器乃泄精之窍,是故肾之阴虚则精不藏,肝之阳强则气不固。若遇阴邪客于其窍,与所强之阳相感,则精脱出而成梦矣。所谓阳强者,非脏之真阳强也,乃肝脏所寄之相火强耳。盖水为阴,火为阳,故通言火为阳,然分言之,则为二。若火盛不已,反消亡其脏之真阳也。肝乃魂之居,脏之真阳虚,则游魂为变,变则为梦,与肝虚病者多梦亡人无异。曰:如子所言,梦遗则从肝肾得之乎。曰:不然。病之初起,亦有不在肾肝,而在心肺脾胃之不足者,然必传于肝肾而后精方走也。盖有自然相传之理存焉。何则?宗筋者,上络胸腹,挟脐,下合横骨。故《内经》谓其总阴阳之会,会于气街,主束骨而利机关也。夫五脏俱有火,其相火之寄于肝者,善则发生,恶则为害,独甚于他火。故平人肝气之刚勇,充于筋而为罢极之本也。其阴器既宗筋之所聚,乃强于作用,皆相火充其力也。若遇接内,得阴气与合,则三焦上下内外之火,翕然而下从,百体玄府悉开,其滋生之精,尽趋会于阴器以跃出,岂止肾之所藏者而已哉。所谓厥气客于阴器则梦者,其厥气亦身中阴分所逆之气,与接内之气同是阴类故梦,犹接内之精脱也。若思欲不已,精气已客于阴器,至卧故成梦而泄矣。但梦者,因真阳虚而得之,故精脱之后,其气未能卒复,未免形体衰惫,不比平人接内之气,一二时便可复也。曰:治法当何如?曰:病从他藏而起,则以初感病者为本,肾肝聚病处为标。若由肾肝二脏自得者,独治肾肝。由阴阳离决,水火不交通者,则既济之。阴阳不相抱负者,则因而和之。阳虚者,补其气。阴虚者,补其血。阳强者,泻其火。火有正治反治,从多从少,随其攸利。经曰:思想无穷,所愿不得,意淫于外,入房太甚,宗筋弛纵,发为白淫梦遗等证。先贤治法有五:其一,用辰砂、磁石、龙骨之类,镇坠神之浮游,河间秘真丸、《本事》八仙丹之属是也。其二,思想结成痰饮,迷于心窍而遗者,许学士用猪苓丸之类,导利其痰是也。其三,思想伤阴者,洁古珍珠粉丸、海藏大凤髓丹、《本事》清心丸、丹溪用海蛤粉、青黛、香附、黄柏、知母之类,降火补阴是也。其四,思想伤阳者,谦甫鹿茸、苁蓉、菟丝子等补阳是也。其五,阴阳俱虚者,丹溪治一形瘦人便浊梦遗,作心虚治,用珍珠粉丸、定志丸服之是也。戴氏云:遗精得之有四。有用心过度,心不摄肾,以致失精者。

有因思色欲不遂,致精失位输泻而出者。有色欲太过,滑泄不禁者。有年壮气盛,久无色欲,精气满泄者。然其状不一,或小便后出、多不可禁者,或不小便而自出,或茎中出而痒痛,常如欲小便者。并宜先用辰砂妙香散,吞玉华白丹,佐以威喜丸或分清饮,别以绵裹龙骨同煎。或分清饮半贴,加五倍、牡蛎粉、白茯苓、五味子各半钱。失精梦泄,亦有经络热而得者,若以虚冷用热剂,则精愈失。《本事方》清心丸,用黄柏、脑子者最良。大智禅师云:梦遗不可全作虚冷,亦有经络热而得之者。尝治一男子,至夜脊心热,梦遗,用珍珠粉丸、猪苓丸遗止。终服紫雪,脊热始除。又一男子,脉洪腰热遗精,用沉香和中丸下之,导赤散治其火而愈。于此知身有热而遗者,皆热遗也。若是用心过度而得之,宜远志丸,用交感汤加莲肉、五味子吞下,仍佐以灵砂丹。若审是思色,欲不遂得之,且以四七汤,吞白丸子。甚者耳闻目见,其精即出,名曰白淫。妙香散吞玉华白丹。初虞世方,治清滑不禁,用青州白丸子,辰砂为衣,服之神效。若审是色欲过度,下元虚惫,泄滑无禁,宜正元饮,加牡蛎粉、肉苁蓉各半钱,吞养气丹或灵砂丹,仍佐以鹿茸丸、山药丸、大菟丝子丸、固阳丸之类。按:此项药太僭燥,若妄用过剂,则阴水耗竭,壮火独炎,枯脂消肉,骨立筋痿,而成不救之疾矣。用者审之。若审是壮盛满溢者,《本事方》清心丸。梦遗,俗谓之夜梦鬼交。宜温胆汤去竹茹,加人参、远志、莲肉、酸枣仁炒、茯苓各半钱,吞玉华白丹、固阳丸。梦遗亦备前四证,宜审其所感,用前药。娄全善云:愚壮年得梦遗症,每四五十日必一遗,累用凤髓丹、河间秘真丸,虽少效终不除根。后改用菖蒲、远志、韭子、桑螵蛸、益智、酸枣仁、牡蛎、龙骨、琐阳等剂为丸,服之良愈。又一中年男子梦遗,以珍珠粉丸等药与服,了无一效。亦以远志、菖蒲等剂服之,随手而愈。又云:王元珪虚而泄精,脉弦大,累与加减八物汤,吞河间秘真丸,及珍珠粉丸,其泄不止。后用五倍子一两,茯苓二两,为丸。服之良愈。此则五倍子涩脱之功,敏于龙骨、牡蛎也。又云:详古治梦遗方,属郁滞者居大半,庸医不知其郁,但用龙骨、牡蛎等涩剂固脱,殊不知愈涩愈郁,其病反甚。尝治一壮年男子梦遗白浊,少腹有气冲上,每日腰热,卯作酉凉,腰热作则手足冷,前阴无气。腰热退则前阴气耕,手足温。又旦多下气,暮多噫时振,隔一旬、二旬必遗,脉旦弦滑而大,午洪大,予知其有郁滞也。先用沉香和中丸大下之,次用加减八物汤,吞滋肾丸百粒。若稍与蛤粉等涩药,则遗与浊反甚,或一夜二遗。遂改用导赤散,大剂煎汤服之,遗浊皆止,渐安。又一中年男子梦遗,医或与涩药反甚,连遗数夜。愚先与神芎丸大下之,却制猪苓丸服之,皆得痊安。又丹溪治镇守万户萧伯善,便浊精滑不禁,百药不效,与试倒仓法而安。于此见梦遗属郁滞者多矣。叶氏云:遗滑之证,予累见人多作肾虚,而用补涩之药无效,殊不知此因脾胃湿热所乘,饮酒厚味痰火之人,多有此疾。肾虽藏精,其精本于脾胃,饮食生化而输于肾,若脾胃受伤,湿热内郁,使中气浊而不清,则所输皆浊气,邪火扰动,水不得而安静,故遗滑也。治以苍白二陈汤,加黄柏、升麻、柴胡,俾清气升,浊气降,而脾胃健运,则遗滑自止矣。其有欲心太炽,思想无穷而致者,当从心治,心清则神宁,而火不妄起。宜远志丸、茯神汤。房劳无度致肾虚者,必兼见怯弱等证,方可用补肾药。故治有多端,须当审察,不可偏作肾虚治也。赵以德治郑叔鲁二十余岁,攻举子叶,读书夜至四鼓犹未已,遂发此病,卧间玉茎但着被与腿,便梦交接脱精,悬空则不梦,饮食日减,倦怠少气。此用心太过,二火俱起,夜不得睡,血不归肝,肾水不足,火乘阴虚入客下焦,鼓其精房,则精不得聚藏而欲走,因玉茎着物,犹厥气客之,故作接内之梦。于是上补心安神,中调脾胃升举其阳,下用益精生阴固阳之剂,不三月而病安矣。一老人年六十患疟嗽,自服四兽饮多,积成湿热,乘于下焦,几致危困。诊其脉,尺部数而有力。与补中益气加凉剂,三日与黄柏丸。次早诊之,尺脉顿减。问之曰:夜来梦交接否?曰:然,幸不泄。曰:年老精衰,固无以泄,其火热结于精房者,得泄火益阴之药,其火散走于阴器之窍,病可减矣。再服二日,又梦其疟嗽全愈。亦有鬼魅相感者,《大全良方》论妇人梦与鬼交者,由脏腑虚,神不守,故鬼气得为病也。其状不欲见人,如有对晤,时独言笑,或时悲泣是也。脉息乍大乍小,乍有乍无,皆鬼邪之脉。又脉来绵绵,不知度数,而颜色不变,亦其候也。夫鬼本无形,感而遂通。盖因心念不正,感召其鬼,附邪气而入,体与相接,所以时见于梦。治之之法,则朱砂、雄黄、麝香、鬼箭、虎头骨、辟邪之属是也。蒋右丞子,每夜有梦,招以德治之,连二日诊脉,观其动止,终不举头,但俯视不正当人,知为阴邪相着,叩之不肯言其所交之鬼状,其父遂问随出之童仆,乃言一日至城隍庙,见侍女以手于其身摩久之,三五日遂闻病此,即令法师入庙,毁其像,小腹泥土皆湿,其病即安。试观张仲景治下焦真阳与精血两虚,病小腹弦急,脉芤动微紧,男子失精,女子梦交通,则用桂枝、龙骨之属,温之固之。若阳浮上而不降,作悸衄,手足烦热,咽干口燥,阴独居于内而为里急腹中痛,梦失精者,小建中汤和之,皆可取以为法也。医家大法曰:尝治脱真不止者,以涩剂收止之,则不能收不能止,不若泻心火;若泻心火不能止之,不若用升阳之剂,加风药之类止之。非此能止之也,举其气上而不下也。

赤　白　浊

溺与精所出之道不同,淋病在溺道,故《纲目》列之肝、胆部。浊病在精道,故《纲目》列之肾、膀胱部。今患浊者,虽便时茎中如刀割火灼而溺自清,唯窍端时有秽物如疮脓目眵,淋漓不断,初与便溺不相混滥,犹河中之济焉[1],至易辨也。每见时医以淋法治之,五苓、八正杂投不已而增剧者,不可胜数。予每正之,而其余尚难以户说也。盖由精败而腐者什九,由湿热流注与虚者什一。丹溪云:属湿热,有痰有虚。赤属血,由小肠属火故也。白属气,由大肠属金故也。或曰思虑过度,嗜欲无穷,俾心肾不交,精元失守,以为赤白二浊之患。赤浊者,为心虚有热,由思虑而得之。白浊者,为肾虚有寒,因嗜欲而得之。叶氏曰:《原病式》以赤白浊均属于热,其辨甚明。然因于虚寒者,不可谓无,如上所言是也。但热多寒少耳。虚热者,清心莲子饮。虚寒者,萆薢分清饮。白浊,有湿痰流注,宜燥中宫之湿。赤者,湿伤血也。有胃中浊气下流,渗入膀胱而白浊者,苍白二陈汤加升提之剂。虚劳者,用补阴药。胃弱者,参、术加升麻、柴胡。心经伏

─────────────

〔1〕济焉:集成本作"泾渭"。

暑赤浊者，四苓散加香薷、麦门冬、人参、石莲肉。戴氏云：有白浊人服玄兔丹不愈，服附子八味丸即愈者，不可不知。有小便如常，停久才方淀浊，有小便出即如米泔，若小儿疳病者。宜分清饮加茯苓半钱，下小菟丝子丸。如服药未效，宜四七汤吞青州白丸子，及辰砂妙香散吞玄兔丹，及小菟丝子丸、山药丸。如白浊甚，下淀如泥，或稠粘如胶，频逆而涩痛异常，此非是热淋，此是精浊窒塞窍道而结。宜五苓妙香散，吞八味丸、小菟丝子丸，或萆薢分清饮。精者，血之所化，有浊去太多，精化不及，赤未变白，故成赤浊，此虚之甚也。何以知之，有人天癸未至，强力好色，所泄半精半血。若溺不赤，无他热症，纵虽赤浊，不可以赤为热，只宜以治白浊法治之。若溺赤、下浊亦赤，口渴，时发热者，辰砂妙香散吞灵砂丹，或清心莲子饮。发热不退，口燥舌干之甚者，此乃精亏内燥，肾枯不润，四物汤吞玄兔丹和加减八味丸，久服乃效。按：既热燥如此，而用药无一凉补濡润之剂，非其治也。曷若以生地、麦门冬、五味、盐炒黄芪、淡竹叶、地骨皮、山药之类治之。或问丹溪云：白浊之病，因何与前人所论不同，将古今异也。子能与我折衷乎。曰：辨古今之得失，必以《内经》证之，是病自巢氏《病源候论》曰：白浊者，由劳伤肾，肾气虚冷故也。由是历代方论宗其说，无异词，不唯白浊之理不明，所治之法亦误。不思《内经》本无白浊之名，唯言少阴在泉，客胜，溲便变。少阳在泉，客胜，则溲白。又言思想无穷，入房太甚，发为白淫，与脾移热于肾出白，二者皆随溲而下，夫如是非白浊之源乎。《原病式》因举《内经》谓诸病水液浑浊，皆属于热，言天气热则水浑浊，寒则清洁。水体清，火体浊，又如清水为汤则自然白浊也。可谓发圣人之旨，以正千载之误矣。然不读其书者，世犹未尽知斯道也。予尝闻先生论白浊，多因湿热下流膀胱而成。赤白浊，即《灵枢》所谓中气不足，溲便为之变是也。必先补中气使升举之，而后分其脏腑气血赤白虚实以治。与夫其他邪热所伤者，固在泻热补虚，设肾气虚甚，或火热亢极者，则不宜峻用寒凉之剂，必以反佐治之，要在权衡轻重而已。痿论曰：思想无穷，所愿不得，意淫于外，入房太甚，宗筋弛纵，发为筋痿，及为白淫。夫肾藏天一，以悭为事，志意内治则精全而涩,若思想外淫,房室太甚,则固有淫泆不守,辄随溲溺而下也。然本于筋痿者,以宗筋弛纵也。宜内补鹿茸丸、茯兔丸、金箔丸、珍珠粉丸。

【诊】脉洪大而涩,按之无力,或微细,或沉紧而涩,为元气不足。若尺脉虚,或浮者,急疾者,皆难治。迟者易治。

前阴诸疾 阴缩阴纵　阴痿　阴汗臊臭阴冷阴痒　阴肿痛　阴吹

前阴所过之脉有二:一曰肝脉。二曰督脉。经云:足厥阴之脉,入毛中,过阴器,抵少腹,是肝脉所过也。又云:督脉者,起于小腹以下骨中央,女子入系廷孔,循阴器,男子循茎下至篡,与女子等,是督脉所过也。

阴缩阴纵

阴缩,谓前阴受寒入腹内也。阴纵,谓前阴受热挺长不收也。经曰:足厥阴之筋,伤于寒则阴缩入,伤于热则纵挺不收,治在行水清阴气是也。丹溪治鲍兄二十余岁,玉茎挺长,肿而痿,皮塌常润,磨股不能行,两胁气上,手足倦弱。先以小柴胡加黄连,大剂行其湿热,略加黄柏,降其逆上之气。其挺肿渐收,渐减及半,但茎中有坚块未消,遂以青皮为君,佐以散风之剂末服,外以丝瓜汁调五倍子末傅而愈。平江王氏子年三十岁,忽阴挺长,肿而痛,脉数而实。用朴硝荆芥汤浸洗,又用三一承气汤大[1]下之愈。《内经》刺灸前阴挺长之法有一,经云:足厥阴之别,名曰蠡沟,去内踝五寸,别走少阳,其病实则挺长,取之所别是也。《内经》诊阴缩而死者,皆属肝伤。经云:肝悲哀动中则伤魂,魂伤则狂妄不精,不精则不正,当阴缩而挛筋,两胁骨不举,毛悴色夭,死于秋。又云:厥阴终者,喜溺,舌卷,卵上缩是也。

阴痿

阴痿,皆耗散过度,伤于肝筋所致。经云:足厥阴之经,其病伤于内,则不起是也。肾脉大甚为阴痿。运气阴痿,皆属湿土制肾。

---

〔1〕大:原作"太",据四库本改。

经云：太阴司天，湿气下临，肾气上从，阴痿，气衰而不举是也。仲景八味丸治阳事多痿不振。今依前方，夏减桂、附一半，春秋三停减一，疾去精足，全减桂、附，只依六味地黄丸。此法可治伤于内者。阴痿弱，两丸冷，阴汗如水，小便后有余滴臊气，尻臀并前阴冷，恶寒而喜热，膝亦冷。此肝经湿热。宜固真汤、柴胡胜湿汤。此法可治湿气制肾者。肾脉大，右尺尤甚，此相火盛而反痿。宜滋肾丸，或凤髓丹。

阴汗臊臭阴冷阴痒

阴汗湿痒，用大蒜煨，剥去皮，烂研，同淡豆豉末搜和，丸桐子大，朱砂为衣。每服三十丸，枣二枚，灯心数茎，煎汤，空心送下。阴汗不止，内服青蛾丸，外用炉甘石一分，真蛤粉半分，干扑。或密陀僧和蛇床子研末扑之。东垣治一富者，前阴间常闻臊臭，又因连日饮酒，腹中不和。夫前阴者，足厥阴之脉，络阴器，出其挺末。臭者，心之所走，散入于五方为臭，入肝为臊臭，此其一也。当于肝经中泻行间，是治其本。后于心经中泻少冲，以治其标。如恶针，当用药除之。治法当求其本。连日饮酒，夫酒者，气味俱能生湿热，是风湿热合于下焦为邪。故经云：下焦如渎。又云：在下者引而竭之。酒者，是湿热之水，亦宜决前阴以去之，是合下焦二法治之。宜龙胆泻肝汤。柴胡入肝为引用，泽泻、车前子、木通，其淡渗之味，利小便亦除臊臭，是谓在下者引而竭之。生地黄、草龙胆之苦寒，泻酒湿热，更兼车前子之类，以彻肝中邪气。肝主血，用当归以滋肝中血不足也。面色痿黄，身黄，脚软弱无力，阴汗，阴茎有夭色，宜温肾汤。前阴如冰冷并冷汗，两脚痿弱无力，宜补肝汤。溺黄臊臭淋沥，两丸如冰，阴汗浸两股，阴头亦冷，正值十二月天寒凛冽，霜雪交集，寒之极矣。宜清震汤。两外肾冷，两髀枢阴汗，前阴痿弱，阴囊湿痒臊气，宜柴胡胜湿汤。《千金方》有人阴冷，渐渐冷气入阴囊肿满，恐死，日夜痛闷，不得眠，取生椒，择之洗净，以布帛裹着丸囊，令厚半寸，须臾热气大通，日再易之，取出瘥。《本事方》曾有人阴冷，渐次冷气入阴囊肿满，昼夜闷疼，不得眠，煮大蓟汁服立瘥。前阴两丸湿痒，秋冬尤甚，冬月减，宜椒粉散。肾囊湿痒，先以吴茱萸煎汤洗之。后用吴茱萸半两,寒水石三钱,黄柏二钱半,樟脑、蛇床子各半两,轻粉一钱,白矾三钱,硫黄二钱,槟榔三钱,白芷三钱,为末掺之。

阴肿痛

风热客于肾经,肾虚不能宣散而肿,发歇疼痛,圣惠沉香散。沉香五钱,槟榔一两,丹参、赤芍药、白蒺藜去刺炒,制枳壳、赤茯苓各七钱半,空心温服。肿而有气,上下攻注胀闷,圣惠木香散。木香半两,赤茯苓一两,牡丹皮、泽泻各七钱半,防风半两,槟榔一两,郁李仁一两,汤浸去皮,微炒为末,食前温酒服。小蟠葱散、五苓散生料,和四两重,依方加槟榔半两,茴香炒八钱,川楝肉半两,姜葱煎,空心服。肿痛不可忍,雄黄二两研,白矾二两,甘草二尺,煮水三升,稍热浴之。又鸡翅烧灰为末,空心粥饮调下二钱,患左取左翅,患右取右翅。又取伏龙肝,以鸡子白和傅之。又马齿苋捣汁,或桃仁去皮捣烂,或蛇床子末,鸡子黄和,三者各可傅之。痛用苦楝树向阳根、木香、吴茱萸、槟榔为末,醋糊丸。热酒不拘时服。卒痛如刺,大汗出,小蒜一升,韭根一斤,杨柳根一斤,剉,酒三升煎沸,乘热熏之。阴茎痛,是厥阴经气滞兼热,用甘草梢,盖欲缓其气耳。若病淋而作痛,似难一概论之。必须清肺气,而清浊自分矣。气虚六君,血虚四物等,各用黄柏、知母、滑石、石苇、琥珀之类。妇人阴肿肾痛,枳实半斤,切碎,炒热,布裹包熨之,冷即易。

阴吹

胃气下泄,阴吹而正喧,此谷气之实也。膏发煎导之。

疝

或问疝病,古方有以为小肠气者,有以为膀胱气者。唯子和、丹溪专主肝经而言,其说不同,何以辨之?曰:小肠气,小肠之病。膀胱气,膀胱之病。疝气,肝经之病。三者自是不一,昔人以小肠、膀胱气为疝者误也。殊不知足厥阴之经,环阴器,抵少腹,人之病此者,其发睾丸胀痛,连及少腹,则疝气之系于肝经可知矣。小肠气,俗谓之横弦竖弦,绕脐走注,少腹攻刺。而膀胱气则在毛际之上,小腹之分作痛,与疝气之有形如瓜,有声如蛙,或上于腹,或下于囊者不同也。但小肠、膀胱因经络并于厥阴之经,所以受病连及于肝,则亦下控引睾丸为痛,然止是二经之病,不可以为疝也。赵以德曰:此条本为睾丸之症立名,然《内经》以疝者痛也,有腹中脏腑之痛,一以疝而名者,故通叙于此。其腹中五脏之疝,得以就此而考焉,有睾丸之痛。《内经》谓任脉为病,男子内结七疝,女子带下瘕聚。冲脉为病,逆气里急。然称任脉有七疝名、无疝之状,及按诸篇以双字命其名者,曰癫疝者,以三阳为病,发寒热,痿厥,其传为癫疝。及阳明司天与之胜,肝是动病,足阳明筋病,皆为癫疝。谓厥疝者,面黄,脉之至,大而[1]虚,有积气在腹中,有[2]厥气,名曰厥疝。谓疝瘕者[3],脾传之肾[4],病名疝瘕,少腹冤热而痛,出白,一名曰蛊。谓冲疝者,以冲、任、督生病,上冲心痛,不得前后。谓卒疝者,邪客厥阴之络,则卒疝暴痛,与厥阴别,蠡沟气逆,亦睾丸卒痛。谓癫癃疝者,厥阴之阴盛而脉胀不通。谓狐疝者,肝所生病也。殆非及此双字之名者,由任脉行诸经之会,而有七疝者欤。此外独称一字疝者,则有太阴在泉,主胜寒气厥阳,甚则为疝;有太阳在泉,小腹控睾,上引心痛;有小腹痛,不得大小便,名曰疝,得之寒;有足太阴筋,病阴器扭痛,上引脐;有心疝脉急,小肠为使,少腹[5]当有形;有肾脉大急沉[6],皆为疝。心脉搏滑急为心疝。肺脉沉搏为肺疝。三阴急为疝。《灵枢》有谓心脉微滑为[7]心疝。肝脉滑甚为癫疝。脾脉微大为疝气,腹中裹大脓血在肠胃之外。滑甚为癫癃。肾脉滑甚为癃癫。诸脉之滑者,为阳气甚盛,微有热。夫如是者,名为七疝,中分邪气之寒热者也。《内经》又云:少阳脉滑,

---

〔1〕而:原作"有",据修敬堂本改。
〔2〕有:原脱,据《素问·五脏生成》补。
〔3〕者:原脱,据上下文例补。
〔4〕脾传之肾:原作"以脾传邪之间",文义不属,据《素问·玉机真脏论》改。
〔5〕少腹:原作"小肠",形近之误,据《素问·脉要精微论》及下文心疝条改。
〔6〕沉:原作"深",据《素问·大奇论》改。
〔7〕心脉微滑为:原脱,据《灵枢·邪气脏腑病形》补。

病肺风疝。太阴脉滑,病脾风疝。阳明脉滑,病心风疝。太阳脉滑,病肾风疝。少阳脉滑,病肝风疝。所言风者,非外入之风,由肝木阳脏动之风也。故经云:脉滑曰风。然连以疝称者,盖肾肝同居下焦,而足厥阴佐任脉之生化,因肝肾之气并逆,所以任之阴气为疝,肝之阳气为风,所以风疝连称也。李东垣谓脉滑者为丙丁火,热并于下,不胜壬癸,从寒水之化,故生癫疝,亦用热治。《内经》初不见于尺部而言也,岂不为外寒郁内热之故,乃曰热火从寒化,恐理未当。而经更有茎垂者,身中之机,阴阳之候,津液之道也。或饮食不节,喜怒不时,津液内溢,下流于睾,血[1]道不通,日久[2]不休,俛仰不便,趋翔不能,此病荥[3]然有水,不上不下,若此者,亦癀疝之一也。张仲景言疝,皆由寒邪得之,亦同《内经》之云,脉者当温散之。或曰《内经》言疝,似若各从诸经脉所生,今子何为尽属于任脉乎。曰:任脉是疝病之本源,各经是疝病之支流。何以言之? 盖肾脏以四方分部者言,则属五行之寒水。以居在下位者言,则属地道之阴。阴形偶,故肾有两,两其形则地道之刚柔立焉。胞居两形之间,出纳肾脏之精血,以行坤土之化,生成百骸万象,及夫生长壮者已之,天癸与作强伎巧之用悉在于斯。然而坤土居尊,不自司其职,司其职者乃冲任二脉,起于胞中者,行其化也。是故五脏六腑之经,皆受气于六脉,因以海名之。所以二脉贵乎流通,而恶闭塞,流通则天之阳气下降,与之从事,故施化之道行,闭塞则天之阳绝,故地之阴亦结,而百病作矣。疝者是其二也,所致任脉之病者,若刚柔自相胜负,与内外邪之感伤,皆得使其阴阳不和,阴偏胜则寒气冲击,阳偏胜则热气内入,阴反之外,悉致任脉为疝。纵其邪不自任脉而起,初由各经所受而得者,亦必与任脉相犯故也。所犯者何? 或所胜之经脉相传,或受不以次所乘,或任脉过处与受邪之经相会,或六经受气之际,挟邪犯其海,则皆足以感动任脉,内舍结固

---

〔1〕血:《甲乙经》卷九第十一作"水"。

〔2〕久:《灵枢·刺节真邪》作"大"。

〔3〕荥:原作"荣",形近之误,据《灵枢·刺节真邪》改。

不化之阴,上击脏腑,则为腹中之疝,下入厥阴,会于阴器,则为睾
丸之疝。盖疝自立名,独为任脉所职,在地之阴,特然起击者而命
之也。若诸经受邪,不与任脉相干,则不名为疝矣。不然,何《内经》
举痛篇、《灵枢》百病始生篇专为发明经脉腹中诸痛者,乃无一字
名其疝也。始可见任脉者,是疝病之本源,诸经所云疝者,是其支
流余裔耳。若夫巢氏所叙七疝者,曰:厥疝、癥疝、寒疝、气疝、盘疝、
胕疝、狼疝也。其厥逆心痛,诸饮食吐不下,名曰厥疝。腹中气乍满,
心下尽痛,气积如臂,名曰癥疝。寒饮食即胁下腹中尽痛,名曰寒
疝。腹中乍满乍减而痛,名曰气疝。腹中痛在脐旁,名曰盘疝。腹
中脐下有积聚,名曰胕疝。小腹与阴相引而痛,大便难,名曰狼疝。
及言诸疝之候,止以阴气积于内,为寒气所加,使荣卫不调,血气虚
弱,故风冷入于腹内而成疝也。小儿㿗者,阴核肿大,由啼哭躽气
不止,动于阴气,结聚不散所致者也。观于五疝,皆是痛在心腹之
疝也。独举㿗疝属小儿病者耳。后人述其说,更举《内经》谓脾风
传之于肾,名曰[1]疝瘕,少腹冤热[2]而痛,一名曰蛊者,谓之蛊病。
又立阴疝条,即癫疝也。将以足七疝之数。此言五条为心腹痛者
之治疗,则曰:若因七情所伤者,当调气安其五脏。外邪所干者,当
温散之。治之不当,内外之气交入于肾者为肾气,入于膀胱者为膀
胱气,入于小肠者为小肠气。肾与膀胱一脏一腑,其气通于外肾,
小肠系于睾丸,系会故也。又谓阴疝一名癫疝,其种有四积,肠癫、
气癫、卵胀、水癫是也。若寒温[3]之气,有连于小肠者,即小腹控睾
丸而痛,阴丸上下,谓之肠癫[4]。寒气客于经筋,足厥阴脉受邪,脉
胀不通,邪结于睾卵,谓之卵胀。肾虚之人,因饮食不节,喜怒不时,
津液内结,谓之水癫。至张戴人非之曰,此俗工所立谬名也。盖环
阴器上抵少腹,乃属足厥阴肝经之部分,是受疝之处也。或在泉寒
胜,水气挛缩郁于此经。或司天燥胜,木气抑郁于此经。或忿怒悲

---

〔1〕名曰:此下原衍"蛊",据《素问·玉机真脏论》删。

〔2〕热:原脱,据《素问·玉机真脏论》补。

〔3〕温:集成本作"盛"。

〔4〕肠癫:按上文此下当有气癫论述,疑有脱文。

哀,忧抑顿挫结于此经。或药淋外固,闭尾缩精壅于此经。了不相干膀胱、肾、小肠之事,乃厥阴肝经之职也。凡疝者,非肝木受邪,则肝木自甚也。由是于阴疝中亦立七疝之名,曰寒疝、水疝、筋疝、血疝、气疝、狐疝、癫疝也。寒疝,其状囊冷结硬如石,阴茎不举,或连控睾丸而痛。得于坐卧湿地及砖石,或冬月涉水,或值雨雪,或风冷处使内过劳。宜以温剂下之。久而无子。水疝,其状肾囊肿痛,阴汗时出,或囊肿状如水晶,或囊痒搔出黄水,或小腹按之作水声。得之饮水醉酒,使内过劳,汗出而遇风,寒湿之气聚于囊中,故水多令人为卒[1]疝,宜以逐水之剂下之。筋疝,其状阴茎肿胀,或溃、或脓、或痛,而里急筋缩,或茎中痛,痛极则痒,或挺纵不收,或白物如精随溲而下。得于房室劳伤,及邪术所使。宜以降心火之药下之。血疝,其状如黄瓜,在小腹两傍,横骨两端约中,俗云便痈。得于春夏重感大燠,劳于使内,气血流溢,渗入胵囊,留而不去,结成痈肿,脓少血多。宜以和血之剂下之。气疝,其状上连肾区,下及阴囊,或因号哭忿怒,则气郁乏而胀,怒哭号罢,则气散者是也。宜以散气之剂下之。或小儿亦有此疾,俗曰偏气。得于父已年老,或年少多病,阴痿精怯,强力入房,因而有子,胎中病也。此病不治。狐疝,其状如瓦,卧则入小腹,行立则出小腹入囊中。狐则昼出穴而溺,夜入穴而不溺。此疝出入上下往来,正与狐相类,亦与气疝大同小异,令人带钩钤是也。宜以逐气流经之药下之。癫疝,其状阴囊肿缒,如升如斗,不痒不痛是也。得之地气卑湿所生。故江淮之间,濊塘之处,多感此疾。宜以去湿之药下之。诸疝下去之后,可调则调,可补则补,各量病势,勿拘俗法。经所谓阴盛而腹胀不通者,癫癃疝也,不可不下,其论如此。戴人既曰用《内经》、《灵枢》、《明堂》之论,要穷疝病之源,而不及于任脉生病之源何也?盖因力辨阴器与小肠、肾、膀胱了不相干,是属足厥阴部分受病之原立说,所以不及于任脉。然已三见于论中矣。其间引治疝之穴,多与任脉所会一也。又称冲、任、督与厥阴会于曲骨,环阴器二也。复言凡

---

〔1〕为卒:集成本作"成"。

精滑白淫，皆男子之疝也。血涸不月，罢腰，膝上热，嗌干，少腹有块，女子之疝也。但女子不谓之疝而谓之瘕，即任脉内结之病尤明者三也。凡戴人辩论之词，强直专主其一，则不复顾其二，在癫疝中有无六经外证之可辨，若果有膀胱、小肠之证者，又安得不从之。如《灵枢》谓小肠病者，小腹痛，腰脊控睾丸而痛之类。论治法亦然。因病在下必先下之，更不问虚弱之人于首尾，不可下者下之，有不旋踵之祸，岂待下后始补，而可回其生乎。然而戴人之书，其词直，其义明，读之使人豁然，以去胸中之茅塞，诚是诸医书之冠，及乎详玩之，则少温润反覆之意。且夫阴阳变化，生病于无穷，治法亦无穷，非一人所能究学者。当因其已明，益其未至，然后得为善用其书者。丹溪先生尝论睾丸连小腹急痛者，或有形，或无形，或有声，或无声，人皆以为经络得寒收引不行而作痛，不知此病始于湿热，郁遏至久，又感外寒，湿热被郁而作痛也。其初致湿热之故，盖大劳则火起于筋，醉饱则火起于胃，房劳则火起于肾，大怒则火起于肝。火郁之久，湿气便盛，浊液凝聚，并入血隧，流于厥阴。肝属木，性急速，火性又暴烈，为寒所束，宜其痛甚而暴也。此论亦就厥阴受病处发明戴人之未至者也，诚有功于后学。盖癫疝不离此三者之邪，热则纵，寒则痛，湿则肿，须分三者多少而治之。两丸俱病固然也，设有偏于一者，予又不能无其说焉。肾有两，分左右，其左肾属水，水生肝木，木生心火，三部皆司血，统纳左之血者，肝木之职也。其右属火，火生脾土，土生肺金，三部皆司气，统纳右之气者，肺金之职也。是故诸寒收引则血泣，所以寒血从而归肝，下注于左丸。诸气愤郁则湿聚，所以气湿从而归肺，下注于右丸。且夫睾丸所络之筋，非尽由厥阴，而太阴、阳明之筋亦入络也。往往见人偏患于左丸者，则痛多肿少。偏于右丸者，则痛少肿多。此便可验也。姑书治效者一二症以明之。予壮年啖柑橘过多，积成饮癖，在右胁下隐隐然，不敢复啖数年已。一日山行，大劳饥渴甚，遇橘芋食之，橘动旧积，芋复滞气，即时右丸肿大，寒热交作，因而思之，脾肺皆主右，故积饮滞气下陷，太阴、阳明之经筋俱伤，其邪从而入于囊中，著在睾丸筋膜而为肿胀。张戴人有言，病分上下治，虽是

木郁为疝，在下则不可吐，亦当从下引而竭之。窃念病有不同，治
可同乎。今犯饥劳伤脾，脾气下陷，必升举之，则胃气不复下陷而
积可行，若用药下之，恐重陷胃气也。先服调胃剂一二贴，次早注
神使气至下焦，呕逆而上，觉肋下积动到中焦，则吐而出之，吐后癫
肿减半，次早复吐，吐后和胃气疎通经络，二三日愈。凡用此法治
酒伤与饮水注右丸肿者皆效。又治一人病后饮水，患左丸痛甚，灸
大敦，用摩腰膏，内用乌、附、丁、麝者，以摩其囊上，抵横骨端，灸温
帛覆之，痛即止，一宿肿亦全消矣。

　　历代独治外束之寒《发明》云：男子七疝痛不可忍者，妇人瘕
聚带下，皆任脉所主阴经也。乃肝肾受病，治法同归于一，宜丁香
练实丸。凡疝气带下，皆属于风，全蝎治风之圣药也。川楝、茴香
皆入小肠经，当归、玄胡索活血止痛。疝气带下，皆积寒邪入于小
肠之间，故用附子佐之。丁香、木香为引导药也。罗谦甫治火儿赤
纽邻久病疝气，复因七月间饥饱劳役，过饮潼乳所发，甚如初，面色
青黄不泽，脐腹阵痛，搐撮不可忍，腰曲不能伸，热物熨之稍缓，脉
得细小而急。《难经》云：任之为病，男子内结七疝，皆积寒于小肠
之间所致也。非大热之剂，即不能愈。遂制一方，名之曰沉香桂附
丸。脐下撮急疼痛，并脐下周身一遭皆急痛，小便频数清，其五脉
急洪缓涩沉，按之皆虚，独肾脉按之不急，皆虚无力，名曰肾疝。宜
丁香疝气丸。男子妇女疝气，脐下冷痛，相引腰胯而痛，宜当归四
逆汤。《发明》天台乌药散、川苦楝散、《简易》木香练子散，皆用
巴豆炒药。许学士云：大抵此疾，因虚而得之，不可以虚骤补。邪
之所凑，其气必虚，留而不去，其病则实。故必先涤去所蓄之邪热，
然后补之。是以诸药多借巴豆气者，盖为此也。《金匮方》寒疝腹
中痛，逆冷，手足不仁，若身疼痛，灸刺诸药不能治，抵当乌头桂枝
汤主之。用乌头一味，以蜜二升，煎减半去渣，以桂枝汤五合和之，
令得一升后，初服二合；不知，再服三合；又不知，复加至五合。其
知者，如醉状，得吐者为中病。海藏以附子建中汤加蜜煎治疝，即
此法也。腹痛，脉弦而紧，弦则卫气不行，即恶寒，紧则不欲食，弦
紧相搏，即为寒疝。寒疝绕脐痛，若发则自汗出，手足厥冷，其脉沉

弦者,大乌头煎主之。《衍义》云:葫芦巴,《本经》云得茴香、桃仁,治膀胱气甚效。尝合用桃仁麸炒各等分,半酒糊丸,半为散。每服五七十丸,空心食前盐酒下。散以热米饮调下,与丸子相间,空心各一二服效。《宝鉴》葫芦巴丸。

丹溪治内郁之湿热 煎方:枳实九粒炒、桃仁十四个炒、山栀仁九个炒、吴茱萸七粒炒、山楂四粒炒、生姜如指大,上六味,同人擂盆擂细,取顺流水一钟,入瓶内煎至微沸,带查服。如湿胜癫疝者,加荔枝核。如痛甚者,加盐炒大茴香二钱。如痛处可按者,加薄桂少许。丸方:山栀二两炒、山楂四两炒、枳实炒、茴香炒各二两、柴胡、牡丹皮、八角茴香各一两炒、桃仁、茱萸炒各半两,末之,酒糊丸。空心盐汤下五六十丸。阳明受湿热,传入大肠[1],发热恶寒,小腹连毛际间闷痛不可忍,用栀子仁炒、桃仁炒、枳实炒、山楂各等分,同研细,入生姜汁半合,用水一小钟,荡起煎令沸,热服之。一方加茱萸。

寒热兼施《灵枢》云:胃中热,肠中寒,则疾饥,小腹痛胀。丹溪云:愚见有用川乌头、栀子等分,作汤用之,其效亦敏。后因此方随症与形加减用之,无有不效。盖川乌头治外束之寒,栀子仁治内郁之热也。又云:诸疝痛处,用手按之不痛者属虚,必用桂枝、炒山栀细切、川乌头等分,为细末,生姜自然汁打糊为丸,如桐子大。每服三四十丸,空腹白汤下。罗谦甫云:阴疝,足厥阴之脉,环阴器,抵少腹,或痛因肾虚寒水涸竭,泻邪补肝,蒺藜汤主之。

补例 丹溪云:疝有挟虚而发者,其脉不甚沉紧,而大豁无力者是也。然其痛亦轻,唯觉重坠牵引耳。当以参术为君,疏导药佐之。盖疏导药即桃仁、山楂、枳实、栀仁、茱萸、川楝、玄胡索、丁香、木香之类是也。海藏云:姬提领因疾服凉剂数日,遂病脐腹下大痛,几至于死,与姜附等剂,虽稍苏,痛不已,随本方内倍芍药服之愈。《金匮方》寒疝腹中痛,及胁痛里急者,当归生姜羊肉汤主之。《衍义》云:张仲景治寒疝,用生姜羊肉汤服之,无不应验。有一妇人,产当寒月,寒气入产门,腹脐以下胀满,手不欲犯,此寒疝也。师将

---

〔1〕大肠:原误作"大阳",据四库本改。

治之以抵当汤,谓有瘀血,非其治也。可服仲景羊肉汤,二服遂愈。

肝气　肝足厥阴经之病,必小腹引胁而痛。经云:厥阴之复,小腹坚满,里急暴痛,是风气助[1]肝盛而然,治法当泻肝也。又云:岁金太过,民病两胁下痛,小腹痛。又云:岁木不及,燥乃大行,民病中清,胠胁痛,少腹痛。又云:岁土不及,风乃大行,民病腹痛,复则胸胁暴痛,下引小腹者,是燥邪攻肝虚而然,治法当补肝泻金也。又云:寒气客于厥阴之脉,则血泣脉急,故胁肋与小腹相引痛。又云:肝病者,两胁下痛引小腹,取其经厥阴、小肠。又云:邪客厥阴之络,令人卒疝暴痛,刺足大指爪甲上与肉交者各一痏,男子立已,女子有顷已,左取右,右取左。泻肝,山栀、川芎、桂、芍之属。补肝,当归生姜羊肉之属。

小肠气　小肠之病,小腹引睾丸必连腰脊而痛。经云:少阴之脉,心下热,善饥,脐下痛。又云:少阴之复,燠热内作,小腹绞痛者,是热助小肠盛而然,治法当泻小肠也。又太阳在泉,寒淫所胜,与太阳之后,皆病小腹控睾,引腰脊,上冲心痛,及太阴司天,大寒且至,病小腹痛者,是寒邪攻小肠虚而然,治法当补小肠,泻寒邪也。《宝鉴》引至真大要论云:小腹控睾,引腰脊,上冲心,唾出清水,及为哕噫,甚则入心,善悲善忘。《甲乙经》曰:邪在小肠也。小肠病者,小腹痛引腰脊,贯肝肺,其经虚不足,则风冷乘间而入,邪气既入,则厥之证上冲肝肺,客冷散于胸,结于脐,控引睾丸,上而不下,痛而入腹,甚则冲心胸。盖其经络所属所系也。治之方,茴香炒、练实剉炒、食茱萸、陈皮、马兰花醋炒各一两、芫花醋炒五钱,上为末,醋糊丸,如桐子大。每服十丸至二十丸,温酒送下。又方,益智仁、蓬术各半两,茴香、山茱萸肉、牛膝、续断、川芎、胡芦巴、防风、牵牛炒熟、甘草,各二钱半,为细末。每服三钱,水一盏二分,煎两三沸,空心连滓服。白汤调下二钱匕亦得。

膀胱气膀胱之病,小腹痛肿,不得小便是也。经云:太阴在泉,病小腹痛肿,不得小便,是湿邪攻膀胱虚而然,治法当补膀胱,泻湿

---

〔1〕助:原作"肋",形近之误,据文义改。

土邪也。又云：膀胱病者，小腹偏肿而痛，以手按之即欲小便而不得，取委中央。又云：小腹痛肿，不得小便，邪在三阳，取之足太阳大络。即委阳穴。许学士云：顷在岳城日，歙尉宋荀甫，膀胱气作疼不可忍，医者以刚剂与之痛愈甚，小便不通三日矣，脐下虚胀心闷。予因候之，见其面赤黑，脉洪大。予曰投热药太过，阴阳痞塞，气不得通，为之奈何。宋尚手持四神丹数粒云，医谓不止更服此。予曰若服此定毙，后无悔。渠求治予，适有五苓散一两许，分三服，用连须葱一茎，茴香一撮，盐一钱，水一盏半，煎至七分，令接续三服，中夜下小便如墨汁者一二升，腰下宽得睡，翌日诊之，脉已平安矣。续用硇砂丸与之，数日瘥。娄全善治谢人妻，小腹疼痛，小便不通，先艾灸三阴交，以茴香、丁香、青皮、槟榔、桂、茱萸、玄胡索、山楂、枳实，又倍用黄柏，煎服愈。

心疝　心脉微滑为心疝。心脉搏滑急为心疝。帝曰：诊得心脉而急，此为何病？岐伯曰：病名心疝，小腹当有形也。心为牡脏，小肠为之使，故曰少腹当有形也。木香散、广藏煮散。

【癞疝】睾囊肿大，如升如斗是也。丹溪云：下部癞气不痛之方，细思非痛断房事与厚味不可，用药唯促其寿。若苍术、神曲、白芷、山楂、川芎、枳实、半夏皆要药。人视其药皆鄙贱之物，已启慢心，又不能断欲以爱护其根本，非惟无益，而反被其害者多矣。且其药宜随时月寒热，更按君臣佐使加减。大抵癞疝属湿多。苍术、神曲、白芷散水、山楂、川芎、枳实、半夏、南星。有热加山栀一两。坚硬加朴硝半两。秋冬加吴茱萸二钱半，神曲糊丸。又方，南星、山楂、苍术各二两，白芷、半夏、枳实、神曲各一两，海藻、昆布各半两，玄明粉、吴茱萸各二钱，为末，酒糊丸。又方，治木肾不痛，南星、半夏、黄柏酒洗、苍术盐炒、枳实、山楂、白芷、神曲炒、滑石炒、茱萸、昆布，酒糊丸。空心盐汤下。治癞胀，用香附子不拘多少为末，每用酒一盏，海藻一钱，煎至半盏，先捞海藻细嚼，用所煎酒调末二钱服。楮叶雄者，晒干为末，酒糊丸。空心盐酒下。无实者为雄。洁古海蛤丸。癞气痛者易治，荔核散、三层茴香丸、宣胞丸、地黄膏子丸、安息香丸、念珠丸，随宜选用。阴囊肿胀，大小便不通，宜三白散。偏坠初生，用穿山甲、茴香二味为末，酒调下，干物压之。外用牡蛎煅、良姜各等分，为细末，津唾调敷大者一边，须臾，如火热痛即安。丹溪治一人，因饮酒后饮水与水果，偏肾大，时作蛙声，或作痛。炒枳实一两，茴香盐炒，栀子炒，各三钱，研、煎，下保和丸。一人膀胱气下坠如蛙声，臭橘子核炒十枚，桃仁二十枚，萝卜自然汁研，下保和丸。一人左肾核肿痛，此饮食中湿坠下成热。以橘核五枚，桃仁七枚，细研，顺流水一盏，煎沸热，下保和丸。木肾，以枇杷叶、野紫苏叶、苍耳叶、水晶葡萄叶，浓煎汤熏洗。雄黄一两研，矾二两，生甘草半两，水五升煎洗。荆芥穗一两，朴硝二两，为粗末，萝卜、葱同煎汤淋洗。大黄末，醋和涂之，干即易。马鞭草捣涂。蔓菁根捣傅。经云：阳明司天，燥淫所胜，丈夫㿉疝，妇人小腹痛。又云：阳明之胜，外发㿉疝，是燥邪攻肝气虚而然，治法当补肝泻燥金也。又云：厥阴所谓㿉疝，妇人少腹肿者。厥阴者辰也，三月阳中之阴，邪在中，故曰㿉疝少腹肿也。所谓癃疝肤胀者，曰阴亦盛而脉胀不通，故曰癃㿉疝也。三阳为病，发寒热，下为痈肿，及为痿厥腨痟，其传为㿉疝。东垣曰：阴阳别论云，三阳为病，发寒热，下为痈[1]肿，及为痿厥腨痟，其传为索泽，又传为㿉疝。夫热在外寒在内则累垂，此九夏之气也。寒在外热在内则卵缩，此三冬之气也。足太阳膀胱之脉，逆上迎手太阳小肠之脉，下行至足厥阴，肝之脉不得伸，其任脉并厥阴之脉，逆则如巨川之水，致阳气下坠，是风寒湿热下出囊中，致两睾肿大，谓之曰疝，太甚则癃。足厥阴之脉与太阳[2]膀胱寒水之脉，同至前阴之末。伤寒家说，足厥阴肝经为病，烦满囊缩，急下之，宜大承气汤以泻大热。《灵枢经》云：足厥阴肝经，筋中为寒则筋挛，卵缩为大寒。前说囊缩为大热，此说为大寒，此说囊缩垂睾下引㿉疝、脚气为大寒，风湿盛下垂为寒，与上二说不同何也？曰：以平康不病人论之，夏暑大热，囊卵累垂，冬天大寒，急缩收上，与前三说又不同何也？是相乖耶，不相乖耶。答

---

〔1〕痈：原作"壅"，据上文改。
〔2〕太阳：原作"大肠"，形近之误，据文义改。

曰:伤寒家囊卵缩,大热在内,宜承气汤急下之,与经筋说囊卵缩,大寒在外,亦是热在内,与伤寒家同。故再引平康人以证之,冬天阳气在内,阴气在外,人亦应之,故寒在外则皮急,皮急则囊缩。夏月阴气在内,阳气在外,人亦应之,故热在外则皮缓,皮缓则囊垂,此癫疝之象也。三说虽殊,其理一也。用药者宜详审之。以上三论,各有所主,兼此考订,则脉证阴阳寒热虚实之辨判然矣。《内经》刺灸癫疝有四法:其一铍石取睾囊中水液。经云:腰脊[1]者,身之大关节也。肢胫者,人之管以趋翔也。茎垂者,身中之机,阴精之候,津液之道也。故饮食不节,喜怒不时,津液内溢,乃下流于睾,血[2]道不通,日久[3]不休,俛仰不便,趋翔不能。此病荥[4]然有水,不上不下。铍石所取,形不可匿,常不得蔽,命曰去爪[5]。其法今世人亦多能之。睾丸囊大如斗者,中藏秽液必有数升,信知此出古法也。其二取肝。经云:足厥阴之脉,是动则病,丈夫癫疝,妇人小腹肿是也。是于足厥阴肝经,视盛、虚、热、寒、陷下,而施补、泻、留、疾与灸也。其三取肝之络。经云:足厥阴之别,名曰蠡沟,去内踝五寸,别走少阳,其别者,循[6]胫上睾,结于茎。其病气逆则睾肿卒疝,取之所别是也。是于内踝上五寸,贴胫骨后近肉处,蠡沟取之也。其四取足阳明筋。经云:足阳明之筋,聚于阴器,上腹。其病转筋,髀前肿,㿉疝,腹筋急。治在燔针劫刺,以知为数,以痛为输是也。是于转筋痛处用火针刺之也。

【狐疝】卧则入腹,立则出腹,偏入囊中者是也。仲景方,阴狐疝气有大小,时时上下者,蜘蛛散主之。《内经》刺灸狐疝,但取足厥阴一经。经云:肝足厥阴之脉,所生病者,狐疝是也。随其经盛、虚、寒、热、陷下取之也。耳后陷者肾下,肾下则腰尻痛,不可俛仰,

---

〔1〕脊:原误作"肾",据《灵枢·刺节真邪》改。

〔2〕血:《灵枢·刺节真邪》作"水"。

〔3〕久:《灵枢·刺节真邪》作"大"。

〔4〕荥:原作"荣",形近之误,据《灵枢·刺节真邪》改。

〔5〕去爪:原作"去瓜",形近之误,据《灵枢·刺节真邪》改。去爪,谓刺关节之支络也。

〔6〕循:原误作"径",据《灵枢·经脉》改。

为狐疝。

通治不问何证，皆可用生料五积散，每服一两，入盐炒吴茱萸、茴香各一钱，生姜三片，葱白五寸煎，空心热服，服药未效，大痛攻刺不已，阴缩，手足厥冷，宜香附子，仍炒盐乘热，用绢裹熨脐下。若大小腑不甚通者，五苓散加桂，下青木香丸。初发或头疼身热，或憎寒壮热，并宜参苏饮加木香。有逆上攻，心下不觉痛，而见心疼者，宜以生韭捣取自然汁，和五苓散为丸，茴香汤下。有肾气才动，心气亦发，上下俱疼者，宜异功散吞茱萸内消丸。或且专治下，下痛定则上痛定矣。神方治疝气上冲，如有物筑塞心胸欲死，手足冷者，二三服除根。硫黄火中熔化，即投水中去毒，研细，荔核切片炒黄，陈皮各等分，上为末，饭丸桐子大。每服十四五丸，温酒下，其疼立止。患人自觉疼甚，不能支持，止与六丸，不可多也。食积与瘀血作痛者，导积行血则愈。于伤食、蓄血二门求之。

【诊】寸口弦紧为寒疝，弦则卫气不行，气不行则恶寒，紧则不欲[1]食。寸口迟缓，迟为寒，缓为气，气寒相搏，转绞而痛。沉紧豁大为虚。弦急搏皆疝，视在何部而知其藏，心脉微滑为心疝，肝脉滑为癫疝，肾脉滑为瘭痪，大急沉为肾疝，肝脉大急沉为肝疝，心脉搏急为心疝，肺脉沉搏为肺疝，脾脉紧为脾疝。寸弦而紧，弦紧相搏为寒疝。趺阳虚迟为寒疝。肝脉滑甚为癫疝，肾肝滑甚为瘭痪。东垣曰：夫滑脉关以上见者为大热，盖阳与阳并也，故大热。滑脉尺部见为大寒，生癫疝。滑脉者，命门包络之名也，为丙，丙丁热火并于下，盖丙丁不胜壬癸，从寒水之化也，故生癫疝。

交　肠

交肠之病，大小便易位而出。或因醉饱，或因大怒，遂致脏气乖乱，不循常道。法当宣吐以开提其气，使阑门清利，得司泌别之职则愈矣。宜五苓散、调气散各一钱，加阿胶末一钱，汤调服。或研黄连阿胶丸为末，加木香少许，再以煎药送下。丹溪治马希圣年

---

〔1〕欲：原误作“饮”，据《金匮要略》第十改。

五十余，性嗜酒，常痛饮不醉，糟粕出前窍，便溺出后窍，六脉皆沉涩。与四物汤加海金沙、木香、槟榔、木通、桃仁服而愈。此人酒多气肆，酒升而不降，阳极虚；酒湿积久生热，煎熬血干，阴亦大虚。阴阳偏虚，皆可补接。此人中年后阴阳俱虚时暂可活者，以其形实，酒中谷气尚在，三月后，其人必死，后果然。

肠　　鸣

《内经》肠鸣有五：一曰脾虚。经云：脾虚则腹满肠鸣，餐泄，食不化。取其经，太阴、阳明、少阴血者是也。二曰中气不足。经云：中气不足，肠为之苦鸣。补足外踝下，留之五分，申脉穴也。三曰邪在大肠。经云：肠中雷鸣，气上冲胸，邪在大肠。刺肓之原，巨虚、上廉、三里是也。四曰土郁。经云：土郁之发，肠鸣而为数后是也。五曰热胜。经云：少阴在泉，热淫所胜，病腹中肠鸣，气上冲胸，治以咸寒是也。东垣云：如胃寒泄泻肠鸣，于升阳除湿汤加益智仁五分，半夏五分，生姜、枣子和煎。丹溪云：腹中水鸣，乃火击动其水也。二陈汤加芩、连、栀子。腹中鸣者，病本于胃也。娄全善云：肠鸣多属脾胃虚。一男子肠鸣食少，脐下有块耕动，若得下气多乃已，已则复鸣。医用疏气药与服，半年不效。予用参、术为君，甘草、连、芩、枳、干姜为臣，一贴肠鸣止，食进。又每服吞厚朴红豆丸，其气耕亦平。经云：脾胃虚则肠鸣腹满。又云：中气不足，肠为之苦鸣，此之谓也。肺移寒于肾为涌水，涌水者，按之腹不坚，水气客于大肠，疾行则鸣濯濯，如囊裹水浆之声也。河间葶苈丸主之。

脱　　肛

《难经》云：虚实出焉，出者为虚，入者为实，肛门之脱，非虚而何哉。盖实则温，温则内气充而有所蓄；虚则寒，寒则内气馁而不能收。况大肠有厚薄，与肺为表里，肺脏蕴热则闭，虚则脱。本草有云：补可以去弱，涩可以去脱。若脱甚者，既补之必兼涩之。设不涩于内，亦须涩于外，古方用五倍子末托而上之，一次未收，至五七次必收而不复脱矣。久利、妇人、小儿、老人有此疾者，产育及久痢用力过多,小儿气血未壮,老人气血已衰,故肛易于出,不得约束禁固也。肛门为大肠之候,大肠受热受寒皆能脱出,当审其因证,寒者以香附子、荆芥等分,煎汤洗之。热者以五倍子、朴硝煎汤洗之。亦用木贼烧灰,不令烟尽,入麝香少许,大便了,贴少许。或以五倍子末摊纸上贴肛,缓缓揉入。有肠头作痒,即腹中有虫。丈夫因酒色过度。大肠者,传导之官。肾者,作强之官。盖肾虚而泄母气,肺因以虚,大肠气无所主,故自脱肛。治法实元气去蕴热之剂,外用前药洗之,医治无不愈矣。大肠热甚与肠风者,凉血清肠散。泻痢后大肠气虚,肛门脱出,不肿不痛,属气血虚。宜补气血为主。赤肿有痛,宜凉血祛风为主。补气血,八珍汤、十全散。凉血,生芐、赤芍、槐花、槐角、黄[1]栝蒌、鸡冠花。疏风,防风、羌活、荆芥。久泻痢者,补养脾胃,宜参术实脾汤。用力过多者,十全大补汤、参术芎归汤、诃子人参汤,内加升提药。大肠虚而挟热,脱肛红肿,宜缩砂汤、槐花散、薄荷散。大肠虚而挟寒,脱肛不红肿,宜蝟皮散、香荆散。日久不愈,常宜服收肠养血和气汤。涩脱,龙骨散、涩肠散。外治:阳证,蟠龙散。阴证,伏龙肝散。五倍子末煎汤,加白矾洗。五倍、荆芥、小便浓煎洗。荆芥、龙脑薄荷、朴硝煎汤洗。皂角捶碎,煎汤浸。生栝蒌捣汁浸。葱汤洗软,芭蕉叶托上。生铁三斤,水一斗,煮取五升,出铁,以汁洗。内服磁石散。鳖头烧灰涂。

谷 道 痒 痛

谷道痒,多因湿热生虫,欲成痔瘘。宜以雄黄入艾绵烧烟熏之,并纳蜣螂丸。蜣螂丸,治肛门痒,或出脓血,有虫傍生孔窍内,用蜣螂七枚,五月五日收,去翅足,炙为末,新牛粪半两,肥羊肉一两,炒令香,右共如膏,丸如莲子大。炙令热,以新绵薄裹,纳下部中半日,少吃饭,即大便中虫出,三五度永瘥。治谷道䐐赤肿,或痒或痛,用杏仁捣作膏傅之。或炒令黄,以绵蘸涂谷道中。《外台》治下部虫啮,杵桃叶一斛,蒸之令极热,内小口器中,以下部榻上坐,虫立死。治

---

〔1〕黄:文义不属,疑脱"芩"字。

肛门肿痛,用木鳖子去壳取肉四五枚,研如泥,安新瓦器或木盆,以沸汤冲动,洗了,另用少许涂患处。

【诊】:蜃蚀阴脱,其脉虚小者生,紧急者死。

痔

《巢氏病源》有五痔之论云:肛边生鼠乳,出在外,时时出脓血者,牡痔也;肛边肿,生疮而出血者,牝痔也;肛边生疮,痒而复痛出血者,脉痔也;肛边肿核痛,发寒热而血出者,肠痔也;因便而清血随出者,血痔也。又有酒痔,肛边生疮,亦有血出。又有气痔,大便难而血出,肛亦出外,良久不肯入。诸痔皆由伤风,房室不慎,醉饱合阴阳,致劳损血气而经脉流溢,渗漏肠间,冲发下部,久不瘥变为瘘也。《圣济总录》叙痔之形状,谓由五府之所传,大肠之所受,可谓得其始末矣。若《内经》所谓因而饱食,筋脉横解,肠澼为痔。又谓少阴之复为痔。注又以小肠有热则户外为痔。又谓督脉生病癃痔。盖督脉自会阴合篡间,绕篡后,别绕臀。是督脉者,与冲任本一脉,初与阳明合筋,会于阴器,故属于肾而为作强者也。由是或因醉饱入房,精气脱舍,其脉空虚,酒毒之热乘之,流着是脉,或因婬极而强忍精不泄,或以药固其精,停积于脉,流注篡间,从其所过大肠肛门之分以作痔也。与《灵枢》所谓膀胱足太阳之脉及筋,皆抵腰中,入络肾。其支者,贯臀。故主筋生病者为痔,亦与督脉病痔之理同也。自此推之,足厥阴之筋脉,环前后二阴,宁不为痔乎。每见患鼠痔者,其发则色青痛甚,岂非因肝苦急,苦痛甚,故本色见耶。方论有谓五痔溃皆血脓者,独为热甚血腐者言也。至若溃出黄水者,则为湿热矣。更宜于东垣方论求之。东垣治湿热风燥四气。《内经》曰:因而饱食,筋脉横解,肠澼为痔。夫大肠庚也,主津,本性燥清,肃杀之气,本位主收。其所司行津液,以从足阳明中州戊土之化,若旺则能生化万物,而衰亦能殒杀万物,故曰万物生于土而归于土也。然手足之阳明同司其化焉。既在西方本位,为之害蜚司杀之府,因饱食行房,忍泄前阴之气,归于大肠,以致木乘火势而侮燥金,以火就燥,则大便闭而痔漏作矣。其疾甚者,当以苦寒泻火，以辛温和血润燥，疏风止痛，是其治也。以秦艽、当归梢和血润燥，以桃仁润血，以皂角仁除风燥，以地榆破血止血，以枳实之苦寒补肾以下泄胃实，以泽泻之淡渗，使气归于前阴，以补清燥受胃之湿邪也。白术之苦甘，以苦补燥气之不足，其甘味以泻火而益元气也。故曰甘寒泻火，乃假枳实之寒也。古人用药，为下焦如渎。又曰：在下者引而竭之。多为大便秘涩，以大黄推去之。其津血益不足，以当归和血，及油润之剂，大便自然软利矣。宜作剉汤以与之，是下焦有热以急治之之法也。以地榆恶人而坏胃，故宿食消尽，空心作丸服之。曰秦艽白术丸。又云：痔疮若破，谓之痔漏，大便秘涩，必作大痛。此由风热乘食饱不通，气逼大肠而作也。受病者燥气也，为病者胃热也，胃刑大肠则化燥，火以乘燥热之实，胜风附热而来，是湿热风燥四气相合，故大肠头成块者湿也，作大痛者风也，大便燥结者，主病兼受火邪热也。当去此四者。其西方肺主诸气，其体收下，亦助病为邪，须当以破气药兼之，治法全矣。不可作丸，以剉汤与之，效如神速，秦艽苍术汤主之。痔漏经年，因而饱食，筋脉横解，肠澼为痔，治法当补北方泻中央，宜红花桃仁汤。痔漏大便结燥疼痛，秦艽当归汤。痔漏，大便硬，努出大肠头，下血，苦痛不能忍，当归郁李仁汤。痔漏成块下垂，不任其痒，秦艽羌活汤。《脉诀》云：积气生于脾藏傍，大肠疼痛阵难当，渐教[1]稍泻三焦火，莫漫多方立纪纲。七圣丸主之。痔漏，每日大便时发疼痛。如无疼痛者，非痔漏也。秦艽防风汤主之。丹溪专一凉血为主。人参、黄连、生地凉血、当归和血、川芎和血、槐角凉生血、条芩凉大肠、枳壳宽肠、升麻提起、上煎汤服之。外以涩药，炉甘石、童便煅，牡蛎粉、龙骨、海蛤、蜜陀僧之类敷之。薛新甫云：初起燉痛便秘，或小便不利者，宜清热凉血，润燥疎风，若气血虚而寒凉伤损者，调养脾胃，滋补阴精。若破而久不愈，多成痔漏，有穿臀穿阴穿肠者，宜养元气补阴精为主。大便秘涩或作痛者，润燥除湿。肛门下坠或作痛者，泻火除湿。下坠肿痛或作痒者，祛风胜湿。肿痛小便涩滞者，清肝导湿。若有患痔而兼疝，患疝而兼下疳，皆属肝肾不足之变症。但用地黄丸、益气汤以滋化源为善。若专服寒凉治火者，无不致祸。牡痔，乳香散、猪蹄灰丸。牝痔，槟榔散、梽藤散、麝香散。酒痔，赤小豆散、干葛汤。气痔，橘皮汤、威灵仙丸、熏熨方。血痔，地榆散、椿皮丸、猪脏丸。肠痔，皂角煎丸、鳖甲丸。脉痔，刺猬皮丸、桑木耳散。痛甚，秦艽当归汤、七圣丸、能消丸、地榆散、试虫散、龙脑散、白圣散、黑玉丹，或用荔枝草煎汤，入朴硝洗之效。痒甚，秦艽羌活汤。外用槐白皮浓煎汁，安盆中坐熏之，冷即再暖，良久欲大便，当虫出。或用水银、枣膏各二两，研匀，捏如枣形，薄绵裹纳之，明日虫出。若痛者，加粉草三大分作丸。或用威灵仙、枳壳麸炒各一两，为粗末，熬水熏洗，冷即再暖，临卧避风洗三次，挹干，贴蒲黄散，或用艾入雄黄末烧烟熏之。下血不止，芎归丸、黑丸子、臭樗皮散、二矾丸、苦楝丸、槐角地榆汤、槐角枳壳汤。外敷血竭末。气滞发痔，荆枳汤。血瘀作痛，逐瘀血汤。血痔、久痔，洁古用黑地黄丸主之。云治痔之圣药也。运气痔发皆属寒。经云：太阳之胜，痔疟发，治以苦热是也。则痔固有寒者矣，《本事》四方用桂附，乃其治乎。熏痔方，用无花果叶煮水熏，少时再洗。又法，烧新砖，以醋沃，坐熏良。洗药方，治番花痔。用荆芥、防风、朴硝煎汤洗之，次用木鳖子、五倍子研细调傅。如肛门肿热，再以朴硝末水调淋之良。又方，无花果叶七片，五倍二钱，皮硝二钱，水一碗煎八分，砂锅内乘热熏洗。敷药，鸡内金、蒲黄、血竭各等分为末，湿则干掺，干则油调傅。又方，茄蒂、何首乌、文蛤酥炙，各等分，蜜、姜汁、鸡子清，搅匀调傅。膏药，杏仁去皮五钱，蓖麻子去壳七钱，乳香二钱，没药四钱，血竭六钱，片脑一钱，铜绿二钱，沥青三钱，松香二两，穿山甲灰炒研末二钱，人乳一酒钟。先将蓖麻、杏仁捣如泥，次入松香捣烂，次第入诸药，量入人乳，捣令软硬得所，再捣五六百下，收磁器中封固，临时以手捻如钱，摊厚纸或帛上，拔腐去脓生新肉。

　　李防御专科治痔九方，朝贵用之屡效。盖其用药简要，有次第，制造有法，无苦楚而收效甚速。凡痔出外，或番若莲花，复便血疼痛，不可坐卧，甚者用下药，早上药一次，午一次，晚又一次，至夜看痔头出黄水膏如泉，当夜不可再上药，且令黄水出尽，次日看痔消缩一半。若更上药一二日为好。若年高人应外肾牵引疼痛，可用人以火烘热手，于大小便间熨之，其痛自定。黄水未尽，可再傅一日，药仍须勤用，晓外科人早晚看照，黄水流至尽，是病根已去也。水澄膏系护肉药，郁金、白芨二味，各等分，细末。候痔出侧卧，以盐汤洗净拭，用新水和蜜，盏内调匀，却入药末，同敷在谷道四向好肉上，留痔头在外，用纸盖药，仍用笔蘸温水涂纸，令常润泽。却用下枯药，好白矾四两，通明生砒二钱半重，朱砂一钱，生研如粉细。三味，先用砒末安建盏中，次用白矾末盖之，用火煅令烟断，其砒尽从烟去，止是借砒气在白矾中，将枯矾取出为细末，先看痔头大小多寡，将矾末抄上掌中，加朱砂少许，二味以津唾调匀得所，用蓖子调涂痔头上，周遭令遍，日三上，须仔细详看痔头颜色，欲其转焦黑，乃取落之。渐至夜，自有黄水膏出，以多为好，方是恶毒水，切勿他疑。中夜再上药一次，来日依旧上三次，有小疼不妨。如换药，用新瓦器盛新水或温水，在痔边以笔轻手刷洗旧药，却上新药，仍用前护药。老弱人用药要全无疼痛，只增加朱砂末于矾末内，自然力慢，不可住药，但可少遍数，直候痔头焦枯，方可住也。次用荆芥汤洗，以荆芥煎汤，入瓦器时洗之。润肠丸，用大黄煨净、制枳壳、当归各等分，蜜丸。每服二三十丸，白汤下。以防肛门急燥，欲大便出无涩痛而已。又龙石散，用龙骨煅、出火毒，软石膏煅、出火毒，白芷、黄丹作末，掺疮口。又导赤散，用生地黄、木通、黄芩等分煎，以防小便赤涩。又双金散，用黄连、郁金等分为末，用蜜水调敷痔头，有小痛即敷之。若得脑子末傅尤佳。又痔头收敛，即可服十宣散，以生气血。又国老汤，生甘草治痔本药也，煎水熏洗，生肌解石毒，疮极痒亦主之。共九方。

　　周先生枯痔法，明矾、赤石脂五钱、辰砂痛加一钱、黄丹，上为末。先用郁金末护肛门，如无郁金，用姜黄末代之。调涂四围好肉，如不就加绿豆粉打合，却将枯药傅上。如肛门疼，急浓煎甘草汤放温，拂四围肛门上，就与宽肠药，槐花、大黄、枳壳、木通、连翘、瞿麦、当归，上半酒半水煎。枯药，早辰上一次，日午一次，洗去旧药，申时又洗去,又上一次,如要急安,至夜半子时又洗,上一次。至次日且看痔头淡淡黑色,两三日如乌梅,四五日内用竹蓖子轻轻敲打痔头,见如石坚,至七八日便住,更不须上枯药,且待自然,如萝卜根乃脱去也。洗用甘草、荆芥、槐花,洗去旧药,方上新药。凡医痔之法,且如明日要下手,今日先与此药,所以宽大肠,使大便软滑,不与痔相碍,且不泄泻。痔头未脱落者,须要日日与之。以大黄一两煨,枳壳炒,当归酒洗一两,同为细末,丸如桐子大。好酒吞下。治枯痔头虑生他症,凡用枯药,或触坏肾根,或水道赤涩痛,与此方。大黄、木通、生地各一两,滑石、瞿麦各半两,同为细末。每用四钱煎服。催痔方,如枯尽未脱落,以此催之。好磁石一钱,白僵蚕、生川乌五分,同为细末。冷水调傅上立脱。凡用枯药,去尽乳头,恐留痔硬头,损破肛门四围成疮,用此药。龙骨一钱,石膏一钱,没药五分,腻粉五分,同研十分细。先以荆芥汤洗,次掺之。切忌毒物,生姜。痔脱后,用甘草汤、豆豉汤洗,再用荆芥、五倍子煎水洗,便不生脓。治痔脱后肉痒方,用大粉草浓煎汤洗。收肠方,凡用枯药脱下乳头,随即与此以收其肠,此方补气,又收脓去血,生肉令痕壮。人参、当归各一两,川芎、甘草、白芷、防风、厚朴、桔梗、桂枝、黄芪,上细末,半酒半水煎。如恶酒者,酒少水多煎之。夏月减桂、朴,加芩、檗。

治痔切勿用生砒,毒气入腹,反至奄忽。忌吃生冷硬物冷菜之类,及酒湿面、五辣辛热大料物、及干姜之类,犯之无效。

灸法,大蒜十片,头垢捏成饼子,先安头垢饼于痔头上,外安蒜片,以艾灸之。唐峡州王文显,充西路安抚司判官,乘骡入骆谷,有痔疾,因此大作,其状如胡瓜贯于肠头,热如煻[1]灰火,至驿僵仆。主驿吏云,此病予曾患来,须灸即瘥,用柳枝浓煎汤,先洗痔,便以艾炷其上,连灸三五壮,忽觉一道热气入肠中,因转泻鲜血秽物,一时出至痛楚,泻后遂失胡瓜所在,登骡驰去。秘传痔漏隔矾灸法,皂矾一斤,用新瓦一片,两头用泥作一坝,先用香油刷瓦上焙干,却

---

〔1〕煻:原作"溏",形近之误,今改。

以皂矾置瓦上煅枯，去砂为末，穿山甲一钱，入紫罐内煅存性为末，木鳖子亦如前法煅过，取末二钱五分，乳香、没药各一钱五分，另研。上件和匀，冷水调，量疮大小作饼子贴疮上，用艾炷灸三四壮，灸毕就用熏洗药，先熏后洗，日六度，三五日后，如前法再灸，以瘥为度。熏洗方，皂矾如前制过，约手规二把，知母末一两，贝母末一两，葱七茎。先用水同葱煎三四沸，倾入瓶内，再入前药，令患者坐瓶口上熏之，待水温倾一半洗患处，留一半俟再灸，复热熏洗，以瘥为度。

七　窍　门　上 [1]

目

经云：瞳子黑眼法于阴，白眼赤脉法于阳。故阴阳合转而精明。此则眼具阴阳也。又曰：五脏六腑之精气，皆上注于目而为之精。精之窠为眼，骨之精为瞳子，筋之精为黑眼，血之精为络，其窠气之精为白眼，肌肉之精为约束，裹撷筋骨气血之精而与脉并为系，上属于脑，后出于项中。此则眼具五脏六腑也。后世五轮八廓之说，盖本诸此。脏腑主目有二：一曰肝。经云：东方青色，入通于肝，开窍于目，藏精于肝。又云：人卧血归于肝，肝受血而能视。又云：肝气通于目，肝和则目能辨五色矣。二曰心。经云：心合脉。诸脉者，皆属于目是已。至东垣又推之而及于脾，如下文所云。东垣曰：五脏生成篇云，诸脉者，皆属于目，目得血而能视。《针经九卷》大惑论云 [2]：心事烦冗，饮食失节，劳役过度，故脾胃虚弱，心火太盛，则百脉沸腾，血脉逆行，邪害孔窍，天明则日月不明也。夫五脏六腑之精气，皆禀受于脾土而上贯于目，脾者诸阴之首也。目者血气之宗也。故脾虚则五脏之精气皆失所司，不能归明于目矣。心者君火也，主人之神，宜静而安，相火代行其令。相火

证治准绳第七册

金坛王肯堂

辑

---

〔1〕七窍门上：原脱，据目录补。

〔2〕《针经九卷》大惑论云：李东垣《兰室秘藏》眼耳鼻门，诸脉者皆属于目论，无此八字，下文亦非大惑论文，疑衍。

者包络也,主百脉皆荣于目。既劳役运动,势乃妄行,及因邪气所并而损其血脉,故诸病生焉。凡医者不理脾胃及养血安神,治标不治本,不明正理也。阳主散,阳虚则眼楞急,而为倒睫拳毛。阴主敛,阴虚不敛,则瞳子散大,而为目昏眼花。《灵枢》颠狂篇云:目眦外决于面者为锐眦,在内近鼻者为内眦,上为外眦,下为内眦。论疾诊尺篇云:诊目[1]痛[2],赤脉从上下者,太阳病;从下上者,阳明病;从外走内者,少阳病。太阳病宜温之散之,阳明病宜下之寒之,少阳病宜和之。《保命集》云:眼之为病,在府则为表,当除风散热。在脏则为里,当养血安神。暴发者为表而易疗,久病者为里而难治。除风散热者,泻青丸主之。养血安神者,定志丸主之。妇人熟地黄丸主之。或有肥体气盛,风热上行,目昏涩,槐子散主之。此由胸中浊气上行也,重则为痰厥,亦能损目。常使胸中气清,自无此病也。又有因目疾服凉药多则损气者,久之眼渐昏弱,乍明乍暗,不能视物,此则失血之验也。熟干地黄丸、宣风散、定志丸,相须养之。或有视物不明,见黑花者,此之谓肾气弱也。当补肾水,驻景丸是也。或有暴失明者,谓眼居诸阳交之会也,而阴反闭之,此风邪内满,当有不测之病也。子和曰:圣人虽言目得血而能视,然血亦有太过不及也。太过则目壅塞而发痛,不及则目耗竭而失明。故年少之人多太过,年老之人多不及。但年少之人则无不及,年老之人,其间犹有太过者,不可不察也。夫目之内眦,太阳经之所起,血多气少。目之锐眦,少阳经也,血少气多。目之上纲,太阳经也,亦血多气少。目之下纲,阳明经也,血气俱多。然阳明经起于目两旁交頞之中,与太阳、少阳俱会于目,惟足厥阴经连于目系而已。故血太过者,太阳、阳明之实也。血不及者,厥阴之虚也。故出血者,宜太阳阳明,盖此二经血多故也。少阳一经,不宜出血,血少故也。刺太阳、阳明出血则目愈明,刺少阳出血则目愈昏。要知无使太过

---

〔1〕目:原误作"脉",据《灵枢·论疾诊尺》改。
〔2〕痛:《脉经》卷五第四作"病",义长。

不及,以养血脉而已。凡血之为物,太多则溢[1],太少则枯。人热则血行疾而多,寒则血行迟而少,此常理也。目者,肝之外候也。肝主目,在五行属木。虽木之为物,太茂则蔽密,太衰则枯瘁矣。夫目之五轮,乃五脏六腑之精华,宗脉之所聚,其白轮[2]属肺金,肉轮属脾土,赤脉属心火,黑水神光属肾水,兼属肝木,此世俗皆知之矣。及有目疾,则不知病之理。岂知目不因火则不病,何以言之?白轮变赤,火乘肺也。肉轮赤肿,火乘脾也。黑水神光被翳,火乘肝与肾也。赤脉贯目,火自甚也。能治火者,一句可了。故《内经》曰:热胜则肿。凡目暴赤肿起,羞明癮涩,泪出不止,暴翳[3]目瞒[4]皆火[5]热之所为也。治火之法,在药则咸寒,吐之下之。在针则神廷、上星、囟[6]会、前顶、百会血之。翳者可使立退,痛者可使立已,昧者可使立明,肿者可使立消。惟小儿不可刺囟会,为肉分浅薄,恐伤其骨。然小儿水在上,火在下,故目明。老人火在上,水不足,故目昏。《内经》曰:血实者宜决之。又经曰:虚者补之,实者泻之。如雀目不能夜视及内障,暴怒大忧之所致也。皆肝主目血少禁出血,止宜补肝养肾。至于暴赤肿痛,皆宜以锋针刺前五穴出血而已,次调盐油以涂发根,甚者虽至于再,至于三可也。量其病势,以平为期。按此谓目疾出血,最急于初起热痛暴发,或久病郁甚,非三棱针宣泄不可,然年高之人,及久病虚损并气郁者,宜从毫针补泻之则可,故知子和亦大略言耳。于少阳一经,不宜出血,无使太过不及,以养血脉而已,斯意可见。【五轮】金之精腾结而为气轮,木之精腾结而为风轮,火之精腾结而为血轮,土之精腾结而为肉轮,水之精腾结而为水轮。气轮者,目之白睛是也。内应于肺[7],西方

---

〔1〕溢:原作"滥",据修敬堂本改。

〔2〕轮:原作"人",据修敬堂本改。

〔3〕翳:原作"寒",据《古今图书集成医部全录》卷一百三十八引《儒门事亲》改。

〔4〕瞒:《古今图书集成医部全录》卷一百三十八引《儒门事亲》作"矇"。

〔5〕火:原作"太",据《古今图书集成医部全录》卷一百三十八引《儒门事亲》改。

〔6〕囟:原作"顶",据《古今图书集成医部全录》卷一百三十八引《儒门事亲》改。

〔7〕肺:原误作"肿",据四库本改。

庚辛申酉之令,肺主气,故曰气轮。金为五行之至坚,故白珠独坚于四轮。肺为华盖,部位至高,主气之升降,少有怫郁,诸病生焉。血随气行,气若怫郁,则火胜而血滞,火胜而血滞则病变不测。火克金,金在木外,故气轮先赤。金克木而后病及风轮也。金色尚白,故白泽者顺也。风轮者,白内青睛是也。内应于肝,东方甲乙寅卯厥阴风木,故曰风轮。目窍肝,肝在时为春,春生万物,色满宇宙,惟目能鉴,故属窍于肝也。此轮清脆,内包膏汁,有涵养瞳神之功。其色青,故青莹者顺也。世人多黄浊者,乃湿热之害。唯小儿之色最正,至长食味,则泄其气而色亦易矣。血轮者,目两角大小眦是也。内应于心,南方丙丁巳午火,心主血,故曰血轮。夫火在目为神光,火衰则有昏瞑之患,火炎则有焚燎[1]之殃。虽有两心,而无正轮。心、君主也,通于大眦,故大眦赤者,实火也。心包络为小心,小心、相火也,代君行令,通于小眦,故小眦赤者,虚火也。若君主拱默,则相火自然清宁矣。火色赤,唯红活为顺也。肉轮者,两睥是也。中央戊己辰戊丑未之土,脾主肉,故曰肉轮。脾有两叶,运动磨化水谷,外亦两睥[2],动静相应,开则万用,如阳动之发生,闭则万寂,如阴静之收敛。土藏万物而主静,故脾合则万有寂然而思睡,此藏纳归静之应也。土为五行之主,故四轮亦为脾所包涵,其色黄,得血而润,故黄泽为顺也。华元化云:目形类丸,瞳神居中而前,如日月之丽东南而晚西北也。内有大络六,谓心、肺、脾、肝、肾、命门各主其一。中络八,谓胆、胃、大小肠、三焦、膀胱各主其一。外有旁支细络,莫知其数,皆悬贯于脑下,连脏腑,通畅血气往来,以滋于目。故凡病发则有形色丝络显见,而可验内之何脏腑受病也。外有二窍以通其气,内有诸液出而为泪。有神膏、神水、神光、真气、真元、真精,此皆滋目之源液也。神膏者,目内包涵膏液,如破则黑稠水出是也。此膏由胆中渗润精汁积而成者,能涵养瞳神,衰则有损。神水者,由三焦而发源,先天真一之气所化,在目之内,

---

〔1〕燎:原作“燥”,据《古今图书集成医部全录》卷一百四十一引本书改。
〔2〕睥:原误作“脾”,据四库本改。

虽不可见，然使触物损破，则见黑膏之外，有似稠痰者是也。在目之外，则目上润泽之水是也。水衰则有火胜燥暴之患，水竭则有目轮大小之疾，耗涩则有昏眇之危。亏者多，盈者少，是以世无全精之目。神光者，谓目自见之精华也。夫神光发于心，原于胆火之用事，神之在人也大矣。在足能行，在手能握，在舌能言，在鼻能嗅，在耳能听，在目能视。神舍心，故发于心焉。真血者，即肝中升运滋目经络之血也。此血非比肌肉间易行之血，因其脉络深高难得，故谓之真也。真气者，盖目之经络中往来生用之气，乃先天真一发生之元阳也。大宜和畅，少有郁滞，诸病生焉。真精者，乃先后天元气所化精汁，起于肾，施于胆，而后及瞳神也。凡此数者，一有所损，目则病矣。大概目[1]圆而长，外有坚壳数重，中有清脆，内包黑稠神膏一函，膏外则白稠神水，水以滋膏，水外则皆血，血以滋水，膏中一点黑莹是也。胆所聚之精华，唯此一点，烛照鉴视，空阔无穷者，是曰水轮。内应于肾，北方壬癸亥子水也。其妙在三，胆汁、肾气、心神也。五轮之中，四轮不鉴，唯瞳神乃照物者。风轮则有包[2]卫涵养之功，风轮有损，瞳神不久留矣。或曰瞳神水也、气也、血也、膏也，曰，非也。非血、非气、非水、非膏，乃先天之气所生，后天之气所成。阴阳之妙用，水火之精华，血养水，水养膏，膏护瞳神，气为运用，神则维持，喻以日月，理实同之。而午前则小，午后则大，亦随天地阴阳之运用也。大抵目窍于肝，主于肾，用于心，运于肺，藏于脾。有大有小，有圆有长，亦由禀受之异。男子右目不如左目精华，女子左目不如右目光彩，此各得其阴阳气分之主也。然聪愚佞直柔刚寿夭，亦能验目而知之，神哉。岂非人身之至宝乎。【八廓】应乎八卦，脉络经纬于脑，贯通脏腑，达血气往来，以滋于目。廓如城郭，然各有行路往来，而匡廓卫御之意也。干居西北，络通大肠之府，脏属肺，肺与大肠相为阴阳，上运清纯，下输糟粕，为传送之官，故曰传道廓。坎正北方，络通膀胱之腑，脏属于肾，肾与膀胱相

---

〔1〕目：原误作"自"，据四库本改。
〔2〕包：原误作"色"，据四库本改。

为阴阳,主水之化源以输津液,故曰津液廓。艮位东北,络[1]通上焦之府,脏配命门,命门与上焦相为阴阳,会合诸阴,分输百脉,故曰会阴廓。震正东方,络通胆腑,脏属于肝,肝胆相为阴阳,皆主清净,不受浊秽,故曰清净廓。巽位东南,络通中焦之腑,脏属肝络,肝与中焦相为阴阳,肝络通血以滋养,中焦分气以化生,故曰养化廓。离正南方,络通小肠之腑,脏属于心,心与小肠相为脏腑,为谓阳受盛之胞,故曰胞阳廓。坤位西南,络通胃之腑,脏属于脾,脾胃相为脏腑,主纳水谷以养生,故曰水谷廓。兑正西方,络通下焦之腑,脏配肾络,肾与下焦相为脏腑,关主阴精化生之源,故曰关泉廓。脏腑相配,《内经》已有定法,而三焦分配肝肾者,此目之精法也。盖目专窍于肝,而主于肾,故有二络之分配焉。左目属阳,阳道顺行,故廓之经位法象亦以顺行。右目属阴,阴道逆行,故廓之经位法象亦以逆行。察乎二目两眦之分,则昭然可见阴阳顺逆之道矣。【开导说】夫目之有血,为养目之源,充和则发生长养之功全而目不病,亏滞则病生矣。犹物之有水,为生物之泽时中,则灌溉滋生之得宜而物秀,旱涝则物坏矣,皆一气使之然也。是故天之六气不和,则阴阳偏胜,旱涝承之,水之盈亏不一,物之秀稿不齐,雨旸失时而为物害也。譬之山崩水涌,滂沛妄行,不循河道而流,任其所之,不得已而疏塞决堤以泄其溢,使无沦溺昏垫之患。人之六气不和,水火乖违,淫沴承之,血之旺衰不一,气之升降不齐,营卫失调,而为人害也。盖由阴虚火盛,炎炽错乱,不遵经络而来,郁滞不能通畅,不得已而开涩导瘀以泻其余,使无胀溃损珠之患,与战理同。其所有六,谓迎香、内眦、上星、耳际、左右太阳穴也。内眦正队之冲锋也,其功虽迟,渐收而平顺;两太阳击其左右翼也,其功次之;上星穴绝其饷道也;内迎香抵贼之巢穴也,成功虽速,乘险而征;耳际击其游骑耳,道远功卑,智者不取。此实拯危之良术,挫敌之要机,与其闭门捕贼,不若开[2]门逐之为良法也。盖病浅而邪

---

〔1〕络:原误作"红",据四库本改。
〔2〕开:原误作"闭",据修敬堂本改。

不胜正者,固内治而邪自退矣。倘或六阳炎炽,不若开导通之,纵使其虚,虽有所伤,以药内治之功而补其所亏,庶免瘀滞至极,而有溃烂枯凸之患。惜乎开导之法,利害存焉。有大功于目而人不知,有隐祸于目而人亦不知,其摧锋挫锐,临大敌而拯祸乱,此其功之大也。耗液伤膏,弱光华而乏滋生,此其祸之隐也。唯能识证之轻重,目之虚实而伐之,无过不及之弊,庶可为医之良者。【点服药说】病有内外,治各不同。内疾已成,外证若无,点之何益。外有红丝赤脉,若初发乃微邪,退后乃余贼,点亦可消,服之犹愈。内病始盛而不内治,只泥外点者,不唯徒点无功,且有激发之患。内病既成,外病已见,必须内外夹攻[1],点服并行。奈之何,人有愚拙不同,有喜服而畏点者,有喜点而畏服者。不知内疾既发,非服不除;外疾既成,非点不退。浚其流、不若塞其源,伐其枝、不若斫其根,扬汤止沸、不如釜底抽薪,此谓治本也。内病既发,不服而除者,吾未之见也。物污须濯,镜垢须磨,脂膏之釜,不经洗涤,乌能清净,此谓治标也。若外障既成,不点而去者,吾亦未之见也。若内障不服而点者,徒激其火,动其气血,反损无益。服而不[2]点者亦然。外障服而不点,病初发浮嫩不定者,亦退。既已结成者,服虽不发不长,所结不除,当内外夹攻[3],方尽其妙。【钩割针烙说】钩者,钩起之谓。割,割去也。针非砭针之针,乃针拨瞳神之针。烙即熨烙之烙。此四者,犹斩刈之刑,剪戮凶顽之法也。要在审鞫明而详夺定,然后加刑,先灭巨魁,次及从恶,则情真罪当,而良善无侵滥之忧,强暴无猖獗之患。在治法,乃开泄郁滞涤除瘀积之术也。要在证候明而部分当,始可施治,先伐标病,后去本病,则气和血宁,而精膏无伤耗之患,轮廓无误损之失。如钩,先须识定何处皮肉筋脉浮浅,而手力亦随病轻重行之。如针,先须识定内障证候可针,岁月已足,气血宁定者方与之,庶无差谬。针后当照证内治其本,或补或泻,

---

〔1〕攻:原误作"功",据四库本改。

〔2〕不:原脱,据修敬堂本补。

〔3〕攻:原误作"功",据四库本改。

各随其证之所宜。若只治其标,不治其本,则气不定,不久复为害矣。割,如在气、血、肉三轮者可割。而大眦一块红肉,乃血之英,心之华也,若误割之则目盲,因神在而伤者死。有割伤因而惹风,及元虚之人,犯燥湿盛者,溃烂为漏,为目枯丸障。若掩及风轮之重厚者,虽可割,亦宜轻轻从旁浅浅披起,及诸病如攀睛努肉,鸡冠蚬肉,鱼子石榴,赤脉虬筋,内睥粘轮等证可割。余病及在风轮之浅者,误割之则珠破而目损。烙能治残风溃弦[1]、疮烂湿热久不愈者。轻则不须烙而治自愈。若红障血分之病,割去者必须用烙定,否则不久复生。在气分之白者,不须用烙。凡针烙皆不可犯及乌珠,不惟珠破,亦且甚痛。虽有恶障厚者,钩割亦宜轻轻,浅浅披去外边,其内边障底,只点药缓伐,久自潜消。若剃割风毒流毒瘀血等证,当以活法审视,不可拘于一定。针瞳神反背,又与内障之针不同,在心融手巧,轻重得宜,须口传亲见,非笔下之可形容。大抵钩割针烙之治,功效最速,虽有拨乱反正,乃乘险救危,要在心小而胆大,证的而部当,必兼内治,方尽其术。

目痛有二

一谓目眦白眼痛,一谓目珠黑眼痛。盖目眦白眼疼属阳,故昼则疼甚,点苦寒药则效。经所谓白眼赤脉,法于阳故也。目珠黑眼疼属阴,故夜则疼甚,点苦寒则反剧。经所谓瞳子黑眼,法于阴故也。娄全善云:夏枯草治目珠疼,至夜则疼甚者神效。或用苦寒药点眼上反疼甚者,亦神效。盖目珠者连目本,目本又名目系,属厥阴之经也。夜甚及用苦寒点之反甚者,夜与寒亦阴故也。丹溪云:夏枯草有补养厥阴血脉之功,其草三四月开花,遇夏至阴生则枯,盖禀纯阳之气也。故治厥阴目疼如神者,以阳治阴也。予周师目珠疼,及连眉棱骨痛,及头半边肿痛,遇夜则作,用黄连膏子点上则反大疼,诸药不效,灸厥阴、少阳则疼随止,半月又作,又灸又止者月余,遂以夏枯草二两,香附二两,甘草四钱,同为细末。每服一钱五分,用茶清调服。下咽则疼减大半,至四五日良愈。又一男子年六十岁,亦目珠连眉棱骨痛,夜甚,用苦寒剂点亦甚,与前证皆同,但有白翳二点在黑目及外眦,与翳药皆不效。亦以此药间东垣选奇汤,又加四物黄连煎服,并灸厥阴、少阳而安。倪仲贤论七情五贼劳役饥饱之病云:阴阳应象大论曰,天有四时,以生长收藏,以生寒暑燥湿风。寒暑燥湿风之发耶,发而皆宜时,则万物俱生。寒暑燥湿风之发耶,发而皆不宜时,则万物俱死。故曰生于四时,死于四时。又曰人之五脏,化为五气,以生喜怒忧悲恐。喜怒忧悲恐之发耶,发而皆中节,则九窍俱生。喜怒忧悲恐之发耶,发而皆不中节,则九窍俱死。故曰生于五脏,死于五脏。目,窍之一也。光明视见,纳山川之大,及毫芒之细,悉云霄之高,尽泉沙之深。至于鉴无穷为有穷,而有穷又不能为穷,反而聚之,则乍张乍敛,乍动乍静,为一泓一点之微者,岂力为强致而能此乎,是皆生生自然之道也。或因七情内伤,五贼外攘,饥饱不节,劳役异常,足阳明胃之脉,足太阴脾之脉,为戊己二土,生生之源也。七情五贼,总伤二脉,饥饱伤胃,劳役伤脾,戊己既病,则生生自然之体,不能为生生自然之用,故致其病,曰七情五贼劳役饥饱之病。其病红赤睛珠痛,痛如刺刺,应太阳。眼睫无力,常欲垂闭,不敢久视,久视则酸疼。生翳者[1]成陷下,所陷者,或圆或方,或长或短,或如点,或如缕,或如锥,或如凿。有犯[2]此者,柴胡复生汤主之,黄连羊肝丸主之。睛痛甚者,当归养荣汤主之,助阳活血汤主之,加减地黄丸主之,决明益阴丸主之,加当归黄连羊肝丸主之,龙脑黄连膏主之。以上数方,皆群队升发阳气之药,其中有用黄连黄芩之类者,去五贼也。搐鼻碧云散,亦可间用。最忌大黄、芒硝、牵牛、石膏、栀子之剂,犯所忌则病愈剧。又论亡血过多之病曰:六节藏象论曰,肝受血而能视。宣明五气篇曰,久视伤血。气厥论曰,胆移热于脑,则辛頞鼻渊,传为衄蔑瞑目。四时刺逆从论[3]曰,冬刺经脉,血气皆脱,令人目

---

〔1〕者:原作"皆",据集成本改。
〔2〕犯:原作"印",据集成本改。
〔3〕四时刺逆从论:原误作"缪刺论",此下引文出自《素问·四时刺逆从论》,据改。

不明。由此推之,目为血所养明矣。手少阴心生血,血荣于目,足厥阴肝开窍于目,肝亦主血,故血亡目病,男子衄血、便血,妇人产后崩漏,亡之过多者,皆能病焉。其证睛珠痛,珠痛不能视,羞明瘾涩,眼睫无力,眉骨太阳因为酸疼。芎归补血汤主之,当归养荣汤主之,除风益损汤主之,滋阴地黄丸主之。诸有热者,加黄芩。妇人产漏者,加阿胶。脾胃不佳,恶心不进食者,加生姜。复其血,使得其所养则愈。然要忌咸物。宣明五气篇曰:咸走血,血病无多食咸是也。【白眼痛】多有赤脉,视其从上而下者,太阳病也,羌活为使。从下而上者,阳明病也,升麻为使。从外走内者,少阳病也,柴胡为使。太阳病宜温之散之,阳明病宜下之,少阳病宜和之。又恶寒脉浮为有表,宜选奇汤、防风饮子等散之。脉实有力,大腑闭,为有里,宜泻青丸、洗肝散等微利之。亦有不肿不红,但沙涩昏痛者,乃气分隐伏之火,脾肺络有湿热,秋天多有此患,故俗谓之稻芒赤,亦曰白赤眼也。通用桑白皮散、玄参丸、泻肺汤、大黄丸、洗眼青皮汤、朱砂煎。【天行赤热证】目赤痛,或睥肿头重,怕热羞明,涕泪交流等证,一家之内,一里之中,往往老幼相传者是也。然有虚实轻重不同,亦因人之虚实,时气之轻重何如,各随其所以,而分经络以发病,有变为重病者,有变为轻病者,有不治而愈者,不可概言。此一章专为天时流行热邪相感染,而人或素有目疾,及痰火热病,水少元虚者,则尔我传染不一。其丝脉虽多赤乱,不可以为赤丝乱脉证,常时如是之比。若感染轻而源清,邪不胜正者,则七日而自愈。盖火数七,故七日火气尽而愈。七日不愈而有二七者,乃再传也。二七不退者,必其犯触及本虚之故,防他变证矣。【暴风客热证】非天行赤热[1],尔我感染之比,又非寒热似疟,目痛则病发,病发则目痛之比,乃素养不清,躁急劳苦,客感风热,卒然而发也。虽有肿胀,乃风热夹攻,火在血分之故。治亦易退,非若肿胀如杯等证,久积退迟之比。【火胀大头证】目赤痛而头面浮肿,皮肉燥赤也。状若大头伤寒,夏月多有此患。有湿热、风热,湿热多泪而睥烂,风热

---

〔1〕热:版蚀,据四库本补。

多胀痛而憎寒。若失治则血滞于内,虽得肿消而目必有变矣。【羞明怕热证】谓明热之处而目痛涩,畏避不能开也。凡病目者,十之六七,皆有此患。病源在于心、肝、脾三经。总而言之,不过一火燥血热。病在阳分,是以见明见热则恶类而涩痛畏避。盖己之精光弱而不能敌彼之光,是以阴黑之所则清爽。怕热无不足之证,羞明有不足之证。若目不赤痛而畏明者,乃不足之证,为血不足,胆汁少而络弱,不能运精华以敌阳光之故。今人皆称为怕日羞明者,俗传音近之误。盖日热二音类近,习俗呼误已久,不察其理,遂失其正,只以怕热羞明论之,其理灼然可见。夫明字所包已广,何用再申日字,若以日字专主阳光言之,则怕热一证无所归矣。【睑[1]硬睛疼证】不论有障无障,但两睑[1]坚硬而睛疼,头或痛者尤急,乃风热在肝,肝虚血少,不能营运于目络,水无所滋,火反乘虚而入,会痰燥湿热,或头风夹搏,故血滞于脾肉,睛因火击而疼,轻则内生椒疮,重则为肿胀如杯、瘀血灌睛等证。治当傅退稍软,翻睑开导之吉。若坚硬之甚,且渐渐肿起,而痛及头脑,虽已退而复来,其胀日高,虽傅治不退不软者,此头风欲成毒也。宜服通肝散、二术散。若有障膜,用春雪膏点之。【赤痛如邪证】每目痛则头亦痛,寒热交作如疟状,凡病发则目痛,目痛则病发,轻则一年数发,重则一月数发。盖肝肾俱虚之故。热者,内之阴虚,火动邪热也;寒者,荣卫虚,外之腠理不实而觉寒也。若作风寒疟疾,或用峻削之治,则血愈虚而病愈深矣。宜小柴胡合四物汤主之。不效则活血益气汤。【气眼证】才怒气则目疼,宜酒调复元通气散。【痛如针刺证】目珠痛如针刺,病在心经,实火有余之证。若痛蓦然一二处如针刺,目虽不赤,亦是心经流火。别其痛在何部分,以见病将犯其经矣。宜服洗心散,次服还睛散,及乳香丸、补肝散。○按此证多有体劳目劳,荣气不上潮于目,而如针刺之痛者,宜养其荣。若降火则殆矣。【热结膀胱证】目病则小便不通利而头疼寒热者方是。若小便清利者,非也。乃热蒸于膀胱,先利清其水,后治其目则愈矣。盖太阳经脉,循目络上行巅顶,故头

---

〔1〕睑:原作"脸",形近之误,据文义改。

疼,火极则兼水化。又血虚者表疎,故发寒热,热甚则水气闭涩,而神水被蒸乏润,安得不竭。【大小雷头风证】此证不论偏正,但头痛倏疾而来,疼至极而不可忍,身热目痛,便秘结者,曰大雷头风。若痛从小至大,大便先润后燥,小便先清后涩,曰小雷头风。大者害速,小者稍迟。虽有大小之说,而治则同一。若失缓祸变不测,目必损坏,轻则糊凸,重则结毒。宜早为之救,免于祸成而救之不逮。世人每虑此患害速,故疑于方犯,惑于鬼祟,深泥巫祝,而弃医治,遂致祸成,悔无及矣。【左右偏头风证】左边头痛右不痛,曰左偏风。右边头痛左不痛,曰右偏风。世人往往不以为虑,久则左发损左目,右发损右目,有左损反攻右,右损反攻左,而二目俱损者。若外有赤痛泪热等病,则外证生。若内有昏眇眩运等病,则内证生矣。凡头风痛左害左,痛右害右,此常病易知者。若难知者,左攻右,右攻左,痛从内起止于脑,则攻害也迟,痛从脑起止于内,则攻害也速。若痛从中间发,及眉梁内上星中发者,两目俱害。亦各因其人之触犯感受,左右偏胜,起患不同,迟速轻重不等。然风之害人尤惨。若能保养调护,亦可免患。愚者骄纵不知戒忌,而反触之,以致患成而始悔,良可痛哉。【阴邪风证】额板骨、眉棱骨痛也。发则多于六阳用事之时。元虚精弱者,则有内证之患。若兼火者,则有外证之病。【阳邪风证】脑后枕骨痛也。多发于六阴用事之月。发则有虚运耳鸣之患,久而不治,内障成矣。【卒脑风证】太阳内如槌似钻一团而痛也。若痛及目珠,珠外有赤脉纵贯及瘀滞者,必有外之恶证来矣。若珠不赤痛,只自觉视如云遮雾障,渐渐昏眇者,内证成矣。急早治之,以免后虑。【巅顶风证】天灵盖骨内痛极如槌如钻也。阳分痛尤甚,阴分痛稍可。夹痰湿者,每痛多眩运。若痛连及珠子而胀急瘀赤者,外证之恶候。若昏眇则内证成矣。成内证者,尤多于外者。【游风证】头风痛无常位,一饭之顷,游易数遍,而不能度其何所起止也。若痛缓而珠赤,赤而有障起者,必变外障。痛甚而肿胀紧急者,必有瘀滞之患。久而失治,不赤痛而昏眇者内证来成外证者多,然为害迟如各风耳。【邪风证】人素有头风因而目病,或素目病因而头风,二邪并立搏夹而深入脑袋,致伤肝胆诸络,故成此患。头痛则目病,目病则头痛,轻则一年数发,重则一月数发,头风目病常并行而不相悖也。非若雷头风风火搏激而瘀滞之急者,又非若天行赤热传染之邪,客风暴热之风火寄旅无定,及诸火胀头痛之比。此专为自家本病久成者,非若彼之标病新来之轻者。若赤痛胀急,则有外证之候。若无赤痛而只内胀,及赤痛不甚,无瘀滞之证,而只昏眇者,内证成矣。

目赤

《内经》目赤有三:一曰风助火郁于上。经云:少阴司天之政,二之气,阳气布,风乃行,寒气时至,民病目瞑[1],目赤,气郁于上而热。又云:少阳司天之政,初之气,风胜乃摇[2],候乃大温,其病气怫于上,目赤是也。二曰火盛。经曰:火太过曰赫曦,赫曦之纪,其病目赤。又云:火郁之发,民病目赤,心热。又曰:少阳司天之政,三之气,炎暑至,目赤。又云:少阳之胜,目赤是也。三曰燥邪伤肝。经云:岁金太过,燥气流行,民病目赤。又云:阳明司天,燥气下临,肝气上从,胁痛、目赤是也。倪仲贤论心火乘金,水衰反制之病曰:天有六邪,风寒暑湿燥火也。人有七情,喜怒忧思悲恐惊也。七情内召,六邪外从,从而不休,随召见病,此心火乘金,水衰反制之原也。世病目赤为热,人所共知者也。然不审其赤分数等,治各不同。有白睛纯赤,热气炙人者,乃淫热反克之病也,治如淫热反克之病。有白睛赤而肿胀,外睫虚浮者,乃风热不制之病也,治如风热不制之病。有白睛淡赤,而细脉深红,纵横错贯者,乃七情五贼劳役饥饱之病也,治如七情五贼劳役饥饱之病。有白睛不肿不胀,忽如血贯者,乃血为邪胜,凝而不行之病也,治如血为邪胜凝而不行之病。有白睛微变青色,黑睛稍带白色,白黑之间赤环如带,谓之抱轮红者,此邪火乘金水衰反制之病也。此病或因目病已久,抑郁不舒,或因目病误服寒凉药过多,或因目病时内多房劳,皆能内伤元气,元气一虚,心火亢盛,故火能克金。金乃手太阴肺,白睛属肺。水

---

[1] 瞑:原作"瞎",形近之误,据《素问·六元正纪大论》改。
[2] 摇:原作"淫",形近之误,据《素问·六元正纪大论》改。

乃足少阴肾，黑睛属肾。水本克火，水衰不能克反受火制，故视物不明，昏如雾露中，或睛珠高低不平，其色如死，甚不光泽，赤带抱轮而红也。口干舌苦，眵多羞涩，稍有热者，还阴救苦汤主之，黄连羊肝丸主之，川芎决明散主之。无口干舌苦，眵多羞涩者，助阳活血汤主之，神验锦鸠丸主之，万应蝉花散主之。有热无热，俱服《千金》磁朱丸，镇坠心火，滋益肾水，荣养元气，自然获愈也。噫，天之六邪未必能害人也，唯人以七情召而致之也。七情匿召，六邪安从。反此者，岂止能避而已哉，犹当役之而后已也。论淫热反克之病曰：膏粱之变，滋味过也。气血俱盛，禀受厚也。亢阳上炎，阴不济也。邪入经络，内无御也。因生而化，因化而热，热为火，火性炎上。足厥阴肝为木，木生火，母妊子，子以淫胜，祸发反克，而肝开窍于目，故肝受克而目亦受病也。其病眵多，眊矂紧涩，赤脉贯睛，脏腑秘结者为重。重者芍药清肝散主之，通气利中丸主之。眵多，眊矂紧涩，赤脉贯睛，脏腑不秘结者为轻。轻者减大黄、芒硝，芍药清肝散主之，黄连天花粉丸主之。少盛，服通气利中丸。目眶烂者，内服上药，外以黄连芦甘石散收其烂处，兼以点眼春雪膏、龙脑黄连膏、搐鼻碧云散，攻其淫热，此治淫热反克之法也。非膏粱之变，非气血俱盛，非亢阳上炎，非邪入经络，毋用此也。用此则寒凉伤胃，生意不上升，反为所害。论风热不制之病曰：风动物而生于热，譬以烈火焰而必吹，此物类感召而不能违间者也。因热而召，是为外来。久热不散，感而自生，是为内发。内外为邪，唯病则一。淫热之祸，条已如前。益以风邪，害岂纤止。风加头痛，风加鼻塞，风加肿胀，风加涕泪，风加脑巅沉重，风加眉骨酸疼，有一于此，羌活胜风汤主之。风加痒，则以杏仁龙脑草泡散洗之。病者有此数证，或不服药，或误服药，翳必随之而生矣。余文详外障条。七情五贼劳役饥饱之病见目痛。论血为邪胜，凝而不行之病曰：血阴物，类地之水泉，性本静，行其势也。行为阳，是阴中之阳，乃坎中有火之象，阴外阳内故行也。纯阴故不行也，不行则凝，凝则经络不通。经曰：足阳明胃之脉，常多气多血。又曰：足阳明胃之脉，常生气生血。手太阳小肠之脉，斜络于目眦，足太阳膀胱之脉，起于目内眦，二经皆多血少气。血病不行，血多易凝。灵兰秘典论曰：脾胃者，仓廪之官，五味出焉。五味淫则伤胃，胃伤血病，是为五味之邪从本生也。又曰：小肠者，受盛之官，化物出焉。遇寒则阻其化。又曰：膀胱者，州都之官，津液藏焉。遇风则散。其藏一阻一散，血亦病焉，是为风寒之邪从末生也。凡是邪胜血病不行，不行渐滞，滞则易凝，凝则病始外见，以其斜络目眦耶，以其起于目内眦耶，故病环目青黯，如被物伤状，重者白睛亦黯，轻者或成斑点，然不痛不痒，无泪眵眵瞙羞涩之证，是曰血为邪胜，凝而不行之病。此病初起之时，大抵与伤风证相似，一二日则显此病也。川芎行经散主之，消凝大丸子主之。睛痛者，更以当归养荣汤主之，如此则凝复不滞，滞复能行，不行复行，邪消病除，血复如故。戴复庵云：赤眼有数种，气毒赤者，热壅赤者，有时眼赤者，无非血壅肝经所致。盖肝主血，通窍于眼，赤眼之病，大率皆由于肝。宜黑神散、消风散等分，白汤调，食后、睡时服。仍用豆腐切片傅其上，盐就者可用，酸浆者不可用，即乌豆傅盦之意。风热赤甚者，于黑神散、消风散二药中，放令消风头高，间以折二泔，睡时冷调洗肝散，或菊花散服；仍进四物汤，内用生地黄、赤芍药只须半贴，食后作一服，却加赤茯苓半钱，醉将军一钱；即酒蒸大黄。早晨盐汤下养正丹二三十粒。若不便于过凉之剂，则不必用洗肝散，宜黑神散二钱，消风散一钱。寻常赤眼，用黄连研末，先用大菜头一个，切了盖，剜中心作一窍，入连末在内，复以盖遮住，竹签签定，慢火内煨熟，取出候冷，以菜头中水滴入眼中。若赤眼久而不愈，用诸眼药无效者，早起以苏子降气汤下黑锡丹，日中以酒调黑神散，临睡以消风散下三黄丸。此数药，不独治久赤，诸眼疾皆治之。海藏云：目赤暴作云翳，痛不可忍，宜四物龙胆汤。眼赤暴发肿，散热饮子，泻青丸。肝藏实热，眼赤疼痛，竹叶汤、龙胆饮、决明子汤、麦门冬汤、泻肝散、羊肝丸。服寒凉药太过，目赤而不痛，内服助阳和血补气汤，外用碧天丸洗之。目赤肿，足寒者，必用时时温洗其足，并详赤脉处属何经，灸三里、临泣、昆仑等穴，立愈。赤眼痒痛，煎枸杞汁服。治暴赤眼，古铜钱刮净姜上，取汁于钱唇，点目热泪出，随点随愈。有疮者不可用。或削附子赤皮末，加蚕屎著眦中。或《本事》针头丸,皆治阴病目赤。九节黄连、秦皮粗末,加滑石煎汤洗,或用艾烧烟,以碗盖之,候烟上煤,取下,入黄连,以温水调洗,及前煨菜寸方,皆治阳病目赤。【瘀血灌睛证】为病最毒,若人偏执己见,不用开镰者,其目必坏。初起不过红赤,次后紫胀,及后则白珠皆胀起,甚则胀为形如虾座。盖其病乃血灌睛中,瘀塞不通,在睥则肿胀如杯、椒疮之患。在珠则白轮涌起、凝脂翳、黄膜上冲[1]、痕糵成窟、花翳白陷、鹘眼凝睛等恶证出也。失治者,必有青黄牒出糍凸之祸。凡见白珠赤紫,睥肿,虬筋紫胀,傅点不退,必有瘀滞在内,可翻睥内视之。若睥内色晕泛浮椒疮或粟疮者,皆用导之之法则吉。不然,将有变证生焉。宜服宣明丸、分珠散、麦门冬汤、通血丸,及膝归糖煎散等剂。【血灌瞳神证】谓视瞳神不见其黑莹,但见其一点鲜红,甚则紫浊色也。病至此,亦甚危,且急矣。初起一二日尚可救,迟则救亦不愈。不但不愈,恐其人亦不久。盖肾之真一有伤,胆中精汁皆损,故一点元阳神气灵光,见其血之英色,而显于肾部,十患九不治者。今人但见瘀血灌睛,便呼为血灌瞳神谬矣。【色似胭脂证】不论上下左右,但见一片或一点红血,俨似胭脂抹者是也。此血不循经络而来,偶然客游肺膜之内,滞成此患。若欲速愈者,略略于相近处睥内开导治之,或就于所滞之处开之亦好。若畏开者,内外夹治亦退,只是稍迟。独于内治亦退,其效尤迟。亦有寡欲慎火者,不治自愈。若犯禁而变,则瘀滞转甚,因而感激风热者,他证生焉。【赤脉贯睛证】或一赤脉,或二三赤脉,不论粗细多少,但在这边气轮上起,贯到风轮,经过瞳外,接连那边气轮者,最不易治,且难退而易来。细者稍轻,粗者尤重。从上下者重,从下上者稍轻。贯过者有变证,丝粗及有傍丝虬乱者有变证。凡各障外有此等脉窜者,虽在易退之证,亦退迟也。贯虽未连,而侵入风轮,或一半,或三分之二、之一,皆不易退,盖得生气之故也。此证专言脉已挂侵风轮之重,非比赤丝乱脉止在气轮之轻者。今人但见丝脉,便呼为赤脉贯睛,非也。夫丝脉在

---

〔1〕冲:原作"衡",形近之误,据下文"黄膜上冲证"改。

风轮、气轮上下粗细连断为病,各有缓急常变不同,既不能明其证,又何能施疗乎。【赤丝乱脉证】谓气轮有丝脉赤乱,久久常如是者。然害各不同。或因目痛火虽退,不守禁戒,致血滞于络而赤者。或因冒风沙烟瘴,亲火向热,郁气劳心,恣酒嗜燥,竭视劳瞻而致,有所郁滞而赤者。有痛不痛,有泪无泪,有羞明不羞明,为病不等。盖病生在气轮白珠上,有丝脉纵横,或稀密粗细不等,但常常如是,久而不愈者也。非若天行客风等证之暴壅赤脉贯睛之难恶者比。若只赤乱,或昏昧涩紧不爽,或有微微泪湿者轻,因而犯戒者变重。若脉多赤乱,兼以枯涩而紧痛,泪湿而烂肿者重。验之当以大脉为主,从何部分而来,或穿连某位,即别其所患在何经络,或传或变,自病合病等证,分其生克承制,然后因其证而投其经以治之。治外者,细脉易退,大脉虬紫者退迟。虽点细而脉大者,必须耐久去尽方已,庶无再来之患。不然,他日犯禁,其病复发,若有别证,火亦循此而至。凡丝脉沿到风轮上者,病尤重而能变。若因其滞而日积月累,一旦触发,脉紫胀及睥肿者,用开导之。凡见丝脉虬紫,内服外点,点时细缩,不点即胀,久久亦然,及因而激动滞病变者,珠虽不紫,睥虽不肿,亦有积滞在内深处,乃积滞尚轻,而在络中幽深之所,故未胀出耳。揭开上睥深处看之,其内必有不平之色在焉。因其滞而量其轻重,略略导之,不可过,过则有伤真血,水亏膏涩,目力昏弱之患。【附目珠俱青证】乃目之白珠变青蓝色也。病在至急。盖气轮本白,被郁邪蒸逼,走散珠中,膏汁游出在气轮之内,故色变青蓝,瞳神必有大小之患。失治者,瞳神损而为终身痼疾矣。然当各因其病而治其本。如头风者,风邪也。伤寒、疟疾,痰火热邪也。因毒者,毒气所攻也。余仿此。

目肿胀

风眼肿,用枸杞白皮、鸡子白皮等分,研令极细,每日三次吹鼻内。肝经实热眼赤肿痛,麦门冬汤、泻肝散、龙胆饮。风热上攻,目赤肿痛,金丝膏、琥珀煎、涤风散。白睛肿胀痛,大黄丸、桑白皮散、洗眼青皮汤、玄参丸、泻肺汤、朱砂煎。【肿胀如杯证】谓目赤痛、睥胀如杯覆也。是邪在木火之有余。盖木克土,火生土,今肝邪实而传脾土，土受木克，而火不能生，火邪反乘虚而为炎燥之病，其珠必疼尤重，而睥亦急硬。若暴风客热作肿者，必热泪多而珠疼稍缓。然风热自外客感易退，治亦易愈。若木火内自攻击，则病亦退迟。重则疼滞闭塞，血灌睛中而变证不测矣。须用开导之法，轻则敷治而退，重则必须开导，此大意也。若敷治不退，及退而复来，并开导不消，消而复发，痛连头脑而肿愈高，睥愈实者，此风热欲成毒之候也。【形如虾座证】因瘀滞已甚，血胀无所从出，遂致壅起，气轮状如虾座，甚则吐出睥外者，病尤急。非比鱼胞气分之可缓者。瘀血灌睛证与此证病虽一种，灌睛则概言而未至于极，此则极矣。有半边胀起者，有通珠俱被胀起盖定乌珠者，又有大眦内近鼻梁处胀出一片，如皮如肉状似袋者，乃血胀从额前中落来，故胀起了大眦里白上宽皮也，不可割，为血英在此处，误割者为漏为瞎，不可不辨认仔细。只用开导，血渐去而皮渐缩。小眦胀出如袋者，亦然。其病，大意是血气两盛之患，宜以开导为先，次看余证，从而治之。在肺部最重，久则移传于肝，而风轮有害也。【状如鱼胞证】气轮努胀，不紫不赤，或水红，或白色，状如鱼胞。乃气分之证，金火相搏所致。不用剃导，唯以清凉则自消复。若有微红及赤脉者，略略于上睥开之，不可过，此亦是通气之说，虽不通亦可。若头痛泪热及内燥而赤脉多者，防有变证，宜早导之，庶无后患。【鹘眼凝睛证】有项强头疼，面脸赤燥之患，其状目如火赤，绽大胀于睥间，不能敛运转动，若庙塑凶神之目，犹鹘鸟之珠赤而绽凝者。凝，定也。乃三焦关格阳邪实盛亢极之害。风热壅阻，诸络涩滞，目欲爆出矣。大宜于内迎香、太阳、两睥、上星等处要隘之所，并举而劫治之。【因风成毒证】初发时，乃头风湿热、瘀血灌睛、睑[1]硬睛疼等病，失于早治，虽治不得其法，遂致邪盛搏夹成毒，睥与珠通行胀出，如拳似碗，连珠带脑痛不可当，先从乌珠烂起，后烂气轮，有烂沿上下睑并脑及颧上肉尽空而死。若饮食少，脾泄脏结者，死尤速。若能饮食而脏调者，死迟。人至中年患此者，百无一二可生。若患头疼肿胀

---

〔1〕睑：原误作"脸"，据修敬堂本改。

珠凸等证,治退复发,再治再发,痛胀如前者,即成此患。若已成者,虽治之胀少退,痛少止,决又发,发时再治,至于数四,终当一发不复退矣。既成此证,必无可生之理。未成者,十分用心调摄,疗治得宜,犹有可生。凡目病但见头脑痛甚,珠及睥胀而瘀努硬紧,虽敷剩亦不软,总开时略软,少顷如故者,皆此病来也。宜向内寻其源而救之,庶无噬脐之悔。【旋胪泛起证】气轮自平,水轮自明,唯风轮高泛起也。或只半边泛起者,亦因半边火来之故。乃肝气独盛,胆液滞而木道涩,火郁风轮,故随火胀起。或在下,或在上,或在两傍,各随其火之所来,从上胀者多。非比旋胪尖起已成证而俱凸起顶尖不可医者,乃止言风轮胀起者耳。【旋螺尖起证】乃气轮以里乌珠,大概高而绽起,如螺师之形圆而尾尖,视乌珠亦圆绽而中尖高,故曰旋螺尖起。因亢滞之害,五气壅塞,故胀起乌珠。在肝独盛,内必有瘀血,初起可以平治[1]。失[2]于内平之法,则瘀虽退而气定膏凝,不复平矣。病甚膏伤者,珠外亦有病,如横翳玉翳水晶[3]沉滑等证在焉。盖初起时[4]本珠欲凸之候,因服寒凉之剂救止,但失于戕伐木气,故血虽退而络凝气定,不复平也。【神珠自胀证】目珠胀也,有内外轻重不同。若轻则自觉目内胀急不爽,治亦易退。重则自觉胀痛甚,甚则人视其珠,亦觉渐渐胀起者,病亦发见于外已甚。大凡目珠觉胀急而不赤者,火尚微,在气分之间。痛者重,重则变赤,痛胀急重者,有瘀塞之患。疼滞甚而胀急,珠觉起者,防鹘眼之祸。若目不赤,止觉目中或胀或不胀,时作有止不一者,为火无定位,游客无常之故。有风邪湿热气胜怫郁者,皆有自胀之患,但经血部至于痛者,皆重而有变矣。【珠突出眶证】乌珠忽然突出眶也。与鹘眼证因滞而慢慢胀出者不同。其故不一,有因真元将散,精华衰败,致络脉俱损,痒极揩擦而出

---

〔1〕初起可以平治:原误作"曰起可以乎治",据四库本改。

〔2〕失:原误作"夫",据修敬堂本改。

〔3〕水晶:原误作"水则",据四库本改。

〔4〕时:原误作"持",据四库本改。

者,其人不久必死。有酒醉怒甚及呕吐极而阄出者[1],有因患火证热盛而关格亢极而胀出者,有因怒甚吼喊而阄出者,此皆因水液衰少,精血耗损,故脉络涩脆,气盛极火无所从出,出而窍涩,泄之不及,故涌胀而出。亦有因打扑而出者。凡出虽离两睑而脉皮未断者,乘热捺入,虽入脉[2]络损动,终是光损。若突出阁在睑中而含者,易入,光不损。若离睑脉络皮俱断而出者,虽华佗复生,不能救矣。

目痒

因风而痒者,驱风一字散。因火而痒者,于赤痛门求降火之剂。因血虚而痒者,四物汤。【痒若虫行证】非若常时小痒之轻,乃如虫行而痒不可忍也。为病不一,须验目上有无形证,决其病之进退,至如有障无障,皆有痒极之患,病源非一。有风邪之痒,有血虚气动之痒,有虚火入络,邪气行动之痒,有邪退火息,气血得行,脉络通畅而痒。大凡有病之目,常时又不医治而自作痒者,痒一番则病重一番。若医治后而作痒,病必去速。若痒极难当,时时频作,目觉低陷者,命亦不久。有极痒而目脱者,死期至矣。痒而泪多者,血虚夹火。大抵痛属实,痒属虚,虽有火,亦是邪火乘虚而入,非其本病也。

外障

在睛外遮暗。《内经》诊目痛,赤脉从上下者,太阳病。从下上者,阳明病。从外走内者,少阳病。按此论表里之翳明矣。用以治病,如鼓应桴也。凡赤脉翳初从上而下者,属太阳。以太阳主表,其病必连眉棱骨痛,或脑顶痛,或半边头肿痛是也。治法宜温之散之。温则腊茶、盐川附等分,煎服立愈。薛[3]立斋尝以此证用川附一钱作一服,随愈。一方,附子半两,芽茶一大撮,白芷一钱,细辛、川芎、防风、羌活、荆芥各半钱,煎服神效。散则《简要》夏枯草散、

---

〔1〕者:原误作"若",据四库本改。

〔2〕脉:原误作"胀",据四库本改。

〔3〕薛:原误作"戴",据《古今图书集成医部全录》卷一百四十二引本书改。

必与退云丸相兼服[1]。东垣选奇汤、羌活除翳[2]汤之类是也。赤脉翳初从下而上者，或从内眦出外者，皆属阳明。以阳明主里，其证多热，或便实是也。治法宜下之寒之。下则局方流气饮、钱氏泻青丸、局方温白丸，加黄连、黄柏之类，累用累验。寒则一味黄连羊肝丸之类是也。娄全善云：妻侄女形肥，笄年时得目疾，每一月或二月一发，发时红肿涩痛难开，如此者三年，服除风散热等剂及寻常眼药，则左目反有顽翳，从锐眦来遮瞳神，右目亦有翳从下而上。经云：从外走内者，少阳病。从下上者，阳明病。予谓此少阳阳明二[3]经有积滞也。脉短滑而实，晨则似短[4]。洁古云：短为有积滞遏抑脏腑，宜下之。遂用温白丸减川芎、附子三之二，多加龙胆、黄连。如东垣五[5]积法，从二丸每日加一丸，加至大利，然后减丸。又从二丸加起，忽一日于利下，下黑块血若干如墨，大而硬坚，从此渐觉痊而翳尽去矣。赤脉翳初从外眦入内者，为少阳。以少阳主半表半里，治法宜和解之。神仙退云丸、羌活退翳汤、消翳散之类是也。翳膜者，风热重则有之，或斑入眼，此肝气盛而发在表也。翳膜已生，在表明矣，宜发散而去之。若反疏利，则邪气内搐，为翳益深。邪气未定，谓之热翳而浮。邪气已定，谓之冰翳而沉。邪气牢而深者，谓之陷翳。当以燃发之物，使其邪气再动，翳膜乃浮，佐之以退翳之药，而能自去也。病久者不能速效，宜以岁月除之。新翳所生表散方，东垣羌活除翳汤。有热者，退云丸之类。燃发陷翳，《保命集》羚羊角散之类，用之在人消息，若阴虚有热者，兼服神仙退云丸。东垣云：阳不胜其阴，乃阴盛阳虚，则九窍不通，令青白翳见于大眦。乃足太阳、少阴经中郁遏，足厥阴肝经气不得上通于目，故青白翳内阻也。当于太阳、少阴经中九原之下，以益肝中阳气冲天上行，此当先补其阳，后于足太阳、少阴标中，泻足厥阴肝经阴火，乃次治也。《内经》曰：阴盛阳虚，则当先补其阳，后泻其阴，此治法

---

[1] 服：原误作"脉"，据四库本改。
[2] 翳：原误作"医"，据修敬堂本改。
[3] 二：原误作"一"，据四库本改。
[4] 晨则似短：《古今图书集成医部全录》卷一百五十引本书无此四字，疑衍。
[5] 五：原误作"王"，据四库本改。

是也。每日清晨以腹中无宿食服补阳汤,食远服升阳泄阴丸,临卧服连柏益阴丸。若天色变,大寒大风,并大劳役,预日饮食不调,精神不足,或气弱,俱不得服。候体气和平,天气如常服之。先补其阳,使阳气上升,通于肝经之末,利空窍于眼目矣。魏邦彦夫人目翳暴生,从下而起,其色绿,肿痛不可忍。先师曰:翳从下而上,病从阳明是也。绿非五方之正色,殆肺肾合为病邪,乃就画家以墨、腻粉合成色,谛视之,与翳同色,肺肾为病无疑矣。乃泻肺肾之邪,而入阳明之药为之使,既效而他日病复作者三,其所从来之经,与翳色各异,乃以意消息之。曰:诸脉皆属于目,脉病则从之。此必经络不调,则目病未已也,问之果然。因视所不调者治之,病遂不作。翳除尽,至其年月日期复发者,或间一月,或二月一发,皆为积治。如脉滑者,宜温白丸,加黄连、草龙胆,如东垣五积法服之。倪仲贤论风热不制之病曰:翳如云雾,翳如丝缕,翳如秤星。翳如秤星者,或一点或三四点,而至数十点。翳如螺盖者,为病久不去,治不如法,至极而致也。为服寒凉过多,脾胃受伤,生意不能上升,渐而致也。然必要明经络,庶能应手。翳凡自内眦而出,为手太阳、足太阳受邪,治在小肠、膀胱经,加蔓荆子、苍术,羌活胜风汤主之。自锐眦客主人而入者,为足少阳、手少阳、手太阳受邪,治在胆与三焦、小肠经,加龙胆草、藁本,少加人参,羌活胜风汤主之。自目系而下者,为足厥阴、手少阴受邪,治在肝经、心经,加黄连,倍加柴胡,羌活胜风汤主之。自抵过而上者,为手太阳受邪,治在小肠经,加木通、五味子,羌活胜风汤主之。热甚者,兼用治淫热之药,搐鼻碧云散,俱治以上之证,大抵如开锅法,搐之随效,然力少而锐,宜不时用之以聚其力。虽然始者易而久者难,渐复而复,渐复而又复可也。急于复者则不治。今世医用磨翳药者有之,用手法揭翳者有之。噫!翳犹疮也,奚斯愈乎,非徒无益而又害也。论奇经客邪之病曰:人之有五脏者,犹天地之有五岳也。六腑者,犹天地之有四渎也。奇经者,犹四渎之外,别有江河也。奇经客邪,非十二经之治也。十二经之外,别有治奇经之法也。缪刺论曰:邪客于足阳跷之脉,令人目痛,从内眦始。启玄子王冰注曰:以其脉起于足,上行至头,而属目内眦,故病令人目痛从内眦始也。《针经》曰:阴跷脉入䪼[1],属目内眦,合于太阳阳跷而上行,故阳跷受邪者,内眦即赤,生脉如缕,缕根生瘀肉,瘀肉生黄赤脂,脂横侵黑睛,渐蚀神水,此阳跷为病之次第也。或兼锐眦而病者,以其合于太阳故也。锐眦者,手太阳小肠之脉也。锐眦之病必轻于内眦者,盖枝蔓所传者少,而正受者必多也。俗呼为攀睛,即其病也。还阴救苦汤主之,拨云退翳丸主之,栀子胜奇散主之,万应蝉花散主之,磨障灵光膏主之,消翳复明膏主之,朴硝黄连芦甘石泡散主之。病多药不能及者,宜治以手法,先用冷水洗,如针内障眼法,以左手按定,勿令得动移,略施小眉刀尖,剔去脂肉,复以冷水洗净,仍将前药饵之,此治奇经客邪之法也,故并置其经络病始。七情五贼劳役饥饱之病见目痛条。内急外弛之病见倒睫拳毛。【黄膜上冲证】在风轮下际坎位间,神膏之内,有翳生而色黄,如年少人指甲内际白岩相似,与凝脂翳同一气脉,但凝脂翳在轮外生,点药可去者,此则在膏,内热蒸起,点药所不能除。若漫及瞳神,其珠必损,不可误认为涌波可缓者之证,此是经络阻塞极甚,三焦关格,火土邪之盛实者,故大便秘小便涩而热蒸,从膏内作脓溃起之祸也。失治者,目有糜凸之患。通脾泻胃汤、神消散、皂角丸、犀角饮选用。【赤膜下垂证】初起甚薄,次后甚大,大者病急,其患有障色赤,多赤脉贯白轮而下也。乌珠上半边近白际起障一片,仍有赤丝牵绊,障大丝粗,赤甚泪涩,珠疼头痛者,病急而有变。丝细少色微赤,珠不疼头不痛者,缓而未变。亦有珠虽不疼,头亦不痛,若无他证;或只涩赤而生薄障,障上仍有细丝牵绊;或于障边丝下,仍起星数点,此星亦是凝脂之微病也。此等皆是火在内滞之患,其病尚轻,治亦当善。盖无形之火潜入膏内,故作是疾,非比有形血热之重也。若障上有丝,及星生于丝稍,皆是退迟之病,为接得丝脉中生气,故易生而难退。虽然退迟,翳薄丝细,赤不甚者,只用善逐之足矣。甚者,不得已而开导之。大抵白珠上半边有赤脉生起,垂下到乌珠者,不论多寡,但有疼痛虬

───────────────

〔1〕䪼:《灵枢·脉度》作"顑",䪼为顑之借字。

赤，便是凶证来了。总是丝少赤微，但从上而落者，退亦迟，治当耐
久。若贯过瞳神者，不问粗细联断，皆退迟。此证是湿热在脑，幽
隐之火深潜在络，故有此脉之赤，四围虽无瘀血，其深处亦有积滞，
缘滞尚深而火尚伏，故未甚耳。一旦触发，则其患迸发，疾亦盛矣。
内无涩滞，外无此病，轻者消散，重者开导，此定法也。内服炙肝散。
外用紫金膏点之。次服通肝散、神消散、皂角丸。【凝脂翳】此证为病最急，
起非一端，盲瞽者十有七八。在风轮上有点，初起如星，色白中有
糯，如针刺伤后渐长大变为黄色，糯亦渐大为窟者。有初起如星，
色白无糯，后渐大而变色黄，始变出糯者。有初起便带鹅黄色，或
有糯，或无糯，后渐渐变大者。或初起便成一片，如障大而厚，色白
而嫩，或色淡黄，或有糯，或无糯而变者。或有障，又于障内变出一
块如黄脂者。或先有痕糯，后变出凝脂一片者。所变不一，祸则一
端。大法不问星障，但见起时肥浮脆嫩，能大而色黄，善变而速长
者，即此证也。初起时微小，次后渐大。甚则为窟、为漏、为蟹睛，
内溃精膏，外为枯凸。或气极有声，爆出稠水而破者，此皆郁遏之
极，蒸烁肝胆二络，清气受伤，是以蔓及神膏溃坏，虽迟不过旬日，
损及瞳神。若四围见有瘀滞者，因血阻道路，清汁不得升运之故。
若四围不见瘀赤之甚者，其内络深处，必有阻滞之故。凡见此证，
当作急晓夜医治，若迟待长大蔽满乌珠，虽救得珠完，亦带病矣。
去后珠上必有白障如鱼鳞外圆翳等状，终身不能脱。若结在当中，
则视昏眇。凡目病有此证起，但是[1]头疼珠痛，二便燥涩，即是急
之极甚。若二便通畅，祸亦稍缓。有一于斯，犹为可畏。【花翳白
陷证】因火烁络内，膏液蒸伤，凝脂从四围起而漫神珠，故风轮皆
白或微黄，视之与混障相似而嫩者。大法其病白轮之际，四围生漫
而来，渐渐厚阔，中间尚青未满者，瞳神尚见，只是四围高了，中间
低了些，此金克木之祸也。或有就于脂内下边起一片黄膜，此二证
夹攻尤急。亦有上下生起，名顺逆障，内变为此证者。此火土郁遏
之祸也。亦有不从沿际起，只自凝脂翳色黄或不黄，初小后大，其

---

〔1〕是：疑为"见"之误。

细条如翳，或细颗如星，这边起一个，那边起一个，四散生将起来，后才长大牵连混合而害目，此木火祸也。以上三者，必有所滞，治当寻其源，浚其流。轻则清凉之，重则开导之。若病漫及瞳神，不甚厚重者，速救亦有挽回之理，但终不得如旧之好。凡疾已甚，虽瞳神隐隐在内，亦不能救其无疾，止可救其糊凸而已。_{知母饮子、桑白皮汤。}【蟹睛证】谓真睛膏损，凝脂翳破坏风轮，神膏绽出黑颗，小则如蟹睛，大则如黑豆，甚则损及瞳神，内视瞳神亦如杏仁、枣核状者，极甚则细小无了者，至极则青黄牒出者。此证与黑翳如珠状类，而治大不同。夫黑翳如珠，源从膏内生起，非若此因破而出，故大不同。然有虚实二证，虚者软而不疼，来迟去速。实者坚而多痛，来速去迟。其视有二，其治则一。虽有妙手，难免瘢翳之患。【斑脂翳证】其色白中带黑，或带青，或焦黄，或微红，或有细细赤脉绊罩，有丝绊者，则有病发之患。以不发病者论，大略多者粉青色，结在风轮边傍，大则掩及瞳神，掩及瞳神者，目亦减光，虽有神手，不能除去。治者但可定其不垂不发，亦须内外夹治，得气血定久，瘢结牢固，庶不再发。若治欠固，或即纵犯，则斑迹发出细细水泡，时起时隐，甚则发出大泡，起而不隐，又甚则于本处作痛，或随丝生障，或蟹睛再出矣。其病是蟹睛收回，结疤于风轮之侧，非若玛瑙内伤，因内伤气血，结于外生之证，犹有可消之理，故治亦不同耳。【黄油证】生于气轮，状如脂而淡黄浮嫩，乃金受土之湿热也。不肿不疼，目赤不昏，故人不求治，无他患、至老只如此，略有目疾发作，其证则为他病之端矣。揭开上睥，目上边气轮上有黄油者，是湿热从脑而下，目必有病，又非两傍可缓之比，或有头风之患，然此病为患又缓，治亦容易。但不治者，恐贻后患，故宜预自保重而去之。疬风目上有此者又重，与常人不同。【状如悬胆证】有翳从上而下，贯及瞳神，色青或斑，上尖下大，薄而圆长，状如胆悬，以此得名。盖脑有瘀热，肝胆膏汁有损，变证急来之候，宜作紧医治。若眼带细细赤脉紫胀而来者尤急，头疼者尤恶。内必有滞，急向四围寻其滞而通之，庶免损坏之患。【玉粒分经】此证或生于睥，或生于气轮。生于气轮者，金火亢承之证，燥热为重。生于睥者，湿热为重，由土之燥滞。其形圆小而颗坚，淡黄色或白肉色，当辨其所生部分而治之，故曰玉粒分经。初起不疼，治亦易退，亦有轻而自愈者。若恣酒色，嗜辛热火毒，多怒忿躁急之人，及久而不治，因而积久者，则变大，大而坚，坚而疼，或变大而低溃，色白或淡黄，如烂疮相似者，证尚轻。若复不知禁忌，且犯戒者，则烂深。烂深复至于不戒不治者，则变为漏矣。不可误认为粟疮。【银星独见】乌珠上有星，独自生也。若连萃而相生相聚者，不是星。盖星不能大，大而变者亦不是。有虚实自退不退之证。虚实者，非指人之气血而言，乃指络间之火而言。若络间之虚火客游，因而郁滞于风轮，结为星者，其火无源，不得久滞，火退气散膏清而星自消。若火有源而来，气实壅滞于络者，则水不清，故星结不散，其色白圆而颗小浮嫩者，易退易治。沉涩坚滑者，宜作急治之，恐滞久气定，治虽退而有迹，为冰瑕矣。夫星者，犹天之有星，由二气而结，其大小亦由积受盛衰之所致，无长大之理。故人之患星，亦由火在阴分。故为星，星亦不能大。若能大者，此必是各障之初起也。障犹云，云随天地之气而聚散，障因人之激戒而消长。即如凝脂一证，初起白颗小而圆嫩，俨然一星，不出一二日间，渐渐长大，因而触犯，遂致损目。若误认为星，则谬于千里矣。亦有凝脂虽成，因无根客火郁在膏中，作此一点，无所触犯，善于护养，水清而退者，便谓是星退，医者亦谓是星退，遂误认为星，终身执泥不改者，误人多矣。每见世人用愚夫蠢妇执草抢丝，朝灯对日，呪咀诡魇，谓之结眼，间有凝脂、水晶、银星，虚火聚开翳障等证，偶然而退，遂以为功，骇羡相传，眇医弃药，智者尚蒙其害，况愚人乎。夫人之目，因气血不能清顺，是故壅滞而生病焉。调养缄护，尚恐无及，乃反劳挣强，视搏此阳光，即无病之目，精强力盛者，且不能与之敌，而况病目，能无损乎。虽倖自病退者，光亦渺茫难醒。大凡见珠上有星一二颗，散而各自生，过一二日看之不大者方是。若七日而退者，火数尽之故。若连萃贯串相生及能大者，皆非星也。又有一等愚人，看各色障翳，亦呼为星者，抑又谬之甚矣。【聚开障证】谓障或圆或缺，或厚或薄，或如云似月，或数点如星，痛则见之，不痛则隐，聚散不一，来去无时，或月数发，或年数发。乃脑有湿热之故。痰火人患者多。久而不治，方始生定。因而触犯者，有变证，生成不退。各随所发形证而验之。镇心丸、退血散、连翘散、磨睛膏、美玉散。【聚星障证】乌珠上有细颗，或白色，或微黄。微黄者急而变重。或联缀，或团聚，或散漫，或一同生起，或先后逐渐一而二，二而三，三而四，四而六七八十数余，如此生起者。初起者易治，生定者退迟。能大者有变。团聚生大而作一块者，有凝脂之变。联缀四散，傍风轮白际而起，变大而接连者，花翳白陷也。若兼赤脉爬绊者，退迟。若星翳生于丝尽头者，亦退迟进速且有变，盖接得脉络生气之故。此证大抵多由痰火之患，能保养者庶几，戕丧犯戒者，变证生焉。羚羊角散。【垂帘障证】生于风轮，从上边而下，不论厚薄，但在外色白者方是。若红赤，乃变证，非本病也。有初起水膏不清而便成此者，有起先赤色，火退后膏涩结为此者，因其自上而下，如帘之垂，故得此名。有证数般相似，缓急不同，治亦各异，不可误认混呼而误人。一努肉初生，亦在风轮上边起，但色如肉，且横厚不同。一偃月侵睛，亦在上边起，是气轮膜内垂下，白色而薄，与此在外有形者不同。一赤膜下垂，因瘀滞火实之急者不同。此则只是白障漫漫生下来，而为混障者，间有红，亦是略略微红而已。因其触犯，搏动其火，方有变证。其病从上而下，本当言顺，何以逆称，盖指火而言，火本炎上，今反下垂，是其逆矣。羌活除翳汤。【涌波翳证】障从轮外自下而上，故曰涌波。非黄膜上冲从内向上之急甚者可比。白者缓而不变，赤者急而有变。亦有激犯变发他证者，就于此障之内，变出黄膜。治宜先去上冲，后治此证，则万无一失矣。流气饮。【逆顺障证】色赤而障，及丝脉赤乱，纵横上下，两边生来，若是色白而不变者，乃是治后凝定，非本证生来如是，治亦不同。若色浮嫩能大，或微黄色者，又不是此证，乃花翳白陷也。凡见风轮际处，由白珠而来无数粗细不等赤脉，周围圈圆侵入黑睛，黑睛上障起昏涩者，即此证。必有瘀滞在内。盖滞于左，则从左而来，滞于右，则从右而来，诸络皆有所滞，则四围而来。睥虽不赤肿，珠虽不胀痛，亦有瘀滞于内，不可轻视。若伤于膏水，则有翳嫩白，大而变为花翳白陷。若燥涩甚者，则下起一片变为黄膜上冲之证。若头疼珠痛胀急者，病又重而急矣。消翳散。【阴阳翳证】乌珠上生二翳，俱白色，一中虚，一中实，两翳联串如阴阳之图。若白中略带焦黄色，或纯白而光滑沉涩者，皆不能去尽。若有细细赤丝绊者，退尤迟。大抵此证，非心坚耐久，不能得其效也。羌活退翳散。【玛瑙内伤证】其障薄而不厚，圆斜不等，其色昏白而带焦黄，或带微微红色，但如玛瑙之襟者。是虽生在轮外，实是内伤肝胆，真气清液受伤，结成此翳，最不能治尽。或先有重病，退后结成者，久久耐心医治，方得减薄，若要除净，须华佗更生可也。【连珠外翳证】与聚星似是而非。盖聚星在可治之时，而色亦不同，此则凝定之证，形色沉滑坚涩等状。虽有妙手久治，亦难免迹滞，如冰瑕之患也。【剑脊翳证】亦名横翳。色白，或如糙米色者，或带微微焦黄色者，但状如剑脊，中间略高，两边薄些，横于风轮之外者，即此证也。厚薄不等，厚者虽露上下风轮，而瞳神被掩，视亦不见。薄者瞳神终是被掩，视亦昏眊，较之重者稍明耳。纵色嫩根浮者，亦有瘢痕。若滑涩根深沉者，虽有妙手坚心，止可减半。若微微红丝罩绊者，尤为难退易来。以上不论厚薄，非需之岁月，必无功耳。七宝汤、皂角丸、生熟地黄丸。【冰瑕翳证】薄薄隐隐，或片或点，生于风轮之上，其色光白而甚薄，如冰上之瑕。若在瞳神傍侧者，视亦不碍光华。若掩及瞳神者，人看其病不觉，自视昏眊渺茫。其状类外圆翳，但甚薄而不圆。又似白障之始，但经久而不长大。凡风轮有痕粝者，点服不久，不曾补得水清膏足，及凝脂、聚星等证初发，点服不曾去得尽绝，并点片脑过多，障迹反去不得尽，而金气水液凝滞者，皆为此证。大抵虽治不能速去，纵新患者，必用坚守确攻，久而方退。若滑涩沉深及患久者，虽极治亦难尽去。【圆翳外障证】薄而且圆，其色白，大小不等，厚薄不同。薄者最多，间有厚者，亦非堆积之厚，比薄者稍厚耳。十有九掩瞳神，亦名遮睛障。病最难治，为光滑深沉之故。有阴阳二证之别。阳者，明处看则不甚鲜白，暗处看则明亮而大。阴者，暗处看则昏浅，明处看则明大。然虽有阴阳验病之别，而治法则同。虽坚心久治，亦难免终身之患。【水晶障证】色白如水晶,清莹见内,但高厚满珠,看虽易治,得效最迟。盖虽清而滑,根深气结故也。乃初起膏伤时,内服寒凉太过,外点冰片太多,致精液凝滞,结为此病。非比白混障之浮嫩可治者,当识别之,庶无舛误。其名有三,曰水晶、曰玉翳浮瞒、曰冰轮。如冰冻之坚。若傍斜细看,则白透睛瞳内,阴处与日中看,其形一同。治虽略减,难免终身之患。【鱼鳞障证】色虽白涩而不光亮,状带欹斜,故号鱼鳞。乃气结膏凝不能除绝者。如凝脂翳损及大片,病已甚,不得已大用寒凉,及冰片多点者,往往结为此也。【马蝗积证】与努肉大同小异。盖杀伐内外药治皆同,但努肉有不用割而治愈,故曰小异也。亦有是努肉先起,后变为重,其状两头尖薄,中间高厚,肉红色,若马蝗状横卧于中,四匝有薄薄肉油,紫赤筋脉围绕。乃血分之病,久久方成,最不易治,且难去而易来,风疾人每多患此。治之必先用钩割十去五六,方用杀伐之药则有功。不割则药力不敌病势,徒费其力。然割须用烙其根处,不尔则朝去暮生,枉受痛楚。多则有激邪之祸,变证出焉。外虽劫治,内须平治,不然外虽平而内必发,徒劳无功。此状乃横条,非若努攀漫积之谓也。【努肉证】多起上轮,有障如肉,或如黄油,至后渐渐厚而长积赤瘀,努起始肉,或赤如朱。凡性燥暴悖,恣嗜辛热之人,患此者多。久则漫珠积肉,视亦不见。治宜杀伐,久久自愈。积而无瘀甚恶证及珠尚露者,皆不必用钩割之治。一云努肉攀睛,或先赤烂多年,肝经为风所冲而成。或用力作劳,有伤肝气而得,或痒或痛,自两眦头努出,心气不宁,忧虑不已,遂乃攀睛,或起筋膜。宜服洗刀散,及二黄散、定心丸。【肺瘀证】由眦而起,贯过气轮,如皮似筋,横带至于风轮,光亦不捐,甚则掩及瞳神,方碍瞻视,大抵十之八九,皆由大眦而起。有赤白二证。赤者血分,白者气分,其原在心肺二经,初起如薄薄黄脂,或赤脉数条,后渐渐大而厚,赤者少,白者多,虽赤者亦是白者所致,盖先有白而不忌火毒辛热,故伤血而赤,非血分之本病也。治赤虽退,其质不退,必须杀伐,杀伐之治,虽不见形势之恶,久而且痛,功亦迟缓。不若一割即去,烙之免其再发。大抵眼科钩割一法,唯此患最为得效。【鸡冠蚬肉】二证形色相类,经络相同,治亦一法。故总而言之,非二病同生之谓也。其状色紫如肉,形类鸡冠、蚬肉者即是。多生睥眦之间,然后害及气轮而遮掩于目。治者须用割治七八,后用杀伐,不然药徒费功。若割亦用烙定方好。其目大眦内有红肉一块,如鸡冠、蚬肉者,乃心经血部之英华。若误割者,轻则损目,重则丧命。慎之。抽风汤、决明散。【鱼子石榴】二证经络同,治法亦同。故总而言之,亦非二病同生。鱼子障非聚星之比,又非玉粒之比,其状生肉一片,外面累累颗颗丛生于目,或淡红色,或淡黄色,或肉色。石榴状如榴子绽露于房,其病红肉颗,或四或六或八,四角生来,障满神珠,视亦不见。以上二障[1],俱是血部瘀实之病,目疾恶证。治用割,割后见三光者,方可伐治。三光瞑黑者,内必瞳神有损,不必治也。【轮上一颗如赤豆证】气轮有赤脉灌注,直落风轮,风轮上有颗积起色红,初如赤小豆,次后积大,专为内有瘀血之故。急宜开导,血渐通,颗亦渐消,病到此十有九损。若白珠上独自有颗鲜红者,亦是瘀滞。上下无丝脉接贯者,只用点服自消。若有贯接者,必络中有血灌来,宜向所来之处寻看,量其轻重而导之。若白轮有红颗而胀急涩痛者,有变。而急痛连内而根深接内者,火疳也,又非此比。若白珠虽有红颗而珠不疼,虽疼不甚者病轻,治亦易退,善消可矣。【睛中一点似银星证】白点一颗,如星光滑,当睛中盖定,虽久不大不小,傍视瞳神在内,只是小些,其视光华亦损。乃目痛时不忌房事,及服渗泄下焦寒凉之药过多,火虽退而肾络气滞膏凝,结为此病。虽服不退,点亦不除,终身之患也。【五花障证】生于神珠之上,斑斑杂杂,盖五脏经络间之气俱伤,结为此疾。其色或白,或糙米色,或肉色中带焦黄微红蓝碧等色,斑烂驳杂不一。若中有一点黑色者,乃肾络气见,虽治不能尽去。此状与斑脂翳、玛瑙内伤形略相似。斑脂翳,乃破而结成瘢痕不能去者。玛瑙内伤,乃小而薄未掩瞳神之轻者。此则高厚显大,生在膏外可退,故不同耳。【混障证】谓漫珠皆一色之障也。患之者最多,有赤白二证。赤者易治于白者,赤者怕赤脉外

---

〔1〕障:原作"章",据修敬章本改。

爬，白者畏光滑如苔，有此二样牵带者，必难退而易发。若先因别证而成混障，则障去而原病见矣。若无别证，到底只是一色者。若混障因而犯禁触发者，则变证出，先治变证，后治本病。一云混睛证，白睛先赤而后痒痛，迎风有泪，闭涩难开，或时无事，不久亦发，年深则睛变成碧色，满目如凝脂赤路，如横赤丝，此毒风积热。宜服地黄散。外点七宝膏。【惊振外障证】目被物撞触而结为外障也。与伤在膏上急者不同。初撞目时，亦有珠疼涩胀之苦，为其伤轻而瘀自潜消，故痛虽止而不戒禁，有所触发其火，致水不清，气滞络涩而生外障。有撞虽轻反不知害，有所触犯，遂为外障者。有撞重不戒，反触而变为凶疾者。凡外障结而珠疼头痛及肿胀者，皆是恶证，防变。急宜治之。治见为物所伤条。【黑翳如珠证】非蟹睛、木疳之比。木疳是大者，生则瞳损不可治。此则至大方损珠，后损瞳神也。又非蟹睛因破流出之比，此肝气有余，欲泛起之患，故从风轮际处发起黑泡，如珠子圆而细，或一或二，或三四五六，多寡不一。其证火实盛者痛，虚缓者不痛。治亦易平。若长大则有裂目之患。先服羚羊角散，后服补肾丸。【木疳证】生于风轮者多，其色蓝绿青碧，有虚实二证。虚者大而昏花，实者小而痛涩。非比蟹睛因破而出，乃自然生出者。大小不一，亦随其变长也。

　　内障

　　在睛里昏暗，与不患之眼相似，唯瞳神里有隐隐青白者，无隐隐青白者亦有之。娄全善云：内障先患一目，次第相引，两目俱损者，皆有翳在黑睛内遮瞳子而然。今详通黑睛之脉者，目系也。目系属足厥阴、足太阳、手少阴三经。盖此三经脏腑中虚，则邪乘虚入，经中郁结，从目系入黑睛内为翳。《龙木论》所谓脑脂流下作翳者，即足太阳之邪也。所谓肝气冲上成翳者，即足厥阴之邪也。故治法以针言之，则当取三经之腧穴，如天柱、风府、太冲、通里等穴是也。其有手巧心审谛者，能用针于黑眼里拨其翳，为效尤捷也。以药言之，则当补中疏通此三经之郁结，使邪不入目系而愈。饮食不节，劳伤形体，脾胃不足，内障眼病，宜人参补胃汤、益气聪明汤、圆明内障升麻汤、复明散。娄云：右四方治目不明，皆气虚而未脱，故可与参、芪中，微加连、檗。若气既脱，则黄柏等凉剂不可施。经云：阳气者，烦劳则张，精绝，目盲不可以视，耳闭不可以听之类，是其证也。内障，右眼小眦青白翳，大眦亦微显白翳，脑痛，瞳子散大，上热恶热，大便涩后痹难，小便如常，遇热暖处，头疼暗胀能食，日没后、天阴暗则昏。此证可服滋阴地黄丸。翳在大眦，加升麻、葛根。翳在小眦，加柴胡、羌活。东垣云：肝木旺则火之胜，无所畏惧而妄行也，故脾胃先受之，或病目而生内障者。脾裹血，胃主血，心主脉，脉者，血之腑也。或曰心主血，又曰脉主血，肝之窍开于目也。治法亦地黄丸当归汤之类是也。倪仲贤论阴弱不能配阳之病曰：五脏无偏胜，虚阳无补法，六腑有调候，弱阴有强理，心、肝、脾、肺、肾，各有所滋生，一脏或有余，四脏俱不足，此五脏无偏胜也。或浮或为散，是曰阳无根，益之欲令实，翻致不能禁，此虚阳无补法也。膀胱、大小肠、三焦、胆、包络，俾之各有主，平秘永不危，此六腑有调候也。衰弱不能济，遂使阳无御，反而欲匹之，要以方术盛，此弱阴有强理也。解精微论曰：心者五脏之专精，目者其窍也。又为肝之窍。肾主骨，骨之精为神水。故肝木不平，内挟心火，为势妄行，火炎不制，神水受伤，上为内障，此五脏病也。劳役过多，心不行事，相火代之。五脏生成论曰：诸脉皆属于目。相火者，心包络也，主百脉，上荣于目。火盛则百脉沸腾，上为内障，此虚阳病也。膀胱、小肠、三焦、胆脉俱循于目，其精气亦皆上注而为目之精，精之窠为眼，四府一衰，则精气尽败，邪火乘之，上为内障，此六腑病也。神水黑眼皆法于阴，白眼赤脉皆法于阳。阴齐阳侔，故能为视。阴微不立，阳盛即淫。阴阳应象大论曰：壮火食气，壮火散气，上为内障，此弱阴病也。其病初起时，视觉微昏，常见空中有黑花，神水淡绿色，次则视岐，睹一成二，神水淡白色。可为[1]冲和养胃汤主之，益气聪明汤主之，千金磁朱丸主之，石斛夜光丸主之。有热者，泻热黄连汤主之。久则不睹，神水纯白色，永为废疾也。然废疾亦有治法，先令病者，以冷水洗眼如冰，气血不得流行为度，用左手大指、

---

〔1〕为：集成本作"以"。

次指按定眼珠，不令转动，次用右手持鸭舌针，去黑睛如米许，针之令入，白睛甚厚，欲入甚难，必要手准力完，重针则破，然后斜回针首，以针刀刮之，障落则明。有落而复起者，起则重刮，刮之有至再三者，皆为洗不甚冷，气血不凝故也。障落之后，以绵裹黑豆数粒，令如杏核样，使病目垂闭，覆眼皮上，用软帛缠之，睛珠不得动移为度，如是五七日才许开视，视勿劳也。亦须服上药，庶几无失。此法治者五六，不治者亦四五。五脏之病，虚阳之病，六腑之病，弱阴之病，四者皆为阴弱不能配阳也。学者慎之。【青风内障证】视瞳神内有气色昏蒙，如晴山笼淡烟也。然自视尚见，但比平时光华，则昏蒙日进。急宜治之，免变绿色。变绿色则病甚而光没矣。阴虚血少之人，及竭劳心思、忧郁忿恚、用意太过者，每有此患。然无头风痰气夹攻者，则无此患。病至此亦危矣，不知其危而不急救者，盲在旦夕耳。羚羊角汤、白附子丸、补肾磁石丸、羚羊角散、还睛散。【绿风内障证】瞳神气色浊而不清，其色如黄云之笼翠岫，似蓝靛之合藤黄，乃青风变重之证，久则变为黄风。虽曰头风所致，亦由痰湿所攻，火郁忧思忿怒之过。若伤寒疟疫热蒸，先散瞳神，而后绿后黄，前后并无头痛者，乃痰湿攻伤真气，神膏耗溷，是以色变也。盖久郁则热胜，热胜则肝木之风邪起，故瞳愈散愈黄。大凡病到绿风危极矣，十有九不能治也。一云此病初患则头旋，两额角相牵瞳人，连鼻鬲皆痛，或时红白花起，或先左而后右，或先右而后左，或两眼同发。或吐逆，乃肺之病。肝受热则先左，肺受热则先右，肝肺同病则齐发。先服羚羊角散，后服还睛散。【黑风内障证】与绿风候相似，但时时黑花起。乃肾受风邪，热攻于眼。宜凉肾白附子丸、补肾磁石丸、还睛散。【黄风内障证】瞳神已大，而色昏浊为黄也。病至此，十无一人可救者。【银风内障证】瞳神大成一片，雪白如银。其病头风痰火人，偏于气忿怒郁，不得舒而伤真气，此乃痼疾。恐金丹不能为之返光矣。【丝风内障证】视瞳神内隐隐然若有一丝横经，或斜经于内，自视全物亦有如碎路者。乃络为风攻，郁其真气，玄府有一丝之遏，故视亦光华有损。久而不治则变重，为内证之笃矣。【乌风内障证】色昏浊晕滞气，如暮雨中之浓烟重雾。

风痰人嗜欲太多,败血伤精,肾络损而胆汁亏,真气耗而神光坠矣。【偃月内障证】视瞳神内上半边,有隐隐白气一湾,如新月覆垂向下也。乃内障欲成之候。成则为如银翳。脑漏人,及脑有风寒不足,阴气怫郁者患之。与偃月侵睛,在轮膜中来缓者不同。【仰月内障证】瞳神下半边,有白气隐隐一湾,如新月仰而从下生向上也。久而变满,为如银内障。乃水不足,木失培养,金反有余,故精液亏而元气郁滞于络而为病也。【如银内障证】瞳神中白色如银也。轻则一点白亮,如星似片;重则瞳神皆雪白而圆亮。圆亮者,一名圆翳内障,有仰月偃月变重为圆者,有一点从中起,视渐昏而渐变大不见者。乃郁滞伤乎太和清纯之元气,故阳光精华为其闭塞而不得发见。亦有湿冷在脑,脑油滴落而元精损,郁闭其光。非银风内障已散大而不可复收之比。年未过六十,及过六十而血气未衰者,拨治之,皆有复明之理。【如金内障证】瞳神不大不小,只是黄而明莹。乃是元气伤滞所成,因而痰湿阴火攻激,故色变易。非若黄风之散大,不可医者。【绿映瞳神证】瞳神乍看无异,久之专精熟视,乃见其深处隐隐绿色,自视亦渐觉昏眇,病甚始觉深绿,而变有气动之患。盖痰火湿热害及于清纯太和之元气也。久而不治,反有触犯者,为如金、青盲等证。其日中及日映红光处,看瞳神有绿色,而彼自视不昏者,乃红光烁于瞳神,照映黑红相射,而光映为绿之故,非绿色自生之谓。及春夏瞳神亦觉色微微绿莹者,乃肝胆清纯之正气,而视亦不昏,不可误认为此。但觉昏眇而瞳神绿色,明处暗处看之,皆一般气浊不清者,是此证也。【云雾移睛证】谓人自见目外有如蝇蛇旗旆,蛱蝶绦环等状之物,色或青黑粉白微黄者,在眼外空中飞扬撩乱,仰视则上,俯视则下也。乃玄府有伤,络间精液耗涩,郁滞清纯之气,而为内障之证。其原皆属胆肾。黑者,胆肾自病。白者,因痰火伤肺,金之清纯不足。黄者,脾胃清纯之气有伤其络。盖瞳神乃先天元阳之所主,禀聚五脏之精华,因其内损而见其状。虚弱不足人,及经产去血太多,而悲哭太过,深思积忿者,每有此病。小儿疳证、热证、疟疾、伤寒日久,及目痛久闭,蒸伤精液清纯之气,亦有此患。幼而无知,至长始晓,气络已定,治亦不愈。今人但见此证,则曰鬼神现像,反泥于禳祷而不求内治,他日病愈盛而状愈多,害成而不可救矣。【圆翳内障证】黑睛上一点圆,日中见之差小,阴处见之则大,或明或暗,视物不明。医者不晓,以冷药治之,转见黑花。此因肝肾俱虚而得也。宜服皂角丸,合生熟地黄丸,及补肺散、补肾丸、镇肝丸、虎精丸、聚宝丸、化毒丸、青金丹、卷云膏。【冰翳内障证】如冰冻坚实,傍观目透于瞳神内,阴处及日中看之,其形一同,疼而泪出。此因胆气盛,遂使攻于肝而得之。宜服七宝丸、皂角丸、合生熟地黄丸、通肝散、羊肝丸、泻肝丸、分珠散。【滑翳内障证】有如水银珠子,但微含黄色,不疼不痛,无泪,遮绕瞳神。宜服皂角丸、生熟地黄丸、还睛丸、羊肝丸、黄连膏。【涩翳内障】微如赤色,或聚或开,两傍微光,瞳神上如凝脂色,时复涩痛,而无泪出。宜服皂角丸、生熟地黄丸。【散翳内障证】形如鳞点,或睑下起粟子而烂,日夜痛楚,瞳神最疼,常下热泪。宜服皂角丸、生熟地黄丸、八味还睛散。四物汤、谷精散、磨风膏、宣肺汤、清金散、雄猪散。【浮翳内障证】上如冰光白色,环绕瞳神,初生目小眦头,至黑珠上,不痒不痛,无血色相潮。宜服皂角丸、合生熟地黄丸。宣肺汤、七宝散、白万膏、细辛散、川芎散。【沉翳内障证】白藏在黑水下,向日细视,方见其白,或两眼相传,疼痛则早轻夜重,间或出泪。宜服皂角丸、及生熟地黄丸。灵宝丹、救睛丹、羊肝丸、美玉散、二和散。右自圆翳以下七证,虽有治法,终难奏功,唯金针拨之为善。【偃月侵睛证】风轮上半边气轮交际,从白膜内隐隐白片薄薄盖向下来,其色粉青。乃非内非外,从膜中而来者,初不以为意,久之始下风轮而损光。或沿遍风轮周匝,而为枣花,为害最迟,人每忽之,常中其患。乃脑有风湿,久滞郁中,微火攻击,脑油滴下,亲火嗜燥,好酒暴怒,激走其郁者,为变亦急。凡发经水不待干而湿蒸,及痰火人好燥腻湿热物者,皆有此患。坠翳丸。【枣花障证】甚薄而白,起于风轮周匝,从白膜之内四围环布而来也。凡性躁急,及患痰火,竭视劳瞻,耽酒嗜辣,伤水湿热之人,多罹此患。久则始有目急干涩,昏花不爽之病。犯而不戒,甚则有瞳神细小内障等变。或因人触激,火入血分,泪而赤痛者,亦在变证之例。虽有枣花锯齿之说,实无正形,又有二十四枚、四十枚之数,百无一二,不必拘泥于此说。凡见白圈傍青轮际,从白膜四围圈圆而来,即是此证。若白而嫩,在风轮外四围生起,珠赤痛者,是花翳白陷,不可误认为此。一云此候,周围如锯齿四五枚,相合赤色,刺痛如针,视物如烟,晨轻昼则痛楚,迎风有泪,昏暗不见。宜皂角丸、生熟地黄丸。桑白皮汤、蕤生散。【白翳黄心证】四边皆白,中心一点黄,大小眦头微赤,时下涩泪,团团在黑珠上。乃肝肺相传,停留风热。宜服还睛散、及皂角丸,合生熟地黄丸。【黑花翳证】其状青色,大小眦头涩痛,频频下泪,口苦,不喜饮食。盖胆受风寒。宜凉胆丸、还精丸、四物汤、灵宝丸、青金散、皂角丸、生熟地黄丸。【五风变成内障证】其候头旋偏肿痛甚,瞳人结白,颜色相间,却无泪出。乃毒风脑热所致。日[1]中如坐暗室,常自忧叹。宜除风汤、皂角丸,合生熟地黄丸。《龙木论》内障根源歌:不疼不痛渐昏蒙,薄雾轻烟渐渐浓,或见花飞蛇乱出,或如丝絮在虚空。此般状样因何得,肝藏停留热与风。大叫大啼惊与恐,脑脂流入黑睛中。初时一眼先昏暗,次第相牵与一同。苦口何须陈逆耳,只缘肝气不相通。此时服药宜销定,将息多乖即没功。日久既应全黑暗,时名内障障双瞳。名字随形分十六,龙师圣者会推穷。灵药这回难得效,金针一拨日当空。强修将息依前说,莫遣依前病复踪。针内障眼法歌:内障由来十六般,学医人子审须看,分明一一知形状,下针方可得安然。若将针法同圆翳,误损神光取瘥难。冷热光明虚与实,调和四体待令安。不然气闷违将息,呕逆劳神翳却翻。咳嗽震头皆未得,多惊先服镇心丸。若求凉药银膏等,用意临时体候看。老翳细针初复嫩,针形不可一般般。病虚新产怀娠月,下手才知将息难。不雨不风兼皓月,清斋三日在针前,安心定意行医道,念佛亲姻莫杂喧。患者向明盘膝坐,提撕腰带得心安。针者但行贤哲路,恻隐之情实善缘。有血莫惊须住手,裹封如旧再开看。忽然惊振医重卜,服药三旬见朗然。七日解封难见日,花生水动莫他言,还睛丸散坚心服,百日分明复旧

---

〔1〕日:原误作"目",据修敬堂本改。

根。针内障后法歌：内障金针针了时，医师言语要深知。绵包黑豆如球子，眼上安排日系之。卧眠头枕须安稳，仰卧三朝莫厌迟。封后忽然微有痛，脑风牵动莫他疑。或针或烙[1]依经法，痛极仍将火熨之。拟吐白梅含咽汁，吐来仰卧却从伊。起则恐因遭努损，虽然稀有也须知。七朝豉粥温温食，震着牙开事不宜。大小便时须缓缓，无令自起与扶持。高声叫唤言多后，惊动睛轮见雪飞。如此志心三十日，渐行出入认亲知。狂心莫忆阴阳事，夫妇分床百日期。一月不须临洗面，针痕湿着痛微微。五腥酒面周年断，服药平除病本基。右《龙木论》金针开内障大法，谨按其法，初患眼内障之时，其眼不痛不涩不痒，头不旋不痛，而翳状已结成者，宜金针拨去其翳，如拨云见日而光明也。今具其略于后。开内障图：圆翳初患时，见蝇飞花发垂蚁，薄烟轻雾，先患一眼，次第相牵，俱圆翳，如油点浮水中，阳看则小，阴看则大，金针一拨即去。滑翳翳如水银珠，宜金针拨之。涩翳翳如凝脂色，宜针拨之。浮翳藏形睛之深处，细看方见，宜针深拨之。横翳横如剑脊，两边薄，中央厚，宜针于中央厚处拨之。已上五翳，皆先患一目，向后俱损。初患之时，其眼痛涩，头旋额痛，虽有翳状，亦难针拨。独偃月翳、枣花翳、黑水凝翳，微有头旋额痛者，宜针轻拨之。冰翳初患时头旋额痛者，眼睑[2]骨、鼻颊骨痛，目内赤涩，先患一眼，向后翳如冰冻坚白，宜于所过经脉，针其俞穴，忌出血，宜针拨动，不宜强拨。偃月翳初患时微微头旋额痛，先患一目，次第相牵俱损，翳一半厚一半薄，宜针，先从厚处拨之。枣花翳初患时微有头旋眼涩，眼中时时痒痛，先患一眼，向后俱翳，周围如锯齿，轻轻拨去，莫留短脚。兼于所过之经，针灸其腧。散翳翳如酥点，乍青乍白，宜针拨之。黑水凝翳初患时头旋眼涩，见花黄黑不定，翳凝结青色，宜针拨之。惊振翳头脑被打筑，恶血流入眼内，至二三年成翳，翳白色，先患之眼不宜针，牵损后患之眼宜针之。虽不痛不痒，其翳黄色、红色者，不宜针拨。翳状破散者，不宜针拨。中心浓重者，不宜针拨。拨之不动者，曰死翳，忌拨。独白翳黄心，宜先服药，后针之。若无翳者，名曰风赤，不宜针。

---

〔1〕烙：原误作"络"，据修敬堂本改。
〔2〕睑：原误作"脸"，据修敬堂本改。

白翳黄心翳四边白中心黄者，先服逐翳散，次针足经所过诸穴，后用金针轻拨。若先患一眼，向后俱损。乌风无翳，但瞳人小，三五年内结成翳，青白色，不宜针。视物有花为虚，宜药补，不宜药泻。肝风无翳，眼前多见虚花，或白或黑，或赤或黄，或见一物二形，二眼同患，急宜补治，切忌房劳。五风变初患时头旋额痛，或一目先患，或因呕吐，双目俱暗，瞳子白如霜。绿风初患时头旋额角偏痛，连眼睑眉及鼻颊骨痛，眼内痛涩，先患一眼，向后俱损，无翳，目见花或红或黑。黑风初患时头旋额偏痛，连眼睑鼻颊骨痛，眼内痛涩，先患一眼，向后俱损，无翳，眼见黑花。青风初患时微有痛涩，头旋脑痛，先患一眼，向后俱损，无翳，劳倦加昏重。雷头风变初患时，头旋恶心呕吐，先患一目，次第相牵俱损，瞳神或大或小，凝脂结白。

瞳神散大

东垣云：凡心包络之脉，出于心中，代心君行事也。与少阳为表里。瞳子散大者，少阴心之脉挟目系，厥阴肝之脉连目系，心主火，肝主木，此木火之势盛也。其味则宜苦、宜酸、宜凉。大忌辛辣热物，是泻木火之邪也。饮食中常知此理可也。以诸辛主散，热则助火，故不可食。诸酸主收心气，泻木火也。诸苦泻火热，则益水也。尤忌食冷水大寒之物，此物能损胃气，胃气不行则元气不生，元气不生，缘胃气下陷，胸中三焦之火，及心火乘于肺，上入胸灼髓，火主散溢，瞳子之散大者，以此大热之物，直助火邪，尤为不可食也。药中去芜蔚子，以味辛及主益肝，是助火也，故去之。加黄芩半两，黄连三钱。黄连泻中焦之火，黄芩泻上焦肺火，以酒洗之，乃寒因热用也。亦不可用青葙子，为助阳火也。更加五味子三钱，以收瞳神之散大也。且火之与气，势不两立。故经曰：壮火食气，气食少火，少火生气，壮火散气。诸酸物能助元气，孙真人曰：五月常服五味子，助五脏气以补西方肺金。又经云：以酸补之，以辛泻之，则辛泻气明矣。或曰药中有当归，其味亦辛甘，而不去何也？此一味辛甘者，以其和血之圣药也。况有甘味，又欲以为乡导，为诸药之使，故不去也。熟地黄丸。瞳神散大，而风轮反为窄窄一周，甚则一周如线者，乃邪热郁蒸，风湿攻击，以致神膏游走散坏。若初起即收可复，缓则气定膏散，不复收敛。未起内障颜色，而止是散大者，直收瞳神,瞳神收而光自生矣。散大而有内障起者,于收瞳神药内,渐加攻内障药治之。多用攻内障发药,攻动真气,瞳神难收。病既急者,以收瞳神为先,瞳神但得收复,目即有生意。有何内障,或药或针,庶无失收瞳神之悔。若只攻内障,不收瞳神,瞳神愈散,而内障不退,缓而疑不决治者,二证皆气定而不复治,终身疾矣。大抵瞳神散大,十有七八,皆因头风痛攻之害,虽有伤寒、疟疾、痰湿、气怒忧思、经产败血等久郁热邪火证,而蒸伤胆中所包精汁亏耗,不能滋养目中神膏,故精液散走而光华失,皆水中隐伏之火发。夫水不足不能制火,火愈胜阴精愈亏,故清纯太和之气皆乖乱,气既乱而精液随之走散矣。凡头风攻散者,又难收如他证。譬诸伤寒、疟疾、痰火等热证,炎燥之火热邪蒸坏神膏,内障来迟,而收亦易敛。若风攻则内障即来,且难收敛,而光亦损耳。《保命集》当归汤。

瞳神紧小

倪仲贤论强阳搏实阴之病曰:强者盛而有力也,实者坚而内充也。故有力者强而欲搏,内充者实而自收,是以阴阳无两强,亦无两实。惟强与实,以偏则病,内搏于身,上见于虚窍也。足少阴肾为水,肾之精上为神水。手厥阴心包络为相火,火强搏水,水实而自收。其病神水紧小,渐小而又小,积渐至如菜子许,又有神水外围相类虫蚀者,然皆能睹而不昏,但微觉眊矂羞涩耳。是皆阳气强盛而搏阴,阴气坚实而有御,虽受所搏,终止于边鄙皮肤也,内无所伤动。治法当抑阳缓阴则愈。以其强耶故可抑,以其实耶惟可缓,而弗宜助,助之则反胜。抑阳酒连散主之。大抵强者则不易入,故以酒为之导引,欲其气味投合,入则可展其长,此反治也。还阴救苦汤主之,疗相火药也。亦宜用搐鼻碧云散。《秘要》云:瞳子渐渐细小如簪脚,甚则小如针,视尚有光,早治可以挽住,复故则难。患者因恣色之故,虽病目赤不忌淫欲,及劳伤血气,思竭心意,肝肾二经俱伤,元气衰弱,不能升运精汁,以滋于胆,胆中三合之精有亏,则所输亦乏,故瞳中之精亦日渐耗损,甚则陷没俱无,而终身疾矣。亦有头风热证,攻走蒸干精液而细小者,皆宜乘初早救,以免噬脐之悔也。

瞳神欹侧

谓瞳神歪斜不正,或如杏仁、枣核、三角、半月也。乃肾胆神膏损耗,瞳神将尽矣。若风轮破损,神膏流绽,致瞳神欹侧者,轮外必有蟹睛在焉。蟹睛虽平,而瞳神不得复圆,外亦结有脂翳,终身不脱。若轮外别无形证,而瞳神欹侧者,必因内伤肾水肝血,胆乏化源,故膏液日耗而瞳神欲没,甚为可畏,宜急治之。虽难复圆,亦可挽住,而免坠尽无光之患。

目昏花

运气目昏有四:一曰风热。经云:少阳[1]司天之政,风热参布,云物沸腾,太阴横流,寒乃时至,往复之作,民病聋瞑。此风热参布目昏也。二曰热。经云:少阴在泉,热淫所胜,病目瞑。治以咸寒。此热胜目昏也。三曰风。经云:岁水不及,湿乃大行,复则大风暴发,目视䀮䀮。此风胜目昏也。四曰燥。经云:阳明司天,燥淫所胜,目昧眦伤。治以苦热是也。经云:肝虚则目䀮䀮无所见,耳聋聋无所闻,善恐,如人将捕之状。海藏云:目瞑,肝气不治也。镇肝明目,羊肝丸、补肝散、养肝丸。许学士云:《素问》曰,久视伤血,血主肝。故勤书则伤肝,主目昏。肝伤则自生风,热气上腾致目昏。亦不可专服补药,但服益血镇肝明目药自愈。经云:胆移热于脑,则辛颏鼻渊,传为衄蔑瞑目。《千金方》用牛胆浸槐子,阴干百日,食后每日吞一枚,可以治之。经云:肾足少阴之脉,是动则病,坐而欲起,目䀮䀮如无所见。又云:少阴所谓起则目䀮䀮无所见者,阴内夺故目䀮䀮无所见也。此盖房劳目昏也。左肾阴虚,益本滋肾丸、六味地黄丸。右肾阳虚,补肾丸、八味地黄丸。刘河间云:目昧不明,热也。然玄府者,无物不有,人之脏腑皮毛、肌肉筋膜、骨髓爪牙,至于世之万物,尽皆有之,乃气出入升降之道路门户也。人之眼耳鼻舌,身意神识,能为用者,皆升降出入之通利也。有所闭塞者,不能为用也。若目无所见,耳无所闻,鼻不闻臭,舌不知味,筋痿骨痹,爪退齿腐,毛发堕落,皮肤不仁,肠胃不能渗泄者,悉由热气怫郁,

〔1〕少阳:原误作"少阴",据《素问·六元政纪大论》改。

玄府闭密，而致气液血脉荣卫精神，不能升降出入故也。各随郁结微甚，而为病之重轻，故知热郁于目，则无所见也。故目微昏者，至近则转难辨物，由目之玄府闭小，如隔帘视物之象也。或视如蝇翼者，玄府有所闭合者也。或目昏而见黑花者，由热气甚而发之于目，亢则害，承乃制，而反出其泪泣，气液眯之，以其至近，故虽微而亦见如黑花也。娄全善曰：诚哉，河间斯言也。目盲耳聋，鼻不闻臭，舌不知味，手足不能运用者，皆由其玄府闭塞，而神气出入升降之道路不通利。故先贤治目昏花，如羊肝丸，用羊肝引黄连等药入肝，解肝中诸郁。盖肝主目，肝中郁解，则目之玄府通利而明矣。故黄连之类，解郁热也。椒目之类，解湿热也。芫蔚之类，解气郁也。芎、归之类，解血郁也。木贼之类，解积郁也。羌活之类，解经郁也。磁石之类，解头目郁，坠邪气使下降也。蔓菁下气通中，理亦同也。凡此诸剂，皆治气血郁结目昏之法，而河间之言，信不诬矣。至于东垣、丹溪治目昏，用参芪补血气，亦能明者，又必有说通之。盖目主气血，盛则玄府得利，出入升降而明，虚则玄府无以出入升降而昏，此则必用参芪四物等剂，助气血运行而明也。倪仲贤论气为怒伤散而不聚之病曰：气阳物，类天之云雾，性本动。聚其体也，聚为阴，是阳中之阴，乃离中有水之象，阳外阴内故聚也。纯阳故不聚也。不聚则散，散则经络不收。经曰：足阳明胃之脉，常多气多血。又曰：足阳明胃之脉，常生气生血。七情内伤，脾胃先病。怒，七情之一也。胃病脾病，气亦病焉。阴阳应象大论曰：足厥阴肝主目，在志为怒，怒甚伤肝、伤脾胃，则气不聚，伤肝则神水散，何则？神水，亦气聚也。其病无眵泪痛痒、羞明紧涩之证，初但昏如雾露中行，渐空中有黑花，又渐睹物成二体，久则光不收，遂为废疾。盖其神水渐散而又散，终而尽散故也。初渐之次，宜以千金磁朱丸主之，镇坠药也。石斛夜光丸主之，羡补药也。益阴肾气丸主之，壮水药也。有热者，滋阴地黄丸主之。此病最难治，饵服上药，必要积以岁月，必要无饥饱劳役，必要驱七情五贼，必要德性纯粹，庶几易效。不然必废，废则终不复治。久病光不收者，亦不复治。一证因为暴怒，神水随散，光遂不收，都无初渐之次，此一得永不复治之证也。又一证为物所击,神水散,如暴怒之证,亦不复治,俗名为青盲者是也。世病者多不为审,第曰目昏无伤,始不经意,及成,世医亦不识,直曰热致,竟以凉药投,殊不知凉药又伤胃。况凉为秋为金,肝为春为木,又伤肝矣。往往致废而后已。病者不悟药之过,犹诿之曰命也。医者亦不自悟,而曰病拙,悲夫。【视瞻昏眇证】谓目内外别无证候,但自视昏眇蒙昧不清也。有神劳,有血少,有元气弱,有元精亏而昏眇者,致害不一。若人年五十以外而昏者,虽治不复光明。盖时犹月之过望,天真日衰,自然日渐光谢,不知一元还返之道,虽有妙药,不能挽回,故曰不复愈矣。此专言平人视昏,非因目病昏眇之比。各有其因,又当分别。凡目病外障而昏者,由障遮之故。欲成内障而昏者,细视瞳内亦有气色。若有障治愈后昏眇者,因障遮久,滞涩其气,故光隐眊,当培其本而光自发。有目病渐发渐生,痛损经络,血液涩少,故光华亏耗而昏。有因目病治失其中,寒热过伤,及开导针烙炮炙失当,当而失中,伤其血气,耗其光华而昏者。以上皆宜培养根本,乘其初时而治之。久则气脉定,虽治不愈。若目在痛时而昏者,此因气塞火壅,络不和畅而光涩,譬之烟不得透,火反不明。如目暴痛,愈后尚昏者,血未充足,气未和畅也。宜谨慎保养,以免后患。若目病愈久而昏眇不醒者,必因六欲七情、五味四气、瞻视哭泣等故,有伤目中气血精液脉络也。早宜调治。久则,虽治亦不愈矣。若人年未五十,目又无痛赤内障之病,及斩丧精元之过,而视昏眇无精彩者,其人不寿。凡人年在富强,而多丧真损元,竭视苦思,劳形纵味,久患头风,素多哭泣,妇女经产损血者,目内外别无证候,只是昏眊,月复月而年复年,非青盲则内障来矣。【睛黄视眇证】风轮黄亮如金色,而视亦昏眇,为湿热重而浊气熏蒸清阳之气,升入轮中,故轮亦色易。好酒嗜食,湿热燥腻之人,每有此疾。与视瞻昏眇证本病不同。【干涩昏花证】目自觉干涩不爽利,而视物昏花也。乃劳瞻竭视,过虑多思,耽酒恣燥之人,不忌房事,致伤神水,目上必有证如细细赤脉,及不润泽等病在焉。合眼养光良久,则得泪略润,开则明爽,可见水少之故。若不戒谨保养,甚则有伤神水,而枯涩之变生矣。治惟滋阴养水,略带抑火,以培其本,本正则清纯之气和,而化生之水润。若误认火实,用开烙针泄之治者,则有紧缩细小之患。【起坐生花证】内外别无证候,但其人动作少过,起坐少频,或久坐或久立,久眠久视,便觉头眩目花昏晕也。乃元气弱,阴精亏损,水少液伤,脉络衰疲之咎。怯弱证阴虚水少,痰火人,每多患此。【萤星满目证】自见目前有无数细细红星,如萤火飞伏撩乱,甚则如灯光扫星之状。其人必耽酒嗜燥,劳心竭肾,痰火上升,目络涩滞,精汁为六贼之邪火熏蒸所损,故阳光散乱而飞伏,水不胜火之患。久而不治,内障成矣。非若起坐生花证,与有火人昏花中、亦带萤星之轻者。此言其时时屡见萤星之重者耳。养肝丸、羚羊羌活汤、菊睛丸、明目生熟地黄丸、石决明丸、加减驻景丸、补肾磁石丸、千金神曲丸、三仁五子丸、补肝丸、补肾丸、羚羊角饮、蕤仁丸、熟干地黄丸、摩顶膏、决明丸、白龙粉、煮肝散、服椒方、芎䓖散。

　　暴盲

　　平日素无他病,外不伤轮廓,内不损瞳神,倏然盲而不见也。病致有三,曰阳寡、曰阴孤、曰神离。乃否塞关格之病,病于阳伤者,缘忿怒暴悖,恣酒嗜辣,好燥腻,及久患热病痰火人得之,则烦躁秘渴。病于阴伤者,多色欲悲伤,思竭哭泣太频之故,患则类中风、中寒之起。伤于神者,因思虑太过,用心罔极,忧伤至甚,惊恐无措者得之,患则其人如痴骇病发之状,屡有因头风痰火,元虚水少之人,眩运发而醒则不见。能保养者,亦有不治自愈。病复不能保养,乃成痼疾,其证最速。而异人以为魇魅方犯,鬼神为祟之类,泥于禳祷,殊不知急治可复,缓则气定而无用矣。丹溪治一老人病目暴不见物,他无所苦,起坐饮食如故,此大虚证也。急煎人参膏二斤,服二日,目方见。一医与青礞石药。朱曰:今夜死矣。不悟此病得之气大虚,不救其虚,而反用礞石,不出此夜必死,果至夜半死。一男子四十余岁,形实,平生好饮热酒,忽目盲脉涩,此因热酒所伤胃气,污浊之血,死在其中而然也。遂以苏木作汤,调人参膏饮之。服二日,鼻内两手掌皆紫黑。曰此病退矣,滞血行矣。以四物加苏木、红花、桃仁、陈皮煎,调人参末服,数日而愈。一男子五十五岁,九月间早起,忽开眼无光,视物不见,急就睡片时,却能见人物,竟不能辨其何人何物,饮食减平时之半,神思极倦,脉之缓大四至之上,重按则散而无力。朱作受湿治,询之果因卧湿地半个月得此证。遂以白术为君,黄芪、茯苓、陈皮为臣,附子为佐,十余贴而安。右三方,治目暴盲,皆为气脱而用参、术追回者也。经云:上焦开发,宣[1]五谷味,熏肤充身泽毛,若雾露之溉,是谓气。气[2]脱者目不明,即其证也。

青盲

目内外并无障翳气色等病,只自不见者,是乃玄府幽邃之源郁遏,不得发此灵明耳。其因有二:一曰神失。二曰胆涩。须讯其为病之始,若伤于七情则伤于神,若伤于精血则损于胆,皆不易治,而失神者尤难。有能保真致虚,抱元守一者,屡有不治而愈。若年高及疲病,或心肾不清足者,虽治不愈。世人但见目盲,便呼为青盲者,谬甚。夫青盲者,瞳神不大不小,无缺无损,仔细视之,瞳神内并无些少别样气色,俨然与好人一般,只是自看不见,方为此证。若有何气色,即是内障。非青盲也。

雀盲

俗称也,亦曰鸡盲,本科曰高风内障,至晚不明至晓复明也。盖元阳不足之病,或曰既阳不足,午后属阴,何未申尚见?子后属阳,何丑寅未明?曰午后虽属阴,日阳而时阴,阳分之阴,且太阳明丽于天,目得其类故明。至酉日没,阴极而瞑,子后虽属阳,夜阴而时阳,阴分之阳,天地晦黑,理之当瞑。虽有月灯而不见者,月阴也,灯亦阴也,阴不能助内之阳,病轻者视亦稍见,病重者则全不见。至寅时阳盛,日道气升而稍明,卯时日出如故。若人调养得宜,神气融和,精血充足,阳光复盛,不治自愈。若不能爱养,反致丧真,则变为青盲、内障,甚则有阴阳乖乱,否塞关格,为中满而死者。食以牛猪之肝,治以补气之药即愈,益见其元气弱而阳不足也。倪仲贤论阳衰不能抗阴之病,或问曰:人有昼视通明,夜视罔见,虽有火

〔1〕宣:原误作"宜",据修敬堂本改。
〔2〕气:原脱,据《灵枢·决气》补。

光月色,终不能睹物者何也? 答曰:此阳衰不能抗阴之病,谚所谓雀盲者也。黄帝生气通天论曰:自古通天者,生之本,本于阴阳。天地之间,六合[1]之内,其气九州[2]九窍,五脏十二节,皆通乎天气。又曰:阴阳者,一日而主外,平旦人气生,日中而阳气隆,日西而阳气已虚,气门乃闭。又曰:阳不胜其阴,则五脏气争,九窍不通是也。问曰:阳果何物耶? 答曰:凡人之气,应之四时者,春夏为阳也。应之一日者,平旦至昏为阳也。应之五脏六腑者,六腑为阳也。问曰:阳何为而不能抗阴也? 答曰:人之有生,以脾胃中州为主也。灵兰秘典曰:脾胃者,仓廪之官,在五行为土,土生万物,故为阳气之原。其性好生恶杀,遇春夏乃生长,遇秋冬则收藏。或有忧思恐怒、劳役饥饱之类,过而不节,皆能伤动脾胃。脾胃受伤,则阳气下陷,阳气下陷,则于四时一日五脏六腑之中阳气皆衰,阳气既衰,则于四时一日五脏六腑之中阴气独盛,阴气既盛,故阳不能抗也。问曰:何故夜视罔见? 答曰:目为肝,肝为足厥阴也。神水为肾,肾为足少阴也。肝为木,肾为水,水生木,盖亦相生而成也。况怒伤肝,恐伤肾,肝肾受伤,亦不能生也。昼为阳,天之阳也。昼为阳,人亦应之也。虽受忧思恐怒、劳役饥饱之伤,而阳气下陷,遇天之阳盛阴衰之时,我之阳气虽衰,不得不应之而升也,故犹能昼视通明。夜为阴,天之阴也。夜为阴,人亦应之也。既受忧思恐怒、劳役饥饱之伤,而阳气下陷,遇天阴盛阳衰之时,我之阳气既衰,不得不应之而伏也,故夜视罔所见也。问曰:何以为治? 答曰:镇阴升阳之药,决明夜灵散主之。《三因》蛤粉丸。《千金方》地肤子五钱,决明子一升,二味为末,以米饮汁和丸。食后服二十丸至三十丸,日日服至瘥止。苍术四两,米泔水浸一宿,切作片,焙干为末。每服三钱。猪肝二两,批开,掺药在内,用麻线缚定,粟米一合,水一碗,砂锅内煮熟熏眼,候温、临卧服大效。又方,苍术一两。捣罗为末。每服一钱,不计候。

---

〔1〕六合:四方上下,谓之六合。
〔2〕九州:古时称冀、兖、青、徐、杨、荆、豫、梁、雍为九州。

真睛膏损

此证乃热伤真水,以致神膏缺损。若四围赤甚痛极者,由络间瘀滞,火燥了神膏。若凝脂翳碎坏神膏而缺者,是热烂了神膏,为病尤急。若四围不甚赤痛,不是凝脂所损者,为害稍缓。乃色欲烦躁,恣辛嗜热之故。大略是蒸郁烁损了肝胆络分之病。其状风轮有证,或痕或粞,长短大小不一,或粞小如针刺伤者,或粞大如簪脚刺伤者,或痕如指甲刻伤者,或风轮周匝有痕长甚者。凡有此等,皆系内有郁滞,热蒸之甚,烁坏了神膏之故。急须早治,勿使深陷为窟而蟹睛突出。若至深大,纵蟹睛未出而翳满,亦有白晕,如冰瑕翳等病结焉。乃药气填补其膏,故有此瘢。若久服久点,方得水清膏复。若治少间怠,则白晕终身难免,浅小者方得如故,深大者亦有微微之迹。盖神膏乃先天二五精气妙凝,自然至清至粹者,今以后天药物之气味而补其缺损,乃于浊中熏陶其含蕴之清也。非识鉴之精,需以岁月,鲜能复其初焉。

膏伤珠陷

谓目珠子觉低陷而不鲜绽也。非若青黄牒出诸漏等病,因损破膏流水耗而粞低之比。盖内有所亏,目失其养,源枯络伤,血液耗涩,精膏损涸之故。所致不一,有恣色而竭肾水者,有嗜辛燥而伤津液者,有因风痰湿热久郁而蒸损精膏者,有不当出血而误伤经络、及出血太过、以致膏液不得滋润涵养者,有哭损液汁而致者,有因窍因漏泄其络中真气,及元气弱不能升载精汁运用者。大抵系元气弱而膏液不足也。凡人目无故而自低陷者,死期至矣。若目至于外有恶证,内损精膏者不治。

神水将枯

视珠外神水干涩而不莹润,最不好识,虽形于言不能妙其状。乃火郁蒸膏泽,故精液不清,而珠不莹润,汁将内竭。虽有淫泪盈珠,亦不润泽,视病气色,干涩如蜒蝣唾涎之光,凡见此证,必有危急病来。治之缓失,则神膏干涩,神膏干涩则瞳神危矣。夫神水为目之机要,其病幽微,人不知之,致变出危证,而救之已迟。其状难识,非心志巧眼力精,虽师指不得尽其妙。若小儿素有疳证,粪如鸭溏,而目疾神水将枯者死。五十以外人,粪如羊矢,而目病神水将枯者死。热结膀胱证,神水将枯者,盖下水热蒸不清,故上亦不清,澄其源而流自清矣。一云瞳神干缺证,其睛干涩,全无泪液,或白或黑,始则疼痛,后来稍定而黑不见,此证不可治疗,宜泻胆散。

辘轳转关

目病六气不和,或有风邪所击,脑筋如揪,神珠不待人转,而自蓦然察上,蓦然察下,下之不能上,上之不能下,或左或右,倏易无时。盖气搏激不定,筋脉振惕,缓急无常,被其牵拽而为害。轻则气定脉偏而珠歪,如神珠将反之状,甚则翻转而为瞳神反背矣。天门冬饮子、泻肝散、聚宝丹、雄猪散、牛蒡子丸、还睛丸、退血散。

双目睛通

亦曰眲目。《甲乙经》云:眲目者,水沟主之。此证谓幼时所患目珠偏斜,视亦不正,至长不能愈者。患非一端,有因脆嫩之时,目病风热,攻损脑筋急缩者;有因惊风天吊,带转筋络,失于散治风热,遂致凝滞经络而定者;有因小儿眠之牖下亮处,侧视久之,遂致筋脉滞定而偏者。凡有此病,急宜乘病嫩血气未定治之。若至长、筋络血气已定,不复愈矣。此专言幼患至长不可医者,非神珠将反急病之比。

神珠将反

谓目珠不正,人虽要转而目不能转。乃风热攻脑,筋络被其牵缩紧急,吊偏珠子,是以不能运转。甚则其中自闻刮眲,有声时响。血分有滞者,目亦赤痛。失治者,有反背之患。与双目睛通初起,状相似而不同。

瞳神反背

因六气偏胜,风热搏急,其珠斜翻侧转,白向外而黑向内也。药不能疗,止用拨治,须久久精熟,能识其向入何眦,或带上带下之分,然后拨之,则疗在反掌。否则患者徒受痛楚,医者枉费心机。今人但见目盲内障,或目损风水二轮,坏而膏杂,白掩黑者,皆呼为瞳神反背,谬矣。夫反背、实是斜翻乌珠向内,岂有珠正向外,而可谓之反背者哉。

青黄牒出

风轮破碎,内中膏汁叠出也。不治者,甚则膏尽珠粝。有因自破牒出,而火气得以舒泄,内外不治,致气定而胀出不收者。有医以寒凉逐退内火,外失平治,滞定为凸起者,乃不治之病。初起由风热攻击,及撞损真膏等害,血气瘀滞亢极,攻碎神珠,神珠之中膏汁,俱已溃烂而出,纵有妙手,不复可救,但可免其粝凸而已。珠上膏水斑杂结为翳,状如白混障者,南人呼为白果。即华元化复生,何能为也。

珠中气动

视瞳神深处,有气一道,隐隐袅袅而动,状若明镜远照一缕清烟也。患头风痰火病,郁久火胜搏激,动其络中真一之气,游散飘耗,急宜治之,动而定后光冥者,内证成矣。

倒睫拳毛

眼睫毛倒卷入眼中央是也。久则赤烂,毛刺于内,神水不清,以致障结,且多碍涩泪出之苦。人有拔去剪去者,有医以夹板腐去上睥者,得效虽速,殊不知内病不除,未几复倒。譬之草木,粪壤枯瘦则枝叶萎垂,即朝摘黄叶,暮去枯枝,徒伤其本,徒速其槁[1],不若培益粪壤,滋调水土,本得培养,则向之黄者翠而垂者耸矣。夹之一治,乃劫法耳。其经久睥坏而宽甚者,药攻甚迟,不得已而夹去之,内当服药以治其本,不然,未几而复宽睫矣。拔剪之法,未闻其妙,屡有内多湿热,外伤风邪,致烂弦极丑,一毛俱无如风疾者,有毛半断者,有夹而复睫,云是尚宽,复夹至于三四,目亦急缩细小,徒损无益,终莫之悟,愚之甚也。倪仲贤论内急外弛之病曰:阴阳以和为本,过与不及,病皆生焉。急者、紧缩不解也。弛者、宽纵不收也。紧缩属阳,宽纵属阴。不解不收,皆为病也。手太阴肺,为辛为金也,主一身皮毛,而目之上下睑之外者,亦其属也。手少阴心为丁,手太阳小肠为丙,丙丁为火,故为表里,故分上下,而目之上下睑之内者,亦其属也。足厥阴肝为乙,乙为木,其脉循上睫

---

[1] 槁:原作"稿",形近之误,据四库本改。

之内，火其子也，故与心合。心、肝、小肠三经受邪，则阳火内盛，故上下睫之内紧缩而不解也。肺金为火克，受克者必衰，衰则阴气外行，故目之上下睫之外者、宽纵而不收也。上下睫既内急外弛，故睫毛皆倒而刺里，睛既受刺，则深赤生翳，此翳者、睛受损也。故目所病者皆具，如羞明沙涩，畏风怕日，沁烂，或痛或痒，生眵流泪之证俱见。有用药夹施于上睫之外者，欲弛者急，急者弛，而睫毛无倒刺之患者，非其治也。此徒能解厄于目前，而终复其病也。何则？为不审过与不及也，为不能除其原病也。治法当攀出内睑向外，速以三棱针乱刺出血，以左手大指甲迎其针锋。后以黄芪防风饮子主之，无比蔓荆子汤主之，决明益阴丸主之，菊花决明散主之，搐鼻碧云散亦宜兼用。如是则紧缩自弛，宽纵渐急，或过不及，皆复为和。药夹之治，慎勿施也。徒为苦耳，智者审之。泻肝散、洗刀散、石膏羌活散、五蜕还光丸、皂角丸、五蜕散、青黛散。以无名异末，掺卷纸中，作燃子点着，至药末处吹杀，以烟熏之自起。蚕沙一两，虢丹五钱，慢火熬成膏，入轻粉五分，熬黑色，逐时汤泡洗。摘去拳毛，用虱子血点入眼内，数次即愈。

　　脾急紧小

　　谓眼楞紧急缩小，乃倒睫拳毛之渐也。若不曾治而渐自缩小者，乃膏血精液涩耗，筋脉紧急之故。若治而急小者，治之之故。患者多因睥宽倒睫，枷去上睥，失于内治，愈后复倒复枷，遂致精液损而脉不舒，睥肉坏而血不足，目故急小。有不当割导而频数开导，又不能滋其内，以致血液耗而急小者。凡因治而愈者，若不乘时滋养，则络定气滞，虽治不复愈矣。神效黄芪汤。有翳，拨云汤。小角偏紧，连翘饮子。娄全善云：阳虚则眼楞紧急，阴虚则瞳子散大。故东垣治眼楞紧急，用参芪补气为君，佐以辛味疏散之，而忌芍药、五味子之类酸收是也。治瞳子散大，用地黄补血为君，佐以酸味收敛之，而忌茺蔚子、青葙子之类是也。

　　脾肉粘轮

　　目内睥之肉，与气轮相粘不开，难于转运。有热燥血涌者，目必赤痛。有热退血散，失于治疗者，其状虽粘，必白珠亦痛。止须用劕割之治。若赤痛时生粘者,必有瘀滞,宜渐导渐劕。如别病虽退,而粘生不断,亦须剺割渐开,仍防热血复粘生合,须用药时分之。排风散。

胞肉胶粘证

两睥腻沫,粘合难开,夜卧尤甚。轻则如胶粘刷,重则结硬,必得润而后可开也。其病重在脾肺湿热之故。夫肺主气,气化水为泪,泪为热击而出,邪热蒸之,浑浊不清,出而为脾土燥湿所滞,遂阻腻凝结而不流,燥甚则结硬而痛。故当以清凉滋润为主。虽有障在珠,亦是水不清内滞之故,非障之愆。久而不治,则有疮烂之变,内则有椒疮、粟疮,羞明瘀滞等证生矣。

睥翻粘睑证

乃睥翻转贴在外睑之上,如舌舐唇之状。乃气滞血涌于内,皮急系吊于外,故不能复转。有自病壅翻而转,有因翻睥看病,为风热搏滞,不得复返而转。大抵多风湿之滞所致。故风疾人患者多,治亦难愈。非风者易治。宜用剺剔开导之法[1]。

睥轮振跳

谓目睥不待人之开合,而自牵拽振跳也。乃气分之病,属肝脾二经络牵振之患。人皆呼为风,殊不知血虚而气不顺,非纯风也。若有湿烂及头风病者,方是风邪之故。久而不治,为牵吊败坏之病。

血瘀睥泛

谓睥内之肉紫淤浮泛,如臭血坏泛之状,其色紫晕泛起,甚则细细如泡,无数相连成片。盖睥络血滞,又不忌火毒燥腻,致积而不散,其血皆不莹泽而瘀泛,睥,内肉坏,或碎睥出血,因而冒风,风伤其血,血滞涩而睥肉不得润泽,此乃久积之病也,非比暴疾。治以活血为上,甚者方以劫治,轻者止用杀伐之治足矣。

睥虚如球

谓目睥浮肿如球状也。目尚无别病,久则始有赤丝乱脉之患。火重甚,皮或红,目不痛。湿痰与火夹搏者,则有泪,有眦烂之候。

――――――
〔1〕法:原误作"去",据修敬堂本改。

乃火在气分之虚证,不可误认为肿如杯覆,血分之实病。以两手掌擦热拭之少平,顷复如故,可见其血不足,而虚火壅于气也。

风沿烂眼

丹溪云:风沿眼系上膈有积热,自饮食中挟怒气,而成顽痰痞塞,浊气不降,清气不上升,由是火益炽而水益降,积而久也,眼沿因脓溃而肿,于中生细小虫丝,遂年久不愈而多痒者是也。用紫金膏,以银钗脚揩去油腻点之。试问若果痒者,又当去虫,以绝根本。盖紫金膏只是去湿与去风凉血而已。若前所谓饮食挟怒成痰,又须更与防风通圣散,去硝黄,为细末,以酒拌匀,晒干,依法服之。禁诸厚味及大料物,方尽诸法之要。【风弦赤烂证】乃目睥沿赤烂垢腻也。盖血虚液少不能滋养睥肉,以致湿热滞于睥络,常时赤烂如是者,非若迎风因邪乘虚之比。久而不治,则拳毛倒入,损甚则赤烂湿垢而拳毛皆坏。若先有障而后赤烂者,乃经络涩滞,神水不清而烂,治其障,通其脉络而自愈。有因毛倒而拔剪,损动精液,引入风邪,以致坏烂,各因其源而浚之。一法劫治,以小烙铁卷纸,蘸桐油烧红烙之,烂湿而痒者,颇获其效。若失于内治,终难除根。【迎风赤烂证】谓目不论何风,见之则赤烂,无风则否,与风弦赤烂入脾络之深者不同。夫风属木,木强土弱,弱则易侵,因邪引邪,内外夹攻,土受木克,是以有风则病,无风则愈。赤烂者,木土之正病耳。赤者、木中火证,烂者、土之湿证。若痰、若湿盛者,烂胜赤。若火、若燥盛者,赤胜烂。心承肺承者,珠亦痛赤焉。此专言见风赤烂之患,与后章迎东、迎西、迎风冷热泪证,入内之深者,又不同。【眦赤烂证】谓赤烂唯眦有之,目无别病也。若目有别病而赤烂者,乃因别火致伤其眦,又非此比。赤胜烂者火多,乃劳心忧郁忿悸,无形之火所伤。烂胜赤者湿多,乃恣燥嗜酒,哭泣过多,冒火冲烟,风热熏蒸,有形所伤,病属心络,甚则火盛水不清,而生疮于眦边也。要分大小二眦,相火君火虚实之说。洗刀散、菊花通圣散内服。黄连散洗。芦甘石散点。二蚕沙,香油浸月余,重绵滤过点。紫金膏用水飞过,皓丹,蜜多水少,文武火熬,以器盛之,点。治眼赤瞎,以青泥蛆淘净,晒干末之。仰卧合目,用药一钱,放眼上,须臾药行,待少时去药,赤瞎自无。东垣云:目眦[1]赤烂岁久,俗呼赤瞎是也。常以三棱针刺目外,以泄湿热,立愈。治风弦烂眼秘穴:大骨空,在手大指第二节尖。灸九壮,以口吹火灭。小骨空,在手小指二节尖。灸七壮,亦吹火灭。

目泪不止

《灵枢》黄帝曰:人之哀而泣涕者,何气使然。岐伯曰:心者,五脏六腑之主也。目者,宗脉之所聚也,上液之道也。口鼻者,气之门户也。故悲哀愁忧则心动,心动则五脏六腑皆摇,摇则宗脉感,宗脉感则液道开,液道开故涕泣出焉。液者,所以灌精濡空窍者也。故上液之道开则泣,泣不止则液竭,液竭则精不灌,精不灌则目无所见矣。故命曰夺精。补天柱经侠颈。又云:五脏六腑,心为之主,耳为之听,目为之视,肺为之相,肝为之荣,脾为之卫,肾为之主外。故五脏六腑之津液,尽上渗于目。心悲气并则心系急,心系急则肺举,肺举则液上溢。夫心系与肺不能常举,乍上乍下,故欬而泣出矣。《素问》解精微论曰:厥则目无所见。夫人厥则阳气并于上,阴气并于下。阳并于上则火独光也。阴并于下则足寒,足寒则胀也。夫一水不胜五火,故目眦盲,是以气冲风泣下而不止。夫风之中目也,阳气内守于精,是火气燔目,故见风则泣下也。有以比之,夫火疾风生乃能雨,此之类也。肝为泪。运气泪出,皆从风热。经曰:厥阴司天之政,三之气,天政布,风乃时举,民病泣出是也。张子和曰:凡风冲泪出,俗言作冷泪者非也。风冲于内,火发于外,风热相搏,由是泪出,内外皆治可愈。治外以贝母一枚白腻者,加胡椒七粒,不犯铜铁研细,临卧点之。治内以当归饮子服之。经云:风气与阳明入胃,循脉而上至目内眦,则寒中而泣出。此中风寒泪出也。河间当归汤主之。东垣云:水附木势,上为眼涩,为眵为冷泪,此皆由肺金之虚,而肝木寡于畏也。【迎东证】谓目见东南二风则涩痛泪出,西北风则否。与迎风赤烂、迎风泪出、末同而本异。各证不

---

[1] 眦:原误作"瞳",据《兰室秘藏》卷上改。

论何风便发,此二证则有东西之别,以见生克虚实之为病。迎风之泪,又专言其泪,不带别病。而本病之深者,又非迎东迎西有别病之比,故治亦不同。迎东与迎西又不同。迎东乃肝之自病,气盛于血,发春夏者多。非若迎西,因虚受克而病发也。【迎西证】谓目见西北二风则涩痛泪出,见东南风则否。乃肝虚受克之病,秋冬月发者多。治当补肝之不足,抑肺之有余。【迎风冷泪证】不论何时何风,见则冷泪交流。若赤烂障翳者,非也。乃水木二家,血液不足,阴邪之患。与热泪带火者不同。久而失治,则有内障视眇等阴证生焉。与无时冷泪又不同。此为窍虚,因邪引邪之患。无时冷泪则内虚,胆肾自伤之患也。【迎风热泪证】不论何时何风,见之则流热泪。若有别证及分风气者非也。乃肝胆肾水木之精液不足,故因虚窍不密,而风邪引出其泪,水中有隐伏之火发,故泪流而热。久而不治,反有触犯者,则变为内障,如萤星满目等证也。【无时冷泪证】目不赤不痛,苦无别病,只是时常流出冷泪,甚则视而昏眇也。非比迎风冷泪,因虚引邪病尚轻者。盖精液伤耗,肝胆气弱膏涩,肾水不足,幽隐之病已甚。久而失治,则有内障青盲视瞻昏眇之患。精血衰败之人,性阴毒及悲伤哭泣久郁者,又如产后悲泣太过者,每多此疾。且为患又缓,人不为虑,往往罹其害,而祸成也,悔已迟矣。【无时热泪证】谓目无别病,止是热泪不时常流也。若有别病而热泪流出者,乃火激动其水,非此病之比。盖肝胆肾水耗而阴精亏涩,及劳心竭意、过虑深思,动其火而伤其汁也。故血虚膏液不足,人哭泣太伤者,每每患此。久而失治,触犯者,变为内障。因其为患微缓,故罹害者多矣。肝虚,还睛补肝丸、枸杞酒、二妙散。肝实,洗肝汤、羚羊角散。肝热,决明子方、凉胆丸。风热,羌活散、青葙子丸。风冷,羌活散。风湿,菊花散、蝉蜕饼子、川芎丸。外点真珠散、乳汁煎。食盐如小豆大,内目中习习去盐,以冷水洗目瘥。开元铜钱一百文,背上有月者更妙,甘草去皮三钱,青盐一两半,于白磁器内,用无根水一大碗,浸七日,每着一盏洗。无力换。洗到十日,约添甘草、青盐,每日洗三次。忌食五辛驴马鸡鱼荤酒。治冷泪久而眼昏。乌鸡胆汁,临卧点眼中,治迎风冷泪不止。乌贼鱼骨,研极细末。点目中,治无时热泪。目中溜火,恶日与火,隐涩,小角紧,久视昏花,迎风有泪,连翘饮子主之。【气壅如痰证】眦内如痰,白沫稠腻甚多,拭之即有者,是痰火上壅、脾肺湿热所致。故好酒嗜燥悖郁者,每患此疾。若觉眦肿及有丝脉虬赤者,必滞入血分,防瘀血灌睛等变生矣。

目疮疣

《内经》运气目眦疡有二:一曰热。经云:少阴司天之政,三之气,大火行,寒气时至,民病目赤眦疡,治以寒剂是也。二曰燥。经云:岁金太过,民病目赤肿[1]眦疡。又云:阳明司天,燥淫所胜,民病目眯眦疡,治以温剂是也。【实热生疮证】轻重不等,痛痒不同。重则有堆积高厚,紫血脓烂而腥臭者,乃气血不和,火实之邪,血分之热尤重。如瘀滞之证,膏涸水浊,每每流于脾眦成疮,血散而疮自除。勤劳湿热人,每患脾眦成疮,无别痛肿证者,亦轻而无妨。若火盛疮生,堆重带肿痛者,又当急治,恐浊气沿于目内而病及于珠。若先目病后生疮,必是热沿他经。凡见疮生,当验部分,以别内之何源而来,因其轻重治之。【椒疮证】生于脾内,累累如疮,红而坚者是也。有则沙擦,开张不便,多泪而痛,今人皆呼为粟疮误矣。粟疮亦生在脾,但色黄软而易散。此则坚而难散者。医者率以龙须、灯心等物,出血取效,效虽速,不知目以血为荣,血损而光华有衰弱之患。轻则止须善治,甚重至于累累,连片矽磋,高低不平,及血瘀滞者。不得已而导之,中病即止,不可太过。过则血损,恐伤真水,失养神膏。大概用平熨之法,退而复来者,乃内有瘀滞,方可量病渐导。若初治便用开导者,得效最速,切莫过治。【粟疮证】生于两脾,细颗,黄而软者是。今人称椒疮为粟疮,非也。椒疮红而坚,有则碍睛,沙涩不便,未至于急。粟疮见若目痛头疼者,内必有变证,大意是湿热郁于土分为重。椒疮以风热为重。二证虽皆属于血分,一易散,一不易散,故治亦不同。有素好湿热燥腻者,亦有粟疮,若睛虽赤而痛不甚者,虽有必退,与重者不同。又不可误

---

〔1〕肿:《素问·气交变大论》作"痛"。

认为玉粒,玉粒乃淡黄色,坚而消迟,为变亦迟者。【脾生痰核证】乃脾外皮肉有赘如豆,坚而不疼,火重于痰者,皮或色红,乃痰因火滞而结。此生于上脾者多,屡有不治自愈。有恣嗜辛辣热毒、酒色斲丧之人,久而变为瘿漏重疾者,治亦不同。若初起劫治,则顷刻平复矣。【木疳证】前见。【火疳证】生于脾眦气轮,在气轮为害尤急。盖火之实邪在于金部,火克金,鬼贼之邪,故害最急。初起如椒疮榴子一颗小而圆,或带横长而圆如小赤豆,次后渐大痛者多,不痛者少。不可误认为轮上一颗如赤豆之证,因瘀积在外易消者。此则从内而生也。【土疳证】谓脾上生毒,俗呼偷针眼是也。有一目生又一目者,有止生一目者,有邪微不出脓血而愈者,有犯触辛热燥腻、风沙烟火,为漏为吊败者,有窍未实,因风乘虚而入,头脑俱肿,目亦赤痛者。其病不一,当随宜治之。巢氏曰:凡眼内眦头忽结成疱,三五日间便生脓汁,世呼为偷针。此由热气客在眦间,热搏于津液所成。但其势轻者,小小结聚,汁溃热歇乃瘥。谨按世传眼眦初生小疱,视其背上即有细红点如疮,以针刺破,眼时即瘥,故名偷针,实解太阳经结热也。人每试之有验。然巢氏但具所因,而不更分经络,其诸名实所过者多矣。治偷针眼方,南星,生为末三钱,生地黄不拘多少,一处研成膏。贴太阳两边,肿自消。又方,生姜捣细盒之,泪出即愈。【金疳证】初起与玉粒相似,至大方变出祸患,生于脾内,必碍珠涩痛以生障医。生于气轮者,则有珠痛泪流之苦,子后午前阳分气升之时尤重,午后入阴分则病略清宁。久而失治,违戒反触者,有变漏之患。【水疳证】忽然一珠生于脾眦气轮之间者多,若在风轮,目必破损,有虚实大小二证。实者小而痛甚,虚者大而痛缓。状如黑豆,亦有横长而圆者,与木疳相似,但部分稍异,色亦不同。黑者属水,青绿蓝碧者属木。久而失治,必变为漏。头风人每有此患。风属木,肝部何以病反属水,盖风行水动,理之自然。头风病目,每伤瞳神,瞳神之精膏被风攻郁,郁久则火胜,其清液为火击散走,随其所伤之络结滞为疳也。疳因火滞,火兼水化,化因邪胜,不为之清润,而反为之湿热,湿热相搏而为漏矣。故水疳属肾与胆也。倪仲贤论血气不分混而遂结之病曰:轻清圆健者为天,

故首象天。重浊方厚者为地,故足象地。飘腾往来者为云,故气象
云。过流循环者为水,故血象水。天降地升,云腾水流,各宜其性,
故万物生而无穷。阳平阴秘,气行血随,各得其调,故百骸理而有
余。反此则天地不降升,云水不腾流,各不宜其性矣。反此则阴
阳不平秘,气血不行随,各不得其调矣。故曰人身者,小天地也。
《难经》云:血为荣,气为卫,荣行脉中,气行脉外,此血气分而不
混,行而不阻也明矣。故如云腾水流之不相杂也。大抵血气如此
不欲相混,混则为阻,阻则成结,结则无所去还,故隐起于皮肤之
中,遂为疣病。然各随经络而见,疣病自上眼睑而起者,乃手少阴
心脉,足厥阴肝脉,血气混结而成也。初起时但如豆许,血气衰者,
遂止不复长。亦有久止而复长者。盛者则渐长,长而不已,如杯
如盏,如碗如斗,皆自豆许致也。凡治在初,须择人神不犯之日,
大要令病者食饱不饥,先汲冷井水洗眼如冰,勿使气血得行,然后
以左手持铜箸按眼睑上,右手翻眼皮令转,转则疣肉已突,换以左
手大指,按之勿令得动移,复以右手持小眉刀尖略破病处,更以两
手大指甲捻之令出,则所出者如豆许小黄脂也。恐出而根不能断,
宜更以眉刀尖断之,以井水再洗,洗后则无恙。要在手疾为巧[1],
事毕须投以防风散结汤,数服即愈。此病非手法则不能去,何则?
为血气初混时,药自可及,病者则不知其为血气混也,比结则药不
能及矣,故必用手法去。去毕则又以升发之药散之。药手皆至,庶
几了事。

　　漏睛

　　眦头结聚生疮,流出脓汁,或如涎水粘睛上下,不痛,仍无翳
膜。此因心气不宁,并风热停留在睑中。宜服五花丸、白薇丸。歌曰:
原因风热睑中停,凝结如脓似泪倾,驱毒除风无别病,黄连膏子点
双睛。合用糖煎散、三和散、蜜蒙花散。倪仲贤论热积必溃之病曰:
积者,重叠不解之貌。热为阳,阳平为常,阳淫为邪,常邪则行,行
则病易见,易见则易治,此则前篇淫热之病也。深邪则不行,不行

─────────────

[1] 手疾为巧:集成本作"手法疾巧"。

则伏,因伏而又伏,日渐月聚,势不得不为积也。积已久,久积必溃,溃始病见,病见则难治。难治者,非不治也。为邪积久,此溃已深。何则? 溃犹败也。知败者,庶可以救。其病隐涩不自在,稍觉眊瞇,视物微昏,内眦穴开窍如针,目按之则泌泌[1]脓出,有两目俱病者,有一目独病者。目属肝,内眦属膀胱,此盖一经积邪之所致也,故曰热积必溃之病。又曰漏睛眼者是也。竹叶泻经汤主之。大便不鞭者,减大黄,为用蜜剂解毒丸主之。不然药误病久,终为祸害。【大眦漏证】大眦之间生一漏,时流血水,其色紫晕,肿胀而疼。病在心部,火之实毒。治法宜补北方,泻南方。【小眦漏证】小眦间生一漏,时流血,色鲜红。病由心包络而来,相火横行之候。失治则神膏损而明丧矣。当于北方中补而抑之。【阴漏证】不论何部生漏,但从黄昏至天晓则痛胀流水,作青黑色,或腥臭不可闻,日间侧稍可,非若他证之长流。乃幽阴中有伏隐之火,随气升而来,故遇阴分即病重。治当温而清之。【阳漏证】不论何部分生漏,但日间胀痛流水,其色黄赤,遇夜则稍可,非若他漏长流也。治当补正气,清金火。【正漏证】有漏生于风轮,或正中,或略偏,病至此目亦危矣。若初发破浅,则流出如痰白膏,犹为可救。至于日久而深,则流出青黑膏汁,损及瞳神,即有金丹妙药,难挽先天二五元精,丧明必矣。病属肝肾二部,目窍于肝主于肾,故曰正漏耳。【偏漏证】漏生在气轮,金坚而位傍,为害稍迟,故曰偏漏。其流如稠浊白水,重则流脓。久而失治,水泄膏枯,目亦损矣。【外漏证】生于两睥之外,或流脓,或流稠臭水,胀痛则流出,不胀则略止,其害目迟于各漏。久而失治,则睥坏气泄,膏水耗损,目赤坏矣。【窍漏证】乃目傍窍中流出薄稠水,如脓腥臭,拭之即有,久则目亦模糊也。人嗜燥耽酒、痰火湿热者,每患此疾。久而不治,亦有暗伤神水,耗涩神膏之害,与气壅如痰相似,彼轻此重。如痰乃在外水不清,睑内欲出不得出者;此则从内,邪气熏蒸而出,欲罢不能者。治亦深浅迟速不同。

---

〔1〕泌泌:原作"沁沁",形近之误,据四库本改。

能远视不能近视

东垣云:能远视不能近视者,阳气有余,阴气不足也。乃血虚气盛。血虚气盛者,皆火有余元气不足。火者,元气、谷气、真气之贼也。元气之来也徐而和,细细如线。邪气之来也紧而强,如巨川之水,不可遏也。海藏云:目能远视,责其有火。不能近视,责其无水。法当补肾地芝丸主之。《秘要》云:阴精不足,阳光有余,病于水者,故光华发见散乱,而不能收敛近视。治之在心肾,心肾平则水火调,而阴阳和顺,阴阳和顺则收敛发用各得其宜。夫血之所化为水,在身为津液,在目为膏汁。若贪淫恣欲,饥饱失节,形脉甚劳,过于悲泣,皆斲耗阴精,阴精亏则阳火盛,火性炎而发见,阴精不能制伏挽回,故越于外而远照。不能治之,而反触激者,有内障之患。

能近视不能远视

东垣云:能近视不能远视者,阳气不足,阴气有余,乃气虚而血盛也。血盛者,阴火有余也。气虚者,元气虚弱也。此老人桑榆之象也。海藏云:目能近视,责其有水。不能远视,责其无火。法宜补心,《局方》定志丸主之。《秘要》云:此证非谓禀受生成近觑之病,乃平昔无病,素能远视,而忽然不能者也。盖阳不足,阴有余,病于火者,故光华不能发越于外,而偎敛近视耳。治之在胆肾,胆肾足则神膏厚,神膏厚则经络润泽,经络润泽则神气和畅而阳光盛矣。夫气之所用谓之火,在身为运用,在目为神光。若耽酒嗜燥、头风痰火、忿怒暴悖者,必伤神损气,神气弱必发用衰,发用衰则经络涩滞,经络涩滞则阴阳偏胜,而光华不能发达矣。

目妄见

《灵枢》大惑论帝曰:予尝上清冷之台,中阶而顾,匍匐而前,则惑。予私异之,窃内怪之,独瞑独视,安心定气,久而不解,独搏[1]独眩,披发长跪,俯而视之,复久之不已也。卒然自止[2]何气

---

[1] 搏:校本同,《太素》卷二十七作"转",与下文"目系急则目眩以转"义合。"搏"义难通,当是"转"之讹也。

[2] 止:原作"上",据《甲乙经》卷十二及《太素》卷二十七改。

使然？岐伯曰：五脏六腑之精气，皆上[1]注于目而为之精。精之窠为眼，骨之精为瞳子，筋之精为黑眼，血之精为络，其窠气之精为白眼，肌肉之精为约束，裹撷筋骨血气之精而与脉并为系，上属于脑，后出于项中。故邪中于项，因逢其身之虚，其入深，则随眼系以入于脑，入于脑则脑转，脑转则引目系急，目系急则目眩以转矣。邪中其精，其精所中不相比也则精散，精散则视岐，故见两物。又云：目者，五脏六腑之精也，荣卫魂魄之所常营也，神气之所生也。故神劳则魂魄散，志意乱，是故瞳子黑睛法于阴，白眼亦脉法于阳也。故阴阳合转而睛明也。目者，心之使也，心者，神之舍也，故神精乱而不转，卒然见非常处，精神魂魄散不相得，故曰惑也。帝曰：予疑其然。予每之东苑，未曾不惑，去之则复，予唯独为东苑劳神乎？何其异也？岐伯曰：不然也。心有所喜，神有所恶，卒然相感则精气乱，视误故惑，神移乃复，是故间[2]者为迷，甚者为惑。《素问》云：夫精明者，所以视万物，别白黑，审长短。以长为短，以白为黑，如是则精衰矣。东垣益气聪明汤之类主之。【神光自见证】谓目外自见神光出现，每如电闪掣，甚则如火焰霞明，时发时止，与视瞻有色之定者不同。乃阴精亏损，清气怫郁，玄府太伤，孤阳飞越，神光欲散，内障之重者。非若萤星，痰火之轻也。【黑夜精明证】夫人体天地之阴阳，昼明夜晦，理之常也。今晦寞之中倏忽见物，是背于阴阳矣。乃水火不交，精华关格，乖乱不和，阳光飞越之害。不能培养阴精，以留制阳光，而自以为精华之盛，至于光坠而盲始悔之，不已晚乎。【视正反邪[3]证】谓物本正而目见为邪也。乃阴阳偏胜，神光欲散之候。阳胜阴者，因恣辛嗜酒怒悖，头风痰火气伤之病。阴胜阳者，因色欲哭泣饮味，经产血伤之病。此内之玄府，郁滞有偏，而气重于半边，故发见之火亦偏而不正耳。治用培其本，而伐其标。

〔1〕上：原脱，据《灵枢·大惑论》补。
〔2〕间：原误作"闻"，据《灵枢·大惑论》及修敬堂本改。
〔3〕邪：通"斜"。

久而失治,内障成焉。《云麓漫抄》云[1]淮南陈吉老,儒医也。有富翁子,忽病视正物皆以为斜,几案书席之类,排设整齐,必更移令斜,自以为正,以至书写尺牍,莫不皆然。父母甚忧之,更历数医,皆不谙其疾,或以吉老告,遂以子往求治,既诊脉后,令其父先归,留其子,设药开宴,酬劝无算,至醉乃罢。扶病者坐轿中,使人舁之,高下其手,常令倾倒,展转久之,方令登榻而卧,达旦酒醒,遣之归家,前日斜视之物皆理正之。父母跃然而喜,且询治之之方。吉老云:令嗣无他疾,醉中尝闪倒,肝之一叶搭于肺上不能下,故视正物为斜。今复饮之醉,则肺胀展转之间,肝亦垂下矣。药安能治之哉。富翁厚为之酬。【视定反动证】谓物本定而目见为动也。乃气分火邪之害,水不能救之故。上旋眩运,振掉不定,光华欲坠,久则地石亦觉振动而不定,内障成矣。恣酒嗜燥,头风痰火人,阴虚血少者,屡有此患。【视物颠倒证】谓目视物皆振动而倒植也。譬之环舞后定视,则物皆移动而倒植。盖血气不正,阴阳反复,真元有伤,阴精衰弱,阳邪上干,虚眩而运掉,有一年数发,有一月数发者。若发一视倒而视冥不醒者,神光坠矣。须因其所发时令,及别其因虚、因风、因痰、因火而治之。若以风眩不足为虑,反跞丧而激触者,内障之患,终莫能逃。《九灵山房集》云:元末四明有吕复,别号沧洲翁,深于医道。临川道士萧云泉,眼中视物皆倒植,请治于复。复问其因,萧曰:某尝大醉,尽吐所饮酒,熟睡至天明,遂得此病。复切其脉,左关浮促,即告之曰,尝伤酒大吐时,上焦反覆,致倒其胆腑,故视物皆倒植,此不内外因而致内伤者也。法当复吐,以正其胆。遂以藜芦、瓜蒂为粗末,用水煎之。使平旦顿服,以吐为度。吐毕,视物如常。【视一为二证】谓一物而目视为二,即《内经》所谓视岐也。乃精华衰乱,偏隔败坏,病在肾胆,肾胆真一之精不足,而阳光失其主倚,故视一为二。若目赤痛者,乃火壅于络,阴精不得升运以滋神光,故反为阳邪错乱神光而岐其视。譬诸目

---

〔1〕《云麓漫抄》云:自此下至"富翁厚为之酬"一段文字,系"视正反斜证"病例,原错简在"视定反动证"之后,今移此。

痛时，见一灯火为二、三灯也。许学士云：荀牧仲尝谓予曰，有人视一物为两，医作肝气盛，故见一为二，服泻肝药皆不验，此何疾也。予曰：孙真人曰，《灵枢》有云，目之系，上属于脑，后出于项中云云，则视岐，故见两物也。令服驱风入脑药得愈。【视瞻有色证】非若萤星、云雾二证之细点长条也。乃目凡视物有大片，甚则通行，当因其色而别其证以治之。若见青绿蓝碧之色，乃肝肾不足之病，由阴虚血少，精液衰耗，胆汁不足，气弱而散，故视亦见其色，怯弱证人，眼前每见青绿色，益见其阴虚血少之故也。若见黄赤者，乃火土[1]络有伤也。痰火湿热人，每有此患。夫阴虚水少，则贼火得以燥烁，而清纯太和之气为之乖戾不和，故神光乏滋运之化源，而视亦因其本而见其色也。因而不能滋养，反有触犯者，内障生焉。若见白色者，病由金分元气有伤，及有痰沫阻滞道路者，皆有此患。若视有大黑片者，肾之元气大伤，胆乏所养，不久盲矣。【视赤如白证】谓视物却非本色也。因物着形之病，与视瞻有色，空中气色不同。或观太阳若冰轮，或睹灯火反粉色，或视粉墙如红如碧，或看黄纸似绿似蓝等类，此内络气郁，玄府不和之故。当因其色而别之，以知何脏腑乘侮之为病而施治。【光华晕大证】谓视日与灯烛，皆生红晕也，甚则通红，而人物在灯光之下亦大矣。皆是实火阳邪发越于上之害，诸络必有滞涩，轻者晕小而淡，重者晕大而浓。治虽外证已退，目视尚有晕者，阳邪未平，阴精未盛，犹宜滋养化源，而克制其火耳。《道山清话》云：张子颜少卿晚年，常目光闪闪然中有白衣人如佛相者，子颜信之弥谨，乃不食肉，不饮酒，然体瘠而多病矣。一日从汪寿卿求脉，寿卿一见大惊，不复言，但投以大丸数十，小丸千余粒，祝曰：十日中服之当尽，却以示报。既如期，视所见白衣人，衣变黄而光无所见矣。乃欲得肉食，又思饮酒，又明日俱无所见，觉气体异他日矣。乃诣寿卿以告。寿卿曰，吾固知矣，公脾初受病，为肺所乘，心、脾之母也，公既多疑，心气不固，自然有所睹，吾以大丸实其脾，小丸补其心，肺为脾之子，既不能胜其母，

---

〔1〕土：修敬堂本作"上"。

其病自愈也。《北梦琐言》曰：有少年苦眩运眼花，常见一镜子，赵卿诊之曰，来晨以鱼鲙奉候，及期延于内，从容久饥，候客退方得攀接，俄而台上施一瓯芥醋，更无他味，少年饥甚，闻芥醋香径啜之，逡巡再啜，遂觉胸中豁然，眼花不见。卿曰，郎君吃鱼鲙太多，芥醋不快，又有鱼鳞在胸中，所以眼花，故权诳而愈其疾也。【视直如曲证】《梦溪笔谈》云：有一人家妾，视直物如曲，弓弦、界尺之类，视之皆如钩，医僧奉真亲见之。

目闭不开

足太阳之筋为目上纲，足阳明之筋为目下纲，热则筋纵目不开。

目直视

视物而目睛不转动者是也。若目睛动者，非直视也。伤寒直视者，邪气壅盛，冒其正气，使神气不慧，脏腑之气不上荣于目，则目为之直视。伤寒至于直视，为邪气已极，证候已逆，多难治。经曰：衄家不可发汗，发汗则额上陷，脉紧急，直视不能眴，不能眠。以肝受血而能视，亡血家肝气已虚，目气已弱，又发汗亡阳，则阴阳俱虚所致，此虽错逆，其未甚也。逮狂言反目直视，又为肾绝。直视摇头，又为心绝。皆脏腑气脱绝也。直视谵语喘满者死。下利者亦死。又，剧者发狂则不识人，循衣摸床，惕而不安，微喘直视，脉弦涩者死，皆邪气盛而正气脱也。《素问》曰：少阳终者，其百节纵，目睘绝系。王注曰：睘、谓直视如惊貌。睘音琼。目系绝，故目不动而直视。

目上视

经云：瞳子高者，太阳不足。戴眼者，太阳已绝。太阳之脉，其终也，戴眼，反折瘛疭。针灸法见中风。

目为物所伤

倪仲贤论曰：志于固者，则八风无以窥其隙，本于密者，则五脏何以受其邪。故生之者天也，召之者人也，虽生弗召，莫能害也，为害不已，召之甚也。生气通天论曰：风者，百病之始也。清静则肉腠闭拒，虽有大风苛毒，弗之能害。阴阳应象论曰：邪风之至，疾如风雨，故善治者治皮毛。夫肉腠固皮毛密，所以为害者安从来也。

今为物所伤,则皮毛肉腠之间为隙必甚,所伤之际,岂无七情内移,
而为卫气衰怠之原,二者俱召,风安得不从,故伤于目之上下左右
者,则目之上下左右俱病,当总作除风益损汤主之。伤于眉骨者,
病自目系而下,以其手少阴有隙也,加黄连除风益损汤主之。伤于
额者,病自抵过而上,伤于耳中者,病自锐眦而入,以其手太阳有隙
也,加柴胡除风益损汤主之。伤于额交巅耳上角及脑者,病自内眦
而出,以其足太阳有隙也,加苍术除风益损汤主之。伤于耳后耳角
耳前者,病自客主人斜下,伤于颊者,病自锐眦而入,以其手少阳有
隙也,加枳壳除风益损汤主之。伤于头角耳前后及目锐眦后者,病
自锐眦而入,以其足少阳有隙也,加龙胆草除风益损汤主之。伤于
额角及巅者,病自目系而下,以其足厥阴有隙也,加五味子除风益
损汤主之。诸有热者,更当加黄芩,兼服加减地黄丸。伤甚者,须
从权倍加大黄,泻其败血。六节藏象论曰:肝受血而能视。此盖滋
血、养血、复血之药也,此治其本也。又有为物暴震,神水遂散,更
不复治,故并识之于此。【惊振外障】前见。【惊振内障证】因病目
再被撞打,变成内障,日夜疼痛淹淹,障子赤膜绕目,不能视三光,
亦如久病内障。宜补肝丸、补肾丸、石决明丸、及皂角丸,合生熟地
黄丸。【物损真睛证】谓被物触打,径在风轮之急者,物大则状大,
物小则状小,有黄白二色,黄者害速,白者稍迟。若尖细之物触伤,
浅小者可治可消。若粗厉之物,伤大而深及缺损神膏者,虽愈亦有
瘢痕。若触及破膏者,必有膏汁,或青黑色,或白色如痰者流出,为
害尤急。纵然急治,瞳神虽在,亦难免欹侧之患。绽甚而瞳神已去
者,不治。物有尖小而伤深膏破者,亦有细细黑颗如蟹睛出,愈后
有瘢。且如草木刺、金石屑、苗叶尖针尖触在风轮,浅而结颗,黄者
状如粟疮,急而有变;白者状如银星,为害稍缓。每见耘苗人、竹木
匠,往往误触竹丝、木屑、苗叶在风轮而病者。若飞扬之物重大,
而打破风轮者,必致青黄牒出,轻而膏破者,膏汁流出黑颗为蟹睛。
又轻而伤浅者,黑膏未出,有白膏流出,状如稠痰,凝在风轮,欲流
不流,嫩白如凝脂者,此是伤破神珠外边上层气分之精膏也。不可
误认为外障。若视昏者,瞳神有大小欹侧之患,久而失治,目必枯

凸。大凡此病不论大小黄白,但有泪流赤胀等证者,急而有变,珠疼头痛者尤急。素有痰火、风湿、斯丧之人,病已内积,未至于发,今因外伤而激动其邪,乘此为害,痛甚便涩者最凶。又如木竹芒刺,误触断在风轮膏内者,必晓夜胀痛难当,急宜取出。物若粗大入深者,于此损处必有膏出为蟹睛,治亦有瘢。取迟,膏水滞结障生者,物去而治障,障自退。障若大而厚者,虽退亦有迹。失取而攻损瞳神者,不治。若刺伤断在气轮皮内,取迟者,必有瘀血灌胀,取去物而先导之,后治余证。大抵此证物尖细者,伤亦小,易退而全好。粗大者,伤亦大,难退而有迹。小者能大,大者损目,风轮最急,气轮次之。其小物所触浅细者,年少精强,及善于护养,性情纯缓之人,亦有不治而愈者,必其内外别无他证也。【振胞瘀痛证】谓偶被物撞打,而血停滞于睑眦之间,以致胀痛也。缓而失治,则胀入珠内,瘀血灌睛,而睛有损坏之患,状亦与胀如杯覆同。外治开导,敷治亦同,内治不同。盖胀如杯覆,因火从内起而后壅滞。此因外触凝滞,脉道阻塞而后灌及神珠。或素有痰火风邪,因而激动,乘虚为患。又当验其形证丝络,各随其经而治之。【触伤真气证】乃被物撞打而目珠痛,痛后视复如故,但过后渐觉昏冥也。盖打动珠中真气,络涩滞而郁遏,精华不得上运,损及瞳神,而为内障之急。若初觉昏暗,速治之,以免内障结成之患。若疾已成,瞳神无大小欹侧者,犹可拨治,内宜调畅气血,无使凝滞。此证既成,即惊振内障。【飞丝入目证】谓风飏游丝偶然撞入目中而作痛也。若野蚕蜘蛛木虫之丝,患尚迟。若遇金蚕老鹳丝,其目不出三日迸裂。今人但患客风暴热,天行赤热,痛如针刺,一应火实之证,便呼为天丝眼,不知飞丝入目,乃人自知者,但回避不及,不意中被其入也。入目之时,亦自知之,倏然而痛,泪涌难开,岂可以之混治他证乎。治飞丝入目方,头垢点入眼中。柘树浆点了,绵裹筋头,蘸水于眼上,缴拭涎毒。火麻子一合,杵碎,井水一碗,浸搅,却将舌浸水中,涎沫自出,神效。一方用茄子叶碎杵,如麻子法尤妙。飞丝入眼,眼肿如眯,痛涩不开,鼻流清涕,用京墨浓磨,以新笔涂入目中,闭目少时,以手张开,其丝自成一块,看在眼白上,却用绵轻轻惹下则愈。如未尽再涂。【物偶入睛证】谓偶然被物落在目中而痛也。凡人被物入目，不可乘躁便擦，须按住性，待泪来满而擦，则物润而易出。如物性重及有芒刺不能出者，急令人取出，不可揉擦，擦则物愈深入而难取。若入深须翻上睥取之，不取则转运阻碍，气滞血凝而病变。芒刺金石棱角之物，失取碍久及擦重者，则坏损轮膏，如痕糜凝脂等病，轻则血瘀水滞，为痛为障等病，有终不得出而结于睥内者，必须翻而寻看，因其证而治之。此与眯目飞扬不同。飞扬，细沙擦眯已成证者，此则未成证。若已成证，则大同小异，终彼轻而此重也。【眯目飞扬证】因出行间风吹沙土入目，频多揩拭，以致气血凝滞而为病也。初起涩湿赤脉，次后泪出急涩，渐渐重结为障翳。然有轻重赤白，亦因人之感受血气部分，或时令之寒热不同耳。或变或不变，亦随人之戒触所致。当辨形证、别经络而施治。治眯目，盐与豉置水中浸之，视水其查立出。物落眼中，用新笔蘸缴出。又方，浓研好墨点眼，立出。治稻麦芒入眼，取蛴螬，以新布覆目上，待蛴螬从布上摩之，其芒出着布上。

伤寒愈后之病

倪仲贤曰：伤寒病愈后，或有目复大病者，以其清阳之气不升，而余邪上走空窍也。其病隐涩赤胀，生翳羞明，头脑骨痛，宜作群队升发之剂，饵之数服斯愈。伤寒论曰：冬时严寒，万类深藏，君子固密，不伤于寒。触冒之者，乃名伤寒。其伤于四时之气者，皆能为病。又生气通天论曰：四时之气更伤五脏，五脏六腑一病，则浊阴之气不得下，清阳之气不得上，今伤寒时病虽愈，浊阴清阳之气犹未来复，浊阴清阳之气未复，故余邪尚炽不休，走上而为目之害也。是以一日而愈者，余邪在太阳。二日而愈者，余邪在阳明。三日而愈者，余邪在少阳。四日而愈者，余邪在太阴。五日而愈者，余邪在少阴。六日而愈者，余邪在厥阴。七日而复，是皆清阳不能出上窍而复受其害也。当为助清阳上出则愈，人参补阳汤主之。羌活胜风汤主之，加减地黄丸主之，搐鼻碧云散亦宜用也。忌大黄、芒硝苦寒通利之剂，犯之不可复治。

妊娠目病

其病多有余,要分血分、气分,气分则有如旋胪泛起、瞳神散大等证,血分则有如瘀血凝脂等病。盖其否隔阴阳涩滞与常人不同,为病每多危急,人不知虑,屡见临重而措手不及者,内伐又恐伤胎泄气,不伐又源不澄病不去,将奈何吁,能知其胎系固否,善施内护外劫之治,则百发百中矣。

产后目病

产则百脉皆动,气血俱伤,太虚不足,邪易以乘,肝部发生之气甚弱,血少而胆失滋养,精汁不盛,则目中精膏气液皆失化源,所以目病者多。然轻重内外不同。有劳瞻竭视,悲伤哭泣,而为无时冷热泪,内障昏眇等证。有窍不密,引入风邪,为湿烂头风者。有因虚沐发,湿气归脑,而为内障诸病者,有因虚劳役,恣辛嗜热,及患热病而伤目血为外障者。皆内不足所致。善知爱护者,疾微而不变。不知保养,反纵骄丧,则变重不一。大抵产后病宜早治,莫待其久,久则气血定而病深,治亦不易。其外证易知者,人皆知害而早治,其内证害缓者,人多忽之,比其成也,为无及之,悔者多矣。参看目痛条,亡血过多之病。

因风证

谓患风病人目疾也。风在五行为木[1],在藏为肝,在窍为目,本乎一气。久风则热胜,热胜则血弱。风久必郁,郁则火生,火性炎上,故患风人未有目不病者。然各因其故而发,有日浅而郁未深,为偏㖞歪斜者;有入脾而睥反湿胜而赤烂者;有血虚筋弱而振搐者;有不禁反伤精神,及恣燥嗜热助邪,乖乱清和融纯之气,氤郁而为内障者;有风盛血滞,结为外障,如努肉等证者。加以服饵香燥之药,耽酒纵辛,阴愈亏而火愈烁,病变瘀变重者,治各因其证而伐其本,内外常劫不同。大抵风病目者,当去风为先,不然,目病虽退而复来,虽治至再至三,风不住,目病终无不发之理。

因毒证

谓人生疮疡肿毒累及目病也。夫六阳火燥有余,水不能制,

---

〔1〕木:原作"术",形近之误,据四库本改。

致妄乱无拘,气滞血壅而始发疮疡肿毒,火性炎上,目窍高,火所从泄,浊能害清,理之自然。肝胆清净融和之府,疮毒痈疽浊乱之邪,邪既炽盛,侵搅清和,因素斲丧,肝肾有亏,阴虚血少,胆之精汁不光,化源弱而目络少滋,故邪得乘虚入目而为害。若病目正在病毒之时,治毒愈而目亦愈。若毒愈而目不愈者,乃邪入至高之深处,难以自退,当浚其流,澄其源。因而触激,甚者有瘀滞之变。

因他证

谓因患别病而害及目也。所致不同,有阴病而阴自伤,有阳病而阳自损,有寒病热药太过伤其神气,有热病寒药太过耗其精血。补者泻之,泻则损其元;泻者补之,补则助其邪。针砭之泄散真气,炮炙之激动火邪。实实虚虚,损不足益有余之故。不同,亦各因人触犯感受,脏腑经络衰旺,随其所因而入为病,内外轻重不等,当验其标而治其本。譬如伤寒阳证,热郁蒸损瞳神,内证也;热盛血滞,赤痛泪涩者,外证也。阴证脱阳目盲,内证也;服姜附温热之剂多,而火燥赤涩者,外证也。疟疾之热损瞳神,内证也;火滞于血而赤涩,外证也。泻利后昏眇,为谷气乏,土府清纯之气伤,不能发生长养,津液耗而膏汁不得滋润,内证也;山岚瘴气目昏者,邪气蒙蔽正气,外证也。蛊胀中满赤痛者,阴虚难制阳邪,内证也。气证多怫郁,弱证多昏花,皆内证也。痰证之腻沫,火证之赤涩,皆外证也。余仿此。梦灵丸、明目生熟地黄丸、合皂角丸、茺蔚子丸。

痘疹余毒证

痘疹为毒最重,为自禀受以来,蕴积恶毒深久之故,古称曰百岁疮。谓人生百岁之中,必不能免。一发则诸经百脉清纯太和之气,皆为其扰乱一番,正气大虚,而邪得以乘之,各因所犯而为疾。况目又清纯之最者,通于肝胆,肝胆为清净之府,邪正不并立,今受浊邪熏灼,则目有失发生长养之源,而病亦易侵,皆由人不能救而且害之之故也。或于病中食物太过,怀藏太暖,误投热药,多食甘酸而致病者。或于病后因虚未复,恣食辛辣燥腻,竭视劳瞻,好烘多哭,冲冒风沙烟瘴而致病者。有为昏蒙流泪之内证者,有为赤烂星障之外证者,有余邪蕴积为凝脂、黄膜、花翳、蟹睛等证之重而目糜凸者,有余邪偶流为赤丝、羞明、微星、薄翳等证之轻而病自消者。轻重浅深,亦各随人之犯受所患不一,当验其证而审其经以治之,不可执一,反有激变之祸。盖痘疹之后,人同再造,比之常人不同,若有所误,贻害终身,行斯道者,宜加谨焉。大抵治之早则易退而无变,迟则虽无变,恐血气凝定,即易治之证亦退迟矣。今人但见痘后目疾,便谓不治,不知但瞳神不损者,纵久远亦有可治之理。惟久而血定精凝障翳,沉滑涩损者,则不治耳。倪仲贤云:癍疹余毒所害者,与风热不制之病,稍同而异,总以羚羊角散主之。便不鞭者,减硝黄。未满二十一日而病作者,消毒化癍汤主之。海藏云:东垣先生治癍后风热毒,翳膜气晕遮睛,以泻青丸子泻之大效,初觉易治。余详见痘疹门。

时复证

谓目病不治,忍待自愈,或治失其宜,有犯禁戒,伤其脉络,遂致深入,又不治之,致搏夹不得发散之故。或年之月、月之日,如花如潮,至期而发,至[1]期而愈。久而不治,及因激发,遂成大害。未发者,问其所发之时令,以别病本在何经位。已发者,当验其形证丝脉,以别其何部分,然后治之。

---

〔1〕至:集成本作"历"。

七窍门下^[1]

耳

【耳】属足少阴肾经。《中藏》曰：肾者，精神之舍，性命之根，外通于耳。《素问》曰：肾在窍为耳，肾和则耳能闻五音矣。《灵枢·师传》曰^[2]：肾者主为外，使之远听，视耳好恶，以知其性。故耳好前居牙车者肾端正。注：牙车即颊车穴也，在耳下曲颌端陷中。耳偏高者肾偏倾，耳高者肾高，耳后陷者肾下，耳坚者肾坚，耳薄不坚者肾脆^[3]。《玄珠》曰：耳薄而黑或白者，肾败也。又属手少阴心经。《素问》曰：南方赤色，入通于心，开窍于耳。又曰：手少阴之络，会于耳中。又属手太阴肺经。李东垣曰：耳本主肾，而复能听声者，声为金，是耳中有肺水，土生于申也。王太仆曰：手太阴肺络，会于耳中，肺虚则少气不能报息而耳聋。又属足厥阴肝经。《素问》曰：肝病气逆则耳聋不聪。朱丹溪曰：耳聋属热，少阳、厥阴热多。又属手足少阳三焦胆，手太阳小肠经之会。《灵枢》曰：少阳根于窍阴，结于窗龙，窗龙者，耳中也。《素问》曰：一阳独啸，少阳厥也，其终者耳聋。注：啸，耳中鸣如啸声也。胆及三焦脉皆入耳，故气逆上则耳中鸣。又曰：少阳主胆，其脉循胁络于耳，故伤寒三日少阳受之，则胸胁痛而耳聋，九日少阳病衰，耳聋微闻。《灵枢》曰：手太阳所生病者，耳聋，目黄。又属手足阳明大肠胃经。

---

〔1〕七窍门下：原脱，据本册目录补。
〔2〕《灵枢·师传》曰：原作"又曰"，所引之文，出《灵枢·师传》，据改。
〔3〕脆：原误作"胞"，据《灵枢·本藏》改。

证治准绳第八册

金坛王肯堂　辑

448

《素问》曰：头痛耳鸣，九窍不利，肠胃之所生也。《灵枢》曰：聋而痛者，取手阳明。聋而不痛者，取足少阳。又曰：耳者，宗脉之所聚也。胃中空则宗脉虚，虚则下溜，脉有所竭者，故耳鸣。又属足太阳膀胱经。《素问》曰：太阳所谓耳鸣者，阳气万物盛上而跃，故耳鸣也。又属手足少阴心肾，太阴肺脾，足阳明胃经之络。《素问》曰：此五络皆属于耳中，上络左角，邪客之则病。【耳前】属手足少阳三焦胆，足阳明胃经之会。《素问》曰：上部人，耳前之动脉。注：在耳前陷者中，动应于手，手少阳脉气之所行也。【耳后】属手足少阳三焦胆经之会。李东垣曰：少阳者，邪出于耳前后也。按此语并证上文。【耳下曲颊】属足少阳胆，阳明大肠经之会，又属手太阳小肠经。《灵枢》曰：手太阳当曲颊。【曲颊前】属足少阳胆，阳明大肠经之会。【前寸许】属手阳明大肠经。【曲颊后】属足少阳胆经。《灵枢》曰：足少阳在耳下曲颊之后。《保命集》云：夫耳者，以窍言之水也，以声言之金也，以经言之手足少阳俱会其中也。有从内不能听者主也，有从外不能入者经也。有若蝉鸣者，有若钟声者，有若火熇熇然者，各随经见之，其间虚实不可不察也。假令耳聋者，何谓治肺，肺主声，鼻塞者肺也。何谓治心，心主臭。如推此法，皆从受气于始，肾受气于巳，心受气于亥，肝受气于申，肺受气于寅，脾受气于四季，此治法皆生长之道也。赵以德曰：耳者肾之窍，足少阴经之所主，然心亦寄窍于耳，在身十二经脉中，除足太阳手厥阴外，其余十经脉络皆入耳中。盖肾治内之阴，心治外之阳，合天地之道，精气无处而不交通，故清净精明之气上走空窍，耳受之而听斯聪矣，因此耳属二脏之窍也。于是诸经禀其阴阳五行，精明者皆上入之，所以宫商角徵羽之五音，从斯辨矣。经曰：积阳为天，积阴为地，清阳出上窍是也。若二气不调则交通不表，故阳气者闭塞，地气者冒明。而阳气之闭塞者，或因烦劳，阴虚气浮；或因卫气不下，循脉积聚于上；或得于邪风与阳并盛；或因热淫之胜；或因三焦之火独光，而耳中浑浑焞焞；或因经藏积热所致；或因大怒气上而不下。夫如是者，皆由心气虚实不调。虚则不能治其阳下与阴交，实则恃阳强而与阴绝。经曰：至阴虚，天气绝是也。而地气之冒明者，或忧愁不解，阴气闭塞，不与阳通；或内外湿饮痞隔，其气不得升降,则耳中亦浑浑焞焞;或肾精脱,若热病之精脱,二者尺脉绝则死;或耳中因二气不和,结于耵聍塞之。夫如是,皆由肾气不和,虚则阴气微不能上交于阳,而阳是暴实,则阴气逆不纳其阳也。《灵枢》曰:肾气通于耳,肾和则能闻五音。五脏不和,则七窍不通。故凡一经一络有虚实之气入于耳中者,皆足以乱二脏主窍之精明。至于聋聩,此言暴病者也。若夫久聋者,于肾亦有虚实之异。左肾为阴主精,右肾为阳主气,精不足,气有余,则聋为虚。其人瘦而色黑,筋骨健壮,此精气俱有余,固藏闭塞,是聋为实,乃高寿之兆也。二者皆禀赋使然,不须治之。又有乍聋者,经曰:不知调阴阳七损八益之道,早衰之节也。其年五十,体重,耳目不聪明矣,此亦无治也。唯暴聋之病,与阴阳隔绝之未甚,经脉欲行而未通,冲击其中,鼓动听户,随其气之微甚而作嘈嘈风雨诸声者,则可随其邪以为治,补不足,泻有余,务使阴阳和平,自然清净之气上走耳中而听斯聪矣。曰若子所表,言水火同开此窍,何《原病式》之非温补耶。曰心在窍为舌,以舌非孔窍,因寄窍于耳,则是肾为耳窍之主,心为耳窍之客。以五脏开窍于面部,分阴精阳气言之,在肾肝居阴,故耳目二窍阴精主之;在心肺脾居阳,故口舌鼻三窍阳气主之。所以阴精主者,贵清凉而恶烦热;阳气主者,贵温暖而恶寒凉。洁古老人尝有是论,信耳目之不可以温补也。《仁斋直指》云:肾通乎耳,所主者精,精气调和,肾气充足,则耳闻而聪。若劳伤气血,风邪袭虚,使精脱肾惫,则耳转而聋。又有气厥而聋者,有挟风而聋者,有劳伤而聋者,盖十二经脉上络于耳,其阴阳诸经适有交并,则脏气逆而为厥,厥气搏入于耳,是为厥聋,必有时乎眩晕之证。耳者,宗脉之所附,脉虚而风邪乘之,风入于耳之脉,使经气否而不宣,是为风聋,必有时乎头痛之证。劳役伤于血气,淫欲耗其精元,瘦悴力疲,昏昏愦愦,是为劳聋。有能将适得所,血气和平,则其聋暂轻;其或日就劳伤,风邪停滞,则为久聋之证矣。外此又有耳触风邪,与气相击,其声嘈嘈,眼或见火,谓之虚鸣。热气乘虚随脉入耳,聚热不散,脓汁出焉,谓之脓耳。人耳间有津液,轻则不能为害,若风热搏之,津液结鞕成核塞耳,亦令暴聋,谓之耵耳。前是数者,肾脉可推,风则浮而盛,热则洪而实,虚则涩而濡。风为之疏散,热为之清利,虚为之调养。邪气并退,然后以通耳调气安肾之剂主之。风虚耳聋,排风汤、桂星散、羊肾羹、鱼脑膏、磁石丸、姜蝎散。风热耳聋,犀角饮子、芍药散、犀角散、茯神散。耳聋皆属于热,少阳厥阴热多,宜开痰散风热,通圣散、滚痰丸之类。耳因郁聋,以通圣散,内加大黄酒煨,再用酒炒三次,后入,诸药通用酒炒。厥聋,和剂流气饮加石菖蒲,每服三钱,以生姜、葱白同煎,食后服。沉香降气汤、或苏子降气汤、不换金正气散、指迷七气汤。轻者吞来复丹,重者吞养正丹。凡治耳聋,皆当调气。气逆耳聋有三,肝与手太阳、少阳也。经云:肝气逆则头痛,耳聋不聪,颊肿。又云:太阳所谓浮为聋者,皆在气也。罗谦甫云:手太阳气厥而耳聋者,其候聋而耳内气满也。手少阳气厥而耳聋者,其候耳内浑浑焞焞,此皆气逆而聋也。治法宜四物汤吞龙荟丸降火,及复元通气散调气是也。耳聋有湿痰者,槟榔神芎丸下之。耳聋面颊黑者,为精脱肾虚。罗谦甫云:经曰,精脱者则耳聋。夫肾为足少阴之经,乃藏精而气通于耳,耳者宗脉之所聚也。若精气调和则肾脏强盛,耳闻五音,若劳伤气血兼受风邪,损于肾脏而精脱者,则耳聋也。然五脏六腑十二经脉有络于耳者,其阴阳经气有相并时,并则脏气逆,名之曰厥,厥气相搏,入于耳之脉,则令聋。其肾病精脱耳聋者,其候颊颧色黑。手少阳之脉动,则气厥逆而耳聋者,其候耳内浑浑焞焞也。手太阳厥而耳聋者,其候聋而耳内气满也。宜以烧肾散主之。烧肾散、益肾散、补肾丸、苁蓉丸、肉苁蓉丸、桑螵蛸汤,肾虚有寒者宜之。《本事》地黄汤,肾虚有热者宜之。

耳聋[1]

耳聋,少气嗌干者,为肺虚。东垣曰:脏气法时论云,肺虚则少气不能报息,耳聋嗌干。注云:肺之络,会于耳中故聋,此说非也。盖气虚必寒,盛则气血俱涩滞而不行也。耳者,宗气也,肺气不行故聋也。宜生脉散嚼下蜡弹丸。耳聋多恐者为肝虚。经云:肝虚

---

〔1〕耳聋:此标题原无,据本册目录补。

则目睆睆无所见,耳无所闻,善恐。治法用四物汤加防风、羌活、柴胡、菖蒲、茯神等分煎汤,服二十余贴,却用姜蝎散开之。本草云:肝虚则生姜补之是也。劳聋,宜益气聪明汤。头目不清,清神散。气闭不通,通气散,秘传降气汤加菖蒲。外治,通神散、通耳法、追风散、萆麻丸、雄黄散、透耳筒、鲫鱼胆膏、蝎稍膏、鼠胆丸、鸡卵方、灸方、驴脂方、醋附方、龟尿方、干地龙方、鱼脑膏。【久聋】萆麻子丸、天雄鸡子方、通气散、水银方、大蒜方、胜金透关散。【暴聋】蒲黄膏、龙脑膏,川椒、巴豆、菖蒲、松脂以蜡熔为筒子,内耳中,一日一易。或用雄黄一钱,巴豆肉一个,研细,葱涎和作锭子,纸卷塞耳中。或用凌霄花叶,杵自然汁滴耳中。罗谦甫云:夫卒耳聋者,由肾气虚为风邪所乘,搏于经络,随其血脉上入耳,正气与邪气相搏,故令卒聋也。娄全善云:暴聋皆是厥逆之气。经云,暴厥而聋,偏塞闭不通,内气暴薄也。又云,少阳之厥,暴聋是也。宜于前厥聋条求其治法。运气耳聋有四:一曰湿邪伤肾三焦聋。经云:太阴在泉,湿淫所胜,民病耳聋,浑浑焞焞,治以苦热是也。二曰燥邪伤肝聋。经云:岁金太过,燥气流行,肝木受邪,民病耳聋无所闻是也。三曰火邪伤肺聋。经云:岁火太过,炎暑流行,肺金受邪,民病耳聋是也。四曰风火炎扰于上聋。经云:少阳司天之政,风热参布,云物沸腾,民病聋瞑。三之气,炎暑至,民病热中,聋瞑,治以寒剂是也。

耳鸣

经云:耳者,宗脉之所聚也。故胃中空则宗脉虚,虚则下溜,脉有所竭,故耳鸣。补客主人,手大指爪甲上与肉交者也。又云:上气不足,耳为之苦鸣。补足外踝下,留之。又云:脑为髓之海,其输上在百会,下在风府。髓海不足,则脑转耳鸣。审守其输,调其虚实。又云:液脱者,脑髓消,胫酸,耳数鸣。凡此皆耳鸣之属虚者也。经云:太阳所谓耳鸣者,阳气万物盛上而跃,故耳鸣也。又云:厥阴司天,风行太虚,云物摇动,目转耳鸣。三之气,天政布,气[1]乃时举,民病耳鸣。又云:厥阴之脉,耳鸣头眩。又云:少阳所至为耳鸣,治

---

〔1〕气:《素问·六元正纪大论》作"风"。义同。

以凉寒。凡此皆耳鸣之属实者也。王汝言云：耳或鸣甚如蝉，或左或右，或时闭塞，世人多作肾虚治不效，殊不知此是痰火上升，郁于耳中而为鸣，郁甚则壅闭矣。若遇此证，但审其平昔饮酒厚味，上焦素有痰火，只作清痰降火治之。大抵此证多先有痰火在上，又感恼怒而得，怒则气上，少阳之火客于耳也。若肾虚而鸣者，其鸣不甚，其人多欲，当见劳怯等证。丹溪云：耳鸣因酒过者，用大剂通圣散，加枳壳、柴胡、大黄、甘草、南星、桔梗、青皮、荆芥。如不愈，用四物汤。薛新甫云：若血虚有火，用四物加山栀、柴胡。若中气虚弱，用补中益气汤。若血气俱虚，用八珍汤加柴胡。若怒便聋，而或曰耳属肝胆经气，实用小柴胡加芎、归、山栀，虚用八珍汤加山栀。若午前甚者，阳气实热也，小柴胡加黄连、山栀。阳气虚用补中益气汤加柴胡、山栀。午后甚者，阴血虚也，四物加白术、茯苓。若肾虚火动，或痰盛作渴者，必用地黄丸。胃中空，宗脉虚，上气不足，皆参芪为君，柴升佐之。耳中閴閴然，是无阴也。又液脱者，脑髓消，胫酸、耳数鸣。宜地黄丸。肾虚耳中潮声蝉声无休止时，妨害听闻者，当坠气补肾，正元饮咽黑锡丹，间进安肾丸，有热者龙齿散。肾脏风耳鸣，夜间睡着如打战鼓，更四肢抽掣痛，耳内觉有风吹奇痒，宜黄芪丸。肾者，宗脉所聚，耳为之窍。血气不足，宗脉乃虚，风邪乘虚随脉入耳，气与之搏，故为耳鸣。先用生料五苓散，加制枳壳、橘红、紫苏、生姜同煎，吞青木香丸，散邪疎风下气，续以芎归饮和养之。耳中耵聍，耳鸣耳聋，内有污血，宜柴胡聪耳汤。余法与耳聋相参用之。外治，麝香散、吴茱萸散、及乌头烧灰、菖蒲等分末之，绵包塞耳，或用生地黄截塞耳，数易之，以瘥为度。

　　耳肿痛

　　属少阳相火。经云：少阳之胜，耳痛。治以辛寒是也。生犀丸、犀角饮子、解热饮子。耳内痛生疮，用黍粘子汤。耳湿肿痛，用凉膈散加酒炒大黄、黄芩、酒浸防风、荆芥、羌活服之，更以脑多麝香少，湿加枯矾，吹入耳中。《丹铅续录》云：王万里时患耳痛，魏文靖公劝以服青盐、鹿茸、煎雄、附为剂，且言此药非为君虚损服之，曷不观易之坎为耳痛，坎水脏，在肾开窍于耳，而水在志为恐，恐则伤肾，故为耳痛。气阳运动常显，血阴流行常幽，血在形，如水在天地间，故坎为血卦，是经中已著病证矣，竟饵之而良愈。外治，白龙散、杏仁膏、菖蒲挺子。或用穿山甲二片，土狗子二个，夹在穿山甲内，同炒焦，黑色为度，入麝香少许同研细，吹一字于耳内。亦治耳聋。或用草乌削如枣核大，蘸姜汁塞耳内。一方不用姜汁。或用郁金研细末，每以净水调一字，倾入耳，却急倾出。或用油胡桃肉为末，狗胆汁和为丸，如桐子大，绵裹安耳中。或用食盐炒热，用枣面蒸熟，青花布包定枕之。

耳痒

沈存中云：予为河北察访使时，病赤目四十余日，黑睛傍黯赤成疮，昼夜痛楚，百疗不瘥。郎官丘革相见问予，病目如此曾耳中痒否，若耳中痒，即是肾家风，有四生散疗肾风，每作二、三服即瘥。闾里号为圣散子。予传其方合服之，午时一服，临卧一服，目反大痛，至二鼓时乃能眠，及觉目赤稍散，不复痛矣，更进三四服，遂平安如常。是时孙和甫学士帅镇阳，闻予说大喜曰，吾知所以自治目矣。向久病目，尝见吕吉甫参政云顷，目病久不瘥，因服透冰丹乃瘥，如其言修合透冰丹一剂，试服了二三十服，目遂愈。乃知透冰丹亦疗肾风耳。《圣惠》云：有人耳痒，一日一作可畏，直挑剔出血稍愈，此乃肾脏虚，致浮毒上攻，未易以常法治也，宜服透冰丹。勿饮酒、啖湿面、蔬菜、鸡、猪之属，能尽一月为佳，不能戒无效。

停耳

罗谦甫云：耳者，宗脉之所聚，肾气之所通，足少阴之经也。若劳伤气血，热气乘虚入于其经，邪随血气至耳，热气聚则生脓汁，故谓之停耳也。内服柴胡聪耳汤、通气散、蔓荆子散。外用，红绵散、松花散、白莲散、麝香散、杏仁膏、矾石散、葱涎膏、菖蒲散、竹蛀散、蝎倍散、立效散、香附散、三黄散、二圣散。如壮盛之人，积热上攻，耳中出脓水不瘥，用无忧散送雄黄丸，泻三、四、五行瘥。

耳内疮

罗谦甫云：耳内生疮者，为足少阴，是肾之经也，其气通于耳，其经虚，风热乘之，随脉入于耳，与气相搏，故令耳门生疮也。曾青散主之,黄连散亦可。内服黍粘子汤。薛新甫云:耳疮属手少阳三焦经,或足厥阴肝经,血虚风热,或肝经燥火风热,或肾经风火等因。若发热焮痛,属少阳、厥阴风热,用柴胡栀子散。若内热痒痛,属前二经血虚,用当归川芎散。若寒热作痛,属肝经风热,用小柴胡汤加山栀、川芎。若内热口干,属肾经虚火,用加味地黄丸,如不应,用加减八味丸。余当随证治之。

冻耳成疮方,柏叶三两,微炙为末,杏仁四十九枚,汤浸去皮,研成膏,乱发两鸡子大,食盐、乳香各半两,细研,黄蜡一两半,清油一斤,上先煎油令沸,即下乱发,以消尽为度,次下诸药,煎令焦黄,滤去滓,更以绵重滤过,再以慢火煎之,后下乳香、黄蜡等,搅令稠稀得所,于磁器盛,每用鹅翎旋取涂之。又方,柏白皮、榆白皮、桑白皮、杏仁汤浸去皮各二两,甘草一两,羊脑髓半斤,上到,以羊脑髓煎令黄,滤去滓,于磁器盛,每用鹅翎蘸药涂之。

虫入耳

薛新甫云:先君尝睡间,有虫入耳痛瞀,将生姜擦猫鼻,其尿自出,取尿滴耳内,虫即出而愈。又有百户张锦谓予曰:耳内生疮,不时作痛,痛而欲死,痛止如故,诊其脉皆安静,予谓非疮也。话间痛忽作,予度其有虫入耳,令回急取猫尿滴耳,果出一臭虫,遂不复痛。或用麻油滴之,则虫死难出。或用炒芝麻枕之,则虫亦出,但俱不及猫尿之速也。治百虫入耳:蓝汁、葱汁、韭汁、莴苣汁、鸡冠血、酸醋、香油、稻秆灰汁,俱灌入耳中。桃叶接细塞耳。白胶香烧烟熏入耳。猪肉少许,炙香,置耳孔边。麻油作煎饼,侧卧以耳枕之。以火照之。以刀两口于耳上相击作声。水银一大豆倾入耳中,欹耳孔向下,于耳上击铜器物数声。白矾、雄黄等分为细末,香油调成膏,每用皂角子大塞耳。川椒为末一钱,醋半盏浸良久,少少滴耳中。用口气尽力吸出最妙。【蜒蝣入耳】立验散。硇砂、胆矾等分研细,鹅翎管吹一字入耳中,虫化为水。鸡一只,去毛足,以油煎令黄,箸穿作孔,枕之。绿矾为末,水调灌耳。雄黄为末,醋调灌耳。蜗牛一个,槌碎,置耳边。牛乳一盏,少少灌入耳内,若入腹者,饮一二升,当化为黄水。驴乳三合灌耳中,其虫从左耳入右耳出。

【蜈蚣入耳】用煎鸡枕之,或用炙猪肉掩两耳。韭汁或姜汁灌耳中。蜈蚣及蚁入耳,用猪脂一指大,炙令香,安耳边即出。又用生姜汁灌耳中即出。大蒜汁亦可。【蚁入耳】捣韭汁灌。大蒜汁亦可。鲮鲤甲烧灰为末,水调滤过,滴入耳中。【飞蛾入耳】酱汁灌入耳即出,或以鹅管极气吸之出,或击铜器于耳边。【苍蝇入耳】最害人,速用皂角子虫研烂,生鳝血调灌入耳中。【蚤虱入耳】痛,菖蒲为末,炒,乘热以绵裹着耳边。【水入耳】以薄荷汁点立效。治耳中有物不可出,以麻绳剪令头散,傅好胶,着耳中,使其物粘之,徐徐引出效。用弓弦尤妙。

鼻

【颊中】颊,亦作齃,鼻山根也,俗呼鼻梁。属足阳明胃经、督脉之会。《素问》曰:胆移热于脑则辛颊鼻渊,传为衄蔑瞑目。注:足太阳膀胱脉,起目内眦,上额交巅络脑,阳明脉起于鼻,交颊中,旁约太阳之脉,今脑热则足太阳逆,与阳明之脉俱盛,薄于颊中,故颊辛鼻渊。颊辛者,鼻酸痛也。鼻渊者,浊涕下而不止如水泉也。热盛则阳络溢,阳络溢故衄。衄者,鼻出汗血也,又谓之蔑。血出甚则阳明太阳脉衰,不能荣养于目,故目瞑。瞑,暗也。【鼻】属手太阴肺经。《素问》曰:西方白色,入通于肺,开窍于鼻,畏热。《灵枢》曰:肺病者,喘息鼻张。又曰:肺虚则鼻塞不利,和则能知香臭矣。乔岳曰:肺绝则无涕,鼻孔黑燥,肝逆乘之而色青。东垣曰:伤风,鼻中气出粗,合口不开,肺气通于天也。又属手少阴心经。李东垣曰:鼻本主肺,而复能闻香臭者,鼻中有心,庚金生于己也。《素问》曰:五气入鼻,藏于心肺,心肺有病,而鼻为之不利也。又属手足阳明大肠胃经、督脉之交会。刘河间曰:伤风寒于腠理而为鼻塞者,寒能收敛,阳气不通畅也。《素问》曰:伤寒二日阳明受之,阳明主肉,其脉侠鼻,故鼻干不得卧。王海藏曰:石膏发汗辛寒,入手太阴经,仲景治伤寒阳明经证乃用之者何也?盖胃脉行身之前,而胸为胃肺之室,邪热在阳明,则肺受火制,故用辛寒以清肺,所以号为白虎汤也。《素问》又曰:运气阳明所至为鼽嚏。注:鼽,鼻窒[1]也。嚏,喷嚏也。其在小儿面部,谓

---

〔1〕窒:原误作"室",据文义改。

之明堂。《灵枢》曰:脉见于气口,色见于明堂。明堂者,鼻也。明堂广大者寿,小者殆,况加疾哉。○按此语即相家贵隆准之说也。然须视其面部何如,愚尝见明堂虽小,与面相称者,寿可八十,要不可执一论也。属足太阴脾经。《素问》曰:脾热病者,鼻先赤。【侠鼻孔两旁五分】名迎香穴。属手足阳明大肠胃经之会,直两目瞳子,名巨髎穴。属足阳明胃经、阴跷脉之会。余处无恙,独鼻尖色青黄者,其人必为淋也。鼻尖微白者,亡血也。赤者,血热也。黄者,小便难也。

鼻塞

皆属肺。经云:肺气通于鼻,肺和则鼻能知香臭矣。又云:五气入鼻,藏于心肺,心肺有病,而鼻为之不利也。又云:西方白色,入通于肺,开窍于鼻,藏精于肺。又云:肺主臭,在脏为肺,在窍为鼻是也。东垣曰:金匮真言论云,西方白色,入通于肺,开窍于鼻,藏精于肺。夫十二经脉三百六十五络,其气血皆上走于面,而走空窍,其精阳气上走于目而为睛,其别气走于耳而为听,其宗气出于鼻而为臭。《难经》云:肺气通于鼻,肺和则能知香臭矣。夫阳气、宗气者,皆胃中生发之气也。其名虽异,其理则一。若因饥饱劳役,损脾胃生发之气,既弱其营运之气,不能上升,邪塞孔窍,故鼻不利而不闻香臭也。宜养胃气、实营气,阳气,宗气上升,鼻管则通矣。又一说,《难经》云:心主五臭,肺主诸气,鼻者肺窍,反闻香臭者何也? 盖以窍言之肺也,以用言之心也,因卫气失守,寒邪客于头面,鼻亦受之不能为用,是不闻香臭矣。故经曰心肺有病,鼻为之不利。洁古曰:视听明而清凉,香臭辨而温暖者是也。治法宜先散寒邪,后补卫气,使心肺之气得交通,则鼻利而闻香臭矣。丽泽通气汤主之。眼多眵泪,温肺汤。咳嗽上喘,御寒汤。目中溜火,气寒血热,泪多,脐下冷,阴汗,足痿弱,温卫汤。耳鸣,口不知谷味,气不快,四肢困倦,行步不正,发脱落,食不下,膝冷阴汗带下,喉中介介不得卧,口舌嗌干太息,头不可回顾,项筋紧急脊强痛,头旋眼黑头痛,呵欠嚏喷,温卫补血汤。人参汤、辛夷散、增损通圣散、辛夷汤、醍醐散、通关散、防风汤、排风散、筚澄茄丸,皆治鼻塞之剂,宜审表里寒热而用之。小蓟一把,水二升,煮一升,去渣温服。外治,通草散、菖蒲散、瓜蒂散、蒺藜汁、葫芦酒,或用生葱分作三段,早用葱白,午用葱管中截,晚换葱管末稍一截,塞入鼻中,令透里方效。王汝言曰:鼻塞不闻香臭,或但遇寒月多塞,或略感风寒便塞,不时举发者,世俗皆以为肺寒,而用解表通利辛温之药不效,殊不知此是肺经素有火邪,火郁甚则喜得热而恶见寒,故遇寒便塞,遇感便发也。治法清肺降火为主,而佐以通气之剂。若如常鼻塞不闻香臭者,再审其平素,只作肺热治之,清金泻火清痰,或丸药噙化,或末药轻调,缓服久服,无不效矣,此予所亲见而治验者。其平素原无鼻塞旧证,一时偶感风寒,而致窒塞声重,或流清涕者,自作风寒治。薛新甫云:前证若因饥饱劳役所伤,脾胃发生之气不能上升,邪害空窍,故不利而不闻香臭者,宜养脾胃,使阳气上行则鼻通矣,补中益气汤之类是也。孙氏姑,鼻不闻香臭有年矣,后因他疾,友人缪仲淳为处方,每服用桑白皮至七八钱,服久而鼻塞忽通。鼻塞久而成齇,盖由肺气注于鼻,上荣头面,若上焦壅滞,风寒客于头脑,则气不通,冷气停滞,搏于津液,脓涕结聚,则鼻不闻香臭,遂成齇也。内服芎䓖散、山茱萸丸。外用赤龙散、通顶散、雄黄散、黄白散、通草散。

鼻鼽

谓鼻出清涕也。《内经》运气鼻鼽有二:一曰火攻肺虚鼻鼽。经云:少阴司天,热气下临,肺气上从,鼽衄鼻窒。又云:少阴司天,热淫所胜,民病鼽衄嚏呕。又云:少阳司天,火淫所胜,甚则鼽衄。又云:少阳之复,烦躁鼽嚏。又云:少阴司天,客胜则鼽嚏。又云:岁金不及,炎火乃行,民病鼽嚏。又云:金不及曰从革,从革之纪,其病嚏咳鼽衄,治以诸寒是也。二曰金助肺实鼻鼽。经云:阳明所至为鼽嚏,治以温剂是也。孙一奎曰:大肠、肺之府也,胃、五脏之所受气者也。经曰:九窍不利,肠胃之所生也。鼻主无形者。经曰:清气通于天。又曰:鼻主天气。设肠胃无痰火积热,则平常上升之气,皆清气也。纵火热主令之岁,何尝病耶?若肠胃素有痰火积热,则其平常上升之气,皆氲而为浊矣。金职司降,喜清而恶浊,今受浊气熏蒸,凝聚既久,壅遏郁结而为涎涕,至于痔珠息肉之类,皆由积久燥火内燔，风寒外束，隧[1]道壅塞，气血升降被其妨碍，浇培弥厚，犹积土而成阜也。即非火热主令之岁，有不病者乎，治者无拘于运气之说可也。细辛散、《本事》通草丸、《三因》辛夷散、《千金》细辛膏、川椒散、塞鼻柱膏，皆温热之剂，真是脑冷者，乃可用。白芷丸，有外感者可服。丹溪云：肥人鼻流清涕，乃饮食痰积也。苍术、片芩、南星、川芎、白芷、辛夷、甘草，或末或丸皆可，白汤下。

鼻渊

谓鼻出浊涕也。经云：胆移热于脑则辛頞鼻渊，鼻渊者，浊涕不止也。传为衄蔑瞑目，又云：泣涕者脑也，故脑渗为涕。故得之气厥也。王太仆注云：脑液下渗则为浊涕，涕下不止如彼水泉，故曰鼻渊也。頞，谓鼻頞也。足太阳脉起于目内眦，上额交巅，上入络脑。足阳明脉起于鼻，交頞[2]中，傍约太阳之脉。今脑热则足太阳逆，与阳明之脉俱盛，薄于頞中，故鼻頞酸痛也。热盛则阳络溢，阳络溢则衄出汗血也。血出甚，阳明、太阳脉衰，不能荣养于目，故目瞑。厥者，气逆也。皆由气逆而得之，宜服防风汤。运气鼻渊皆属热。经云：少阴之复，甚则入肺，咳而鼻渊，治以苦寒是也。仲景云：肺中寒者，吐浊涕。《原病式》曰：夫五行之理，微则当其本化，甚则兼其鬼贼，故经曰亢则害，承乃制也。《易》曰：燥万物者，莫熯乎火。以火炼金，热极而反化为水，故其热极则反汗出也。由是肝热甚则出泣，心热甚则出汗，脾热甚则出涎，肺热甚则出涕，肾热甚则出唾。经曰：鼻热甚出浊涕。又曰：胆移热于脑，则辛頞鼻渊。故凡痰涎涕唾稠浊者，火热盛极消烁致之也。或言衄为肺寒者误也。但见衄涕鼻窒，遇寒则甚，遂以为然，岂知寒伤皮毛则腠理致密，热气怫郁而病愈甚也。《三因》苍耳散、严氏辛夷散，皆表剂也。丹溪治鼻渊药，南星、半夏、苍术、白芷、神曲、酒芩、辛夷、荆芥。娄全善治一中年男子，右鼻管流浊涕有秽气，脉弦小，右寸滑，左寸涩，先灸上星、三里、合谷，次以酒芩二两，苍术、半夏各一两，辛夷、细辛、川芎、白芷、石膏、人参、葛根各半两，分七贴服之全愈，此乃湿热痰积之证也。孙一奎云：尝以防风通圣散，除硝黄，其滑石、石膏减半，倍加辛夷花，先服三五贴，再用此为丸，每服七十丸，早晚白汤吞，服半斤则瘳矣。抑金散。戴复庵云：有不因伤冷而涕多，涕或黄或白，或时带血，如脑髓状，此由肾虚所生，不可过用凉剂，宜补脑散，仍以黑锡丹、紫灵丹、灵砂丹。亦有痰气者，宜南星饮。头风鼻涕下如白带，宜辛夷丸。久患鼻脓极臭者，以冷水调百草霜末服。治脑漏验方，人参、白术、川芎、当归各一钱，黄芪、防风各七分，陈皮八分，白芷、木通各五分，辛夷四分，细辛、升麻、炙甘草各三分，水煎，食后半饱服。又方，川芎二钱，防风一钱二分，白芷、荆芥穗、黄芩、石膏各一钱，细辛、升麻、木通各七分，藁本、桔梗各五分，甘草三分，末之。每七钱加煅过黄鱼脑中骨三钱，茶清调下。虚人加人参、麦门冬。鼻中时时流臭黄水，甚者脑亦时痛，俗名控脑砂，有虫食脑中。用丝瓜藤近根三五尺许，烧存性，为细末。酒调服即愈。又方，沉香少许，宿香去白二钱，雄黄、皂角各少许，白牛毛、橙叶焙干各二钱，上为细末。吹入鼻中。倘有少血出不妨，血出加炒山栀子。灸法，囟会在鼻心直上，入发际二寸，再容豆是穴，灸七壮。又，灸通天，在囟会上一寸，两傍各一寸，灸七壮。左臭灸左，右臭灸右，俱臭俱灸。曾用此法灸数人，皆于鼻中去臭积一块如朽骨，臭不可言，去此全愈。

鼻息肉

《韩氏医通》云：贵人鼻中肉赘，臭不可近，痛不可摇，束手待毙。予但以白矾末，加硇砂少许吹其上，顷之化水而消，与胜湿汤加泻白散二贴愈。此厚味拥湿热蒸于肺门，如雨霁之地，突生芝菌也。肺虚而壅，鼻生息肉，不闻香臭，羊肺散。胃中有食积热痰流注，宜星、半、苍术、酒芩、连、神曲、辛夷、细辛、白芷、甘草，消痰积之药内服。外用蝴蝶矾二钱，细辛一钱，白芷五分，为末，绵裹纳鼻中频换。辛夷膏、轻黄散、黄白散、二丁散、瓜丁散、地龙散，皆外治之药。

鼻疮

内服,乌犀丸、甘露饮、黄连阿胶丸。外治,地黄煎、辛夷膏、杏仁研乳汁傅,乌牛耳垢傅,黄柏、苦参、槟榔为末,猪脂调傅,青黛、槐花、杏仁研傅。

鼻疳蚀

椿根汤、乌香散,蓝靛傅令遍,日十度夜四度,立瘥。

鼻干无涕

犀角散、桑根白皮散、吹鼻散。

鼻痛

气道壅塞故痛,内服人参顺气散,外傅白芷散。风冷搏于肺藏,上攻于鼻,则令鼻痛,没药散。肺受风,面色枯白,颊时赤,皮肤干燥,鼻塞干痛,此为虚风,白鲜皮汤。鼻塞眼昏疼痛,脑闷,葫芦酒。卒食物从鼻中缩入脑中,介介痛不出,以牛脂或羊脂如指头大内鼻中,以鼻吸取脂入,须臾脂消,则物逐脂俱出也。

鼻赤

一名酒齄鼻,乃血热入肺也。肺气通于鼻,为清气出入之道路,多饮酒人,邪热熏蒸肺叶,伏留不散,故见于鼻。或肺素有风热,虽不饮酒,其鼻亦赤,谓之酒齄,盖俗名也。宜一味折二泔,食后冷饮。或以枇杷叶拭去毛,不须涂炙,剉细,煎浓汤候冷,调消风散,食后临卧进。亦可服升麻防风散、泻青丸。秘方,用枇杷叶去毛、大山栀、苦参、苍术米泔浸炒　各等分为末。每服一钱半,酒调,白滚汤咽下。晚服之,去右边赤。早服之,去左边赤。其效如神。外用硫黄入大菜头内煨碾涂之。或以生白矾研末,每洗面时置掌中滴酒擦患处,数日即白。或以白盐常擦。或以牛、马耳垢,水调傅,或以生半夏末,水调傅。或以青黛、槐花、杏仁研傅。或以杏仁一味,乳汁研傅。或用硫黄一两,白果烧灰一钱,琥珀三分,轻粉五分,白矾五分,各为末。用烧酒一碗入酒壶,将前药装内封固,悬空锅内,热汤浸壶,慢火顿一二时,取出放冷。日用烧酒涂,夜用沉底药末傅。

鼻紫黑

丹溪云：诸阳聚于头，则面为阳中之阳，鼻居面中央，而阳明起于頞中，一身之血运到面鼻阳部，皆为至清至精之气矣。酒性善行而喜升，大热而有峻急之毒。多酒之人，酒气熏蒸面鼻，血得酒为极热，热血得冷为阴气所搏，污浊凝结滞而不行，宜其先为紫而后为黑色也。须用融化滞血使得流通，滋生新血可以运化，病乃可愈。予尝以酒制四物汤，加酒炒片芩、陈皮、生甘草、酒红花、生姜煎，调下五灵脂末饮之。气弱形肥者，加酒黄芪，无有不应。入好酒数滴，为引使。

口

口者，脾之所主，胃大肠脉之所挟。经云：中央黄色，入通于脾，开窍于口，藏精于脾。又云：脾主口，在脏为脾，在窍为口。又云：脾气通于口，脾和则口能知五味矣，此脾之主于口也。又经云：胃足阳明之脉，挟口下交承浆。又云：大肠手阳明之脉，挟口交人中，此胃大肠之脉挟于口也。脾热则口甘，肝热则口酸，心热则口苦，肺热则口辛，肾热则口咸，胃热则口淡。

口甘　生地黄、芍药、黄连，及三黄丸。

口苦　柴胡、黄芩、黄连、苦参、龙胆草，及小柴胡汤加麦门冬、酸枣仁、地骨皮、远志。《内经》曰：有病口苦，名曰胆瘅。乃肝主谋虑，胆主决断，盛汁七合，是清净之府，取决于胆，胆或不决，为之恚怒，则气上逆，胆汁上溢故口苦，或热甚使然也。龙胆泻肝汤主之。

口酸　黄连、龙胆泻肝、神曲、萝卜消食郁。

口辛　黄芩、栀子泻肺、芍药泻脾、麦门清心。

口淡　白术、半夏、生姜、茯苓燥脾渗湿。

口咸　知母、乌贼鱼骨淡胃。

口涩　黄芩泻火、葛根生津、防风、薄荷疏风、栝蒌、茯苓行痰。

口糜　《内经》云：膀胱移热于小肠，膈肠不便，上为口糜。东垣云：好饮酒人多有此疾。易老用五苓散、导赤散相合服之，神效。经云：少阳[1]之复，火气内发，上为口糜。治以苦寒，胡黄连散、必效散，皆苦寒之剂，以辛温佐之。口糜，野蔷薇根煎汤漱之良。

　　口疮　有二：一曰热。经云：少阳司天，火气下临，肺气上从，口疡是也。二曰寒。经云：岁金不及，炎火乃行，复则寒雨暴至，阴厥且格，阳反上行，病口疮是也。或问口疮如何得之？曰：经云，膀胱移热于小肠，膈肠不便，上为口糜。盖小肠者，心之府也，此举由邪热之端耳。心属君火，是五脏六腑之火主，故诸经之热皆应于心，心脉布舌上，若心火炎上，熏蒸于口，则为口舌生疮。脾脉布舌下，若脾热生痰，热涎相搏，从相火上炎，亦生疮者尤多。二者之病，诸寒凉剂皆可治。但有涎者，兼取其涎。然则有用理中汤加附子以治者，又何如？曰：夫火有虚实，因诸经元有热而动者谓之实，无热而动者谓之虚。实则正治，寒凉之剂是也，虚则从治，如此用温热是也。理中汤者，因胃虚谷少，则所胜肾水之气[2]逆而承之，反为寒中，脾胃衰虚之火，被迫炎上作为口疮，故用参、术、甘草补其土，姜、附散其寒，则火得所助，接引其退舍矣。至《圣济总录》有谓元脏虚冷上攻口疮者，用巴戟、白芷、高良姜末，猪腰煨服。又有用丁香、胡椒、松脂、细辛末，苏木汤调涂疮上。及不任食者，用当归、附子、白蜜含咽者。有用生附涂脚心者。有用吴茱萸末，醋熬膏，入生地龙末，涂两足心者。若此之类，皆是治龙火。按寒水上迫，心肺之阳不得下降，故用温热之剂，或散于上，或散于下，或从阴随阳，所攸利者也。胃中有热，脉洪大，宜服凉膈散、甘桔汤加芩、三补丸、金花丸，漱以黄连升麻汤，傅以绿袍散、蜜檗散。丹溪用西瓜浆水徐徐饮之，如无以皮烧灰噙之，外用细辛、黄柏末掺，取涎。胡氏方，以好墨研蝼蛄极细，傅之立效。按此治膀胱移热于小肠者之正剂也。盖蝼蛄专走小肠膀胱，而通利膈肠者，因力峻气猛，阴虚气上致疮者，戒勿用。唯体实有热在上焦者，宜之。张子和治一男

〔1〕少阳：原误作"少阴"，据《素问·至真要大论》及修敬堂本改。
〔2〕之气：原作"气之"，颠倒之误，据修敬堂本乙转。

子病口疮数年,上至口中至咽嗌,下至胃脘皆痛,不敢食热物。一涌一泄一汗,十去其九,次服黄连解毒汤,十余日皆释。以上治实热。服凉药不愈者,此酒色过度,劳役不睡,舌上光滑而无皮,或因忧思损伤中气,虚火泛上无制,用理中汤,甚者加附子,或官桂噙之。薛新甫云:口疮,上焦实热,中焦虚寒,下焦阴火,各经传变所致,当分别治之。如发热作渴饮冷,实热也,轻则用补中益气汤,重则用六君子汤。饮食少思,大便不实,中气虚也,用人参理中汤。手足逆冷,肚腹作痛,中气虚寒也,用附子理中汤。晡热内热,不时而热,血虚也,用八物加丹皮、五味、麦门冬。发热作渴唾痰,小便频数,肾水亏也,用加减八味丸。食少便滑,面黄肢冷,火衰土虚也,用八味丸。日晡发热,或从腹起,阴虚也,用四物、参、术、五味、麦门。不应,用加减八味丸。若热来复去,昼见夜伏,夜见昼伏,不时而动,或无定处,或从脚起,乃无根之火也,亦用前丸,及十全大补加麦门、五味,更以附子末,唾津调搽涌泉穴。若概用寒凉损伤生气,为害匪轻。以上治虚火。治少阴口疮,半夏散。声绝不出者,是寒遏绝阳气不伸。半夏制一两,桂、乌头各一字,同煎一盏,分二服。治太阴口疮,甘矾散。以甘草二寸,白矾栗子大,含化咽津。治赤口疮,乳香散。以乳香、没药各一钱,白矾半钱,铜绿少许,研为末,掺之。治白口疮,没药散。以乳香、没药、雄黄各一钱,轻粉半钱,巴豆霜少许,为末掺之。口疮久不愈,以五倍末搽之,或煎汤漱,或煎汤泡白矾、或胆矾漱。盖酸能收敛。戴复庵云:下虚上盛,致口舌生疮,若用镇坠之药,以降气汤,或盐水下养正丹,或黑锡丹,仍于临卧热汤洗足,炒拣净吴茱萸,小撮拭足了,便乘炒热置足心,用绢片扎之,男左女右。

口臭 常熟严文靖公,年逾七十,未断房室,日服温补之药无算,兼以人参煮粥,苁蓉作羹,致滋胃热,满口糜烂,牙齿动摇,口气臭秽,殆不可近,屡进寒凉清胃之药不效,有欲用姜桂反佐者,请决于予,予曰用之必大剧,主用加减甘露饮,八剂而平。香薷煮浓汁含之。噙鸡舌香,即沉香花。如无,沉香可代。口中如胶而臭,知母、地骨皮、桑白皮、山栀、麦门冬,甘草盐汤噙,早起汲井中第一汲水,即井[1]华水,含之,吐弃厕下,即瘥。心气不足口臭,益智仁加甘草少许为末,干咽或汤点。张子和治一男子二十余岁,病口中气出臭如登厕。夫肺金本主腥,金为火所乘,火主臭,应便如是也。久则成腐,腐者肾也。此亢极则反兼水化也。病在上宜涌之,以茶调散涌而去其七分,夜以舟车丸、浚川散下五七行,比旦而臭断。药性犷悍,不宜轻用。罗谦甫治梁济民膏粱多饮,因劳心过度,肺金有伤,以致气出腥臭,涕唾稠粘,咽嗌不利,口苦干燥,以加减泻白散主之。《难经》云:心主五臭,入肺为腥臭,此其一也。因洪饮大热之气所伤,从心火刑于肺金,以桑白皮、地骨皮苦微寒,降肺中伏火而补气为君;以黄芩、知母苦寒,治气腥臭,清利肺气为臣;肺欲收,急食酸以收之,五味子酸温,以收肺气,麦门冬苦寒,治涕唾稠粘,口苦干燥为佐;桔梗辛温,体轻浮,治痰逆、利咽膈为使也。

齿

【齿】统属足少阴肾经。《素问》曰:丈夫五八肾气衰,发堕齿槁。又曰:肾热者,色黑而齿槁。少阴终者,面黑,齿长而垢。齿分上下龂。亦作龈,齿根肉也。【上龂】属足阳明胃经。《素问》曰:邪客于足阳明之经,令人鼽衄,上齿寒。《针经》曰:上牙痛,喜寒而恶热,取足阳明之原冲阳穴,在两足跗上五寸骨间动脉中。注:牙,判也。左半为牙,右半为片。朱丹溪曰:当灸三里穴,三里、足阳明经之合穴也,在两膝下外侧辅骨下三指地,离骺骨外一指许,两筋间宛宛也。【下龂】属手阳明大肠经。张洁古曰:秦艽去下牙痛,及除本经风湿。《针经》曰:下牙痛,喜热而恶寒,取手阳明之原合谷穴,在两手大指、次指岐骨间陷中。朱丹溪曰:当灸三间穴,三间、手阳明经之俞穴也,在两手大指、次指本节后,内侧骨上缝中赤白肉际。男子八岁,肾气实而齿生更,三八真牙生,五八则齿槁,八八而齿去矣。女子亦然,以七为数。盖肾主骨,齿乃骨之余,髓之所养也,故随天癸之盛衰也。足阳明之支者,入于上齿。手阳明之支者,入于下齿。若骨髓不足,阳明脉虚,则齿之诸病生矣。何以言之,阳明金也,齿属肾水

---

〔1〕井:原作"黄",据修敬堂本改。

也。阳明之支入齿间,此乃母气荣卫其子。故阳明实则齿坚牢,
阳明虚则齿浮动。所以齿痛者,乃阳明经有风冷湿热之邪乘虚而
入,聚而为液为涎,与齿间之气血相搏击而痛也。若热涎壅盛则肿
而痛也,热不盛则齿龈微肿而根浮也。有虫牙痛者,由湿热生虫,
蚀其根而作痛也。有齿间血出者,由阳明之支有风热之邪,入齿龈
搏于血,故血出也。有齿龋者,亦以阳明入风热之邪搏齿龈,气血
腐化为脓出臭汁,谓之齿龋,亦曰风龋。有齿蚩者,是虫蚀齿至龈
脓烂汁臭也。有齿挺者,由气热传入脉至齿龈间,液沫为脓,气血
竭,肉龈消,故齿根露而挺出也。有齿动摇者,阳明脉虚,气血不荣,
故齿动摇也。有齿历蠹者,由骨髓气血不能荣盛,故令牙齿黯黑,
谓之历齿。其齿黄黑者亦然。以此而言,岂非诸齿病皆因阳明之
所致哉。东垣云:夫齿者肾之标,口者脾之窍,诸经多有会于口者。
其牙齿是手足阳明之所过,上龈隶于坤土,乃足阳明胃脉之所贯络
也,止而不动。下龈嚼动而不休,手阳明大肠脉之所贯络也。手阳
明恶寒饮而喜热,足阳明喜寒饮而恶热,故其病不一。牙者肾之标,
亦喜寒,寒者坚牢,为病不同,热甚则齿动,龈断袒脱,作痛不已,故
所治疗不同也。有恶热而作痛者,有恶寒而作痛者,有恶寒又恶热
而作痛者,有恶寒饮少、热饮多而作痛者,有恶热饮少、寒饮多而作
痛者,有牙齿动摇而作痛者,有齿袒而作痛者,有齿龈为疳所蚀缺
少、血出而作痛者,有齿龈肿起而作痛者,有脾胃中有风邪,但觉风
而作痛者,有牙上多为虫所蚀,其齿缺少而色变为虫牙痛者,有胃
中气少不能于寒、袒露其齿作痛者,有牙齿疼痛而臭秽之气不可近
者,痛既不一,岂可一药而尽之哉。刘宗厚云:头面外冒风寒,或口
吸寒冷致牙疼者,皆外因也。实热、阴虚火动、骨蒸所致,气郁血热,
虫蛀,皆内因也。硬物所支,打击等致,皆不内外因也。薛新甫云:
湿热甚而痛者,承气汤下之,轻者清胃散调之。大肠热而龈肿痛者,
清胃散治之,重则调胃汤清之。六郁而痛者,越鞠丸解之。中气虚
而痛者,补中益气汤补之。思虑伤脾而痛者,归脾汤调之。肾经虚
热而痛者,六味丸补之。肾经虚寒而痛者,还少丹补之,重则八味
丸主之。其属风热者,独活散;不愈,茵陈散。风寒入脑者,羌活附

子汤。病证多端,当临证制宜。牙痛有风毒、热壅、龋蛀、肾虚,未辨何证,俱用消风散揩抹,诸证皆宜。香附炒黑三分,炒盐一分,研匀,揩用如常。风寒湿犯脑痛,项筋急,牙齿动[1]摇,肉龈袒脱疼痛,宜羌活散。冬月时,风寒湿头疼,项筋急,牙齿动摇疼痛,宜麻黄散。大寒犯脑连头痛,齿亦痛,宜细辛散、白芷散、蝎稍散。牙齿寒痛,用牢牙地黄散擦,或露蜂房、川椒去目炒等分为粗末煎漱,或荔枝壳、或核烧灰存性擦痛处。牙痛用清凉药便痛甚者,从治之。用荜拨、川椒、薄荷、荆芥、细辛、樟脑、青盐为末,擦牙上。得热而痛,得凉则止者,以辛凉药治之。东垣治刘经历内子年三十余,病齿痛不可忍,须骑马外行,口吸凉风则痛止,至家则痛复作,此湿热之邪也。足阳明贯于上齿,手阳明贯于下齿,阳明多血多气,又加以膏粱之味,助其湿热,故为此痛。因立一方,不须骑马出外,当令风寒之气常生于齿间,以黄连、梧桐律之苦寒,新薄荷叶、荆芥穗之辛凉,四味相合而作风寒之气,治其湿热,更以升麻之苦平,引入阳明经为使,牙齿骨之余,以羊胫骨灰补之为佐,麝香少许入内为引用,名曰鹹鬼散,为细末擦之神效。又以调胃承气汤,去芒硝,加黄连,以治其本,服之下三五行,其病良愈,不复作。风毒牙痛,内服独活散,外用皂角寸节,实之以盐,火煨熟,汤泡,通口漱,吐下涎沫。风毒及热壅上攻,牙龈痛,或齿缝有红肉努出,宜消风散,食后临卧入茶点,仍入荆芥、防风、白芷、蜂房之属,煎冷频频漱口。若热壅甚,牙肿连颊,痛不可忍,宜金沸草散,去麻黄,加薄荷如其数。《三因方》云:一妇人牙痛,治疗不效,口颊皆肿,以金沸草散大剂煎汤,熏漱而愈。阳明热牙疼,大黄炒焦黑存性,香附亦然,为末,入青盐少许,擦无时。因服补胃热药,致上下牙疼痛不可忍,牵引头脑,满面发热大痛,阳明之别络入脑,喜寒恶热,乃手阳明经中热盛而作,其齿喜冷恶热,清胃汤主之。仓公治齐中大夫病龋齿,灸左手阳明脉,苦参汤日漱三升,五六日愈。寒热皆痛,当归龙胆散、益智木律散。寒多热少者,微恶热饮,大恶寒饮,宜草豆蔻散。热多寒

---

〔1〕动:原脱,据修敬堂本补。

少者,微恶寒饮,大恶热饮,宜麝香散、立效散。上爿[1]牙疼,升麻散。下爿[1]牙疼,白芷散。平昔多食肉人,口臭,牙齿动摇欲落,或血出不止,乃内伤湿热膏粱之疾也。宜神功丸、牢牙散、调胃承气去硝加黄连汤。肾虚牙浮而痛,甚则憎寒壮热全具,如欲脱之状,宜安肾丸、八味丸、还少丹,间进黑锡丹。病齿非肿非疼,虚不能嚼食,用《局方》嘉禾散,姜煎,食后一服,次以地骨皮煎汤漱之,候空心,以羊腰子一对,切片勿令断,以葱丝、椒末、青盐、蒺藜去刺末,固元散二钱,拌匀,掺于腰子内,以豆蔻叶、或荷叶包裹煨令熟,食之。服经两日,顿觉快利,饮食如故。擦药,用牢牙散。引涎止痛方,枯矾、露蜂房微炙等分为末,每服二钱,水煎乘热炸牙,冷即吐之。或用蟾酥、银朱掺和为丸,如萝卜子大。每用一丸搽患处,便不疼,至三丸吐浓涎数口,全愈。塞耳方,雄黄定痛膏、透关散,及巴豆一粒,煨黄熟去壳,用蒜一瓣,切一头作盖,剜去中心,入巴豆其中,以盖合之,用绵裹,随患左右塞耳中。常用刷牙,牢牙散、白牙散、麝香刷牙散、羊胫骨灰散、长春散、沉香散、朱砂散、妙应散。

龋蛀

海藏云:牙齿等龋数年不愈,当作阳明蓄血治之。桃仁承气汤为细末,炼蜜丸如桐子大,服之。好饮过者,多得此疾,屡服有效。蛀牙痛,用巴豆一粒烂研,一方香油灯上烧过搓乳香细末丸之,塞蛀孔中。内藜芦细末于孔中,勿咽津。用不蛀皂角一锭,去皮子,却于每皂子处安巴豆一粒,盐泥固济,烧灰研细末。用剜耳子抄[2]少许,填入蛀孔内。雄雀粪绵裹塞孔内,日一二易。芦荟、白胶香,塞蛀孔内。松脂锐如锥者,塞孔中,少顷虫出脂上。芦荟四分炒研细,先用盐揩净齿,傅少许。鹤虱枝插患处。芜荑仁安蛀齿上,有缝就以窒之。吴茱萸、雄黄各等分,樟脑、乳香各少许,末之,擦痛处。鹤虱、细辛、白芷、干茄等分为末,揩痛处。如有蛀孔,用饭丸

---

〔1〕爿:原作"片",据修敬堂本改。
〔2〕抄:修敬堂本作"挑"。

药末,塞孔中。虫蚀牙根肉腐,用棘针烧取沥,频傅之,或煮汁含之。亦可煮郁李根白皮浓汁含。温米醋漱出虫自愈。香白芷、细辛煎漱。天仙子烧烟,用竹筒抵牙,引烟熏之,即虫死不再发。用小瓦片置油拌韭子烧烟,搁[1]在水碗上,以漏斗覆之,以蛀牙受漏斗口中烟,其牙内虫如针者,皆落水碗中。蛀牙有孔疼痛不断根者,用雄黄、乳香各一钱,樟脑少许,末之,黄蜡为丸,随孔大小纳一丸,以铁打条一尺五寸长,如箸小头大,作一勺头如钳尾状,火烧红,笔管筒住,只留勺头,勿令热伤唇舌,须先以箸挑开口唇,然后以头勾炷荡药上,须熔开觉热为度,以水漱之神效。有牙虫已出,其孔穴空虚而痛者,宜用乳香少许,火炙令软以实之。

牙断宣露

用栝蒌根二两,砂锅内甘草水煮软,取出令干,鸡舌香十枚,白芷半两,麝香一分,上为细末。每用少许揩牙,误咽无妨。蚯蚓矢,水和为泥,火烧令赤,研如粉,腊月猪脂和傅上,日三次,永瘥。一方,同入磁瓶内,黄泥固济,煻[2]火煨烧一夜,候冷取出,细研用,如常法揩牙,生地黄一斤,于木臼内捣碎,入盐二合和之,上用白面裹,可厚半寸以来,煨于煻灰火中,断烟始成。去焦面,入麝香一分,同研末,每用少许贴齿根上。蔓荆子、生地黄、地骨皮、青蒿各一两,郁李根皮二两,每服半两,水煎,热含冷吐。

牙齿动摇

东垣云:还少丹常服牢牙齿。地黄丸亦好。阴虚内热者,甘露饮。外用,五灵膏、宣牙膏、五倍子散、生姜、地黄汁制、皂角散、土蒺藜散、黑铅砂贴搽。生地细剉,绵裹着齿上咂之,日三四,并咽津效。

牙齿不生

用黑豆三十枚,牛粪火内烧令烟尽,取出细研,入麝香少许研匀,先以针挑破不生处,令血出,却涂药在上。不可见风,忌酸

---

〔1〕搁:原作"阁",据修敬堂本改。
〔2〕煻:修敬堂本作"糠"。

咸物。雄鼠矢三七枚，麝香半钱，同研细揩齿。露蜂房散、川升麻散。

唇

【唇】属足太阴脾经。《素问》曰：脾者，仓廪之本，营之居也，其华在唇。《灵枢》曰：脾者主为卫，使之迎粮，视唇舌好恶，以知吉凶。故唇上下好者脾端正，唇偏举者脾偏倾，揭唇者脾高，唇下纵者脾下，唇坚者脾坚，唇大而不坚者脾脆，脾病者唇黄，脾绝者唇四面肿。又曰：唇舌者，肌肉之本也。足太阴气绝，则脉不荣肌肉，脉不荣则肌肉软，肌肉软而舌萎、人中满，人中满则唇反，唇反者，肉先死。甲笃乙死，木胜土也。又属足阳明胃经。《灵枢》曰：足阳明所生病者，口㖞唇胗。注：所生病者，血也。胗，古疹字，唇疡也。又曰：阳明气至则啮唇。《中藏》曰：胃中热则唇黑。又属手少阴心经。《玄珠》曰：上下唇皆赤者，心热也。上唇赤下唇白者，肾虚而心火不降也。又属手太阴肺经。钱仲阳曰：肺主唇白，白而泽者吉，白如枯骨者死。唇白当补脾肺，盖脾者肺之母也，母子皆虚，不能相营，其名曰怯，故当补。若深红色，则当散肺虚热。【侠口】统属冲任二脉。《灵枢》曰：冲任二脉，皆起于胞中，上循背里，为经络之海，其浮而外者，循腹右上行，会于咽喉，别而络唇口，故气血盛则充肤热肉，血独盛则澹渗皮肤而生毫毛，妇人数脱血，是气有余血不足，冲任之脉不营唇口，所以无须也。【上唇侠口】属手阳明大肠经。【下唇侠口】属足阳明胃经。燥则干，热则裂，风则眴，寒则揭。若唇肿起白皮皱裂如蚕茧，名曰茧唇。有唇肿重出如茧者，有本细末大、如茧如瘤者。或因七情动火伤血，或因心火传授脾经，或因厚味积热伤脾。大要审本证，察兼证，补脾气，生脾血，则燥自润，火自除，风自息，肿自消。若患者忽略，治者不察，妄用清热消毒之药，或用药线结去，反为翻花败证矣。肾虚唇茧，时出血水，内热口干吐痰，体瘦，宜济阴地黄丸。肝经怒火，风热传脾，唇肿裂，或患茧唇，宜柴胡清肝散。胃火血燥，唇裂为茧，或牙龈溃烂作痛，宜清胃散，或加芍、芎、柴胡，可治脾胃肝胆经热。风热传脾，唇口眴皱，或头目眩，或四肢浮肿如风状，宜羌活散。风热客于脾经，唇燥裂无色，宜泻黄饮子。中气伤损，唇口生疮，恶寒发热，肢体倦怠，宜补中益气汤。思虑伤脾,血耗唇皱,宜归脾汤。意思过度,蕴热于脾,渖裂无色,唇燥口干生疮,年久不愈,内服五福化毒丹,外用橄榄烧灰末,猪脂调涂,或用核中仁细研傅之。又,硫黄、白矾灰、朱砂、水银、麝香、黄柏为末,和水银磁器中,腊月猪脂和如泥。光净拭唇,却以膏涂之。又,八月蓝叶绞汁洗,不过二日瘥。又,诃子肉、五倍子等分为末,干贴。又,黄连一分,干姜半分炮,为细末,傅之。又,大铜钱四文,石上磨以猪脂,磨取汁涂。又,蛇蜕灰、晚蚕蛾末,油调敷。又,以甑上滴下汗傅之,白荷花瓣贴之,皆神效。紧唇,白灯散,或皂角末少许,水调涂。风湿入脾,唇口䐃动痛揭,头目眩痛,结核,浮肿,用薏苡仁炒、防己、赤小豆炒、甘草炙等分,姜煎;《圣惠》独活散,加白敛、黄芪、枳壳,或升麻饮。外用松脂半两,大黄、白敛、赤小豆、胡粉各二钱半,为细末,鸡子清调涂。脾热,唇焦枯无润泽,宜生地黄煎。冬月唇干拆血出方,桃仁捣烂,猪脂调涂。唇舌者[1],肌肉之本也。唇反者,肉先死。

舌

【舌】属手少阴心经。《素问》曰:心在窍为舌,畏寒。《内经》曰:心气通于舌,心和则舌能知五味矣。病则舌卷短,颧赤,其脉搏坚而长。乔岳曰:心绝则舌不能收,及不能语。又属足太阴脾经。李东垣曰:舌者心也,复能知味,是舌中有脾也。《灵枢》曰:足太阴之正,贯舌中。《素问》曰:中央黄色,入通于脾,故病在舌本。《灵枢》又曰:足太阴是动则病舌本强,所生病者舌本痛。《素问》[2]刺舌下中脉太[3]过,血出不止为瘖。注:舌下脾脉也。瘖,不能言也。孙景思曰:舌者,心气之所主,脾脉之所通,二藏不和,风邪中之,则舌强不能言;壅热攻之,则舌肿不能转。更有重舌木舌,舌肿出血等证,皆由心脾二经风热所乘而然也。又兼属足阳明胃经。张鸡峰曰:脾胃主四肢,其脉连舌本,而络于唇口。胃为水谷之海,脾气磨而消之,由是水谷之

---

〔1〕者:原在"肌"之下,颠倒之误,据本篇唇注文乙转。
〔2〕《素问》:原作"又曰",此下所引之文,出自《素问·刺禁论》;据改。
〔3〕太:原作"大",据《素问·刺禁论》及四库本改。

精化为营卫,以养四肢。若起居失节,饮食不时,则致脾胃之气不足,而营卫之养不周,风邪乘虚而干之,则四肢与唇口俱痹,语言蹇涩,久久不治,变为痿疾。经云:治痿独取阳明,谓足阳明也。治法宜多用脾胃药,少服去风药则可安矣。又属足少阴肾经。《灵枢》曰:足少阴之正,直者系舌本,舌纵涎下,烦悗,取足少阴。《玄珠》曰:舌之下窍,肾之津液所朝也。注:下窍,廉泉穴也,一名舌本[1],在颔下结喉上。《素问》曰:刺足少阴脉,重虚出血,为舌难以言。又属足厥阴肝经。《灵枢》曰:肝者筋之合也,筋者聚于阴器,而脉络于舌本。舌主尝五味,以荣养于身,资于脾,以分布津液于五脏,故心之本脉系于舌根,脾之络脉系于舌旁,肝脉循阴器络于舌本,心脾虚风热乘之则为病。风寒湿所中,则舌卷缩而不能言,宜小续命汤。挟热,升麻汤加桔梗漱之,碧雪傅之。七情所郁,则舌肿满不得息,宜《本事方》乌、星、姜末,贴手足心。心热则裂而疮,木舌重舌,宜三黄丸,真蒲黄掺之;《三因》龙石散,三黄丸末,水调贴脚心;升麻汤加桔梗、玄参、黄芩。又,白矾、大黄、朴硝擦漱。又,醋调五灵脂末、乌贼骨、真蒲黄末涂之,服散肝经实热之药。脾热则滑而胎,脾闭则白胎如雪,宜薄荷汁、白蜜、姜片揩之。肝壅则血上涌,宜蒲黄或槐花末掺之,服清肝之药。薛新甫云:如口舌肿痛,或状如无皮,或发热作渴,为中气虚热,宜清热补气汤。若眼如烟触,体倦少食,或午后益甚,为阴血虚热,宜清热补血汤。若咽痛舌疮,口干足热,日晡益甚,为肾经虚火,宜六味丸。若四肢逆冷,恶寒饮食,或痰甚眼赤,为命门火衰,宜八味丸。若发热作渴,饮冷便闭,为肠胃实火,宜凉膈散。若发热恶寒,口干喜汤,食少体倦,为脾经虚热,宜加味归脾汤。若舌本作强,腮颊肿痛,为心脾壅热,宜玄参升麻汤。若痰盛作渴,口舌肿痛,为上焦有热,宜清热化痰汤。若思虑过度,口舌生疮,咽喉不利,为脾经血伤火动,宜加味归脾汤。若恚怒过度,寒热口苦,而舌肿痛,为肝经血伤火动,宜小柴胡汤加丹皮、山栀。血虚者,用八珍加参、术、柴胡、山栀、丹皮,虚甚须加炮姜。

---

〔1〕本:原作"木",据虞衙本改。

舌肿痛

舌根肿胀为重舌，舌肿而不柔和者为木舌，风寒伤于心脾，令人憎寒壮热，齿浮舌肿痛，宜金沸草散漱口，吐一半，吃一半。治舌肿，黄药汤。或乱发烧灰，水调下。外用釜底煤研细醋调，傅舌上下，脱去更傅，能先决去血，竟傅之尤佳。一方用盐等分，井花水调傅。硼砂细末，切生姜蘸药揩舌肿处，即退。蓖麻取油，蘸纸捻烧烟熏之愈。好胆矾研细傅之。舌上肿硬出血，海螵蛸、蒲黄各等分研细，井花水调傅。

木舌

肿胀，马牙硝丸、牛黄散、玄参散、飞矾散、䗪虫散、百草霜散。

重舌

用一味真蒲黄末掺之。又用皂角刺煅，朴硝少许，研匀，先以手蘸水擦口内并舌上下，将药掺之，涎出自消。又用五灵脂一两，去砂石研末，米醋一大碗煎，逐旋噙漱口。又用皂角不蛀者四五挺，去皮弦，炙令干，荆芥穗少许研细末，以米醋调涂肿处。又以蛇蜕烧灰，研极细，少许傅之。乌犀膏、牛黄散、黄药汤。亦可以铍刀刺之，出血愈。《三因》云：凡舌肿，下必有噤虫，状如蝼蛄、卧蚕，有头尾，其头小白，可烧铁烙，烙头上即消。不急治，能杀人。东垣云：廉泉一穴，一名舌本，在颔下结喉上。治舌下肿难言，舌纵涎出，口禁；舌根急缩，下食难。刺疟论云：舌下两脉者，廉泉也。刺禁论云：刺舌下中[1]脉太过，血不止为瘖。刺节真邪论云：取廉泉穴，血变而止。以明宜出血禁用针。或问取廉泉穴二说不同，一说取颔下结喉上，一说取舌下两脉，何者为当？答曰：舌本者，乃舌根蒂也。若取舌下两脉，是取舌稍也，舌标也，此法误也。当取颔下者为当，此舌根也。况足阳明之脉，根于厉兑，结于廉泉，颔下乃足阳明之所行也。若取舌下两脉，非足阳明经也。戊与癸合，廉泉足少阴也，治涎下。解云：胃中热上溢，廉泉开，故涎下，当出血泻胃中热。又知非舌下两脉也，颔下结喉上者为准矣。胀论曰：廉泉、玉英者，津

_____

〔1〕中：原脱，据《素问·刺禁论》补。

液之道路也。张戴人治南邻朱老翁,年六十余岁,身热数日不已,舌根肿起,和舌尖亦肿,肿至满口,比原舌大三倍。一外科以燔针刺其舌两旁下廉泉穴,病势转凶,将至颠巚[1]。戴人曰:血实者宜决之,以铧针磨令锋极尖,轻砭之,日砭八九次,出血约一二盏,如此者三次,渐觉血少痛减肿消。夫舌者,心之外候也。心主血,故血出则愈。又诸痛痒疮疡,皆属心火。燔针艾火,皆失此义也。薛新甫云:凡舌肿胀甚,宜先刺舌尖,或舌上,或边傍出血泄毒,以救其急。惟舌下廉泉穴,此属肾经,虽宜出血,亦当禁针,慎之。

舌强

《三因》矾石散,治风寒湿舌强不能语。牛黄散治舌肿强,又用蛇蜕烧存性、全蝎等分,为细末傅之。

舌卷

经云:邪客手少阳之络,令人喉痹舌卷,口干心烦,臂外廉痛,手不及头,刺手中指、次指爪甲上去端如韭叶,各一痏。又云:手少阳[2]之筋,其病支痛转筋,舌卷,治在燔针劫刺,以知为数,以痛为输。又云:厥阴络者,甚则舌卷卵上缩。又云:肝者,筋之合也。肝脉弗荣则筋急,筋急则引舌与卵,故唇青舌卷卵缩,则筋先死,庚笃辛死。

舌疮

风热,口中干燥,舌裂生疮,宜甘露饮、栝蒌根散、甘露丸。外傅芦荟散、玄参散、绿云散。并以白矾末汤化洗足。曾有舌上病疮,久蚀成穴,累服凉剂不效,后有教服黑锡丹,遂得渐愈。此亦下虚故上盛也。又有舌无故常自痹者,不可作风治,由心血不足,理中汤加当归服之。

舌出不收

心经热甚,及伤寒热毒攻心,及伤寒后不能调摄,往往有之,宜

<hr>

〔1〕巚(jié 截):集成本作"危"。巚,嶻之俗字,山高峻貌。《说文》段注:"嶻,本谓山陵貌。"在此引伸为形容病势之颠危。

〔2〕少阳:原误作"阳明",据《灵枢·经筋》改。

用珍珠末、冰片等分，傅之即收。或用巴豆一枚，去油取霜，用纸捻卷之，内入鼻中，舌自收。此治伤寒后不能调摄者。治一妇人产子，舌出不能收，令以朱砂末傅其舌，乃令作产子状，以二女掖之，乃于壁外潜累盆盎置危处，堕地作声，声闻而舌卷矣。

舌纵涎下多唾

《灵枢[1]》口问篇，黄帝曰：人之涎下者，何气使然？岐伯曰；饮食者皆入于胃，胃中有热则虫动，虫动则胃缓，胃缓则廉泉开，廉泉开故涎下。补足少阴。萧炳治口角流涎不止，口目㖞邪，手足痿软，用神龟滋阴丸、通天愈风汤、清心导痰丸、清心牛黄丸。娄全善治宣文炳口流涎不止，喜笑舌疮，脉洪大，用连、芩、柏、栀、白术、苍术、半夏、竹沥、姜汁服之，五日涎止笑息。流涎者，自然流出也。仲景云：大病瘥，喜出唾，久不了了者，胃上有寒，当以丸药温之，宜理中丸。东垣云：多唾或唾白沫者，胃口上停寒也，药中加益智仁。

自啮舌

《灵枢经》黄帝曰：人之自啮舌者，何气使然？岐伯曰：此厥逆走上，脉气皆至也。少阴气至则啮舌，少阳气至则啮颊，阳明气至则啮唇矣。视主病者，则补之。

面

【面】统属诸阳。《灵枢》曰：诸阳之会，皆在于面。又属足阳明胃经。《素问》曰：五七阳明脉衰，面始焦，发始堕。六八衰竭，面焦发鬓颁白。《灵枢》曰：邪中于面则下阳明。《中藏》曰：胃热则面赤如醉人。《素问》又曰：已食如饥者胃疸。面肿曰风。注：胃阳明之脉行于面故耳。又属足太阳膀胱经。《灵枢》曰：足太阳之上，血多气少则面多少理，血少气多则面多肉肥而不泽，血气和则美色。俱有余则肥泽，俱不足则瘦而无泽。又统属手少阴心经。《素问》曰：心者，生之本，神之变也，其华在面。又曰：心之合脉也，其荣色也。又以五色候五脏，故面青属肝。《素问》曰：生于肝，如以缟裹绀，故青欲如苍璧之泽，不欲如蓝。注：缟，缯之精白者。绀，深青扬

---

〔1〕灵枢：原作"素问"，据《灵枢·口问》改。

赤色。又曰：青如翠羽者生，如草兹者死。注：兹，滋也，如草初生之色也。赤属心。《素问》曰：生于心，如以缟裹朱，故赤欲如白裹朱，不欲如赭。注：赭，赤土也。又曰：赤如鸡冠者生，如衃血者死。注：衃血，凝血也。黄属脾。《素问》曰：生于脾，如以缟裹栝蒌实，故黄欲如罗裹雄黄，不欲如黄土。又曰：黄如蟹腹者生，如枳实者死。白属肺。《素问》曰：生于肺，如以缟裹红，故白欲如鹅羽，不欲如盐。又曰：白如豕膏者生，如枯骨者死。黑属肾。《素问》曰：生于肾，如以缟裹紫，故黑欲如重漆色，不欲如地苍。又曰：黑如乌羽者生，如炲者死。注：炲，煤也。又曰：五脏六腑固尽有部，视其五色，黄赤为热，白为寒，青黑为痛。《灵枢》邪气脏腑病形篇，黄帝曰：首面与身形也，属骨连筋同血，合与气耳，天寒则裂地凌冰，其卒寒或手足懈惰，然而其面不裂何也？岐伯答曰：十二经脉，三百六十五络，其血气皆上于面而走空窍，其精阳气上走于目而为睛，其别气走于耳而为听，其宗气上出于鼻而为臭，其浊气出于胃，走唇舌而为味，其气之津液皆上熏于面，而皮又厚，其肉坚，故天气[1]甚寒，不能胜之也。叶氏曰：手足六阳之经，皆上至于头，而唯阳明胃脉，起鼻交頞中，入上齿中，侠口环唇，循颊车，上耳前，过客主人，故人之面部，阳明之所属也。其或胃中有热则面热，升麻汤加黄连。胃中有寒则面寒，升麻汤加附子。若风热内甚而上攻，令人面目浮肿，或面鼻紫色，或风刺瘾疹，随其证而治之。李氏云：风邪入皮肤，痰饮渍府藏，则面黚黯。脾应见于面，肺应皮毛，二经风湿搏而为热湿，故面生疮。

面肿[2]

面肿为风，宜用羌活、防风、升麻、白芷、牛蒡子之属。外杵杏仁如膏傅之。余见水肿门。

面寒面热

丹溪云：面热火气，因郁热。面寒属胃虚。东垣云：饮食不节则胃病，胃病则气短精神少，而生大热，有时而火上行独燎其面。

---

〔1〕气：原误作"热"，据《灵枢·邪气脏腑病形》改。
〔2〕面肿：此标题原连正文，据本册目录移出。

《针经》云:面热者,足阳明病。欬逆停息不得卧,面热如醉,此为胃热上冲熏其面,茯苓桂枝五味子甘草汤加大黄以利之。罗谦甫疗杨郎中之内,五十一岁,身体肥盛,患头目昏闷,面赤热多,服清上药不效,诊其脉洪大有力。《内经》云:面热者,足阳明病。《脉经》云:阳明经气盛有余,则身已前皆热,况其人素膏粱积热于胃,阳明多血多气,木实则风热上行,诸阳皆会于头目,故面热之病生矣。先以调胃承气汤七钱,加黄连三钱,犀角一钱,疏下一两行,彻其本热,次以升麻加黄连汤,去经络中风热上行,如此则标本之邪俱退矣。又治尼长老,六十一岁,身体瘦弱,十月间病头面不耐寒气,弱不敢当风行,诸治不效。诊之,其脉皆弦细而微,其人年高,素食茶果而已,阳明之经本虚。《脉经》云:气不足则身以前皆寒栗,又加看诵损气,由此胃气虚,经络之气亦虚,不能上荣头面,故恶风寒。先以附子理中丸温其中气,次以升麻汤加附子主之。或曰升麻加黄连汤治面热,升麻加附子汤治面寒,有何依据? 答曰:出自仲景,云岐子注《伤寒论》中辨葛根汤云:尺寸脉俱长者,阳明受病也,当二三日发,以其脉夹鼻络目,故身热目疼鼻干,不得卧,此阳明经受病也。始于鼻,交頞中,从头至足,行身之前,为表之里。阳明经标热本实,从标脉浮而长,从本脉沉而实。阳明为病,主蒸蒸而热,不恶寒,身热为标病;阳明本实者,胃中燥,鼻干目疼为本病。阳明为肌肉之本,禁不可发汗;在本者不禁下,发之则变黄证。太阳主表,荣卫是也。荣卫之下,肌肉属阳明。二阳并病,葛根汤主之。卫者桂枝,荣者麻黄,荣卫之中,桂枝麻黄汤各半主之。荣卫之下,肌肉之分者,葛根汤主之。又名解肌汤。故阳明为肌肉之本,非专于发汗止汗之治。桂枝麻黄两方,互并为一方,加葛根者,便作葛根汤,故荣卫肌肉之次也。桂枝、芍药、生姜、甘草、大枣止汗,麻黄、桂枝、生姜、甘草发汗,葛根味薄,独加一味者,非发汗止汗也。从葛根以解肌,故名葛根汤。钱仲阳制升麻汤,治伤寒瘟疫,风热壮热,头痛肢体痛,疮疹已发未发,用葛根为君,升麻为佐,甘草、芍药安其中气。朱奉议作《活人书》,将升麻汤列作阳明经解药。予诊杨氏妇,阳明经标本俱实,先攻其里,后泻经络中风热,故用升麻汤加黄连,以寒治热也。尼长老,阳明经标本俱虚,先实其里,次行经络,故用升麻汤加附子,以热治寒也。仲景乃群方之祖,信哉。

面青

《难经》云:肝,外证面青,善洁善怒。

面尘

运气面尘有二:一曰燥金制肝。经云:阳明司天,燥淫所胜,民病嗌干面尘。又云:阳明在泉,燥淫所胜,病嗌干面尘。又云:金郁之发,嗌干面尘。宜治以湿剂是也。二曰火。经云:少阳之复,厥气上行,面如浮尘,目乃瞤瘛,治以寒剂是也。针灸面尘,皆取肝胆二经。经云:肝足厥阴之脉是动病,甚则嗌干,面尘脱色。又云:胆足少阳之脉是动病,甚则面微有尘。皆视盛、虚、热、寒、陷下取之也。

面赤

《难经》云:心,外证面赤,口干善笑。东垣云:面赤为邪气怫郁在经,宜表不宜下。仲景云:下利脉沉而迟,其人面[1]赤,身有微热,下利清谷者,必[2]郁冒汗出而解。此面赤亦表而解也。运气面赤皆属寒。经云:太阳司天,寒淫所胜,民病面赤目黄。治以热剂是也。针灸面赤,皆取心主。经云:心主手厥阴之脉,是动则病面赤目黄。视盛、虚、热、寒、陷下取之也。治面赤,用好檗剉碎四两,人乳浸拌匀,以日晒干,再浸拌匀,如此六七次为妙,然后为细末。临卧清茶或汤调下二钱,有奇效。

面黄

《难经》云:脾,外证面黄,善噫,善思,善味。《素问》云:阳明经终者,口目动作,善惊妄言,色黄。治法见黄疸门。

面白

《难经》云:肺,外证面白,善嚏,悲愁不乐,欲哭。血脱者,色

---

〔1〕面:此下《金匮要略》第十七有"少"字。

〔2〕必:原作"以",据《金匮要略》第十七改。

白夭然不泽，其脉空虚。肺病面白不悦，则为脱气、脱血、脱津、脱液、脱精、脱神。巴戟丸主之。脉紧者，寒也。或面白善嚏，或面色恶，皆寒也。以羌活、防风、甘草、藁本四味，泻足太阳，少加附子以通其脉。面色恶，悲恐者，更加桂、附。太阳终者，戴眼反折，瘛疭，其色白，绝汗出。少阳终者，耳聋，百节皆纵，目睘绝系，其色青白。

面黑

《难经》云：肾，外证面黑，善恐欠。罗谦甫治一妇人，年几三十，忧思不已，饮食失节，脾胃有伤，面色黧黑不泽，环唇尤甚，心悬如饥状，又不欲食，气短而促。大抵心肺在上，行荣卫而光泽于外，宜显而藏。肝肾在下，养筋骨而强于内，当隐而不见。脾胃在中，主传化精微，以灌四旁，冲和而不息。其气一伤，则四脏失所，忧思不已，气结而不行，饮食失节，气耗而不足，使阴气上溢于阳中，故黑色见于面。又经云：脾气通于口，其华在唇。今水反来侮土，故黑色见于唇，此阴阳相反病之逆也。上古天真论云：阳明脉衰于上，面始焦。故知阳明之气不足，非助阳明生发之剂，无以复其色，故以冲和顺气汤主之。《内经》曰：上气不足，推而扬之。以升麻苦平，葛根甘温，自地升天，通行阳明之气为君。人之气，以天地之风名之，气留而不行者，以辛散之。防风辛温，白芷甘辛温，以散滞气为臣。苍术苦辛，蠲除阳明经之寒，白芍药之温酸，安太阴经之怯弱。《十剂》云：补可去弱，人参羊肉之属。人参、黄芪、甘草甘温，补益正气为佐[1]。至真要大论云：辛甘发散为阳。生姜辛热，大枣甘温，和荣卫，开腠理，致津液，以复其阳气，故以为使。每服早饭后、午饭前，取阳升之时，使人之阳气易达故也。数服而愈。孙兆治一人，满面黑色，相者断其死。孙诊之曰：非病也，乃因登溷，感非常臭气而得。去至臭，无如至香，令用沉、檀碎劈，焚于炉中，安帐内以熏之，明日面色渐变，旬日如故。盖肾臭腐属水，脾臭香属土。今夫厕臭者，腐臭也，故闻之则入肾而面黑。沉香者，香臭也，故熏之则脾土胜肾水而色还也。浙全夫人，忽日面上生黑斑数点，日久满面

---

〔1〕佐：原作"臣"，据上下文义改。

俱黑,遍求医治不效。忽遇一草泽医人云:夫人中食毒,治之一月平复。后校其方,止用生姜汁服之。问其故,云食斑鸠,盖此物常食半夏苗,中毒,故以姜解之。针灸面黑有二法:其一取胃。经云:胃足阳明之脉,是动则病洒洒振寒,颜黑。其二取肾。经云:足少阴之脉,是动则病饥不欲食,面如漆柴。视盛、虚、热、寒、陷下取之也。少阴终者,面黑,齿长而垢,腹胀闭。太阴终者,腹胀闭不得息,善噫呕逆则面赤,不逆则面黑,皮毛黑。洗面药七白散,白敛、白术、白牵牛、白附子、白芷、白芍药、白僵蚕。

面上细疮,常出黄水,桃花阴干,加当归或杏花作末洗面。面上热毒恶疮,檗连散涂。面上五色疮,用盐汤绵浸塌疮上,日五六度易瘥。面上黄水疮,并目生疮,三月三日桃花阴干为末,食后熟水下方寸匕,日三良。

面上豆痕,或斑黶黡,密陀僧细末,夜以人乳汁调傅有效。

面上粉刺,用不语唾涂之,或捣菟丝子汁涂之,或以白矾末少许,酒调涂之。

《斗门方》治黑黯,令人面色好,白僵蚕、黑牵牛、北细辛,粗末作澡豆,去小儿胎秽。

面里皮痛,何首乌末,姜汁调成膏傅之,帛盖,以火炙鞋底热熨之。

面赤酒皶,生附子、川椒、野葛少许,剉,醋浸一宿,取出,用猪脂同煎,以附子黄为度,去滓,时时涂之。又,硫黄半两,蜗牛壳自死枯干小者为上,木香各半两,虢丹半两,俱为末,杏仁半两,去皮研膏,入腊月猪脂调成膏。夜卧时用浆水先洗面,令干,以药涂患处,平明洗去。湿癣,以米泔水洗,却上前药。指爪破面,用生姜自然汁调轻粉,傅破处,更无瘢瑕。

颊　腮

【颊】烦也,俗呼颧骨。属手足少阳三焦胆,手太阳小肠经之会,又属手少阴心经。《灵枢》曰:心病者颧赤。乔岳曰:心绝则虚阳上发,面赤如脂。○按:如脂者,如女人以粉傅面,以丹傅颧也。夫白者肺之候,丹者心之候,《发明》谓之火克金,是从所不胜来者,为贼邪,其病不治。故《脉诀》云:面赤如妆,不久居也。又属足少阴肾经。《灵枢》曰:肾病者,颧与颜黑。【颊】面旁也。属手足少阳三焦胆,手太阳小肠,足阳明胃经之会。《素问》曰:少阳之脉色荣颊前,热病也。注:足少阳部在颊,色,赤色也;前,当依《甲乙经》作筋。《灵枢》曰:邪气中于颊,则下少阳。又曰:少阳气至则啮颊。《素问》又曰:少阳之厥,则暴聋颊肿而热。又曰:上部地,两颊之动脉。注:在鼻孔下两旁,近于巨髎穴之分,动应于手足阳明脉气之所行也。巨髎直两目瞳子。又属足厥阴肝经。《素问》曰:肝病气逆则颊肿。其在小儿面部。【左颊】属足厥阴肝经。《素问》曰:肝热病者,左颊先赤。【右颊】属手太阴肺经。《素问》曰:肺热病者,右颊先赤。【颊侧】蕃也。属足少阳胆,阳明胃经之会。【颐】本作臣颐中也。属足阳明胃经。《素问》曰:阳明虚则寒栗鼓颔,终则口耳动作。注:口耳动作,谓目睒睒而鼓颔也。又属足少阴肾经。《素问》曰:肾热病者颐先赤。【侠颐】属足阳明胃经。《素问》曰:病上冲喉者,治其渐,渐者上侠颐也。注:阳明之脉渐上颐而环唇,故名侠颐为渐,即大迎穴也,在曲颔下一寸三分,骨陷中动脉。《内经》取治面颊肿痛有三法:其一,取手阳明。经云:颤痛,刺足阳明曲周动脉见血,立已。不已,按人迎于经,立已。又云:厥胸满面肿,唇漯漯然,暴言难,甚则不能言,取足阳明。又云:厥头痛,面若肿起而烦心,取之足阳明、太阴,为烦心也[1]。又云:颤痛,刺手阳明与颤之盛脉出血是也。其二,取手太阳。经云:手太阳之脉,是动则颔肿不可以顾。所生病者,目黄颊痛[2]。视盛、虚、热、寒、陷下取之也。其三,取手足少阳[3]。经云:三焦手少阳之脉,所生病者,颊痛。又云:胆足少阳之脉,所生病者,颔肿。视盛、虚、热、寒、陷下取之也。又云:肝气逆则头痛,耳聋,颊痛[4],取血者。盖取足少阳之血也。丹溪治朱奶,两腮热肿,膈壅之病也。用干葛、桔梗一钱半,升麻一钱,苏叶一钱半,甘草炙七分,薄荷一钱,姜一片,水煎服。东垣云:咽

---

〔1〕为烦心也:文义不属,《灵枢·杂病》无,疑为衍文。

〔2〕痛:《灵枢·经脉》作"肿"。

〔3〕手足少阳:原误作"手足太阳",据文义改。

〔4〕痛:《素问·脏气法时论》作"肿"。

痛颔肿,脉洪大面赤者,羌活胜湿汤,加黄芩、桔梗、甘草各半钱治之。如耳鸣目黄,颊颔肿,颈、肩、臑、肘、臂外后廉痛,面赤,脉洪大者,以羌活、防风、甘草、藁本通其经血,加黄芩、黄连消其肿,以人参、黄芪益其元气,而泻其火邪。两腮肿,以细辛、草乌等分为末,入蚌粉,以猪脂调傅肿处。或用醋调赤小豆末,傅之亦妙。口含白梅,置腮边良久,肿退出涎,患消矣。消时肿必先向下。痄腮用柏叶、车前草、柏子仁杵碎,热傅患处。或用鸡子清调赤小豆末。详见疡科。平江陈氏,因惊惧后,常用手指甲拄掐两颊,遂两颊破损,心中懊恼不安,脉数而实,诸药不愈,用《活幼口议》牛黄清心凉膈丸,数服如失。《三因方》,凡伸欠颊车蹉,但开不能合,以酒饮之,令大醉,睡中吹皂角末,搐其鼻,嚏透即自止。

咽　喉

【咽】在喉之前,所以咽物。杨上善谓:喉咙之后属咽者非。属手太阳小肠,少阴心,足太阴脾,厥阴肝经之会。《素问》曰:咽主地气,地气通于嗌,足太阴脉布咽中,络于嗌,故病则腹满而嗌干。《灵枢》曰:足太阴之正,上结于咽。又属足少阴肾经。《灵枢》曰:足少阴所生病者,口热舌干,咽肿上气,嗌干及痛。《素问》曰:邪客于足少阴之络,令人嗌痛,不可内食,无故善怒,气上走贲上。注:贲,鬲也。贲上,贲门也。《难经》胃为贲门。旧注:气奔而上者非。朱丹溪曰:手足阴阳合生见证曰,咽肿,足少阴、厥阴。又属足阳明胃经。《灵枢》曰:阳明之脉上通于心,上循咽,出于口。又属足厥阴肝,少阳胆经。《素问》曰:肝者中之将也,取决于胆,咽为之使。《灵枢》曰:足少阳之正,上挟咽,出颐颔。《素问》又:一阴一阳代绝,此阴气至心,上下无常,出入不知,喉咽干燥,病在脾土。注:一阴厥阴脉,一阳少阳脉,并木之气也。木克土,故咽喉病虽在脾土,实由肝胆之所为也。【侠咽】属手少阴心,足太阴脾经之会。【喉】在咽之后,所以候气。属手太阴肺,足阳明胃,少阴肾,厥阴肝经,任脉之会。《灵枢》曰:手太阴之正,出缺盆,循喉咙。《素问》曰:喉主天气,天气通于肺,谓之肺系。又属手少阴心,少阳三焦经。《灵枢》曰:手少阴之正,上走喉咙,出于面。《素问》曰:心咳之状,咳则心痛,喉中介介如哽状,甚则咽肿喉痹。张洁古曰:三焦通喉,喉和则声鸣利,不和则暴暗热闭。《素问》又曰:邪客于手少阳之络,令人喉痹舌卷,口干心烦。又曰:运气少阳所至为喉痹,耳鸣,呕涌。又曰:一阴一阳结,谓之喉痹。注:一阴手少阴心也,一阳手少阳三焦也,二脉并络于喉,气热内结,故为喉痹。又属手足阳明大肠胃,手少阳三焦经之合。《灵枢》曰:手阳明之正,上循喉咙,出缺盆。又曰:喉痹不能言,取足阳明,能言取手阳明。《素问》曰:手阳明、少阳厥逆,发喉痹嗌肿,痉。注:痉谓骨强而不随也。朱丹溪曰:手足阴阳经合生见证曰,喉痹,手足阳明、手少阳。又属足太阴脾经。《千金方》曰:喉咙者,脾胃之候也。【喉咙后】属手[1]厥阴心包经。【结喉两旁应手大动脉】名人迎脉,一名五会。属足阳明胃经。《内经》曰:颈侧侠喉之动脉人迎,人迎足阳明胃脉也。阳明者常动。注:动谓动于结喉旁也。《素问》曰:其脉之动,常左小而右大,左小常以候脏,右大常以候腑。按:此动字与上文不同,谓左右手二脉之动也。【人迎后】属手阳明大肠经。经云:咽喉者,水谷之道也。喉咙者,气之所以上下者也。会厌者,音声之户也。悬雍者,音声之关也。咽与喉,会厌与舌,此四者同在一门,而其用各异。喉以纳气,故喉气通于天。咽以纳食,故咽气通于地。会厌管乎其上,以司开阖,掩其厌则食下,不掩其喉必错。必舌抵上齶,则会厌能闭其喉矣。四者交相为用,缺一则饮食废而死矣。或问咽喉有痹有肿,二者之外,又有缠喉风、乳鹅生疮诸病,何邪致之,何经病之,与治法大略,愿闻其说。曰:十二经脉皆上循咽喉,尽得以病之,然统其所属者,乃在君相二火。何则?经曰:喉主天气,咽主地气。又曰:诸逆冲上,皆属于火是也。盖肺主气天也,脾主食地也,于是喉纳气,咽纳食。纳气者从金化,纳食者从土化。金性燥,土性湿。至于病也,金化变动为燥,燥则涩,涩则闭塞而不仁,故在喉谓之痹。土化变动为湿,湿则泥,泥则壅胀而不通,故在咽谓之肿。痹肿之病虽少异,然一时火郁于上焦,至痰涎气血聚结于咽喉也。自其咽肿形状分之,则有缠喉风、乳蛾之名。缠喉风者,其肿透达于外,且麻且痒且痛。乳蛾者,肿于咽两傍,名双乳蛾;一边肿者,名单乳蛾。喉痹之暴发暴死者,名走马喉痹。《内经》

---

〔1〕手:原误作"足",据修敬堂本改。

又有嗌塞咽喉干者,亦皆因诸经所致,中间虽有经气之寒热不等,其为火证一也。大抵治法,视火微甚,微则正治,甚则反治,撩痰出血,三者随宜而施,或更于手大指少商出血行气。若肿达于外者,又必外傅以药。予尝治是证,每用鹅翎蘸米醋缴喉中,摘去其痰。盖醋味酸能收,其痰随翎而出,又能消积血。若乳蛾甚而不散,上以小刀就蛾上刺血,用马牙硝吹点咽喉,以退火邪。服射干、青黛、甘、桔、栀、芩、矾石、恶实、大黄之类,随其攸利为方,以散上焦之热。外所傅药,如生地龙、韭根、伏龙肝之类皆可用。若夫生疮,或白或赤,其白者多涎,赤者多血,大率与口疮同例,如蔷薇根皮、黄柏、青黛煎噙细咽亦佳。凡经云喉痹者,谓喉中呼吸不通,言语不出,而天气闭塞也。云咽痛、云嗌痛者,谓咽喉不能纳唾与食,而地气闭塞也。云喉痹咽嗌痛者,谓咽喉俱病,天地之气并闭塞也。盖病喉痹者,必兼咽嗌痛,病咽嗌痛者,未必兼喉痹也。

喉痹

作痛,或有疮,或无疮,初起通用甘桔汤,不效,加荆芥一钱半重名如圣汤。或如圣汤中更加连翘、黍粘子各一分,防风、竹茹半分。或甘露饮。喉痹恶寒,及寸脉小弱于关尺者,皆为表证,宜甘桔汤、半夏桂枝甘草汤,详寒热发散之。若水浆不得入口者,用解毒雄黄丸四五粒,以极酸醋磨化,灌入口内,吐出浓痰,却服之。间以生姜自然汁一蚬壳,噙下之神效。娄全善云:喉痹恶寒者,皆是寒折热,寒闭于外,热郁于内,姜汁散其外寒,则内热得伸而愈矣。切忌胆矾酸寒等剂点喉,反使其阳郁结不伸,又忌硝黄等寒剂下之,反使其阳下陷入里,则祸不旋踵矣。韩祗和云:寸脉弱小于关者,宜消阴助阳。东垣云:两寸脉不足,乃阳气不足,故用表药提其气,升以助阳也。或三部俱小弱,亦用其法也。喉痹,乡村病皆相似者,属天行运气之邪,治必先表散之,亦大忌酸药点之,寒药下之,郁其邪于内不得出也。其病有二:其一,属火。经云:少阳所至为喉痹。又云:少阳司天之政,三之气,炎暑至,民病喉痹。治宜仲景桔梗汤。或面赤斑者,属阳毒。宜阳毒诸方汗之。其二,属湿。经云:太阴之胜,火气内郁,喉痹。又云:太阴在泉,湿淫所胜,病嗌肿喉痹。治宜活人半夏桂枝甘草汤。或面青黑者，属阴毒。宜阴毒诸方汗之。娄全善云：洪武戊辰春，乡村病喉痹者甚众，盖前年终之气，及当年初之气，二火之邪也。予累用甘桔汤加黄连、半夏、僵蚕、鼠粘子根等剂发之。挟虚者，加参、芪、归辈。水浆不入者，先用解毒雄黄丸，醋磨化之灌喉，痰出，更用生姜汁灌之，却用上项药，无不神验。若用胆矾等酸寒点过者，皆不治，盖邪郁不出故也。《三因方》治卒喉痹不得语，小续命汤加杏仁七个煎甚妙。活人半夏桂枝甘草汤，治暴寒中人咽痛，此外感风寒作喉痹者之治法也。喉痹不恶寒者，及寸脉大滑实于关尺者，皆属下证，宜硝石、青黛等寒药降之，或白矾等酸剂收之也。韩祗和云：寸脉大于关尺者，宜消阳助阴。东垣云：两寸脉实为阴盛阳虚，下之则愈。故予每用此法治急喉痹，如鼓应桴。或三部俱实，亦可用其法也。《外台》疗喉痹神验，朴硝一两，细细含咽汁，立愈。或含黄柏片，或咽莱菔汁，或吹蠡鱼胆，或噙李实根，及玉钥匙、玉屑无忧散、清心利膈汤、碧玉散、防风散、追风散，皆寒降之剂也。白矾末，或用乌鸡子清调灌，或枯而吹之，用灯盏底油脚灌下，或同马屁勃等分为细末，以鹅翎吹入喉中。或用一握金烧灰，拌炒青色为度，吹入患处。或用牙皂和霜梅为末噙之，或用鸭嘴胆矾末以筋蘸药点患处，及开关散、七宝散，皆酸收之剂也。丹溪治风热痰喉痹，先以千缗汤，次以四物汤，加黄柏、知母养阴，则火降矣。七情郁结，气塞不通，宜五香散。血壅而为痹，宜取红蓝花汁服之，无鲜者，则浓煎绞汁亦得。或用茜草一两煎服，或用杜牛膝捣自然汁和醋服，或用马鞭草捣自然汁服，或用射干切一片含咽汁，皆破血之剂也。喉闭者，先取痰，瓜蒂散、解毒雄黄丸、乌犀膏，或用鹅翎蘸桐油探吐之，或用射干逆流水吐之，或用远志去心为末，每半钱，水小半盏调服。口含竹管，或用皂角揉水灌下。或用返魂草根即紫菀一茎，净洗，入喉中取寒痰出，更以马牙硝津咽之。或用土乌药即矮樟根醋煎，先噙后咽。牙关闭者，搐鼻取之，备急如圣散、一字散，或用巴豆油染纸作捻子，点火吹灭，以烟熏入鼻中，即时口鼻涎流，牙关开矣。经云：寒气客于会厌，卒然如哑，宜玉粉丸。陈藏器每治脏寒咽闭，吞吐不利，用附子去皮脐,炮裂,以蜜涂炙,令蜜入内,含之勿咽。急喉痹,其[1]声如鼾,有如痰在喉响者,此为肺绝之候,速宜参膏救之,用姜汁、竹沥放开服。如未得参膏,或先煎独参汤救之,服早者十全七八,次则十全四五,迟则十不全一也。治喉痹逡巡不救方,皂荚去皮弦子,生,半两为末,以箸头点少许在肿痛处,更以醋糊调药末,厚涂项上,须臾便破血出,瘥。针法治喉闭,刺少商出血,立愈。孙兆治文潞公喉肿,刺之,呕出脓血升余而愈。娄全善治一男子喉痹,于太溪穴刺出黑血半盏而愈。由是言之,喉痹以恶血不散故也。凡治此疾,暴者必先发散,发散不愈,次取痰,取痰不愈,次去污血也。

咽嗌痛

咽唾与食,则痛者是也。经云:形苦志苦,病生于咽嗌,治之以百药。又云:肝者中之将也,取决于胆,咽为之使。丹溪云:咽痛必用荆芥。阴虚火炎上者,必用玄参。气虚,人参加竹沥。血虚,四物加竹沥。阴气大虚,阳气飞越,痰结在上,遂成咽痛,脉必浮大,重取必涩,去死为近,宜补阴敛阳。人参一味浓煎汤,细细饮之。此证皆是劳嗽日久者有之,如用实喉痹条下诸方,无益有害。咽疮,多虚火游行无制,客于咽喉,宜用人参、蜜炙黄柏、荆芥治之。实热咽痛,三黄丸,或用黄连、荆芥、薄荷为末,蜜、姜汁调噙,或山豆根噙之,及用黄柏、黄连、大黄水调涂足心与患处,及龙麝聚圣丹、祛毒牛黄丸、咽喉备急丹。浮热,表散之,增损如圣汤、利膈汤、桔梗汤。散之不已则收之,或单用硼砂,或和胆矾、白僵蚕、白霜梅和噙,或用百药煎去黑皮,硼砂、甘草、生白矾等分为细末,每服一钱,食后米饮调,细细咽下。戴云:热壅咽痛,或嗽中带血者,宜金沸草散,佐以辰砂化痰丸。咽喉痛用诸冷药不效者,宜枳南汤。有咽疼服冷剂反甚者,宜用姜汁,详见嗽门。然生疮损了者,戒勿用,用之辣痛,又能散不收。若热壅上焦,咽喉疼痛,而吞咽干物,不若常时之润,睡觉口舌全无津液者,如圣汤加人参半钱,玄参七分,或佐以碧

---

〔1〕其:原作“有”,据修敬堂本改。

云散、鸡苏丸。有上证兼心头烦躁，辰砂五苓散。咽痛妨闷，咽物则微痛，不宜寒药过泄之。用栝蒌一个，白僵蚕微炒半两，桔梗七钱半，甘草炒二钱，为细末。每用少许干掺咽喉中。若肿痛左右有红，或只一壁红紫长大，水米难下，用此散一钱，朴硝一钱，和匀，掺喉中咽津。如喉中生赤肿，或有小白头疮，用前散一钱匕，白矾细研半钱，干掺。《内经》运气咽嗌痛，皆属寒。云太阳在泉，寒淫所胜，民病嗌痛颔肿是也。《三因方》蜜附子，治感寒咽门闭不能咽，大附子一枚，生去皮脐，切作大片，蜜涂炙令黄，噙咽津。甘味尽，更以附子片涂蜜炙用之。咽痛用诸药不效者，此非咽痛，乃是鼻中生一条红线如发，悬一黑泡，大如樱珠，垂挂到咽门而止口中，饮食不入，须用深取牛膝根，直而独条者，洗净，入好醋三五滴，同研细，就鼻孔滴二三点入去，则丝断珠破，其病立安。乳蛾一名悬痈，罗青散、粉香散、玄参散、射干丸、烧盐散、马牙硝散、射干散、硼砂散、启关散。

咽喉生疮

黄芪散、桃红散、琥珀犀角膏、救命散、牛蒡子丸、硼砂散。

咽喉如有物噎塞

经云：胆病者，善太息，口苦呕宿汁，嗌中介介然，数唾，取阳陵泉。又云：心咳之状，喉中介介如梗状，取心之俞。大陵[1]。仲景云：妇人咽中如有炙脔，半夏厚朴汤主之。射干散、含化龙脑丸、木香散、络石汤、四味汤、杏仁煎丸。有人患缠喉风。食不能下，大麦面作稀糊咽之。咽喉塞，鼻中疮出，及干呕头痛食不下，生鸡子一个，开头取白去黄，着米醋拌煨，煻[2]火顿沸起擎下，沸定，须频三度，就热饮醋尽，不过一二次瘥。王医师法，冬月于临卧时食生莱菔三五片，无咽喉之疾。

诸物梗喉

《三因方》煮薤白令半熟，以线缚定，手执线头，少嚼薤白咽之，

---

〔1〕大陵：原作“太陵”，据《灵枢·本输》改。
〔2〕煻：原误作“溏”，据文义改。

度薤白至哽处便牵引,哽即出矣。秘方,用倾银炉上倒挂灰尘,砂糖和丸,咽之自下。骨梗,槿树叶油、马屁勃、砂糖三味,熬膏为丸,嚼化。苎麻根杵烂,丸如弹子大,将所哽物煎汤化下。以犬吊一足,取其涎,徐徐咽之。剪刀草,如野茨菰生于篱堑间,其根白,研之则如胶,用顺水吞下,即吐出骨,不过两三口效。研萱草根,顺水下亦佳。朴硝研,对入鸡苏,丸如弹子大,含化,不过三四丸。南硼砂,井花水洗涤,含化,最软骨。贯众浓煎一盏半,分三服连进,片时一咯骨自出。鱼骨哽,以皂角少许吹入鼻中,得嚏哽出。细茶、五倍子等分为末,吹入咽喉,立愈。食橄榄即下,或用其核为末,顺流水下。鱼骨在肚中刺痛,煎茱萸汁一盏饮之,骨软而出。鸡骨鲠,用水帘草捣汁饮之,骨自消。野苎根,洗净、捣烂如泥,每用龙眼大,如被鸡骨所伤,鸡羹化下;鱼骨所伤,鱼汤化下。稻芒糠穀哽喉,将鹅弔一足取涎,徐徐咽下即消。或取蔄头草嚼亦妙。吞钉铁金银铜钱等物,但多食肥肉,自随大便而下。吞钱及铁物在喉不得下,南烛根烧细末,汤调一钱下之,吞铁或针,用饧糖半斤,浓煎艾汁调和服。或用磁石磨如枣核大,钻眼以线穿,令吞喉间,针自引出。磁石须阴阳家用验者。张子和治一小儿,误吞钱在喉中不下,以净白表纸卷实如箸,以刀纵横乱割其端,作髼鬠之状,又别取一箸缚针钩于其端,令不可脱,先下咽中轻提轻抑探之,觉钩入于钱窍,然后以纸卷纳之咽中,与钩尖相抵,觉钩尖入纸卷之端,不碍肌肉,提之而出。吞钱,烧炭末,白汤调服数匙,即出;或服蜜升许。或食荸荠、茨菰,其钱自化;或用艾一把,水五升,煎至一升,顿服即下;或用百部根四两,酒一升,渍一宿,温服一升,日再。吞钗,取薤白曝令萎黄,煮使熟,勿切,食一大枣即出。吞钱钗及钚,饧糖一斤[1]渐渐食之。吞发绕喉不出,取自乱发作灰,白汤调服一钱。陈无择云:凡治哽之法,皆以类推,如颅鹚治鱼哽,磁石治针哽,发灰治发哽,狸虎治骨哽,亦各从其类也。

---

[1] 斤:原作"片",形近之误,据文义改。

四　　肢

阳主四肢。经云：四肢者，诸阳之本也。又云：阳受气于四肢是也。阳实则肢肿。经云：结阳肿四肢是也。阳虚则肢满。经云：冬气满在四肢是也。脾主四肢。经云：四肢皆禀气于胃，而不得至经，必因于脾，乃得禀者是也。脾实则四肢不举。经云：脾脉太过为病，在外则令人四肢不举者是也。脾虚则四肢不用。经云：脾藏肉，形不足则四肢不用。又云：四肢懈惰，此脾精之不行是也。治见痿及中风。五脏有邪，留在支节。经云：肺心有邪，其气留于两肘；肝有邪，其气留于两股；脾有邪，其气留于两髀；肾有邪，其气留于两膝是也。治见痛痹。运气四肢不举，皆属湿。经云：土太过曰敦阜，敦阜之纪，其病腹满，四肢不举是也。

筋_{转筋}

《灵枢》经筋篇云：足太阳之筋，起于足小指，上结于踝，邪上结于膝，其下循足外侧结于踵，上循跟，结于腘。其别者，结于踹外，上腘中内廉，与腘中并上结于臀，上挟脊上项。其支者，别入结于舌本。其直者，结于枕骨，上头下颜结于鼻。其支者，为目上纲[1]，下结于頄音求。其支者，从腋后外廉，结于肩髃。其支者，入腋下，上出缺盆，上结于完骨。其支者，出缺盆，邪上出于頄。其病小指支跟肿痛，腘挛，脊反折，项筋急，肩不举，腋支缺盆中纽痛，不可左右摇。治在燔针劫刺，以知为数，以痛为腧，名曰仲春痹。足少阳之筋，起于小指次指，上结外踝，上循胫外廉，结于膝外廉。其支者，别起外辅骨，上走髀，前者结于伏兔之上，后者结于尻。其直者，上乘䏚季胁，上走腋前廉，系于膺乳，结于缺盆。直者上出腋，贯缺盆，出太阳之前，循耳后，上额角，交巅上，下走颔，上结于頄。支者结于目眦为外维。其病小指次指支转筋，引膝外转筋，膝不可屈伸，腘筋急，前引髀，后引尻，即上乘䏚季胁痛，上引缺盆、膺、乳、颈维筋

---

〔1〕纲：原作"网"，据修敬堂本改。

急。从左之右,右目不开,上过右角,并跷脉而行,左络于右,故伤
左角,右足不用,命曰维筋相交。治在燔针劫刺,以知为数,以痛为
腧,名曰孟春痹也。足阳明之筋,起于中三指,结于跗上,邪外上加
于辅骨,上结于膝外廉,直上结于髀枢,上循胁属脊。其直者,上循
骭[1],结于膝。其支者,结于外辅骨,合少阳。其直者,上循伏兔,
上结于髀,聚于阴器,上腹而布,至[2]缺盆而结,上颈,上挟口,合于
頄,下结于鼻,上合于太阳,太阳为目上纲[3],阳明为目下纲[3]。其
支者,从颊结于耳前。其病足中指支胫转筋,脚跳坚,伏兔转筋,髀
前肿,㿉疝,腹筋急,引缺盆及颊,卒口僻,急者目不合,热则筋纵,
目不开。颊筋有寒,则急引颊移口;有热则筋弛纵缓,不胜收故僻。
治之以马膏,膏其急者,以白酒和桂,涂之其缓者,以桑钩钩之,即
以生桑灰置之坎中,高下以坐等,以膏熨[4]急颊,且饮美酒,啖美炙
肉,不饮酒者,自强也,为之三拊而已。治在燔针劫刺,以知为数,
以痛为腧,名曰季春痹也。足太阴之筋,起于大指之端内侧,上结
于内踝。其直者,络于膝内辅骨,上循阴股,结于髀,聚于阴器,上
腹结于脐,循腹里结于肋,散于胸中。其内者,着于脊。其病足大
指支内踝痛,转筋痛,膝内辅骨痛,阴股引髀而痛,阴器纽痛,上[5]
引脐两胁痛,引膺中脊内痛。治在燔针劫刺,以知为数,以痛为输,
名曰孟秋痹也。足少阴之筋,起于小指之下,并足太阴之筋,邪走
内踝之下,结于踵,与太阳之筋合,而上结于内辅之下,并太阳之
筋,而上循阴股,结于阴器,循脊内夹膂,上至项,结于枕骨,与足太
阳之筋合。其病足下转筋,及所过而结者皆痛及转筋,病在此者主
痫瘛及痉,在外者不能俯,在内者不能仰。故阳病者腰反折不能俯,
阴病者不能仰。治在燔针劫刺,以知为数,以痛为输,在内者,熨引
饮药。此筋折纽,纽发数甚者,死不治,名曰仲秋痹也。足厥阴之

---

〔1〕骭:原误作"髀",据《灵枢·经筋》改。

〔2〕至:原误作"置",据《灵枢·经筋》改。

〔3〕纲:原作"网",据修敬堂本改。

〔4〕熨:原误作"慰",据四库本改。

〔5〕上:原作"下",文义不属,据《甲乙经》卷二第六及《太素》卷十三经筋改。

筋,起于大指之上,上结于内踝之前,上循胫,上结内辅之下,上循阴股,结于阴器,络诸筋。其病足大指支内踝之前痛。内辅痛,阴股痛转筋,阴器不用,伤于内则不起,伤于寒则阴缩入,伤于热则纵挺不收。治在行水清阴气。其病转筋者,治在燔针劫刺,以知为数,以痛为输,名曰季秋痹也。手太阳之筋,起于小指之上,结于腕,上循臂内廉,结于肘内锐骨之后,弹之应小指之上,入结于腋下。其支者,后走腋后廉,上绕肩胛,循颈出走太阳之前,结于耳后完骨。其支者,入耳中。直者,出耳上,下结于颔,上属目外眦。其病小指支肘内锐骨后廉痛,循臂阴入腋下,腋下痛,腋后廉痛,绕肩胛引颈而痛,应耳中鸣痛引颔,目瞑良久乃得视,颈筋急则为筋瘘颈肿。寒热在颈者,治在燔针劫刺之,以知为数,以痛为输。其为肿者,复而锐之。本支者,上曲牙,循耳前,属目外眦,上颔结于角。其痛当所过者支转筋。治在燔针劫刺,以知为数,以痛为输[1],名曰仲夏痹也。手少阳之筋,起于小指次指之端,结于腕,上循臂结于肘,上绕臑外廉,上肩走颈,合手太阳。其支者,当曲颊入系舌本。其支者,上曲牙,循耳前,属目外眦,上乘颔结于角。其病当所过者即支转筋,舌卷。治在燔针劫刺,以知为数,以痛为输,名曰季夏痹也。手阳明之筋,起于大指次指之端,结于腕,上循臂,上结于肘外,上臑结于髃。其支者,绕肩胛挟脊,直者从肩髃上颈。其支者,上颊结于頄。直者,上出手太阳之前,上左角,络头,下右颔。其病当所过者支痛及转筋,肩不举,颈不可左右视。治在燔针劫刺,以知为数,以痛为输,名曰孟夏痹也。手太阴之筋,起于大指之上,循指上行,结于鱼后,行寸口外侧,上循臂,结肘中,上臑内廉,入腋下,出缺盆,结肩前髃,上结缺盆,下结胸里,散贯贲[2],合贲下,抵季胁。其病当所过者支转筋,痛甚成息贲,胁急吐血。治在燔针劫刺,以知为数,以痛为输,名曰仲冬痹也。手心主之筋,起于中指,与太阴之

---

〔1〕本支者……以痛为输:本段文计四十一字,与下文手少阳之筋文重,《甲乙经》卷二第六无,疑衍。
〔2〕贲:《太素》卷十三经筋注:"贲,谓膈也。"

筋并行，结于肘内廉，上臂阴，结腋下，下散前后挟胁。其支者，入腋散胸中，结于臂[1]。其病当所过者支转筋，前及胸痛息贲。治在燔针劫刺，以知为数，以痛为输，名曰孟冬痹也。手少阴之筋，起于小指之内侧，结于锐骨，上结肘内廉，上入腋，交太阴，挟乳里，结于胸中，循臂[1]下系于脐。其病内急，心承伏梁，下为肘网。其病当所过者支转筋，筋痛。治在燔针劫刺，以知为数，以痛为输。其成伏梁唾血脓者，死不治。经筋之病，寒则反折筋急，热则筋弛纵不收，阴痿不用，阳急则反折，阴急则俯不伸。淬刺者，刺寒急也。热则筋纵不收，无用燔针。名曰季冬痹也。足之阳明，手之太阳，筋急则口目为僻，眦急不能卒视，治皆如上方也。形乐志苦，病生于筋，治之以熨引。诸筋病皆属于节。经云：诸筋者，皆属于节。又云：手屈而不伸者，病在筋是也。肝主诸筋。经云：肝主筋。又云：在藏为肝，在体为筋。又云：酸生肝，肝生筋，筋生心是也。筋病忌风，忌食酸辛，忌久行。经云：风伤筋，燥胜风，酸伤筋，辛胜酸。又云：酸走筋，筋病无多食酸。又云：多食辛则筋急而爪枯。又云：久行伤筋是也。

转筋

经云：足太阳之下，血气皆少，则善转筋，踵下痛。丹溪云：转筋皆属血热，四物加黄芩、红花、苍术、南星。有筋转于足大指，转上至大腿近腰结了，乃因奉养厚、饮酒感寒而作，加酒芩、苍术、红花、南星、姜煎服。仲景云：转筋之为病，其臂脚直，脉上下行，微弦，转筋入腹者，鸡矢白散主之。用鸡矢白一味为散，取方寸匕，以水六合，和温服。《圣惠方》治肝虚转筋，用赤蓼豆叶切作三合，水一盏，酒三合，煎至四合去渣，温分二服。孙尚药治脚转筋疼痛挛急，松节二两，细锉如米粒，乳香一钱。上件药，用银、石器内慢火炒令焦，只留一分性，出火毒，研细。每服一钱至二钱，热木瓜酒调下。同是筋病，皆治之。《外台》治转筋，取故绵以酽醋浸，甑中蒸及热，用绵裹病人脚，令更易勿停，瘥止。丹溪云：转筋遍身入肚不忍者，

---

〔1〕臂：《甲乙经》卷二第六作"贲"。明·张介宾谓"臂"当作"贲"。

作极咸盐汤于槽中暖浸之。《灵枢》四时气篇,转筋于阳治其阳,转筋于阴治其阴,皆淬刺之。娄全善云:此则经所谓以痛为输之法,盖用火烧燔针劫刺,转筋之时,当察转筋之痛在何处,在阳刺阳,在阴刺阴,随其所痛之处刺之,故曰以痛为输也。若以一针未知,则再刺之,以知觉应效为度,故曰以知为数也。窦太师云:转筋而疼,灸承山而可治。霍乱转筋,已见霍乱门。此谓不霍乱而筋自转。

骨

肾主骨,在体为骨,在藏为肾。又云:肾之合骨也,其荣发也。又云:少阴者,冬脉也,伏行而濡骨髓也。骨病忌食甘苦,久立。经云:多食甘则骨痛而发落。又云:苦走骨,骨病无多食苦。又云:久立伤骨是也。骨病不屈。经云:手屈而不伸者,病在筋;伸而不屈者,病在骨。在骨守骨,在筋守筋是也。骨度,详《灵枢》骨度篇。骨空,详《素问》骨空篇。

肉

脾主肉。经云:脾主肉,在体为肉,在藏为脾。又云:邪在脾胃,则病肌肉痛是也。脾病在溪。经云:北方黑色,入通于肾,故病在溪。溪者,肉之小会也。《素问》气穴论,帝曰:愿闻溪谷之会也,歧伯曰:肉之大会为谷,肉之小会为溪,肉分之间,溪谷之会,以行荣卫,以会大气。邪溢气壅,脉热肉败,荣卫不行,必将为脓,内[1]消骨髓外破大䐃[2],留于节凑,必将为败。积寒留舍,荣卫不居,卷肉缩筋,肋肘不得伸,内为骨痹,外为不仁,命曰不足,大寒留于溪谷也。溪谷三百六十五穴会,亦应一岁,其小痹淫溢,循脉往来,微针所及,与法相同。形乐志乐,病生于肉,治之以针石。湿伤肉,甘伤肉。经云:湿伤肉,风胜湿;甘伤肉,酸胜甘。又云:甘走肉,肉病无多食甘。又云:多食酸则肉胝皱而唇揭是也。

---

〔1〕内:原误作"肉",据《素问·气穴论》改。
〔2〕䐃:《太素》卷十一气穴作"䐃",义长。

坐乐伤肉。经云：久坐伤肉。又云：形乐志乐，病生于肉，治之以
针石是也。

皮　肤

《素问》皮部篇，黄帝问曰：余闻皮有分部，脉有经纪，筋有结
络，骨有度量，其所生病各异，别其分部，左右上下，阴阳所在，病之
始终，愿闻其道。岐伯对曰：欲知皮部，以经脉为纪者，诸经皆然。
阳明之阳，名曰害蜚，上下同法，视其部中有浮络者，皆阳明之络
也。其色多青则痛，多黑则痹，黄赤则热，多白则寒，五色皆见，则
寒热也。络盛则入客于经，阳主外，阴主内。少阳之阳，名曰枢持，
上下同法，视其部中有浮络者，皆少阳之络也。络盛则入客于经，
故在阳者主内，在阴者主出，以渗于内，诸经皆然。太阳之阳，名曰
关枢，上下同法，视其部中有浮络者，皆太阳之络也。络盛则入客
于经。少阴之阴，名曰枢儒一作檽，上下同法，视其部中有浮络者，
皆少阴之络也。络盛则入客于经，其入经也，从阳部注于经；其出
者，从阴内注于骨。心主之阴，名曰害肩，上下同法，视其部中有浮
络者，皆心主之络也。络盛则入客于经。太阴之阴，名曰关蛰，上
下同法，视其部中有浮络者，皆太阴之络也。络盛则入客于经。凡
十二经络脉者，皮之部也。是故百病之始生也，必先于皮毛，邪中
之则腠理开，开则入客于络脉，留而不去，传入于经，留而不去，传
入于府，廪于肠胃，邪之始入于皮也，溯然起毫毛，开腠理；其入于
络也，则络脉盛色变；其入客于经也，则感虚乃陷下。其留于筋骨
之间，寒多则筋挛骨痛，热多则筋弛骨消，肉烁䐃破，毛直而败。帝
曰：夫子言皮之十二部，其生病皆何如？岐伯曰：皮者，脉之部也，
邪客于皮则腠理开，开则邪入客于络脉，络脉满则注于经脉，经脉
满则入舍于府藏也。故皮者有分部，不与[1]而生大病也。帝曰：善。
皮肤属肺。经云：肺之合皮也，其荣毛也。又云：肺主皮毛，在藏为
肺，在体为皮毛是也。毛折爪枯，为手太阴绝。经云：手太阴者，行

---

〔1〕与：通"预"，预为治理的意思。

气温于皮毛者也。气不荣则皮毛焦,皮毛焦则津液去。皮绝者,津液既去则爪枯毛折,毛折者,毛先死矣。

皮肤痛

属心实。经云:夏脉者心也,夏脉太过,则病身热肤痛,为浸淫。运气皮肤痛,皆属火邪伤肺。经云:少阴在泉,热淫所胜,病寒热皮肤痛。又云:少阳[1]司天,火淫所胜,热上皮肤痛。又云:少阴之复,咳,皮肤痛。治以诸寒是也。针灸皮肤痛取肺。经云:邪在肺则病皮肤痛,寒热,上气喘,汗出,咳动肩背,取之膺中外腧,背三节五椎之傍,以手疾按之快然,乃刺之。取之缺盆中,以越之是也。升麻汤。

皮肤索泽

即仲景所谓皮肤甲错,盖皮肤涩而不滑泽者是也。三阳为病发寒热,其传为索泽。王注云:索、尽也,精血枯涸,故皮肤润泽之气皆尽也。运气皮肤索泽,属燥伤胆气。经云:阳明在泉,燥淫所胜,病体无膏泽,治以苦寒是也。仲景云:五劳虚极羸瘦,腹满不能饮食,食伤、忧伤、饮伤、房室伤、饥伤、劳伤、经络荣卫气[2]伤,内有干血,肌肤甲错,两目黯黑,缓中补虚,大黄䗪虫丸主之。咳有微热,烦满,胸中甲错,是为肺痈,苇茎汤主之。尺肤粗如枯鱼之鳞者,水洗饮也。针灸皮肤索泽,取足少阳。经云:足少阳之脉,是动则病体无膏泽,视盛、虚、热、寒、陷下取之也。

髭 发

《内经》云:肾者主蛰,封藏之本,精之处也。其华在发。肾之合骨也,其荣发也。多食甘则骨痛而发落。王注云:甘益脾,胜于肾,肾不胜故骨痛而发落。女子一七岁肾气实,齿更发长;五七阳明脉衰,面始焦,发始堕。丈夫八岁肾气实,发长齿更;五八肾气衰,发堕齿槁。《巢氏病源》云:足少阳胆之经,其荣在须。足少阴肾之经,其

---

〔1〕少阳:原误作"少阴",据《素问·至真要大论》改。

〔2〕气:原脱,据《金匮要略》等六补。

华在发。冲任之脉,为十二经之海,谓之血海,其别络上唇口。若血盛则荣于头发,故须发美。若血气衰弱,经脉虚竭,不能荣润,故须发脱落。帝曰:妇人无须者,无气血乎? 岐伯曰:冲脉、任脉皆起于胞中,上循胸里,为经络之海。其浮而外者,循腹上行,会于咽喉,别络唇口。今妇人之生,有余于气,不足于血,以其数脱血也。女人月月而经通,故曰数脱血。冲任之脉不荣口唇,故须不生焉。又曰:人有伤于阴,阴[1]气绝而不起,阴不用,然其须不去,宦者独去,其故何也? 岐伯曰:宦者去其宗筋,伤其冲脉,血泻不复,皮肤内结,唇口不荣,故须不生。有人未尝有所伤,不脱于血,其须不生何也? 曰:此天之所不足也,禀冲任不盛,宗筋不成,有气无血,唇口不荣,故须不生。髭须黄赤者,多热多气,白者少血少气,黑色者多血少气。美眉者太阳多血,通髯极须者少阳[2]多血,美须者阳明多血,此其时然也。

发黄白

张天师草还丹,七宝美髯丹。单用自已发,不足则父子一气者,又不足则无病童男女发与胎发,用皂角水洗净,无油气为度,入新锅内,上用小锅盖之,盐泥固口,勿令泄气,桑柴慢火煅三炷香,冷定取出,研为细末,每用一二分,空心酒调下。揩齿变白发方,酸石榴皮一个,泥裹烧令通赤,候冷去泥,用茄子根与槐枝同烧,令烟绝,急以器盖之,候冷,用槐枝、马齿苋墙上生者好,不令人见采,薄荷、石膏、五倍子烧熟、川升麻各一两,为末揩牙,不但变白为黑,亦且坚牙甚妙。东垣青丝散,西岳石碑方。拔白生黑良日:正月四日、二月八日、三月十三、四月十六、五月二十、六月二十、七月二十八、八月十九、九月二十五、十月一日、十一月十一日、十二月十日,早起拔之永不白。又正月五日、十三日,二月八日、十八日,三月三日,四月十三、二十五,五月五日、十五日,六月十四、二十四,七月十八、二十八,八月九日、十日,九月八日、十八日,十月十三、

---

〔1〕阴:原作"之",据《灵枢·五音五味》改。
〔2〕阳:原误作"阴",据《灵枢·五音五味》改。

二十三,十一月十日,十二月十六日,以上月日,并用午时前拔之。凡拔时先以水于石上磨丁香汁,候拔了、急手傅于毛孔中,即生黑者。李卿换白发方云:刮老生姜皮一大升于铛中,以文武火煎之,不得令过沸,其铛唯得多油腻者尤佳,更不须洗刮,便以姜皮置铛中,密封固济,勿令通气,令一精细人守之,地色未分时,便须煎之,缓缓不得令火急,如其人稍疲,即换人看火,一伏时即成,置磁钵中研极细。李方虽曰一伏时,若火候匀,至日西即药成也。使时以小簪脚蘸取如麻子大,先于白发下点药讫,然后拔之再点,以手指熟捻之,令入肉,第四日当有黑者生,神效。

发落不生

东垣云:脉弦气弱,皮毛枯槁,发脱落,黄芪建中汤主之。发脱落及脐下痛,四君子汤加熟地黄。丹溪治胡氏子,年十七八岁,发脱不留一茎,饮食起居如常,脉微弦而涩,轻重皆同,此厚味成热湿,痰在膈间,又日多吃梅,酸味收湿热之痰,随上升之气至于头,熏蒸发根之血,渐成枯槁,遂一时尽脱。遂处以补血升散之药,用防风通圣散,去芒硝,唯大黄三度酒炒,兼以四物汤酒制合和,作小剂煎,以灰汤入水频与之。两月余后诊其脉,湿热渐解,停药,淡味调养,又二年,发长如初而愈。甜瓜叶治人无发,捣汁涂之即生。滋荣散,三圣膏。治发落不生令长,麻子一升,熬令黑,压油,以傅头发上。《千金》云:麻叶、桑叶二味,以泔煮,沐发七次,可长六尺。眉毛堕落,生半夏、羊矢烧焦,等分为末,姜汁调涂。又用七月乌麻花阴干为末,生乌麻油浸,每夜傅之。乌麻,即秋麻是也。

腋

【腋】谓臂下胁上际也,属手厥阴心包络经。丹溪云:手足阴阳合生见证曰:腋肿,手厥阴、足少阳。又属足厥阴肝经。《灵枢》曰:肝有邪,其气留于两腋。【腋前】属手太阴肺经。【腋后】属少阴心经。【腋下】属足厥阴肝经。【下六寸】属足太阴脾之大络。《灵枢》曰:脾之大络,名曰大包,出渊腋下三寸,布胸胁。注:大包、渊腋并穴名,穴各有二。

渊腋在腋下三寸宛宛中，举臂取之。

腋肿

《内经》针灸腋肿有二法：其一，取胆。经云：胆足少阳之脉，所生病者，缺盆中肿痛，腋下肿是也。其二，取心。经云：心主手厥阴脉，是动则痛，手心热，腋肿。皆视虚、实、寒、热、陷下，施补、泻、疾、留、灸也。

腋气

亦曰狐臭，有窍，诸药鲜能除根，止堪塞窍耳。用铜青好者，不拘多少，米醋调成膏，先用皂角煎汤，洗净腋下，以轻粉掺过，却使上件涂之，立效。

蛊　毒

凡蛊毒有数种，曰蛇毒、蜥蜴毒、虾蟆毒、蜣螂、草毒等，皆是变乱元气，人有故造作之者，即谓之蛊也。多因饮食内行之，与人祸患，祸患于他则蛊主吉利，所以人畜事之，中其毒者，心腹绞痛，如有物啮，或吐下血皆如烂肉，或好卧闇室不欲光明，或心性反常乍嗔乍喜，或四肢沉重百节酸疼，或乍寒乍热，身体习习而痹，胸中满闷，或头目痛，或吐逆不定，或目面青黄，甚者十指俱黑，诊其脉缓大而散，皆其候也。然其毒有缓有急，急者仓卒或数日便死，缓者延引岁月，游走肠内，蚀五脏尽则死。凡入蛊乡，见人家门限屋梁绝无尘埃洁净者，其家必畜蛊，当用心防之，如不得已吃其饮食，即潜地于初下箸时，收藏一片在手，儘吃不妨，少顷却将手藏之物，埋于人行十字路下，则蛊反于本家作闹，蛊主必反来求。或食时让主人先动箸，或明问主人云，莫有蛊么，以箸筑卓而后食，如是则蛊皆不能为害。南方有蛊毒之乡，于他家饮食，即以犀角搅之，白沫起即为有毒，无沫者即无毒也。欲知蛊主姓名者，以败鼓皮烧作末，令病人饮服方寸匕，须臾自呼蛊家姓名，可语之令呼唤将去则愈，治之亦有方。验蛊法，令病人唾于水内，沉者是蛊，浮者即非。或令含黑豆验之，若豆胀皮脱者是蛊，豆不胀皮不脱即非。又初虞世方云：嚼黑豆不腥，嚼白矾味甜，皆中毒之候也。凡初中蛊在膈上者,用归魂散吐之。已下膈者,雄朱丸下之。吐利后,犹觉前后心刺痛拘急,咽中如茅刺者,此是取利后气之候也,更不须再服吐利药,但服桔梗散,自然平复。《西溪丛话》云:泉州一僧能治金蚕蛊毒,如中毒者,先以白矾末令尝不涩,次食黑豆不腥,乃中毒也。即浓煎石榴皮汁饮之,即吐出有虫皆活,无不愈者。李晦之云,凡中毒以白矾、茶芽捣为末,冷水服。广南挑生杀人,以鱼肉延客,对之行厌胜法,鱼肉能反生于人腹中,而人以死,相传谓人死阴役于其家。昔雷州推官符昌言于干道五年,亲勘一公事,买肉置之盘中,俾囚作法以验其术,有顷肉果生毛,何物淫鬼乃能尔也。然解之亦甚易,但觉有物在胸膈,则急服升麻以吐之;觉在腹中,急服郁金以下之。雷州镂板印行者,盖得之于囚也。《夷坚志》云:陈可大知肇庆府肋下忽肿起如痛状,顷之大如盌。识者云,此中挑生毒也。俟五更以绿豆嚼试,若香甘则是,已而果然。使捣川升麻,取冷熟水调二大盏服之,遂洞下泻出生葱数茎,根茎皆具,肿即消,续煎平胃散调补,且食白粥,经旬复常。雷州康财妻,为蛮巫用鸡挑生,值商人杨一者,善医,与药服之,食顷,吐积肉一块,剖开筋膜中有生肉,鸡形已具。康诉于州,捕巫寘[1]狱,而呼杨令具疾证,及所用药,略云:凡吃鱼肉瓜果汤茶皆可挑,初中毒觉胸腹稍痛,明日渐加搅刺,满十日则内物能动,腾上则胸痛,沉下则腹痛,积而瘦悴其候也。在上膈则取之,法用热茶一瓯,投胆矾半钱于中,候矾化尽,通口呷服,良久,以鸡翎探喉中,即吐出毒物。在下膈则泻之,以米饮下郁金末三钱,毒即泻下。乃以人参、白术各半两为末,同无灰酒半升纳瓶内,慢火熬半日许,度酒熟,取出温服之,日一杯,五日乃止。佛说解蛊毒神咒,凡在旅中饮食,先默念七遍,其毒不行。咒曰:姑苏琢,磨耶琢,吾知蛊毒生四角,父是穹隆穷,母是耶舍女,眷属百千万,吾今悉知汝,摩诃萨摩诃。凡见饮食上有蛛丝,便莫吃。又法,每遇所到处,念药王万福七遍,亦验。灸蛊毒法,当足小指尖灸三炷,即有物出,酒上得者、酒出,肉果上得者、肉果上出,饭上得

---

〔1〕寘:通"置"。《广雅》:"寘,又为置"。

者，餰出，余如方。

【诊】《脉诀》云：凡脉尺寸紧数形，又似钗直吐转增，此患蛊毒急须救，脉逢数软病延生。经云：脉浮涩而疾者生，微细者死，洪大而速者生。

虫

虫由湿热郁蒸而生，观之日中有雨，则禾节生虫，其理明矣。善乎，张戴人推言之也，曰：水火属春夏，湿土属季夏，水从土化，故多虫焉。人患虫积，多由饥饱调爕失宜，或过餐鱼鲙白酒，或多食牛羊，或误啖鳖苋，中脘气虚，湿热失运，故生寸白诸虫，或如蚯蚓，或似龟鳖，小儿最多，大人间有。其候心嘈腹痛，呕吐涎沫，面色痿黄，眼眶鼻下青黑，以致饮食少进，肌肉不生，沉沉默默欲眠，微有寒热，如不早治，相生不已。古人云：虫长一尺则能害人，虫若贯串，杀人甚急。治法追虫取积，以剪红丸、尊神丸、遇仙丹。夫人腹中有尸虫，此物与人俱生，而为人大害。尸虫之形，状似大马尾，或如薄筋，依脾而居，乃有头尾，皆长三寸。又有九虫：一曰伏虫，长四分；二曰蛔虫，长一尺；三曰白虫，长一寸；四曰肉虫，状如烂杏；五曰肺虫，状如蚕；六曰胃虫，状如虾蟆；七曰弱虫，状如瓜瓣；八曰赤虫，状如生肉；九曰蛲虫，至细微，形如菜虫状。伏虫则群虫之主也；蛔虫贯心杀人；白虫相生，子孙转多，其母转大，长至四五丈，亦能杀人；肉虫令人烦满，肺虫令人咳嗽；胃虫令人呕吐，胃逆喜哕；弱虫又名膈虫，令人多唾；赤虫令人肠鸣；蛲虫居胴肠之间，多则为痔，剧则为癞，因生疮痍，即生诸痈疽、癣瘘痂疥。蛔虫无所不为，人亦不必尽有，有亦不必尽多，或偏有，或偏无类，妇人常多，其虫凶恶，人之极患也。常以白筵草沐浴佳，根叶皆可用，既是香草，且是尸虫所畏也。凡欲服补药及治诸病，皆须去诸虫，并痰饮宿澼，醒醒除尽，方可服补药。不尔，必不得药力。凡得伤寒及天行热病，腹中有热，又人食少，肠胃空虚，三虫行作求食，蚀人五脏及下部。若齿断无色，舌上尽白，甚者唇里有疮，四肢沉重，忽忽喜眠。当数看其上唇内有疮。唾血，唇内如粟疮者，心内懊侬痛闷，此虫在上蚀也。九虫皆由脏腑不实,脾胃皆虚,杂食生冷、甘肥油腻、咸藏等物,节宣不时,腐败停滞,所以发动。又有神志不舒,精魄失守,及五脏劳热,又病余毒,气血积郁而生。或食瓜果与畜兽内藏,遗留诸虫子类而生。虫之为候,呕恶吐涎,口出清沫,痛有去来,乍作乍止。寸白虫色白形褊,损人精气,力乏腰疼。蛲虫细如菜虫,能为痔漏、疮癞、疥癣、痈疽等患。寸白、蛲、蛔是三者,皆九虫数中之一物也。外此又有儿童疳匶,昏睡烦躁,鼻烂汁臭,齿龂生疮,下利黑血。虫食下部为狐,下唇有疮;虫食其脏为惑,上唇有疮。三虫者,谓长虫、赤虫、蛲虫也。乃有九种。而蛲虫及寸白人多病之。寸白从食牛肉饮白酒所成,相连一尺则杀人,服药下之,须结裹[1]溃然出尽乃佳,若断者相生未已,更宜速治之。蛲虫多是小儿患之,大人亦有,其病令人心痛;清朝[2]口吐汁、烦躁则是也。其余各种,皆[3]不利人,人胃无不有者,宜服九虫丸以除之。蛔虫者,是九虫之一也,长一尺,亦有长五六寸。或因脏腑虚弱而动,或因食甘肥而动,其发动则腹中痛,发作种聚,行来上下,痛有休息,亦攻心痛,腹中热,口中喜涎,及吐清水,贯伤心者则死。诊其脉,腹中痛、其脉法当沉弱弦,今反洪而大,则蛔虫也。蛔虫,九虫之数,人腹中皆有之。小儿失乳而哺早,或食甜过多,胃虚虫动,令人腹痛恶心,口吐清水,腹上有青筋。火煨史君子与食,以壳煎汤送下,甚妙。然世人多于临卧服之,又无日分,多不验。唯是于月初四五间,五更服之。至日午前虫尽下,可以和胃温平药,一两日调理之,不可多也。九虫在人腹中,月上旬头向上,中旬横之,下旬头向下,故中下旬用药即不入虫口,所以不验也。牛马之生子,上旬生者行在母前,中旬生者并肩而行,下旬生者后随之。猫之食鼠亦然,上旬食上段,中旬中段,下旬下段,自然之理,物皆由之而莫知之。客座新闻云:青阳夏戚宗阳家,素业医,任江阴训科。有儒生之父患腹胀,求

---

〔1〕裹:原作"里",据修敬堂本改。

〔2〕清朝:修敬堂本作"清晨"。

〔3〕皆:原作"种",据集成本改。

其诊视，乃曰：脉洪而大，湿热生虫之象，况饮食如常，非水肿蛊胀之证，以石榴皮、椿树各东行根，加槟榔，三味各五钱，用长流水煎，空心顿服之。少顷，腹作大痛，泻下长虫一丈许，遂愈。《本事方》云：肺虫如蚕能杀人，居肺叶之内，蚀人肺系，故成瘵疾，由是欬嗽咯血声嘶，药所不到，治之为难。《道藏经》中载：诸虫头皆向下，唯自初一至初五以前虫头向上，故用药多取效者此也。又姚宽《西溪丛话》云：五脏虫皆上行，唯有肺虫下行最难治。用獭爪为末调药，于初四、初六日治之，此日肺虫上行也。二说小异，姑两存之，以备参考。泊宅编永州通判厅军员毛景得奇疾，每语喉中必有物作声相应，有道人教令诵本草药名，至蓝而默然，遂取蓝搪汁而饮之，少顷，吐出肉块长一寸余，人形悉具，自后无声。陈正敏《遁斋闲览》载：杨勔中年得异疾，每发言应答，腹中有小声效之，数年间其声浸大，有道人见而惊曰，此应声虫也，久不治延及妻子，宣读本草，遇虫不应者，当取服之。勔如言读至雷丸，虫无声，乃顿服之，遂愈。正敏后至长沙，遇一丐者，亦有是疾，环而观之甚众，教使服雷丸，丐者亦愈。丁志记：齐州士曹席进孺，招所亲张彬秀才为馆舍，彬嗜酒，每夜必置数升于床隅，一夕忘设，至夜半大渴，求之不可得，忿闷呼躁，俄顷，呕吐一物于地，且起视之，见床下肉块如肝而黄，上如蜂窠，犹微动，取酒沃之，唧唧有声，始悟平生酒病根本，亟投诸火中，后遂不饮。庚志记：赵子山字景高，寓居邵武军天王寺，苦寸白虫为挠。医者戒云：是疾当止酒。而以素所耽嗜，欲罢不能，一夕醉于外，舍归已夜半，口干咽燥，仓卒无汤饮，适廊庑下有瓮水，月色下照莹然可掬，即酌而饮之，其甘如饴，连饮数酌，乃就寝，迨晓虫出盈席，觉心腹顿宽，宿疾遂愈。一家皆惊异，验其所由，盖寺仆日织草履，浸红藤根水也。吴少师在关外，尝得疾，数月间肌肉消瘦，每日饮食下咽少时，腹如万虫攒攻，且痒且痛，皆以为劳瘵也。张锐是时在成都，吴遣驿骑招致锐到兴元既切脉戒云：明日早，且忍饥，勿啖一物，俟锐来为之计。旦而往，天方剧暑，白请选一健卒，趋往十里外，取行路黄土一银盂，而令厨人旋治面，将午乃得食，才放箸，取土适至，于是温酒一升，投土搅其内，出药百粒，进于吴饮之,觉肠胃挈痛,几不堪忍,急登溷,锐密使别坎一穴,便掖吴以行,须臾,暴下如倾秽恶斗许,有马蝗千余,宛转盘结,其半已困死。吴亦惫甚,扶憩竹榻上,移时方餐粥一器,三日而平。始信去年正以夏夜出师,中涂躁渴,命候兵持马盂挹涧水,甫入口似有物焉,未暇吐之,则径入喉矣,自此遂得病。锐曰:虫入人肝脾里,势须滋生,常日遇食时则聚丹田间,吮咂精血,饱则散处四肢,苟惟知杀之而不能扫尽,故无益也。锐是以请公枵腹以诱之,此虫喜酒,又久不得土味,乘饥毕集,故一药能洗空之耳。吴大喜,厚赂以金帛,送之归。泻出后,宜以四物汤加黄芪煎服,生血调理。蔡定夫戚之子康积苦寸白为孽,医者使之碾槟榔细末,取石榴东引根煎汤调服之,先炙肥猪肉一大脔,真口中嚼咀其津膏而勿食。云此虫惟月三日以前其头向上,可用药攻打,余日即头向下,纵有药皆无益。虫闻肉香咂啖之意,故空群争赴之,觉胸中如万箭攻攒,是其候也。然后饮前药。蔡悉如其戒,不两刻腹中雷鸣,急登厕,虫下如倾,命仆以杖挑拨,皆联绵成串,几长数丈,尚蠕蠕能动,举而抛于溪流,宿患顿愈。

图书在版编目（CIP）数据

证治准绳.1，杂病证治准绳/（明）王肯堂辑；倪和宪点校.—北京：人民卫生出版社，2014
（中医古籍整理丛书重刊）
ISBN 978-7-117-18208-9

Ⅰ.①证… Ⅱ.①王…②倪… Ⅲ.①《证治准绳》②内科杂病–中医学–中国–明代 Ⅳ.①R2-52②R25

中国版本图书馆 CIP 数据核字（2013）第 245579 号

| 人卫社官网 | www.pmph.com | 出版物查询，在线购书 |
| 人卫医学网 | www.ipmph.com | 医学考试辅导，医学数据库服务，医学教育资源，大众健康资讯 |

证治准绳（一）　杂病证治准绳

辑　　者：明·王肯堂
点　　校：倪和宪
出版发行：人民卫生出版社（中继线 010-59780011）
地　　址：北京市朝阳区潘家园南里 19 号
邮　　编：100021
E - mail：pmph @ pmph.com
购书热线：010-59787592　010-59787584　010-65264830
印　　刷：三河市宏达印刷有限公司
经　　销：新华书店
开　　本：850×1168　1/32　印张：16.5
字　　数：444 千字
版　　次：2014 年 4 月第 1 版　2024 年 1 月第 1 版第 7 次印刷
标准书号：ISBN 978-7-117-18208-9/R·18209
定　　价：52.00 元

打击盗版举报电话：010-59787491　E-mail：WQ @ pmph.com
（凡属印装质量问题请与本社市场营销中心联系退换）

06检